JN182727

エンジニアリングデザイン

工学設計の体系的アプローチ

第3版

ENGINEERING DESIGN

A Systematic Approach, Third Edition

G. Pahl, W. Beitz, J. Feldhusen, K. H. Grote 原著
K. Wallace, L. Blessing 英訳編
金田　徹 訳者代表
青山 英樹　川面 恵司　首藤 俊夫　須賀 雅夫
北條 恵司　宮下 朋之　山際 康之　綿貫 啓一 共訳

森北出版株式会社

Translation from English language edition :
Engineering Design
by Gerhard Pahl, Wolfgang Beitz, Jörg Feldhusen,
Karl-Heinrich Grote, Ken Wallace and Luciënne T. M. Blessing

●本書のサポート情報を当社 Web サイトに掲載する場合があります.
下記の URL にアクセスし，サポートの案内をご覧ください.

http://www.morikita.co.jp/support/

●本書の内容に関するご質問は，森北出版 出版部「(書名を明記)」係宛に書面にて，もしくは下記の e-mail アドレスまでお願いします．なお，電話でのご質問には応じかねますので，あらかじめご了承ください.

editor@morikita.co.jp

●本書により得られた情報の使用から生じるいかなる損害についても，当社および本書の著者は責任を負わないものとします.

Preface

はじめに

悲しいことに，ドイツ語第 4 版が 1997 年に出版された 1 年後，私の共著者であるWolfgang Beitz が，短期間であったけれども大病の後に亡くなった．エンジニアリングデザインに関する彼の多くの顕著な貢献は，本書にも一部が含まれているが，ベルリンで開催された記念学会の際に称えられた．ポルトガル語への翻訳を含めた，われわれの本のたゆまぬ成功を，彼が見ることができれば，どれだけよかっただろう．われわれの協同作業は，完璧なものだった．いつも実りが多く，また有益であった．いま，彼に改めて深く感謝している．

本書は，いまや 8 カ国語に翻訳され，国際的な良書となっている．Springer 社は，継続して，ドイツ語第 5 版を出版したがったので，その著作のために，Wolfgang Beitz の学生であった 2 人（工学博士・Jörg Feldhusen 教授および工学博士・Karl-Heinrich Grote 教授）が参加することになった．この 2 人は，それぞれのアイデアを拡張し，進展させ続けてきている．Feldhusen 教授は，自動車工業界において長年のシニアエンジニアであったが，いまは，工学博士 R. Koller 教授の後任の RWTH アーヘン大学教授である．さらに，Grote 教授は，アメリカにおける教授でもあり，注目に値する設計教育の経験者であるとともに，またいくつものプロジェクトを遂行している．彼は，いまはオットー・フォン・ゲーリケ・マグデブルグ大学の教授であり，Beitz 教授の後を継いで Dubbel 機械工学ハンドブックの編者でもある．

Gerhard Pahl
ダルムシュタットにて

Authors' Forewords

原著者まえがき

ドイツ語第6版について

2003年3月に出版されたドイツ語第5版はたいへん好評で，1年後には第6版の出版が求められた．それで，モジュラー製品や寸法レンジに関する章を追加して，その求めに応じることにした．

二つの版の出版にかかわるすべての方々に繰り返し感謝する．

G. Pahl, J. Feldhusen および K. -H. Grote
2004年4月，ダルムシュタット，アーヘンおよびマグデブルグにて

ドイツ語第5版について

ドイツ語第5版については，十分練られた旧版の構成はそのままにして，新しい内容に更新した．CADを含む電子データ処理の基本の部分は，広く普及しているため基礎の章に移動した．製品開発プロセスに関する章は，新しい観点を追加することで，拡張され強化されている．結果として，これで第1章から第4章は，必要な基礎的知識を十分に示すことになった．ここには認知的解釈も含まれ，エンジニアリングデザインに対する体系的アプローチを支えるために必要とされる．第5章から第8章では，この基本的知識の製品開発への適用を，役割の明確化のフェーズから概念設計を経て，最終的な実体設計および詳細設計†まで，多数の詳しい例を用いて述べる．第9章では，複合構造†，メカトロニクスやアダプトロニクスを含む重要かつ一般的な設計解のいくつかが示されている．第10章は，以前の版のように，寸法レンジとモジュラー製品の開発を取り上げている．高品質を達成することがますます重要になっており，これが，第11章に反映されている．コスト見積りに関する重要なテーマが，前と同じように，第12章で説明されている．データ処理技術の基本は，基礎を扱う章に含まれたので，第13章はCADを利用した設計†に関する一般的な推奨事項を説いている．第14章には，推奨される方法がまとめられており，実際の製造現

† この内容は，この英訳第3版には含まれていないので，いくつかの章番号が変更になっている（英語版訳編者のまえがき参照）．

場でこのアプローチが使用された経験についての報告もある．ドイツ語第5版では，本の中で使われる用語の定義[†]が最後になっている．さらに，索引が特定の用語についての素早い検索に役立っている．

このようにして，エンジニアリングデザインの体系的アプローチは，成功する製品開発の基礎を提供するレベルになった．基礎に重きをおいて，短期の流行を避けることを徹底している．ここで述べられているアプローチはまた，設計現場に向かう学生の助けとなる設計教育課程向けのしっかりとした基礎にもなる．文献は更新されており，さらなる詳細や歴史的背景を知りたい読者には，情報の宝庫となっている．

多くの方に感謝の意を表する．Wolfgang 教授の後任である L. Blessing 教授（工学博士）は，図の原版を保管して使えるようにしてくれた．K. Landau 教授（工学博士，ダルムシュタット工科大学）は，人間工学的設計に関する文献の更新を助けてくれた．B. Breuer 教授（工学博士），H. Hanselka（工学博士），R. Isermann（工学博士）および R. Nordmann（工学博士）ら（すべてダルムシュタット工科大学）は，メカトロニクスとアダプトロニクスについて，提案や事例や図などを提供してくれた．また，このつながりにおける，M. Semsch（工学博士）の貢献にも感謝している．M. Flemming 名誉教授（工学博士，チューリッヒ工科大学）は，複合構造[†]とストラクトロニクスについて多くの提案や図の提供で支援してくれた．そして何よりも，本文や図表の電子データ化というハードワークに耐えた，マグデブルグ大学機械設計研究所の B. Frehse 女史にも感謝している．最後に，Springer 社，とくに Riedesel 博士，Hestermann-Beyerle 女史，Rossow 女史，Schoenefeldt 氏には，途切れない支援およびすばらしい本文と図表の印刷に，心から感謝する．

G. Pahl, J. Feldhusen および K. -H. Grote
2002年6月，ダルムシュタット，アーヘンおよびマグデブルグにて

ドイツ語第4版について

ドイツ顔第3版はかなり好評を博し，比較的早いうちから次の版の出版が望まれた．第3版を増刷することは適切ではないと考えられた．なぜなら，製品開発に関していくつかの新しい概念や方法が浮かび上がり，無視できなくなったからである．さらに，最近出版された研究成果も考慮する必要があった．

ドイツ語第3版の構成と目次が，ほぼドイツ語第4版の基礎となっている．ポートフォリオ解析やシナリオ計画などの方法の統合を通して，製品企画の話題が拡張されている．効率的な組織構造，コンカレントエンジニアリングの適用，リーダーシップやチーム活動など，新しい切り口も紹介されている．さらに重要になっている品質

保証が，第一の対策としての体系的なエンジニアリングデザインの必要性を強調している．このことは，品質機能展開（QFD）のような第二の方策を使用することで拡張される．サステイナビリティ（持続可能性）の分野の展開がリサイクリング設計へと導いた．一般的に，その技術的かつ経済的重要性ゆえに，摩耗を最小化する設計に関する新しい切り口も導入されている．原価企画の方法も，コストを最小化する設計を扱う章に含まれている．最後に，CAD に関する章が更新されている．

少しだけ簡約化されているドイツ語第 3 版は，Luciënne Blessing と Frank Bauert の助けを得た Ken Wallace の主導によって英語に翻訳され，Engineering Design : A systematic approach（第 2 版，ロンドン・Springer-Verlag 社）として出版された．彼らに心から感謝したい．さらに，日本語版が出版され，韓国語版の出版準備がなされている．これらの翻訳本は，設計論（Konstructionslehre）の国際的な影響をかなり高めるだろう．

われわれ二人の所属機関の職員は，このドイツ語第 4 版についても再び，いつもどおり確実かつ快く手伝ってくれた．彼らにも，深く感謝したい．出版社には，この本の刊行に際しての丁寧な作業とともに，頂戴したすばらしいアドバイスについてもありがたく思っている．最後に，いつもながらの理解を示してくれたわれわれの妻にも感謝したい．彼女たちがいなかったら，この本は世にはでなかった．

G. Pahl および W. Beitz

1997 年 1 月，ダルムシュタットおよびベルリンにて

Editors' Foreword

英語版訳編者まえがき

背　景

原著 Konstructionslehre（設計論）のドイツ語初版は 1977 年に出版された．それを完全に英訳した第 1 版は Engineering Design（エンジニアリングデザイン）として，1984 年に出版された．ドイツ語版，英語版のどちらの本も，工業界における体系的なエンジニアリングデザインや研究・教育の分野で，急速に重要な書籍になった．エンジニアリングデザインは 1980 年代に急速に国際的に広がり，多くの展開が起こった．最新の変化に対応すべく，ドイツ語第 2 版が 1986 年に出版された．これは，最初の英訳初版の出版から間もなかったので，英訳第 2 版の出版は見合わせた．けれども，エンジニアリングデザインの教育に英訳本の使用が拡大していたので，少しだけ簡約した学生版の Engineering Design — A Systematic Approach が 1988 年に出版された．

この学生版の準備をしているとき，初版の内容と翻訳をチェックする機会があり，次の方針とした．つまり，用語は変える必要はなく，二つの章を除いて英訳初版の内容と同じにした．

削除された二つのうち最初の章は，詳細設計に関する短い章であった．詳細設計が重要ではないと考えたわけではなく，理解に知力を要しないとしたわけでも決してない．真実はまったく逆である．詳細設計は，一般論として伝えるには，あまりにも広範囲で複雑な内容であるからである．特定の技術システムや機械要素の詳細設計を扱う多くのすばらしい書籍がほかにもある．このような理由から，ドイツ語版では詳細設計の技術的内容を論じていないが，生産のための資料の準備やその経過を追うための番号づけ法についてだけを扱っている．

削除された二つ目の章は，CAD を含んだコンピュータ支援の設計の内容である．再びいっておくが，それが重要ではないということから削除したのではない．コンピュータに支援されたシステムは，普遍的に用いられており，進歩も速いからである．専門の文献がいくつも利用できる．

1993 年に，Konstructionslehre がドイツ語第 3 版として，内容が拡張されて更新出版された．これで，英訳第 2 版も出版するのも，よい時期と考えた．ドイツ語第 3

版の新しい構成が，心理的側面やリサイクルの重要な議論とともに組み込まれた．品質設計とコスト最小化設計に関する新しい章が導入されたが，上述の理由から，これらの章でも詳細設計とコンピュータ支援の内容は省略された．

ドイツ語第3版はまた，新しい章も含み，そこではいくつかの代表的な事例（機械要素，駆動装置や制御装置）が，本の中で示された体系的アプローチと概念に則して述べられている．この知識は，Heinrich Dubbel が著したドイツ語の Debbel Handbook for Mechanical Engineering（ロンドン・Springer-Verlag 社，1994 年刊）の中で総合的に扱われている．したがって，この章についても，英訳本では省略した．

いまでは，ドイツ語第6版が出ている（1997 年に第4版，2003 年に第5版，2006 年に第6版）．そのような背景があるので，そろそろ英訳第3版を刊行するよい時期になった．英訳第3版の構成は，次に示すように以前の版と比べて変えてある．

英訳第3版の構造

はじめに—第1章

本書は，ドイツにおける歴史的背景から現代的な体系的設計のアプローチから内容が始まる．影響力の大きい設計研究者と現場の設計者の成果について，簡単に概観されている．

基本—第2章

認知的観点を含む，技術システムと体系的アプローチの基本が述べられている．製品開発におけるコンピュータ利用の基本は，上述の理由から省略されている．

製品企画，設計解の発見と評価—第3章

企画のプロセスにおける作業の流れ（図 3.2 参照）が，設計解の発見と評価のための一般的な方法とともに述べられている．これらは企画だけではなく，製品開発のすべてのプロセスで利用できる．これらの方法は，特定の設計フェーズや製品のタイプに結びついてはおらず，直観的かつ推論的な方法を含んでいる．

製品開発プロセス—第4章

製品開発プロセスにおける作業の流れが示され，その主となるフェーズ，すなわち役割の明確化，概念設計，実体設計および詳細設計が述べられている．著者らの全体モデルは，図 4.3 に示されている．この版での新規項目は，設計プロセスの組織化と効率的な管理に関する議論である．

役割の明確化—第5章

このフェーズでは，一般・業務特有それぞれの要件と制約の特定および定式化，さらに要件一覧（設計仕様）の設定が含まれている．このフェーズのステップは，図 5.1 に示されている．

概念設計—第 6 章

このフェーズは，次のようなものを含んでいる（図 6.1 参照）．

- 本質的な問題を見出すために抽象化する
- 機能構造を確立する
- 動作原理を探す
- 動作構造を具体化するために動作原理を組み合わせる
- 適切な動作構造を選択し，原理解（設計概念）になるように固める

この章は，片手混合栓と衝撃負荷試験機の設計に対して，提案する手法を応用した詳細事例により述べられている．

実体設計—第 7 章

このフェーズでは，設計者は選択された概念から始め，図 7.1 に示されるステップを通じて作業を行って，技術的および経済的要件に沿った技術製品またはシステムの最終案を生み出す．

本書の約 40%が，このフェーズのことに費やされており，第 6 章で紹介した衝撃負荷試験機の実体設計の総合的な事例を使って，著者らは実体設計の基本的なルール，原理およびガイドラインについて議論している．

詳細設計については同様に，ここでも省略されているが，このフェーズの要点を述べている新しい 7.8 節が導入された（図 7.164 参照）．

機械的結合，メカトロニクスおよびアダプトロニクス—第 8 章

この章は，英訳版では新しい内容である．3 クラスの一般的な設計解が，この本で示される体系的アプローチに沿った方法で述べられている．機械的結合は機械設計で決定的に重要であるために，第 1 のクラスとして議論されている．重要性の高まりより，メカトロニクスシステムおよびアダプトロニクスシステムがほかの二つのクラスとされている．

駆動装置，制御システムや結合構造については，広く他文献で述べられているので，除外することにした．

寸法レンジおよびモジュラー製品—第 9 章

ここでは，コストを削減すると同時に，広い範囲の要件を満足できるように体系的に寸法レンジやモジュラー製品を開発する方法を示している．この版では，製品構造やプラットフォーム構築の概念が紹介されている．

品質設計—第 10 章

この章では，品質機能展開（QFD）について述べている．

コスト最小化設計—第 11 章

ここでは，原価企画に関する切り口を含んでいる．

まとめ—第 12 章

この短い最終章では，本書に含まれるさまざまなアイデアがまとめられている．図 12.1 および図 12.2 は，設計プロセスにおける主となるステップおよび適切な動作原理の早見表である．

どんな設計も，作業に特定した要件と制約および一般的な要件と制約の両方を満足させなければならない．設計プロセスのすべてのフェーズにおいて，設計者にこれらを気づかせるために，この二つのチェックリストが本書を通じて使用される．これらのチェックリストの概観が図 12.3 に示されている．

翻訳（ドイツ語から英語への）

翻訳の意図が，本書の各章を読者自身の能力の範囲内で理解してもらうことにあるので，専門用語を用いることは極力控えている．用語を語彙集に取りまとめることをやめ，それを用いている箇所でそのつど定義することにしたので，その使用状況から意味が理解できると思う．著者によっては，設計理論の局面に応じて多少異なった用語の用い方をしていたり，専門家によっては例題に用いている専門用語が異なったりしているが，翻訳では用語が明解で全体を通して首尾一貫するように心がけた．

しかし，いくつかの用語に対しては特別な注意が必要である．ドイツ語では，ドイツ語の接頭語“wirk”から始まる標準的な言葉を含んでいる．“active”とか“working”とか“effective”などを含む“wirk”を訳すために，多くの異なる英語の言葉を使った．慎重に考慮した結果，以前の英語版と同じように，“working”を継続してあてはめることにした．たとえば，“wirkprinzip”は“working principle”，“wirkort”は“working location”，“wirkfläche”は“working surface”，“wirkbewegung”は，“working motion”のようにした．英語の“working”は，完全に正しくはドイツ語の意味は伝えない．ドイツ語では，接頭語“wirk”は，求められる物理作用が起きる原理，配置，表面などに焦点を当てるために使われる．したがって，たとえば“wirkort”（working location）は，二つあるいはそれ以上の“wirkfläche”（working surface）と一つの“wirkbewegung”（working motion）を使って，物理作用が起こる場所のことである．“Wirkprinzip”は，これらのアイデアを“working principle”として結びつけるものである．たとえば，“clamping”（クランピング）は，適切な表面の組合せによってある動作を防ぐことによる摩擦効果を実現する動作原理である（図 2.12）.

"drawing"（図面）という用語は，本書では従来の設計アプローチでの出力，つまり物理的製図や現代的なコンピュータ支援によるアプローチでの出力，すなわち CAD モデルとか CAD 製図のことを示している.

製品設計プロセスの四つのフェーズでは，第 3 のフェーズ・実体設計で使われる用語については説明を要する．同じ前後関係において，layout design とか，main design とか，scheme design とか，draft design のように置き換えられたものもある．この第 3 のフェーズへの入力は設計概念で，出力は技術的記述であり，多くの場合，縮尺図面あるいは CAD モデルの形をとる．企業により異なるが，この図面は一般的な配置，レイアウト，構想，設計図あるいは構造として参照され，技術人工物内の部品の配置と初期の形を定義するものである．"layout"（レイアウト）という用語が広く使われるので，本書ではこれを選択した．"embodiment design"（実体設計）という用語を導入するアイデアは，1971 年に出版されたフランス語の本，Engineering Design : The Conceptual Stage に由来している．実体設計は，レイアウト設計（部品の配置とその相対的な動作）および形状設計（個々の部品の形と材料）を合体したものである．"form design"（形状設計）という用語は，文献で広く使われており，その意味は，工業デザイン的意味では製品全体の形であったり，工学的意味では個々の部品のもっと制約を受けた形のことを示している．本書では，後者の意味を意図して使った.

DIN（Deutsch Industrie Normen，ドイツ工業規格）や VDI（Verein Deutscher Ingenieure，ドイツ技術者協会規格）ガイドラインを多く参照している．そのうち，いくつかは，英語にも翻訳されている．たとえば，DIN ISO 規格や，VDI 2221 の英訳がそうである．重要な場合においては，DIN 規格や VDI ガイドラインの参照は，英語のテキストで書かれている．しかし，通常は，ほかの文献と同じように一覧に簡単にまとめられている．技術的な事例では，DIN 規格は，対応する英語表現にすることなく参照されている.

ドイツ語原著には，多くの参考文献を含んでいる．これらのほとんどはドイツ語で書かれているので，英語圏の読者には直接的な興味はわかないだろう．けれども，それを省略することは，参照元の重要な情報源としての本の権威と価値を損なってしまう．したがって，ドイツ語文献も完全にそのままにしたが，ドイツ語版のように各章の最後にまとめるよりも，英訳の本書では最後の方にグループ分けして掲載した．英語の文献，学会やジャーナルも編者によって追加されている.

オリジナルのドイツ語版の主目的，すなわち総合的で一貫性があり，そして明確な体系的なエンジニアリングデザインへのアプローチを損なうような内容の削除はないと強調しておきたい.

謝辞

Donald Welbourn は，1970 年代後半に英訳初版の翻訳を励ましてくれたし，さまざまな方法でその作業を支援してくれた．当時生じた翻訳・用語についての多くの困難は，Arnold Pamerans の助けによって解決された．

われわれは，英訳第 2 版の翻訳作業のときにはじめて一緒に作業し，その際，Frank Bauert が新しい図を描いてくれた．Spinger 社の Nicholas Pinfield は，いつも励ましながら支えてくれた．

この英訳第 3 版では，われわれは翻訳と編集作業全体にわたって協力した．

John Clarkson は，英語文献の編集を助けてくれた．Springer 社の Anthony Doyle と Nicholas Wilson は，本の製作に非常に多大な貢献をしてくれたし，彼らの助けと忍耐にも本当に感謝する．ドイツの LE-TEX からの Sorina Moosdorf は，本の詳細に至る製版作業に責任をもって臨んでくれた．彼女とその同僚は，すばらしい仕事をしてくれた．

最後ではあるが，真心をこめて，Pahl 教授，Feldhusen 教授，Grote 教授に翻訳を任せてくれたことに感謝したい．

以前の二つの英訳版のように，この翻訳第 3 版が，Pahl/Beitz の Konstruktionslehre（設計論）のアイデアを，英語できちんと伝えられていることを望んでいる．

Ken Wallace および Luciënne Blessing
2006 年 11 月，ケンブリッジおよびベルリンにて

Translators' Foreword 日本語版訳者まえがき

1995年2月20日に(株)培風館から出版された「工学設計　体系的アプローチ」(G. Pahl／W. Beitz共著，Ken Wallace編：Engineering Design—A Systematic Approach—，Springer-Verlag, 1988）は，当時の「設計工学研究グループ」によって翻訳されたものである．上述の英語版初版の原著になっているのは，1977年に刊行されたKonstruktionslehreという書名のドイツ語版である．その後，ドイツ語版は版を重ねて2013年には第8版が，英訳版も2007年に第3版が出版されるに至っている．その間，いくつもの外国語翻訳版が各国で出版され，欧米諸国のみならず，工学設計に関するバイブル的な存在として，世界中で多く，永く読み継がれている．

2010年11月，(公社)日本設計工学会が東京理科大学・森戸記念館で開催したThe 2nd Conference on Design Engineering and Science（ICDES 2010）で招聘した，Karl-Heinrich Grote氏(ドイツ・マグデブルグ市，Otto-von-Guericke大学教授)が，本書の元になる英訳第3版を小生に贈ったことから，本書が生まれるきっかけとなった．1年後，Grote氏と小生は，ICDES 2010に発表のために来日していたM. Kannan氏（インド，SKP Engineering College教授）に，2011年12月，SKP Engineering Collegeで開催されたInternational Conference on Design and Advances in Mechanical Engineering（ICDAAME 2011）に招聘され，チェンナイ市とタミル州・ティルヴァンナーマライとの間を，時には高速道路をゆったりと歩む牛を間近に見ながらの小旅行を楽しむ機会ももてた．この道中で，英訳第3版の和訳本を出版する計画を進めてみると，小生は彼に約束したのである．

小生が勤務する大学の担当であった森北出版(株)・関野あづさ女史に，和訳本の出版企画をもちかけたところ，実現できるという連絡を，出張先のアメリカ・ノースカロライナ州シャーロット（ISO/TC213会議）で受けたのが，2012年2月上旬であった．

翻訳作業を分担するために有志を募った後，各担当者で作業が始まった．資料の準備を含めて約1年をかけて翻訳結果が集まった．さらに，全体を通しての用語の統一も図った後の脱稿が2013年11月末であった．

森北出版(株)第2出版課・富井晃氏が，原稿の編集担当となられた．各担当者の文章表現や用語の統一を図ったとはいえ，不完全な状態であった内容を，富井氏が英語原著内容と原稿とを見比べながら，根気強く内容を磨き上げた結果として誕生したのが，本書である．

原著裏表紙に記載されているドイツ語版・英語版原著の概要は，次のとおりである．

> Engineering Design（工学設計）という行為は注意深く計画され，体系的に実行されなければならない．とくに，そのための方法は，多くの異なる設計の側面と末端ユーザを優先することが重要である．
>
> Engineering Design（英語版第3版）のドイツ語第6版原著者らは，特定の課題に適応させ柔軟に応用できるアプローチが，製品開発の成功にとって本質的なものであると述べている．英語版第3版（ドイツ語第6版）では，新しい観点や最新の考え方に関する記述が充実している．また，企業組織の構造についての新たな切り口，コンカレントエンジニアリング，リーダーシップと作業チームの行動という内容や，品質手法およびコスト見積りに関する内容も含まれている．多くの新しい事例も追加され，また，既存の事例も摩耗の最小化，リサイクルを配慮した設計，メカトロニクスそしてアダプトロニクスに関する設計の内容も追加されている．
>
> 工学設計を進めるプロセスにおいて，その各ステップおよびそれに関連した最善の具体例が取り扱われている．とくに，機能的観点での設計に関する内容や，設計の鍵となる決定が行われる概念設計と詳細設計の段階に関して，強力な切り口で述べている．さらに，この英訳第3版では，プロジェクト企画やスケジューリングも含まれている．

そのような英語版第3版を翻訳した本書の内容は，現場の設計者，学生，設計教育者にとって，成功する製品開発についての総合的かつ具体的な情報を提供するものである．重要な基本というものが一貫して強調され，短期間の流行というものは避けていることにも特徴がある．したがって，本書で述べられているアプローチは，設計の現場に入ろうとする学生のみならず，ベテラン設計者にも熟読に値する書物であるといっても過言ではない．

上述のとおり，本書のベースになっているドイツ語第6版（英語版第3版）は，ドイツにおける製品設計に関する哲学および手法の集大成的な内容となっている．ドイツ車に代表されるような製品作りのための基礎となる教育あるいは啓蒙という観点から，この日本においても本書の資するところは非常に大きいのではないだろうか．いわゆる，日本独特な阿吽の呼吸が通じなくなりつつある日本のものづくりの場において，本書で示されているような製品設計に対する体系的なアプローチを試みることは，今後も，より重要性を増していくものと信じている．本書が，その一助になれば，大変幸いである．

最後に，本書の翻訳作業を担当したメンバー（敬称略，アイウエオ順）とその担当部分を紹介し，それぞれ多忙な中にもかかわらず本書の製作作業に協力いただいたことについて，深く感謝申し上げたい．とくに，本書の完成を見届けないまま故人となられた須賀雅夫氏のご冥福を祈りたい．英語版第3版翻訳にあたっては，上述の「工学設計　体系的アプローチ」を参考とした．本書の翻訳作業には参加していないが，同じ設計工学研究グループとして和訳初版の製作にあたった，川上幸男氏（芝浦工業大学教授），菅野重樹氏（早稲田大学教授），中澤和夫氏（慶応義塾大学教授），服部陽一氏（元・金沢工業大学教授），堀江三喜男氏（東京工業大学教授）および村上存氏（東京大学教授）にも，この場を借りて改めて感謝したい．

また，最初の契機作りに理解と努力をいただいた関野あづさ女史，および編集作業に多大な尽力をいただいた富井晃氏にも，心から感謝の意を表したい．

青山　英樹（慶応義塾大学理工学部）	第8章
金田　　徹（関東学院大学理工学部）	まえがき，第1章， 第6章，7.1～7.4節， 参考文献
川面　恵司（元・芝浦工業大学システム工学部）	第3章
首藤　俊夫（株式会社三菱総合研究所）	第2章，第5章
須賀　雅夫（元・株式会社三菱総合研究所）	7.5～7.8節
北條　恵司（小山工業高等専門学校）	第10章，第12章， 索引
宮下　朋之（早稲田大学理工学術院創造理工学部）	第9章，第11章
山際　康之（東京造形大学サステナブルプロジェクト）	全体用語確認
綿貫　啓一（埼玉大学大学院理工学研究科）	第4章

2014年12月　翻訳作業の代表者として　金田　徹　横浜にて記す

Contents

目 次

第 7 章　実体設計　235

第8章　機械的結合，メカトロニクスおよびアダプトロニクス　450

第9章　寸法レンジとモジュラー製品　476

Chapter 1 序論

1.1 エンジニアリングデザイナー（工学設計者）

1.1.1 役割と活動

科学的・技術的知識を技術問題に適用し，与えられた材料，技術的・経済的・法律的・環境的制約および人間にかかわる諸般の条件の下で最適な設計解を見出すことが，技術者のおもな役割である．新しい工業製品（工芸品）を創造するために，技術者が解決すべき問題が明確に定義されて，はじめて問題は具体的な課題となる．これは，個人で仕事をする場合も，多分野にまたがる製品開発のためにチームとして仕事をする場合も同様である．新しい製品を考え出すのは設計開発技術者の役割であるが，それを物理的にどう実現するかは生産技術者の責任である．

本書では，**工学設計者**（以下，単に「設計者」とする）という表現は，設計開発技術者と同義語とした．設計者は，非常に独特な方法で，設計解の発見と製品開発に貢献する．設計者の負う責任は非常に重い．なぜなら，そのアイデアや知識，スキルによって，製品の技術的・経済的・環境的特性が決定的に定められるからである．

設計は，次のような興味深い工学的活動である．

- 人間生活の大部分に影響を与える
- 科学的な法則や洞察を使用する
- 専門的な経験の上に成り立つ
- 設計解のアイデアを物理的に実現するための必要条件を提供する
- 専門家としての誠実さと責任を必要とする

Dixon［1.39］と後の Penny［1.144］は，設計者の仕事を，文化と技術の二つの流れが交わる中心に据えた（**図 1.1** 参照）．

けれども，ほかの規範も利用できる．たとえば，**心理的**な観点では，設計とは，対象となる領域での経験や知識と同様に，数学，物理学，化学，機構学，熱力学，流体力学，電気工学，生産工学，材料科学，機械要素および設計理論にしっかりした基盤が求められる知的活動である．進取の精神，経済的洞察，執念，楽観主義およびチー

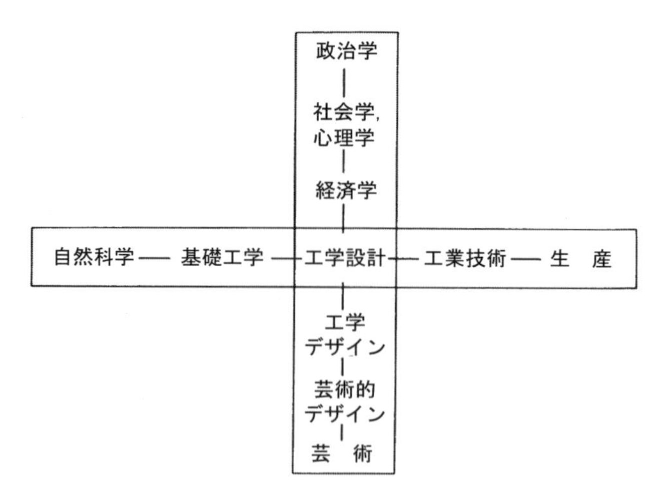

図 1.1　工学設計の活動（出典 [1.39, 1.114]）

ムワークは，すべての設計者に役立ち，また，責任ある人間に対して必須の特性でもある [1.130]（2.2.2 項参照）.

体系的な観点では，設計するということは，部分的に矛盾する制約の下で与えられた対象を最適化することである．要件は時間とともに変化するので，ある設計解は，ある状況に対して最適化できるだけである.

組織に関する観点では，設計は製品のライフサイクルの本質的な部分である．このサイクルは，市場のニーズや新しいアイデアがきっかけとなる．製品のライフサイクルは，製品企画に始まり，製品の実用的な寿命が終われば，リサイクルあるいは環境に配慮した安全な廃棄で終わる（**図 1.2** 参照）．このサイクルは，原材料を高い付加価値をもつ経済的製品に変化させるプロセスを表している．設計者は，幅広い領域と異なったスキルをもつ専門家たちと密接に連携して業務を遂行しなければならない.（1.1.2 項参照）.

設計者の役割と活動は，いくつかの特徴に影響される.

作業課題（役割）の起源：大量生産とバッチ生産に関係するプロジェクトは，通常，市場の徹底的な分析が実施された後に製品企画部門によって開始される（3.1 節参照）．製品企画部門によって定められた要件の場合，通常，設計者には大きな設計解空間（自由度）が与えられる.

けれども，特別な単品注文あるいは小さなバッチ生産の注文が顧客からあった場合，それを実現するにはより厳しい要件があるのが通常である．この場合，設計者は，過去の開発や注文を基にした製品製造企業がもつノウハウを基礎にするほうがよい．通

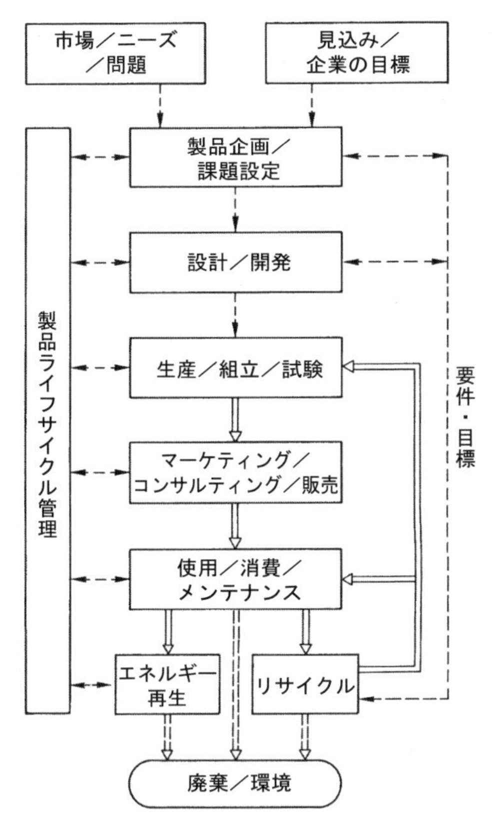

図 1.2 製品のライフサイクル

常，そのような開発は，リスクを限定するために，少しずつ段階的に行われる．

たとえ開発が製品の一部分（組立品やモジュール）のみであったとしても，要件と設計解空間はなお厳しく，ほかの設計部門との協力の必要性は非常に高い．製品の生産となれば，生産機械，治具や固定具，および検査機器にかかわる設計課題もある．これらの作業課題にとって，機能的要件と技術的制約を満たすことは，とくに重要である．

組織：設計開発プロセスの組織は，何よりもまず，企業組織全体がどのようであるかによる．製品指向の企業では，製品開発とそれに続く生産に対する責任は，製品タイプ（たとえば，ロータリー圧縮機部門，往復圧縮機部門，付属品部門）に基づいて企業内部門で分担されている．

問題解決指向の企業では，全体課題が部分的課題（たとえば，機械工学，制御システム，材料選択，応力解析など）へと分解されるのに従って，責任が分担される．この構造では，プロジェクトマネージャーは，グループからグループに作業がわたるため，仕事の協調に特別な注意を払わねばならない．場合により，プロジェクトマネージャーは，いろいろなグループから集めて構成した独立的な臨時のプロジェクトチームを率いることがある．このようなチームは，開発責任者や会社上層部の直轄下に置かれる（4.3 節参照）．

ほかの組織的構造も可能で，たとえば，設計プロセスのフェーズ（概念設計，実体設計，詳細設計）や，分野（機械工学，電気工学，ソフトウェア開発）あるいは製品開発工程の段階（研究，設計，開発，生産準備）に基づくこともできる（4.2 節参照）．明確に線引きされた複数の分野からなる大きなプロジェクトでは，しばしば製品に関する個々のモジュールを並行して開発することも必要である．

新規性：**独自設計**によって実限された新しい作業課題と問題は，新しい設計原理を内包する．既存の原理や技術を選択して組み合わせたり，完全に新しい技術を考案したりすることで，これは実現できる．独自設計という用語は，既存の，あるいは少しだけ変更された作業課題が新しい設計原理を使って解決されたときにも使える．独自設計は，通常，すべての設計フェーズを経る．また，物理的原理および工程上の原則に依存し，課題に対する注意深い技術的および経済的な分析を必要とする．

適応設計では，既知で，確立された設計解原理を保持し，実体設計を変更された要件に合わせる．個々の組立品や部品の独自設計を行う際には，これは必要なことかもしれない．この種の設計では，幾何学的（強度，剛性など），生産的および材料的な課題に重点が置かれる．

改良設計では，部品や組立品の寸法や配置は，以前に設計された製品構造（寸法レンジ，モジュラー製品など，第 9 章参照）によって設定された条件の範囲内で変更される．改良設計は，独自設計の手間が一回だけ必要で，個別の注文に対しては大きな設計上の問題を生じない．文献 [1.124, 1.167] では，この種の設計は**方式設計**あるいは**一定方式設計**として参照されている．

実際には，三つのタイプの設計（独自，適応，改良）の間の境界を精密に定義するのは不可能であり，単におおまかな分類として考えるべきである．

バッチサイズ：単品注文あるいは小さいバッチの生産の設計は，とくに注意深く，リスクを最小化するように，すべての物理的プロセスと実体化の詳細を考える必要がある．この場合において，試作品を作ることは通常経済的ではない．しばしば，機能性と信頼性が，経済的な最適化よりも高い優先度をもつことがある．

大量に作られる製品（大きなバッチサイズあるいは大量生産）は，本格的な生産を行う前にその技術的・経済的な特徴を完璧に確認しておかねばならない．このことは，

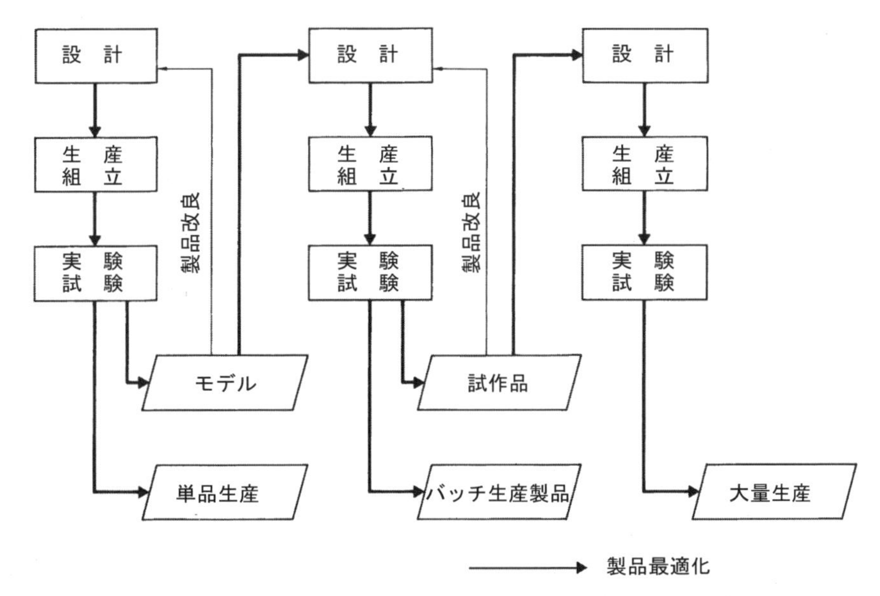

図 1.3 大量生産製品のステップを踏んだ開発（出典［1.191］）

模型や試作品によって行われ，しばしばいくつかの開発ステップが必要になることがある（**図 1.3** 参照）.

部門：機械工学は，広い範囲での役割をもっている．結果として，要件と設計解のタイプはきわめて多様で，つねに，そのとき取り組んでいる課題に合わせて，使用する方法や道具を適用しなければならない．分野に特定の実体化でも，それは共通である．たとえば，食品加工機は衛生状態を考慮した要件を満たさなければならないし，工作機械は精度と操業速度を考慮した要件を満たさねばならない．原動機はパワー・ウェイト比と効率に関連した要件を満たさなければならないし，農業機械は機能性と頑丈性に関した要件を満たさなければならない．さらに，事務機器は人間工学や騒音レベルに関した要件を満たさねばならない．

目的：設計作業の課題は，与えられた条件を考慮しつつ，最適化すべき目標を達成するよう方向づけなければならない．新しい機能，長寿命，低価格，生産上の問題および変更された人間工学的要件はすべて，新しい設計目標を設定する理由として考えられる例である．

さらに，環境配慮の意識の高まりは，たびたびまったく新しい製品とプロセスを求め，作業課題を設計解原理から再考せざるを得なくしている．これにより，設計者側が全体的な視点をもち，他分野の専門家と連携することが必要となっている．

この多様な役割に立ち向かうため，設計者は異なるアプローチを採用し，さまざまなスキルとツールを使い，幅広い設計の知識をもち，特定の問題に対しては専門家に相談しなければならない．もし設計者が一般的な作業方法（2.2.4 項参照）を修得し，生成法と評価法（第 3 章参照）を理解し，既存の問題に対するよく知られた解（第 7 章および第 8 章参照）に長けていれば，これは簡単になる．

設計者の活動は，おおまかに次のように分類できる．

- 概念化すること：すなわち，設計解原理を探索すること（第 6 章参照）．一般的に応用できる方法は，第 3 章で記述される特別な方法に従って使用できる．
- 実体化すること：すなわち，一般的な配置や，すべての部品の予備的な形や材質を決めることによって設計解原理を巧みに処理すること．第 7 章と第 9 章で記述される方法が有用である．
- 詳述すること：すなわち，生産と操業の詳細をまとめることである．
- 計算すること，表示することおよび情報収集すること：これらは，設計のすべてのフェーズにおいて起こることである．

ほかの共通的な分類は，**直接的**設計活動（たとえば，概念化，実体化，詳述，計算）と**間接的**設計活動（たとえば，情報の収集と処理，会合への出席，スタッフとの協調）とを区別することである．間接的活動の割合を，できるだけ少なくすることを目指すべきである．

設計プロセスでは，必要な設計活動が構造化され，おもなフェーズと個々の業務ステップの順序が明確になっていなければならない．これにより，業務の流れの計画と管理が可能となる（第 4 章参照）．

1.1.2　企業における設計プロセスの立場

設計開発部門は，どの企業でも最重要である．設計者は，機能，安全性，人間工学，生産，輸送，操作，維持，リサイクルおよび廃棄の項目について，すべての製品の特性を決める．さらに，設計者は生産と操業の費用，品質，生産のリードタイムに大きな影響を与える．この責任の重さゆえに，設計者は，取り扱う課題の一般的目的をつねに再評価しなければならない（2.1.7 項参照）．

企業における設計者が中心的役割をもつ別の理由は，全体的な製品開発プロセスにおける設計開発の立場である．部門の連携と情報の流れが**図 1.4** に示されているが，この図から，生産と組立は基本的に製品企画，設計開発からの情報に依存することがわかる．けれども，設計開発は，生産と組立の知識と経験からも強く影響される．

高まる製品性能，低価格化，商品化までの時間短縮といった現在の市場からの圧力のため，製品企画，販売およびマーケティングは，専門化された技術的知識をますま

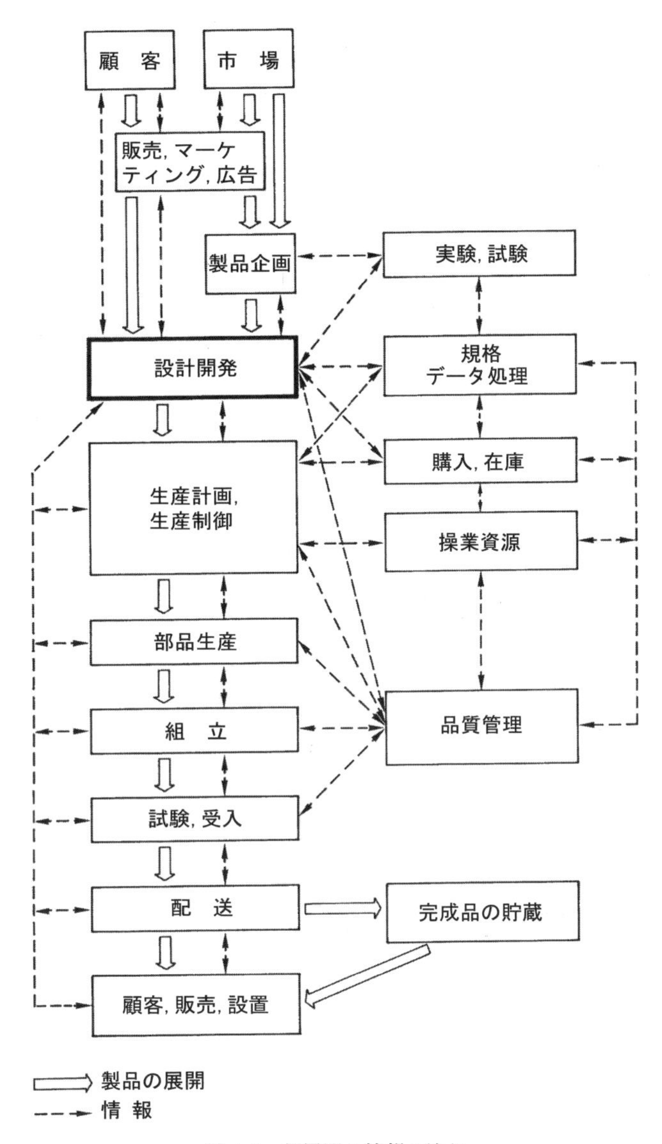

図 1.4　部署間の情報の流れ

す利用しなければならない．製品開発プロセスにおける設計者の立場の重要性から，その理論的知識や製品に関する経験を十二分に活用することがとくに重要になっている（3.1 節および第 5 章参照）．

最近の製品に関する責任を定めた法律［1.12］は，最善の技術を使った専門的かつ責任ある製品開発のみならず，可能な限り高い生産品質を求めている．

1.1.3 動 向

近年の設計プロセスと設計者の活動におけるもっとも重要なインパクトは，コンピュータをベースとしたデータ処理からくるものである．コンピュータ支援設計（CAD）は，個々の設計者の思考プロセスや創造性と同様に，設計法，組織構造や，たとえば概念設計者と詳細設計者といった仕事の分担に影響を与えている（2.2 節参照）．新しいスタッフ，たとえばシステム管理者，CAD スペシャリストなどが設計プロセスに配置されている．将来，改良設計のようなルーチン的課題は，コンピュータに任せられるであろう．そうすれば，設計者を新しい設計課題や顧客ごとの特注製品に集中できるようになる．これらの役割は，創造性，工学的知識および設計者の経験を高めてくれるコンピュータツールによって支援されるだろう．知識ベースのシステム（エキスパートシステム）[1.72, 1.108, 1.178, 1.183] と電子的な部品カタログ [1.19, 1.20, 1.53, 1.151, 1.183] により，具体的な設計データや標準部品の詳細，既存製品の情報はもちろん，それらの設計プロセスやほかの設計知識といった，情報の検索が簡単になる．これらのシステムは，解析，最適化および設計解の組合せも支援してくれるが，設計者に置き換わることはない．一方，設計者の意思決定の能力は，さらに重要となる．なぜなら，非常に多くの数の設計解が生じ得るし，また，現代の分野横断的なプロジェクトでは，多数の専門家からの情報を統合する必要があるからである．

さらに強い傾向は，企業にとって，設計開発活動をいわゆるコアコンピテンスに集中させることであり，それによって，システムインテグレータのように必要に応じてほかの会社から部品や組立品を購入（外注）するようになる．したがって，設計者は，それらを彼ら自身で作り出していなくても，これらの外注された品物を評価する能力を必要とする．この重大な評価プロセスは，広い技術的知識，蓄積された経験および評価プロセスの体系的な使用を通して強化される（3.3 節参照）．

コンピュータ統合生産システム（CIM）は，企業組織と情報交換の点から見て，設計者にとって重要である．CIM 内のシステムは，よりよい設計プロセスの計画や管理を，必要で可能なものにしてくれる．**コンカレントエンジニアリング**（サイマルテニアスエンジニアリング）（4.3 節参照，[1.13, 1.40, 1.188]）にとっても同じことがいえ，製品の最適化，生産の最適化および品質の最適化の活動をフレキシブルにかつ部分的に並行して行うよう集中することで，開発時間が短縮されている．コンピュータの活用によって，生産計画を設計プロセスにもち込む傾向にあるといえる．

設計者の仕事の方法に影響するこれらの進展のほかにも，設計者は迅速な技術開発（たとえば，新しい生産と組立の手段や，マイクロエレクトロニクスやソフトウェア）および新材料（たとえば，複合材料，セラミックスやリサイクル可能な材料）を，ますます考慮しなければならない．機械工学，電子工学およびソフトウェア工学の統合は，多くの刺激的な製品開発を導いた．いまや設計者は，現代の製品のこれら三つの側面をどれも等しく重視する必要がある．

以上をまとめると，すでに多くの圧力が設計者にはかかっており，この圧力はさらに増えることだろう．このことは，既存の設計に対してさらなる継続的な教育が必要ということを意味している．けれども，設計者への初等教育では，いま生じている多くの変化を考慮しなければならない［1.127, 1.187］．将来の設計者は，伝統的な科学と工学基礎（物理学，化学，数学，機構学，熱力学，流体力学，電気電子工学，材料科学，機械要素）だけではなく，特定の分野の知識（計測工学，制御，通信工学，生産工学，電気駆動装置，電気制御）も理解しなければならない．将来の設計者の教育には，設計に関する知識が実際に設計課題の解決に応用できるような内容を含めておかなくてはならない．それには，CAD および CAE を含んだ設計方法論の専門家コースも必要である．

1.2　体系的設計の必要性

1.2.1　体系的設計の特質と必要性

設計者は，製品の技術的・経済的特性について中心的な責任を負う．また，タイムリーで効率的な製品開発は営利的に重要である．このような観点から，よい設計解を見つける設計の手順を定義することは大事である．この手順は柔軟であると同時に，計画でき，最適化でき，検証できなければならない．しかし，そのような手順を実現するには，設計者が必要な分野の知識をもち，体系的に業務を行えることが必要である．さらには，そのような手順の活用が，組織によって奨励され，支援されていなければならない．

今日では，設計科学と設計方法論は区別されている［1.90］．**設計科学**では，技術システムの構造とその環境との関係を分析するときに，科学的手法を利用する．その目的は，システムの要素とその関係からシステム開発のためのルールを導き出すことである．

しかし，**設計方法論**は，技術システムの設計のための具体的な行動課程であり，設計科学と認知科学，および異なった分野における実経験から知見を導き出す．内容および構成に従って，業務ステップおよび設計フェーズと結びついた行動計画を含むものである．この計画は，取り組んでいる課題に対して柔軟に適応しなければならない（第 4 章参照）．またそれは，個々の設計問題あるいは部分的な課題を解く方法（第 3 章および第 6 章参照）と同様に，一般的かつ特定の目標（第 7 章および第 9 章～第

11章参照）を達成するための戦略，ルールおよび原理も含んでいる．

このことは，**直観**や経験の重要性を損なうことを意味しているのではなく，まったく逆に，体系的な手続きの付加的な利用だけが，有能な設計者の創作力と出力を増大することに貢献することを意味している．論理的かつ体系的なアプローチは，どんなに厳格であっても，直観的な手段，すなわち設計解全体を漠然と理解する方法を含んでいる．直観なしでは，本当の成功はあり得ない．

したがって，設計方法論は，設計者の可能性を促進して手引きし，創造性を高め，同時に結果の評価の必要性を強調するものである．このようにしてのみ，設計者の一般的な立場が向上し，その仕事が尊敬できるものとなり得る．体系的な手順は，設計を理解しやすくし，また，教育できるようにもする．けれども，設計方法論について学び，認識したことは，定説として捉えるべきではない．こうした手順は単に，設計者が，その努力を無意識的から意識的に，また，より目的をもって行えるよう助けるだけにすぎない．結果として，ほかの技術者と協働するとき，単に自らの業務をこなすだけでなく，主導することもできるようになる [1.130]．

体系的な設計は，設計と生産プロセスを**合理化**する効率的な方法を提供する．独自設計では，順に並んだステップごとのアプローチは（これが部分的な抽象化のレベルであったとしても），再利用できる設計解を提供するだろう．問題と作業課題を構造化することで，以前のプロジェクトで確立された設計解の応用の可能性を認識することや設計カタログを利用することが，より簡単になる．確立された設計解原理をステップごとに具体化することで，より少ない努力で，より早い時期にそれらを選択して最適化することができる．寸法レンジとモジュラー製品開発というアプローチは，設計分野における合理化の重要な開始点であるが，とくに生産プロセスにとって重要である（第9章参照）．

また，設計方法論は，コンピュータに保存された製品モデルを使用した柔軟かつ継続的な設計プロセスの**コンピュータ支援**を行うための前提条件である．この方法論なしでは，知識ベースのシステムを開発したり，保存されたデータや手法を使用したりできない．また，独立なプログラム，とくに解析プログラムと幾何モデラを結合したり，データの流れの連続性を確実にしたり，異なった企業のデータを結合（CIM，PDM）したりすることは不可能である．体系的アプローチはまた，設計者とコンピュータの仕事や役割を，有意義に切り分けることを容易にする．

合理化のアプローチは，計算および品質検討のためのコストも含めなければならない．よりよいデータを用いたより正確で迅速な予備計算は，設計の分野で必要であり，設計解の弱点の早期発見にも役立つ．これらすべては，設計関係資料の体系的処理を必要とする．

したがって，**設計方法論**は，次のようでなければならない.

- 問題指向のアプローチを許容すること．すなわち，すべての設計活動に適用でき，どんな専門家の領域が含まれているかにはかかわらない.
- 創作力と理解力を育成する．すなわち，最適設計解を探索することを促進する.
- 概念，方法およびほかの専門領域での所見と適合性があること
- 偶然見つかった結果を信用しないこと
- 関連する作業課題における既知の設計解の応用を容易にすること
- 電子データ処理と適合性があること
- 簡単に教えられ，学べること
- 認知心理学や現代的管理科学の所見を反映すること．すなわち，作業負担を減らし，時間を節約し，人為ミスを防ぎ，積極的な関心を保つ助けとなること
- 統合された学際的な製品開発プロセスにおいて，チームワークの企画と管理を簡単にすること
- 製品開発チームのリーダーたちへの手引きとなること

1.2.2 歴史的背景

体系的設計の起源を定めることは困難である．レオナルド・ダ・ビンチにまでさかのぼれるだろうか．誰でも，この初期の巨人の描いたスケッチを見れば，彼が実現可能な設計解を得るのに，広範囲にわたる体系的な変更を試みていることを知って驚くだろう [1.118]．産業革命の時代までは，設計というのは芸術や工芸と密接に関係していた.

Redtenbacher [1.150] が，その著書 Prinzipien der Mechanik und des Maschinenbaus (Principles of Mechanics and of Machine Construction，機構と機械構築の原理) で指摘しているように，機械工業の発展とともに次のような特徴や原理が重要視されるようになった．すなわち，十分な強度，十分な剛性，低い摩耗性，低い摩擦，最小限の材料使用，取扱いの容易さ，組立の容易さ，最大限の合理化である.

Redtenbacher の門下生 Reuleaux [1.152] は，これらのアイデアを展開し，要件の間には矛盾が多いことに注目し，要件に関する重要度の相対的査定は，個々の設計者の知性と判断に任せるべきだと提案している．これは，一般的な方法では扱えないし，教えられもできない.

エンジニアリングデザインの発展に大きく貢献した Bach [1.11] と Riedler [1.153] は，材料の選択，生産方法の選択，十分な強度を保持することが，すべて同程度に重要であり，相互に影響しあっていると実感していた.

Rotscher [1.164] は,「荷重は最短経路に沿って伝達すべきで，可能ならば曲げモー

メントよりも軸力によって伝達すべきである」という，設計の本質的特徴，すなわち特定の目的，効果的な荷重経路，効率のよい生産と組立に言及している．経路が長くなれば材料を浪費し，コストを増加させるばかりでなく，かなり大幅な形状変更が必要となる．計算とレイアウトの決定は交互に行うべきであって，設計者はまず手に入るものと既製の組立部品から作業を始めるべきである．適切な空間的レイアウトを確保するためには，ただちに縮尺図面を描くとよい．計算は初期のレイアウトを大まかに評価したり，詳細設計のチェックに使用したりする精密な値を得るために行う．

Laudien [1.107] は機械部品における荷重経路を調査して，次のような助言をしている．

「剛な連結を得ようと思えば荷重方向に部品を結合せよ．継手を柔軟にしたいならば，二次的な荷重経路に沿って部品を結合せよ．不必要な部品を取り付けるな．過剰な仕様にするな．必要以上に要求を満足させることはない．単純化によって，また経済的な構造にすることによって，より節約を図れ」

現代的な体系化のアイデアは，1920 年代に Erkens [1.46] によって始まった．彼の主張によれば，**試験と評価の繰り返し**と，**矛盾する要件を均衡させる**ことを基本にして**段階的アプローチ**をとること，アイデアのネットワーク（すなわち設計）ができ上がるまでこの作業を継続することが重要である．

Wögerbauer [1.206] は，「設計技法」について非常に包括的に説明している．彼は，**全体課題**をいくつかの**下位課題**に分割し，さらに，これらを運営上の課題と実施上の課題とに分類している．彼はまた，設計者が考慮しなければならない制約条件間の多数の相関関係についても考察しているが，体系化した形式で提示することはできなかった．Wögerbauer 自身は，体系的に設計解を作り上げていくところまで到達していない．彼の体系的な探索法とは，まず，設計解を多少直観的に見出し，これを手がかりにして基本形状，材料および製造法を極力広範囲にわたって変更していくものである．その結果として得られた多数の設計可能解は，試験と評価によって減らしていく．この際，コストもきわめて重要な評価基準である．Wögerbauer が作成した**特徴**に関する広範なリストは，最適設計解の探索とその結果の試験や評価を行う際に役立つ．

Franke [1.54] は，異なる物理作用（導いたり，結合したり，分離したりする同質の論理的機能のための電気的，機械的，流体的作用）をもつ要素を基本にして，論理－機能間の類推を使って，伝動装置の総合的な構造を発見した．このことから彼は，物理的に異なった解要素の機能的な比較についての研究者の代表として尊重されている．とくに Rodenacker は，この類推的なアプローチを使った [1.155]．

設計プロセスを改善して合理化する必要性は，第 2 次世界大戦前でも感じられていた．しかし，設計というのは芸術であって，技術的な活動ではないという考えが広まったり，抽象化のためのアイデアを表現する信用できる手段がなかったりしたことなどから，そのアプローチの進化が遅れてしまった．1960年代の設計スタッフが不足した時期［1.190］は，体系的思考がさらに広く導入され，強い勢いがあった．Kesselring，Tschochner，Niemann，MatousekやLeyerなどが，重要な先駆者たちである．彼らは，体系的設計の個々のフェーズやステップを処理するのに役立つ提案を出し続けている．

Kesselring［1.98］は，まず1942年に連続的近似法に関する方法（要約は［1.96, 1.97］を参照）を解説している．その大きな特徴は**技術的，経済的な評価基準**に従って形体に関する代替案（代替設計案）を評価することである．理論の中では，彼は次の五つの原理について述べている．

- 最小生産コストの原理
- 最小占有スペースの原理
- 最小重量の原理
- 最小損失の原理
- 最適取扱い性の原理

個々の部品と簡単な技術的人工物（製品）の設計および最適化は，形状設計理論の対象である．この特徴は，物理的法則と経済的法則とを同時に適用することで，それを基に構成部品の形状と寸法を決定し，適切な材料と製造法などが選定できる．選定した最適化の特徴を考慮に入れて，その後は数学的手法により最適設計解を見出すことができる．

Tschochner［1.179］は，四つの基本的な設計因子，すなわち**動作原理**，**材料**，**形状**および**寸法**について述べている．これらは相互に関連があり，要件，ユニットの数，コストなどに依存している．設計者は，まず動作原理から始めて，材料や形状などのほかの基本因子を決定し，選んだ寸法を介してこれらの因子の調整を行う．

Niemann［1.121］の方法では，主要寸法と全体配置を示す全体設計の縮尺レイアウト図の作成から始める．次に，全体設計をいくつかの部分に分割し，部分ごとにそれぞれ並行して作業を進める．まず**作業課題を定義**し，ついで**可能な設計解**を得るために体系的に変更を繰り返し，最後に**最適設計解を正式に決定**する．これらのステップは，ごく最近の方法で用いられているステップと全般的に一致している．Niemannは，当時は新しい設計解に導く方法がないことに注目していた．彼は体系的設計の発展を終始追求し，促進してきたので，この設計法の先駆者とみなすのが妥当である．

Matousek［1.112］の方法は，四つの基本因子として，**動作原理**，**材料**，**製造**および**形状**設計を挙げている．ついでWögerbauer［1.206］と同様に，これら四つの因子に基づいて全体作業計画を作成する．ただし，これに加えて彼は，コストの点が満たされなければ，四つの因子すべてを繰り返し再吟味すべきであるとしている．

Leyer [1.109] の業績は，主として形状設計に関するもので，彼はそのために基本的ガイドラインと原理を開発した.彼は設計を三つの主要なフェーズに区分している.最初のフェーズでは，アイデア，発明，すでに確認されている事実によって動作原理を作る．第2のフェーズは実際に設計するフェーズであり，第3のフェーズは実施するフェーズである．彼のいう第2のフェーズは，本質的には実体設計，すなわち計算を行いながらレイアウトと形状を設計するフェーズとみなせる.このフェーズでは，種々の原理やルール（たとえば，一様肉厚の原理，構造軽量化の原理，最短荷重経路の原理，均質の原理など）を考慮に入れる必要がある．Leyer の形状設計に関する原理は，非常に価値がある．その理由は，現実に起こる破損は動作原理の不良よりも，むしろ詳細設計の貧弱さによって生じることが多いからである．

これらの初期の頃の提案は，主として複雑化し続けている製品に実際に携わって設計の基本を学んだ大学の教授によってなされたもので，それがその後の精細な発展への道を開いた．彼らは設計が物理，数学や情報理論に大きく依存するようになることや，体系的な技術を利用し得るようになるばかりでなく，作業の分化が進行するに伴い，必要不可欠になることを理解していた．いうまでもなく，設計法の発展はそれが起こった特定の分野の要求に大きく影響を受けている．設計法の大部分は，重機械工学に比べて体系的関係が明確な精密工学，動力伝達工学，電気機械工学から起こっている．

Hansen と Ilmenau スクールのほかのメンバー（Bischoff, Block）は，1950 年代初期にはじめて体系的設計の提案を行っている [1.21, 1.25, 1.78]．Hansen は，1965 年に出版した標準化作業に関する第2版で，非常に含蓄のある設計体系を提示した [1.77].

Hansen のアプローチは，いわゆる**基本システム**において定義されている．概念設計，実体設計，詳細設計と同じように，彼のアプローチは四つのステップから構成されている．Hansen は，第1ステップにおいて設計課題を分析し，批評し，仕様を作成することから始める．これから**基本原理**を導き出す．この原理は想定し得るすべての設計解を十分包含し得るように抽象的に設定されていなければならないし，役割から導き出される全体機能を包含していなければならない.

第2のステップでは，設計解の要素を体系的に探索し，これらの要素を組み合わせて**動作方式**と**動作原理**に具現化する.

Hansen は，第3のステップを非常に重要視している．そこでは，設計上の欠陥を審査し，必要に応じて動作方式を改善する.

第4のステップにおいて，これらの改善した動作方式をさらに評価して役割に合った最適な動作方式を決定する．

1974年にHansenは，別の著書Konstruktionswissenschaft（Science of Design, 設計の科学）[1.76] を出版している．この著書は，実際の設計ルールに関するというよりも，理論的原理に関するものである．

同様にMüller [1.116] は，彼の著書Grundlagen der systematischen Heuristik（Fundamentals of Systematic Heuristics, 体系的発見の原理）において，設計プロセスの理論的ならびに要約したスキームを提示している．ほかの重要な出版物は，[1.114, 1.115, 1.117] である．

Hansenの後に大きな影響を与えた独自設計法は，Rodenacker [1.155, 1.156, 1.157] によるものである．彼のアプローチは，**論理的**に，**物理的**に，そして**実体化**の関係を順番に定義していくことで，全体的な**動作の相互関係**を開発することで特徴化できる．彼は，物理的プロセスのできるだけ早い時期に，外乱の影響と故障を認識し抑制することを重視している．そして，簡単なものから複雑なものを選ぶという一般的な選択戦略を採用すること，基準の**量**，**品質**および**費用**に対する技術システムに関するすべてのパラメータの評価をすることを勧めている．彼の方法におけるほかの特徴は，**二値論理**（結合するか，分割するか）に基づいた論理的機能構造を重視していることである．また，製品の最適化は，適切な設計解原理が見つかったときにのみできるという認識に基づいて，概念設計フェーズについても重視している．Rodenackerの体系的な設計のアプローチのもっとも重要な特徴は，疑いなく物理的プロセスを確立することを重視していることである．これに基づき，彼は具体的な設計課題の体系的な処理を扱うだけでなく，新しい技術システムに投資する方法論も扱っている．後者について，彼は，一つの既知の物理作用はどんな新しい応用に使われるのであろうか，という疑問から始め，そして，まったく新しい設計解を見つけるために体系的な探索を行っている．

ここまでに述べてきた方法に加えて，推論的な方法を一方的に重視すると，全体像を理解できないという見方がある．Wächtler [1.199, 1.200] は，制御と学習といったサイバネティックスの概念との類推から，創造的設計は「学習プロセス」のもっとも複雑な形態であると論じている．学習とは，制御のより高度な形であって，一定の品質（ルール）の下での量的な変化だけでなく，品質そのものの変化を含むものであるとしている．

重要なことは，最適化の目的のために，設計プロセスは制御プロセスとして静的ではなく動的に扱われなくてはならないということである．そこでは，その情報の内容が最適設計解を得るのに十分なレベルに達するまで，情報のフィードバックは繰り返されなければならない．学習プロセスは，かように情報のレベルを高め続け，ゆえに設計解の探索を促進する．

Leyer，Hansen，Rodenacker および Wächtler らの体系的設計法は，いまでも適用されており，設計方法論の最近の進展にも組み入れられている．

1.2.3　最近の設計法

(1)　システム理論

社会 - 経済 - 技術プロセスでは，**システム理論**の手続きと方法は，重要性を増してきている．システム理論の学際的な科学は，複雑なシステムの解析，企画，選択および最適設計のための特別な方法，手順や支援を使用している［1.14, 1.15, 1.16, 1.23, 1.29, 1.30, 1.143, 1.208］．

軽重工業製品を含む技術製品は，人工的な，有形の，大部分は動的なシステムであり，その特性に基づいて相互に関係する要素からなる．システムはまた，環境との結合の間にある境界をもっているという事実でも特徴化できる（**図 1.5** 参照）．これらの結合は，システムの外部挙動を決めるので，入力と出力の間の関係を表現する機能を定義することが可能である．そして，システム変数の大きさを変化させることになる（2.1.3 項参照）．

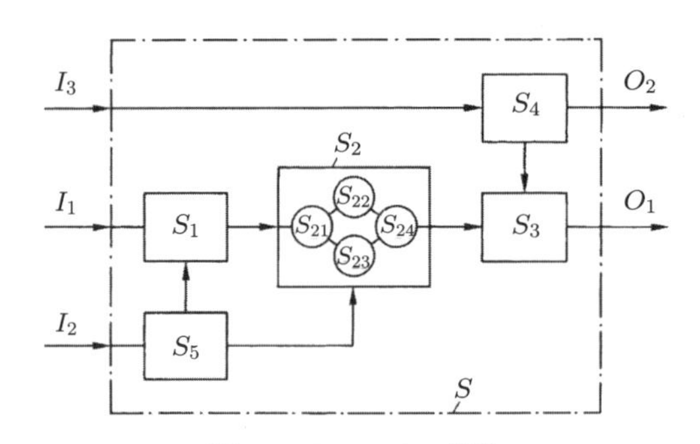

図 1.5　システムの構造

S：システムの境界，S_1〜S_5：S のサブシステム，S_{21}〜S_{24}：S_2 のサブシステムあるいは要素，I_1〜I_3：入力，O_1〜O_2：出力

技術製品がシステムとして表現できるというアイデアから，設計プロセスへシステム理論を応用することへの隔たりは小さいものであったが，システム理論の目的が，本章の最初で述べたような，よい設計方法に期待されているものと，きわめて大部分で一致することからなおさらであった［1.16］．体系的アプローチは，複雑な問題に対しては決まったステップを踏み，それぞれの分析と統合を行うことによって取り組むのが最善である，という一般的理解を反映している（2.2.5 項参照）．

図 1.6 は，体系的アプローチの手順を示している．この最初のステップは，市場分析，トレンド調査あるいは既知の要件によって検討中のシステムに関する情報を収集することである．一般的に，このステップは，問題分析とよばれている．そのねらいは，解かれるべき問題（あるいは下位問題）の明確な定式化である．これは，システム開発における実際の開始点となる．第 2 ステップでは，場合によっては第 1 ステップの間に，システムの目標を公式に表現するためにプログラムが書かれる（問題の定式化）．こうした定められた目標は，続いて行われる代替案に関する評価，つまり最適設計解の発見のための重要な基準を提供する．いくつかの代替案は，次に最初の二つのステップで得られた情報に基づいて統合される．

これらの代替案が評価される前に，それぞれの性能が，その特性と挙動の面で分析

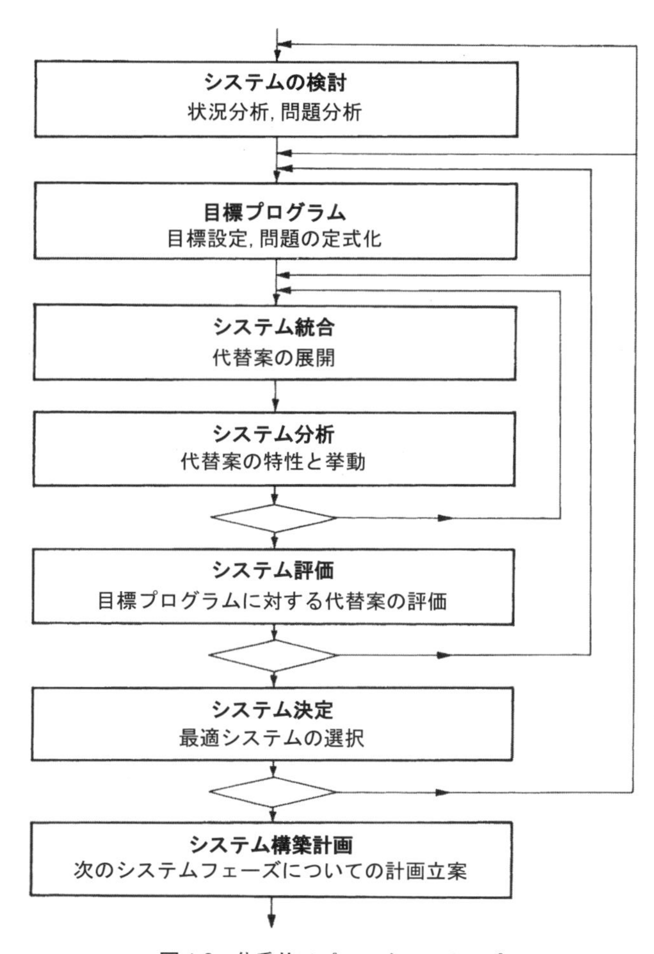

図 1.6　体系的アプローチのステップ

されなければならない．それに続く評価では，各代替案の性能は，最初の目標と比較され，これに基づいて決定が行われ，最適なシステムが選択される．最終的に，情報はシステム実施計画の形で与えられる．図 1.6 が示しているように，ステップはつねに最終目標に真っ直ぐ向かっているわけではなく，繰り返しの手続きが必要となることもある．決定ステップをあらかじめ組み込んでおくことで，情報の変換をなすこの最適化プロセスを促進することができる．

システム理論プロセスモデル［1.23, 1.52］では，いわゆるシステムのライフサイクルフェーズの中で，これらのステップが繰り返される．そして，時間とともに，システムは抽象化から具体化へと進展していく（**図 1.7** 参照）．

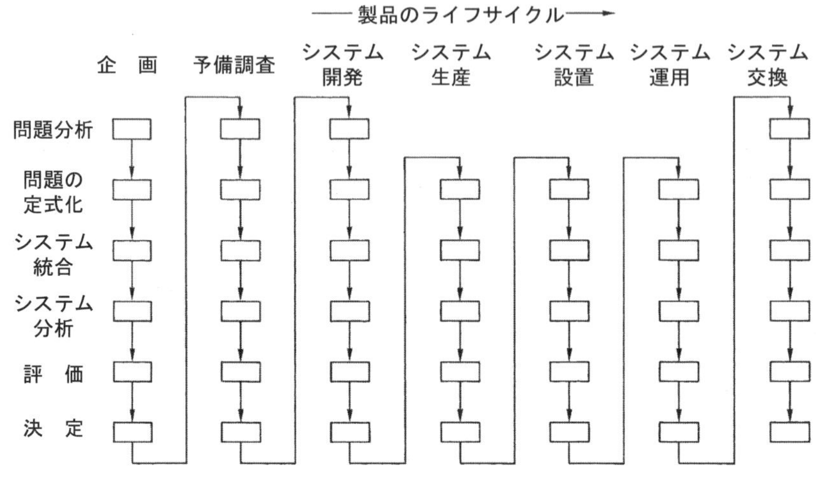

図 1.7　体系的アプローチのモデル（出典［1.23,1.52］）

(2)　価値分析

DIN 69910［1.37, 1.66, 1.196, 1.197, 1.198］に記述されている**価値分析**のおもなねらいは，費用を削減することである（第 11 章参照）．そのためには，体系化された全体的なアプローチが提案されている．そのアプローチは，とくに既存製品をさらに開発する際に適用できるものである．**図 1.8** は，価値分析における基本的な作業ステップを示している．一般的には既存の設計を用いて開始され，要求される機能とコストに関して分析される．次に，新しい目標を満たすように設計解のアイデアを提案する．機能を重視し，段階的によりよい設計解の探索を行うことから，価値分析は体系的設計と共通する部分が多い．

コストの見積りや原価計算の評価には，さまざま方法が適用できる（第 11 章参照）．

プロジェクトの準備
- チームの形成
- 価値分析の範囲の定義
- 組織と手順の定義

現状の分析
- 機能の認識
- 機能コストの決定

目標状態の決定
- 目標機能の定義
- 付加的要件の同定
- 目標コストと目標機能の合致

設計解のアイデアの展開
- 既存アイデアの収集
- 新しいアイデアの探索

設計解の決定
- アイデアの評価
- アイデアから設計解への展開
- 設計解に関する評価と決定

設計解の実現
- 選択された設計解の詳述
- 実施計画

図 1.8　価値分析の基本的ステップ（出典 DIN 69910）

チームワークは必要不可欠である．販売，購買，設計，生産，コスト見積り（価値分析チーム）の各スタッフがよいコミュニケーションをとることで，要件，実体設計，材料選択，生産プロセス，保存要件，規格およびマーケティングという全体的な視点が保証される．

さらなる必須の観点は，要求される全体機能を機能要素（組立品，個々の部品）の割当てに従って，複雑さが低い順番に，下位機能に分けることである．全体機能を含めた，すべての機能を満たすためのコストは，個々の部品に対して計算されたコストから見積もることができる．そして，そのような「機能コスト」は，概念あるいは実体の代替案を評価する基礎になる．そのねらいは，これらの機能コストを最小化することと，可能であれば実際には必要のない機能を除去することである．

価値分析手法の適用は，レイアウト図および詳細図が完成するまでに行うよう提案されており，価値を「設計して入れ込む」ために，概念設計の間に始めるよう提案されている [1.65]．このようにして価値分析は，体系的設計の目標に近づいていく．

(3)　設計法

VDI ガイドライン 2222 [1.192, 1.193] は，技術的製品の概念設計の個々の方法やアプローチを定義している．したがって，とくに新製品の開発に向いている．より新しい VDI ガイドライン 2221 [1.191]（英訳版は [1.186]）は，技術システムおよび製品の設計に対する包括的なアプローチを提案しており，機械，精密，制御，ソフトウェアおよびプロセス工学分野でのアプローチの汎用性に重点を置いている．このアプローチ（**図 1.9** 参照）は，技術システムの基本（2.1 節参照）と企業戦略（第 4 章参照）に合致する七つの基本手順を含んでいる．この両方のガイドラインは，工業界の上級

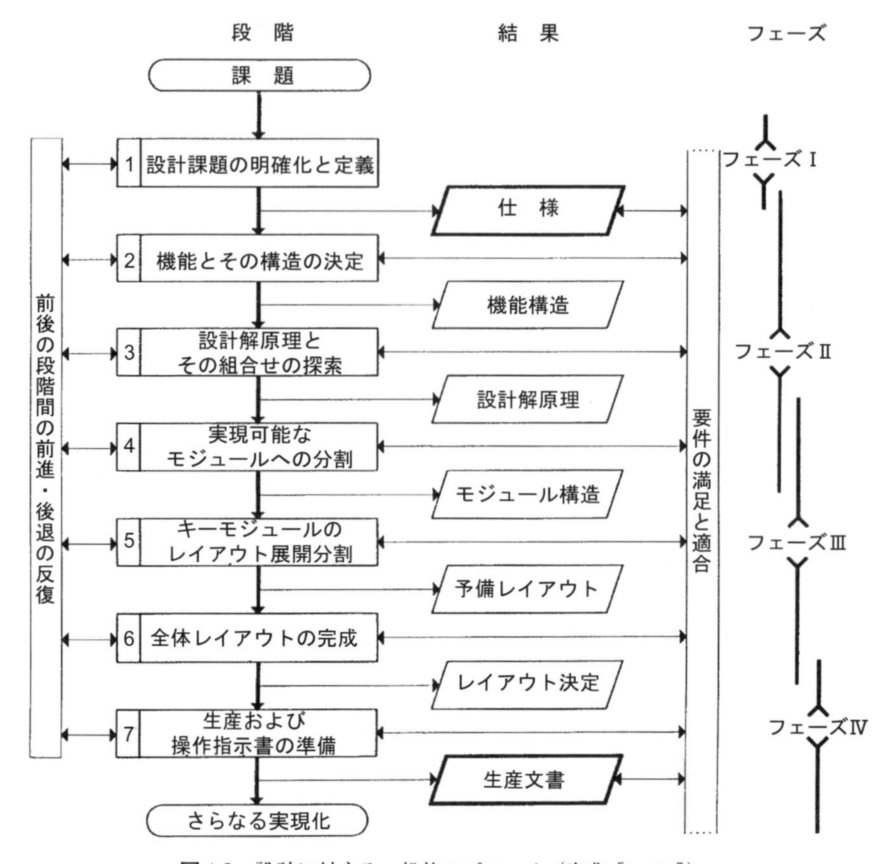

図 1.9　設計に対する一般的アプローチ（出典 [1.191]）

設計者および前述した旧西ドイツの多くの設計方法論者から構成されている VDI 委員会によって作成されている．ガイドラインのねらいは汎用性であるので，設計プロセスはおおまかに構成されているだけで，製品や企業に応じた派生が可能となっている．したがって，図 1.9 は，詳細な業務手順が割り当て可能なガイドラインとみなすべきである．アプローチのもつ反復性がとくに重視されており，ステップの順番を固定的に考えてはならない．省略されたり，たびたび繰り返されたりするステップもあり得る．そのような柔軟性は，現実の設計業務に合致し，すべての設計法の適用にとって非常に重要なことである．

これらの VDI ガイドラインを作成するのに協力した設計方法論者たちと工業界の上級設計者たちは，しばしば異なった考え方を示し，彼ら自身の設計方法を発展させた．設計方法論に対するいくつかの貢献は，他国の同僚によってなされた．本書では，これら多くの情報については，個々の方法と手順を詳述する際に参照する．

1981年からの国際的な設計の教育・研究活動の包括的な概要が，ICED会議（International Conference on Engineering Design）の講演論文集で見ることができる[1.148].

表1.1には，年代順に，設計方法論に関するおもな出版物をまとめてある．この表は，本書の英訳第2版の第1章に記述された内容を更新したものである．この表の中の著者からのさらなる寄与が，本書末尾の参考文献に紹介されている．

1.2.4 本書のねらいと目的

より深く考察することによって，いままで述べてきた方法は，それぞれの提案者の専門分野に強く影響を受けていることがわかる．しかし，これらの方法は，概念や用語が示唆している以上に互いに密接に類似している．VDIガイドライン2222と2221が，広い領域・範囲での経験豊かな貢献者の協力によって開発されたということは，これらの類似を裏づけている．

重機械工業，鉄道・自動車工学での経験と，学部・大学院生レベルのエンジニアリングデザイン教育の長年の経験に基づいて，われわれは本書の目標を，技術システムの製品企画，設計開発プロセスのすべてのフェーズにおける包括的な設計方法論とした．多くの記述は，反響をよんだPahlとBeitzによる一連の論文［1.142］と，本書の旧版を基に，推敲を加えたものである．1977年発行のドイツ語初版と最新版との間で，時代遅れのため削除しなければならなかった記述が一つもないことは強調しておきたい．

従来同様，これが絶対的というわけではないが，われわれは，設計に対するアプローチを以下のように努めている．

- 設計の現場と設計教育に有用であること
- 短い流行あるいは特定の考え方の流派を表現することなく，互換性のあるやり方で設計方法の「ツールボックス」を提供すること
- 製品がますますコンピュータ支援で設計され，多くの組立品や部品が外注されるときに，設計の基礎，原理やガイドラインの重要性に重点を置くこと
- 組織構造にかかわりなく，設計者や設計のリーダーが成功する製品開発ができるようなガイドとして役立つこと（けれども，プロジェクト管理は本書のねらうところではない）

エンジニアリングデザインに関する体系的アプローチが，導入として役立ち，学習者の出発点になれることを希望している．また，教育者の助けにもなり，実務者にとってより深い学習と情報源になれることも祈っている．ここで示した方法やガイドラインが，成功する製品開発と製品改良の支えとなることを，実現してみせることが重要である．

表 1.1　設計方法論の開発に関して年代順にまとめた概要

年	著　者	主題／題目	国	文献番号
1953	Bischoff, Hansen	Rationelles Konstruieren	DDR	[1.21]
1955	Bock	Konstruktionssystematik—die Methode der ordnenden Gesichtspunkte	DDR	[1.25]
1956	Hansen	Konstruktionssystematik	DDR	[1.78]
1963	Pahl	Konstruktionstechnik im thermischen Maschinenbau	DE	[1.131]
1966	Dixon	Design Engineering: Inventiveness, Analysis and Decision-Making	USA	[1.39]
1967	Harrisberger	Engineermanship	USA	[1.79]
1968	Roth	Systematik der Maschinen und ihrer mechanischen elementaren Funktionen	DE	[1.163]
1969	Glegg	The Design of the Design, The Development of Design, The Science of Design	GB	[1.68–1.70]
	Tribus	Rational Descriptions, Decisions and Design	USA	[1.177]
1970	Beitz	Systemtechnik im Ingenieurbereich	DE	[1.16]
	Gregory	Creativity in Engineering	GB	[1.71]
	Pahl	Wege zur Lösungsfindung	DE	[1.129]
	Rodenacker	Methodisches Konstruieren (4th Edition 1991)	DE	[1.155]
1971	French	Conceptual Design for Engineers, 1st Edition (3rd Edition 1999)	GB	[1.58]
1972	Pahl, Beitz	Series of articles „Für die Konstruktionspraxis" (1972–1974)	DE	[1.142]
1973	Altschuller	Erfinden: Anleitung für Neuerer und Erfinder	USSR	[1.5]
	VDI	VDI-Richtlinie 2222, Blatt 1 (Entwurf): Konzipieren technischer Produkte	DE	[1.192]
1974	Adams	Conceptual Blockbusting: A Guide to Better Ideas	USA	[1.1]
1976	Hennig	Methodik der Verarbeitungsmaschinen	DDR	[1.82]
1977	Flursheim	Engineering Design Interfaces	GB	[1.49, 1.50]
	Ostrofsky	Design, Planning and Development Methodology	USA	[1.126]
	Pahl, Beitz	Konstruktionslehre, 1st Edition (6th Edition 2005)	DE	[1.134]
	VDI	VDI-Richtlinie 2222 Blatt 1: Konzipieren technischer Produkte	DE	[1.192]
1978	Rugenstein	Arbeitsblätter Konstruktionstechnik	DDR	[1.165]
1979	Frick	Integration der industriellen Formgestaltung in den Erzeugnis-Entwicklungsprozess, Arbeiten zum Industrial Design	DDR	[1.60–1.62]
	Klose	Zur Entwicklung einer speicherunterstützten Konstruktion von Maschinen unter Wieder-verwendung von Baugruppen	DDR	[1.99, 1.100]
	Polovnikin	Untersuchung und Entwicklung von Konstruktionsmethoden	USSR	[1.146, 1.147]
1981	Gierse	Wertanalyse und Konstruktionsmethodik in der Produktentwicklung	DE	[1.67]
	Kozma, Straub (Pahl/Beitz)	Hungarian translation of Pahl/Beitz Engineering Design	H	[1.141]
	Nadler	The Planning and Design Approach	USA	[1.119]

表 1.1 （つづき）

年	著 者	主題／題目	国	文献番号
	Proceedings of ICED by Hubka	WDK Series biannually from 1981 to 2001; Design Society Series from 2003	CH	[1.148]
	Schregenberger	Methodenbewusstes Problemlösen	CH	[1.170]
1982	Dietrych, Rugenstein	Einführung in die Konstruktions-wissenschaft	PL/D	[1.36]
	Roth	Konstruieren mit Konstruktions-katalogen, 1st Edition (3rd Edition 2001)	DE	[1.160, 1.161], [1.162]
	VDI	VDI-Richtlinie 2222 Blatt 2: Erstellung und Anwendung von Konstruktionskatalogen	DE	[1.193]
1983	Andreasen et al.	Design for Assembly	DK	[1.8]
	Höhne	Struktursynthese und Variationstechnik beim Konstruieren	DDR	[1.84]
1984	Hawkes, Abinett	The Engineering Design Process	GB	[1.80]
	Altschuller	Erfinden – Wege zur Lösung technischer Probleme	USSR	[1.4]
	Hubka	Theorie technischer Systeme	CH	[1.86, 1.87]
	Walczack (Pahl/Beitz)	Polish translation of Pahl/Beitz Engineering Design	PL	[1.139]
	Wallace (Pahl/Beitz)	English translation of Pahl/Beitz Engineering Design, 1st Edition (3rd Edition 2006)	GB	[1.140]
	Yoshikawa	Automation in Thinking in Design	J	[1.207]
1985	Archer	The Implications for the Study for Design Methods of Recent Development in Neighbouring Disciplines	GB	[1.10]
	Ehrlenspiel, Lindemann	Kostengünstig Entwickeln und Konstruieren	DE	[1.41, 1.43]
	Franke	Konstruktionsmethodik und Konstruktions-praxis—eine kritische Betrachtung	DE	[1.51]
	Koller	Konstruktionslehre für den Maschinenbau. Grundlagen, Arbeitsschritte, Prinziplösungen. (3rd Edition 1994)	DE	[1.101, 1.102], [1.103, 1.104]
	van den Kroonenberg	Design Methodology as a Condition for Computer-Aided Design	NL	[1.185]
1986	Odrin	Morphologische Synthese von Systemen	USSR	[1.122]
	Altschuller	Theory of Inventive Problem Solving	USSR	[1.2, 1.3]
	Taguchi	Introduction of Quality Engineering	J	[1.175]
1987	Andreasen, Hein	Integrated Product Development	DK	[1.7]
	Erlenspiel, Figel	Application of Expert Systems in Machine Design	DE	[1.42]
	Gasparski	On Design Differently	PL	[1.63]
	Hales	Analysis of the Engineering Design Process in an Industrial Context, Managing Engineering Design	GB	[1.73–1.75]
	Schlottmann	Konstruktionslehre	DDR	[1.169]
	VDI/Wallace	VDI Design Handbook 2221: Systematic Approach to the Design of Technical Systems and Products. English translation	DE/GB	[1.186]
	Wallace, Hales	Detailed Analysis of an Engineering Design Project	GB	[1.203]
1988	Dixon	On Research Methodology—Towards A Scientific Theory of Engineering Design	USA	[1.38]

表 1.1　(つづき)

年	著　者	主題／題目	国	文献番号
	French	Form, Structure and Mechanism, Invention and Evolution	GB	[1.57, 1.58]
	Hubka, Eder	Theory of Technical Systems—A Total Concept Theory for Engineering Design	CH/CA	[1.88, 1.89]
	Jakobsen	Functional Requirements in the Design Process	N	[1.92]
	Suh	The Principles of Design, Axiomatic Design	USA	[1.173, 1.174]
	Ullmann, Stauffer, Dietterich	A Model of the Mechanical Design Process Based on Empirical Data	USA	[1.182]
	Winner, Pennell, et al.	The Role of Concurrent Engineering in Weapon Acquisition	USA	[1.205]
1989	Cross	Engineering Design Methods	GB	[1.33]
	De Boer	Decision Methods and Techniques	NL	[1.35]
	Elmaragh, Seering, Ullmann	Design Theory and Methodology	USA	[1.45]
	Jung	Funktionale Gestaltbildung—Gestaltende Konstruktionslehre für Vorrichtungen, Geräte, Instrumente und Maschinen	DE	[1.93, 1.94]
	Pahl/Beitz	Chinese translation of Pahl/Beitz Engineering Design	PRC	[1.138]
	Ulrich, Seering	Synthesis of Schematic Description in Mechanical Design	USA	[1.184]
1990	Birkhofer	Von der Produktidee zum Produkt—Eine kritische Betrachtung zur Auswahl und Bewertung in der Konstruktion	DE	[1.17, 1.18]
	Konttinnen (Pahl/Beitz)	Finnish translation of Pahl/Beitz Engineering Design	FIN	[1.137]
	Kostelic	Design for Quality	YU	[1.105]
	Müller	Arbeitsmethoden der Technikwissenschaften—Systematik, Heuristik, Kreativität	DDR	[1.114]
	Pighini	Methodological Design of Machine Elements	I	[1.145]
	Pugh	Total Design; Integrated Methods for Successful Product Engineering	GB	[1.149]
	Rinderle	Design Theory and Methodology	USA	[1.154]
	Roozenburg, Eekels	Evaluation and Decision in Design	NL	[1.158, 1.159]
1991	Andreasen	Methodical Design Frame by New Procedures	DK	[1.6]
	Bjärnemo	Evaluation and Decision Techniques in the Engineering Design Process	S	[1.22]
	Boothroyd, Dieter	Assembly Automation and Product Design	USA	[1.26]
	Clark, Fujimoto	Product Development Performance: Strategy, Organisation and Management	USA	[1.31]
	Flemming	Die Bedeutung der Bauweisen für die Konstruktion	CH	[1.47, 1.48]
	Hongo, Nakajima	Relevant Features of the Decade 1981–1991 of the Theories of Design in Japan	J	[1.85]

表 1.1　（つづき）

年	著　者	主題／題目	国	文献番号
	Kannapan, Marshek	Design Synthetic Reasoning: A Methodology for Mechanical Design	USA	[1.95]
	Stauffer (ed)	Design Theory and Methodology	USA	[1.172]
	Walton	Engineering Design: From Art to Practice	USA	[1.204]
1992	O'Grady, Young	Constraint Nets for Life Cycle: Concurrent Engineering	USA	[1.123]
	Seeger	Integration von Industrial Design in das methodische Konstruieren	DE	[1.171]
	Ullmann	The Mechanical Design Process	USA	[1.180, 1.181]
1993	Breiing, Flemming	Theorie und Methoden des Konstruierens	CH	[1.28]
	Linde, Hill	Erfolgreich Erfinden. Widerspruchsorientierte Innovationsstrategie	DE	[1.110]
	Miller	Concurrent Engineering Design	USA	[1.113]
	VDI	VDI-Richtlinie 2221: Methodik zum Entwickeln und Konstruieren technischer Systeme und Produkte	DE	[1.191]
1994	Clausing	Total Quality Development	USA	[1.32]
	Blessing	A Process-Based Approach to Computer-Supported Engineering Design	GB	[1.24]
	Pahl (Editor)	Psychologische und pädagogische Fragen beim methodischen Konstruieren	DE	[1.127]
1995	Ehrlenspiel	Integrierte Produktentwicklung	DE	[1.40]
	Pahl/Beitz	Japanese translation of Pahl/Beitz Engineering Design	J	[1.136]
	Wallace, Blessing; Bauert (Pahl/Beitz)	English translation of Pahl/Beitz Engineering Design, 2nd Edition	GB	[1.135]
1996	Bralla	Design for Excellence	USA	[1.27]
	Cross, Christiaans, Dorst	Analysing Design Activity	NL	[1.34]
	Hazelrigg	Systems Engineering: An Approach to Information-Based Design	USA	[1.81]
	Waldron, Waldron	Mechanical Design: Theory and Methodology	USA	[1.202]
1997	Frey, Rivin, Hatamura	Introduction of TRIZ in Japan	J	[1.59]
	Magrab	Integrated Product and Process Design and Development	USA	[1.111]
1998	Frankenberger, Badke-Schaub, Birkhofer	Konstrukteure als wichtigster Faktor einer erfolgreichen Produktentwicklung	DE	[1.55]
	Hyman	Fundamentals of Engineering Design	USA	[1.91]
	Pahl/Beitz	Korean translation of Pahl/Beitz Engineering Design	KR	[1.133]
	Terninko, Zusman, Zlotin, Herb (ed)	Systematic Innovation: An Introduction to TRIZ	USA	[1.176]
1999	Pahl	Denk- und Handlungsweisen beim Konstruieren	DE	[1.128]
	Samuel, Weir	Introduction to Engineering Design	AU	[1.168]

表 1.1 （つづき）

年	著 者	主題／題目	国	文献番号
	VDI	VDI-Richtlinie 2223 (Entwurf): Methodisches Entwerfen technischer Produkte	DE	[1.194]
2000	Pahl/Beitz	Portuguese translation of Pahl/Beitz Engineering Design	BR	[1.132]
2001	Antonsson, Cagan	Formal Engineering Design Synthesis	USA	[1.9]
	Gausemeyer, Ebbesmeyer, Kallmeyer	Produktinnovation mit strategischer Planung	DE	[1.64]
	Kroll, Condoor, Jansson	Innovative Conceptual Design: Parameter Analysis	USA	[1.106]
2002	Sachse	Entwurfsdenken und Darstellungshandeln, Verfestigung von Gedanken beim Konzipieren	DE	[1.166]
	Eigner, Stelzer	Produktdatenmanagement-Systeme	DE	[1.44]
	Neudörfer	Konstruieren sicherheitsgerechter Produkte	DE	[1.120]
	Orloff	Grundlagen der klassischen TRIZ	DE	[1.125]
	Wagner	Wegweiser für Erfinder	DE	[1.201]

一般的な設計手法の適用と体系的設計の基本に慣れている読者は，第5章に飛んで，製品開発の体系的アプローチから直接始めればよいし，必要に応じて第2章から第4章の基本に戻ってもよい．けれども，学生と初心者は基礎固めをしっかりして，基本の章を飛ばすことをしないことがきわめて重要である．

Chapter 2 基 本

設計解を展開するための戦略として役立つ設計アプローチを確立するには，まず，コンピュータ支援の前提条件とともに，工学システムと手続きの基本を考察しておく必要がある．これを終えた後ではじめて，設計作業について詳しく議論することが可能になる．

2.1 技術システムの基本

2.1.1 システム，プラント，装置，機械，組立品および構成部品

技術上の課題を果たす手段は，設備，装置，機械，組立品および構成部品（ここでは大まかに複雑なものから順に並べてある）を含む**技術的人工物**の助けを借りて行われる．これらの用語は，分野によって意味が異なる場合もある．そのため，ある装置（反応炉，蒸発器）が設備よりも複雑であるとみなされたり，特定の分野で「設備」とよばれている人工物が，ほかの分野では「機械」とよばれたりする場合がある．機械は，組立品と構成部品から作られている．制御装置は，設備と機械の中で使用され，同じく組立品と構成部品から構成され，さらに多くの場合，より小さな機械から構成される．これらの用語のさまざまな使われ方は，歴史的経緯と応用分野を反映したものである．エネルギーの変換を行う技術的人工物を「機械」とよび，物質の変換を行う技術的人工物を「機器」，信号の変換を行う技術的人工物を「デバイス」とよぶ規格の策定が試みられている．これらの特徴に基づいた明確な区別がつねにできるわけではなく，現在の用語法は理想的なものではない．

Hubka は，技術的製品を入力と出力を介して環境と接続したシステムとして扱うことを提案しており，これには多くの利点がある．システムは，下位システムに分割することができる．下位システムが特定のシステムに属するかは，その**システムの境界**によって決定される．入力と出力はシステムの境界を越えて環境とつながる（1.2.3項を参照）．このアプローチでは，抽象化，分析，または分類のあらゆる段階で適切なシステムを定義することが可能である．一般的に，このようなシステムは，より大

きな上位システムの一部になっている.

具体例として，軸継手を**図 2.1** に示す．これは，機械内部に装備されているとき，または二つの機械が結合したときには組立品とみなされる「軸継手」というシステムと考えることができる．この組立品は，「たわみ継手」と「クラッチ」という二つの下位システムから構成されているとみなすことができる. それぞれの**下位システム**は，さらにシステム要素（この場合には構成部品）に分解できる.

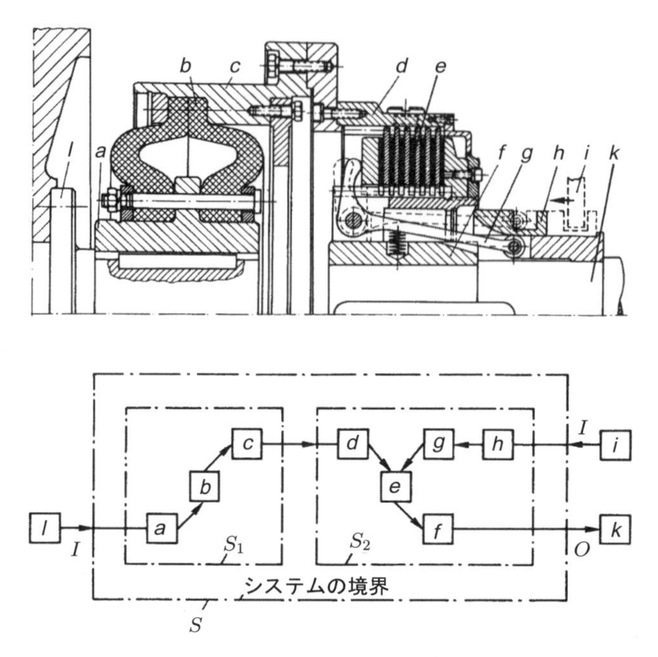

図 2.1　システム「軸継手」

a~*h*：システム要素，*i*~*l*：結合要素，S：全体システム，S_1：下位システム「たわみ軸継手」，S_2：サブシステム「クラッチ」，I：入力，O：出力

図 2.1 に示したシステムは, **構築構造**とよばれる機械的構造を基にしている(図 2.13 参照)．しかし，同様に，システムはその機能の観点から考察することも可能である(2.1.3 項参照)．この場合,「結合する」というシステム全体は,「減衰させる」と「クラッチする」という下位システムに分解することができる．第 2 の下位システムは，さらに,「クラッチに作用する力を垂直力に変換する」と「トルクを伝達する」に分解できる.

たとえば，システム要素 *g* は，作用力を摩擦面に作用する大きな垂直力に変換し，その弾力性により摩耗を均等化する**機能**をもつ下位システムとして扱うことができる.

システムを分解する際にどのような観点を用いるかは，その分割の目的によって異なる．一般的な観点には次のものがある．

- 機能　：機能的関連性を特定または記述するために用いられる．
- 組立品：組立作業を計画するために用いられる．
- 生産　：生産および生産計画を容易にするために用いられる．

用途に応じて，このような下位システムをいくつでも作ることができる．設計者は，特定の目的のために特定のシステムを設定しなければならず，さまざまな入出力を指定し，その境界を定めなければならない．この作業において，設計者は自分の好みの用語を使うこともあるし，特定の分野で慣例になっている用語を使うこともある．

2.1.2 エネルギー，物質および信号の変換

人間はさまざまな形状や形態の物体に出会うが，それ本来の形態，あるいはそれに与えられた形態が，物体の用途に関する情報を与えてくれる．形態のない物体はあり得ず，形態こそが物体の状態に関する主要な情報源である．物理学の発達とともに，力の概念はますます重要になってきている．力は物体の運動を変える手段として理解されていたが，最終的には，このプロセスは，エネルギーという用語で説明されるようになった．相対性理論は，エネルギーと物質とが同等であることを明らかにした．Weizsäcker［2.61］は，基本概念としてエネルギー，物質および情報を挙げている．変化や流れを伴う現象の場合には，時間を基本量に含める必要がある．時間に言及することではじめて，問題となる物理的事象は理解しやすくなるし，エネルギーと物体と情報の相互作用を適切に記述できる．

技術分野における従来からの用語は，具体性のある物理的・技術的表現に関連していることが普通である．**エネルギー**ははっきりとした形態で認識できる場合が多い．たとえば，われわれは機械エネルギー，電気エネルギー，または光学エネルギーという言い方をする．物体に関しては，通常，重さ，色，状態などのような性質をもった**物質**という言い方をする．情報の一般的概念は，**信号**という用語によって，より具体的に表現できる．信号とは，情報が伝達される際の物理的形態であり，人々の間で交換される情報はメッセージとよばれることがある［2.20］．

技術システム（設備，装置，機械，デバイス，組立品あるいは構成部品）を分析することによって，エネルギー，物質および信号が伝達され，変換されたりするような技術的プロセスがその技術システム内で生じていることが明らかになる．このようなエネルギー，物質および信号の変換については，Rodenacker［2.46］によって分析されている．

エネルギーは，さまざまな方法で変換することができる．モータは電気エネルギーを機械と熱エネルギーに，内燃機関は化学エネルギーを機械と熱エネルギーに，原子

力発電所は核エネルギーを熱エネルギーに変換する，などである．

物質も同様に，さまざまな方法で変換することができる．物質（材料）は，混合，分離，着色，表面塗布（コーティング），押し固め，移動，再加工され，その状態を変えることができる．原料は半製品や完成した製品に仕上げることができる．機械部品は目的に応じて特定の形状に加工されたり，特定の表面仕上げをされたり，一部は試験の目的で破壊されたりもする．

どの設備も，**信号**の形で情報を処理しなければならない．信号の，受信，処理，ほかの信号との比較・組合せ，転送，表示，記録が行われる．

技術プロセスでは，問題あるいは設計解の種類に応じて，エネルギー，物質あるいは信号のうちいずれか一つの種類の変換がほかに優先する．これらの変換を「流れ」として考え，優先した変換を**主流**と考えることが有益である．多くの場合には第2の流れも同時に起こるし，しばしば三つの流れが同時に起こることもある．たとえば，どれほど小さくてもエネルギーの流れを伴わない物質または信号の流れはあり得ない．このような場合，エネルギーの供給と変換は優位を占めるわけではないが，それらは依然として考慮が必要である．エネルギーの流れには，力，トルク，電流などの移動が含まれ，これらは力の流れ，トルクの流れおよび電流の流れなどとよばれる．

たとえば，原子力発電所では，石炭火力発電所に比べて，連続的な物質の流れが目に見えにくいが，その場合でも，電力を生みだすエネルギーの変換には物質の変換を伴う．これらの変換に付随して起こる信号の流れは，プロセス全体の制御や調整にとって重要な2次的流れである．

しかし，多くの計測装置は，物質の流れを伴うことなしに，信号の受信，変換，表示を行う．多くの場合，このためにエネルギーを供給しなければならない．別の場合は，潜在的エネルギーが直接引き出される．すべての信号の流れはエネルギーの流れを伴うが，必ずしも物質の流れを伴うわけではない．

三つの基本概念としては，次に示すようなものを扱う．

- エネルギー：機械，熱，電気，化学，光，核など．さらに，力，電流，熱など
- 物質：気体，液体，固体，粉体など．さらに，原料，試験材料，工作物など．最終製品，構成部品など
- 信号：振幅，表示，制御パルス，データ，情報など

本書では，確立された用語法に従って，エネルギーを基にする流れをもつ技術システムを「機械」，物質を基にするものを「機器」，信号を基にするものを「デバイス」とよぶ．

あらゆる種類の変換において，設計課題の定義，設計解の選択および評価のための厳密な基準を設定するにあたり，**量**と**質**とを考慮に入れなければならない．質的な面

に加えて量的な面も考慮していなければ，明確な表現とはいえない．そのため，「80 bar および 500°C における単位時間あたりの蒸気量 100 kg/s」という表現は，たとえば，これらの数字がタービンの最大流量ではなくて蒸気の公称量を指しているとか，蒸気の状態の許容変動量として 80 bar±5 bar や 500°C±10°C 以内に収まるとか，質的な面によって拡張された追加仕様の記載がなければ，蒸気タービンの入力に関して十分な定義であるとはいえない．

多くの技術システムで，入力のコストまたは価値と，出力の最大許容コストを定めることが不可欠になる（文献 [2.46] 参照．カテゴリー: 量－質－コスト）．

したがって，すべての技術システムには，エネルギー，物質および信号の変換が含まれ，これらは量，質および経済の点から定義されなければならない（**図 2.2** 参照）．

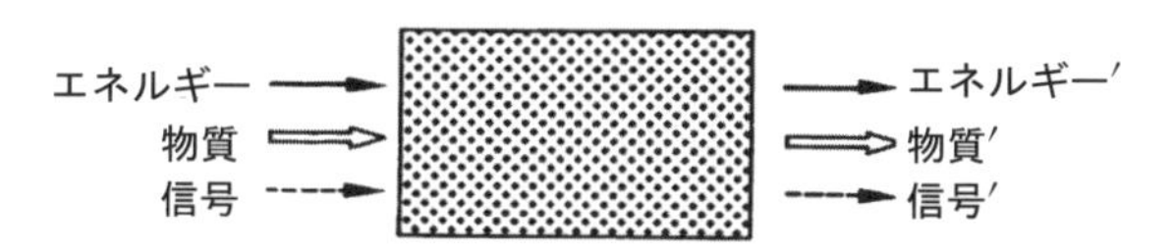

図 2.2　エネルギー，物質および信号の変換
設計解は未知．入力と出力に基づいて記述した製品の役割あるいは機能

2.1.3　機能的相互関係

(1)　課題固有の記述

技術問題を解くためには，システムには入力と出力との間に明確で容易に再現できる相互関係がなければならない．物質変換の場合には，たとえば同一の入力に対しては同一の出力が得られる必要がある．また，プロセスの最初と最後の間に，たとえばタンクに水を満たす場合のように，両者に明確で再現性のある関係が成り立っている必要がある．このような関係がつねに仕様を満たすように計画し，設計されなければならない．設計上の問題を記述して設計解を得るためには，ある課題を果たすことを目的とするシステムの意図された入力と出力の関係に**機能**という用語を用いるのがよい．

静的プロセスの場合，入力と出力を決定するだけで十分であるが，時間とともに変化するプロセス（動的プロセス）の場合，さらに初期値と最終値を記述することでシステムの課題を定義しなければならない．この段階では，どのような設計解がこの種の機能を満足させるかを明記する必要はない．したがって，機能は特定の設計解とは独立して，課題を抽象化した設定となる．全体の課題が十分に定義されたら，すなわち，システム内のすべての量の入力と出力，それらの実際の特性あるいは要求される特性がわかれば，**全体機能**を明確に記述することが可能になる．

全体機能は，多くの場合，下位課題に対応して，それぞれ識別可能な**下位機能**に直接分割することができる．一部の下位機能は，ほかの機能より前に条件を満たさなければならないため，下位機能と全体機能の関係には特定の制約がかかることが非常に多い．

一方，下位機能どうしを多様な方法でつなぎ合わせて，代替案（代替設計案）を組み上げることが可能である．このようなつなぎ合わせには，適合性がなければならない．

有意義で適合性のある下位機能の組合せで全体機能が構成される場合，いわゆる**機能構造**が作られる．この機能構造は，全体機能の条件を満たすように変更してもよい．この目的を果たすために，ブロック図を作成するとよい．ブロック図では，**図 2.3**(図 2.2 も参照）に示すように，特定のブロック（ブラックボックス）内のプロセスと下位システムは最初の段階では無視してよい．機能構造内の下位機能を表すために用いられる記号を**図 2.4** にまとめた．

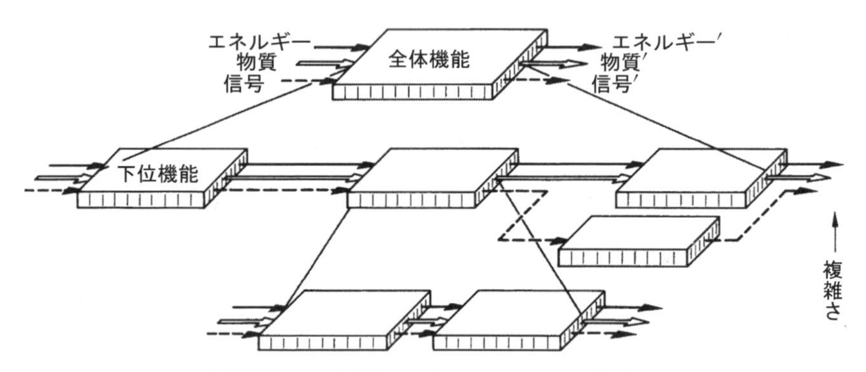

図 2.3　全体機能を下位機能に分解することによる機能構造の構築

機能は，通常，一つの動詞と一つの名詞からなる表現で定義する．たとえば，「圧力を上げる」，「トルクを伝達する」および「速度を下げる」などである．これらの表現は，2.1.2 項で論じたエネルギー，物質および信号の変換から課題ごとに得られる．可能な限り，これらのデータのすべてに物理量の仕様値を付記するとよい．大部分の機械工業製品では，普通，機能構造に決定的影響を与える物質あるいはエネルギーのいずれかの変換を伴い，この 3 種類すべての変換の組合せが発生している場合が多い．関係するすべての機能の分析はつねに役に立つ（文献 [2.59] も参照）．

機能を主要なものと補助的なものに分類することは，多くの場合に有用である．**主要機能**とは，全体機能に直接的に役立つ下位機能であり，**補助機能**とは，間接的に役立つ下位機能である．主要機能と補助機能は，相互に支援または補助の課題を果たす

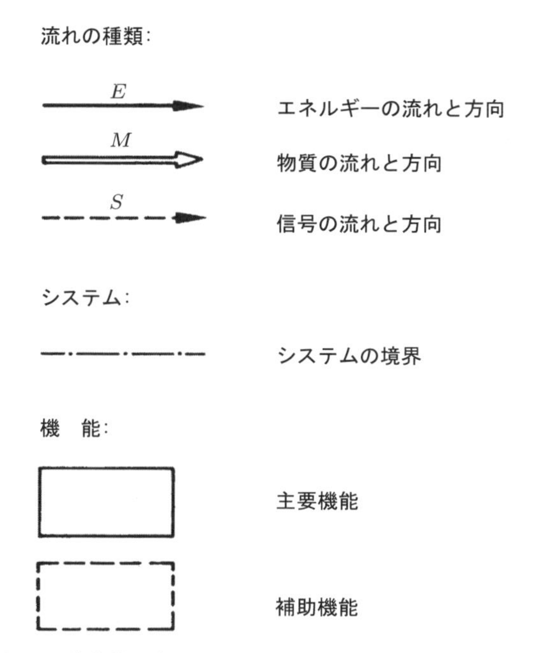

図 2.4　機能構造内の下位機能を表すために用いられる記号

特徴をもっていて，多くの場合，機能が主要か補助的であるかは，主要機能に対する設計解の性質によって決まる．これらの定義は，価値分析［2.7, 2.58, 2.60］に由来している．主要機能と補助機能は必ずしも明確に区別できるわけではないが，それでもこれらの用語は有用である．これらの区別は柔軟になされるべきである．たとえば，着目点を変えることから生じるシステムの境界の変更によって，補助機能を主要機能に変更することや，その逆の変更を行うことができる．

多様な下位機能の間の関係を考察し，それらの論理的順序あるいは要求される配置に特別な注意を払うことも必要である．

例として，ある長さのカーペットから打ち抜かれたタイルカーペットの梱包作業を考えてみよう．最初の課題は，良品のタイルカーペットを選別し，数量を数え，あらかじめ決めておいたロット単位に梱包することができるような制御方式を導入することである．ここでの主要な流れは，**図 2.5** のブロック図に示す物質（材料）の流れである．この場合，これが唯一の可能な順序である．さらに考察を進めると，一連の下位機能には，次の理由で補助機能の導入が必要であることがわかる．

- 打ち抜き作業によって，取り除かなければならない抜きくずが生じる．
- 不良品を個別に取り除き，再加工しなければならない．
- 梱包材を扱わなければならない．

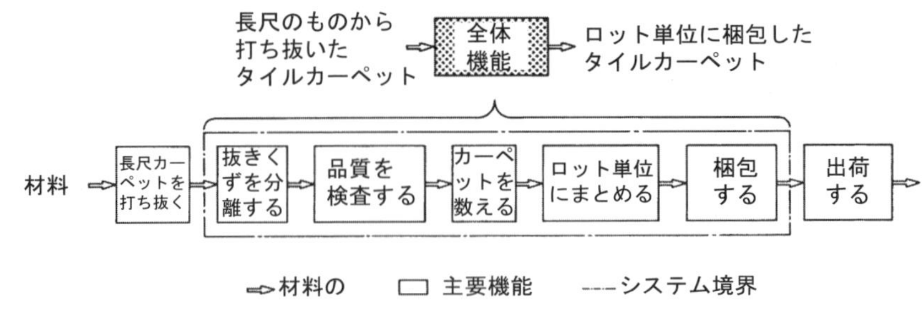

図 2.5　タイルカーペットの梱包に関する機能構造

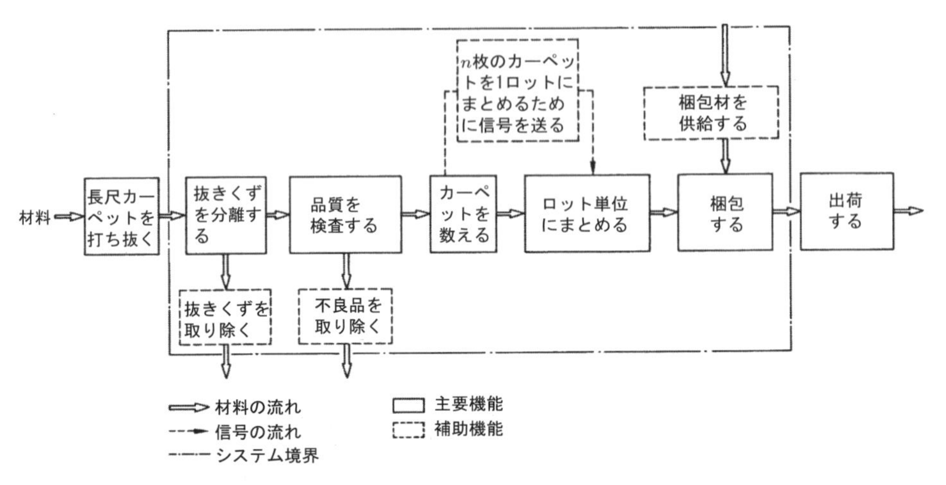

図 2.6　図 2.5 に補助機能を付け加えたタイルカーペットの梱包に関する機能構造

この結果，**図 2.6** に示す機能構造が得られる．この図から，「タイルカーペットを数える」という下位機能が，指定サイズのロットごとにタイルカーペットを梱包するという信号を送信することがわかり，「n 枚のタイルカーペットを一つのロットにまとめる信号を送信する」という下位機能をもつ信号の流れを機能構造に導入することが有用であるように思える．この場合の機能は，課題固有の機能であり，その定義は対象課題に適した用語法から導かれる．

設計以外の領域では，機能という用語は，文脈によって，広い意味で用いられたり，狭い意味で用いられたりする．

Brockhaus［2.40］は，機能として活動，効果，目標および制約条件の四つを一般的に定義している．数学において，機能（関数）とは，y の唯一の値（一価関数）または複数の値（多価関数）が，x のあらゆる値に関係づけられる大きさ y と大きさ x の関係である．文献［2.7］に示される値分析の定義に従えば，関数は人工物の振る舞い（課題，活動，特性）を規定するものである．

(2)　一般的に有効な記述

設計方法論のさまざまな研究者（1.2.3 項参照）が，**一般的に有効な機能**を，より広範囲に，より厳密に定義してきた．理論的には，もっとも下位レベルの機能構造がそれ以上分解できない機能のみから構成されるように，ある機能を分解し，残りを一般的に適用できるものとすることができる．したがって，一般的に有効な機能とは抽象化のレベルが高い機能である．

Rodenacker [2.46] は二値論理の点から一般的に有効な機能を定義し，Roth [2.47, 2.49] は一般的な適用性の点から定義を行い，Keller [2.28, 2.29] は要求される物理作用の点から定義をしている．Krumhauer [2.31] は，種類，大きさ，数，位置，時間の変化後における入力と出力の関係に注目しながら，概念設計フェーズにおけるコンピュータの適用可能性に照らして一般的な機能を考察している．全体として，Krumhauer のいう機能は，次の相違点を除けば Roth と同じ意味になっている．すなわち，Roth は「変化」という表現によって入力と出力の種類の変化のみを指しているのに対して，Krumhauer は「増加または減少」という表現によって大きさの変化のみに言及している．

ここで紹介する設計方法論の文脈では，Krumhauer の一般的に有効な機能が用いられる（**図 2.7** 参照）．

図 2.5 に示した機能の連鎖は，**図 2.8** に示すように，一般的に有効な機能を用いて表すことができる．

特　性 入力(I)/出力(O)	一般的に有効な機能	記　号	説　明
種　類	変更する		IとOで種類と 外観が異なる
大きさ	変える		I < O I > O
数	連結する		Iの数 > Oの数 Iの数 < Oの数
場　所	伝達する		Iの場所 ≠ Oの位置 Iの場所 = Oの位置
時　間	貯蔵する		Iの時間 ≠ Oの時間

図 2.7　エネルギー，物質，信号の変換の大きさ，数，位置，時間という特性種類から得られた一般的に有効な機能

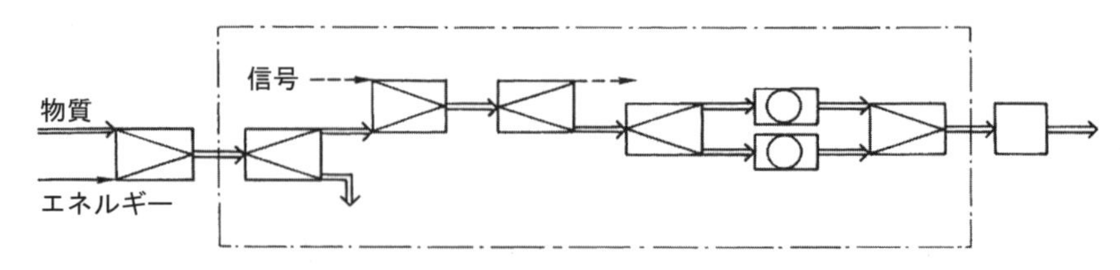

図 2.8　図 2.5 に示されたものと同じ機能構造を，図 2.7 で定義された一般的に有効な機能を用いて表したもの

図 2.5 と図 2.8 の機能の表現を比較すると，一般的に有効な機能を用いた記述の方が高いレベルの抽象化がなされていることがわかる．このため，一般的に有効な機能はすべての可能な設計解にオープンになっており，体系的なアプローチがより容易になる．しかし，一般的に有効な機能を用いることで問題が生じる場合もある．このような抽象化レベルにより，設計解の直接的探索が妨げられることがあるためである．課題固有の用途と一般的に有効な機能の詳細については，いくつかの例と併せて，6.3 節を参照してほしい．

(3)　論理的記述

機能の関係の論理的分析は，全体的問題を解決しようとすれば必ずシステムに現れなければならない不可欠な機能を探索することから始まる．これは下位機能間の関係かもしれないし，特定の下位機能の入力と出力の関係かもしれない．

まず，下位機能どうしの関係をみてみよう．すでに指摘したように，ある下位機能が満足されてはじめて，別の下位機能が意味をもって導入できる場合がある．いわゆる「IF-THEN」関係は，この点を明確にすることに役立つ．つまり，もし下位機能 A が存在すれば，下位機能 B が有効になるなどの関係である．いくつかの下位機能がすべて同時に満足されてはじめて，ほかの下位機能が有効になる場合も多い．したがって，下位機能の調整によって，検討しているエネルギー，物質および信号に関する変換の構造が決定される．したがって，引張試験では，最初の下位機能「試験片に負荷する」が満足されてはじめて，ほかの下位機能「荷重を測定する」と「変形の測定」がはたらく．さらに，最後の二つの下位機能は，同時に満足されなければならない．検討している流れの中で一貫性と順序に対して注意を払う必要がある．これは，下位機能を明確に組み合わせることによって確保できる．

さらに，特定の下位機能における入出力間の論理的関係も構築しなければならない．多くの場合，入力と出力の関係を二値論理における命題として取り扱うことができる．入力と出力の大きさの間の**基本的論理結合**はこのために存在している．二値論理では，これらは，真／偽，はい／いいえ，イン／アウト，達成／未達，在／不在，オン／オフなどで表現でき，ブール代数を用いて演算できる．

ここでは，AND 機能，OR 機能および NOT 機能があり，また，それらを組み合わせたより複雑な NOR 機能（OR の結果を NOT），NAND 機能（AND の結果を NOT）およびフリップフロップによる記憶機能［2.4, 2.45, 2.46］がある．これらはまとめて**論理機能**とよばれる．

AND 機能の場合には，出力側の信号が真であるためには入力側の信号がすべて真でなければならない．

OR 機能の場合，出力側の信号が真であるためには入力側の信号のいずれか一つが真であればよい．

NOT 機能の場合には，入力側の信号が否定されて出力側に信号が出力される．

これらの論理機能はすべて，文献［2.4］に示される標準化された記号によって表現できる．すべての信号の論理的な真偽は，**図 2.9** に示した真理値表から読み取ることができる．この表は入力のすべての組合せとそれに対応する出力の関係を体系的に示している．ブール代数式は完全を期すために追加されたものである．論理機能を用いると，複雑なスイッチを構成することが可能になり，制御システムや通信システムの安全性と信頼性を高めることができる．

図 2.10 は，特徴的な論理機能をもつ機械式クラッチを示したものである．左側のクラッチの動作は，単純な AND 機能によって表現できる（トルクが伝達される前に，操作信号が送られクラッチの接続が完了していなければならない）．右側のクラッチは，動作信号が与えられるとクラッチが切られるように作られたもので，トルクが伝

名　称	AND機能（論理積）	OR機能（論理和）	NOT機能（否定）
記　号	X_1, X_2 → [&] → Y	X_1, X_2 → [≧1] → Y	X → [1]○ → Y
真理値表	X_1: 0 1 0 1 X_2: 0 0 1 1 Y: 0 0 0 1	X_1: 0 1 0 1 X_2: 0 0 1 1 Y: 0 1 1 1	X_1: 0 1 X_2: 1 0
ブール代数（機能）	$Y = X_2 \wedge X_1$	$Y = X_2 \vee X_1$	$Y = \bar{X}$

図 2.9　論理機能

X は独立変数（信号），Y は従属変数，「0」は「オフ」を示し，「1」は，「オン」を示す

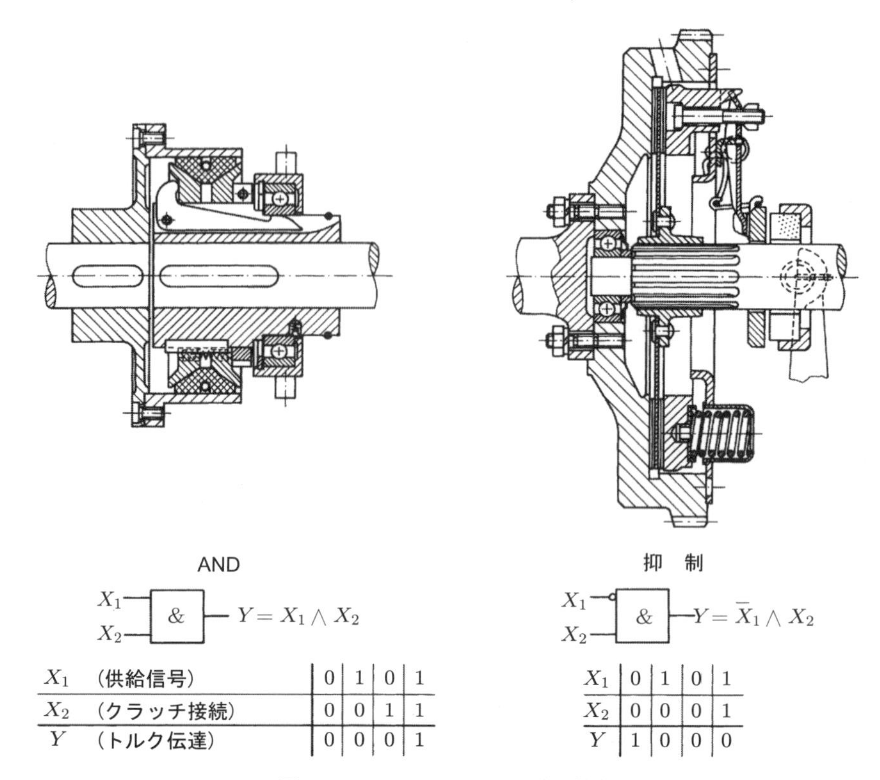

X_1　（供給信号）	0	1	0	1
X_2　（クラッチ接続）	0	0	1	1
Y　（トルク伝達）	0	0	0	1

X_1	0	1	0	1
X_2	0	0	0	1
Y	1	0	0	0

図 2.10　二つのクラッチの論理機能

達されるには X_1 がオフでなければならないことを意味している．言い換えると，所望の作用を得るには，X_2 のみが存在するかオンでなければならない．

図 2.11 は，AND 機能と OR 機能からなる，多連軸受によって支持された軸受潤滑システムを監視する論理システムを示している．すべての軸受位置で，仕様値または目標値と測定値を比較することで油圧と油の流れが監視される．ただし，システムが動作するには，各軸受位置に対していずれか一方の値がオンであることが必要となる．

2.1.4　物理的相互関係

機能構造を構築することによって設計解を広く探索することが簡単になり，下位機能に対する設計解を個々に作り上げることができる．したがって，機能構造を構築することで設計解を発見しやすくなる．

はじめに「ブラックボックス」によって表された個々の下位機能は，この段階で，より具体的な表現に置き換えることが必要になる．下位機能は，普通，物理的，化学的，または生物学的プロセスによって実現される．機械工学的な設計解はおもに物理

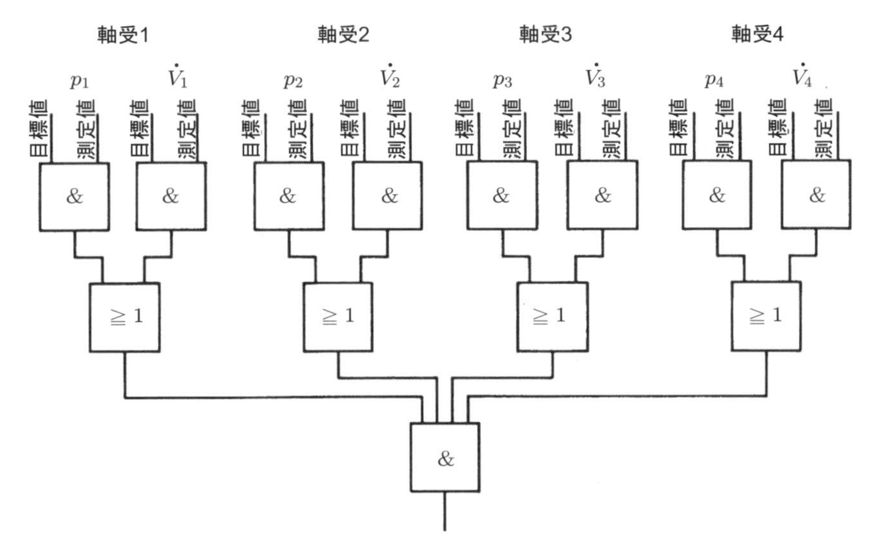

図 2.11 軸受潤滑システム監視用論理機能

各軸受の信号が正であれば（油が存在していれば）運転できる．油圧 p と油の流れ V を監視する．

的プロセスを基礎とするのに対し，プロセス工学的な設計解はおもに化学的および生物学的プロセスを基礎とする．以後，物理的プロセスについて言及する場合は，暗黙のうちに化学的・生物学的プロセスも含むものとする．

物理的プロセスは，選択された**物理作用**によって実現される．そして，決定された**幾何的特性**と**材料的特性**によって**物理的相互関係**がもたらされ，課題に応じた機能が実現される．したがって，物理的相互関係は，選択された幾何的特性と材料的特性を組み合わせた物理作用を通して現れる．

(1) 物理作用

物理作用は，関係する物理量を支配する物理法則によって定量的に記述することができる．たとえば，摩擦作用はクーロンの法則 $F_{\mathrm{F}}=\mu F_{\mathrm{N}}$，てこの作用はてこの法則 $F_{\mathrm{A}} \cdot a=F_{\mathrm{B}} \cdot b$，熱膨張の作用は熱膨張の法則 $\Delta l=\alpha \cdot l \cdot \Delta\theta$（**図 2.12** 参照）によってそれぞれ記述される．Rodenacker［2.46］と Roller［2.28］は，とくにこのような作用を調査している．

いくつかの物理作用を組み合わせて，一つの下位機能を実現してもよい．たとえば，二つの合金からなるはりのはたらき（バイメタル作用）は，二つの作用，すなわち熱膨張と弾性との組合せによって得られたものである．

一つの下位機能が，さまざまな物理作用の一つによって実現できることも多い．たとえば，力は，てこの作用，くさび作用，電磁気作用，水力作用などによって増幅で

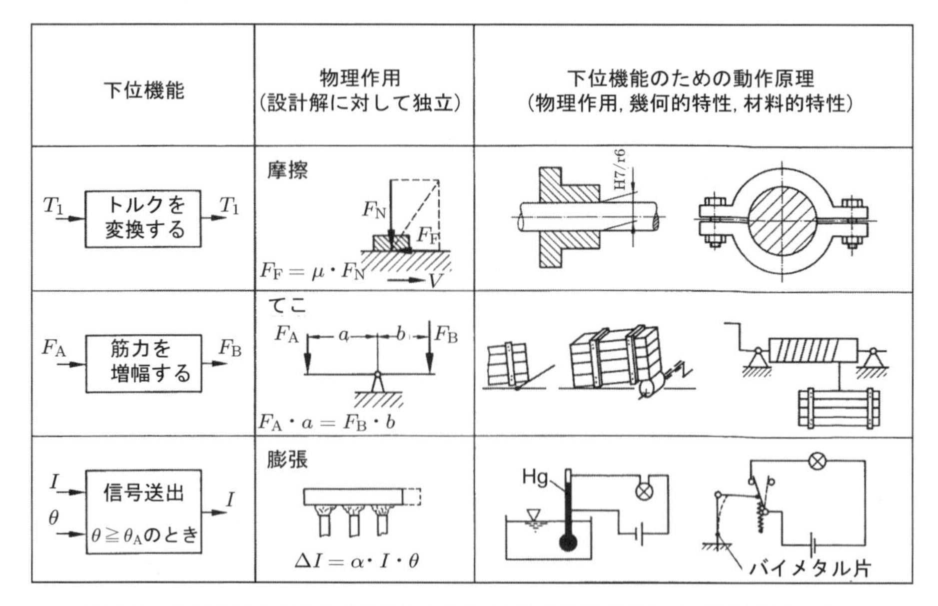

図 2.12　物理作用と形状設計特性から作り上げた設計解原理による下位機能の実現

きる．ただし，特定の下位機能のために選択された物理作用は，ほかの関連する下位機能の物理作用との間に適合性がなければならない．

たとえば，油圧による増幅器は，電気バッテリーから直接電力供給を受けることはできない．さらに，特定の物理作用は，ある条件の下でのみ一つの下位機能を最適に実現することができる．たとえば，空気圧制御システムは，特定の環境の下でのみ，機械制御システムや電気制御システムよりも優れている．

一般に，下位機能の物理作用間に適合性があるかどうかや，最適化が実現されているかどうかは，幾何的特性，材料的特性がより具体的に定められた実体化の段階において，全体機能との関係においてのみ現実的に評価することができる．

(2)　幾何的特性と材料的特性

物理的プロセスが実際に作用を生じる場所が**作用位置**，つまり，その時点で関心の中心となる特定の活動位置である．ある機能は，**作用幾何**，つまり**作用面**（あるいは作用空間）の配置と，**作用運動**の選択によって得られる物理作用によって実現される [2.33]．作用面は次のものに関して変化し，決定される．

- 種類
- 形状
- 位置

- 寸法
- 数 [2.46]

同様に，必要とされる作用運動は次の項目によって決まる．

- 種類：並進運動 - 回転運動
- 性質：規則的 - 不規則的
- 方向：x，y，z 方向および／あるいは x，y，z 軸周り
- 大きさ：速度など
- 数：一つ，複数など

さらに，作用面を形成する**材料の種類**に関する一般的アイデアが必要である．たとえば，固体，液体，気体のいずれか，堅いかあるいは柔軟性があるか，弾性体か塑性体か，剛性や硬度，靭性，耐腐食性などである．最終形態に関する一般的アイデアだけでは不十分なことが多い．**おもな材料的特性**は，所要の物理的相互関係が適切に定式化される前に指定されていなければならない（図 3.18 参照）．

幾何的特性と材料的特性（作用面，作用運動，材料）の物理作用を組み合わせることによって，設計解の原理が導かれる．この相互関係の組合せは**設計解原理**とよばれ（Hansen [2.19] はこれを作用手段とよんでいる），設計解を実現する最初の具体的ステップである．

図 2.12 はいくつかの例を示したものである．

- クーロンの法則に従って円筒形状の**作用面**に摩擦力によりトルクを伝達する場合は，垂直抗力のかけ方によって，焼きばめ，または締め付け連結が設計解原理の選択肢として導かれる．
- てこの原理に従って筋力を増幅する場合は，支点と力点（**作用面**）の決定と必要な**作用運動**を考慮した後，設計解原理（てこ，偏心円筒などの設計解）の記述が導かれる．
- 線膨張の法則に従い膨張作用を利用してギャップを埋めることで電気的接触を得る場合，全体の設計解原理を導くには，膨張媒体（**材料**）の**作用運動**に必要な**作用面**の寸法（たとえば直径と長さ）と位置が決定されなければならない．たとえば，水銀を一定量だけ膨張させるか，バイメタル板をスイッチとして用いるか，などである．

全体機能を満足させるために，さまざまな下位機能の作用原理を組み合わせる必要がある（3.2.4 項参照）．これを行うには，明らかに複数の方法がある．VDI ガイドライン 2222 [2.55] では，おのおのの組合せを，**原理の組合せ**とよんでいる．

複数の作用原理の組合せは，設計解の**作用構造**をもたらす．この作用原理の組合せを通じて，全体の課題を実現するための設計解原理を理解することができる．したがっ

て，機能構造から導かれた作用構造は，基本原理のレベルで設計解がどのように機能するかを表している．Hubka は，作用構造を組織構造［2.22–2.24］とよんでいる．

既知の要素については，回路図またはフローチャートが，作用構造を表す手段として十分なものになる．機械的人工物は技術図面を用いて効果的に表現することができるが，新しい要素や一般的でない要素には追加の説明図が必要となることがある（図 2.12，**図 2.13** を参照）．

多くの場合，作用構造だけでは，設計解原理を評価するだけの十分な具体性がない．設計解原理が確定される前に，予備計算や大まかな縮尺図などによって，作用構造が定量化されることが必要になる場合がある．この結果は**原理的設計解**とよばれている．

2.1.5 構造的相互関係

作用構造内で確立された物理的相互関係は，**構築構造**につながるさらなる概念化の開始点である．この相互関係は，構成部品，組立品，機械，およびそれらの相互接続を定義することで，具体的な技術的人工物あるいはシステムとなる．構築構造では，生産，組立，運搬などの必要性が考慮される．図 2.13 は，図 2.1 に示したクラッチの基本的相互関係を示したものである．抽象化のレベルが高くなっていることがはっきりとわかる．

構築構造の具体的要素は，選択された作用構造の要求事項を満たさなければならない．また，その技術システムが意図されたとおりに動作するために必要な，その他のすべての要求事項を満たさなければならない．これらの要求事項を十分に特定するには，普通，システムの相互関係を考慮することが必要になる．

2.1.6 システムの相互関係

技術的人工物およびシステムは，単独で動作するのではなく，一般的に，より大規模なシステムの一部になっていることが多い．全体機能を実現するうえで，そのようなシステムは多くの場合，入力（操作，制御など）を通じて人間の関与を受ける．システムは，**波及効果**または信号を返し，これがさらなる動作につながる（**図 2.14** 参照）．このようにして，人間はその技術システムの**意図された結果**を支援したり，可能にしたりする．

所望の入力とは異なり，望んでいない入力が環境や隣接システムから与えられた場合，それが技術システムに影響することがある．このような**外乱効果**（過剰温度など）は，望まれない**副作用**（たとえば，形状の変形あるいは位置のずれなど）を引き起こすことがある．また，所望の物理的相互関係（意図された結果）に加えて，副作用として，望まれない現象（振動など）がシステム内の個々の構成部品や全体的システム

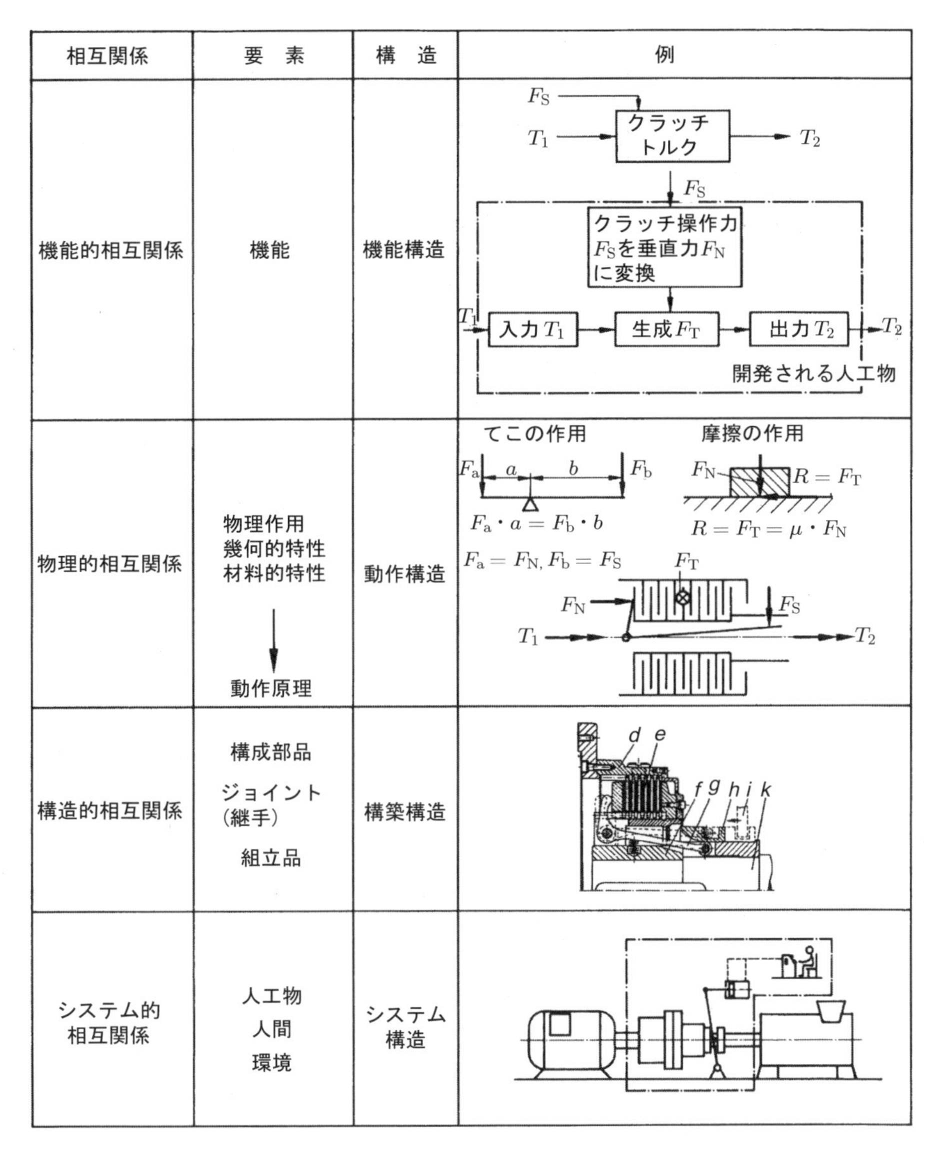

相互関係	要　素	構　造	例
機能的相互関係	機能	機能構造	F_S, T_1, クラッチトルク, T_2; クラッチ操作力 F_S を垂直力 F_N に変換; 入力 T_1, 生成 F_T, 出力 T_2; 開発される人工物
物理的相互関係	物理作用 幾何的特性 材料的特性 ↓ 動作原理	動作構造	てこの作用: $F_a \cdot a = F_b \cdot b$; 摩擦の作用: $R = F_T = \mu \cdot F_N$; $F_a = F_N, F_b = F_S$
構造的相互関係	構成部品 ジョイント（継手） 組立品	構築構造	d e f g h i k
システム的相互関係	人工物 人間 環境	システム構造	

図 2.13　技術システムにおける相互作用

から生じたりする場合もある．これらの副作用は，人間や環境に悪影響をおよぼす可能性がある．

図 2.14 に従い，次の区別を行うことが有益である（[2.56] 参照）．

- 意図された結果：システム運用の点で機能的に望まれる効果
- 入力：技術システムに対する人間の活動に基づく機能関係

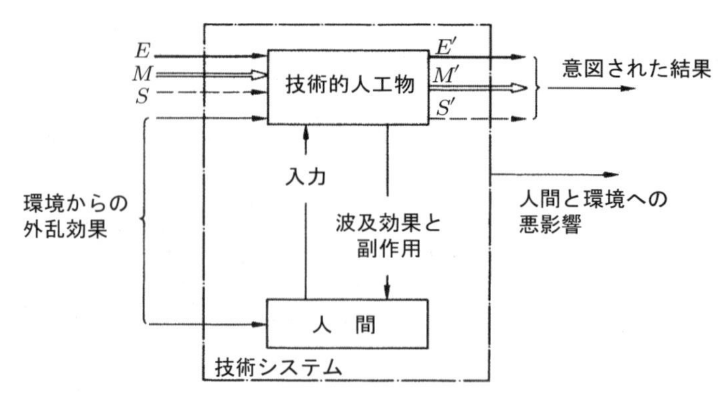

図 2.14　人間を含む技術システムの相互関係

- 波及効果：人間または別の技術システムに対する技術システムの活動に基づく機能関係
- 外乱効果：技術システムあるいは人間に対して外部からもたらされる機能的に望まれない影響で，システムがその機能を実現することを困難にするもの
- 副作用：技術システムが人間あるいは環境に及ぼす，機能的に望まれず意図されない結果

技術システムの開発時には，これらすべての効果の全体の相互関係を慎重に考慮しなければならない．この関係を早い段階で認識し，望まれる効果を利用して，望まれない効果を回避するには，2.1.7 項に示す全体目標と制約に関する体系的ガイドラインに従うとよい．

2.1.7　体系的ガイドライン

技術上の課題に関する設計解は，一般的目的と制約条件によって決まる．**技術的機能の実現，経済的実現可能性の達成**および**人間と環境に関する安全要求事項の遵守**を，ここでは一般的な目的とみなすことができる．技術的機能の実現だけでは，設計者の課題は完了しない．それは単なる目的の一つにすぎない．経済的実現可能性はもう一つの不可欠な要求事項であり，人間と環境の安全は倫理的理由で考慮しなければならないものである．これらの目的のいずれも，ほかの目的に直接的に影響を及ぼす．

さらに，技術上の課題に対する設計解は，人間工学，生産方式，輸送設備，意図した操作などから生じる一定の制約条件または要求にしばられ，このような制約条件は特定の課題の結果によるか，現行の技術力の結果によるかのいずれかである．前者の場合では，課題に固有の制約条件として扱われる．後者の場合では，一般的な制約条件が扱われ，それは明確に規定できないことが多いが，考慮しなければならない．

Hubka［2.22-2.24］は，これらの制約条件によって影響を受ける特性を，産業，人間工学，美観，配送，納入，計画，設計，生産および経済の各要素に基づいて，いくつかのカテゴリーに分類している．

機能関係と物理的相互関係を満たすことに加えて，設計解は一般的制約条件あるいは課題固有の制約条件も満たさなければならない．これらは次の項目ごとに分類される．

- 安全：信頼性と可用性を含めた広い意味での安全
- 人間工学：人間と機械のかかわり，さらに美的外見あるいは感性に訴えること
- 生産：製品の製造に必要な生産設備と種類
- 品質管理：設計と製造プロセス全体
- 組立：構成部品の製造中および製造後
- 輸送：工場の内部および外部
- 操作：意図された使用と取扱い
- メンテナンス：維持，検査および修理
- 経費：コストとスケジュール
- リサイクル：再利用，再構成，処分，最終貯蔵

これらの制約条件から導き出された特性は，要求事項として一般的に規定されるもので（5.2 節参照），機能構造，動作構造および構築構造に影響を与え，さらに相互に影響し合う．したがって，これらは設計プロセスを通じて**ガイドライン**として扱われ，実体化の各段階で適合する必要がある（**図 2.15** および図 12.3 を参照）．

さらに，顧客，特定の状況，環境に加えて，設計者，開発チームおよびサプライヤにも影響される．**概念設計フェーズ**であっても，少なくとも本質的な部分については，上記のガイドラインを考慮することが賢明である．**実体設計フェーズ**では，多少定性的に練り上げられた作用構造のレイアウト設計および形状設計が最初に定量化される際に，課題の目的と一般的制約条件および課題固有の制約条件を具体的かつ詳細に検討しておかなければならない．この作業はいくつかのステップから成り立っている．すなわち，さらに多くの情報を収集するステップ，レイアウトおよび形状を設計するステップ，部分的ではあってもさまざまな下位課題のための新しい設計解を探索すると同時に弱点を除去するステップである．そして最後に，**詳細設計フェーズ**において，詳細な製造指示書を作り上げて，設計プロセスが完了する（第 5 章～第7 章を参照）．

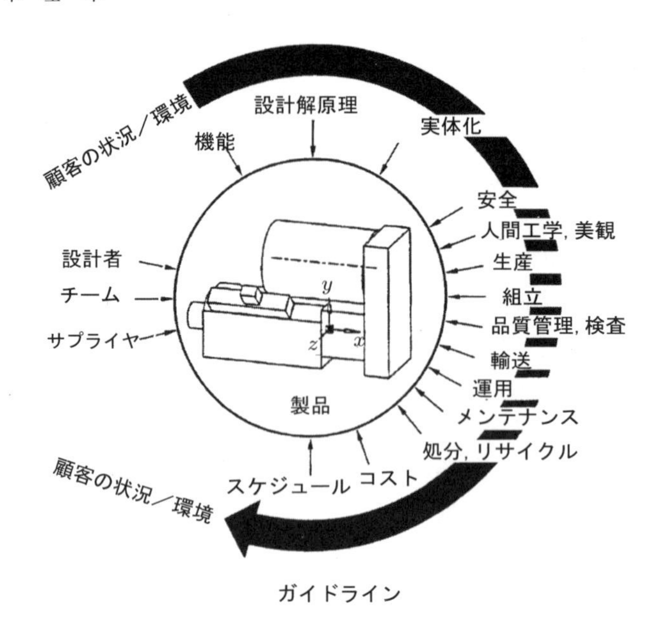

図 2.15　設計・開発段階での影響と制約条件．これらは品質管理のガイドラインを与える．

2.2　体系的アプローチの基本

体系的設計の具体的なステップとルールを扱う前に，認知心理学的な関係と一般的原理を議論しておく必要がある．これらは，提案された手順と個々の手法を構造化し，それらが目的にかなった形で設計解に適用できるようにすることに役立つ．この考え方は，おもに非技術領域を含む多くの異なった学問分野に由来するもので，普通，学際的基礎の上に成り立っているものである．労働科学，心理学および哲学などが，おもな示唆を与えてくれる．作業手順改善のために設計された手法が，人間の思考の質，容量，限界に影響することを考えれば，これは驚くべきことではない［2.41］．

2.2.1　問題解決プロセス

設計者は，すぐには解決できない問題が含まれる課題に直面することがしばしばある．異なる用途分野における問題解決と，異なるレベルの具体化が，設計者の仕事の特色である．人間の思考の本質を研究することが，認知心理学の中心である．この研究の結果は，エンジニアリングデザインで考慮されなければならない．以下の項は，ほとんど Dörner［2.8, 2.10］の仕事に基づいたものである．

問題は，次の三つの要素をもっている．

• 望ましくない初期状態，つまり，不満足な状況の存在

- 望ましい目標状態，つまり，満足な状況の実現
- 特定の時点で，望ましくない初期状態から望ましい目標状態への移行を妨げる障害

移行を妨げる**障害**は，次の状況から生じる場合がある．

- 障害を克服する手段が不明であるが，見つけ出さなければならない（体系的設計またはオペレータの問題）．
- 障害を克服する手段は判明しているが，その数が多いか，多くの組合せがあるため，体系的調査が不可能である（補間の問題，組合せと選択の問題）．
- 目標があいまいであるか，明確に規定されていない．設計解を見つけ出すことは，満足な状況が得られるまで検討を継続し，矛盾を解決することが含まれる（弁証法の問題，探索と応用の問題）．

問題は，次の典型的特徴をもっている．

- **複雑さ**：多くの構成部品が関係し，これらの構成部品がさまざまな強さの連結を通して相互に影響し合う．
- **不確かさ**：一部の要求事項が判明していない．一部の基準が確立されていない．また，全体的な設計解またはほかの部分的な設計解に対する部分的な設計解の効果も完全に理解されていないか，じわじわと現れてくる．問題領域の特徴が時間とともに変化するとき，困難はいっそう明確になる．

課題は，次の理由で問題とは区別される．

- 課題とは，さまざまな手段と手法を補助として利用できる知的要件を課すものである．たとえば，特定の負荷，接続寸法および生産手法をもつ軸の設計がある．

課題と問題は，設計時にさまざまな形で現れ，互いに組み合わされて，最初は明確に分離できない状態になっていることが多い．たとえば，特定の設計課題を詳細に検討したとき，それが問題であるとわかることがある．多くの大規模課題は下位課題に分割することができ，その一部は困難な下位問題を明らかにする．一方で，以前には知られていなかった組合せで複数の下位課題を実現することで，問題が解決可能になる場合もある．

思考プロセスは脳内で発生し，記憶内容の変化を伴う．思考するとき，記憶内容とそれらの結合状態は重要な役割を果たす．

簡単にいえば，問題解決を始めるためには，人間はその問題領域における，一定レベルの**事実知識**を必要とする．認知心理学では，この知識が記憶に変わり，**認識構造**となる．

また，人間は，設計解を効率的に発見するために，一定の**手順**（手法）を必要とする．この側面には，人間の思考の**発見的構造**が含まれる．

短期記憶と長期記憶を区別することが可能である．短期記憶は一種の作業用記憶域である．短期記憶は容量が限定され，同時に約7個の引数または事実しか保持できない．長期記憶は，おそらく無限の容量をもち，事実に基づいた知識と発見的知識を含み，これらの知識は構造化された形で保存されているようにみえる．

このように，人間は特定の関係をさまざまな形で認識し，これらの関係を利用し，新しい関係を作り出すことができる．このような関係は，技術領域において非常に重要である．たとえば，次のものがある．

- 具体性 – 抽象性の関係
  たとえば，アンギュラ軸受 – 玉軸受 – 転がり軸受 – 軸受 – ガイド – 力の伝達と構成部品の位置決め
- 全体 – 部分の関係（階層）
  たとえば，設備 – 機械 – 組立品 – 構成部品
- 空間 – 時間の関係
  たとえば，配置 : 前 – 後，上 – 下
  たとえば，順序 : これが先 – あれが後

記憶は，ノード（知識）と接続（関係）をもち，修正と拡張が可能な意味ネットワークとして考えることができる．**図 2.16** は，必ずしも完全ではないが，「軸受」という言葉に関係した意味ネットワークを示したものである．

このネットワークでは，上で言及した関係や，特性関係，逆の関係（正反対の関係）などを認識することが可能である．思考にはこのような意味ネットワークの構築と再構築が含まれ，思考プロセス自体が直観的または推論的に進行する．

直観的思考は，ひらめきと強く関係している．実際の思考プロセスはその大部分が無意識的に発生する．洞察は，何らかのきっかけや連想によって，突然，意識に現れる．これは第1の創造性［2.2, 2.30］とよばれ，きわめて複雑な関係の処理を行う．これに関連して，Müller［2.36］は，常識や背景知識を含む「暗黙知」に言及している．これも，気まぐれな記憶，漠然とした概念，不明確な定義を処理するときに利用できる知識である．この知識は意識と無意識両方の思考活動によって活性化される．

一般に，平静で無意識的な「思考」に突然の洞察が現れるには時間が必要となる．この潜伏期間に，何かを求める気持ちでいてはならない．洞察は，自由にスケッチを描いたり，設計解のアイデアの技術図面を作成したりすることがきっかけになって得られることがある．文献［2.14］に従えば，これらの手作業は注意を対象に集中させるが，頭の中に無意識の思考プロセスで使われる領域は残っており，思考プロセスはこのような活動によって刺激される．

推論的思考は，伝達され影響を受けることが可能な意識的プロセスである．事実と

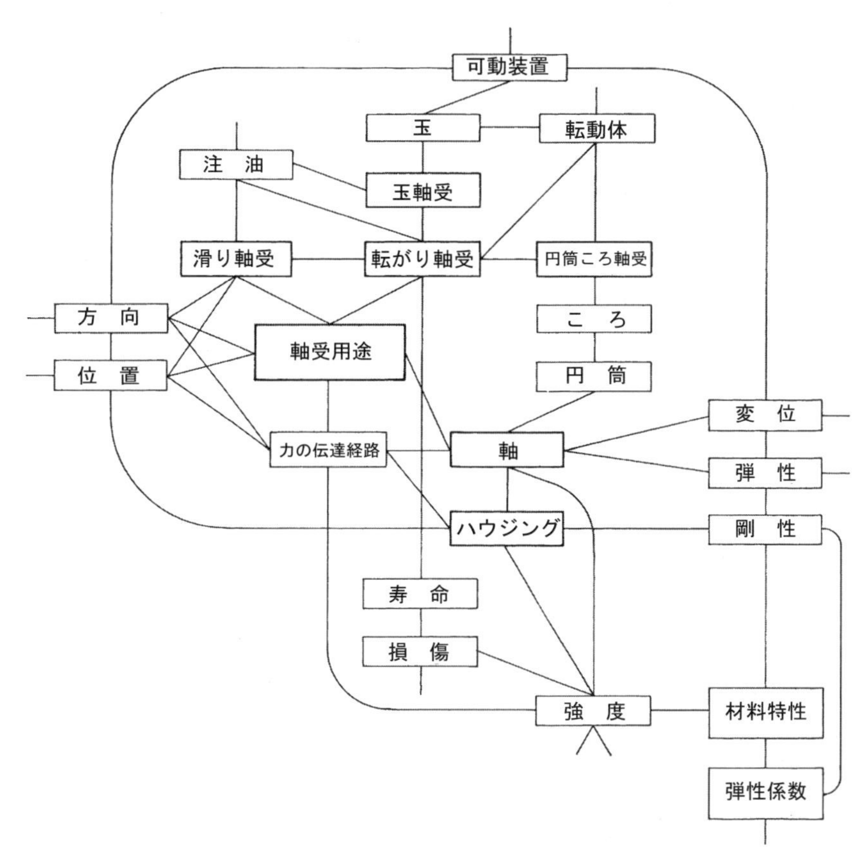

図 2.16　軸受に関連した意味ネットワークの抜粋

関係は，意識的に分析され，検証され，新しい形で結合され，拒絶され，さらに検討される．文献［2.2, 2.30］では，これは第 2 の創造性とよばれる．このタイプの思考には，正確な科学的知識を検証し，知識構造を構築することが含まれる．直観的思考とは対照的に，このプロセスはゆっくりと進行し，多くの小さな意識的ステップを踏む．

記憶構造の中では，明示的で意識的に獲得された知識は，あいまいな常識や背景知識からはっきりと分離することができない．さらに，この二つのタイプの知識は，相互に影響を与え合う．知識が容易に引き出され，結合されるようにする場合，問題解決者の頭の中における事実知識の秩序立った論理構造が決定的役割を果たすと考えられ，この点は思考プロセスが直観的か推論的かにかかわらず当てはまると考えられている．

発見的構造には，暗示的知識に加えて，明示的知識（つまり，説明可能な知識）が含まれる．これは，思考活動の修正（探索と発見），思考活動の検査（検証と評価）を含めた，思考活動の順序の整理に必要なものである．問題解決者は，確定した計画なしに,知識ベースから苦労もなくただちに設計解を見つけ出せるという希望の下に,問題解決を開始するようにみえる．問題解決者は，このアプローチに失敗したとき，または，矛盾点が生じたときに，はじめて，より明確に計画された順序または体系的な順序での思考活動を採用するのである．

いわゆるTOTEモデル［2.33］は，思考プロセスの重要な基本的順序を表している（**図2.17**参照）．TOTEモデルは，修正プロセスと検査プロセスという二つのプロセスから構成される．TOTEモデルは，変化活動が起こる前に，初期状態を分析するために検査活動（Test）が呼び出されることを示している．そのときはじめて，変化活動（Operation）が実行される．その後，別の検査活動（Test）が続き，この中で結果の状態が検証される．結果が満足のいくものであれば，プロセスは終了する（Exit）．そうでない場合，活動が修正されて繰り返される．

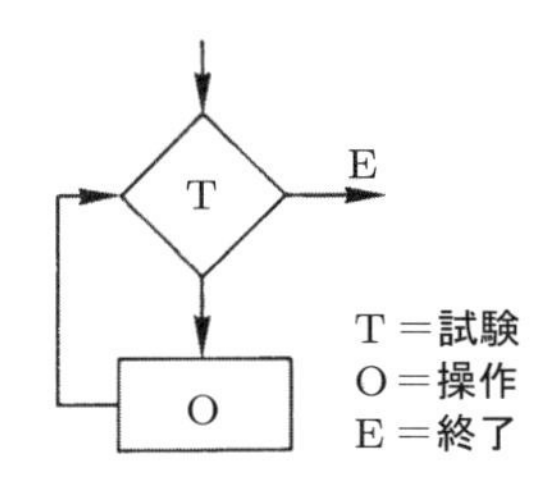

図2.17　思考プロセスのTOTE基本モデル［2.8, 2.33］

より複雑な思考プロセスでは，TOTEの順序がチェーン状に結合されたり，検査プロセスの前に複数の修正プロセスが実行されたりする．したがって，知的プロセスを結合する場合，多くの組合せと順序が可能であるが，それらのすべてをTOTE基本モデルに割り当てることができる．

2.2.2　優れた問題解決者の特徴

以下の説明は，Dörner［2.9］の研究，および彼とともにEhrlenspielとPahlによって実施された調査の結果である．EhrlenspielとPahlによる調査結果は，Rutz［2.50］，Dylla［2.11, 2.12］およびFricke［2.15, 2.16］らの文献で知ることができる．この項では，それらの調査結果の要約を示す．

(1)　知能と創造性

一般に，**知能**は，理解力や判断力に結びついた一定の賢さを含むと考えられている．

多くの場合，分析的アプローチが強調される．

創造性はインスピレーションに基づく力であり，新しいアイデアや既存のアイデアの奇抜な組合せを生み出し，さらなる設計解や深い理解をもたらす．創造性は多くの場合，直観的で総合的なアプローチと関係する．

知能と創造性は個人的特性である．現在までのところ，知能と創造性について正確な科学的な定義や，それらを明確に区別することはできていない．知能検査を用いて個人の知能のレベルを測定する試みがなされてきた．その結果得られた知能指数は，大規模なサンプルの平均と比較しての尺度を提供する．知能はさまざまな形で現れるため，完全な全体像を得るために，また仮の結論を導くために，さまざまな検査が必要とされる．同じことは創造性検査についても当てはまる．

問題解決のためには，最低限のレベルの知能が必要とされ，高い知能指数をもつ人々は優れた問題解決者になる見込みが高いようにみえる．しかし，文献［2.8, 2.9］によれば，知能検査自体は，どのような要素の組合せがその人物を優れた問題解決者とするのかということについて，多くの見識を与えるものではない．この理由は，Dörner［2.8］によれば，知能検査では，設計解を見つけるために少ない数の思考ステップのみを必要とする課題または問題が用いられ，ステップの順序が意識されることがほとんどないことである．ほとんどの知能検査では，ある問題解決手順を作り上げるうえで，多数のステップを組織化する必要はない．このような組織化は，一般的な問題解決手順のさまざまなレベルや可能性を切り替えて考えることを必要とし，長期的な思考活動に不可欠なものである．

創造性検査もまた，低いレベルで行われることが多く，自らアプローチ方法を計画し，先導する必要がある複雑な問題解決を対象としない．さらに，エンジニアリングデザインでは，創造性はつねに，特定の目標に焦点が合わせられる．焦点を定めない単なるアイデアや代替案の創造は，実際には問題解決プロセス［2.2］の妨げになるか，良くてもプロセスの特定の局面に役立つ程度のものにしかならない．

(2)　意志決定行動

十分に構造化された事実知識をもち，体系的アプローチを適用し，焦点の合った創造性を発揮することとは別に，設計者は意志決定プロセスに習熟しなければならない．意志決定のためには，次の知的活動と技能が不可欠である．

- **従属関係の認識**

  複雑なシステムでは，個々の要素間の従属関係の強さが変化することがある．このような従属関係の種類と強さを認識することは，問題を，扱いやすく単純な下位問題または下位目標に分割し，これらに個別に対処できるようにするうえでの不可欠な前提条件である．しかし，それぞれの個別の下位問題を扱う者は，自分の決定の短期的効果と長期的効果が設計全体にどう影響するかを検証しなければならない．

- **重要性と緊急性の見積り**

優れた問題解決者は，**重要性**（事実に基づく重大さ）と**緊急性**（一時的な重大さ）を理解する方法を知っており，この情報を利用して問題へのアプローチを修正する方法を知っている．

優れた問題解決者は，もっとも重要なことを最初に解決し，その後で従属的な下位問題に取り組もうと試みる．彼らは，もっとも重要な問題について適切または許容可能な設計解を見つけることができれば，あまり重要でない問題については次善の設計解で満足する思い切りのよさをもっている．彼らはこうすることで，関連性の低い問題に没頭して貴重な時間を失うことを回避している．

同じことが，緊急性を見積もるときにも当てはまる．優れた問題解決者は，必要とされる時間を正確に見積もる．彼らは，大変だが不可能ではない時間計画を立てる．Janis と Mann［2.25］は，創造性には適度な（つまり，耐えられる）ストレスが重要であることを見出した．したがって，現実的な時間計画は思考プロセスによい影響を与えるため，新しい開発は適度な時間的プレッシャーの下で行われるべきである．ただし，当然，時間的プレッシャーに対する反応は個人ごとに異なる．

- **継続性と柔軟性**

継続性とは，目標達成に対して適度な集中を保つことを意味するが，過度の集中は硬直したアプローチにつながる危険性がある．柔軟性とは，変化する要求に適応する準備があることを意味する．ただし，次から次へと無目的にアプローチを変えるようになってはいけない．

優れた問題解決者は，継続性と柔軟性の間に適切なバランスを見つける．彼らは継続的で一貫した態度を示すが，同時に柔軟に行動する．また，障害や困難に直面しても，所与の目標の達成をあきらめない．一方で，状況が変化したときや新しい問題が起こったときには，それに合わせてアプローチを変える．

優れた問題解決者は，発見的方法，手順および指示を，厳格な規定としてではなく，まずガイドラインとして考える．Dörner［2.8］は，「発見的方法または発見的計画は，自動的手順に退化してはならない．個人は学習した内容を展開することを学ぶべきである．発見的方法は規定として解釈されるべきではなく，展開可能な，またしばしば展開が必要なガイドラインとして扱われるべきである」と述べている．

- **失敗は避けられない**

  内部の従属関係が強い複雑なシステムでは，すべての潜在的効果を同時に認識することは不可能なため，少なくとも部分的失敗は避けがたい．このような失敗を認識するとき，もっとも重要なことは，人がどのように反応するかである．自分のアプローチを分析する能力と，是正措置につながる意志決定を行う能力に支えられた柔軟性が不可欠である．

認知心理学の研究の結果を次にまとめる．

優れた問題解決者とは，

- 構造化された十分な技術的知識をもっている．つまり，頭の中に十分に構造化されたモデルをもっている．
- 状況に応じて，具体化と抽象化の間に適切なバランスを見出すことができる．
- 不明確な事柄とあいまいなデータを扱うことができる．
- 柔軟な意志決定行動をとりながら，目標に対する集中を継続する．

このような発見的能力は，大部分が個人的特性に依存したものであるが，さまざまなタイプの問題での訓練を通じて，相当程度まで発達させることが可能である．

上記の調査は，優れた設計者が次のような行動をとることを明らかにした［2.42］．

- 課題着手時に目標を詳細に分析し，部分的目標を規定するとき，とくに最初の問題設定があいまいである場合には，設計プロセス全体について詳細な分析を続ける．
- 具体的な実体を開発する前に，概念設計フェーズで最適な設計解原理を考え出すか，その特定を行う．
- まず，あまり多くの代替案を作り出さずに，分岐的探索を行い，その後，迅速に少数の設計解に集中する．適切な具体化レベルを選択し，抽象的／具体的，全体問題／下位問題，物理的相互関係／構造的相互関係などのように，観点を容易に切り替える．
- 包括的基準を用いて設計解を定期的に評価し，個人的好みを重視することを避ける．
- 継続的に自分のアプローチを見直し，当面の状況に合わせて修正する．

これらの特徴は，本書の設計アプローチの目的と提案にも合致するものである．

2.2.3 情報処理としての問題解決

体系的アプローチの基本的アイデアを議論したときに（1.2.3 項参照），問題解決には大規模で安定した情報の流れが必要であると述べた．Dörner［2.8］も，問題解決を情報処理とみなしている．情報処理の理論で用いられるもっとも重要な用語について

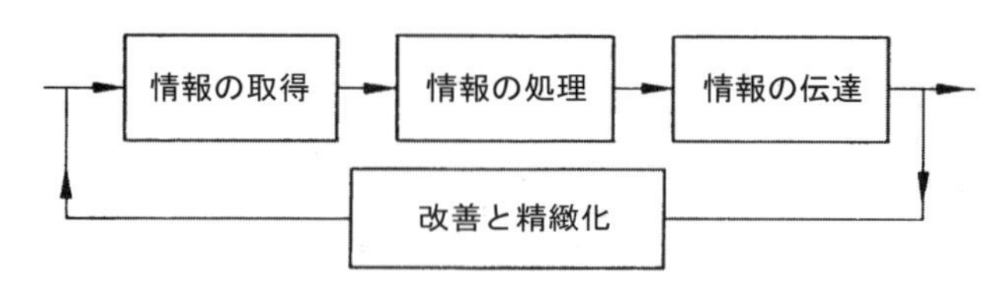

図 2.18 反復的な情報の変換

は，文献［2.5, 2.6］で説明されている．情報は**取得**され，**処理**され，**伝達**されるものである（**図 2.18** 参照）．

情報は，市場分析，動向調査，特許，技術雑誌，研究成果，ライセンス，顧客からの問合せ，具体的な指摘，設計便覧，自然と人工システムの分析，計算，実験，類推，一般的および企業内の基準および規則，在庫品目録，納入指示書，コンピュータデータ，試験報告書，事故報告書，さらに「質問の投げかけ」などから**入手**される．データ収集は問題解決の本質的な要素である［2.3］．

情報は，分析と統合，設計解概念の展開，計算，実験，レイアウト図の作成，さらに設計解の評価によって**処理**される．

情報は，スケッチ，図面，報告書，表，生産文書，組立マニュアル，ユーザーマニュアルなどを通じて**伝達**される．これらはハードコピーと電子様式の両方がある．多くの場合，保存される情報についての規定も定めなければならない．

文献［2.32］には，情報を特徴づける**基準**が示されており，これらはユーザー情報の要求事項を規定するために利用することができる．これらの基準には次のものがある．

- 信頼性：情報が利用でき，信頼でき，かつ正確である確率
- 鮮明度：情報の内容が正確で明快なこと
- 容量と密度：システムあるいはプロセスの記述に必要とされる単語および図の数の指標
- 価値：受け手にとっての情報の重要性
- 適時性：情報が使用できる時点を明確に示していること
- 形式：グラフィックデータと文字－数字データの区別
- 独自性：情報の元の性格が保たれているかどうかの指標
- 複雑性：情報の記号と情報の要素，単一語または合成語間の構造あるいはそれらの関連性
- 精緻化の程度：詳細な情報の量

情報の変換は，通常，非常に複雑なプロセスである．問題解決には，さまざまな種類，内容，範囲の情報が必要である．さらに，情報のレベルを高め，向上させるため

に，特定のステップを繰り返す必要がある．

反復は，設計解に対して段階的にアプローチするプロセスである．このプロセスでは，一つまたは複数のステップが繰り返され，1回ごとに，前回の結果に基づいてより高いレベルの情報が扱われる．このようにしてはじめて，設計解を精緻化し，継続的改善を保証するための情報を得ることが可能になる（図2.18参照）．このような反復は，問題解決プロセスのすべての段階で頻繁に発生する．

2.2.4 一般的な作業方法

一般的な作業方法は，専門領域に依存せず広範囲に適用することができ，特定の技術的知識をユーザーに求めないものである．一般的な作業方法は，構造化された効果的な思考プロセスを支援する．以下の一般的概念は，直接に，または技術システム開発の特殊要件に適合するようわずかに修正されて，特定のアプローチに繰り返し現れる．この項の目的は，体系的手順の概要を説明することである．以下の手順は，われわれ自身の専門家としての経験や，2.2.1項で紹介した認知心理学の研究結果だけでなく，Holliger [2.20, 2.21]，Nadler [2.38, 2.39]，Müller [2.35, 2.36]，Schmidt [2.5]の仕事にも基づいたものである．これらは「発見的原理」（**発見的**方法とは，アイデアを生み出し，設計解を見つける方法）または「創造的技法」としても知られる．

体系的アプローチを利用しようとするにあたって，次のような条件を満たしている必要がある．

- 全体目標，個々の下位目標，それらの重要性を規定することで**目標を定義せよ**．これにより課題を解決する動機が確保され，問題の洞察が容易になる．
- **境界条件を明確にせよ**．すなわち，初期制約条件および周辺の制約条件を定義せよ．
- **予断を排して**実現可能な設計解を広範囲にわたって探索し，論理的な誤りを回避せよ．
- さまざまな**代替案を探せ**．すなわち，その中から最善の案を選択できるような多くの実現可能な設計解，または設計解の組合せを見つけ出せ．
- 目標と条件に基づいて**評価せよ**．
- **意志決定せよ**．この意志決定は目標の評価によって容易に行える．意志決定なしで得られた結果の場合，進展はあり得ない．

これらの一般的な方法を機能させるには，次の**思考活動**と**行動活動**を考慮しなければならない．

(1)　目的をもった思考

2.2.1 項で説明したように，思考には直観的な思考と推論的な思考がある．前者はより無意識的な思考で，後者はより意識的な思考である．

直観的思考は，数多くの優れた設計解や，卓越した設計解をもたらしてきた．ただし，それには，与えられた問題に対して，つねに非常に意識的に，徹底的にかかわることが必要である．それでもなお，純粋な直観的アプローチには次のような欠点がある．

- 適切なアイデアは意のままに引き出して練り上げることはできないため，適切なときに適切なアイデアが生まれることはめったにない．
- 結果は個人の才能と経験に大きく依存する．
- 設計解が，個人特有の訓練や経験に基づいた先入観で制限される危険がある．

したがって，より慎重に，段階的に手順を踏んで問題に取り組むことを勧める．このような手順は，**推論的**手順とよばれる．ここでは，意図的にいくつかのステップが選択される．これらのステップは相互に影響を受け，情報を交換することが可能である．普通，個々のアイデアあるいは設計解の試みは，意識的に分析され，変更され，結合される．この手順の重要な側面は，全体として問題に取り組むことはまれで，最初に扱いやすい部分に分割してから，分析を行うという点である．

ただし，直観的な手法と推論的な手法は互いに相反するものではないという点を強調しておかなければならない．経験上，直観は推論的思考によって刺激されるということが示されている．したがって，複雑な課題にはつねに一度に 1 ステップずつ取り組まなければならないが，2 次的な問題は直観的な方法で解決してもよいし，そうした方がよい場合が多い．

また，創造性はさまざまな影響によって抑制されたり，促進されたりする場合があることも理解すべきである [2.2]．たとえば，アイデアが芽生える期間（2.2.1 項参照）を与えるために活動を中断することで，直観的な思考を促進することが必要になる場合がある．一方で，中断が多すぎると，混乱が生じ，創造性が抑制される．推論的な要素を含み，さまざまな観点をとる体系的アプローチは，創造性を促進する．この例には，さまざまな設計解手法を用いるアプローチ，すなわち，抽象的なアイデアと具体的なアイデアの間を行き来するアプローチ，設計解のカタログを用いて情報を収集するアプローチ，チームメンバー間で作業を分担するアプローチがある．さらに，文献 [2.25] に従えば，現実的な計画は，動機と創造性を抑制するよりもむしろ促進する．

(2)　個人の作業スタイル

設計者は，自分にとって最適な作業スタイルをとることができるように，自分の仕事の中である程度の活動の自由を与えられるべきである．設計者には，好みの手法，個々の作業ステップを実行する順序，情報を問い合わせたい相談先を選ぶ自由があるべきである．このため，設計者は，自分の責任範囲について自分自身の計画を立て，これらを管理することを許される必要がある．当然ながら，個人の作業計画は全体的なアプローチと整合していなければならず，有益な貢献をするものでなければならない．

一般に，新しい製品を開発する場合には，いくつかの下位機能（下位問題）を考慮することが必要になる．これらの機能あるいはそれらの組合せは，部分的な設計解につながる．このような場合，設計者は，さまざまなやり方で作業を進めることができる．その可能なやり方の一つは，下位機能（または下位機能のグループ）ごとに作用原理（設計解原理）を探索して，その適合性を大まかに検証した後，それらを組み合わせて全体的な作用構造（設計解概念）にまとめるやり方である．最後に，全体の組合せが整合するように構成部品が具体化される，

方法論的な観点から見ると，このアプローチは体系的，段階的，プロセス指向アプローチである．この場合，設計者は，抽象化（アイデア創出）から具体化（最終的具体化）まで，さまざまな機能領域での開発を並行して行う（**図 2.19**(a)参照）．

もう一つの可能なやり方は，問題または機能領域ごとに一つずつアイデア創出から最終的具体化まで作業を進め，最後にこれらを結合し，すべてが適合するように修正するやり方である．方法論的な観点から見ると，このアプローチは問題指向アプローチであり，設計者はさまざまな機能領域を順に開発することになる（図 2.19(b)参照）．

Dylla [2.11, 2.12] と Fricke [2.15, 2.16] による調査では，体系的設計を学んだ初学者は，プロセス指向アプローチに従う傾向があるが，経験を積んだ設計者は問題指向的なアプローチに従う傾向があることが示されている．経験を積んだ設計者は，豊富な経験をもち，可能性のある幅広い下位設計解の知識があり，これらの設計解をすばやく表現することができる．そのため，彼らは比較的短い時間で具体的な結果に到達する．そして，是正的なアプローチを用いながら，これらを全体的な設計解にまとめる．このタイプのアプローチは，個々の構成部品が相互に強い影響を与えず，それらの特性が明白であるケースで成功する．これらの条件が満たされないと，このアプローチは，機能領域間の適合性の不足に対する認識が比較的遅くなる結果につながる可能性がある．また，このアプローチは，同一または類似の下位機能に対して異なる下位設計解が選択され，場合によっては経済的でないこともある．このような場合，ほかの設計解を見つけるために，さらなる反復が必要となる．

プロセス指向アプローチは，問題指向アプローチの潜在的短所のほとんどを回避できる．しかし，より広範囲で体系的な観点をとるために，より多くの時間がかかる．

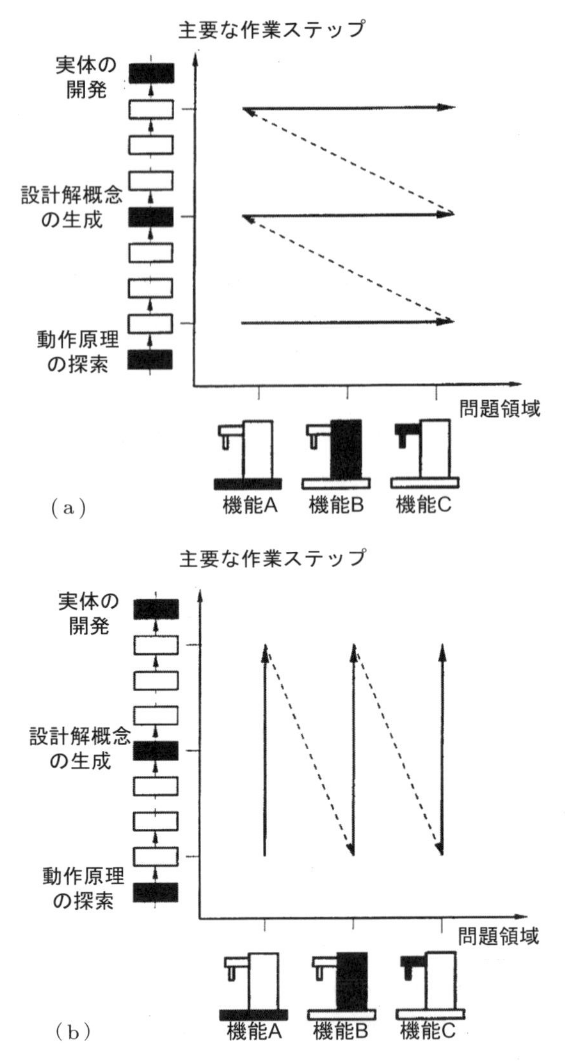

図 2.19　複数の機能領域が連結された製茶機用設計解を開発する際の二つのアプローチ．ベースプレート／制御（機能 A），貯水タンクと加熱要素（機能 B），注ぎ口と封止（機能 C）．
(a)体系的，段階的，プロセス指向的アプローチ．つまり，開発の各段階で，すべての機能領域の作業が進められる．
(b)問題指向的アプローチ，つまり，機能領域が順に開発され，その後それらが組み合わされる（Fricke [2.15, 2.16] によるプロセスの観念的表現）．

このことは設計解の規模がいたずらに大きくなる危険をはらんでいる．したがって，プロセス指向アプローチでは，設計者は抽象化と具体化の間で適切なバランスをとる必要がある．すなわち，十分な規模があるが，規模が大きすぎない場合に，多くの設計解のアイデアが生まれ（拡散），これらを具体的な概念にまとめる時期がくる（収束）のを知ることである．

実際には，この二つのアプローチ（プロセス指向と問題指向）は，純粋な形で見い出すことができない場合が多い．これらは普通，問題状況に従って，さまざまな組合せの中で現れる．しかし，個々の設計者は，自然と，ある一つのアプローチをほかに優先して採用する傾向がある．プロセス指向アプローチは，下位問題間に強い相互関係がある場合や，新分野を開拓する場合に推奨される．問題指向アプローチは，機能領域間の接合度が低い場合や，その用途分野に下位設計解が存在することがわかっている場合に有益である．

同様に，設計解探索の際に，アプローチの個々の違いを認めることができる．設計者が個々の下位機能の設計解を探索しながら，さまざまな設計解原理あるいは具体化された代替案について並行して開発と調査を行った後，これらを相互に比較して最適なものを見つける場合，このアプローチは**設計解の生成的探索**とよばれる（**図 2.20**(a)参照）．これに対して，特定のアイデアあるいは例が開始点として用いられ，その後，満足のいく設計解が得られるまで段階的アプローチにより改善と修正を行う場合，これは**設計解の是正的探索**とよばれる（図 2.20(b)参照）．

後者のアプローチをとる場合，もし，個々の代替案が拒否されなければ，一定範囲の設計解の代替案が得られる．

設計解の生成的探索では，新しい自由なアイデアを見つける機会が多くなり，さまざまな原理が検討されるため，大規模な設計解につながる場合がある．しかし，望ましくない設計解に時間を費やすことを避けるために，適切なタイミングで目標指向的選択を行うことができるかが問題である．このタイプの探索は，体系的設計を学んだ初学者と，体系的アプローチを採用する設計者に典型的に見られる．

設計解の是正的探索は，とくにその用途分野で類似の既知の設計解を知っている場合に，経験の浅い設計者によって用いられることが多い．この長所は，初期の設計解が実際には満足のいくものでなくても，これらの設計解を比較的短時間で具体化できることである．このタイプの探索を採用するとき，設計者は自分の専門分野に留まり，なかなか範囲を広げない傾向がある．考えられる危険性には，原理的にあまり適当でない設計解のアイデアにこだわり，ほかのよりよい設計解原理を認識できないという場合がある．

実際には，設計者は作業時の労力を最小限にすることを主目的として，複合的な探索タイプを採用する傾向がある．しかし，設計者は個人の才能と経験のために，普通は特定のスタイルの長所と短所を意識することなく，一方の探索タイプを好むことは明らかである．

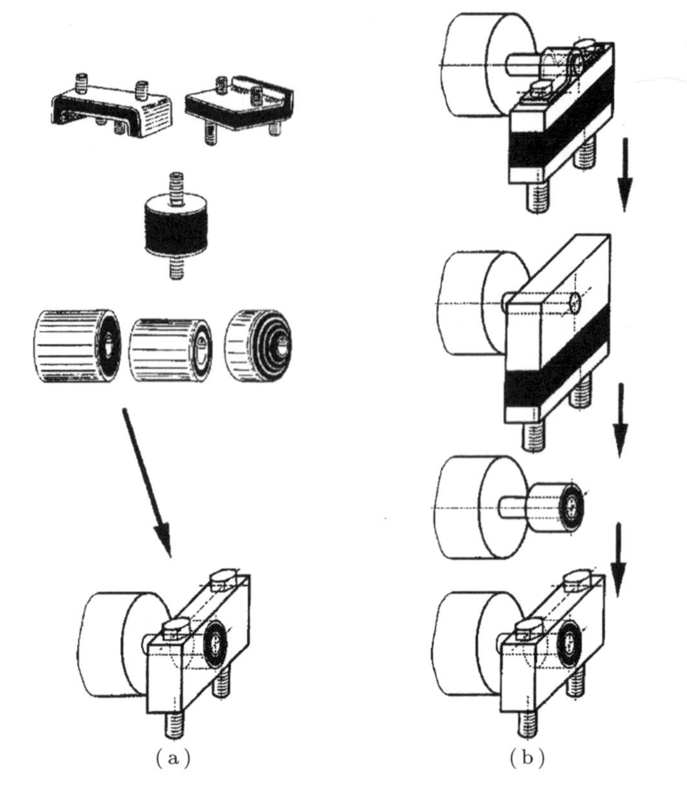

図 2.20　弾性支持具の設計解を探索する際の二つのアプローチ
(a)設計解の生成的探索．つまり，さまざまな設計解の生成と目標指向的選択．
(b)設計解の是正的探索．一つのアイデアの改善と修正による設計解の探索．

意識的または無意識的に用いられるアプローチは，教育と経験によって左右され，それらの影響を受ける場合がある．設計者は特定のアプローチを採用するように強制されるべきではない．それとは逆に，設計者にさまざまなアプローチの利点と危険性を意識させ，最終決定を設計者に委ねることが望ましい．ただし，プロジェクトの中での適切な管理を行うとともに，訓練と教育を通じて，最適な全体的アプローチを特定し，これについて合意することが有益である．

2.2.5　一般的に適用可能な方法

次に示す一般的な方法は，体系的な作業により役立つもので，広く利用されている[2.21]．多くの場合，いわゆる「新しい」手法は，以下で説明する一般的な方法のいずれかの外見を作り直したものにすぎない．

(1)　分　析

分析とは，複合体を諸要素に分解し，これらの要素とそれぞれの相互関係を検討することである．分析では，確認，定義，構造化および整理が要求される．得られた情報は知識に変化する．間違いを最小限にするには，問題をあいまいなままにしておかず，明確に設定することが必要である．この目的のために問題の分析が行われなければならない．**問題の分析**をするということは，本質的なものとそうでないものとを分離し，複雑な問題の場合には，より見通しのつけやすい個々の下位問題に分解することによって，推論的設計解を作り上げることを意味する．設計解の探索が困難な場合には，問題を新たに設定し直すことが，より適切な出発点になる場合がある．問題を設定し直すことは，多くの場合，新しいアイデアや洞察を得るための効果的手段になる．経験が示すところでは，慎重な分析と問題の設定が，体系的アプローチのもっとも重要なステップとなる．

問題の設計解は，**構造分析**，つまり階層構造または論理結合を探索することによってほとんど導き出せる．一般に，この種の分析は，たとえば類推によって，さまざまなシステムの類似性あるいは再現性を顕在化することを目指したものということができる（3.2.1 項参照）．

もう一つの有用なアプローチは**弱点の分析**である．これは，あらゆるシステムが，無知，誤ったアイデア，外乱，物理的限界および製造上の誤りによってもたらされた弱点をもっているという事実に基づいている．したがって，システムの開発中には，可能性のある弱点を発見し，改善策を処方するというはっきりした目的のために，設計概念あるいは設計の実体化を分析することが重要である．この目的のために，特別な選択および評価手順（3.3 節参照）と弱点確認手法（10.2 節参照）が開発されてきた．経験の示すところでは，この種の分析は，選定した設計解原理の具体的改善につながるだけでなく，新しい設計解原理を得るきっかけにもなることがある．

(2)　抽象化

抽象化を通じて，より高いレベルの相互関係，つまり，より一般的で包括的な相互関係を見出すことが可能になる．このような手順により，複雑さが低減され，問題の本質的特徴が強調される．これにより，確認された特徴を含むほかの設計解を探索し，発見する機会が得られる．同時に，新しい構造が設計者の意識に現れ，これらが多くのアイデアと表現の組織化と検索を手助けする．そのため，抽象化は創造性と体系的思考の両方を支援する．これは，たまたま設計解が見つかるようなことを避けて，より一般的な設計解が見出されるように問題を定義することを可能にする（6.2 節の例を参照）．

(3)　統　合

統合とは，部分あるいは要素を組み立てて，新しい効果を生み出し，これらの効果が全体的秩序を作り出すことを実証することである．統合には探索と発見が含まれ，さらに合成と組合せも含まれる．あらゆる設計作業の本質的な特徴は，個々の知見あるいは下位設計解を全体の作用システムに組み合わせることである．言い換えると，全体を形作るように構成部品を結合することである．さらに統合の過程では，分析によって発見された情報も処理される．一般に，全体的あるいは体系的アプローチに基づいて統合を行うことを勧める．言い換えると，下位の課題あるいは個々のステップで作業をしている間でも，一般的な課題あるいは事象の原因を心に留めておくべきである．これを怠ると，個々の組立品またはステップを最適化したにもかかわらず，適切な全体的設計解に到達できないという重大なリスクが生じる．この事実の認識が，価値分析とよばれる学際的手法の基礎になった．価値分析は，製品開発に関係する全部門間の初期の段階からの協業の下で，問題と機能構造の分析から全体的な体系的アプローチに至るまでの間に展開される．全体的アプローチは，大規模プロジェクトで，とくにクリティカルパス分析（4.2.2 項参照）のような技法によるスケジュールの作成に必要である．全体的な体系的アプローチとその手法は，全体的思考に基づいている．全体的な体系的アプローチは評価基準の選択においてとくに重要である．なぜなら，特定の設計解の価値は，期待値，要求事項，制約条件（3.3.2 項参照）のすべてを全体的に評価した後になってはじめて，判断できるためである．

(4)　継続的質問の方法

体系的手順を利用するときには，新しい思考や直観に刺激を与えるような質問を，自分自身と他人の両方にし続けるとよい場合がある．標準的な質問のリストも，推論的な方法の助けになる．一言でいえば，質問するということはもっとも重要な方法論的ツールの一つである．これが，多くの研究者がこの手法を支持して，さまざまな作業ステップのための特別なチェックリストを作成している理由である．

(5)　否定の方法

慎重に否定する方法とは，既知の設計解から始め，それを個々の部分に分割するか，個々の表現によって記述し，これらの記述表現を一つずつ，あるいはまとめて否定することである．こうした慎重な逆転の発想が，新しい設計解の可能性を生み出す．そのため，「回転する」機械要素を考えるとき，それが「停止している」場合も検討するとよい．また，単に一つの要素の省略が，否定と同じ効果をもつ場合もある．この手法は「体系的疑念」[2.21] としても知られている．

(6)　前進ステップ法

まず，最初の設計解から試行を始めて，できる限り多くの経路をたどってさらなる設計解を作る．この方法は発散思考の方法ともよばれている．これは必ずしも体系的な方法ではなく，非体系的なアイデアの発散で始めることが多い．この方法を，軸 - ハブ結合の開発について説明した**図 2.21** に示す．図中の矢印は思考プロセスの方向を表している．

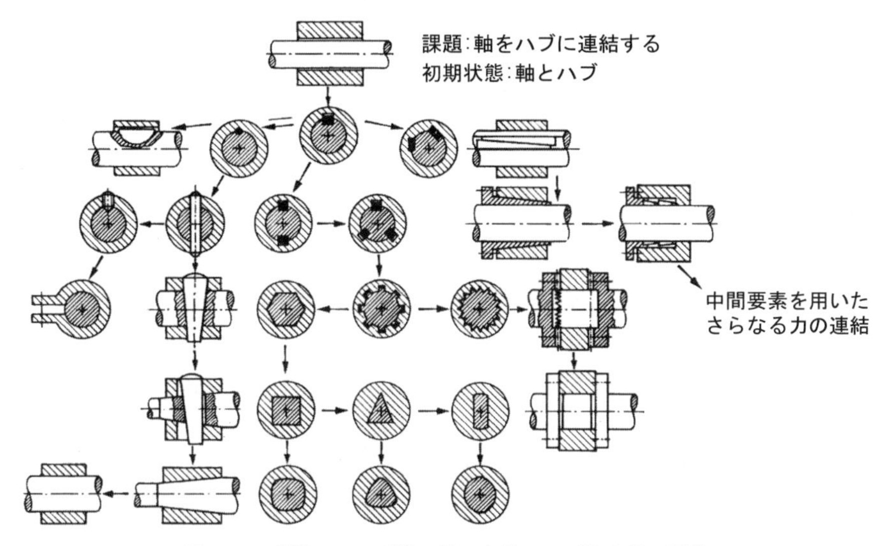

図 2.21　前進ステップ法に従った軸 - ハブ結合部の展開

このような思考プロセスは，特性の体系的な変化（図 3.21 参照）に対応する分類基準（図 3.18 参照）を用いることで向上させることができる．意識的な思考なしに，分類基準が用いられる場合，表現が十分に構造化されていても，特定された特性の潜在力は十分に発揮されない．

(7)　後退ステップ法

この方法の出発点は，初期の問題よりむしろ目標である．開発の最終対象物から始め，そこに至った可能性のある経路をすべてさかのぼっていく．最終目標に向けて収束するアイデアのみが展開されることから，この方法は収束思考の方法ともよばれている．

この方法は生産計画を作成したり，構成部品を製造するシステムを開発したりする際にとくに有効である．

これは Nadler [2.38] の方法に類似している．彼はすべての要求を満足するような理想的システムの構築を提案している．このシステムは実際に開発されるのではなく，頭の中で仕様を練り上げるものである．このシステムは，外乱が一切生じない理想的な環境といった最適条件を必要とする．このようなシステムの仕様が確定したら，次に，この純粋に理論的で理想的なシステムを技術的に実現可能なものにし，さらに最終的にすべての具体的要求事項を満たすものにするために，どのような妥協をしなければならないかについて段階的に調べていく．残念ながら，理想的システムを前もって明示することはほとんど不可能である．なぜならそれは，すべての機能，システム要素およびモジュールの理想的状態を明示することが，とくにそれが複雑なシステムの中で相互に連結している場合では，難しいためである．

(8)　因子分解の方法

因子分解では，複雑な相互関係またはシステムが，扱いやすく，より単純で，定義しやすい個々の要素（因子）に分解される．

全体の問題または課題は，ある程度まで独立した個別の下位問題または下位課題に分割される（図 2.3 参照）．これらの下位問題または下位課題のそれぞれは，最初は個別に解決してよいが，全体構造の中でのそれらの連結を念頭に置かなければならない．因子分解は，より扱いやすい下位課題を創造するだけではなく，全体構造の中でのそれらの重要性と影響も明らかにし，優先順位の設定を可能にする．このアプローチは，体系的設計において，全体機能の下位機能への分割と機能構造の構築（2.1.3 項，6.3 節参照），下位機能の作用原理の探索（6.4 節参照），概念設計と実体設計での作業ステップの計画（4.2 節参照）を行うために用いられる．

(9)　代替案探索の体系的方法

要求される設計解の特性がわかれば，体系的に代替案を探索することにより，設計解の存在するほぼ完全な領域を明らかにすることが可能である．これには，一般化された分類表の構築，すなわち多様な特性や可能な設計解の図式的表現（3.2.3 項参照）の作成が含まれる．労働科学の観点から見ても，分類表を構築し利用することが，設計解の発見に役立つことは明らかである．ほとんどすべての立案者は，体系的な代替案探索を，もっとも重要な方法の一つと考えている．

(10)　設計作業の分担と協業

労働科学の重要な発見は，大規模で複雑な課題を実施するには，専門性が増加するほど，設計作業の分担が必要になるということである．現代産業ではスケジュールがますます厳しくなる傾向にあるので，設計作業の分担が強く求められている．ここで，設計作業の分担とは，異分野間の協業を意味するもので，これは特別な組織と職員の配置に加えて，他人のアイデアを受け入れるなどの適切な職員の態度を含んでいる．しかし，異分野間の協業とチームワークには，責任の厳格な分担が要求されることを強調しておかなければならない．したがって，製品開発の管理者は，部門間の垣根（4.3 節参照）にかかわらず，特定の製品の開発について一人で責任を負わなければならない．

ブレインストーミング，ギャラリー法（3.2.3 節参照），グループ評価（3.3 節参照）など，集団力学を利用した手法を組み合わせた体系的設計は，仕事の分割による情報交換不足を克服することができ，また，チームメンバー間でアイデアを刺激することで設計解の探索を助けることもできる．

2.2.6 コンピュータ支援の役割

本書に示した設計の体系的アプローチは，原則として，コンピュータを利用せずに適用できるものである．しかし，このアプローチは，設計開発プロセスにおけるコンピュータ支援のための確かな基礎を与え，FEA や CFD などの複雑な解析ツールの利用や，複雑な 3 次元モデルの作成といった範囲をはるかに超えて利用できる．コンピュータ支援は，たとえば，CAD，CAE，CAM，CIM，PDM および PLM ソフトウェア一式を利用して，プロセス全体を通じて継続的に利用できる．IT の一般的利用も，製品改善に役立ち，設計と生産の労力を引き下げる．

設計プロセス全体を通じてコンピュータが提供する基本的支援を詳しく説明することは本書の目的ではなく，紙面の余裕もない．このトピックについては，文献［2.1, 2.13, 2.17, 2.18, 2.27, 2.34, 2.37, 2.43, 2.44, 2.48, 2.52, 2.54, 2.57］など，ほかの文献で広範囲にわたって扱われている．

Chapter

3 製品企画，設計解の発見と評価

本章では，「各種方法のツールボックス」について説明する．その各種方法のいくつか，とくに設計解の発見と評価の方法は，設計プロセスの異なったフェーズでも同じように良好に適用できる．ブレインストーミングやギャラリー法といった設計解の発見法は，たとえば，製品企画や概念設計で設計解原理を見つけるうえで有用である．また，実体設計において補助機能の設計解を見つける際にも同様に役立つ．評価方法もまた，すべてのフェーズで使える．ただ一つの違いは，検討中の設計解の具体化のレベルである．

どの方法も，すべての製品開発プロセスで使えるわけではない．問題の状況に適切と思われ，結果が成功となるような方法だけが使われる．ここでは，与えられた状況において，読者自身がその手法が適切かどうかを評価できるよう，各手法を実際に応用するための推奨事項を示す．

3.1 製品企画

設計開発業務の情報源の一つは，既知の顧客からの直接の要求（注文）である．このいわゆる企業間取引（BtoB：business-to-business）モデル［3.37, 3.47］は，サプライチェーン企業と同様に，受注システムと生産技術設備において典型的なものである．受注生産では，顧客志向から顧客統合へという傾向があり［3.37］，設計開発部門の仕事に影響を与えている［3.2］．

製品の製造は，顧客から受注する以外に独自設計の場合があり，後者は会社の企画担当部門から出てくる．この場合には，設計者は他人の企画したアイデアに制約される（図 1.2 参照）．しかしそのような場合でも，設計者の特定分野における技量が中長期の製品企画に非常に役立つことがわかる．したがって，設計部門の責任者は生産部門ばかりでなく，製品企画部門とも，つねに密接に連絡を取るようにしておくのがよい．

企画は，外部，たとえば顧客や公的機関，コンサルタント業者などによってなされることもある．

4.2 節（図 4.3 参照）で議論するように，独自設計のプロセスは，要求事項一覧（設計仕様書）を基にした概念化で始まる．この予備的な一覧は，通常，製品企画によって特定される要求事項に基づいている．したがって，設計者が製品企画プロセスの基本と本質的な部分を知っておくことは重要である．これにより，設計者が要求事項の源を理解しやすくなり，必要に応じて項目を追加できるようになる．もし，正式な製品企画のフェーズがまだであれば，設計者は製品企画に関する設計者自身の知識を用いて，関連するステップを構築したり，あるいはより簡単な手続きを使って自ら実施することもできる．

本章では，図 4.3 に示すように，製品企画と課題の明確化とが，一つの主要なフェーズとして意識的に組み合わされている．これは，両方の活動を統合することの重要性を強調するためである．一つの組織内で製品企画と課題の明確化が別々に行われるときでも，このことは重要である．

3.1.1　製品の新規性の程度

1.1 節で議論したように，設計者の課題の新規性は，それぞれ程度が異なる．課題の大部分は，既存設計に対する適合と，既存設計の変更である．このことは，これらの課題は，設計者にとって挑戦的でないということを意味しているわけではない．製品企画について，着目すべきは次のような設計の役割の区別化である．

- **独自設計**：新しい課題と問題は，既知の設計解原理の新しい組合せによって解かれる．これは，次の二つの異なるケースに分類される．
  (1) 真に新しく，しばしば最新の科学的知識と見識を応用することに基づいているものを発明という [3.66]．
  (2) 新しい機能と特性を実現する製品を革新という．これは，既存の設計解の新しい組合せによって可能となる．
- **適応設計**：設計解原理は変更されずにそのままで，実体化過程のみに新しい要求と制約条件が適用される．
- **改良設計**：部品や組立品の寸法や配置が，以前に設計した製品構造に対して，ある限界内で変更される製品設計をいい，寸法を変更する場合やモジュラー製品が典型例である（第 9 章参照）．

3.1.2　製品ライフサイクル

どんな製品にも，**図 3.1** に示すようにライフサイクルがある（図 1.2 参照）．これは，経済的観点に基づいた売上げおよび損益を示している．

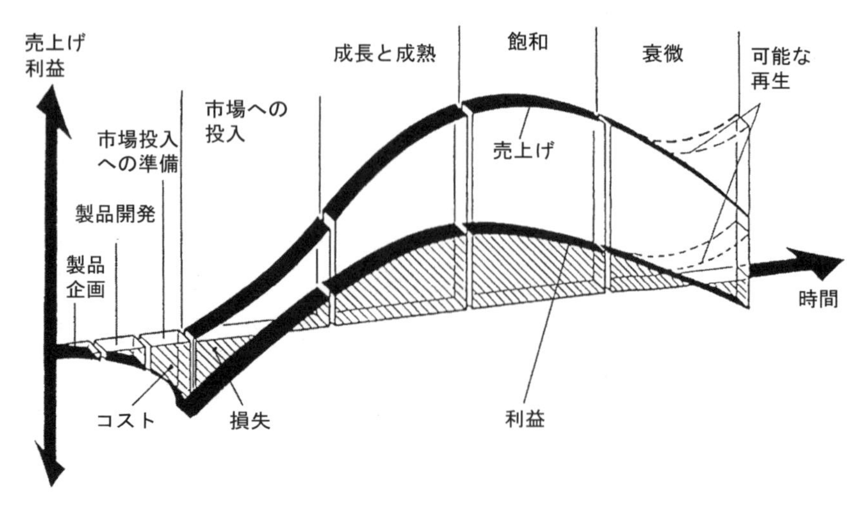

図 3.1　製品のライフサイクル（出典 [3.45]）

サイクル時間は，製品の種類と技術分野に大きく依存するが，一般にそれは短くなる傾向があり，その傾向は続きそうである．これは，設計開発部門の仕事に大いに影響を与える．なぜなら，以前の課題と同じか，非常によく類似している課題に振り向けられる時間が短縮されるからである．その結果として，本章で議論する方法と同様に，製品開発プロセスを適応させる必要もある．遅くとも，飽和状態に達した時点で，市場を再喚起するか，新製品を生み出す方策が講じられなければならない．これらの方策の導入は，製品モニタリングの重要な課題である．これに関連した活動は，**市場占有率**を向上させることである．

3.1.3　企業の目標とその効果

いずれの企業でも，主要な目標は利益をあげることである．この目標は，さらに具体的な副目標および関係する手段に分類されなければならない．市場で確実に生き残るためには，二つの一般的な戦略がある．第1の戦略は，コストに対する主導権をもとうとすることである．これに対応する企業の目標と遂行戦略は，幅広い販売基盤，大きな販売量，厳格な製品の標準化などをもつことである．第2の戦略は，性能の差別化である．このケースでは，目標と戦略は，特定の分野における販売，高度に効果的で柔軟な生産，設計開発における特殊化にねらいを絞る．どちらの戦略も時間的要素をもち，競合より早く新製品を市場に投入することが企業目標となっているのはそのためである．

究極の戦略は，上述した両方の戦略を組み合わせるものである．激化する競争のために，これはますます重要になりつつある．

この両目標，すなわち，コストの主導権と性能の差別化は，設計開発部門に影響を与える．さらに下の段階では，次のような関連するものを含んで，数多くの詳細な目標が設定される．

- 製品：性能と特性など
- 市場：市場投入までの時間など．利用可能な時間と予算に影響する（第 11 章参照）[3.12]．

したがって，設計開発部門にとって，企業目標，それらの相互関連，それらの相対的重要性を知ることはきわめて重要である．上級技術責任者にとって重要な課題は，技術に関連する企業目標をメンバー全員に効率的に伝えることである．

3.1.4　製品企画

(1)　課題と一般的な解決法

設計開発業務は，課題の記述書を使って始まる．記述書の情報源は，企業の種類に応じて異なる．多くの場合，とくに小規模または中規模の企業では，監督者や個々のスタッフメンバーの良識に委ねられて，適切な時期に適切な製品アイデアを開発・導入し，必要な課題を定式化する．しかし，大企業では，新製品を見出すために，体系的な手順がますます用いられるようになっている．この体系的アプローチの重要な面は，製品企画と製品開発の期間およびコストをより正確にモニタリングでき得ることである．製品企画にかかわる対象には，マーケティングスタッフと製品責任者が含まれる．

したがって，多くの企業において，設計開発部門を通して製品アイデアの展開を追跡することが，製品企画部門には期待されている．さらに，市場の動向にも注目することが期待されている．これには，製品の経済的位置づけと市場での成功度をモニタリングし，必要であれば適切な修正手段をとることが含まれる（図 1.2 参照）．本書では，狭い意味，すなわち製品開発への準備としてのみの製品企画を取り扱う．

新製品のアイデアを見出すうえでもっとも重要な要素は，顧客に焦点を絞ることであり，その傾向はますます強くなっている [3.2, 3.37]．顧客の希望を見きわめ，これらを製品の要求項目に表現する確立された手法の一つとしては，**品質機能展開**（QFD：Quality Function Development）が知られている（10.5 節参照 [3.11, 3.38]）．

体系化された製品企画の方法にはいくつかあり [3.5, 3.23, 3.33, 3.34, 3.42, 3.45, 3.69]，そのすべてには共通点が多くある（3.2 節参照）．

外部（**市場や周囲の環境**）あるいは内部（**企業自身**）から，製品企画に関する刺激が与えられる．これらの刺激は，通常，マーケティングにより確認される．

市場からの刺激には，次のようなものがある．

- 製品の市場における技術的・経済的位置づけ．とくに，売上高の縮小あるいは市場占有率の下落などの変化が起こったとき
- 市場の要求の変化（たとえば，新しい機能あるいは流行の変化）
- 顧客からの提案と苦情
- 競合製品の技術的・経済的優位性

環境（外部）からの刺激には，次のようなものがある．

- 経済的および政治的変化．たとえば，石油価格の上昇，資源の欠乏，輸送力の制約など
- 新しい技術と研究結果．たとえば，機械的設計解に代わるマイクロエレクトロニクス，あるいはガス切断に代わるレーザ切断
- 環境問題やリサイクル問題

企業内からの刺激には，次のようなものがある．

- 開発・製造の過程で行われた研究から生まれる新しいアイデアと結果
- 市場を拡大あるいは満足させるために加えられる新しい機能
- 新しい製造方法の導入
- 製品の範囲と製造の合理化
- 製品の多様化の程度を増加させること，すなわちライフサイクルが重なるように製品の範囲を作ること

これらの外的および内的刺激は，五つの主要な作業ステップを開始させる．それらは，その出力に従って**図 3.2** に示されている．

これらの主要な作業ステップは，2.2 節で述べた一般的作業法に強く関係しており，多かれ少なかれ体系的概念設計に合致している（第 6 章および図 4.3 参照）．これは，次節でさらに詳細に述べることにする．

(2)　状況の分析

製品企画の段階における初期状況にはいくつかの局面があり，これらは数多くの調査や異なった目的を通して明確にされなければならない．次のステップは，この状況を分析するときに役立つことがわかっているものである（図 3.2 参照）．

ライフサイクルフェーズの認識

3.2.1 項および 3.1.3 項で議論した内容を考えよう．ライフサイクル分析も，多様化の必要性を認識することに用いられる．いい換えれば，製品開発をフェーズ化し，複数の異なる製品を販売することが必要ということである．これは，重複するライフ

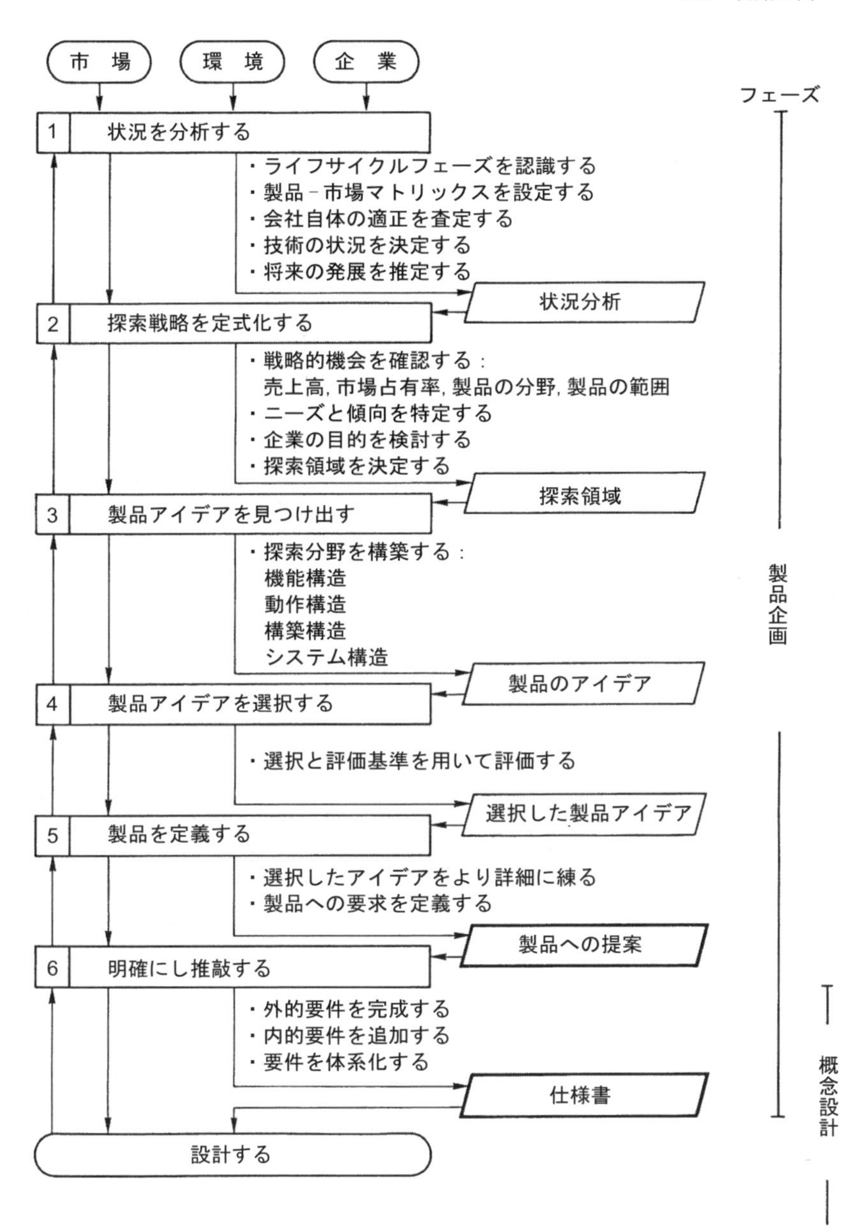

図 3.2　製品の計画手順（出典 [3.45, 3.69]）

サイクルのバランスをとることを実現する助けとなる.

製品－市場マトリックスの設定

売上高, 利益と市場占有率の観点から, 多様な市場（**図 3.3** の領域 I）において,

		既存の市場				新しい市場			
		熱のパワープラント	電気産業	プラントエンジニアリング	…．	水力	ラジオ・テレビジョン	家事	…．
既存の製品	電流を測定する								
	熱を測定する		I					II	
	量を測定する								
	⋮								
新しい製品	時間を測定する								
	圧力を測定する		III					IV	
	温度を測定する								
	機械的性能を測定する								
	⋮								

図 3.3　産業用測定装置の製造企業向けの製品と市場マトリックス（出典 [3.19, 3.42]）

企業とその競合企業から供給される既存製品の状況を認識して明確にするということは，製品それぞれの強さと弱さも浮き彫りにする．強力な競合者と比較することは，とくに興味あることである．

企業自体の適正さの査定

ここでは，以前の分析を拡張し，企業の技術的弱点の評価および競合企業との比較を通して，現状の市場における位置づけの理由を分析する（**図 3.4** 参照）．この分析は単に注文にのみ基づいて行われるべきではない．なぜなら，それらはすでに，企業にとって利益を生むとして選択されたものの代表だからである．導入・試験報告書はもちろん，顧客の問い合わせや苦情にも基づくべきである．

技術の状態の決定

これには，競合製品はもちろん，自社製品や関連技術，各種文献・特許における概

基 準	競合企業				
	A	B	C	D	…
売上高					
市場占有率%					
市場の情勢					
状況					
サービス					
配送時間					
—					
製品					
管理					
製品計画					

＝ 当社と同等，＋ 当社より上，－ 当社より下

図 3.4 競合企業の分析（出典［3.44］）

念および製品の調査が含まれる．さらに，最新の規格，ガイドラインや法規なども重要である．

将来の発展の推定

将来のプロジェクト，予想される顧客の行動，技術動向，環境要件および基礎研究の結果などから，指針を得ることができる．

技術的状況，国際的状況，自社の状況，競合企業の状況を具体的に可視化してくれるよく知られた手法に，ポートフォリオ分析がある．これは，現在の戦略的ビジネス分野を多元的に説明するのに用いられる［3.38］．現在の状況を表すポートフォリオと，目標の状況を表すポートフォリオとが区別できる．**図 3.5** は，九つのセルのポートフォリオ・マトリックスを示している．より簡単な四つのセルのマトリックスを使うことも可能である．もはや収益性が低いビジネス領域（セル 1，2，3）と，目標とすべき領域（セル 7, 8, 9）が区別できる．ビジネス領域がこれらの間（セル 4, 5, 6）にある状況は，何らかの行動をとる必要があることを示す．図 3.5 にある要因 1 と要因 2 としては，市場の成長性 - 相対的市場占有率，市場へのアピール - 競争力の強さ，技術的アピール - 相対的技術的位置づけ，さらに市場の優位性 - 技術的優位性などが考えられる［3.21］．

状況分析は，指向すべき研究戦略と研究分野を決定してくれる．

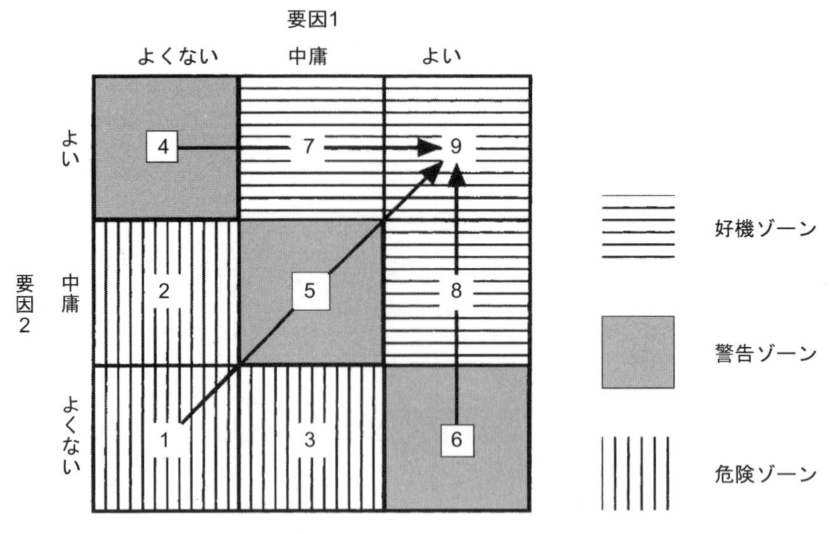

図 3.5　ポートフォリオ・マトリックスの一般的構造［3.21, 3.38, 3.45］

(3)　分析戦略の体系化

戦略的機会の確認

既存の製品範囲あるいは市場に空白があることが，状況分析中に確認されることがある．そのときには，どの戦略を採用すべきかを決定することになる．すなわち，新製品を現行の市場に投入すること（図 3.3 の領域Ⅲ），既存製品で新市場を開拓すること（領域Ⅱ），あるいは新製品で新市場に参入すること（領域Ⅳ）のどれを選択するかである．後者ほど，リスクが高まる．

探索範囲を決定するような見込みのある空白は［3.5, 3.33］，企業の目標，強さ，市場を考慮することで見出される（**表 3.1** 参照）．Kramer［3.43］は，これらを戦略的機会とよんでいる．これらは，利益，市場占有率，産業のタイプ，製品の範囲にも関係する．表 3.1 にある重みづけの一覧は，企業の目標がもっとも重要な基準であることを示している．

ニーズと傾向の特定

探索範囲を決定するためのもっとも重要なことは，顧客のニーズと市場の動向を特定することである．これらに対する手がかりは，顧客の行動，たとえば環境問題への意識，廃棄物処理，週間労働時間の短縮，輸送問題のような社会的発展によって起こる変化である．もう一つの起点は，製品サプライチェーンの長さである．つまり，供給者にとって新市場に至るまでの長さのことである．一般的に用いられるツールは，

表 3.1　製品計画の決定基準

基　準	重みづけ
企業の目標	≧50%
十分な財政的保証	
高い売上高	
高い市場の成長	
大きい市場占有率（市場のリーダー）	
短期的市場の好機	
ユーザーにとって機能的に大きな利点がある．品質が優れている．	
競合との差別化	
企業の強さ	≧30%
広範なノウハウ	
恵まれた範囲の拡大および／あるいは製品プログラム（多様化）	
強い市場の位置	
投資に対する限られたニーズ	
数少ない出所上の問題	
都合のよい合理化の可能性	
市場とほかの原因	≧20%
代替される危険性が低い	
弱い競合	
好ましい特許の状態	
一般的制約が少ない	

ニーズ－強さマトリックスである［3.42］（**図 3.6** 参照）．このマトリックスの一つの軸は，顧客のニーズの重要度が低下する方向にとられる．もう一方の軸には，企業の強さと可能性がとられている．マトリックスの左上隅の × 印をつけた領域は，探索領域提案の準備で用いられた望ましい探索領域である．**顧客－問題分析**には，ほかのツールが用意されている［3.46］．

3.1.4 項の(1)で，新製品とビジネス領域とを計画するときに，顧客に焦点を当てることの重要性を強調した．ここでは，この目的を達成するためのアプローチを述べる．最初のステップにおいて，製品もしくは製品群に対して現在の顧客から求められている利益が，将来に向けて推定される．これは，望ましい利点がどのように変わりそうかを決定するために行われる．もし可能なら，すべての表現は定量的であるべきである．たとえば，騒音の低減であれば，2006 年までに 5 dB 下げるとか，エネルギー消費であれば，2007 年までに 3 kW 下げるといったようにである．第 2 のステップでは，これらの要件に適切な機能要素，すなわち組立品や部品を割り当てる．次に，個々の機能要素が将来の顧客の要件を満たすことができる可能性を見積もる．このステッ

		企業の強さと適正（降順）					
		電子計測	機械計測	電子-光学的	リソグラフィー印刷	接着	
顧客ニーズ（降順）	適合制御，マイクロプロセッサー	×			×	×	
	熱制御	×	×				
	遠隔制御	×		×			
	交通量計測	×		×			
	風向と風速の測定		×				

図 3.6　図 3.3 に基づいて作成した，ある企業によるニーズ - 強さマトリックス（出典 [3.42]）

プでは，まだ実現されていない機能要素に対しての要件が発生する．結果として，部品や組立品，製品を新しくさらに開発するうえで必要な研究開発も明らかになる．顧客の利益と関連づけて，特定された将来的な要件の重みづけと優先順位づけを行うことは有用である．研究開発テーマのランクづけにもなる．このプロセスの結果は研究開発目標として得られ，研究開発業務の時間計画に用いられる，また，この製品の目標も得られる．これらの目標が，新たに開発された組立品と構成部品を用いた新製品を市場に投入する一連の工程を提供することになる．**図 3.7** は，そのプロセスを示している．

中期的および長期的展望において，シナリオを計画することは，将来の高収益領域だけでなく，ニーズと傾向を特定することにもつながる [3.20, 3.21]．

企業目的の検討

表 3.1 は，企業の目的と強みを示しており，これらは探索領域の選択において用いられなければならない．図 3.6 のマトリックスもまた，探索する価値がある領域の選択において，企業の強みと能力の重要性に重点を置いている．

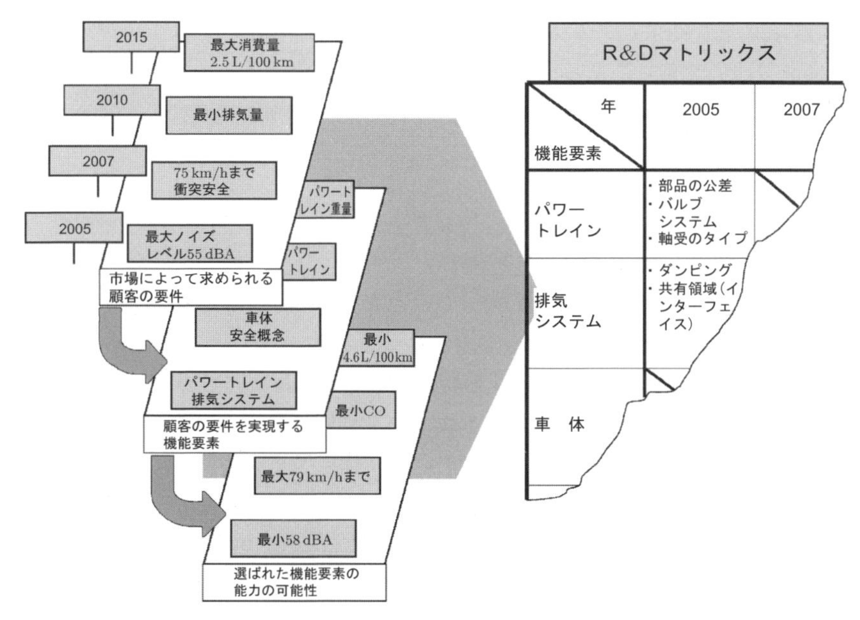

図 3.7 顧客の要件に基づく製品の目的

探索領域の決定

前述したこの製品企画段階でのステップにより，選択プロセスの後に得られる探索領域は限られた数になる（文献［3.22］によれば，およそ3～5）．製品の探索は，そこに集中すればよい．

(4) 製品アイデアの発見

製品開発で用いたものと同じような既知の探索方法を用いて，推奨すべき探索領域がより詳細に調べられることになる（3.2節および6.4節参照）．これらには，検討中の機能，ブレインストーミングのような直観的な方法（文献［3.22］における「アイデア発見法」），配列図や形状図および体系的な組合せのような推論的な方法が含まれる．

探索領域の調査の際には，技術製品とその具体化のレベルによって，方向性をもった製品アイデアの探索が行いやすくなる（2.1節参照）．新規性の程度次第では，新製品を考える開始点は新しい製品機能となることもあり得る．すなわち，ほかの動作原理や新しい実体化，既存あるいは新しいシステム構造の再構成である．たとえば，計測機器を製造している企業では（図3.3および図3.6参照），注目に値する製品のアイデアは，新しい測定機能，既知の機能を満足するのに利用される新しい物理作用

（たとえば，レーザ効果）あるいは新しい実体化の目標（たとえば，小型化，人間工学的改良や美観の改善）である．

以上の検討は，機能，動作原理および実体化の間の既知の相互関係に従って行われる．

機能：

- どの機能が顧客に必要とされているか．
- どの機能をわれわれはすでに達成しているか．
- 現行の機能を何が補完するのか．
- どの機能が，既存の機能の一般化を提示するのか．

たとえば，いま，ある企業がコンテナユニットの陸上輸送だけを行っているとすれば，次のようになる．

- 将来何ができるのか．
- 水上輸送も使うべきなのか．
- 大型・大重量品の輸送を始めるべきか．
- バルク品も輸送すべきなのか．
- 全般的に輸送問題の解決が必要か．

動作原理：

既存の製品は，特定の動作原理に基づいている．動作原理の変更により，より優れた製品になるか考える．

探すべき特徴は，エネルギー作用および物理作用の種類である．たとえば，温度依存性をもつ流量制御器では，流体膨張の原理やバイメタル作用の原理に基づくべきであろうか．あるいは，マイクロプロセッサ制御された温度プローブを使うべきであろうか．

実体化：

- 現在の使用スペース（空間）は適切か．
- 小型化に焦点を絞るべきか．
- 現在の形状は魅力的か．
- 人間工学的に改良できるか．

たとえば，靴に靴ひもを用いるのは，適切であるのか．マジックテープあるいはホックにすると，より魅力的でさらに快適にはならないか．

これらの質問に対する回答は製品アイデアの新規性を決定し，したがって開発上のリスクも決定する．

(5)　製品アイデアの選択

生み出された製品のアイデアは，まず選択の手続きにかけられる（3.3.1 項参照）．この最初の選択では，企業の目標に関連する基準で選択すれば十分である（表 3.1 参照）．少なくとも，高い売上高，大きな市場占有率および顧客にとっての機能的利点が考慮されるべきである．さらに詳細な選択には，ほかの基準が考慮される．有望な製品のアイデアを見きわめるうえでは，選択手順の効率的な適用という意味で，しばしば二値論理（Yes/No）のみでの評価でも十分なことがある．

(6)　製品の定義

このステップでは，有望と思われる製品のアイデアをさらに具体的かつ詳細に推敲する．製品開発に用いられる仕様書の特徴を考えるのは有用である（5.2 節参照）．遅くともこのステップの間には，販売，市場調査，研究，開発および設計が活発に連携しているべきである．これは，製品アイデアの評価と選択を，これらのグループとともに行うことで促進できる．

製品アイデアは，推敲の後，次に評価される．そこでは，表 3.1 に示されるような基準のうち，既知であるものすべてが用いられる．

しばしば，投資の必要性あるいは供給問題のようないくつかの評価基準は，査定することができない．なぜなら，それらは設計解に依存するからである．このような場合，このステップでは，これらのことは考慮されない．最善の製品定義が，初期の仕様書とともに製品提案として製品開発部門から提供される．それから，製品開発部門は，たとえば本書で提案している体系的アプローチ法を用いて，実際の製品を開発することになる．

製品提案は，次のような内容であるべきである．

- 意図する機能を記述する．
- 予備的な仕様書を含む．予備的な仕様書は，後で課題の明確化と仕様書の完成に用いられる特徴を，できる限り多く集めたものであるべきである．
- 設計解に中立な方法で，すべての要求事項（仕様）を定式化する．動作原理は，総体的な機能性の観点から本当に必要である場合に限り決定されるべきである．たとえば，現有の製品の範囲が広げられたときには，同じ動作原理が用いられる．しかし，動作原理の提案はつねに望ましい．とりわけ，アイデア発見の過程で適切な設計解原理が現れてきた際には必要である．これらは製品開発に先入観をもたせるものであってはならない（設計解によらない仕様の定式化も参照）．
- 企業目標と結びついた目標コストまたは予算を示し，生産量や製品範囲の拡張，新しい供給元など，将来的な意図を明確にする．

以上により，製品企画のフェーズは完了する．このまとめられた判定基準を使って，企業の目標と強み，またマクロ経済的およびミクロ経済的な状況に適合しそうな提案のみが，開発段階へと進む．製品開発で適用されるものと同じ手法を使って仕様書を作成することは，製品企画から製品開発への容易かつ途切れのない移行を可能とする．

製品企画と製品開発を成功させるには，両部門が同じ手法，類似の評価・決定基準を用いて協働することが重要である．製品開発部門は，遅くても製品アイデアが選択され，製品が定義された時点では積極的にかかわっているべきである．また，共同で製品開発に適した様式に仕様書をまとめるべきである（5.2 節参照）．

(7)　製品企画の実際

強力な競合企業がある場合には，新製品は市場のニーズをしっかり満たさなければならず，競争力のあるコストで製造し，経済的に利用できなければならない．加えて，廃棄処分とリサイクル性を考慮し，また，製造と利用の際における環境への影響を低く抑えることは，ますます重要になってきている．このような複雑な要件をもつ製品は，これらを満足するように体系的に企画される必要がある．自然と浮かんでくるアイデアへの依存や，既存製品の拡張開発では，一般に，これらの要求を満たすことはできない．体系的製品開発では，しばしば概念開発と同じ方法が用いられ，二つの部門間でスタッフを交換することができる．

この際，次のガイドラインが重要である．

- 企業の規模が，分野横断的なプロジェクトグループや部門を設定することが可能かどうかを決定する．小さな企業では，その企業に欠けている専門的知識を供給してくれる外部コンサルタントを加えることも必要であろう．
- しかし，企業内の専門家を用いることのほうが，リスクも少なく，顧客の信頼も増すことが多い．
- もし製品企画が，既存の製品群に焦点を当てるなら，換言すればさらなる開発や体系的な変化に焦点を当てるならば，製品群を担当する開発部門がその新製品をモニタリングしてもよいし，あるいはその部門のメンバーを含む特別企画グループによってなされてもよい．
- 製品企画が既存の製品群外で行われるとき，換言すれば，その焦点がまったくの新製品か製品の多様性に当てられるときには，新しい企画グループを立ち上げた方がよい．このグループは，「革新的企画」を業務とし，永続的部門としてもあるいは一時的作業グループとしても立ち上げることができる．
- 新しい市場に対する企画については，より念入りな分析と意識的な思考が，既知の販売チャンネルや既存の顧客群と関係するときよりも必要になる．

- 開始時の状況が複雑である場合，段階的・反復的なアプローチを用いて製品企画と製品開発を行うことが有用である．予想される労力と成果を審査・立案できるように，情報の獲得と意思決定のステップが計画されるべきである．
- 製品のアイデアが直観的に生まれた場合でも，調査戦略を用いた状況分析および実現可能性の研究は，やはり実施されるべきである．
- 顧客の問題を特定するためには，「主導ユーザー」[3.22] とよばれる少数の主要顧客と密な協調関係をもつことは有用である．また，QFD 法もここでは用いることができる [3.11, 3.38]．
- 新製品が導入されるときには，技術的な欠陥や弱点はその製品の評判に広範囲な影響を及ぼす．したがって，製品企画プロセスでは，注意深く，試験とリスク見積りに十分な時間をかけるべきである（7.5 節参照）．
- 市場への投入が発表より遅れることも，評判に負の影響を与える可能性がある．技術的問題を示唆するからである．
- 新製品の企画から導入までの間，強力な製品擁護者，たとえば個人的に新製品に共鳴してくれる役員が有用となる．このことは，潜在的な関心の不足と保守的な抵抗勢力に打ち勝つための助けとなる [3.27]．
- シナリオを計画すること（[3.20, 3.22]）は，とくに長期的な予測に適している．ただし，シナリオの準備，シナリオ分野の分析，シナリオ予測，シナリオ構築などは，企業とその生き残りに重要なビジネス領域についてのみ労力を払う価値がある．

最後に，図 3.2 に示した手順は，一連のステップをもつ直線的な道筋を表すものではなく，本質的に目的をもったアプローチを得るためのガイドラインであることを述べておきたい．このアプローチを実践するうえでは，反復的手順が求められ，そこでは，より高度な情報レベルでの前進・後退ステップが必要である．このことは，成功を収めた製品探索において，きわめて共通している．

3.2　設計解を見つける方法

体系的アプローチの主要な利点は，設計者が適切な時点によいアイデアを思いつくことに頼らなくてもよいということである．設計解は適切な方法を用いて，体系的に念入りに検討される．これらの方法が，本章の主題となっている．

最適な設計解は，次のとおりである．

- 仕様書のすべての要求も，要望の大部分も満たすこと
- 予算（目標コスト），市場投入までの時間，製造設備などの制約条件内で，企業

が実現できること

そのような設計解を実現するには，いくつかのステップが求められる．

まず，与えられた課題に対する可能な設計解の範囲が作られなければならない．これに対する基本は，機能構造である（2.1.3 項参照）．機能構造は，通常，全体的な課題を管理しやすい部分課題に分けるために使われる．また，物質，エネルギーおよび信号の流れの観点から個々の下位機能の入力と出力の間の相互関係を記述することによって，部分課題の間の機能的な相互関係も明らかにする．

次のステップでは，一つ以上の可能な物理作用が，下位機能を実現するために，設計解によらない下位機能のそれぞれに割り当てられる．これは，その課題に特有な要求項目に従って行われる．たとえば，ある種の力を実現するために，適切な可能性をもった物理作用を選ぶ必要がある．

これまでに述べてきたアプローチは，技術者にとって伝統的なアプローチを代表するものである．機能構造が展開され，物理作用が選択されると，それによって複数の代替案が創成されるので，設計解空間が作られる．

複数の設計解の発見法を組み合わせることによって，設計解空間を拡張することができる．

しばしば下位機能は，複数の物理作用の組合せを通してのみ実現できる．これが，複数の設計解の発見法を用いるもう一つの理由である．以下の項で提案または記述される内容は，なかでも，創造的技法の分野に原点をもつものであり，その一般的な繰り返し手法は 2.2.5 項で述べた．ほかの方法は，類似あるいは論理的な理由づけに基づいている．

ここで述べる方法は，新製品の設計開発を主として意識している．しかし，競合者の既存の特許を回避する場合や，製品あるいは部品を最適化しなければならないときにも，非常に役に立つ．この方法は，問題の内容に応じて選択され，適用され，用いられなければならない．

3.2.1　従来の方法

(1)　情報の収集

設計者にとって，最新情報の入手は必要不可欠である．第1のステップとして，設計者は多様な収集技術を用いる［3.45］．情報・データリポジトリは，データの検索・処理に用いられるシステムとともに，設計解の能動的な探索および受動的な発見の助けとなる．インターネットは，以下に述べる従来手法の，より効果的で効率的な応用を可能とする．

- 文献検索

- 業界誌の分析
- 展示会やフェアのプレゼンテーションの調査
- 競合者のカタログの評価
- 特許などの探索

(2)　自然界システムの分析

自然界の形状，構造，有機体および作用の研究は，非常に有用かつ新しい技術設計解をもたらす．生物と技術の接点は，バイオニクスとバイオメカニクスによって検討されている．さまざまな方法で，自然界は設計者の創意を刺激する［3.6, 3.29, 3.31, 3.35］．

自然界の形状を設計原理に技術的に適用した例としては，蜂の巣（ハニカム）形状を採用した軽量構造，管と棒，航空機や船舶の形状，航空機の離陸と飛行特性などがある．細い茎形状に見られる軽量構造も，非常に重要である（**図 3.8** 参照）．もう一つの技術的な適用例はサンドイッチ構造である．**図 3.9** に，この自然原理の応用例をいくつか示す．これらは航空機の構造で有用であることがわかっている．

植物のいがに見られる鉤からは，ベルクロファスナー（**図 3.10** 参照）として実用化された設計解が得られた．その他の応用例を**図 3.11** に示す．

繊維複合体は，構造体の剛性や変形の最適化に用いられ，自然界で見られるものと同等以上の性能を示すことができる．炭素，ガラス，プラスチックなどの繊維を主応力方向に整列させ，ポリエステル，エポキシ，その他の樹脂からなり，大部分を占めるポリマーマトリックスに埋め込む．この手法は，繊維マトリックス複合体の選択に広範囲のプラスチックの知識を要するのと同時に，詳細な応力解析と，その解析法に適合した繊維の積層技術を必要とする．繊維複合体を正しく設計するための基本的な

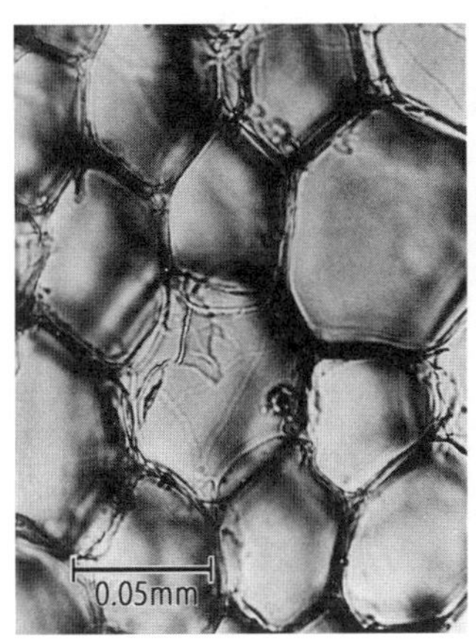

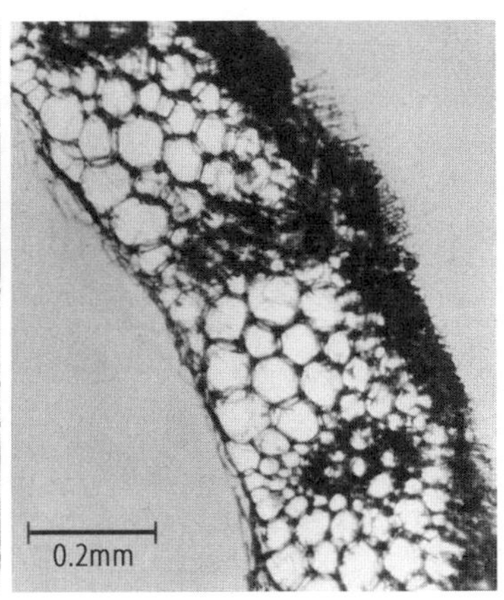

図 3.8　小麦の茎の壁［3.29］

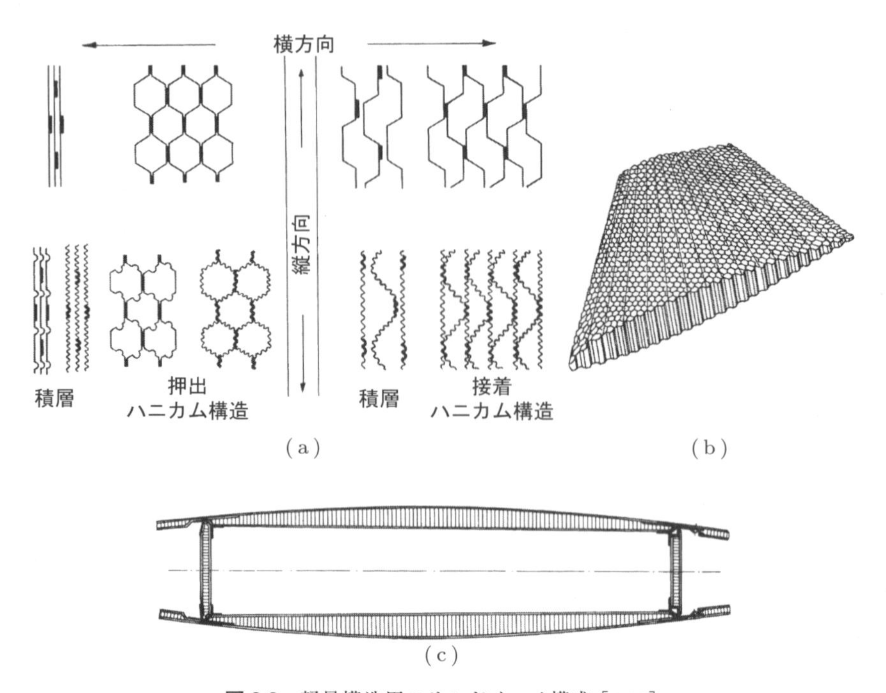

図 3.9　軽量構造用のサンドイッチ構成［3.30］
(a)各種のハニカム構造，(b)完成したハニカム構造，(c)サンドイッチ箱状ガーダー

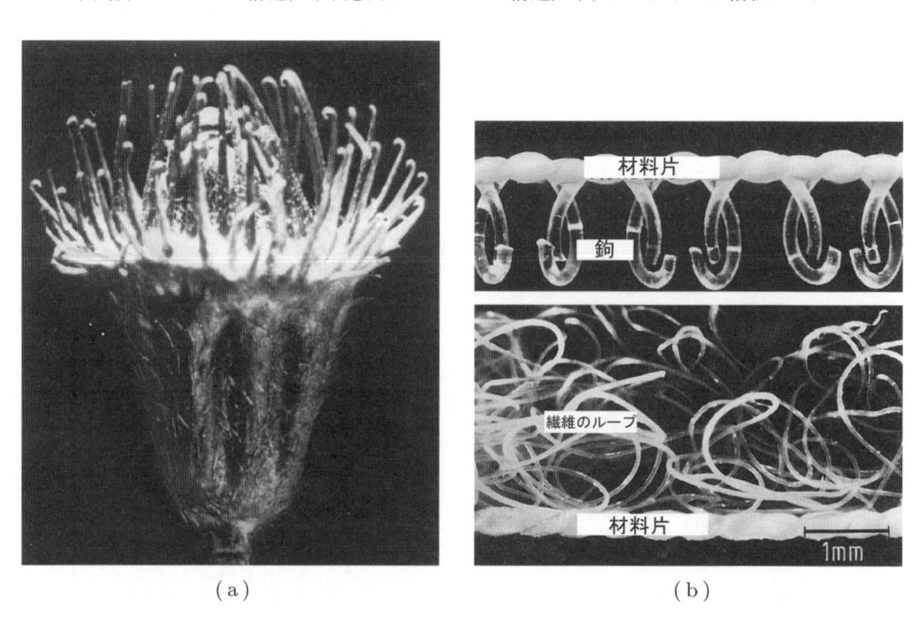

図 3.10　(a)いがの鉤，(b)ベルクロファスナー（出典［3.29］）

図 3.11　(a)シュロの葉（ルフトハンザ出版，1996 年 2 月）
(b)アルミニウム製スーツケース（リモア・コッファーバック，2001 年 10 月）
(c)航空機の管状の構造
(d)竹の茎（ルフトハンザ出版，1996 年 5 月）

関係と考え方，および多数の参考文献が，Flemming らによって提供されている [3.16].

(3)　既存の技術システムの分析

既存の技術システムの分析は，新規の，あるいは改善された代替設計解を，段階的なやり方で得るもっとも重要な手段の一つである．

この分析では，完成品を頭の中であるいは物理的に分解することが必要である．これは，関係する論理的，物理的，および実体設計の特徴の発見を目的とした，一種の構造解析（2.2.5 項(1)参照）と考えてもよい．図 6.10 は，この種の解析の一例を示している．ここで，下位機能は，既存の構成から導かれている．下位機能から，さらに分析することで物理作用が特定され，次に，物理作用によって，対応する下位機能についての新しい設計解原理を見つけることができる．また，分析の間に発見された設計解原理を採用することも可能である．

分析に用いられる既存システムとしては，次のものがある．

- 競合企業の製品あるいは製造方法
- 自社の古い製品と製造方法
- 類似の製品または組立品で，いくつかの下位機能または機能構造の一部が，設計解の探索対象に対応しているもの．

分析にふさわしいシステムは，新しい問題と，全体としてもしくは部分的に何らかの関係をもつので，このような情報収集方法は，立証されたアイデア，あるいは経験則の体系的活用といってもよい．これは，さらに代替案を得るための出発点として最初の設計概念を見つける際に，とくに役立つことがわかっている．しかし，このアプローチは，設計者が新しい手段を追求することなく，既知の設計解に執着してしまうおそれがあることに注意が必要である．

(4)　類似則

設計解の検索およびシステム特性の分析において，検討中の問題（あるいはシステム）と類似のものに置き換えて，それをモデルとして取り扱うことはしばしば有用である．技術システムにおいて類似のものを得るには，たとえば使うエネルギーの種類を変更することなどが考えられる [3.3, 3.64]．非技術的な範囲から選ばれた類似も，非常に有用なことがある．

類似は，設計解探索の助けとなるほか，シミュレーションやモデル化技術を使った開発の初期段階において，システムの挙動を検討するときにも役立つ．また，その後に行われる不可欠な新しい下位設計解の特定と初期の最適化の導入においても役立つ．

もしモデルが，極端に寸法や条件が異なるシステムに適用されるなら，補助的な（寸法に関する）相似性分析が行われるべきである（9.1.1 項参照）．

(5)　測定とモデル試験

現存システムにおける測定，類似性分析によるモデル試験やほかの実験的検討は，もっとも重要な情報源である．Rodenacker [3.59] は，とくに実験的検討の重要性を強調し，設計は物理的実験の裏返しという解釈を主張している．

精密工学や大量生産産業，マイクロメカニズムやエレクトロニクス製品が発展している産業などにおいて，実験的検証は重要であり，設計解に到達する手段としても確立されている．このような製品の創造において，実験的開発がしばしば設計活動中に組み込まれるので，このアプローチは組織的な影響をもつことになる（図 1.3 参照）．

同様に，ソフトウェアの解の試験とそれに続く修正は，この経験則を基準とした方法群に属している．

3.2.2 直観的方法

設計者は，しばしばその直観によって，困難な問題を追及し，設計解を発見する．すなわち，設計解を探索して熟考した末に，ひらめいて解が求まるのである．これらの設計解は，突然に明確な思考として現れるので，その起源を説明できないこともある．オスロ国際平和研究所の Galtung は，「よいアイデアは発見されないか，あるいは未知のままである．それは偶然に向こうからやってくる」と述べている．そして，問題が解決されるまで，それは発展し，変更され，修正される．

よいアイデアというのは，つねに専門知識，経験，また現在実施中の仕事に照らして，潜在意識によって吟味される．そして，それらを意識下に引き出すには，アイデアの連想から生じた単純な刺激で十分なことがしばしばある．この刺激もまた，明らかに無関係な外的事象や議論によって引き起こされることがある．突然のアイデアは，的を射ており，なすべきことがすべて示され，それが最終解へとまっすぐ至る変更や適応でありそうなことが多い．もし，これがまさにそのとおりで，成功する製品が創造されるのであれば，これは最適な手順を代表している．非常に多くの好結果がこのようにして生まれ，成功している．よい設計法とは，このプロセスを省略するどころか，これを支援するうえで役立つものでなければならない．

それにもかかわらず，技術的な懸念としては，設計者の直観にもっぱら頼ることには用心しなければならない．また，設計者は，偶然や，まれなひらめきにすべてを任せるべきでもない．純粋に直観的な方法には，次のような不都合がある．

- 適切なアイデアが，適切な時点に浮かんでくるとは限らない．強制的にアイデアを引き出すことができないからである．
- 現行のしきたりや個人的先入観が，独創的な開発を制約するかもしれない．
- 不十分な情報により，新しい技術あるいは手順が技術者の意識に現れない可能性がある．

専門性，仕事の分割や時間的な重圧の増加とともに，このような可能性が増すことになる．

アイデアの連想によって直観を後押しして，新しい道を開くための方法がいくつかある．これらの中で，もっとも簡単で広く知られた方法は，同僚を批判的な議論に巻き込むことである．もしそのような議論が，大きく横道にそれることを許さず，継続的質問の方法，否定の方法，前進ステップ法など（2.2.5 項参照）に基づいているなら，非常に有効で役立つものになる．

ブレインストーミング，シネクティクス，ギャラリー法，635法，およびその他の多くの方法のような直観的な傾向をもつ手法は，可能な限り幅広い範囲のアイデアを生み出すために，グループの活動性を必要とする．グループの活動性の効果の一つは，メンバー間での，連想したアイデアの制約のない交換である．

これらの技法の大部分は，もともと非技術的な問題の解決のために工夫されたものである．しかし，これらの技法は，新しい，慣例にとらわれないアイデアを必要とするあらゆる分野にも適用可能である．

(1)　ブレインストーミング

ブレインストーミングは，新しい多量のアイデアを生み出す一つの方法といえる．もともとOsborn [3.51] によって提示されたもので，できる限り多くの異なった生活圏の人々が，心を開き，思いついた考えを偏見なくもち寄って，参加者が互いに新しいアイデアを思いつくのを誘発する状況を与えるものである [3.74]．ブレインストーミングは，記憶の刺激と，そこでは考慮されてこなかったアイデアや，意識することが許されなかったアイデアの連想に強く依存している．

最大の効果を上げるために，ブレインストーミングは，次のように実施されるべきである．

グループの構成

- グループは，リーダーが1人で，最小5人，最大15人で構成すべきである．5人未満では，意見と経験の多様性が小さすぎるので，作り出される刺激が小さすぎることになる．15人を超えると，個々人が受け身となり，引っ込み気味になるため，密な協力が減退する．
- グループ構成員は，専門家に限定してはならない．できるだけ多くの分野や活動の経験者が参加していることが重要である．非技術者の参加は，豊かで新しい特質を加えることになる．
- グループは階級に基づいて組み立ててはならないが，可能であれば，等しい階級の人間で構成する．上司や部下の気を害するかもしれないと考えて発言を控えることを防ぐためである．

グループリーダーの主導力

- グループのリーダーは，組織に関する問題（勧誘，構成，期間，評価）を取り扱うときにのみ主導すべきである．実際のブレインストーミング前に，リーダーは問題の概要を述べ，ブレインストーミング中にはルールが守られていること，とくに雰囲気が自由で，打ち解けていることに注意しなければならない．そのためにリーダーは，多少滑稽なアイデアを表明してからブレインストーミングを始めるか，あるいはほかのブレインストーミング会議の例を引き合いに出すことから始めるべきである．しかし，アイデアを表明して主導してはならない．一方，グループの生産性が落ちてきたときは，いつでも新しいアイデアの提供は望ましい．リーダーは，誰もほかの参加者のアイデアを批評しないようにしなければならない．また，記録係として1人か2人を指名すべきである．

手 順

- すべての参加者は，知的な抑制を捨てるように心がけなければならない．すなわち，メンバー自身またはグループのほかのメンバーによって自由に表明されたいかなるアイデアも，不合理であるとか，誤っているとか，みっともないとか，愚かだとか，ありふれている，または冗長であるなどとして拒否してはならない．
- すべての参加者は，出されたあらゆるアイデアを批評してはならない．「以前にすべて聞いたことがある」，「それは不可能だ」，「それはうまくいかないであろう」，「これは，その問題と無関係だ」などは禁句であり，使ってはならない．
- 新しいアイデアは，ほかの参加者に取り上げられて，自由に改変して使われてよい．また，いくつかの別のアイデアと組み合わせて，新しい提案とすることも有用である．
- すべてのアイデアは，書き留めて，概略図を書き，あるいは記録すべきである．
- すべての提案は，特定の設計解のアイデアが現れるように十分に具体的であるべきである．
- 最初の段階では，提案の実現可能性は無視されるべきである．
- 会議は，一般に30分～45分で，それ以上継続すべきではない．経験によると，より長い会議は何も新しいものをもたらさないし，不要な繰り返しにつながる．後日に，新しいアイデアか，あるいはほかの参加者と改めて始めるのがよい．

評 価

- 結果は，有望な設計解の基準を見つけるために専門家によって再吟味されるべきである．もし可能ならば，これらの要素を分類して実現可能性の順に採点し，さらに発展させるべきである．
- 最終結果は，専門家側からの誤解や一方的な解釈を避けるために，グループ全員で再吟味すべきである．このような再吟味のための会議の間に，新しくもっと進んだアイデアが出され，進展することもある．

次のようなときには，ブレインストーミングの必要性が示唆されている [3.56].

- 実用的な設計解原理が発見されていないとき
- 可能な設計解の基礎をなす物理的プロセスが，まだ特定されていないとき
- 行き詰まりになっているという一般的な感覚があるとき
- 慣習的なアプローチからの根本的な変更が必要なとき

ブレインストーミングは，既知あるいは既存のシステムに生じる下位問題の解決にも有用である．さらに，それは有益な副次的効果をもっている．すべての参加者には，新しいデータあるいは少なくとも可能性のある手順，応用，材料，組合せなど新鮮なアイデアが供給される．なぜなら，グループは広範囲の意見や専門的知識（たとえば，設計者，製造技術者，セールスマン，材料の専門家，バイヤー）を代表しているからである．そのようなグループが生み出すことができるアイデアの量は，驚くほど豊富で広範囲である．設計者は，ブレインストーミングで生み出されたアイデアを，後々多くの機会に思い出すであろう．ブレインストーミングは，新たな考え方を誘発し，関心を刺激し，通常のルーチンを打破する．

しかし，ブレインストーミングに奇跡を期待してはならないことを強調しておきたい．提示されるアイデアの大部分は，技術的あるいは経済的に実現可能性はなく，しばしば専門家になじみのあるものである．ブレインストーミングでは，まず第一に新しいアイデアを誘発することを意図しているが，注文どおりの設計解を生み出すことを期待はできない．なぜなら，自然と出てくるアイデアだけで解くには，問題は一般に複雑すぎて難しすぎるからである．しかし，もし会議が一つか二つの有用なアイデア，あるいは設計解を探す方向についてのヒントを生み出しているならば，ブレインストーミングは大成功である．

ブレインストーミングによって得られた設計解の例が，6.6節で紹介されている．そこでは，結果としてのアイデアがどのように評価され，また，そこからどのようにしてそれに続く設計解探索の分類基準が導かれたかを示している．

(2)　635法

Rohrbach [3.60] によって，ブレインストーミングは635法へと発展された．仕事に習熟して，入念な分析を終えた6人の参加者に，キーワード形式で三つのおおまかな設計解を書き出してもらう．一定時間後に，設計解は各人の隣の人に渡される．その人は，先の提案を読んだ後に，さらに三つの解あるいは解を発展させたものを記入する．このプロセスは，最初に書いた自分の三つの設計解の組が自分のところに戻ってくるまで，ほかの5人全員と協力しながら続けられる．これがこの手法の名前の由来となっている．

635法は，ブレインストーミング法よりも次のような優れた点をもつ．

- よいアイデアが，より体系的に展開できる．
- アイデアの発展を追跡でき，成功した設計解原理を誰が最初に生み出したかを，おおむね正確に突き止めることができる．これは，法律上の理由で後に役立つことがある．
- グループの統率という問題は，ほとんど起こらない．

ただし，次のような欠点もある．

- 個々の参加者が分離され，グループとしての活動が行われないので，グループからの刺激がなく，創造性が低下する．

(3) ギャラリー法

Hellfritz [3.27] によって開発されたギャラリー法は，個人の仕事とグループ作業を結びつける方法である．とくに設計のプロセスのあらゆる段階に適していて，設計解の提案は概略図あるいは線図の形式で表現される．グループの構成は，ブレインストーミングと似ている．その方法は，以下のステップから成り立っている．

導入ステップ：グループリーダーは問題を提示し，状況を説明する．

アイデア生成ステップ 1：15 分間，個々のグループメンバーは直観的に，偏見なしに，必要ならば文章で補足した概略図を使って，設計解を生成する．

連想ステップ：アイデア生成ステップ 1 での結果が，アートギャラリーのように壁にかけられて，グループメンバーがそれを見て議論する．15 分間のこのステップの目的は，新しいアイデアを見出すこと，あるいは補完したり改良をした提案について，否定と再評価を通して確認することである．

アイデア生成ステップ 2：連想ステップでのアイデアと洞察は，各グループメンバーによって個別に発展させられる．

選択ステップ：生成されたすべてのアイデアは再吟味され，分類される．もし必要なら，完成形にまとめられる．次に，有望な設計解が選択される（3.3.1 項参照）．推論的な方法を用いて，後に発展できる有望な設計解の特徴を見きわめることも可能である（3.2.3 項参照）．

ギャラリー法は，次のような利点をもっている．

- 過度に長い議論なしに直観的なグループ作業が行われる．
- 概略図を用いた効果的なアイデアの交換が可能である．
- 個々人の貢献を確認できる．
- 文書による記録は，容易に評価され，保存される．

(4) デルファイ法

この方法では，特定分野の専門家に，意見の記述が求められる [3.7].

意見記述の依頼は，次の形式をとる.

第1回目の質問：与えられた問題を解くのに，着手点として何を提案しますか．自由に提案してください.

第2回目の質問：ここに，与えられた問題を解くための着手点の一覧があります．この一覧を読んで，思いついたさらなる提案をしてください.

第3回目の質問：ここに，以前の2回の質問の最終評価の一覧があります．この一覧を読んで，もっとも実際的な提案だと思えるものを書いてください.

この念入りな手順は，注意深く計画されなければならないし，通常，企業の方針や根本的な質問に関係する一般的な問題に限定しなければならない．エンジニアリングデザインの分野において，デルファイ法は，長期間の開発の基礎研究のために使われるべきである.

(5) シネクティクス

ギリシャ語から派生した語であるシネクティクスは，多様で明らかに独立した概念を組み合わせた活動に当てはまる手法である．シネクティクスはブレインストーミングに匹敵するが，非技術者あるいは半技術的分野からの類似の助けを得て，有益なアイデアを誘発することをねらいとしている点が，ブレインストーミングとの違いである.

この方法は，Gordon [3.25] によって最初に提案された．アイデアの自由な湧き出しというブレインストーミングよりも，シネクティクスのほうが体系的である．しかし，両方法ともにまったくありのままに，抑制あるいは批判をしないことを求めている.

シネクティクスによるグループは，7人以下で構成すべきである．さもないと，発表したアイデアが一人歩きすることもあるからである．グループリーダーは，グループが，提案された類似した解を発展させられるよう，次のようなステップを通じて誘導する役割を担う.

- 問題を提示する.
- 問題（分析）に精通する.
- 問題の内容を把握する.
- ほかの領域から導き出された類似の助けを得て，ありふれた仮定を拒絶する.
- 類似の一つを分析する.

- 既存の問題と類似のものを比較する．
- その比較からの新しいアイデアを発展させる．
- 可能性のある設計解を発展させる．

もし，結果が満足のいくものでない場合は，異なる類推を用いてプロセスを繰り返す必要がある．

この方法を説明するために，一つの例を示そう．人体から尿路結石を取り除く最善の方法を発見するために設定されたセミナーで，結石をつかみ，保持し，抜き取るためのいくつかの機械的装置について述べられた．その装置は尿道の内側で伸縮し，拡張しなければならない．キーワードである「伸縮」と「拡張」は，参加者の一人に雨傘のアイデアを示唆することになった（**図 3.12** 参照）．

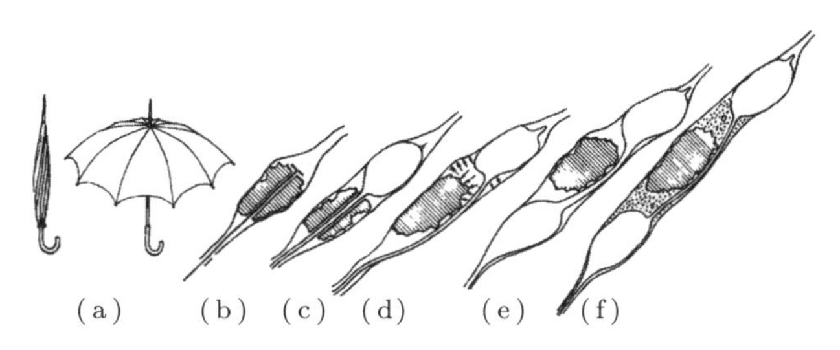

図 3.12　連想と 1 ステップずつの改良に基づく，尿路結石を取り除くための設計解原理の段階的な展開

質問：雨傘の類似（図(a)）は適用できるか．

可能性のある回答 1：結石に穴をあけ，傘を穴に通し，拡げる（図(b)）．実現可能性はあまりない．

可能性のある回答 2：穴にチューブを貫通させ，結石の背後でバルーンをふくらませる（図(c)）．結石に穴をあけることは実現不可能である．

可能性のある回答 3：結石を通り越してチューブを押し込む（図(d)）．チューブを回収するとき，その抵抗が尿道に重大な損傷を与える．

可能性のある回答 4：案内として第 2 のバルーンを追加して（図(e)），二つのバルーンの間にある結石をゲルで包み込んで取り出す（図(f)）．この方法が，最善の方法であることがわかった．

この例は，半技術的類似（雨傘）との連想である．この場合に存在する特別な制約を考慮に入れて，設計解が展開された．ここで示した設計解は，セミナーでの最終的な解ではないが，この方法がどのように用いられたかを示している．

このアプローチの特徴は，制限のない類似の利用である．技術的問題の場合には，類似は非技術的分野や半技術的分野から選択される．この類推は，一般に，最初はきわめて自然発生的に現れるが，その後の展開や分析では体系的に導き出される．

(6)　複数の方法の組合せ

以上の方法のいずれか一つを用いても，要求される目的に到達できない場合がある．経験によると，次のことが示されている．

- ブレインストーミングのグループリーダーやほかの参加者は，アイデアの湧き出しが枯渇したときには，アイデアを新たに湧き出させるために，類推やありふれた仮定の否定などのシネクティクス的な手順を用いてもよい．
- 新しいアイデアや類推は，グループのアプローチやアイデアを根本的に変えることがある．
- その時点までの合意内容をまとめることで，新たなアイデアが導き出されることがある．
- 否定と再評価の方法ならびに前進ステップ法（2.2.5 項参照）を明示的に使うことで，アイデアを豊かにして，その多様性を広げることができる．

上述したセミナーでは，「結石を破壊する」というアイデアの提示が，ドリルで穴をあける，ハンマーでたたく，超音波で破壊するなどの多彩な提案をもたらした．アイデアの湧き出しが最終的に枯渇したときに，グループリーダーは「自然はどのように破壊するのか」と尋ねた．そのことから，ただちに，天候，加熱と冷却，腐食，腐敗，バクテリアの使用，氷の膨張，化学的分解などの新たな提案が出てきた．「結石をつかむ」と「結石を破壊する」という二つの原理の組合せは，「ほかには何があるか」という質問を引き起こした．これは「石をつかむのではなく密着する」という回答を生み，今度は吸い上げる，接着する，さまざまな接触力を作用させるなどの新しいアイデアが生み出された．

特別な場合には，異なった方法が組み合わされるべきである．実利的なアプローチは，最善の結果を保証するものである．

3.2.3　推論的方法

推論的傾向をもつ方法は，介入と情報交換が可能な，慎重な段階的アプローチによって設計解をもたらす．推論的方法は直観を排除せず，各段階の過程および各問題の設計解に，直観の影響を取り入れることができるが，全体課題の直接的な実行では影響を受けない．しかし，推論的方法の作業全体の実行においては，直観の影響は少ない．

(1)　物理的プロセスの体系的検討

問題の設計解が，方程式で表現される既知の物理的（化学的，生物学的）作用を含み，とくに複数の物理変数が含まれる場合は，それらの間の相互関係，すなわちほかのすべての量が定数であるときの従属変数と独立変数の間の関係を解析することによって，さまざまな解が導き出される．このようにして，$y=f(u,\ v,\ w)$ の形で式が得られれば，この方法に従って，次式 $y_1=f(u,\ \underline{v},\ \underline{w})$，$y_2=f(\underline{u},\ v,\ \underline{w})$，$y_3=f(\underline{u},\ \underline{v},\ w)$ の下線部を定数として，代替案を調べることができる．

Rodenacker は，この手順についていくつかの例を与えており，その一つが細管式粘度計の開発に関するものである［3.59］．よく知られている毛細管現象の法則 $\eta\sim\Delta p\cdot r^4/(\dot{V}\cdot l)$ から，四つの代替案が得られる．**図 3.13** は，その図解である．

①差圧 Δp を，粘性の測定指標として利用する設計解：$\Delta p\sim\eta$（$\dot{V}$，r，l は定数）

②細管の直径変化に基づく設計解：$\Delta r\sim\eta$（$\dot{V}$，Δp，l が定数）

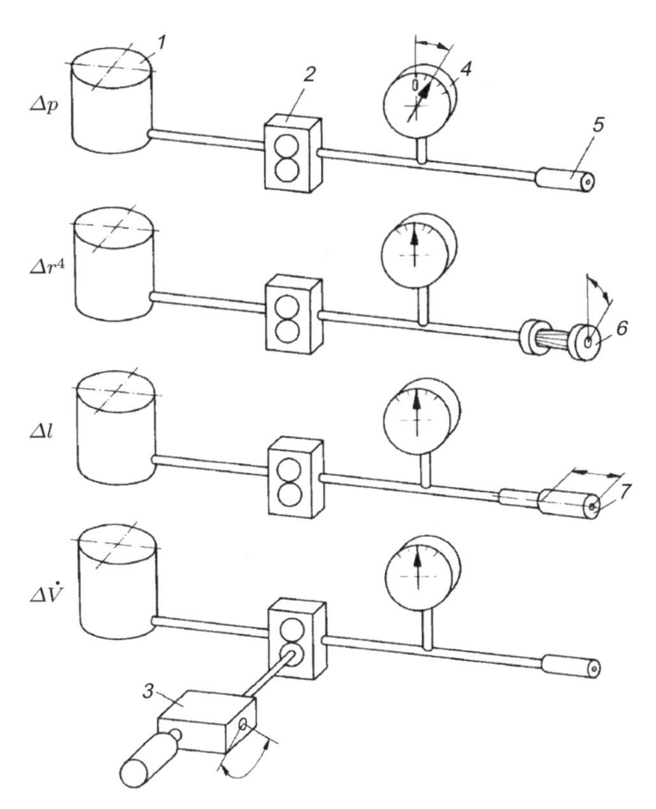

図 3.13　四つの粘度計の体系的展開（出典［3.59］）

1：容器，*2*：歯車ポンプ，*3*：変速機，*4*：圧力計，*5*：固定細管，
6：直径可変の細管，*7*：長さ可変の細管

③細管の長さ変化に基づく設計解：$\Delta l \sim \eta$（Δp，$\dot{V}$，rが定数）

④体積流量変化に基づく設計解：$\Delta \dot{V} \sim \eta$（Δp，r，lが定数）

物理方程式の解析によって，新規または改善された設計解を得るもう一つの方法は，既知の物理作用を個々の構成要素に分解することである．とくにRodenacker［3.59］は，このアプローチを新たな装置の設計や既存の装置の新たな応用開発に用いた．

ここで例題として，摩擦ねじ締め付け装置を考えよう．ここで，ねじを緩めるのに必要なトルクは，次式で表現される．

$$T = P\left[\frac{d}{2}\tan(\phi_{\mathrm{v}} - \beta) + \frac{D}{2}\mu_{\mathrm{f}}\right] \tag{3.1}$$

式（3.1）で与えられるトルクは，次の成分から構成されている．

ねじにおける摩擦トルク：

$$T_{\mathrm{t}} \sim P\frac{d}{2}\tan\phi_{\mathrm{v}} = P\frac{d}{2}\mu_{\mathrm{v}} \tag{3.2}$$

$$\text{ここで，}\tan\phi_{\mathrm{v}} = \frac{\mu_{\mathrm{t}}}{\cos(\alpha/2)} = \mu_{\mathrm{v}}$$

ボルト頭部あるいはナット座面での摩擦トルク：

$$T_{\mathrm{f}} = P\frac{D}{2}\tan\phi_{\mathrm{f}} = P\frac{D}{2}\mu_{\mathrm{f}} \tag{3.3}$$

予荷重とねじピッチにかかわるねじの開放トルク：

$$T_{\mathrm{r}} \sim P\frac{d}{2}\tan(-\beta) = -P\cdot\frac{P}{2\pi} \tag{3.4}$$

ここで，p：ねじのピッチ，β：リード角，d：ねじ（t）の有効径，P：予荷重，D：ナット座面（f）径，μ_{v}：ねじ部の見かけ上（v）の摩擦係数，μ_{t}：ねじ部の実際の摩擦係数，μ_{f}：ボルト頭部またはナット座面における摩擦係数，α：フランク角，ϕ：摩擦角である．

ねじ締め付け装置の緩み止め特性を改善するための設計解原理を見つけるためには，物理的関係を解析して，関係する物理作用を特定しなければならない．式（3.2）と式（3.4）に関係する個々の作用は，次のとおりである．

- 摩擦作用（クーロン摩擦）

$$F_{\mathrm{t}} = \mu_{\mathrm{v}}P \quad \text{および} \quad F_{\mathrm{f}} = \mu_{\mathrm{f}}P$$

- てこ作用

$$T_{\mathrm{t}} = \frac{F_{\mathrm{t}}d}{2} \quad \text{および} \quad T_{\mathrm{f}} = \frac{F_{\mathrm{f}}D}{2}$$

- くさび作用

$$\mu_{\rm v} = \frac{\mu_{\rm f}}{\cos(\alpha/2)}$$

式 (3.4) における個々の作用は，次のとおりである．

- くさび作用

$$F_{\rm t} \sim P \tan(-\beta)$$

- てこ作用

$$T_{\rm t} = \frac{F_{\rm t} d}{2}$$

個々の物理作用を調べることにより，ねじ部品の緩み止め特性を改善するために，以下の設計解原理が求められる．

- くさび作用を用いて，リード角 β を減らすことにより，緩もうとする傾向を減少させる．
- てこ作用を用いて，ナット座面径 D を増すことにより，ボルト頭部とナット座面の摩擦モーメントを増加させる．
- 摩擦作用を用いて，摩擦係数 μ を増すことにより，摩擦力を増加させる．
- くさび作用を用いて，円すい面によって面上の摩擦力（円すい角 2γ のとき，$P\mu_{\rm f}/\sin\gamma$）を増加させる．この方法は，自動車の車輪取付けナットに応用されている．
- フランク角 α を増すことにより，ねじ部の見かけ上の摩擦係数を増加させる．

(2) 分類表を利用した体系的探索

2.2.5 項において，情報とデータの体系的提示が，二つの点で役立つことが示された．すなわち第 1 に，さまざまな方向へと設計解を探索する刺激となること，第 2 に，設計解の本質的な特徴を確定して組み合わせることが容易になることである．これらの利点のために，同じ基本構造をもつ多くの分類表が作られてきた．Dreibholz [3.10] は，このような分類表の応用として考えられるものについて，包括的な調査を行って発表している．

通常の 2 次元分類表では，分類基準として用いられるパラメータを行と列にとる．**図 3.14** に分類表の一般的構造を示す．図(a)はパラメータが行と列の両方に与えられた場合で，図(b)は列が明確な順序づけができないために，パラメータが行のみに与えられている場合である．必要であれば，パラメータや特徴をさらに細かく分類することによって，分類基準を拡張することができる（**図 3.15** 参照）．しかし，それによって全体像がわかりにくくなってしまうこともある．列のパラメータを行のパラメータ

列をラベルづけするための分類基準		列パラメータ				
行をラベルづけするための分類基準		C1	C2	C3	C4	
行パラメータ	R1					
	R2					
	R3					
	R4					

(a)

連結した番号		列パラメータ				
行をラベルづけするための分類基準		1	2	3	4	
行パラメータ	R1					
	R2					
	R3					
	R4					

(b)

図 3.14　分類表の一般的構造（出典［3.10］）

に割り振ることによって，行と列に基づいたどんな分類表も，行のパラメータだけが保持され，列は単に順序づけだけがされるような分類表に変換することができる（**図 3.16** 参照）

このような分類表は，設計プロセスにさまざまな形で役立つ．とくに，これらの表は，設計解を探索しているすべてのフェーズで設計カタログとして役立ち，下位設計解の組合せを全体の設計解にすることの助けとなる（3.2.4 項参照）．Zwicky［3.77］は，それらを「形態マトリックス」とよんでいる．

分類基準やそのパラメータの選択は，非常に重要である．分類表を作成するには，以下の段階的手順に従うとよい．

第 1 段階：設計解の提案を不規則な順番で行に記述する．
第 2 段階：提案を，エネルギーの種類，運動の種類などの主要項目（特徴）に照らして分析する．
第 3 段階：これらの項目に従って，設計解が分類される．

分類基準やそのパラメータは，より早い段階で，直感的方法を用いて既知の解あるいはアイデアを分析することから得られる．

この手順は，適合性のある組合せを確認する助けになるだけでなく，さらに重要な

				C1										C2	
				C11				C12						C21	
				C111		C112		C121			C122			C211	
				C1111	C1112	C1121	C1122	C1211	…						
			R1111												
		R111	R1112												
			R1113												
			R1121												
	R11	R112	R1122												
			R1123												
			R1131												
R1		R113	…												
		R121													
	R12														
		R122													
		R211													
R2	R21														
		R212													

図 3.15 パラメータをさらに細かく分割した分類表（出典［3.10］）

こととして，可能な設計解の領域を広げるきっかけとなる．**図 3.17** および**図 3.18** の分類基準と特徴は，設計解やさまざまなアイデアを体系的に探すときに役立つ．これらは，エネルギーの種類，物理作用，所見を参照し，また，作用幾何の特徴や作用運動，基本的材料特性も同様に参照する．（2.1.4 項参照）．

図 3.19 は，下位機能を満たす設計解を探索する簡単な例を示している．ここに示した設計解は，数多くの設計解原理に対してエネルギーの種類を変えることによって得られたものである．

		1	2	3	4	5	
C1	R1						
	R2						
	R3						
	R4						
	…						
C2	R1						
	R2						
	R3						
	R4						
	…						
C3	R1						
	R2						
	R3						
	R4						
	…						

図 3.16　変形した分類表（出典 [3.10]）

分類基準：
エネルギー，物理作用，発現の種類

項　目	例
機械	重力，慣性，遠心力
油水圧	静水圧，流体力学
空気圧	空気静力学，空気力学
電気	静電気学，電気力学，電気誘導，静電誘導，圧電，変圧，整流
磁気	強磁性，電磁気
光学	反射，屈折，回折，干渉，偏光，赤外線，可視光，紫外線
熱	膨張，バイメタル作用，蓄熱，熱伝達，熱伝導，断熱
化学	燃焼，酸化，収縮，溶解，結合，変質，電気分解，発熱・吸熱反応
原子力	放射，アイソトープ，エネルギー源
生物	発酵，腐敗，分解

図 3.17　さまざまな物理的探索領域に対する分類基準と項目（特徴）

分類基準

作用幾何，稼動中の挙動および材料の基本的特性

作用幾何

項　目	例
種類	点，線，面，立体
形状	曲線，円，楕円，双曲線，放物線，三角形，四角形，長方形，五角形，六角形，八角形，円筒形，円錐形，菱形，立方体，球形，対称，非対称
位置	軸方向，半径方向，接線方向，垂直，水平，平行，連続
寸法	小さい，大きい，狭い，広い，高い，低い
数	非分割，分割，単一，二重，多重

作用運動

項　目	例
種類	定常，平行移動，回転
性質	一様，非一様，振動，2 次元，3 次元
方向	x, y, z 軸方向，そして / あるいは x, y, z 軸回り
大きさ	速度
数	一つ，複数，合成した動き

材料の基本的特性

項　目	例
状態	固体，液体，気体
挙動	剛性，弾性，塑性，粘性
形状	固体，粒体，粉体，微粒子

図 3.18　形状設計分野における代替案に対する分類基準と特性項目

図 3.20 は，作用運動に基づく代替案の一例である．

図 3.21 は，軸 - ハブ結合機構の設計におけるさまざまな幾何形状を示している．このような配列表のおかげで，たとえば前進ステップ法（2.2.5 項および図 2.21 参照）によって得られた多様な設計解を，整理して完成させることができる．

要約すると，以下のように推奨できる．

- 分類表は，できる限り包括的に，ステップを踏んで構築されるべきである．適合性のない内容は捨てるべきで，もっとも有望な提案のみを追求すればよい．このようにして，設計者はどの分類基準が設計解を発見するのに役立つか決定したり，パラメータを変更することで代替案を調べたりしようとすべきである．
- もっとも有望な設計解が特別な選択の手続きによって選ばれ，ラベルづけされるべきである（3.3.1 項参照）．
- 可能であれば，もっとも包括的な分類表が作成されるべきである（この表は，繰

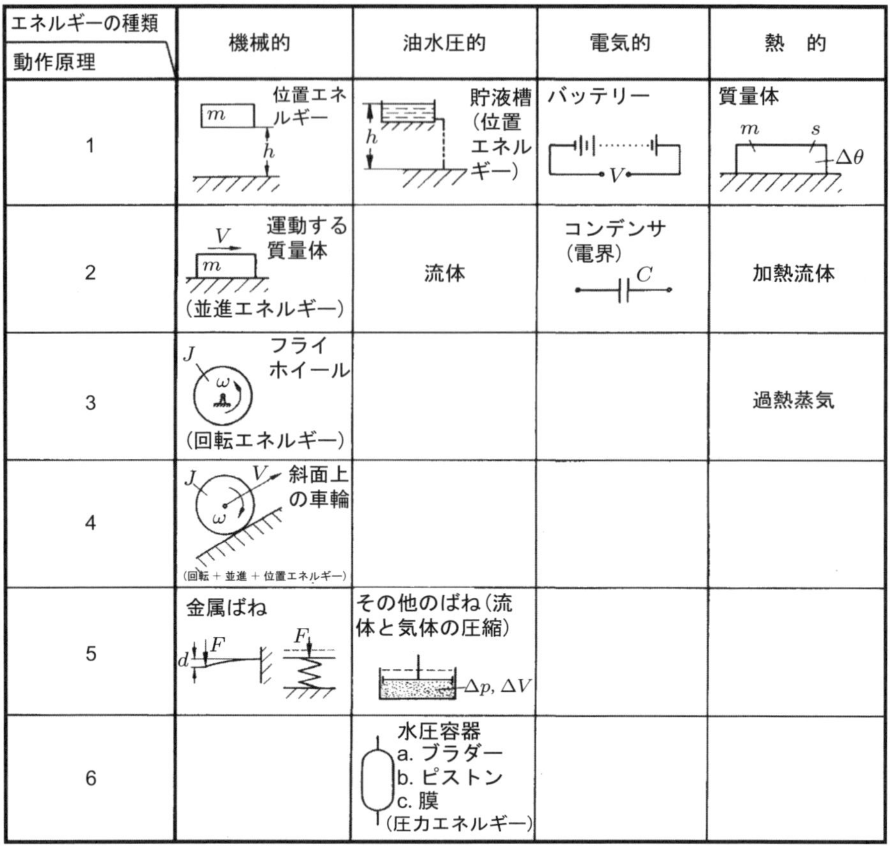

エネルギーの種類 / 動作原理	機械的	油水圧的	電気的	熱　的
1	位置エネルギー	貯液槽（位置エネルギー）	バッテリー	質量体
2	運動する質量体（並進エネルギー）	流体	コンデンサ（電界）	加熱流体
3	フライホイール（回転エネルギー）			過熱蒸気
4	斜面上の車輪（回転＋並進＋位置エネルギー）			
5	金属ばね	その他のばね（流体と気体の圧縮）		
6		水圧容器 a. ブラダー b. ピストン c. 膜 （圧力エネルギー）		

図 3.19　エネルギーの種類を変えて得られる機能「エネルギーを貯蔵する」を満たす種々の動作原理

り返し利用されることになる）が，システムは体系的な目的のためだけに構築されるべきではない．

(3)　設計カタログの使用

設計カタログとは，設計問題についての既知で実績のある設計解を集めたものである．そこには，さまざまな種類の異なる実体化レベルのデータが含まれている．したがって，物理作用，動作原理，原理的設計解，機械要素，標準部品，材料，購入部品などを含んでいる．過去においては，このようなデータは，教科書や便覧，企業のカタログ，冊子，標準規格のなかに見出せた．中には，純粋に客観的データや提案された設計解のほかに，計算例，解法やほかの設計手順を含むものもある．

設計カタログは，以下のような内容を提供すべきである．

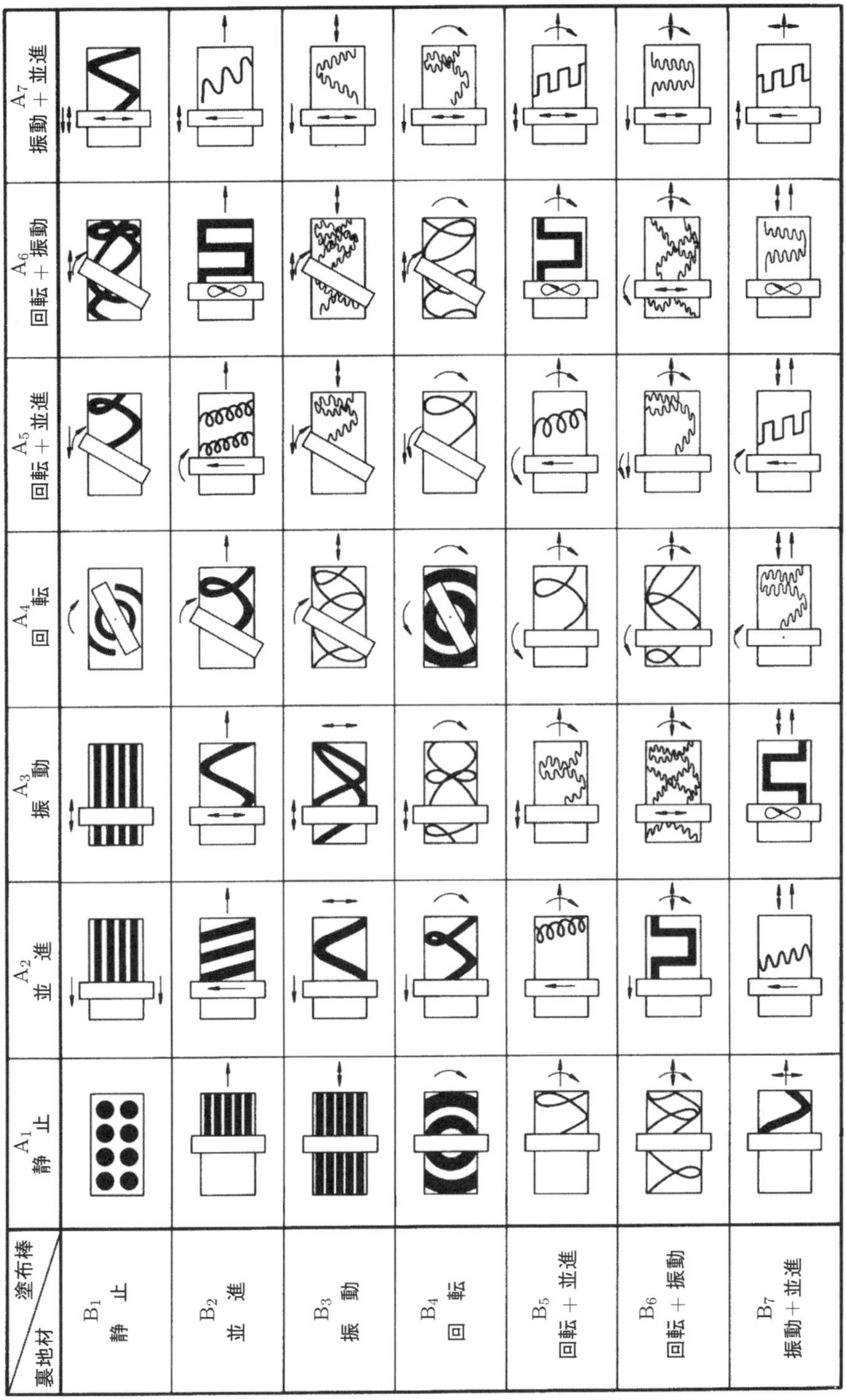

裏地材＼塗布棒	A_1 静　止	A_2 並　進	A_3 振　動	A_4 回　転	A_5 回転＋並進	A_6 回転＋振動	A_7 振動＋並進
B_1 静　止							
B_2 並　進							
B_3 振　動							
B_4 回　転							
B_5 回転＋並進							
B_6 回転＋振動							
B_7 振動＋並進							

図 3.20　カーペット（条片）と塗布用具の運動の組合せによるカーペットの裏地材を塗る方法

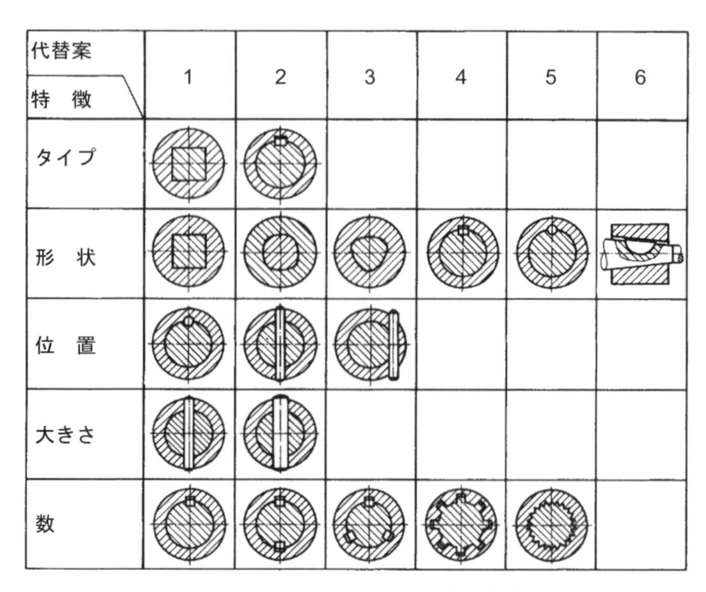

図3.21　軸－ハブ結合の作用幾何代替案

- 蓄積された設計解やデータへの素早く，より問題に適合したアクセス
- もっとも包括的な範囲の有望な設計解，または最低限，もっとも本質的な設計解で，後に拡張可能なもの
- もっとも可能性のある異分野の範囲
- コンピュータ援用手法でも，従来の設計手順でも使えるデータ

設計カタログの構築が，とりわけRothとその共同研究者によって研究されている[3.62]．Rothは，**図3.22**に示したタイプの設計カタログは，上述したすべての要求を満足するとしている．

分類基準は，設計カタログの構造を決定する．分類基準は，どの設計カタログを取り扱うことが容易であるかということに影響し，その実体化の程度ばかりでなく，特別な設計解の複雑さの程度も反映している．たとえば，概念設計フェーズでは，設計解が満たすべき機能を分類基準として選択することが望ましい．これは，概念設計が基礎となる下位機能に基づくからである．特徴を分類するときは，もっとも製品に依存しない設計解を導き出すのに役立つ，一般的に有効な機能（2.1.3項参照）を選択するのが最善である．

さらなる分類基準には，エネルギー（機械的，電気的，光学的など），材料や信号，作用幾何形状，作用運動，および基本的な材料特性の種類や特徴がある．実体設計フェーズを意図した設計カタログの場合には，有用な分類基準は材料特性と，継手の種類のような，特定の機械要素の特性を含んでいる．

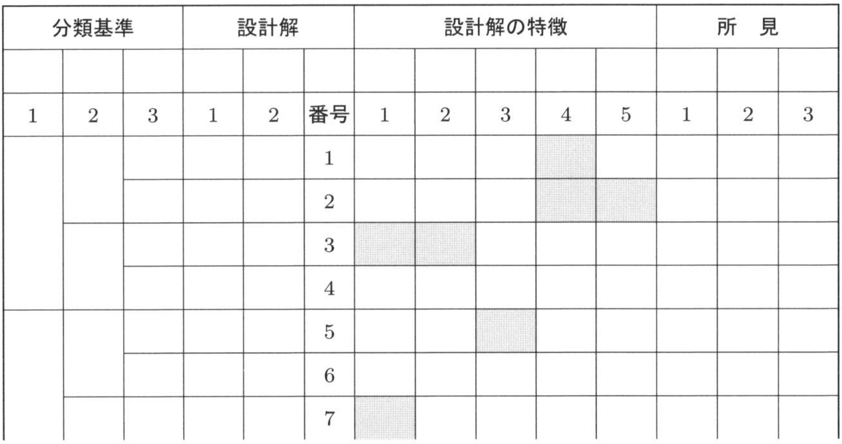

分類基準			設計解			設計解の特徴					所　見		
1	2	3	1	2	番号	1	2	3	4	5	1	2	3
					1								
					2								
					3								
					4								
					5								
					6								
					7								

図 3.22　設計カタログの基本構造（出典 [3.62]）

設計解が書かれる欄は，設計カタログの主要な部分である．抽象化の程度に応じて，設計解は，物理方程式を伴うか，もしくは伴わない概略図として，あるいはおおよそ完全な製図や図版として表現される．再度与えられた情報の種類と完全さは，意図する応用に依存する．すべてのデータが同じ抽象化の程度にあり，主要でない事柄は除いておくことが重要である．

設計解の特徴が記入される欄は，設計解の選択に対して重要である．

所見欄は，データの出所情報と追加コメントのために用いられる．

選択に用いた特徴は，非常に多様な特性を含んでいる．たとえば，代表寸法，信頼性，応答性，要素数などである．それらは，設計者が設計解の初期の選択と評価をするうえで役立つ．コンピュータ支援の設計カタログの場合では，最終的な選択と評価にも利用できる．

設計カタログに対するもう一つの重要な要件は，整合性のある明確な定義と記号をもつことである．

蓄積された情報がより具体的で詳細であればあるほど，それだけ設計カタログの適用は直接的であると同時に限定的になる．実体化の程度が増すと，与えられた設計解のデータはもっと包括的となる．しかし，完璧な設計の領域に達する機会は減る．なぜなら，たとえば，実体設計の代替案の数などの詳細項目の数が急速に増えるからである．したがって，機能「送る・流す・導く」を達成する物理作用のすべての一覧を提供することは可能かもしれないが，軸受（回転系から静止系に力を導く）の実体化の可能性のすべてを一覧にすることはかなり難しい．

上述した要件と構造を満たす，現在利用可能な設計カタログには，**表 3.2** に示され

表 3.2　利用可能な設計カタログ

応　用	目　的	著者と参考文献番号
一般	カタログの構成 利用可能なカタログと設計解の一覧	Roth [3.62] Roth [3.62]
設計解原理	物理作用 機能のための設計	Roth [3.62] Koller [3.39]
結合	結合の種類 結合 固定結合 鋼製断面の溶接接合 リベット接合 接着接合 締付要素 ねじ式接合の原理 ねじ式締付け具 ねじ式接合におけるバックラッシュの除去 弾性接合 軸－ハブ結合	Roth [3.62] Ewald [3.14] Roth [3.62] Wölse and Kastner [3.75] Roth [3.62], Kopowski [3.41], Grandt [3.26] Fuhrmann and Hinterwalder [3.18] Ersoy [3.13] Kopowski [3.41] Kopowski [3.41] Ewald [3.14] Gießner [3.24] Roth [3.62], Diekhöner and Lohkap [3.9], Kollmann [3.40]
ガイドと軸受	直線ガイド 回転ガイド 平面ところ軸受 軸受とガイド	Roth [3.62] Roth [3.62] Diekhöner [3.8] Ewald [3.14]
動力発生	電動モータ（小型）	Jung and Schneider [3.32]
動力伝達	駆動方式（一般的） 動力発生機（機械式） 動力を発生する効果 単段式動力倍増 昇降装置 ねじ駆動 摩擦システム	Schneider [3.65] Ewald [3.14] Roth [3.62] Roth [3.62], VDI 2222 [3.70] Raab and Schneider [3.57] Kopowski [3.41] Roth [3.62]
運動，機構	機構を用いた運動問題の解決 チェーンドライブと機構 4 節リンク機構 論理的逆転機構 論理的結合と分離機構 機械的フリップフロップ機構 機械式フリップフロップ非復帰安全装置 昇降機構 一様運動伝達装置 取扱装置	VDI 2727, part 2 [3.72] Roth [3.62] VDI 2222, part 2 [3.70] Roth [3.62] Roth [3.62] Roth [3.62] Roth [3.62], VDI 2222, part 2 [3.70] Raab and Schneider [3.57] Roth [3.62] VDI 2740 [3.73]
歯車箱	平歯車 一定歯車比の機械式単段歯車箱 平歯車のバックラッシ除去	VDI 2222, part 2 [3.70], Ewald [3.14] Diekhoner nad Lohkamp [3.9] Ewald [3.14]
安全技術	危険な状況 保護障壁	Neudorfer [3.52] Neudorfer [3.53]
人間工学	表示計器，制御	Neudorfer [3.51]
製造プロセス	鋳造 落とし鍛造 圧縮鍛造	Ersoy [3.13] Roth [3.62] Roth [3.62]

るものがある．したがって，以下に述べる内容は，利用可能な設計カタログからのいくつかの例，もしくはそれらからの抜粋にすぎない．

図 3.23 は，機能「エネルギーを変える」と「エネルギーの成分を多様にする」を結びつける物理作用を示している．これは，Koller [3.39] と Krumhauser [3.48] を基にしている．その設計カタログは，分類基準からこれらの効果，すなわち機能の「入力と出力」を導き出すことを可能にしている．選択の基になっている特徴は，技術資料から導き出されなければならない．

図 3.24 は，文献 [3.62] に基づいた軸 - ハブ結合についての設計カタログの抜粋である．ここでは，前述の設計カタログと異なって，形状設計のおかげで，実体設計を縮尺レイアウト図面から始められるほど，設計解は十分に具体的となっている．

コンピュータ援用システムは，カタログ，企業のパンフレット，供給者（サプライヤ）側の情報およびその他の資料を使って，探索を促進するために用いられる．ハイパーメディアソフトウェアは，そのような資料内容を構造化して保存し，読み出す方法を提供する．それは，大量の情報を柔軟に取り扱い，異なった説明原理を用いて，特定の知識分野における対象と手順の表現と関連づけることを可能とする．これは，ハイパーメディアシステムにおけるナビゲーションとよばれている．分散した情報源を用いるために，インターネットウェブサイト（www）のような広域的ネットワークが要求されている．インターネットを使って，いわゆる，「仮想市場」あるいは「仮想サプライチェーン」が形成され，設計者は自分の仕事場から，そことやりとりできる [3.4].

3.2.4　設計解を結合する方法

2.1.3 項と 2.2.5 項で述べたように，問題，課題，機能をそれぞれ下位問題，下位課題，下位機能に分割して，個々に解くことが有効である（因子分解法，6.3 節も参照）．ひとたび，下位問題，下位課題，下位機能に対する設計解が得られたら，全体的な設計解を求めるために，それらは組み合わされなければならない．

これまでに述べてきた方法，とくに直観的傾向をもつ方法によって，適切な組合せが発見できるかもしれない．しかし，もっと直接的にそのような統合を行う特別な方法がある．原則的に，それらの手法は，関連する物理量およびその他の諸量と，適切な幾何的特性および材料的特性の助けを借りて，設計解の明確な結合を可能にするものでなければならない．ソフトウェア要素を含む組合せを分析するときには，適切な設計解の特徴を見きわめて用いることが重要である．

そのような組合せに伴うおもな問題は，組み合わされる設計解原理の物理的，幾何的適合性を確実にすることである．それはエネルギー，材料，信号の円滑な流れを確実にして，機械システムにおける幾何学的干渉を避けてくれる．情報システムにおけ

機　能	入　力	出　力	物理作用						
E_{mech} → E_{mech}	力，圧力，トルク	長さ，角度	フック則(引張／圧縮／曲げ)	せん断，ねじり	突上げ力ポアソン効果	ボイル－マリオット則	クーロン則 I と II	…	…
		速度	エネルギー則	運動量保存則	角運動量保存則	…	…	…	…
		加速度	ニュートン則	…	…	…	…	…	…
	長さ，角度	力，圧力，トルク	フック則	せん断，ねじり	重力	スラスト力	ボイル－マリオット則	毛細管	
			クーロン則 I と II	…	…	…	…	…	…
	速度		コリオリ力	運動量保存則	マグヌス効果	エネルギー則	遠心力	渦電流	
	加速度		ニュートン則	…	…	…	…	…	…
E_{mech} → E_{hyd}	力，長さ，速度，圧力	速度，圧力	ベルヌーイ則	粘性(ニュートン)	トリチェリ	重力による圧力	ボイル－マリオット則	運動量保存則	…
E_{hyd} → E_{mech}	速度	力，長さ	形状揚力	乱流	マグヌス効果	流体抵抗	背圧	反作用原理	…
E_{mech} → E_{therm}	力，速度	温度，熱量	摩擦（クーロン則）	第1法則	トムソン－ジュール則	ヒステリシス（減衰）	塑性変形	…	…
E_{therm} → E_{mech}	温度，熱	力，圧力，長さ	熱膨張	蒸気，圧力	気体則	浸透圧	…	…	…
E_{elektr} → E_{mech}	電圧，電流，磁場	力，速度，圧力	ビオ－サバール則	導電効果	クーロン則 I	静電容量効果	ジョンソン－ラーベック効果	圧電効果	…
E_{mech} → E_{elektr}	力，長さ，速度，圧力	電圧，電流	誘導	導電力学	電気力学効果	圧電効果	摩擦電気	静電容量効果	…
E_{elektr} → E_{therm}	電圧，電流	温度，熱	ジュール加熱	ペルチェ効果	電気アーク	渦電流	…	…	…
E_{therm} → E_{elektr}	温度，熱	電圧，電流	電気伝導	熱効果	熱放射	焦電効果	ノイズ効果	半導体，超伝導	…
E_{mech} ↔ E_{mech}	力，長さ，圧力，速度	力，長さ，圧力，速度	てこ	くさび	ポアソン効果	摩擦	クランク	水圧効果	…
E_{hyd} ↔ E_{hyd}	圧力，速度	圧力，速度	連続性	ベルヌーイ則	…	…	…	…	…
E_{therm} ↔ E_{therm}	温度，熱	温度，熱	熱伝導	対流	輻射	凝縮	蒸発	冷凍	…
E_{elektr} ↔ E_{elektr}	電圧，電流	電圧，電流	変圧器	電磁弁	トランジスタ	変換器	熱電流計	オーム則	…
…	…	…	…	…	…	…	…	…	…

図 3.23　一般に適用可能な機能「エネルギーを変える」と「エネルギーの成分を変更する」に対する文献［3.39］，［3.48］に基づいた物理作用の設計カタログ．また，信号の流れにも適用可能である．

分類基準		設計解				設計解の特性																備　考		
接点のタイプ	力伝達のタイプ	方程式	名　称	配　置		伝達可能なトルク	トルク伝達の依存性		軸力	応力集中	応用可能性	過荷重時の挙動	心出しの可能性	不均衡の力	ハブの軸方向変位	ハブの移動可能性	接合の調整可能性	軸径 [mm]	材料	製造労力	組立労力	標準 (DIN)	適用例	備　考
1	2	1	2	3	Nr.	1	2		3		4	5	6	7	8	9	10	11	12	13	14	15	16	17
正常（形状適合）	直接	$T \leqq K \cdot \frac{d}{2} \cdot A_s \cdot \tau_{max}$ または $T \leqq K \cdot \frac{d}{2} \cdot A_p \sigma_{max}$	スプライン軸		1	大	h i l	軸径，（形状）因子，心出し因子，材料	–	大	脈動型または交互型	破断	可	否	すきま適合	可	否	10～150	軸：37Cr4 41Cr4 42CrMo	高	小	5461/63 5471/72	歯車	外側・側面・内側心出し可能
			インボリュートスプライン軸		2				–													5480, 5482		
			鋸歯形軸	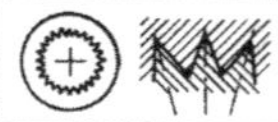	3				–	中								150～500				5481		
			3面多角形軸		4		e i l		–		脈動型または交互型		自己心出し	否	無荷重ですきま適合		テーパピンに可	10～100		小，加工が特別の機械必要		—		短細ハブに利用可，円すい形軸端に利用可，ブローチ加工または研削が必要
			4面多角形軸		5				–									10～100				—		
	間接		横断型のピン	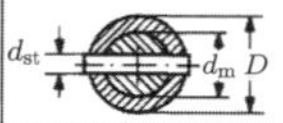	6	小	d_p D		被支持	大	—		可	可	—		テーパピンに可	0.5～50	ピン：4D, 5S 6S, 8G 9S, 20K St50K St70 St60	中	中	1, 7 1470-77 1481, 6324, 7346	延伸器，工具，車輌	テーパとみぞ付きピンが使用可
			接線型のピン		7						—				—	否								
			インライン型のピン	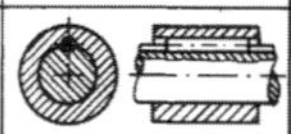	8		d_p l		–	中	—				すきま適合						小			
			キー接合	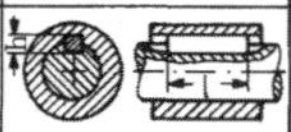	9		h l b		–	大	—						否	5～500	ばね St60 軸，ハブ：GG, GS ST			6885		
			ウッドロフ・キー	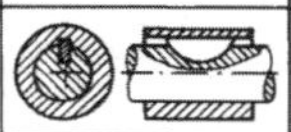	10				–		—											6888		

図 3.24　軸－ハブ結合のためのカタログから抜粋（出典 [3.62]）

る主要な問題は，情報の流れの適合性である．

さらなる問題は，理論的に可能な大規模の組合せから，技術的および経済的に好ましい原理の組合せを選択することである．これについては，3.3.1 項で詳細に議論する．

(1)　体系的組合せ

体系的な組合せをするために，Zwicky[3.77] が「形態マトリックス」(**図 3.25** 参照) とよんだ分類表がとくに有用となる．ここでは，下位機能（通常，主要機能に限られる）および適切な設計解（設計解原理）が，分類表の行に入れられる．

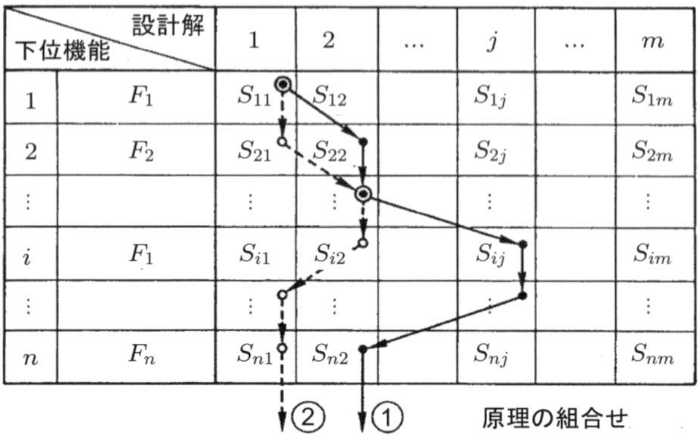

下位機能＼設計解		1	2	…	j	…	m
1	F_1	S_{11}	S_{12}		S_{1j}		S_{1m}
2	F_2	S_{21}	S_{22}		S_{2j}		S_{2m}
⋮		⋮	⋮		⋮		⋮
i	F_1	S_{i1}	S_{i2}		S_{ij}		S_{im}
⋮		⋮	⋮		⋮		⋮
n	F_n	S_{n1}	S_{n2}		S_{nj}		S_{nm}

②　①　原理の組合せ

図 3.25　設計解原理を原理の組合せにまとめる．
組合せ 1：$S_{11}+S_{22}+\cdots S_{n2}$，組合せ 2：$S_{11}+S_{21}+\cdots S_{n1}$

もし，この分類表が全体設計解の推敲に用いられるなら，少なくとも一つの設計解原理が下位機能ごとに（すなわち，各行ごとに）選ばれなければならない．これらの原理（下位設計解）が体系的に組み合わされると，全体設計解になるのである．下位機能 F_1 について m_1 個の設計解原理，下位機能 F_2 について m_2 個の設計解原理，…があれば，完全な組合せの後には，理論的には $N = m_1 \cdot m_2 \cdot m_3 \cdots m_n$ 個の異なる代替案（代替設計案）が得られる．

この組合せ法におけるおもな問題は，どの設計解に適合性があるか決める，すなわち理論的に可能な探索領域から実用的に可能な探索範囲まで絞り込むことである．

適合性のある下位設計解を見きわめることは，以下の場合には容易となる．

- 機能構造において現れる順に下位機能が列挙されており，必要に応じてエネルギー，材料（物質）および信号の流れに従って分類されている場合
- たとえば，エネルギーの種類などの列パラメータを追加することによって，設計解原理がうまく整理されている場合
- 設計解原理が，文章だけでなく，大まかに略図で表現されている場合

• 設計解原理のもっとも重要な特徴と特性が記録されている場合

適合性の検証もまた，分類表によって容易になる．もし，組み合わされる二つの下位機能，たとえば「エネルギーを変える」と「機械的エネルギー成分を多様化する」を，それぞれマトリックスの行と列の見出しに記入し，その特徴を適切な欄に記入すれば，設計者の頭の中のみで行うよりも，下位機能の適合性を容易に検証することができる．**図 3.26** は，この種の適合性マトリックスの例を示している．この組合せ法の別の例を，6.4.2 項（図 6.15 および図 6.19）で示す．

以上をまとめると，次のようになる．

• 適合性のある下位機能どうしのみを組み合わせる．

エネルギーを変換する ＼ 機械的エネルギーの成分を変える		電動モータ	振動ソレノイド	温水中の渦巻状バイメタル	振動油水圧ピストン	…
		1	2	3	4	…
4 節リンク	A	A が回転可能であれば	運動が遅い	可	てこ状リンクを追加．ただし，ピストンが低速のときのみ．	…
鎖伝動 平歯車伝動	B	可	回転が遅い．追加要素（フリーホイールなど）を介してのみ．方向を逆転するのは困難．	回転の角度によっては，歯車の一部で足りる．	ラックとピニオンを用いる．ただし，ピストンが低速の場合のみ．	…
マルタ伝動 （間欠的送り装置）	C	可 衝撃荷重に注意	B2 参照	可（回転角が小さいとき，スライダー付きのてこを用いる）	スライダー付きのてこを用いる．ただし，ピストンが低速のときのみ．	…
摩擦車伝動	D	可	B2 参照	低速時にトルクのため大きな力．位置決めが不正確．	D3 参照	…
…	…	…	…	…	…	…

[×] 適用は非常に困難（これ以上の追求は不可）

[破線×] 特定の状況においてのみ適用可能（後回しにする）

図 3.26 下位機能「エネルギーを変換する」と「機械的エネルギーの成分を変える」の組合せ可能性についての適合性マトリックス（出典 [3.10]）

- 仕様書の要求を満たし，利用可能な資源の範囲内に収まると思われる設計解のみを追求する（3.3.1 項の選択手順を参照）.
- 有望な組合せに考えを集中し，それらがほかのものよりなぜ好ましいかをはっきりさせる.

最後に，ここまで議論してきたことは，下位機能を組み合わせて全体機能にするという，一般に有効な方法についてであることを強調しておきたい．この方法は，概念設計フェーズでの作用原理の組合せや，実体設計フェーズでの下位機能あるいは構成部品や組立品の組合せにも利用できる．なぜなら，この手法は本質的に，情報をどう処理するかというものであるので，技術的問題に限らず，管理システムの開発やその他の分野でも利用できるからである.

(2)　数学的方法を利用する組合せ

数学的方法とコンピュータを設計解原理の組合せに利用するのは，実際に利点が期待できる場合のみとすべきである．比較的に抽象的・概念的なフェーズや，設計解の性質がまだ完全には理解されていないときには，定量的な組合せ，すなわち最適化を伴う数学的組合せを利用することはまったく不適切であり，誤った結果になり得る．例外は既知の要素と組立品の組合せで，たとえば改良設計や回路設計などがある．純粋に論理的な機能の場合，たとえば，安全システムのレイアウトや電気または油圧回路の最適化などにおいては，組合せはブール代数［3.17，3.59］の助けを借りて実行することができる.

原則として，数学的方法の助けを借りて，下位設計解を全体設計解へと組み合わせるには，下位設計解の特徴あるいは特性の知識が必要で，それらは隣接する下位設計解の特性と一致することが期待される．これらの特性はあいまいでなく，定量化できなければならない．原理的設計解（たとえば作用構造）の形成においては，物理的関係についてのデータは不十分である．幾何的関係により制限を受けることがあるためで，したがって，ある状況下においては，不適合が生じることもある．その場合，物理方程式と幾何構造は，まず数学的に整合しなければならない．しかし，このことはあまり複雑でないシステムの場合を除いて，つねに可能というわけではない．一方，さらに複雑なシステムについては，そのような相互関係があいまいになるので，設計者は何度も代替案を取り替えなければならないことが多い．したがって，組合せのプロセスは，数学的ステップと創造的ステップからなるような対話システムといってもいい.

このように，設計解原理の物理的な具体化や実体化の程度が増すにつれて，定量的な組合せのルールを確立することが容易になることは明らかである．しかし，特性の数の増加とともに，その制約や最適化基準の数も増加するため，必要な数学的労力も非常に大きくなり，コンピュータの支援が必要となる．

3.3 選択・評価法

3.3.1 代替案（代替設計案）の選択

体系的アプローチにとっては，設計解空間はできるだけ広くとるべきである．すべての可能な分類基準と特徴を考慮することによって，設計者はしばしば多数の可能な設計解を出す．この数の多さが，体系的アプローチの強さと同時に弱さとなる，理論的には認められるが，実用的には達成できない非常に多くの設計解は，できるだけ初期の時点で取り除かねばならない．一方，設計解原理を組み合わせてみて，はじめて全体設計解として有利であることがわかる場合も多いので，価値ある設計解原理を取り除いてしまわないように注意しなければならない．そのための絶対に安全な手順というのはないが，体系的かつ検証可能な選択手順を用いれば，豊富な提案の中から有望な設計解を選び出すことが可能となる [3.55].

この選択手順は二つのステップ，すなわち**消去**と**選好**から構成される．

まず，完全に不適切な提案はすべて消去する．それでも残っている設計解が多すぎるときは，ほかよりも明らかによいものを優先する．こういった設計解のみを概念設計フェーズの最後に評価する．

多数の設計解が提案されたときは，選択チャート（**図 3.27** 参照）にまとめるとよい．原則として，各ステップの後，すなわち機能構造を構築した後であっても，以下のような設計解の提案のみを追求するとよい．

- 全体の役割やほかの制約と適合する提案（基準 A）
- 仕様書の要求を満たす提案（基準 B）
- 性能，レイアウトのなどの点で実現可能な提案（基準 C）
- 許されるコストの範囲内に収まりそうな提案（基準 D）

この四つの基準を順々に適用することで，不適切な設計解を消去する．基準 A と基準 B は，Yes/No 型の決定に適しており，これを適用して問題を起こすことは比較的少ない．基準 C と基準 D は，より定量的なアプローチを必要とすることが多く，基準 A と基準 B が満たされた後に適用すべきである．

基準 C と D は定量的な検討を必要とするので，要件を満たさない設計解を除去するだけでなく，不必要な限界域を設定することで，要件を超えた設計解も除去してしまうことがある．

非常に多くの可能な設計解から，以下の基準を満足するものが選ばれれば，選択は

ダルムシュタット工科大学	選択チャート 燃料計	ページ：1

代替案の評価
<u>選択基準</u>
（＋）可
（－）不可
（？）情報不足
（！）仕様書のチェック

決定
代替案のマーク（Sv）
（＋）設計解を追及する
（－）設計解を除去する
（？）情報を集める
（設計解を再評価）
（！）仕様書の変更を検討

設計代替案（Sv）を入力

A　全体課題との整合性
B　仕様書の要求の実現性
C　原理的な実現可能性
D　コストの許容範囲内
E　直接的安全対策の組入れ
F　設計者の企業の優先度
G　十分な情報

Sv		A	B	C	D	E	F	G	所見（処理，理由）	決定
1	1	＋	＋	＋	？				測定位置の数	？
2	2	＋	－						質量の保存	－
3	3	－							放射性	－
4	4	＋	＋	＋	＋		(＋)		(既存の設計解のさらなる開発)	＋
5	5	＋	＋	＋	＋					＋
6	6	－							流体に導電性のないこと	－
7	7	＋	＋	＋	＋					＋
8	8	＋	＋	＋	＋				Sv7 を参照のこと	＋
	9									
	10									
	11									
	12									
	13									
	14									
	15									
	16									
	17									
	18									
	19									
	20									

日付：1985 年 9 月	署名：la	

図 3.27　体系的選択チャート．1, 2, 3 などは表 3.3 で作成した提案の代替案である．所見欄は情報不足の理由あるいは除去の理由の一覧である．

正しいことになる.

- 直接的な安全措置が組み込まれているか，あるいは人間工学的に好ましい条件が取り入れられている（基準 E）.
- その企業にとって望ましい，すなわち，通常のノウハウ，材料，手順および好ましい特許条件下ですぐに開発できる（基準 F）.

決定を下すのに役立つのであれば，追加的な選択基準も利用できる.

ここで強調しておかねばならないのは，選好基準に基づいた選択は，代替案が多すぎてすべて評価するには過大な時間と労力を要する場合にのみ望ましいということである.

先に示した一連の手続きの中で，ある基準により提案が消去されれば，その後の基準をその提案に適用する必要はなくなる．まず，すべての基準を満たすような代替案のみ追求するとよい．しかし，ときには情報不足のために，問題を解決することが不可能な場合がある．基準 A と基準 B を満たす有望な代替案の場合，提案を再評価することで，選ばれた代替案の間の隔たりは埋められなければならない．それにより，よくない設計解が選ばれないことが確実になる.

重要性の順番ではなく，労力を節約できる順番で，基準が上述のように一覧にされている.

より簡単な実行と検証のために，選択手順が体系化されている（図 3.27 参照）．ここで，基準は順番に適用され，提案された設計解を消去する理由も記録される．経験によれば，ここで述べた選択手順は，非常に素早い適用が可能である．また，選択理由の全体像をうまく理解でき，選択チャートという形式での文書化も適切に行うことができる.

提案された設計解の数が少なければ，消去は同じ基準に基づいて行い，記録はそれほど形式を重んじなくてもよい.

ここで選んだ例は，図 6.4 の仕様に従った燃料ゲージの設計提案に関するものである．この提案書の一覧から抜き出した内容を，**表 3.3** に示す.

さらなる選択チャートの例は，6.4.3 項（図 6.17 参照）と 6.6.2 項（図 6.48 参照）で見ることができる.

3.3.2 代替案の評価

選択手続きで選ばれた有望な設計解は，より詳細で，できれば定量化されている基準を用いて，最終評価がなされる前に確固たるものにしておかねばならない．この評価には，技術的，安全性，環境および経済的な数値が含まれている．この目的のために，技術的および非技術的システムの評価に利用可能で，製品開発のすべてのフェー

表 3.3　燃料計のための設計解の一覧表からの抜粋

No.	設計解原理	信　号
	1. 流体の量を計測する	
	1.1　機械的，静的	
1.	3点で容器を固定する．垂直力を測定する．	力
	(一つの支持点での測定で十分)	
2.	相互吸引力．この力は質量に比例し，したがって流体の質量に比例する．	力
	1.2　原子レベル	
3.	流体内の放射性物質の分布	放射強度の集中
	2. 流体の水位の計測	
4.	**2.1　機械的，静的**	
	てこ作用をもつ，もしくはもたない浮き．てこの出力：線形もしくは角度変位	変位
	ポテンショメータの抵抗でコンテナ内の流体水位を表示	
5.	**2.2　電気的**	
	導線の抵抗：空気中で温，水中で冷．流体水位の決定：全体の抵抗，体	オーム抵抗
6.	積（温度および導線の長さに依存）	
	オーム抵抗としての流体（水位に依存）	オーム抵抗
	（導電性）流体の水位変化により抵抗が変化	
7.	**2.3　光学的**	
	容器内のフォトセル．流体がフォトセルを覆う．	光信号（離散的）
8.	光信号の数が流体水位の指標となる．	
	光の伝達または反射．流体があると伝達．空気があると全反射	光信号（離散的）

ズで適用可能な評価手順が開発されている．評価手続きは本来，選択手順よりも複雑である（3.3.1 項参照）．したがって，設計解の現状の価値を見きわめるという，主要な作業ステップの最後でのみ，評価手順が適用される．これは一般的に，設計解の方針に関する基本的決定を準備する際，あるいは概念設計フェーズと実体設計フェーズの最後に行われる [3.61]．

(1)　基本的原理

評価とは，ある与えられた目的に関する設計解の「価値」，「有用性」あるいは「強み」を見きわめることである．設計解の価値は絶対ではなく，ある要求の観点から見て評価されなければならないので，目的は必要不可欠なものである．評価は，代替概念の比較を伴う．あるいは，仮想的な理想設計解との比較の場合には，「格付け」や理想に対する近似度を伴う．

評価は，製造コスト，安全性，人間工学あるいは環境のような個々の観点に基づくべきでなく，全体にわたるねらいに従って（2.1.7 項参照），適切なバランスですべての観点を考慮しなければならない.

そこで，もっと包括的な評価を許す，換言するなら広範な目的（課題特有の要件と一般的な制約）をカバーする方法の必要性があることになる．これらの方法は，代替案の定量的特性だけでなく，定性的特性も詳細に検討することを意図しており，概念設計における，実体化の程度が低く，したがって情報も乏しい状態でも適用可能とするものである．この結果は，信頼性があり，経済的で，理解しやすく，再現性がなければならない．現在まででもっとも重要な方法は，体系的アプローチに基づくコスト便益分析［3.76］と，VDI ガイドライン 2225［3.71］に示された技術的評価と経済的評価とを組み合わせた技法で，後者は Kesselring［3.36］が始めたものである.

以下では，コスト便益分析と VDI ガイドライン 2225 の概念を組み込んだ基本的評価手順を紹介する．最後に，両方法の類似点と相違点を議論する.

評価基準の認定

評価の最初のステップは，評価基準を導き出す一組の目的を作成することである．技術分野において，そのような目的は，おもに仕様書と一般的な制約条件（2.1.7 項のガイドライン参照）から導き出せる．一般的な制約条件は，特定の設計解にかかわっている間に特定される.

通常，一組の目的はいくつかの要素でできている．これらの要素は多様な技術的，経済的および安全に関する要因を導入するだけでなく，それぞれの重要性が大きく異なっている.

目的の範囲として，次の条件をできる限り満足させるべきである.

- 目的は，意思決定に関連する要件と一般的な制約をできる限り完全に含み，不可欠な基準が無視されないようにしなければならない.
- 評価の根拠としなければならない個々の目的は，できる限り互いに独立させるべきである．すなわち，ある目的についての設計代替案の価値を高めることが，ほかの目的の価値に影響してはならない.
- 評価しようとしているシステムの特性は，可能なら具体的・定量的に表現されなければならず，あるいはせめて定性的で口語的な用語で表現されなければならない.

そのような目的を一覧表にすることは，特定の評価の目的，たとえば，概念設計フェーズや対象製品の相対的な新規性に強く依存する.

評価基準は，その目的から直接誘導できる．後で行う値の割当てのために，すべての基準は正値をとるように定式化しなければならない．たとえば，次のようにである.

- 「低い騒音」であって「音の強さのレベル」ではない.

- 「高効率」であって「損失の大きさ」ではない．
- 「低い維持費」であって「メンテナンス上の要件」ではない．

コスト便益分析では，個々の目的を階層状に配列した目的ツリーを使って，このステップを体系化する．下位目的は，上から下へ複雑さの程度が減るように並べられ，横方向には目的の範囲（たとえば，技術目的，経済的目的など）あるいは主要目的や補助目的の順に並べられる（**図 3.28** 参照）．それらには，独立性が要求されるので，より高いレベルの下位目的は，すぐ下の低いレベルの目的とだけ関連づけられている．この階層の序列は，意思決定に関与する下位目的がすべて含まれているかどうかを，設計者が判断するのに役立つ．さらにそれによって，下位目的の相対的重要性の査定も単純になる．評価基準（コスト便益分析では目的基準とよばれる）は，複雑さがもっとも低い階層の下位目的から導出できる．

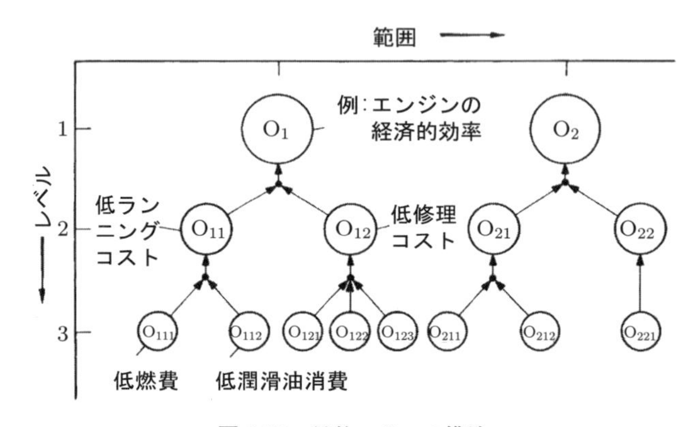

図 3.28　目的ツリーの構造

逆に，VDI ガイドライン 2225 では，評価基準のために階層型序列を導入していないが，最低限の要求や要望のみでなく，一般的な技術的特性から評価基準の一覧を導出している．

評価基準の重みづけ

評価基準を確立するために，まず設計解の全体値に対する相対的重要性（重み因子）を査定しなければならない．そうすれば，相対的に重要でない基準は，評価の前に取り除くことができる．残った評価基準が「重み因子」であり，後に行う評価ステップで考慮する．重み因子は正の実数であり，特定の評価基準（目的）の相対的重要性を示している．

そのような重みづけは，要望が仕様書に記録されたときに行うべきであるが［3.62,3.62］，仕様書を最初に作成する際に，それらの要望が重要性によって順序づけできる場合にのみ可能である．しかし，初期の段階においては，このようなことはめったにない．経験的に，評価基準の多くは，設計解を展開している間に生じ，それらの相対的重要性が変わる．それにもかかわらず，仕様書を書くときに要望の重要性をおおまかに見積もることは助けになる．なぜなら，関係するすべての人が，その時点で対応できるからである（5.2.2 項参照）．

コスト便益分析では，重みは 0 から 1（あるいは 0 から 100）の範囲に選ぶ．下位目的すべてに，百分率で重みづけできるように，すべての評価基準（もっとも低い階層の下位目的）の重み因子の合計は，1（あるいは 100）でなければならない．目的ツリーを作図すると，このプロセスが非常に容易になる．

図 3.29 は，その手順を示している．この図では，目的は複雑さが少なくなる方向に，四つの階層レベルで配置されていて，重み因子も与えられている．評価は，複雑さが高いレベルから下の低いレベルへと段階的に進める．こうして最初に，第 2 レベルの三つの下位目的 O_{11}，O_{12}，O_{13} が，目的 O_1 に対して重みづけされる．この場合には，それぞれ 0.5，0.25 および 0.25 となる．任意のレベルにおける重み因子の合計は，つねに 1 である．すなわち，$\sum w_i = 1.0$ でなければならない．次に，第 3 レベルの目的の重みが，第 2 レベルの下位目的に対してつけられる．このようにして，より高いレベルの目的 O_{11} に対して，O_{111}，O_{112} の相対的な重みが，それぞれ 0.67 と 0.33 に定められ，残る目的も同様に扱われる．目的 O_1 に対する，ある特定レベルの目的の相対的重みは，与えられた目的のレベルの重み因子と，そこよりも高いレベルの重み因子を計算することによって求められる．したがって，すぐ上のレベルの下位目的 O_{111} に対して 0.25 の重みをもつ下位目的 O_{1111} は，目的 O_1 に対して $0.25 \times 0.67 \times 0.5$

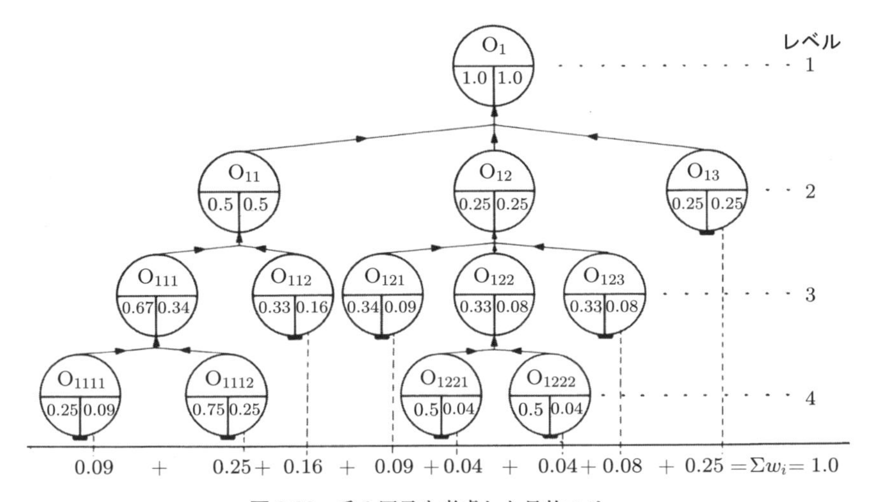

図 3.29　重み因子を考慮した目的ツリー

×1＝0.09の重みをもつことなる．

このような段階的重みづけ法は，現実を反映した順位づけを，汎用的に作成することができる．ある特定レベルのみ，とくにもっとも下位の目的のみに限定して重みをつけるより，上位の目的に対する二つまたは三つの下位目的に重みをつけるほうが，ずっと簡単だからである．図6.33は，推奨する手順の具体的な例を示している．

VDIガイドライン2225は，重みづけの手間を省いて，ほぼ同程度の重要性の評価基準に頼っている．しかし，明白な違いがあるときは，重み因子（2倍，3倍）が使われる．Kesselring［3.36］，Lowka［3.50］およびStahl［3.68］は，設計解の全体価値に与える重み因子の影響を調べている．彼らは，評価対象の設計案が際立った特性をもつときや，対応する評価基準が大きな重要性をもつときには，重み因子はつねに大きな影響を及ぼすと結論づけた．

パラメータのとりまとめ

評価基準を設定し，これらの重要度を決定した後，次のステップとして既知の（あるいは分析によってに決められた）パラメータを評価基準に割り当てる．これらのパラメータは定量化されるべきか，それが不可能ならできるだけ具体的な表現の文章で記述するべきである．実際に評価を進める前に，評価チャート中の評価基準にそのようなパラメータを割り当てることは，非常に役立つ．**図3.30**は，内燃機関に関する評価チャートの例である．関連する代替案の欄に適切な数値が書き込まれている．言葉による評価基準の記述が，パラメータの記述に非常によく似ていることがわかる．

コスト便益分析では，これらのパラメータは目的パラメータ（目的基準）とよばれ，チャートの中で評価基準とともにまとめられる．具体的な例が図6.55にある．

それと対照的に，VDIガイドライン2225では，評価基準の設定後すぐに，評価は行われる（図6.41参照）．

評価・査定

次のステップは，価値の査定すなわち実際の評価となる．これらの「価値」は，前に決定したパラメータの相対的尺度を考慮して導出されるので，特徴には多少主観的な部分がある．

価値は評点で表現される．コスト便益分析では，評点として0から10の範囲の値を，VDIガイドライン2225では0から4までの範囲の値を用いる（**図3.31**参照）．範囲を広くとることの利点は，経験的にわかるように，百分率を反映させた十進法を用いることで，分類と評価がきわめて容易になることである．範囲を狭くとることの利点は，わずかしかわかっていないことが多い代替案の特徴を取り扱うときには，おおまかな評価で十分であり，また，それが唯一の有意義なアプローチかもしれないこ

評価基準			目的 パラメータ		代替案 V_1 （例：エンジン 1）			代替案 V_2 （例：エンジン 2）				代替案 V_j				代替案 V_m		
No.		重み		単位	大きさ m_{i1}	価　値 v_{i1}	重み付きの価値 wv_{i1}	大きさ m_{i2}	価　値 v_{i2}	重み付きの価値 wv_{i2}	⋯	大きさ m_{ij}	価　値 v_{ij}	重み付きの価値 wv_{ij}	⋯	大きさ m_{im}	価　値 v_{im}	重み付きの価値 wv_{im}
1	低燃費性	0.3	燃費	$\frac{g}{kWh}$	240			300			⋯	m_{1j}			⋯	m_{1m}		
2	軽量性	0.15	単位出力あたりの質量	$\frac{kg}{kW}$	1.7			2.7			⋯	m_{2j}			⋯	m_{2m}		
3	生産の簡単さ	0.1	部品の簡単さ	—	低い			平均			⋯	m_{3j}			⋯	m_{3m}		
4	寿命の長さ	0.2	稼動寿命	km	80000			150000			⋯	m_{4j}			⋯	m_{4m}		
⋮	⋮	⋮	⋮	⋮	⋮			⋮				⋮				⋮		
i		w_i			m_{i1}			m_{i2}			⋯	m_{ij}			⋯	m_{im}		
⋮	⋮	⋮	⋮	⋮	⋮			⋮				⋮				⋮		
n		w_n			m_{n1}			m_{n2}			⋯	m_{nj}			⋯	m_{nm}		
		$\sum_{i=1}^{n} w_i = 1$																

図 3.30　評価チャートにおける評価基準とパラメータの相互関係

価値の尺度			
利用価値分析		ガイドライン VDI 2225	
評点	意　味	評点	意　味
0	まったく無価値な設計解	0	不満足
1	非常に不十分な設計解		
2	劣っている設計解	1	かろうじて許容できる
3	許容できる設計解		
4	まずまずの設計解	2	満足な
5	満足いく設計解		
6	ほとんど欠陥のない良好な設計解	3	よい
7	よい設計解		
8	非常によい設計解	4	非常によい（理想的）
9	要求を超える設計解		
10	理想的設計解		

図 3.31　利用価値分析およびガイドライン VDI 2225 における配点

とである．これは，次のような査定を伴う．

- 平均よりずっと下
- 平均より下
- 平均
- 平均より上
- 平均よりずっと上

ある基準について，質的に極端によいか，あるいは悪い代替案の探索から始め，それらに適切な配点をすることが有用である．0 と 4(あるいは 10）の配点は，特徴が本当に極端である場合に，すなわち不満足かあるいは非常によい（理想的な）場合にのみ割り当てるのがよい．いったん，このように極端な配点が割り当てられると，残りの代替案には比較的配点がしやすくなる．

代替案のパラメータに配点する前に，少なくとも査定の範囲といわゆる「価値関数」（**図 3.32** 参照）の形を明確にしておかなければならない．価値関数は価値とパラメータの大きさを結び付けるもので，その形状の特徴は，価値とパラメータ間の既知の数学的関係や，あるいは多くの場合は推定によって決定される [3.28].

パラメータの大きさが価値の尺度と段階的に関連づけられたチャートを作成するとよい．**図 3.33** は，VDI 2225 やコスト便益分析の評点システムを採り入れた表である．

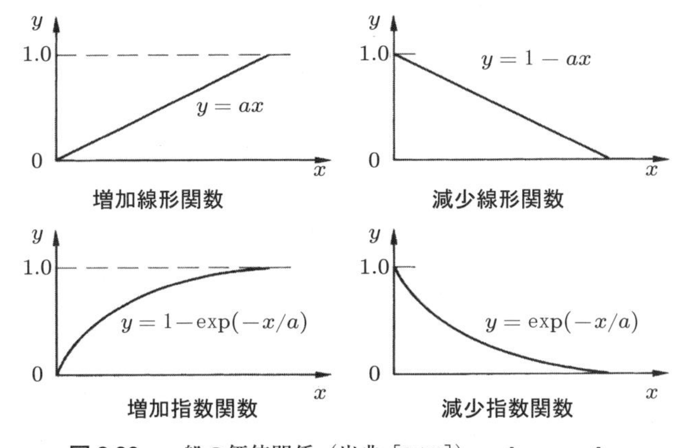

図 3.32　一般の価値関係（出典［3.76］）．$x \hat{=} m_{ij}$，$y \hat{=} v_{ij}$

価値尺度		パラメータの大きさ			
利用価値分析評点	VDI 2225 評点	燃　費 g/kWh	単位出力あたりの質量 kg/kW	部品の簡単さ	稼動寿命
0	0	400	3.5	非常に複雑	20×10^3
1		380	3.3		30×10^3
2	1	360	3.1	複雑	40×10^3
3		340	2.9		60×10^3
4	2	320	2.7	平均的	80×10^3
5		300	2.5		100×10^3
6	3	280	2.3	簡単	120×10^3
7		260	2.1		140×10^3
8	4	240	1.9	非常に簡単	200×10^3
9		220	1.7		300×10^3
10		200	1.5		500×10^3

図 3.33　パラメータの大きさと価値尺度（配点）の関係チャート

したがって，概してすべての価値の割当て，価値関数の選択および評価表の作成には，主観が強く影響する可能性がある．価値とパラメータとの間の関係が明確な，あるいは実験的に裏づけられている例はまれである．この例外の一つに，機械騒音の評価がある．そこでは，価値（すなわち人間の耳を保護すること）とパラメータ（騒音レベル dB）の間の関係は，はっきりと人間工学で定義されている．

評価基準ごとに設定された代替案の価値 v_{ij} を，図 3.30 の一覧に追加した結果を図

評価基準			パラメータ		代替案 V_1（例：エンジン1）			代替案 V_2（例：エンジン2）				代替案 V_j				代替案 V_m		
No.		重み		単位	大きさ m_{i1}	価値 v_{i1}	重み付きの価値 wv_{i1}	大きさ m_{i2}	価値 v_{i2}	重み付きの価値 wv_{i2}	…	大きさ m_{ij}	価値 v_{ij}	重み付きの価値 wv_{ij}	…	大きさ m_{im}	価値 v_{im}	重み付きの価値 wv_{im}
1	低燃費性	0.3	燃費	$\frac{g}{kWh}$	240	8	2.4	300	5	1.5	…	m_{1j}	v_{1j}	wv_{1j}	…	m_{1m}	v_{1m}	wv_{1m}
2	軽量性	0.15	単位出力あたりの質量	$\frac{kg}{kW}$	1.7	9	1.35	2.7	4	0.6	…	m_{2j}	v_{2j}	wv_{2j}	…	m_{2m}	v_{2m}	wv_{2m}
3	生産の簡単さ	0.1	部品の簡単さ	—	複雑	2	0.2	平均	5	0.5	…	m_{3j}	v_{3j}	wv_{3j}	…	m_{3m}	v_{3m}	wv_{3m}
4	寿命の長さ	0.2	稼動寿命	km	80000	4	0.8	150000	7	1.4	…	m_{4j}	v_{4j}	wv_{4j}	…	m_{4m}	v_{4m}	wv_{4m}
⋮	⋮	⋮	⋮	⋮	⋮	⋮	⋮	⋮	⋮	⋮		⋮	⋮	⋮		⋮	⋮	⋮
i		w_i			m_{i1}	v_{i1}	wv_{i1}	m_{i2}	v_{i2}	wv_{i2}	…	m_{ij}	v_{ij}	wv_{ij}	…	m_{im}	v_{im}	wv_{im}
⋮	⋮	⋮	⋮	⋮	⋮	⋮	⋮	⋮	⋮	⋮		⋮	⋮	⋮		⋮	⋮	⋮
n		w_n			m_n	v_{n1}	wv_{n1}	m_{n2}	v_{n2}	wv_{n2}	…	m_{nj}	v_{nj}	wv_{nj}	…	m_{nm}	v_{nm}	wv_{nm}
		$\sum_{i=1}^{n} w_i = 1$				OV_1 R_1	OWV_1 WR_1		OV_2 R_2	OWV_2 WR_2			OV_j R_j	OWV_j WR_j			OV_m R_m	OWV_m WR_m

図 3.34　値を入れて完成した評価チャート（図 3.30 参照）

3.34 に示す．

評価基準が設計解の全体価値と異なる重要性をもつときは必ず，第 2 ステップで決められた重み因子も考慮しなければならない．そのために，下位価値 v_{ij} を w_i と掛け合わせる（$wv_{ij}=w_i \cdot v_{ij}$）．実際の例を図 6.55 に示す．コスト便益分析では，重みづけされない値を目的価値とよび，重みづけされた値を便益価値とよぶ．

全体価値の決定

個々の代替案の下位価値が決定されると，次に全体価値を計算しなければならない．

工業製品の評価では，下位価値を合計するというのが，通常の計算法になっているが，それは評価基準が独立な場合にのみ正確なものと考えられる．しかし，この条件が近似的に満足されるだけのときでも，全体価値に加法則が成立すると仮定してもよい．

代替案 j の全体価値は，次のように計算できる．

重みなしの場合：　$$OV_j=\sum_{i=1}^{n} v_{ij}$$

重みありの場合：　$$OWV_j=\sum_{i=1}^{n} w_i \cdot v_{ij}=\sum_{i=1}^{n} wv_{ij}$$

代替概念の比較

加法則の下で，いくつかの方法で代替案を査定できる．

最大全体価値の決定：この手順では，全体価値が最大である場合に，代替案が最良であると判断される．

$$OV_j \rightarrow \text{最大} \quad \text{あるいは} \quad OWV_j \rightarrow \text{最大}$$

この方法は，代替案の相対的比較である，この事実は，コスト便益分析においても利用できる．

評点の決定：代替案の相対的な比較だけでは不十分と考えられ，代替案に絶対的評点をつけなければならないときには，次に示す，とり得る最大価値から得られた仮想的な理想価値を，全体価値に適用しなければならない．

重みなしの場合：　$$R_j=\frac{OV_j}{v_{\max} \cdot n}=\frac{\sum_{i=1}^{n} v_{ij}}{v_{\max} \cdot n}$$

重みありの場合：　$$WR_j=\frac{OWV_j}{v_{\max} \cdot \sum_{i=1}^{n} w_i}=\frac{\sum_{i=1}^{n} w_i \cdot v_{ij}}{v_{\max} \cdot \sum_{i=1}^{n} w_i}$$

すべての代替概念に関する情報をコスト見積りに利用できるなら，**技術的評点** R_t と**経済的評点** R_e を分けて決定することが望ましい．技術的評点は，すでに述べたルール，すなわち与えられた代替案の技術的全体価値を理想的価値によって割り算することによって計算できる．経済的価値も同様に比較コストを参照することで計算できる．後者の手順は，VDI 2225 に示されている．VDI 2225 では，比較製造コスト C_o と，ある代替案の製造コスト $C_{variant}$ を関連づけており，その場合の経済的評点は，$R_e = (C_o/C_{variant})$ である．C_o は，たとえば，$C_o = 0.7 \times C_{admissible}$ あるいは $C_o = 0.7 \times C_{minimum}$ としてもよい．ここで，$C_{minimum}$ は代替案の中の最低コストである．技術的評点と経済的評点が別々に決められているなら，ある特定の代替案の「全体評点」を決定するのは興味深い．そのために VDI 2225 では，縦軸に経済的評点 R_e，横軸に技術的評点 R_t をとった，いわゆる S 線図（強度線図）を用いることを推奨している（**図 3.35** 参照）．このような線図は，さらに代替案を発展させる過程での査定に，とくに有用である．なぜなら，設計で決定した事項の効果を非常に明確に示してくれるからである．

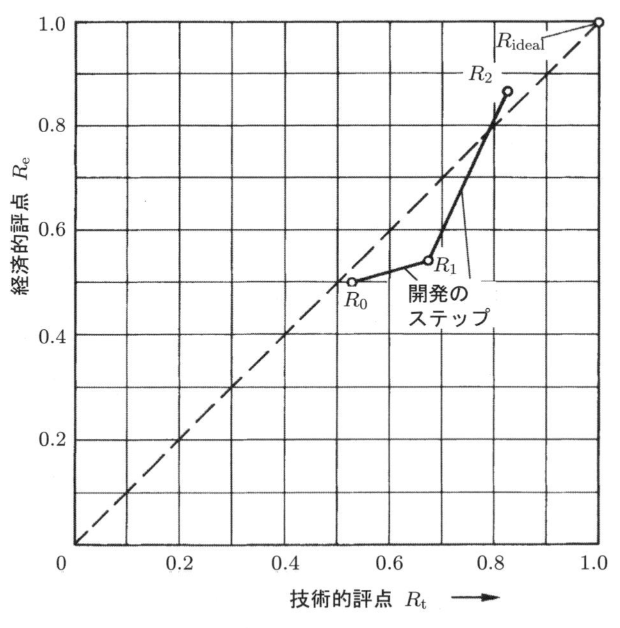

図 3.35　VDI 2225 に従ってプロットした評点線図（出典 [3.36, 3.71]）

場合によっては，これらの部分的な評点から全体評点を導き出し，それを，たとえばコンピュータ処理ができるように，数値で表現することは有用である．そのために，Baatz [3.1] は次の二つの方法を提案している．

• 直線法：算術平均を基にした方法である．

$$R = \frac{R_t + R_e}{2}$$

- 双曲線法：二つの評点値を掛け合わせて，値が０と１の間に入るようにしたものである．

$$R = \sqrt{R_t \times R_e}$$

この二つの方法が，**図 3.36** にまとめて示されている．

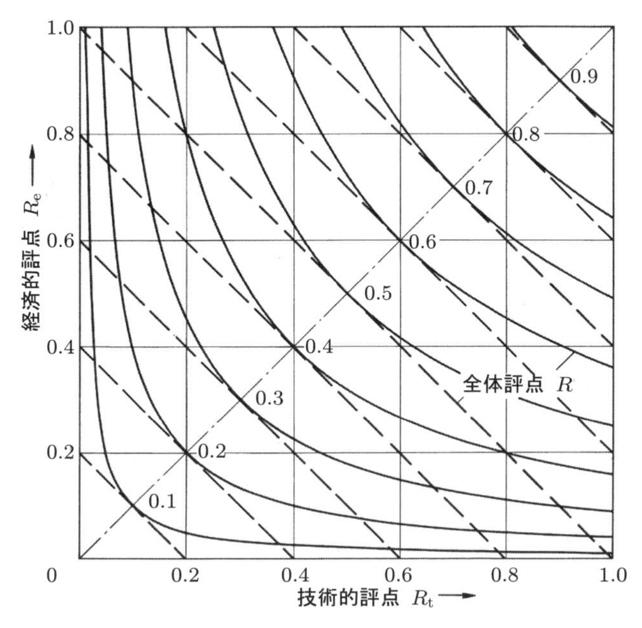

図 3.36　直線法（破線）と双曲線法（実線）による全体評点の決定（出典 [3.1]）

技術的評点と経済的評点との間に大きな差がある場合には，直線法では，両評点が低いがバランスしている場合よりも，全体評点が高く計算される．しかし，バランスのとれた設計解の方が好ましいので，この二つの中では双曲線法のほうがよい．双曲線法は，両評点の差を縮小する効果があるので，この大きな差をバランスさせるのに役立つ．アンバランスが大きければ大きいほど，全体価値に及ぼす縮小効果が大きくなる．

代替案のおおまかな比較：これまでに述べてきた方法は，価値の間隔尺度† によっている．「目的」パラメータをある程度の精度で表せるときや，明確な価値をパラメー

† 訳者注：質的な性質を数値で表したもの（すなわち数量化したもの）を評価するための尺度には，絶対尺度，間隔尺度，比率尺度，順位尺度などがある．比較しようとする二つの対象間の数量の差を評価するものを，間隔尺度という．

タに割り当てることができるときは，つねにこの尺度は有用である．これらの条件が満足されなければ，価値の間隔尺度に基づいた比較的緻密な評価は，手間のかかる疑わしいものとなる．それに代わるものは，同時に二つの代替案に特定の評価基準を適用し，個々の場合に最善のほうを選択するという，おおまかな評価法[†]がある．その結果，いわゆる**優位行列**が作られ，列の合計から順位を決めることができる［3.15］（**図 3.37** 参照）．もし，個々の基準でできたそのような行列が全体行列に結合されれば，すべての列の合計を追加するか，優先頻度を追加するかのどちらかで全体的な順位が決まる．この方法は比較的簡単で，迅速であるが，いままで述べてきたほかの手順と同等といえるほどには有益ではない．

	代替案						
	1	2	3	4	5	6	7
ほかの代替案との比較において 1	—	1	0	1	0	1	0
2	0	—	0	1	0	0	0
3	1	1	—	1	0	1	0
4	0	0	0	—	0	0	0
5	1	1	1	1	—	1	1
6	0	1	0	1	0	—	0
7	1	1	1	1	0	1	—
合計	3	5	2	6	0	4	1
順位	4	2	5	1	7	3	6

1＝よい　　0＝よくない

図 3.37　代替案の二値評価（出典［3.15］）

評価の不確かさの見積り

提案された評価法によって生じ得る誤差や不確かさは，大きく二つのグループに分けられる．一つは主観的誤差で，もう一つは手法に固有の欠点によるものである．

主観的誤差は，次のことが関係している．

- えこひいきや偏見により，中立的立場を放棄すること．たとえば，自らの設計と他者の設計を比較するときなど，設計者が偏見を自覚できないこともある．それ

† 訳者注：二つの対象の優劣を比較する方法で，一対比較法とよばれている．

ゆえ，可能ならばさまざまな部門の複数の人間によって評価するのが望ましい．異なる代替案は，たとえば，「スミス氏の提案」などとするより，「A，B，C」のように，中立的な用語でよぶことも同様に重要である．さもなければ，誰の提案かという不要な識別がされるようになり，感情的な要素が入り込むかもしれないからである．この手順を体系化することで，主観の影響を少なくできる．

- すべての代替案にとって平等に適切ではない（同じ）評価基準を適用して代替案を比較すること．このような間違いは，パラメータの決定や，それらを評価基準と関連づける場合でさえも起こる．ある評価基準に対して，個々の代替案のパラメータの大きさを決めることが不可能なら，個々の代替案を間違って評価しないように，これらの基準は改めて作り直すか，廃棄すべきである．
- 確立された評価基準を継続して適用する代わりに，代替案ごとに評価すること．個々の基準は，特定の代替案に有利となるような偏見をなくすように，順を追って（評価チャートでは，行ごとに）すべての代替案に適用されなければならない．
- 評価基準の間に，顕著な相互依存性がある．
- 適切ではない価値関数が選択されている．
- 評価基準が不完全であること．設計評価用のチェックリストのうち，関連する設計フェーズに適したリストを用いれば，この欠点は最小化できる（図 6.22 および図 7.148 参照）．

推奨した評価法の**手順固有の欠点**は，ほとんど不可避な「予測の不確かさ」の結果によるものである．これは，予測されるパラメータの大きさと価値が，正確ではなく，不確かでランダムに変化するという事実から生じている．これらの間違いは，平均誤差を見積もることで，かなり小さくできる．

したがって，予測の不確かさの観点からは，これをある程度の精度で表せない限り，パラメータを数字で表さないほうがよい．正確でなくてもよい言葉による評価（たとえば，高いとか，平均的とか，低いとか）が望ましい．それに比べて，数字には正確であるかのように見える錯覚があるので，数値で表現した価値を用いることは危険である．

評価の不確かさは，予測の不確かさによるばかりでなく，仕様作成と設計解の記述における不確かさにも起因する．そのような不明瞭な情報を定量的な方法で処理できるようにするために，ファジィ論理とその延長としての多角的意志決定（MADM : Multi-attribute decision making）を使うことができる [3.49]．この手順では，いわゆるファジィ集合を用いて不確かな数と範囲を記述して，統合された平均を計算する．この結果は，それぞれの設計解のファジィ総体値となる．

手順の信頼性判断と比較を目的として，評価手順のさらなる詳細な分析が Feldman

［3.15］と Stabe［3.67］によって行われている．後者は，広範囲におよぶ文献目録も提供している．もし，十分な数の評価基準があり，また特定の代替案の下位価値がかなりバランスのとれたものであれば，全体価値は統計的効果によってバランスするようになるであろう．そして，部分的には楽観的すぎ，また悲観的すぎる個々の値が打ち消しあって，多かれ少なかれバランスがとれるようになる．

弱点の探索

個々の評価基準に対して，価値が平均より低いものが弱点となる．とくに，全体価値が高い有望な代替案にこの弱点があれば，注意する必要がある．可能ならば，さらなる開発の過程で弱点を取り除いておくとよい．下位価値の図，たとえば**図 3.38** に示す，いわゆる価値プロフィールを用いると弱点が容易に確認できる．この図の中で，棒グラフの長さは価値に，厚さは重みに対応している．したがって，面積は重みづけされた下位価値を示し，ハッチングされた領域は代替案の重みづけされた全体価値を示している．設計解を改善するには，ほかの下位価値に比べて，より全体価値に大きく寄与する下位価値を改善することが肝要なのは明らかである．図 3.38 でいえば，この厚みが平均より上で（すなわち重要度が高く），長さが平均より下の場合のことである．高い全体価値を別にして，バランスがとれた，重大な欠点のない価値プロフィールを得ることが重要である．したがって，図 3.38 においては，代替案 1 と代替案 2 は重みづけされた価値は同じであるが，代替案 2 のほうが優れていることになる．

すべての下位価値に対して価値の最小許容限界を明記する場合もある．すなわち，この条件を満たさない代替案は却下し，逆に条件を満たすすべての代替案はさらに展

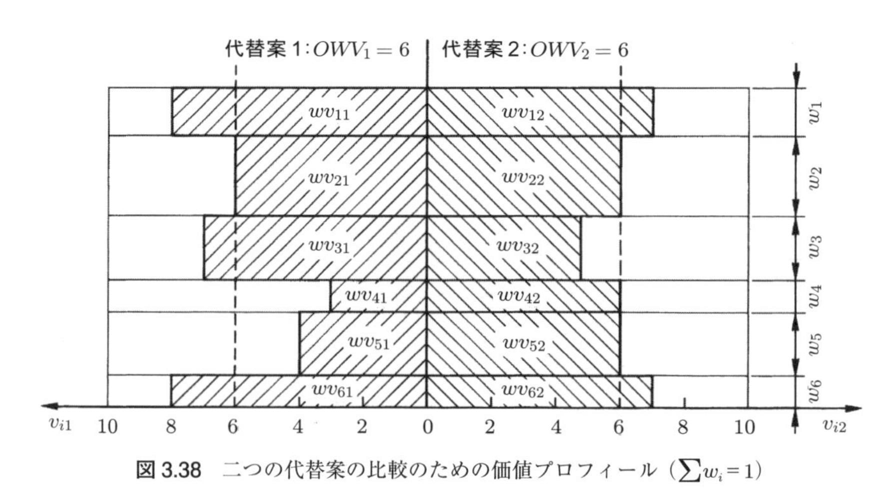

図 3.38　二つの代替案の比較のための価値プロフィール（$\sum w_i = 1$）

開されるということである．文献［3.76］では，この手順は「満足のいく設計解の決定法」として記述されている．

(2) 評価手順の比較

表 3.4 は，いままで述べてきた評価手順における個々のステップをまとめて示している．また，同じ原理に基づいたコスト便益分析と VDI ガイドライン 2225 との類似点と差異も示している．

コスト便益分析の個々のステップは，より細分化されており明確であるが，VDI ガイドライン 2225 に比べると作業量が多い．後者は，概念設計フェーズが相当する

表 3.4 評価のステップおよび利用価値分析と VDI ガイドライン 2225 との比較

	ステップ	利用価値分析	ガイドライン VDI 2225
1	目的あるいは仕様書とチェックリストの助けを借りた代替概念の評価のための評価基準の認定	仕様とほかの一般要求に基づいた，階層化された設計目的体系（目的ツリー）の構築	重要な工学的・技術的特性および仕様を満たすための最低限の要求や要望の編集
2	設計解の全体価値に対する重みを決定するための評価基準の分析．必要ならば重み因子の決定	目的基準（評価基準）の段階的な重みづけ．必要ならば重要でない基準の切捨て	評価基準が重要さにおいて大きく異なるときにのみ，重み因子の決定
3	代替概念に適用可能なパラメータの編集	目的パラメータ行列の構築	通常は含まれていない
4	パラメータの大きさの査定と価値の割り当て（0～10，あるいは 0～4 ポイント）	配点システムあるいは価値関数（0～10 ポイント）を用いた目的価値行列の構築	配点（0～4）による特性の査定
5	個々の代替概念の全体価値の決定（一般に理想的な設計解に対する評点を参考にして行われる）	重みを適当に考えた利用価値行列の構築：合計による全体価値の決定	理想的な設計解に基づいた，重み付き，あるいは重みなしの場合の合計算出による技術的評点の決定．必要ならば，製造コストに基づいた経済的評点の決定．
6	代替概念の比較	全体的利用価値の比較	技術的・経済的評点の比較．S（強度）線図の作図
7	評価の不確かさの見積り	目的パラメータのばらつきと利用価値の分布の見積り	明確な形では含まれていない
8	選択された代替案を改善するための弱点の探索	利用価値プロフィールの作図	少数の観点でのみ特性の確認

ことが多い評価基準の数が相対的に少なくて大まかであるときや，実体設計フェーズにおいて，設計分野の評価をするときにも適している．

評価手順の基本的な要素について，既存の評価方法を基礎にして述べてきたが，既存の方法が整理統合され，用語が明確になった．概念設計フェーズにおいて，これらの方法を使用するための具体的な提案は，6.5.2 項で示す．また，実体設計フェーズについての提案は，7.6 節で示す．

Chapter 4 製品開発プロセス

前章では，設計作業がもっとも有効に行われるための基礎を検証した．それは，設計者自身の専門分野にかかわらず，実行することができる体系的アプローチの基礎である．このアプローチは一つの方法に基づいているのではなく，有名無名の様々な方法を応用している．それらは，特定の課題や作業ステップに対してもっとも適しており，役に立つ．

4.1 一般的な問題解決プロセス

問題解決法の本質的部分には，段階的な**解析**と**統合**が含まれる．そこで，**質的な**方法から**量的な**方法へと進み，そこでの新しいステップは，それぞれ前ステップよりもより具体的で個別的なものになっていく．

次節以降では，工業製品を企画・設計するにあたって，一般的な問題解決プロセスに必須で，そして設計プロセスのより具体的な諸段階に導出する計画と手順を提示する．これらの計画と手順は，原理上行うべきことを特定する助けになるが，もちろん，個別の問題状況によって臨機応変でなければならない．

本書で述べる手順に関する計画はすべて，工業製品開発方式や段階的問題解決の論理に基づく，**行動のための運用上のガイドライン**と考えるべきものである．Müller [4.17] によれば，それらは複雑なプロセスをわかりやすくするために必要なアプローチを，合理的な方法で記述するのに適したプロセスモデルである．

したがって，これらの手順計画とは，2.2.1 項に述べた，**個人的思考プロセス**を記述することではなく，個人的性格によって決まるものでもない．これらの手順計画を実際に適用するにあたっては，行動のための運用上のガイドラインには，個人的思考プロセスを織り込むことになる．これによって，一般的手順，個別の問題状況や個人的経験に基づく，一連の個人的計画，行動や支配的な活動が生み出される．

2.2.1 項で述べたように，提示された手順計画はガイドラインにすぎず，厳密な規定ではない．しかし，本質的に順を追っていく手順とみなさなくてはならない．なぜなら，たとえば，ある解決法は，それが見つかるか，あるいは推敲される前には評価し得ないからである．他方，手順計画は，個別の状況に柔軟に対応しなければならない．たとえば，あるステップをとばすか，または順序を入れ替えることも可能である．

また，より高い情報レベルでは，あるステップを繰り返すことが必要，あるいは役立つこともある．さらに，（ここに提示するより一般的な計画から改変された）特定の製品領域においては，特殊な手順がふさわしいこともある．

製品開発プロセスの複雑さと，適用すべき方法がたくさんあることを考えると，手順計画を取り入れなければ，設計者は可能なアプローチ法が多すぎて手に負えなくなってしまうだろう．したがって，設計者は設計プロセスと，個人的方法の適用，そしてこの手順計画に提示されている作業ステップや意思決定プロセスについて知っておくことが必要なのである．

企画・設計活動は情報処理であると 2.2.3 節で述べた．情報出力を行うたびに，一ステップ前の結果がもたらした価値を向上させ，高めることが必要になる可能性がある．つまり，必要な改善が見られるまで，より高い情報レベルにおける作業ステップを繰り返すか，あるいはほかの作業ステップを実行する必要があるということである．

作業ステップを繰り返すことは，満足な結果が得られるまで少しずつ解決に近づいていくという**反復**のプロセスでもある．いわゆる反復ループは，たとえば TOTE モデル（2.2.1 項参照）におけるような基本的思考プロセスにもみられる．そうした反復ループは，ほとんどいつも要求され，ステップ間で持続的に発生する．なぜなら，この相互関係はしばしばとても複雑なため，所望の解決法が一つのステップで達成されることはなく，後続のステップにおいて情報が求められることも頻繁にあるからである．手順計画において反復ループがあるということは，明らかにこの事実を示している．後の各章で，そうした反復ループを減らすか，あるいは避ける戦略を提示する．したがって，提案される手順計画は，厳密なものでも純粋に順を追うものでもない．

体系的アプローチは，設計作業を効果的かつ効率的にするために，反復ループをできるだけ少ないままにしておくことを目指す．たとえば，もし設計チームが，製品開発が終了したのに，また最初から始めなければならないとしたら災難であろう．これは，製品開発プロセス全体にわたる反復ループにあたる．

作業ステップと意思決定ステップの区分は，**目的**，**計画**，**実行**（組織化），そして**制御**［4.3, 4.29］の間に必要とされる持続的な連鎖を確立する．こうした連鎖内に，Krick［4.15］と Penny［4.21］に従って，一般的問題解決プロセスのための基本的枠組みを構築することができる（**図 4.1** 参照）．

すべての課題は，まず問題と**対立**することから始まる．これは，何がわかっていて何が（まだ）わかっていないのかを明らかにすることになる．この対立がどれくらい

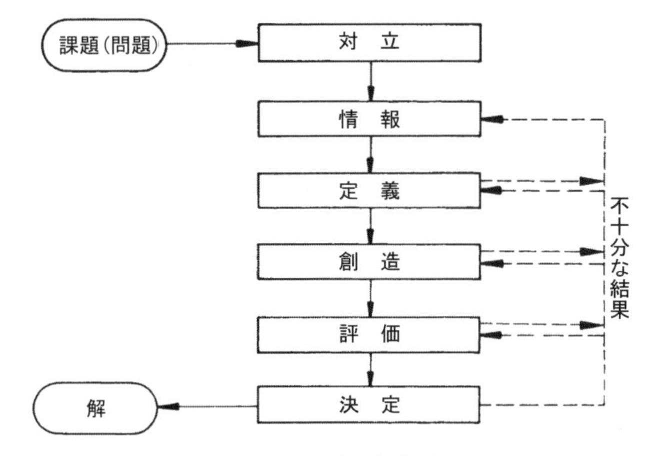

図 4.1 一般的な問題解決プロセス

強いかは，設計者の知識，能力や経験，そして専門分野によって異なる．しかし，どんな場合も，課題自体，制約，あり得る設計解原理，そして類似の問題に対して知られている設計解に関する，より詳しい情報が何よりも有用である．なぜなら，まさにそれが，何が必要とされているのかを明らかにしてくれるからである．この情報はまた，対立をやわらげ，設計解が見つかるという確信を増してくれるものでもある．

次にくるのは，**定義**のフェーズである．ここでは，目的とおもな制約を示すために，もっとも重要な問題（課題の核心）がより抽象的に定義される．このような設計解によらない定義は，制約のない設計解探索への道を開く．なぜなら，この抽象的定義は，より慣習にとらわれない設計解を探すことを促すからである．

次のフェーズは**創造**である．ここでは，設計解がさまざまな手段で開発され，いろいろな方法論に関するガイドラインを用いて，それらが変更され，結び付けられる．もし変量の数が多ければ，**評価**を用いて最良の変量を**決定**しなければならない．設計プロセスのどの段階も評価されなければならないので，評価は全体的な目的への達成状況をチェックする役割を果たす．

決定には，以下の事項を考慮しなければならない（**図 4.2** 参照）．

- もし，前ステップの結果が目的に合っていれば，次のステップを開始することができる．
- もし，結果が目的に合わなければ，次のステップに進むべきではない．
- もし，前ステップ（または必要なら何ステップか前）の反復をする資源的余裕があり，よい結果が期待できれば，そのステップはより高い情報レベルで反復されなければならない．

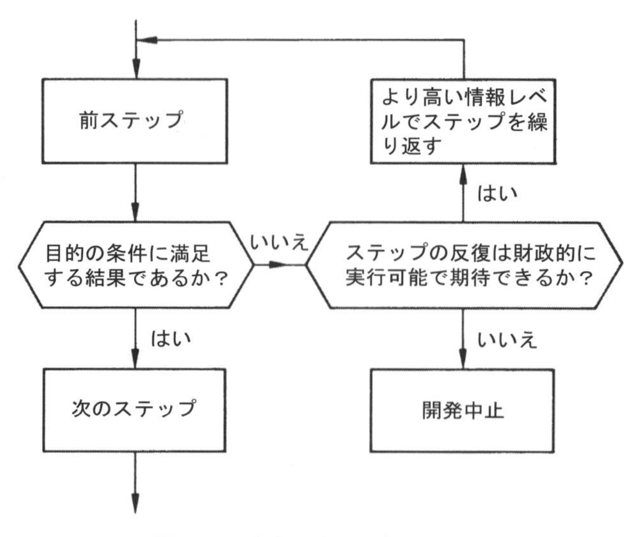

図 4.2　一般的な意思決定プロセス

- もし，上述の質問に対する答えが「いいえ」ならば，開発を中止しなければならない．

もし，特定のステップの結果が目的に合わなくても，その目的が全面的にまたは部分的に変更されれば，興味深い結果になるかもしれない．この場合，目的を変えることができるかどうか，または結果がほかの応用に使えるかどうかを調べるべきである．対立から創造を経て決定に至るこの全プロセスは，徐々に具体的になる後続の設計プロセスの各フェーズで反復されなければならない．

4.2　設計プロセスにおける作業の流れ

製品の設計と開発における今日の状況では，以下のような注意深い計画が要求される．

- 提案されたプロジェクトのために要求される諸活動
- これら諸活動の時間調整とスケジュール作成
- プロジェクトと製品のコスト

諸活動や必要時間は課題のタイプ，とくにその課題が独自設計か，適応設計か，あるいは改良設計のためのものかに強く依存する．

4.2.1　活動計画

VDI ガイドライン 2221 と 2222 [4.24, 4.25]（図 1.9 参照）では，設計プロセスにおける作業の流れは，一般的用語と領域限定・製品限定の用語の両方で記述されている．これらのガイドラインに沿い，次項以降では機械工学に焦点を当てて，この作業の流れをより広範に論じる．記述は本質的に技術システムの基本（2.1 節参照），体系的アプローチの基本（2.2 節参照），そして一般的問題解決プロセス（4.1 節参照）に基づく．その目的は，一般的な説明を機械工学設計プロセスの要求に合わせて修正することと，個別的作業ステップや意思決定ステップをこの領域のために導入することにある．原則として，計画と設計プロセスは，課題の計画や明確化から，要求される機能，原理的解決の工夫，モジュール構造の構築を経て，完成品を最終的に文書化する作業へと進む [4.18].

上記ガイドラインに述べられている個別課題の計画に加え，計画と設計プロセスを次の**主要フェーズ**に分けることは有用なので，よく行われる．

- 計画と課題の明確化：情報の詳述
- 概念設計：原理的設計解（概念）の詳述
- 実体設計：レイアウト（構築）の詳述
- 詳細設計：製品の詳述

後述するように，これらの主要なフェーズの間に明確な境界線を引くことは，つねに可能なわけではない．たとえば，概念設計の中でレイアウト面の検討が必要となる場合もあるし，製造プロセスによっては，実体設計の段階で詳しく決めなければならない場合もあるだろう．また，実体設計の過程で，原理的設計解の発見を必要とする新しい補助的機能が見出されたときにも，後戻りを避けることはできない．にもかかわらず，開発プロセスの計画と制御を主要なフェーズに分けることはつねに役立つ．

主要なフェーズのために提示された作業ステップは，**主要作業ステップ**とよばれる（**図 4.3** 参照）．これらの主要作業ステップは，後続の作業ステップの基礎となる．低次レベルの作業ステップの多くは，情報収集，設計解探索，計算，図面作成や評価などの結果の実現が求められる．これらの作業ステップにはそれぞれ，議論，分類や準備といった間接的活動が伴う．本章で提示する手順計画に列挙されている**運用に関する主要作業ステップ**は，技術的領域のためのもっとも有用な戦略的ガイドラインとみなされる．記載されていないガイドラインには，たとえば基本的問題解決に関するもの，情報収集に関するもの，そして結果検証に関するものが含まれる．なぜなら，それらが通常，個別の問題や特定の設計者に関してのみ推奨され得るからである．そうした基本的作業ステップは，個々の方法や実践的応用を扱う方法を述べた部分で推奨されることになる．

主要なフェーズやいくつかのより重要な主要作業ステップの後で，**意思決定ステップ**が求められる．リストアップされた意思決定ステップは，主要なフェーズや作業ス

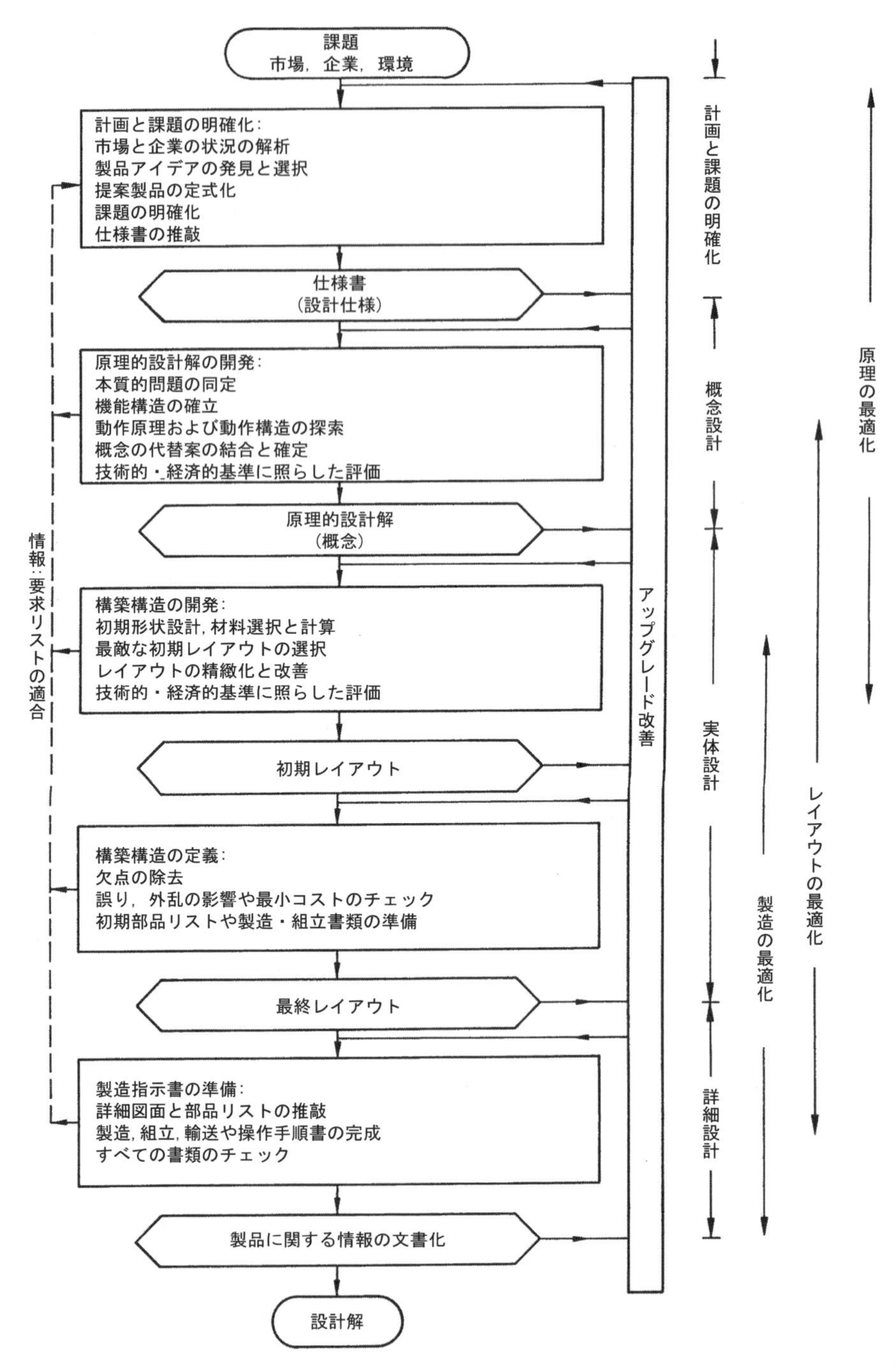

図 4.3　計画と設計プロセスにおけるステップ

テップを終わらせるおもなもので，結果を妥当に評価した後，作業の主要な流れを進めるものである．意思決定ステップの結果が不十分だったために，あるステップが反復されなければならないこともやはりあり得るが，可能な限り小さな反復ループが望ましい．

繰り返すが，個別の行為およびそれぞれに必要とされる個々の試験や意思決定ステップ（たとえば 2.2.1 項の TOTE モデルを参照）は，単独にリストアップされることはない．そのような決定は各設計者のアプローチや個別の問題状況によって決まるため，単独にリストアップすることは不可能であろう．

4.1 節に述べたように，うまくいかなくなった開発を中止する決定について，手順計画の個別の意思決定ステップにおいて明確に述べられることはない．しかし，その可能性についてはつねに考慮しておくべきである．なぜなら，望みのない状況の中断を早いうちにはっきり決めることで，結局は失望やコストを最小限に留めることができるからである．

いかなる場合でも，手順計画は柔軟に運用されるべきで，個別の問題状況に合わせて調整されるべきである．おもな作業ステップや決定ステップの最後に，アプローチ全体を評価し，必要ならば修正されるべきである．

四つの主要なフェーズを以下に概説する．

(1)　企画立案と課題の明確化

製品開発課題は，マーケティング部門か，あるいは製品企画を担当する何らかの部門から，エンジニアリング部門にもち込まれる．これについては，3.1 節と 5.1 節も参照されたい．

課題が**製品企画**プロセスから生まれた製品企画書に基づくのか，あるいは特定の顧客注文に基づくのかにかかわらず，与えられた課題を製品開発の開始前により詳しく明確化しておくことが必要である．この**課題の明確化**の目的は，製品が満たさねばならない要求についての情報や，既存の制約やその重要性についての情報を集めることにある．

この作業を行うことによって，焦点を当てるべき**仕様書**の形で**情報明細書**ができ，設計プロセスとそれに続く作業ステップの利害に合わせることができる（5.2 節参照）．概念設計とそれに続くフェーズは，この文書に基づくべきであり，この文書は持続的に更新されなければならない（これについては，図 4.3 の情報フィードバック・ループに示す）．

(2)　概念設計

課題明確化のフェーズが完成した後，概念設計のフェーズが原理的設計解を決定する．これは，本質的問題を抽象化し，機能構造を確立し，ふさわしい動作原理を探索し，そして，それらの原理を一つの動作構造へと結合することによって達成される．概念設計は**原理的設計解**（概念）を明記することにつながる．

しかし動作構造は，より具体的な形に変えて表現されるまで，評価され得ないこともしばしばである．こうした具体化には，予備的素材の選択，概略の寸法検討，そして技術的可能性の考慮が含まれる．一般に，そうしてはじめて設計解原理の本質的様相を評価することができ，目的と制約を精査することができる（2.1.7項参照）．原理的設計解にはいくつかの変形もあり得る．

原理的設計解を表示する形式はたくさん存在する．既存の構成要素のためには，機能構造の形の概略図，回路図，あるいはフローチャートで十分であろう．ほかの場合なら，線描がふさわしいかもしれず，ときには大まかな縮尺図が必要である．

概念設計のフェーズは，いくつかのステップからなる（第6章参照）が，もっとも有望な原理的設計解を発見したいのであれば，どれも省略はできない．これに続く実体設計や詳細設計のフェーズでは，設計解原理の基本的欠陥を修正することは，極度に困難かあるいは不可能である．持続的かつ成功する設計解は，技術的詳細に過度にこだわることよりも，もっともふさわしい原理の選択から生じる可能性が高い．この主張は，もっとも有望な設計解原理や原理の組合せにおいてすら，詳細設計フェーズの間にいろいろ問題が起こる，という事実と矛盾するものではない．

推敲されたさまざまな設計解が，次に評価されなければならない．仕様書の内容を満たしていないものは取り除かねばならない．残った設計解は，個別の基準をきちんと適用して判断されなければならない．このフェーズの間，大まかな経済的基準も役割を果たし始めるが，中心となるのは技術的本質の基準である（3.3.2項と6.5.2項も参照）．この評価に基づいて，最良の概念を選択することができるのである．

複数の代替案が同じように有望に見えて，より具体的なレベルにならないと最終決定ができないことがある．しかも，さまざまな形状設計が，まったく同じ概念を満足することもある．次の設計プロセスは，実体設計とよばれる，より具体的なレベルへと続いていく．

(3)　実体設計

このフェーズの間，設計者は一つの概念（動作構造，原理的設計解）から出発し，技術システムの構成的構造（全体的レイアウト）を技術的・経済的基準に沿って決定する．実体設計は，**レイアウト**を明確化するものである．

改良設計の長所・短所についての情報をより多く得るために，いくつか**予備的レイアウト**を作って，同時にあるいは連続的に見積もることがしばしば必要となる．

レイアウトを推敲した後，この設計フェーズも技術的・経済的基準を背景にした評価で終わる．これは，より高い情報レベルの新しい知識をもたらす．個々の代替案を評価することで，しばしばとくに有望に思われるものを選び出すことができる．しかし，それにもかかわらずその選択は，その他のものからアイデアや設計解を導入することによって恩恵を受け，そしてさらに改善できるかもしれない．適切な組合せと弱点の除去によって，最良のレイアウトが得られるのである．

この**最終レイアウト**は，機能，強み，空間的適合性などをチェックする手段を提供する．また，（遅くとも）このステップでは，プロジェクトの経済的な実行可能性が評価されなければならない．こうしてはじめて，詳細設計フェーズの作業が開始される．

(4) 詳細設計

設計プロセスにおけるこのフェーズでは，個々の部品すべての配置，形状，寸法，および表面特性が最終的に規定されて，材料が定められ，製造可能性が評価され，コストが見積もられる．また，図面やその他の製造指示書すべてが作成される［4.28］（文献［4.26］も参照）．詳細設計フェーズの結果，**製造指示書**の作成という形で，**情報の明確化**がなされる．

このフェーズで重要なのは，設計者が気を緩めてはならないということである．そうしないと，彼らのアイデアや計画が見る影もなく変わってしまいかねないからである．詳細設計で生じるのは，重要でなかったり興味を引かない下位問題だと考えるのは間違いである．前にも述べたように，困難はしばしば細部への注意の欠如から生じるのである．全体的な設計解を考慮する必要はそれほどないが，このフェーズや前のステップを繰り返すときに，コストの削減とともに，組立品や部品の修正や改良が必要になることはよくある．

(5) 全体設計プロセス

フローチャート（図 4.3 参照）における，おもな目的は次のようである．

- 原理の最適化
- レイアウトの最適化
- 製造の最適化

上記は明らかに，実際のプロセスの一般化である．実際には，作業ステップとその結果の間を明確に区別することがつねに可能なわけではなく，また必ずしもその必要はない．しかし，作業を計画し失念を避けるために，おもな工程や課題を記述して把握しておくことは設計者にとって有益である．

図4.3には，モデルや試作品の製作は含まれていない．なぜなら，それらが与えてくれる情報は，設計プロセスのどこかのステップで必要になるかもしれないが，何か特定の場所に合うというものではないからである．多くの場合，概念設計のフェーズにおいて，モデルや試作品を開発することは必要である．それはとくに，たとえば精密工学，電子工学や大量生産業において，基本的な疑問を明らかにすることを意図するような場合である．重工業やプロセス工業では，その単発的性質のために，試作品を作るためにかかるコストや時間は，通常，不経済で実現性がない．しかし，提案されているプラントや設備のいろいろな部分を，既存のプラントや設備内で部分的に試作品を作って，あるいは個別の試験設備を使って試験することは可能である．バッチ生産では，製造が始まるかなり前に試作品を作り，そして製造前運転をしてスムーズに製造できることを確認することはよく行われる．これらの量産試作の製品は，販売することもできる．

図4.3はまた，いつ仕事を下請けに出さなくてはならないのかも示していない．それは，製品の種類によるからである．

寸法レンジやモジュール製品の場合，注文の実行は，かなり後のプロセスでなされ得るが，通常，製品開発の一部に含まれる．

注文を受けて既存の文書だけが使われ，製品取扱説明書，下請け注文，部品一覧表などだけが集められればいい場合，製品開発は必要ではない．したがって，請負見積書，レイアウト，組立計画は別として，それ以上の設計作業は必要ない．そして多くの場合，これらの図面や計画は改良設計ソフトウェアを使って自動的に作られる．

図4.3を見れば，そして後の章に述べる方法を読めば，設計者が，たくさんあるステップの一つひとつを実行する時間がないことを踏まえ，そのプロセスに反対することも理解できる．したがって，彼らは次のことを心に留めておくべきである．

- ステップのほとんどは，いかなる場合においても（たとえ無意識にでも）実行される．しかし，それらは，しばしばあまりにもすばやく実行されすぎて，予期せぬ結果をもたらす．
- この入念な段階的手順は，他方において，重要なことが何も見落とされなかった，あるいは無視されなかったことを保証する．したがって，独自設計の場合に欠くことのできないものである．
- 適応設計の場合，長期間かけて有効性が実証されているアプローチを用い，とくに効果的な部分のために，記述された手順を保存しておくことが可能である．たとえばそれは，特定の細部を改良する場合などであり，その場合，その細部に焦点を当ててステップを実行しなければならない．

- もし，よりよい結果をもたらすことが設計者に期待されているのであれば，彼らには，体系的なアプローチに必要となる余分な時間が与えられなければならない．経験的には，段階的手順に必要な時間はわずかである．
- もし段階的方法に厳格に従うとすれば，スケジューリングは，より正確になってくる．

4.2.2　タイミングとスケジューリング

製品は次の場合にのみ成功するだろう．

- 顧客ニーズ（要求）を満たす．
- 適切な時間に市場に届く．
- 適切な場所で売られる．

本項では，これらの必要条件の2番目に焦点を当てる．というのは，設計者は，製品化に要する時間の重要性を過小評価しがちであり，タイミングとスケジューリングに用いられる方法とツールにうといことが多いからである．ここでは，基本的アプローチだけを紹介する．詳細は関連文献から得てほしい．

企画立案の困難さは，次の二つの制約によって決まる．

- プロジェクトや設計解は，制限内のある時点に完成しなければならず，中間結果も特定の日に要求される．
- チームの全メンバーがすべての課題を実行できるわけではない．つまり，人材の制約があるということである．

ネットワーク計画は，もっとも重要な計画ツールの一つである [4.7, 4.8]．ネットワーク計画は，プロジェクト全体の長さと人材要件を見積もるのに使われる．グラフィック表示は，要求されているプロジェクト課題とその課題に割り当てられる人材の間の論理的結び付きを示す．

ネットワーク計画を作ることには，三つのおもなステップが含まれる．

- 各プロジェクト課題の間の結び付きと依存性を見出して記述する構造分析
- 各課題に必要な時間と，各主要ステップにふさわしい開始日についての時間分析
- さまざまな課題を各メンバーに割り当てる人材分析．まず，メンバーの能力，続いて稼働可能性に基づく．メンバーは訓練コース，病気，休日など，あるいはほかのプロジェクトに割り当てられるといった理由で，稼働が限られることもあり得る．

一般に，製品構造は課題構造を計画するための基礎として用いられる．製品構造が，設計されなければならない主要な組立グループや部品，そして，結果的には課題の大

部分を決定するのである．

表 4.1 は，ネットワーク計画作成手順とその個々のステップを示す．**図 4.4** はネットワーク計画の一部，この場合はガントチャートである．個々の課題が棒状に表示されている．それらの依存性は，論理的なあるいは可能な作業順序によって生じる．たとえば，一つの課題が，次の課題が始まる前に終わらなければならないように，入力／出力が要求される場合である．

ネットワーク計画は，プロジェクト期間，人材要求やチームメンバーの課題への配置を示すだけでなく，フロートタイムや，プロジェクトのクリティカルパスも示す．フロートタイムとは，ある課題や，一連の課題の始まりや終わりを，プロジェクト全体の所要時間を危うくすることなく，どれくらい遅らせることが可能なのかを示すものである．クリティカルパスは，フロートタイムがなく，したがって，プロジェクト全体の時間を左右する課題を含むものである．

表 4.1　ネットワーク計画の作成手順

活　動	説　明
1. 製品構造を決定	一般に，既存の類似製品の構造が改変される．
2. 個別の製品要素を作るのに必要な課題を決定	全製品要素や製品全体のために，課題は以下の内容を適切なレベルで含む． ・設計解の発見 ・調査 ・実体化 ・計算
3. 各課題間の論理的・一時的依存性を確立	課題間の依存性は，明確な IF-THEN 記述で同定され，文書化されなければならない．たとえば，もし軸の直径が決まれば（IF），軸－ハブ結合は確定される（THEN）．
4. 課題の持続時間を設定	・関連する経験をもつ人への聞きとり ・類似課題との比較 ・完了した課題の文書化 ・見積り
5. マイルストーンを決める（作業やスケジュールが達成されたかのチェックに使われる．マイルストーンの傾向分析で，プロジェクトの成否が予測できる）	**マイルストーンの類型** ・**イベント駆動**：マイルストーンの内容は，正確に決められなければならない．マイルストーンは，利用可能な作業結果が，マイルストーンに定められた内容になったときに達成される． ・**アプリケーション**：たいてい，組立品の設計の最終的なマイルストーンとして使われる． ・**時間駆動**：ある特定の日時や一定の経過時間により到達するマイルストーン． ・**アプリケーション**：明確な中間結果を定義できないときの，大きな課題のためのもの．

表 4.1（つづき）

	・**後戻り不能時点**：その後では達成結果をもう変更してはならないイベントまたは日時. ・**アプリケーション**：中間結果の保証．たとえば，顧客の要求変更に対して. ・**審査**：明確に定義された結果が承認されるか，あるいは公開されなければならない時点. ・**アプリケーション**：高価で複雑な組立品または部品の実体化が，生産により，または場合によっては顧客によって承認される.
6. 課題に必要かつ可能なフロートタイムを決定	フロートタイムは，遅れの発生がプロジェクト計画を危うくするのを避けるためのリスク管理に役立つもので，とくに，新規の課題に対して適用される.
7. ネットワーク計画の作成（通常，マイクロソフト・プロジェクトやスーパー・プロジェクト・エキスパートなどの特殊なソフトウェアを使う）	ネットワーク計画は図表形式で，課題とマイルストーンの依存性のすべてを表示し，プロジェクトの方向性を決めるのに使われる.
8. プロジェクトカレンダの作成	プロジェクトカレンダは，プロジェクト期間において作業できる正確な日数を示す.
9. ネットワーク計画における人材の選択と課題への割り当て	要求される適性と，プロジェクトの計画された期間における稼動性を基に選択される.
10. 人材カレンダを作り，ネットワーク計画に割り当てる	従業員ごとに個別のカレンダを作り，プロジェクト期間に本人の可能な作業時間を示す．休日，研修日などが考慮されなければならない.
11. 目を通す	個別の人材カレンダをネットワーク計画に割り当てたら，まずざっと目を通す.
12. 計画の評価	・プロジェクトのマイルストーンが達成できるか. ・クリティカルパス（すなわち，プロジェクト全体の期間を決めるフロートタイムのない一連の課題）は何か.
13. 計画の最適化	計画は次の事項によって最適化され，修正される. ・可能な人材の増員 ・締切の移動 ・課題数の削減 ・課題の順序変更 ・課題内容の変更
14. 計画の承認	プロジェクト計画は，経営者や，適切な場合には顧客の承認を受けて公開する.
15. プロジェクトの監視	締切，コスト，リスクなど，プロジェクトの諸要素を継続的に監視して報告する.

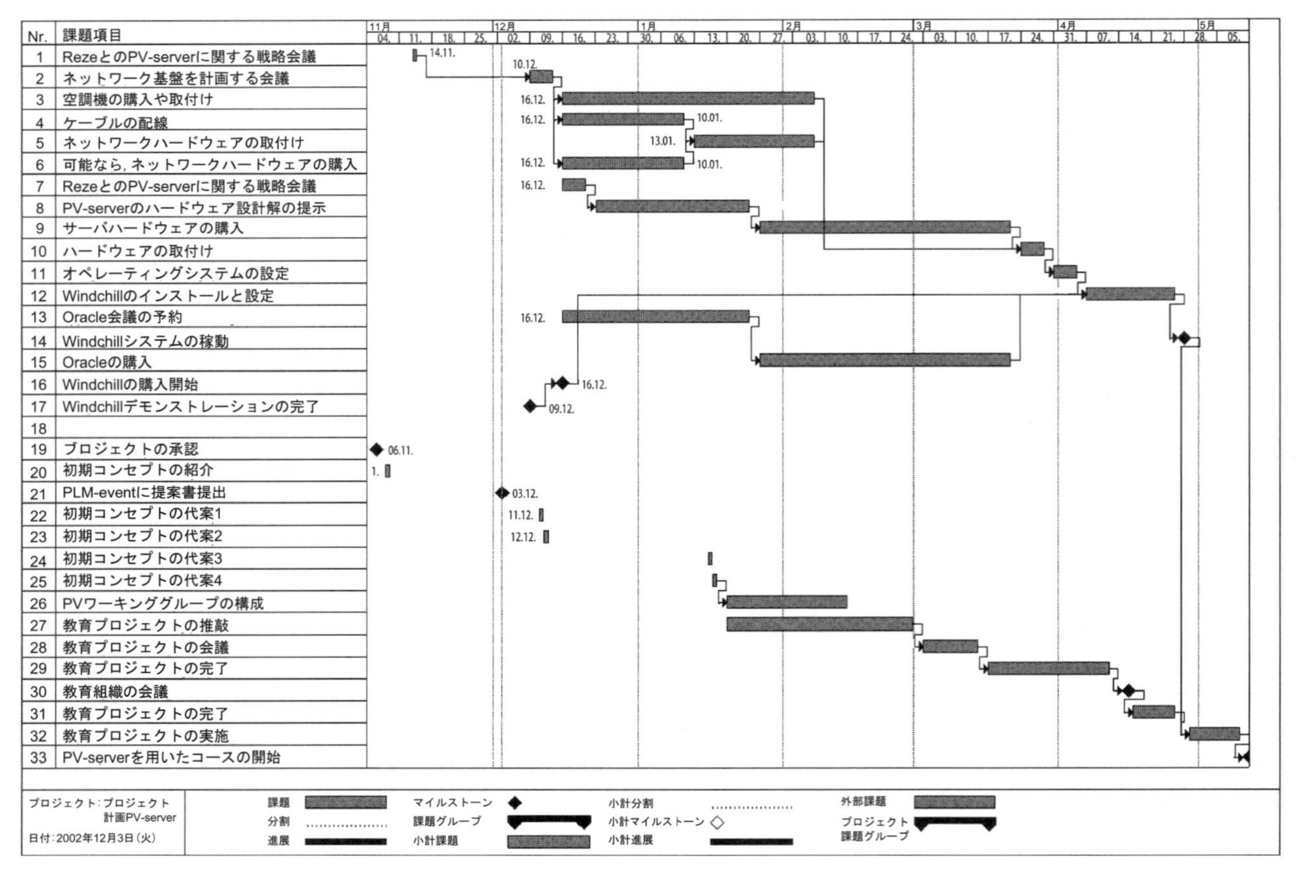

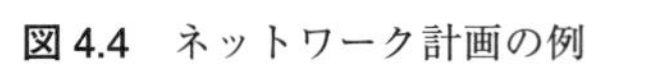
図 4.4　ネットワーク計画の例

4.2.3　企画プロジェクトと製品コスト

コストは，販売価格を決定する基礎であるので，製品の成功の鍵である．コストは，生産コストや関連するプロジェクトコストの影響を受ける．設計・開発はプロジェクトコストに関連する負担の大きな項目なので，エンジニアリング部門が大きな責任を担う．

目標コストに合わせるために，エンジニアリング部門は生産コストだけでなく（詳しくは第 11 章参照），設計・開発コストも最小限に保たなければならない．バッチサイズによっては，設計・開発コストは原価の大部分を占めることもある．

設計・開発コストを見積もるためには，ネットワーク計画も使われ得る．なぜなら，エンジニアリング部門に発生する主要コストは人件費だからである．設備，CAD システム，外部コンサルタントなどのような支援コストは，通常はるかに少ない．ネットワーク計画を用いて，配置された人材に，妥当な時給でコストを割り当てることができる．継時的なコスト配分は，コスト計画［4.9］で示される．これはプロジェクト予算を見積もるときに重要になる．

4.3　効率的な組織の構造

4.3.1　部門横断的な組織

設計者は環境から独立して働くことはできない．彼らは他者の生産結果に依存し，他者は彼らの結果に依存するのである．彼らは部門のメンバーであり，部門は企業の一部なのである．参加者すべての協力する活動だけが，満足のいく全体的な結果を得るのである［4.11, 4.22］．これを達成するために，各個人の責任や課題などが，組織の構造や運用の構造によって明確化される．

- **組織の構造**は個人，部門や常任委員会の責任や課題を明確化し，これらを階層の中に関連づける．
- **運用の構造**は，さまざまな手順を明確化する．

設計・開発プロセスは，次のようにすることで，より効率化できる．

- 内的反復，つまりある作業ステップ内で同じ活動の繰り返しを減らす．
- 外的反復，つまりすでに終わった作業ステップに戻ることや，あるいは設計のフェーズの繰り返しを減らす．
- 作業ステップを省略する．
- 複数の作業ステップを並行して実施する．

とりわけ，最後の行動はプロジェクト期間を相当短縮させる可能性がある．これら四つの行動を達成するためには，次の要件が満たされなければならない．

- 製品は，そのシステムの特性，下位システムやシステム要素が，プロセスの全ステップにおいて正確かつ明確にモデル化され得るように構造化されなければならない．第9章において，可能な製品構造をいくつか提示する．
- プロセスのステップをつなぐ境目は，正確かつ明確に決められなければならない．
- プロセスのステップは独立していなければならない．

これらの要件が満たされ，部門横断的なチームが形成されたとき，**コンカレントエンジニアリング**が導入され得る．コンカレントエンジニアリングは，製品開発，製造プロセス，販売戦略を通して，目的の明確な学際的な（異部門間）組織や同時並行作業を含むものである．これは，全製品ライフサイクルをカバーし，堅実なプロジェクト管理を必要とする［4.1］．産業界でこれを応用した経験については，文献［4.12, 4.14］に見ることができる．図1.4は，部門間に生じる集中的な情報の流れを明らかにしている．コンカレントエンジニアリング・プロセスにおいては，さまざまな部門の活動が同時進行するか，あるいは少なくとも相当に重なり合っている．顧客と密接に交渉することが促され，**図4.5**［4.5, 4.13, 4.23］に見られるように，多くの仕入れ先がプロセスに統合され，製品はその寿命が尽きるまで監視される．

プロジェクトの期間，チームは設計・開発部門のメンバーのみで構成されるわけではなく，製品創造プロセスに参画するほかの部門の人たちも含まれる．このチームは，できるだけ早期に形成され，プロジェクトマネージャーに率いられて独立して機能するが，役員会か部門長に直接報告しなければならない．したがって，部門の境界を越

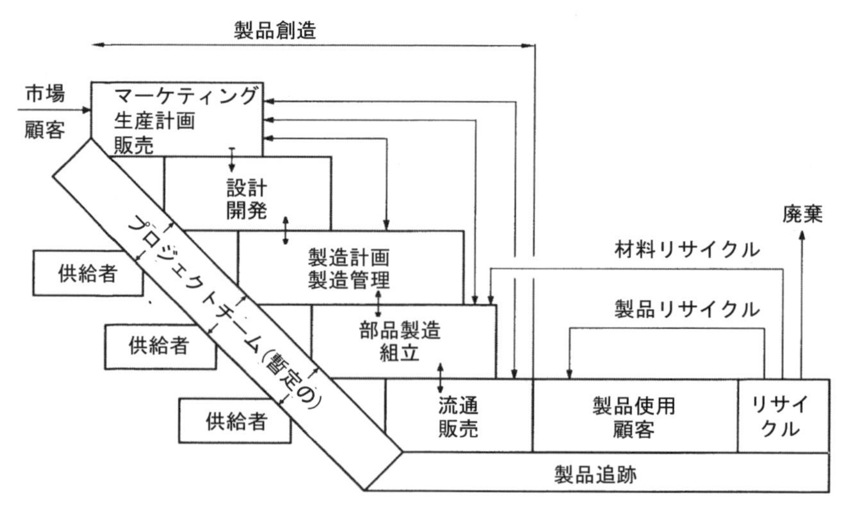

図4.5　コンカレントエンジニアリングを用いた製品の創造・追跡プロセス．異なる分野の並行的活動と，プロジェクトチームの構成，および顧客・供給者（サプライヤ）との密接な結び付きを示している．

えることになる．こうしたチームは仮想チーム，すなわち，目に見える組織の形態をとらない形で機能することができる．チーム構造の特徴やその重要性については，文献［4.6, 4.27］に見ることができる．このタイプの組織や作業手順の目的は，次のとおりである．

- より短い開発時間
- より迅速な製品実現
- 製品原価と製品開発コストの削減
- 品質改善

コンカレントエンジニアリングは，設計者の仕事を次の点で変える［4.20］．

- 部門横断的なチームで働くには，言語や専門用語への順応が必要になる．
- ほかの部門や分野に早くかかわることで，より緊密で直接的な情報交換が起こる．
- データ処理システム，CAD，マルチメディアのような，より電子的な情報技術やコミュニケーション技術が使われる．
- 設計業務がより組織的に構造化されなければならなくなるよう，スケジュールやマイルストーンのあるプロジェクト管理プロセスが課される．
- 活動は，並行するため，連携しなければならない．
- 割り当てられた問題や課題に対する個々の責任は，チームの決定に沿って受け入れなければならない．
- 仕入れ先や顧客との交渉が，より緊密になる．

設計，製造企画，マーケティングやセールス担当の専門家を配した，小さなコアチームを作ると役立つ．そのチームの構成は，特定の問題や製品タイプによる．このコアチームは，必要なときに，品質，組立，エレクトロニクス，ソフトウェア，リサイクルなどから，短期間だけ参加する専門家で補う．そうしたチームでは，近接分野の知識や経験（**図 4.6**）が，多かれ少なかれそのプロジェクトに自動的に取り込まれる．図 2.15 に従って 2.1.7 項で述べたように，このように広範囲の専門知識を統合することで，プロジェクトの目的実現性や制約を満たす能力は著しく向上する．

部門横断的なチームの利点は，次のとおりである．

- 知識をより入手でき，相互刺激が高まる．
- 製品とプロセスのよりよい管理．これは問題を取り上げ，矛盾を確認することで達成される．
- 直接参加と情報共有によるモチベーションの向上
- 上位階層からの承認を求めたり，待つことが必要なく状況により迅速に対応できたりする．

リーン生産方式に焦点を当てると，情報や意思決定の連鎖は短くならなくてはなら

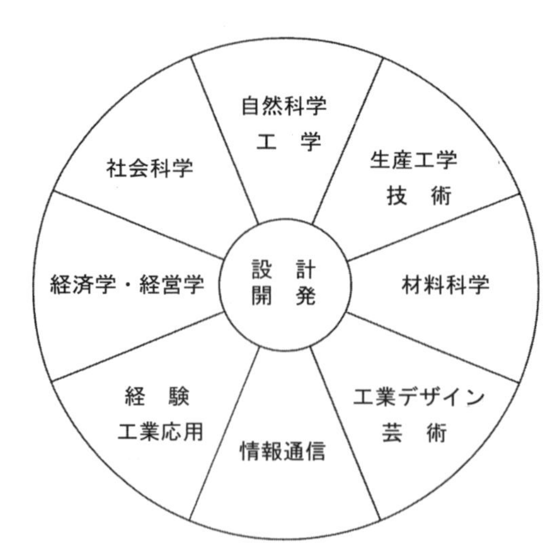

図 4.6　設計と開発の支援となる関連する知識分野

ない．これを容易にするために，暫定プロジェクトグループを組むことがしばしば必要になる．このメンバーは，プロジェクト期間においては部門の階層からは自由になる．分野に基づく部門の制約内で以前働いていた設計者は，そこでは同僚にアドバイスや支援を容易に求めることができたが，ここではなじみの薄い環境で，以前よりはるかに独立して働かなくてはならない．そのようなプロジェクトチームで働くためには，分野に基づく通常の範囲を超え，多くの技術が求められる［4.19, 4.20］（**図 4.7** 参照）．これらの問題は，プロジェクトリーダーを選出する際に考慮しなければなら

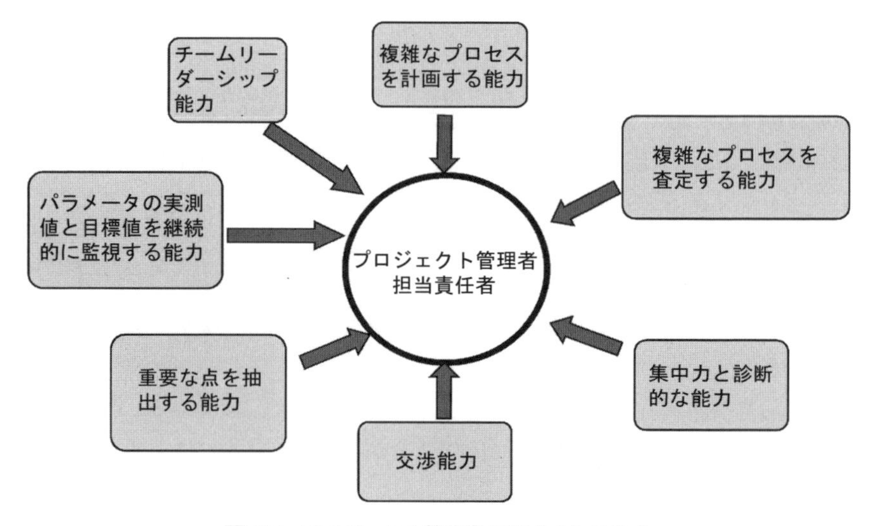

図 4.7　プロジェクト管理者に要求される能力

ない.

4.3.2　リーダーシップとチーム活動

部門構成から独立したチームで新製品を開発する際には，プロジェクトの強力なリーダーシップが必要である．プロジェクトリーダーは，関連する技術や設計方法，そして，よい問題解決者の特徴をよく知っていなければならない（2.2.2 項参照）．そうすることによってはじめて，彼らは異なる分野の専門家チームを率いて，割り当てられた課題に対処し，プロジェクトの目的を果たすことができる [4.20].

プロジェクトリーダーとそのチームは，支援の効果的手段として本書で示した体系的アプローチを用いることができる．それを用いて，彼らのアプローチを立ち上げてチェックし，ふさわしい方法を選択し，マイルストーンとしての意思決定ステップを確定し，そして確立されている設計原理を応用することができる．問題によっては，プロジェクトリーダーとチームは，重要性と緊急性に基づき，彼らのアプローチと方法を変化させる必要がある．プロジェクトリーダーは，独断的なリーダーシップの姿勢を取ってはならず，チーム内の多様なスキルを活用するようにしなければならない．また，チームメンバーすべてに行動の個人的自由を与えなければならず，必要とあれば毅然たる態度を示さなければならない．リーダーシップには，以下のことが含まれる．

次のように，**時宜を得た情報を提供する**.

- プロジェクト計画からの逸脱を，できるだけ早く指摘する.
- バランスのとれた統一的方法で情報を管理する.

次のように，体系的アプローチに注意深く沿って**個々の行動を導く**.

- 締切，コストや人材など，プロジェクトのおもな要素を計画する.
- これらのプロジェクトの目標を追求する.
- 変化する努力やその結果を見積もる.
- 必要なときにプロジェクト計画を更新する.

次のように，**効果的にチームを代表する**.

- 報告と文書化を管理する.
- チームの発表に対して個人的責任を負う.

次のように，**チーム作りと相互信頼を促進する**.

- 困難な状況において決定を行う.

もし，プロジェクトリーダーがこれらの要求を満たすことができなければ，コンカレントエンジニアリング手法を採用することは難しいだろう.

チーム行動も，重要な役割を演じる．チームワークは製品開発やメンバー個人にとって有益であるが（4.3.1 項参照），しかし次のような諸問題も生じる [4.2].

- 長期間ともに働くグループやチームは，単純化しすぎる傾向がある.
- チーム効率の管理が弱まる.
- チームが同化し始め，能力の保護や過大評価を生むことがある.
- 長期にわたってともにうまく働いてきたグループは，つねに正当とは限らない自信を深める.
- チーム内に，他者を支配するような，注意深く管理する必要のある頑固な人がいるかもしれない.
- 傍観し，十分に仕事をしないメンバーがいるかもしれない.

見識あるリーダーシップの姿勢をとることに加え，小さなグループを組むこと，開かれた対話を奨励すること，そして，必要ならばメンバーを減らしたり加えたりすることが，これらの問題に対する対処になり得る．理想をいえば，プロジェクトの目的が達成されたらチームは解散すべきである.

Dörner と Badke-Schaub [4.2, 4.10] は，グループやチームの有効性について，個人と比較して述べた．一般的な言い方は難しいが，グループの意見は比較的高次のレベルでまとまるようである．これは，結果が最良の個人よりもよいということを意味するのでも，最悪の個人よりも悪いということを意味するのでも決してない．個人のアイデアや仕事は，チームのそれよりも傑出し得るが，著しく悪いこともあり得る.

これが意味するのは，個人からの驚くべき提案は抑圧されるべきではないということである．逆にそれは，チームの所産との明確な比較が可能なところまで発展させられるべきである．チーム内では，個人の価値ある独自な提案に頼る，あるいはそれが出てくるのを期待することもできないので，それが促進されるように機会が作られるべきなのである．チーム作りは，自動的によい解決を保証するわけではない．企業文化とリーダーシップの姿勢は，効果的なチームワークと個人的仕事の成功にとっての基本であり続けているのである.

Chapter 5 設計課題の明確化

5.1 設計課題の明確化の重要性

設計課題は，一般に，次のいずれかの形で設計開発部門に与えられる．

- （外部または製品企画部からの製品企画という形による）開発注文として
- 確定した注文として
- たとえば販売，研究，試験あるいは組立スタッフによる提案や批判，あるいは設計部自身の創意に基づいた要望として

設計課題の記述には，機能性や性能などの製品についての説明事項だけでなく，期限やコスト目標についての説明事項も含まれる．ここで，設計開発部門は，設計解と実体化を決定する要件を特定し，これらを可能な限り量的に規定し，文書化するという問題に直面する．この課題を達成するには，顧客または提案者と緊密に協力しながら，次の質問に答えることが必要になる．

- 意図された設計解で達成されることが期待される目的は何か．
- 設計解はどのような特性をもっていなければならないか．
- 設計解はどのような特性をもっていてはならないか．

この結果あるいはプロセスが**設計仕様書**である．したがって，この文書に示された仕様に基づいて設計プロジェクトの成功が判断される．

製品企画（3.1 節参照）でまだこれが行われていない場合，設計開発部は，製品状況を明らかにし，今後の展開を特定するために，3.1.4 項で説明されている状況分析を行う必要がある．

設計仕様書の作成に役立つ有益な手法が，**品質機能展開**（Quality Function Deployment；QFD）（10.5 節参照）である．QFD は，顧客の要望事項を製品の要件に置き換えることを手助けするものである．

5.2 設計仕様の設定

設計仕様書の作成に必要とされるおもな作業ステップを**図 5.1** に示す．この手順には二つの段階がある．第1の段階では，明らかな要件の定義と記録が行われる．第2の段階では，特別な手法を用いて，これらの要件の精緻化と拡張が行われる．

以下の各項では，設計仕様書（以下,「仕様書」と記述する）の内容と形式を説明し，併せて個々の作業ステップを説明する．

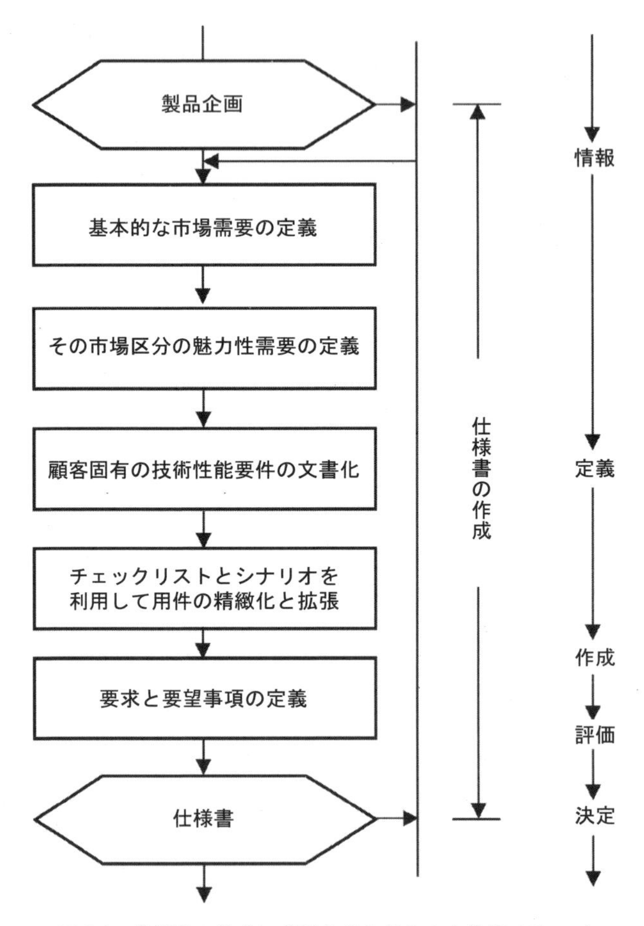

図 5.1　仕様書の作成に必要とされるおもな作業ステップ

5.2.1 内　容

詳細な仕様書を作成する際には，目標とその目標が達成される状況を明確に詳細に説明することが不可欠になる．結果として得られる要件は，要求あるいは要望事項として特定されなければならない．

要求事項とは，あらゆる状況の下で満たされなければならない要件である．言い換えると，これらの要件のいずれかが満たされない場合，その設計解は受け入れられない（たとえば，「熱帯条件に適合する」「耐飛沫性」などの質的要求事項）．最低限の要求事項は，（たとえば，$P > 20$ kW，$L < 400$ mm などのように）規定されなければならない．

要望事項とは，可能な限り考慮されるべき要件である．限定的なコスト増加のみを認めるという条件の下で，集中施錠や不定期保守を採用するなどの規定を伴うこともある．要望事項を重要度に応じて，高，中，低に分類することを勧める．

「要求事項」と「要望事項」の区別は，評価段階でも重要になる．なぜなら，代替案の選択（3.3.1 項参照）は，要求事項を満たしているかどうかによって決まるが，評価（3.3.2 項参照）は，すでに要求事項を満たしている代替案に対してのみ実施されるからである．

特定の設計解が採用される前であっても，要求事項と要望事項の一覧を作成し，それらが定量的であるか定性的であるか区別して，一覧表（仕様書）にまとめておくべきである．これによってはじめて，次のような十分な情報が得られる．

- 定量的要求事項：必要品目数，最大質量，出力，性能，体積流量などのように，数と大きさを含むすべてのデータ
- 定性的要求事項：防水性，耐腐食性，耐衝撃性などのように，許容される変動あるいは特別な要件を含むすべてのデータ

要件は，可能であれば，定量化されるべきであり，いかなる場合にも，もっとも明確な用語を用いて定義されるべきである．仕様書には，重要な影響，意図，あるいは手順に関して特別に指示したいことが含まれているとよい．このように，仕様書は，設計プロセスにかかわるさまざまな部門で用いられている言語で表現された，すべての要求事項と要望事項に関する内的な要約になる．結果として，仕様書は，初期の状況を示しているだけでなく，継続的に見直されるので，最新の作業文書としての役割も果たすことになる．さらに，仕様書は，必要であれば，実際の作業に着手する前に，反対意見を出せるように役員会と営業部門に提出される記録文書でもある．

5.2.2　様　式

仕様書は，構造化された形式により，少なくとも次の情報を含む必要がある（**図 5.2** も参照）．

- ユーザー：企業あるいは部門
- プロジェクトあるいは製品名

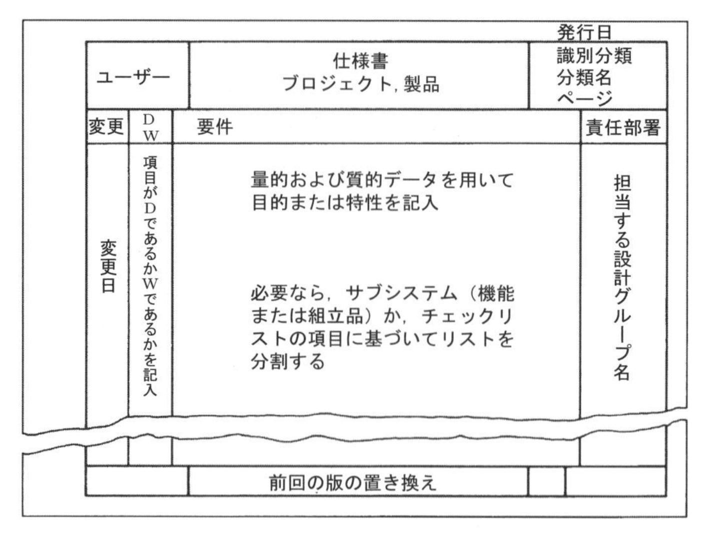

図 5.2　仕様書のレイアウト

- 要求事項または要望事項のラベルを付けた要件
- 各要件の責任者
- 仕様書全体の発行日
- 最終変更日
- バージョン番号あるいはインデックス番号
- ページ番号

この仕様書の形式が企業内の標準になり，できるだけ多くの部門で使用され，作成され，採用されるようになれば有益である．したがって，図 5.2 は一つの提案にすぎず，当然のことながら，自由に改訂してもよい．

下位システム（機能または組立品）を特定することができる場合，それらに基づいて仕様書を作成するか，チェックリストの項目（**図 5.3** 参照）に基づいて仕様書を作成することが有益になる場合がある．設計解が確立され，開発または改善対象の組立品がすでに決定されている場合，普通，各組立品の開発を担当する特別な設計グループが設置されるので，仕様書はこれらと調整しながらまとめなければならない．たとえば自動車の場合，仕様書はエンジン，トランスミッション，車体構造の開発に分割することができる．

要求事項と要望事項の**情報源を記録する**ことはきわめて有益である．これにより，要件の提案者のところへ行き，その実際の動機を尋ねることが可能になる．このことは，以後の開発の観点から要求事項を変更できるかどうかという問題が生じたときにとくに重要になる．

主要項目	例
幾何形状	寸法，高さ，幅，長さ，直径，所要スペース，数，配置，連結，拡張
運動学	運動の種類，運動の方向，速度，加速度
力	力の方向，力の大きさ，周波数，重量，荷重，変形，剛性，弾性，慣性力，共振
エネルギー	出力，効率，損失，摩擦，換気，状態，圧力，温度，加熱，冷却，供給，貯蔵，容量，変換
物質（材料）	物質（材料）の流れと輸送，初期製品と最終製品の物理的および化学的特性，補助材料，規制材料（食品規制など）
信号	入力と出力，形式，表示，制御装置
安全	直接的安全システム，操作上の安全と環境への安全
人間工学	マン－マシン関係，操作の種類，操作位置の高さ，配置のわかりやすさ，座りやすさ，照明，形状適合性
生産	工場の制約，最大可能寸法，優先する生産方法，生産手段，達成可能な品質と公差，廃棄物
品質管理	試験と計測の可能性，特定の規制と標準規格の適用
組立	特定の規制，据え付け，立地，基礎
輸送	昇降装置による制約，空き場所，輸送手段 (高さと重量)，発送の種類と条件
操作	静かであること，着衣，特殊利用，市場エリア，仕向け地（たとえば，硫黄雰囲気，熱帯性の条件）
メンテナンス	サービス間隔，点検，交換と修理，塗装，清掃
リサイクル	再利用，再加工，廃棄物処理
コスト	最大許容製造コスト，工具のコスト，投資と減価
スケジュール	開発の最終期限，プロジェクトの企画と管理，納期

図 5.3 仕様書を作成するためのチェックリスト

よりよい設計解の可能性が判明したり，強調点が変更されたりしたことで，当初の設計課題に**変更**と**追加**がなされた場合は，必ずそれらを仕様書に書き込まなければならない．この場合，仕様書は，特定の時点でのプロジェクトの進捗状況を反映したものになる．

この作業の**責任**は主任設計者にある．最新の仕様書は，製品開発に関係する全部門（経営，営業，財務，研究開発など）に配布するべきである．仕様書は，プロジェクト全体に関係している部門の決定によってのみ変更または拡張することができ，また，正規の変更管理手順に従わなければならない．

5.2.3 設計仕様の特定

一般に，設計者にとって最初の仕様書を作成することは困難を伴う．その後の仕様書の改訂には，経験が大いに役立つ．比較的短期間の間に，以降の仕様書の開始点として利用できる実例が得られるようになる．

仕様書の作成に関連するおもな問題は，設計課題で供給される文書とデータの量と質である．エンジニアリング部門によっては，期待されるすべての製品特性が定義され，文書化されるわけではない．残りの製品特性は，顧客に期待されているが，明示されていない．つまり，これらは暗黙の要件である．したがって，次の質問に答える必要がある．

- 実際は何についての問題なのか．
- 暗黙の要望事項と期待事項として，何が含まれているか．
- 規定した制約条件は実際に存在するか．
- どのような経路が開発のために開かれているか．

このため，設計開発部門が，関係する顧客または市場区分を理解することが重要である．仕様書の基礎は，顧客との間で交わされた契約書であることが多い．この契約書には，普通，合意された製品特性と性能データ，製造物責任法および遵守すべきガイドラインが含まれる．

最初の調査段階で，契約書の説明事項と要件は，設計者とエンジニアが利用できる製品関連パラメータに置き換えられる．契約書の製品仕様には明示的な要件が含まれるため，これを行うことは比較的容易である．より大きな問題は，暗黙の要件をどのように扱うかである．これらの要件は表されてはいないが，それが実現されない場合，非常に悪い影響をもたらす．たとえば，「簡単な保守」という説明事項は，製品の実体化にどのような効果を及ぼすだろうか．このような説明事項を具体的な要件としてどのように規定することができるだろうか．仕様書の規定がどれほど難しくなるかは，顧客のタイプによって変わる．原則として，次の二つのタイプに区別される．

- **匿名の顧客**：ここには，特定の市場区分，営業部門によって特定される顧客注文なしの顧客，製品企画部門によって特定される顧客が含まれる．
- **特定の顧客**：注文を行う個々の顧客のほか，多くの企業が類似製品を投入していて，要件が標準化された市場区分も含む．例として，「コンパクトカー」や「ファミリーカー」などである．このような場合，実際の顧客は匿名であるが，実質的に特定の顧客として扱われる．

Kramer［5.3］によれば，特定のタイプの要件は，顧客のタイプごとに規定することができる．

基本的な仕様は，つねに暗黙の要件である．つまり，それらは顧客によって明確に表現されることがない．これが実現されることは，顧客にとってわかりきったことで，不可欠なことである．製品の成功または失敗は，これらの要件によって決定される．たとえば，後継の製品の場合，顧客はエネルギー消費や運用コストが低下していることを期待する．設計開発部門にとって，これらの暗黙の要件の重要性を認識することが不可欠である．営業部門または製品管理部門は，顧客の意見や期待に加えて，これらの要件についての情報を提供しなければならない．

技術性能に関する要件は，明示的な要件である．これらは顧客によって明確に表現され，正確に指定できることが普通である．たとえば，新型エンジンが 15 kW の出力と 40 kg 以下の質量をもつようにするなどである．このような具体的数値は，競合製品どうしを比較するときに顧客によって利用される．個々のパラメータの重要性は，顧客自身によって決定される．

魅力性に関する仕様は，暗黙の要件である．顧客は普通，これらを意識していないが，これらを用いて競合製品を区別する．一般に，顧客はこうした追加的な製品特性のためにより高い金額を払おうとは思わない．たとえば，複数の標準カラーと外装／内装カラー配色の組合せが可能であるということが，仕様となっている自動車の例を考えればわかる．

5.2.4 設計仕様の精緻化と拡張

すでに定義された仕様書の精緻化と拡張を行うために，次の二つの手法が開発されている．

- チェックリストに従う．
- シナリオを作成する．

図 5.3 に示されたチェックリストは，2.1.7 項で説明されている概念に基づいた一般的なチェックリストである．既存の設計課題と要件について，このリストの項目がチェックされ，その要件にさらに詳細な仕様が追加される．より詳細なチェックリストは，Ehrlenspiel の著書 [5.1] に挙げられている．

シナリオを作成する場合，製造から廃棄までの製品寿命を考え，概要をまとめる．各段階でシナリオが作成され，次の質問がなされる．

- その製品に何が起こるか．たとえば，それはどのような状態になるか．どのように扱われ，使われるか．誰がそれを使うか，あるいは誰がそれに触れるか．どこで使われるか．
- 製品はどのように対応すべきか．たとえば，故障に対してどれくらいの誤差レベルを内包すべきか．どのように危険な状況を避けるべきか．

これらの質問の答えは，より詳細な製品要件を規定するために用いられる．それらの要件のほとんどは，あまり具体的なものにはならない．つまり，それらは設計解あるいは実体化を決定する製品パラメータに置き換えることができない．たとえば，前に触れた「簡単な保守」という説明事項は，より詳細に指定されなければならない．Kramer [5.3] は，このために次の 3 ステップによる手順を提案している．

第1ステップ（説明）

- 顧客のニーズ：簡単な保守

第2ステップ（開発）

- 顧客の要件：
  1. 保守間隔を長くする.
  2. 簡単な保守を可能にする.
  3. 保守手順を学習しやすいものにする.

第3ステップ（精緻化）

- 保守間隔を長くする：
  1. 運転時間 5000 時間以上の保守間隔
  2. 運転時間 10000 時間ごとにカムにグリースを注す.
- 簡単な保守を可能にする：
  1. 保守用アクセスカバーに手動ロックを付ける.
  2. 標準的グリース注入器に適合した潤滑ポイントをカムに付ける.
  3. 油しずくトレイを置くための空間を残す.
  4. アクセスカバーを取り付け直すときに役立つ位置確認の機能を提供する.
- 保守手順を学習しやすいものにする：
  1. 保守手順を記述した操作マニュアルに個別の節を追加する.
  2. 保守時に外す必要のあるロックを示すラベルを提供する.
  3. エッチングした矢印により保守操作の方向を指示する.

その後，第3ステップの結果は，仕様書に追加される.

作業の内容を明確にする場合，エネルギー，物質および信号の変換を考慮しながら，不可欠な機能と既存の設計課題固有の制約条件を集めることから始めるべきである．この情報のすべてが入手されたら，グループ化を行い，順序を整理し，ラベルを付ける.

5.2.1 項では，要求事項と要望事項の本質的違いを指摘した．多くの場合，設計仕様が要求であるか要望であるかは，最初から明らかである．しかし，仕様書が発表される前に，最終作業が必要になる．必要であれば，さらに情報が収集されるべきである．要望事項は，重みづけが確定できるように規定されるべきである．設計すべき内容の理解が進むにつれて見積もりは変わることが多いため，最初の段階では，このような重みづけは定量的にではなく，定性的に表現する方が有益であることが多い.

5.2.5　設計仕様書の編集

本章での前述した議論に照らして，仕様書を編集するうえで次の一般的手法が勧められる．

1. 設計仕様を特定する．
   - 顧客との契約書または販売文書で技術的要件を確認し，それらの定義と文書化を行う．
   - チェックリスト（図 5.3）の項目を参照し，定量的データと定性的データを決定する．
   - 製品寿命のすべての段階を考慮したシナリオを作成する，より詳細な要件を得る．
   - 次の質問をすることでリストを精緻化する．
     - ・その設計解でどのような目的が達成されるか．
     - ・どのような特性をもたなければならないか．
     - ・どのような特性をもってはならないか．
   - さらに情報を収集する．
   - 要求事項と要望事項を明確に指定する．
   - 可能であれば，要望事項に重要度として高，中，低というランクを付ける．
2. 要件に明確な順位を付ける．
   - 主要目的と主要特性を定義する．
   - 特定可能な下位システム，機能，組立品などに分割するか，チェックリストの主項目に従って分割する．
3. 標準フォームに仕様書を記入し，関係部門，特許権者，監督者などに回覧する．
4. 反対意見と訂正を検討し，必要であれば，仕様書に反映する．

課題が十分に明確化され，一覧として挙げられた要件が技術的および経済的に達成可能であることを関係部門が納得したら，概念設計フェーズに進む準備ができたことになる．

5.2.6　具体例

図 5.4 は，仕様書の内容と形式のおもな特性がわかるように，プリント回路基板位置決め装置の仕様書を示したものである．この仕様書は，図 5.3 に挙げたおもな特性に従って構造化されている．設計仕様は，要求事項と要望事項に分割されており，可能かつ必要である部分では，定量化されている．変更と修正の日付も示されている．この改訂版は，仕様書の第 1 草稿（1988 年 4 月 21 日初版）について徹底した議論をした結果である．

上記の推奨事項に基づいた仕様書は，さらなる実例として図 6.4，図 6.27 および図

Siemens	プリント回路基板位置決め機の仕様書		27/04/88 発行 ページ：1
変　更	D W	要　件	責任者
		1. 幾何形状：検査試料の寸法	Langner のグループ
		回路基板：	
	D	長さ＝80〜650 mm	
	D	幅＝50〜570 mm	
	W	高さ＝0.1〜10 mm	
	D	必要な高さ＝1.6〜2 mm	
	W	基本グリッドボード間の隙間≦120 mm	
	D	「クランプ固定部分」≦2 mm	
		2. 運動学：	
27/04/88	D	検査試料の正確な位置決め	
27/04/88	D	基板に垂直方向への検査試料の移動量最小 2 mm	
27/04/88	D	移送位置へのフィードバック	
	W	入力と出力で個別のステーション	
	D	すき間ゾーンの設計	
	W	最短取り扱い時間（できる限り速く）	
		3. 力：	
	D	検査試料の質量≦1.7 kg	
27/04/88	W	検査試料の最大質量≦2.5 kg	
		4. エネルギー：	
	D	電気および／または空気圧（6〜8 bar）	
		5. 物質：	
	D	錆びない	
	D	検査試料と検査デバイスを隔離	
27/04/88	W	検査デバイスの熱膨張を回路基板の膨張に合わせる	
27/04/88	D	温度の影響を考慮	
27/04/88	D	温度範囲：15〜40℃	
27/04/88	D	湿度：65%	
27/04/88	W	回路基板：エポキシガラス繊維シート	
27/04/88	D	凝結なし	
		6. 安全	
27/04/88	D	オペレータの安全	
		7. 生産	
		公差集積を考慮	
		8. 運用	
	D	検査デバイス内の汚染なし	
	D	仕向け地：生産ライン	
		9. メンテナンス	
	W	保守間隔：試運転 10^6 回以上	
		10. スケジュール	
	D	1988 年 7 月までに実体化を完了	
		21/04/88 版の置き換え	

図 5.4　プリント回路基板位置決め機（Siemens AG）の仕様書

6.43 に示されている.

5.3 設計仕様書の使用

5.3.1 更 新

原則として仕様書は，拘束力をもち，すべての項目が記入されて完全なものであるべきである．しかし，設計プロセスが進むにつれて，仕様書は拡張され変更されるため，最初の仕様書は必ず暫定的なものになる．プロジェクトの始めにすべての可能な要件を規定しようとする試みは失敗し，相当な遅延を引き起こす．設計プロセスにおける個々の作業ステップの入力と出力に注目すると，この理由が明らかになる．

たとえば，自動車設計の最終段階では，車体塗料の各層のすべての厚さが判明している必要がある．しかし，概念を展開する際に，これらのデータは関係ない．したがって，プロセスのかなり後の段階になるまで，塗装作業に関する要件が指定される必要はない．

したがって，義務ではあるが暫定的な仕様書を作成する際には，設計プロセスの開始時点で，データと要件のすべてが判明しているわけでなく，判明させる必要もないという事実を念頭に置くべきである．その次の作業ステップを進めるために絶対必要な要件のみを文書化することが必要である．プロジェクト開始時点では，次のパラメータと特性を指定することが重要である．

- 特定の概念を定義するもの
- 製品の構造に影響するもの
- 製品全体の実体化を決定するもの

このため，仕様書の内容は，製品設計の状態と設計プロセスの段階によって左右される．仕様書は，継続的に改訂と拡張を行わなければならない．このように仕様書を管理することで，質問と要件について，十分な回答と指定が得られる前に，それらを扱わなければならない事態を避けることができる．

製品の仕様は，製品の製造時にも使用時にも，時間とともに頻繁に変更される．

製品開発時には，顧客が要求事項と要望事項を変更することがよくある．こうしたことは，顧客が新しい知識と理解を得たとき，また，予定された用途が拡張されたときに起きる．これは，長期間の開発プロセスのため，資本設備において典型的である．たとえば，鉄道車両の場合，開発プロセスの期間中に，鉄道網が拡張され，指定されていた出力と容量では十分ではないという結果になることがある．

製品使用時には，製品に対する顧客の評価が変わり，その結果，要件とその相対的重要度も変わる場合がある．たとえば，製品が長く使われるほど，長い保守間隔や信頼性などの品質の問題が重要になる．**図 5.5**［5.3］を参照してほしい．

仕様が変更されるという事実は，仕様書を作成するときに考慮しなければならないことである．したがって，企業と顧客の間で長く続く良好な関係を保つために，お互いに満足のいく要件管理プロセスをもつことが不可欠である．

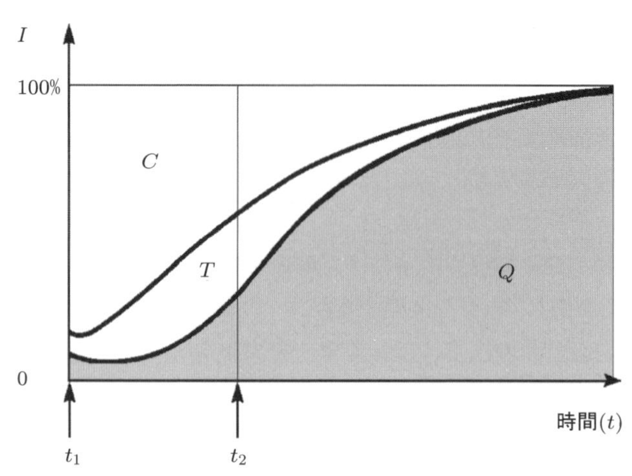

t_1：購買の決定
t_2：リスクが消える時点（納入）
I：顧客によって認識されるQ, T, Cの相対的重要度
Q：製品の品質（t_2の後，重要度は安定的に増加）
T：製品納入の信頼性（期日どおりに納入されるという確度）
（t_2でもっとも重要）
C：製品コスト（t_1でもっとも重要）

図 5.5　製品の品質に対する顧客の評価の変化

5.3.2　部分的設計仕様書

企業の専門領域または部門にとって，いわゆる「部分的設計仕様書」を作成し，特定の仕様のみを文書化するやり方が有益である場合がある．これによって，設計開発部門が，時間を費やして自分たちに厳密に関係する部分よりも多くの情報とデータを収集する必要がなくなる．**図 5.6**［5.2］を参照してほしい．

製品仕様書は，すべての部分的設計仕様書をまとめて作成される．プロジェクト管理の重要な役割は，部分的設計仕様書がすべての領域をカバーし，相互の整合性が確保されるようにすることである．現代のエンジニアリングデータ管理システム［5.5］は，部分的設計仕様書の効率的管理と編集を支援する．

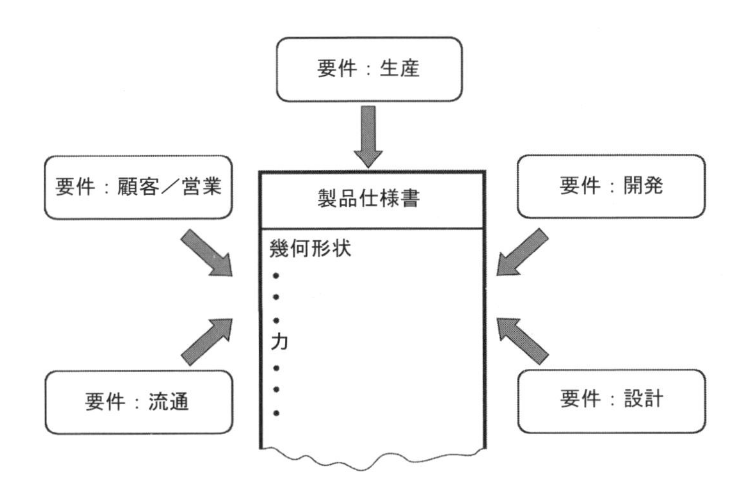

図 5.6　部分的設計仕様から編成される製品仕様書

5.3.3　追加的な使用

設計が独自のものではなく，また，設計解原理やレイアウトが固定されていて，**改変**あるいは**寸法を変更**する程度のことを，熟知している分野で行う場合であっても，注文は仕様書に基づいて実施しなければならない．この仕様書はテンプレートまたは質問表の形をとることがある．仕様書は，電子データ処理および品質管理のための情報を直接読み取ることができるように作成されるべきである．その結果，仕様書は直接行動を起こすための情報源になる．

さらに，いったん仕様書がまとめられると，要求あるいは要望される製品特性についての非常に貴重な**情報源**になり，さらに，その後の開発や仕入れ先との交渉などを行ううえで非常に役に立つ．既存製品の仕様書の作成も，以後の開発とそれらの製品の理由づけの際に，非常に貴重な情報源になる場合がある．

プロジェクト会議の際に，あるいはさまざまな設計を査定する前に，仕様書を検討することは非常に役立つ手順である．仕様書に含まれているすべての項目は，利用可能な情報をすべて入手できる状態にあり，重要な評価基準はすべて網羅している．

仕様書は，知識管理システムの重要な基礎である．このようなシステムに保存された仕様書は，再利用されることが多い過去のプロジェクトについての非常に貴重な知識源になる．

5.4 設計仕様書の実際的応用

ここ数年，少なくとも独自の設計については，仕様書の規定は設計解の開発のための非常に効果的な手法であることが明らかになっており，仕様書は産業界で広く採用されている．しかし，実際に使用するとき，次の問題が生じることが多い．

- 低コスト生産や組立の容易さなど**明らかな要件**は，仕様書に含まれないことが多い．設計者はこれらの問題に正確に対処し，それらを表現するように注意するべきである．
- プロジェクトの初期段階では，仕様書の中でつねに**正確な説明**ができるわけではない．説明事項は，設計および開発プロセスの中で改訂または修正される必要がある．
- 仕様書の**段階的作成**は，設計課題が十分に定義されていない場合に非常に有益である．この場合，要件は可能な限り正確に規定する必要がある．
- 仕様書あるいは関連する討議事項を規定するときには，**機能**あるいは**設計解のアイデア**が扱われることが多い．これは間違いではない．この中で要件の明確な規定を促し，新しい要件の特定につなげることもできる．設計解のアイデアあるいは提案は，設計解の体系的探索において，後で利用できるように記録されるべきである．ただし，それらは仕様書に入れるべきではなく，また，それらは仕様書を偏らせる可能性がある．
- **欠陥**と**故障**の特定から，要件の定義を始めることができる．要件は，設計解によらない方法で規定しなければならない．故障分析が，仕様書の出発点になることが多い．
- **適応設計**または**改良設計**の場合，設計課題が小規模なものであっても，設計者は自分のために仕様書を作成するべきである．
- 仕様書の作成は，あまり厳格に形式化するべきではない．**ガイドライン**と**書式**は，重要な問題の見落としを防ぎ，役に立つ構造を提供する**手段**にすぎない．本書が勧めるやり方から逸脱している場合は，少なくとも主要特性を考慮し，要求事項と要望事項を区別するべきである．

Chapter 6 概念設計

概念設計は設計プロセスの一部である．そこでは，抽象化を通して問題の本質を確定すること，機能構造を構築すること，適切な設計解原理を探索すること，およびそれらを組み合わせることによって，設計解原理の推敲を経て，設計解に至る基本的な道筋を敷く．概念設計は，原理的設計解を記述するものである．

図 4.3 からわかるように，概念設計フェーズは，設計課題の明確化の際に承諾された仕様書に基づき，次の諸点に関する考察をしながら決定を下していく．

- 設計課題が，設計という作業の中で設計解を展開するのに十分な程度に明確化されているか．
- 概念を作り上げる作業は実際に必要か．既知の設計解を用いて，概念設計を経ずに，実体設計や詳細設計フェーズに直接進めないか．
- 概念設計フェーズが必要不可欠であるならば，どのように，あるいはどの範囲まで体系的アプローチに沿って展開すればよいか．

6.1 概念設計のステップ

4.2 節に概説した手順計画に従って，設計課題の明確化の次に概念設計フェーズに進む．図 6.1 は，概念設計フェーズにおけるステップを示す．これらのステップは，4.1 節に述べた一般原理を満たすように相互に関連している．

個々のステップを設けた理由は 4.2 節で考察しているので，ここでは再度触れることはしない．しかし，必要に応じて，いつでもより高いレベルの情報を基に任意のステップに立ち戻り，そのステップを繰り返し実施することによって，設計を改善していくのがよい，ということをここで再度述べておこう．図 6.1 では，繁雑さを避けるために，ループを取り除いて図を簡単にしてある．

次に，個々のステップと適切な作業方法を詳細に考察する．

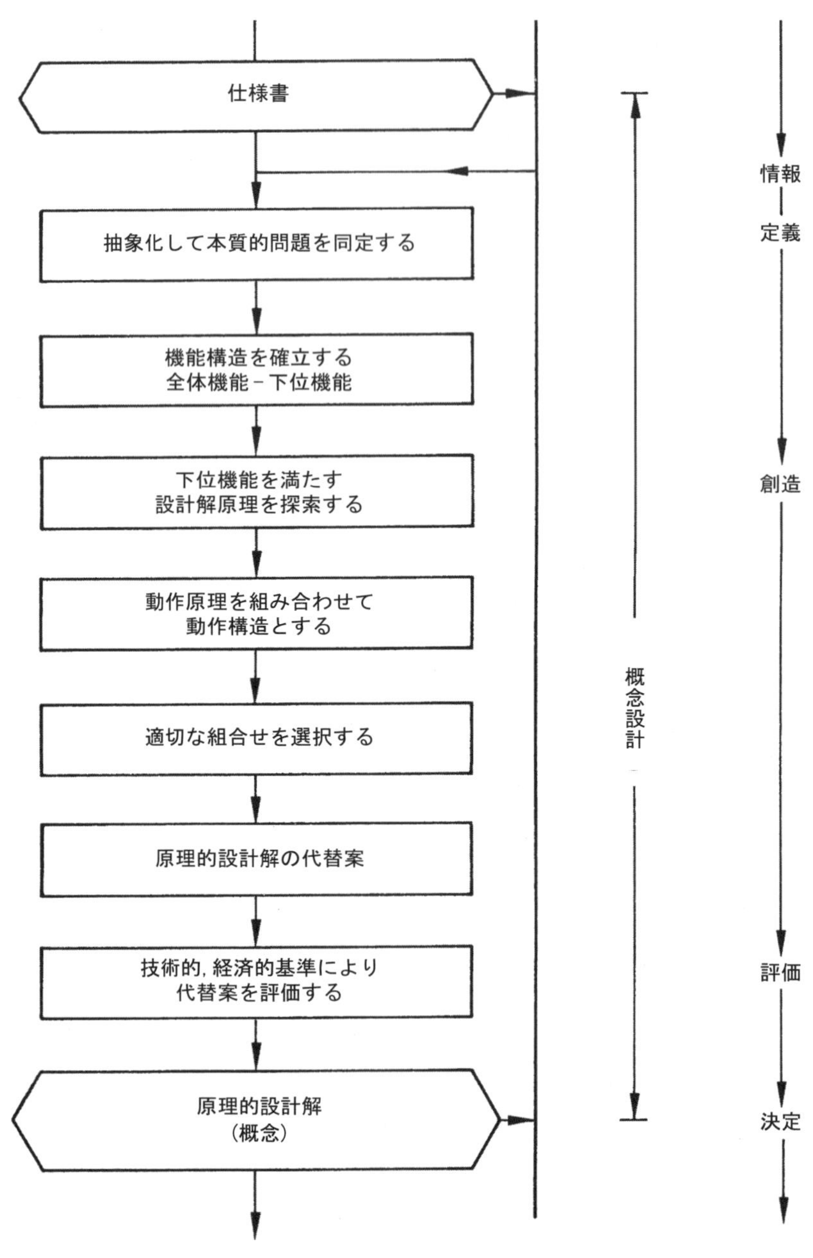

図 6.1　概念設計のステップ

6.2　本質的問題を同定するための抽象化

6.2.1　抽象化のねらい

新技術，新手順，新材料，および新しい科学的発見と，あるいはそれらの新しい組合せが，よりよい設計解の鍵となる場合には，従来の方法によって求めた設計解原理あるいは設計では，最適な答えは得られそうにない．

どのような企業や設計事務所でも，リスクを最小にしたいという要望と関連して，よりよく，より経済的で，しかし従来にない設計解を得るのを妨げるような偏見，習慣や経験があるものである．顧客あるいは製品企画グループは，仕様書に，設計解に対する特定の提案を含めているかもしれない．個々の仕様を議論している中で，設計解を具体化するアイデアや提案が浮かび出てくることも考えられる．意識しなくとも，少なくとも，何らかの設計解が存在し得る．もしかしたら，すでに具体的なアイデアがあるかもしれない．しかし，それらは固定観念と架空の制約に基づいているかもしれないのである．

したがって，設計者は最適解を探索するとき，定着したあるいは慣例に従ったアイデアに影響されることなしに，新しくもっと適切な道筋が開かれているかどうかを慎重に考察してみる必要がある．そのために抽象化という手法を用いる．この手法は，特殊なものや付帯的なものを無視し，一般的で本質的なものを強調する手段である．このような一般化によって，設計課題の核心に迫ることができる．設計課題が的確に設定されていれば，ある特定の設計解を偏って選択することがないように，全体機能と本質的な制約条件が明確になってくる．

一例として，ラビリンスシールの仕様に沿った改善を考えてみよう．抽象化のアプローチにおいて，操作上や空間上の制約，およびコスト制限や出荷までの期間に適切な注意を払えば，設計課題の核心はラビリンスシールの設計ではなく，物理的に非接触な軸シールの設計となる．設計者は何が核心かを自問自答するとよい．

- 密閉機能の品質を改善するのか，操作時の安全性を改善するのか．
- 重量を減らすのか，占有スペースの要求を緩めるのか．
- コストを低減するのか．
- 出荷までの期間を短縮するのか．
- 生産方法を改善するのか．

上に挙げた要件は，すべて全体設計解によって満足させなければならないが，これらの重要度は個々のケースごとに異なっている．しかし個々の要件が新しい，よりよい設計解原理を発見するうえでの刺激となり得るように思えるなら，いずれの要件にも正当に注意を払う必要がある．すでに有用と認められている設計解原理を基にした，生産方法の改善と関連した新規開発には，コストの低減や出荷までの期間の短縮のようなニーズによるものが多い．

前に述べた例についていえば，密閉特性の改善が主要な要件であるなら，新しい密閉システムを見出す必要がある．これは，狭い流路における液体の流れを研究すること，すでにもっている知識を動員して，ほかの下位問題を満足させながら，より優れた密閉特性を提供することを意味する．

一方，コスト削減が重要な課題であれば，コスト構造を分析して同じ物理作用を実現するのに，より安価な材料を用いたり，構成部品の点数を削減したり，あるいは異なった製造技法を用いたりする方法がないかどうかを調べてみる必要がある．より良い，あるいは少なくとも同等の密閉性能を，より少ないコストで達成する新しい概念を探すことも可能である．

機能上のつながりと，製品の役割に固有の制約によって，製品の役割の核心を確定できれば，それは設計解を見出すために問題の本質を明らかにするのに役立つ．いったん，製品の役割のもっとも重要なポイントが明確にされると，全体の役割を，浮かび上がってきている本質的な下位機能を使って系統立てて説明することは，より簡単になる［6.2, 6.6, 6.13］．

6.2.2　問題設定の拡大化

プロジェクトで実際の担当者となる設計者は，プロセスのこの時点で参加するのが最善である．正しい問題の設定によって，課題の要点が特定されたら，次は，もともとの課題の拡張やあるいは変更によって有望な設計解を導くことができるかを，ステップを踏んで調べ始めることになる．

この手続きに関して，すばらしい図が Krick によって示されている［6.5］．例として彼が使った設計課題は，動物の飼料袋に飼料を満たし，貯蔵し，積み上げるときの改善法であった．これを解析することで，**図 6.2** のような状況がわかった．既存の状況に対する可能な改善法を考えて，ただちに着手することは，深刻な誤りとなるかもしれなかった．このように進めてしまうと，人は，ほかのもっと有益で経済的な設計解を無視してしまいがちである．その設計課題について既知の事柄を体系的に拡大したり，抽象化したりすることで，次のような問題の設定が可能である．ここで，それぞれは，前述のことよりもさらに高いレベルの抽象化がなされている．

1. 飼料袋を飼料で満たし，計量し，袋を閉じて積み重ねること
2. 混合サイロから，倉庫内に積み上げられた袋へ，飼料を移動すること
3. 混合サイロから，配送用トラック上の袋へ，飼料を移動すること
4. 混合サイロから，配送用トラックへ，飼料を移動すること

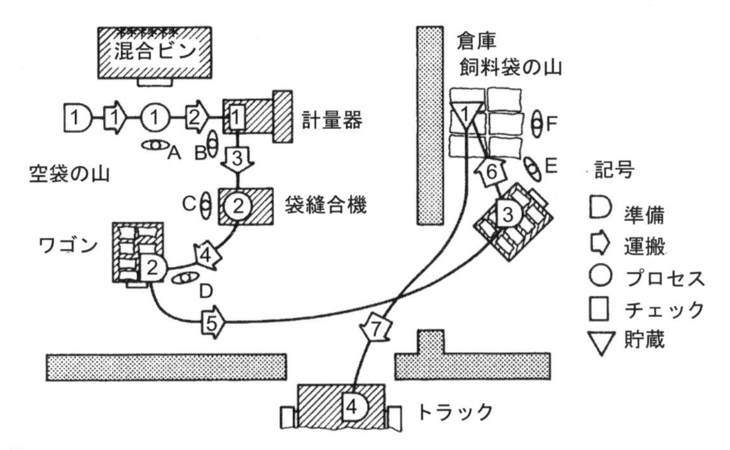

- ① 袋詰め前の飼料袋
- ⇨1 作業員Aは空袋を取り上げ混合ビンの排出口にセットする
- ① 作業員Aは自然落下により袋を飼料で満たす．排出量は手動で調節する
- ⇨2 作業員Aは作業員Bに袋を手渡す
- □1 作業員Bは袋を計量する．必要に応じ飼料を増減して重量を調整する
- ⇨3 作業員Bは作業員Cに袋を手渡す
- ② 作業員Cは袋の口を折りたたんで縫合する
- ⇨4 作業員Dは袋をワゴンの上に積み重ねる
- ⇨5 袋を積んだワゴンを倉庫に運ぶ
- ⇨6 作業員EとFは袋を倉庫内に積み上げる
- ▽1 袋は販売するまで倉庫内に保管される
- ⇨7 袋をハンドトラックで一回に2, 3個ずつ運んでトラックに積み込み，顧客に配送する

図6.2　飼料を袋に詰め，貯蔵し，荷積みする現行の方法（出典［6.5］）

5. 混合サイロから，配送用システムへ，飼料を移動すること
6. 混合サイロから，顧客の貯蔵ビンへ，飼料を移動すること
7. 原料容器から，顧客の貯蔵ビンへ，飼料を移動すること
8. 原料源から，顧客へ，原料を移動すること

Krick は，以上のうちいくつかを略図に組み込んだ（**図6.3**参照）．

ステップを追うごとに問題を極力広げて設定していこう，というのがこのアプローチの特徴である．言い換えれば，このアプローチは現状の設定をそのまま受け入れるのではなく，**体系的に広げて**設定しようという方法である．その結果は，以前に決めたことと矛盾するかもしれないが，新たな見通しが開ける．設定8がもっとも広く一般的であって，もっとも制限が少ないことになる．

設計課題の核心は，実際にある決まった量と質の飼料を，その生産者から顧客に輸送することであって，袋に詰め，倉庫内に運んで積み上げるための最善の方法を探すことではない．問題設定が広くなるとともに，袋に詰め，倉庫に貯蔵しておく必要が

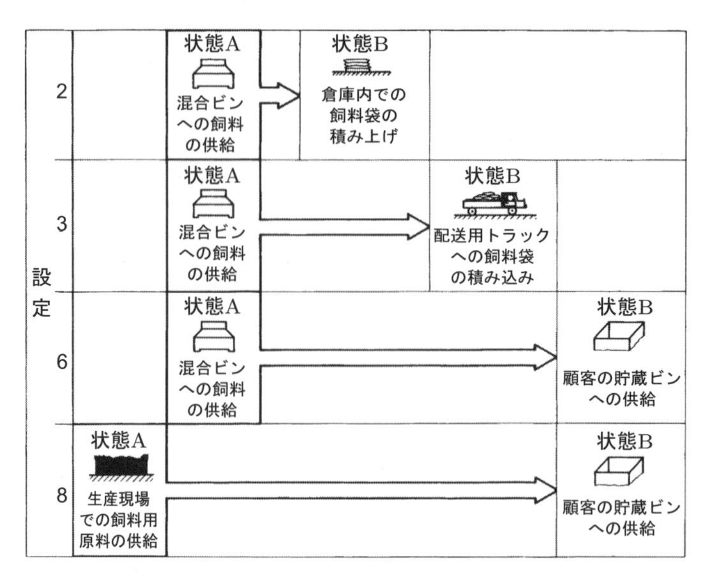

図 6.3　飼料配送問題の定式化．問題を順次広げて定式化していく．（出典［6.5］）
A＝初期状態，B＝最終状態

ない設計解が出てくるかもしれない．

この抽象化のプロセスを，どの程度まで進めていくかは制約条件による．この例では，設定8は技術上，季節上，方法論上の理由から捨てなければならない．飼料の消費は，収穫期に限らないからである．さまざまな理由から，顧客は，飼料を一年中貯蔵しておくことは好まない．さらに，必要な分だけの原料を，自分で混合することも好まない．必要と思うたびに，配送用トラックで混合容器から顧客の貯蔵ビンに直接運ぶ方式（設定6）が，倉庫にいったん貯蔵し，袋単位で少量ずつ輸送するより経済的である．ここで，読者は，混合済みのコンクリートをミキサー車で建設現場に配送するような最適解を得るに至った，他分野での開発事例を思い出せるであろう．

抽象的な領域で問題を広く設定することが，よりよい設計解を見出すのに，いかに役立つかが示された．また，このアプローチによって，設計者が問題を広く見渡す結果，たとえば環境問題やリサイクルにかかわることで，設計者自身の影響力や責任を高めることになる．次項では，仕様書を分析すると便利であることを示す．

6.2.3　設計仕様書から本質的問題を同定すること

仕様書を基に設計課題を明確にすることは，設計者が担当している問題に注意を集中するのに役立ち，設計者がもっている情報のレベルを高めることになる（第5章参照）．したがって仕様書を入念に作り上げることが，設計者にとって次のステップへの準備となる．

ここで，製品の役割というものは，問題の核心を確認して精緻化するために，求められる機能と本質的な制約に関して，**仕様書を解析する**ことである．Roth [6.11] は，仕様書に盛り込まれている機能上の関係を明確に設定して，重要度の順に配列するよう勧めている．

この分析は，段階的に抽象化することと関連して，設計課題の一般的側面と本質的な特徴を，次のステップに従って明らかにする方法である．

ステップ 1：個人的な好みを排除せよ．

ステップ 2：機能と本質的な制約条件に直接関係のない要件は省略せよ．

ステップ 3：定量的データを定性的なものに変換し，データ量を減らし，本質的な記述のみに限れ．

ステップ 4：前のステップで得た結果を一般化せよ．

ステップ 5：問題にとらわれない一般的な用語で問題を設定せよ．

設計課題の性質，仕様の複雑さ，あるいは両者に応じて，ステップのいくつかを省略してもよい．

図 6.4 に示した仕様書を用いて，上記のステップに沿って行った抽象化のプロセスを**表 6.1** に示す．このような一般的な設定によって，燃料計の機能上の関係について，次のことが明らかになる．すなわち，液体の量が連続的に変化し，寸法も形状も決まっていない容器の中に液体を貯蔵しておくという条件下で，その液体の量を計測することである．

したがって，この分析によって，なんら特定の設計解を規定することなしに，抽象領域内で目的を定義できることになる．

原則として，どの設計解が最善なものであるかがわかるときまでは，すべての道筋は開かれた状態にしておくべきである．したがって，設計者は，与えられたすべての制約条件を疑問視して，それらが真正の制約なのかどうかを，顧客や提案者と協力して理解しなければならない．加えて，設計者は，彼ら自身がそれまで受け入れていた架空の制約を捨て去ることを学ばねばならず，そのために，批判的問いかけを行い，すべての前提条件について調べなければならない．

抽象化と問題設定に関する有用な例を，次にいくつか挙げて，この項をまとめる．

- 車庫のドアを設計するのではなく，自動車を泥棒や天候から守るために車庫を保護する手段を示せ．
- キーの付いた軸を設計するのではなく，歯車と軸を連結する最善の方法を探せ．
- 梱包装置を設計するのではなく，製品を安全に運送する最良の方法を探せ．あるいは，製品をコンパクトに梱包することが真の制約条件ならば，そのようにする

ダルムシュタット工科大学	仕様書 燃料計	第3版　1985年10月7日 ページ　1

変　更	D W	仕　様	責任者

・容　器

幾　何

H = 100 mm～600 mm

容積：20～160 リットル

W　2～630 リットル

形固定であるが，特定せず（剛体）

W　容器は柔軟性あり，あるいは一部は剛体

材　質：鋼、プラスティック

容器との接続

バヨネットソケット，クランプ付き，上部あるいは側面

W　d = Ø71 mm，h = 20 mm

非加圧タンク（通風あり）

0.3 bar にて圧力試験

・内容物，温度範囲

液体	使用温度範囲℃	保存温度範囲℃
ガソリン	−25 から +65	
ディーゼル油	−24 から +65	−40 から +100
エンジン油	140 まで	−40 から +100

W

W

・表　示

電気的入力信号があるシステム

―可動磁石装置（カタログ）

―バイメタル装置（カタログ）

―ボードコンピュータ

入手できるエネルギー源：DC 12 V，24 V

電源電圧変動　公称値に対して，−10%から +25%

電流消費　最大　300 mA

	第2版差し替え　1973年6月27日	

図 6.4　自動車の燃料計の仕様書

ダルムシュタット工科大学	仕様書 燃料計	第 3 版　1985 年 10 月 7 日 ページ　2

変　更	D W	仕　様	責任者
		・開発すべきシステム	
		幾　何	
		容器との接続の制約を考慮すること	
		運動学	
	W	動く部品はなし	
		エネルギー（表示の項目参照）	
		材質（容器の項目参照）	
		信　号	
		・入　力	
		最小の測定可能な内容物：最大値の 3%	
		特別な信号による予備タンクの内容物	
	W	液面の角度には影響されない信号	
		信号校正の可能性	
	W	容器満杯での信号校正の可能性	
		・出　力	
	W	伝送器の出力：電気信号	
		最大値における出力信号の精度　±3%	
	W	±2%	
		（表示器誤差を含んで　±5%）	
		標準条件下で水平レベル，v＝一定	
		通常運転での衝撃に耐えられる	
		応答性：最大出力信号の 1%	
	W	最大出力信号の 0.5%	
		・入力と出力の接続	
		容器－表示器間の距離 ≠ 0 m	
		3 m〜4 m	
	W	1 m〜20 m	
		可能であれば、パワー源とは分離	
		生　産	
		大規模生産	

	第 2 版差し替え　1973 年 6 月 27 日	

図 6.4　（つづき）

ダルムシュタット工科大学		仕様書 燃料計	第3版　1985年10月7日 ページ　3
変　更	DW	仕　様	責任者
		<u>試験要件</u> <u>自動車の運転条件</u> 前向きの加速度　$\pm 10\ \mathrm{m/s^2}$ 横向きの加速度　$\pm 10\ \mathrm{m/s^2}$ 上向きの加速度（振動）　$30\ \mathrm{m/s^2}$まで 損傷なしで前向きの衝撃　$30\ \mathrm{m/s^2}$まで 前向きの傾き　$\pm 30°$ 横向きの傾き　最大 $45°$ 顧客の要求による内外部の塩水噴霧試験（DIN 90905を考慮） 重車輛の規定に従わなければならない <u>操作，メンテナンス</u> 専門家でなくとも設置できること 平均寿命　10^4回レベルの変化 最低5年間の耐用年数 燃料計は取り替え可能 燃料計はメンテナンス不要であること 異なる容器サイズに適合させるのが簡単な燃料計 <u>規　定</u> 爆発安全性に関しては規定なし <u>量</u> 調整可能タイプ　10000/日 もっともポピュラーなタイプ　5000/日 <u>コスト</u> 製造コスト≦各6.00ドイツマルク（表示器なし）	
		第2版差し替え　1973年6月27日	

図6.4（つづき）

ための最善の方法を探せ.

- 万力を設計するのではなく，工作物をしっかり固定する最善の方法を探せ.

このような問題設定は，次のステップで非常に役立つことになり，設計解に偏見を与えることなく，すなわち設計解によらずに最終的な設定を導き出すことができ，ま

表 6.1　抽象化の手順：図 6.4 に示した仕様書に基づく自動車用の燃料計

ステップ 1 と 2 の結果

—容量：20〜160 リットル
—容器の形状：決定している，あるいは規定されていない
—上部，あるいは側面での連結
—容器の高さ：150〜600 mm
—容器と表示部との間の距離：≠0 m，3〜4 m
—ガソリンとディーゼル油の温度範囲：−25〜65℃
—送信器の出力：信号は未規定
—外部エネルギー：(DC 12，24 V，変動幅−15〜+25%)
—最大出力信号の精度：±3%(表示部の誤差を含めて±5%)
—応答感度：最大出力信号の 1%
—信号の校正が可能なこと
—最小計測量：最大値の 3%

ステップ 3 の結果

—容量が多様
—容器の形状が多様
—連結が多様
—内容物が多様（液面高さ）
—容器と表示部の距離≠0 m
—液体の量は時間とともに変動
—信号は未規定
—(外部エネルギーあり)

ステップ 4 の結果

—容量が多様
—容器の形状が多様
—伝送距離が多様
—液体の連続的な変動量の計測
—(外部エネルギーあり)

ステップ 5 の結果（問題の記述）

寸法と形状が未定の容器内の液体の変動量を連続的に計測する．容器からの任意の位置で計測量を表示する．

た，同時にそれらを**機能**に変換することができる．

- 「ラビリンスシールを設計せよ」ではなく，「非接触で軸を密閉（シール）せよ」
- 「浮きをつかって液面の高さを測定せよ」ではなく，「連続的に液量を測定せよ」
- 「袋の中の飼料の重量を計れ」ではなく，「飼料を計量せよ」

6.3　機能構造の構築

6.3.1　全体機能

2.1.3項に述べたように，仕様は機能すなわちプラント（設備），機械および組立部品の入力と出力の関係を決定する．6.2節で，抽象化によって得られた問題の設定も同じ役目をもっていることを説明した．したがって，全体問題の核心をいったん設定してしまうと，後はこれを基に**全体機能**を示すことが可能となる．この全体機能は**エネルギー，物質あるいは信号の流れ**に基づいて，**ブロックダイアグラム**を用いて設計解とは独立した形で**入力**と**出力**の関係を表現する．この関係はできるだけ正確に規定しなければならない（図2.3参照）．

図6.4に示した燃料計の例では，ある量の流体が容器に対して流入・流出する．問題は，任意の時点における容器内の流体の量を計測し，表示することである．この結果が，この流体システムでは「流体を貯蔵する」という機能をもった物質の流れと，計測システムでは「流体の量を計測し，表示する」という機能をもった信号の流れである．この2番目の機能が現在考えている特定の製品の機能，すなわち**図6.5**に示す燃料計の開発の全体機能である．全体機能は，さらに，次のステップで下位機能に分解することができる．

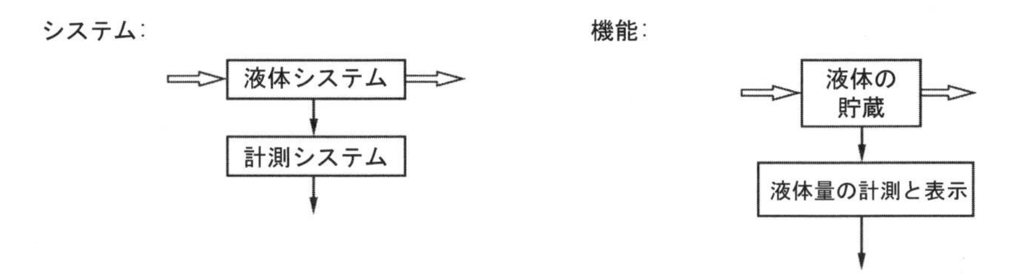

図6.5　容器内容物の計測に関係するシステムの全体機能

6.3.2　下位機能への分解

問題の複雑さに応じて，得られる全体機能は多少複雑になる．複雑さという言葉は，入力と出力との関係が比較的不透明であるとか，必要な物理プロセスが比較的錯綜しているとか，システムに組み込まれる組立部品や構成部品の点数が比較的多いとかを意味していることにする．

先に2.1.3項で述べたように，技術システムが下位システムや要素に分解できるのと同様に，複雑な機能あるいは**全体機能**も，より単純な**下位機能**に分解できる．個々の下位機能を組み合わせることによって，機能全体を表す**機能構造**が得られる．

複雑な機能を分解する目的は，次のとおりである．

- この後のステップで行う設計解の探索を容易にするために，下位機能を決定する．
- これらの下位機能を組み合わせて，簡単で明解な機能構造を構築する．

ここで，燃料計の例に戻ろう（6.2.3 項および 6.3.1 項参照）．始まりは，図 6.5 に示される全体機能についての問題設定である．

信号の流れは，主要な流れとして扱われている．関係する下位機能は，いくつかのステップを踏んで開発されている．第 1 ステップとして，容器の中身が測定されるべきで，その結果としての信号が受け入れられなければならない．この信号は導かれて，容器の中身の含有量を示すために，最終的には運転者に表示される．このようにして，三つの重要な直接的主要機能が特定された．ひょっとしたら，信号は導かれる前に変更される必要があるかもしれない．**図 6.6** は，この項での提案に従って表現された機能構造の開発と変化を示している．

仕様書では，初期の変化する液体量を保持する異なるサイズの容器の測定もすることを定めているので，容器に個別のサイズに対する信号の調整は好都合であるし，したがって，それは補助機能として行われる．特定できないいろいろな形の容器の測定は，一定の環境の下では，ほかの補助機能として信号の補正が求められるであろう．測定を行うには，外部からのエネルギー供給が必要であり，このためのほかの流れを導入しなければならない．最後に，システムの境界を考えよう．もし，既存の表示装置を用いることにすると，その装置は電気的信号を出力しなければならない．もしその装置が出力しない場合，「信号を発信する」と「信号を表示する」いう下位機能を，設計解を探すときに含めておかねばならない．このようにして，適切な下位機能をもった機能構造が開発されていく．個々の下位機能は，全体機能よりは簡単なレベルである．さらに，どの下位機能が設計解探索の着手点としてもっとも有用かを明確にしてくれる．

この例では，ほかの下位機能が明らかにその動作原理によって決まるような，この設計解を決定する下位機能は，「信号を受信する」ということである（図 6.6 参照）．したがって，設計解の初期の探索は，この下位機能に焦点を当てるべきである．このために選択された設計解は，どの程度まで個々の下位機能を入れ替えたり，削除したりできるかを決める．また，既存の伝送路を使って設計解を表示するかどうか，あるいはこれらの下位機能についての新しい設計解を探すかどうか（すなわち，システムの境界の拡大）ということも許容する．

下位機能の特定と設定のためのさらなる提案を次にしよう．

もし，技術システムにおける**主要な流れ**が明確であれば，それを決定することから

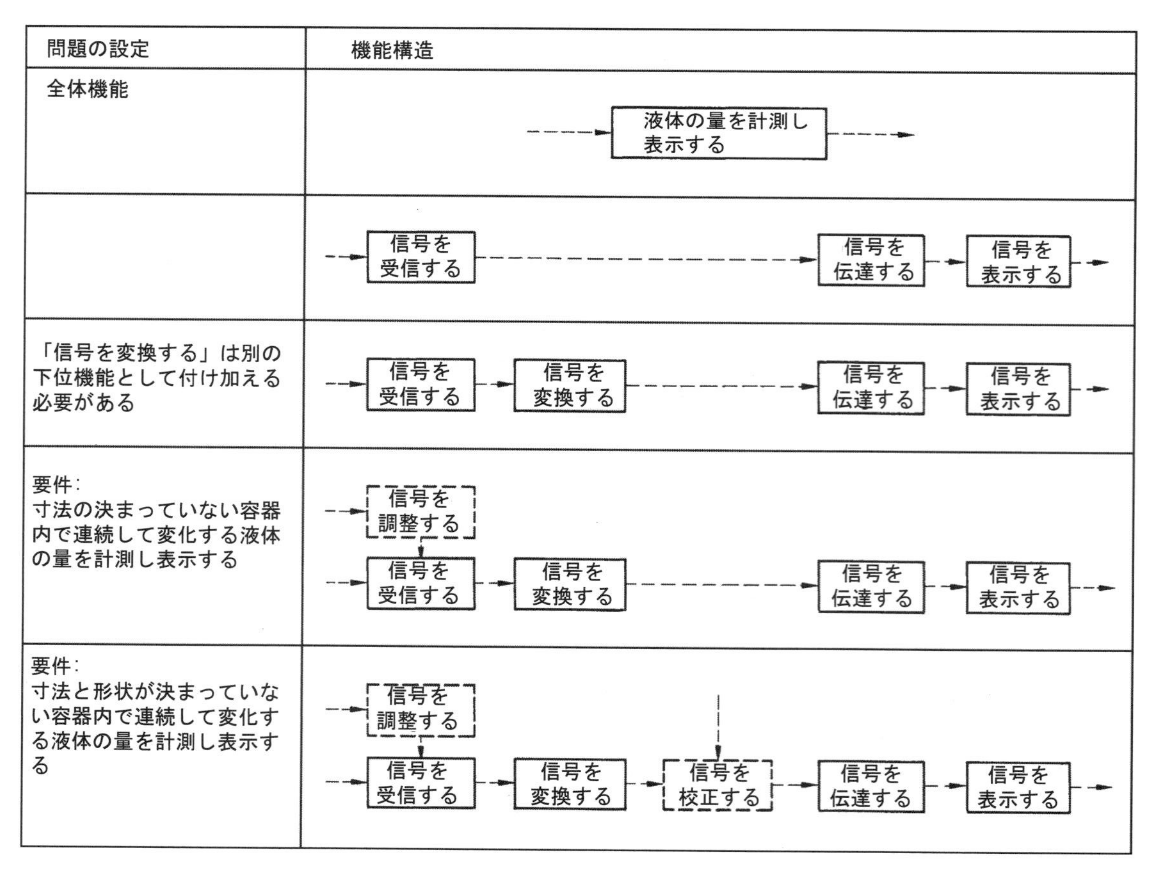

図6.6　燃料計の機能構造の展開問題の設定から始めた段階的な展開

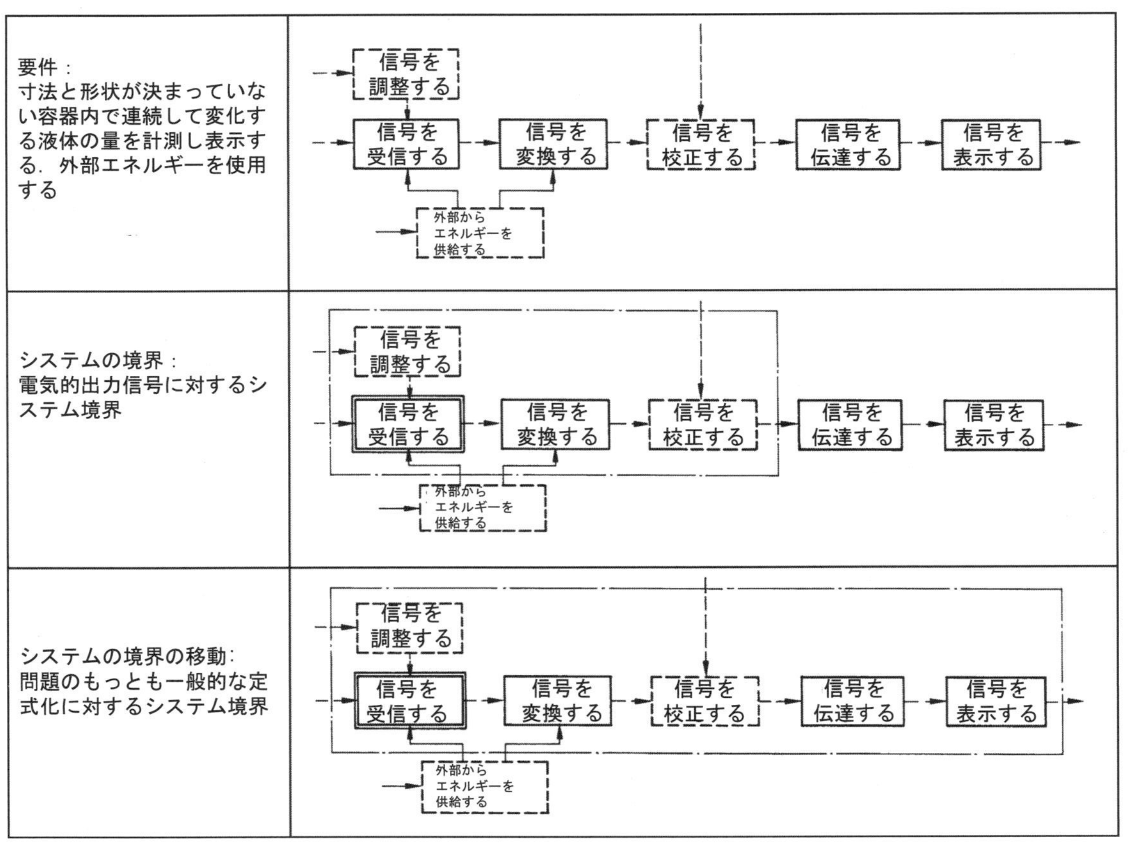
要件：
寸法と形状が決まっていない容器内で連続して変化する液体の量を計測し表示する．外部エネルギーを使用する
信号を調整する
信号を受信する
信号を変換する
信号を校正する
信号を伝達する
信号を表示する
外部から エネルギーを 供給する
システムの境界：
電気的出力信号に対するシステム境界
システムの境界の移動：
問題のもっとも一般的な定式化に対するシステム境界

図 6.6 （つづき）

始めると有効である**補助的な流れ**は，後に検討されればよい．もっとも重要な結合として，相互関係を含む基本的な機能構造が見つかったとき，次のステップ，すなわち下位機能とともに補助的な流れを検討し，複雑な下位機能を再分割することに取りかかりやすくなる．このステップでは，一時的な動作構造あるいは**基本機能構造**に対する一つの設計解を，最終的な設計解を予断することなく作っておくと役立つ．

全体機能を分類，すなわち下位機能レベルの数と一つのレベルあたりの下位機能の数を決める最適な方法は，問題の相対的な新規性や設計解を探す方法によって決められる．**独自設計**の場合，個々の下位機能もそれらの関係も，一般的にはわからない．このような場合，最適な機能構造の探索と確立は，概念設計フェーズにおけるもっとも重要なステップのいくつかを構成している．一方，**適応設計**の場合，組立品や構成部品をもつ一般構造はより知られているので，機能構造は既存製品を分析することで得ることができる．仕様書の特別な要望次第であるが，機能構造は個々の下位機能の変更，追加，削除によって，あるいは組み合わせる方法を変えることによって修正できる．

機能構造は，モジュラーシステムの開発において大変重要である．この種の**改良設計**では，物理的構造すなわちブロックを構築するときの個々の部品とその組立品およびそれらの接合部分は，機能構造に反映されなければならない（9.2.1 項参照）．

機能構造を設定するさらなる利点は，既存の下位システム，あるいは新たに開発されるべき下位システムの**明確な定義**を可能にすることであり，それによってそれらが**分離して扱える**ようになる．もし，既存の組立品が，直接，複雑な下位機能に割り当てられるのであれば，機能構造の再分割は，かなり高いレベルの複雑さで止めることができる．しかし，新しい組立品あるいはさらなる開発が求められている組立品の場合，複雑さを減少させる下位機能への分割は，設計解の探索に見通しが付くまで続けなければならない．機能構造を，役割あるいは下位機能の新規性に適応させることで，機能構造を用いた時間と費用の節約が可能である．

設計解探索の支援とは別に，機能構造あるいはその下位機能は，分類の目的にも使える．例としては，分類構想の「分類基準」および設計カタログの再分割がある．

役割に固有の機能を設定することだけでなく，**一般的に有効な下位機能**から機能構造を吟味して調べることは，目的にかなったことである（図 2.7 参照）．後者は，技術システムにおいて繰り返され，設計解を探すことに役立つ．なぜなら，一般的に有効な下位機能は，製品の目的に固有な下位機能の発見につながることもあるし，その設計解の一覧が設計カタログになることもあるからである．一般的に有効な機能を定義することは，変化する機能構造，たとえばエネルギー，材料，信号の流れを最適化するときに役立てられる．次の一覧や事例が，この点で参考になる．

エネルギーの変換

- エネルギーを変換する．たとえば，電気エネルギーから機械的エネルギーに変換する．
- エネルギーの成分を変える．たとえば，トルクを増幅する．
- エネルギーを信号と連結する．たとえば，電気エネルギーをスイッチングする．
- エネルギーを伝達する．たとえば，動力を伝達する．
- エネルギーを貯蔵する．たとえば，運動エネルギーを貯蔵する．

物質の変換

- 物質を変換する．たとえば，ガスを液化する．
- 物質の寸法を変える．たとえば，金属薄板を圧延する．
- 物質をエネルギーと連結する．たとえば，部品を動かす．
- 物質を信号と連結する．たとえば，蒸気を閉め切る．
- 異種の物質を連結する．たとえば，物質を混合あるいは分離する．
- 物質を伝達する．たとえば，石炭を採掘する．
- 物質を貯蔵する．たとえば，穀物をサイロに貯蔵する．

信号の変換

- 信号を変換する．たとえば，機械的信号を電気信号に変える．または連続型信号を離散型信号に変える．
- 信号の大きさを変える．たとえば，信号の振幅を増加する．
- 信号とエネルギーを連結する．たとえば，測定値を増幅する．
- 信号と物質を連結する．たとえば，材料に刻印する
- 信号と信号を連結する．たとえば，目標値と実際値を比較する．
- 信号を伝達する．たとえば，データを伝送する．
- 信号を貯蔵する．たとえば，データベースに貯蔵する．

工業界において多くの場合，一般的に有効な下位機能から機能構造を構築することは得策ではないかもしれない．なぜなら，実際のところ，それらはあまりに一般的すぎて，その後の設計解の探索で役立つような，関係の具体的な全体像を十分に示してくれないからである．一般的に，明確な状況は，役割に固有な詳細事項を追加した後に浮かび上がってくる（6.3.3 項参照）．

そのアプローチのいくつかの例を示す．**図 6.7** と **図 6.8** において，引張試験機の機能構造をエネルギー，物質および信号のやや複雑な流れによって示している．この種の全体機能では，まず本質的な主要機能に焦点を絞って，機能構造を下位機能によっ

E_{load}(荷重のエネルギー)
試験片
S(信号)
試験片
力と変形
E_{def}(変形のエネルギー)
試験片(変形後の)
S_{f}(力の信号)
S_{def}(変形の信号)

(a)

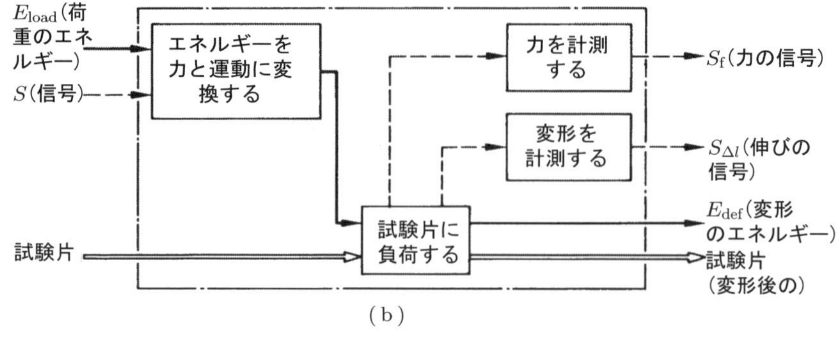

(b)

図 6.7　引張試験機の全体機能(a)と主要な下位機能(b)

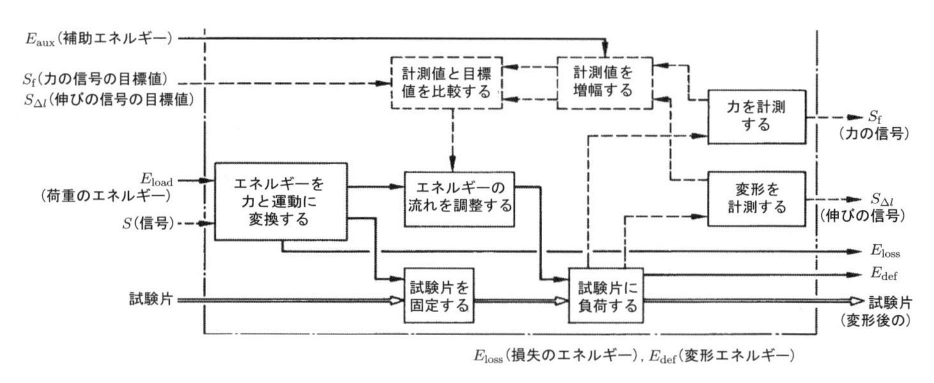

図 6.8　図 6.7 に示した全体機能に関する機能構造の完成図

て順次構築していく．第1段の機能階層には，全体機能を直接満足させるような下位機能のみを指定する．さらに，「エネルギーを力と運動に変える」とか「試験片に負荷する」というような複雑な下位機能は，最初に記述しておくとよい．そうすれば，簡単な機能構造が構築できる．

この問題では，エネルギーと信号の流れが，設計解の探索においてほぼ同程度に重要である．物質の流れ（すなわち試験片の交換）は，試験片取付け機能にとって本質的なので，この機能を図 6.8 では付け加えている．したがって，主要な流れをただ一つに指定することは不可能である．図 6.8 では，荷重の大きさを調整する機能と，システムの出力では，流れる間に消失したエネルギーとが明らかに設計に影響するので，両者を付け加えた．試験片を変形させるのに要したエネルギーは消失する．さらに，「計測値を増幅する」や「目標値を実際の値と比較する」のような補助機能は，エネルギーレベルの調整に必要不可欠である．

しかし，**補助的流れ**が設計において**重要**な意味をもち，設計解を左右するために，主要な流れ単体を変更しても設計解が得られないような問題もある．このような例として，じゃがいも収穫機の機能構造を考えよう．**図 6.9**(a)は，全体機能と，物質の流れ（これが主要な流れ）とエネルギーと信号の補助的流れに基づく機能構造を示している．図(b)には，図(a)と比較することによって，異なった流れの間の相互関係を明らかにするために，機能構造を一般的に有効な機能を用いて表している．この一般的に有効な機能を用いて表すと，役割に固有の下位機能で表す場合に比べて，下位機能への分解は概してはっきりする．したがって，この問題では，下位機能「分離する」を，一般に通用する機能「エネルギーと混合物質を連結する」と「混合物質を分

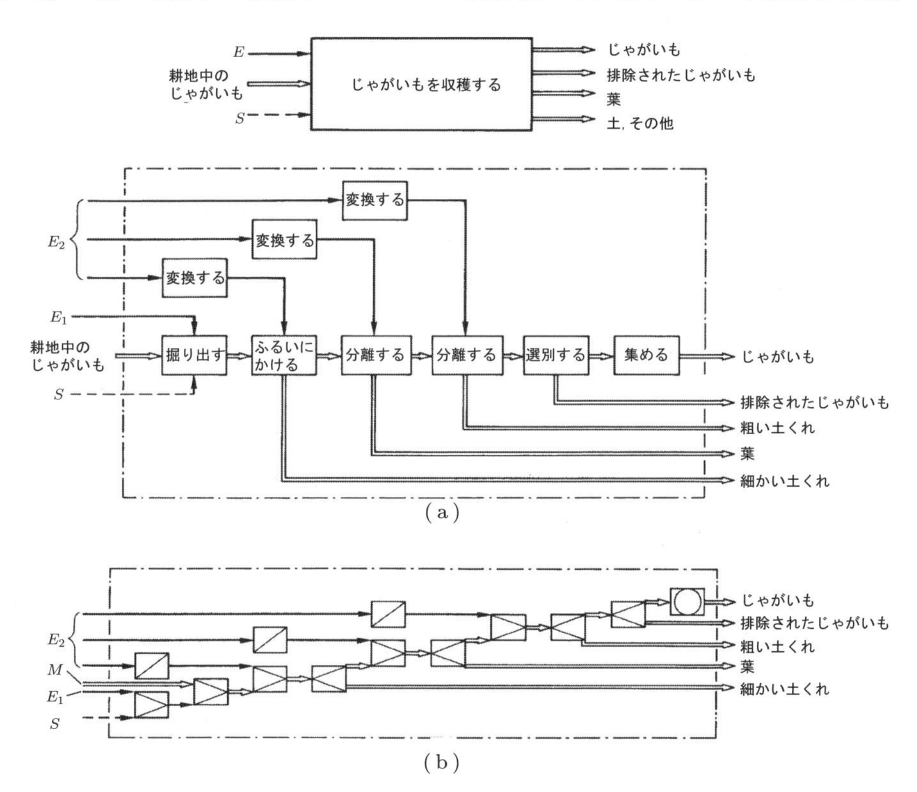

図 6.9　(a)じゃがいも収穫機の機能構造，(b)比較のために，文献［6.1］の図 2.7 に基づいて一般に有効な機能を用いて定義した線図

離する」(「連結」の逆) で置き換えている. けれどもこの表現は, そのような抽象化レベル上のことで, 理解するのは困難であり, さらなる説明が必要であろう.

最後となる次の例では, **既存システムを分析する**ことによって機能構造を導出する状況を示す. この方法は, ある特定の機能構造に対して最低一つの設計解がわかっているが, それより優れた設計解を見出すことが開発の主眼である場合にとくに適している. **図 6.10** に, 流量制御弁 (典型的なオン／オフスイッチ) の分析に用いたステップを, さまざまな要素が受けもつ役割とシステムが満たす下位機能とともに示す. 機能構造は下位機能から導出でき, さらに製品を改良するために, この構造を変更することができる.

6.6 節で後述する機能構造によって, 次のことが明確になる. すなわち, 物理作用を選定した後においても, 機能構造の検討は開発のごく初期の段階でシステムの挙動を決定し, 次いで問題にもっとも適した構造を確認するのに非常に役立つということ

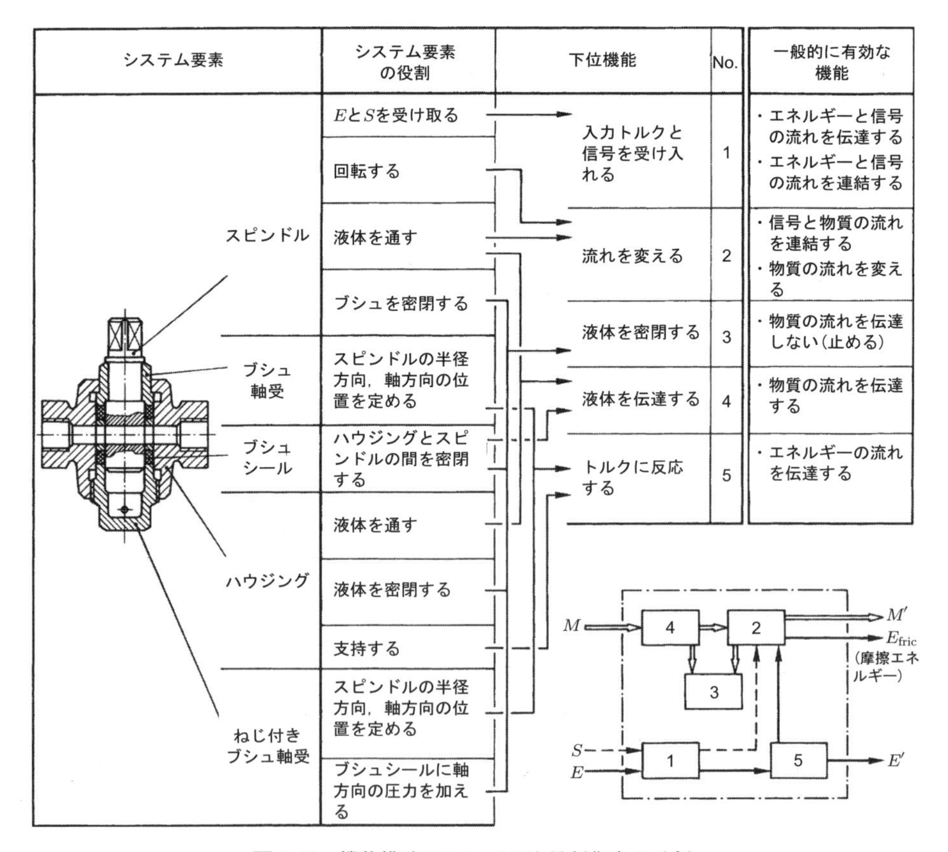

図 6.10　機能構造についての流量制御弁の分析

である.

6.3.3 機能構造の実際上の応用

機能構造を構築するにあたって，独自設計と適応設計を区別しなければならない．**独自設計**では，機能構造の基本は仕様書と，**問題の抽象化**である．要求事項と要望事項の中から，機能上の関係，あるいは少なくとも機能構造の入力と出力における下位機能を特定することができる.仕様書から生じる機能上の関係を文章の形で書き出し，それらを重要性あるいはその他の論理的順序によって並べることは有用である [6.11].

適応設計の場合には，出発点は既存設計解の各要素を分析することによって得られる**既存設計解の機能構造**である．既存設計解の機能構造は，代替案を開発して，ほかの設計解や，その後の最適化や，モジュラー製品の開発への道を開くのに役立つ．機能的関係は，適正な質問をすることによってより特定しやすくなる.

モジュラーシステムでは，機能構造は，モジュールとその配置に決定的な影響力をもつ．ここでは，機能構造および組立部品の機能構造は，機能上の考察によるばかりでなく，製造上の必要性によっても影響を受ける.

機能構造は，設計解の発見を促進することが目的である．機能構造そのものが目的ではない．使われる詳細の程度は，設計者の経験や求められる機能の新規性にかなり依存している.

さらに，覚えておかねばならないのは，機能構造が，物理的または形式的な前提条件と無関係なことがほとんどないということである．このことは，可能性のある設計解の数は必然的に，ある程度限られることを意味している．したがって，初歩的な設計解を着想し，反復プロセスを通じて機能構造を開発，完成してこれを抽象化することは，完全に合理的なことである.

機能構造を構築するにあたって，次のことに留意すべきである.

1. 仕様から確定できる機能上の関係から，2，3 個の下位機能で構成される大まかな機能構造をまず導出せよ．次いで複雑な下位機能を分析して，この機能構造を段階的に分解せよ.この構築法は,はじめから複雑な機能構造で始めるよりずっと簡単である.ある状況では,大まかな構造の代わりに最初の設計解概念を用い,次いでこの最初の概念を分析することによって，ほかの重要な下位機能を導出する方が有効な場合もある．下位機能のうち，入力と出力がシステムの仮定した境界を横切るような下位機能から始めることも可能である．これから隣接する機能に対する入力と出力が決定できる．言い換えれば，これはシステムの境界から内に向けて作業する方法である.
2. もし，下位機能間の明らかな関係が特定できない場合，最初の設計解原理の探索は，ある状況下では，論理的または物理的関係を考慮せずに，**特定した下位機能の単なる羅列**に基づいてもよい．しかし，可能であれば，わかる範囲に従って配列するべきである．

3. **論理的な関係**から機能構造が得られる．この構造から，機械的，電気的などのさまざまな動作原理の論理要素が予見できる．
4. エネルギー，物質あるいは信号の流れが，現存するものであれ予期しているものであれ，規定できなければ機能構造は完成しない．なによりもまず，**主要な流れ**に注目するとよい．なぜなら，一般に主要な流れが設計を決定し，要件から容易に導出できるからである．補助的流れは，設計をさらに吟味したり，欠陥を処理したり，あるいは動力伝達や制御などの問題を取り扱ったりする場合に役立つ．完全な機能構造はすべての流れとその関係を含んでいて，次のような反復によって得ることができる．すなわち，まず主要な流れの構造を探し，補助的流れを考慮してこの構造を完成し，次いで全体構造を構築することによって得られる．
5. 機能構造の構築にあたっては，エネルギー，物質および信号の変換では，ほとんどの構造の中に，いくつかの**下位機能が繰り返し現れ**，したがって，それら下位機能を最初に取り入れるべきであることを知っておくと有用である．これらの下位機能は，ほとんどが，図2.7に示した一般的に有効な機能であって，役割に固有の機能を探索するのに非常に役立つことがわかるであろう．
6. マイクロエレクトロニクスの応用では，**図6.11**に示すような信号の流れを検討することが役立つ［6.6］．このことは，検出する要素（センサ），駆動する要素（アクチュエータ），操作する要素（制御装置），表示する要素（表示器）とし

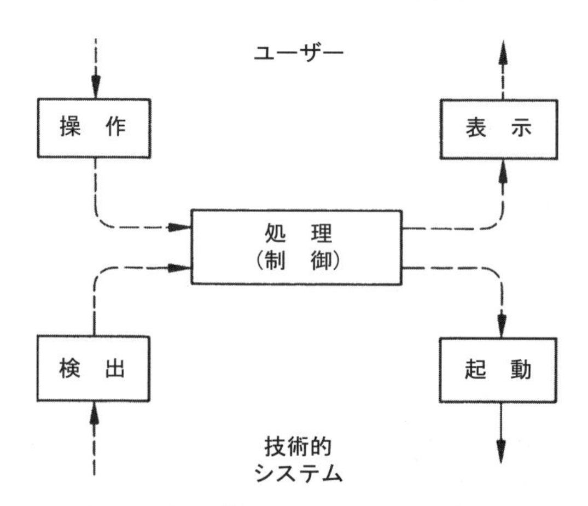

図6.11　マイクロエレクトロニクスで使用されるモジュラー構造の基本的な信号の流れ機能（出典［6.6］）

て，とくにマイクロプロセッサを利用した信号処理をすることのモジュール的利用を明確に暗示している．

7. 大まかな構造から，あるいは既知のシステムを分析することによって得られた機能構造から，次の事項を検討することによって，さらなる**代替案**を導出し，設計解を最適化することが可能となる．
   - 個々の下位機能を分解するか，あるいは組み合わせる．
   - 個々の下位機能の配置を変える．
   - ブロックダイアグラムの結合の形式（直列，並列あるいはブリッジ結合）を変えて，再結合する．
   - システムの境界を移動する．

   機能構造を変えると，別個の設計解が得られるから，機能構造を組み立てることが，設計解を探索する第1歩である．
8. 機能構造は，極力**簡単**にしておくことを勧める．それによって，簡単で経済的な設計解が求められる．このためには，機能を組み合わせ，複数の機能をまとめて受けもつ機能要素を実現するように努めるのがよい．しかし問題によっては，要件上から機能を分離する必要があったり，あるいは極端に大きな負荷や高い品質が求められたりするときには，個々の機能ごとにそれらを分担する機能要素を個々に割り当てる方がよい．これに関連して，読者は7.4.2項で述べている役割の分割を参照されたい．
9. 設計解を探索するにあたって，**有望な機能構造**以外の構造を導入してはならない．すなわち，この初期段階であっても，3.3.1項で述べた**選択の手順**を用いるべきことを意味する．
10. 機能構造のもっともよい**表現法**は，図2.4に示したように**簡易で情報量が多い記号**を用い，役割に固有の用語により補足説明することである．
11. 機能構造の解析は，新しい動作原理の発見が必要となる下位機能の特定や，既知の設計解が使える下位機能の特定につながっていく．このことは，効率的なアプローチを促してくれる．そして設計解の探索（3.2節参照）は，設計解に対して不可欠で，ほかの下位機能の設計解がそれに依存するような下記機能に焦点を当てることになる（図6.6の例を参照）．

ときどき，補助的機能は重要ではないというような間違った仮定がなされる．技術システムは，もっと重要であるとか，重要さは小さいというような機能はもっていない．すべての機能は必要であるので，すべてが重要である．必要でない余分な機能は，すべて削除されるべきである．もっとも重要に見える機能，すなわち設計解を決める機能をもつ設計解の探索から始めるのは，単に労力を省くためである．その他すべての機能もやはり必要であり，満足されなければならない．

6.4 動作構造の展開

6.4.1 動作構造の追求

さまざまな下位機能に対して動作原理を見つける必要があり，これらの原理は最終的には動作構造と組み合わされる．動作構造の具体化は，原理的設計解へと導いてくれる．一つの動作原理は，与えられた機能とその幾何学的および材料的特性を満足するのに必要な物理作用を反映しなければならない（2.1.4 項参照）．しかし多くの場合，新しい物理作用を期待する必要はなく，形状設計（幾何的かつ材料的なもの）が唯一の問題である．さらに，設計解の探索において，物理作用と形状設計の特徴との間に，はっきりした内面的な区別をすることは困難である．したがって，設計者は通常，必要な幾何学的特徴および材料的特性とともに物理的プロセスを含む動作原理を探し，これらを組み合わせて動作構造とする．機能キャリアの性質や形状に関する理論的アイデアは，普通，ダイアグラムやフリーハンドの略図で表現される．

いま議論しているステップは，いくつかの代替案すなわち設計解領域へとつなげるためのものであることを強調しておく．設計解領域は，物理作用と形状設計の特徴を変化させることで構築できる．さらに，特定の下位機能を満足させるために，いくつかの物理作用が，一つあるいはいくつかの機能をさせるための手段の中に含まれている．

3.2 節では，設計解を見つける方法と手段について議論した．動作原理を探すことにおいても，同じ方法が使える．しかし，文献検索，本質および既知の技術システムを解析する方法および直観に基づいた方法などがとくに重要である（3.3.2 項参照）．もし，初歩的な設計解のアイデアが製品企画あるいは直観から得られるなら，物理的プロセスの体系的解析および分類表の利用も役立つであろう（3.2.3 項参照）．最後の二つの方法は，通常，いくつかの設計解を提供してくれる．

ほかの重要なツールとしては設計カタログ，とくに物理作用と動作原理について，Roth と Koller から提案されたものがある（3.2.3 項参照）[6.3, 6.11, 6.14]．設計解を**いくつかの下位機能**に関して見つける必要があるとき，分類基準として機能を選択することは目的にかなっている．すなわち，下位機能は行の見出しになり，可能な動作原理は列に入れられる．**図 6.12** は，そのような分類表の構造を図示している．そこでは，下位機能は F_i と設計解要素 S_{ij} によって表されている．具体化のレベルによって，これらの設計解の要素は，物理作用でもよく，あるいは幾何学的および材料的な詳細情報をもった動作原理であってもよい．

下位機能＼設計解		1	2	…	j	…	m
1	F_1	S_{11}	S_{12}		S_{1j}		S_{1m}
2	F_1	S_{21}	S_{22}		S_{2j}		S_{2m}
⋮	⋮	⋮	⋮		⋮		⋮
i	F_i	S_{i1}	S_{i2}		S_{ij}		S_{im}
⋮	⋮	⋮	⋮		⋮		⋮
n	F_n	S_{n1}	S_{n2}		S_{nj}		S_{nm}

図 6.12　全体機能および関連する設計解の下位機能をもつ分類表の基本構造

一つの例として，二つの円筒が拍動的荷重の下でお互いに向き合っている，円筒‐円筒負荷試験機の開発を考えよう．目的は，転がりと滑りの速度のどんな組合せでも摩擦特性を詳細に調べることである［6.19］．**図 6.13** は一つの考えられる機能構造を示し，**図 6.14** はそれに対応する分類表を示している．特定された主要な下位機能が最初の列にまとめられ，これらの下位機能に対して見込みのある設計解が行に入っている．

まとめると，下位機能に対する動作原理の追求は，次のようなガイドラインに従うべきである．

- 全体的設計解の原理を決める主要な下位機能で，設計解原理がまだ発見できていないものを優先するべきである．

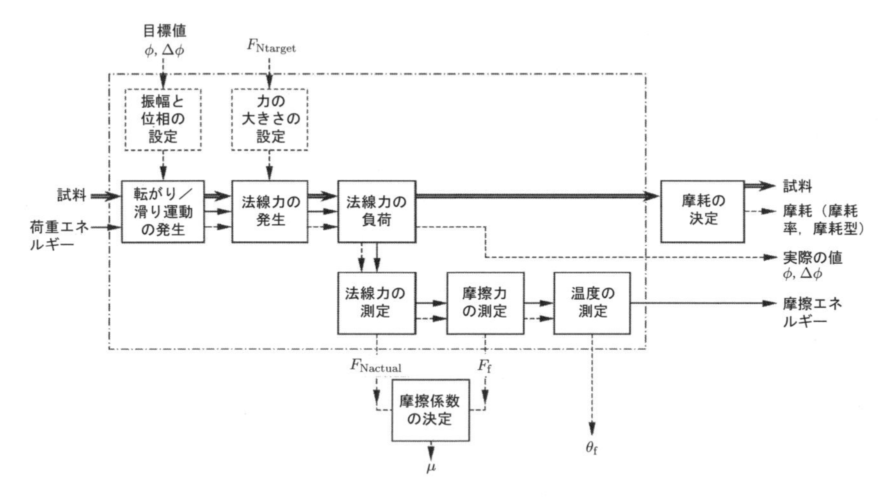

図 6.13　転がりと滑りの動きの組合せに対して拍動的な荷重を負荷する円筒‐円筒負荷試験機の考えられる機能構造

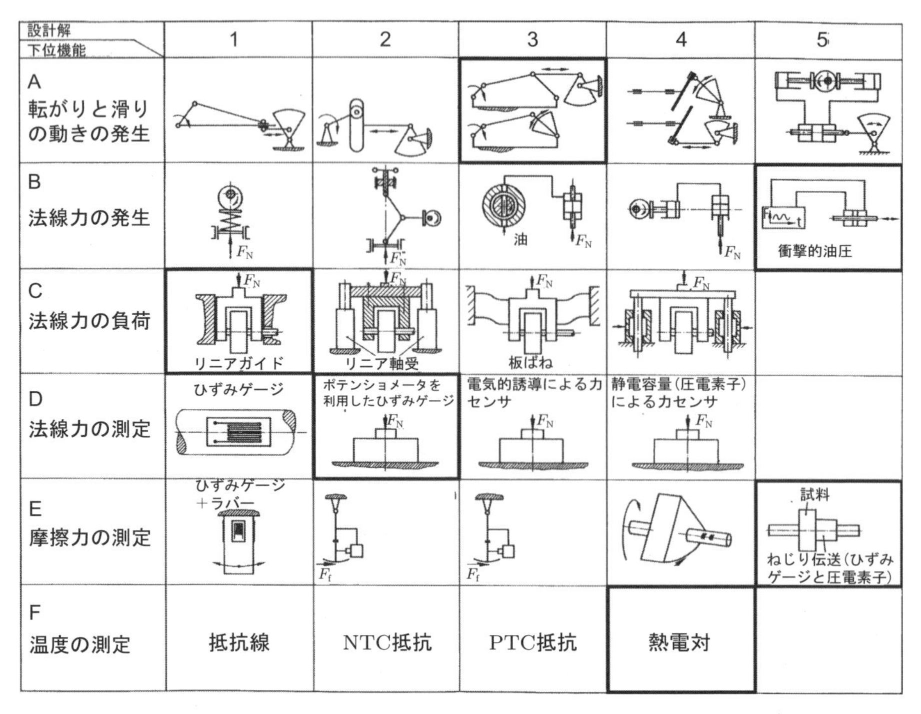

図 6.14　図 6.13 の機能構造において認識された下位機能について考えられる設計解を示した分類表

- 分類基準と，関係するパラメータ（特徴）は，エネルギー，材料および信号の流れの間の識別可能な関係か，あるいは関連するシステムから導き出されるべきである．
- もし動作原理が未知ならば，それは物理作用や，たとえばエネルギーの種類から導き出されなければならない．もし，物理作用が決まったなら，適切な形状設計の特徴（作用幾何，作用運動および材料）を選び，変化させるべきである．新しいアイデアを掘り起こすために，チェックリストを利用するべきである（図 3.17 および図 3.18 参照）．
- 設計者は，直観的に見つけた設計解も入力し，特定の動作原理に影響するような，鍵となる分類基準がどれかを解析すべきである．これらの基準は，次いで細分化され，見出しを付け加えて限定化もしくは一般化されるべきである．
- 選択のプロセスを準備するために，動作原理の重要な特性を書き留めておくべきである．

6.6 節では，動作原理の探索を図示する別の例を取り上げている．

6.4.2 動作原理の組合せ

全体機能を満たすためには，動作原理を組み合わせて動作構造とすることによって，全体の設計解を創造する必要がある．これを，システム統合という．そのような組合せの基礎となるのが，確立された機能構造であり，機能構造は，論理的および物理的に可能な，または有用な下位機能の連携を反映する．

3.2.4 項では，Zwicky の分類表（形態マトリックス）が，とくに設計解の体系的な組合せに適切なものとして提案された（図 3.25 参照）．この分類表では，下位機能と適切な設計解（動作原理）は，分類表の行に入れられる．特定の下位機能を実現する動作原理と，近接する下位機能の動作原理とを体系的に組み合わせることによって，可能な動作構造の形で一つの全体的設計解が得られる．このプロセスでは，このような適合性のある動作構造のみが，組み合わせられなければならない．

図 6.15 は，じゃがいも収穫機の動作原理の可能な組合せを示している [6.1]．これは，図 6.9 に示した機能構造における下位機能に適する動作原理からなる．これらは，大まかな概略図によってさらに具体化されており，それらの適合性の評価も容易になっている．この動作構想に基づいた収穫機の原理的設計解が，**図 6.16** に示されている．

組合せ手法におけるおもな問題は，組み合わせる動作原理の物理的および幾何的適合性を確実にすることである．これが，次に，エネルギー，材料および信号の円滑な流れを確実にすることになる．さらなる問題は，理論的に可能な組合せという広大な領域の中から，技術的および経済的に好ましい組合せを選択することである．

数学的手法を使った設計解の組合せ（3.2.4 項）は，特性が定量化できる動作原理についてのみ可能である．けれども，これは初期の段階ではほとんど不可能である．それが可能である例としては，電気的あるいは油圧的要素を使った制御システムの設計や改良設計などがある．

まとめると，次のようになる．

- 適合性のある下位機能だけを組み合わせること（図 3.26 の適合性マトリックスが便利な手段である）
- 仕様書の要求に合う，また提案されている予算内に収まるような設計解のみを追求すること（3.3.1 項および 6.4.3 項の選択手順を参照）
- 有望な組合せに集中して，なぜそれらがほかより好ましいのかという理由を確立しておくこと

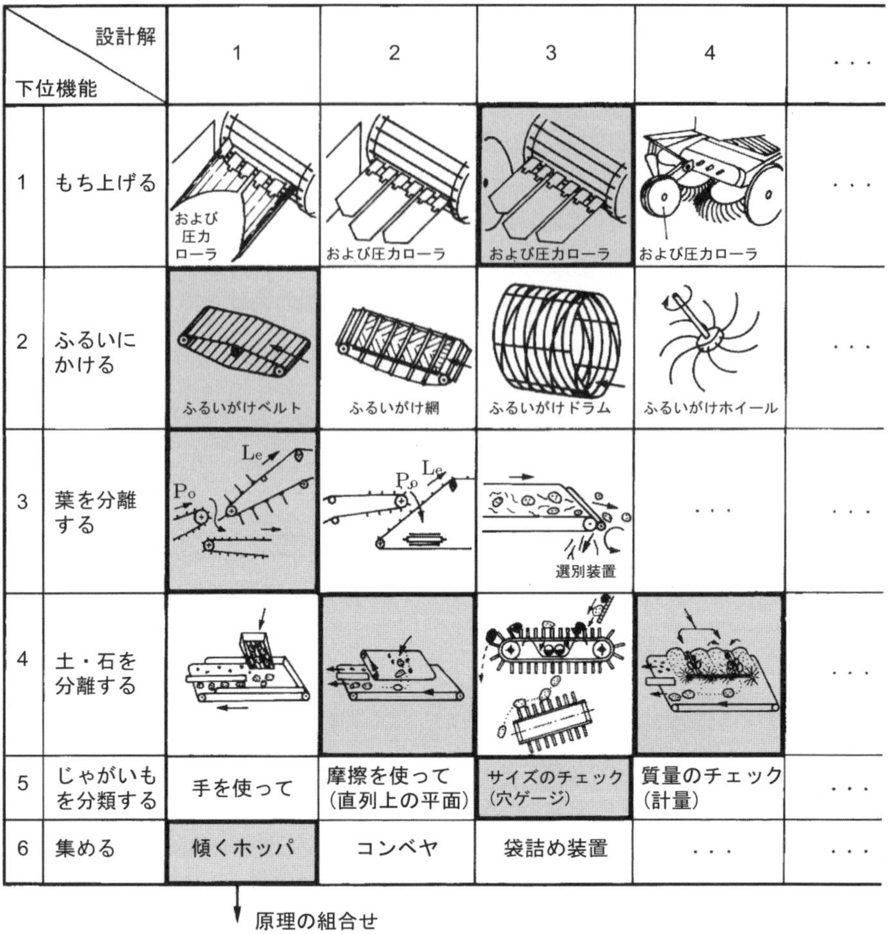

下位機能＼設計解		1	2	3	4	・・・
1	もち上げる	および圧力ローラ	および圧力ローラ	および圧力ローラ	および圧力ローラ	・・・
2	ふるいにかける	ふるいがけベルト	ふるいがけ網	ふるいがけドラム	ふるいがけホイール	・・・
3	葉を分離する	Po Le	Po Le	選別装置	・・・	・・・
4	土・石を分離する					・・・
5	じゃがいもを分類する	手を使って	摩擦を使って（直列上の平面）	サイズのチェック（穴ゲージ）	質量のチェック（計量）	・・・
6	集める	傾くホッパ	コンベヤ	袋詰め装置	・・・	・・・

原理の組合せ

図 6.15　図 6.9 に示された全体の機能構造に従ったじゃがいも収穫機の設計に使われる原理の組合せ（出典 [6.1]）

6.4.3　動作構造の選択

動作原理は，一般的に，それほど具体的ではなく，その特性は定量的に知られているだけなので，もっとも適切な選択手順は 3.3.1 項で述べたものになる．この手順は，選択行動と選好の表示によって特徴づけられ，体系的な選択チャートを利用して，概要を明確にし，チェックできるようになっている．

図 6.14 に示した円筒 - 円筒負荷試験機の設計解領域を，選択手順を使って，それぞれの下位機能の設計解に対して評価しよう．**図 6.17** は，もっとも有望な下位機能の設計解，すなわち A3，B5，C1 などを示している選択チャートの一部である．A3-

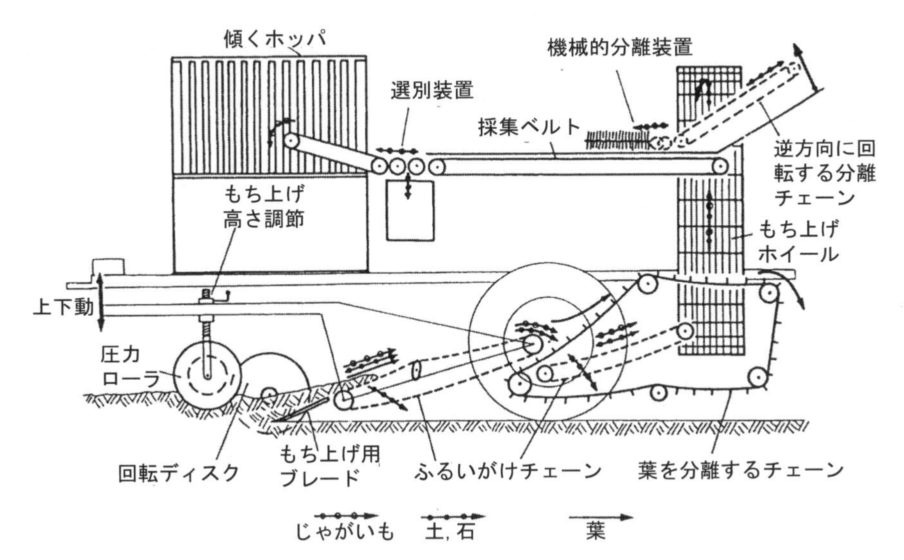

図 6.16　図 6.15 の原理の組み合わせを使ったじゃがいも収穫機の原理的設計解

B5–C1–D2–E5–F4 の組合せが，それに続く具体化のための適切な組合せであることを，これは示している．この組合せに対する動作原理は，図 6.14 で太枠で囲まれている．

素早い選択を行うための別の方法は，図 3.26 の適合性マトリックスと同様な 2 次元の分類表を適用することである．これを，**図 6.18** の歯車継手試験機の例で示す．

この試験機の仕様は，軸方向の変位ができることを要求しており，そのときに生じる軸方向の力も測定できることとしている．したがって，少なくとも歯車継手の半分を動かす必要があった．

可能な変位をさせる位置（行の分類基準）と軸方向力（列の分類基準）は，**図 6.19** の分類表に組み合わされた．仕様書に対して，さまざまな組合せがチェックされ，すぐにわかる明らかな多くの理由から，不適切な代替案は除外された．それらの理由は選択チャートに文書化されたが，紙面の都合からここには含めていない．結果は，図 6.19 の凡例に示されている．

選択された動作構造（動作の組合せ）は，次に，さらに具体化されなければならない．

6.4.4　動作構造の実際上の応用

動作構造の開発は，独自設計の創造におけるもっとも重要な段階である．この段階は，設計者の創造性をもっとも要求する．この創造性は，問題解決にかかわる認知的・

ダルムシュタット工科大学	選択チャート 円筒負荷試験機	パート：1　ページ：1

代替案（Sv）を記入

代替案（Sv）の評価
選択基準
（＋）可
（－）不可
（？）情報不足
（！）仕様書をチェック

決定
代替案（Sv）の採点
（＋）設計解を追求する
（－）設計解を除去する
（？）情報を収集する
　（設計解を再評価）
（！）仕様書の変更を検討

A：全体課題との整合性
B：仕様書の要求の実現性
C：原理的な実現可能性
D：コストの許容範囲内
E：直接的安全対策の組入れ
F：設計者の企業の優先度
G：

Sv		A	B	C	D	E	F	G	所見（処理，理由）	決定
A1	1	＋	－		？				機構の変更，軸受のガタつき	－
A2	2	＋	－						機構の変更，あそびが多すぎ	－
A3	3	＋	＋	＋	＋				正弦波状動作は完全に実現できない．誤差 1%未満	＋
A4	4	＋	＋	＋	－				生産上の経費が高すぎる	－
A5	5	＋	＋	＋	－				総合的経費が高すぎる	－
B1	6	＋	－						調整不能または高経費でのみ可	－
B2	7	＋	－						調整不能	－
B3	8	＋	＋	－					遅すぎる	－
B4	9	＋	＋	－					遅すぎる．多少のばらつき	－
B5	10	＋	＋	＋	＋				柔軟な配置，非常に早い	＋
C1	11	＋	＋	＋	＋				単純な設計解	＋
C2	12	＋	＋	＋	？				経費が疑わしい	？
C3	13	＋	＋	－					所要スペースが大きすぎる	－
C4	14	＋	＋	－					経費が高すぎる	－
D1	15	＋	＋	－					スペースがなく，力の流れの経路が柔軟すぎる	－
D2	16	＋	＋	＋	＋				好ましい測定手段	＋
D3	17	＋	＋	＋	－				D2 よりも経費がかさむ	－
D4	18	－	－	＋	－				D2 よりも経費がかさむ	－
E1	19	＋	＋	－					所要スペースが大きすぎる，要素（部品）の剛性がない	－
…										
…										

日付：11 月 1 日	署名：La	

図 6.17　図 6.14 に示した設計解の領域のための選択チャートの一部

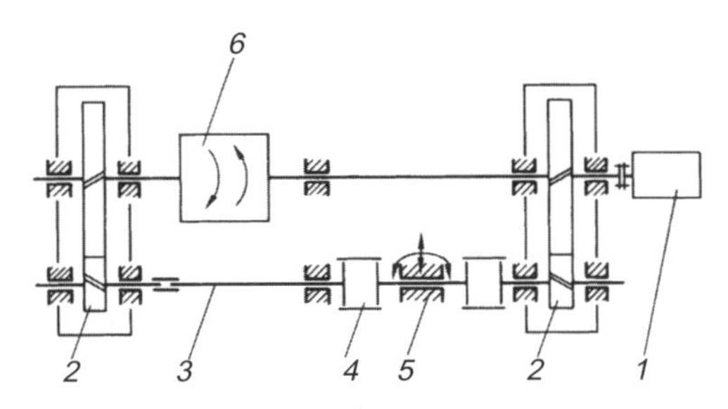

図 6.18 歯車継手試験機の原理を示すスケッチ
1：駆動源，*2*：歯車箱，*3*：高速回転軸，*4*：供試歯車継手，
5：芯合わせのための調整可能な軸受部，*6*：トルク負荷装置

心理的プロセスや，一般的な方法論の利用，一般に応用できる設計解探索・評価法の利用によって影響を受ける．したがって，この段階ではさまざまなアプローチが使われ得るが，課題の新規性（解決すべき新しい問題の数）や，設計者の心理・能力・経験，および製品企画部門または顧客からの製品アイデアに応じて，どのアプローチが選ばれるか決まる．

6.4.1 項から 6.4.3 項で提案された手続きは，目的にかなった段階的な設計プロセスの基本を提供しているだけである．実際のプロセスでは，かなり変更がある．**前例のない独自設計**の場合，最初の設計解の探索は，全体機能に対する**設計解を決める**と思われる**主要な機能**に焦点を当てるべきである（図 6.6 参照）．設計解を決める主要な機能について，まず，直観に基づいた方法，文献，特許検索および以前の製品を使って，初歩的な物理作用あるいは動作原理を選択しなければならない．これらの設計解における機能間の関係を解析し，物理作用と動作原理の発見が必要なほかの重要な下位機能を特定しなければならない．これらの動作原理は，主要な機能を実現するために選択されたほかの動作原理と適合性があるものから選択される．すべての下位機能について，同時に，かつ独立に動作原理を探索するのは，一般に手間がかかりすぎるし，複数の動作原理をもたらす結果となって，いずれ全体設計解から取り除かねばならなくなる．

比較的に低い具体化のレベルでは，もっとも見込みのある設計解の原理（六つ以内）を特定することが推奨される．これらのうちの一つが，推敲のために選択され，高いレベルの具体化が行われる．このレベルにおいて浮かび上がる代替案から，もっとも有望なものが，再びさらに高いレベルの具体化がなされていく．このアプローチを採用することで，多すぎる数の代替案を同時に扱う必要がなくなり，多大な労力をかけた代替案が，結局は不適だと判明するような結果に終わるのを避けることができる．

したがって，設計解領域の創造のための重要な戦略は，物理作用と，初期の設計解

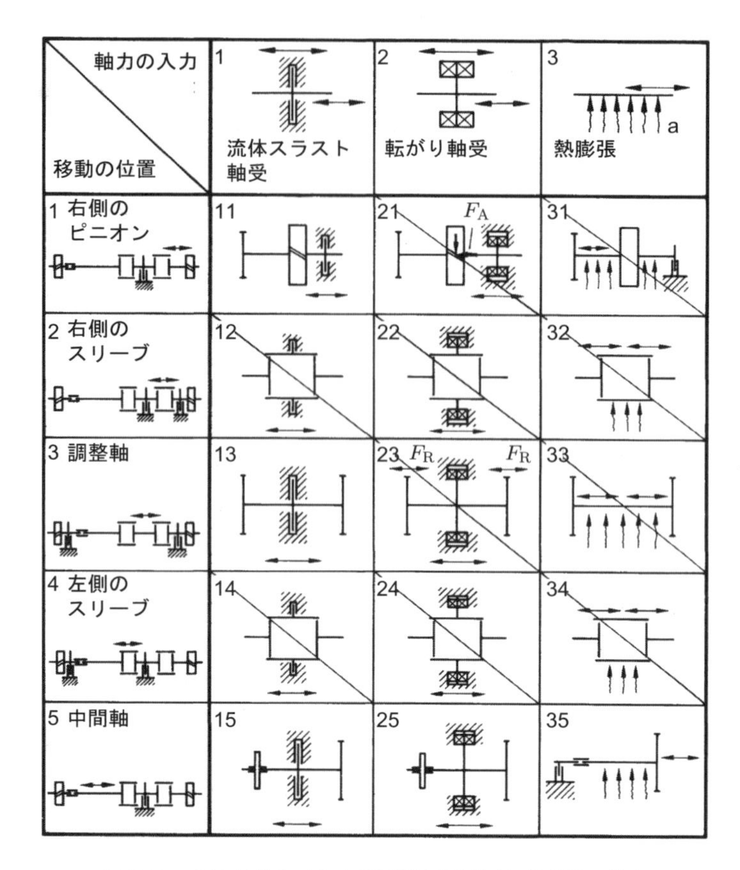

図 6.19　体系的組合せおよび原理上不適切な代替案の除去
組合せ 12，14：継手運動の阻害
組合せ 21：F_A が大きすぎる（転がり軸受の寿命が短すぎる）
組合せ 23：2 倍の F_R のため，転がり軸受の寿命が短すぎる
組合せ 22，24：周速が大きすぎる（転がり軸受の寿命が短すぎる）
組合せ 31〜34：熱を受ける部分の長さが短すぎる

において本質的と認識された形状設計の特徴を，体系的に変化させることである．**分類表**は非常に役立つが，通常は最適な分類表にたどりつくまでに，分類基準の変更や補正に基づいたいくつもの試行を必要とする．これには，ある程度の経験が必要である．

具体的な設計解のアイデアが製品企画あるいはほかの情報源から得られる場合は，それらを解析し，設計解を決める不可欠な特徴を特定しなければならない．これらは体系的に変化させられ，設計解領域に達するように組み合わされる．

革新的な開発においては，既知の動作原理と動作構造は，現状の技術的標準や最新の仕様に合致しているかがチェックされなければならない.

あるアプローチが強く**直観**に基づいているとき，あるいは以前の経験が適用できるとき，しばしば個々の下位機能に対する設計解を最初に探索することなしに，全体機能を満たす動作原理が見つかることがある.

とくに，物理作用およびそれに続く形状設計の特徴を通じて，動作原理の**段階的**な創出が，設計解のスケッチを描くことで，頭の中でまとめられることがある. これは，設計者が，物理的な式のことよりも，原理の構造や表現のことを考えているからである.

直観に基づいた推論的・体系的手法の利用は，広範な設計解領域を素早く導いてくれる. その後の設計の労力を制限するため，この設計解領域は，仕様書の要求項目をチェックすることで，**実現可能な動作原理**が生じたらすぐに縮小されなければならない.

この段階において，定量的データ，とくに生産とコストに関して原理的設計解の特徴を評価することは不可能なことが多々ある. したがって，適切な動作原理の選択は，幅広い経験に基づいて定性的な決定を行うために，価値分析チーム（1.2.3 項(2)参照）と同様，**分野横断的なチーム**での議論を必要とする.

6.5　概念の開発

6.5.1　原理的設計解の代替案の確定

6.4 節において作り上げられた設計解原理は，そこから最終的な概念を採用できるほどには具体的でないのが普通である. これは設計解の探索が機能構造に基づいており，技術的な機能を実現することを第 1 の目的としているためである. しかし，概念もまた，少なくとも本質的には，2.1.7 項に述べられた条件を満足しなければならない. そうである場合にのみ，概念を評価することができるからである. 代替概念を評価する前に，それらを確定しておかなければならない. これは経験からわかるように，必ずといってよいほど，相当な労力を必要とする.

選択プロセスにおいて，非常に重要な性質についての情報が欠落していることが明らかになっているかもしれない. その情報の欠落によって，信頼できる評価をするどころか，当座の大まかな決定すらできない場合がある. 原理の組合せの提案において，もっとも重要な性質については，最初にもっと具体的な**定性的**定義と，多くの場合，大まかな**定量的**定義が同時になされていなければならない.

動作原理の重要な特徴（たとえば性能や故障の起きやすさ）と，実体化の重要な特徴（たとえば必要な占有スペース，重さ，稼働寿命），および製品の役割に固有の重要な制約条件については，少なくとも大まかには知っていなければならない．より詳細な情報は，有望な組合せについてのみ集めればよい．もし必要であれば，情報を収集した後に，第2，第3の選択をしなければならない．

必要なデータは，以下の方法によって効果的に得られる．

- 簡略化された仮定に基づく大まかな計算
- 考えられるレイアウト，形状，必要な占有スペース，適合性などに関するラフスケッチやおおよその縮尺図面
- 主要な性質を決めるための初期実験やモデル試験，あるいは性能や最適化の範囲についてのおおよその定量的記述
- 解析と視覚化の助けとなるモデルの構築（たとえば運動モデル）
- 類似モデルの作成やシステムシミュレーション（多くの場合，コンピュータを用いる）
- 目的を絞った，特許や文献のより深い探索
- 提案された技術，材料，購入部品などについての市場調査

これらの新しいデータによって，もっとも有望な原理の組合せを評価できるところまで確定することが可能である（6.5.2項参照）．できる限りもっとも正確な評価が可能となるように，代替案は経済的特性のみならず技術的な特性を明らかにするものでなければならない．したがって，原理的設計解へとまとめあげる際には，可能な評価基準（3.3.2項参照）を念頭に置いておくことが望ましい．目的に沿った情報の詳述が促進されるからである．

例を用いて，どうすれば設計解の提案を代替概念に確定することが可能であるかを示そう．そのために，再び燃料計に話を戻す．

図6.20は，図3.27および表3.3に示された最初の提案の動作原理である．3点の支持力の測定でも，回転軸をもつ1点の支持力だけの測定でも，全体の力を静的に測定可能である．流体の量の指標として用いられる燃料タンクの内容物の重量は，空のタンク重量を差し引くことで求められる．しかし，用いられる測定素子は，加速度によって生じる力を含む全体の力を測定する．もし力が運動に変換されれば，たとえば

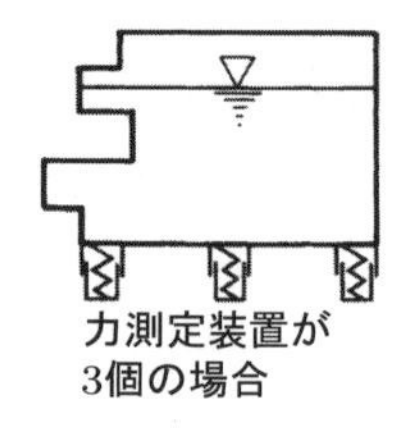

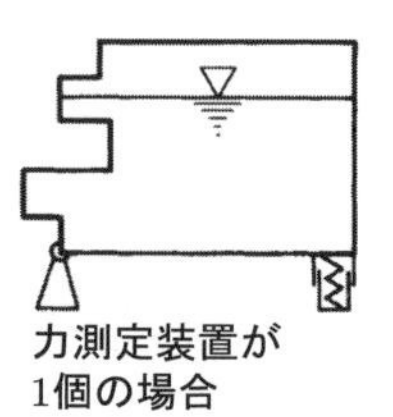

図6.20　設計解原理1(図3.27および表3.3)．液体の重さの測定（信号＝力）．

ポテンショメータによって検出できる．

質量と慣性力を見積もることにより，確定手順の基礎ができ上がる．

20〜160 リットルの液体にはたらく静的な力の合計：

$$F_{\mathrm{tot}} = \rho \cdot g \cdot V = 0.75 \times 10 \times (20〜160) = (150〜1200)\ \mathrm{N}\quad (燃料)$$

加速度±30 m/s^2 により，追加される力（液体のみを考える）：

$$F_{\mathrm{add}} = m \cdot a = (15〜120) \times (\pm)30 = \pm(450〜3600)\ \mathrm{N}$$

加速力から生じる運動を抑制するには．相当な減衰が必要となる．

結果は次のとおりである．設計解をさらに展開して減衰を与え，適切な設計解を探して，大まかな縮尺図面によってそれらを確定する．**図 6.21** に結果を示す．いったん，必要な部品やその配置が図示されれば，提案は評価できるようになる．選択チャート（図 3.27 参照）に示されていた，代替案 1 を完成するために必要な労力が過大である可能性が，これで確認される．

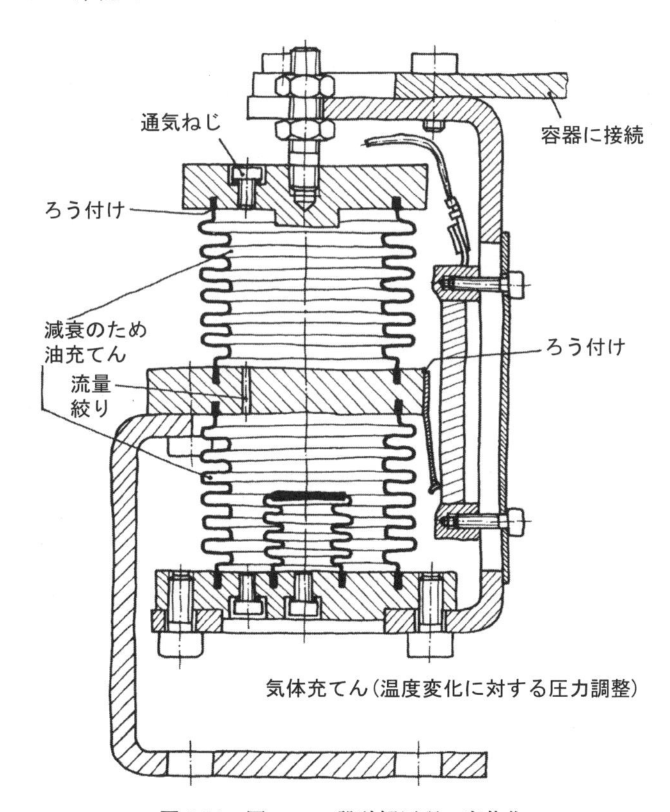

図 6.21　図 6.20 の設計解原理の実体化

6.5.2 原理的設計解の代替案の評価

3.3.2 項では，一般的に提供できる評価方法，とくにコスト便益分析と VDI 2225 の手続きについて説明した [6.15].

原理的設計解の代替案を評価するとき，次に示すステップを踏むことを勧める.

(1) 評価基準の確定

このステップは，まず**仕様書**に基づいて行う．前述した選択の手順において（6.4.3 項参照），要求を満足しない代替案は原則として不適当とみなして消去することになる．次に，原理的設計解を確定する過程で，より詳しい情報が集められる．それゆえにまず，新しく得られた情報を用いて，評価しようとしているすべての提案も，やはり要求仕様を満たしているかどうかを明らかにすることを勧める．これは，Yes/No という新しい決定，すなわち新しい選択プロセスを必要とする.

ここでは，より具体的な段階にあるわけだが，それでもすべての代替案について，確信をもって上記の決断を下すことは，さらなる労力を払わない限り，期待できない．そのような労力を払うことは，設計者にとって望ましくないかもしれず，あるいは，この段階では不可能である．この時点で与えられる情報の状態では，ある要件がどのくらい達成されそうかを決めるだけが可能かもしれない．この場合は，特定の要件が満たされる見込みが，追加的な評価基準となるかもしれない.

一群の要件は最低限の要件であり，これ以上必要かどうかを確認しなければならない．必要な場合は，さらに評価基準が求められる.

概念設計フェーズにおける評価のために，**技術的特徴**および**経済的特徴**は，どちらもできるだけ早い機会に検討しておくべきである [6.4]．原理的設計解を確定していく段階では，コストを数字で与えられないのが普通である．それでも，経済的観点は少なくとも定性的に，そして，工業上および環境上の安全の要件も同様に，定性的に考慮しなければならない.

したがって，技術的基準，経済的基準および安全基準を，同時に考慮することが必要である．評価基準は，**図 6.22** に示す主要項目から導き出すのがよい．これらは，実体設計のチェックリスト（7.6 節参照）やその他の提案に従っている [6.8].

課題に関連するチェックリスト中のどの項目にも，少なくとも一つの評価基準が割り当てられなければならない．重複して評価されないように，これらの基準は全体目的に関して互いに独立でなければならない．ユーザーの基準は，本質的に最初の五つと最後の三つの項目に含めてある．また，メーカーの基準は，実体化，品質管理，組立およびコストの項目に含まれている.

したがって評価基準は，次の項目から導き出せる.

主要項目	例
機能	選択した設計解原理あるいは代替概念を実現するのに必要な必須の補助機能要素の特徴.
動作原理	単純明快な機能，十分な効果，外乱要因の少なさといった観点から選択された一つまたは複数の原理の特徴.
実体化	構成要素の数が少ないこと．複雑さのレベルが低いこと．所要スペースが小さいこと．レイアウト設計あるいは形状設計上特別な問題がないこと.
安全	直接的安全実現技術（本来もっている安全）を優先して利用すること．安全対策を付加する必要がないこと．産業上および環境への安全を保証すること.
人間工学	マン－マシン関係を満足すること．ストレスを与えたり、あるいは健康を損ねることがないこと．美観が優れていること.
生産	生産方法の数が少なく確立されていること．設備が高価でないこと．構成部品の形状が単純で数が少ないこと.
品質管理	必要な試験や点検の数が少ないこと．手順が簡単で信頼性が高いこと.
組立	容易で，組み立てやすく，迅速に行えること．特別な補助具を必要としないこと.
輸送	通常の輸送手段を利用すること．危険がないこと.
操作	操作が簡単なこと．稼動寿命が長いこと．摩耗量が少ないこと．ハンドリングが容易で簡単なこと.
メンテナンス	維持や清掃がほとんど必要なく，簡単であること．検査が容易であること．修理が容易であること.
リサイクル	部品の回復，安全な廃棄が容易であること.
コスト	特別なランニングコストあるいは関連するコストが必要ないこと. スケジュール上，問題がないこと.

図 6.22　概念設計フェーズにおける設計評価のための主要項目のチェックリスト

1. 仕様書：
   - 要求項目を満たす見込み（どの程度の見込みか，どのような困難があるか).
   - 最低限の要件を，どれだけ超えて満足させるのが望ましいか（どの程度超えるか)
   - 要望（満足する，満足しない，どれくらい満足するか)
2. チェックリスト（図 6.22 参照）の一般的な技術的および経済的特徴（どの範囲まで網羅しているか，どの程度満足するか)

概念設計フェーズにおいて，評価基準の全体数はあまり多くてはいけない．基準の数は，通常 15～30 で十分である（図 6.41 参照).

(2)　評価基準の重みづけ

採用された評価基準は，重要度が著しく異なることがある．しかし，概念設計フェーズでは，実体化が相対的に進んでおらず，情報のレベルがかなり低いので，重みづけをすることは勧められない．

評価基準の選択では，さしあたり重みの低い特性を無視し，おおよそのバランスがとれるようにする方がずっと得策である．結果として，評価は主要な特性に集中するので，一見して明確なものになるであろう．しかし，後になって無視できないような，きわめて重要な用件については，重み因子を考慮して再度評価し直さなければならない．

(3)　パラメータのとりまとめ

すでに特定している評価基準を，チェックリストの項目の順番に沿って列挙し，それらに代替案のパラメータを割り当てるのがよいことが，過去にわかっている．この段階で定量的な情報が入手できるものは，すべて組み入れなければならない．一般に，このような定量的データは「原理的設計代替案の確定」とよぶステップから得られる．しかし，概念設計フェーズにおいて，すべてのパラメータを定量化することは不可能であるから，定性的なものは言葉で表現して，価値の尺度と関連づけなければならない．

(4)　価値の査定

配点の根拠は問題を生じるが，概念設計フェーズでは，あまり控えめに評価するのは望ましくない．

VDI ガイドライン 2225 で提案されている 0〜4 配点システムを使う場合は，とくに代替案の数が多いときや，評価グループが合意して一つの正確な得点を付けられないときに，中間的な値を割り当てたいと感じるかもしれない．そのような場合に，問題となっている配点に傾向マーク（↓，↑）を付しておくと役に立つ（図 6.41 参照）．評価の不確かさを見積もるときに，この傾向マークによって不確かさを考慮することができる．また 0〜10 段階評価は，実際に存在しない厳密さを存在するかのように思わせかねない．この段階では，配点に関して議論することが不必要な場合が多い．代替概念の評価の過程ではよく起こることであるが，配点の根拠がまったく不確かであるなら，検討中の配点に疑問符を付けておけばよい（図 6.41 参照）．

概念設計フェーズにおいて，コストに実際の数値を与えることが難しいとわかることがある．それゆえ，製造コストに関して**経済的評点** R_e を設定することは一般的に可能ではない．とはいえ，技術的観点と経済的観点は，ある程度の範囲まで定性的に識別でき，分離することができる．**S 線図**（図 3.35 参照）が，同じような目的で使用される（図 6.18 に示した試験装置に関する**図 6.23～図 6.25** までを参照）．

同様に，ユーザーとメーカーの基準による分類も役立つことがわかっている，メーカーの基準は**経済的評点** R_e を含む一方，ユーザーの基準は**技術的評点** R_t を含むのが普通なので，前述したものと同様に分類できる．

技術的基準＼代替案	11 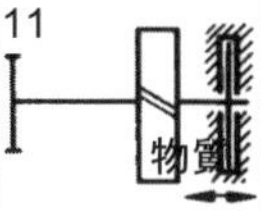	13 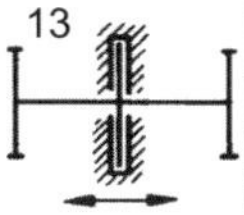	15 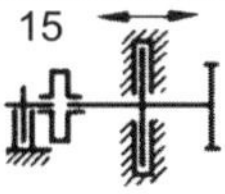	25 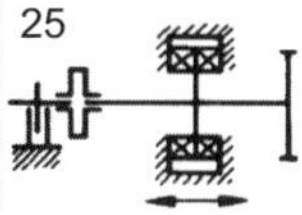	35 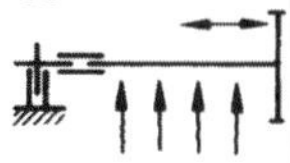
1) 継手運動の乱れの小ささ	(1) 3	4	4	4	3
2) 操作の単純さ	3	4	4	4	3
3) 継手の交換の容易性	4	3	4	4	4
4) 機能の安全性	2	4	3	3	3
5) 構造の単純さ	(1) 2	2	2	2	3
合計	14	17	17	17	16
$R_t=\frac{合計}{20}$	0.7	0.85	0.85	0.85	0.80

(1)ピニオンの軸方向変位によるトルクの変化

図 6.23　残った原理的設計解の代替案の技術的評価（図 6.19 参照）

三つの表示形式が，次のように可能である．

- 暗黙に経済的観点を含む技術的評点（図 6.41 と図 6.55 参照）
- 技術的評点と経済的評点の分離（図 6.23 と図 6.25 参照）
- ユーザーとメーカーの基準による比較の追加

どの形式を選ぶかは問題と入手できる情報の量に依存する．

(5)　全体価値の決定

配点を評価基準と代替案に割り当てたら，あとは単に加算するだけで全体価値が決

代替案 経済的基準	11 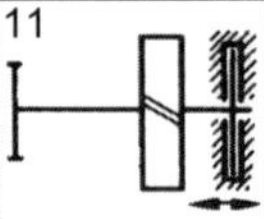	13 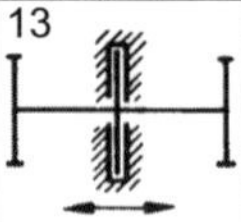	15 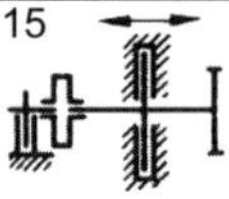	25 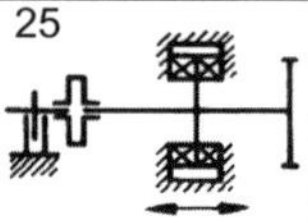	35 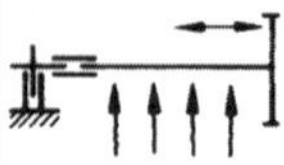
1) 材料コストの低さ	2	3	4	4	(1) 2
2) 組立コストの低さ	2	(2) 1	3	3	3
3) 試験時間の短さ	2	4	3	3	2
4) 企業内の工場での生産の可能性	3	3	3	3	2
合計	9	11	13	13	9
$R_e = \dfrac{合計}{16}$	0.56	0.69	0.81	0.81	0.56

(1)オーステナイト鋼製の軸　(2)トルク測定用軸は移動されなければならない

図 6.24　残った原理的設計解の代替案の経済的評価（図 6.19 参照）

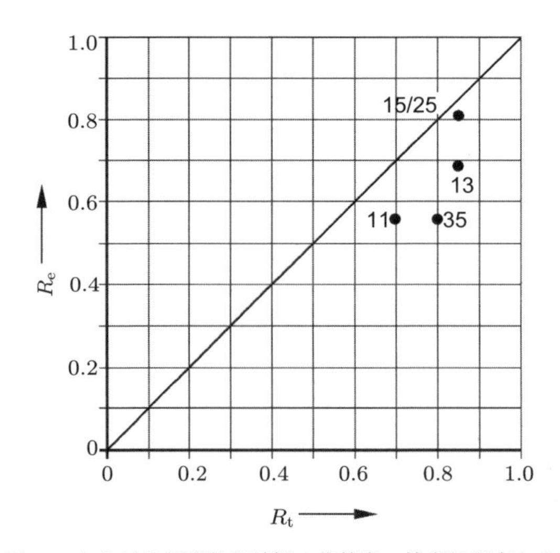

図 6.25　図 6.23 と図 6.24 における原理的設計解の代替案の技術的評点および経済的評点の比較

定できる．評価の不確かさにより，個々の代替案に対してある範囲をもった配点しかできない場合，あるいは傾向マークが使われている場合は，さらに，可能な最小および最大の合計点数を定め，全体価値の予想範囲を求めることができる（図 6.41 参照）．

(6) 代替概念の比較

一般に，比較のためには価値の絶対的尺度がより適切である．とくにこれは，特定の代替案が目標に対して相対的に近いか遠いかをかなり簡単に明らかにしてくれる．目標に対して60％台以下の代替概念は，それ以降は展開する意味がない．

代替案の評点が80％以上で，価値プロフィールのバランスがよければ，すなわち個々の特性が極端に悪くなければ，通常，それ以上改善することなしに，次の実体設計フェーズに移してよい．

評点が中間の代替案も，弱点を除去し，あるいは組合せを改善した後，実体設計に移してもよい．

二つあるいはそれ以上の代替案が，実際上は同等なことはよくある．この場合に，わずかな違いを基に最終決断をすることは重大な間違いである．評価の不確かさ，弱点，価値プロフィールをさらに厳密に検討すべきである．そのような代替案は，次のステップで確定することも必要である．スケジュール，動向，会社の戦略などは，別々に評価して考慮しなければならない [6.4].

(7) 評価の不確かさの見積り

このステップは，とくに概念設計フェーズにおいて非常に重要なので，省略してはならない．評価法は単なる補助手段であって，この結果から自動的に決定する手段ではない．不確かさは，以前に考察した手順によって決める必要がある．しかし，この時点では，好ましい代替概念（たとえば図6.41の代替案B）に見られるように，情報の欠落を埋めることが必要である．

(8) 弱点の探索

概念設計フェーズにおいては，価値プロフィールが重要な役割を果たす．評点は高いが，明確な弱点（バランスのよくない価値プロフィール）をもつ代替案は，その後の展開において非常にやっかいなものとなるかも知れない．実体設計フェーズよりも概念設計フェーズにおいて，次のようなことが起こりやすい．すなわち，当初は評価の不確かさが認識されず，後になって弱点が感知されることがある．その結果，その概念全体が疑わしくなり，すべての開発作業は無駄に終わってしまいかねない．

そのような場合には，評点がわずかに低いが，価値プロフィールのバランスがよい代替案を選ぶ方が危険はずっと少ない（図3.38参照）．

有望な代替案の中の弱点は，ほかの代替案の中の，よりよい下位設計解と入れ替えることによって取り除けることが多い．さらに，よりよい情報を用いることによって，満足のいかない下位設計解の置換えを探索することができる．6.6節（図6.41参照）

で議論する問題における最適な代替案の選択では，このようにして，ここまで示してきた基準が不可欠な役割を果たしている．評価の不確かさを見積もるときや，弱点の探索においても，とくに重大な決断をする場合には，起こり得るリスクの見込みや大さを査定しておくことが望ましい．

6.5.3　概念開発の実際上の応用

概念あるいは原理的設計解の選択は，**実体設計フェーズ開始の基礎**となる（図6.1参照）．しばしばこれは，組織や個人の変化の必要性を示唆する．なぜなら，仕事の性質が変化するからである．このようにして，適切な動作構造から原理的設計解の代替案へと確定することや，それに続く概念設計フェーズの最後における評価は，製品開発の主たる重要なものとなっている．代替案の数が多い場合は，さらに追求すべき一つもしくは数個の概念に減らす必要がある．この決定には重い責任を負い，原理的設計解が評価に値する状態のときにだけ，決定が下すことができる．極端な場合，初歩的な計算や試験結果によって裏づけられたラフな縮小レイアウト図が必要になることもある．工業界や大学における研究成果［6.8］から，このような計算と表現は，概念設計の総時間の60％までになる．

動作原理と動作構造の**表現**は，従来どおりのスケッチの範囲に留まると思われる．ラフなレイアウト図や，とりわけもっと重要な設計解の詳細が，いまでは広くCADを利用して表現されている．この非常に創造性が高い段階では，CADのユーザーインタフェースの形式的なことを考慮する必要がないので，手で動作構造をスケッチすることには長所がある．CADを利用して設計解原理を固めることは，初期の製品モデルをシステムへ入力する努力が必要であるにもかかわらず，役立つことである．なぜなら，レイアウトや個々の部品に変更を加えることが，非常に効率的に行えるからである．動的なシステムについては，CADモデルを利用した初期のシミュレーションも可能である．

どのような場合でも，動作構造全体を同じレベルの詳細さでまとめ上げないことは目的にかなったことである（**効率**と不可欠な特徴を特定するという理由から）．そのねらいは，概念を評価したり，どれを実体設計フェーズへ移すか選択したりするうえで不可欠となる，それらの動作原理や部品または構造の一部に焦点を当てることである．Richterは，この課題に対して提案を行っている［6.10］．

6.4節および6.5節で述べたステップにおいて，反復がしばしば行われることを，ここでは再び強調しておかねばならない．一方では，動作原理を組み合わせ，選択するために，その詳細を調べる必要があるかも知れないし，他方では，原理的設計解の大まかなレイアウトを作成する間に，動作原理のためのまったく新しいアイデアが生じてくるかも知れない．

原理的設計解あるいは概念は，**あいまいさなく文書化**されなければならないことを強調しておく．また，動作構造のどの部分あるいは機能要素が，既存の標準部品によって実現され，どれが特別に設計される必要があるかを明確にしなければならない．

6.6　概念設計の例

この節では，いかにしてアプローチが適用されるかについての二つの例を挙げよう．最初の例は主要な流れが材料である課題で，2 番目は主要な流れがエネルギーの場合のものである．2 番目の例の実体設計フェーズは，7.7 節で引き続き述べられている．信号の流れの一例が，この章の前節まで使われている（図 6.4～6.6 および図 6.20 参照）．

6.6.*1*　家庭用片手混合水栓

片手混合水栓は，水温と流量を片手で調整する装置である．このプロジェクトは，**図 6.26** に示した書類の形で，計画立案部門から設計部門に送られてきた．

片手混合水栓

要求：**次の特性をもつ，家庭で使われる片手混合水栓**

流量：10 **リットル/分**

最大圧力：6 bar

基準圧力：2 bar

温水温度：60 ℃

コネクタ寸法：10 mm

外観に注意を払うこと．会社のトレードマークは目立つように表示すること．製品は 2 **年以内に市販すること．製造コストは生産量が月産** 3000 **個において，**DM30 **を超えないこと．**

図 6.26　片手混合水栓，製品企画部署が提案した課題の例．

ステップ 1：要求される性能の明確化と仕様書の作成

付属品，標準規格，安全規制および人間工学的要因に関する最新のデータを基に，最初の仕様書の原案を**図 6.27** に示す修正版に置き換えた．

ステップ 2：問題の本質を確定するための抽象化

抽象化の基本は仕様書にある．仕様書から**図 6.28** にたどりつくことが可能である．簡単な混合水栓の設計解は，ダイアフラムあるいは弁によって水を計量することを基本にして，設計解原理を選ぶ必要のあることを示唆していた．熱交換器などを介して外部エネルギーを導入することにより，水を熱くしたり，冷たくしたりするような代

ダルムシュタット工科大学		仕様書 片手混合水栓	ページ：1
変　更	D W	要　件	担　当
	D	1　最大流量は，2 bar で 10 L/min	
	D	2　最大圧力は 10 bar（テスト圧力は DIN 2401 では 15 bar）	
	D	3　水温：標準 60°C（短時間のみ 100°C）	
	D	4　流量と圧力に無関係に温度を設定できること	
	W	5　温水源と冷水源で圧力差±5 bar における許容温度変動±5°C	
	D	6　管継手：2×銅管，10×1 mm，l=400 mm	
	D	7　単口アタッチメント $Ø35^{+2}_{-1}$ mm，水ため器の肉厚 0〜18 mm （DIN EN31，DIN EN32，DIN 1368 を参照のこと）	
	D	8　水ため器の上端から流出口までの距離：50 mm	
	D	9　家庭の水ため器に適合すること	
	W	10　壁面取付けに改造できること	
	D	11　軽力操作（子供のため）	
	D	12　外部エネルギーは不要のこと	
	D	13　硬質水源（飲み水）	
	D	14　温度設定をはっきり確認できること	
	D	15　トレードマークを目立つように表示すること	
	D	16　弁が閉まっているとき，二つの水源を分離できること	
	W	17　水抜きのとき，水源は分離されていること	
	D	18　ハンドルは 35°C 以上にならないこと	
	W	19　管継手に触れても燃えないこと	
	W	20　余分にかかるコストが少なければ，やけど防止対策をすること	
	D	21　操作法がわかりやすく，取扱いが単純で便利なこと	
	D	22　形状がなめらかで，掃除しやすいこと	
	D	23　操作時に音がしないこと（≦20 db，DIN 52218 による）	
	W	24　約 300000 回使用でき，稼動寿命 10 年間	
	D	25　メンテナンスが容易で，修理が簡単なこと．標準予備部品が使えること	
	D	26　最大製造コストは 1 個あたり 30 DM（日産 3000 個に対して）	
	D	27　開発開始からのスケジュール 概念設計　実体設計　詳細設計　試作品 2　4　6　9　箇月後	
		第 1 号（1973 年 12 月 6 日付）と差し替え	

図 6.27　片手混合水栓の仕様書

案は捨てた．その理由は，それらがより高価で，制御のための時間遅れが生じるからである，その企業の以前の製品で，その価値が証明されているということから，追加的な説明なしに正常な設計解原理を選択することは，いくつかの技術的な部門に共通

問題の定式化:
温水と冷水を止めるか，
あるいは計量することに
よって，混合後の水温が
流量に関係なく，希望の
温度に調節できること

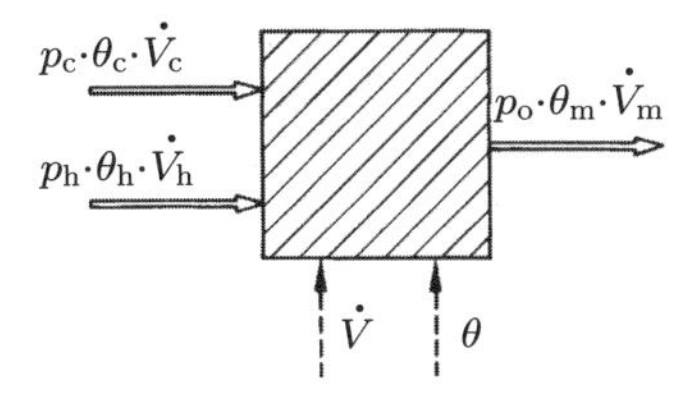

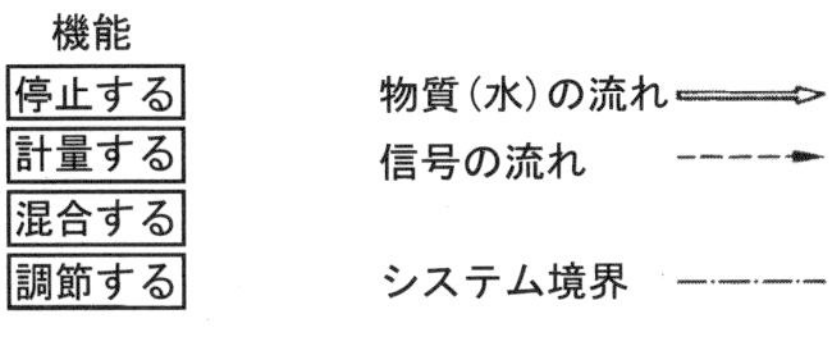

図 6.28　仕様書（図 6.27）に対応した問題の設定と全体機能
$\dot{V}$＝体積流量，p＝圧力，θ＝温度
添字：c＝冷たい，h＝熱い，m＝混合された，o＝大気

流量:

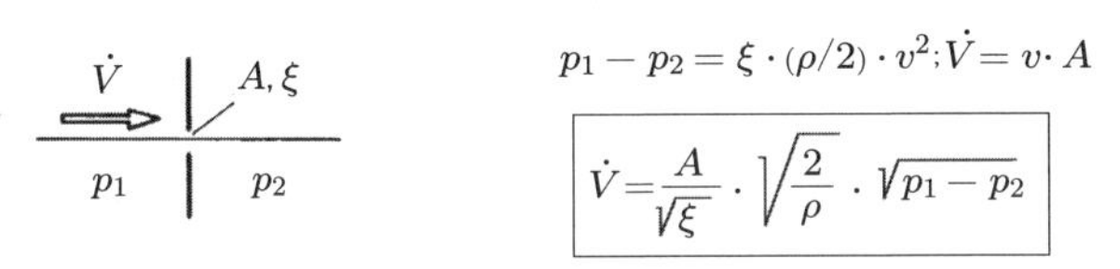

$$p_1 - p_2 = \xi \cdot (\rho/2) \cdot v^2; \dot{V} = v \cdot A$$

$$\dot{V} = \frac{A}{\sqrt{\xi}} \cdot \sqrt{\frac{2}{\rho}} \cdot \sqrt{p_1 - p_2}$$

温度:

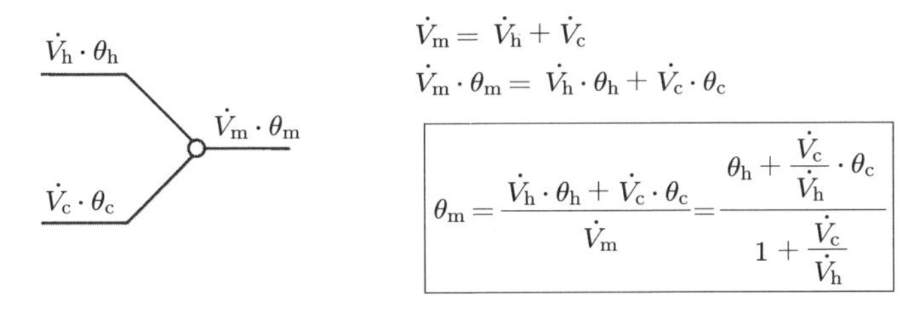

$$\dot{V}_m = \dot{V}_h + \dot{V}_c$$

$$\dot{V}_m \cdot \theta_m = \dot{V}_h \cdot \theta_h + \dot{V}_c \cdot \theta_c$$

$$\theta_m = \frac{\dot{V}_h \cdot \theta_h + \dot{V}_c \cdot \theta_c}{\dot{V}_m} = \frac{\theta_h + \dfrac{\dot{V}_c}{\dot{V}_h} \cdot \theta_c}{1 + \dfrac{\dot{V}_c}{\dot{V}_h}}$$

図 6.29　同じ流体の混合流れの温度と流量の物理的関係

的で理にかなったアプローチである．

次に，ダイアフラムあるいは弁を通過する混合流れの流量と温度に関する物理的関係が決められた（**図 6.29** 参照）．

温度と流量の調整は，弁またはダイアフラムという同じ物理的原理に基づいている．

流量割合 $\dot{V}_m$ の変化については，流れは線形で，信号 $S_{\dot{V}}$ の設定と同じ方向に変化しなければならない．しかも，温度 θ_m は変化してはならない．すなわち，温水と冷水の流量比 $\dot{V}_c/\dot{V}_h$ は一定であって，信号 $S_{\dot{V}}$ の設定位置に無関係でなければならない．

温度 θ_m の変化については，流量 $\dot{V}_m$ はやはり変化してはならない．すなわち，流

量の合計 $\dot{V}_{\mathrm{m}}=\dot{V}_{\mathrm{c}}+\dot{V}_{\mathrm{h}}$ は一定であるから，温度を変えるには冷水と温水の流量 $\dot{V}_{\mathrm{h}}$ と $\dot{V}_{\mathrm{h}}$ を，信号 $S_{\dot{V}}$ の設定に応じて，線形でしかも互いに反対方向に変化させなければならない．

ステップ3：機能構造の確立

最初の機能構造は，下位機能から導き出せた．

- 止める→計量する→混合する
- 流量を調節する
- 温度を調節する

物理的原理はよく知られている（弁を使って測定する）ので，最初の機能構造の構造レイアウトを変化させ，展開させて，最良のシステムとその挙動が決定された（**図6.30～6.32** 参照）．結果として，図6.32に示す機能構造が，その出力温度がほぼ線形な特性をもつことから，もっとも満足できるものとして選択された．

ステップ4：下位機能を実現する設計解原理の探索

図6.32の機能構造は最良の挙動を示すので，その課題は，「二つの流路面積を，同時に，または順番に変えよ．ある一つの動作によって同方向に変え，第2の独立な動作によって反対方向に変えよ」となる．設計解を見つける最初の試みとして，ブレインストーミングが用いられた．結果を**図6.33**に示す．

ブレインストーミングの過程で提案された設計解はチェックされた．とくに，$\dot{V}$ と θ の設定が独立であるかどうかが確認された．この複合動作を解析することにより，生成された動作原理に対する次のような特徴が示された．

1. **流量 $\dot{V}$ と温度 θ に関して，弁座面に対して接線方向に別々の動作をする設計解**
   - おのおのの弁の流路面積が，対応する動作に平行して移動する二つのエッジによって調節されるのであれば，$\dot{V}$ と θ の設定の独立性は保証される．これは，エッジが互いにある角度でかつ直線的に動かなければならないことを意味している．その結果，いずれの弁も2対のまっすぐで平行なエッジをもつことになる（**図6.34** 参照）．このことにより，一つの設定（$\dot{V}$ あるいは θ）が調節されるとき，もう一方の設定は同時に調節されないことを保証している．
   - 調節エッジの配置．弁の流路面積を作る個々の部品は，互いに向き合い，動作の方向に位置する少なくとも二つのエッジをもたなければならない．
   - $\dot{V}$ の設定については，両方の弁の流路面積は，同時にゼロに近づかなければならない．θ の設定については，一つの面積がゼロに近づくとき，他方は最大値 $\dot{V}_{\mathrm{max}}$ に近づかなければならない．
   - このことは，$\dot{V}$ の設定については，両方の弁の面積を調節する一対のエッジは，

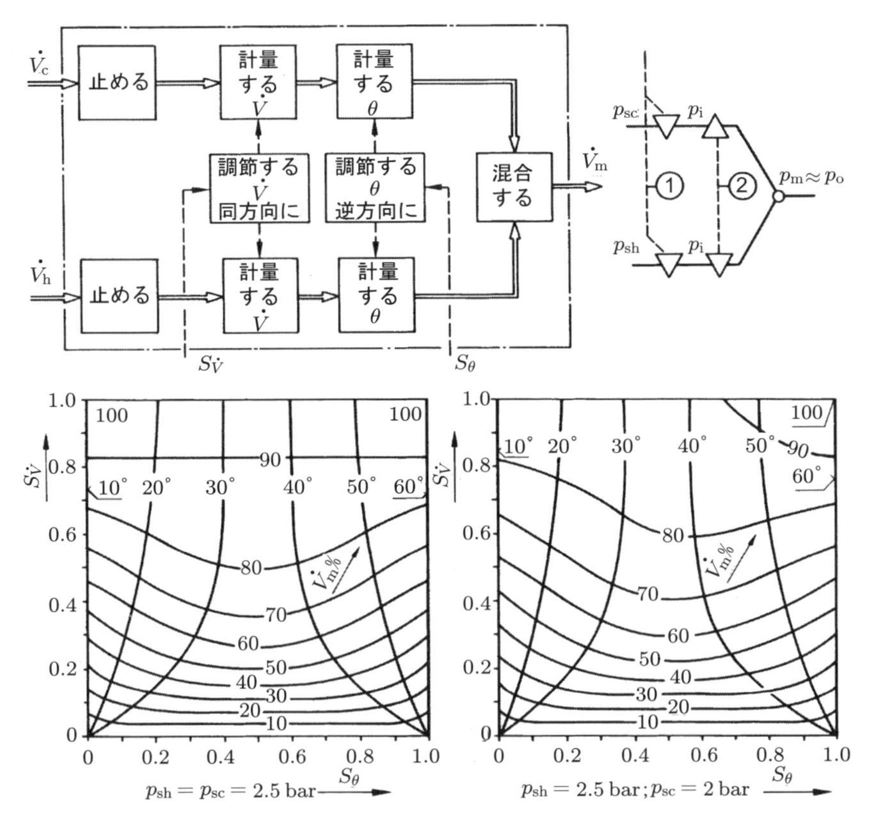

図 6.30 図 6.28 に基づいた片手混合水栓の機能構造．混合前に，別々に流量の測定①と温度の調節②を行う．図では，定温度線と定率流量線が，与えられた温度設定 S_θ と流量設定 $S_{\dot{V}}$ に対してプロットされている．①と②の入口における圧力の相互効果により，温度と流量の特性は $S_{\dot{V}} = 0.825$ 以外では非線形である．したがって，この特性は流量が少ない場合には不適当である．冷水源と温水源の圧力差（この場合，$P_{sh} - P_{sc} = 0.5$ bar）によって，これらの線は移動する．$S_{\dot{V}} = 0.825$ の場合でももはや $S_{\dot{V}}$ と S_θ は互いに無関係ではなくなる（右の図）

同じ方向に互いに近づいていくように動くか，あるいはそれぞれが互いに離れていくように動かなければならないことを意味する．また，θ の設定については，二つの弁の面積を調節するエッジは，互いに逆方向に動かなければならないことを意味している．

- 弁座面は，平面か円筒形か球面のいずれでもよい．
- この種の設計解は，単一の弁部品で目的を果たすことができ，設計は簡単になるように思える．

2. $\dot{V}$ と θ に関して，弁座面に対して垂直方向に別々の動作をする設計解

- この設計解のグループは，弁座面から弁をもち上げるすべての動作を含んでいる．

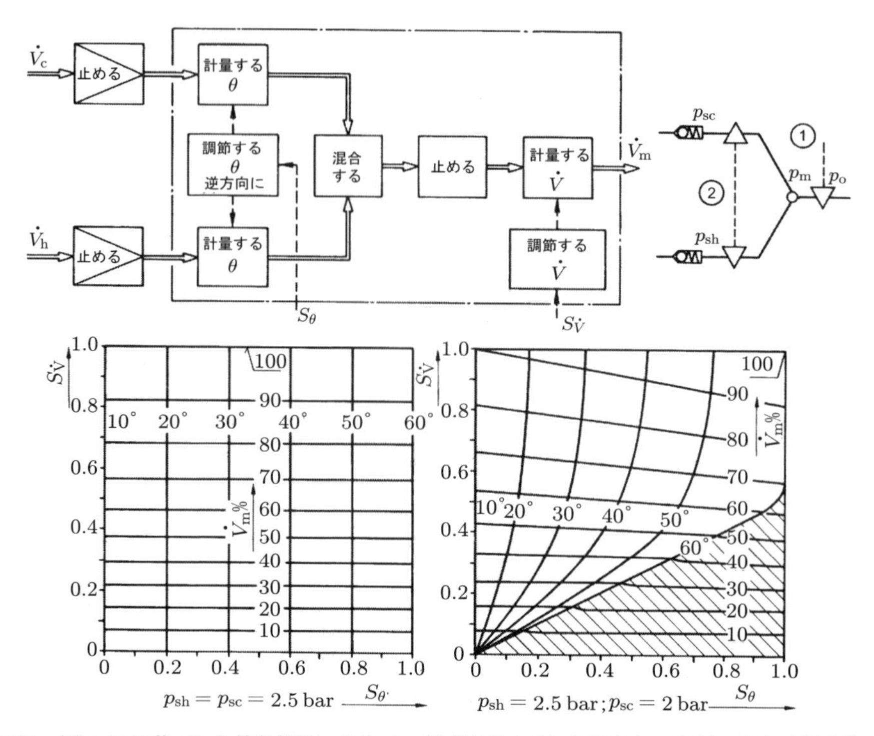

図 6.31　図 6.28 に基づいた機能構造．ここで，温度は混合前に設定され，流量の測定は混合後に行われる．冷水と温水の供給パイプ内の圧力が同じとき，流量と温度の設定は，温度－流量の計測弁を通る圧力差が同じであるために，互いに無関係である．その挙動は線形である．しかし，供給パイプの間に圧力差があるとき，特性は線形ではなくなり，混合チャンバ内の圧力が小さい方の供給圧力値に近づくにつれて，とくに流量が少ないとき，特性は大きく変わる．それを超えたら，冷水あるいは（図の場合は）温水だけが，温度設定とは無関係に流れ出る．

しかし，実際には，座面に対して垂直な動作の場合のみが可能である．

- $\dot{V}$ と θ を独立に設定することは，制御要素（継手機構）を追加することによってのみ達成できる．
- 設計には，より大きな努力が必要と思われる．

3．$\dot{V}$ と θ に関して，弁座面に対して接線方向の一種類の動作をする設計解

- $\dot{V}$ と θ の設定の独立性を保証するために，継手要素を追加する．
- 設計解は，上記 2 に挙げたものと同様である．これらは座面の形状と，その結果で得られる動きの点で異なるだけである．

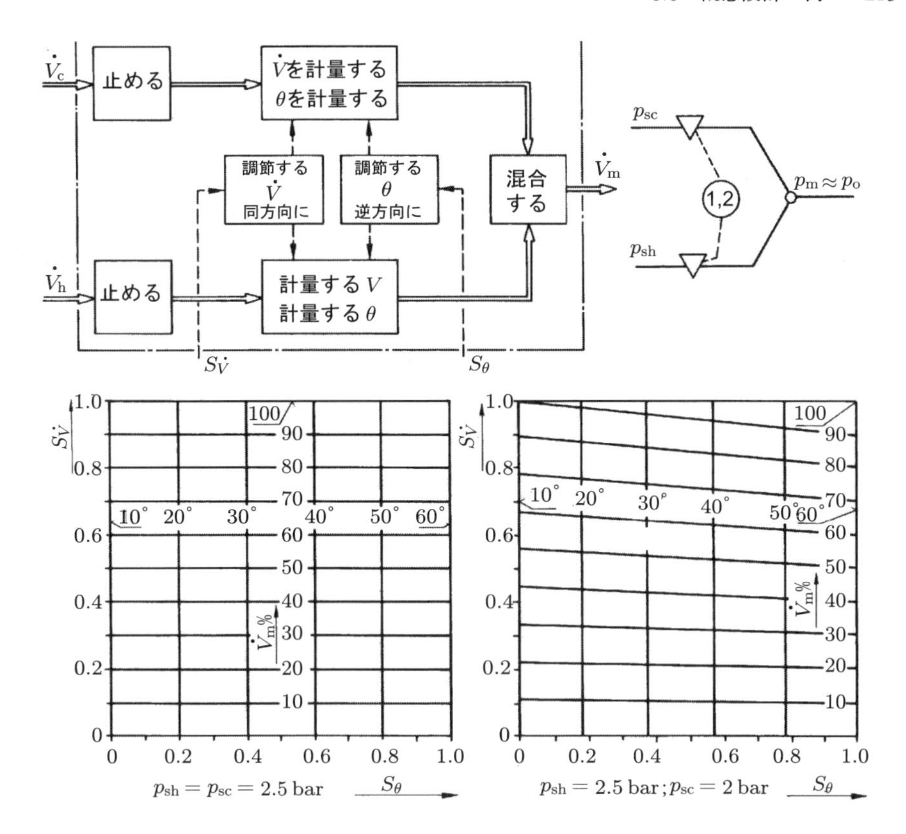

図 6.32　図 6.28 に基づいた機能構造．それぞれの入り口における温度と流量は，別個に測定されてから混合される．温度と流量の特性は線形である．冷水と温水の供給圧力が異なっても，大きな変化はない．

4．$\dot{V}$ については座面に垂直な動作と，θ については接線方向の動作，およびその逆の動作をする設計解

- これらの設計解は，継手機構を用いても，$\dot{V}$ と θ を独立して設定しようという要求を満足できない．それゆえ全体機能は達成されない．

設計解の最初のグループ（弁の座面に対する接線の角度 θ と $\dot{V}$ の動き）は，あいまいさのない振る舞いをして，複雑ではないように見える．したがって，それらはさらに追求された．形式的な選択手順は必要ではない．他方で，有用な部品と動きの種類がさらに解析されなければならなかった．この解析した結果は，**図 6.35** に示すような分類基準となった．ここで，(−)の記号は，もっとも適していない特徴を示している．**図 6.36** は，異なる様式と動きに基づいた可能な動作原理の分類表を示している．

・円管
軸方向の動き$=\theta$
回転$=\dot{V}$

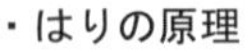

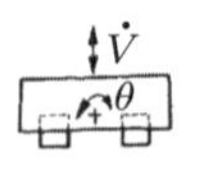

・はりの原理の逆

・円管の逆

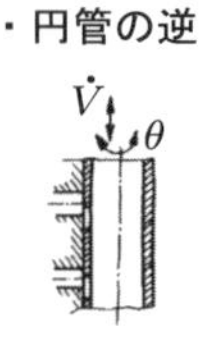

・2枚の板

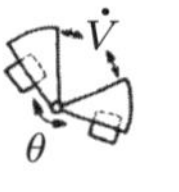

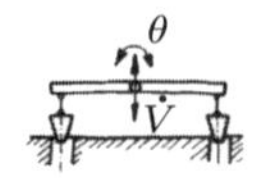

・対向した弁
はさみの原理, ラックとピニオンにより操作される

・すべりくさび ⟶ すべり板
・すべり板の逆(上記と同じ)

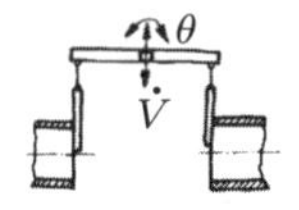

・円すいカムで動くパイプの中のボール

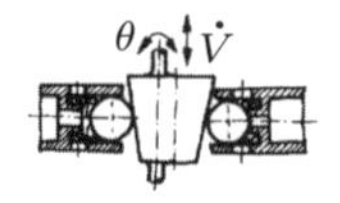

・軸方向の動きがある回転弁の板
(正しい混合を保証する鋭いエッジがある)

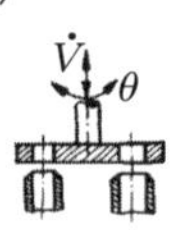

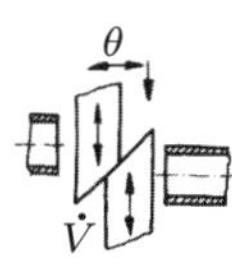

・噴射ポンプ・絞りフラップ
・二つの絞りフラップ
・三方ミキサー

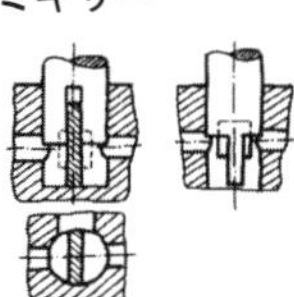

・面取りされた円筒

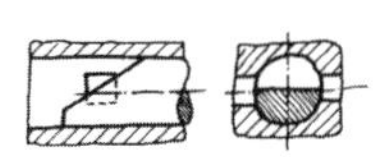

・ピボットとスイベル(自在軸受)
・制御レバー
・ボール
中心の穴
偏心穴

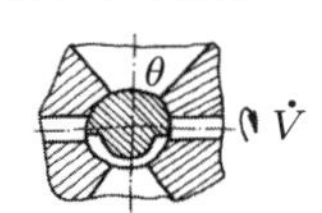

・二つのたわみ管
(楕円カムかくさびで押しつぶされる)

・開き口の間を動くくさび

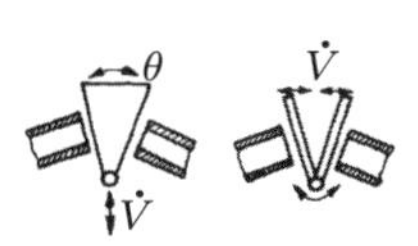

・膜

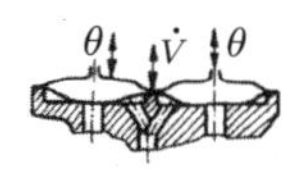

・二つの基本的な可能性
剛な継手／メカニズムを介して

・アイリス(虹彩)
・スピンクタ(括約筋)
・うす

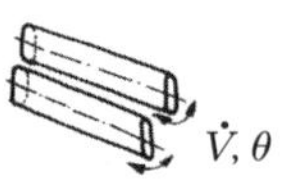

図 6.33　課題「二つの流れの面積を同時にあるいは継続的に，同じ方向の一つの動作と反対方向の独立した第2の動作によって変えよ」に対する設計解原理を見つけるためのブレインストーミングを行なった結果

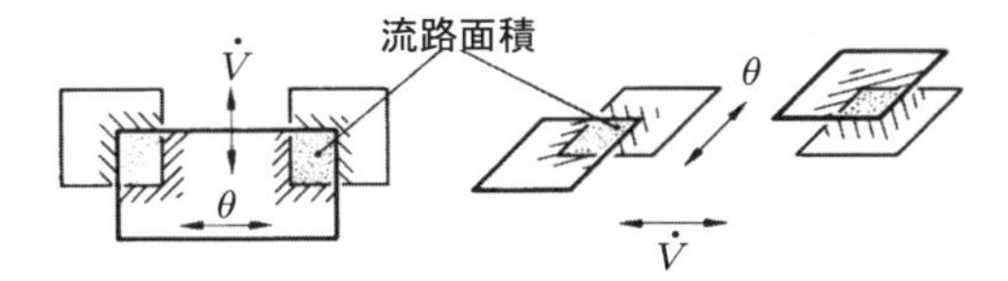

図 6.34　弁の位置における調節エッジと動作

	分類基準	パラメータ
行	動作要素の形	平板
		くさび形（−）
		円筒
		円すい（−）
		球
		特別な弾性体（−）
列	動きの方向	直接（一部分）
		間接（機構）（−）
	動き	$\dot{V}$, θ 一要素
		$\dot{V}$, θ いくつかの要素
	動きの方向	座面に垂直（↑）（−）
	$\dot{V}$ と θ	座面に接線方向（→）
	動き $\dot{V}$ と θ の型	過渡的
		回転型

図 6.35　片手混合水栓の動作原理に対する分類基準とパラメータ

弁の形状 ＼ 動作の種類		並進／並進	並進／回転	回転／回転
		1	2	3
平板	A	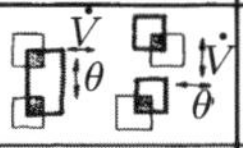 $\dot{V}$ θ $\dot{V}$ θ	○	○
円筒	B	○	 $\dot{V}$ θ $\dot{V}$ θ	○
円すい	C	○	○	○
球	D	○	○	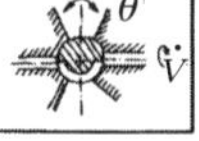 θ $\dot{V}$

図 6.36　片手混合水栓問題の設計解のための分類表．動作は座面に対して接線方向．$\dot{V}$ と θ の調節は互いにある角度をもった二つの独立した動作によって行う．

ステップ5：設計解原理の選択

図6.36に示されたすべての動作原理が仕様書の要求を実現させ，経済的であるように思われる．それゆえに，三つすべてが原理的設計解へと確定された．

ステップ6：代替概念の確定

ここでは議論しないが，設定の可能性や操作要素に関するより深い検討により，動作原理から原理的設計代替案を確定することができた（**図6.37～6.40**参照）．

ステップ7：代替概念の評価

VDIガイドライン2225に従って，評価チャートを用いてこのステップを実行した．さらに，評価の不確かさと弱点を調べた（**図6.41**参照）．

バランスのとれた価値プロフィールと改善の可能性の点で，設計案B（図6.38参照）がほかの案よりも好ましいことになった．

球を使う設計案D（図6.40参照）は，製造や組立の問題をさらに研究して，よい結果が得られたのであれば，採否が検討されたであろう．

ステップ8：次のステップの決定

掃除のしやすさ，部品点数の少なさなどの観点で，操作レバーを改善することも含

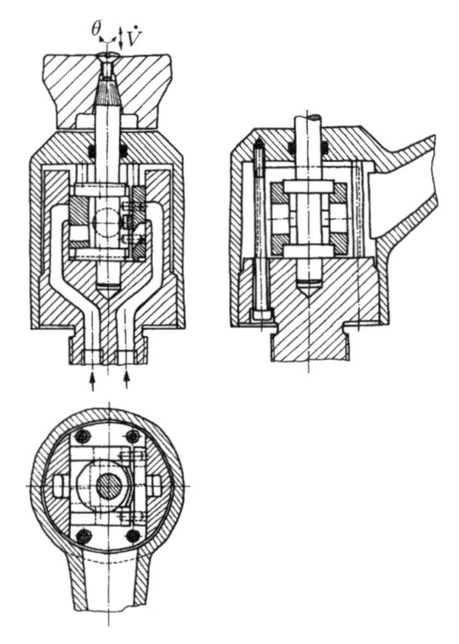

図6.37　片手混合水栓の設計解A：「引き上げて回転させる偏心グリップを用いた平板の解」

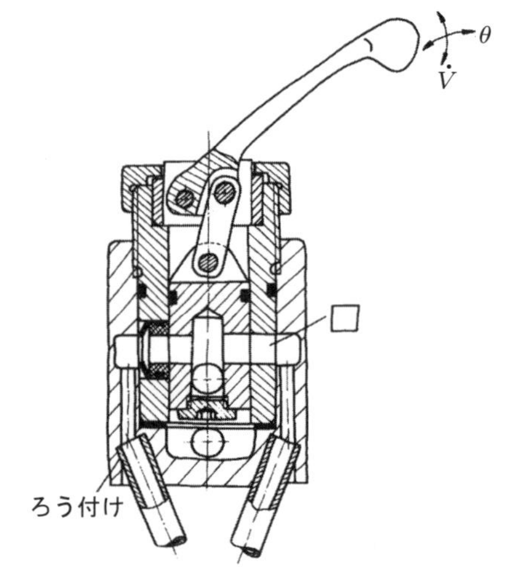

図6.38　片手混合水栓の設計解B：「レバーを用いた円筒の解」

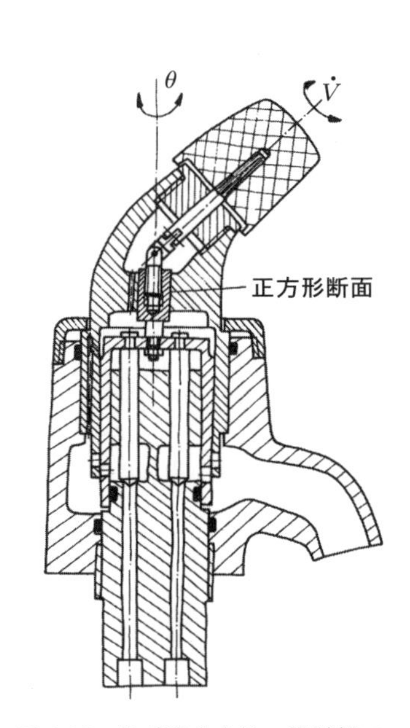

図 6.39 片手混合水栓の設計解 C：「エンド弁 (end valve) と密閉機能を付加した円筒の解」

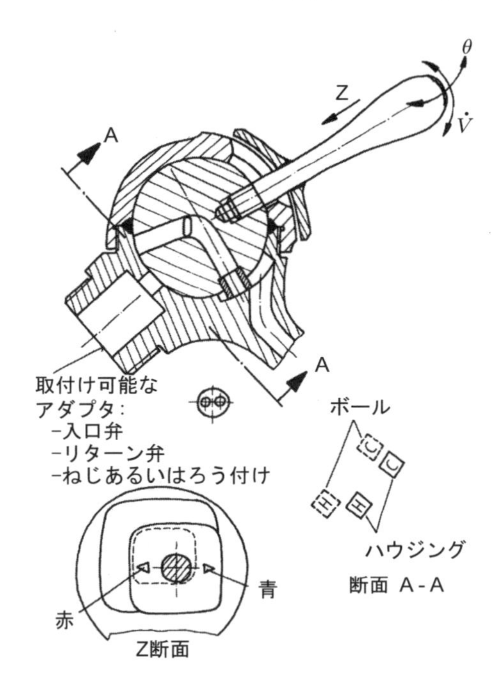

図 6.40 片手混合水栓の設計解 D：「球面の解」

めた設計解 B の図面を描くことが決定した．また，最終評価のために再検証することを目指して，設計解 D の情報レベルを改善することも決められた．

6.6.2 衝撃負荷試験装置

ステップ 1：要求される性能の明確化と仕様書の作成

2 番目の例は，ある試験機の開発についてである [6.12]．この試験機は，所定のトルクが単独または連続的に衝撃負荷されるときの軸 - ハブ結合の耐久性を検査するために使われた．仕様書を作成する前に，次のような質問に答える必要があった．

- 衝撃荷重の負荷とはどのような意味か．
- 実際に，どのような衝撃的なトルクが回転機械に負荷されるか．
- キー連結体の場合，どのような荷重測定が可能か，また有効か．

最初の二つの質問に答えるため，フライス盤，クレーン駆動機，農業機械および圧延ローラについての時間に対するトルク変動の特性が，文献から得られた．最大のトルクの増加率 $\mathrm{d}T/\mathrm{d}t = 125 \times 10^3$ Nm/s という条件が選択された．**図 6.42** に示すトルク - 時間曲線が，変化させる必要のあるパラメータを確定するために使われた．

ダルムシュタット工科大学			評価チャート 片手混合水栓										ページ1		
チェックリストの項目順			P：現設計案 （P）：改善後に採用可能な代替案	A		B		C		D		E		F	
	No.	評価基準	W	P	(P)	P	(P)	P	(P)	P	(P)	P	(P)	P	(P)
機能	1	しずくを残さずに流れを止める信頼性	1	1		3		3 I	4	1					
動作原理	2	信頼できる再現可能な設定 （カルシウムに強く，摩耗の少ない部品）	1	2		3		2 I	3	3					
実体設計	3	小型化の要求	1	3↑		2		2		4					
生産	4	少ない部品点数	1	1		2 I		1 W		4					
	5	単純な製造法	1	1		3		2		1?	4				
組立	6	簡単な組立	1	2		3		2		2↑ J	3				
操作	7	便利な操作 敏感な設定	1	1		3		4		2					
	8	簡単な維持 （掃除が簡単）	1	4↓		2 I		3		2					
メンテナンス	9	簡単なメンテナンス （標準ツールの使用，管継手取外し不要）	1	1		1		2 W		1? J	3				
	10														
	11														
	12														
	13														
	14														
?　不確かな評価 ↑　傾向マーク：より良い ↓　傾向マーク：より悪い		$P_{max}=4$	Σ	16		24	(26)	21	(23)	20	(26)				
		R_t		0.45		0.67		0.58		0.56					
		順位		4		1	(1)	2	(3)	3	(2)				

代替案／基準の正当化（J），弱点（W），改善（I）

C1	ゴムシールを付けること		
B4	レバーのメカニズムを簡単にすること		
D6 D9	組立中のボールの位置が不確定		
B8	B4とともに改善すること		
D9	レバーのアタッチメント		

決定	設計解Bの制御要素を改善したものを開発すること 設計解Dは生産の可能性を再吟味して，2箇月以内に結果を提出すること

日付：11.10.73	署名：Dhz	

図 6.41　片手混合水栓：原理的設計解の代替案 A，B，C，D の評価

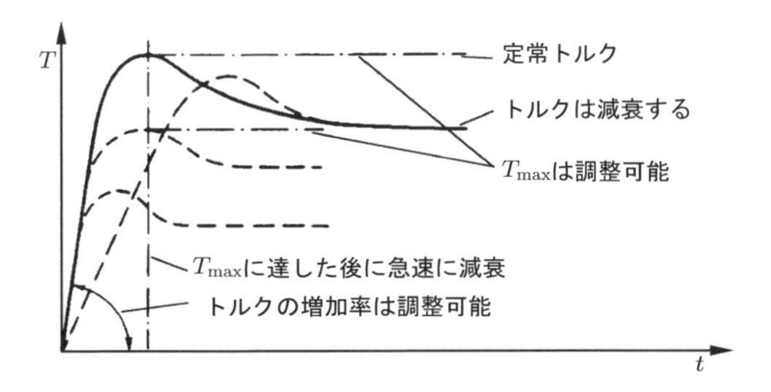

図 6.42　衝撃負荷に対する調整可能な条件：立ち上がり時間，最高値，持続時間

ほかのものと同様に，これらの要件は，**図 6.43** に示す仕様書において文書化された．それらは，図 6.22 のチェックリストに従って分類されたものである．

ステップ 2：問題の本質を確定するための抽象化

6.2.3 項の推奨に沿って，仕様書が抽象化された．その結果が**表 6.2** に示されている．

ステップ 3：機能構造の構築

機能構造の構築は，まず全体機能の定式化を必要とした．全体機能は，問題の設定から**図 6.44** のように直接得られた．

この例では，不可欠な下位機能は，エネルギーの流れから生じる．また，測定に対しては，信号の流れから生じる．

- 入力エネルギーを荷重（トルク）に変換する．
- 入力エネルギーを制御機能用の補助エネルギーに変換する．
- エネルギーを衝撃動作のために貯蔵する．
- 荷重エネルギーあるいは荷重の大きさを制御する．
- 荷重の大きさを変える．
- 荷重エネルギーを伝達する．
- 荷重を試験片すなわち，その作用面に負荷する．
- 荷重を測定する．
- 応力（ひずみ）を測定する．

段階的に機能構造を作り上げていくことで異なる配置が生まれ，個々の下位機能の追加あるいは削除によって，いくつかの機能構造の代替案が作成された．**図 6.45** は，これらを展開した順序に従って作成した記録である．この段階では測定するという機能は概念を決定しないように見える．機能構造の代替案 4 が設計解探索のために選ばれた．なぜなら，代替案 4 は同じように有望な代替案 5 の下位機能すべてを含んで

ベルリン工科大学		仕様書 衝撃負荷試験装置	ページ：1
変　更	D W	要　件	担　当
		形　状	
	D	供試連結体を置く場所があること	
	D	供試軸の直径：≦100 mm であること（キーの寸法は DIN 6885 による）	
	D	ハブ側の負荷点は長手方向に変えられること	
		運　動	
	D	負荷は静止状態の軸にかけられること	
	D	負荷の方向は一方のみ	
	W	負荷の方向は任意に設定できること	
	W	入力トルクはハブ側から軸側，あるいは軸側からハブ側のいずれの側からも負荷できること	
		力	
	D	純ねじりにより，軸－ハブ系に負荷できること （すなわち，せん断や曲げモーメントの影響を受けないこと）	
	D	最低 3 秒間は最大トルクが維持できること	
	D	負荷周波数は低いこと（理由：測定原理による）	
	W	軸－ハブ－キー結合系における振動はできるだけ抑えること	
	D	直径 100 mm の軸の負荷容量に対応する 1500 Nm まで最大トルクを調整できること	
	D	最大トルク到達後，トルクを急速に減衰できること	
	D	トルクの増加率 $\mathrm{d}T/\mathrm{d}t$ は調整可能なこと．最大 $\mathrm{d}T/\mathrm{d}t = 125 \times 10^3$ Nm/s	
	D	トルク－時間曲線は再現性があること	
	W	塑性変形を与えられること．必要なら破壊させることも可能なこと	
		エネルギー	
	D	電力消費量≦5 kW/380 V	
		材　料	
	W	軸とハブ：S45C	
		信　号	
	D	測定：供試連結体前後のトルク 　　　連結部とキー表面の全長にわたる表面応力	
	D	測定結果が記録できること	
	W	測定点には簡単に接近できること	
		第　号（　年　月　日付）と差し替え	

図 6.43　衝撃負荷試験装置の仕様（出典 [6.12]）

ベルリン工科大学		仕様書 衝撃負荷試験装置	ページ：2
変　更	D W	要　件	担　当
		<u>安全と人間工学</u>	
	W	試験装置の操作はできる限り簡単なこと （たとえば，迅速にしかも簡単に組み立てられること）	
	W	装置の動作原理は環境上良好なこと（低騒音，清潔，低振動）	
		<u>生産と品質管理</u>	
	D	すべての部品は個々に製造されること	
	D	軸－ハブ結合の品質は（記載がある限り）DIN 6885 に従うこと．さもなくば，DIN 748（動力，電気モータその他の軸端の標準）のシート 2，3 に従うこと．	
	W	自社内の工場で試験装置を製造できること	
	W	極力購入部品と標準部品を使用すること	
		<u>組立と輸送</u>	
	W	試験装置は小型かつ軽量であること	
	W	特別な基礎は不要なこと	
		<u>操作とメンテナンス</u>	
	W	摩耗する部品は少数で単純であること	
	W	メンテナンス不要であるのが好ましい	
		<u>コスト</u>	
		製造コスト≦20000 DM（研究への応用を検討すること）	
		<u>スケジュール</u>	
	D	概念設計の締切：1973 年 7 月	
1973年 6月28日		概念設計の締切：1973 年 7 月 20 日	Militz
		第　号（　年　月　日付）と差し替え	

図 6.43 （つづき）

いたからである．

ステップ 4：下位機能を実現する設計解原理の探索

設計解原理を探索するときに，3.2 節で述べた次の方法が用いられた．

- 従来法：文献検索および既存の試験機の分析
- 直観的方法：ブレインストーミング

表 6.2　図 6.43 の仕様書に基づいた問題の設定と抽象化

第1ステップと第2ステップの結果
—供試軸の直径≦100 mm
—ハブ側の負荷点は長手方向に変えられること
—軸を静止した状態で負荷すること
—最大 15000 Nm までの調節可能な純トルクが負荷できること
—3秒以上トルクが維持できること
—トルクは瞬間的に除荷できること
—最大のトルク増加率 $\mathrm{d}T/\mathrm{d}t = 125 \times 10^3$ Nm/s
—トルク－時間の関係は再現性があること
—$T_{\text{in front}}$ と T_{behind} の大きさと σ は，測定できること
第3ステップの結果
—軸とハブがキー連結された機構に，トルクの大きさと増加率，維持時間および除荷が調節できる衝撃トルクを負荷する装置を作ること
—静止した供試軸でトルクと負荷をチェックすること
第4ステップの結果
—試験時に調節可能な動的トルクを負荷すること
—入力負荷と応力，ひずみが測定できること
第5ステップの結果
—「負荷と応力，ひずみを同時に測定し，動的に変化するトルクを負荷すること」

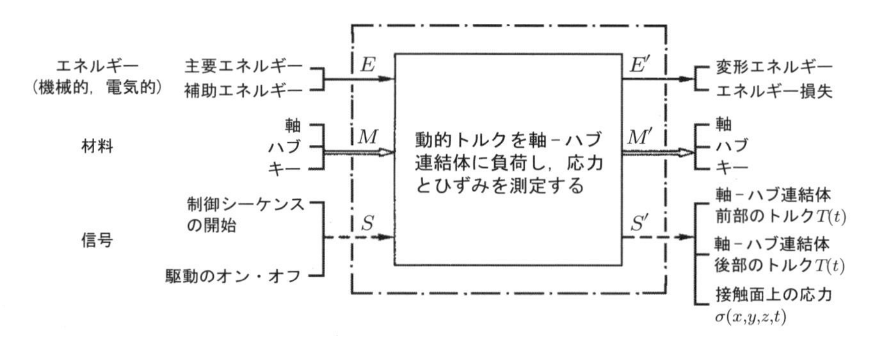

図 6.44　衝撃負荷試験装置の全体機能

- 推論的方法：エネルギー，作用運動および作用面の種類を用いた，分類表による体系的探索．同様に，変化する力に関するカタログも利用

見つかった動作原理を組み合わせるために，分類表が作成された（**図 6.46** 参照）．紙面の都合から，もっとも重要な下位機能と動作原理だけが示されている．明らかに不適切である原理は，拒否されて分類表から除かれた．適時な排除は，それに続く努力を最小化するには重要である．

コメント	機能構造
制御信号を伴うエネルギーの流れ．「変換する」と「制御する」は交換できる．	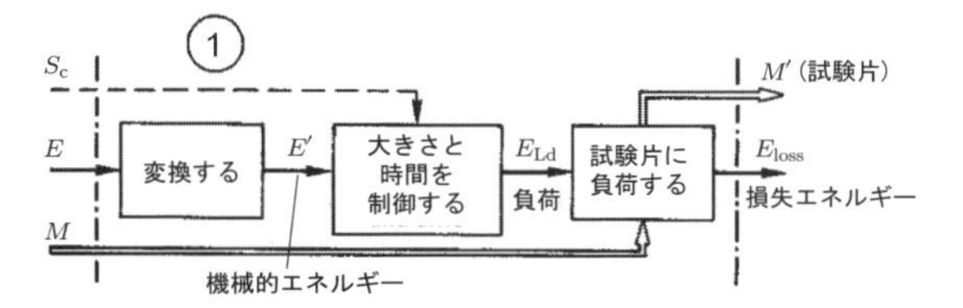
入力エネルギーはまず，制御しやすい中間的なエネルギーに交換する．	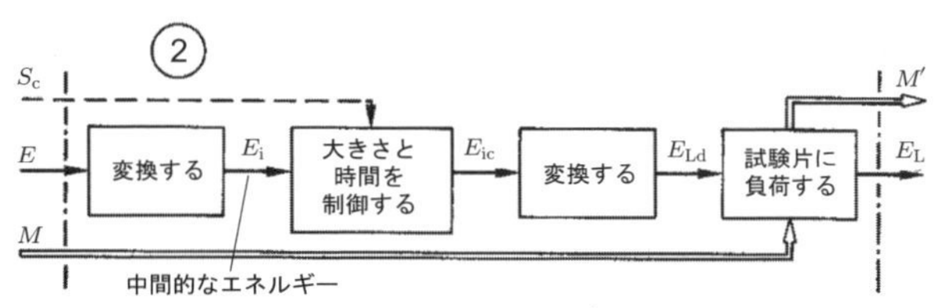
プログラムの保存，エネルギーの保存，エネルギーの増加と放出（すなわちスイッチング）を追加する．	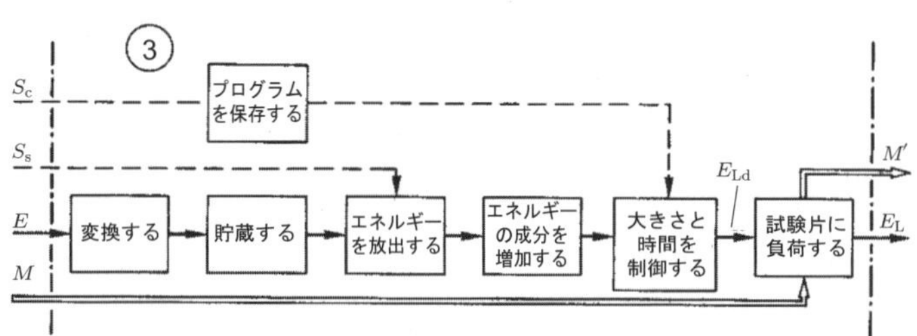
機能「増加する」をさらに細分する．下位機能「変換する」を「負荷する」の前に挿入して，制御されたエネルギーを，「トルク」に変換できるようにする．	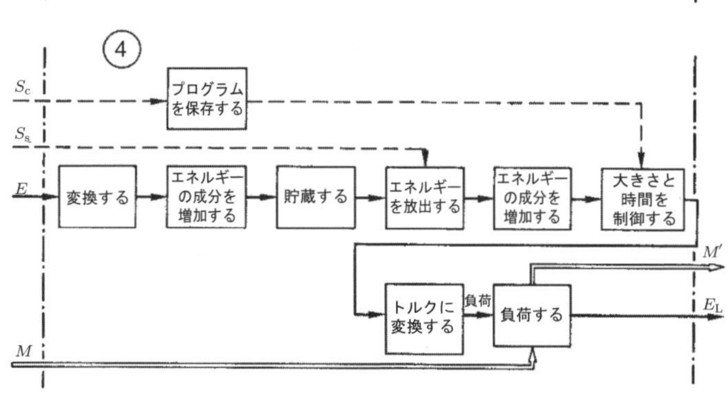
電気的あるいは油圧でエネルギーを入力する．「プログラムを保存する」はシステムの外に置く．	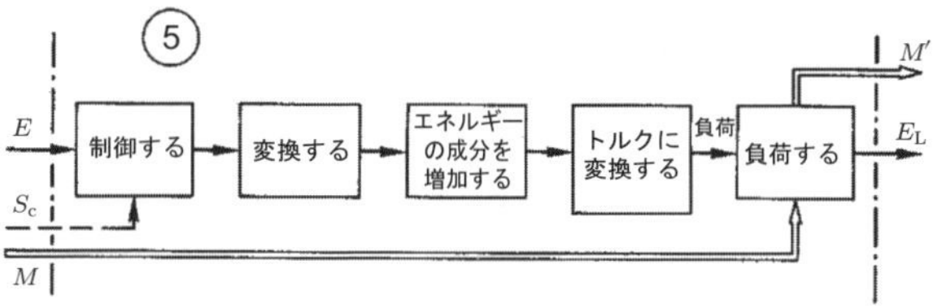

図 6.45　段階的に構築した機能構造の代替案

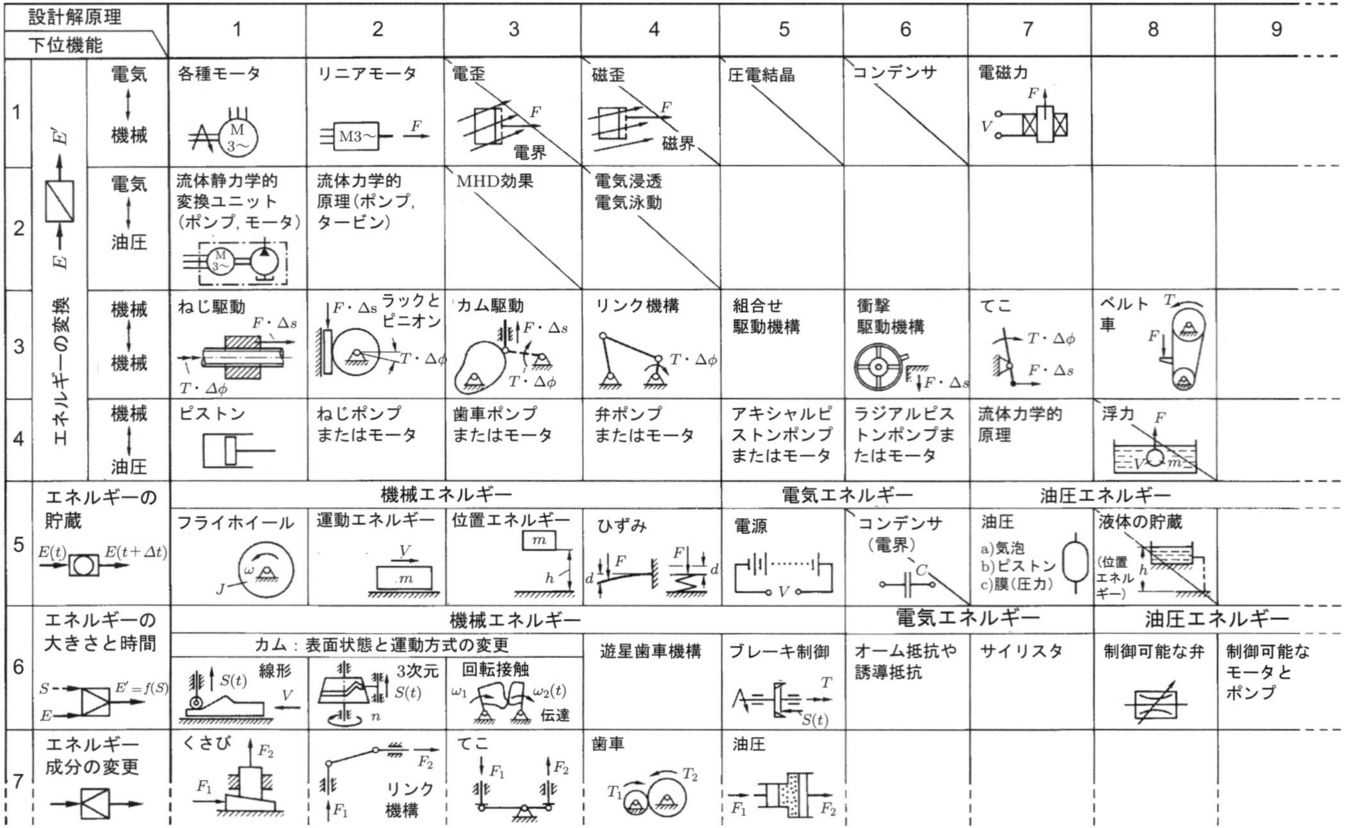

下位機能 ＼ 設計解原理			1	2	3	4	5	6	7	8	9
1	エネルギーの変換 $E \to E'$	電気 ↔ 機械	各種モータ	リニアモータ	電歪	磁歪	圧電結晶	コンデンサ	電磁力		
2		電気 ↔ 油圧	流体静力学的変換ユニット（ポンプ，モータ）	流体力学的原理（ポンプ，タービン）	MHD効果	電気浸透 電気泳動					
3		機械 ↔ 機械	ねじ駆動	ラックとピニオン	カム駆動	リンク機構	組合せ駆動機構	衝撃駆動機構	てこ	ベルト車	
4		機械 ↔ 油圧	ピストン	ねじポンプまたはモータ	歯車ポンプまたはモータ	弁ポンプまたはモータ	アキシャルピストンポンプまたはモータ	ラジアルピストンポンプまたはモータ	流体力学的原理	浮力	
5	エネルギーの貯蔵 $E(t) \to E(t+\Delta t)$		機械エネルギー				電気エネルギー		油圧エネルギー		
			フライホイール	運動エネルギー	位置エネルギー	ひずみ	電源	コンデンサ（電界）	油圧 a)気泡 b)ピストン c)膜(圧力)	液体の貯蔵（位置エネルギー）	
6	エネルギーの大きさと時間 $S, E \to E'=f(S)$		機械エネルギー					電気エネルギー		油圧エネルギー	
			カム：表面状態と運動方式の変更			遊星歯車機構	ブレーキ制御	オーム抵抗や誘導抵抗	サイリスタ	制御可能な弁	制御可能なモータとポンプ
			線形	3次元	回転接触 伝達						
7	エネルギー成分の変更		くさび	リンク機構	てこ	歯車	油圧				

図 6.46　衝撃負荷試験装置に関する分類表からの抜粋

ステップ5：動作原理の組合せ

動作原理は，図 6.46 に示された分類表に基づいて組み合わされた．**図 6.47** は，選択された機能構造の代替案 4 と 5 に従って，七つの可能な組合せ（代替案）を示している．下位機能の並びの順序は，機能構造の代替案のそれと一部だけ異なっている．

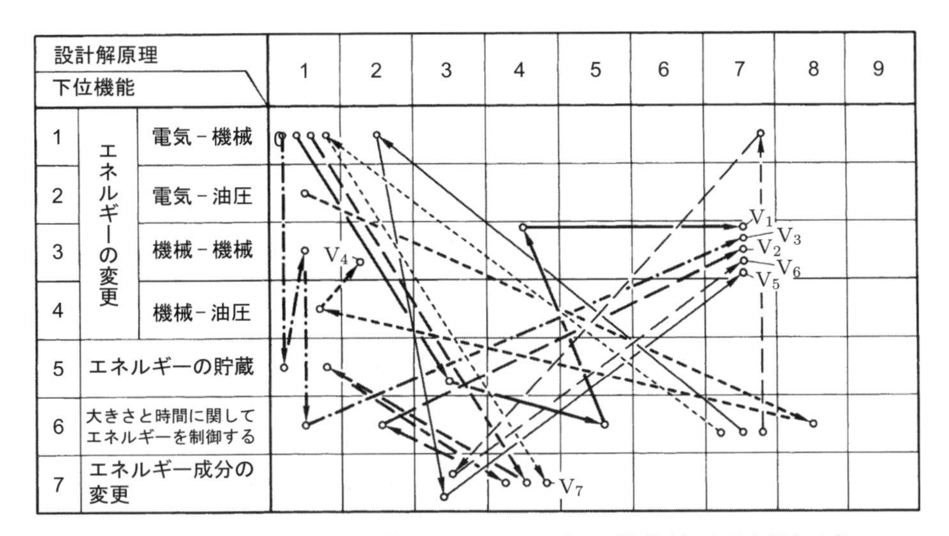

図 6.47　図 6.46 に従った設計解原理の七つの組合せ（代替案）を示す組合せ表

代替案 1：1.1–5.3–6.5–3.4–3.7，代替案 2：1.1–7.4–5.1–7.4–6.2–3.7，代替案 3：1.1–5.1–3.1–6.1–3.7，代替案 4：2.1–6.8–4.1–3.2，代替案 5：6.7–1.2–7.3–3.7，代替案 6：6.7–1.7–7.3–3.7，代替案 7：6.7–1.1–7.4

ステップ6：適切な組合せの選択

確定前に非常に多くの組合せ（動作構造）が作成されたときは，事前選択を実施することを勧める（6.4.3 項参照）．できるだけ早いうちに不適切な組合せを排除することで，労力を減らせる．3.3.1 項で述べた手順の後，七つのうち四つの組合せが有望と思われたが（**図 6.48** 参照），より精密な評価をするために，さらに確定される必要があった．

ステップ7：代替概念の確定

もっとも適切な原理的設計解（概念）の代替案を，確信をもって決定できるようになるには，選択された動作構造を，評価可能な状態まで開発しなければならない．このことは，**図 6.49～6.52** にあるような適切な概念図を描くことを必要とする．ラフなスケッチでは，たいてい，提案がどの程度機能を実現するかを評価するのに十分な詳細までは与えてくれない．

この段階では，大まかな計算やモデル実験が役に立つ．一例として，代替概念 V_2 の，

ベルリン工科大学	選択チャート 衝撃負荷試験装置	ページ：1

代替案（Sv）の評価 選択基準 （＋）可 （－）不可 （？）情報不足 （！）仕様書をチェック	決定 代替案（Sv）の採点 （＋）設計解を追求する （－）設計解を除去する （？）情報を収集する （設計解を再評価） （！）仕様書の変更を検討

A：全体課題との整合性
B：仕様書の要求の実現性
C：原理的な実現可能性
D：コストの許容範囲内
E：直接的安全対策の組入れ
F：設計者の企業の優先度
G：十分な情報

代替案（Sv）を記入	Sv	A	B	C	D	E	F	G	所見（処理，理由）	決定
V_1	1	＋	？	＋	＋	？	－	－	ブレーキの制御のレイアウトに問題あり	＋
V_2	2	＋	＋	＋	＋	＋	＋	＋		＋
V_3	3	＋	＋	＋	＋	＋	＋	＋		＋
V_4	4	＋	＋	＋	？	＋	－	＋	油圧適用経験がない	＋
V_5	5	＋	？	＋	－	＋	－	－	リニアモータの使用経験がない	－
V_6	6	＋	？	＋	？	＋	－	？	磁力出力の要求が大きすぎる	－
V_7	7	＋	？	＋	－	＋	－	？	サイリスタ制御の経験なし	－
	8									
	9									
	10									
	11									
	12									
	13									
	14									
	15									
	16									
	17									
	18									
	19									
	20									

日付：'73年7月15日	署名	

図 6.48　設計解原理の組合せ（代替案）の選択

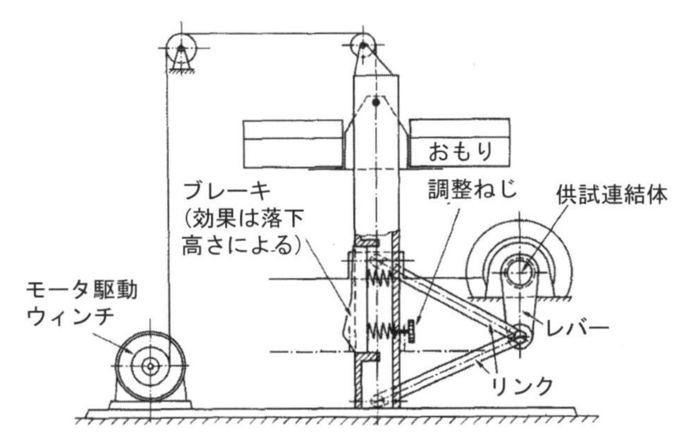

図 6.49　代替概念 V_1

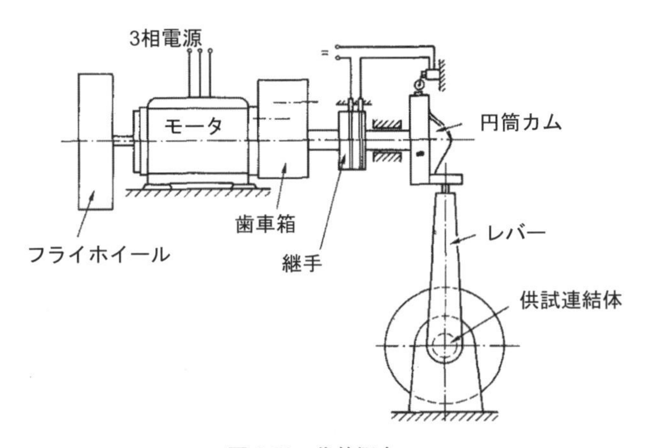

図 6.50　代替概念 V_2

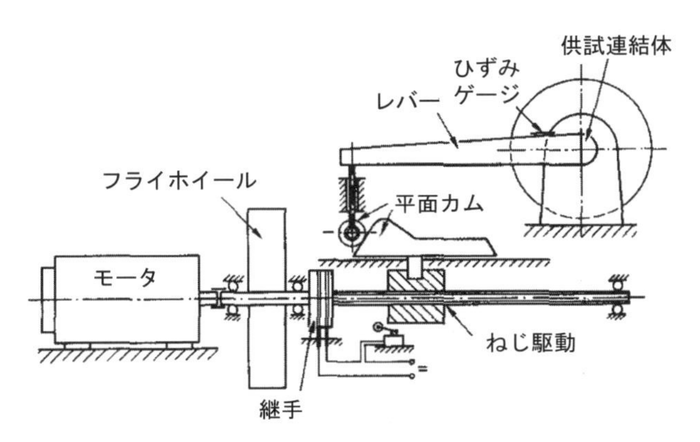

図 6.51　代替概念 V_3

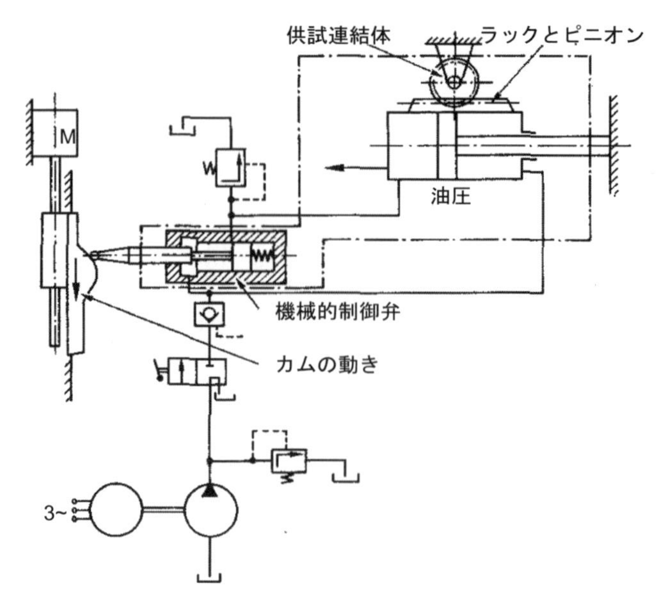

図 6.52　代替概念 V_4

衝撃トルクの制御に用いられる円筒カムと，フライホイールによる必要な慣性モーメントに対する計算を行ってみよう．

図 6.53 に示す円筒カムは，所要トルク増加率 $\mathrm{d}T/\mathrm{d}t = 125 \times 10^3$ Nm/s と最大トルク $T_{\max} = 15 \times 10^3$ Nm を得ることができるだろうか．

計算ステップ：

- 所要トルク増加率で最大トルクに達する時間：

$$\Delta t = \frac{15 \times 10^3}{125 \times 10^3} = 0.12 \text{ s}$$

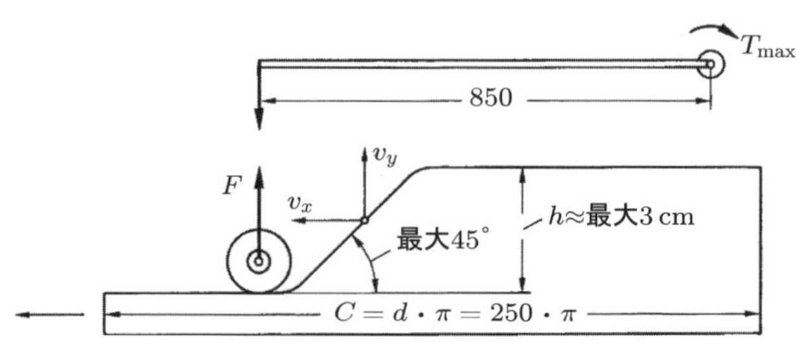

図 6.53　円筒カムの開発

- 負荷レバーの端点に作用する力：

$$F_{\max}=\frac{T_{\max}}{l}=\frac{15\times10^3}{0.85}=17.6\times10^3\ \mathrm{N}$$

負荷レバーは，許容曲げ応力を超えないように，端点で力 $F_{\max}$ を受け，距離 $h=30\ \mathrm{mm}$ だけ移動する，剛性の低い片持ちはりのばねとして扱われる．

- 円筒カムの周速度：

$$v_x=v_y=\frac{h}{\Delta t}=\frac{30}{0.12}=250\ \mathrm{mm/s}$$

- 円筒カムの角速度と回転速度：

$$\omega=\frac{0.25}{0.125}=2.0\ \mathrm{rad/s},\quad n=\frac{60\omega}{2\pi}=19\ \mathrm{rpm}$$

- 回転周期：

$$t_{\mathrm{r}}=\frac{2\pi}{\omega}=3.14\ \mathrm{s}$$

カム駆動系と連結したり，切離したりする電磁クラッチの開閉時間は数 10 分の 1 秒程度なので，この原理を適用することに問題はないはずである．衝撃的なトルク負荷の大きさと増加率は，互換性のあるカムを使用したり，回転周期を変えたりすることで変更できる．

フライホイールの慣性モーメントを見積るステップ：

- 荷重を伝達する部品はすべて弾性変形するという仮定の下で，衝撃に必要なエネルギー（および蓄えられるエネルギー）を見積もる．
  衝撃的なトルクの最大負荷時に蓄えられるエネルギー：

$$E_{\max}=\frac{1}{2}F_{\max}\cdot h=260\ \mathrm{J}$$

  このエネルギー量が，時間間隔 $\Delta t=0.12\ \mathrm{s}$ 内に必要となる．
- フライホイールの寸法：
  選択された最高回転速度 $n_{\max}=1200\ \mathrm{rpm}$，$\omega\cong126\ \mathrm{rad/s}$
  寸法 $r=0.2\ \mathrm{m}$，$w=0.1\ \mathrm{m}$，質量 $m_{\mathrm{f}}=100\ \mathrm{kg}$
  慣性モーメント $J_{\mathrm{f}}=m_{\mathrm{f}}\cdot r^2/2=2\ \mathrm{kgm^2}$
- フライホイールに蓄えられるエネルギー：

$$E_{\mathrm{f}}=\frac{1}{2}J_{\mathrm{f}}\cdot\omega^2=159\times10^2\ \mathrm{J}$$

- 衝撃後の回転速度：

$$E_{\mathrm{after}}=E_{\mathrm{f}}-E_{\max}=15640\ \mathrm{J}$$

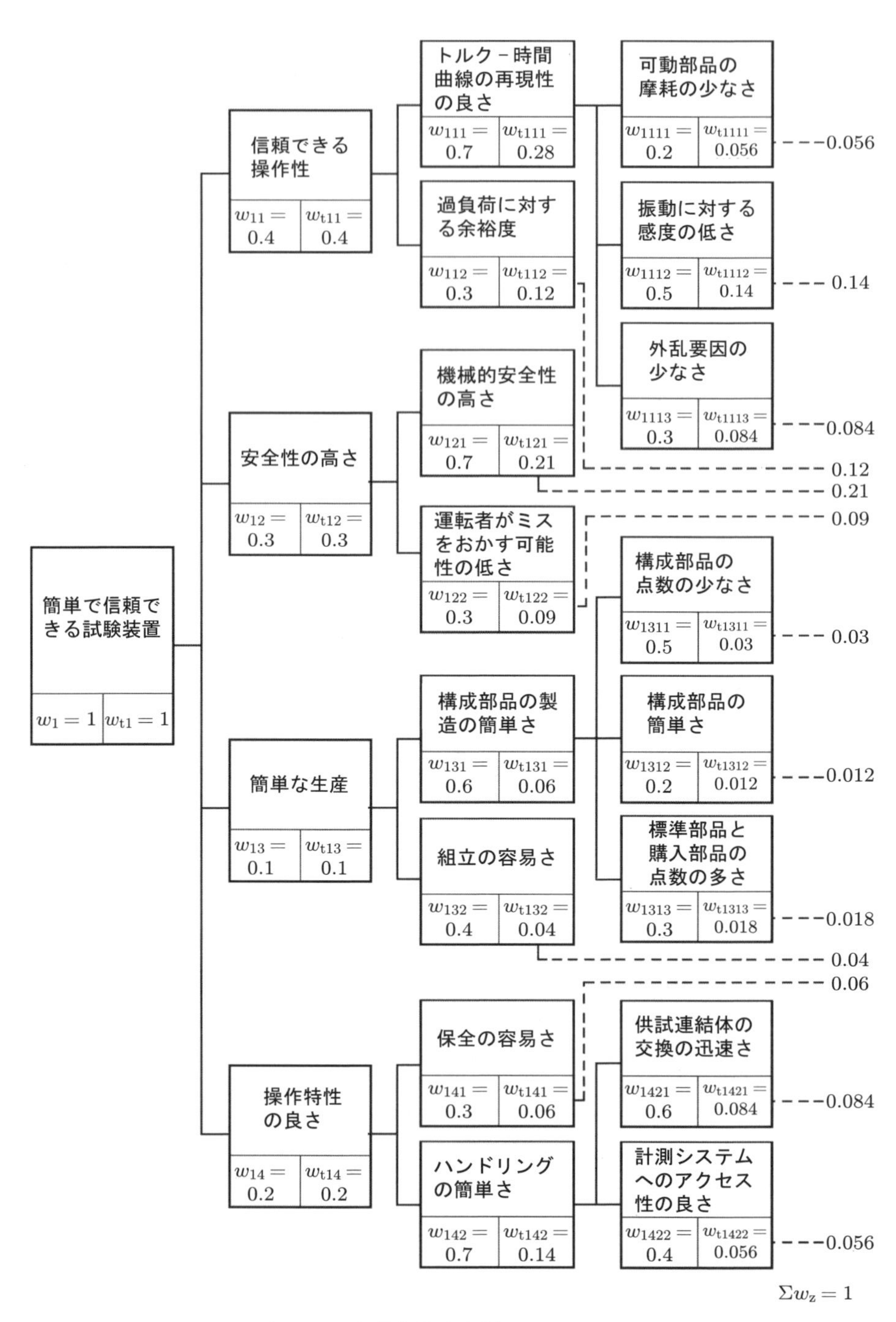

図 6.54　衝撃負荷試験装置の目的ツリー

評価基準			パラメータ		代替案 V_1			代替案 V_2			代替案 V_3			代替案 V_4		
No.		重み		単位	大きさ m_{i1}	価値 v_{i1}	重み付きの価値 wv_{i1}	大きさ m_{i2}	価値 v_{i2}	重み付きの価値 wv_{i2}	大きさ m_{i3}	価値 v_{i3}	重み付きの価値 wv_{i3}	大きさ m_{i4}	価値 v_{i4}	重み付きの価値 wv_{i4}
1	可動部品の摩耗の少なさ	0.056	摩耗量	—	高い	3	0.168	低い	6	0.336	平均的	4	0.224	低い	6	0.336
2	振動に対する感度の低さ	0.14	固有振動数	s^{-1}	410	3	0.420	2370	7	0.980	2370	7	0.980	<410	2	0.280
3	外乱要因の少なさ	0.084	外乱要因	—	高い	2	0.168	低い	7	0.588	低い	6	0.504	(平均的)	4	0.336
4	過負荷に対する余裕度	0.12	過負荷率	%	5	5	0.600	10	7	0.840	10	7	0.840	20	8	0.960
5	機械的安全性の高さ	0.21	期待される機械的安全性	—	平均的	4	0.840	高い	7	1.470	高い	7	1.470	非常に高い	8	1.680
6	運転者がミスをおかす可能性の低さ	0.09	運転者のミスの可能性	—	高い	3	0.270	低い	7	0.630	低い	6	0.540	平均的	4	0.360
7	構成部品の点数の少なさ	0.03	構成部品点数	—	平均的	5	0.150	平均的	4	0.120	平均的	4	0.120	低い	6	0.180
8	構成部品の簡単さ	0.012	構成部品の複雑性	—	低い	6	0.072	低い	7	0.084	平均的	5	0.060	高い	3	0.036
9	標準部品と購入部品の点数の多さ	0.018	標準部品と購入部品の割合	—	低い	2	0.036	平均的	6	0.108	平均的	6	0.108	高い	8	0.144
10	組立の簡単さ	0.04	組立の簡単さ	—	低い	3	0.120	平均的	5	0.200	平均的	5	0.200	高い	7	0.280
11	メンテナンスの容易さ	0.06	メンテナンスの時間とコスト	—	平均的	4	0.240	低い	8	0.480	低い	7	0.420	高い	3	0.180
12	供試連結体の交換の迅速さ	0.084	供試連結体の交換に必要な時間の見積り	min	180	4	0.336	120	7	0.588	120	7	0.588	180	4	0.336
13	計測システムへのアクセス性の良さ	0.056	計測システムへの接アクセス性	—	良い	7	0.392	良い	7	0.392	良い	7	0.392	平均的	5	0.280
		$\Sigma w_i=1.0$		—		$OV_1=51$ $R_1=0.39$	$OWV_1=3.812$ $WR_1=0.38$		$OV_2=85$ $R_2=0.65$	$OWV_2=6.816$ $WR_2=0.68$		$OV_3=78$ $R_3=0.60$	$OWV_3=6.446$ $WR_3=0.64$		$OV_4=68$ $R_4=0.52$	$OWV_4=5.388$ $WR_4=0.54$

図 6.55 衝撃負荷試験装置の四つの代替概念の評価

$$\omega_{\text{after}} = \sqrt{\frac{2E_{\text{after}}}{J_{\text{f}}}} = 125\ \text{rad/s}$$

$$n_{\text{after}} = 1190\ \text{rpm}$$

回転速度の低下量は，非常に小さいように思える．よって，低出力の電気モータを1台使用すれば十分である．

ステップ8：代替概念の評価

ステップ6で選択され，ステップ7で確定された四つの代替案が，コスト便益分析を利用して評価される（3.3.2項参照）．

仕様書における主要な要望を基に，複雑さの異なる一連の評価基準が得られる．評価基準は，図6.22に示したチェックリストを用いて，査定され吟味される．次に，代替案の重み因子やパラメータをより精密に確認し，調整しやすくするために，階層形の分類（目的ツリー）を作成する．**図6.54**に，この試験装置の目的ツリーを示す．そのもっとも低い目的レベルが，**図6.55**に示す表に記入される評価基準となる．

代替案V_2が，もっとも高い全体価値と最良の全体評点を得ている．しかし，代替案V_3の評価は，それに比べてわずかに低いだけである．弱点を見つけ出すためには，価値プロフィールを作成するのがよい（**図6.56**参照）．価値プロフィールは，代替案V_2が重要な評価基準すべてに関して，よくバランスしていることがわかる．重みづけされた評点値が68%なので，代替案V_2は優れた原理的設計解（概念）であり，実体設計フェーズを開始してよいことを表す．実体設計フェーズでは，特定された弱点に対処する必要がある（7.7節参照）．

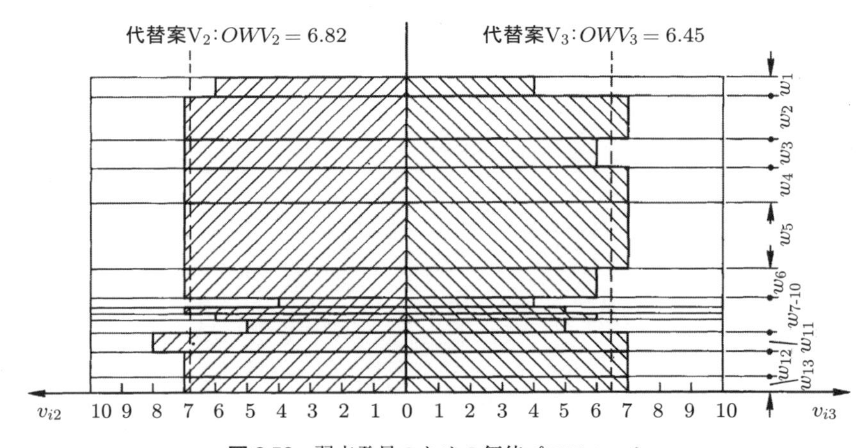

図6.56　弱点発見のための価値プロフィール

Chapter 7 実体設計

実体設計は設計プロセス中の一つのフェーズであって，上流で作成した製品の概念を基に，その後に集めた情報を用いて，下流の詳細設計の後，ただちに製造にかかれる程度まで，技術的および経済的基準に従って設計を展開する（図 4.2 参照）.

VDI ガイドライン 2223（技術製品の体系的実体化）［7.295］の原案は，ほかの情報源とともに，この本のドイツ語第 4 版に書かれた推奨によって成り立っている．したがって，そのガイドラインは，一般的に認められている体系的な実体設計の手続きを示している.

7.1 実体設計のステップ

概念設計フェーズで設計解概念を作り上げてきているので，設計者はこれを基に実体設計フェーズでの基本となるアイデアを固めることができる．実体設計フェーズでは，全体のレイアウト設計（全体の配置と空間的な適合性），初期の形状設計（構成部材の形状と材料）と製造プロセスを決定し，さらに，すべての補助機能に関する設計解を提示しなければならない．この設計作業全体にわたって製品の技術面および経済性に考慮を払うことがきわめて重要である．設計は縮尺図面を描くことにより展開し，問題点を摘出するための審査（クリティカルデザインレビュー）を行い，技術的および経済的な観点からの評価を行う.

初期の設計解に対して適切な最終設計案を得るまで，何通りかの実体設計を行うことが多い.

言い換えれば，**最終レイアウト案**は機能，耐久性，生産可能性，組立可能性，操作性およびコストを明確にチェックできる程度まで展開しなければならない．このチェックの後に，最終生産ドキュメントを作成できることになる.

概念設計と違って，実体設計は解析と統合を交互に繰り返しながら実施し，相互に補い合って多くの修正を行っていくことが必要である．このため，通常よく用いられている，設計解の探索と評価を行う方法を，エラー（設計欠陥）の摘出や最適化を図る方法によって，補完しなければならない．材料，製造プロセス，リピート部品，および標準規格に関する情報の収集には，かなりの労力を必要とする．

実体設計は，次の諸点において複雑である．

- 多くの作業を同時に行わなければならない．
- いくつかのステップは情報の精度が高まるに伴って，繰り返し行わなければならない．
- ある部分で行った設計の追加や変更が，ほかの部分の既存の設計に影響を及ぼす．

このような理由から，実体設計フェーズについて精密な計画を立てることがつねに可能とは限らない．その代わり，設計者は標準的アプローチを採用すればよい．ある特定の問題では，標準から外れたアプローチをとったり，2次的なステップを追加したりすることが必要となる．このようなことを，あらかじめ詳細に予測することはほとんどできない．

設計は，一般的に，定性的設計から定量的設計へ，抽象的設計から具体的設計へ，大まかな設計から詳細な設計へ進めていくこと，チェックをして必要があれば修正できるような方策を用意しておくことが望ましい（**図7.1**参照）．

1. 仕様書と設計原理に基づいて，最初のステップとしては，まず，実体設計に**重要な影響をもつ要件**を定義する．
   - 寸法決定要件，たとえば出力，流量，コネクタ寸法など
   - 配置決定要件，たとえば流れの方向，運動，位置など
   - 材料決定要件，たとえば耐腐食性，稼働寿命，特定の材料など

   安全，人間工学，生産可能性および組立可能性に関する要件は，寸法，配置および材料選定に影響を及ぼす設計上の検討が必要となる（7.2〜7.5節参照）．
2. 次に，実体設計において諸事項を決定したり制限したりするために，**空間的制約条件**，たとえばすき間（部品間の間隙），軸端の位置，据付け要件などを明示する縮尺図面を作成する必要がある．
3. 実体を決定するのに必要な要件と空間的制約条件を設定した後で，概念設計で描いた大まかなレイアウトを用いて，実体を決定する**主要機能を担う構造要素**（以後，これを主要機能要素とよぶ）を確定する．すなわち，主要な機能を果たす組立部品や構成部品を確定する．次のような2次的な問題は，実体設計の原理（7.4節参照）において適正な注意を払って解決しなければならない．
   - どの主要機能と機能要素が全体レイアウトの寸法，配置，構成部品の形状を決定するのか（たとえば，タービンのブレード形状あるいは弁の流路面積）．
   - どの主要機能を，どの機能要素によって，単独で，あるいはほかの機能要素と協調して実現するのか（たとえば，たわみ軸によって，あるいは剛体軸と特殊な継

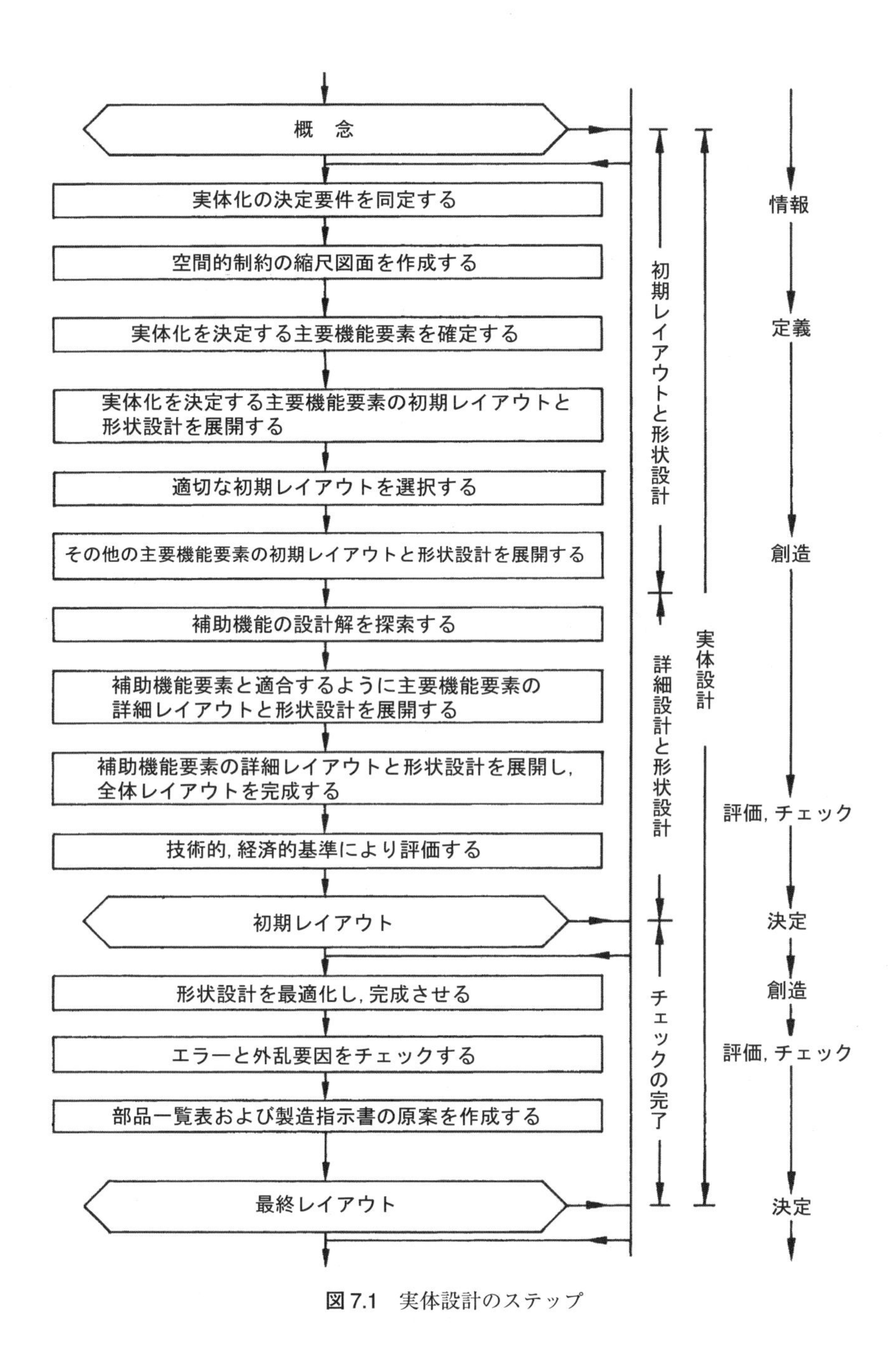

図 7.1 実体設計のステップ

手によってトルクを伝達し，かつ半径方向の移動も許容する機能を実現する）．このステップは，図1.9に示したような実現可能なモジュールに分離することと同様である．

4. 実体決定に必要な主要機能要素の初期レイアウトと形状設計を進める．すなわち，全体の配置，構成部品の形状および材料を暫定的に決定する．このために，チェックリスト（図7.3）中の最初から3番目の項目（レイアウト）に沿って，体系的に作業を進めることを推奨する．その結果は全体的な空間的制約条件を満たしており，主要な機能すべてが完全に実現されていなければならない（たとえば，まず駆動軸の最小径，暫定的なギア比，最小肉厚などを定めることによって）．既存の設計解あるいはすでに存在している構成部品（リピート部品，標準部品など）は，簡単な形で示せばよい．まず，いくつかの区域を選んで作業を進め，次に，これらの区域ごとに作成したスケッチを組み合わせて初期のレイアウトに作り上げるとよい．
5. 3.3.1項に示した手順（もし必要ならば修正してもよい）とチェックリスト（図7.3参照）に従って，いくつかの適切な**初期レイアウト**を選定する．
6. 次に，設計解が既知であったり，あるいはこのフェーズまでに設計解から実体を決定するに至っていなかったりなどの理由から，未検討のまま残されている主要機能要素を決定するために，初期レイアウトと形状設計を展開しなければならない．
7. さらに，必要不可欠な**補助機能**（たとえば，支持，保持，密閉，冷却などの機能）を決定する．**既知の設計解**（リピート部品，標準部品，カタログ品のような物）を活用する．既存の解を適用するのが不可能であれば，第6章で述べた手順を用いて，**この問題向きの設計解**を探索する．
8. **主要機能要素の詳細なレイアウトと形状の設計**は，実体設計のルールとガイドライン（7.3～7.5節参照）に沿って，標準規格，規則，詳細な計算および実験結果を十分参考にして，補助機能と適合するように注意して展開しなければならない．必要ならば組立部品あるいは区域ごとに分割して，それぞれの設計を詳細に詰めていくとよい．
9. 標準規格部品や購入部品を加えて，**補助機能要素の詳細なレイアウトと形状の設計**を展開する．必要ならば主要機能要素の設計に修正を加え，すべての機能要素を組み合わせて全体のレイアウトを完成する．
10. このレイアウトを技術上，経済上の基準（3.2.2項参照）に対して**評価**する．評価に先立って，いくつかの概念をより具体的な形体にまとめあげることが必要である特殊なプロジェクトの場合には，代替案の評価に必要な段階を超えて，実体設計プロセスを進めてはならない．これは，最終レイアウトを極力すみやかに効率よく作り上げていくことができるようにするためである．

状況にもよるが，主要機能要素の初期レイアウトの作成に着手した時点で設計決定を下すことができる場合もあれば，詳細設計がかなり進んだ後まで決定を延ばさなければならない場合もある．いずれの場合でも，すべての設計代替案を実体化の同一レベルで比較しなければならない．さもないと，信頼のおける評価が行えないからである．

11. 初期レイアウトを確定する．
12. 先に選んだレイアウトに対して，評価の過程で見出した**弱点の消去**によって形状設計を最適化し，次いでこれを完成する．この手順が有効であるとわかったら，前述のステップを繰り返し，好ましくないとして退けた代替案の中から，適切な下位設計解を抜き出して採用する．
13. このレイアウト設計を，機能，空間的適合性など（図 7.3 参照）について，**エラー**（設計欠陥）と**外乱要因**の影響に関して**チェック**する．必要と考えられる改善を行う．この時点で，最終的に技術，経済上（第 11 章参照）および品質上（第 10 章参照）の観点から見て，製品として実現できることを確実にしておかなければならない．
14. **部品一覧表と製造指示書**の原案を作成して，実体設計フェーズを完了する．
15. **最終レイアウト設計**を確定し，詳細設計フェーズに進む．

空間的な制約と実体化の表現は，一般的に 3 次元モデルを作成することによって得られる．その際，2 次元表示あるいは 3 次元表示であるかは無関係である [7.213].

- 対象物の機能と型は示されなければならない．
- 対象物の位置と必要なスペースが，特徴的な寸法（たとえば，全体の空間的適合性や組立性をチェックするのに必要な全体寸法）によって特定可能でなければならない．

2 次元 CAD システムあるいは手書き製図がまだ使用されているなら，Lüpertz が提案するような簡略化も適用できる [7.174].

実体設計フェーズでは，概念設計フェーズとは異なり，個々のステップに特別な方法を定める必要はない．しかし，次のような実用的なことを推奨しておく．

補助機能と 2 次的問題の**設計解を探索**する手順は，第 3 章で述べた手順を極力単純化したものに従うか，あるいはカタログに直接従うとよい．カタログには要件，機能および適切な分類基準に従った設計解がすでに作成されている．

機能要素の**実体設計**（レイアウトと形状設計）は，チェックリスト（図 7.3 参照）を用い，機構の原理および構造と材料技術を参考にして実施する．それには，単純なものから，複雑な微分方程式や有限要素解析までの範囲にわたる計算が必要となる．これらの計算には 7.5.1 項に列挙した文献を，さらに複雑な計算には別の専門の文献を参照されたい．場合によっては，プロトタイプ（試作品）の作成や，特定の試験の実施が必要となることもある．

実体設計を吟味しているフェーズで，多くの細かい点を明確にして確定し，最適化しなければならない．これらの点をより綿密に考察すれば，それだけ正しい設計解概念を選んでいるかどうかを明らかにできる．どの要件が満たされていないか，選んだ概念の特性が不適当であるか，ということが明らかになる．実体設計フェーズでこれらの不具合が見出される場合には，実体設計では間違った設計解概念を完全に修正することは期待できないので，概念設計フェーズで採用した手順を再吟味してみることを勧める．このことは，下位機能に設計解原理を適用する場合にも当てはまる．

しかし，非常に有望と思われた設計解概念であっても，詳細設計フェーズで不具合をもたらすことがある．このようなことは，多様な特徴を最初から付属的なものとみなすか，あるいはさらに明らかにする必要のないものとして扱ってしまう場合によく起こる．このような下位問題を解こうとすると，すでに選んだ動作構造と全体的な配置を維持したまま，適切なステップを繰り返すことを設計者は強いられる．

経験的に，実体設計のために提案されたアプローチは，その基本的な有効性が確認されているが，また，次のような重要な点も明らかとなっている［7.211］．

- もし，先行する研究が始められていたり，実体設計の改良案がすでにあったりするなら，予備的な実体設計のステップは，しばしば省略可能である．
- 詳細な改良のみが求められているとき，予備的な実体設計はつねに省略できる．
- 補助機能のための設計解は，通常，主要機能要素の予備的な実体設計に影響を及ぼす．したがって，これらの設計解に関する作業は，プロセスの中で最後の方まで残してはならない．
- 成功する設計者の特徴は，絶えず自身の行為をチェック・観察し，直接的および間接的な効果を確認していることである．

多くの製品は，一から開発されるのではなく，新しい要件や新しい知識・経験を考慮して開発・改良されたものである．経験的に，既存の設計解に対する不具合や外乱要因の分析から始め（10.2節，10.3節参照），その分析に基づいて新しい仕様書を作成するのが有用であることがわかっている（**図7.2**参照）．明確化された課題の結果として，新しい動作構造，すなわち新しい原理的設計解が必要なのか，あるいは既存の実体設計の修正で十分なのかがわかる．アプローチ全体の中では，開始点は多くの異なる場所にとることができる．新製品が細部の改良によって生み出される場合もあるし，既存の，あるいは修正したモジュールの試験が必要になる場合もある．アプローチ全体の中で必要となるステップは，適切に選択されなければならない．

まとめると，実体設計は多くの反復と焦点の変更を伴う柔軟なアプローチを必要とする．個々のステップは，特定の状態に対して選択され，また適合しなければならな

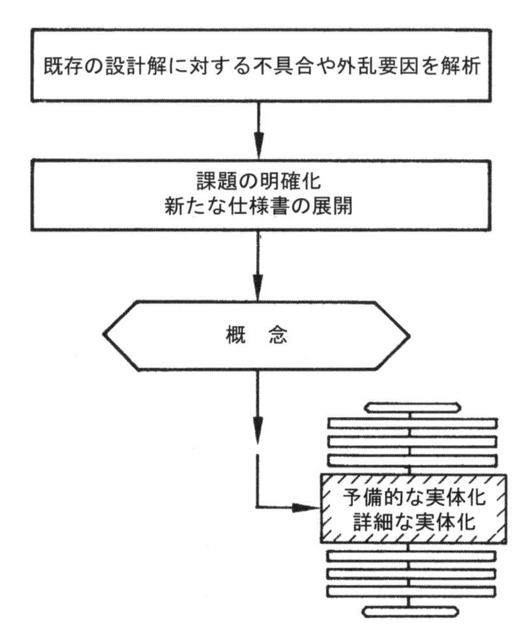

図 7.2　既存の設計解の展開を基にした実体設計のフェーズ．図 7.1 に示されるどのステップが，不具合や外乱要因の解析に続いて完了される必要があるかを示す．

い．ステップ間の基礎的なつながりと，本書で述べる提案に注意を払いつつ，それぞれ独自のアプローチを組織化する能力が重要である（2.2.1 項参照）．

実体設計では，7.2〜7.5 節にまとめられた規則や原理に従うべきである．いくつかのステップでは，間違い（設計の欠陥）の特定が基本的な重要性をもつので，とくに第 10 章を参照してほしい．

7.2　実体設計に関するチェックリスト

審議と検証を繰り返し行うことが，実体設計の特徴である（7.1 節参照）．実体設計は，与えられた機能を適切なレイアウト，構成部品の形状および材料によって達成しようとする試みである．このプロセスでは空間的要件と概略の解析を基にして，作成した初期の縮尺されたレイアウト図面の作成に始まり，次いで安全，人間工学，生産，組立，操作，メンテナンスおよびコストとスケジュールの検討へと進んでいく．

これらの要因を扱ううちに，設計者は数多くの相関を発見し，そのため前進的であると同時に反復的（検証と修正）なアプローチをとらなければならなくなる．このアプローチは，このような二重の面をもちながら，最初に解決しなければならない問題を速やかに特定できなければならない．

図 7.3 に示すチェックリストは，2.1.7 項で述べた一般的な目的と制約から導き出されたものである．要因は相互に関連しているが，このチェックリストは，それらを有用な手続き順に表し，それぞれを体系的にチェックできるようにする．このように，チェックリストは強い知的な刺激となるだけでなく，また，不可欠な事項を忘れないよう確実にする．

総じていえば，項目を絶えず参照することで，設計者は，体系的，かつ時間を節約して開発・試験を行うことができる．各項目は，ほかの項目との関連にかかわらず順次考察されるべきである．

これらの項目は重要度によるのではなく，体系的なアプローチが可能になるように

項　目	例
機能	設定した機能は実現されているか． どのような補助機能が必要か．
動作原理	選択した動作原理は所要の効果と利点を生み出すか． どのような外乱要因が予測されるか．
レイアウトと形状設計	選択した全体レイアウト，構成部品の形状，材料および寸法は次の条件を満足するか． • 十分な耐久性（強度） • 許容できる変形（剛性） • 十分な安定性 • 共振しない • 膨張を妨げない • 設定した稼動寿命と荷重内で許容できる腐食，摩擦
安全	構成部品，機能，操作および環境の安全に影響を及ぼす要因をすべて考慮したか．
人間工学	マン－マシン関係を考慮したか． 人間にストレスや危害を及ぼすような不要な要因を避けたか． 美観に注意を払ったか．
生産	生産プロセスの技術的，経済的分析を行ったか．
品質管理	生産中と後に，あるいは必要な時期に，必要な検査を行うことができるか． それらは明示されているか．
組立	企業内外のプロセスがすべて簡単で，正しい順序で実施することができるか．
輸送	企業内外の輸送条件とリスクを検討し，考慮に入れてあるか．
操作	騒音，振動，ハンドリングのような操作に影響する要因をすべて考慮したか．
メンテナンス	メンテナンス，検査，オーバーホールの実施や点検がしやすいか．
リサイクル	製品は再利用またはリサイクルできるか．
コスト	設定したコスト限界が守られているか． 操作上のコストあるいは 2 次的コストの追加が発生するか．
スケジュール	出荷日は守れるか． 出荷状況を改善できるような設計変更の余地があるか．

図 7.3　実体設計のためのチェックリスト

配列してある．たとえば，所要の性能あるいは最小限の耐久性が保証されているかを確認する前に，組立の問題を取り扱っても無駄である．このチェックリストによって，実体設計を矛盾なく吟味することができ，また，チェックリストの項目を容易に記憶できる．

7.3 実体設計の基本ルール

次に述べる基本ルールは，すべての実体設計に通用する．これを無視すると，破損や事故が起こることもある．基本ルールは，7.1 節に列挙したほとんどすべてのステップの基になっている．チェックリスト（図 7.3）と設計欠陥特定法（第 10 章参照）を併用することで，この基本ルールは選択と評価に不可欠な助けとなる．

明確性，簡単性，安全性に関する**基本ルール**が，次の一般的な目的から導き出される．

- 技術的機能の達成
- 経済的な視点からの実現可能性
- 個々の機械の安全と環境の面での安全

文献には，実体設計に関するルールとガイドラインが多数載っている［7.168, 7.180, 7.198, 7.205］．しかし，これらを詳細に分析すると，ほとんどは明確性，簡単性，安全性が基本となっていることがわかる．

明確性，すなわち機能が明らかであること，あるいはあいまいさがないことによって，最終製品の性能を確実に予測でき，多くの場合に時間の節約と費用のかかる解析の軽減につながる．

簡単性は，一般的に経済的観点から見た実現可能性を保証する．構成部品が少なく，形状が簡単であればあるほど，速やかに容易に製造できる．

安全性は強度，信頼性，事故の回避および環境の保護に対して矛盾のないアプローチを求めることになる．

要するに，この三つの基本ルールを守ることによって，設計者は機能上の効率，経済性や安全性に注目し，これらを組み合わせて考えることになるので，設計の成功可能性を高めることができる．この組合せを抜きにして，成功する設計解は現れそうにない．

7.3.1 明確性

ここでは，図 7.3 のチェックリストの項目に，明確性の基本ルールを適用する．

(1) 機　能

ある与えられた機能構造の範囲内で，多くの下位機能とそれに対応する入力と出力との間に，あいまいさのない明確な相互関係を保証しなければならない.

(2) 動作原理

選択された動作原理は，物理作用に関して，原因と結果の間の関係を明確にし，適切かつ経済的なレイアウトを確実にするものでなければならない.

選択された動作構造は，いくつかの動作原理からなり，エネルギー，材料および信号の正しい順序の流れを保証しなければならない．もしそうでないときは，過度の力，変形，摩擦のような，望ましくなく，予測不能な効果が生じることがある.

負荷によって生じる変形と熱膨張に関して注意を払うことで，設計者は所定の方向の変形や膨張に対して，必要な公差をもたせなければならない.

位置決め軸受と非位置決め軸受からなる，広く利用されている軸受の組合せ（**図 7.4**(a)）は，明確に定義したとおりの挙動を示す．一方で，段付き軸受の組合せ（図(b)）では，長さの変化が無視できるほど小さいとか，その結果として生じる挙動を許容できる場合にのみ使用できる．これとは対照的に，ばね荷重による配置では，作動する軸方向力 F_a が，予荷重 F_p を超えず，力の伝達径路を明確に規定することができる（図(c)）.

組合せ軸受の配置では，問題が生じることが多い．**図 7.5**(a)に示すような組合せは，針状ころ軸受あるいは玉軸受がそれぞれ半径方向力あるいは軸方向力を伝達できるように配置してある．しかし，この配置では，両軸受の内輪と外輪とが半径方向に拘束されているので，半径方向力の伝達径路が明確に規定されていない．その結果，稼働寿命を正確に予測できないことになる．一方，図(b)に示すような配置にして，玉軸受の右側の軸受輪の半径方向に十分な遊びをもたせ，玉軸受は軸方向力のみを確実に伝達するように設計すれば，同じ要素を用いても，明確性のルールを守っていることになる.

二重はめあい（あるいは二重拘束）は，明確性の基本的ルールに対立する．これは，ある部品が同時に二つの表面に支持されたり，ガイドされており，これらの表面が，異なった平面上にあるか，異なった円筒形断面上にあるときに生じる．そのような場合，表面は，別々に機械加工されるので，公差によって異なる寸法をもつことになる．結果として，力の流れは明確には予測できなくなり，組立をより複雑にさせる．新しい工作機械が公差の問題を低減するとしても，二重はめあいが避けられない限り，明確性の不足は，機能の実現や組立の容易性に影響を与える．二重はめあいは，さまざまな形式で現れる．**図 7.6** はそのいくつかの例と，その修正手段を示している.

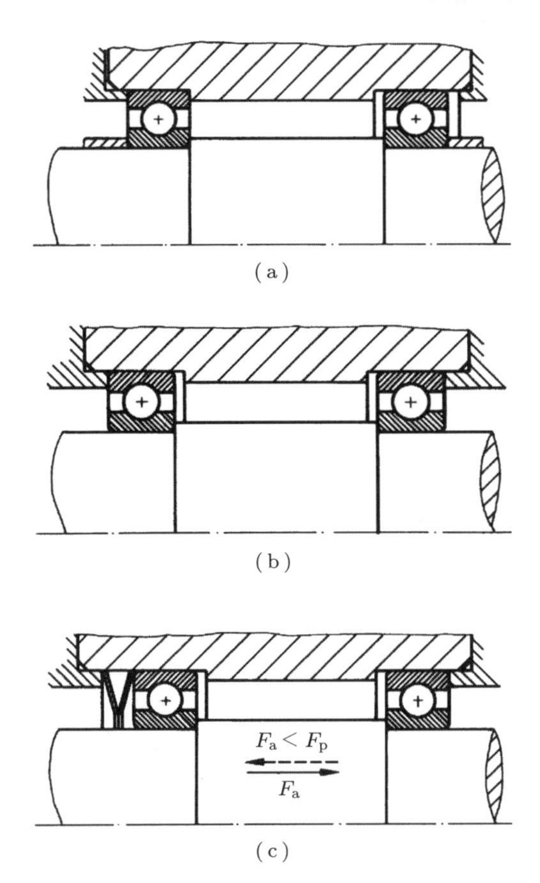

図 7.4　基本的な軸受配置

(a)　位置決めと非位置決め配置：左側の位置決め軸受は軸力をすべて担い，右側のすべり軸受は熱膨張による軸方向移動を妨げない．これにより正確な計算が可能である．

(b)　段付軸受配置：両軸受に作用する軸力は予荷重と熱膨張に依存し，明確に決まらない．これを修正したものが「浮動配置」である．この配置では，軸受に軸方向すき間を設ける．この場合には，ある範囲内の熱膨張は吸収できるが，軸の位置は正確には定まらない．

(c)　ばね荷重負荷型軸受配置：ばねによる軸力が加わるので軸受寿命は低下するが，段付軸受配置の欠点は除去されている．熱膨張によって生じる軸力はばねの荷重－変形線図により求められる．軸方向力 F_a が右方向にのみ作用しているか，あるいは予荷重 F_p を超えない場合には，軸は正確に位置決めされる．

(3)　レイアウト

レイアウト（全体配置）と形状設計（形状と材料）では，荷重の大きさ，種類，頻度および作用時間を明確に規定する必要がある．これらのデータを入手できない場合は，適当な仮定とそれに応じた予想稼働寿命を基に設計しなければならない．

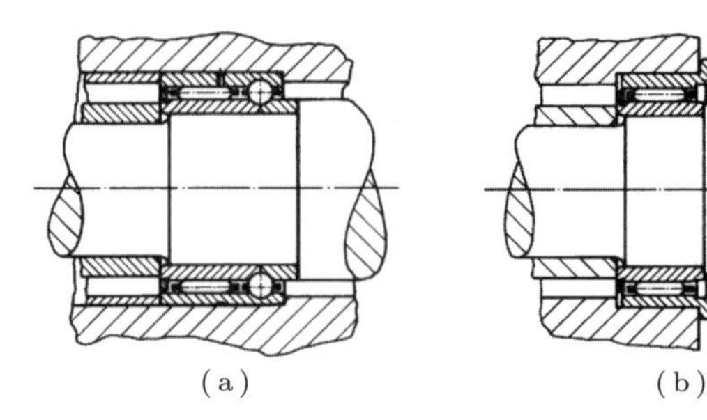

図 7.5　転がり要素軸受の組合せ
(a) 半径方向力の伝達経路は明確でない．(b) (a)で用いたものと同じ要素からなる組合せ転がり軸受だが，半径方向力と軸力の伝達経路は明確である．

実体設計では，いかなる場合においても荷重を規定し，すべての稼働条件の下で設計計算が可能になるように設計しなければならない．構成部品の機能と耐久性を損なうようなことをしてはならない．

同様に，図 7.3 のチェックリストに従って，安定性，共振，摩擦および腐食に関する挙動についても，明確に確立しておかなければならない．

安全のために，**二重はめあい**，すなわち動作原理の二重化を思いつくことが非常に多いが，これは明確性のルールに反している．たとえば，しまりばめ方式で設計している軸 - ハブ結合は，**図 7.7** のようにキーを設けたとして，荷重負荷容量が増えることにはならない．この余分な機械要素は，単に円周方向に正しく位置決めすることを確実にするだけにすぎず，領域 A で断面積が減少して，その結果，領域 B に応力集中が生じ，領域 C には複雑でほとんど計算不可能な応力が発生する．したがって，この連結体は予測しがたいほど，極端に強度が低下する．

Schmid［7.242］によれば，軸方向に予荷重を負荷したトルク伝達用のテーパ継手では，しまりばめを確実に機能させるために，ハブを軸と連結する際にスパイラル運動を与える必要があるが，キーはこの作業を妨げることになる．

図 7.8 は，遠心ポンプ用のケーシングアダプタを示す．このアダプタは，形状の異なる羽根に合わせてケーシングをいちいち製作する必要がないように，個々の羽根に適合する環状断面の形状を形成するために用いる構成部品である．アダプタとケーシングの間隙内の中間圧力が明確に制御されていなかったり，ほかの付属装置を用いていなかったりすれば，アダプタは上方に移動して羽根と接触し，損傷を与えてしまう．

二つの位置決め箇所の半径がほぼ同じ寸法で，その半径に対して同じはめあい（H 7-j6）を選んだときに，上述のことが起こりやすい．これは次の原因による．実際の寸法公差と使用温度によって位置決め位置にすき間が生じる．このすき間の相対寸法は予測不可能で，ケーシングとアダプタの間に未知の中間圧力が発生することになる

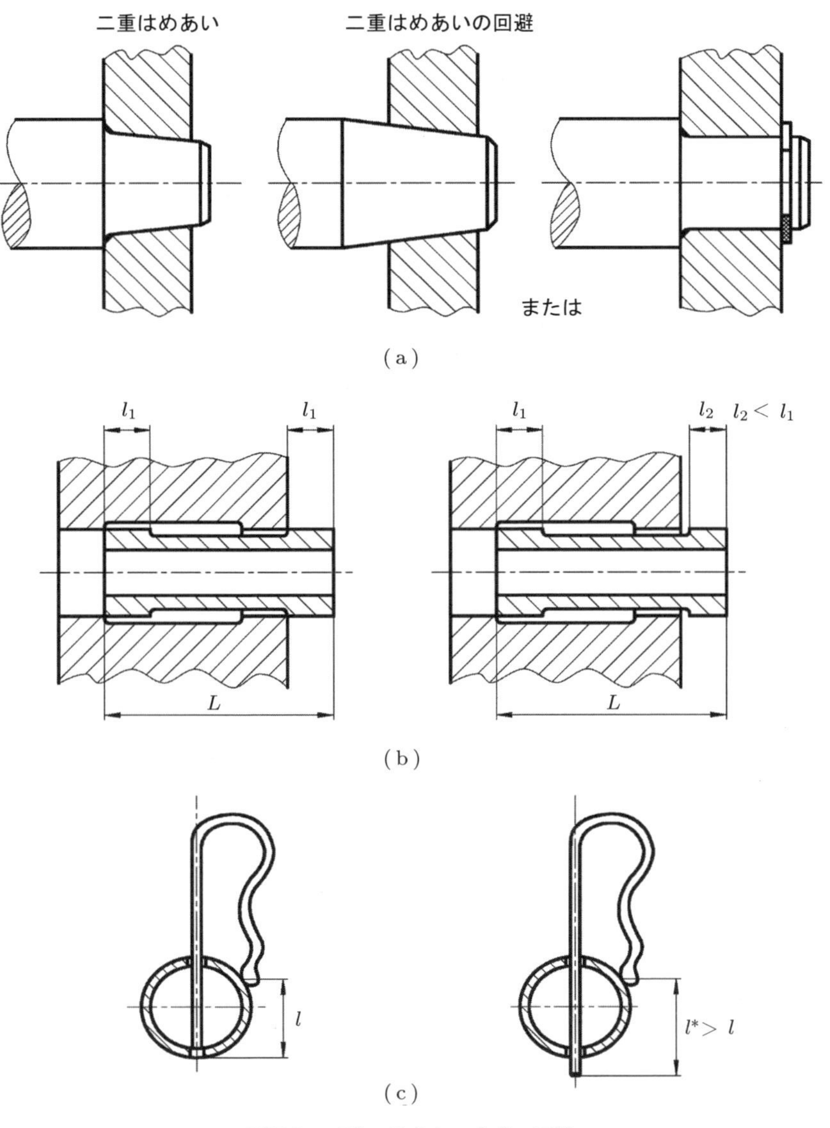

図 7.6　二重のはめあい方式の回避

(a) しまりばめによるテーパ軸 - ハブ結合．軸のつばとテーパ座面に対する同時の軸方向配置は，はめあいが二重となる．しまりばめによる半径方向の応力を決められない．正しい設計解は，つばをもたないテーパ軸を使うか，円筒座面にしてつばのある軸を使うかのどちらかになる．

(b) ハウジングの中に案内スリーブを使ったリニアスライド．ハウジングの 2 点における同時配置が，組立工程を複雑化する．可能な設計解は，右側の図に示されている．

(c) 圧力点が筒に作用すると同時に，下端が筒に接触しているような長さのばねクリップ．これを用いると，クリップが筒にブロックされているのかどうか，あるいはばね力が勝らねばならないのかを決めることはできない．したがって，正しい設計解は，右側の図のようになる．

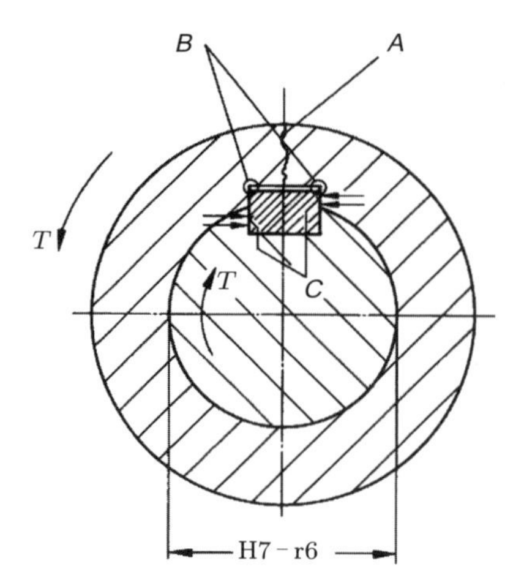

図 7.7　しまりばめとキーによる軸 - ハブ結合．明確性の原理を適用していない例．

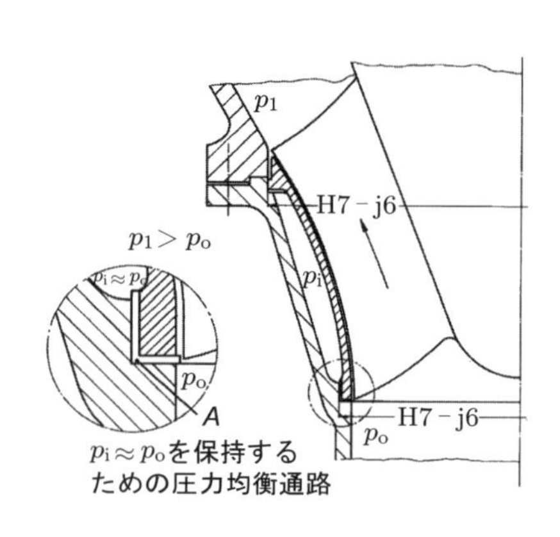

図 7.8　冷水ポンプのハウジングアダプタ

からである．図 7.8（詳細図）に示した設計解は，特別に設けた連絡通路 *A*（上側の位置決め位置に生じる最大間隙面積の約 4～5 倍の流路面積をもつ）によって，ポンプの入口側の低い圧力に対応した明確な中間圧力を確保している．この結果，ケーシングのアダプタはポンプの稼働中はつねに下方に押し下げられ，付属装置は組立時に位置決め用補助具として，アダプタの回転防止にのみ使用すればよいことになる．

仕切弁の稼働条件あるいは負荷条件が明確に規定されていない場合は，重大な損傷を起こすことが報告されている［7.130, 7.131］．仕切弁が閉じたとき，二つの蒸気管を分断し，同時に弁ハウジングの内部も密閉する．その結果，**図 7.9** に示すように弁内部に小さな圧力室ができることになる．凝縮液が弁ハウジング下部にたまり，閉じた弁の入口側に存在する蒸気が弁を加熱するので，閉じ込められた凝縮液は蒸発し，弁ハウジング内部の圧力が予測しがたいほど上昇することになる．この結果，ハウジングが破損するか，あるいはハウジングカバーとの連結部に重大な損傷が生じる．連結部が自己密閉形である場合には，ボルト締結によるフランジ継手に過荷重が作用するときのように，前触れとなる漏れが生じないので，警報を発することもなく，かえって重大な事故につながることがある．

このような危険な状況は，稼働条件と荷重条件を明確に規定しなかったことによる．改善策として，次の方法がある．

- 仕切弁の内室を蒸気管とつないで，稼働条件として，$p_{\mathrm{valve}} = p_{\mathrm{pipe}}$ となるようにする．
- 過度の圧力に対して，弁ハウジングを保護する（p_{valve} の上限を設ける）．
- 弁ハウジングに排水口を設け，凝縮液がたまらないようにする（$p_{\mathrm{valve}} = p_{\mathrm{external}}$）．

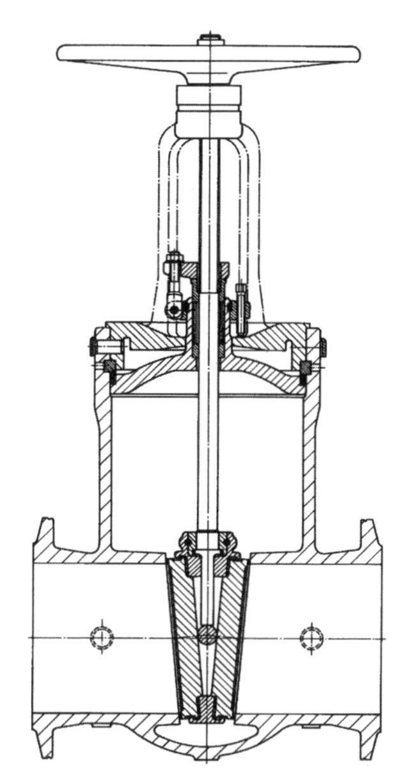

図 7.9 比較的大きな下部集水容積をもった仕切り弁

- ハウジングの容積が最小となるように弁を設計する（凝縮液を少なく抑える）.

膜状シールを溶接した場合にも，同様の現象が生じるが，これは文献［7.206］で議論されている.

(4) 安 全

7.3.3 項の基本ルールを参照せよ.

(5) 人間工学的配慮（エルゴノミクス）

人間と機械の関連において，装置と制御装置を合理的に配置することによって，正常な操作を確保しなければならない.

(6) 生産管理・品質管理

製品モデル，および図面，部品一覧表や各種指示書という形式での総合的かつ明瞭なデータによって促進されなければならない．また，所定の生産管理・品質管理の手続きに忠実でなければならない.

(7) 組立と輸送

これに関しても前述と同じことが当てはまる. 誤りを起こさないような組立順序を, 設計のフェーズで計画しておくのがよい（7.5.8 項参照）.

(8) 操作とメンテナンス

明確な据付け説明書と適切な実体設計とは, 次の事項を確実にするものでなければならない.

- 性能を容易にチェックできること
- 検査とメンテナンスが, 最少種類の工具と装置で行えること
- 検査とメンテナンスの範囲と日程が定められていること
- 検査とメンテナンスは, その実施後もチェックできること（7.5.10 項参照）

(9) リサイクル

設計者は, 次のようにすべきである（7.5.11 項参照）.

- リサイクルに関して, 適合性のない材料をはっきりと分離する
- 組立と分解に関する手順を明確にする

7.3.2 簡単性（単純性・容易性）

技術的応用の面では,「簡単である」という言葉は,「複雑でない」,「容易に理解できる」あるいは「容易に実行できる」ということを意味する.

設計解がより少ない点数の構成部品で実現できるなら, それだけ製造コストを低減し, 摩耗を減らし, メンテナンスの機会を減らすことになるので, それだけさらに簡単であると考えられる. しかし, このことは, 構成部品のレイアウトと形状が簡単なままで実現できる場合にのみいえることである [7.168, 7.198, 7.206].

機能を実現するには, ある一定数の構成部品が必要であるから, 一般的には妥協が必要となる. すなわち, 単純な形状の数多くの構成部品からなる全体コストの高い構造と, たとえば単一で安価な鋳造部品からなる入手が不確定な構造とを, コスト効率上の観点から見て, いずれを選択するか決断を迫られる場合も多い. 簡単性は, いつも総体的な観点, すなわち個々の場合において,「より簡単である」構成は何かということから, つねに評価しなければならない.

図 7.3 に示したチェックリストのいろいろな項目に対して, 簡単性の基本的なルールを, 次に示す.

(1)　機　能

原則として，機能構造を検討する際には，下位機能の組合せの点数が最少で，しかも統一がとれて矛盾のない組合せを検討の対象とする．

(2)　動作原理

動作原理の選択にあたって，プロセスの数と構成部品点数が少なく，有効性が明らかで，コストが低いものを検討の対象とする．

片手混合水栓の開発（6.6.1 項参照）では，いくつかの設計解原理を提案している．第 1 のグループ（図 6.36 参照）では，弁座面の接線方向に二つの独立した調節動作（運動の種類が並進と回転）が行えるようになっている．ほかのグループ（図 6.33 参照）では，二つの単一の調節動作を，一方向の運動に変換し得るカップリング機構を取り付けることによって，一方向（座面に垂直方向あるいは接線方向）の運動のみを行えばよいようになっている．

第 2 のグループでは，栓を締める際に温度調節ができなくなることが多いという事実を別にしても，図 6.33 に示した設計解はすべて，第 1 のグループに較べて設計作業量が多い．したがって，設計者は，つねに図 6.36 に示したようなグループから設計を始めるべきである．

(3)　レイアウト

簡単性のルールによって，次が求められる．

- 強度と剛性を簡単に解析できるような幾何形状
- 生産中および機械的荷重あるいは熱負荷が作用している際に，生じる変形を明確に確認できるような対称形状

簡単な形状の設計にすることによって，基礎的な数学的原理が適用しやすくなるように努力すれば，計算と実験に要する作業量を大幅に軽減できることが多い．

(4)　安　全

7.3.3 項を参照せよ．

(5)　人間工学的配慮（エルゴノミクス）

人間と機械との関係もまた簡単であるべき（7.5.5 項参照）で，次に示す事項によって顕著に改善できる．

- 計測可能な操作手順
- 明確な物理的レイアウト

- 容易に理解できる信号

(6)　生産管理・品質管理

生産管理・品質管理も簡単化することが可能であり，次の条件を満たせば作業の能率を高め，改善することができる．

- 十分に確立された，時間の節約できる方法を適用できる幾何形状であること
- 段取りを短時間に行え，待ち時間を短縮できる製造法を使用できること
- 検査プロセスが容易に行える形状を選べること

製造方法の変更を議論しているLeyer［7.166］は，長さ約100 mmの滑り型自動調整弁を例にして，形状の複雑な鋳造製品を，形状の簡単な旋削部品のろう付け製品に置き替えて，問題点を克服し，より安価に製造する方法を示している．最近の鋳造法によって，複雑な形状も比較的簡単にできるようになったとしても，さらなる簡単化は目的にかなっている．彼のアプローチを追求することによって，**図7.10**に示すように，さらに簡単化することができる．ステップ3において，中央の管状部品の形状を簡単にしている．弁中心軸に対して直角となる表面部分を残しておく必要がなければ，部品点数の少ないステップ4まで進むことができる．

もう一つの例は，先に議論した片手混合水栓である．**図7.11**に示すように，レバーを配置する設計では費用がかかり，スリットや逃げがあるために清掃が困難となる．**図7.12**に示す設計では，かなり簡単化されており，長期間にわたって製造を継続していくのに適している．レバーの一端が円周溝内で滑り，回転するようになっているので，部品点数を少なくすることができて，再調整が困難な溝面の摩耗を防ぐことが

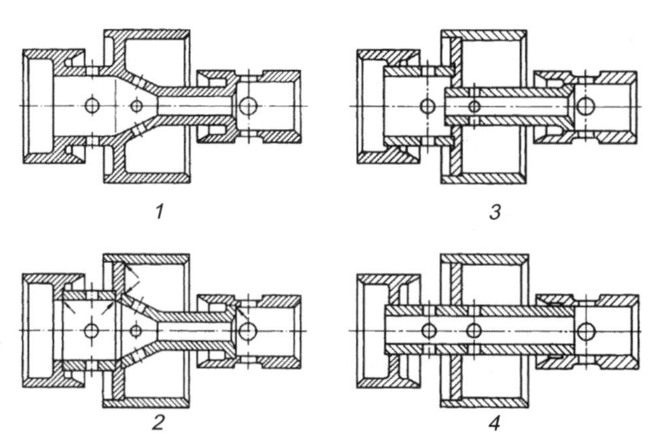

図7.10　滑り型調整弁（長さ約100 mm）の簡単化．ステップ3と4により完成される．
1：鋳造は困難で高価，*2*：形状が簡単な部品をろう付けすることによって改善，
3：中央の管状部品の簡単化，*4*：さらに簡単化できる可能性（*1*，*2*：出典［7.166］）

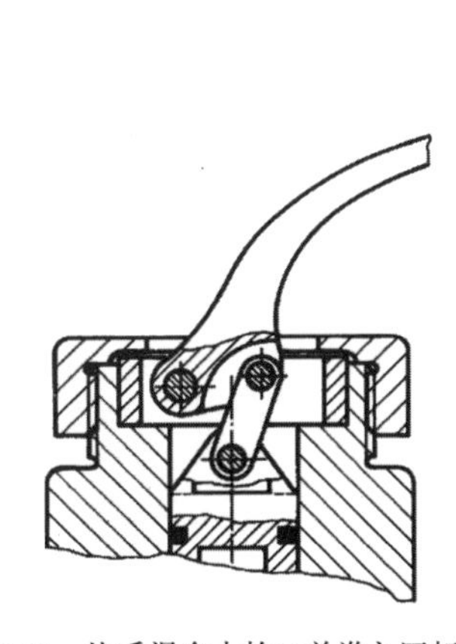

図 7.11　片手混合水栓の並進と回転動作するレバー配置の提案

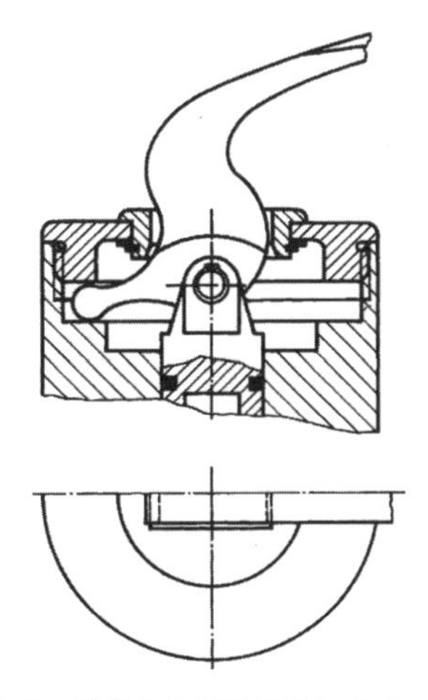

図 7.12　改善した実体設計による，より簡単な設計解（Schulte による）

できる．したがって，全体として後者の設計解の方がはるかに優れていることになる．

(7)　組立と輸送

次の条件を満たせば，組立作業は簡単化されて容易になり，能率を上げて信頼性を高めることができる．

- 組み立てようとする構成部品が容易に特定できる．
- 組立指示に対して，容易に速やかに従うことができる．
- 調整を繰り返す必要がない．
- 前行程で組み立てた構成部品を再組立するようなことは避ける（7.5.9 項参照）．

小型蒸気タービンのシールリングは，組立中に，すでに組立済みのタービン軸に対してラビリンスシールとのすき間を一様に保つように，垂直方向と水平方向に調整する必要がある．この調整作業を，軸を抜き出さずに行えないかという問題は，**図 7.13** に示すような設計をすることによって解決できる．この調整作業は，調整ねじ A を同一方向に回転させて垂直方向にのみ移動させ，また，互いに反対方向に回転させて，ピボット B を中心にして傾けることによって，ほぼ水平方向に移動させることができる．ただし，ピボット自体は調整作業中に垂直方向に移動でき，タービンの運転中には半径方向の熱膨張を吸収できるように設計しておく必要がある．このようなことが，製造容易な簡単な形状の数個の機械要素によって実現できる．

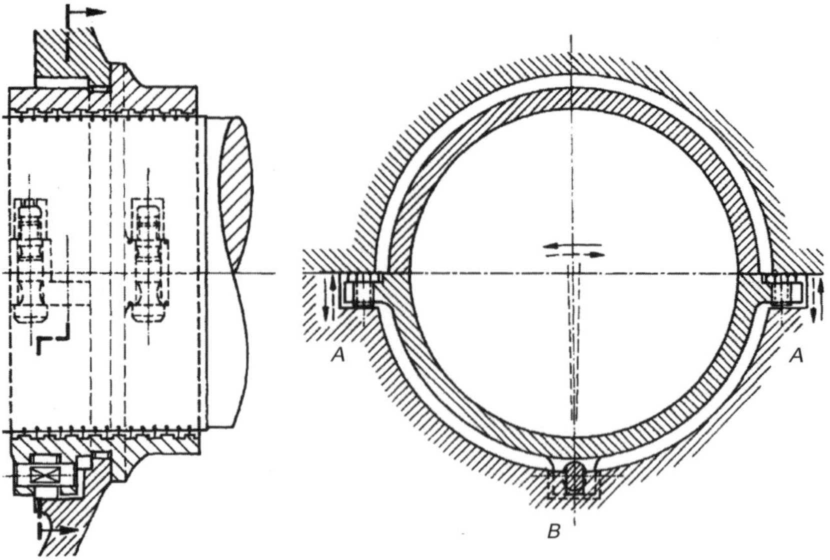

図 7.13　産業用蒸気タービンの調整可能なシールリング．A において同じ方向に調整することにより垂直方向に移動し，A において互いに反対方向に調整することにより，B に関して回転を与えて水平方向に移動する．

(8)　操作とメンテナンス

操作とメンテナンスに関して，簡単性のルールは次のことを意味している．

- 操作は特殊な，あるいは複雑な指示なしに可能でなければならない．
- 操作の手順は明確かつ簡単であって，標準の運転状況からの偏りや故障を容易に特定できること．
- メンテナンスは，扱いにくく，労力や時間がかかるようであってはならない．

(9)　リサイクル

リサイクルに関する簡単性すなわち容易性は，次のことで実現できる．

- リサイクルできる材料の使用
- 簡単な組立および分解のプロセス
- 部品自身の単純さ（7.5.11 項参照）

7.3.3　安全性

(1)　安全対策の本質と範囲

安全を考慮に入れるということは，技術的な機能を確実に達成するとともに，人間

や環境を保護することにかかわる．設計者は，工業規格 DIN 31000 [7.57] に従って，

- 直接的安全
- 間接的安全
- 警報

の三つに分類できる安全技術を用いることができる．

一般的には，設計者は**直接的安全**，すなわち最初から危険を排除するような設計解を選択することによって，安全を保証すべきである．この選択が不可能だとわかるときに限って，特別の保護システム [7.58, 7.59, 7.60] を作成するなどの**間接的安全**対策法を用いる．単に，危険と危険の範囲を警告するような**警報**は，極力使用を避けるべきであり，やむを得ない場合の最後の手段として用いるものであって，手軽に用いてはならない．

技術問題の設計解を求めるにあたって，技術者は，同時にすべては克服できないような複数の制約条件に直面することがある．しかし，設計者は，すべての要件をほぼ満たしてくれそうな，一つの設計解を提供しようと努力しなければならない．ただ一つの制約条件を満たすことができないために，ある状況の下ではプロジェクトの実現を危うくするようなこともあり得る．

したがって，安全への要求が高いがために，設計が非常に複雑になり，明確さが失われ，かえって製品が本来もっていた安全性さえも低下させてしまいかねない．さらに，安全対策が製品の経済性を失わせ，生産中止に至らせかねない．

しかし，このようなことは例外であって，安全と経済性とは一般に両立する．このことは，とくに高価で複雑なプラントや機械に当てはまる．順調に，事故がなく，安全に運転が行えれば，長期的には経済的に好結果をもたらすことが可能だからである．さらに，事故や損傷に対して保護することは，機械をその能力一杯に運転できるという意味での信頼性 [7.75, 7.312] と両立し，信頼性が失われても必ず事故や損傷につながるとは限らない．一般的にいって，安全システムを全システムの必要不可欠な一部としてとらえる直接法を適用することによって，安全を達成するのが望ましい．

機械工学における安全対策には，いくつもの異なったやり方がある．したがって，詳細に安全対策を議論する前に，いくつかの定義をしておきたい．廃止されたドイツ工業規格 DIN 31004（1979）では，安全性を，「危険がないこと」（ここで，危険とは，既知の形式，大きさや動作に対して脅威であること）としている．危険な状況とは，人間や物事に損害を与え得るということである．この DIN は，1982 年 11 月に DIN 31004-1 に置き換わっている [7.61]．基本的な用語の定義は，次のとおりである．

- 安全：危険性の限度よりも危険性が下回っている状態
- 危険率の限度：特定の技術的プロセスや状況に関して，最大ではあるが，受け入

れられる程度のシステムの特有な危険率
- 危険率：頻度（確率）および期待される損害の程度（範囲）

最初のDINが，保護は損害を防ぐための危険の限度と定義したが，1982年の規格では，次のように定義している．
- 保護：損害の程度と発生の頻度を少なくするための適切な手段による危険率の低減のこと

DIN EN 292規格［7.57］は，以上の用語をさらに広義に使用している．この規格の開発においては，危険がまったく存在しないという意味での絶対的な安全というものはないとしている．人生における多くの側面と同じように，技術システムの使用は，いつも一定の危険率を含んでいる．したがって，安全対策は，危険率を受け入れられる程度にまで少なくすることになる．しかし，許容できること（危険率の限度）が定量化できるのは，非常に少ない例だけである．今後，この限度というのは，技術的な知識や社会的標準から決められるだろう．また，設計技術者の経験や責任も，少なからず対策になる．

安全のうえでは，信頼性を確実にしておくことが非常に重要である．
- 信頼性：望まれる寿命期間で特定の制限内の稼働上の要求を満足する技術システムの可能性（この定義は，文献［7.75, 7.76］を基にしている）

個々の機械部品あるいは機械そのものの信頼性は，保護システムあるいは装置の信頼性と同様に，安全のために重要な要求となることは明白である．信頼性を確実にする最先端技術の品質なしには，安全保護対策は疑わしいものになる．

信頼性に関する一つの目安は，技術システムの稼働上の可能性である．
- 適用性：最大の稼働時間と比べた，あるいは特定の目標時間と比べた，システムの使用可能時間の割合

安全は，次のような分野に関係している（**図7.14**参照）．
- 稼働上の安全：システムとその周辺環境に対する損害を防ぐために，システム稼働中における危険を制限すること（危険率を減少させること）
- 作業者の安全：たとえば，スポーツやレジャーというような外部空間や実際の作業場において，技術システムを使用する人間に対する危険を制限すること
- 環境の安全：技術システムが使用されている環境への損害を制限すること（環境保全）
- 保護対策：既存の危険を制限する保護システムや装置を使うこと．また，直接的な安全対策では達成できないくらいの許容できるレベルにまで危険率を減少させること

組立品やそれらの相互関係の信頼性，すなわち機械あるいは保護システムの機能的

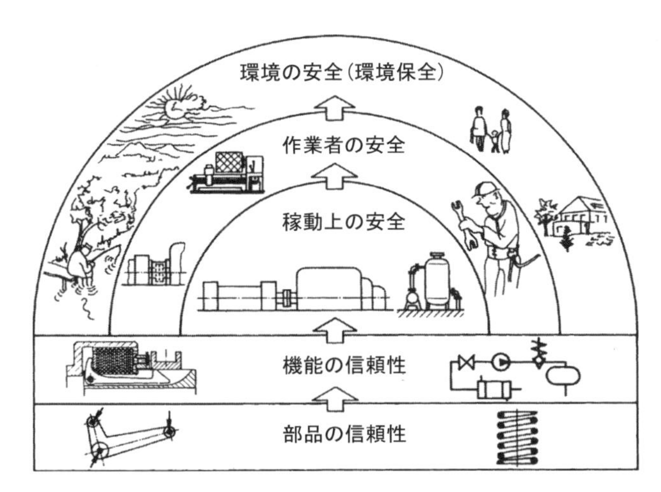

図 7.14 部品および機能の信頼性と，操作，作業者および環境の安全との関係

信頼性は，稼働上の安全，作業者の安全および環境の安全に欠かせない［7.179］．設計者が概念を展開するときや，その実体設計の際に，安全に関するこれらすべての分野は，それぞれ密接に関係していることになる．したがって，安全に関する方法論は，それぞれの分野に等しい重みで扱わねばならない．

(2) 直接的安全

直接的に安全を実現する方法では，ある特定の役割を遂行するために直接かかわるシステムあるいは構成部品によって，安全を達成することを目的とする．構成部品の安全に関する機能と耐久性を確実なものにするために，設計者はいくつかの安全実現の原理［7.210］のいずれか一つを採用することができる．基本的には，このような原理は三つある．すなわち，

- 安全寿命原理
- フェイルセーフ原理
- 冗長性原理

である．**安全寿命原理**とは，すべての構成部品とそれらの連結に対し，予定した寿命内に故障あるいは機能不全を起こさず稼働するよう求めることである．これは，次のことによって保証される．

- 予期される荷重，稼動寿命などのような稼働条件や環境因子に関する仕様を明確にすること
- すでに確かめられている原理や計算に基づいて，十分安全な実体設計を行うこと
- 生産や組立の過程で，徹底した検査を行うこと

- 過負荷（負荷の大きさや運転時間について）が作用するとき，あるいは有害な雰囲気による影響を受けるときに，構成部品やシステムについての解析を行い，それらの耐久度を確定すること
- 破壊の可能性を検討して，安全に稼働し得る限界を確定すること

本原理の特徴は，安全の基礎を，稼働中のすべての影響因子に関する正確な定性的および定量的知識，あるいは故障の起こらない稼働限界の決定においていることである．本原理を適用するには，かなりの経験や，あるいは，経費と時間のかかる予備調査と，構成部品の状態の連続したモニタリングが必要である．このような努力にもかかわらず，安全寿命が必須な場合に故障が発生するようなことがあれば，たとえば航空機の翼の破損や，橋梁の崩壊のような重大な事故につながることになる．

フェイルセーフ原理とは，稼働寿命期間内にシステムとしての機能の故障や構成部品の破壊が起こることを許容するが，これが原因で致命的な結果を引き起こさないように保証することである．これを達成するためには，次の事項を実施する必要がある．

- 機能あるいは能力を損なう状況にならないように，管理しなければならない．
- プラントあるいは機械が危険なしに稼働できるようになるまで，故障している構成部品かあるいはこれに代わるほかの構成部品によって，ある限られた範囲の機能が達成できなければならない．
- 故障あるいは破損が特定できなければならない．
- 故障している構成部品が，システム全体の安全に及ぼす効果を査定できなければならない．

要するに，何らかの形で主要機能が損傷していることを，信号として発信しなければならない．信号とは，振動の増大，シールの漏洩，出力の低下，減速のようにさまざまな形態をとり，それがただちに危機的状況をもたらすことはない．さらに，運転者に故障の初期状況を示すような，特別のモニタリングシステムを備えていてもよい．これらのレイアウトは，保護システムの一般的原理に従うべきである．フェイルセーフ原理は，故障の結果についての知識が確立されていることを前提としており，損なわれた機能を引き継ぐ手段を準備しておこうという原理ともいえる．

たとえば，**図 7.15** に示す弾性継手内の球状のゴム製要素を考える．最初に目視可能なき裂が外層上に現れるが，機能はまだ損なわれていない（状態①）．負荷時における回転数が上昇するときにのみ軸継手の剛性が低下し，その結果，軸継手の挙動が変化して，たとえば危険速度が低下するような現象が現れる（状態②）．さらに稼働を続けると，き裂が成長し，これが剛性をさらに低下させる（状態③）．しかし，き裂が貫通してしまっても継手が完全に破損することはない．突然，重大な結果をもたらすようなことを心配する必要はないのである．

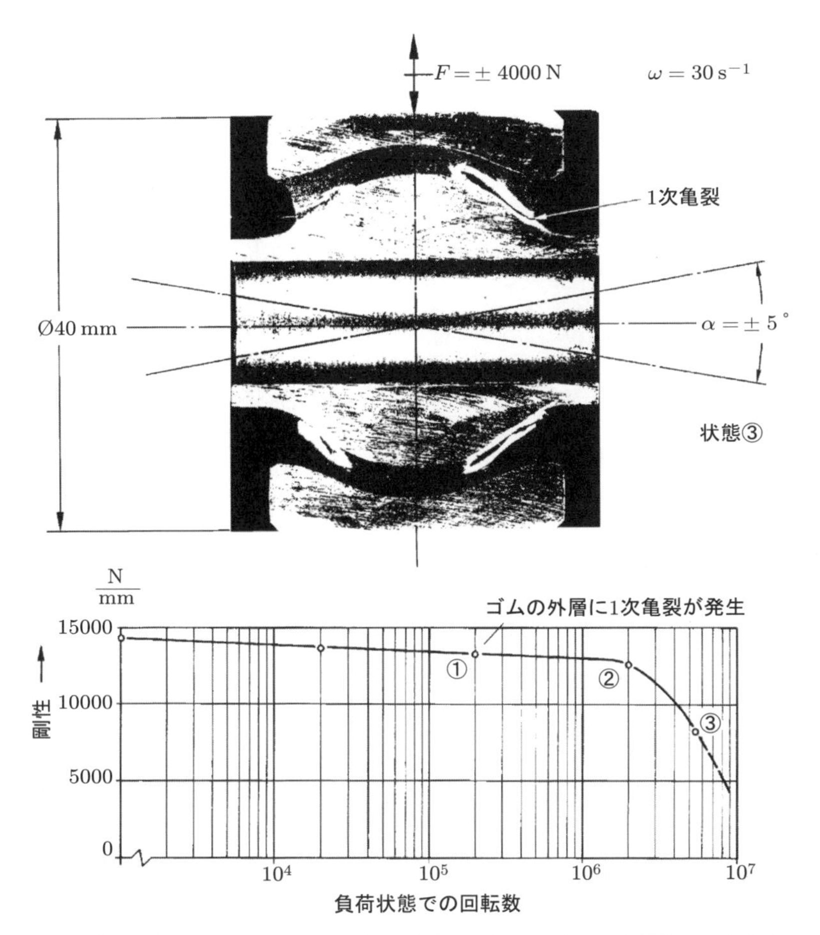

図 7.15 弾性継手のフェイルセーフ機能．累積回転数に対するき裂状態と剛性の関係．

もう一つの例として，過負荷時に弛緩する高靱性材料製のフランジボルトを考える．この機能が損なわれる結果として，フランジの密閉が失われるが，突然，ボルトが破損するということはない．

図 7.16 は，締結部品に関する安全対策上の二つの方法を示している．付属部品を取り付けることによって，ボルトが破損しかかった場合でも，取り付けた部品は元の位置に残り，破片は飛散することがなく，装置はある程度の機能を維持し続けることができるように設計しておくべきである [7.206].

冗長性原理は，システムの安全と信頼性を増すためのもう一つの手段である．

一般に，冗長とは，余分とか過剰とかを意味し，情報理論では本質的な情報を喪失することなしに，消去しても差し支えないデータをいう．冗長はシステムに伝送損失

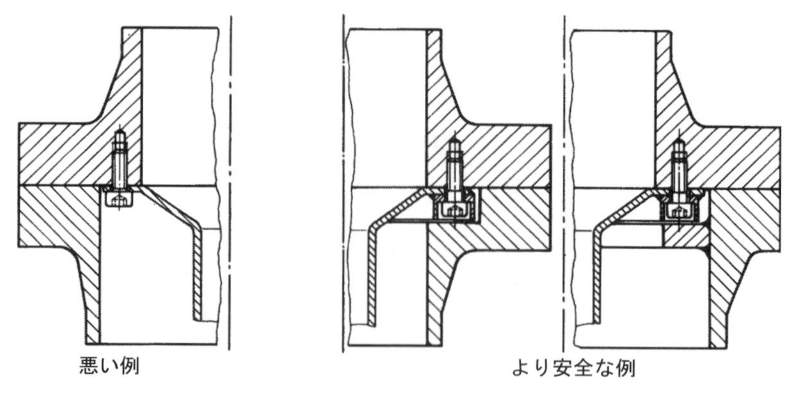

図 7.16　構成部品の結合．ボルト連結部を覆うことによって機能を維持し，ボルト破損時に破片の飛散を防ぐ．

があるものと認め，それゆえにシステムを保護できるように慎重に利用されることが多い．

冗長性のある配置によって，システム内の特定の要素が故障しても，それ自体が危険でなければ，また，この要素と並列あるいは直列に配置されているほかの要素が，機能の全部あるいは少なくとも一部でも肩代わりすることができるならば，安全性が増すことになる．

航空機用エンジンを複数個待機しておくこと，高圧送電線を多重化すること，配電線あるいは発電機を並列化することなどは，特定の要素が故障してもシステム全体の機能が完全には損なわれないようにするためである．このような場合を，構成要素がすべて能動的に関与するので，**常用冗長**とよぶ．なぜなら，すべての構成要素が積極的に含まれているからである．部分的な破損は，性能やエネルギーの低下をもたらす．

代替用ボイラ給水ポンプのような予備の要素は，通常，同一の種類で同一の大きさのものを装備していて，故障時にのみ稼働させる．これを**待機冗長**とよぶ．

それぞれ機能上は同じであっても，動作原理上は異なる場合には，多重配置により**原理的冗長**が得られる．

状況にもよるが，安全向上要素の配置は，緊急時用油ポンプのように並列（並列冗長）でも，あるいはフィルター装置のように直列（直列冗長）でも可能である．多くの場合，直列または並列配置は不十分で，複数の要素が故障した際も伝達を保障するために，クロスオーバー連結の導入が必要となる（**図 7.17** 参照）．

モニタリングシステムの多くは，信号を並列に集めて，互いに比較する．**選択冗長配置**（三つから二つ選択）と，**比較冗長配置**を，図 7.17 に示す．

しかし，冗長配置は，安全寿命原理あるいはフェイルセーフ原理にとって代わるこ

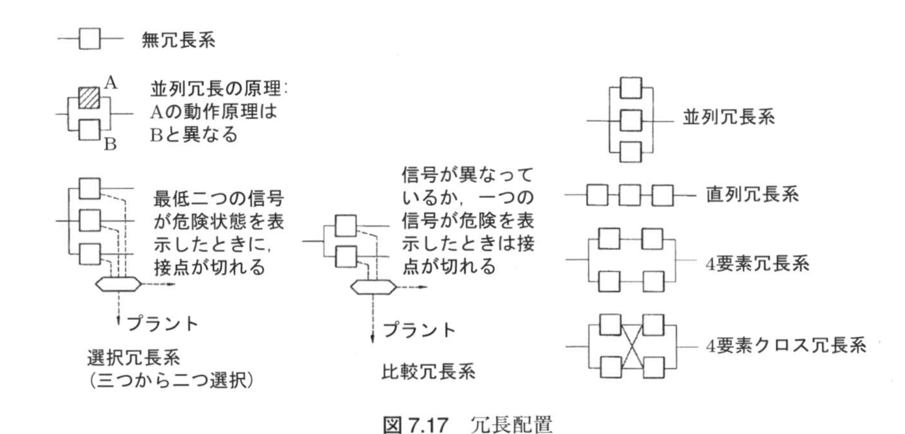

図 7.17　冗長配置

とはできない．並列に運行している 2 台のケーブルカーは，明らかに乗客輸送の信頼度を上げているが，乗客の安全には何ら寄与していない．航空機エンジンを冗長配置にしても，いずれのエンジンも爆発してシステムを危険に陥れる可能性があるなら，安全を増したことにならない．

要するに，冗長要素が安全寿命原理あるいはフェイルセーフ原理を満足しているときにのみ，安全性の向上を保証することができる．

いままで述べてきた原理をすべて守ること，すなわち，一般に安全を達成するということは，7.4.2 項で述べる役割分割の原理と明確性，簡単性の二つの基本ルールによって大いに達成しやすくなる．次にその例を示す．

役割分割の原理と明確性のルールは，ヘリコプタのロータヘッドの構造に一貫して適用されており（**図 7.18** 参照），設計者が安全寿命原理に基づいて特殊な安全構造を考案するのに役立つ．4 枚のロータブレードは，遠心力による半径方向力と空気力学的荷重による曲げモーメントをロータヘッドに負荷する．一方，ロータブレードは，その迎え角が変化できるように自在に回せなければならない．このような条件下では，高レベルの安全性は次のような処置によって達成できる．

- ロータヘッドに作用する曲げモーメントと半径方向力が相殺するように，完全に対称なレイアウトにすること
- 半径方向力は，ねじれに関して，可撓性のある部材 *Z* のみによって，中心にある主たる構成部品に伝達されること
- 曲げモーメントは，部品 *B* を介してロータヘッド内のころ軸受に伝達されること

結果として，すべての構成部品は，それぞれの役割に応じて最適に設計することができる．複雑な継手や複雑な形状の採用を避けると，高レベルの安全性が達成される．

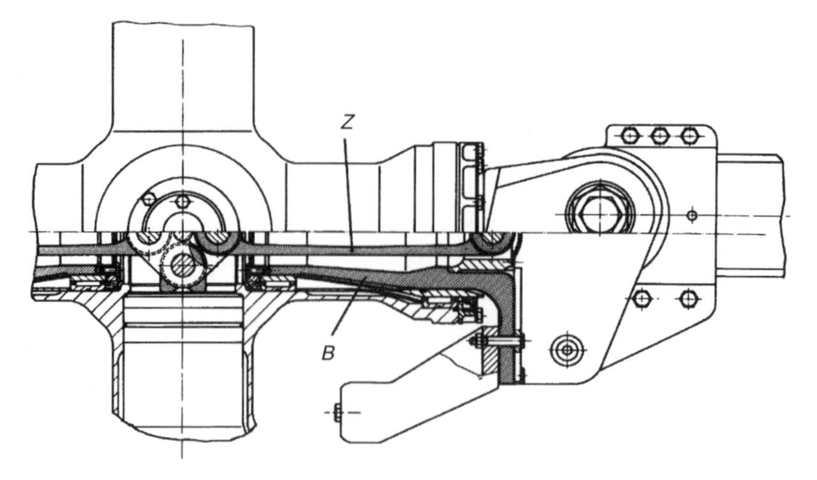

図 7.18　役割分割の原理に基づくヘリコプタのロータの付属装置（Messerschmitt-Bölkow system）

(3)　間接的安全

間接的に安全を実現する方法は，特殊な保護システムや保護装置を用いることである．直接的な安全実現法だけでは不十分なことがわかった場合には，必ずこの方法を採用する．技術システムに対する，間接的安全手法の詳細な議論は，文献 [7.215] を参照されたい．これらの対策に関するもっとも重要な要素について，次に述べる．

- **保護システム**：危険が生じたときに応答する．その機能構造は，危険を察知する入力とそれを除去する出力との間の信号変換を含んでいる．

保護システムの動作構造は，察知 – 処理 – 動作という主たる機能の構造を基にしている．原子炉内温度の冗長な複数の測定，近づきがたい作業場におけるロボットの行動観察，X 線にさらされる地域の密閉，稼働前の遠心分離機のカバーロックの自動的チェックなどが，保護システムの例である．

- **保護装置**：信号変換なしに保護機能を実行するもの

圧力安全弁（図 7.22 参照），過大なトルク負荷時に滑る軸継手，過度の力を制限するためのせん断するピン，車のシートベルトなどが，保護装置の例である．これらのおもなはたらきは，除去すること，あるいは制限することであり，保護システムの一部となり得る．

- **保護障壁**：動作することなく保護機能を実行するもの

これらの障壁は受動的で，それ自身は何も動作しない．信号も変換しないので，その機能構造も要求されない．人間と装置の間を物理的な壁，柵などによって分離し，危険から保護するのである．これは，DIN 31001-1 および -2 に記述されている［7.58,

7.59]．この規格のパート 5 に従ったロック装置は，保護システムとみなされている．

(a) 基本的な要件

間接的な安全対策は，次のような基本的な要件を満たさなければならない．

- 稼働の信頼性
- 危険が生じたときの機能
- 不正な変更防止

稼働の信頼性

信頼できる稼働とは，作動原理とその実体設計があいまいな操作を許さないことである．すなわち，配置は，確立されたルールに従っており，生産と組立は品質管理されている．また，保護システムや保護装置は，厳しく検査されている．安全なモジュールとその機能連結は，直接的な安全の原理に基づいており，安全寿命あるいはフェイルセーフな振る舞いを実現している．

危険が生じたときの機能

この要件は，次のことを意味している．

- 保護機能は，危険状態の発生時から利用できなければならず，危険状態が続く限り，ずっと存続しなければならない．
- 危険状態が完全に終わるまでは，保護機能は停止してはならず，保護装置は除去されてはならない．

図 7.19 は，安全柵の配置例を示している．閉接点が，安全柵が適切な位置にあることを示している．配置(a)は，重度な欠陥をもっている．なぜなら，接点の動きはばね力だけに頼っており，双安定な状態ではないからである（7.4.4 項参照）．もし，ばねが壊れたり，あるいは接点がくっついてしまったりしたら，接触が切れないので，機械は安全柵が開いたままの状態で動くこともできてしまう．配置(b)は，危険発生

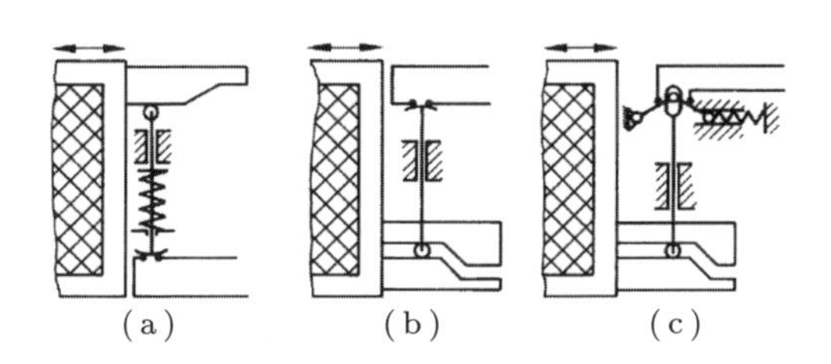

図 7.19 機械保護のための安全柵の接点レイアウト

(a) 接点の動作はばね力だけによるので，保護は保証されない．(b) 形状によって起動するので，保護が保証される．(c) 双安定な挙動を，(b)の形状を用いた起動に追加したもの．

時には，つねに機能する．くっついた接点は開かれる．なぜなら，その効果はばね力よりも形状に依存しているからである．もし，部品が壊れても，接点の上には落ちてこない．配置(c)もまた，起動のために形状を利用しているが，ばね力と双安定な挙動を付け加えている．さらなる例が，文献［7.215］に記述されている．

不正な変更防止

不正な変更を防止することは，意図的もしくは意図的でない行為によって保護が低下したり取り除かれたりしないことを意味している．図7.19の安全柵の接触を考えると，正しい作動を阻む振る舞いは不可能であるように設計することである．これを達成する最上の方法は，工具なしでは開けられない，あるいは機械を停止しないと開けられないようなカバーを利用することである．

保護システム・装置の要件を，次にまとめる．

(b) 保護システム・装置

保護システム・装置は，危険にさらされたプラントや機械を，人間と機械に対する危険を防止する目的で，自動的に安全な状態にする．とくに，次のアプローチが利用できる．

- 危険発生時に，プラントや機械の動作を停止することで，危険による結果が起こることを防ぐこと．あるいは，危険な状態にあるプラントや機械を，そのまま稼働させないこと
- 連続的な危険がある場合，保護対策によって，その効力を無効にすること

基本的な要件である「稼働の信頼性」，「危険が生じたときの機能」，「不正な変更防止」は，次の要件を満たすことで支援される．

警　告

保護システムが作動状態の変化に気づいたとき，状況が変化したことを示す警告を発し，その警告の原因も知らせるべきである．たとえば，「油量が少なすぎる」，「温度が高すぎる」，「安全柵が開いている」などのようにである．DIN 33404［7.69］では，音や光による警告も推奨されている．また，警告のための光の色や押しボタンについては，DIN IEC 73/VDE 0199［7.77］に，特別な安全のためのシンボルは，DIN 4844［7.40, 7.41, 7.42］に規定されている．

2段階操作

もし，危険な状態が，作業者がその危険を縮小できる余裕のある程度にゆっくりと増大するのであれば，保護動作が起こる前に警告が発せられるべきである．

この二つの段階の間には，十分に大きく，明確に定義された危険変数の変化が存在するべきである．たとえば，もし圧力が測定される危険変数であるなら，通常より5%大きくなると警告を発し，10%大きくなると運転停止などである．

もし，危険状態が**速く**増大するなら，保護システムはすぐに反応すべきで，その応答もはっきりと発信しなければならない．ここで，「ゆっくり」とか「速く」という言葉の意味は，技術的プロセスの周期と，要求される応答時間の事情から決まってくる［7.243］．

自己監視

保護システムは自己監視的であるべきである．すなわち，システムが停止したときだけでなく，保護システム自身の欠点によるものからでも始動されなければならない．この要件は，**蓄積エネルギー原理**によって，もっともうまく満たされる．なぜなら，これが適用されると，保護装置を起動するのに必要なエネルギーはシステム内に蓄積され，保護システムにおける障害および欠陥がそのエネルギーを解放し，プラントや機械を停止させることになるからである．この原理は，電気的な保護システムだけでなく，機械的な油空圧システムにも利用できる．

蓄積エネルギー原理は，**図 7.20** に示す弁にも使える．弁が開くとき，油圧によってばねが圧縮される．油圧が低くなると，ばねが伸びて，弁が閉まる．ばねの不具合は，特別な構造が採用されているので弁が閉まることを妨げない．選択された流れの方向と，吊り下げ構造によって，危険発生時につねに機能するという要件が支えられている．

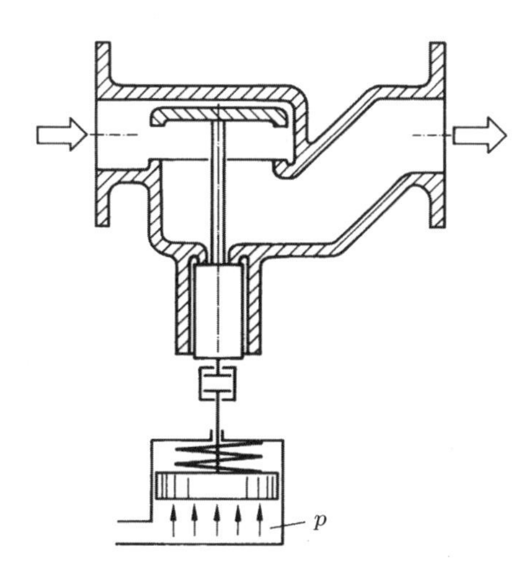

図 7.20 即効弁のレイアウト．油圧 p が低下した場合，ばね力，弁の面上の流れ圧力および弁の重量が一緒に，弁を早く閉じることに有効に作用する．

静水圧システムに蓄積エネルギー原理を用いた例を，さらに**図 7.21** に示す．この保護システムでは，圧力調整弁 *2* をもつポンプ *1* が，与圧 p_{p} を一定に保持している．圧力 p_{s} の保護システムは，オリフィス *3* を介して予圧システムに連結している．基準状態では，出口がすべて閉じているので，急速停止弁 *4* は，機械へエネルギーを供給できるように，圧力 p_{s} によって開いたままになっている．軸の位置が誤っている場合には，軸端に取り付けたピストン弁 *5* が開いて圧力 p_{s} が下がり，さらに急速停止弁 *4* により止まる．同じ動作は，予圧あるいは保護システムも異常がある場合にも起きる．たとえば，パイプの破損，オイルの不足およびポンプの故障によっても同じ動作が起きる．したがって，このシステムは，自己監視システムといえる．

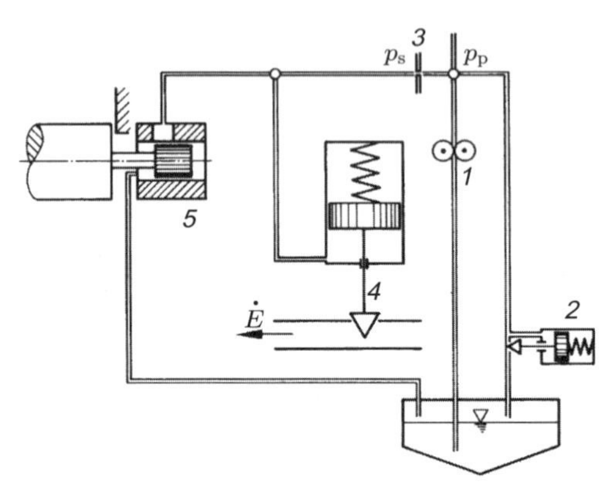

図 7.21　蓄積エネルギー原理に基づく，軸の不正な軸方向位置を防止するための油圧保護システム

システムが**能動エネルギー原理**により動作する場合，すなわち危険時にのみエネルギーが生成される場合，システムは自身の不具合を検知できない．したがって，このアプローチは，モニタリングシステムが利用可能で，システムを定期的にチェックできる場合に，警告信号を発することにのみ用いられるべきである．蓄積エネルギー原理に基づいた保護システムが，危険な状態によってではなく，保護システム自身の障害によって停止する確率は，システムの要素の信頼性を高めることで対処するべきである．たとえば，能動エネルギー原理の適用によって対処するべきではない．

冗長性

保護システム・装置の不具合は，現実的にあるものとみなしておかねばならない．単一の保護システムは壊れるかもしれないので，二重にすること，あるいは複製しておくことは，より高い安全を確実にする．すべてのシステムが同時に不具合を生じることは起こりそうもないからである．保護システムに適用される設計解としては，三つのうち二つを選択することで冗長性をもたせることが多い．三つのセンサを，同じ危険信号を検出するために使う（図 7.17 参照）．少なくとも二つのセンサが危険値を示すときのみ，保護的動作を起動する（機械を停止させるなど）．このようにしておけば，単一のセンサの不具合は，保護を低下させないし，それが不要な保護的な動作を引き起こしもしない [7.179].

しかし，これは複製された保護システムが，共通の原因によって，いっせいに不具合を生じないということが前提である．もし，二重化あるいは複数化されたシステムが個々とは無関係に動作するとき，あるいは別々の動作原理で作動しているとき（原理の冗長性），安全はかなり向上する．この場合，共通の不具合（たとえば，腐食を原因とするような）が，壊滅的な結果にはならない．すべてのシステムが同時に故障することは，まったく起こりそうにないことである．

図 7.22 は，圧力容器に生じる超過圧力に対して，これを保護する二つの方法を示している．単に保護システムを二重にするだけでは，腐食や不適切な材料を用いた場合など，共通の欠陥に対しては役立たない．異なった二つの原理を用いることは，同時に破損するような事態を起こりにくくするためである．

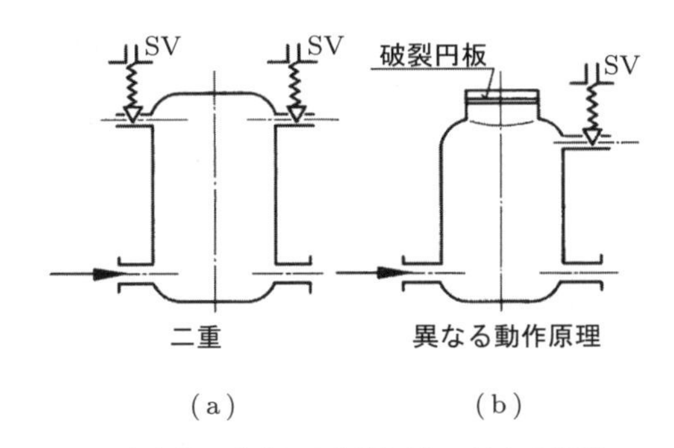

図 7.22 圧力容器に発生した超過圧力に対する保護システム
(a) 2 個の安全弁（共通の欠陥に対して安全ではない），
(b) 安全弁と破裂円板の二重原理による保護システム

冗長性のある構造が直列あるいは並列に連結されたとき，それらが始動される値は，適切な範囲内で注意深く調整されなければならない．このようにして，第 1 および第 2 の保護が確立される．図 7.22 の例では，安全弁は，せん断板より低い超過圧力で起動するように設定されるべきである．

多くの場合，制御システムが保護システムの性質をもっていれば，第 1 の保護システムは，そこから危険信号を受け取ることができる．この要件は，**図 7.23** に示す蒸気タービンの制御に見られる [7.272]．速度超過の場合，原理の異なる二つのシステムによって，エネルギーが絶たれることになる．速度の増加により，まず，制御シス

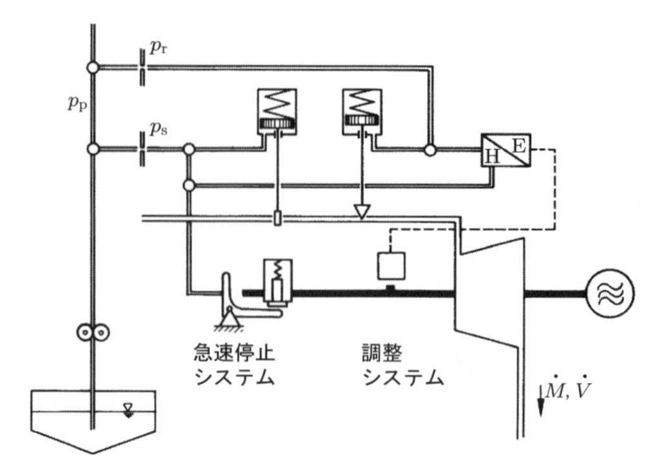

図 7.23　冗長性の原理に基づく速度超過に対する蓄積エネルギー保護システム

テムが起動する．この制御システムの速度測定と調整弁は，急速停止システムとは独立しており，原理も異なっている．

速度は，同じではあるが独立した三つの磁気センサで測定される．これらのセンサは，タービン軸に付けられた一つの歯車から速度を検出している（**図 7.24** 参照）．それらの第一の目的は，電気と油圧で機械の速度を制御しようというものである．さらに，それぞれの信号は，速度超過を防ぐために，ある参照信号と比較される．この比較は，三つから二つ選択する原理に基づいている．それぞれの測定回路は，別々に測定されており，不具合は信号で伝えられる．もし，二つに不具合があれば，急速停止システムがすぐに起動される．

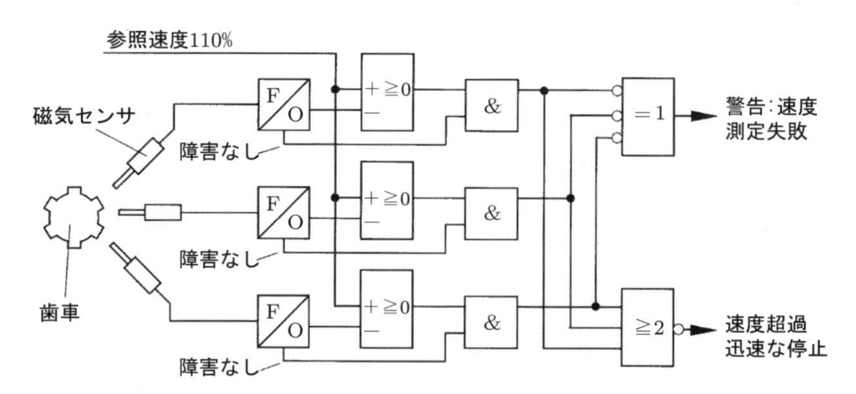

図 7.24　三つから二つを選択する原理に基づいた冗長なレイアウト（配置）を使った電気的速度計測制御（その簡略化表示）．安全性は，急速停止システムにも応用できる蓄積エネルギー原理に基づいている．

しかし，この測定と急速停止システムの起動は，機械的な原理に基づいている．**図 7.25** に示す即効ピンは，速度超過の場合に保持ばねから素早く飛び出し，引き金（トリガー）となる．これが，次に急速停止システムを油圧的に起動する．タービンは，このような二つの双安定な装置（それぞれ標準速度の 110%と 112%で起動する）とともに動いている（7.4.4 項参照）．

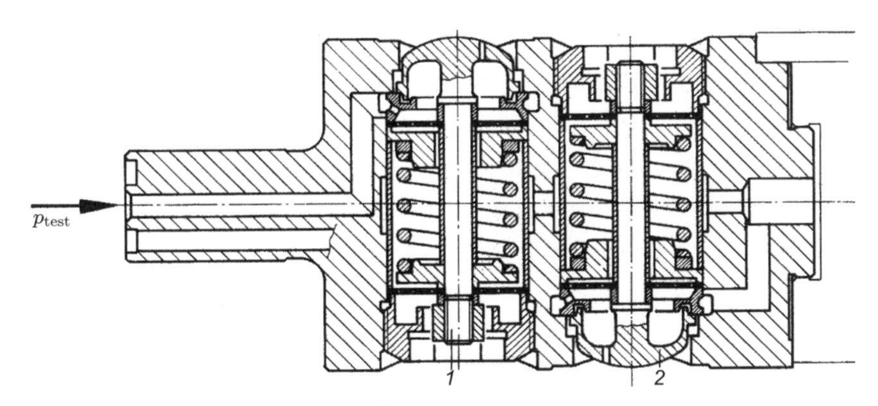

図 7.25　速度超過に対する二つのトリガー弁に基づく蓄積エネルギー保護システム

制御システムと，蓄積エネルギー原理に基づく急速停止システムには，共通の油圧源を用いることができる．どちらも共通の自己監視原理に基づいているからである．

双安定性

保護システム・装置は，明確に定義されたトリガー値によって設計されなければならない．この値になったら，即時にはっきりと保護動作が起動されなければならない．このことは，双安定原理を使用することで可能になる（7.4.4 項参照）．その値以下では，システムは安定状態にある．その値に達したときに，意図的に不安定な状態となる．これは，中間的な状態になることを避け，すぐにシステムを第 2 の安定常置に変換する．この双安定な特性は，保護システム・装置の振る舞いにおける透明性を達成するために，トリガー値になったときに起こる中間的な状態なしに実現されなければならない．

システム再開防止

保護システム・装置が起動した後，危険が遠ざかったとしても，そのシステムは機械を自動的に通常状態に戻してはならない．保護システムの起動は，いつも通常ではない状態によって誘発される．システム停止後は，状態をチェックし，評価すべきであり，それに続くシステム再開は，明確な構造化された手順に従うべきである．たとえば，保護システム・装置を含む安全規定 [7.256]，また，生産で使われるほかの機

械の安全規定 [7.334] に，再開のための手順が述べられている．

試験容易性

保護システム・装置は，実際の危険状態を作ることなく，機能するかどうかを試験される必要がある．しかし，保護システムを起動するために，危険な状況をシミュレートすることは必要となり得る．シミュレーションの間，使われる効果は実際の危険な状態や，すべての可能性のある危険と同様でなければならない．

速度制御の例では，これは，保護システムが起動されるまで速度を上げるよう計画することである．もしこれが不可能か，もしくは望ましくない場合には，保護システムの起動に油圧を用いて遠心力をシミュレートすることができる．このシミュレーションでは，機械を停止する必要はない．図 7.25 は，油路を示している．油は，即効ピンが動作するように遠心分離機の慣性力の増加をシミュレートしており，規定の速度を超過することなく，振る舞いが検査された．

冗長性のある保護システムによって，機械から個々のシステムを分離することが可能である．ほかの冗長性のある保護システムは動作を続け，試験の間，安全性を観察し続けることが可能である．保護システムが，システムの一部のみを試験した後で必ず自動的に通常状態に戻るよう注意を払わねばならない．

以上から，次の点がわかる．

- 試験の間は，保護は維持されなければならない．
- 試験は，新たな危険を生じさせてはならない．
- 試験の後，試験された部分は自動的に通常状態に戻るべきである．

始動時チェックは，有用であり，あるいは規定となっていることも多い．このチェックは，保護システムを起動して，機器の機能が試験された後にのみ操作を可能にするものである．たとえば，安全装置を備えた動力工具には，このタイプの始動時チェックが，安全規則としてしばしば規定されている [7.256]．

保護システム・装置は，次のように，**定期的に試験**されなければならない．

- 最初に操作する前
- あらかじめ決められた定期的な間隔
- 保守・修理・変更を行った後

手順を操作説明書に記載し，試験結果を文書化すべきである．

要件緩和

この時点で，自己監視の要件と同様に，試験容易性を兼ね備えることが必要かという疑問が生じるかもしれない．けれども，蓄積エネルギー原理に基づく保護システムでさえ，完全な機能性が試験によってのみ評価されるような構成要素を含んでいる．

例としては，図 7.25 の即効ピンの動作や，電気的スイッチにおける接点の固着がある．

不具合の確率が低く，不具合の影響が限定されていて，全体的なリスクが許容可能な場合にのみ，安全システムの要件緩和が許容される．これは，システムの試験が簡単で，定期的に行われる場合に，冗長的な要件についてのみ該当する．これらの試験が通常動作の一部分であるとき，たとえば，始動時チェックが実行されるとき，このことが生じる．これは，作業時の安全に関係して，保護システムに頻繁に適用される．

もし，人間の命が危険にさらされたり，大規模な損害が生じたりするのであれば，冗長性を除外することは，正当化もされないし，経済的でもない．どの冗長性が適用されるか，たとえば，三つから二つの選択か，同じ原理の複製か，原理の冗長性かは，それぞれの事情と危険率のレベルに依存する．

(c) 保護障壁

保護障壁の設置目的は，危険源から人間や物を絶縁することであり，さまざまな危険から守ることでもある．DIN 31001-1［7.58］と -2［7.59］は，おもに静的および動的な危険な部品や，脱落物との物理的接触からの保護を扱っている．精巧な図や例が，文献［7.215］で述べられている．

求められる設計解原理（**図 7.26** 参照）は，次のようにして接触を防ぐ．

- 完全な封入
- 特別な側だけのカバー
- 安全な距離を保つための柵

手の届く範囲に柵や壁があるときに，安全距離は重要な役割を果たす．この距離は，人の体の寸法や手足の届く範囲から決まる．DIN 31001-1［7.58］は，明確な安全距離を示しており，体の寸法と姿勢で決まるとしている．

接触防止と脱落物からの保護について，DIN 31001-2［7.59］は，それらの耐久性，

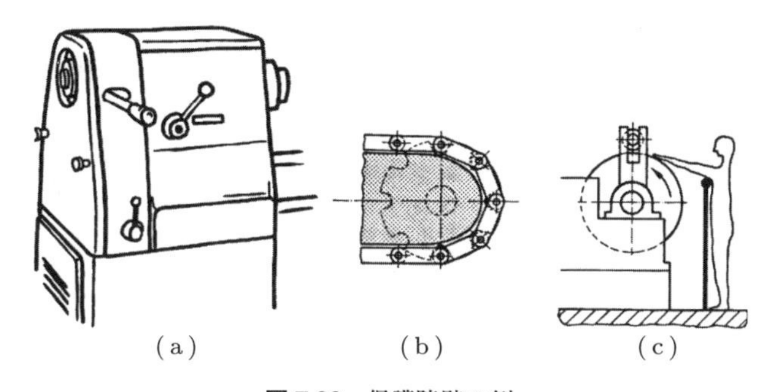

図 7.26 保護障壁の例
(a) 全体を覆う，(b) 特定の側面を覆うカバー，(c) 安全な距離を保つための柵

形，安定性，耐熱性，耐食性，侵攻性物質に対する抵抗性およびその物質に対する透過性などに基づいた保護機能を実現できる材料の使用のみを許している．

(4) 安全実現のための設計

ここでもチェックリスト（図7.3）が非常に役立ち，安全基準のすべての項目について吟味する必要がある［7.303］．

(a) 機能と動作原理

選んだ設計解によって，機能が安全に，しかも確実に実現されるかどうかを確認することは重要である．欠陥や外乱要因が存在する可能性も考慮に入れておく必要がある．しかし，機能に影響を及ぼしかねない，例外的な，あるいはまったくの仮定に基づいた環境に対しては，どの程度のゆとりをもたせる必要があるかは，必ずしも明確ではない．

それぞれの機能の達成を，順々に否定してみることによって，また，起こりそうな結果を分析することによって，リスクの範囲や可能性を正しく見積もっておくべきである（10.2節参照）．人間の過失を防止する対策は，ほとんどの考えられる環境を含んでいるので，故意による破壊は，ここでは考える必要はない．

最初に考えなければならないことは，機械の構造，操作および環境に対して起こり得る外乱に起因する故障と，どのような予防手段を講じるかということである．技術的要因によらない（操作者の無知のような）有害な影響は，技術システム自身では除去できないが，システムはそれに耐えねばならず，また可能ならそれを制限しなければならない．

次は，直接的安全実現の技術で十分かどうか，あるいは保護システムを付加することによって安全性を増加すべきかどうかという問題である．最後に，ある特別な場合に対して十分な安全性を保障し得ない場合には，全プロジェクトを放棄すべきかどうかを問うてみるべきである．これに対する答えは，達成された安全の程度，防止し得ない損傷や事故の可能性，それから起こり得る結果の大きさによって決まる．とくに，新技術を適用する場合には，客観的な基準は存在しない場合が多い．技術上のリスクは，自然現象によると考えられるリスクよりも大きくてはならないということが議論されてきた［7.138］．しかし，これは判断の問題である．いかなる場合も，最終的な決断は，人類に対する責任のある姿勢を反映しているべきである．

(b) レイアウト

外力は構成部品に応力を発生させ，解析によってその大きさと頻度（静荷重や交番荷重）が決定される．発生する応力の種類は多様であって，計算か実験によって決定することができる．計算された部品内の応力は，適切な故障の仮定を使って，主応力とせん断応力との複合応力を正しく示す**等価応力** σ_E に変換される．最大等価応力は，**許容応力** σ_A を超えてはならない．これらの二つの応力が等しいとき，材料の負荷率は 1.0 である．一般的に，等価応力と許容応力との比率は，1.0 よりも小さい．なぜなら，材料寸法の選択は，規格やほかの実体設計時の検討から決まってくるからである．

設計者は，材料技術によって，特定の条件（引張，圧縮，曲げ，せん断，ねじり）に対して，**材料の限界応力** σ_L を知ることができる．これらの値は通常，構成部品そのものについての試験ではなく，試験片についての試験により得られるので，構成部品に生じる応力は十分な耐久性を保証するために，限界よりも十分小さく抑えておくべきである．したがって，部品の応力限界は，材料の応力限界よりも小さいのが普通である．

材料の限界応力 σ_L の構成部品についての許容使用応力 σ_W に対する比は，安全率 $SF=\sigma_L/\sigma_W$ とよばれる．この値は，1.0 より大きくなくてはならない．安全率は，特定の条件において種々の材料について説明書などで示されているので，これを使って部品の許容応力 σ_A は簡単に計算できることになる．

安全率の値は，限界応力の決定における不確実さ，荷重の仮定の不確実さ，計算法，採用した製造法，形状，寸法や，環境の不確かな影響，および起こり得る破壊の確率と重大さなどによって決められる．

安全率は，現在でも一般に根拠のある基準に基づいて決められているわけではない．著者らによる調査では，公表されている安全率の推奨値は，製品の種類，技術分野，材料の靭性，構成部品の寸法，破壊の確率などのような基準によっては分類できない．慣例や，一回限りでしばしば十分に説明できない不具合に基づく数値，直観および経験から得られる安全率に関する数値データには，一般に有効な説明が得られない場合が多い．

したがって，文献に記載されている数値は，慎重に取り扱わなければならない．これを適用するにあたって，個々の状況や特別な用途あるいは問題となっている技術分野の規制に関する知識が必要である．しかし，一般的に，精密な計算の手続きがとられたか，関連の実験データが適用できるか，十分に延性のある材料が使われるか，特定の用途に経験があるときにのみ，1.5 より小さい安全率が許される．ぜい性破壊しやすいような材料では，安全率は 2.0 の近くにとられる．

靭性，すなわち破壊する前に塑性変形し，これによって不均一な分布荷重で生じる応力集中を緩和する能力は，材料がもっているもっとも重要な安全上の特性である．

ロータの超過速度スピン試験（超過速度によってロータ中に高い応力が発生する）や圧力容器の超過圧試験は，材料の靭性が高い場合に限り，完成した構成部品内の応力集中を緩和するための直接的な安全実現技術の好例である．

靭性は材料のもっている重要な安全増強特性であるから，単に降伏強さの高い材料を求めるだけでは十分でない．一般の材料の靭性は，降伏強さが増加するに伴って逆に低下する傾向があるから，塑性変形の利点を保証し得る最小の靭性を確保することが重要である．材料が，時間とともに変形するほかの理由，たとえば放射，腐食，加熱，表面被覆によりぜい化するような場合も危険である．とくにこれは合成材料にあてはまる．

構成部品の安全を，単に応力の計算値と最大許容応力値との差によって算定するだけでは，重要な点を見逃すことになる．

荷重条件ならびに時効，加熱，放射，風化，稼働条件および，たとえば溶接や熱処理のような製造方法によって材料の性質に及ぼす影響も非常に重要である．残留応力も過小評価してはならない．塑性変形を伴わないぜい性破壊は，予兆なしに突然起こる．付加的応力の発生，ぜい性材料の利用，ぜい性破壊を促進するような製造方法を選択しないことは，直接的安全実現技術の基本要件である．

塑性変形について危険な箇所をモニタするとか，人間や機械が危険にさらされる前に察知できるように，機能遂行を停止する目的に塑性変形を利用すれば，この変形はフェイルセーフ装置となる［7.206］．

弾性変形によって，たとえばすき間がなくなり，機械の円滑な機能遂行を阻害するようなことがあってはならない．すき間がなくなると，力の伝達経路や膨張を明確に決定できなくなり，そのため過負荷や破損をもたらしかねない．これは，静止部品だけでなく，可動部品にもあてはまる（7.4.1 項参照）．

安定は，機械の基本的な安定性ばかりでなく，安定した稼働も意味する．外乱は，安定化効果によって，すなわち自動的に初期状態あるいは正常な状態に復帰させることによって打ち消される．設計者は，中立状態あるいは潜在的に不安定になり得る状態が，外乱を蓄積して制御不能になりかねないようなことを避けるべきである（7.4.4 項参照）．

共振は，正確に決定できないような高い応力を生じさせる．振動を十分に減衰できないような場合は，共振条件に重なるような仕様条件は避けなければならない．このことは安定問題だけでなく，操作者の能率や健康を害する騒音や振動のような現象にも当てはまる．

熱膨張は，過負荷や機能の障害を避けるために，あらゆる稼働条件下で考慮に入れておかなければならない（7.5.2 項参照）．

不完全な**密閉**は，一般に破損やトラブルの原因となる．シールを慎重に選定すること，密閉臨界点では圧力を逃せるようにしておくこと，流体力学により慎重に検討することが，これらの問題の解決に役立つ．

摩耗とその結果で生じる摩耗粉は稼働上の安全を損なうので，その量を許容限界内に抑えておかなければならない．設計者は，このような摩耗粉がほかの構成部品を損傷したり，あるいは干渉したりしないようにしなければならない．したがって，摩耗粉は，極力発生源の近くで除去すべきである（7.5.13 項参照）．

一様な**腐食**は構成部品の設計厚さを減じ，とくに動的荷重を受けて発生する局部腐食は応力集中を増加させて，ほとんど変形を伴わない急速な破壊をもたらす．腐食に対して永久に安定なものはないから，構成部品の負荷容量は時間とともに低下する．フレッチング腐食や疲れ腐食とは別に，応力腐食も，引張応力に関してある特定の材料には，非常に重大なことである．一様および局部腐食（原因，結果，救済策）は，ともに 7.5.4 項で論じている．腐食生成物は，弁棒，制御機構などとの干渉によって，機械の機能遂行を妨げる．

(c)　人間工学的配慮（エルゴノミクス）

人間工学の原理を工業安全へ適用するには，就業中の安全や人間 - 機械（マン - マシン）の関係について精密に検討しておかなければならない．起こり得る人間の過失と疲れも含まれる．したがって，機械と製品は人間工学的に設計されなければならない（7.5.5 項参照）．

非常にたくさんの本と論文が，この問題について述べている［7.26, 7.65, 7.189, 7.255, 7.303］．さらに，DIN 31000［7.57］は，基本的な安全設計に関する要件を規定している．また，DIN 31001-1 と -2 および -10［7.58, 7.59］は，保護装置を扱っている．さまざまな専門団体・工場検査組織・その他による規則があり，それらは工学のすべての分野において誠実に遵守されなければならない．多数ある特別法規も同様である．工業上の安全のあらゆる面を，本書で考察するのは不可能である．

表 7.1 と**表 7.2** に，工業上の安全設計に求められる最小の要件を列挙した．

(d)　生産と品質管理

構成部品は，生産中にその品質が維持されるように設計しなければならない（第 10 章参照）．この目的のために，特別の品質管理を，必要ならば規制によって義務づけなければならない．設計者は，製造プロセス上で危険な弱点となる箇所が生じないように設計しなければならない（7.3.1 項 , 7.3.2 項 , 7.5.8 項参照）．

表7.1　種々のエネルギーに関連する有害作用

有害作用に対する人間と環境の保護	
項　目	例
機械的	人間と機械の相対的な動作 機械振動，粉塵
音響	騒音
油水圧	液体の噴射
空気圧	ガスの噴射，圧力波
電気的	感電，静電気の放電
光学的	閃光，紫外線放射，アーク
熱的	高温または低温部品，放射，燃焼
化学的	酸，アルカリ，毒物，ガス，蒸気
放射性	核放射，X 線

表7.2　機械装置に必要な最小限の工業上の安全要件

機械装置においては，人間が接触する可能性のある範囲内での部品の突出や運動は避けるべきである．

以下に対しては，運転速度に関係なく保護装置が必要である．

—歯車，ベルト，チェーン，ロープ駆動
—50 mm より長い回転部品（表面が完全になめらかであっても）
—継手
—部品が飛散する危険がある場合
—起こり得る足かせ（スライダーがストッパにぶつかる，構成部品が相互に押し合ったり回転するなど）
—構成部品が落下する場合（おもりやカウンタウエイト）
—材料投入口などの隙間．部品間のギャップは 8 mm を超えてはならない．ローラの場合には幾何学的関係を調べ，必要ならば特別なガードを取り付けなければならない．

電気設備に関しては，必ず電気技術者と協同して計画を立てなければならない．音響，化学的および放射能に関する危険性がある場合は，講ずべき保護手段に関して，それぞれ専門家の助言を仰がなければならない．

(e)　組立と輸送

組立や輸送中に製品に加わる荷重は，実体設計フェーズで考慮に入れておかなければならない．組立中に溶接した箇所は試験し，場合によっては熱処理しなければならない．すべての主要な組立作業の後には，可能な限り必ず機能チェックを行うべきである．

安全な輸送のため，しっかりした基礎と支持箇所，取扱箇所をつねに用意しておき，はっきり印を付けておくべきである．質量が 100 kg を超える部品は，容易に見分けられるように印を付けるとよい．頻繁な分解が必要な場合は，適切な持ち上げ箇所を設けておかねばならない．

(f)　操　作

操作とハントリングは，安全でなければならない [7.57, 7.58]．自動装置が故障した場合は，必要な処置が講じられるように，ただちにその表示がなされなければならない．

(g)　メンテナンス

メンテナンスと修理作業は，機械が停止したとき以外は実施してはならない．組立工具あるいは調整工具を用いているときには，特別の注意が必要である．安全スイッチは，機械が不用意に始動しないことを保証しなければならない．調整箇所は中央に配置し，容易に接近できるように，しかも作業が単純になるように設計しなければならない．検査あるいは修理中には，手すりや階段を，滑りにくい表面などの対策により，安全にアクセスできるようにすべきである．

(h)　コストとスケジュール

コストとスケジュールの要件を優先して，安全を損なってはならない．コストの限界や出荷期日は，作業の切り詰めによるのではなく，慎重な計画と正確な概念や方法によって遵守しなければならない．事故や故障の影響は，これを予防するのに要する努力に比べれば，一般にずっと大きく深刻である．

7.4　実体設計の基本原理

実体設計の基本原理については，いくつかの文献がある．Kesselring [7.148] は，生産コスト最小，必要スペース最小，最軽量，損失最小，取扱最適の原理を述べている（1.2.2 項参照）．また，Leyer [7.167] は，軽量化構造の原理 [7.167] と均一肉厚の原理 [7.168] について論じている．しかし，あらゆる工学的設計解について，これらすべての原理を実現するのは，明らかに不可能であり，望ましくもない．それらのうち一つはきわめて重大かも知れないが，残りは実現されると望ましいにすぎない．与えられたケースにおいて，どの原理を優先すべきかは，その課題と企業の設備から答えを導き出すほかない．体系的に仕事を進め，仕様書を推敲し，抽象化して問題の要点を見きわめ，そしてまた図5.3に示したチェックリストに従うことにより，設計者はこれらの原理を具体的な提案の形に作り変えて，生産コストや必要スペース，重量などを決定することが可能になる．これらは仕様書と一致していなければならない．

体系的アプローチはまた，次のような問いを強調する．すなわち，与えられた問題と定められた設計解原理において，どのように機能がもっとも満足されるかということと，どの種類の機能要素を用いるかということである．実体設計の原理は，設計プロセスのこの部分を容易にする．とくに，7.1節に列記したうちのステップ3，4に役立ち，またステップ7〜9にも役立つ．

力やモーメントの**伝達**という，比較的，一般性のある課題に対しては，「力の伝達の原理」を確立しておくとよい．力の種類を**変換**したり，大きさを変化させたりという役割は，第一にしかるべき物理作用によって達成することが考えられるが，同時に省エネルギーという見地あるいは経済的な理由から，「損失最小の原理」[7.148]を適用することが望ましい．それは，少数の非常に有効なステップをとることにより実現可能となる．この原理はまた，ある種類のエネルギーを別の種類に効率的に変換するときにも使える．エネルギー**貯蔵**の問題は，直接的であれ間接的であれ，物質の収集を通してポテンシャルエネルギーや運動エネルギーの蓄積という問題にかかわってくる．エネルギーの貯蔵はシステムの安定性の問題を提起することになり，結果的に，「安定性と双安定性の原理」を適用することになる．

一つまたは数個の機能要素を用いて，複数個の機能を実現する問題を考えよう．このような場合は「役割分割の原理」が役立つ．この原理を適用する際は，機能を入念に分析して，機能要素へ割り付けなければならない．機能の分析というこの作業には，付帯効果の確認や開発などの際に用いる「自助の原理」を適用するとよい．

実体設計の諸原理を適用する際に，ある要件に対しては，これを満足する方向ではなく，反対の方向に向かわざるを得ないことがある．たとえば，強度均一という要求はコスト最小という要求と両立しない．あるいは，自助の原理はフェイルセーフの原理とは相容れないし（7.3.3項参照），文献[7.168]にあるように，製造プロセスを簡略化すべく肉厚を均一にしようとすると，軽量化という要求と矛盾するなどである．

上述の種々の原理は，それぞれある条件に適合したときにのみ使える諸方策である．これらの方策を適用するときには，互いに相容れない要求のバランスをとることが必要になる．その目的に沿うべく，著者らは実体設計にとって重要と思われる原理を導き出したので，次に述べる．その大半はエネルギーの流れという考え方を基にしているが，物質の流れや信号の流れにも適用し得る考え方である．

7.4.1　力の伝達の原理

(1)　力の流れ線と強度均一の原理

機械工学の問題には，通常，力や運動，およびそれらの連結，変換，変化または伝達といった項目が含まれている．また，エネルギーや物質，信号の変換も含まれる．一般に用いられる「力の伝達」という機能には，構成部品，装置への荷重の付加や，これら相互間の力のやり取り，およびそれらを介したほかへの力の伝達を含んでいる．ガイドラインが文献［7.168, 7.278］で提供されている．一般に，設計者は，断面の方向や断面積の急激な変化による力の流れ線の方向，すなわち力の伝達経路の方向の急変を極力避けるべきである．「力の流れ線」という考え方は，構成部品や装置を通して力が伝達される経路（荷重経路）を可視化するのに有効であり，流れ学における流れ線と類似のものである．力の伝達については，Leyer が文献［7.167, 7.168］で扱っているので，ここでは深くは立ち入らない．設計者は，この重要な文献をぜひ参照されたい．Leyer はまた，機能面，技術面および生産面の複雑な絡み合いについても力説している．力の伝達の概念を以下にまとめる．

力の伝達は広義に捉える必要があり，曲げモーメントやねじりモーメントの伝達をも含んでいる．構成部品に**外力**が加わると，各断面には軸力やそれと直角方向の力と曲げモーメントおよびねじりモーメントが生じる．これらは応力（**直応力**と**せん断応力**）を生み，**弾性変形**または**塑性変形**（曲げおよびねじりに沿った，直ひずみ，ポアソン効果による直角方向ひずみ，およびせん断ひずみ）を引き起こす．

力を伝達する断面の寸法は，構成部品内の考えている点における「思考上の切断」を行うことにより求められる．断面全体にわたって応力を積分したものが，内力や内モーメントとなり，それが外荷重とつり合う．

断面特性から応力が決定されると，次に応力を材料の強度，すなわち引張強さ，降伏点，疲労強度，クリープ強度などと対比する．その際に，応力集中や表面仕上げあるいは寸法効果を考慮しなければならない．

強度均一の原理［7.278］は，材料や形状の選択を適切に行うことにより，その全使用期間にわたって装置各部の強度を均一にしようというものである．それは，軽量化構造の原理［7.167］と同様に，経済性を考慮する場合には必ず適用されるものである．

この考え方は重要であるが，その反面，設計者に応力による変形あるいはひずみは無視してもよいのではないかという誤った考えを与えやすい．しかし，構成部品の挙動を明らかにし，それらが機能面でどうはたらいているかを知る手がかりを与えるのは，正に変形であるということを忘れてはならない．

(2) 力の直接・最短伝達の原理

以下に述べる重要な原理は，Leyer によって導かれたものである［7.168, 7.208］.

- **変形を最小**にするという条件の下で，力あるいはモーメントが一つの点からほかの点に伝わる場合は，最短で直接的な伝達経路が最適である.

この原理によって荷重範囲が最小となり，次のことが達成される.

- 最小の材料の使用量（体積，重量）
- 最小の変形

とくに，引張や圧縮のみによって解決できる問題の場合は，曲げやねじりと違って変形が小さいので，上記が成立する．ただし，構成部品に圧縮が加わる場合は，座屈にも注意を払わなければならない.

これに反して，**相当量の弾性変形**を可能にする柔な構成部品が要求される場合は，曲げやねじりを用いた設計の方が，通常は経済的である.

この原理を**図 7.27** に図解する．これは，機械の架構をコンクリート基礎の上に据え付ける例で，要求に応じて支持構造の剛性を変えようというものである．この場合

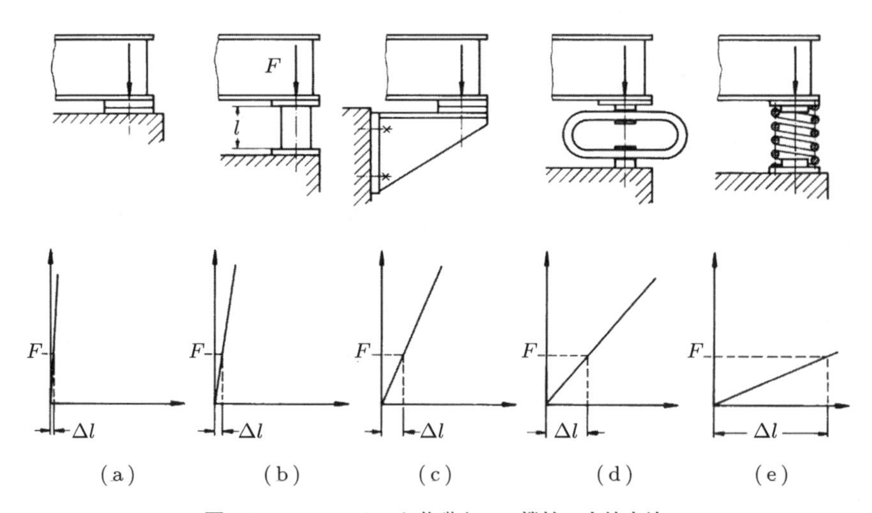

図 7.27　コンクリート基礎上での機械の支持方法

(a) 力の伝達経路が短く，基礎板の応力が低い非常に剛な支持方法
(b) 力の伝達経路は長いが，それでもなお剛な支持方法．圧縮力を受ける管材または箱形断面の支持構造を配置
(c) あまり剛でない支持方法．顕著な曲げ変形をうける（剛性を上げようとすると，材料使用量が増える）
(d) 曲げ応力を受ける，より柔な支持方法
(e) ばねを用いた非常に柔な支持方法．ばねはねじりにより荷重を伝える．これは共振を避けるのに使われる

は，機械の稼動中の挙動にも影響が及ぶ．たとえば，固有振動数や共振振動数を変えたり，付加物を加えたりしてその応答特性を変更するなどである．もっとも剛な設計解は，支持部を短くした圧縮による支持で，この方法によれば，物量，スペースとも最小となる．逆に，もっとも柔な設計解はばねによる支持で，この場合は力をねじりで伝えるものである．ほかの設計解を調べてみると，同じ原理による種々の設計例を見出すことができる．たとえば，自動車のねじり棒ばねや，たわみパイプがその例で，これらは曲げやねじりを利用したものである．

このように，目的を達成する手段は，課題の性格によって決まるものである．たとえば，力の伝達経路として，剛性をできるだけ大きくとり安定を優先した設計を目指すか，あるいは想定した力－変形関係を満足させることを優先して，安定は二次的なものと考えるかによって，達成手段は変わってくる．

応力が**降伏点を超える**場合は，次の点を考えなければならない（**図 7.28** 参照）．

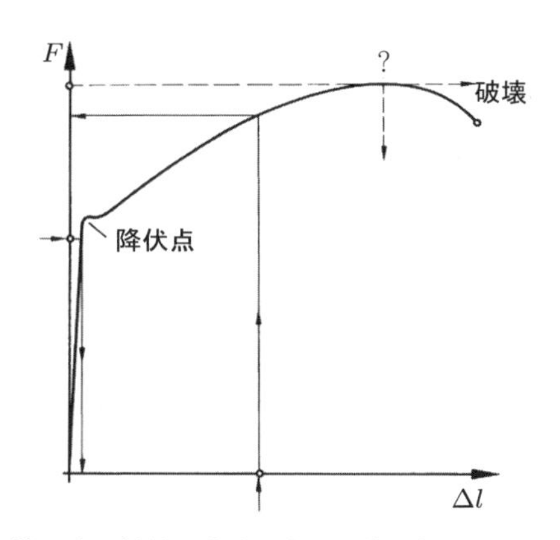

図 7.28 靭性の高い材料の荷重－変形曲線，矢印は因果関係を示す．

- 構成部品に**力が加わると**必ず変形が起こり，降伏点を超えると力と変形の比例関係が成立しなくなる．そして，力－変形曲線のピーク付近では，力が少し増えただけで不安定な状態となり，破壊に至る．というのは，力を受けもつ断面積の減少の程度の方が，ひずみ硬化による強度増加の程度より急激だからである．この例としては，前輪連接棒に加わる引張力や，円板に加わる遠心力，あるいはロープにはたらく重力などがある．このような場合は，安全のための予防策をとることが必要である．
- 構成部品が**変形**すると，一般に反力が生じる．与えられた変形量が変わらなければ，力や応力も変わらない．力－変形曲線のピーク到達前であれば，要素は安定であり，したがって降伏点を超えても危険ではない．しかし，降伏点を超えると，変形量の増分は大きくても，これに対応する力の増分はわずかしかないことに注意する必要がある．そして，稼動状態に入る前にあらかじめ荷重を加えるような場合は，この予荷重が稼動時の荷重と同じ向きにはたらかないようにしなければならない．さもないと，上記で述べたような状態になってしまう．また，靭性の高い材料を用いたり，同じ向きの多軸応力の発生を防いだりすることも大切である．この例としては，大きな予ひずみを与えた焼きばめ，あるいは予荷重を与えたボルトや締め金がある．

(3)　変形一致の原理

力の流れ線に適合した設計は，伝達経路の方向や断面の急激な変化を避ける．それによって，応力集中などの不均一な応力分布を防ぐことができる．力の流れ線は非常に視覚的であるが，だからといって，つねにもっとも重要な因子を明らかにするとは限らない．ここでもやはり，鍵を握っているのは対象となる構成部品の変形である．

変形一致の原理とは，関係する構成部品が荷重を受けたときに，**力と同じ向きに**，そしてできることならば，**等量だけ**変形するように設計するということである．

例として，母材を，これと弾性係数の異なる接着剤またははんだで接着したものをとる．**図 7.29**(a)に変形状態を示す［7.181］．ここでは，変形量と接着剤の厚さは誇張して描いている．荷重 F は，要素 *1* と要素 *2* の接着面を横切って伝わるが，その際に重なり合っている部分に生じる変形に着目しよう．接着剤は，とくに端部では要

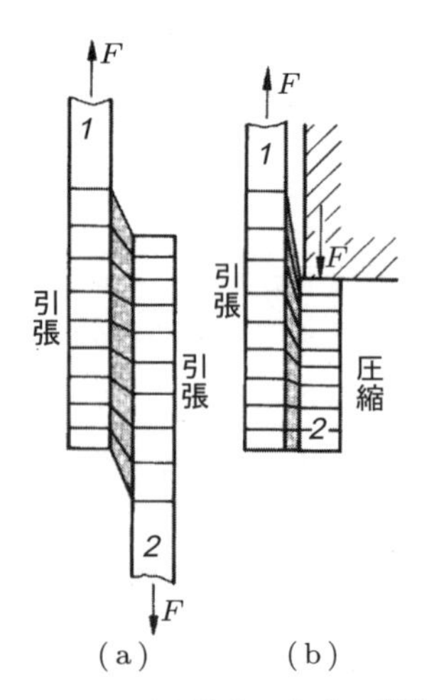

図 7.29　接着剤またははんだによる重ね接合．変形は誇張して示す（出典［7.181］）．
(a)　要素 *1* と要素 *2* はともに同方向に変形
(b)　要素 *1* と要素 *2* は逆向きに変形

素 *1* と要素 *2* の相対変形量に差があるので著しく変形する．上端では，要素 *1* は荷重 F をすべて受けもつので引き延ばされているが，要素 *2* の方はまだ荷重を受けもっていない．このため，接着剤の層内で変形量に差が生じ，計算で求められる平均せん断応力を超える大きなせん断応力が局部的に発生する．

図(b)に，とくに悪い例を示す．ここでは要素 *1* と要素 *2* は反対向きに変形してつり合いを欠いたものとなり，結果として接着剤の変形が大きくなる．この例からも，変形が力と同じ向きで，大きさもできるだけ同じにする方がよいことがわかる．Magyar は，荷重とせん断応力の関係について，数学的な研究を行い，**図 7.30** のような結果を得ている [7.177]．

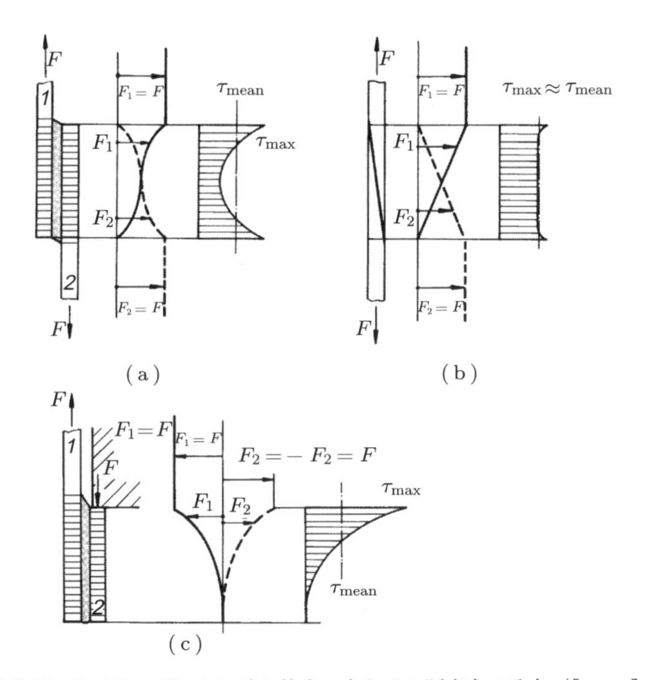

図 7.30 接着剤またははんだによる重ね接合の力とせん断応力の分布（[7.177] より抜粋）．
(a) 片面を重ねる場合（曲げ応力は無視している）
(b) 板厚を直線的に減少させて継ぎ合わせた場合
(c) 互いに逆向きの変形による顕著な「力の流れ線の方向変化」（曲げ応力は無視している）

同様な現象は，ボルト継手におけるボルトとナットの関係についても見られる [7.328]．図 **7.31**(a)に示すように，通常はボルトとナットに反対方向の変形が生じ，ボルトには引張が，ナットには圧縮がはたらく．しかし，図(b)のように構造を少し変えると，根元側の最初のねじ山では変形が同じ引張となり，両者の相対的変形量が

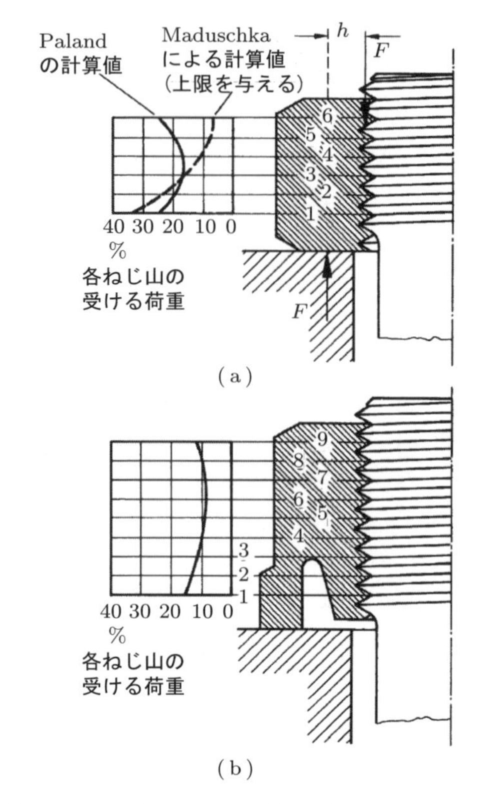

図 7.31　ナットの形状と荷重分布（出典［7.328］）
(a)　標準ナット．Maduschka［7.175］の単純計算値（上限値を与える）と Paland［7.214］のモーメント $F{\cdot}h$ による変形を考慮した計算値
(b)　引張部の変形を一致させた改良ナット

小さくなるので，各ねじ山に加わる力の分布が均一化する．Wiegand は，このような特殊ナットの寿命が，ふつうのナットに比べて長いことを示し，これから上述の効果が裏づけられると述べている［7.328］．一方，Paland によれば［7.214］，通常のナットでもモーメント $F{\cdot}h$ によってナットが外側に変形し，根元側のねじに加わる力を解放するから，Maduschka が［7.175］で述べているほど悪くはないという．ここで，さらにナットの材料としてチタンのような弾性係数の低いものを選ぶと，モーメント $F{\cdot}h$ やねじ部の曲げにより，ナットの外側への変形を増す効果が出てくる．逆に，ナットの材料が剛であったり，腕の長さが短かったりすると，ナットに伝わる力の分布は Maduschka が示したようになる．

次に，焼きばめで締めた軸－ハブ結合を取り上げよう．これも，結局のところは，二つの要素の変形に帰着する（［7.125］参照）．トルクを伝達する際に，軸にはねじり変形が生じるが，その変形量はトルクがハブに伝わるにつれて小さくなり，逆に，ハブのねじり変形量は，トルクが伝わるにつれて大きくなる．

図 7.32(a)のような構造では，点 A で軸とハブの相対的なねじり変形量が最大となる．トルクの向きが交互に変わる，いわゆる繰返し荷重が作用するときは，ここでフレッチング腐食を引き起こす．しかも，右端はトルク伝達には役に立っていない．

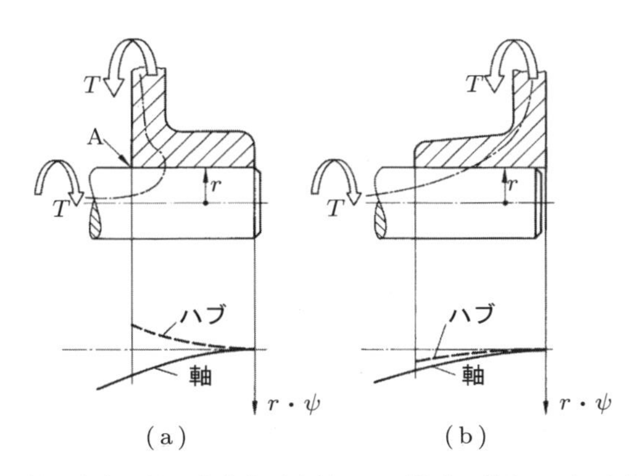

図 7.32 (a) 力の流れ線の方向が鋭い変化を示す軸－ハブ結合．軸とハブのねじり変形は逆向き（ψ ＝ねじり角）．(b) 力の流れ線の方向がなだらかな変化を示す軸－ハブ結合．軸とハブのねじり変形は同じ向き．

一方，図(b)に示す設計解の場合は，ねじり変形が軸，ハブともに同じ向きなので，上記の問題は大いに改善される．最善の設計解は，ハブのねじり変形が軸のねじり変形と合致する場合で，このときはトルクが軸の連結部全長にわたってハブに伝えられるので，応力集中が避けられる．

焼きばめの代わりにキー連結とした場合も，図(a)のような構造にすると，ねじり変形の向きが互いに逆向きなので，点 A 近傍に高い接触応力を生じる．これに対して，図(b)の構造の場合は，ねじり変形の向きが同じなので，応力分布も平準化される [7.188]．

変形一致の原理は，**図 7.33** のような軸受にも適用できる．軸受の実体設計は，軸と軸受の間の変形の一致を確実にするか，あるいは調整可能とすべきである．

変形一致の原理を適用する際は，ある要素からほかの要素への力の伝達のみならず，力やモーメントの分解ないし組合せについても考慮しなければならない．よく知られた例として，クレーンの駆動系のように，一定の距離を保つように配置された二つのホイールを同時に駆動する問題を取り上げよう．**図 7.34**(a)の例では，左側の方がトルクの伝達経路が短いので，ねじり剛性が右側より大きい．トルクが加わると，まず左側のホイールが回転し始め，右側のホイールは最初は静止しているが，右側の軸が

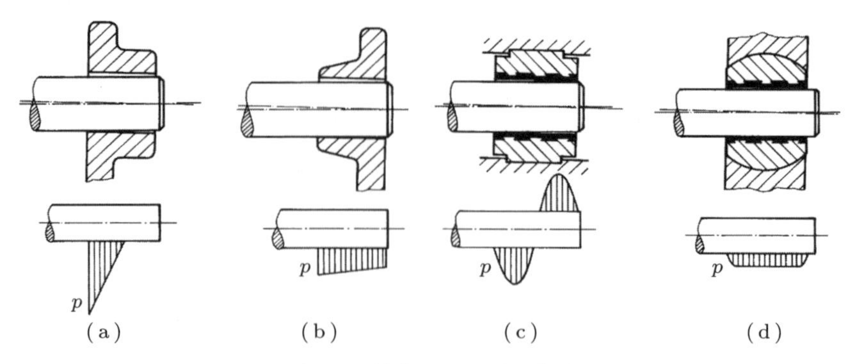

図 7.33　軸受における力の伝達

(a)　軸の変形に一致しない軸受を採用しているので，端部に圧縮が生じる．

(b)　変形が一致するので，面圧が均一になる．

(c)　軸の変形に対して調整できない．

(d)　軸受ブッシュにより調整可能となるため，面圧が均一になる．

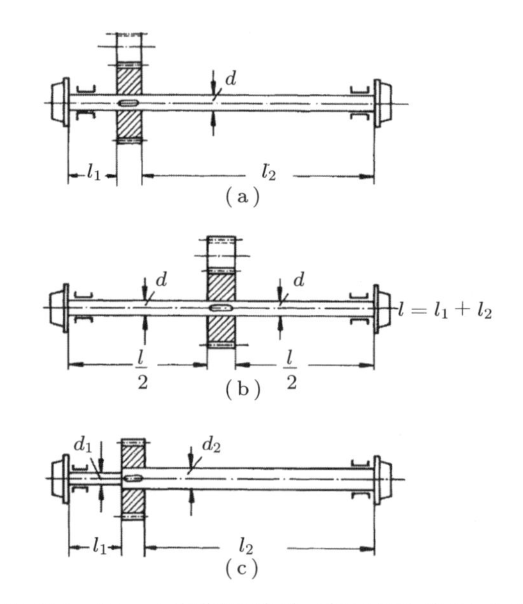

図 7.34　クレーン駆動部に変形一致の原理を適用した例

(a)　長さ l_1 と l_2 のねじり変形が等しくない場合

(b)　配置を対称にしてねじり変形を等しくした場合

(c)　非対称な配置であるが，ねじり剛性を適合させてねじり変形で等しくした場合

トルクを伝えるのに十分なだけねじられて，はじめて回り始める．このとき駆動系は，左右のホイールの回転角の差によって斜めに走行する．

この場合は，両側の軸のねじり剛性を等しくして，初期トルクが適正に配分されるようにすることが必要である．このためには二つの方法がある．すなわち，トルクが一箇所にだけ加えられる場合，まず，図(b)のように対称な配置にするか，図(c)のようにそれぞれの軸のねじり剛性が等しくなるよう，両側の軸の径を変えることである．

(4)　力のつり合いの原理

歯車箱を例にとると，駆動トルク，歯車の接線力および負荷されるトルクは，いずれもその機能に直接寄与する力やモーメントである．これらを**機能主要力**とよぶ．

一方，次に示すように，機能には寄与しないが，無視することはできない力やモーメントがある．

- はすば歯車から引き起こされる軸力
- タービンのブレードや制御弁にはたらく差圧からくる力
- 摩擦継手において摩擦力を生み出すための引張力
- 直線運動や回転の加速度による慣性力
- 機能主要力ではない流体力

このように，主要な力に付随する力やモーメントを**随伴力**とよぶ．これは機能に対して二次的な寄与をするか，あるいは機能には何ら寄与することなく，単に考慮しなければならない不要な効果として現れるものかのいずれかである．

随伴力は構成部品に付加的に加わるので，それに対応するためには，適切な配置や補強部材，カラープレート，軸受などの受け面や要素を設ける必要がある．その結果として，重量が増し，さらなる摩擦損失も起こり得る．したがって，随伴力はできるだけ発生源でつり合いをとり，軸受や伝達要素の補強あるいは重量増加を防ぐことが必要である．

文献［7.204］で示されているように，力のつり合いをとるには次の二つの設計解がある．

- バランス要素を置く．
- 対称構造とする．

図 7.35 は，タービンやはすば歯車あるいは円すいクラッチに対して，直接的で短い力の伝達経路の原理を適用して，随伴力のつり合いをとった例である．これにより，軸受を増設する必要がなくなり，非常に経済的な設計となっている．

慣性力に関しては，その本来の性質から，回転対称な配置であれば，つり合いが保たれていることはいうまでもない．同じ設計解原理を，自動車用内燃機関のように，往復運動する質量からくる慣性力をつり合わせる際に適用することができる．シリンダの数が少なくて完全なつり合いを達成できないような場合は，つり合い要素として

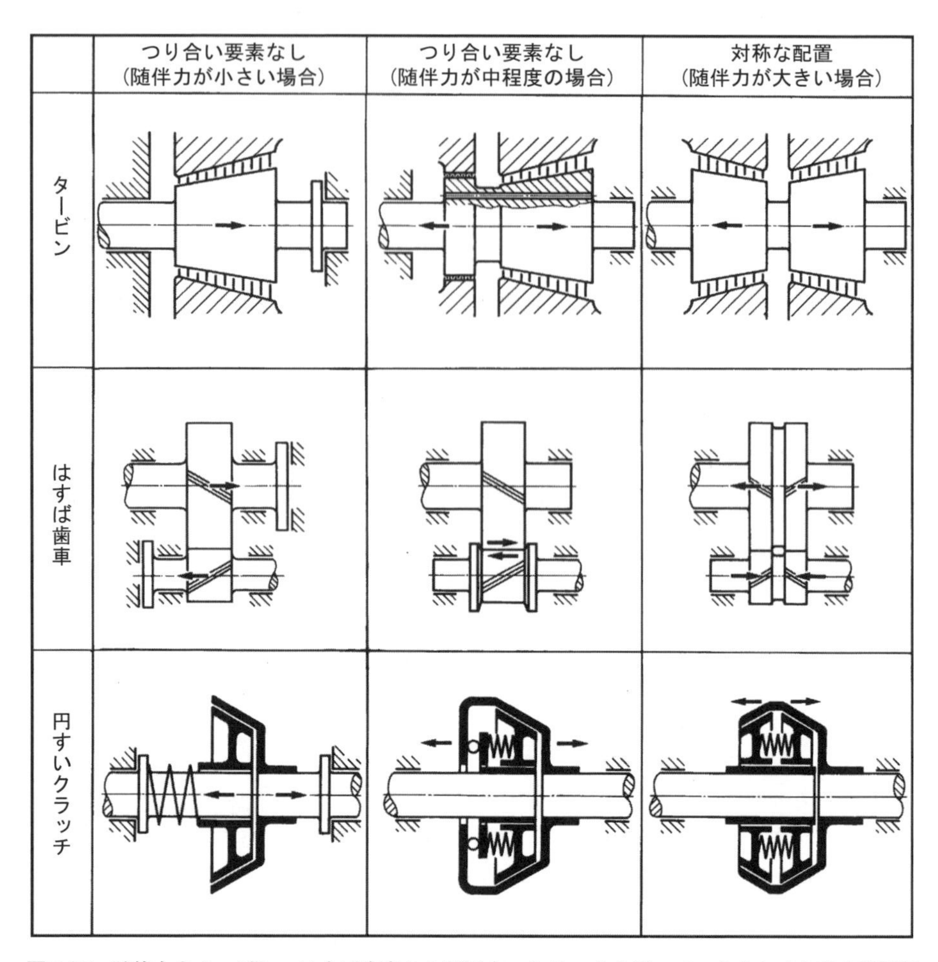

図 7.35　随伴力をタービン，はすば歯車および円すいクラッチを用いてつり合わせた基本設計解

付加重量や軸などを付けるか［7.228］，あるいは対向シリンダ型機関のようにシリンダを対称に配置するのがよい.

一般論として，随伴力が小さいか中位のときはつり合い要素で，大きいときは対称構造で打ち消すのがよいといえる．ただ，それを否定するに足るだけの理由が別にあるときは，この原則は当てはまらない.

(5)　力の伝達の原理に関するまとめ

結局のところ，力の伝達に関しては，次のことがいえる．ここで，力の伝達を論じるには物理的な定義はしにくいが，力の流れ線という考え方が説明のために役立つ.

- 力の流れ線は，つねに閉じていなければならない.

- 一般的に，力の流れ線は，できるだけ短くて，直接的な力の伝達によって達成されるのが最良である．
- 力の流れ線の方向や断面の急激な変化による，流れ線の「密度」の激変は，避けなければならない．

複雑な力の伝達の状況であれば，力の流れ線の包絡線の視覚化あるいは定義が役立つ．包絡線とは，その外側には力はなんら影響していないという作用領域のことである．包絡線を小さくすれば，力の伝達の経路も短くなる．**図 7.36** は，関係する力の流れ線を示した回転曲げ試験機のいくつかの概念を示している．

力の流れ線という概念は，次の原理との関連によって考えるべきである．

- **強度均一の原理**：これは，材料の選定や形状の決定に留意して，各構成部品が同じ強度をもち，装置の使用期間にわたって装置全体の強度に対する寄与が同じになるようにせよというものである．
- **力の直接・最短伝達の原理**：これにより，体積最小，重量最小あるいは変形最小の設計が可能となる．この原理はとくに，剛な構成部品を必要とするときに有効に遭用される．
- **変形一致の原理**：関係する構成部品の変形を一致させる．これにより応力集中を避けることができ，高い信頼度で機能を達成することが可能となる．
- **力のつり合いの原理**：つり合い要素や対称構造により，主要力に伴う随伴力をその発生源でつり合わせて，それにより使用材料や損失を最小にすることができる．

多くの状況において，これらの原理は，それぞれが完全に適用されることはなく，また，それらを組み合わせて適用されることが多い．

7.4.2　役割分割の原理

(1)　下位機能の割り付け

機能構造を構築したり修正したりする際に重要なことは，いくつかの機能をまとめて一つの機能に置き換えることがどの程度まで可能か，あるいは，一つの機能をいくつかの下位機能に分割することが可能か否かを決めることである（6.3 節参照）．

このような問題は，実体設計フェーズにおいて，適切な機能要素の選択あるいは割り付けを通して要求機能を実現する際にも現れる．そこでは，次のような問いが投げかけられる．

- 一つの機能要素で実現し得る下位機能はどれか．
- 複数個の明確な機能要素を動員して，実現しなければならない下位機能ほどれか．

構成部品の数や，占有スペースと重量の要件という点では，一つの機能要素でいくつかの下位機能を担うのが最良であることはいうまでもない．しかし，その結果とし

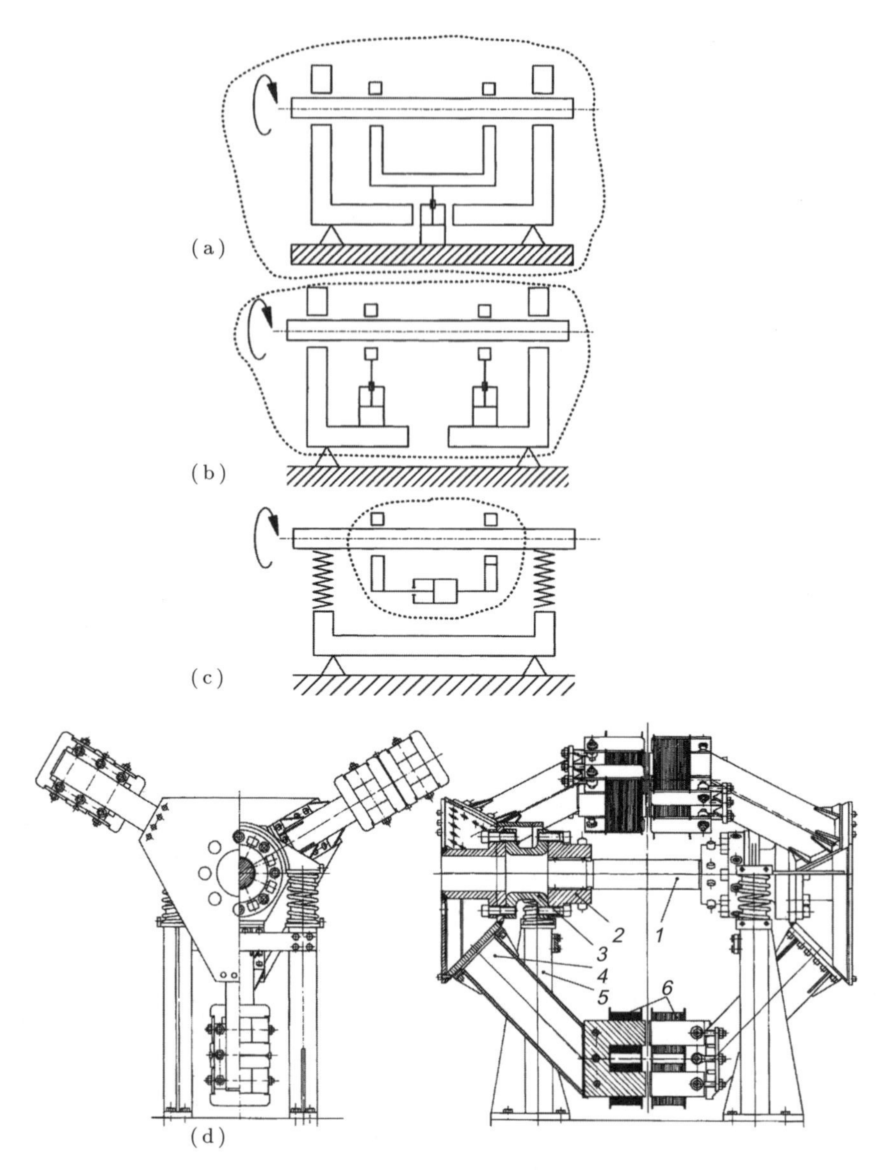

図 7.36　回転曲げ試験機に関する力の流れの包絡（力の作用領域）[7.330]

(a)　作用領域は土台を含む.

(b)　作用領域は支持部を含む.

(c)　作用領域には，支持部は含まれていない.

(d)　実際には，試験機は(c)の原理で構築されているが，磁力が励起されている.
（*1*：試料軸，*2*：取付用フランジ，*3*：接合具，*4*：支持アーム，*5*：支柱，*6*：磁石対）

て，構成部品の形状が複雑になると，今度は製造段階や組立段階で不利になる．にもかかわらず，経済的な理由から，一つの機能要素で，いくつかの機能を実現し得るか否かという検討は必ず行わねばならない．

多くの組立部品や構成部品は，いくつかの機能を同時に，あるいは連続的に実現することが可能である．

- 歯車を取り付けた軸は，トルクと回転運動を同時に伝達し，また，歯に対して垂直方向にはたらく力によって生じる曲げモーメントとせん断力を負担する．この軸は，また，歯車を軸方向に位置決めし，はすば歯車の場合は，歯から生じる軸力も受けもつことになる．また，軸は，歯の正しい噛み合いを確実にするために，歯車の本体とともに十分な剛性を提供する．
- パイプのフランジ連結では，パイプどうしをつないだり，取り外したりすることを可能にし，また，継手の密閉性能を確保する．そして，残留引張力や熱膨張，あるいはパイプの不平衡力からくる力やモーメントを伝える役目をする．
- タービンのケーシングは，流れに対して適切な入口断面積および出口断面積を与える．また，タービン翼の取付け台を提供し，据付け基礎に反力を伝えたり，密閉作用を確実にしたりする役目を果たす．
- 化学プラントの圧力容器の壁面は，密閉機能を伴った保有機能，腐食を食い止めて化学反応を妨げないようにする機能を併せもたねばならない．
- 深溝玉軸受は，心出しという機能とは別に，半径方向の力や軸方向の力を伝える役目をもち，しかもあまり容積をとらないので，機械要素の中ではよく用いられる．

いくつかの機能を組み合わせて一つの機能要素にまとめるのは，経済的な利点が多いが，その反面，不利な点もある．しかし，それらは次のことが起こらなければ，表には現れない．

- 機能要素の能力を，一つまたはいくつかの機能に関して極限まで増強する必要があるとき
- ある重要な点に関して，機能要素の挙動を完全に一定に保たなければならないとき

いくつかの機能を同時に実現している機能要素を最適化することは，一般に不可能である．その代わりに，設計者は**役割分割の原理**［7.207］という手段をもち，それによって，ある特定の単一の機能要素を機能ごとに割り付けることができる．さらに，どちらともつかない決め手のない例では，一つの機能をいくつかの機能要素に分割することも有力な手段である．

役割分割の原理により，次のことが可能となる．

- 関係する構成部品を最大限に利用できる.
- 荷重容量をより大きくできる.
- あいまいな挙動を明確にし，それによって明確性の基本ルールを助長する（7.3.1項参照）.

これは，役割の分割によって，すべての下位機能に対し最適設計が促進されるからであり，より精密な計算が可能になるからである．ただし，一般に製作のための手間は，それだけ増加せざるを得ない.

役割分割の原理を適用して効果を上げるためには，いくつかの機能を一つの機能要素で同時に実現することが，機能要素の拘束や相互干渉につながらないかどうか，**機能分析**を行って十分に見きわめることが大切である．そういう事態が予測されるならば，それぞれの機能を別々の機能要素で実現することが最良の方法である.

(2)　自明な機能への役割分割

さまざまな分野の例によって，自明な機能に対しては役割分割の原理が有用であることを示そう.

タービンと発電機の構造に見られるような大きな歯車箱では，基礎（土台）や軸受の熱膨張や軸のねじり振動に対処するために，出力側の軸長をできるだけ短くして，しかも半径方向変位とねじりに対しては柔軟な軸が望ましい [7.203]．一方，歯車の歯に加わる力の点から見て，伝動軸はできるだけ剛でなければならない．こう考えてくると，役割分割の原理から，結局，次のような配置に行きつく．すなわち，歯車を，軸受間の距離をできるだけ短縮した剛で中空な外側軸に取り付け，その内側には，半径方向変位とねじりに対して柔軟なねじり軸を配置する方法である（**図 7.37** 参照）.

最新の加圧燃焼ボイラは，**図 7.38** に示すように，板状溶接壁で構成される．炉は機密性が高くなければならない．さらに，水に対する熱伝達を最適にするために，表面積の大きい炉壁が必要となる．そのうえ，炉とその周辺部との間の熱膨張および圧力差について考慮しなければならないし，また，壁の重量についても考慮しなければならない．このような複雑な問題は，役割分割の原理によって解決可能となる．すなわち，突起を溶接した本管壁が密閉した炉を形成し，圧力差に起因する力は加熱域の外側の特別な支持構造に伝えられる．この支持構造はまた，通常は吊り構造になっている壁の重量も受けもつ．水管壁と支持構造を結ぶ関節式腕が，自由な熱膨張を可能にしている．このようにして，すべての部分が，それぞれの役割を果たすように設計される.

図 7.39 に示す過熱蒸気管の連結構造も，役割分割の原理で設計される．ここでは，密閉性と荷重負担という機能を別々の機能要素に割り付ける．密閉機能はメンブレン

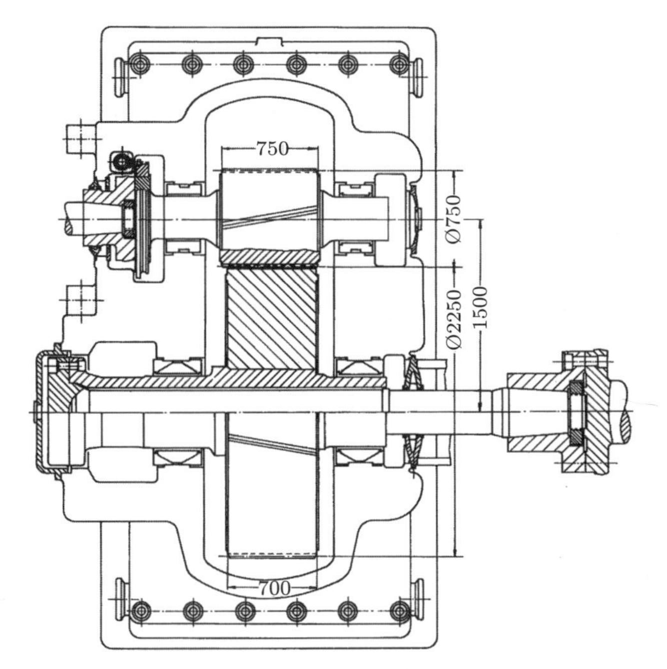

図 7.37　出力側にねじり軸をもつ大型歯車箱．軸受の力は中空で剛な軸に伝達される．内側のねじり軸は半径方向変位とねじりに対して柔である（出典［7.203］(Siemens-Maag))．

シールを溶接することでもたせ，このシールにはクランプの軸力により圧縮力を加える．引張力や曲げモーメントは，シールに伝わらないようにする必要がある．なぜなら，シールとしての機能や耐久性が破壊されてしまうからである．そのため，荷重分担機能はクランプにもたせるようにするが，ここでも役割分割の原理が適用される．クランプはセグメントから成り立っており，セグメントはしまりばめで取り付けることによって，力や曲げモーメントを伝達する機能が付与される．そして，シュリンクリングが，クランプのセグメントを摩擦により簡単かつ効果的に保持している．このように，すべての部分がそれぞれの役割を果たすよう適切に設計されると，解析も容易に行うことができる．

タービンのケーシングは，作動流体の損失や乱れをできるだけ少なくして流そうとすると，すべての稼動条件また温度条件下で，密閉性能を確保しなければならない．ケーシングには，環状の部分と静翼の支持構造も必要である．軸方向にフランジをもつ分割されたケーシングは，温度変化の際に入口や出口で急激に形状が変化してゆがみが生じ，密閉性能が損なわれやすい［7.224］．この問題は，翼の支持部を分離することにより解決される．ここでも役割分割の原理が用いられ，環状の部分と静翼の取付け部は，入口や出口をもつ大きなケーシングとは無関係に設計できる．このように

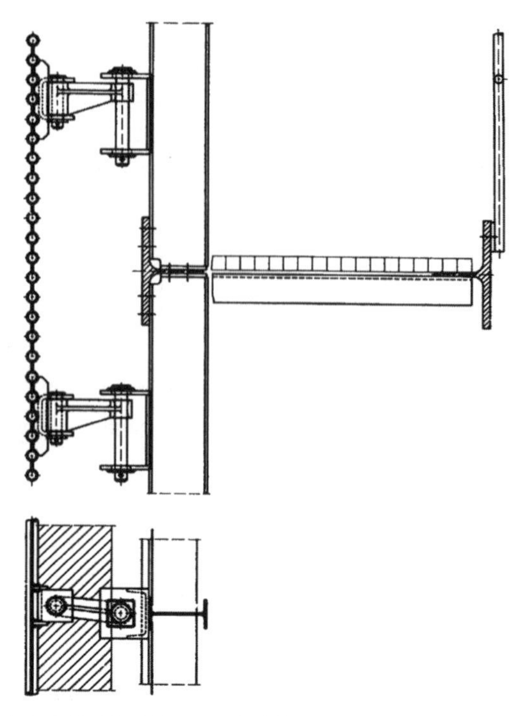

図 7.38　板状溶接壁と分離された支持構造をもつボイラの断面（Babcock）

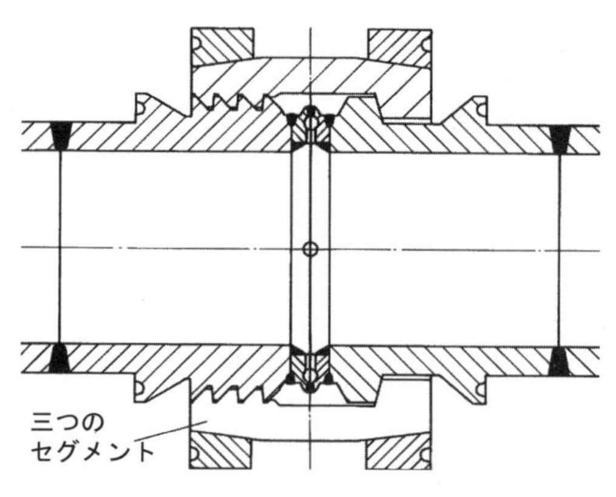

図 7.39　加熱蒸気管のクランプ連結（Zikesch）

して，外側のケーシングは，もっぱら耐久性や密閉性能を考えた設計を行えばよい（**図 7.40** 参照）．

さらに別の例として，アンモニアの合成がある．この場合は，窒素と水素を高温高圧状態で容器に送り込む．水素がフェライト鋼製の容器に直接触れると，水素は容器壁に侵入して脱炭し，結晶を分解してメタンを生成する［7.117］．この場合もまた，

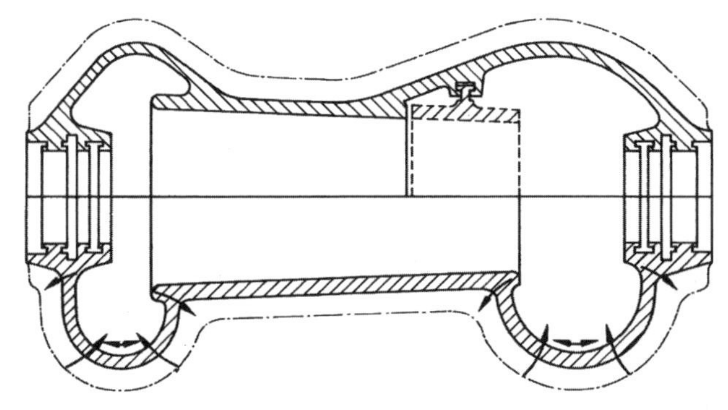

図 7.40　軸方向に分割されたタービンハウジング（出典［7.224］）．下半分は通常のハウジング，上半分は分離された静翼支持部をもつ．

役割分割の原理を適用することによって設計解が得られる．密閉機能は，水素に対して抵抗力の強いオーステナイト鋼製の内側ケーシングが受けもち，全体の支持と強度は，水素に対する抵抗力が弱い高張力フェライト鋼製の外側の圧力容器が受けもつ．

図 7.41 に示す電気遮断器では，二つあるいは三つの接点システムが備えられている．ブレーカ接点 *1* はスイッチの開閉の間のアーク電流を受けもち，アーク電流が流れると燃え尽きるように設計されている．一方，主接点 *3* は基準状態の電流を流すので，通常時の電流に対して設計される．

図 7.42 にも役割分割の原理を示す．リングフェーダコネクタがトルクを受けもち，一方，対応する円筒状の面は滑車を中央に固定する役を果たす．これは，リンダフェーダだけではこれらの役割を果たせないためである．

次に，転がり軸受の例を挙げる．この場合は，半径方向と軸方向の力の伝達経路をはっきり分けることにより，位置決め軸受の寿命が伸びる（**図 7.43** 参照）．玉軸受の深い溝をもつ外輪は半径方向には支持されず，軸力のみを伝える．これに反して，ころ軸受は半径方向の力のみを伝達する．

役割分割の原理は，複合平ベルトの構造でも一貫して適用されている．これは，一方に大きい張力を受けもつ複合材料を配し，他方の接触面にクロム革の層を配して，荷重伝達時に高い摩擦係数を出させる．

別の例としては，ヘリコプタのロータの取付け部がある（図 7.18 参照）．

(3)　同一機能要素の役割分割

荷重や寸法の増加が極限に達すると，一つの機能はいくつかの同一の機能要素に割り付けられる．換言すれば，**荷重は分割されて**後でまた合成されるが，このような例は無数にある．

図 7.41　遮断器の接点の配置（ABG）
1：ブレーカ接点，*2*：中間接点，*3*：主接点

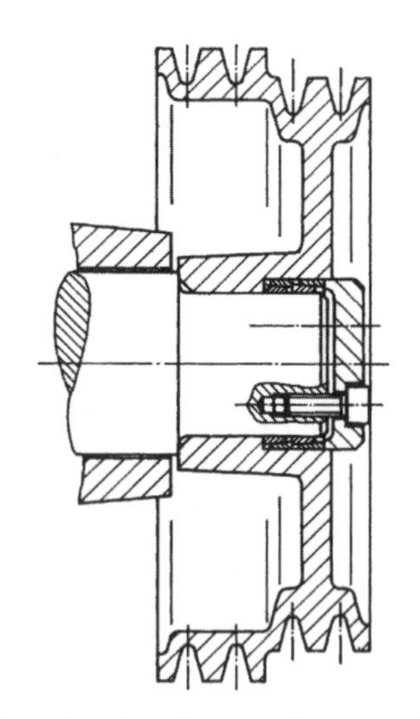

図 7.42　リングフェーダコネクタと中心固定を行う表面

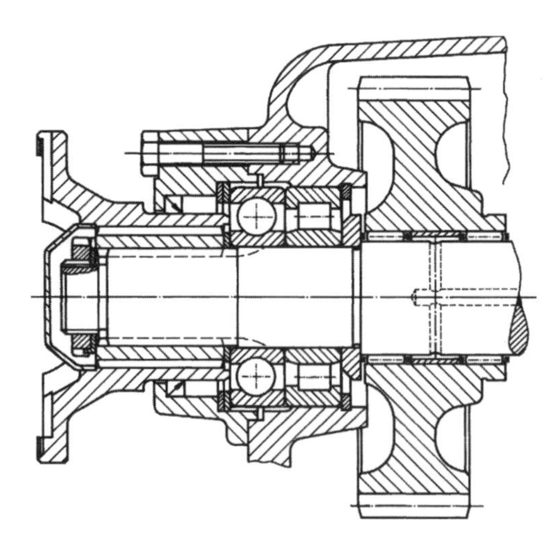

図 7.43　半径方向と軸方向の力の伝達経路を分けた位置決め軸受

Vベルトの荷重容量は，その断面，すなわち一つのベルトあたりの荷重分担用ストランドの数を増やせば，いくらでも増えるというものではない．というのは，与えられた滑車の径に対して，**図 7.44** のベルトの高さ h を増すと，曲げ応力が増加するからである．その結果，たわみが増して，ヒステリシス特性をもつ熱伝導性の悪いゴムは過発熱して，その寿命が短くなる．一方，高さ h には不つり合いなくらい幅 b の広いベルトでは，滑車のくさび状表面にはたらく垂直力を受けもつのに必要な剛性を確保することができない．この場合，荷重容量を増加する手段は，全体の荷重を，

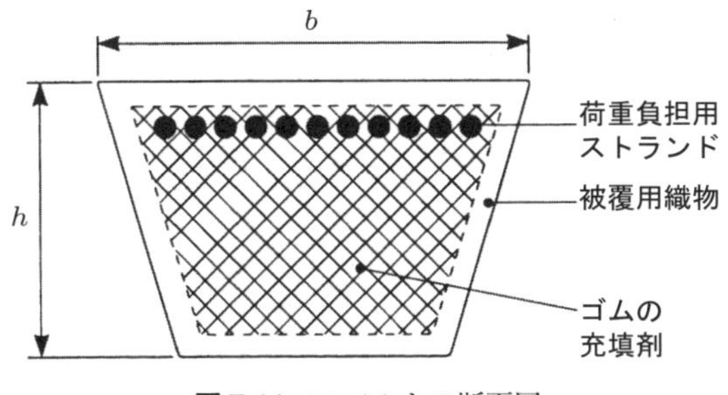

図 7.44　V ベルトの断面図

それぞれが限界内に収まるような部分荷重に分け，しかも，個々のベルトの寿命が保たれるようにすること，つまり，複数本の V ベルトを並列に使用することである．

オーステナイト鋼製の過熱蒸気管の熱膨張係数は，普通のフェライト鋼製の蒸気管よりも約 50%高い．さらに，そのようなパイプは，とくに剛である．内圧が一定で，材料特性の限界値も同一という条件の下でパイプの内径を変化させると，外径は内径に比例して変化する．したがって，流れの速度が一定の場合，流量は内径の 2 乗に比例するのに対し，曲げ剛性やねじり剛性はその 4 乗に比例する．一つの大径管を，本数が z のパイプラインに置き換えると，同一の流れの断面積の下では，圧力損失と熱損失が増すことは明らかである．しかし，熱膨張に抵抗する剛性は，$1/z$ になる．したがって，1 本のパイプを 4 本または 8 本のパイプラインに分けると，個々の反力は 1/4 または 1/8 以下になる［7.29, 7.279］．そのうえ，肉厚が減るので，熱応力も減る効果がある．

歯車箱，とくに遊星歯車の装置は，二重の噛み合いという形で，役割分割の原理（というよりも，力の分割の原理）を利用している．これにより，熱の影響が限界内に収まっているならば，歯車箱の伝達容量を増加することができる．7.4.1 項で述べた力のつり合いの原理を適用して，遊星歯車装置を対称に配置した場合は，歯車による力が打ち消し合うので，軸の曲げモーメントも消滅する．しかし，荷重容量が大きくなっているので，ねじり変形は増大する（**図 7.45** 参照）．大きな歯車箱においては，この原理は平歯車による多段駆動という利点の多い設計を生み出す．そしてこの場合は，外歯の歯車のみから成り立っているので製作が容易である．Ehrlenspiel［7.96］が示したように，力の伝達経路を増すことにより，荷重容量を増すことが可能となる．ただし，その場合には，伝達経路数に比例して荷重容量が増すということにはならない．それは，段階ごとに歯元の荷重をいくぶん大きめにするべく，歯元の幾何形状を変えているからである．基本的配置を**図 7.46** に示す．

役割分割の原理の一つの問題は，すべての要素が同じ比率で機能実現に参加するこ

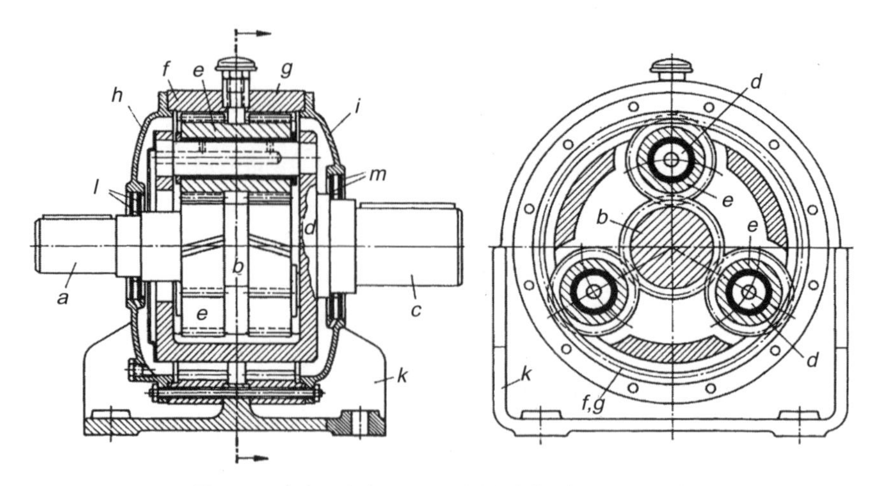

図 7.45　力をつり合わせた遊星歯車箱（出典［7.97］）

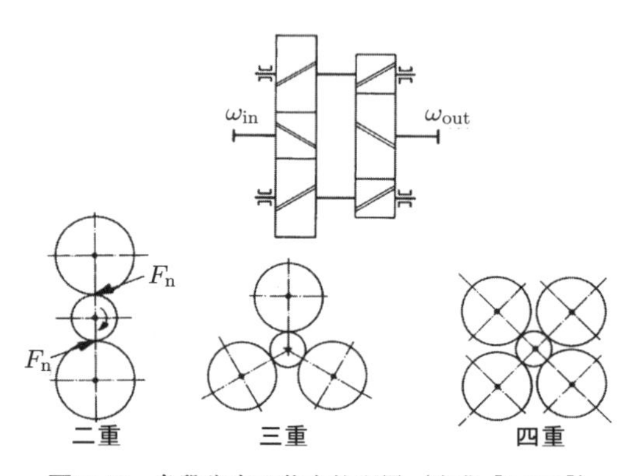

図 7.46　多段歯車の基本的配置（出典［7.203］）

とであり，これによって**力や荷重は均一に分配**される．一般に，これは次のことが成り立つ場合にのみ当てはまる．

- 関係する要素が，力のつり合いを保つように，自動的に調整される．
- 力の伝達経路内に，適度の柔軟性が特別に付与されている．

複数の V ベルト駆動の場合は，接線方向の力によってベルトにわずかな伸びが生じるため，ベルトの長さや滑車の製作誤差，あるいは軸の平行度の誤差の影響が打ち消され，力が均等に分配される．

前述した複数のパイプラインの場合は，個々のパイプの損失係数，流入量と流出量の比，およびパイプの配置は，同じになるようにしなければならない．あるいはまた，個々のパイプの損失係数を小さくしたり，流速によって大きく影響されないようにしたりする必要がある．

多段歯車の場合は，配置の対称性を厳守して，歯車箱内の剛性と温度均一性を保つか，あるいはとくに柔な要素［7.97］を用いて，すべての構成部品が同じ比率で寄与するようにしなければならない．

図 7.47 に，柔な要素の配置例を示す．ほかの弾力性のある継手や関節式継手のようなつり合いを保つ要素については，文献［7.97］に記述されている．

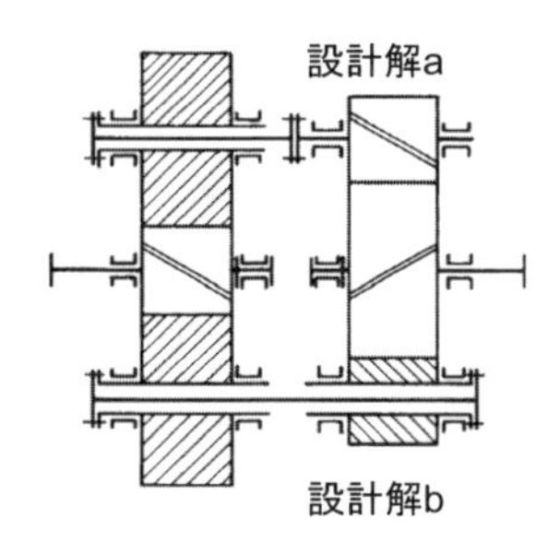

図 7.47　柔なねじり軸により力をつり合わせた多段歯車（出典［7.203］）

以上のことから，役割分割の原理は，荷重容量の増加や適用範囲の拡大をもたらすことがわかる．役割をいくつかの機能要素に分けることにより，力とその影響の関係についてのより明確な全体像が描かれる．さらに重要なことは，柔軟性や自動調節機能を備えた要素によって力のつり合いが保たれている場合には，得られる出力を増加できるということである．

力の伝達が分けられている構造の支持において（軸受支持のような），剛性を調整することで，もっとつり合いのとれた荷重配分が可能である．剛性解析をする際，外力のかかる位置や方向は，注意深く検討されなければならない．なぜなら，外力は変形の振る舞いに影響するからである．この解析は，有限要素法（FEM）を用いることで容易になる（7.4.1 項の変形一致の原理）．

一般に，役割分担の原理は，設計者の側に多大な労力を強いるものであるが，それによって大きな経済性と安全性という見返りを受けることになる．

7.4.3　自助の原理

(1)　概念と定義

前項では役割分割の原理について論じ，それによって荷重容量が増して，構成部品の挙動がより明確に定義されることを示した．さらに，さまざまな下位機能を分析し，それらを相互干渉や妨害のない形で機能要素に割り付けた．

同じ分析を**自助の原理**との関連でも用いることができる．それにより，システム要素の適切な選択と配置を行って，機能の実現度を高めるためのシステム要素間の相互協調作用を達成できる．

常用荷重状態のような**基準状態**では，自助はより大きな効果や余裕をもたらし，また，過荷重のような**非常状態**では，より大きな安全性をもたらす．自助の原理に基づく設計では，**全体効果**は初期効果と付帯効果からなる．

本来，**初期効果**は設計解がもつべきはたらきのうち，物理的なはたらきを受けもつが，それだけでは解として十分ではない．

付帯効果は，機能主要力（歯車箱のトルクや密閉力など）と随伴力（はすば歯車の軸力や遠心力あるいは熱膨張による力など）から得られる．この場合，もちろん機能主要力と随伴力が明確に関連し合っていなければならない．付帯効果は，力の伝達経路の適切な変更によっても得られる．

自助の原理を確立しようという考えは，Bredtschneider-Uhde が，とくに圧力容器に適した自己密閉型カバーについて提案した［7.237］．**図 7.48** にその原理を示す．カバー*1*を金属シール*5*に押さえ付けるためには，中央のボルト*2*からの比較的小さい力で十分である．この力の初期効果は，各部が通常の接触を保つことである．作動圧が増加すると付帯効果が発生して，カバーとタンクの間の密閉力が適切に増加する．このようにして，内圧が自動的に必要な密閉力を確保する仕組みになっている．

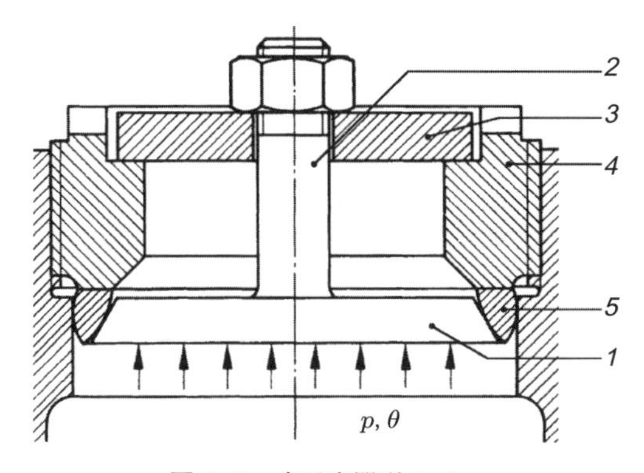

図 7.48　自己密閉型カバー
1：カバー，*2*：中央ボルト，*3*：十字部材，*4*：ねじ山をもつ要素，
5：金属シールリング，p：内圧，θ：温度

この自己シール効果の解に触発されて，自助の原理が文献［7.206, 7.209］で定式化され，さらなる解析が，Kühnpast によって詳細に調べられている［7.161］．

付帯効果 S の総合効果 O に対する定量的な寄与は，自助度 χ を導入して規定するとよい．

$$\chi = \frac{S}{O} = 0 \sim 1$$

自助解から得られる利得は，たとえば効率，寿命，材料使用あるいは技術的限界というような，1個ないし数個の工学的特性に対して，次のように表すことができる．

$$\gamma = \frac{(\text{自助の原理を適用したときの工学的特性値})}{(\text{自助の原理を適用しないときの工学的特性値})}$$

自助の原理を適用することが設計者の側に多大な労力を強いる場合は，必ず，それによる技術的，経済的見返りも大きいものである．

設計手法は同じであっても，配置によって**自助的**になったり，**自損的**になったりすることがある．**図 7.49** に示す検査カバーを取り上げよう．タンクの内圧が外圧より高い場合は，左の図に示す配置は自助的である．というのは，カバーにはたらく圧力（付帯効果）がテンションねじによる初期力（初期効果）からくる密閉作用（総合効果）を増大するからである．

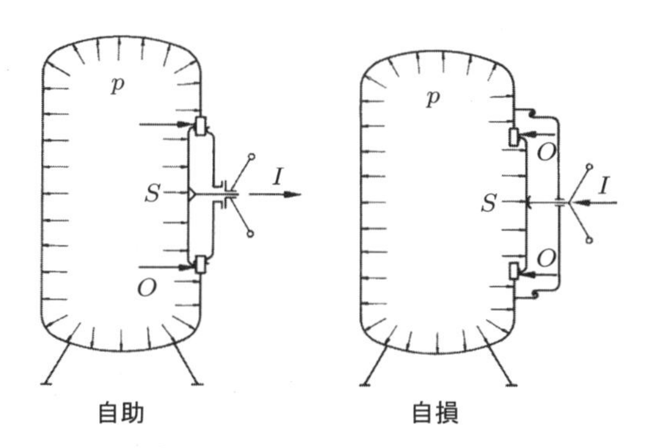

図 7.49 検査カバーのレイアウト
I：初期効果，S：付帯効果，O：総合効果，p：内圧

これに対して，右の図は自損的である．というのは，カバーにはたらく圧力（付帯効果）が，テンションねじによる初期力（初期効果）からくる密閉作用を減少させるからである．しかし，タンク内圧が大気圧以下に保たれる場合は，逆に左の配置が自損的で，右の配置が自助的となる（**図 7.50** 参照）．

この例は，自助度が，合成効果によって決まることを示している．この場合，密閉力は弾性学的に決まってくるのであって，ねじによる力とカバーにはたらく力の単純和ではない．図 7.50 はまた，予荷重と使用荷重を同時に受けるボルト連結の，力と変形の関係を示す図と見ることもできる．通常のボルト－フランジ連結は，稼動状態ではフランジによる密閉という総合効果が予荷重より小さくなるので，自損的であるといえる．同時に，ボルトに加わる荷重も増加する．したがって，可能ならばこのボ

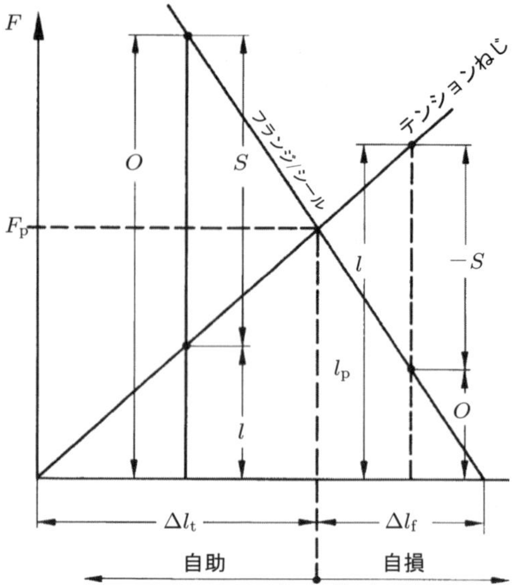

図 7.50　検査カバー（図 7.49）の力の線図
F：力，F_p：予荷重，Δl：長さの変化分，添字 t：引張ねじ，添字 f：フランジ / シール

表 7.3　自助の原理

	通常荷重		過荷重
自助の種類	自己補強	自己平衡	自己防護
付帯効果をもたらすもの	主要力および随伴力	随伴力	力の伝達経路の変更
重要な特徴	主要力あるいは随伴力は，ほかの主要力と同じ向きにはたらく．	随伴力は主要力と逆向きにはたらく．	弾性変形により力の伝達経路が変更される．機能の制約は許容される．

ルトに加わる荷重を減らして，総合効果を増やすような自己補強解を選ぶべきである．

実務上は，自助の設計解を**表 7.3** のように分類すると便利である．

(2)　自己補強解

自己補強解では，付帯効果は主要力あるいは随伴力から直接もたらされ，これが初期効果に加わって大きな全体効果をもたらす．

自助解の中で，この自己補強解というグループがもっとも広く用いられている．力が部分的にかかる状態では，この解によってより長い寿命，より少ない摩耗，より高い効率などが確保される．なぜなら，構成部品には，いかなる瞬間においても，機能

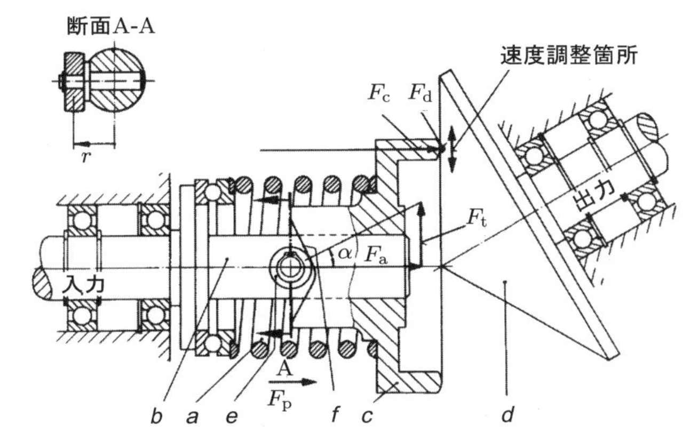

図 7.51　連続調整可能な摩擦駆動装置

a：予荷重を負荷するばね，*b*：駆動軸，*c*：カップ車，*d*：円すい車，*e*：ローラ従車，*f*：カップ車上のカム，r：F_t と F_a が作用する半径

を満たすのに必要な程度だけの負荷がかかるからである．

最初の例として，**図 7.51** のような連続調整可能な摩擦駆動装置について考えよう．

予荷重ばね *a* は，駆動軸 *b* の上にある可動カップ車 *c* を押して，これを円すい車 *d* に押し付ける．こうして，初期効果が得られる．いったんトルクが加えられると，軸 *b* に付けたローラ従車 *e* が，カップ車 *c* 上に形成されているカム *f* に押さえ付けられる．そこで垂直力 F_n を生じ，F_n は接線方向の力 F_t と軸力 F_a に分解される．さらに，F_a は次式で示されるように，外部からのトルク T に比例した量で，これが円すい車に加わる接触力 F_c を増加させる．

$$F_a = \frac{T}{r \cdot \tan\alpha}$$

力 F_a は，トルクから得られる付帯効果を表している．全体効果は，ばねの予荷重 F_p と軸力 F_a の和から得られ，F_a はトルク T とともに増加する（**図 7.52** 参照）．伝達トルクを決定する円すい車に作用する接線方向の駆動力 F_d は，次のようになる．

$$F_d = (F_p + F_a) \cdot \mu$$

したがって，自助度 χ は，次のようになる．

$$\chi = \frac{S}{O} = \frac{F_a}{F_p + F_a}$$

駆動源の摩耗と寿命を決定する可動カップ車と円すい車の間の接触力が，必要限界を超えてはならないことは明らかである．これが自己補強解でない普通の設計解であるならば，伝達すべき最大トルクに対応した軸力をばねの予荷重だけで発生させる必要があり，あらゆる負荷条件の下でつねに最大の接触圧が加えられることになったで

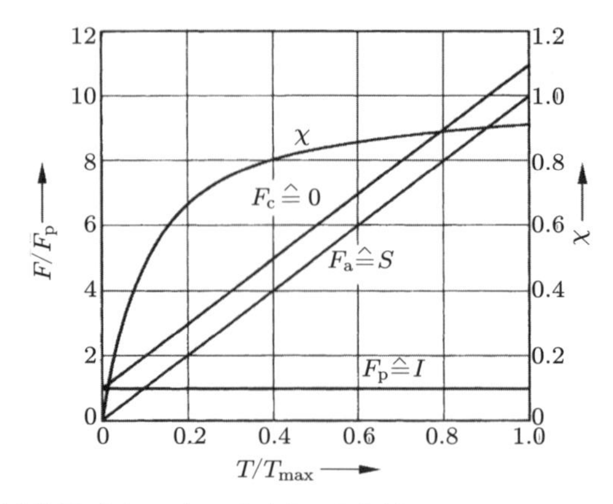

図 7.52　摩擦駆動装置（図 7.51）の自助度 χ と相対トルク T/T_{max} に及ぼす初期効果 I, 付帯効果 S, 全体効果 O の影響

あろう．結果として，軸受もまた，比較的大きい荷重を受けもたねばならなくなり，そのために寿命が短くなったり，重たい構造にならざるを得なくなったりしたであろう．

おおまかな計算によれば，実際の荷重が最大公称荷重の 75％になると，軸受荷重は約 20％減少する．寿命と荷重の間には，次のような指数的な関係があるので，軸受の寿命は約 2 倍になる．この場合に，寿命から見た自助の利得は，次のようになる．

$$\gamma_L = \frac{(\text{自助の原理を適用したときの工学的特性値})}{(\text{自助の原理を適用しないときの工学的特性値})}$$

$$= \left(\frac{C/0.8P}{C/P}\right)^n = 1.25^3 = 2$$

SESPA 駆動機が典型的な例である［7.157］.

図 7.53 は，ボルトで力を与える接触面の種々の自己補強解を示す．この場合，ボルト自身は力を受けもたないが，作動力により摩擦力が増す．

自己補強ブレーキの設計に自助の原理を適用した例が，Kühnpast［7.161］と Roth［7.233］によって記述されている．この場合は，自己弱化の設計解であるが，適用によっては自損設計解になることも非常に興味を引く．というのは，それらの設計解では，摩擦係数の変動がブレーキモーメントに及ぼす影響を軽減しているからである［7.107, 7.233］.

図 7.54 の自己補強解のシールは，さらに種々の例を提供する．この場合は，シールに作用している作動圧が付帯効果をもたらす．

最後に，随伴力によって付帯効果が生じる一つの例を述べよう．静圧スラスト軸受においては，遠心力により油圧が増加する．このため回転数を上げると，それによる

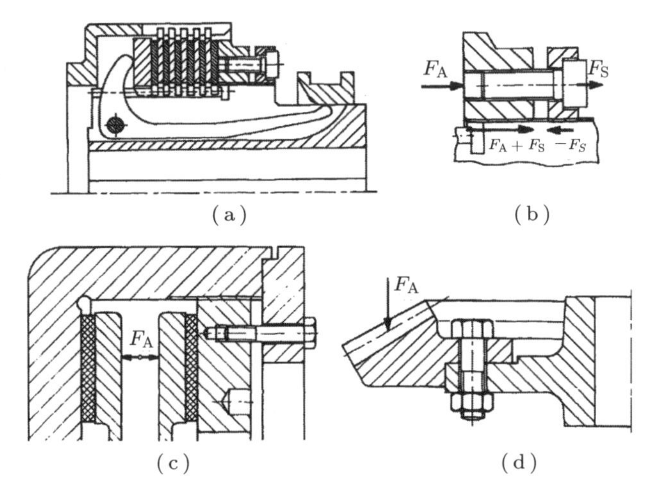

図 7.53　自己補強型ボルト連結
(a) 調整リングをもつ多段円板クラッチ，(b) 調整リングにはたらく力，
(c) 二つの円板摩擦クラッチの調整可能な円板，(d) 力を対称にかける冠歯車アタッチメント

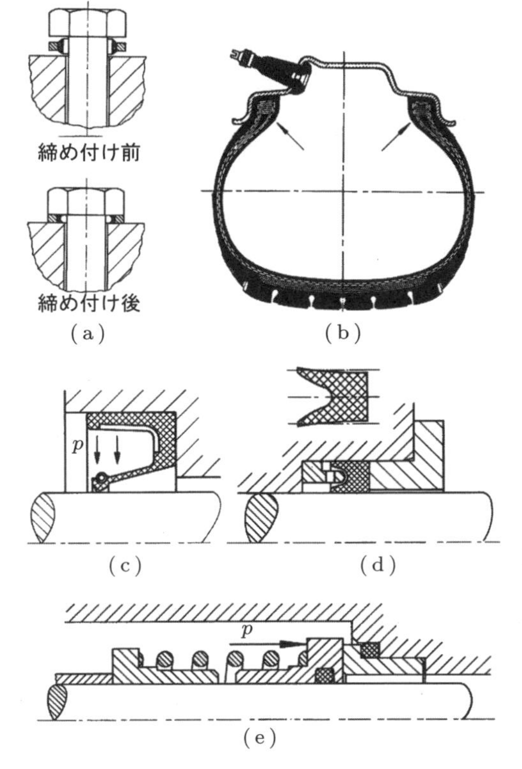

図 7.54　自己補強型シール
(a) 自己密閉型座金，
(b) チューブレスタイヤ，
(c) 半径方向軸シール，
(d) スリーブシール，
(e) 滑りリングシール

熱を除去しさえすれば，負荷容量を増すことができる（**図 7.55** 参照）．遠心力だけで油圧が増し，したがって，付帯効果が負荷容量の増加をもたらすことになる．全体効果は，静圧による負荷容量と動圧による負荷容量の和である．Kühnpast［7.161］によると，回転数 166 rev/s で $\chi=0.38$ において，自助の利得 $\gamma=1.6$ を得ることができる．

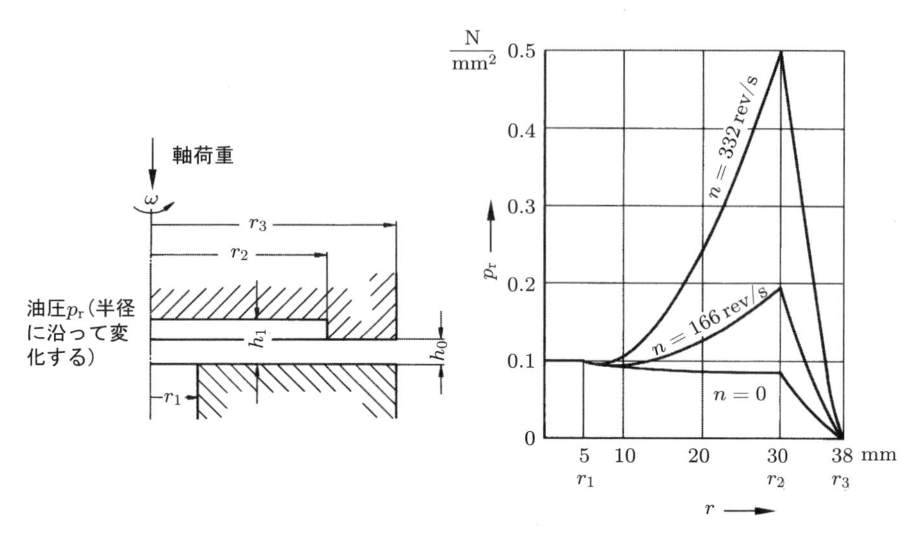

図 7.55　静圧スラスト軸受における自助効果（出典［7.161］）

ほかの随伴力による付帯効果の例としては，文献［7.206］に，タービンの焼きばめリングに及ぼす熱の付帯効果の記述がある．

(3)　自己平衡解

自己平衡解では，随伴力から付帯効果が得られ，それが初期効果を打ち消して，より大きな全体効果を生み出す．

ターボ機械で簡単な例を示そう．ロータに取り付けたブレードには接線力によって曲げ応力が発生し，また，遠心力によって軸応力も生じる．この二つの応力は重ね合わされるべきものであり，その和がある応力レベルを超えてはならないので，伝達可能な接線力が規制される（**図 7.56**）．しかし，ブレードがある角度をもって取り付けられると，付帯効果が生まれる．すなわち，ブレードの重心が中心線からずれていると，この点にはたらく遠心力により曲げ応力が生じる．この曲げ応力は，接線力による曲げ応力を打ち消す方向にはたらくので，より大きい接線力を許容できるようになり，それだけ全体効果も増大する．このつり合い作用の及ぶ程度は，空気力学的条件

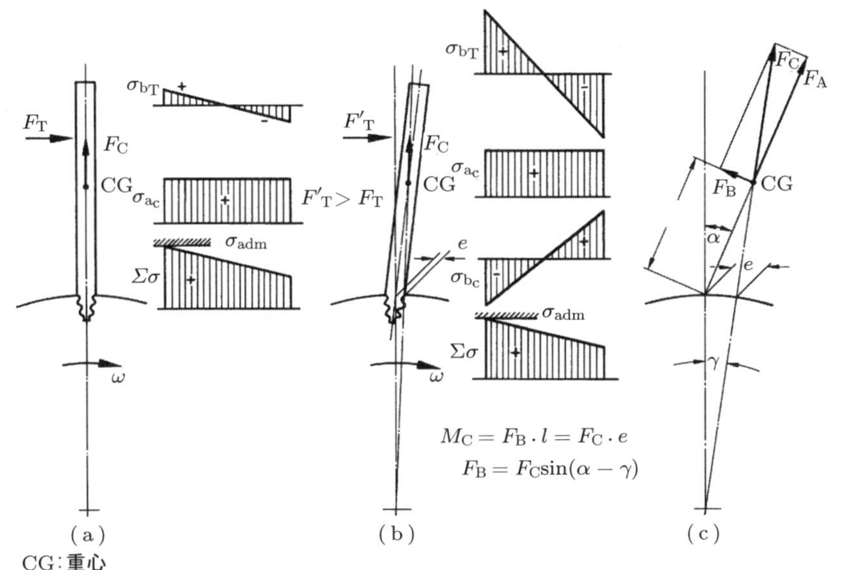

図 7.56 タービン翼の自己平衡解

(a) 通常の設計解，(b) 翼を傾けることによる付帯効果，すなわち遠心力からくる曲げ応力 σ_{bc} を生起し，これによって接線力による曲げ応力 σ_{b_T} を打ち消す．(c) 力の線図

および機械的条件によって定まる．

自己平衡効果は，熱による力（または応力）がほかの要因による力（または応力）を打ち消すような場合にももたらされる．たとえば，**図 7.57** が，その一例である．

これまでいくつかの例を挙げたが，その意図するところは，技術システムの設計に際して，次のことが可能であることを知ってもらいたかったからである．

- 力やモーメントおよびその原因となる荷重をできるだけ打ち消すこと
- 付加的に生じる力やモーメントは，それらが打ち消されるように発生機構を明確にすること

(4) 自己防護解

一般に，過大な荷重が加わった場合に，構成部品が破損するのは望ましいことではない．もちろん，過大な負荷によって壊れるようにしておこうという意図の下に設計された場合は別である．とくに，定格値をわずかに超える過荷重状態に，高い頻度でさらされる構成部品は保護しなければならない．この場合，たとえば荷重を制限するなどの特別な安全策を考慮するほどのこともない場合は，自己防護解が有利となる．

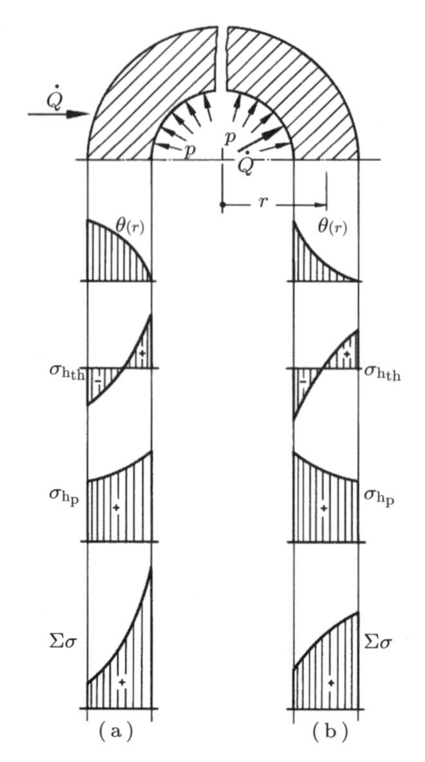

図 7.57　厚肉円筒の内圧による周応力 σ_{h_p} および定常的熱流下の温度差による周応力 $\sigma_{h_{th}}$
(a)　非平衡解．熱応力が内壁面における機械的応力の最大値に負荷される．
(b)　自己平衡解．熱応力が内壁面における機械的応力の最大値を打ち消すようはたらく．

それは，ときにはそれ自身が「簡単である」ことがある．

自己防護解の付帯効果は，過荷重が加わった場合に弾性変形が生じ，その後に生み出される新たな力の経路が，もともとの伝達経路に付加されることからくる．その結果として，力の流れ線の分布が変わり，負荷容量が増加する．もちろんこの場合，基準状態に付随する機能特性は変更されたり，制限を受けたりあるいは停止したりする．

図 7.58 に示すばねは，そのような自己防護性をもつ．この場合，ばねは基準状態ではねじりや曲げを介して力を伝えるのに対し，過荷重下では余分に加わった付加力を直接伝達する．ばねに衝撃荷車が加わる場合も，同じ効果が生じる（図(b)参照）．

図 7.59 は，弾性継手の配置を示す．この場合は，ばねの動きが制限されることによって，柔らかさを失う代わりに，新たな荷重伝達経路が生まれて負荷容量が増加する．また図(a)は，棒ばねの例で，基準状態では曲げにより力を受けもつのに対し，過荷重下では継手の結合部に大きなせん断力が付加され，これで過荷重を受けもつようになる．

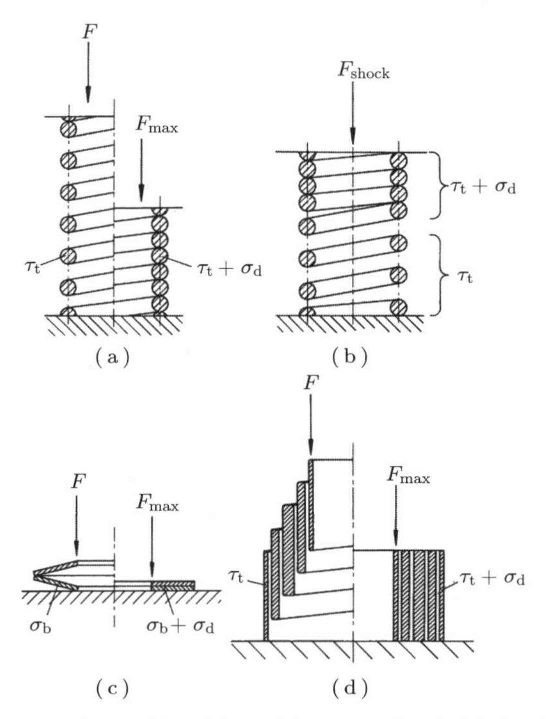

図 7.58　ばねの自己防護解．(a)から(d)にかけて力の伝達経路が変わる．過荷重が加わると通常の機能が停止するか制限を受ける．

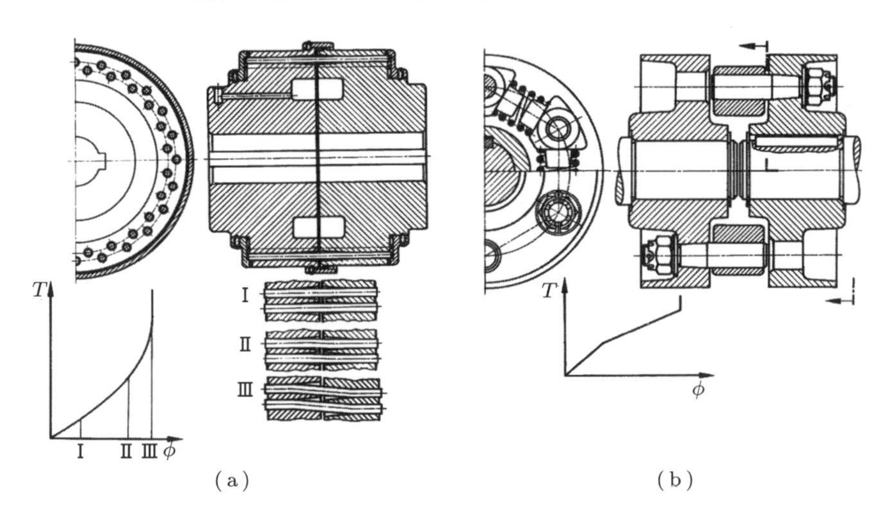

図 7.59　継手の自己防護解．過荷重下で弾性的な特性を失うことにより力の伝達経路が変わる．
(a) 棒ばね継手
(b) コイルばねと過荷重下で力を受けもつ特別の緩衝装置からなる弾性継手

図(b)は，厳密にいえば役割分割とも自己防護解とも解釈できる例である．この場合に，緩衝構造は過荷重状態においてのみ力を受けもち，ばねの特性は変わらない．ただし，弾性変形を生じた後，力の伝達経路が変わる．

Kühnpast［7.161］は，断面内の応力分布が不均一で，塑性変形が自己防護という目的で使われる例について述べている．ただ，その場合は，材料の靭性がきわめて高く，また各部の寸法が安定していることが必要である．さらに，付加的な多軸応力状態であることは避けるようにしておく．

自己補強，自己平衡および自己防護解を基にした自助の原理を導入することにより，有効かつ経済的な設計解を模索する際に，考え得るあらゆる可能性の探索を促進することが望まれる．

7.4.4　安定性と双安定性の原理

力学において，**図7.60**に示すような安定，中立あるいは不安定について学んでいる．設計解を模索する際は外乱の影響を考慮し，外乱が消去されるか，少なくとも緩和されるような方法を考案することにより，システムが安定性を保つようにしなければならない．もし，外乱が自己補強的であるならば，システムは不安定な挙動を示すが，設計解によってはこのような挙動はかえって望ましいものとなる．これを「意図的不安定性」とよぶ．

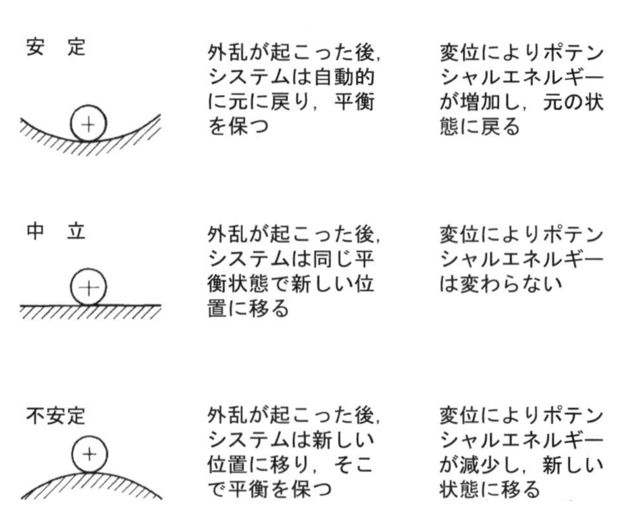

図7.60　平衡状態の特性

(1) 安定性の原理

この原理を適用することにより，設計者は外乱を消去するか，外乱の中の特定の影響を緩和することができる．

Reuter［7.225］は，この問題についてかなり詳しく論じている．ここで，その例を見てみよう．ポンプや調整装置のピストンを設計する際，主たる目的は，安定した挙動を保ち，摩擦をできるだけ少なくすることである．

図 7.61(a)は，不安定な特性をもつピストンの配置を示す．たとえば，シリンダ内径の製作誤差という一つの外乱があると，ピストンがわずかに傾くことによってピストンに作用する圧力がさらに傾きを助長するようにはたらく（不安定挙動）．これに対し，図(b)のような配置の場合は安定となるが，この場合は，圧力が逃げないようにピストン棒の入り口を密閉しなければならないという欠点がある．

文献［7.225］によると，図(a)のような配置は，**図 7.62**(a)～(d)のような方法をとることにより安定化することができる．こうすると，外乱が不整合を補正するような圧力を生み出す．

もう一つの例は，よく知られた静圧軸受で，その周辺に油だまりを設けたものである．軸受に荷重がかかると荷重点下の潤滑油の流路が小さくなり，その結果，その影

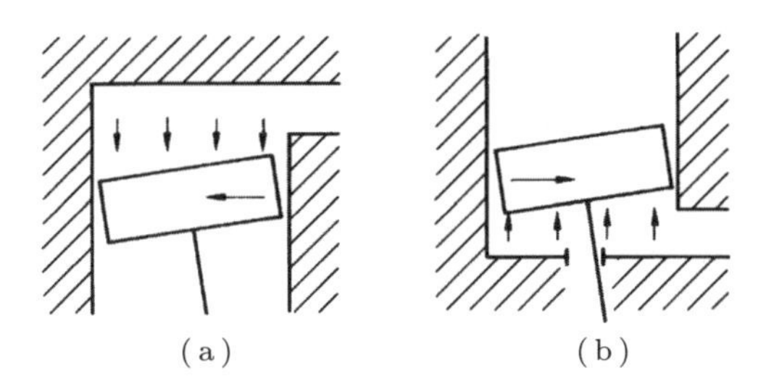

図 7.61 シリンダ内で外乱により傾いたピストン（出典［7.225］）
(a) 圧力が外乱を助長するようにはたらく（不安定挙動）．
(b) 圧力が外乱を打ち消すようにはたらく（安定挙動）．

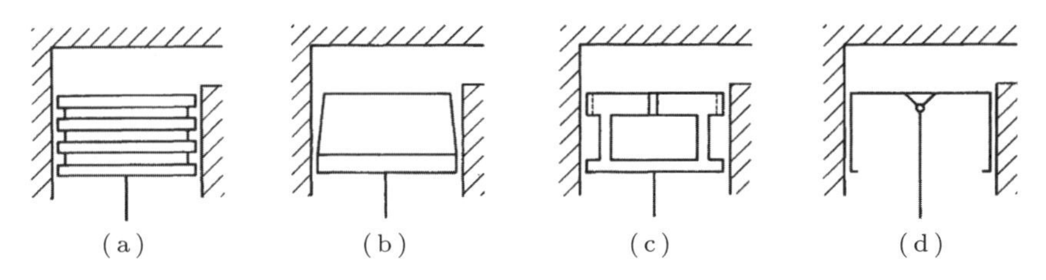

図 7.62 結果として得られる圧力分布を改良する方法（出典［7.225］）
(a) 圧力平衡溝により不安定挙動を緩和する．(b) 円すい型ピストンにより安定挙動を得る．
(c) 圧力ポケットによる．(d) ピストンの重心より上方に取りつけた継手による．

響を受ける側の油だまりに圧力が加わって，反対側の圧力が下がる．両者の効果で軸受が荷重を支持することができ，しかも，軸の変位はきわめて小さく抑えることができる．

ターボ機械のパッキン箱とシールは，いかなる場合でも熱に対して安定を保つように設計しなければならない［7.225］．**図 7.63** のターボ過給機のシールは，そのことを示している．図(a)では，熱に対して不安定な例で，接触力による摩擦熱はほとんどロータに伝わり，その結果，さらに熱せられて膨張し，接触力が増加する．一方，図(b)に示す安定な配置では，摩擦熱によって接触力が減少する．このように，外乱が自己制約効果を生み出すことになる．

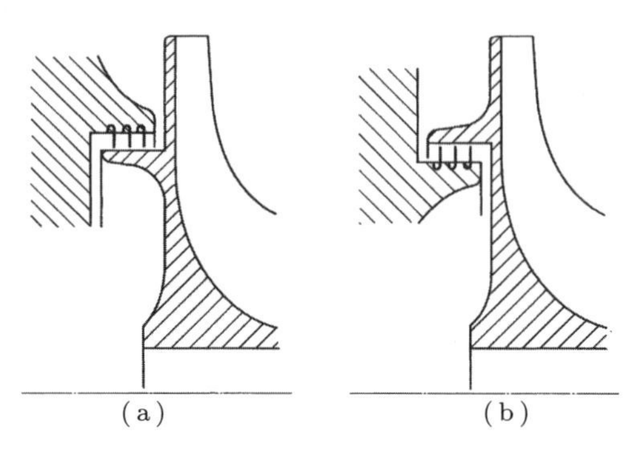

図 7.63　ターボ過給機のシール（出典［7.225］）

円すいころ軸受の設計に際しても，同じような手法をとることができる．この場合に，**図 7.64**(a)の配置では，たとえば過荷重が加わって軸が過熱されると，摩擦熱の増加で軸が膨張して，さらに荷重が増える傾向を示す．これに反して，図(b)では，荷重は減少する．しかし，この場合の荷重減少は，一方の軸受が荷重を受けもたなくなるところまで及ぼしてはならない．というのは，この軸受のところでは軸が半径方向に支持されていないことになるため，軸受が容易に損傷してしまうからである．

これ以外に，熱的に安定な興味深い例として，舶用やまば歯車が挙げられる［7.322］．

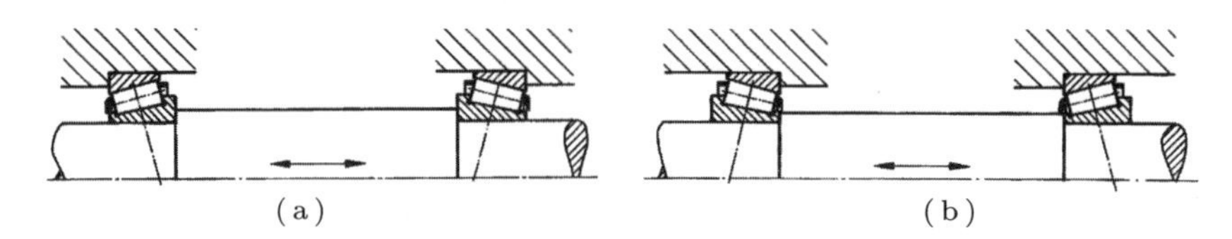

図 7.64　軸がハウジングよりも高温に加熱されるテーパころ軸受
(a)　熱膨張によりさらに荷重が増加し，不安定挙動を示す．
(b)　熱膨張により荷重が減少し，安定挙動を示す．

(2) 双安定性の原理

場合によっては，不安定あるいは双安定な挙動も積極的に利用できる．これが起こるのは，ある限界点に到達したとき，状態や位置が明確に区別される必要があり，中間的な状態が許されない場合である．必要な不安定性は，ある選択された物理量が限界値に到達したときに生起され，その後，自己補強効果を導入する．その結果，システムが第 2 の安定状態へと急変する．この双安定な振る舞いは，スイッチや保護システムに求められるものである（7.3.3 項参照）．

よく知られた適用例としては，警報付き安全弁の設計がある [7.225]．この場合は，限界圧に到達すると，完全閉鎖から完全開放に変わる．これにより，流量の低下やばたつきを引き起こすような好ましくない状況，あるいは弁座の摩耗という事態が防げる．**図 7.65** は，このような設計解原理を示している．

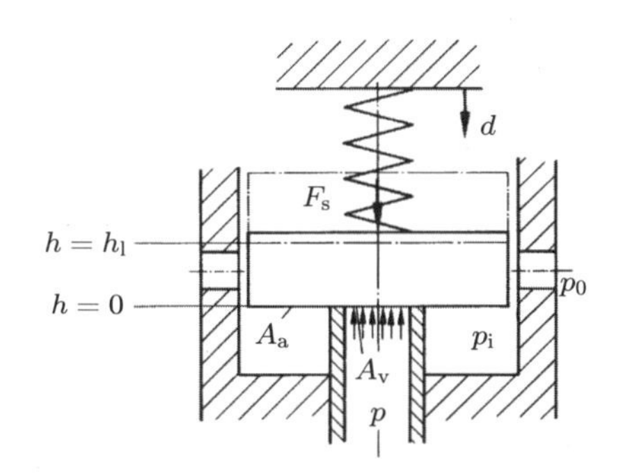

図 7.65　不安定な開口機構をもつ弁の設計解原理

d：ばねの予圧縮，s：ばね定数，F_s：ばね力，h：弁がさがもち上げられる量，
p：弁に作用する圧力，p_l：弁を開くのに十分な限界圧力，p_i：弁が開いているときの中間圧，
p'：弁を開いた後の圧力，p_0：大気圧，A_v：弁開口部の面積，A_a：弁の付加面積

弁閉鎖時：　$F_s = s \cdot d > p \cdot A_v$　　$h = 0$

弁開口直後：　$F_s = s \cdot d \leqq p_l \cdot A_v$　　$h \approx 0$

弁全開口開始：$F_s = s(d+h) < p \cdot A_v + p_i \cdot A_a$　　$h \rightarrow h_l$

弁完全開口後：$F_s = s(d+h_l) = p'(A_v + A_a)$　　$h = h_l$（新しい平衡位置）

限界圧 $p=p_l$ に達するまでは，弁はばねの予荷重により閉じたままである．圧力が限界値を超えると，弁がさがごくわずかに上がる．そのため圧力は中間圧 p_i となり，弁がさが出口を絞る．この中間圧は弁がさの付加面積 A_a に加わり，ばねの力 F_s に打ち勝って，弁がさを急速に開くための付加力を生み出す．開いた状態では中間圧の値が変化して p' になり，開いた状態を保つ．弁を閉じるためには，圧力を限界値よりかなり下げなければならない．というのは，開いた状態では加圧面積が増えているからである．

ほかの適用例は，**図7.66**に示す軸受の油圧を監視する圧力スイッチである．軸受の油圧がある限界値より下がると，ピストンが上昇して弁が開き，安全装置の内部圧が減少する結果，機械を止めて危険から守る．

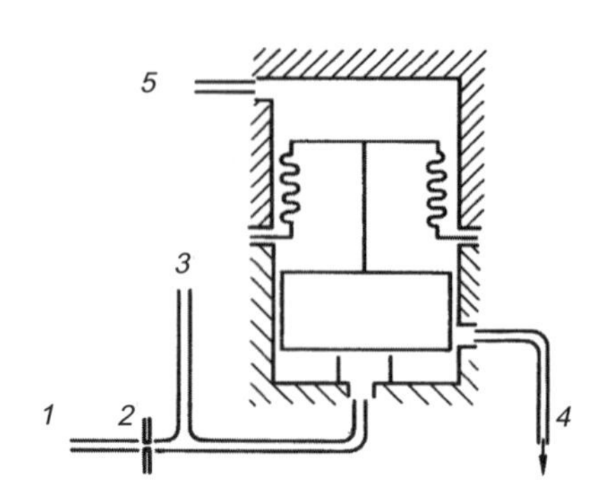

図7.66　軸受の油圧を監視する圧力スイッチの原理図（出典［7.225］）
1：主油圧システムの油圧，*2*：オリフィス，*3*：急速停止弁を作動させる安全装置，
4：ドレン（圧力＝0），*5*：軸受油圧

双安定性のもう一つの例として，急速停止装置がある．この装置は，**図7.67**に示すように，重心が回転中心からわずかに変心偏心している打撃ピンを，ばねの予荷重で押さえ付けたものである．角速度が限界値を超えると，打撃ピンがばねの予荷重に打ち勝って動き始める．この結果，偏心量が増えるので，ピンにはたらく遠心力が増し，角速度がそれ以上増加しなくてもピンが投げ出される．ただし，このようなこと

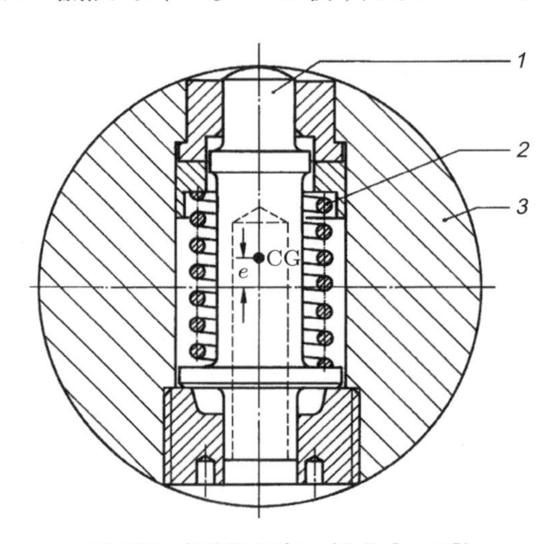

図7.67　急速停止ピン（出典［7.225］）
1：（急速停止）打撃ピン，*2*：通常位置でピンを保持するばね，
3：軸，CG：ピンの重心，e：重心の偏心量

が起こるためには，ピンの重心が動き始めたとき，その変位 x に対する遠心力 F_c の増加の割合が，これに対向するばねの力 F_s の増加の割合より大きくなければならない（図 7.68 参照）．すなわち，$dF_c/dx > dF_s/dx$，つまり $m \cdot \omega_l^2 > s$ でなければならない．ここで，m は打撃ピンの質量，s はばね定数，ω_l は限界状態の角速度である．限界状態では（$\omega = \omega_l$），二つの力の大きさが等しくなる．

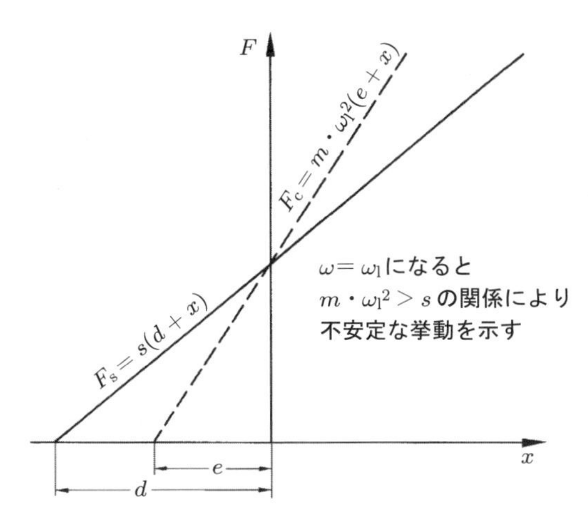

図 7.68　打撃ピン（図 7.67）の重心の変位量 x に対するばね力および遠心力
e：重心の偏心量，d：ばねの予圧縮量，ω_l：ピン突出となる限界角速度

打撃ピンがいったん外側に移動すると，ピンが止め金を打ち，それによって急速停止装置が作動する．

7.4.5　失敗のない設計の原理

とくに高精度な製品（ほかの技術システムでも）において，多くの考えられる不具合を最小にするように，実体設計を追求しなければならない．このことは，次のことで達成できる．

- 公差が小さい単純な部品で構成される簡単な構造として設計すること
- 不具合や故障を最小化する特定の設計手段を導入すること
- 機能が心配させるような効果とは無関係な，あるいは相互依存性が少ない動作原理と動作構造を選択すること（7.3.1 項の明確性の基本ルールを参照）
- 考えられる心配な要素が，同時に互いに補正しあう二つのパラメータに影響を与えることを確実にすること（7.4.1 項の力のつり合いの原理を参照）．

この重要な原理は，より簡単な生産・組立をもたらし，製品品質を維持する．例としては，①歯形公差を相殺する多段歯車箱に使われる弾性的かつ調整可能な構造（図

7.45 と図 7.47 参照)，②予圧されたボルト締結や緩衝システムにおける生産上の公差を縮小するために使われるボルトやばねの低剛性，③少ない部品数，小さい公差，小さい公差の継手をもった簡単な構造，④個々の部品により小さい公差を許すような調整あるいは初期化の可能性，⑤安定性の原理（7.4.4 項参照）などである．

図 7.69 に，簡単な例として，位置に関する精密な圧縮リンクを示す．リンク棒の両端を球面形の一部にすることで，駆動側と受動側の部品間の距離は，仮に傾いたとしても一定に保たれる［7.159］．

図 7.70 の例は，たとえば分かれた金型において，厳しい公差で容積を一定に保つことをより簡単にするために，いかにして連続的な調整機構を内蔵するかを図示している．

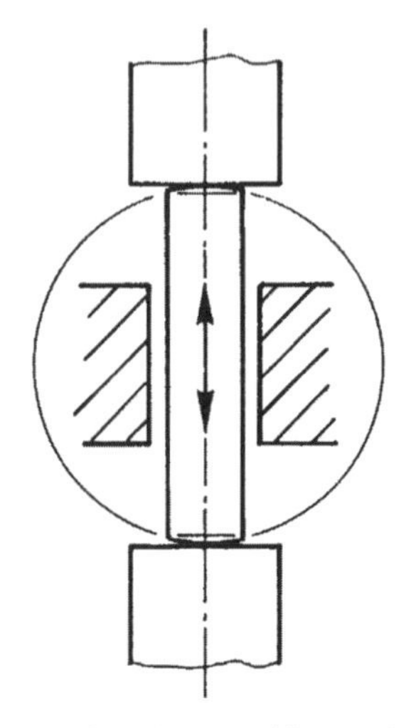

図 7.69　あそびによらず位置を精密に伝達するリンク［7.159］

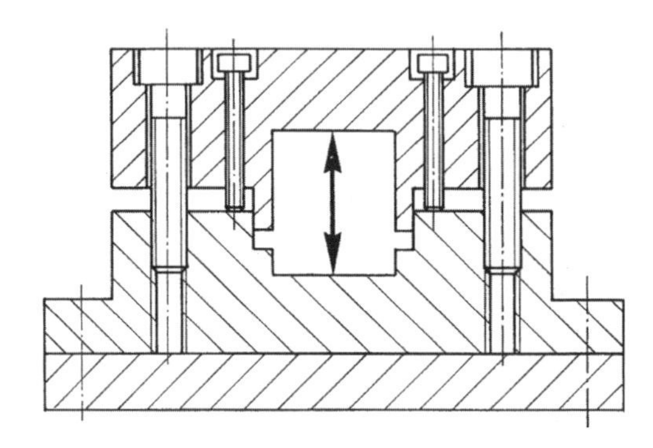

図 7.70　厳しい公差を維持するための連続調節機構

図 7.71 は，別の例を示している．マイクロフィッシュ読み取り機において，対物レンズの光軸はガラスプレートに挟まれたマイクロフィッシュ面に対して垂直を保つことが大事である．通常の設計解では，ガラスプレート面に垂直になるように，また，厳しい公差で円筒物の中にレンズを組み付ける．しかし，図 7.71 の設計解においては，円筒物を直接ガラスプレート上に置いている．このことから，ガラス表面に対して自動的に垂直に維持できる．

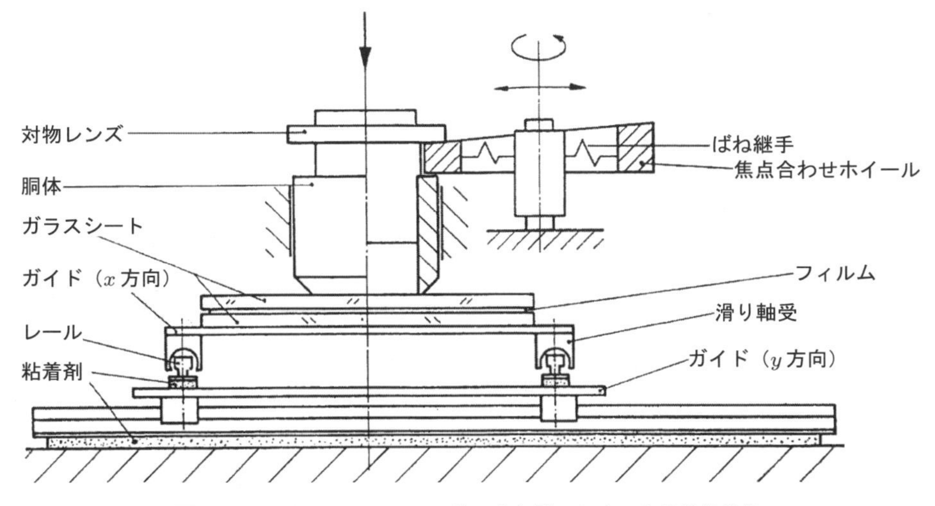

図 7.71　マイクロフィッシュ読み取り機における自動調整機能

7.5　実体設計のガイドライン

7.5.1　概　論

7.3 節で述べたように，設計は三つの基本ルールすなわち明確性，簡単性，安全性に従ったものでなければならない．さらに，実体設計を進めるにあたっては，2.1.7 項の一般的制約条件と図 6.2 のチェックリストに基づくいくつかのガイドラインに従う必要がある．これらのガイドラインは，それぞれの制約条件と要件をカバーし，基本ルールに合致するものである．

以下では，そのうちのもっとも重要と思われるものを述べることとするが，それで完全だというわけではない．詳細な議論については，参考文献がある場合には，それを示して省略することとした．

耐久性を考慮して設計する（応力に関する要件）場合は，機械要素についての文献［7.157, 7.165, 7.198, 7.275］を参照されたい．荷重条件が時間的に変化する場合には，結果として生じる応力のレベルと種類を正しく評価するよう，とくに注意をしなければならない．損傷の累積に関する評価基準を用いれば，稼動寿命の予測精度が向上する［7.157, 7.165, 7.198, 7.275］．応力を算定する場合は，応力集中や多軸応力条件を考慮して設計しなければならない［7.16, 7.113, 7.116, 7.126, 7.247］．耐久性の評価は，材料の特性と破損の適切な基準を設定して行う必要がある［7.192, 7.274, 7.276, 7.298, 7.299］．

変形，安定および共振を考慮した設計を行うためには，それぞれの分野の機械力学の計算を行う必要がある．すなわち，強度については文献［7.17, 7.165］を，振動問題については文献［7.155, 7.176］を，安定問題（座屈）については文献［7.217］を，有限要素法の問題については文献［7.335］を参照されたい．7.4.1項では，力の伝達による変形を許容した簡単な設計問題を取り上げた．

本書は，次のような実体設計のガイドラインについて，やや詳細に論じる．膨張とクリープ，すなわち温度による現象を許容する設計については，7.5.2項と7.5.3項で述べる．腐食に対する設計は7.5.4項で，摩耗を最小限に止める設計は7.5.5項で述べる．人間工学的設計（エルゴノミクス）については7.5.6項で，感性を考慮した設計については7.5.7項で論じる．生産と組立のための設計は，品質管理と輸送も含めて，7.5.8項および7.5.9項でやや詳しく述べる．メンテナンスのための設計は7.5.10項で，リサイクルのための設計は7.5.11項で述べる．リスク最小化の設計は7.5.12項で，規格を考慮した設計は7.5.13項で述べる．

7.5.2　膨張を許容する設計

一般に，材料は加熱されると膨張するので，高温になることが予想される熱的な装置はもちろんのこと，摩擦による発熱があるとか，特別な冷却法を組み込んだ高性能エンジンなども，膨張に対する考慮が必要である．また，局部的な加熱によって発生する問題もある．さらに，作動環境温度が大幅に変動するような装置は，設計段階で熱膨張に対する考慮を十分にしておかなければ正常に作動しない［7.202, 7.206］．

熱膨張以外にも，大きな荷重を受けた部品の純粋に機械的な膨張（変形）を考慮しなければならない．原則として，この種の長さ変化に対してもガイドラインが適用される．

(1)　膨　張

固体の線膨張係数は，次式で与えられる

$$\alpha = \frac{\Delta l}{l \cdot \Delta \theta_{\mathrm{m}}}$$

ここで，Δl は $\Delta\theta_{\mathrm{m}}$ の温度上昇に対応する長さの変化（伸び），l は物体の長さ，$\Delta\theta_{\mathrm{m}}$ は物体の平均混度上昇である．

線膨張係数は，固体の膨張を一つの座標軸に沿って見た場合の係数である．これに対して，体積膨張係数は，1°Cの温度上昇に対する体積の膨張の割合を示す係数である．したがって，均質な物体では，体積膨張係数は線膨張係数の3乗倍となる．

膨張係数は特定の温度範囲 $\Delta\theta_{\mathrm{m}}$ に対する平均値であって，一般に物質と温度に依存して変化し，高温では増加する傾向にある．

図 7.72 は，各種の工業材料をグループに分けて，線膨張係数を示したものである．この図からわかるように，よく用いられる S35C 炭素鋼と 18%オーステナイト系ステンレス鋼（10C/18% Cr–Ni–Nb）の組合せ，あるいは鋳鉄と黄銅またはアルミニウムといった組合せについても，相対的な膨張係数の違いを十分考慮に入れる必要がある．製品の寸法が大きくなると，S35C 炭素鋼と 13%クロム鋼のように，熱膨張係数の差が小さくても重大な問題を引き起こすことがある．

一般に，融点の低い金属，たとえばアルミニウムやマグネシウムなどは，融点の高い金属，たとえばタングステン，モリブデンやクロムなどよりも大きい熱膨張係数を

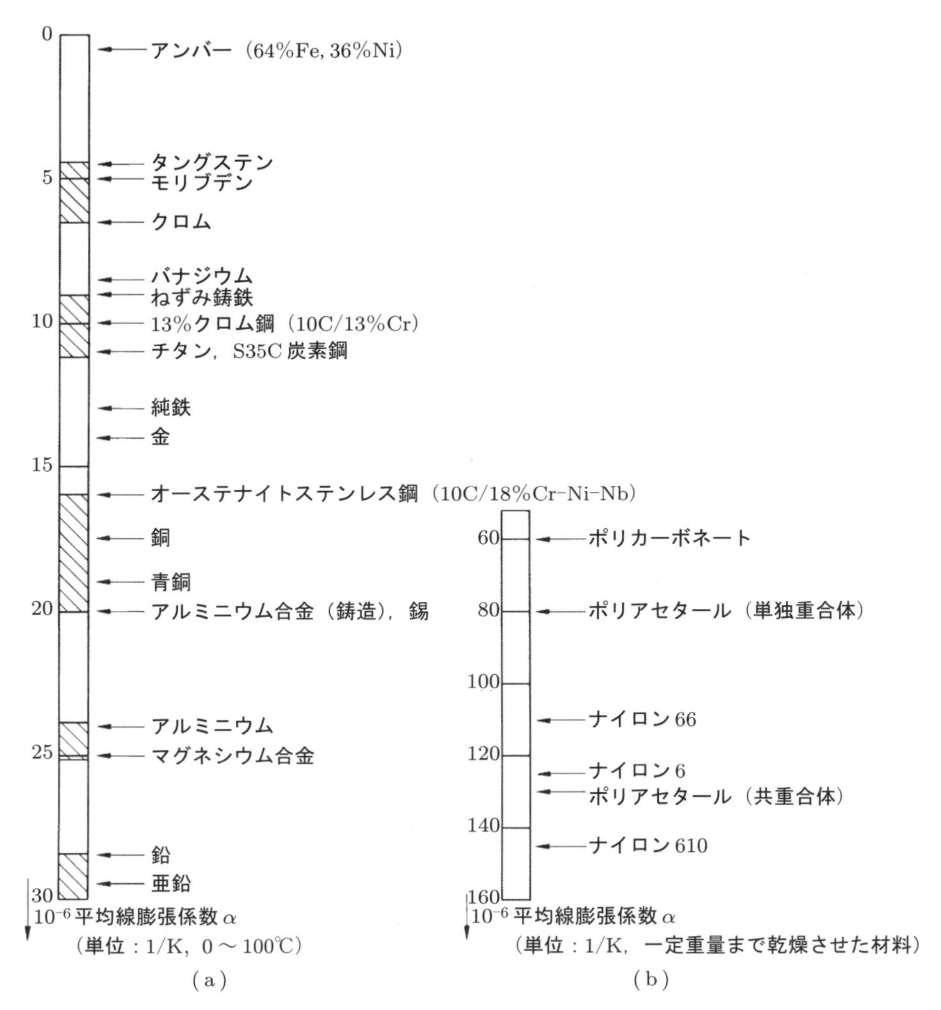

図 7.72　種々の材料の平均線膨張係数
(a) 金属材料，(b) 合成樹脂

示す．ニッケル合金はニッケルの含有率によって熱膨張係数が異なる．重量比で32〜40％の範囲では熱膨張係数が小さく，アンバー（Ni36％，Fe64％）の熱膨張係数が最低である．合成樹脂の熱膨張係数は，一般に金属よりもかなり大きい．

(2)　部品の膨張

部品の長さの変化 Δl を計算するには，部品内部の温度分布を知らなければならない．温度分布には空間的な分布と時間的な変化がある．これから，初期値に対する平均の温度変化を求めることができる．

温度分布が時間的に変化しない場合は，定常的膨張または固定的膨張という．温度分布が時間的に変化する場合は，非定常的膨張または変動的膨張という．定常的膨張の場合は，部品の膨張を決定する物理量が次の基礎式で求められる．

$$\Delta l = \alpha \cdot l \cdot \Delta\theta_{\mathrm{m}} \qquad \Delta\theta_{\mathrm{m}} = \frac{1}{l}\int_0^1 \Delta\theta(x) \cdot \mathrm{d}x$$

したがって，設計に必要な，長さの変化 Δl は次の因子から決定される．

- 線膨張係数 α
- 部品の長さ l
- 平均の温度変化 $\Delta\theta_{\mathrm{m}}$

この量は設計に直接関係してくるので，すべての部品は正しく位置決めして，機能を発揮するのに必要十分な自由度を与えなければならない．一般には，1点を定めて，スライドや軸受で必要な並進移動や回転運動を規定することが多い．人工衛星やヘリコプタのように空間に存在する物体は，3自由度の並進運動と，3自由度の回転運動を行い得る．

滑りピボット（たとえば回転軸の非位置決め軸受）は，一つの並進運動と一つの回転運動からなる二つの自由度をもっている．また，1点で固定されたはり，すなわち固定ばりはその点では自由度がない．

これらを考慮して配置を決定して，膨張に対する対策は，また別に必要だということを次に示そう．

図7.73(a)は1点だけで固定されていて，その点では並進と回転の自由度をもたない物体であるが，熱膨張が生じた場合は，この固定点から各軸方向に自由に膨張することができる．図(b)は z 軸周りに回転できる平板で，自由度は1である．これを図(c)に示すようにスライドで拘束すると，自由度はなくなる．もし，この平板が均一な温度上昇で膨張するとした場合は，図(c)のように z 軸周りに回転しなければならない．なぜなら，x と y 方向の長さの変化によって生じる膨張の方向が，スライドの方向と一致しないからである．スライドがピボットとしてははたらかず，並進運動だけしか

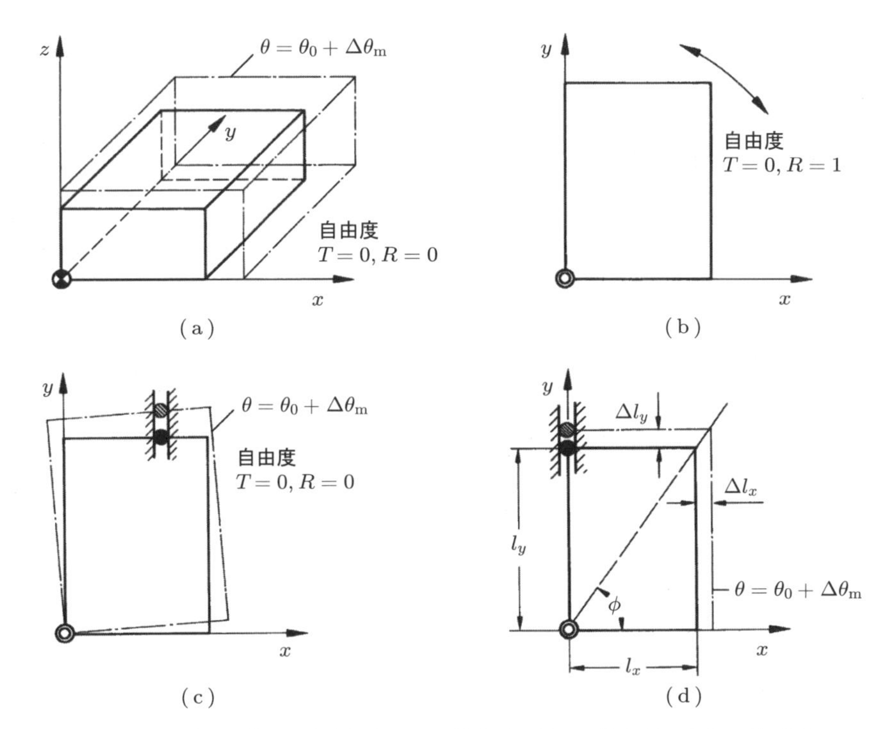

図 7.73　一様で定常的な温度分布による膨張（実線：初期状態，破線：高温状態）

(a)　1 点で固定された物体

(b)　z 軸周りに回転できる平板で，自由度は 1

(c)　滑りピボットで(b)の平板を拘束して，自由度をなくしたもの

(d)　膨張は許すが回転しないようにした(b)の平板．x 軸の方向に沿ってスライドを配置することも可能であり，傾き ϕ が $\tan\phi = l_y/l_x$ であるような，z 軸を通る直線に沿ってスライドを配置することも可能である．

許さない場合は干渉が起こることになる．図(d)のように，スライドを一方の座標軸の方向に一致させれば，部品の回転は起こらない．

熱膨張による変形が生じても，幾何学的相似則が保たれる条件は次のとおりである．

- 熱膨張係数 α が部品の各部で一定でなければならない（等方性）．これは，実際には，単一の材料が用いられて温度の差があまり大きくない場合は，既定のことと考えてよい．
- x，y，z 軸方向の熱ひずみ ε は，次式で表される［7.196］．

$$\varepsilon_x = \varepsilon_y = \varepsilon_z = \alpha \cdot \Delta\theta_m$$

もし，α が部品の各部で一定ならば，平均温度上昇は 3 軸について同一でなければならないから，次式が成り立つ．

$$\Delta l_x = l_x \cdot \alpha \cdot \Delta\theta_m$$

$$\Delta l_y = l_y \cdot \alpha \cdot \Delta\theta_{\mathrm{m}}$$
$$\Delta l_z = l_z \cdot \alpha \cdot \Delta\theta_{\mathrm{m}}$$

したがって，x，y 軸については，図(d)に示したように，次式が成り立つ．

$$\tan\phi = \frac{\Delta l_y}{\Delta l_x} = \frac{l_y}{l_x}$$

部品は，これ以外の熱的な負荷にさらされてはならない．これは，たとえば部品が完全に熱源に囲まれているような場合は起こらない．

一つの部品の中で温度が一様ではない場合は，たとえば x 軸に沿って直線的に温度が変化するような簡単な場合（**図 7.74**(a)参照）でも，膨張による角度変化が生じる．これは，前述の場合と同様に，ピボット運動を許す滑りガイドによって運動を許容してやらなければならない．単純な滑りガイドの場合は，1 自由度の並進移動だけしか許さないので，変形後の対称軸上にガイドを設ける必要がある（図(b)参照）．もしこの条件が満たされなければ，さらに自由度を増す必要がある．

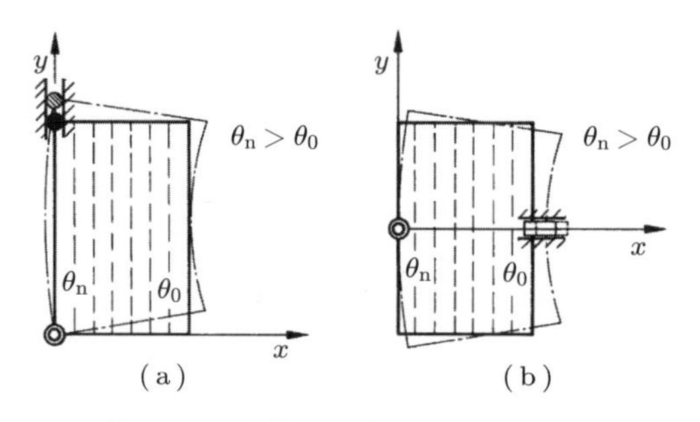

図 7.74　x 軸に沿って直線的に低下する温度分布の下での膨張

(a)　図 7.73(d)に対応する平板：温度分布により一点鎖線で示したような変形が生じるので，滑りピボットが必要である．

(b)　変形後の対称軸上にガイドを設けた場合で，単純な滑りガイド 1 個が用いられている．

以上により，熱膨張を吸収する 1 自由度のガイドは，固定点を通り変形の対称軸に沿って設けなければならない，という法則が得られた．変形は熱膨張だけでなく，荷重による応力や熱応力によっても発生する．

応力と温度分布は部品の形状に依存するので，この対称軸は部品形状の対称軸とそれに温度分布の対称軸を重ねた場合について検討する必要がある．しかし，この対称軸は，図(b)に示したように，部品の形状と温度分布から容易に求められるというわけではないので，最終的な変形後の状態も考慮に入れる必要がある．この原則は大きな外部荷重にさらされて変形する部品のガイドを設計する場合にも，同様に当てはまる．一例が文献［7.8］に示されている．

次に，**図 7.75** では，円形形状の部品で中心から周囲に向かって温度が低下する例を考える．これは 4 点で支持されており，図(a)ではそのうちの 1 点を固定点に選んだ．部品の回転や干渉を防ぐためには，ガイドを温度場の対称軸に沿って反対側の支持点に設けなければならない．図(b)では対称軸に沿ったガイドを設けているが，固定点は明示されていない．各ガイドを通る線の交点が仮想上の固定点となり，部品はその点から全方向に自由に膨張することができる．この場合は，二つのガイド，たとえば *1*，*2* を省略することができる．

図 7.76 は，たとえば蒸気タービンのように，外側ケーシングの中に内側ケーシン

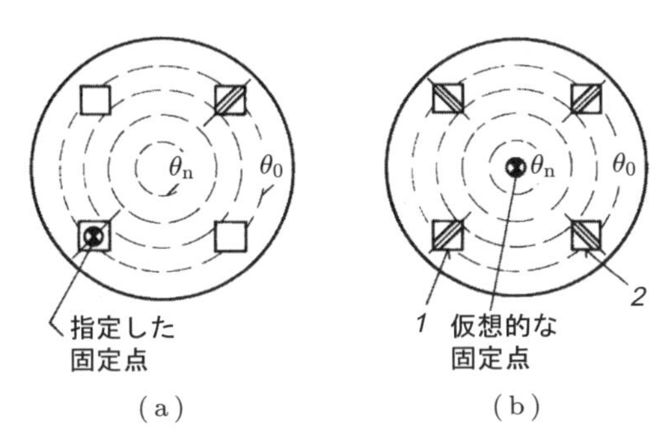

図 7.75　中心から周囲に向かって温度が低下する，4 点で支持された円形の部品の平面図
(a)　四つの支持点のうちの 1 点を固定点に選び，温度場の対称軸に沿ってスライドを設置した場合
(b)　膨張線の交点によって形成される部品中心の仮想的な固定点

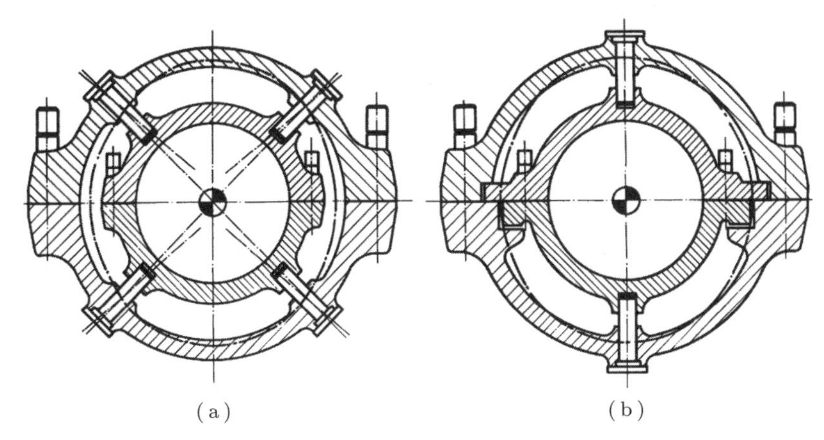

図 7.76　外部ケーシングの中に内部ケーシングをはめこんだ設計例
(a)　ガイドの配置が膨張を許していない例：ハウジングが楕円形状に膨張するとガイドに干渉が生じる．
(b)　膨張を許容する配置の例：ガイドは対称軸に沿って配置されており，仮に楕円形状の膨張があっても干渉は起こらない．

グが配置されていて，両方の中心を合わせなければならない例である．もし，これらの部品の変形が回転対称でない場合，たとえば楕円形に変形した場合は，干渉を避けるために，ガイドをその変形の対称軸に沿った方向に配置しなければならない（図(b)参照）．実際に，このような楕円形状の変形は，各部の温度の相違によって生じ，特に暖機運転の段階で見られる．仮想上の固定点は，ケーシングの長手方向の対称軸すなわち回転軸上にある．

図 7.77 は，オーステナイト系の高温蒸気入口管 *a* をフェライト系の外側ケーシング *b* にはめ込み，さらにフェライト系の内側ケーシング *c* にもはめ込む設計例である．両方の材料の熱膨張係数は著しく異なり，部品の温度差も大きいので，各部品の相対的な膨張に十分な注意を払わなければならない．回転対称なガイドによって仮想上の固定点を定め，この点を通る任意の線に沿った，オーステナイト系の部品の自由な膨張を妨げない設計になっている．この点における混度分布はかなり一様なものであったので，半径方向および軸方向の膨張は合成されて，図に示した線の方向の膨張を生じる結果となる．

これとは対照的に，蒸気入口管を内側ケーシングに挿入した部分を考えてみると，

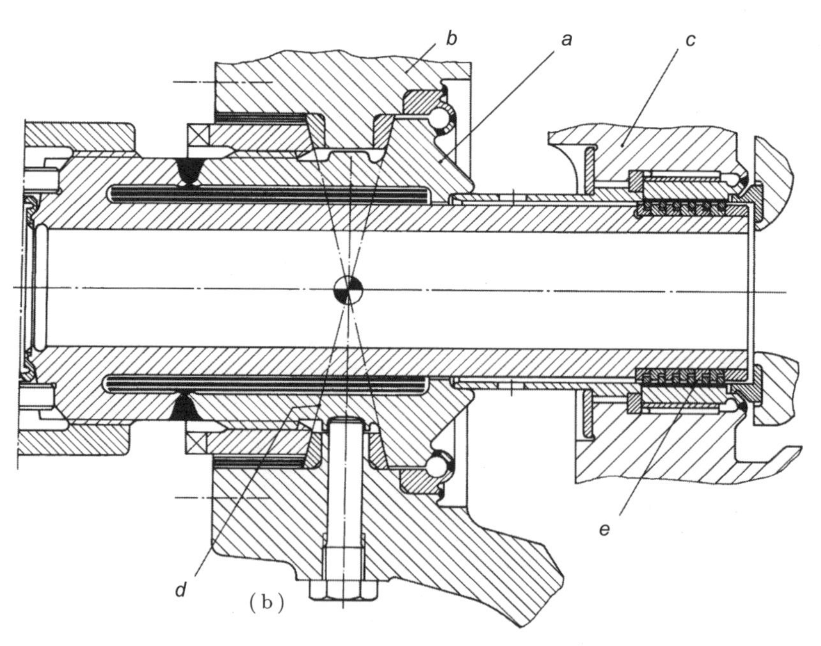

図 7.77　蒸気タービンの入口管 *a* はオーステナイト系の鋼材で，外部ケーシング *b* と内部ケーシング *c* はフェライト系の鋼材である．ガイド面 *d* を通る膨張面によって仮想的な固定点が定められ，点 *e* でのピストンリングシールは，蒸気入口管終端の軸方向および半径方向の膨張を許している（BBC）．

ここでは二つの軸に沿った膨張を別々に許容する必要がある．なぜなら，蒸気入口管の固定点と内側ケーシングの固定点は同一ではなく，それぞれの部品の温度分布もはっきりしないからである．ピストンリングシール *e* によって，蒸気入口管の軸方向および半径方向の膨張が許容されて，この 2 方向の自由度が実現されている．

(3) 部品相互間の相対的膨張

これまでに議論したのは，定常状態に近い場合の膨張であったが，二つ以上の部品の相対的な膨張を考えなければならないことも多い．これはとくに，相互に荷重を伝達したり，一定のすき間を確保したりしなければならない場合などに必要である．それに加えて，温度が時間的に変化する場合は，かなり難しい設計問題になる．二つの部品の相対的な膨張は，次式で与えられる．

$$\delta_{\mathrm{rel}} = \alpha_1 \cdot l_1 \cdot \Delta\theta_{\mathrm{m1}(t)} - \alpha_2 \cdot l_2 \cdot \Delta\theta_{\mathrm{m2}(t)}$$

定常状態の相対的膨張

平均の温度差が時間的に変化せず，線膨張係数が一定ならば，相対的な膨張を最小にするためには，温度分布を平均化するか膨張係数の異なる材料を選定すればよい．この両者が必要な場合も多い．

一例として，アルミニウム合金製フランジと鋼製の植込みボルトからなるフランジ結合を示す [7.200]．アルミニウム合金は膨張係数が大きいので，温度上昇によって植込みボルトの荷重が増し，破損の恐れも生じる（**図 7.78**(a)参照）．この解決法の

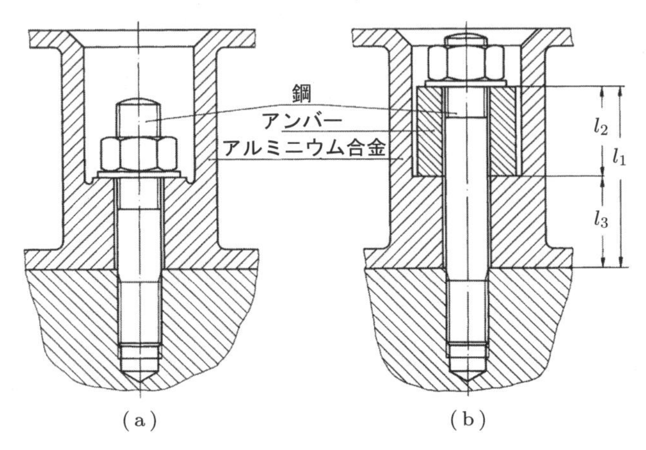

図 7.78 アルミニウム合金製フランジを鋼製の植え込みボルトで連結した場合 [7.200]
(a) アルミニウム合金の膨張係数が大きいので，植え込みボルトは破壊されるおそれがある
(b) 膨張係数が 0 に近いアンバー製のスリーブを用いて，フランジの膨張と植え込みボルトの膨張をつり合うようにした設計解

一つは，植込みボルトの長さを増してスリーブを使用することである．また，別の解決法は，適切な膨張係数の部品を使うことである（図(b)参照）．相対的な膨張を解消するには，次の関係が成り立たなければならない．

$$\delta_{rel}=0=\alpha_1\cdot l_1\cdot\Delta\theta_{m1}-\alpha_2\cdot l_1\cdot\Delta\theta_{m2}-\alpha_3\cdot l_3\cdot\Delta\theta_{m3}$$

$l_1=l_2+l_3$ の関係を用いると，フランジに対するスリーブの相対的な寸法 $\lambda=l_2/l_3$ は，次式で与えられる．

$$\lambda=\frac{\alpha_3\cdot\Delta\theta_{m3}-\alpha_1\cdot\Delta\theta_{m1}}{\alpha_1\cdot\Delta\theta_{m1}-\alpha_2\cdot\Delta\theta_{m2}}$$

定常的な膨張では，$\Delta\theta_{ml}=\Delta\theta_{m2}=\Delta\theta_{m3}$ であり，図(b)に示した各材料の膨張率は，鋼が $\alpha_1=11\times10^{-6}$，アンバーが $\alpha_2=1\times10^{-6}$，アルミニウム合金が $\alpha_3=20\times10^{-6}$ であるから，$\lambda=l_2/l_3=0.9$ となる．

内燃機関のピストンにかかわる膨張は複雑な問題であるが，設計者にはまたなじみ深い問題でもある．ピストンの温度分布は，定常状態に近いときでも上部とスカート部では異なり，しかも，ピストンの膨張率とシリンダの膨張率の相違を考慮に入れなければならない．一つの設計解は，ピストン材として膨張係数が比較的小さい（20×10^{-6} 以下）アルミニウム－シリコン合金を用い，熱の良導体である膨張止め金具を挿入して，ピストンのスカート部を柔軟構造にすることである．**図 7.79** のように鋼製の挿入金具を用いれば，バイメタル効果によって，ピストンスカート部の形状をシリンダの形状に沿わせることができる [7.178]．

実際上の問題では，材料が限定されている場合もあるので，このときは温度を調整することに頼らなければならない．たとえば，高出力の発電機では，電気的に絶縁された長い棒状の銅が鋼製の回転子に埋め込まれている．絶縁の目的からいえば，部品

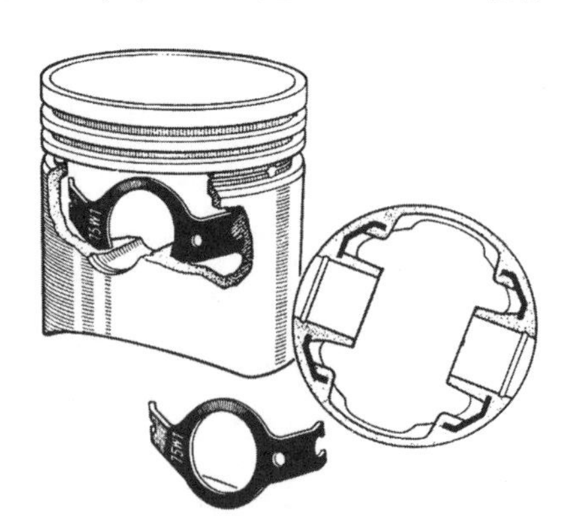

図 7.79　内燃機関のピストンをアルミニウム－シリコン合金で製作して，内部に鋼製の金具を挿入した設計解．これによって周方向の膨張が拘束され，さらにバイメタル効果でピストンのスカート部とシリンダの適合も最適になる（Mahle）（出典 [7.178]）．

の絶対的な膨張も相対的な膨張もできるだけ小さくしなければならない．したがって，この場合の唯一の設計解は，冷却して温度上昇をできるだけ抑えることである［7.163, 7.317］．さらに，回転子の寸法が大きい場合は，熱的な不均一が発生する．たとえ温度分布が比較的均一であっても，複雑な構造の回転子にはさまざまな材料が用いられているので，回転子の各部でつねに同じ温度依存性が現れるとは限らない．このような場合は，適切に冷却や加熱を行って，膨張を制御することが必要である．

非定常状態の相対的膨張

温度が時間的に変化する場合，たとえば加熱や冷却の過程では，最終の定常状態よりもはるかに大きな相対的膨張が生じることがある．これは，各部品の温度差が大きく異なる可能性があるためである．一般に，二つの部品の長さと線膨張係数が等しい場合は，次式が成り立つ．

$$\alpha_1 = \alpha_2 = \alpha \quad \text{かつ} \quad l_1 = l_2 = l$$

$$\delta_{\mathrm{ret}} = \alpha \cdot l (\Delta\theta_{\mathrm{m}_1(t)} - \Delta\theta_{\mathrm{m}_2(t)})$$

部品の加熱については，とりわけ Endres と Salm によって研究が行われている［7.99, 7.236］．熱媒体の温度の変化がステップ状であっても直線状であっても，部品の温度変化曲線の特性は時定数で表すことができる．たとえば，熱媒体の温度がステップ状に $\Delta\theta^*$ 上昇したときの，部品の温度変化 $\Delta\theta_{\mathrm{m}}$ を考えるとすれば，部品の表面と平均温度が同じというよく用いられている仮定をすると，**図 7.80** のような曲線すなわち次式が得られる．

$$\Delta\theta_{\mathrm{m}} = \Delta\theta^* (1 - e^{-t/T})$$

ただし，この仮定は実際には，熱伝導率の高い材料の比較的薄肉構造についてのみ当てはまるものである．ここで，t は時間であり，T は時定数で，次式で表される．

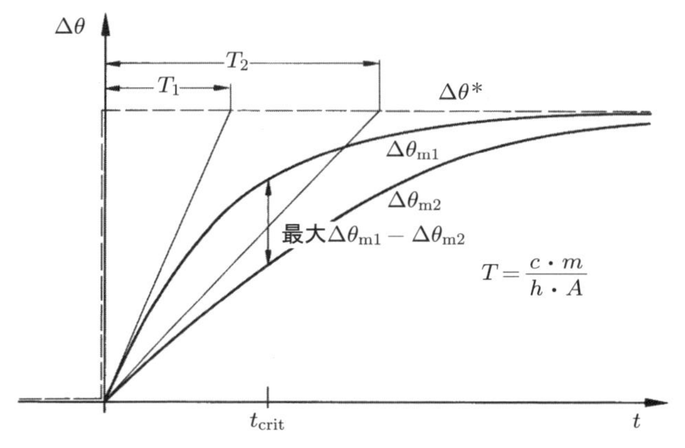

図 7.80　加熱媒体のステップ状の温度変化 $\Delta\theta^*$ に対する，応答の時定数が異なる二つの部品への影響

$$T = \frac{c \cdot m}{h \cdot A}$$

c ：部品の比熱

m：部品の質量

h ：部品の表面の熱伝達率

A：部品の加熱表面積

このように簡単化しているが，以上の定式化が基本であるとしてよい．二つの部品の時定数が異なる場合は，ある特定の時刻に二つの温度曲線の温度差が最大になる．このときに相対的な膨張は最大になり，膨張を逃がすすき間を設けたり，応力が降伏点を超えないようにしたりする考慮をしなければならない．

二つの部品の時定数が同じときは，二つの同じ温度曲線が現れる．この場合は，当然ながら相対的な膨張はない．これはつねに成り立つとは限らないが，二つの部品の時定数をほぼ同じにして，相対的な膨張を軽減するためには，次の関係式を利用すればよい．

$$T = c \cdot \rho \cdot \frac{V}{A} \cdot \frac{1}{h}$$

V：部品の体積

ρ：部品の密度

したがって，次の二つの方法が可能になる．

- 加熱面積 A と体積 V の比を調整する．
- 表面を被覆するなどの手段で，熱伝達率 h を調整する．

図 7.81 は，いくつかの代表的な形状について，V/A の関係を示したものである．

図 7.82 は，蒸気弁のスピンドルが温度変化の途中でも，スリーブ内で安全かつ円滑に動けるように，適切なすき間を設計する例である．設計案(a)はスリーブをハウジングにはめ込んでいる．この案では，加熱されたときにスピンドルが半径方向に急速に膨張し，一方，スリーブはハウジングに熱を逃がすので，温度上昇が緩やかである．その結果，スピンドルとスリーブのすき間は減少して，危険な状態となる．

設計案(b)では，スリーブを軸方向にシールして，半径方向には自由に膨張できる構造にした．さらに，スリーブの加熱面積と体積の比は，スピンドルとスリーブがほぼ同じ時定数をもつようになっている．その結果，あらゆる温度に対してすき間をほぼ一定に保つことができて，すき間そのものを小さくすることができた．弁のスピンドルの表面とスリーブの内面は，蒸気の漏れによって加熱されるので，次の関係式が成り立つ．

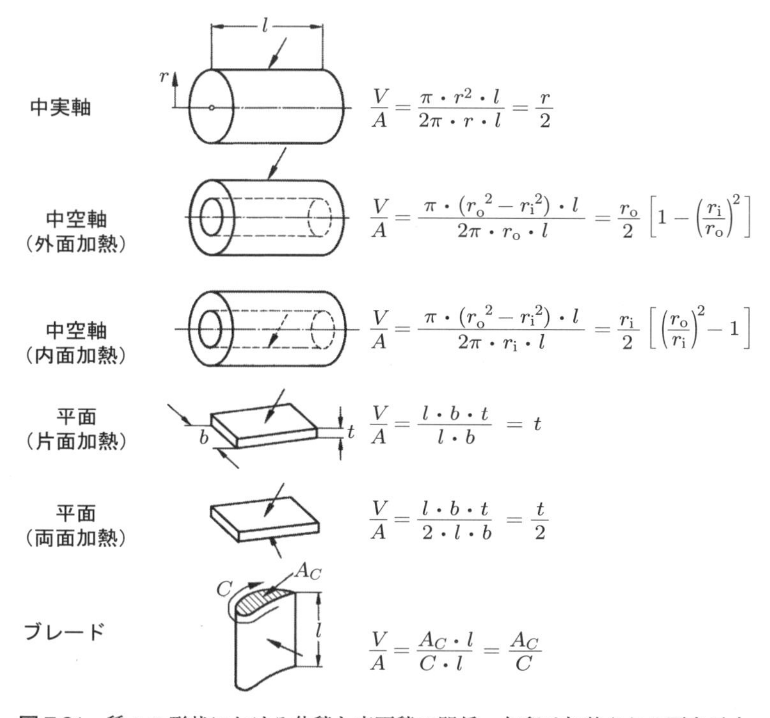

図 7.81 種々の形状における体積と表面積の関係．矢印は加熱される面を示す．

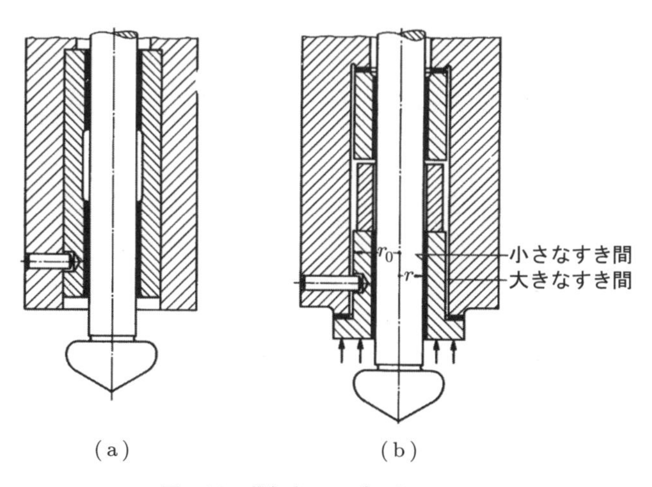

図 7.82 蒸気弁のスピンドルシール

(a) スリーブを固定して，膨張を考慮した設計になっていないので，スピンドルとの間のすき間を相対的に大きくしなければならない．

(b) 半径方向には自由に膨張して，軸方向にはシール機能をもつスリーブを用い，スピンドルとスリーブの時定数を同じになるように設計して，すき間を小さくすることができた．

$$\left(\frac{V}{A}\right)_{\text{spindle}}=\frac{r}{2}$$

$$\left(\frac{V}{A}\right)_{\text{sleeve}}=\frac{{r_\text{o}}^2-{r_\text{i}}^2}{2r_\text{i}}$$

ただし，$r_\text{i}=r$ と $(V/A)_{\text{spindle}}=(V/A)_{\text{sleeve}}$ の関係を用いれば，

$$\frac{r}{2}=\frac{{r_\text{o}}^2-r^2}{2r}$$

$$r_\text{o}=r\cdot\sqrt{2}$$

となる．

図 7.83 は蒸気タービンのハウジングのさまざまな構造を示す．ハウジングの体積と表面積の比，および熱伝達率，加熱面の大きさを調整すれば，ロータと同じ時定数をもたせることができる．これによって，タービンを起動（加熱）するときにも，ブレードのすき間をほぼ一定に保つことができる．

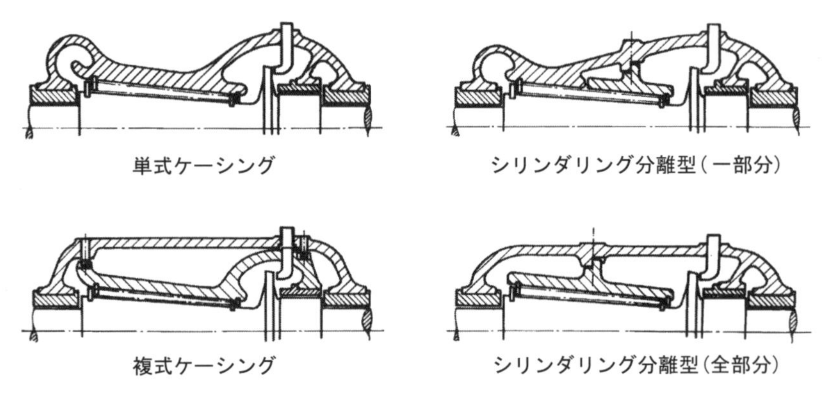

図 7.83　時定数の異なる蒸気タービンのハウジングの構造

部品の熱伝達率を減少させる方法はいくつかあり，たとえば熱絶縁などが施される．これによって加熱を緩やかにし，相対的な膨張を減少させることができる．

以上の考え方は，温度が時間的に変化する場合，とくに相対的な膨張によってすき間が減少して機能に問題が生じるようなタービンやピストンエンジン，その他の高温で作動する機械の設計に当てはまるものである．

7.5.3　クリープと応力緩和を許容する設計

(1)　温度変化を受けるときの材料の挙動

部品が温度変化を受けるときの設計は，膨張だけでなく，材料のクリープも考慮し

なければならない．この温度は非常に高温の場合に限らず，材料によっては100°Cより低い温度でも，金属が高温で示すような挙動をすることがある．

この分野の問題は，Beelich［7.4］が研究しており，以下に述べることは，かなりの部分がその成果に依存している．

一般に，金属は純金属も合金も多結晶構造で，温度に依存した挙動を示す．**臨界温度**以下では，結晶間の結合の安定性は時間的に変化しないのが普通で，降伏点を部品強度の決定に用いて差し支えない．温度が臨界温度を超えると，部品は材料の時間依存的な性質に強く影響されるようになる．この温度範囲では，材料は荷重，温度，時間の影響を受けて徐々に塑性変形を生じ，ある時間経過すると破壊に至る可能性がある．時間依存する破壊応力の値は，同じ温度の短時間の実験により定められた，0.2%のひずみに対応する耐力を大幅に下回る（**図7.84**参照）．臨界温度とクリープ強度は使用する材料に大きく依存し，たとえば鋼では臨界温度は300°Cから400°Cの間にある．

合成樹脂については，100°C以下の温度でも粘弾性挙動を考慮しなければならない．一般に，**図7.85**(a)のように，温度の上昇に対して弾性係数は減少する傾向にある．

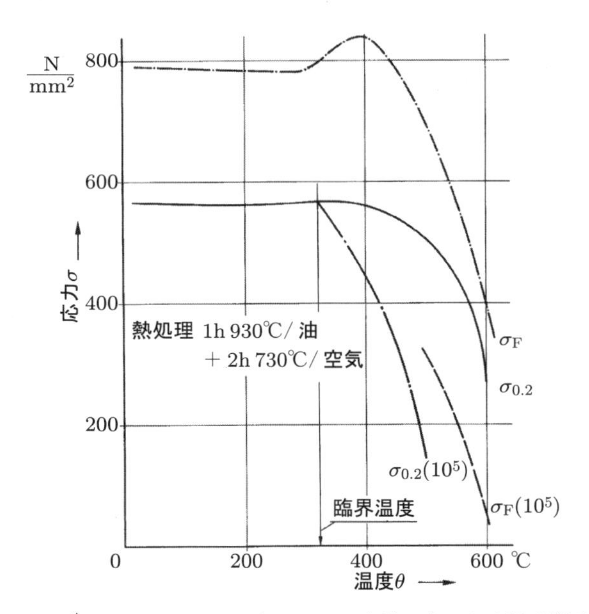

図7.84　種々の温度でS21C†/1.5% Cr–Mo–V鋼について実験で求めた高温引張強さとクリープ特性．臨界温度は0.2%の耐力線と10^5時間で0.2%クリープひずみに対する応力の線の交点である．

† 訳者注：JISには該当なし

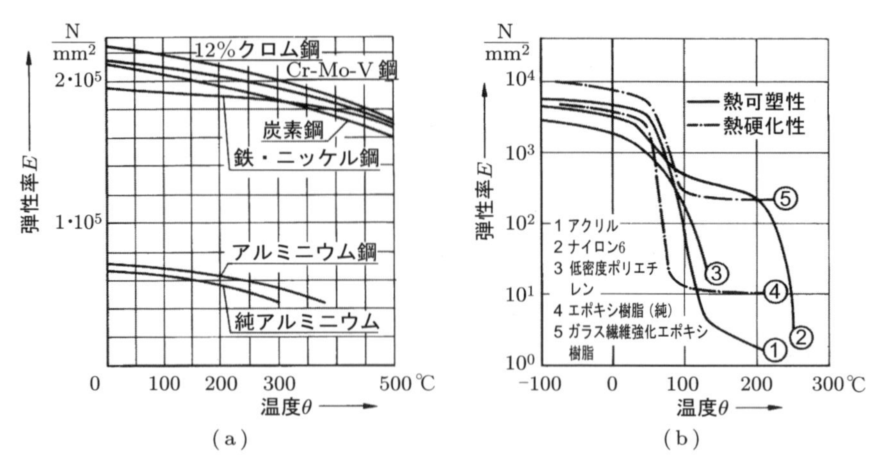

図 7.85　種々の材料の温度に対する弾性係数の関係
(a) 金属，(b) 合成樹脂

ニッケル合金の場合はこの変化がもっとも少ない．材料の弾性係数の減少に伴って部品の剛性も低下するが，これは図(b)のように合成樹脂の場合に著しい．この種の材料については，弾性係数が急激に低下する温度を把握しておく必要がある．

(2)　クリープ

高温で長時間の荷重を受ける部品は，フックの法則によるひずみ（$\varepsilon=\sigma/E$）に加えて，時間とともに塑性変形 $\varepsilon_{\mathrm{plast}}$ が生じる．材料のこのような性質は**クリープ**として知られているが，応力や有効温度 θ および時間に依存するものである．

クリープとは，一定応力の下で部品のひずみが増大することをいう［7.4］．種々の材料のクリープ曲線はよく知られている［7.110, 7.136］．

室温でのクリープ

降伏応力に近い荷重がかかる部品を設計する場合は，材料が弾性と塑性の遷移領域でどのような挙動を示すか把握する必要がある［7.136］．このような遷移領域で持続した静荷重が作用する場合は，常温でも金属に第1段階のクリープが発生する（**図 7.86** 参照）．しかし，これによる塑性変形は小さく，一部の部品の寸法に影響を及ぼす程度である．一般に，鋼の場合は $0.75\sigma_{0.2}$ または $0.55\sigma_{\mathrm{F}}$ 以下の応力であれば，ほとんどクリープを生じない．しかし，合成樹脂の場合には，温度と時間に依存する特性を十分考慮しなければ，材料の挙動に関して信頼性の高い評価をすることはできない．

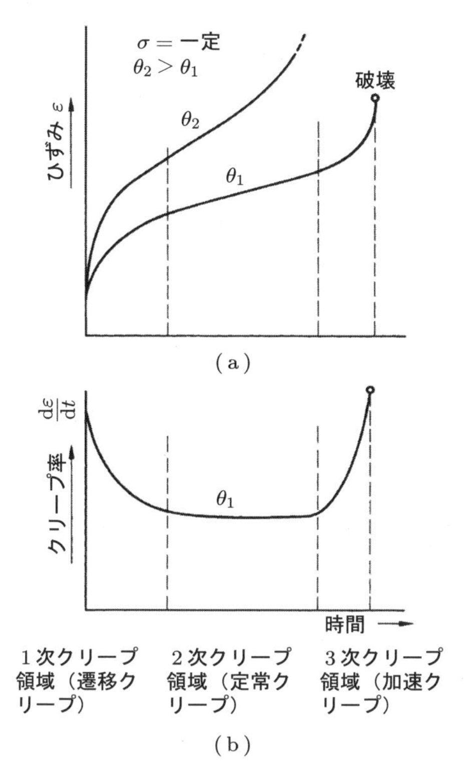

図 7.86　保持荷重に対するひずみ(a)とクリープ速度(b)の概念図：クリープの種々の段階の特性

臨界温度以下でのクリープ

金属に関する研究結果［7.136, 7.147］によれば，短期的な荷重とその変動，および熱応力に対しては，高温における降伏強度を最大許容応力とする慣習的な計算法を臨界温度まで適用することができる．

しかし，高い寸法精度を保持しなければならない部品については，それほど高温でなくてもクリープ試験で材料の特性を明らかにして，これを考慮に入れなければならない．ボイラ用の普通鋼や低合金鋼のほか，オーステナイト鋼でも，使用期間や温度によってさまざまな程度のクリープが生じる．

合成樹脂は，わずかな混度上昇に対しても構造的な変化を生じることがある．これらの変化は温度と時間に顕著に依存する特性によるもので，金属の場合には見られないものである［7.156, 7.185］.

臨界温度以上でのクリープ

この温度範囲では，降伏強度よりはるかに小さい荷重でも金属に変形すなわちクリープが生じる．一般に，この過程は図 7.86 のように三つの段階に分けられる［7.136, 7.147］．温度変化を受ける部品にとっては，3 次クリープの段階の開始が危険である．この領域は 1% 程度の永久ひずみに達したときに始まる．**図 7.87** は，500°C における種々の鋼の 10^5 時間クリープ強度 $\sigma_{1\%/10^5}$ を示す．

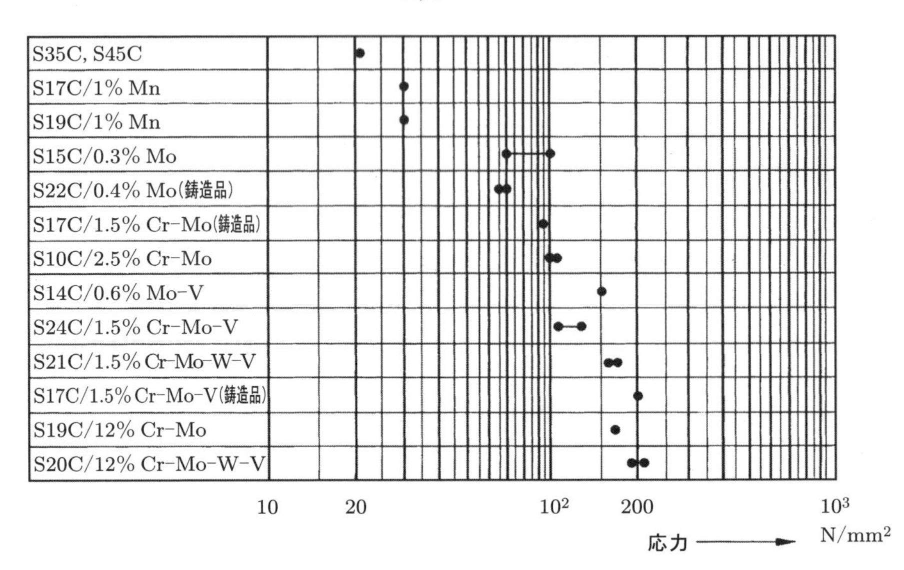

図 7.87　種々の鋼を 500°C で 10^5 時間保持したときに，1% の永久ひずみを生じる応力の値［7.213］

(3)　応力緩和

ばね，ボルト，張り線，焼きばめなどの予荷重が負荷されている部品には，全ひずみ ε（伸び Δl）が生じている．クリープおよび支持面や合わせ面における塑性流れからくる材料のへたりによって，弾性変形に対する塑性変形の部分の割合が次第に増加する．一定の全ひずみの下で，弾性ひずみの割合が次第に少なくなる現象を**応力緩和**という［7.100, 7.326, 7.327］．

部品の予荷重は室温で加えられるのが普通である．図 7.85 のように弾性係数は温度によって変化するので，高温では，部品の寸法が変わらなくても予荷重は減少する．

減少したとはいえ，運転状態で残存している荷重によって，高温ではクリープが生じて予荷重はさらに減少する．締結荷重などの残存する荷重の値は，生産条件や使用条件によっても異なる．その条件は，たとえば組立の際の予荷重，負荷されているシステムの設計，接触面の性質，面に垂直または平行な各種応力の重ね合わせなどである．ボルトで連結したフランジの応力緩和について研究した結果［7.100, 7.326. 7.327］から，塑性変形は，合わせ面のへたりと荷重を受ける面のへたり，およびねじ部のクリープとへたりであることがわかっている．

以上を総合すると，金属部品については次のようにまとめることができる．

- 予荷重の低下は，互いに荷重を及ぼし合う部品の相対的な剛性に依存する．結合部の剛性が高いほど，クリープやへたりによる塑性変形によって予荷重の低下は著しい．
- ボルトでフランジを締めたり焼きばめで組み立てたりする際に，部品をあらかじめなじませることはできるが，可能な場合は，合わせ面や荷重を受ける面を正確に機械加工することが望ましい．
- 応力緩和を考慮すると，材料によって使用可能な限界温度がある．さらに，運転中の各種の応力を重ね合わせた場合も，降伏点を超えないような材料を選択する必要がある．
- 予荷重（初期締結力）を高くすると，短期的には残存する締結荷重が高くなる．しかし，長期的には，最終の残存荷重は予荷重に無関係になる．
- すでに応力緩和が生じてしまった継手も，材料の靱性が許せば，増し締めすることができる．この場合も，第 3 段階のクリープに至る 1%のひずみを超えないように注意する必要がある．
- 静的な予荷重に加えて両振荷重が加わる継手では，応力緩和によって平均応力が減少するので，許容される応力振幅は，平均応力が一定の場合よりもかなり大きくなるという実験結果が得られている．しかし，応力緩和によって平均応力が減少すると，継手が緩むようになる場合が多い．

ボルト継手に合成樹脂を用いる場合は，電気や熱の伝導率が低いこと，腐食に強いこと，機械的な減衰能力が高いこと，軽量であることなどの利点を活かすのが目的であるが，いうまでもなく必要な強度と靱性をもっていなければならない．予荷重の減少によって継手の機能が致命的に損なわれる場合があるので，十分注意しなければならない．ある研究［7.190, 7.191］によって，金属とは異なる次のような性質が明らかになった．

- 室温で一定時間後に残存する予荷重は，材料の種類と，その材料が水分を吸収する性質に依存する．
- 水分を吸収したり放出したりして，つねに材料の状態が変化することは，とくに有害な影響を及ぼす．

(4)　設計上の特徴

長期間にわたる荷重を受ける部品の寿命を考えるときは，材料の時間的な変化を十分に把握しておく必要がある．10^5 時間以上を経過する場合の挙動を予測するときは，短期的な値を用いると危険である［7.136］.

高級な合金材料を用いたとしても熱応力を避けることはできないし，材料を変えるよりも，適切な設計にする方が有効な場合が多い.

設計の要点はクリープを許容限度内に収めることで，次のような方法に従うのがよい.

- 弾性限度内のひずみを小さくして余裕をもたせることにより，温度変動によって生じる付加的な荷重を軽減することができる（**図 7.88** 参照）.

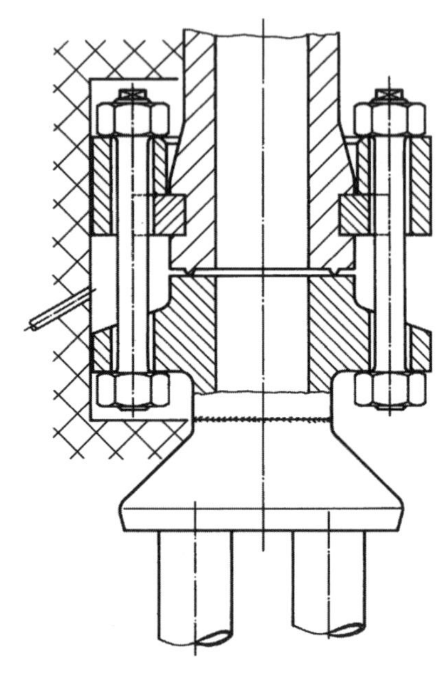

図 7.88　オーステナイト鋼とフェライト鋼のフランジ継手（運転温度 600°C）［7.265］

- 蒸気タービンやガスタービンの場合のように，部品を熱絶縁したり冷却したりする方法（**図 7.89** 参照）.
- 厚肉の部分は，非定常状態で熱応力を大きくする原因となるので避けること.
- 部品の機能を阻害して取り外しができなくなるような，好ましくない向きにクリープが発生しないようにすること．前者の例には弁のスピンドルが干渉する場合があり，後者の例には**図 7.90** のような場合がある.

図 7.90(a)では，カバーの材料が，逃げのためのすき間（溝）の部分に向かってクリープする．また，カバーは急速に温度が上昇するので，心出し面を押して点 y でもクリープすることになる．図(b)のカバーは改良した設計で，クリープが発生しても容易に取り外すことができる．さらに，カバーは中心部を中空にしたので，心出し面に強い

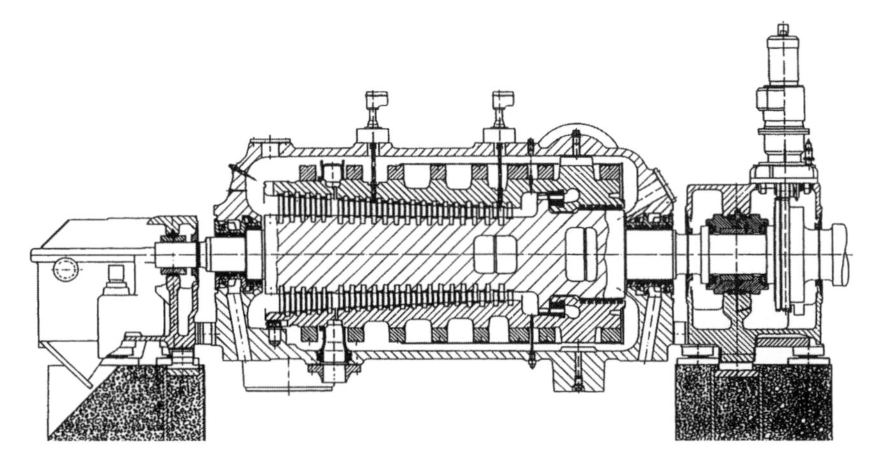

図 7.89　二重ケーシングの蒸気タービンで，内部ケーシングを保持するシュリンクリングをもつもの．シュリンクリングの応力緩和は排気による冷却で防止されている．タービンの出力が増加すると，入口と出口の蒸気の温度差が増加するので，シュリンクリングの締め付け圧力も増加する．シュリンクリングとケーシングの接触面はシムを用いることによって断熱構造になっているので，応力緩和後も元の締めしろを保持することができる（ABB）．

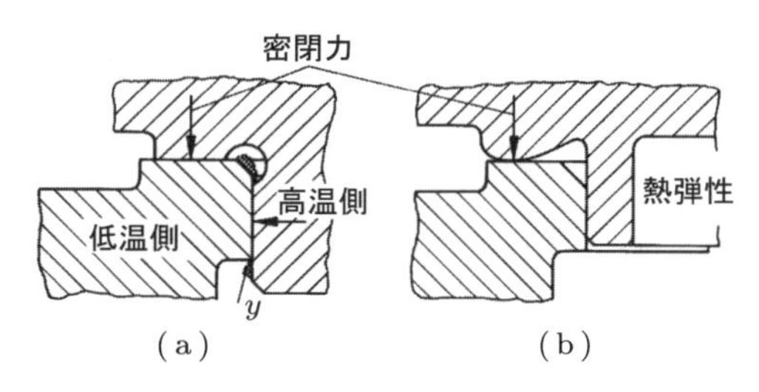

図 7.90　カバーの心出しと密閉［7.206］

(a)　材料が逃げ溝と点 y でクリープするので，取りはずしが困難になる．

(b)　カバーのシール端を凸状にすることによって，小さな締めつけ力で密閉を一層確実にすることができる．この改良設計では，クリープが生じても取り外しが困難になることはない．

半径方向の力を及ぼすことがない．言い換えれば，取り外しされる部品は，軸方向に投影して見た場合に，固定された部品の輪郭より半径方向にはみ出してはならないということである［7.206］．

7.5.4　腐食に対応する設計

腐食を完全になくすことはできず，低減することだけしかできない場合が多い．Rubo［7.235］は，機械には，耐食性が等しい部品を使用することを強調している．全体にわたって腐食しない材料を使うことは，経済的ではないことがあるので，そのような場合は，適切な実体化によって，腐食があっても機能が維持されるようにしてもよい．これは，機械とその構成部品の設計に際し，腐食防止から腐食許容へと焦点を移すことを示唆する．当然の結果として，設計者は，適切な概念設計と特別な実体設計を用いて，腐食に対処しなければならない．どのような手段を用いるかは，予想される腐食の種類によって異なる．文献［7.158］の腐食に対する設計のガイドラインでは，腐食の種類についての広範な定義と，多くの有用な設計が提供されている．Spähn［7.158］，Rubo，Pahl［7.212, 7.261］は種々の腐食とその対策について述べており，次に示す注意は彼らの知見によるものが多い．設計の見地から体系的な分類を示すために，これらはDIN 50900［7.80, 7.81］から若干変更されたものである．

(1)　腐食の原因と結果

高温で乾燥した環境下では，金属に酸化膜が形成され，化学的耐食性が高まる傾向にある一方，露点以下の条件では，比較的弱い電解物が形成され，一般に電気化学的腐食が引き起こされる［7.260］．また，種々の構成部品が，金属の種類や結晶構造の相違，あるいは溶接や熱処理による残留応力といった，性質の異なる面で接触していることも腐食を助長する原因になる．さらに，スリットや穴のあるところにはつねに，異なる材料を使ったことによる電気的ポテンシャルの違いがなくても，電解質の集積に局部的な差が生じる．

文献［7.80, 7.212］によると，次のものを区別して考えなければならない（**図7.91**参照）．

- 自由表面の腐食
- 接触腐食
- 応力腐食
- 材料内部の選択的な腐食

これらの対策は，それぞれの原因と結果によるが，以降に種々の例を示す．

(2)　自由表面の腐食

この腐食は，一様に生じる場合も，部分的に集中して発生する場合もある．とくに後者は，高い応力集中を引き起こして，予測することがしばしば困難なため，前者に比べて危険である．したがって，危険となる可能性がある領域には，最初から特別な注意を払う必要がある．

一様腐食

原因：

水分（弱い電解質）と酸素が，とくに露点以下で存在する環境が原因となる．

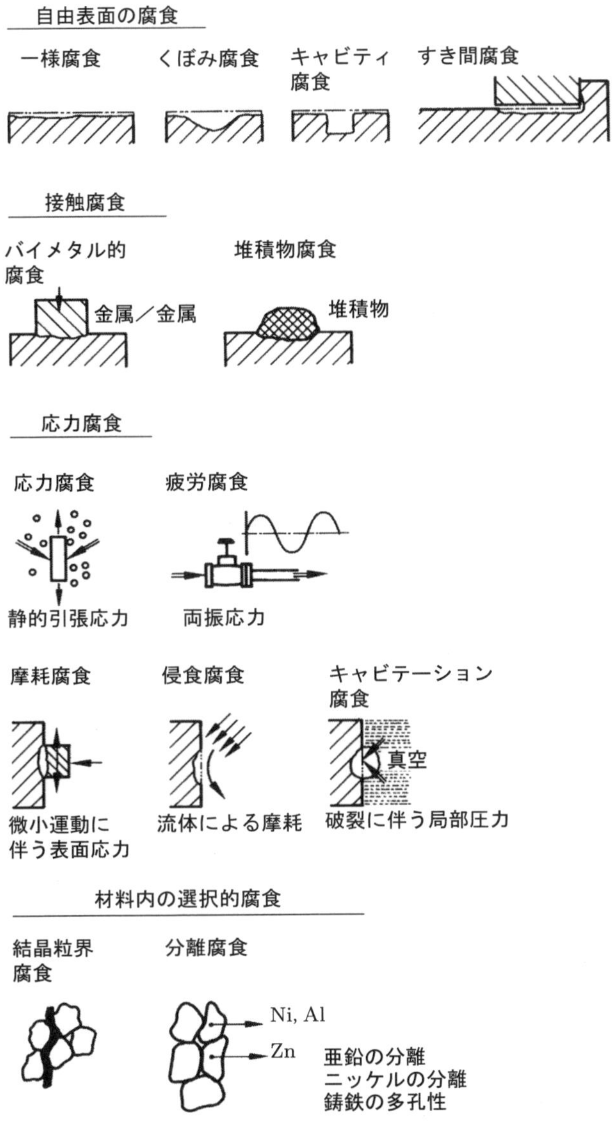

自由表面の腐食
一様腐食
くぼみ腐食
キャビティ腐食
すき間腐食
接触腐食
バイメタル的腐食
金属／金属
堆積物腐食
堆積物
応力腐食
応力腐食
静的引張応力
疲労腐食
両振応力
摩耗腐食
微小運動に伴う表面応力
侵食腐食
流体による摩耗
キャビテーション腐食
真空
破裂に伴う局部圧力
材料内の選択的腐食
結晶粒界腐食
分離腐食
Ni, Al
Zn
亜鉛の分離
ニッケルの分離
鋳鉄の多孔性

図 7.91　腐食の種類

結果：

表面が広範囲かつ一様に腐食する．たとえば，鋼では，通常の大気中で1年あたり約 0.1 mm 腐食する．とくに，露点以下になって結露が生じることの多い場所では，部分的にひどく腐食する．一様腐食は，反応性が高い媒質や，高い流速，局所的な熱伝達により，さらに促進される．

対策：

- 適切な材料と肉厚を選んで，稼働寿命を一様にする.
- 腐食を防止したり，経済的に許容できたりするような設計にする（後述の例1を参照）.
- 表面積に対する体積の比を最大にするような形状を選んで，表面を小さく滑らかにする（後述の例2を参照）.
- **図7.92** のように，水分がたまるのを防ぐ.

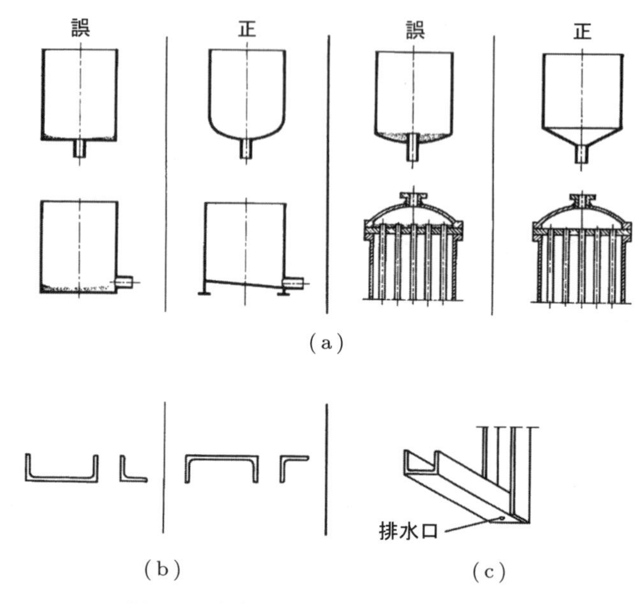

図7.92　腐食しやすい構成部品からの排水
(a)　部品の床面に腐食の生じやすい設計と生じにくい設計
(b)　型鋼の配置のよい例と悪い例
(c)　型鋼製のブラケットに排水口を設けた例

- 断熱をよくしたり，高温または低温の熱ブリッジが生じない設計にしたりして，露点以下になるのを避ける（後述の例3を参照）.
- 流体の速度を2 m/s以上にしない.
- 加熱面では，熱負荷が大きくなったり，変動したりするような部分を作らない.
- 腐食防止の被覆を行い［7.82］，できるだけ電気的な防食と組み合わせる.

くぼみ腐食

この種の腐食は，材料表面で一様には発生しない.

原因：

陽極性と陰極性の領域をもつ部品があり，腐食の速度の相違をもたらす［7.81］．この相違をもたらすのは，通常，材質の不均一性，濃度が変化する周囲の媒体，温度や放射による局所的な影響である．

対策：

- 不均一性と，変動する影響を除く．
- 保護被覆をする．ただし，この被覆が損傷すると，強い局部的な腐食を生じる（キャビティ腐食を参照）．

キャビティ腐食

キャビティ腐食は，表面の狭い領域に生じ，くぼみの深さが領域の大きさ以上になる．くぼみ腐食とキャビティ腐食の区別は，つねに可能であるとは限らない．

原因：

くぼみ腐食と類似しているが，その発生はより局所的である．

対策：

くぼみ腐食と基本的には同じであるが，軽減と予防には特別な注意が必要である．

すき間腐食

原因：

すき間などに酸性の電解質（水分や水溶液）が集積して，さらに，腐食による生成物の加水分解が起こることが非常に多い．耐錆耐酸鋼でも，すき間部分の酸素が減少して不動態が損なわれることがある．この種の腐食は，不十分な換気によって生じるのが典型的なケースである．

結果：

隠れた部分で腐食が進み，応力の大きいところでさらに応力集中が進む．事前の予兆なしに破損が起こるので，大変危険である．

対策：

- 表面や継ぎ目を平滑にして，すき間をなくす．
- 溶接の継ぎ目はすき間をなくすこと．**図 7.93** のように，バットシーム溶接か連続隅肉シーム溶接を行う．
- 耐水性のスリーブや，被覆をもつ部品などですき間を封じる．
- すき間を大きくして，水分がたまらないよう貫流できるようにする．

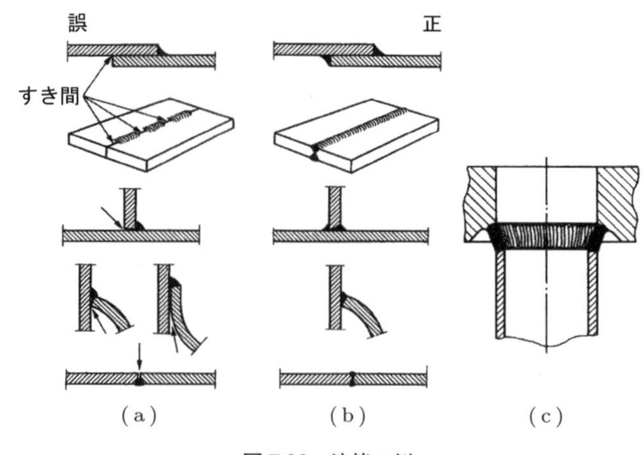

図 7.93　溶接の例

(a)　すき間腐食が生じやすい構造

(b)　文献［7.260］による正しい設計

(c)　すき間を生じない管の溶接方法，応力腐食割れに対する抵抗力も増している．

(3)　接触腐食

バイメタル的腐食

原因：

電解質すなわち導電性流体や蒸気の存在するところで，電位の異なる二つの金属が接触すること［7.259］.

結果：

二つの金属の接触面付近で，卑金属が貴金属よりも速く腐食する．その面積が小さければ小さいほど腐食が速い（ガルバニック腐食）．これによって応力集中が増し，腐食による生成物が堆積する．このような堆積によって種々の二次的な影響が生じ，たとえば，のろができたり，周囲の流体を汚染したりする．

対策

- 電位差の小さい金属を組み合わせて接触電流を少なくする．
- 接触面で局部的に二つの金属を電気的に絶縁して，電解質の作用を防止する．
- 電解質の存在そのものをなくす．
- 必要ならば，さらに腐食しやすい卑金属を犠牲陽極として，腐食を計画的に制御する．

堆積物腐食

原因：

材料の表面やすき間に有害な物質が堆積し，局所的な電位の差をもたらす．堆積物は，すでに存在する腐食や周囲の媒体，蒸発の残滓，シーリング用材料が過剰であることなどによって生じる．

対策：

- 堆積を避けるか，フィルターを用いたり，堆積物を集めて取り除いたりする．
- 水がたまらないようスムーズに流れるようにし，適切な流速を保って自動的に流出させる（図 7.92(a)参照）．
- 部品をすすいだり，清掃したりする．

遷移領域の腐食

原因：

周辺の媒体やその成分が，液相から気相に，またはその逆に変化するとき，遷移領域で金属面の腐食が生じる恐れがある．これは，腐食によって皮膜が形成されると，さらに促進される [7.260]．

結果：

この種の腐食は遷移領域に集中しており，状態変化が急であるほど，また媒体が腐食性であるほど腐食が激しくなる [7.234]．

対策：

- 加熱または冷却する部品によって，熱の出入りを緩やかにするかあるいは除去する．
- 媒体が流入するところでは，案内板を用いるなどして流れの乱れを防ぎ，熱伝達を抑える．
- 危険な部分には，腐食防止の覆いを付ける（後述の例 3 と 4 を参照）．
- 設計の工夫により，遷移領域の問題を避ける（**図 7.94** 参照）．
- 媒体の水位を，たとえば攪拌するなどして，つねに変える．

(4) 応力腐食

腐食しやすい部品は，静的または動的な荷重を受けていることが多い．この荷重によって生じる応力が，種々の深刻な腐食の原因となる．

疲労腐食

原因：

機械的な繰返し荷重にさらされる部品に腐食が生じると，その強度は大きく低下す

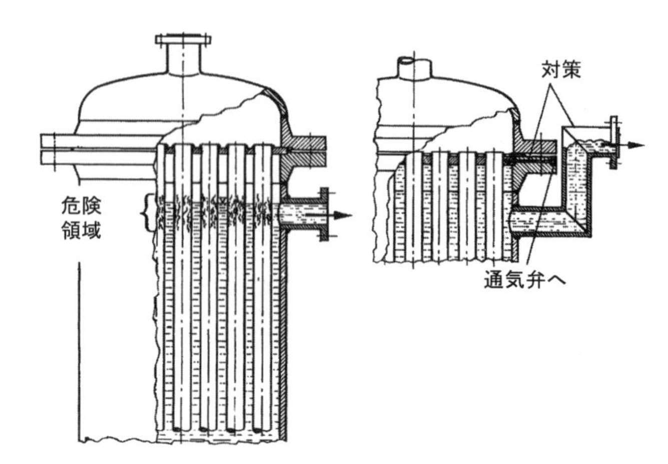

図 7.94　縦型の凝縮器の水位線付近で，媒体が凝縮することにより気相から液相への変化が起こって腐食の原因となる例（出典［7.260］）．これは水位線を上げる設計によって解決される．

る．荷重が大きいほど，また腐食が激しいほど部品の寿命は短くなる．

結果：

疲労破損の場合と同様に，変形なしに破断が起こる．腐食の生成物は，とくに微弱な腐食媒体のときには顕微鏡でしか確認できないので，この種の腐食は通常の疲労破損と誤認されやすい．

対策：

- 機械的または熱的な両振応力を最小にする．とくに，共振現象による振動的な応力は避ける必要がある．
- 応力集中を回避する．
- ショットブラスト，ローラバニシ仕上げや窒化などによって，表面に圧縮応力を残留させ，寿命を長くする．
- 腐食媒体（電解質）との接触を回避する．
- 表面を被覆する．たとえばゴム，エナメル焼付，亜鉛の溶融メッキ，アルミニウムなどによる被覆法がある．

応力腐食割れ

原因：

材料によっては，静的な引張応力を受けている状態で何らかのきっかけがあると，結晶粒内あるいは粒界のき裂が成長することがある．

結果：

周囲の媒体によって異なるが［7.260］，部品の結晶粒内あるいは粒界に種々の細かいき裂が急速に成長する．隣接する部分は影響を受けない．

対策：

- 応力腐食割れを起こすような材料を避ける．ただし，ほかの要件からこれは不可能な場合もある．このような性質をもつ材料としては，合金ではない炭素鋼，オーステナイト鋼，黄銅，マグネシウム，アルミニウム合金およびチタン合金がある．
- 侵食された面の引張応力を，実質的に軽減するか完全に除去する．
- 予荷重をかけたり，ショットブラスト処理をすることによって，表面に圧縮応力を導入する．
- 焼きなましによって，残留引張応力を減少させる．
- 卑金属で被覆する．
- 媒体の濃度と温度を下げて，腐食が生じる影響を避ける．

ひずみに起因する腐食

原因：

大きな引張または圧縮が繰り返し生じると，保護層にクラックが発生して局所的な腐食が発生する．

対策：

引張または圧縮の大きさを低減する．

浸食およびキャビテーション腐食

腐食に浸食とキャビテーションを伴う場合もあり，このときは材料の破損が促進される．基本的な対策は，水力学的な方法や設計の工夫によって，浸食やキャビテーションをなくしたり軽減したりすることである．これが不可能な場合にはじめて，金属の溶射や硬質クロムの被覆のような表面処理を考慮すべきである．

摩耗腐食

原因：

摩耗腐食は，接触応力下にある二つの面が，比較的小さな運動をする場合に発生する（7.4.1 項も参照）．摩耗は，たとえば，熱膨張や，支えに対するパイプの振動などの結果として現れる．どちらの場合も，表面の酸化に対する保護膜が摩擦によって損傷を受ける．露出した金属表面は，保護膜で覆われた部分よりも電気化学的に負の電位をもっている．周囲の媒体が電解質であれば，保護膜が再形成されない場合は，この露出部分が電気化学的に破壊されて腐食の原因になる．

結果：

影響を受けた表面には硬い酸化物（いわゆる摩耗錆）が生じ，これが摩耗を促進するとともに応力集中を増加させる．

対策：

もっとも効果的な対策は，摩耗の原因となる摩擦運動を，たとえば弾性のサスペンションや静圧軸受を用いたりして取り除くことである．もし，この摩擦運動を除去できなければ，次の対策をとる．

- 配管の振動を軽減するために，内部の流速を小さくしたり，支えの間隔を変更したりする．
- 摩擦が発生しないように，すき間を大きくする．
- 配管の肉厚を厚くして剛性を高めるとともに，許容できる腐食速度を大きくする．
- 保護被覆が容易な配管材料を使う．

(5)　材料内の選択的腐食

選択的腐食の場合には，材料組織内の特定の界面だけが影響を受ける．主要なものは次のとおりである．

- ステンレスやアルミニウム合金の結晶粒界腐食
- いわゆる「スポンジ化」．すなわち，鋳鉄から鉄の粒子が分離して起こる黒鉛腐食
- 黄銅の脱亜鉛化（亜鉛の分離）

原因：

材料の基材よりも，構成成分や結晶粒界のほうが腐食に弱いため．

対策：

材料とその処理を適切に選ぶ．たとえば，溶接を行うことによって腐食しやすい材料構造を避けることができる．この種の腐食の可能性がある場合は，設計者は材料の専門家に相談する必要がある．

(6)　一般的な推奨

一般に，設計は，すべての構成部品の寿命が最大かつ一様になるように行うべきである [7.234, 7.235]．この要件を経済的に満足するような材料の選択やレイアウトが不可能な場合は，すべての構成部品のうち，とくに腐食が起こりやすいものについて，定常的に監視できる設計を考えるべきである．これには目視検査によったり，機械的にまたは超音波で肉厚を直接測定したり，定期的に腐食プローブを検査・交換して間接測定したりする方法がある．

7.3.3 項で述べたように，安全にかかわる箇所では，腐食の進行を許してはならない．

最後に，7.4.2 項で述べた役割分割の原理に立ち帰ってみると，難しい腐食の問題

も解決できることを強調しておこう．一つの部品が腐食を防いで密閉の役割を果たし，ほかの部品が支持や力の伝達の役割を果たすという分担の方法である．これによって，大きな機械的応力と腐食応力の組合せを避けることができ，各部品の材料選定が容易になる［7.207］．

(7) 腐食損傷に対応した設計事例

例 1

洗浄用アルカリ液は，加圧下でガス状の混合物から CO_2 を吸収する．CO_2 を吸収した洗浄用アルカリ液は，膨張させることによって CO_2 を放出させる（再生）．このようなガス洗浄プラントの膨張容器の位置は，次のような要因を考慮して決定した．

すなわち，もし洗浄用アルカリ液を洗浄塔のすぐ後（**図 7.95** の点 A）で膨張させれば，点 B までの配管にかかる圧力は低くなり，肉厚を薄くすることができる．しかし，放出された CO_2 の泡が充満する洗浄用アルカリ液は，腐食性が強く安価な普通鋼の鋼管では耐えられないので，高価な耐錆耐酸鋼を用いる必要が生じる．したがって，CO_2 を吸収した洗浄用アルカリ液は，加圧したまま再生塔の入口（点 B）まで導くのがはるかに得策である．

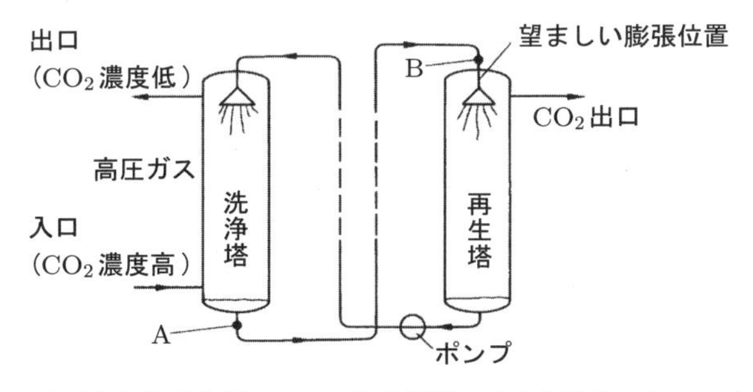

図 7.95 CO_2 を吸収した洗浄用アルカリ液を膨張させる位置が，点 A から点 B までの配管材料の選択に及ぼす影響

例 2

図 7.96 のように，高圧ガスを貯蔵する二つの方法のうち，どちらかを選ぶものとする．

(a) 容量が 50 リットルで，肉厚が 6 mm の円筒容器を 30 本使う場合

(b) 容量が 1.5 m^3 で，肉厚が 30 mm の球形容器を 1 個使う場合

設計解(b)の方が，次の二つの理由で腐食の対策が優れている．

- (b)では，腐食を受ける表面積が約 6.4 m^2 で，(a)の 1/5 にすぎない．言い換え

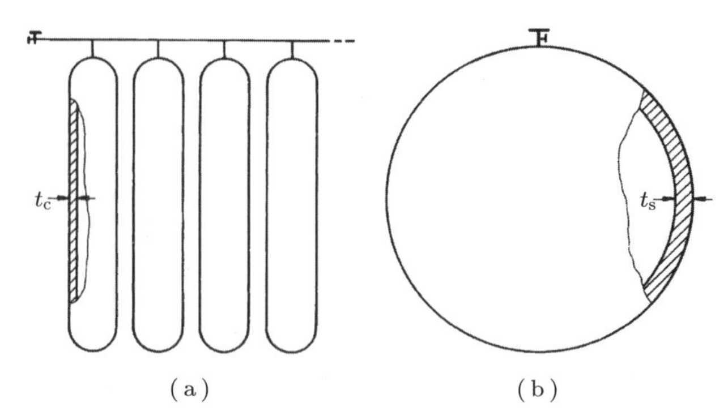

図 7.96　200気圧の高圧ガスを貯蔵する容器の形状が腐食に及ぼす影響［7.234］
(a)　50リットルの容量をもつ円筒形の容器30個を用いる場合
(b)　1.5 m^3 の容量をもつ球形の容器1固を用いる場合

れば，同一の腐食深さに対して，失われる材料の量が少ないことになる．

- 10年で2 mmの腐食深さを考えるとすれば，(a)では容器の肉厚を8 mmにする必要がある．一方(b)では，30 mmの肉厚に対して2 mmの腐食は，さほど問題にはならない．したがって，二つの設計解の中では球形の容器の方が優れている．

例3

図7.97(a)は，加熱蒸気と CO_2 の混合物を貯蔵する容器の設計解である［7.234］．出口部分は断熱されていないため，冷却によって強い電解性をもつ液が凝縮する．このため，凝縮液とガスの遷移部分に腐食が発生して，出口部分が破損する可能性が高い．

図(b)は断熱構造にした場合で，図(c)はもっと耐久性のある材料を用いて部品を分割した場合である．

例4

湿気をおびたガスを加熱する管では，加熱域の入口部分がとくに腐食しやすい（**図7.98**(a)）．対策としては，急激な変化を避ける方法（図(b)参照）や，保護スリーブを増設する方法（図(c)参照）がある．

7.5.5　摩耗を最小化する設計

(1)　原因と結果

摩耗の原因と結果はさまざまで複雑である．詳細は文献［7.28, 7.121, 7.153, 7.258, 7.314］を参照されたい．DIN 50320［7.79］では，摩耗の種類とメカニズムを定義している．摩耗の主たる結果として，部品寿命の短縮，機能・性能の低下，損失の増大

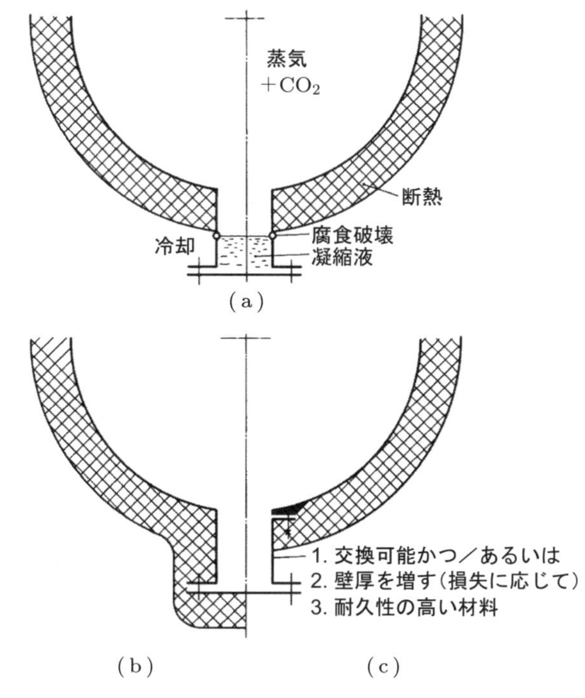

図 7.97 過熱蒸気と CO_2 を加圧下で保持する容器の出口の設計
(a) 最初の設計案
(b) 凝縮を防ぐために出口を断熱した代替案
(c) 構成部品を分割して腐食を考慮した代替案

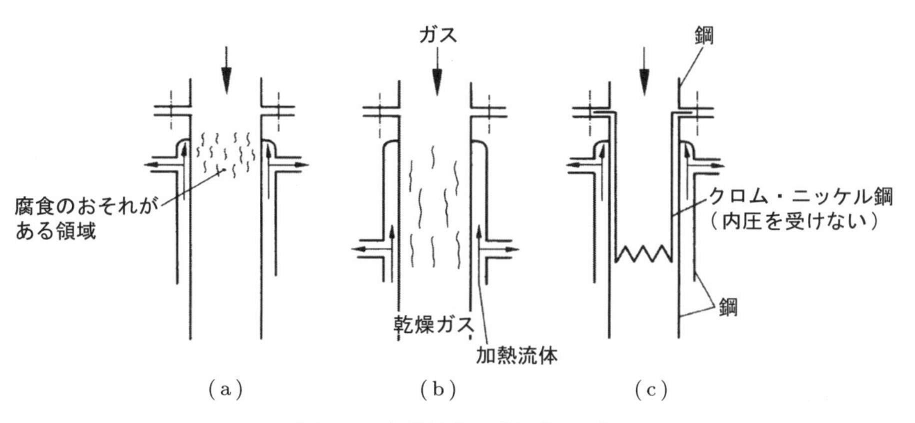

図 7.98 加熱管内の腐食 [6.177]
(a) 加熱域の入口での状態の急変によって起こる激しい腐食
(b) 状態の急変を回避した設計
(c) 危険部分に保護スリーブを設ければ，状態の急変もさらに緩和される．

が生じる．もっとも一般的かつ基本的な摩耗のメカニズムは，部品の表面に，とくにミクロなレベルで影響を及ぼす．これらのメカニズムについて次に記す．

溶着による摩耗

二つの相対運動する表面に高い負荷がかかって，微小な溶着（局所的な原子間結合）を生じ，これが相対運動によってつねに破壊されて表面が損傷を受け，粒子が分離する．

摩耗損傷

二つの部品の一方の表面，または周囲の媒体中に硬い粒子があって，これが他方の部品の表面をすり減らすことにより生じる．この結果，相対運動の方向に溝や筋ができる．軽度の摩耗損傷であれば表面が滑らかになってなじみがよくなるが，重度では表面が損傷を受ける．

表面剥離摩耗

部品の表面層に変動応力が加わると発生する．この結果，ひび割れや穿孔，損傷による粒子が生じる．

摩擦化学損傷

二つの部品間の化学反応による損傷で，潤滑剤の成分または摩擦により活性化された環境（温度上昇など）に起因する．この結果，表面が変質して硬くなったり，粒子が分離したりする．粒子によりさらに損傷が進む．

(2)　設計上の特徴

荷重を受けて相対運動する二つの部品間の摩耗を最小化するために，トライボロジー的な尺度（システム：材料，動作部分の形状，表面，潤滑剤／流体）や材料に関連する尺度を適用する．

腐食などの，ほかの作用と同様に，最初のステップは，特定の摩耗メカニズムの原因を避けるようにすることである（第1の手段）．例として，トライボロジー的手法を用いて，運動する表面間を流体摩擦の状態にし，乾燥摩擦や混合摩擦の状態を避けることなどがある．たとえば，弾性流体力学的な効果では，流体の粘性や滑り速度，表面負荷などの条件が適切であれば，滑り運動に対して流体摩擦の状態を実現できる．このアプローチがレイアウトや動作上の制約によって実現できなければ，流体静力学または磁気的な解を選ぶべきである．微小な相対運動の場合は，弾性継手も考慮するとよい．

第1の手段で原因を取り除けなければ，材料や潤滑を含む第2の手段を適用して，摩耗を減じる．そのためには，摩擦力に起因する単位面積あたりのエネルギー入力を最小化する．すなわち，表面圧力（応力）p，相対速度 v_{R}，摩擦係数 μ の積 $p \cdot v_{\mathrm{R}} \cdot \mu$ を最小化すべきである．摩擦係数と，次式で定義される摩耗係数は，多くの一般的な材料の組合せに対して，文献［7.28］で与えられている．

$$\text{摩耗係数} = \frac{(\text{滑りの変位量}) \times (\text{損耗部分の体積})}{(\text{法線方向の力})}$$

摩耗を回避できない場合は，次の手段が有効である．

- 摩耗で発生した粒子を，フィルターで流体中から除去する．
- 摩耗の危険がある表面をもつ構造に対して，役割の分割原理を用いる（7.4.2 項参照）．すなわち，摩耗する表面に抵抗力のある材料を用いるか，容易かつ経済的に交換できる材料を用いる．
- 摩耗の速さを，摩耗係数を用いて計測できるようにし，動作の安全性と適時のメンテナンスを確保する（7.5.10 参照）．

7.5.6　人間工学的設計

人間工学は，人間の特性，能力，必要性を取り扱うが，とくに人間と技術的な製品とのインタフェースを対象とする．人間工学の知識により，それに応じた次のような実体化が可能となる［7.173, 7.300］．

- 技術的な製品を人間に適応させる．
- 教育と経験に基づく選択で，人間を製品や活動に適応させる．

技術的な製品の範囲には，家庭用製品や趣味，レジャーに使用するものも含んでいる．

人間工学的研究の焦点は，従来の生産設備における物理的な活動から，電子産業における労働状態および人間機械系における使いやすいインタフェースの設計に移りつつある［7.56, 7.311］．これにより，作業場所の人間工学的な評価と設計に，ソフトウェアツールが用いられるようになった［7.164］．

(1)　基　礎

人間工学の出発点は，操作者または利用者，受領者としての人間である．人間が技術的製品とともに作業し，あるいは影響を受ける形態はさまざまなものがある（2.1.6 項参照）．この観点から，生物力学的，生理学的，心理学的問題を考慮するのが有効である．

生物力学的な問題

製品を操作したり使用したりする場合は，特定の**身体の姿勢や動き**を必要とする．これは，製品の実体化に基づく空間的な状況（たとえば制御の位置と動き）と，**身体の寸法**を組み合わせたものによって決定される［7.67］．この関係は，身体の寸法を表すテンプレートを使うことによって表現し，評価できる［7.70］（**図 7.99** 参照）．

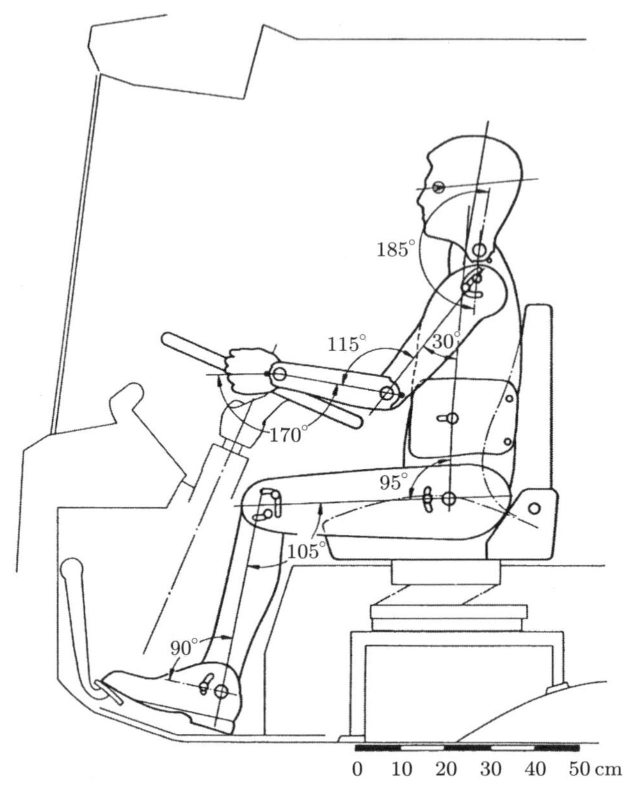

図 7.99　トラックにおける着座位置の評価に身体テンプレートを用いた例（出典［7.70］）

人間が発揮できる最大の力は，文献［7.71］に示されている．しかし，ある状況において許容できる力を求めるには，動作の頻度と持続時間，年齢，性別，経験および体力に関する知識と，それらの影響の計算に使われる手法の知識も同様に必要である［7.25，7.127］．

生理学的な問題

技術的製品の操作や使用による身体の姿勢や動きは，筋肉の静的または動的な運動を必要とする．筋肉の運動は，外的な荷重に応じた血液を供給するために循環系を必要とする．静的な筋肉の動き（たとえば荷重を支える場合）では，血液の通過量は絞られ，筋肉の回復は事後となる．したがって，大きな荷重を支えるのは短時間に限定すべきである．

人間工学的な観点からは，**荷重とストレス**，**疲労**を区別することが重要である．荷重は外的な影響であり，これによって生じるストレスは，個人の特性，たとえば年齢，性別，体力，健康，訓練などによって異なる．ストレスの結果として疲労が生じ，強さと持続時間によって変化する．疲労は，**リラックス**することによって回復するが，疲労に似た状況，たとえば**退屈感**などは，リラックスしても回復せず，活動を変化させる必要がある．

さらに，人間の体温は正常な範囲である36°Cから38°Cの間に保つ必要がある．**外部環境が暑かったり寒かったり**しても，また，体内で継続して熱の発生（重労働で増加する）があっても，血液が熱を除去するので，脳や身体のほかの部分の温度はほぼ一定に保たれる．作業の要件と気候的な影響は，技術的な手段，たとえば換気や休憩などによって調和させなければならない [7.68].

身体の**感覚**もまた，作業やレジャーでは重要である．たとえば，視覚に関する生理学的な変数としては，光の明るさとコントラストの最小値，最適値，最大値がある [7.44, 7.45, 7.69]．聴覚に関しては騒音のレベルと変化であり [7.306]，騒音下の環境で音による警告信号を検討する場合は考慮に入れなければならない [7.69]．適切な信号は，人間の感覚の特性に基づかなければならない．このような信号を，神経系や脳で処理する明確なモデルはまだ存在しない．しかし，人間は，それぞれの感覚器官において，経験や興味などに従い入力を選択的にろ過していることはわかっている．

心理学的問題

技術的な製品の設計では，いくつかの心理学的な問題を考慮しなければならない．たとえば，感覚器官を用いる場合には，信号の処理が一連のステップに従い，さまざまな影響を受ける．たとえば幻視や，重要でないものを聞いたり，見たりしないこと，さまざまな異なる解釈をすることが例として挙げられる．したがって，注意を誘導することは実体設計の重要なガイドラインである．これは，製品上の表示やサインの場所を決めることとともに，制御室の実体化にも当てはまる [7.54].

感知，決定，行動というプロセスは，通常，外乱なく行われる．このプロセスは，部分的に無意識なものであるが，外乱があると，感知，決定，行動のプロセスへと確実に復帰するために，意識的な思考が行われる．製品の構造や機能性が外部からわからない場合は，混乱などの異常現象の原因や対策は，考えても明らかにはならない．

したがって，必要な情報を，十分かつ明瞭なサイン（標識）と操作マニュアルによって提供することが必要である．よい設計の製品とは，その操作に必要な思考は最小限にして，思考力は実際の業務に集中できるようにすべきである．必要なことは，明瞭な構成，すなわち混乱や誤りが起こりやすい思考プロセスを操作中に必要としないことである．たとえば，制御の動きと，結果としての応答の関係が明瞭で単純なものでなければならない．

知覚と思考は実際の行動に焦点を当てている．学習とは，成功した行動と知識を後で使うために蓄積することと定義できる．たとえば，製品の操作や使用については，以前に学習した一連の動作が習慣的に再現されることを考慮しなければならない．したがって，類似の製品の後継バージョンは，操作や使用方法について不必要な変更を避けるようにしなければならない．とくに，類似の制御操作については，反対方向の動きや異なる位置を避けなければならない．それによる誤りの結果が，直接または間接の危険につながる場合は，そのような変更を絶対にしてはならない．

人間の行動を技術的または組織的なシステムによって過度に指示または拘束することは，モチベーションや行動に悪影響を及ぼす．これはとくに，長期的に見た場合に顕著なので，行動の自由度をもたせなければならない．

(2)　人間の行動と人間工学的制約

人間は，技術的なプロセスに能動的または受動的に関与し，影響される．能動的な関係では，技術的な製品に故意に関与し，はたらきかけることができる．すなわち，起動したり，制御したり，監視したり，負荷または除荷したり，情報を登録したりなどといった，ある種の機能を実行する．一般に，能動的なサイクルでは，次のような**反復**行動がとられる．

- 行動の準備，たとえば，仕事に行くことなどをする．
- 情報を収集し，処理する．たとえば，観察し，方針を決め，結論を引き出し，行動の決断をする．
- 行動に着手する．たとえば，起動し，接続し，分離し，筆記し，製図し，会話し，サインを発したりする．
- 結果をチェックする．たとえば，状態を確認したり，計測値をチェックしたりする．
- 行動を止めたり，新しい行動を開始したりする．たとえば，清掃したり，終了したり，立ち去ったり，新しい活動サイクルを開始する．

人間の関与が機能的なものであれば，言い換えれば意図的なものであれば，慎重に計画し準備しなければならない．これは，課題を明確化する段階のような，設計プロセスの初期に着手しなければならない（第5章参照）．また，この関与を，機能構造において表す必要も多い（6.3節参照）．

人間の積極的な関与

技術的なシステムに人間を組み込むのが賢明で有効なものかは，**有効性や効率**，**人間性**（尊厳と適切性）の観点から評価しなければならない．この最初の基本的な検討が，人間の関与と設計解に大きく影響し決定することになる．次のような人間工学的観点が解を求めるのに有効で，評価基準としても役立つ［7.300］（**表7.4**参照）．

- 人間の関与は必要か，あるいは望ましいか．
- 関与することは有効か．
- 関与することは容易か．
- 関与することは十分に正確で信頼できるか．
- 活動は明確でわかりやすいか．
- 活動は学習可能か．

これらの質問に対する答えが肯定的な場合に限って，技術システムに人間が関与することを検討すべきである．

表7.4　仕様書と評価基準に対する人間工学的観点［7.300］

役割を果たすように意図された技術システムにおける，人間の能動的な関与： • 必要か，望ましいか • 効果的か • 単純か • 迅速か • 正確か • 信頼できるか • エラーがないか • 明瞭か，感知しうるか • 学習可能か
人間に関する外乱および副次的効果によって生じる，能動的または受動的な関与： • 耐え得るストレスか • 疲労が少ないか • わずらわしくないか • 身体に危険はないか，安全か • 健康のリスクや被害はないか • 刺激や変化があるか，注意の維持できるか，退屈しないか • 個人の発展につながるか

人間の消極的な関与

人間の積極的な関与だけでなく，消極的な関与においても，技術システムから**外乱効果**あるいは**副作用**を生じることがある（2.1.6項の用語を参照）．エネルギー，材料，信号の流れ，振動［7.292］，光［7.43,7.45］，気候［7.68］，騒音［7.306］などの環境が非常に重要である．これらは，動作原理を選択して実体化を進めるときに考慮に入れられるよう，早い段階から明確にしなければならない．次のような質問が有効で，評価基準としても役立つ（表7.4参照）．

- 苦痛は耐えられるものか，疲労は回復可能か．
- 退屈さは回避されているか，刺激と変化と注意を引くことは確実か．
- わずらわしさや混乱は，ごく少ないかあるいは存在しないか．
- 身体のリスクは回避されているか．
- 健康の危険や被害は取り除かれているか．
- この仕事は個人の発展につながるか．

これらの質問に対して満足に答えられなければ，ほかの解を選ぶか，既存の解を大幅に改善すべきである．

(3)　人間工学的要求の同定

前述の質問に対して，設計者が満足な答えをただちに見出すことは，一般に容易ではない．VDIガイドライン2242［7.300］に示されているように，重要な影響と適切な基準を同定するには，次の二つのアプローチがある．

対象に基づくアプローチ

人間工学を考慮して実体化すべき技術システム（対象）は，たとえば制御盤，運転席，オフィス設備，防護服などがあるが，われわれはそれについて知っており，何らかの記述がなされていることが多い．このような場合は，VDIガイドライン2242［7.301］の第2部のチェックリストを適用するのが有効である．また，検討しているシステムの特定の要件に対しても注意することが重要で，**表7.5**を利用するとよい．ガイドラインを読むだけでも非常に参考になり，問題を明らかにするのに役立つ．具体的な設計解は，次に示す文献から得られる洞察に基づくとよい．

効果に基づくアプローチ

別の状況すなわちシステムが定義されていない場合は，次のアプローチを用いるのが有効である．技術システムのエネルギー，物質，信号の流れの効果を同定し，人間工学的な要件と比較する方法である．制約，たとえば耐えられない負荷や危険が存在する場合は，別の設計解を探索しなければならない．機械的な力や熱，放射などの効

表 7.5 人間工学的要求を同定するのに用いる特性 [7.300]

特 性	例
機能	機能の分割と種類，行動の種類
動作原理	振動，騒音，放射，熱のような物理的または化学的効果および結果の種類と強度
実体化	
• 種類	要素と構成の種類，操作の種類
• 形状	人間工学的な全体の形状と要素，対称性とつり合いに基づく分割，美観的な好ましさ
• 位置	構成，配置，距離，効果と視認性の方向
• 寸法	大きさ，動作範囲，接触面
• 数	総量，分割
エネルギー	調整力，調整方向，抵抗，制動，圧力，温度，湿気
材料	色彩と表面仕上げ，触って安全かなどの接触面の特性，つかみやすい表面
信号	ラベル，字句，記号
安全	危険がないこと，危険の原因や場所を避けること，危険な動きを防止すること，保護手段

果は，エネルギーとその出現形態の個々の種類から導く．物質の流れは，燃えるか，引火しやすいか，有毒か，発がん性があるかなどをチェックする．このためには，VDI ガイドライン 2242 の第 2 部 [7.301] のチェックリストが有効である．そこでは，既存の問題が指摘され，設計解が得られる可能性のある文献に言及している．

次の文献も有益である．

- 作業スペースの設計：[7.65, 7.72, 7.127, 7.172, 7.243, 7.300]
- 作業の生理学：[7.53, 7.231]
- 照明：[7.20, 7.37, 7.43–7.45, 7.55]
- コンピュータの作業場所：[7.52, 7.83, 7.84]
- 気候：[7.68, 7.246]
- 操作とハンドリング：[7.24, 7.65–7.67, 7.70, 7.71, 7.78, 7.140, 7.195]
- 振動と騒音：[7.31, 7.306, 7.310]
- モニタリングと制御：[7.69, 7.73, 7.74]．

7.5.7 感性設計

(1) 目 的

技術的な製品は，機能構造（6.3 参照）で定義された要求機能を満足するだけでなく，利用者にとって審美的に好ましいものでなければならない．近年になって，利用者の期待と製品評価の仕方が大きく変化している．

VDI ガイドライン 2224 [7.296] は，製品の感性に焦点を当てている．技術的な解から出発して，このガイドラインでは，外観的な形状についてのルールを定めている．すなわち，コンパクトなこと，明瞭なこと，単純なこと，統一されていること，機能と整合していること，材料および生産プロセスと両立し得ることなどである．

多くの製品では今日，感性が技術的な機能性と同様に重要である．とくに，大きな市場をねらって，利用者の日常生活で直接用いられる製品について当てはまる．このような場合には，感性と使用性だけでなく，製品の格やファッション，ライフスタイルなどの要素にも重点が置かれる．ユーザー向け製品の形態（実体化）は，まず，インダストリアルデザイナーと芸術家，心理学者によって決められる．技術的な機能性を確保しながら，人間の感覚と価値観に基づいて形状，色彩，表示すなわち全体的な外観を決定する．表現とスタイルは，重要な役割を果たしている，たとえば，ラジオ製品には軍事的な外観を，照明には最先端の外観を，車にはサファリのイメージを，電話には懐古的な感じを与えることがあるだろう．たとえば，車のボディは，空気抵抗が少ないとか輸送効率がよいといった技術的評価基準だけでなく，芸術的，心理的な評価基準に強く基づいている．

すべての要件，すなわち機能，安全性，使用性，経済性が満足されなければならないのは明らかである．しかし，設計者のねらいは顧客にアピールする製品を作り出すことにある．このねらいを考えると，インダストリアルデザインは工学と芸術の中間にあり，エンジニアリングデザインが機能と安全の問題にかかわるのに対して，人間工学および外見の問題にかかわる必要がある．さらに，企業のイメージを打ち出して，製品の独自性を強調する必要がある．このように複雑な要求を考えると，インダストリアルデザイナーの関与は，設計プロセスの終わり頃であってはならない．彼らは設計チームの一部となり，役割の明確化のフェーズから関与しなければならない．特別な状況では，彼らは，製品の役割を定式化して初期設計の研究を行うこともできる．

このアプローチの結果は，「外側から内側へ」と進む設計プロセスである．創り出された外形の中で，技術的な機能を果たし，外観と表現，印象の要件が確保されるように，インダストリアルデザイナーとエンジニアリングデザイナー（工学設計者）は継続して協力しなければならない．

この協力において，エンジニアリングデザイナーはインダストリアルデザイナーに取って代わろうとしてはならない．むしろ製品の技術的，経済的な面を改善することに努めるべきである．技術的な解を作り出す過程と同様に，見栄えのよい代替案を提案して評価しなければならない．そして模型や試作品を作って製品の最終的な外観を決定する．設計解を探索するときに，エンジニアリングデザインのプロセスで示したのと同じ方法，たとえばブレインストーミングや，スケッチ，構成や形状，色彩を体系的に変えることによって，代替案を段階的に案出することが行われる．

Tjalve［7.280］は，そのような展開方法の明確な例を示している（**図 7.100** 参照）．この明確さは彼の著書の中で一貫しており，どのような形で実体化の変更がなされるかを示している．彼は，次の要因が製品の外観を決めるのに相互に影響すると強調している．

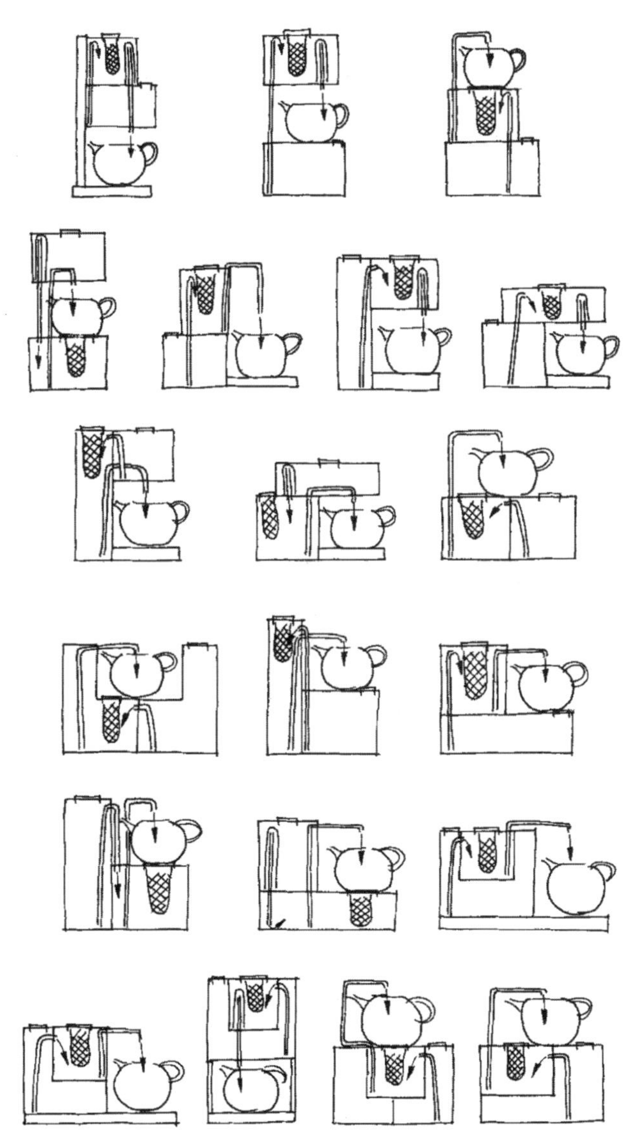

図 7.100　自動給茶器の構造の体系的な変更案（出典［7.280］）．湯沸しと茶葉の容器，茶瓶の構成を検討した．

- 工学（目的，機能，構成）
- 生産（プロセス，組立，コスト）
- 販売と供給（包装，輸送，貯蔵，企業イメージ）
- 使用性（ハンドリングあるいは取扱い性，人間工学）
- 廃棄（リサイクル）

Seeger［7.251］は，人間工学を考慮した設計と，利用しやすさをねらった設計が密接に関連することを強調している．Klocker［7.152］は，生理学的および心理学的な面に一層焦点を当てている．［7.252,7.253］で，Seeger は，工業製品の開発と実体化に用いる基本的な知識を論じている．製品の外観は，構造，形状，色彩と表示によって決まり，それを見る人の印象が決定的に重要である．この話題に関する情報は，生理学，心理学，人間工学と部分的に重複する分野の文献から得られる．Frick は，彼の著書 *Product Qualityand Design*［7.111］で，インダストリアルデザイナーとエンジニアリングデザイナーが，学際的な開発プロセスを踏んで体系的に協力することの重要性を強調している．一連の例を用いて，彼は，そのような協力を支援する方法，手順，ツールを提案している．

(2)　視覚的情報

一般に，技術的な機能と選択されたその設計解が，構造とともに製品の構成，形状に従って組立品や部品の外観を定める．これは結果として，**機能的実体化**となり，しばしば変更が難しいことがある．機能的実体化の簡単な例としてスパナ（ボルトの頭の形状をもつレバー）を，複雑な例として浚渫（しゅんせつ）機（運動学的な要件，浚渫用バケットの形状，動力系統，運転者の位置など）を挙げることができる．人間は，この機能的実体化を見るだけでなく，ほかの視覚的な印象，たとえば安定性，コンパクトさ，モダンなあるいは衝撃的な外観などを見ている．また，操作手順や安全領域，潜在的な危険などについての情報を期待し，これらが相まって**情報表現**を形成している．

実体設計のフェーズで必要とされ期待される，この情報表現は，機能的実体化とともになされるべきである．Seeger［7.251］に基づいて，基本的な情報表現の領域といくつかのルールを示すこととする．

市場およびユーザーの情報

この種の情報を決定する場合は，対象とするユーザーのタイプを考慮することが重要である．たとえば，技術に長じている人，製品の格を追い求める人，郷愁を愛でる人，前衛的な人などである．一般には，全体的な外観は次のようにすべきである．

- 単純，一様で欠点がなく，スタイルを実体化すること

- 構造化され，均整がとれていること
- 他者と区別でき，どんなものかわかりやすく，親しみやすいこと

目的情報

この情報は，製品の目的を容易に認識させ，理解させるようにしなければならない．外形，色彩と表示は，機能および動作，たとえば工具をどこに置くべきか，どの部分が力を発揮するのか，などを識別するのに役立つようにすべきである．

操作情報

正しい操作と意図した利用ができるようにする情報は，次のようにすべきである．

- 中央の認識しやすい所に配置する．たとえば，制御要素は機能と関係づけたレイアウトにすべきである．
- 人間の手足の動作スペースと調和して，人間工学的に適切である．
- 表示を明瞭にする．たとえば，手でつかむ場所や足をかける場所などである．
- 操作の状況を識別する．
- 安全サインと色彩を利用する［7.40, 7.42］．

生産および流通業者の情報

この情報は，製品の製造元や企業のスタイルを表現するものである．継続性や品質への信頼，成功した製品のさらなる開発への関与，グループの一員としての地位に貢献する．これは，わかりやすい要素を繰り返し用いることで達成できるが，スタイルや表現は，現状の流行に合わせることが可能である．

(3) 感性のためのガイドライン

情報表現は，特定の意図した表現，たとえば軽さ，コンパクトさ，安定性などによって達成される．これに関連するのは，構造，形状（外形），色彩および表示である．次のような推奨を考慮に入れるべきである．（図 7.101〜7.103 参照）．

表現を選択する

- 見る人にねらいと合致した印象，たとえば安定していて軽く，コンパクトであるといった印象を与えるように，わかりやすい一様な表現をする．

全体の形状を構造化する

- 全体としてどのような形状かわかるようにする．たとえば，ブロック形，塔形，L 字形，C 字形など．
- 同一，類似または適応させた形状要素を用いて，明瞭に区別できる領域に分ける．

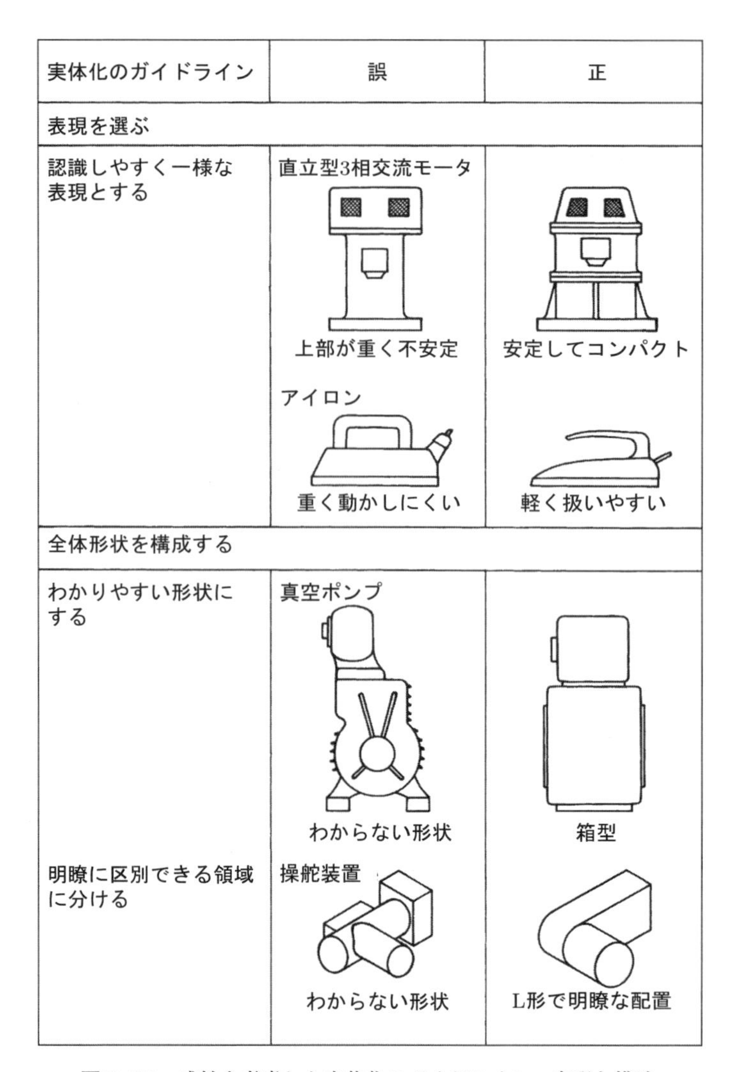

実体化のガイドライン	誤	正
表現を選ぶ		
認識しやすく一様な表現とする	直立型3相交流モータ 上部が重く不安定	安定してコンパクト
	アイロン 重く動かしにくい	軽く扱いやすい
全体形状を構成する		
わかりやすい形状にする	真空ポンプ わからない形状	箱型
明瞭に区別できる領域に分ける	操舵装置 わからない形状	L形で明瞭な配置

図 7.101　感性を考慮した実体化のガイドライン：表現と構造

形状を統一する

- 形状や位置の変化を最小限にする．たとえば，水平方向の主要な軸に沿って円形だけを用いるとか，鉛直方向は四角形だけを用いるなどである．
- 選択した基本形状にふさわしい形状要素と配置を用いる．たとえば，組立品の分割線を用いるなど．複数の線を１点に集めたり，互いに平行に配置したりして形状を整える．形状要素と適切な線を用いて意図する表現とする．たとえば，水平線は長さを強調する．全体の輪郭につねに注目する．

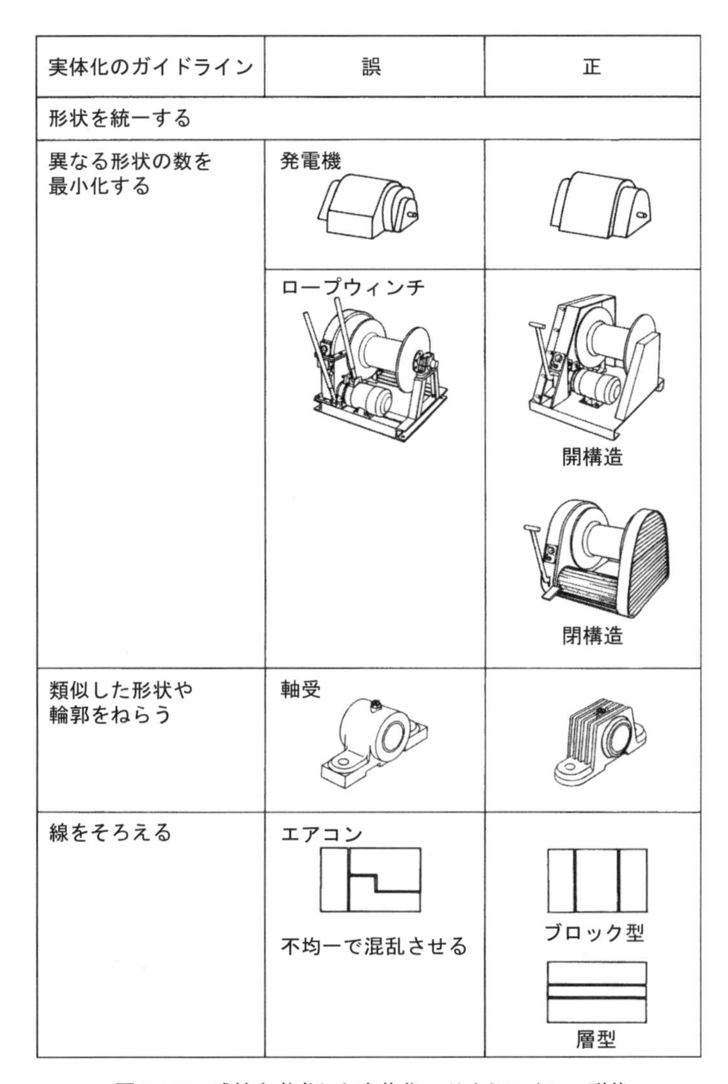

実体化のガイドライン	誤	正
形状を統一する		
異なる形状の数を最小化する	発電機	
	ロープウィンチ	開構造 閉構造
類似した形状や輪郭をねらう	軸受	
線をそろえる	エアコン 不均一で混乱させる	ブロック型 層型

図 7.102 感性を考慮した実体化のガイドライン：形状

色彩の使い方

- 色彩を形状と調和させる.
- 色彩と材料の相違を少なくする.
- いくつかの色を使うときは，メインとなる色を選び，これをほかの色で補完する．コントラストのためには白や黒を用いる．たとえば，黄色を際立たせるために黒を用い，赤や緑や青を際立たせるために白を用いる（安全色についても参照）.

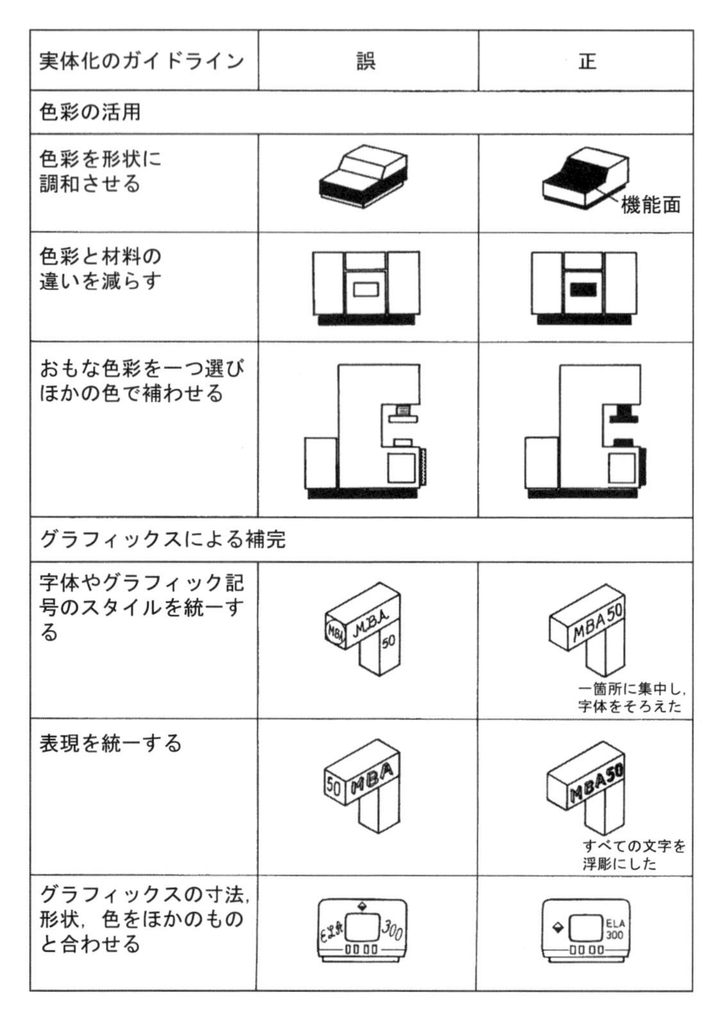

実体化のガイドライン	誤	正
色彩の活用		
色彩を形状に調和させる		機能面
色彩と材料の違いを減らす		
おもな色彩を一つ選びほかの色で補わせる		
グラフィックスによる補完		
字体やグラフィック記号のスタイルを統一する	MBA 50	MBA50 一箇所に集中し，字体をそろえた
表現を統一する	50 MBA	MBA50 すべての文字を浮彫にした
グラフィックスの寸法，形状，色をほかのものと合わせる	300	ELA 300

図 7.103　感性を考慮した実体化のガイドライン：色彩とグラフィックス

表示による補完

- 字体やグラフィック記号のスタイルを統一する．
- 表示のプロセス，たとえばエッチング，塗装または浮彫りなどを同一にして，表現を統一する．
- グラフィックスの寸法，形状，色をほかのものと合わせる．

7.5.8　生産設計

(1)　設計と生産の関係

設計における決定が**生産コスト**，**生産時間**および**製品の品質**に与えるきわめて重大な影響は，文献［7.307, 7.313］に示されている．生産設計とは，要求された製品品質を維持しつつ，生産コストと生産時間を最小に抑えることである．

生産という用語は，通常，次のことを指す．

- 承認されたプロセスによる狭い意味での構成部品の製造［7.49］（一次成形，二次成形，材料除去，結合，仕上げ，材料特性変更）
- 構成部品輸送を含む組立
- 品質管理
- マテリアルハンドリング（材料の物流）
- 作業計画

したがって，設計者は，**生産**，**品質管理**，**組立**，**輸送**について，7.3節で述べたチェックリストに基づいて検討を行うべきである．以下ではまず，品質管理や全体的な生産手順の改善に注意を払いながら，狭い意味での構成部品や組立品の設計に注目する．次いで，7.5.9項において，組立や輸送を効果的にする設計上の特徴を吟味する．

生産設計を促進するには，極力，初期の段階から，設計者は標準化部門，企画・評価部門，購買部門および生産管理者が作成したデータによって裏打ちされた意思決定をする必要がある．図1.4に，体系的な手段や適切な組織的方策および統合的なデータ処理によって，情報の流れが改善される状況を示している．

簡単性，明確性という基本ルールを守れば（7.3節参照），設計者は正しい道を進んでいることになる．実体設計の原理（7.4節参照）もまた，与えられた機能をよりよく安全に満たし，生産の観点から最良の設計解が得られるよう導いてくれる．また，一般的な標準や，企業の標準を適用することも同様に有効である（7.5.13項参照）．

(2)　適切な全体レイアウト設計

全体レイアウト設計は，機能構造から展開されるので，この設計により製品を組立部品と構成部品に分けることができる．

全体レイアウト設計は，

- 構成部品の供給源を特定する．すなわち，内製品か購入品か，標準品かリピート品かが決まる．
- 生産プロセスを決める．たとえば，構成部品や組立部品を並行して製造する可能性などが決まる．
- 類似部品の寸法，おおよそのバッチサイズおよび結合や組立の手段を確立する．

- 適切なはめあいを定義する.
- 品質管理プロセスへ影響を及ぼす.

裏を返せば,全体レイアウトの選択は,工作機械や組立・輸送設備などの能力といった生産限界により，自然と影響を受けるということである.

全体レイアウトを適切に細分化すると，**分割構築法**，**一体化構築法**，**複合構築法**，**ビルディングブロック構築法**に分けることができる.

分割構築法†

分割構築法とは，構成部品（一つあるいは複数の機能要素）をいくつかの容易に製造できる部品群に分割することをいう．このアイデアは，軽量化工学［7.135，7.325］に由来するもので，そこでは過重負担容量を最適化する目的で導入された．どちらの場合でも,「生産のための分割の原理」として考えることができる.

分割構築法の例として，同期発電機のロータ（回転子）を取り上げよう（**図 7.104** 参照)．図(a)に示す大型の鍛造品は，図(b)のように形状が簡単な鍛造品からなるいくつかのロータディスクと，2 個のかなり小さなフランジ付きの軸に分けられる．さらに，フランジ付きの軸は，図(c)のように軸とディスク支持用フランジおよび継手用フランジからなる溶接構造に分割することもできる.

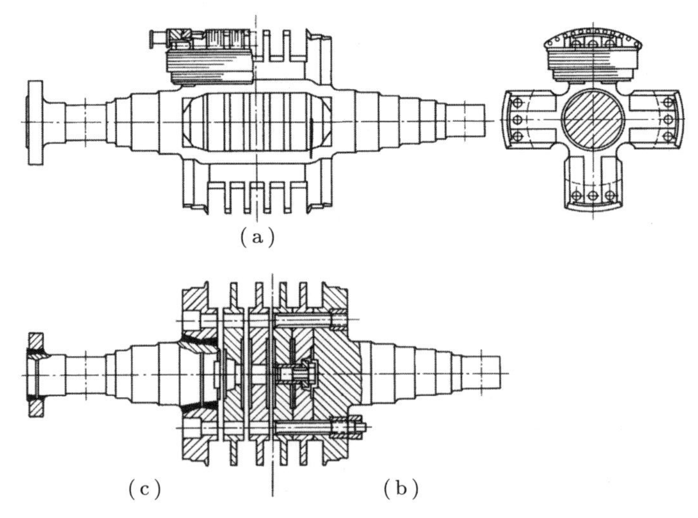

図 7.104　同期発電機のロータ（出典［7.8]，AEG-Telefunken）
(a) 鍛造品，(b) 円板と鍛造フランジの組立品，(c) 円板と溶接フランジの組立品

---

† 訳者注：これに対応する原語 differential construction method は，直訳では「差分構築法」であるが，本文に述べているように構成部品をいくつかの容易に製造可能な部品群に分割する方法の意味なので，「分割構築法」と訳すことにした.

このような分割構築法をとる理由としては，大型の鍛造品の市況（価格と納期）が必ずしもよくないということと，発電機がさまざまな出力要求（ロータサイズ）や継手の種類へ容易に対応できるようにすることが考えられる．ほかにも，これらの部品を在庫として生産し，注文に応じて必ずしも特別に製作する必要がないという利点がある．しかし，図からもわかるように，分割構築法には，ロータ長さと径がある値を超えると，機械加工コストが膨大になるとか，軸継手の剛性が問題になるといった限界がある．

また別の例を，**図 7.105** に示す．図(a)の巻線機では，巻線ヘッドと駆動装置が同一の軸上で一体化されている．図(b)の分割構築法による設計解では，巻線ヘッドと駆動装置を並行して生産することができ，さまざまな要件に応じることができる．この方法では，少ない種類の標準駆動装置と，多種類の巻線ヘッドとを組み合わせるこ

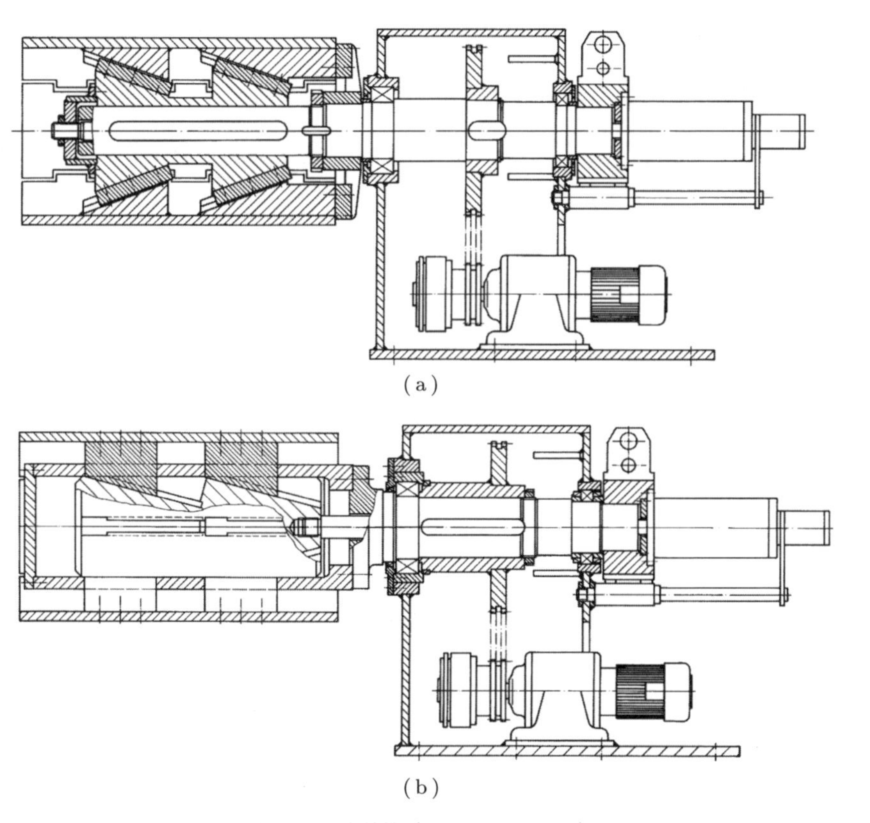

図 7.105 巻線機（Ernst Julius KG）
(a) 駆動ユニットと一体化した巻線ヘッド
(b) 駆動ユニットと分離した巻線ヘッド

とができる．

また，分割構築法は，生産時間にも影響を及ぼす．**図7.106**に，中出力モータの生産手順の例を示す．この図では，材料の調達，構成部品および組立部品の製造に要する時間を，横方向の直線の長さで示してある．この図から，早期に入手可能な材料あるいは半製品を選択するか，あるいはこれらの材料を在庫にもつことによって，どのように工期が改善できるか明らかにできる．さらに，どの生産ステップを並列にすることが可能かも明らかにできる．この例では，ステータ鉄心の積層とハウジングの製作という，多くの時間を要する二つの工程を並列に実施することが可能である．従来

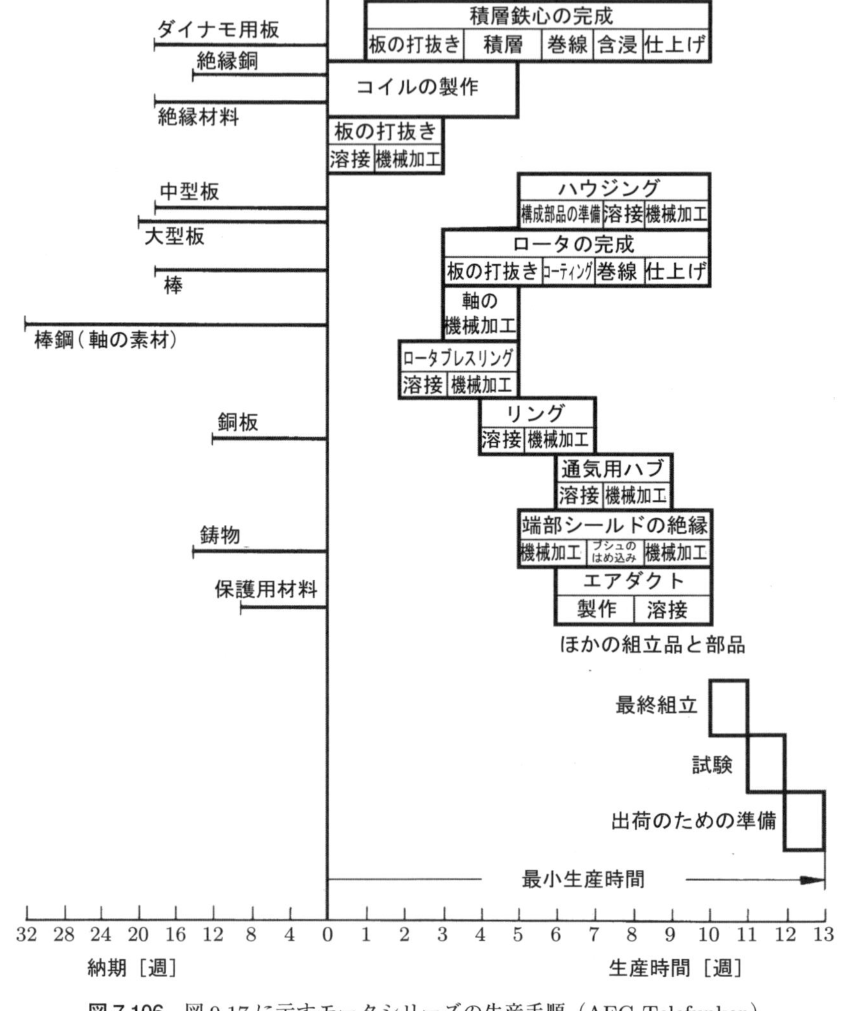

図7.106　図9.17に示すモータシリーズの生産手順（AEG-Telefunken）

の設計では，ステータ鉄心は，ハウジングが溶接された後で，挿入され，続いて巻線されるしかなかったので，それと比較して全体の生産スケジュールの大幅な短縮が実現できる．総じていうと，分割構築法による設計には，次のような利点と，欠点および限界がある．

利点：

- 容易に入手でき，価格的にも有利な半製品や標準品が利用可能
- 鍛造品や鋳造品を容易に入手可能
- 寸法や重量の点で，現存の工場レイアウトに容易に適応可能
- 構成部品のバッチサイズの拡大可能
- 組立や輸送を容易にするような構成部品寸法の縮小が可能
- 材料がより均一になるため，品質保障がより簡単
- 摩耗部品を簡単に取り替えることができるなど，メンテナンスが容易
- 特別な要求仕様に対する適応が容易
- 納期遅れの危険度が減少
- 全体生産時間の短縮

欠点および限界：

- 機械加工コストの増大
- 組立コストの増大
- 小さな公差寸法やはめあい箇所などの増加による品質管理の必要性の増加
- 継手部の剛性，振動，密閉などによる機能上の限界

一体化構築法†

一体化構築法は，いくつかの部品を組み合わせて単一の部品にする構築法のことである．この方法の典型的な例として，溶接構造の代わりに鋳造品を，セクションに分けて結合する代わりに押出し品を，ボルト結合の代わりに溶接を用いることなどが挙げられる．

いくつかの機能を一つの部品に一体化することは経済的な利益があるので，この方法は製品の最適化に用いることが多い．特定の技術，生産および購買の状況下，とりわけ労働集約的な生産では，大変有利となる．

電気工学の分野における例を**図 7.107** に示す．この例では，鋳造と溶接を組み合わせた構造を単一の鋳造部品に置き換えている．鋳造部品はかなり複雑な構造となる

---

† 訳者注：これに対応する原語 integral construction method は，直訳では「積分構築法」であるが，本文に述べているように，いくつかの部品を組み合わせて単一の部品にすることなので，「一体化構築法」と訳すことにした．

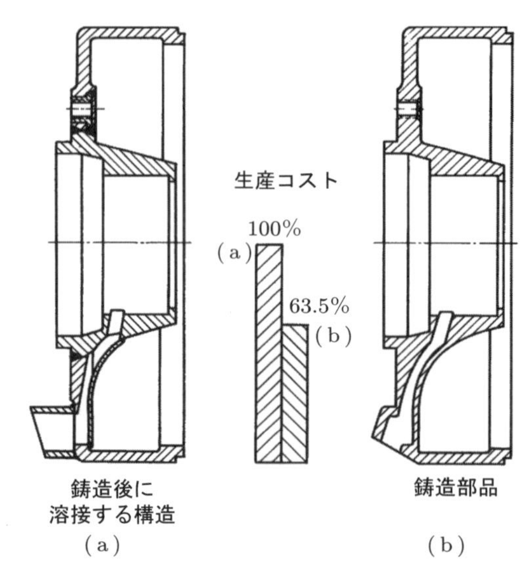

図 7.107　モータの端板（出典 [7.154]，Siemens）
(a) 複合構築法，(b) 一体化構築法

が，36.5%のコスト削減が可能である．当然ながら，この比率はバッチサイズと市況によって変化する．

図 7.108 は水力発電機のロータの例である．同一出力，同一半径方向荷重に対して，4種類の異なる構造が検討された．代替案(a)は分割構築法を採用し，多くの独立した支持ディスクをもった構造である．代替案(b)は鋳鋼製の中空軸，2枚の支持リングおよび終端ディスクを使用することで，分割の程度を少なくした構造である．代替案(c)は一体化構築法を採用したもので，2個の鋳造の中空円筒をボルト締結した構

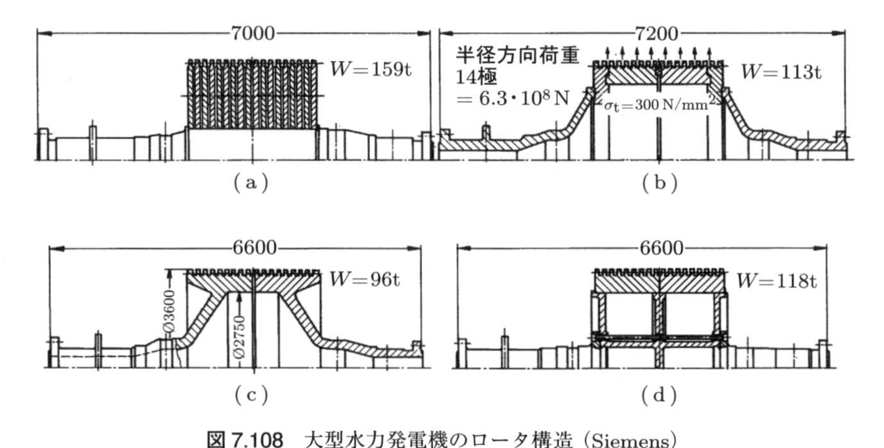

図 7.108　大型水力発電機のロータ構造（Siemens）

造である．代替案(d)は1個の鋳造製中央部，二つの鍛造軸，2枚の支持リングからなる鋳造構造である．これらを重量で比較すると，一体化構築法がもっとも材料の節約が可能であることがわかる．しかし，最終的には，大型鋳造部品の調達が難しいことから，代替案(d)が選定された．

一体化構築法の利点と欠点は，分割構築法の反対であると考えれば理解しやすい．

複合構築法

複合構築法は，以下のような構築法をいう．

- 別々に作られた複数の構成部品を，分離不能な結合により，加工を要する一つの構成部品にすること．たとえば，鋳造品と鍛造品の組合せなど
- 構成部品の組合せに用いるためのいくつかの結合方法を回時に適用すること[7.221]
- さまざまな材料の特性を最大限に活かすように組み合わせること[7.290]

図7.109は第1の方法の例であって，鋳鋼品と圧延鋼板を，溶接により組み合わせている．また，鋳造製の中心部と，これに溶接された腕部を備えたボギー台車，鉄骨に鋳造製の棒継手を溶接した構造なども同じ例である．

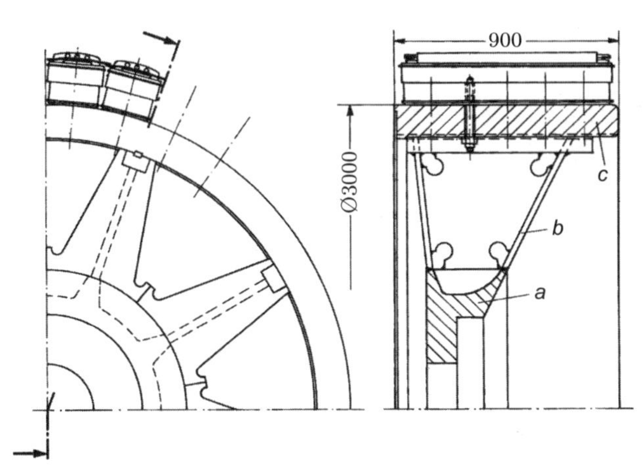

図7.109　複合構築法による水力発電機のマグネットホイール
(出典[7.15]，AEG-Telefunken)
a：ハブ－鋳鋼，*b*：スポーク－圧延鋼板，*c*：支持部－鋳鋼

第2の方法の例としては，接着剤とリベットとの併用，あるいは接着剤とボルトの併用などがある．

いくつかの材料を一つの部品に組み合わせる方法の例としては，繊維強化プラスチック，プラスチックのコアを2枚のプレートで挟んだ吸音パネル，ゴムと金属から

なる部材などがある.

複合構築法を用いた経済的な設計のほかの例として，鉄とプレストレスト（PS；Pre-Stressed）コンクリートの組合せがある［7.120］.

ビルディングブロック構築法

分割構築法を用いて，構成部品を分割して得られた部品や組立部品が，ほかの製品にも流用できれば，それらの部品をビルディングブロックとみなすことができる．これらを低コストで生産できれば，この方法は非常に有用である．在庫のリピート部品を使用することも，ある意味でビルディングブロック構築法とみなすことができよう（9.2節参照）.

(3)　構成部品の適切な形状設計

構成部品の形状設計は，生産コスト，生産時間および製品の品質に大きな影響を及ぼす．形状，寸法，表面仕上げ，公差およびはめあいの選択は，次に挙げる項目に影響を与える.

- 生産プロセス
- 卓上工具や測定機器を含めた工作機械
- 構成部品を内製するか購入するかの選択. 企業内のリピート部品や適切な標準品，既製品を用いることが望ましい.
- 材料と半仕上げ材の選択
- 品質管理手順

逆に，生産設備も設計内容に影響を与える．したがって，利用可能な機械工具が構成部品の寸法を制限し，構成部品をいくつかの部分の連結品として分割したり，購入部品の入手が必要となったりすることもある．部品の適切な形状設計に利用できるガイドラインはたくさんある［7.19, 7.21, 7.123, 7.180, 7.198, 7.201, 7.262, 7.281, 7.283, 7.285, 7.287, 7.288, 7.291, 7.331–7.333］. 部品の製造と組立において，公差（形状，寸法，位置，表面）が重要なので，とくに次の文献［7.36, 7.38, 7.39, 7.47, 7.143, 7.144］を勧めることとしたい.

特定の要件に対して，適切な**公差に基づく基準**を用いることが重要である［7.143］. 図面上で個々に指定した寸法および幾何特性（真直度など）に対する要求は，特別の関係が指定されない限り独立に適用するという**独立の原則**と，材料の体積が最大となる最大実体状態時に，実際の形状が図面に指示された完全形体となることを指示する**包絡の条件**の区別がある．後者は位置の変動を制御できない．どちらの公差基準も，位置の変動は寸法の許容差とは独立のものである．違いは，幾何学的な変動が全体の中に収まるかどうかである．はめあいは，包絡の条件を満足しなければならないが，これは，独立の原則を用いると，たとえばH7-j8のようなはめあい方式として図面上に表示される．独立の原則を用いた場合は，幾何学的形状と位置に関する**全体公差**を規定しなければならない．包絡の条件を適用する場合は，位置に関する全体公差だけが必要である［7.143, 7.144］．

本書のねらいに沿って，ここではチャートの形で体系的に整備された，設計の基本的な示唆だけを示すこととしよう．分類の基準は，生産プロセスと，その個々の**プロセスステップ**（PS）である［7.48–7.50］．さらに，さまざまな設計ガイドラインに対して，**コスト低減**（C）と**品質向上**（Q）という目的を割り当てることとする．部品を設計する時に，設計者は，つねにこれらのプロセスと目的を意識しなければならない．

1次成形プロセスの形状設計

鋳造や焼結などの1次プロセスで成形される構成部品の形状設計は，使われるプロセスの要求と特性を満たしていなければならない．

鋳造部品（液体から原形が得られるもの）の場合，設計者は，**木型**（Pa）製作，**鋳造**（Ca）および**機械加工**（Ma）の諸工程を考慮しなければならない．**図7.110**のリストは，もっとも重要な設計ガイドラインである．詳細については引用文献を参照されたい．

焼結部品（粉体から原形が得られるもの）の設計では，**ツーリング**（To）と**焼結**（Si）について考慮しなければならない．とくに，粉体工学の最新の成果を利用する必要がある．主要なガイドラインを**図7.111**に示す．

2次成形プロセスの形状設計

鍛造，押出し，曲げなどの2次プロセスで成形される構成部品の形状設計は，以下に示すガイドラインに従わなければならない．鉄鋼材料の設計についてはDIN 7521～7527［7.46］に，非鉄金属についてはDIN 9005［7.51］に詳しく述べられている．

ハンマー鍛造では，ダイスなどの複雑な工具を用いないので，設計者はただ実際の鍛造プロセスのみを考慮すればよい．以下に，設計上のガイドラインを示す．

- 円すい状の面にするよりも，平行面にするか，あるいは鋭角を避けて曲率を大きくするなど，可能なかぎり単純な形状にせよ．目的はコスト削減と品質向上である．
- 分割して後で組み合わせるなどにより，軽鍛造とせよ．目的はコスト削減である．
- 極端に高く，しかも細いリブあるいは狭い切込みなどによって，過度の変形や断面の変化が生じないようにせよ．目的は品質向上である．
- ボスやくぼみは片側のみとせよ．目的はコスト削減である．

プロセス	ガイドライン	目的	誤	正
Pa	木型と中子の形状は簡単なものを選べ（直線，4辺形で構成された形状）	C	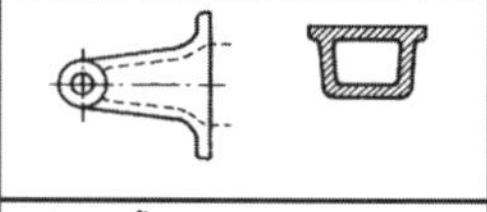	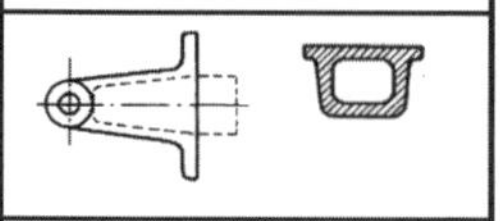
Pa	可能な限り中子を用いず，分割しないですむような木型にせよ（たとえば横断面を開放形にすることによって）	C	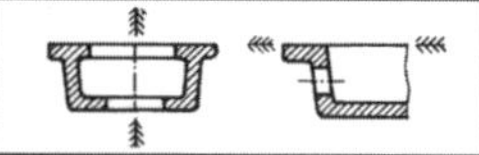	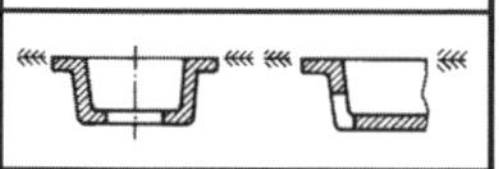
Pa	分割箇所からテーパをつけよ	Q	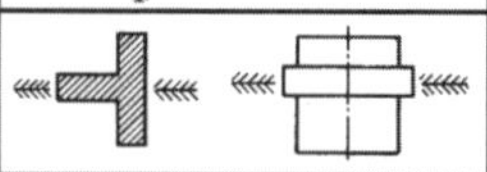	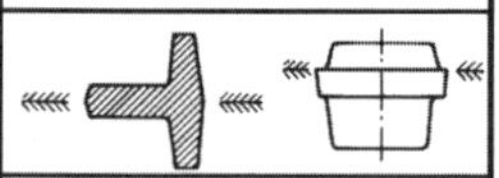
Pa	木型が抜き出せるようにリブを配置せよ．アンダーカットの使用を避けよ	Q	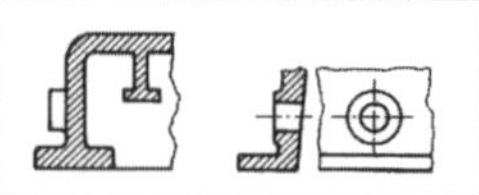	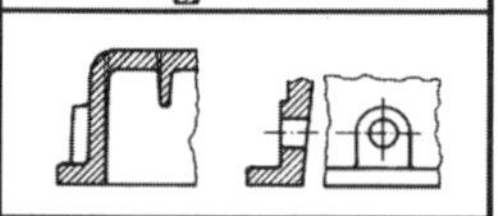
Pa	中子を正確に位置決めできるようにせよ	Q	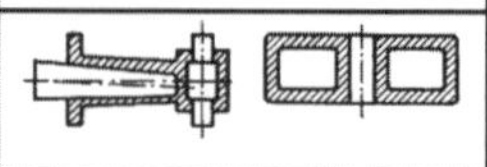	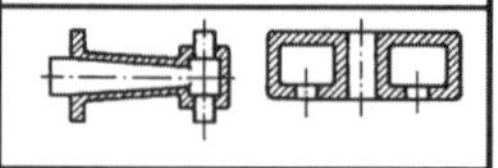
Ca	気泡や巣が発生しないように垂直断面の使用を避け，押湯につながる通路断面を縮小するな	Q	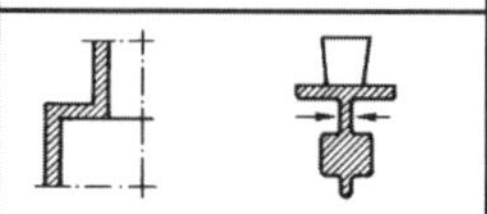	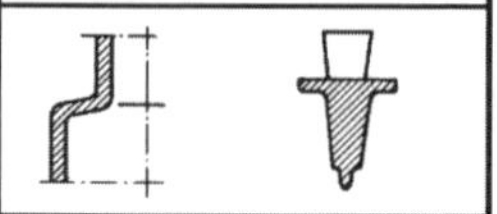
Ca	断面と肉厚が一様で，断面の変化が緩やかになるよう心掛けよ．十分な肉厚と大きさのとれる材料を選べ	Q	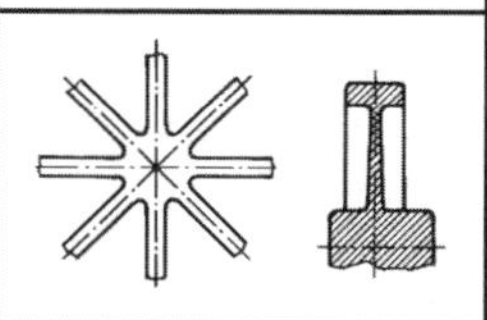	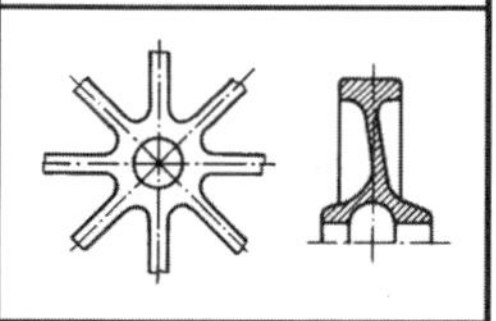
Ma	分割線は，位置ずれを避け，ばりを容易に取り除けるように設定せよ	C Q	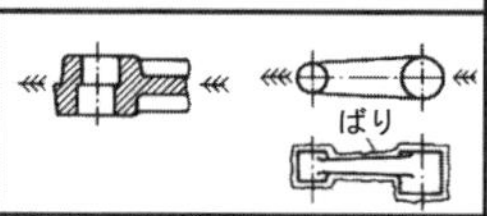 ばり	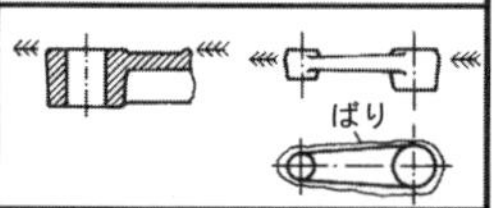 ばり
Ma	機械加工が容易になるように鋳型形状を工夫せよ	C Q	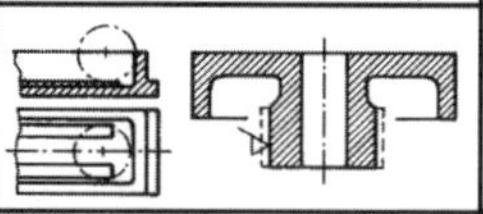	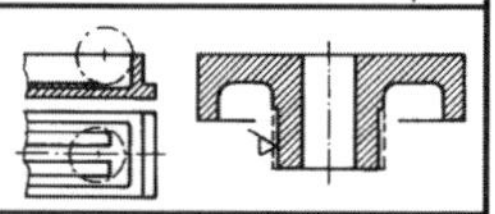
Ma	適切な支持面を用意せよ	Q C	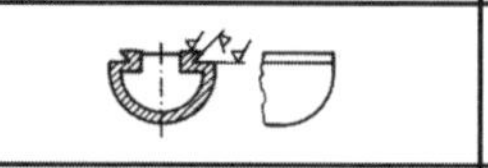	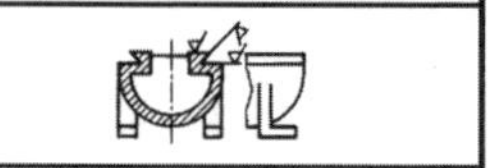
Ma	ななめの機械加工や傾斜面の穴明けを避けよ	C Q		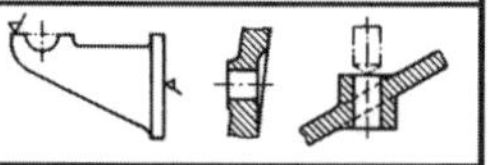
Ma	機械加工や穴あけ面を適切に配置して，加工工程・手段を組み合わせよ	C	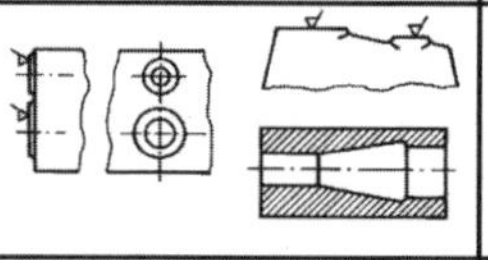	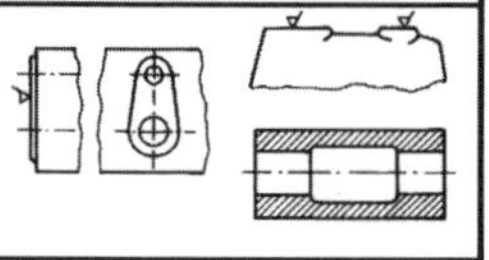
Ma	大きな面は分割して，不必要な機械加工をするな	C	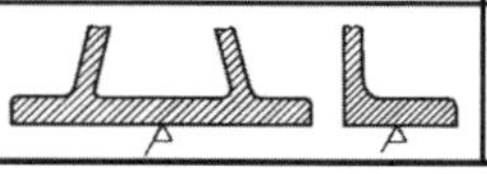	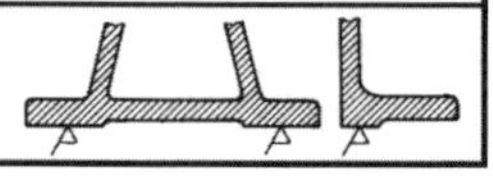

図 7.110　鋳造部品の設計ガイドラインと例（出典［7.123, 7.180, 7.198, 7.230, 7.331, 7.332］）

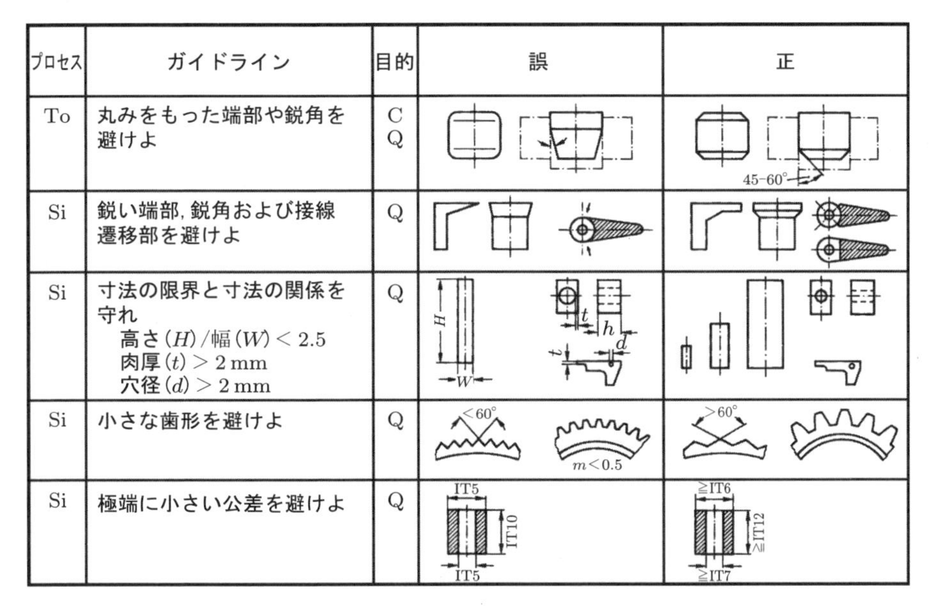

プロセス	ガイドライン	目的	誤	正
To	丸みをもった端部や鋭角を避けよ	C Q		45–60°
Si	鋭い端部，鋭角および接線遷移部を避けよ	Q		
Si	寸法の限界と寸法の関係を守れ 高さ (*H*)/幅 (*W*) < 2.5 肉厚 (*t*) > 2 mm 穴径 (*d*) > 2 mm	Q	*H*, *W*, *t*, *h*, *d*	
Si	小さな歯形を避けよ	Q	<60° *m*<0.5	>60°
Si	極端に小さい公差を避けよ	Q	IT5 IT10 IT5	≧IT6 ≧IT12 ≧IT7

図 7.111　焼結部品の設計ガイドラインと例（出典［7.106］）

落とし鍛造の設計ガイドラインを**図 7.112** にまとめる．プロセスは**ツーリング**（To），**鍛造**（Fo）および**機械加工**（Ma）に分けられる．

図 7.113 は，単純な回転対称の中実あるいは中空部品の冷間押出しに関する設計ガイドラインである．プロセスには**ツーリング**（To）と**押出し**（Ex）がある．注意しなければならないことは，経済性に優れている鋼の種類が限られていることである．ほかの冷間成形法と同様に，冷間押出しでは加工硬化が起きるので，降伏強さは増加するが，靭性は著しく低下する．設計者はこれを考慮に入れなければならない．冷間押出しに最適な材料は，肌焼鋼と調質可能鋼である（［7.230］参照）．

引抜き（Dr）では，以下のような設計ガイドラインを用いることを勧める．

- ツーリング（To）：寸法決定にあたって，引抜き加工のプロセス数が最小となるようにせよ．目的はコスト削減である．
- ツーリングと引抜き（To と Dr）：回転対称の中空部品となるようにせよ．角部のある長方形の中空部品では，材料と工具に大きな負荷がかかる．目的は品質向上とコスト削減である．
- 引抜き（Dr）：靭性の高い材料を選べ．目的は品質向上である．
- 引抜き（Dr）：フランジの設計には文献［7.201］を参照せよ．目的は品質向上である．

曲げ加工（冷間曲げ加工）は，精密工学や電気工学では金属薄板の製造，機械工学

プロセス	ガイドライン	目的	誤	正
To	アンダーカットを避けよ	C	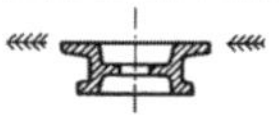	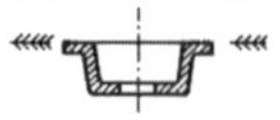
To	テーパを付けよ	C	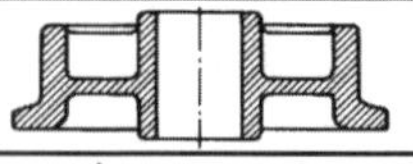	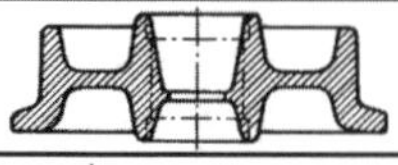
To	分割線はもっとも低い高さのほぼ中央に垂直に設けよ	C	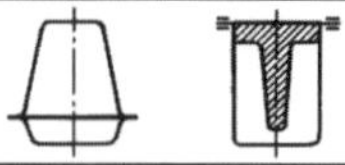	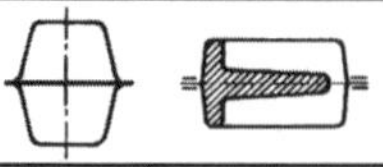
To	分割線は曲げずに直線になるようにせよ	C Q	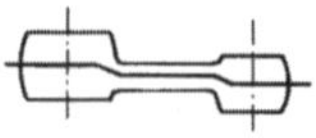	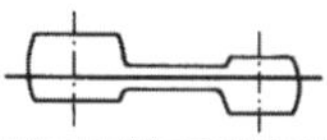
To Fo	部品は簡単な形状に，可能であれば回転対称とせよ．大きな突起は設けるな	C	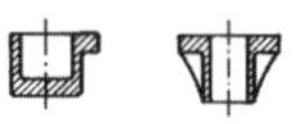	
Fo	無拘束状態でプレスしたときに生じる形状をめざせ．数が多い場合は，形状は仕上げ形状と同じにせよ	C Q	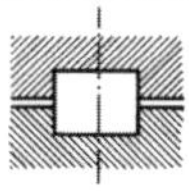	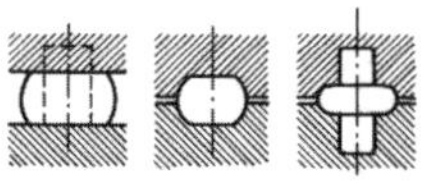
Fo	極端に薄い断面を避けよ	Q	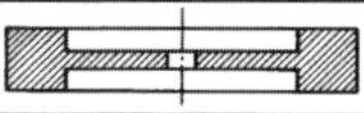	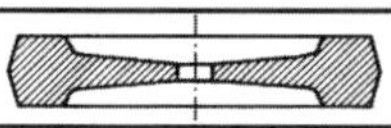
Fo	大きな曲率，極端に幅の狭いリブ，小さい隅肉および極端に径の小さな穴を避けよ	Q	 クラック	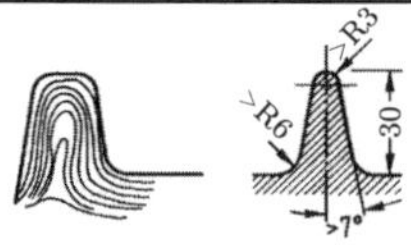 R3　R6　30　7°
Fo	断面が急激に変化したり，断面が過に型に入り込んでいるような形状は避けよ	Q	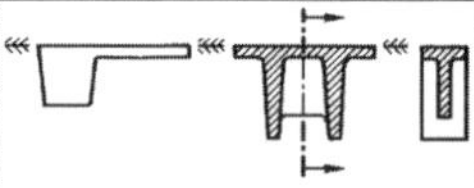	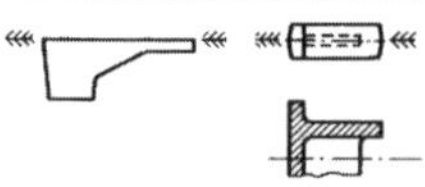
Fo	深さのあるカップ型の部品では，分割線が食い違うようにせよ	Q	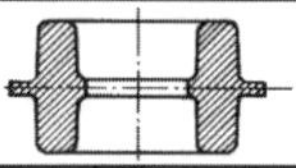	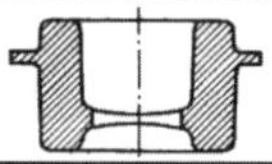
Ma	位置ずれを容易に検出し，ばりを容易に除去できるように分割線を選べ	C	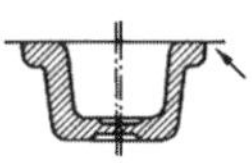	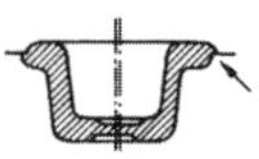
Ma	機械加工する面を盛り上げよ	Q		

図 7.112　落とし鍛造部品の設計ガイドラインと例（出典［7.19,7.145,7.230,7.238,7.336］）

一般ではケーシング，クラッディング，エアダクトに用いられる．曲げ加工には**切断**（Cu）と**曲げ**（Be）の二つの別個のプロセスがある．設計者はこの両方を考慮しなければならない．**図 7.114** に，曲げ加工についての設計ガイドラインを示す．切断については次に示す．

プロセス	ガイドライン	目的	誤	正
To Ex	アンダーカットを避けよ	Q C		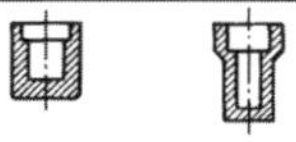
Ex	テーパや径の違いが極端に小さな穴を避けよ	Q		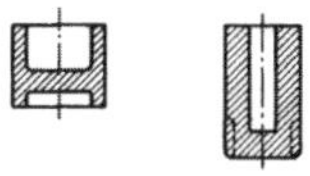
Ex	突起のない回転対称な部品を用いよ．さもなくば，二つに分割して接合する方法を採用せよ	Q		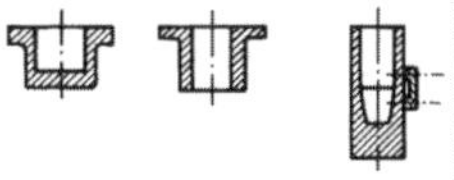
Ex	断面の急激な変化，鋭い端部および小さな隅肉を避けよ	Q	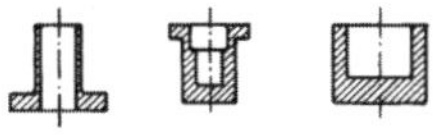	
Ex	小さくて長い，あるいは側面の穴やねじを避けよ	Q	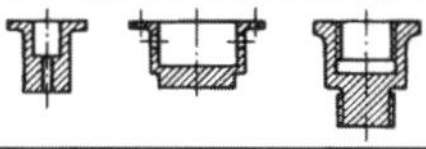	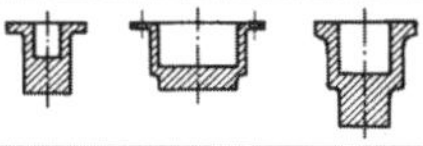

図 7.113　冷間押出し部品の設計オイドラインと例（出典［7.108］）

分離プロセスのための形状設計

分離プロセスについてはDIN 8577や8580［7.48, 7.49］に述べられているが，ここでは，「幾何学的に定義できる機械加工」（旋削，中ぐり，フライス削り）および「幾何学的に定義できない機械加工」（研削）と分離（切断）についても扱う．これらすべての分離プロセスにおいて，素材の固定を含めた**ツーリング**（To）と**機械加工**（Ma）を考慮しなければならない．

ツーリングのための設計には，次の項目が必要である．

- 適切な固定用具の用意．目的は品質向上である．
- 再固定を必要としない作業手順の選択．目的はコスト削減と品質向上である．
- 工具の十分な逃げの用意．目的は品質向上である．

すべての分離プロセスにおける機械加工のための設計には，次の項目が必要である．

- 不必要な機械加工を避ける．これは必要な加工面積，良好な表面仕上げおよび精密な公差を最小限に抑えることである（突起ボスや切り欠きをそれぞれ同じ高さや深さに設定するのが有効である）．目的はコスト削減である．
- 取付け面に平行か垂直に加工面を設定する．目的はコスト削減と品質向上である．
- フライス削りおよび形削りよりも，旋削と中ぐりを優先する．目的はコスト削減である．

図 7.115～7.118 は，それぞれ旋削，中ぐり，フライス削り，および研削によって機械加工する構成部品の設計ガイドラインを示している．

プロセス	ガイドライン	目的	誤	正
Be	材料を節約するために，複雑な曲げ部分を用いるな．むしろ二つに分割して接合する方法を用いよ	C	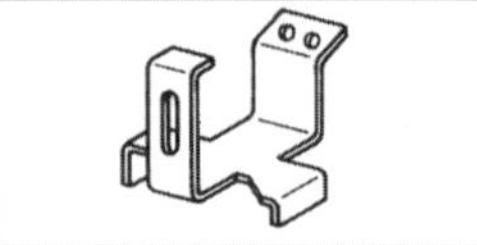	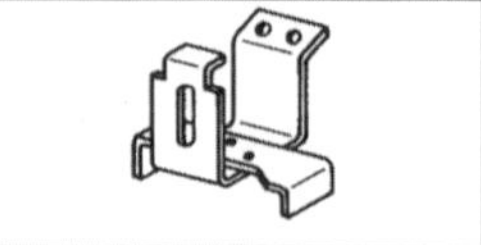
Be	（圧縮側がたるみ，引張側が過度に伸びないように）曲げ加工の曲率半径の最小値，フランジ高さおよび公差を考慮せよ	Q	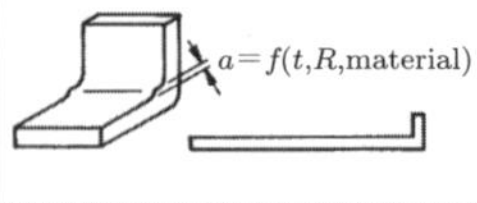 $a=f(t,R,\mathrm{material})$	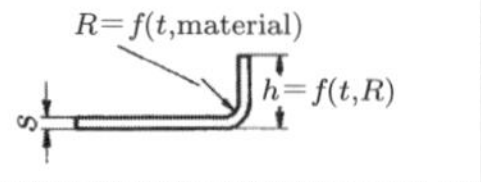 $R=f(t,\mathrm{material})$, $h=f(t,R)$, s
Be	先に加工した穴と曲げ加工部の間隔に十分余裕をとれ	Q	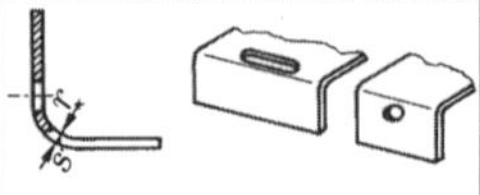 r, s	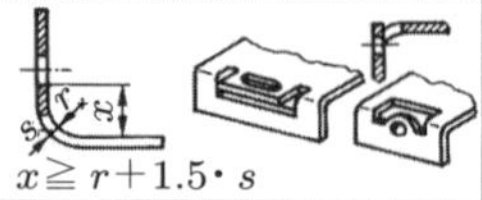 $x \geqq r+1.5 \cdot s$
Be	穴やノッチと曲げ加工部の間に余裕がとれないようであれば，穴やノッチが曲げ加工部にまたがるようにせよ	Q	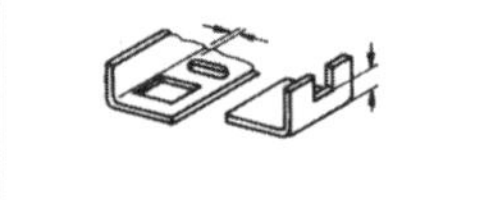	
Be	曲げ加工の範囲内に斜めの端部やテーパを設けるな	Q	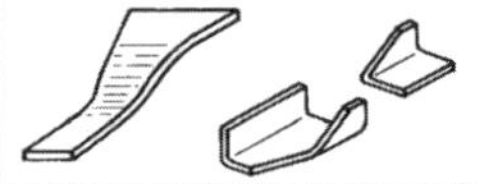	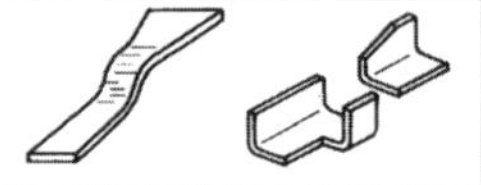
Be	4 面をすべて曲げる場合には，コーナーにすき間を設けよ	Q	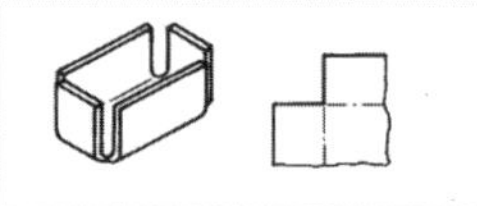	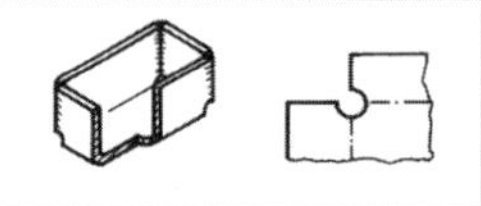
Be	折り返しの継目には十分な幅をとれ	Q		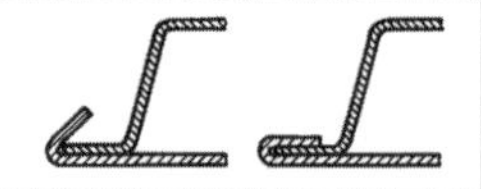
Be	中空形状とアンダーカット曲げには大きなアクセス開口を設けるようにせよ	Q C	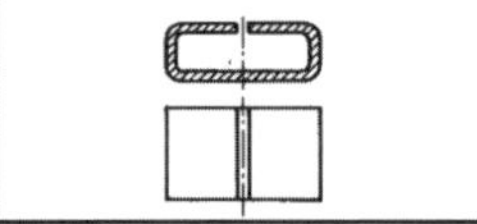	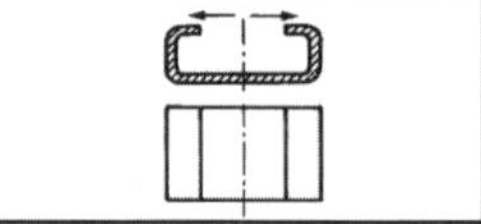
Be	シート縁を補強せよ	A	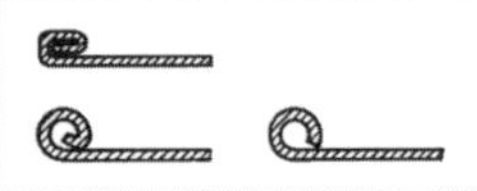	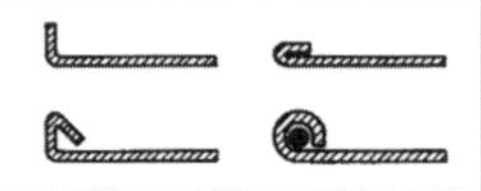
Be	同一の形状にせよ	A	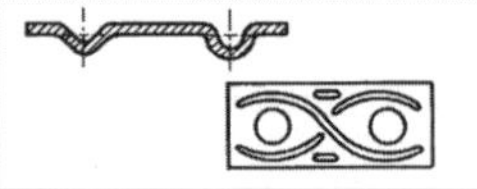	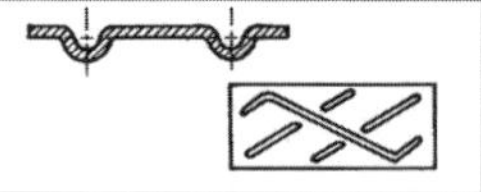

図 7.114　曲げ成形部品の設計ガイドラインと例（出典 [7.1, 7.19]）

プレス打抜き機械部品の設計では，**工具**（To）と**切断方法**（Cu）の特性を考慮しなければならない（**図 7.119** 参照）[7.19, 7.230].

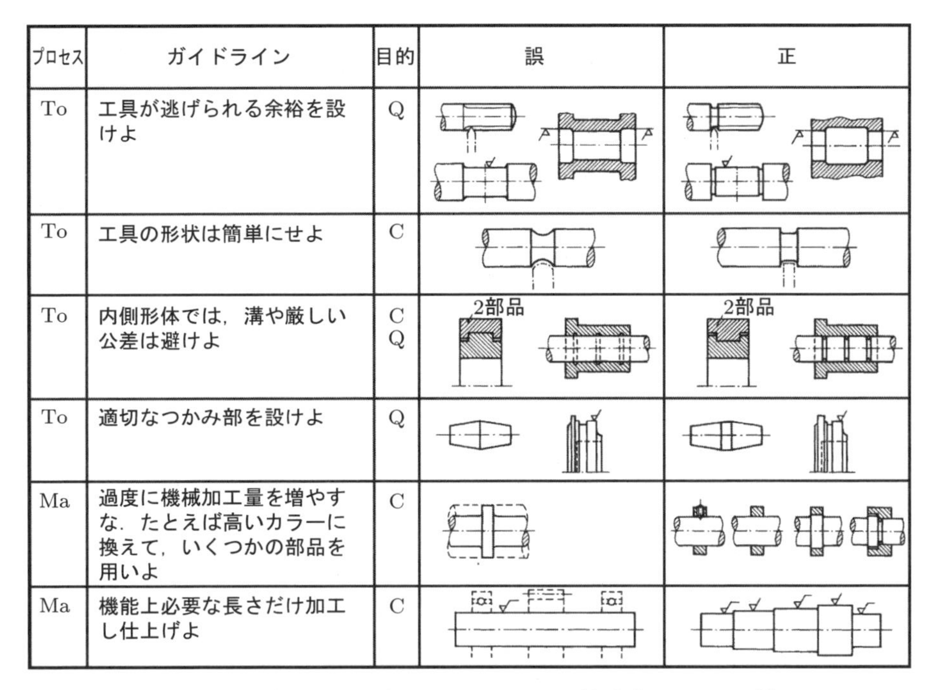

プロセス	ガイドライン	目的	誤	正
To	工具が逃げられる余裕を設けよ	Q		
To	工具の形状は簡単にせよ	C		
To	内側形体では，溝や厳しい公差は避けよ	C Q	2部品	2部品
To	適切なつかみ部を設けよ	Q		
Ma	過度に機械加工量を増やすな．たとえば高いカラーに換えて，いくつかの部品を用いよ	C		
Ma	機能上必要な長さだけ加工し仕上げよ	C		

図 7.115　旋削部品の設計ガイドラインと例（出典［7.180, 7.230］）

プロセス	ガイドライン	目的	誤	正
To Ma	可能な場所ではどこでも，止り穴をあけた後に中ぐり工具を用いよ	C Q		
To Ma	表面に対して斜めに通し穴をあける場合は，始点と終点に平らな面を設けよ	Q		
To	止り穴は避け，通し穴を用いよ	C		

図 7.116　中ぐり切削部品の設計ガイドラインと例（出典［7.180, 7.198, 7.230］）

結合プロセスのための形状設計

DIN 8593［7.50］で述べられている結合方法のうち，ここでは溶接についてのみ扱う．分離可能な結合については，7.5.9 項「組立容易な設計」を参照されたい．

溶接には，**準備**（Pr），**溶接**（We），**仕上げ**（Fi）の 3 プロセスがある．設計ガイドラインには，以下の項目を適用する．

- Pr，We，Fi：鋳造設計の模倣を避けよ．すなわち，可能ならば標準品か，入手

プロセス	ガイドライン	目的	誤	正
To	フライス加工面が直線状になるようにせよ．形付き工具は高価である．組合せフライス加工のできる寸法を選べ	C	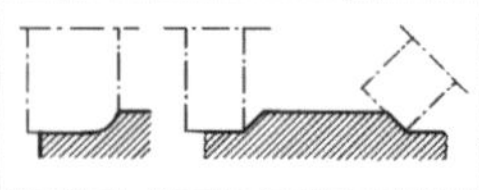	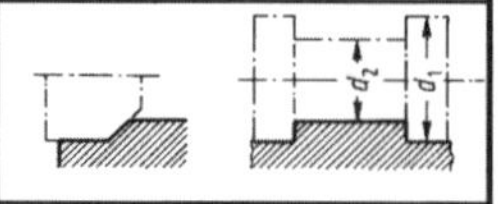
To	丸面取り部の逃げを見込んでおけ．丸面取り加工はエンドミル加工より安価である	C Q	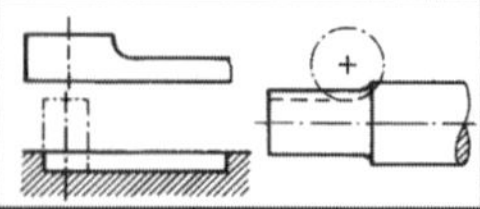	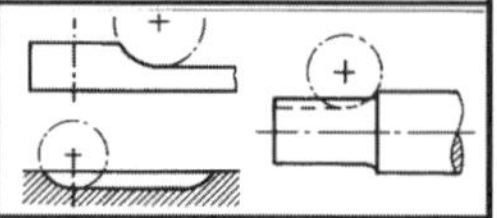
To	振れをフライス加工の工具直径に合わせよ．創成面を曲面にすることにより，長径路のフライス切削を避けよ（たとえばスロット）	C	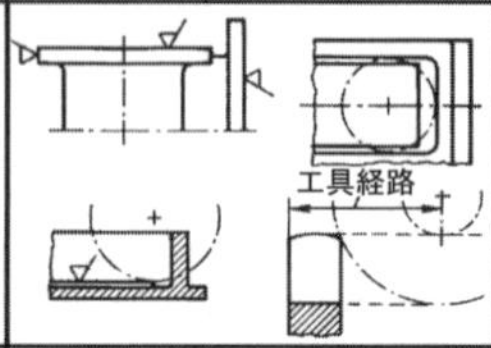 工具経路	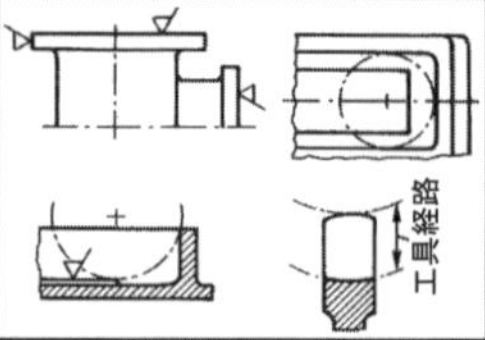 工具経路
Ma	加工面の高さが同じになるように調整せよ．加工面とクランプ面とが平行になるようにせよ	C Q	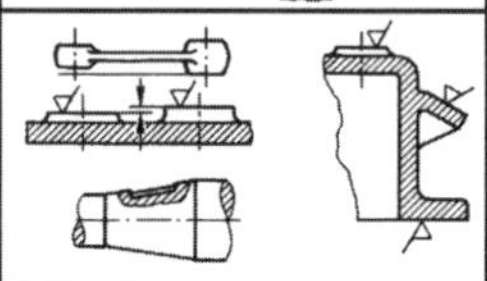	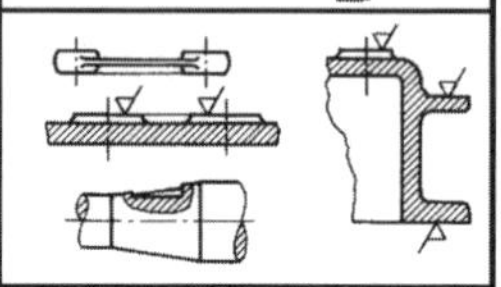

図7.117　フライス切削部品の設計ガイドラインと例（出典［7.180, 7.230］）

プロセス	ガイドライン	目的	誤	正
To	端部に加工限界を設けるな	Q C	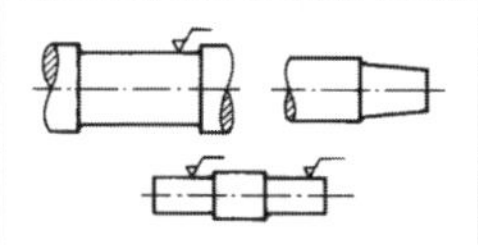	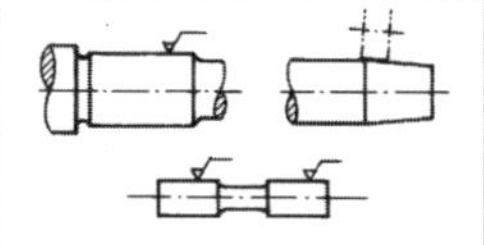
To	砥石車の逃げを用意せよ	Q	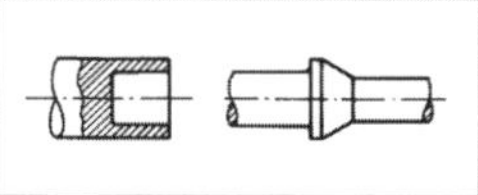	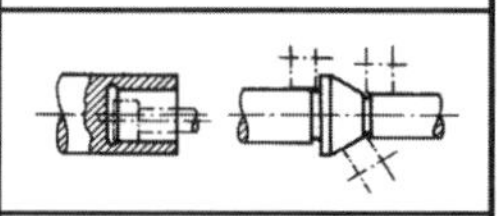
To	研削が容易に行えるような適切な表面を設けよ	C Q	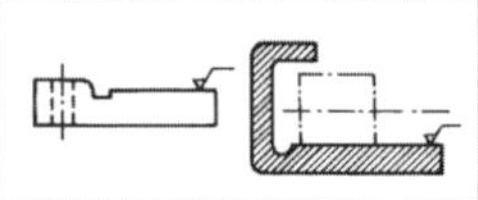	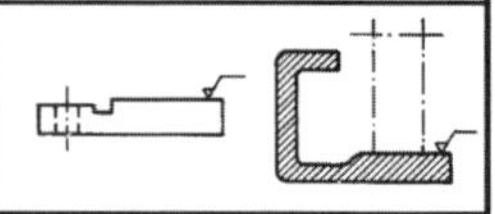
To Ma	逃げが設けられない場合は適切に，丸み半径やテーパ比を等しくするのがよい	C Q	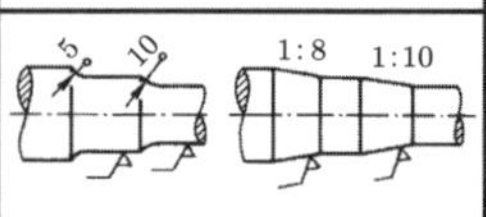 5　10　1:8　1:10	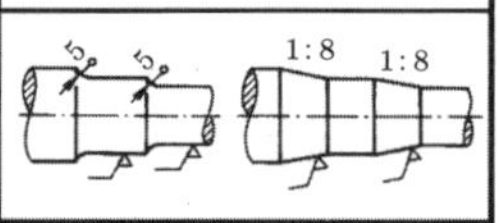 5　5　1:8　1:8

図7.118　研削部品の設計ガイドラインと例（出典［7.230］）

が容易なあるいは事前加工した板，型鋼あるいは半製品を優先的に選択せよ．あるいは，複合構築品（鋳造と鍛造部品）を採用せよ．目的はコスト削減である．

- We：所要の強度，密閉および形状を満たすような，材料や溶接の品質および溶

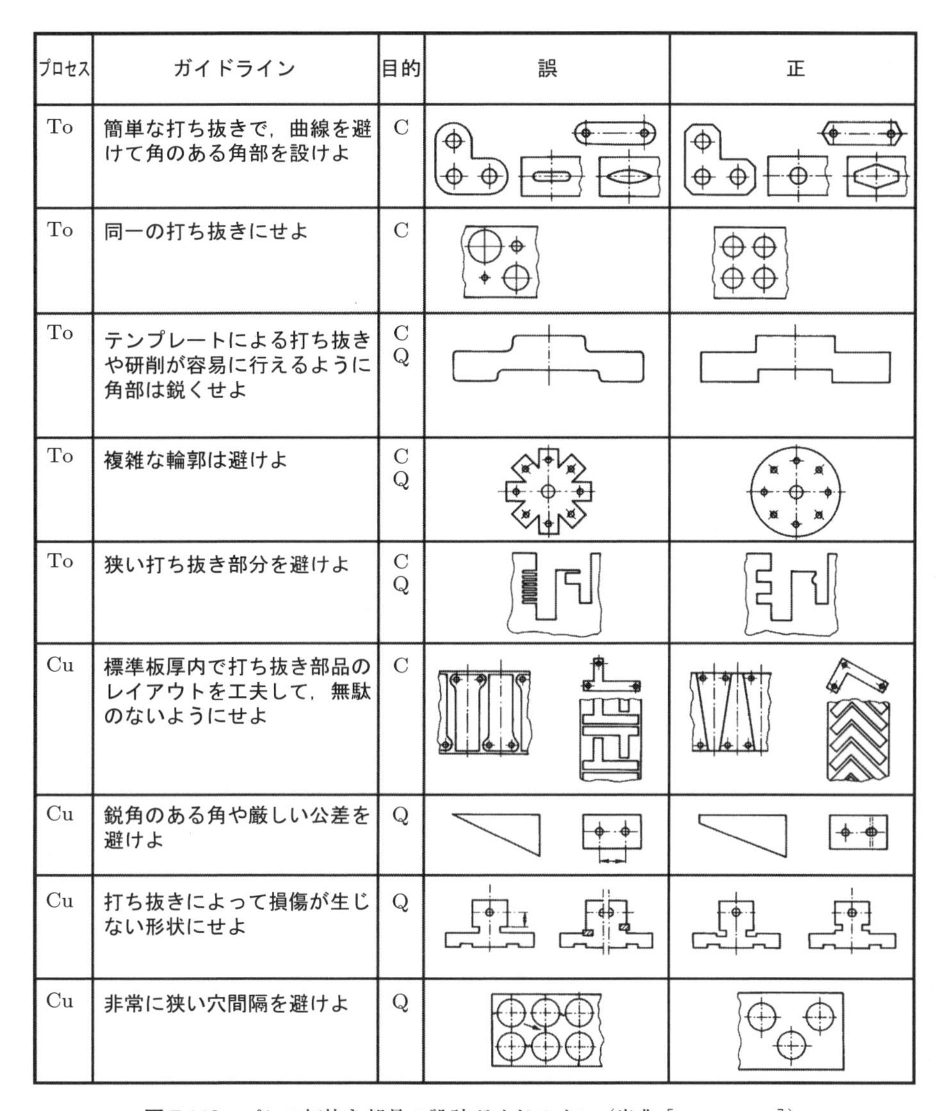

プロセス	ガイドライン	目的	誤	正
To	簡単な打ち抜きで，曲線を避けて角のある角部を設けよ	C		
To	同一の打ち抜きにせよ	C		
To	テンプレートによる打ち抜きや研削が容易に行えるように角部は鋭くせよ	C Q		
To	複雑な輪郭は避けよ	C Q		
To	狭い打ち抜き部分を避けよ	C Q		
Cu	標準板厚内で打ち抜き部品のレイアウトを工夫して，無駄のないようにせよ	C		
Cu	鋭角のある角や厳しい公差を避けよ	Q		
Cu	打ち抜きによって損傷が生じない形状にせよ	Q		
Cu	非常に狭い穴間隔を避けよ	Q		

図 7.119　プレス打抜き部品の設計ガイドライン（出典［7.19, 7.230］）

接順序を採用せよ．目的はコスト削減と品質向上である．

- We：熱による悪影響を避けてハンドリングを容易にするために，溶接継目の数を少なくし，長さを短くせよ．目的は品質向上とコスト削減である．
- We と Fi：ゆがみとその矯正作業をなくすかあるいは減らすために，溶接量（入熱量）を最小にせよ．目的は品質向上とコスト削減である．

その他のガイドラインは，**図 7.120** に示す．

プロセス	ガイドライン	目的	誤	正
Pr	部品点数と溶接継目の数を少なくせよ	C		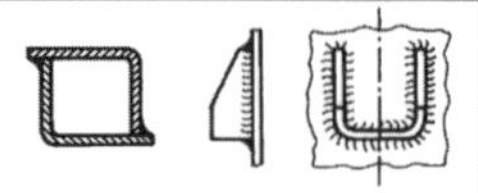
Pr We Fi	強度上問題がなければ，溶接が容易に行える継目にせよ	C	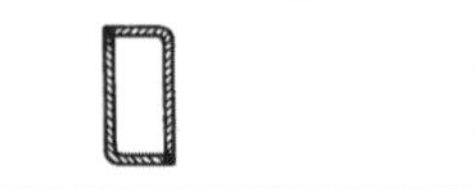	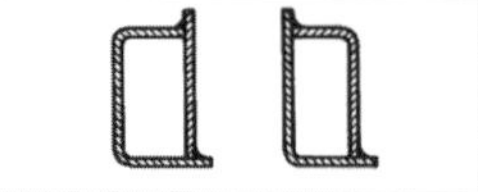
Pr We	溶接材料の重ね盛りや溶接継目の交差を避けよ	C Q	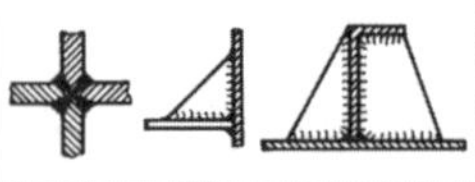	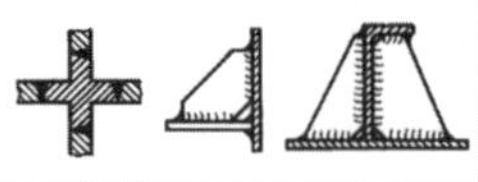
Pr We	溶接継目や溶接順序を適切に選択し，低剛性の断面（柔軟性のある突出部や角部）を連結することにより，収縮による残留応力を小さくするようにせよ	Q	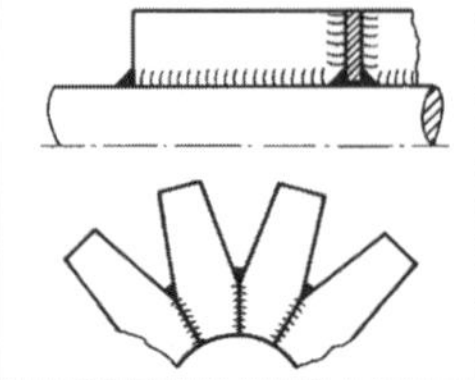	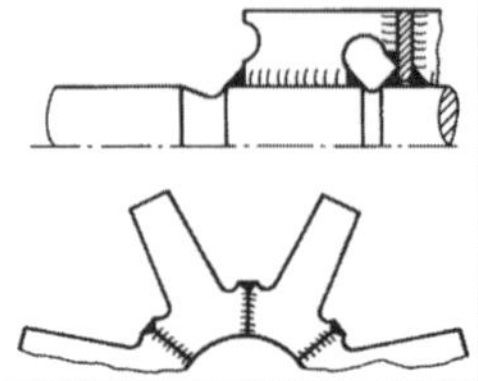
We	溶接時のアクセス性を考慮せよ	C Q	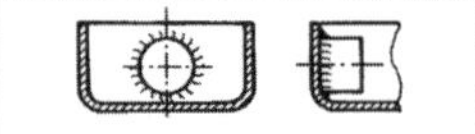	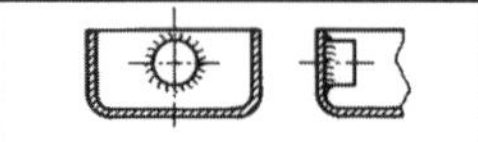
We Fi	溶接前の構成部材の位置決めを積極的に行え	Q	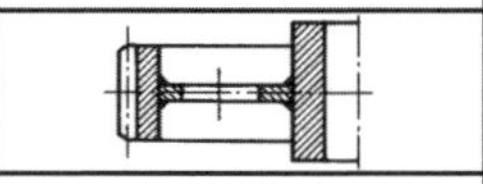	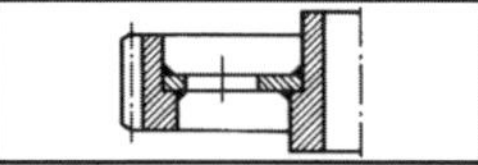
Fi	溶接後の機械加工しろを十分に残せ	Q	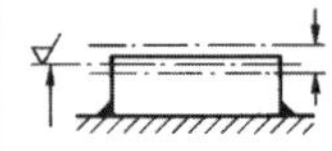 公差	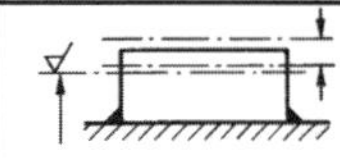 公差

図 7.120　溶接部品の設計ガイドライン（出典［7.19, 7.198, 7.220, 7.281］）

(4)　材料と半製品の適切な選択

材料や半製品を適正に選択することは非常に難しい．機能，動作原理，レイアウトと形状設計，安全，人間工学，生産，品質管理，組立，輸送，操作，メンテナンス，コストおよびスケジュールやリサイクルなどのさまざまな特性間の相関のためである．提案された設計解の材料がとくに高価な場合，慎重に材料を選択することが経済的に非常に重要となる（第11章参照）．一般的には，図7.3のチェックリストに基づいて材料を評価することを勧める．

選択された材料と，その結果決まる構成部品の表面処理法と機械加工，および材料の品質や市況は，次の選択に影響を与える．

- 生産プロセス
- 卓上工具と測定機器を含む工作機械の種類

- 購入，在庫などのマテリアルハンドリング
- 品質管理手順
- 部品の内製と購入

設計，生産プロセスおよび材料技術には密接な関係があるから，設計者と生産技術者，材料の専門家および仕入係の協力が不可欠である．

1次成形プロセス（たとえば鋳造や焼結など）と，2次成形プロセス（たとえば鍛造や押出しなど）における材料の選択に関して，Illgner［6.91］はもっとも重要な勧告をしている．超音波溶接，電子ビーム溶接，レーザ技術，プラズマ切断，放電加工，電気化学処理などの製造技術については，文献［7.27, 7.95, 7.133, 7.182, 7.240, 7.250, 7.262］を参照されたい．

半製品（たとえば管や標準押出し品など）の選択は，材料選択と関連が深い．設計者は，重量でコストが決められるという通常の方法に従って，重量を減らせば必ずコストが下げられると考えがちである．しかし，**図7.121**に示すように，この判断が誤りであることが多い．

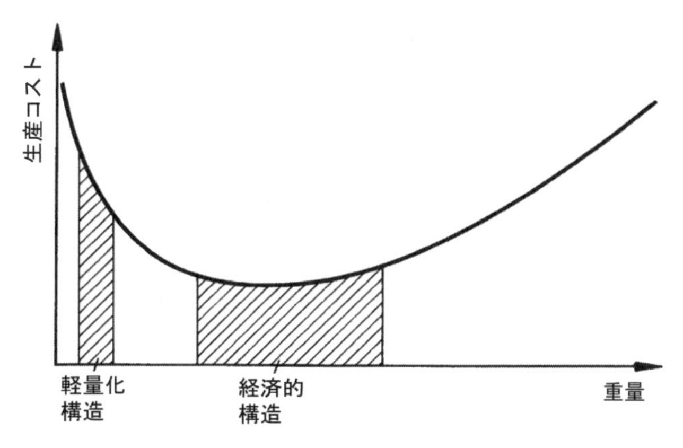

図7.121　軽量構造と経済的構造のコスト範囲（出典［7.297］）

次の例が，この問題を明らかにしてくれる．**図7.122**は，溶接構造のモータハウジングである．従来のレイアウトでは，最小の重量で所要の剛性を達成するために，8種類もの厚みの異なる板を採用している．これを改良した設計では，標準ガス切断に代えてNC機械によるガス切断を採用することで，重量は増えるが板厚の種類を削減した．これによる出費の増加分は，プログラミングと設備更新に要するコストを低減することと，重ね切断した板材を最大限利用することで抑えることができた．新しい設計では，いくつかのハウジング部品がオーバーサイズ設計によって重量が増大し

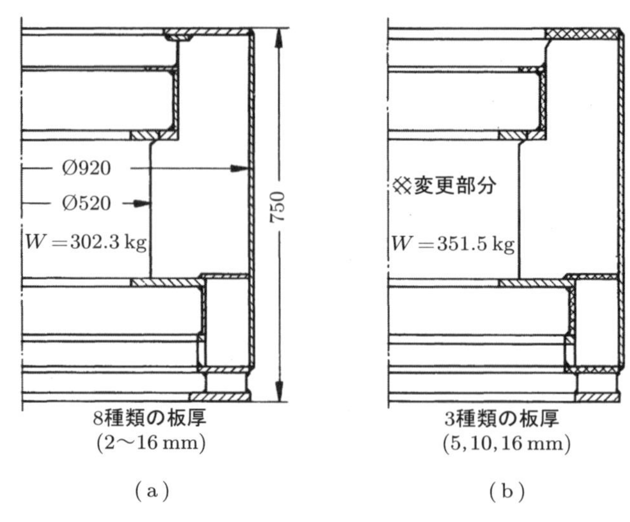

図 7.122　モータハウジングの溶接構造（Siemens）
(a) 現状の設計，(b) 改善提案

たにもかかわらず，人件費と生産間接費を低く抑えることにより，以前の設計よりもコストが削減されていることがコスト分析によりわかった．明らかに，実際の節約分はそれほど大きくはないが，この例からわかるように，設計や技術上の多大な努力により重量を最小化したとしても，必ずしもコスト最小化につながらない．さらに，半製品の使用や生産手段の簡素化によるコスト削減が，計算上はあまり大きくない場合でも，作業スケジューリングに要する時間や待機時間を削減できることから，実際にはかなりのコスト節減が可能である（第11章参照）．

半製品を経済的に使用する例として，**図 7.123** に示すようなモータ用溶接構造ハウジングのための板材切断計画を取り上げてみる．端部壁の軸受シールド板 *d* 用の円形材料が得られるように，端板 *b* を四つの部分に分けて切り出し，それらを溶接して端部壁を作成する．このようにすると，得られた端部壁の開口径は，機械加工後でも軸受シールド板の径よりも小さい．さらに，支持用部品 *c* も同じ板材から得ることができる．

(5)　標準部品と購入部品の適切な使用

設計者は，構成部品の調達にあたっては，必ずしも特別に製作する必要がなく，容易に入手できるリピート部品，標準部品および購入部品を利用すべきである．このようにすることで，順調な供給と在庫状態を維持することができる．容易に入手可能な購入部品は，内製部品よりも安くなることが多い．標準部品の重要性をいくつかの箇

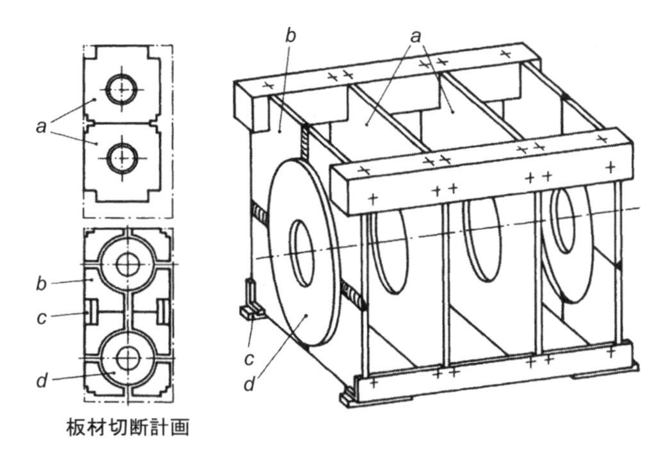

図 7.123 モータハウジング，板材切断計画による溶接構造（出典 [7.162]，Siemens）

所で強調してきた.

構成部品を内製とするか，購入とするかは，以下の項目を検討して決定する.

- 生産数（一品生産，バッチ生産あるいは大量生産）
- 特注か一般市場向けか
- 市況（材料と購入部品のコストと納期）
- 使用可能な生産設備
- 既存の生産設備の稼動率
- 自動化の可能性または必要度

これらの要素によって，外注生産と内製でどちらが好ましいかが決定され，さらには，設計者の全体的アプローチが左右される．しかし，ほとんどの要素は時とともに変化するので，ある決定はそれがなされたときに正当であったとしても，市況あるいは人的資源の状況および生産能力が変われば，もはや正しいとはいえない．とくに，重工業における一品生産あるいはバッチ生産の場合は，市場と生産の状況を定期的に検討する必要がある.

(6) 適切な文書化（ドキュメンテーション）

コスト，納期，製品品質などについて記される図面，部品一覧表および組立指示書といった文書がコスト，納期および製品品質などに及ぼす効果は軽視されがちである．これら文書の配列や明確性，網羅性は，とりわけ顕著な影響をもつ．このような文書は，注文の実施，生産計画，生産管理および品質管理を左右する.

7.5.9　組立のための設計

(1)　組立の種類

設計によって部品製造のコスト（第11章参照）と品質が大きな影響を受けるが，組立についても同様な影響が生じる［7.329］.

構成部品を組み合わせて製品にすること，および生産中や生産後に必要となる補助作業を**組立**とよぶことにする．製品のコストと品質は，組立作業の方法と数に依存している．組立の種類と数は，製品のレイアウト設計と生産の種類（一品生産，あるいはバッチ生産）によって異なってくる．

次に挙げる組立のための設計ガイドラインは，したがって，一般的なヒントを与えるものにすぎない［7.2, 7.32, 7.101, 7.102, 7.316, 7.318, 7.324］．これらガイドラインの目的は，単純化，標準化，自動化，および品質の確実化である．個々のケースについては，図7.3のチェックリストに示した項目，すなわち機能，動作原理，レイアウトと形状設計，安全，人間工学，生産，品質管理，輸送，操作，メンテナンスおよびリサイクルを参考にして変更してよい．

VDI 3239［7.309］や文献［7.3, 7.268］によれば，組立は次のような不可欠な作業を必要とする．

- 体系的方法による組立部品の**保管**（St）．自動組立には部品や結合要素の自動供給が必要となる．
- 下記を含む，構成部品の**ハンドリング**（Ha）
  (a)　組立作業者あるいはロボットによる部品の識別
  (b)　選別や仕分けに関連した部品のピックアップ
  (c)　移動や除去のような分離，回転や反転のような操作などに関連した部品の組立位置への搬送
- **位置決め**（Po）（部品の組立位置への適正配置）とアライニング（心出し，結合前後における部品位置の最終調整）
- 適切な結合手段による**部品結合**（Jo）．DIN 8593［7.50］によれば，次の作業が含まれる．
  (a)　挿入，重ね合わせ，吊り下ろし，折り畳みなどによる結合
  (b)　ソーキングなどによる充填
  (c)　ボルト締め，クランプ，焼きばめなどの加圧結合
  (d)　フュージング（溶射），鋳造，バルカナイジング（加硫圧着）などによる1次結合．
  (e)　曲げ，補助部品使用などによる2次結合
  (f)　溶接，はんだ付け，接着などによる材料の結合

- 所要の遊びなどを回復するために公差を均一にする**調整**（Ad）（[7.269] 参照）
- 作業時の荷重による不都合な動作からの組立部品の**保護**（Se）
- **検査**（In）（自動化の程度に応じて，個々の組立作業の間で試験と測定作業を行う必要がある）

これらの作業は，すべての組立プロセスに含まれているが，それらの重要度，順序および頻度は，ユニットの数（一品生産，バッチ生産）と自動化の程度（手作業，部分的自動化，完全自動化）によって異なる．

文献 [7.112] によれば，組立操作あるいは組立用のセルの関連は，未分岐型，分岐型，単一レベルおよび多レベル組立に分けられる．組立プロセスは，変動しないものも流動的なものもある．

組立作業が企業内で発生するのか現場で発生するのか，また，熟練者によるのか訓練されていない顧客によってなされるのか区別することも重要である．一般に，組立を自動化するためにできる改善は，手作業による組立を簡単化するのに役立ち，その逆も真である．選択された組立のタイプと実体化は密接に関連し，相互に影響し合っているのである．

(2) 組立に関する一般的なガイドライン

実体設計のフェーズの各ステップ（7.1 節参照）と一致させて，製品構造とレイアウトを検討しているときに組立の検討を始めるのは有用だろう．組立作業が次の条件を満たせば，組立容易なレイアウトが得られる．

- 構造化されている．
- 部品点数が削減されている．
- 標準化されている．
- 簡単化されている．

これにより組立プロセスが改善されるので，コストが削減される．組立がより明瞭になり制御しやすくなるので，製品の品質が向上する [7.94, 7.105, 7.257]．これらの理由によって選択されたレイアウトは，部品点数の削減あるいは少なくとも部品の標準化をもたらす．

組立を容易にするための実体化のガイドラインは，**図 7.124** に分類されている．**作業**の欄は，特定の実体化ガイドラインによっておもに影響を受ける組立作業を示す．**タイプ**の欄は，ガイドラインが**手作業の組立**（MA）または**自動組立**（AA）のどちらを改善するか示している．この分類は，特定の組立の状況において，実体化のガイドラインの選択と利用を容易にしている．

作業	ガイドライン	タイプ	誤	正
組立作業を整理する				
St Ha Po Jo Ad Se In	事前組立と最終組立により，段階的に組立ができるように分割せよ	MA AA	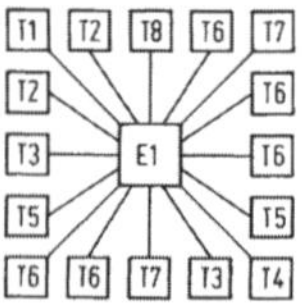	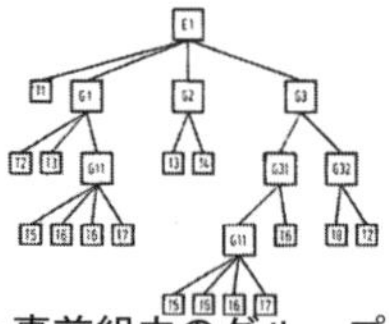 G: 事前組立のグループ
Ha In	たとえば並行して組立ができるように，独立したグループとせよ	MA AA	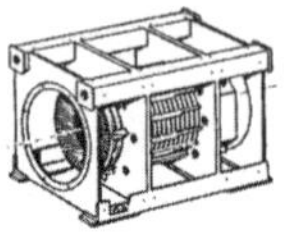	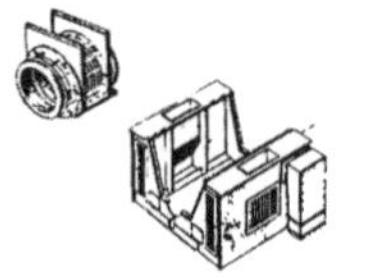
Jo	組立中の加工作業を避けよ	MA AA	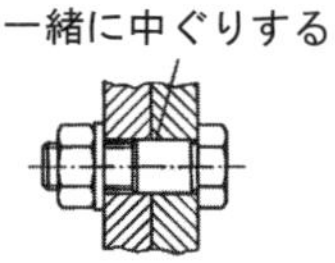 一緒に中ぐりする	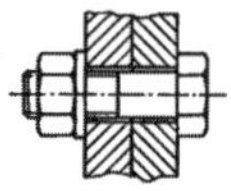
Jo Ad In	異なる製品の生産が，組立プロセスの終わり頃に，同じ生産設備内でできるように製品の構造を計画せよ	AA	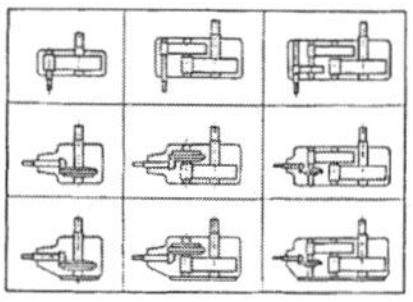	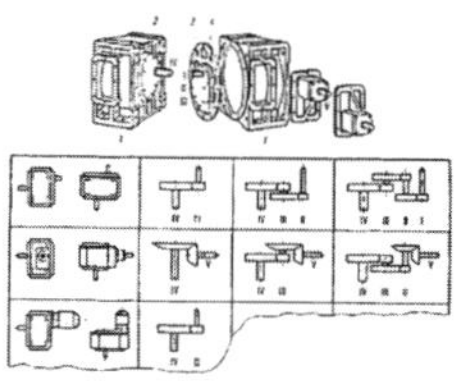
In	とくに代替設計では，組み立てたグループを別々に検査できるようにせよ	MA AA	完全に組み立てられた機械のつり合いをとる	ロータだけのつり合いをとる
In	個々の部品の試験をせずに，組み立てたグループや製品全体の機能試験ができるようにせよ	MA AA	個々の歯車の歯形を計測する．部品の気密性を試験する	歯車箱の騒音レベルを計測する．配管系の気密性を試験する
組立作業を減らす				
St Ha Po Jo Ad Se In	統合化・複合化された構造で部品を結合せよ	MA AA	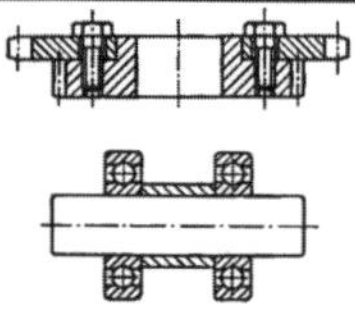	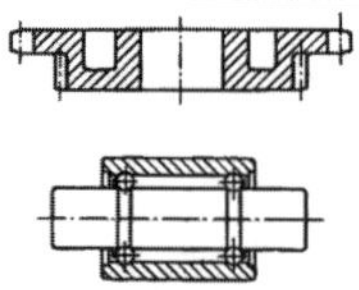

図 7.124　組立のためのレイアウトを設計する際の実体化ガイドライン

作業	ガイドライン	タイプ	誤	正
組立作業を減らす				
St Ha Po Jo Ad Se In	部品の数を減らすために機能を統合せよ	MA AA	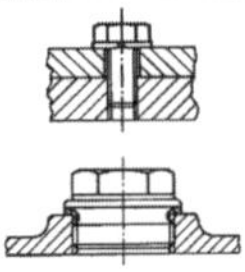	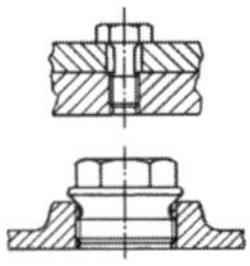
Jo	組立作業を同時に行え	AA	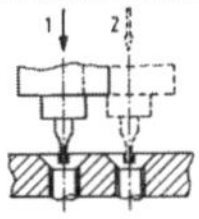 1 2	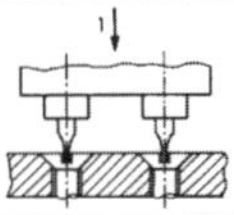 1
Jo Ad Se	接続する結合の数を減らせ	MA AA	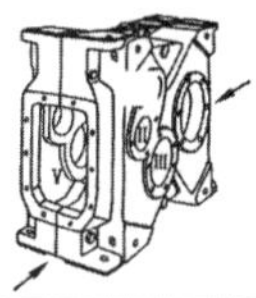	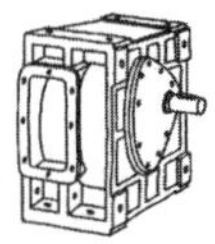
Ad Se In	組み立てたグループや製品の機能試験をするのに分解を必要としないようにせよ	MA AA	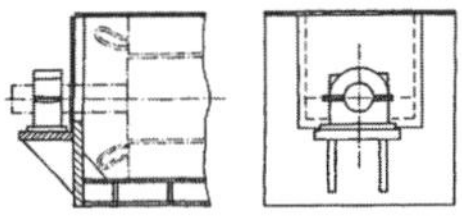 すき間の測定ができない	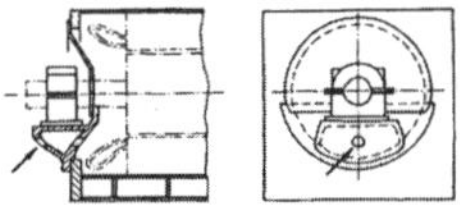 すき間の測定が直接可能
組立作業を標準化する				
Po Jo In	たとえば連動した構造とできるよう，どの組立グループでも基本となる部品を用意せよ	AA	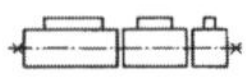	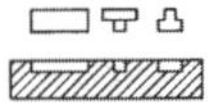
Jo	組立グループでの結合方向と手順を同一にせよ	AA	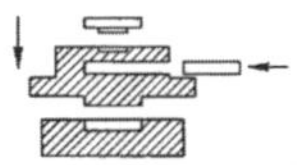	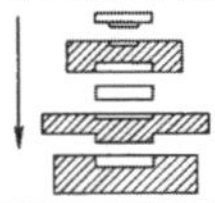
組立作業を単純化する				
Po Jo Ad Se In	組立作業を制約せよ（明確な組立順序とせよ）	MA	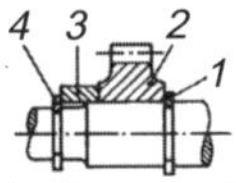 4 3 2 1 または4321の順	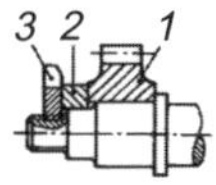 3 2 1
Jo	加工と組立の作業を組み合わせよ	MA AA	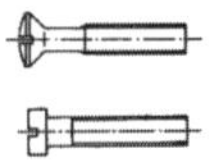	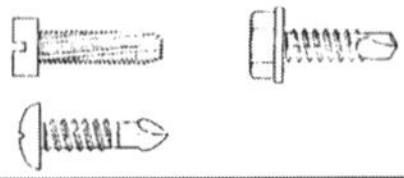
Ad In	試験のためのアクセスを確保せよ．目視下での検査を可能とせよ	MA AA	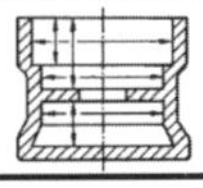	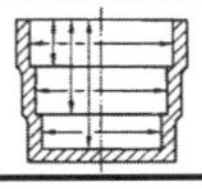

図 7.124　（つづき）

(3) 組立の結合の設計

組立を改善する，ほかの重要な観点は，レイアウトによって影響を受ける結合の設計である．結合の改善は，結合が次の条件を満たせば達成される．

- 結合数が削減されている．
- 標準化されている．
- 簡単化されている．

これにより，接続要素と組立作業の数を減らすことができ，結合要素の品質要件を最小化することができる［7.2, 7.112, 7.273］．

図 7.125 は，実体化のガイドラインを，目的と影響される組立作業に従って再度分類したものである．

(4) 結合要素の設計

結合の設計と密接に関連するのは，結合要素の設計である．識別，順序づけ，ピックアップ，移動を含む結合要素の自動的な貯蔵とハンドリングを改善するには，これらの作業が次の条件を満たさなければならない．

- 活用可能となっている．
- 簡単化されている．

これは，自動組立機を適用する場合にとくに重要である（AA）［7.2, 7.103, 7.273, 7.289］．**図 7.126** は設計のガイドラインを示す．

要約すると，不可欠なガイドラインは，基本ルールの**簡単性**（簡単化する，標準化する，削減する）と**明確性**（過度のあるいは不十分な制約を避けること）から導かれる（7.3.1 項および 7.3.2 項を参照）．文献［7.2, 7.104, 7.112, 7.114, 7.248, 7.249, 7.308］では，さらに例が挙げられている．

(5) 適用と選択のガイドライン

組立を容易にする設計は，全体的なアプローチと整合して（7.1 節を参照），設計プロセスの適切な段階で次の五つのステップに従うべきである．

ステップ 1：組立を決定し，あるいは影響を及ぼす要求や要望を，仕様書に記す．この仕様書は，次のような要件を規定する．

- 個々に設計された製品あるいは代替案の範囲
- 代替案の数
- 安全および法的な要件
- 製造および組立の制約
- 試験および品質の要件

作業	ガイドライン	タイプ	誤	正
結合を減らす				
St Ha Jo Ad Se	結合要素を減らせ．たとえばクランプ（かすがい）やスナップ（止め金）結合を用いよ	MA AA	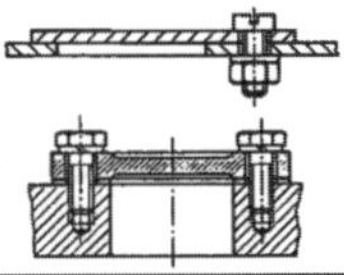	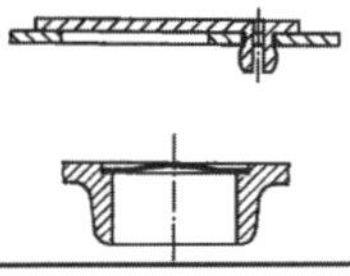
St Ha Jo	結合要素に特別なものを用いて，数を減らせ	MA AA	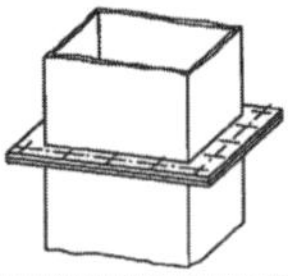	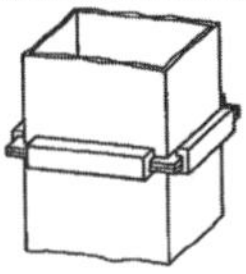
St Jo Se	結合要素を使わずに，直接結合とせよ	MA AA		
Po	自動調整と位置決めができるようにせよ	AA	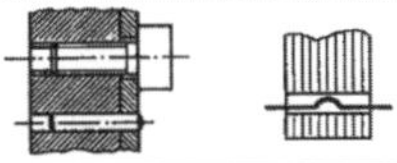	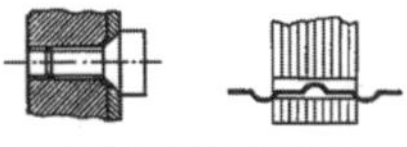
Se	たとえば弾塑性変形によって，セルフロックする結合要素を用いよ	AA	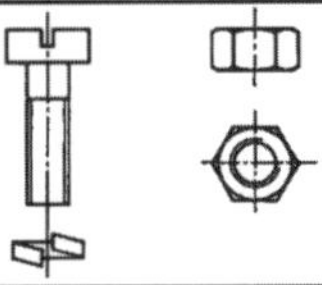	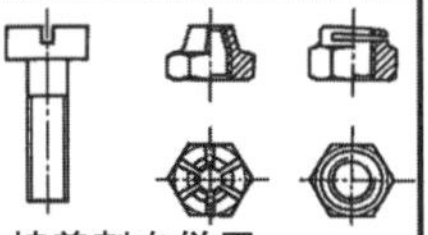 接着剤を併用
結合を標準化する				
St Ha Jo	もし可能ならば，異なる機能に対しても，同一種類の結合要素を用いよ	MA AA	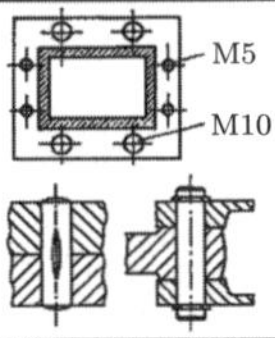 M5 M10	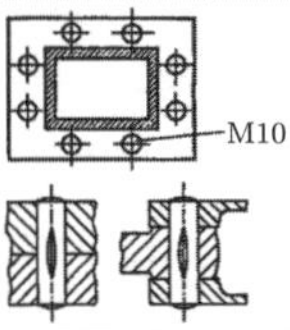 M10
結合を単純化する				
St Ha	ベルトや連続的な流れで供給できる結合要素を用いよ	AA	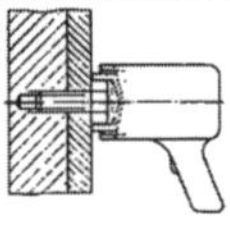	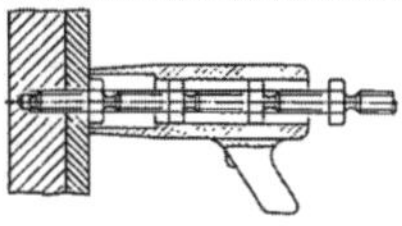
Ha Jo		MA AA	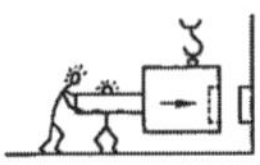	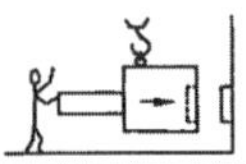
Po Jo	許容差の厳しい寸法の連鎖を避けるように，連鎖を分割せよ	MA AA	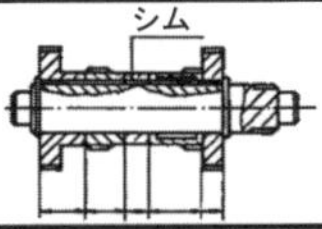 シム	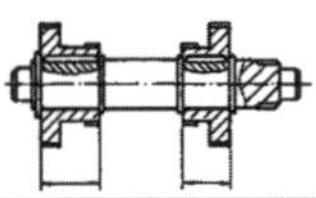

図 7.125 組立のための結合を設計する際の実体化ガイドライン

作業	ガイドライン	タイプ	誤	正
結合を単純化する				
Po Jo	位置決めのあいまいさをなくし，寸法の許容差を減らすために，二重はめあいを避けよ	MA AA	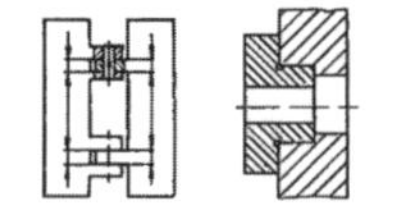	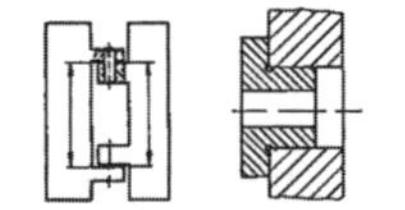
Po Ad	単純な調整方法や位置決めのガイドを用いよ	MA AA	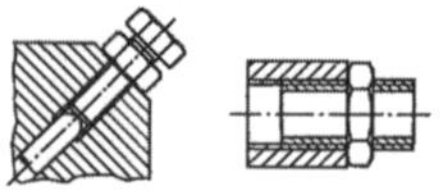	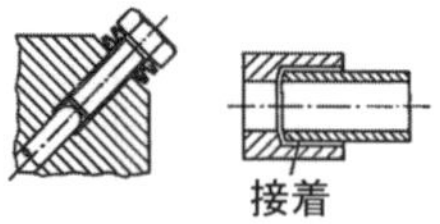 接着
Po Ad	連続的な調整を可能とせよ	MA AA	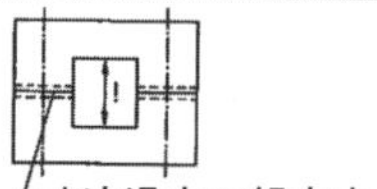 寸法過大で組立中に加工を要する	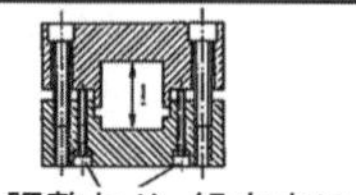 調整ねじ，組立中に調整可能
Po Ad	ほかの部分を分解せずに調整できるよう，アクセス性を考慮せよ	MA AA	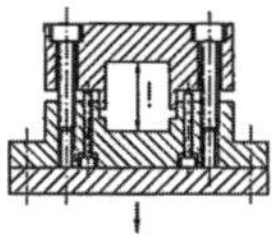	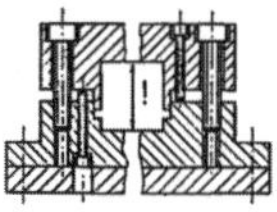
Po Ad	許容差を埋め合わせるような部品を用いよ	MA	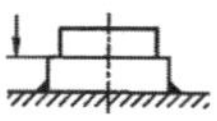	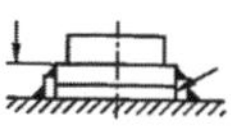
Po Ad In	位置決めのための参照面，稜線，点を用意せよ	MA AA	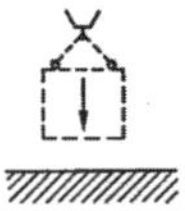	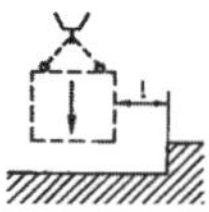
Po Ad In	あいまいでなく，独立した調整作業とせよ	MA AA	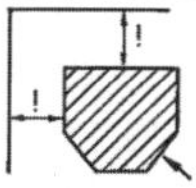	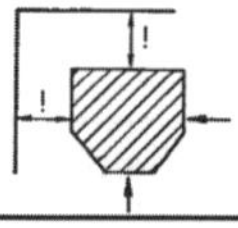
Jo	結合は直線運動によるのが望ましい	AA	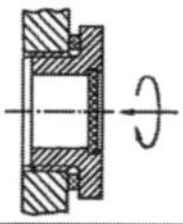	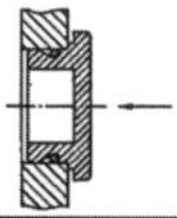
Jo	複数の軸方向の結合動作を避けよ．とくに，曲線は避けよ	AA		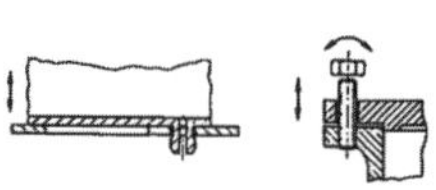
Jo	長い結合経路を避けよ	MA AA	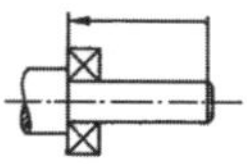	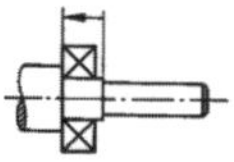

図 7.125　（つづき）

作業	ガイドライン	タイプ	誤	正
結合を単純化する				
Jo	エアポケットによる妨げを避けよ	MA AA	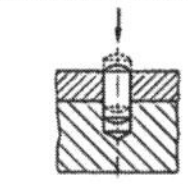	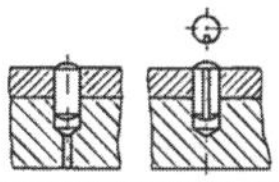
Jo	結合を容易にするようテーパをつけよ	MA AA	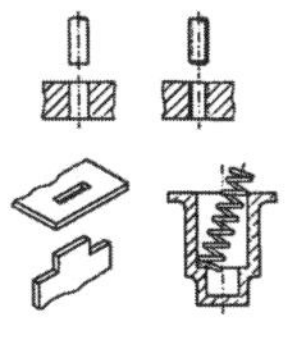	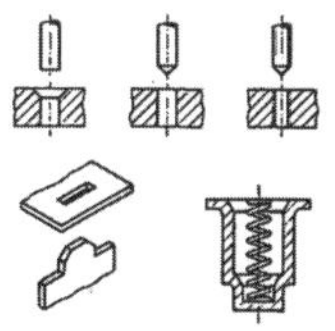
Jo	大きな結合部はいくつかの小さなものに分けよ	MA AA	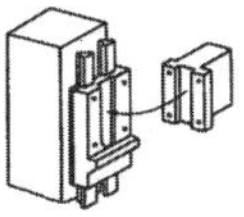	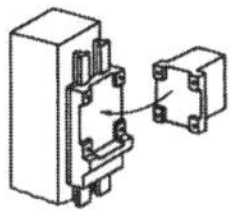
Jo Ad	相互に影響を及ぼすような同時作業を避けよ	MA AA	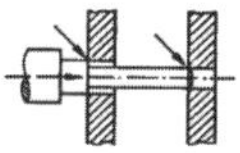	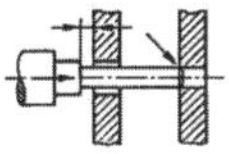
Jo Ad	組立工具のアクセスを確保せよ	MA AA	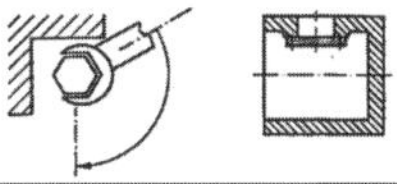	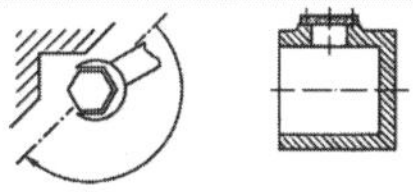
Jo Ad Se	弾性，弾塑性または材料自体が許容差を補償するような結合要素を用いよ	MA AA	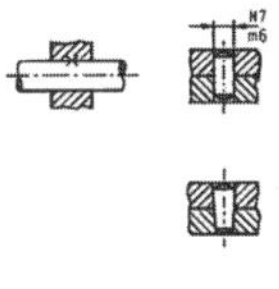 H7/m6	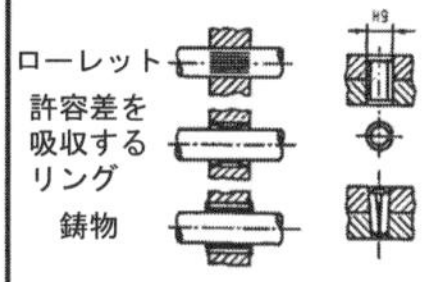 ローレット 許容差を吸収するリング 鋳物 H9
Jo Se	フレキシブルな組立部品を利用して許容差を大きくせよ	MA AA	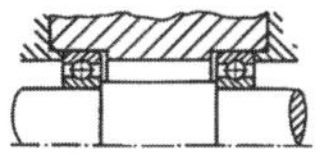	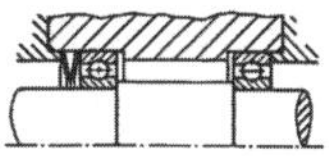
Ad	標準化された組合せ部品を用いて，分解せずに調整できるようにせよ	MA AA	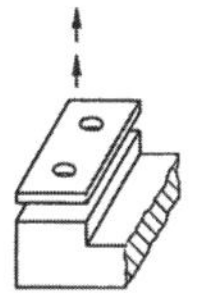	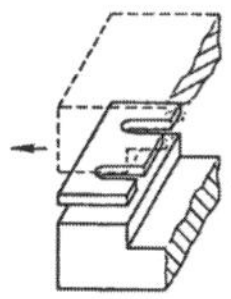
Se	組立が容易なロッキング要素を用いよ	AA	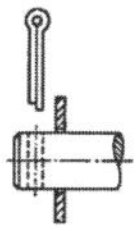	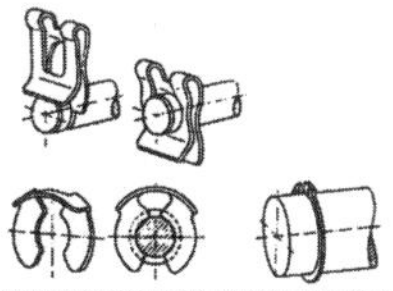

図 7.125　（つづき）

作業	ガイドライン	タイプ	誤	正
自動保管とハンドリングを可能にし単純化する				
St	安定な姿勢をとる結合要素を用いよ	AA		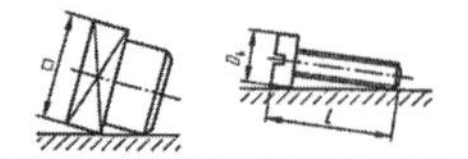
St	インターロックを起こす可能性のある同一形状の結合要素を避けよ	MA AA	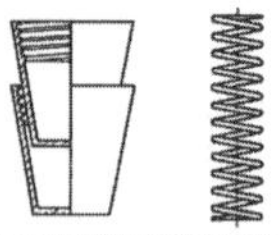	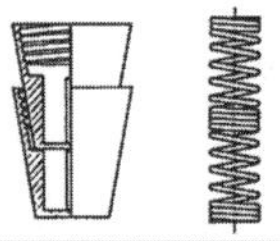
St Ha	回転可能な結合要素とせよ	AA	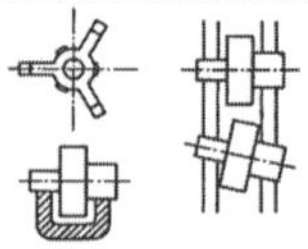	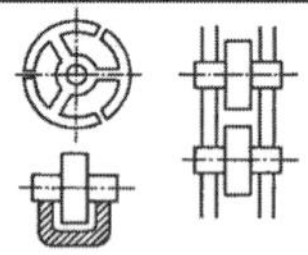
Ha	特別な位置決めが不要ならば，対称形の輪郭とせよ	AA	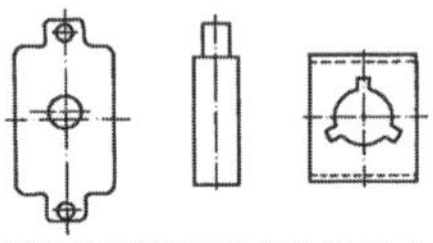	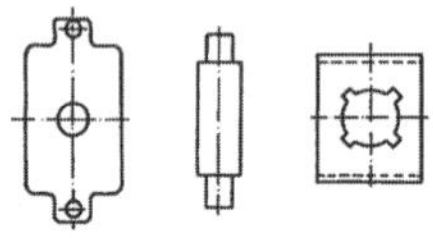
Ha	部品の特性を表すような幾何学的形状を設けて，識別できるようにせよ	AA	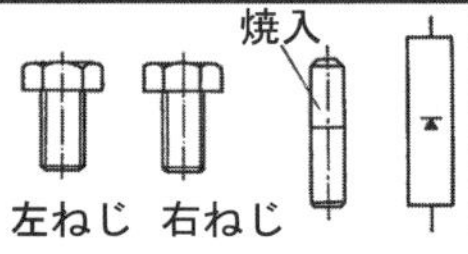 焼入 左ねじ　右ねじ	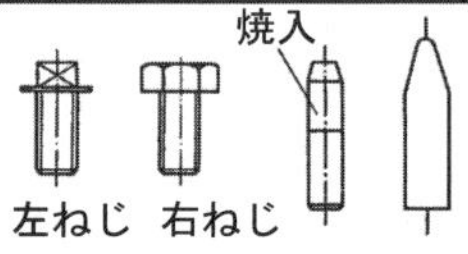 焼入 左ねじ　右ねじ
Ha	外側の輪郭に識別のための形状を設けよ	AA	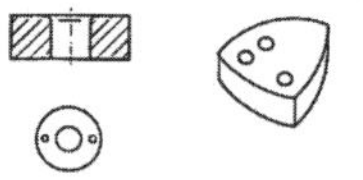	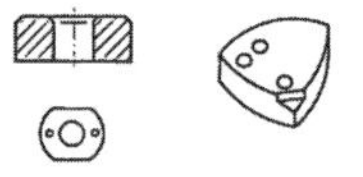
Ha	特別な位置決めが必要ならば，対称に近い形状を避けよ	AA	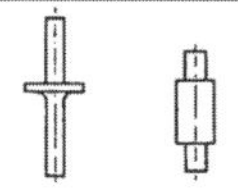	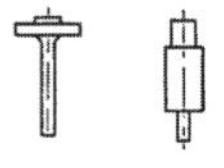
Ha	部品をぶら下げたときに重心で決まる姿勢を利用して，ハンドリングを容易にせよ	AA	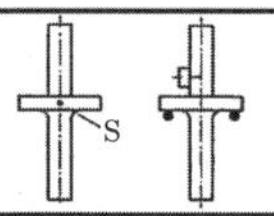 S	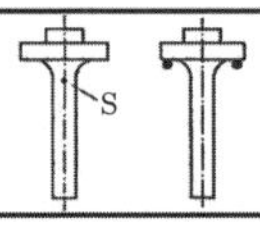 S
Ha	ハンドリングを助けるために，機能的な表面の外側に特徴的な形状や表面を設けよ	MA AA	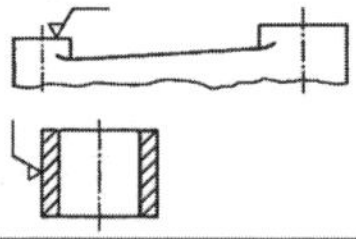	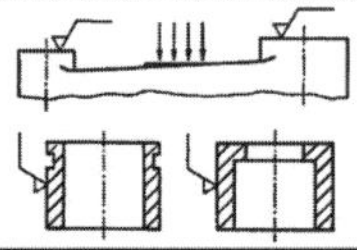
Ha	ハンドリング面を重心に基づいて定めよ	MA AA	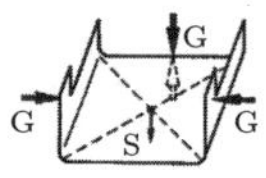 G　G　G　S	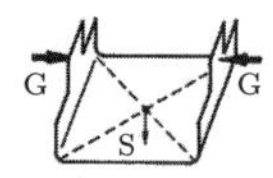 G　G　S
Ha	安定した形状の（変形しない）結合要素とせよ	MA AA		

図 7.126　組立のための結合部品を設計する際の実体化ガイドライン

- 輸送および包装の要件
- メンテナンスとリサイクルのための組立および分解の要件
- 利用者によって行なわれる組立作業に関連する要件

ステップ2：原理的設計解（動作構造）および，とくに全体レイアウト（構築構造）の技術的可能性を利用して，組立を容易にする方法をチェックする．すなわち，

- シリーズとモジュラー構造（第9章を参照）を利用して，あるいは少数の異なるタイプに集中して，製品の範囲における代替案の数を減らす．
- 図7.124に示した実体化のガイドラインを適用してレイアウトを選択する．

ステップ3：組立プロセスを決定する組立品，結合および結合要素を実体化する．すなわち，

- 図7.125と図7.126に示した実体化のガイドラインを適用して，実体化の代替案を選ぶ．
- 製造および組立の特別な制約（バッチサイズ，利用可能な工作機械，人手によるか，あるいは半自動か自動組立か）を考慮すること．
- 接続要素とプロセスを，機能的な要件（強度，シール性能，耐腐食性）だけでなく，組立と分解の要件（分解作業における緩めやすさ，再利用，自動化の可能性）に基づいて選択する．
- 併せて，製造および組立のコストを考慮する．

ステップ4：実体化の代替案を技術的，経済的に評価する．とくに，必要な結合手順に注意を払うこと．すなわち，

- 設計の組立容易性を評価する．原理的設計解が求められたら，すぐに行うことが望ましい．設計者は生産計画部門と協同すべきである．なぜなら，組立計画（組立の手順と構造［7.112］）および組立プロセス，工具，品質管理は，設計者だけでは決定できないからである．組立計画を立案するのに役立つ一つの方法は，全体レイアウトの図面を頭の中で個々の要素に分解してみることである．すなわち，分解計画を立てることから始めるのである．この逆が，製品の組立計画を立てるもととなり得る．組立プロセスを，コンピュータ支援の製造および組立計画システム（CAP）で模擬したり，試作品を作ったりすることも有効である．
- 組立プロセスを，下請けからの供給，購入および標準部品の観点から評価する．
- 目標および特定の状況で必要とされるところで，図7.124～7.126に記した実体化のガイドラインにより評価基準を導く．

ステップ5：製造文書とともに，組立の詳細な指示書を用意する．これは，部分組立品と製品（予備組立品と最終組立品）の全体的なレイアウト図面，部品一覧表や組立に関するその他の情報を含むものである．

7.5.10 メンテナンスのための設計

(1) 目的と用語

技術システムや製品は，損傷を受けたり，寿命が短縮したり，腐食したり，汚染したり，時間的な材料の性質の変化，たとえば脆性化などにさらされる．使用してもいなくても，ある時間が経過すると，システムの実際の状況は意図されたものではなくなる．意図した条件からのずれは直接わかるとは限らず，性能の変化や故障，危険な状況の原因となる．そして，技術システムの機能性，経済性，安全性を実質的に低下させることになる．突然の故障は正常な運用を中断し，予期されていないがために，修復するまでに多大のコストを要する．システムに負傷の可能性も含めた損害が生じるまで状態をチェックしないことは，対人的にも経済的にも受け入れられないことである．

システムや製品が複雑になってきているので，**予防的**な手段としてメンテナンスを行うことが一層重要になっている．設計者は，原理的設計解と実体化の特徴の選択を通じて，メンテナンスのコストおよび手順に大きな影響をもつ．文献 [7.62，7.304] によれば，これらはメンテナンス性を強く左右する．体系的アプローチにおけるメンテナンスの重要性については，たとえば，ガイドライン（2.1.7 項，5.2.3 項，図 5.3，6.5.2 項，図 6.22 参照）および基本ルール（7.3 節参照）と関連してのガイドラインの適用の中で，すでに強調した．文献［7.139, 7.151］では，メンテナンス性と体系的アプローチを早い時期から考慮することが重要だと強調している．

メンテナンスは安全性（7.3.3 項を参照），人間工学（7.5.6 項を参照），組立（7.5.9 項を参照）と関連している．これらに関する本書の各項で，メンテナンスについての提案やルールを述べたので，ここでは，メンテナンスとそれを容易にする設計を一般的に理解するのに必要なことを述べる．

DIN 31051［7.62］によれば，メンテナンスとは，システムの実際の状態を監視し，評価して，意図した状態を保持したり回復したりすることである．

次のような手段が考えられる．

- **保守**：意図した状態を保持する．
- **検査**：実際の状態を監視し，評価する．
- **修理**：意図した状態を回復する．

保守と検査のタイプ，範囲および時間は，システムのタイプ，意図する機能，要求される稼動率，望ましい信頼度，あり得る危険性に依存することが明らかである．選択した手順に応じて，検査や保守を，一定の時間後に行うべきか，ある動作時間後に行うべきか，ある強度の負荷後に行うべきかが決まる．

メンテナンスの戦略はまた，部品の状態悪化，たとえば損耗によって寿命が短縮することなどによって変わる．意図した状態を回復する手段は，部品が故障すると予測される前に適用されなければならない．したがって，メンテナンスは次の 2 種類となる．

- **事後メンテナンス**：部品が故障してから行う．これは，部品の故障が正確に予測できない場合に，唯一の可能な方法として適用される．このような故障で危険は生じないことが重要である．このアプローチは計画に影響を及ぼすのが欠点である．事例として，自動車の風除けの故障が挙げられる．この戦略は生産工場には適さず，また，機能が充足されなければならない状況や，危険が発生する場合にも不適当である．
- **予防メンテナンス**：部品が故障する前に行う．これは，**時間間隔**または**状態**によって決定される．時間間隔で行う場合は，一定の時間後に，または特定の距離や動作回数の後に行う．たとえば，車のエンジンオイルを 10000 km 走行後に交換するなどである．状態によるメンテナンスは，実際の動作尺度，たとえば動作中の負荷や温度などに基づいている．好ましくない状態が観察されたときは，保守や修理を行う．たとえば，車のエンジンオイルを，一定回数の冷間起動後に，あるいはオイルの平均温度の累積がある一定値に達したときに交換するなどである．別の例としては，ブレーキライニングを一定の損耗後に交換するなどが挙げられる．時間間隔または状態のどちらに基づいてメンテナンスをするかは，運用の条件による．両者の組合せも可能で，たとえば発電所では，ベースロードを守るために時間間隔のメンテナンスを行い，数期間に耐えられる部品は状態によるメンテナンスを行う．

メンテナンスのより詳細な議論は，文献［7.282, 7.304］に見られる．故障可能性と部品の信頼度の予測は，文献［7.232］で論じている．

(2)　メンテナンスのための設計

メンテナンスの要件は仕様書に含まれるべきである（図 5.3 および VDI 2246 第 2 部［7.304］を参照）．設計解を選択する場合は，メンテナンスの容易な代替案とすべきである．たとえば，必要なサービスが最少で，容易に交換できる部品や寿命が同程度の部品を選ぶ．実体化のフェーズでは，部品への接近性と組立・分解の容易性を考慮することが重要である．しかし，メンテナンスのための設計で安全性に関して妥協してはならない．

文献［7.282］によれば，技術的な設計解は，原則として予防的な手段をできるだけ少なくすべきである．その目的は，同じ寿命，信頼性，安全性をもつ部品を用いることで，保守の必要性を完全になくすことである．したがって，選択した設計解は，メンテナンスを不要とする，もしくは実質的に減少させる特性をもつべきである.

そのような特性を実現できないか，非常にコストがかかる場合に限って，保守と検査の手段を導入すべきである．原則として，次のねらいが重要である.

- 損傷を防ぎ，信頼度を向上させる.
- 分解，再組立，起動におけるエラーの可能性を避ける.
- 保守の手順を簡単化する.
- 保守の結果をチェックできるようにする.
- 検査の手順を簡単化する.

保守手段は，再充填，潤滑，維持，清掃に重点を置くのが普通である．これらの活動は，実体化の特性と，人間工学，生理学，心理学の原則に基づいたラベル表示で支援する．たとえば，アクセスの容易さ，疲れない手順，明瞭な指示書である.

技術的な設計解自体が直接的な安全技術を実体化して（7.3.3 項を参照），信頼度を高くすれば，**検査手段**は最少化できる．たとえば，過負荷は，故障と外乱に対する保護を実現する自助などの適切な原則を用いれば回避できる（7.4.3 項を参照）．保守および検査手段が避けられないときに，すでに論じた実体化のガイドラインを適用すべきである［7.282］．ここでは，その一覧と短い説明に留めることとする.

技術的手段は，保守と検査を削減でき，概念設計のフェーズで考慮すべきであるが，次の事項よりなる.

- 自己バランス，自己調整をするような設計解を選ぶ.
- 簡単さと少ない部品をねらう.
- 標準部品を使う.
- アクセスを容易にする.
- 分解を容易にする.
- モジュラー化の原則を適用する.
- 保守と検査用具を少なく，類似したものにする.

保守，検査，修理の指示書を用意し，保守と検査のポイントをラベルで明瞭に表示する．メンテナンスマニュアルを作るガイドは，DIN 31052［7.63］にあり，メンテナンスの周期を決定するガイドは，DIN 31054［7.64］にある.

保守，検査，修理の手段を容易に実行するには，次のような人間工学的ルールを，適切な技術的実体化によって適用すべきである.

- 保守，検査，修理の場所は容易にアクセスできる.
- 作業環境は安全と人間工学的な要件に従う.
- 目視可能性を確保する.
- 機能的なプロセスと支援する基準は明確である.

- 部品の交換が容易である．

これらの個々の要件に対する参考例が，文献［7.282］にある．

最後に付け加えると，メンテナンスは全体概念の一部であるべきである．メンテナンスの手順は，技術システムの機能，操作上の制約と両立しなければならない．また，購入および運用のコストに沿った全体コストの中に含まれるべきである．

7.5.11 リサイクル設計

(1) 目的と用語

より持続可能な発展に向かって，原材料を節約し，再利用するためには，次の可能性を考慮すべきである［7.141, 7.142, 7.169, 7.186, 7.197, 7.218, 7.302, 7.305, 7.321］．

- 材料の利用効率を上げて，製造時の廃棄物を減らすことで**使用を削減**する（7.4.1 項を参照），（7.5.8 項を参照）．
- 稀少材料で高価になっているものをほかで**代替**する．
- 製造時の廃棄物や製品，その一部を再利用，再生して材料を**リサイクル**する．

次に，リサイクルとそのプロセスの可能なタイプを，VDI ガイドライン 2243［7.302］に基づいて説明する．これは，リサイクルを支援する実体化のガイドラインを理解するのに役立つ（**図 7.127** 参照）．

製造時の廃棄物のリサイクルとは，製造で生じた廃棄物を新しい製造プロセスで再利用することを意味する．たとえば，切断残材を前処理して利用する．

製品のリサイクルとは，製品またはその一部を再利用することを意味する．たとえば，車のエンジンを再生（リコンディショニング）した後に使用する．

使用済み材料のリサイクルとは，古い製品と材料を新しい製造プロセスで再利用することを意味する．たとえば，廃車からの材料を再生する．これらの二次的な材料や部品は，新しい材料や部品と比べて必ずしも品質が劣るわけではなく，その場合は再利用される．品質の低下が著しいときは，ほかの目的に利用する．

前処理と再生は，効果的なリサイクルに大きく貢献している．

リサイクルシステムで使わないで残った材料は，廃棄物置き場や環境に放出される．将来，これらの材料を，資源として利用することもできる．

図 7.127 に示したリサイクルのループの中で，さまざまなリサイクルの方法が可能である．基本的には，**再利用**製品と**再生**製品に区別できる．

再利用（リユース）は，いかなるときも製品の形を保つリサイクルである．このタイプのリサイクルは利用性のレベルが高く，まずねらうべきである．2 種類の再利用があり，第 1 は製品が同じ機能を満たす．たとえば，ガスのボンベに再充填するよう

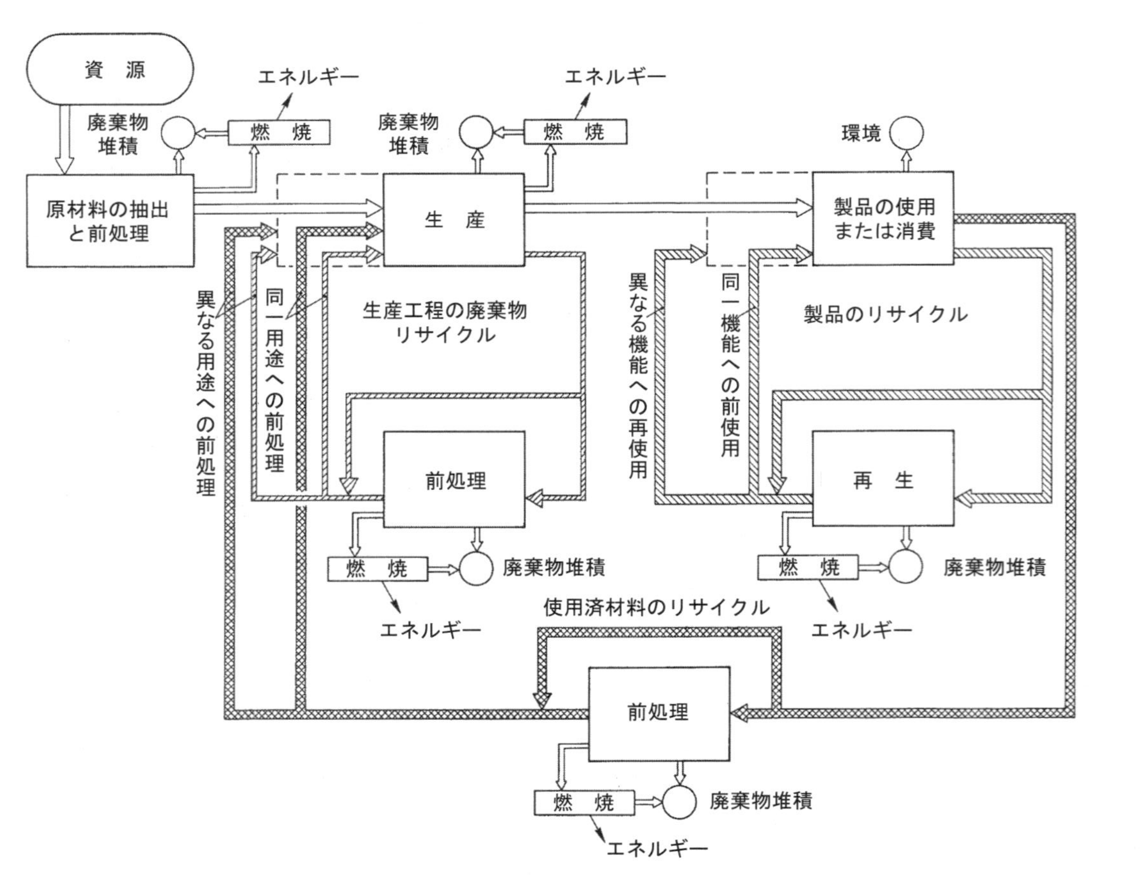

図 7.127　各段階でのリサイクルの可能性（出典［7.186, 7.302］）

な場合である．第2は異なる機能に利用する方法で，たとえば，古タイヤを船の防舷材に用いるような場合である．

再生（リコンディショニング）では，製品の形は失われ，利用価値は低下する．2種類の再生があり，第1は同じ製品の製造プロセスで再生が行われる．たとえば，廃車から得た材料を再生する場合である．第2は，異なる用途に再生が行われ，たとえば，廃プラスチックを熱分解によって油に変えることが挙げられる．

(2) リサイクルのプロセス

前処理

製造時の廃棄物やスクラップ材料の前処理は，それに必要な方法に強い影響を受ける [7.186, 7.197, 7.277, 7.302]．

かさばったスクラップを**プレス**して**圧縮**すると，金属を作るプロセスで炉に入れる作業が容易になるが，材料の分別ができない．したがって，この方法は，ほかの材料と混ざっていない，製造時の廃棄物や金属スクラップ，たとえば缶などにしか適さない．

重い製品や大きい製品は，**せん断機**や**ガス炎**で**切断**できる．この方法は，材料を後で分別しなければならないときに，とくに適している．

分離は，**裁断プラント**でも可能である．これは，ハンマーによる粉砕機の原理によるもので，回転するハンマーが製品をばらばらにする．この粉砕機に続くほかのプロセスがあり，粉塵の除去，磁気選別，サイズによる分別，手作業による材料の分別などである．裁断されたスクラップは密度や純度が高く，破片の大きさも一様なので品質が高い．この技術的に複雑で労働集約的な前処理は，廃車の80%，冷蔵庫などの家電製品の20%に用いられる．**グラインダー処理**も廃棄物の品質は同じである．これらは，どれも技術的に複雑で，材料分別の前の粉砕方法が異なるだけである．

浮遊選別は，シュレッダーやグラインダーと組み合わせて，非鉄あるいは非金属部品を選別するのに役立つ．**重錘を落下させる方法**は，ねずみ鋳鉄の大きい肉厚の鋳物を処理するのに用いる．**化学的前処理**は，金属を作る前に有害な物質や合金を除去するのに用いる．

図7.128 は，最近の裁断プラントにおける物質の流れを示す [7.302]．

現在では，プラスチックがスクラップの大きな割合を占めるので，これをリサイクルすることがますます重要になっている [7.18, 7.109]．熱可塑性プラスチックの前処理は，あらかじめ分別されていれば，裁断，洗浄，乾燥，粒状化によってなされる．しかしこれは家庭の廃棄物では難しい．混合した廃プラスチックの前処理は，小さく裁断した後に分類，サイズ分け，ふるい分けなどの機械的な分別によってなされる．

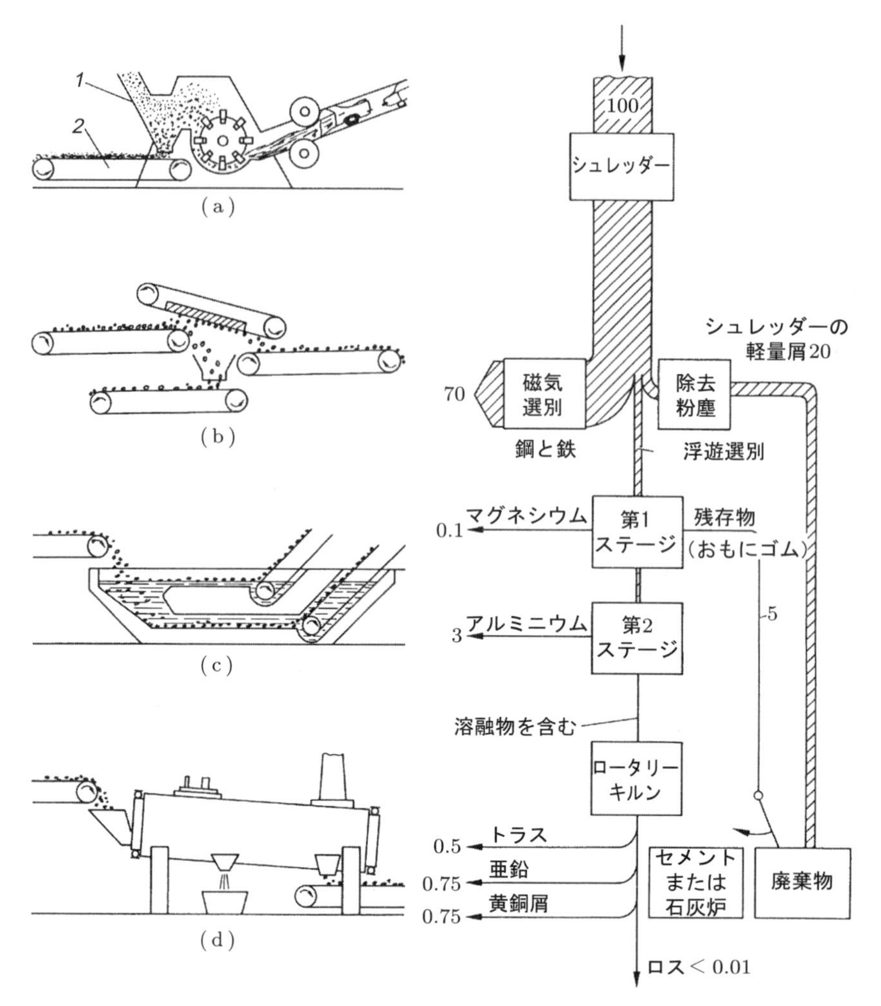

図 7.128　裁断プラントの動作原理と物質の流れ

ほかの分別方法には，静電気や密度の違いによる浮遊選別を利用したものがある．このような前処理方法はまだ発展途上で，プラスチックを収集する前に分別することが経済的に成り立つ代替方法である．化学的な前処理は，熱硬化性プラスチックやエラストマー（ゴム状高分子）に用いられる [7.184].

材料の再利用率がもっとも高い，最高品質のスクラップは，前処理に先立って製品を**分解**することにより得られる．このように適切な材料グループに分解することは，専門の会社や製造会社自身によって，専用の分解ラインで行われる．

実体化の特性と組立方法（7.5.9 項参照）の選択により，経済的な分解ができるようにあらかじめ設計しておくべきである．スクラップ製品や材料の経済的な前処理には，分解と前処理の適切な組合せが必要である［7.186, 7.302］．

再 生

製品を最初に使用した後に再利用できるようにするためには，次のステップからなる再生プロセスが必要である［7.197, 7.266, 7.267, 7.302, 7.319］．

- 完全な分解
- 洗浄
- 試験
- 使える部品を再利用し，損傷した部分を修理し，使用する部品を再生し，使用できない部分を新品で置き換える．
- 再組立
- 試験

再生は特別な専門会社で行う場合と，製品の製造業者が行う場合の二つの方法がある［7.10］．最初の方法では，元の製品が識別可能な状態で残って，部品を交換したり補修したりしても部品の構成は維持され，公差が互いに調整される．たとえば，この方法で再生したエンジンは，もともとのエンジン番号を保持することになる．第2の方法では，元の製品を分解して，すべての部品が個々の公差を満足するような新しい部品として取り扱われる．この結果，再生された部品と新品の部品が，すべて新品であるかのように取り扱われて，再組立の段階で組み合わされる．この方法は，元の製品と再生製品の両方に，同じ製造，組立設備を利用できるので将来性がある．

(3) リサイクルのための設計

前処理と再生を支援するために，製品開発のときに特別な設計基準を導入することができる［7.12–7.14, 7.22, 7.141, 7.142, 7.186, 7.187, 7.196, 7.302, 7.320, 7.321, 7.323］．ただし，これらの基準は，役割のほかの目標や要件に反してはならない（図2.15参照）．とくに，生産と操作のコスト有効性を確保しなければならない．

設計プロセスにおけるリサイクルの考慮

リサイクルの可能性は，設計プロセスの全段階で考慮すべきである（図1.9, 6.1, 7.1, 8.1参照）．**図7.129**は，VDIガイドライン2221［7.270, 7.323］に示された設計の各フェーズで，リサイクルに関するどの設計業務をなすべきか示している．

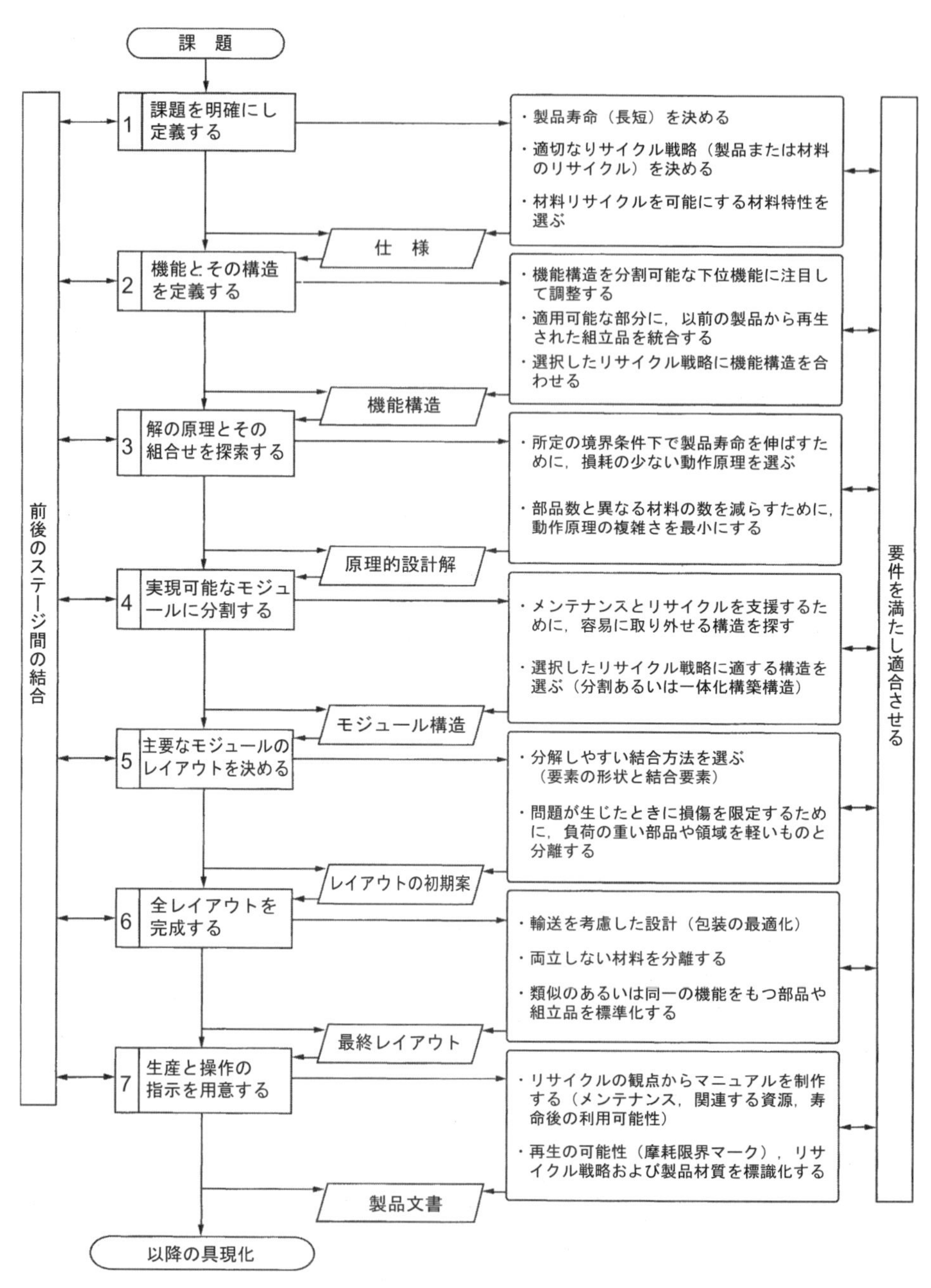

図7.129　VDI 2221に示された，設計の各フェーズに対応するリサイクル関連の課題［7.270, 7.293, 7.323］

前処理のための実体化ガイドライン

次のガイドラインは，製品全体と個々の組立品に関するものである．これらを個別にあるいは組み合わせて，前処理や直接的な再生を改善するのに利用できる．

材料の互換性：再生が容易なように，単一の材料で製品を設計することは非常に困難である．したがって，分割できないユニットに対しては，再生の観点から互換性のある材料を用いるようにすべきである．これによって，プロセスから，経済性と品質の高いものが得られる．

このねらいを達成するには，再生のための製造要件を知らなければならない．互換性のある材料をグループにまとめた，いわゆるスクラップ材料グループとか原材料グループを定義すると役に立つ．材料学者や材料処理の業界がこのような一般に適用できるグループを定義するまでは，設計者は個々の場合について，専門家と協力して材料の互換性をチェックしなければならない．これはとくに，リサイクルの可能性が高い大量生産品の場合に重要である．**図 7.130** には，プラスチックに対する互換性の例を示す．

		添加材料											
	重要な合成設計材料	PE	PVC	PS	PC	PP	PA	POM	PAN	PBS	PBTP	PETP	PMMA
基本材料	PE	●	○	○	○	●	○	○	○	○	○	○	○
	PVC	○	●	○	○	○	○	○	●	◐	○	○	●
	PS	○	○	●	○	○	○	○	○	○	○	○	○
	PC	○	◔	○	●	○	○	○	●	●	●	●	●
	PP	◔	○	○	○	●	○	○	○	○	○	○	○
	PA	○	○	◔	○	○	●	○	○	○	◔	◔	○
	POM	○	○	○	○	○	○	●	○	○	◔	○	○
	PAN	○	●	○	●	○	○	○	●	●	○	○	●
	PBS	○	◐	○	●	○	○	◔	○	●	◔	◔	●
	PBTP	○	○	○	●	○	◔	○	○	◔	●	○	○
	PETP	○	○	◔	●	○	◔	○	○	◔	○	●	○
	PMMA	○	●	◔	●	○	○	◔	●	●	○	○	●

● 互換性あり
◐ 互換性の制約あり
◔ わずかな互換性のみ
○ 互換性なし

図 7.130 プラスチックの互換性を示す表 [7.146, 7.302]

材料の分離：分離できない部品や，組立品の材料に互換性がない場合は，分解などの前処理によって互換性のない材料を分離する．

前処理に適した結合：高品質で経済的な前処理を実現する結合は，アクセスと分解が容易で，製品の外側になければならない．**図 7.131** は，分解容易な結合のタイプを

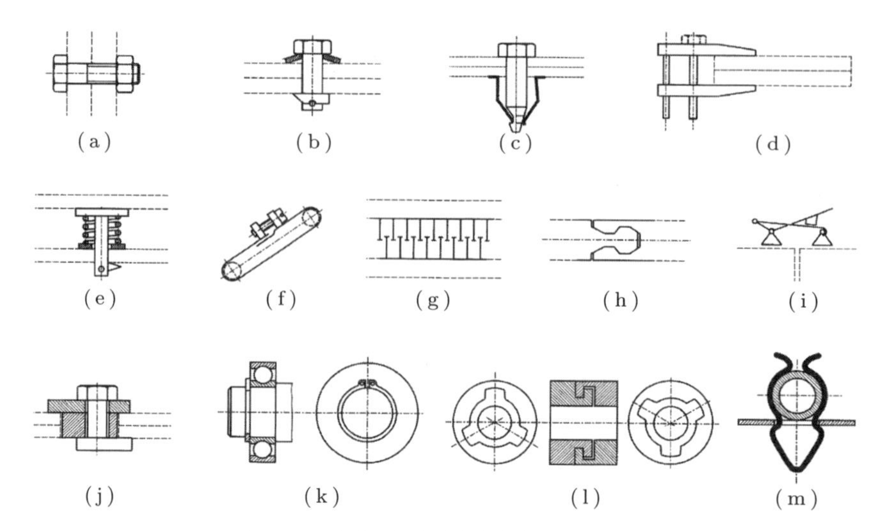

図 7.131　分解容易な結合方式［7.197, 7.244］
(a) ボルト，(b) クォーターターンファスナ，(c) プッシュターンファスナ，(d) クランプ，(e) プッシュ - プッシュファスナ，(f) ジュービリークリップ，(g) ベルクロファスナ（マジックテープ），(h) 形状フィットファスナ，(i) レバークランプ，(j) 偏心ファスナ，(k) サークリップ（止め輪），(l) バヨネット，(m) ばねクリップ

示す．複雑な構造はリサイクルに手間がかかるので，なるべく避けるべきである．

経済的な分解：簡単な工具，自動的なプロセス，訓練の不要なことが望ましい．とくに，スクラップの集積場で分解するときは重要である．

価値の高い材料：高価値で稀少な材料は優先して扱い，分離しやすいようにラベル表示する．

危険な材料：前処理や再生で人間や環境に有害な材料，液体やガスは，容易に分離したり，除去したりできなければならない．

再生のための実体化のガイドライン

次のガイドラインを適用すべきである．

- 分解が容易で部品に損傷を与えないこと（文献［7.134, 7.160, 7.194, 7.270］にはさらに分解のガイドラインが述べられている．また，**図 7.132** では分解を容易にする概念を述べた．7.5.9 項と比較されたい）
- 再利用可能な部品はすべて，容易に損傷なく清掃できること
- 試験と分類ができるような適切な実体化を行うこと
- 追加の材料や位置決め，固定，測定のための設備による部品の再加工や材料の肉盛を容易にすること

ガイドライン	誤	正
分解容易な構造		
再処理に関して互換性のある部品と材料からなる組立品とせよ	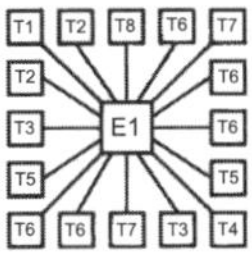	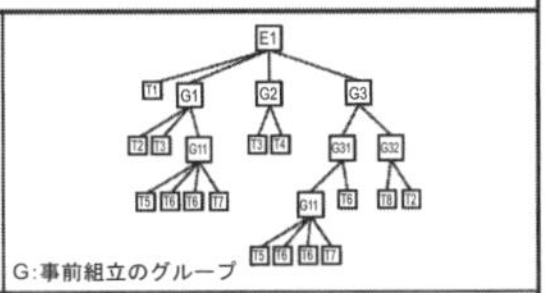 G:事前組立のグループ
組立品のベースとなる部品には再処理に適した材料を用いよ		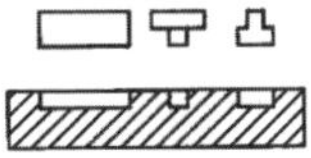
再処理に関して互換性のない材料を用いた，分離できないような複雑な構造は避けよ	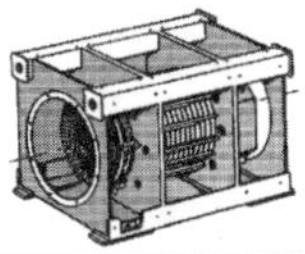	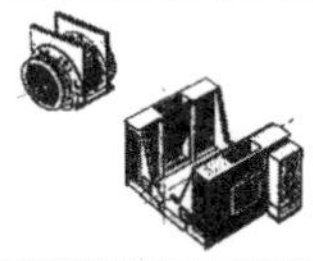
結合の数を減らせ	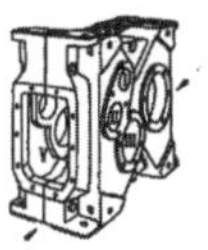	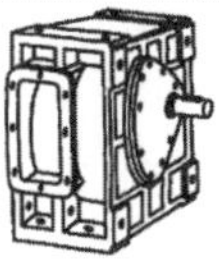
分解容易な結合		
長期間の使用後も容易に分解あるいは除去できる結合要素を用いよ	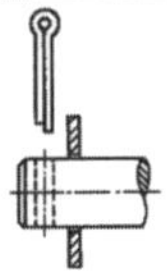	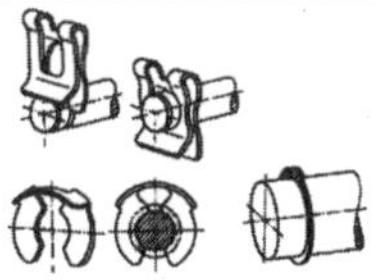
結合要素の数を減らせ	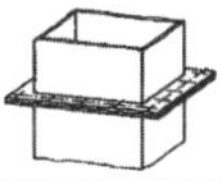	
同一種類の結合要素を用いよ	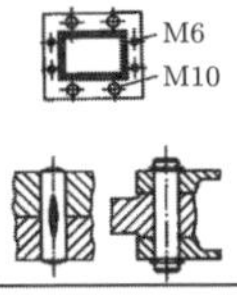 M6 M10	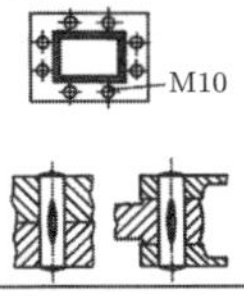 M10
分解工具の良好なアクセス性を確保せよ	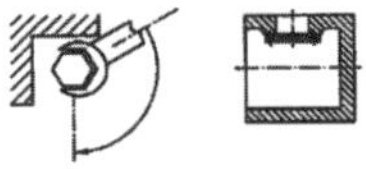	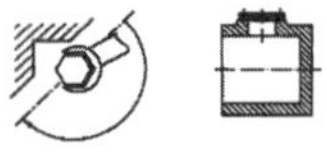
単純な標準工具を用いよ	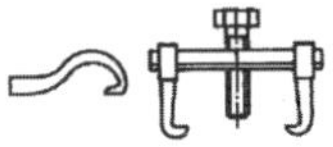	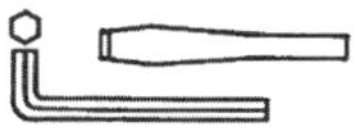
長い分解距離を避けよ	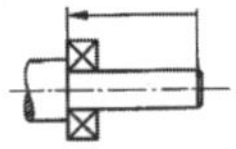	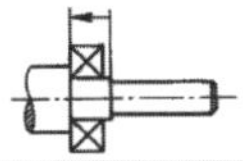

図 7.132　分解を容易にする実体化のガイドライン［7.197, 7.244］

- 一品生産や少量生産ですでに用いている工具による再組立を容易にすること

新品部品の必要数を減らすには，次の基準が有効である．

- 損傷の生じる部品は，特殊用途のもので調整または交換が容易なものに限定すること（7.4.2 項と 7.5.5 項を参照）
- 部品の損傷状態を容易に識別し，再利用可能か判断できるようにすること
- 損傷した場所に材料を肉盛する作業を，適切なベース材料を選択することによって容易にすること
- 部品の再利用可能性を増すために，実体化と防護基準によって腐食を最小化すること（7.5.4 項を参照）
- 結合の方式は，製品寿命を通して機能するものを選ぶべきであるが，さらに，取り外しが容易で，繰り返し取り外しても緩まず，腐食による結合にさらされないものとすべきである [7.245, 7.286]．

リサイクル可能性のラベル表示

組立品やモジュールのリサイクル可能性と必要な手順は，リサイクル戦略とそれを満たす実体化に沿ってラベル表示すべきである．これによって，必要なリサイクルプロセスと基準を，容易かつ安全に適用することができる．**図 7.133** は，プラスチック部品のラベル表示の例である．

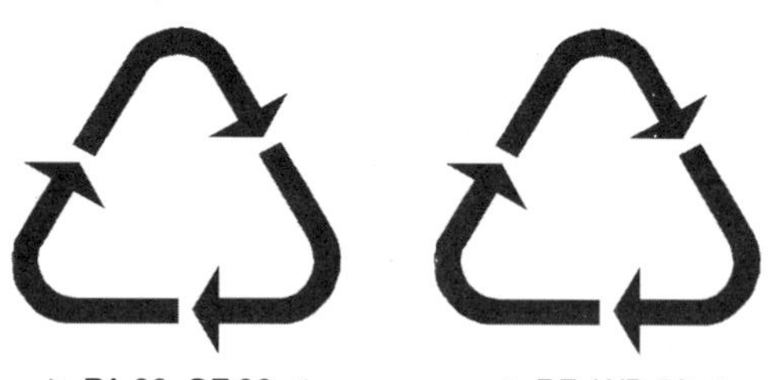

図 7.133　DIN ISO 11469，DIN 7728 T.1 および DIN ISO 1043 による プラスチック部品に用いるラベルの例

(4)　リサイクルのための設計例

ペデスタル型滑り軸受のリサイクル（使用済み材料のリサイクル）

ペデスタル型滑り軸受（図 9.25 参照）は機械で広く用いられているので，リサイクルを考慮するのが経済的である．第 1 の可能性は，再生によるリサイクルで，損耗した鋳造の軸受箱，潤滑リング，シールなどを新品に換えたり，再生したりする方法である．第 2 の可能性は，軸受を完全に交換する方法である．これまで，約 99%の使

用済みペデスタル型軸受は，全体として再生され（使用済み材料のリサイクル，図7.127参照），低い品質に終わっていた．再生の品質は，製品が前処理された後の材料の純度で決まるので，製品を構成する材料の組合せと前処理の技術に左右される．たとえば，一般的なペデスタル型滑り軸受は，約74%の鋳鉄，22.3%の非合金鋼，3.5%の非鉄金属，0.2%の非金属からなる．図9.25のような軸受の成分の重量%は，**図7.134**の「非合金鋼」というスクラップ材料グループの%割合と比較することができる［7.186］．この数字は，有毒ガスを発生する鉛（Pb）と，除去できない銅（Cu）およびアンチモン（Sb）の割合が高すぎることを示している．したがって，軸受を全体としてリサイクルすることは，再生にかかる労力と得られる鋼の品質に悪影響を及ぼす．銅を含む潤滑リングと鋳造品の軸受箱を，たとえばシュレッダーなどの前処理に先立って除去することは経済的ではない．リサイクルを考慮した軸受の再設計では，これらの部品に対して，おもなスクラップ材料グループのほかの合金と互換性のある材料を選択した．たとえば，潤滑リングは銅の含有量が少ないアルミニウム合金（たとえば $AlMg_3$）を用い，軸受箱はねずみ鋳鉄（プラスチックのコーティングをする場合も，しない場合もある）を用いる．

許容重量% / スクラップの材料グループ	揮発性元素 ↑			スラグを形成する元素 →									スラグへの追加物				分離不能な元素 ↓								揮発性元素 有毒 ↑			
	Li	C	Zn	Ca	Mg	Al	B	V	Ti	Si	Nb	Zr	Mn	Cr	P	S	As	Sb	Co	W	Mo	Ni	Sn	Cu	Cl	Cd	Be	Pb
非合金鋼	任意量	2.0 (3.0)	4.0	任意量	2.0 (3.0)	2.0 (3.0)	2.0 (0.5)	2.0 (3.0)	2.0 (3.0)	1.5 (2.5)	2.0 (3.0)	1.0 (1.5)	3.0 (4.0)	0.6	0.1 (3.0)	0.1 (0.2)	≪ 0.1	≪ 0.1	0.1	≪ 0.05	≪ 0.05	≪ 0.1	≪ 0.03	≪ 0.3	◆	≪ 0.1	≪ 0.1	≪ 0.1
ペデスタル型滑り軸受	重量%（1%以上）																											
重量%	–	2.12	0.012	–	–	0.08	–	–	–	1.16	–	–	0.17	–	0.16	0.16	0.015	0.4	–	–	–	0.01	0.15	0.8	–	0.02	–	2.07

図7.134 ペデスタル型滑り軸受の成分の重量%を「非合金鋼」というスクラップ材料グループの%割合と比較したもの（Renk-Wulfel）

白物家電のリサイクル（使用済み材料と製品のリサイクル）

洗濯機，皿洗い機，冷蔵庫などの白物家電は大量に生産され，貴重な材料を含むので，リサイクルの価値がある．**図7.135**は皿洗い機の主要な材料の重量%を示す．非鉄金属と非金属が多く，とくに高合金鋼の割合が高い．製品を全体として，たとえばシュレッダーで前処理することは，高合金鋼だけを再生できないので経済的でない．さらに，非鉄金属の存在が再生を複雑なものにするか，少なくとも手間がかかるようにしてしまう．再生にもっと適した製品構造は，主要な組立品を容易に分離または分解できるようにして，それを別個にシュレッダー，切断，圧縮などで前処理すること

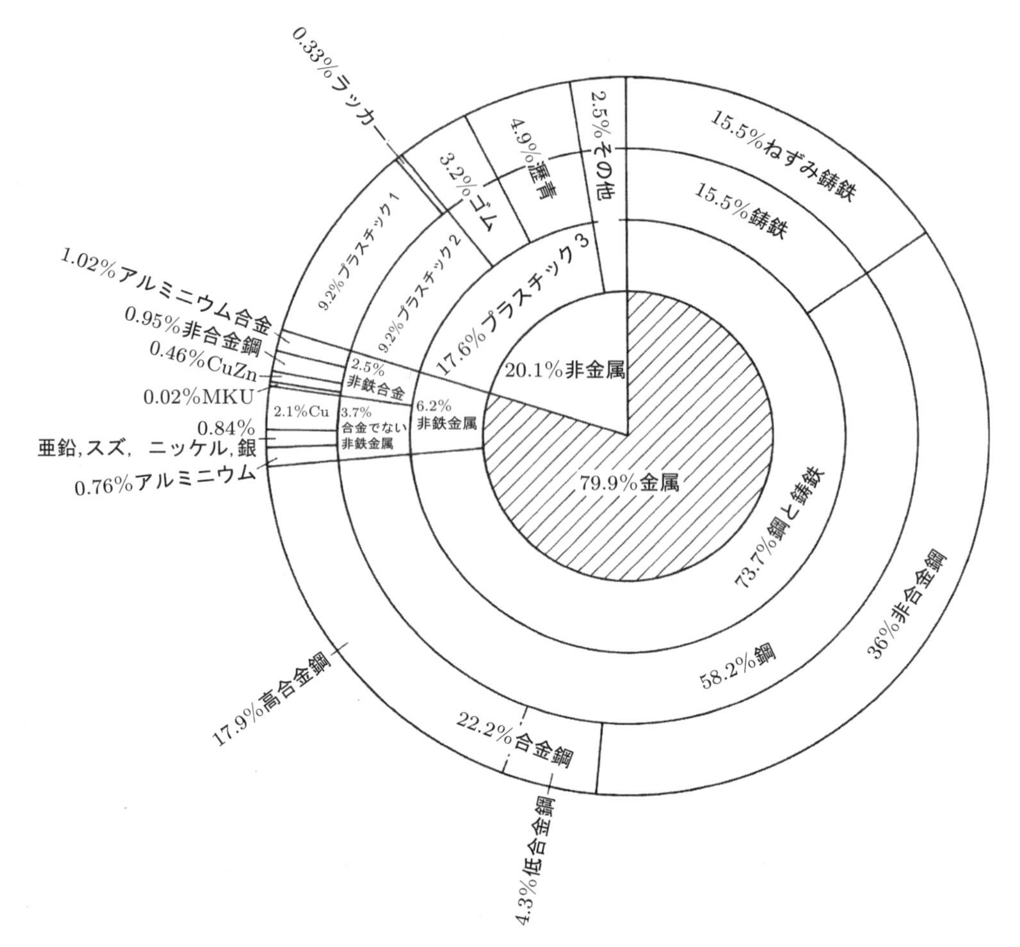

図 7.135　1979/80 年の AEG 製皿洗い機の材料重量%（出典 [7.186]）

である．これは個々の部品の再利用を可能とし，あるいは製品全体の再利用も可能とするかもしれない（製品リサイクル）．

図 7.136 は，皿洗い機の実体化の別の案を示す．ここでは，ベース *1* が，循環ポンプ *2* や水供給ポンプ *3*，洗剤供給ポンプ *4*，電子部品 *5* などの部品をすべて搭載している．このベースの組立は結合部品がいらないように設計されている．部品はケーシング *6* の下部に単に位置決めされているだけである．ケーシングとベースは蝶番 *7* で開閉できる．ケーシングを傾けた後の最大角度は，すべての部品を組立，またリサイクルのために取り除くのに十分な角度である（前処理または再生）．

白物家電のほかの例を，**図 7.137** に示す．洗濯機のハウジングの構造と機能部品の位置を，さまざまに変えて案を作った．利用価値の分析によって，代替案(b)が最善

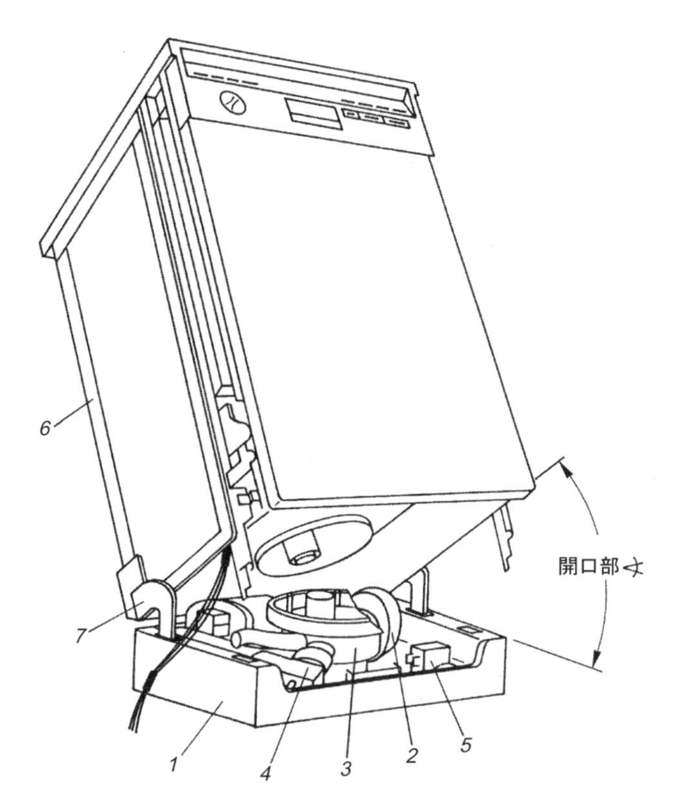

図 7.136　リサイクルを考慮した皿洗い機の設計（Bosch-Siemens）

だと判断された．理由は，部品の数が少なく，再組立の結合の数が少ないので，リサイクルだけでなくメンテナンスにも有効だからである．

分解容易な駆動装置

図 7.138 に，ハンマードリルの駆動装置を示す．ここでは，モータ軸の位置決め軸受を，分解容易な通常のサークリップ（止め輪）で軸方向に保持するのではなく，U字形のクリップで保持して，これを引き出せばモータから駆動装置を分離できるようにしている．この設計解を用いた理由は，この組立ではサークリップにアクセスできないからであった．

リサイクル容易な製品を開発する場合に，少なくとも製造と組立に関しては，従来の設計解よりもコスト高にならないように特別の注意を払わなければならない．

(5)　リサイクル可能性の評価

新製品を開発するときは，リサイクル可能性について設計解の代替案を評価する必

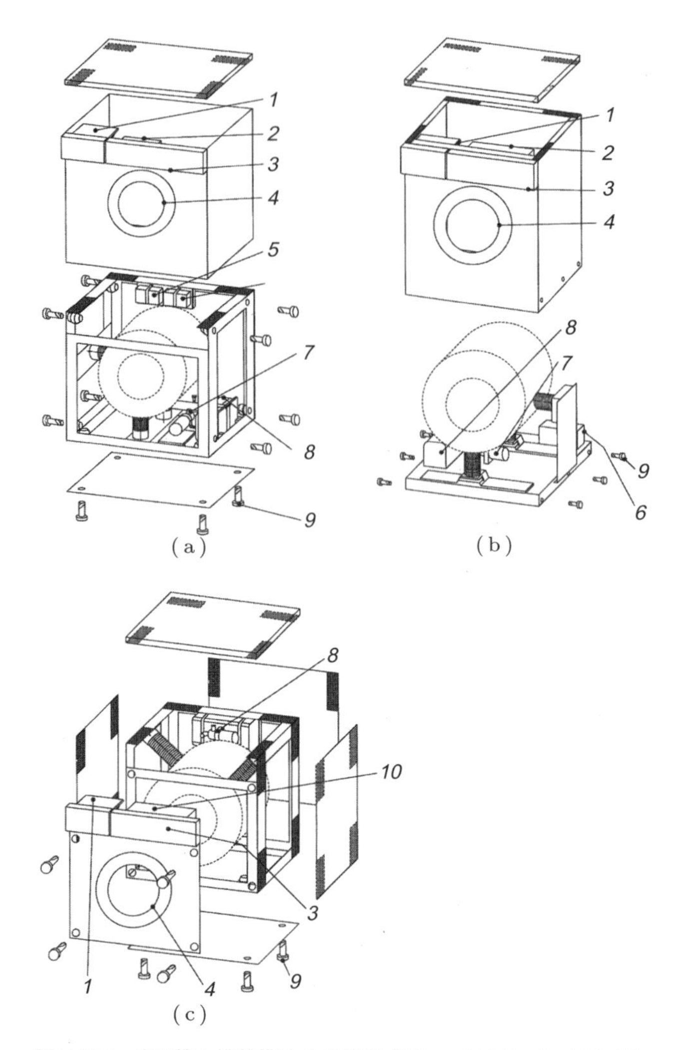

図 7.137　洗濯機の構築構造の代替案（Löser, TU Berlin による）
1：散布器，*2*：プログラム制御，*3*：表示装置，*4*：ドア，*5*：ソケットおよびヒューズ，*6*：電源回路，*7*：洗剤ポンプ，*8*：ヒーター，*9*：クォーターターンファスナー，*10*：主電子装置

要がある［7.160, 7.222］．3.3.2 項で論じた評価手順の中に，リサイクルの基準を含めればよい．

図 7.139 は評価基準を一覧にしたもので，製品のリサイクルと材料のリサイクルに関連したものに分けられる．全体的な格づけを決定するには，リサイクルの格づけを製品の技術的／経済的格づけと組み合わせる．S 線図と価値プロフィール，とりわけ仮想的な理想設計解（3.2.2 項参照）［7.11, 7.118］からの代替案の隔たりを示すもの

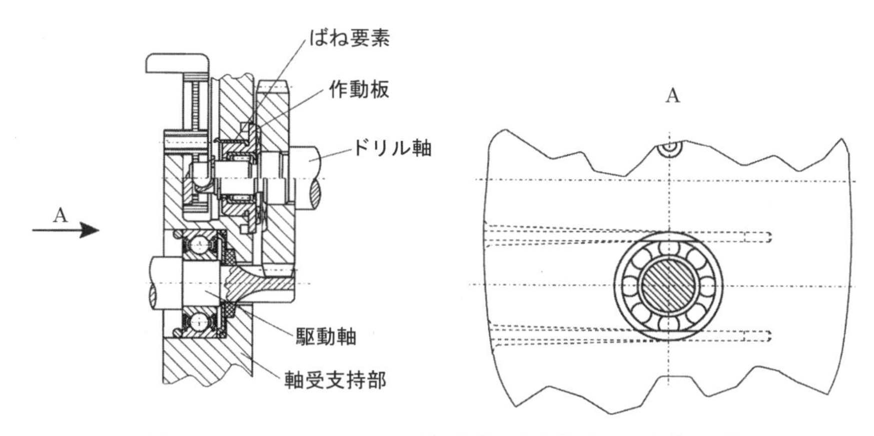

図 7.138　ハンマードリルの分解容易な歯車箱（Bosch）[7.118]

を，個々の評点と全体評点の表現に用いるとよい．

このような評価手順は，製品のインパクト評価に発展させることができる [7.118, 7.263, 7.264, 7.324]．

7.5.12　リスク最小化設計

設計欠陥と外乱要因に配慮したとしても（第 10 章参照），設計者は依然として情報の欠落と評価の不確実さに悩まされることになる．なぜなら，技術的あるいは経済的なさまざまな理由により，理論的解析や実験的解析だけですべてを網羅することができるとは限らないからである．設計者が望めるのは，限界を設けることだけという場合もときどきある．したがって，注意深いアプローチにもかかわらず，仕様で設定した機能を間違いなく実現できる設計解を選んでいるかどうか，あるいは経済的な仮定が急速に変化する市況の下で現在でも正しいかどうか，といったいくつかの疑問が残り得る．要するに，ある程度のリスクは必ず残るものである．

人はだれでも許容限界を超えないように設計するか，または機能喪失や早期損傷を避けるために最大能力以下で装置を運転しようとするのが普通である．しかし，現場の技術者ならば，この方法をとるとまた別のリスクに出くわすことを知っている．すなわち，大きさや重量がともに大きくなりすぎ，価格も高くなって市場での競争力が失われてしまうのである．技術的なリスクを低く抑えようとすると，経済的なリスクが増大するのである．

(1)　リスクへの対処

このような状況に直面した場合には，設計解を慎重に選択して，適切なガイドライ

製品リサイクル基準：	材料リサイクル基準：
機能指向の製品構造	分解容易性：
モジュラー構造	分解操作の数
複雑でないこと	異なる分解操作の数
並行して分解可能（平坦な分解ツリー構造）	分解操作の方向の数
分解容易性（材料リサイクルを参照）	結合要素の数
損傷を受けない分解	異なる結合要素の数
清掃の可能性	アクセス性
試験の可能性	分解自動化の可能性
識別の可能性	少ないエネルギーによる結合解除と分離
分類の可能性	設備費用
再処理の可能性	必要な分解工具の数
再組立の可能性	
品質向上の可能性	分離容易性：
摩耗の検出	必要な分離プロセスのステップ数と費用
標準部品の使用	必要な特別処理の数と費用
工程自動化の可能性	材料識別の可能性
	分離すべき材料の数
	リサイクルできない材料の数
	再処理の可能性（利用の程度）：
	同一機能への再利用可能性
	異なる機能への再利用可能性
	必要な再処理工程
	リサイクルの程度
	品質低下の程度
	材料の品質向上の可能性
	汚染の程度

図 7.139　製品および材料リサイクルの評価基準（出典［7.118, 7.197］）

ンに正確に従っているとの前提の下で，設計者は，まず自分がどのような対応策をとるべきか自問自答しなければならない．

再吟味のうえで重要なことは，設計欠陥や外乱要因および弱点をより詳細に分析して，元の設計解が対応できないすべての不確定な状況を解決できる，代わりの設計解を用意することである．

設計解の体系的探索では，複数の代替案が推敲され，分析されたはずである．そのような場合，個々の設計解の利点と欠点が議論され，比較されることになるはずで，それによって新しい改善された設計解が導かれ得る．結果として，設計者は可能な設計解の範囲に精通できる．つまり，それらを格づけし，また経済的制約を考慮できるようになっているだろう．

原則として，十分な技術的メリットがあることを前提に，もっとも安価な設計解が選ばれているだろう．これはよりリスクが高いかもしれないが，経済的余裕を最大とすることができる．安価な製品であれば，それを市場に出して設計解の評価を受けるチャンスは，高価な製品に比べて大きくなる．高価な製品は開発を危うくし，また，「安全な」設計であるがゆえに，性能の限界についての情報を何ももたらしてくれない．この戦略を採用するのが賢明ではあるが，設計者は，損傷や破損，そして多数の不要ないらだちをもたらすような，リスクの高い設計を根気強く避けるべきである．

十分な時間や適正な経費をかけて理論解析や実験を行ってもリスクを回避できない場合は，安価であるがリスクの高い設計解を選択せざるを得ない．しかしこの場合でも，コストは高いがリスクの小さい代替案をつねに用意しておくべきである．

そのためにも，概念設計フェーズや実体設計フェーズでまとめたコスト有効度の低い設計解を展開して，重要な設計部分に対する第2，第3の設計解として備えておき，必要があれば緊急に使えるようにしておくべきである．選択された設計解には，このような展開に備えた準備を組み入れておく．もし期待にすべて応えられない場合は，必要があれば段階的に，修正を行うことができるので，多大な経費と時間を費やすことがない．

この体系的なアプローチによって，経費を許容できる額まで減らすだけでなく，設計に新機軸を1回に一つずつ導入すれば，それらの挙動に関する詳細な解析が可能になる．その結果，設計解のより深い展開を，最小リスクと最小コストで行うことができるようになる．もちろん，このアプローチは，それを通して得られた実際的経験を体系的にフォローアップすることによって，相乗効果を生み出す．

リスクを最小にする設計により，設計者が技術的危険要素と経済的危険要素を均衡させるように努力すると，生産者には有用な経験が，ユーザーには信頼性の高い製品が提供されることになる．

(2)　リスクを最小にする設計の例

例1

パッキン箱の性能を改善する可能性を検討して，密閉圧力と軸表面速度を増加させるには，軸上の摩擦熱を急速に取り除いて，密閉領域の温度を，シールに使われる材料の限界以下に保つ必要があることが明らかになった．

最終的にパッキン輪を軸とともに回転するように軸上に装着し，軸とではなくハウジングと擦り合せることを思いついた．摩擦で生じる熱は，薄肉壁を通して取り除かれた（**図7.140**(a)参照）．理論的および実験的検討から，自然対流冷却方式に代えて強制対流冷却方式を用いることで，著しく改善できることが明らかになった（図7.140

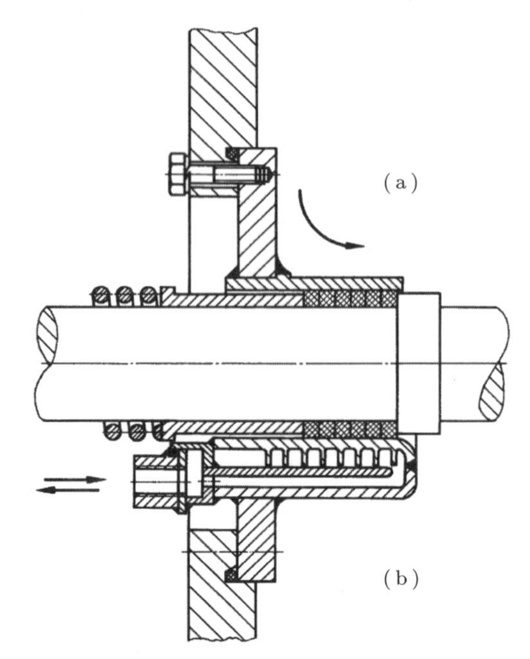

図 7.140　軸とともに回転するパッキンを内蔵する冷却式パッキン箱．軸と圧力リングを適切に設計することにより，パッキンリングの内部接触を確保する．熱伝達経路が短いので冷却効果が高い．(a) 周囲媒体の自然対流による冷却．その効果は流れる風量に依存する．(b) 別の冷却用空気の流れによる強制対流の場合．風量を上げることができ，それだけ冷却効果を高めることができる．

(b)，**図 7.141** 参照)．

しかし，このことは次のような困難な問題を引き起こした．まず，自然対流冷却方式が，必要な運転条件を満たしているかどうかという問題，さらに満たしていない場合は冷却回路を付加するという手の込んだ高コストの代替案を顧客が受け入れるかどうかという問題である．

リスクを最小にする決定，すなわちいずれの冷却方式でも容易に使用可能なハウジング構造とすることで，設計者はわずかなコスト増で対応するという経験を得ることができた．

例 2

500°C 以上の高温で運転される高圧蒸気弁の開発では，次のような問題が起きた．すなわち，窒化された表面は温度により膨張する特性（それによって半径方向のすき間が減少する）があるが，それにもかかわらず弁棒とブシュを窒化する通常の方法に固執するかどうかという問題，あるいは，それに代えて非常に高価なステライト処理

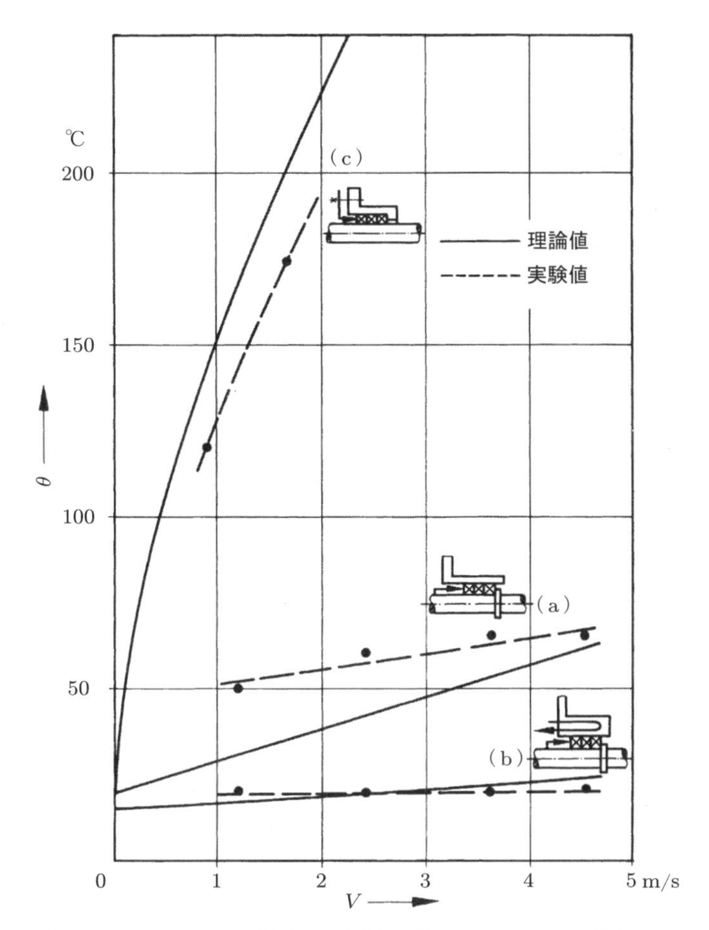

図 7.141　軸シール部の温度と軸周速の理論的および実験的関係
(a)　図 7.140(a)のレイアウト
(b)　図 7.140(b)のレイアウト
(c)　ハウジングに取り付けた従来のパッキン箱

による表面硬化を行なければならないかどうかという問題である．この問題がはじめて起こったときには，このような層状素材を高温で長時間にわたって使用したデータが不足していた．採用された「最小リスク」の設計解は，必要ならば，ほかの構成部品を交換することなく窒化部品に代えてステライト処理部品を使用できるように，弁棒とブシュの寸法および壁厚を選定する方法であった．動作温度範囲は予想した温度よりもかなり低いことが判明したので，窒化で十分な性能を得ることができ，また，動作限界を明らかにするのに役立った．この限界値が得られたため，高価な設計解は，より厳しい要求条件に対応するために留保しておくことができた．

例3

大型機械部品，とくに一品生産品に関する設計計算の信頼性は，解析方法と条件の仮定に依存する．

必要な精度ですべての性能を予測することは，必ずしもつねに可能ではない．この場合のよい例としては，軸の危険速度の決定がある，通常，軸受や基礎の剛性を正確に予測することが不可能な場合が多い．しかし，高速回転の装置では，この剛性の違いによる高次の危険速度の変化は，通常の剛性の範囲内では小さい．**図7.142**に示すような状況では，危険速度に大きな影響を与える軸受の間隔を調整できるから，「最小リスク」の設計をもっとも効果的に適用できる（**図7.143**参照）．さらに，**図7.144**のように重ね板ばねを間に入れることによって，剛性を適切に変更することができる．これらの方法を同時に，あるいは別々に採用することで，機械の運転速度の範囲から2次および3次の危険速度を外すように設定することが可能となる．

例4

帯板を2層リングに巻く装置については，多くの方法が提案されているが，**図7.145**(a)と(b)に示す二つの方法がとくに有望と思われる．

図(a)の設計解は，二つの解のうち簡単で安価であるが，リスクは高い．なぜなら，

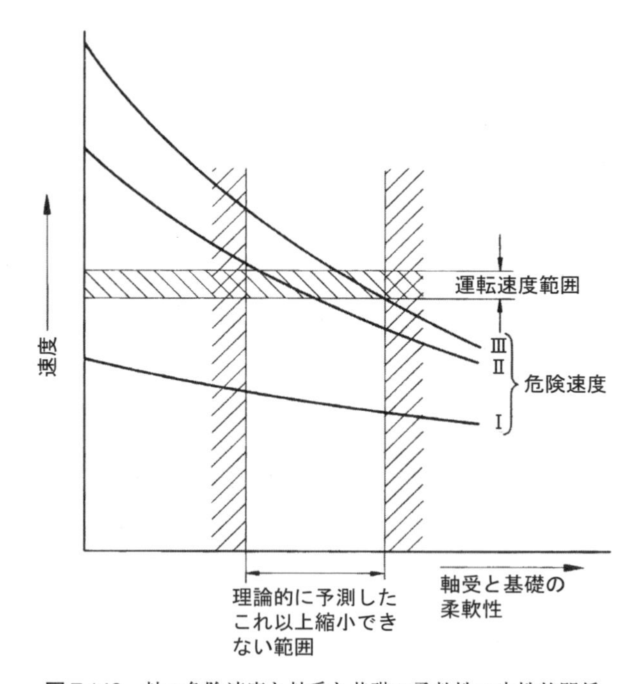

図7.142　軸の危険速度と軸受と基礎の柔軟性の定性的関係

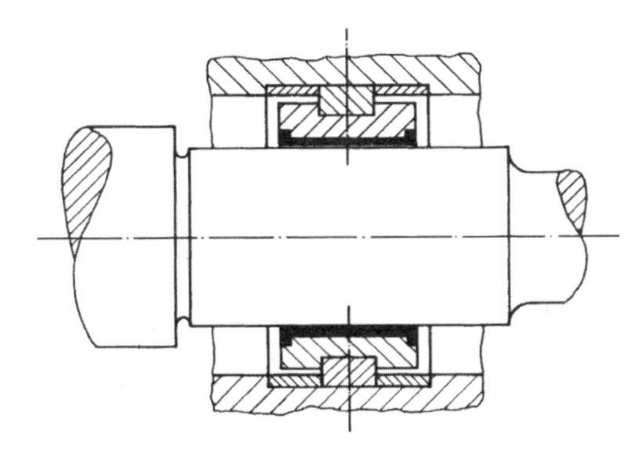

図 7.143　スペーサの選択により軸受間隔が変更可能な支持構造

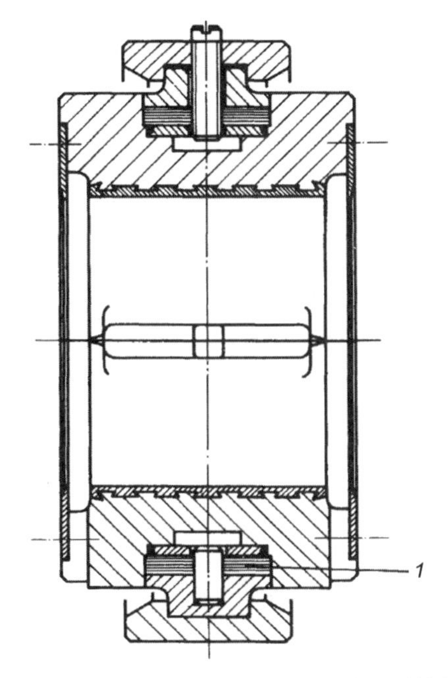

図 7.144　重ね板ばね *1* を組み込んだ柔軟性を調節可能な平軸受
（重ね板ばねは良好なクランプ特性をもち，危険速度の範囲を狭める）

ローレット加工とばね *2* の圧力により摩擦が増加しているにもかかわらず，内部の回転するマンドレルが帯板 *3* を確実に前進させられるかは不確かだからである．

図(b)に示す設計解はリスクが小さい．駆動用スプリングとフィードローラ *5* の端部に圧力ローラが取り付けられており，これによる駆動力が帯板をより確実に進めることができるからである．しかし，この設計解はコストが高く，また可動部品が多いので摩耗しやすい．

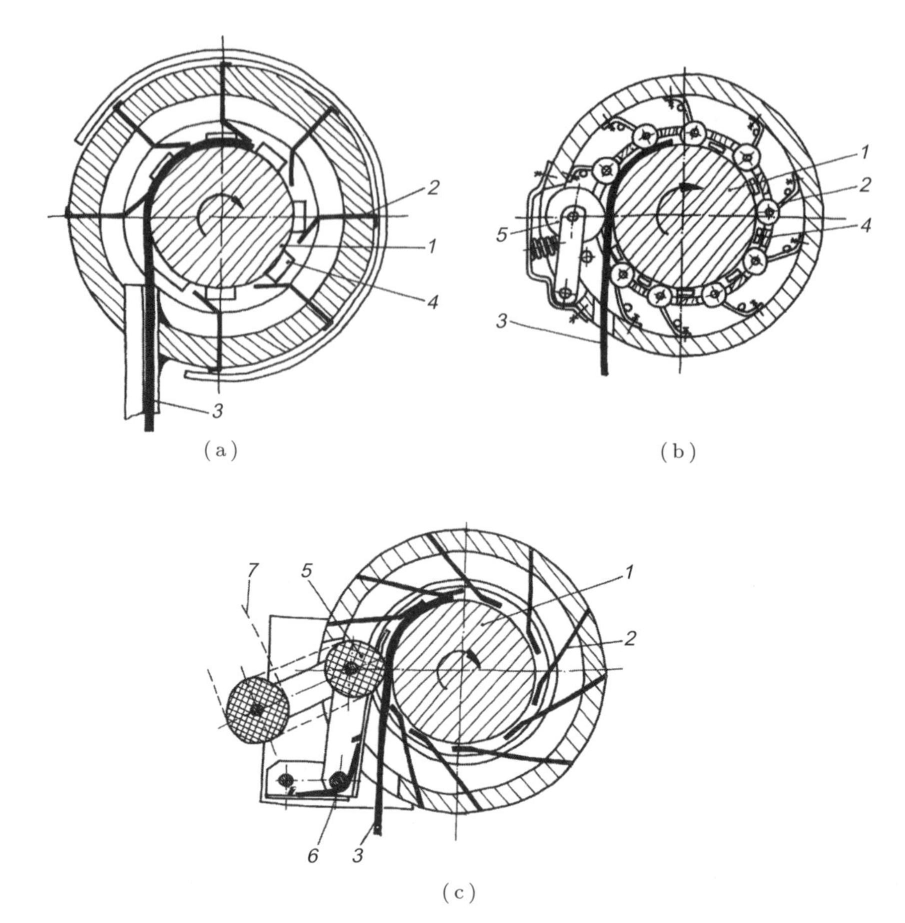

図7.145　(a) 提案した巻取装置. *1*：回転マンドレル, *2*：加圧用ばね, *3*：巻き取られる帯板, *4*：抜取り機構の部品, (b) 提案した巻取装置. *1*：回転マンドレル, *2*：加圧用ローラ付ばね, *3*：巻き取られる帯板, *4*：抜取り機構の部品, *5*：加圧ばね付き送りローラ, (c) 選択した設計解. *1*：回転マンドレル, *2*：加圧用ばね, *3*：巻き取られる帯板, *5*：ばね *6* で張力を与えベルト *7* で駆動される送りローラ

「最小リスク」の設計解を図(c)に示す．これは，図(a)に図(b)のフィードインローラを取り付け，必要な場合はほかの部品を改修することなくこのローラを駆動できるように配置してある．

この機械を試験した結果，その追加要素の重要性がわかり，また，この要素の入手は容易であった．

例5

大型電気機械などでの複雑な冷却系では，空気の流入量と流出量の関係が一定ではないため，正確な空気量を予測することはできない．もっともリスクの小さい冷却器の実体化は，ディスクに溶接される前に，ブレードを調整可能とすることが考えられた. 実験を重ねた結果, 調整はできないが安価な鋳造構造で代用することが可能となった.

これらの例により，設計者は，第 1 段階だけでなく第 2，第 3 段階をも考慮に入れてリスクに対処すべきであることが比較的安価に行えることがわかる．予期していなかった欠陥を修正するといった非常手段は，何倍もの高いコストと時間の浪費になることが，経験上わかっている.

7.5.13　規格を考慮した設計

(1)　標準化の目的

本書で見てきた体系的アプローチを労力最小という見地から見直せば，設計者が実証済みの設計解，すなわち既知の要素や組立部品を容易に利用できるようにするためには，一般に適用可能な機能要素を，どの範囲まで決定して文書化すべきかということを問題にせざるを得ない.

この問題は，標準化と関連して提起されてきたもので，Kienzle [7.149] によれば，次のように定義される.

「標準化は技術的または制度的な問題が繰り返し発生するときに，その時点で得られる最良の解決方法を示すものである．したがって，標準化は，時間的要素に制約された技術的かつ経済的な最適化の一形態である」

さらに詳しい定義は，文献 [7.34, 7.85] で示されている.

標準化は，設計解を統一化して決定するものとみなすことができ，たとえば国内あるいは国際標準（BSI, DIN, JIS, ISO など）や，企業の標準，あるいは一般的に適用可能な設計カタログ，またデータシートといった形態がある．標準化は，体系的な設計において，ますます重要性を増してきている．標準化の目的が，可能な設計解の範囲を制限することであるとはいっても，多様な設計解を求める体系的な探索と矛盾するものではない．なぜなら，標準化は主として個々の要素，下位設計解，材料，計算，試験手順などを決定することに限定されたもので，一方，多様な設計解を求めて最適化する体系的な探索は，既知の要素やデータを組み合わせて統合することに基づいているからである．したがって，標準化は体系的アプローチの単なる重要な補完手段ではなく，前提条件である．体系的アプローチでは，さまざまな要素が多数のビルディングブロックのように組み合わされる.

従来は研究開発の速度があまり速くはなかったので，標準化に関連する知識が確認され，実地に証明されてから標準が作成されてきた．今日では，たとえば情報技術などの変化が速くなったので，新技術に関する規制と標準化を，十分に試験されていない知識に基づいて行わなければならない．この状況は，世界市場において競争力を確保し，将来の発展方向に影響を及ぼす必要から生じた．したがって，開発と標準化は連携してなされ［7.98, 7.128, 7.226］，結果として，標準の原案が多く発行されるようになった．

以下では，設計プロセスにおける標準規格の利用可能性，必要性および限界について検討する．加えて，文献［7.34, 7.85, 7.89–7.93, 7.129, 7.150, 7.216, 7.220, 7.227］を参照されたい．

(2)　標準規格の種類

以下では**標準規格の種類**について論じるが，その目的は次のとおりである．

- 標準規格の利用を促進すること
- 新しい標準規格を提案したり，あるいは少なくとも標準規格の開発に影響を与えたりすること
- 標準規格の重要性すなわち，これが機能面から考えて，統一化と最適化を目的に事実を体系的に整理したものであると認識させること

標準規格が**適用される範囲**の観点から，次のような区分を考える．

- BSI（British Standards Institution）や DIN（Deutsche Industrie Normen）などの国内規格
- CEN（Comite Europeen de Normalisation，欧州標準化委員会）と CENELEC（Comite Europeen de Normalisation Electrotechnique，欧州電気標準委員会）という欧州全体の規格
- IEC（International Electrotechnical Commission，国際電気標準会議）の勧告
- ISO（International Organisation for Standardisation，国際標準化機構）の勧告

標準規格の**内容**については，たとえば，情報伝達，分類，型式，計画法，寸法，材料，品質，手順，操作，試験，供給，安全などの各種標準を分けて考える．

標準規格の**範囲**については，一般的かつ広範囲な基本標準と特殊かつ限定された範囲の特定標準に分けて考える．

前述の国内規格や国際規格のほかに，専門のエンジニアリング関係機関が発行する規則などもある（たとえば，VDI, ASME, IMechE）．これは，試行錯誤の後に将来の標準化への道を開く重要なものである．

また，設計者はさまざまな社内標準にも頼って作業を進めているが［7.86-7.88］，これらは次のように分類することができる．

- 典型的な標準を編集したもの．すなわち，一般の標準から特定の企業に適用できる部分を**選別**したもので，たとえば，在庫品のリストや新旧両標準の比較（通観規格）などである．
- **購入部品**のカタログ，リスト，データシートや，その在庫量，また，素材，半製品や燃料などの調達（注文／供給）に関するデータなど
- **自社製の部品**，たとえば機械要素，リピート部品などのカタログやリスト
- **技術的，経済的な最適化**のための情報シート，たとえば生産能力，製造方法およびコスト比較など（11.3.2 項を参照）
- 機械要素，組立部品，機械全体およびプラントに関する，**計算と実体設計**の方法や規則類．必要ならば寸法や型式の選定に関する方法なども含む
- **貯蔵および輸送**能力に関する情報シート
- **品質管理**に関する規則，たとえば，検査と試験の手順など
- **情報の取りまとめと処理**に関する規則やガイドライン．たとえば，図面，部品表，付番体系およびコンピュータでのデータ処理に関するもの
- **組織や業務の手順**を規定する規則．たとえば，部品表や図面の更新に関するものなど

図 7.146 に，企業，国，欧州，国際標準の関係を示した．社内標準は，特定の製品やプロセスに対して開発・選択され，実際の状況に適用される．したがって，深く，現実性の高いものである．国内および国際標準は，開発に社内標準よりも長い時間がかかるが，より一般的に適用できるものである．これらの標準は，一般に多様性は少

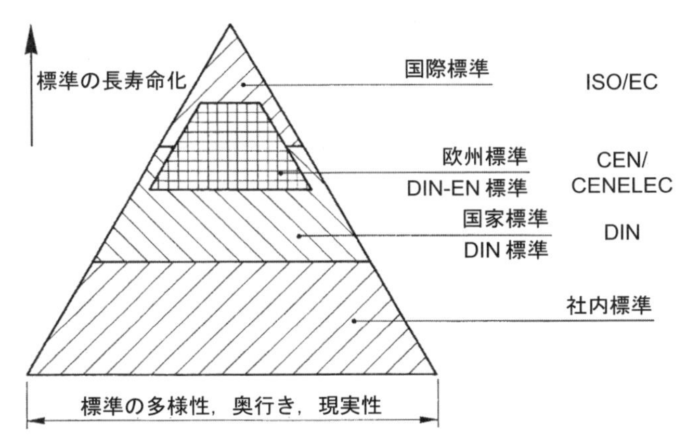

図 7.146　社内，国内，欧州，国際標準の関係（DIN に基づく）

なく，それほど掘り下げたものではない．これらは変化に適応させることがより困難で，したがって，普及と効果が重要なこととなる．

(3)　標準の準備

設計プロセスで標準や規制，その他の情報を探して用いることは大変な労力を要する．情報を入手する方法は，たとえば標準に関するフォルダ，BSI や DIN のハンドブックとガイド，マイクロフィッシュ，コンピュータのデータベースなど，さまざまなものがある．これらのデータベースは CAD システムに統合され，設計者に文字情報だけでなく，部品の幾何学的情報まで提供するようになっている [7.6, 7.124, 7.238, 7.239]．

(4)　標準規格の利用

本書（ドイツ語原著）を執筆している時点では，法的な意味で絶対に従わなければならない標準というものは存在しなかった．しかし，国内規格や国際規格は，一般に規制として取り扱われており，それに従うことは法律上の争いが生じた場合には大変有利になる．これは，とくに安全に関する標準の場合に当てはまる [7.23, 7.57, 7.115, 7.254, 7.303]．

さらに，すべての社内標準は，その適用範囲内，とくに経済的理由については，拘束力があるものと考えるべきである．

ある標準規格の**適用範囲**は，前述の Kienzle の定義によっておよそ定められる．標準規格が有効であり拘束力をもつためには，技術的，経済的な要件や安全，さらには美的感覚に反するものでないことが必要である．これらの点で問題が生じる場合でも，その標準規格を使用しないということを決定する前に，必ずそれによってどういうことが起きるか事前評価をしなければならない．

さらに，このような事前評価は，設計者個人だけで行うべきものではなく，つねに標準化の関係機関や所属する部門の上長と相談すべきものである．

次に，標準規格の正しい使い方に関する，いくつかの勧告とヒントを述べることにしよう．

まず何よりも，国内規格に忠実であることを推奨する．その理由は，そこで規定されている推奨寸法がすべての部品の寸法を決定するのに役立つからである．もしこのような基本的な規格を無視したら，たとえば，補修部品のサービスなどで予期できないような長期間の問題が生じたり，技術的かつ経済的に重大な危険を招いたりする可能性がある．

標準規格の使用は，以下の例で示すように，7.2 節で述べたチェックリストに沿って検討すべきである．

レイアウト

基本標準でも特定標準でも，とくに構造に関するもの，寸法に関するもの，材料や安全性に関するものは全面的に考慮しなければならない．試験や検査の手順も実体化に影響を与える．

安　全

部品，作業および環境安全に関する確立された標準規格と規制は，厳格に守らなければならない．安全標準は，合理化や経済性よりもつねに優先させなければならない．

生　産

ここでは，生産標準を守ることがとくに重要であり，工場の規則には拘束力がある．これは関連する標準の継続的な更新を必要とする．生産標準から逸脱してよいのは，工業的な面および購入・販売の市場の面からあらゆる広汎な事前評価を行った後である．

品質管理

試験標準と検査規則は品質管理の基本事項である．

メンテナンス

標準記号（たとえば回路図など）を使用し，保守の標準規格も制定しなければならない．

リサイクル

再利用と再生，試験，材料，品質，寸法，生産とコミュニケーションに関する標準は，とくに重要である．

以上に述べたことは，すべてを網羅しているわけではなく，一般的に適用できるというわけでもない．というのは，設計者の仕事は非常に多様で複雑であり，かつ一般の標準規格も企業の社内標準も，ここでまとめるには範囲が広すぎるからである．しかし，チェックリストに従って作業を進めることにより，ある標準規格が種々の項目に対してどの程度適合しているかは，すぐに判断することができるだろう．

(5)　標準規格の制定

設計者は，製品の開発，製造および使用について大きな責任を負っているわけであるから，既存の標準規格を改訂したり新規に標準規格を制定したりすることに主導的な役割を果たすべきである．

標準規格の制定に寄与するためには，まず，既存の標準規格を改訂したり，新規に標準規格を制定したりすることが，技術的あるいは経済的に正当であるかどうか判断しなければならない．この問題に対して，明確な回答が得られることはまれである．とくに，経済面について完全に信頼できる事前評価を行うことは，企業内のコストや市場の影響の複雑さから，ほとんど不可能であり，いかなる場合においても，十分な調査を必要とする．

一般の標準規格および特定の社内標準を制定するときの原則は，次のように書ける[7.7, 7.30, 7.33, 7.271]．何かを標準化するかどうかは，いくつかの前提条件に依存する．すなわち，予想される標準は，次のようでなければならない．

- 技術の最新状況を文書化する．
- 当該分野の専門家の大多数に受け入れられる．
- 標準規格は部品の互換性を完全に保証するものでなければならない．もし，標準部品が一部でも互換性を失うように変更された場合は，その識別番号を変更しなければならない．
- 経済的で有効である場合に限り用いること，すなわちニーズがなければならない．
- 純粋に形式的な理由ではなく，技術的な理由だけで変更する．
- つねに簡単で，明瞭かつ安全な設計解を支援する．
- 法に反するような規定を含んではならない．たとえば，独占や安全に関する規制に反してはならない．
- 特許や著作権などで保護された設計解を含んではならない．
- 設計や生産の詳細を定式化してはならない．
- 進歩が速いトピックに関係してはならない．
- 技術進歩を阻害してはならない．
- 主観や種々の解釈の余地がない．
- ファッションや好みを標準化しない．
- 人間や環境の安全を危険にさらさない．
- 個人のために役立つものであってはならない．影響を受ける人々は標準を開発する際に相談を受けるべきであり，重要なグループが反対であれば，標準化はすべきでない．

さらに，次の観点も考慮すべきである．

- 標準はあいまいでなく，明瞭な用語で記述し，容易に理解できなければならない[7.35]．
- 標準の寸法は，可能な限り，推奨される標準数と一致しなければならない．
- すべての標準はSI単位系に基づかねばならない[7.93]．
- 標準の構成は，その利用を支援するものでなければならない．とくに，コンピュータによる情報システムの利用を促進すべきである [7.124, 7.238, 7.239].

標準の開発は，一般に次のステップを含むべきである.

- 標準を提案する.
- 提案を作業部会で検討して標準の原案を作る.
- この原案を関係団体に配布して修正する.
- 原案が受理されてから，評価のために予備標準を発行する.
- 最終の標準を発行する.

標準もまた人工的なシステムとみなされるから，その準備は体系的アプローチによる設計のステップに従うべきである（第 4, 6, 7 章を参照）．これによって，標準の内容と構成を最適化でき，注意深い開発とその後の確認が可能となる.

図 7.147 に示す評価基準は，前述のチェックリストに従って並べたものであるが，既存の標準規格あるいは新規の標準規格を評価する場合に，通常の評価手順に従って用いれば大いに役立つであろう．ここで述べた評価基準のすべてが，個々の標準規格の評価に当てはめられるわけではない．たとえば，製図規格の評価に影響する要因としては，その明瞭性，情報伝達の改善，設計業務および図面による指示の実行の簡素化，その標準規格の一般性，標準規格を開発するのに必要なコストなどがある．標準規格の評価を行う前には，種々の評価基準の重要度を定め，適用するものとしないも

項　目	例
機能	あいまいさがないことが確実
動作原理	有利な影響を受ける製品の市況
レイアウト	材料とエネルギーの浪費の縮小．製品の複雑さの縮小 設計業務の改善と簡単化．交換部品の使用の促進
安全性	安全性の向上
人間工学	操作の明確性の改善．心理的，美観的な改善
生産	マテリアルハンドリング，保管，生産と品質管理の促進 精密性と再生産が確実．注文の実行が簡単 計画の改善．生産量の増大
品質管理	検査と試験の簡単化．品質改善
組立	組立の促進
配送	梱包と配送の簡単化
作業	作業の明確化
メンテナンス	部品交換性の改善．予備部品に関するサービスと維持の促進
リサイクル	リサイクルの促進
コスト	設計，準備作業，マテリアルハンドリング，生産，組立，品質管理に要するコストの縮小．試験コストの縮小．計算の単純化．電子データ処理の導入

図 7.147　標準規格を事前評価するための評価基準

のを取捨しなければならない．3.3.2 項の勧告とほとんど同じであるが，標準規格を制定することが正しく評価されるような，適切な評点づけをしなければならない．

7.6　実体設計の評価

3.3.2 項で，設計評価の問題を論じた．そこで概説した基本的な手順は，概念設計フェーズとその後に続くフェーズにも同様に適用が可能である．実体化が進むに伴って，評価は，当然のことながら，具体的な対象とその特性に対して向けられることになる．

実体設計フェーズでは，技術特性は**技術的評点** R_t で評価され，経済特性は，これとは別に**経済的評点** R_e として計算される生産コストで評価される．この二つの評点は，図表上で比較することができる（図 3.35 参照）．

このアプローチの**前提条件**を以下に示す．

- すべての実体設計は，同じ程度の具体性，すなわち同じレベルの情報内容をもっていること（たとえば，おおまかな設計ならば同じ程度のおおまかさの設計と比較しなければならない）．全体の見通しが得られていれば，多くの場合はそれぞれの間の顕著な相違点のみを評価すれば十分である．そのうえで，たとえば部品コストと全体コストの関係のように，全体とその部分との関係を考察しなければならない．
- 材料費，人件費および間接費などの生産コストを決定できること（第 11 章を参照）．ある特定の設計解が運用コストなどの 2 次的な生産コスト高を招き，また特別な投資が必要ならば，生産者の経費かユーザーの経費かによっても異なるが，これらの要因を考慮しなければならない．必要なら償却を行う．さらに，最適化によって生産コストと運転コストを最小化することも可能である．

生産コストが省略されている場合には，概念設計フェーズのときのように経済的評点は定性的に計算することになる．しかし，実体設計フェーズでは，原則としてコストは具体的に決定されなければならない（第 11 章参照）．

3.3.2 項で指摘したように，最初のステップは**評価基準**を定めることである．

これらは次のようにして導き出す．

- 仕様の要件：
  (a)　最小限の要求に付け加える要望（超えている程度）
  (b)　要望（実現されたか，実現されていないか，実現されている程度）
- 技術特性（どの程度提案し，どの程度実現しているか）

図 7.148 に示すチェックリストの項目は，とくに達成された実体化のレベルに合わ

項　目	例
機能，動作原理	選択された動作原理が果たされること（効率，リスク，外乱に対して影響を受けやすいかどうか）
レイアウト設計	所要スペース，重量，配置，はめあい，修正の余地
形状設計	材料活用，耐久性，変形，強度，稼働寿命，摩耗，耐衝撃性，安定性，共振
安全性	直接的安全法，工業的安全，環境保全
人間工学	人間－機械の関係，仕事量，ハンドリング，美観
生産	リスクのない方法，段取時間，熱処理，表面処理，公差
品質管理	品質規格，試験の可能性
組立	あいまいでなく，簡単で，快適で，調整可能で，更新可能なこと
輸送	内部・外部への輸送，急送の手段，梱包
作業	ハンドリング，操作上の挙動，腐食の特性，資源の消費
ハンドリング	保守，検査，修理および交換
リサイクル	分解，再利用，再加工の可能性
コスト	別途評価（経済的評価）
スケジュール	生産計画と完結日

図 7.148　実体設計評価のためのチェックリスト

せて作成されており，これと照らし合わせて評価基準の完全性を確認することができる．

少なくとも一つの重要な評価基準を，図中の各項目に対して検討すべきである．場合によっては複数個必要となる．すべての代替案に対応する特性がないか，中に含まれている場合にのみ，項目を無視してもよい．このアプローチによって個々の特性についての主観的な過大評価を避けることができる．具体的方法については，3.3.2 項に概説した手順に従わなければならない．経済的実行可能性は，遅くともこの段階までには確立されていなければならない．

実体化のフェーズ，とくに最終レイアウトを評価する場合には，弱点や誤り，混乱を招く影響を探して除去することが本質的に重要である．

7.7　実体設計の例

概念設計のフェーズは，主として機能および動作構造に焦点を当てるプロセスで，結果として原理的設計解（概念）を得る．

実体設計のフェーズは，個々の組立品や部品の構造を決めることに重点を置く．VDI 2223 と本書の第 4 章（図 4.3）および第 7 章（図 7.1）に，実証された体系的アプローチを提案している．実体設計では，さまざまな問題を扱うのに必要なアプローチと方法が概念設計よりも多様化している．実体設計は，選択した原理的設計解をさらに展開するので，より柔軟なアプローチと当該分野の豊富な知識，経験が必要である．

異なる問題についての例を用いて実体設計を説明するのは，過大な紙面を必要とするだろう．また，そのような例が，特定のアプローチを記したにもかかわらず，唯一のものである誤解させるおそれもある．この章で用いる例は，第6章で論じた原理的設計解に基づいている．その唯一の目的は，図7.1の主要な実体化ステップがどのように実行され，連結されるかを示すことにある．

実体化の課題は，軸－ハブ結合部に衝撃的なトルクを負荷する試験装置（6.6.2項を参照）の原理的設計解を具体化することである．この項で述べたのは，次のような事項である．

- 役割の明確化と仕様書の作成（図6.43参照）
- 抽象化によって本質的な問題を定義する（表6.2参照）．
- 機能構造を構築する（図6.44，図6.45参照）．
- 動作原理の探索（図6.46参照）
- 動作原理を構造に組み合わせる（図6.47参照）．
- 適切な動作構造を選択する（図6.48参照）．
- 基本的な代替案（代替設計案）に具体化する（図6.49から図6.52参照）．
- 代替案を評価する（図6.55と図6.56参照）．

図7.1に示したステップに従って，この例の実体設計を次に進める．

ステップ1および2：実体化を規定する要件を識別し，空間的制約を明らかにする

実体化を規定するものとして，仕様書から次の項目が抽出された．

- レイアウトを決定するもの：
  - 試験接続で，正しい位置に保持されること
  - 静止した軸に対して一方向のみに荷重を加える．
  - ハブ側の負荷の除去は可変とする．
  - トルク入力は可変とする．
  - 特別な基礎は設けない．
- 寸法を決定するもの：
  - 供試軸の直径＜100 mm
  - 調節可能なトルク $T \leqq 15000$ Nm（少なくとも3秒維持できること）
  - 調節可能なトルク増加率 $\mathrm{d}T/\mathrm{d}t = 1.25 \times 10^3$ Nm/s
  - 電力消費量≦5 kW

- 材料を規定するもの：
  軸とハブ：S45C
- その他の要件：
  試験装置の製造は自社工場
  購入部品と標準部品を極力使用すること
  分解容易なこと

仕様書には，特段の空間的制約はなかった．

ステップ 3：実体化を規定する主要な機能要素を明らかにする

このステップは，機能構造の代替案 No. 4（図 6.45 参照）と原理的設計解 V_2（図 6.47 参照）に基づいていた．**表 7.6** には，種々の下位機能を満たす代替案に用いられ

表 7.6 主要な機能要素

機能	機能要素	特性
エネルギーを変換する．エネルギーの成分を増加する	モータ	出力 P_M 速度 n_M 助走時間 t_M
エネルギーを蓄積する	フライホイール	慣性モーメント I_F 速度 n_F 伝達トルク T_{CL}
エネルギーを放出する	クラッチ	伝達トルク T_{CL} 最大速度 n_{CL} 応答時間 t_{CL}
エネルギーの成分を増加する	歯車箱	出力 P_G 最大出力トルク T_G 出力速度 n_G におけるギア比 R_G
大きさと時間を制御する	円筒カム	出力 P_{CAM} トルク T_{CAM} 速度 n_{CAM} 直径 D_{CAM} カム角度 α_{CAM} 立ち上がり h_{CAM}
エネルギーをトルクに変換する	レバー	長さ l_L 剛性 s_L
供試体に負荷する	試験供試体	トルク T トルク増加率 dT/dt
力とトルクを受けもつ	架台（フレーム）	

る**主要な機能要素**を，その特性とともに一覧にしてある．実体化を決定した機能要素は次のとおりである．

- 試験供試体
- 円筒カムと供試軸の間のレバー
- 円筒カム

ほかの主要な機能要素は，次のとおりである．

- モータ
- フライホイール
- クラッチ
- 歯車箱
- 架台（フレーム）

ステップ4：主要な機能要素に対する初期レイアウトと形状設計

図7.149は，実体化を決定する三つの機能要素の初期レイアウト図である．

試験供試体はDIN 6885に沿って実体化し，伝達レバーは片持ちレバーとしてモデル化し解析したので，比較的簡単であった．しかし，円筒カムの実体化は，仕様書における特定の項目に基づいた詳細な運動学的，動力学的解析を要した．

精密な解析によれば，円筒カムの概念設計フェーズにおける性能見積りは不十分であって，そのままでは実体化に進めないことがわかった．したがって，主要な寸法を決める前に次の解析が必要となった．

図7.150によれば，

軸のトルク：　$T = s_{\mathrm{L}} \cdot h_{\mathrm{CAM}} \cdot l_{\mathrm{L}}$

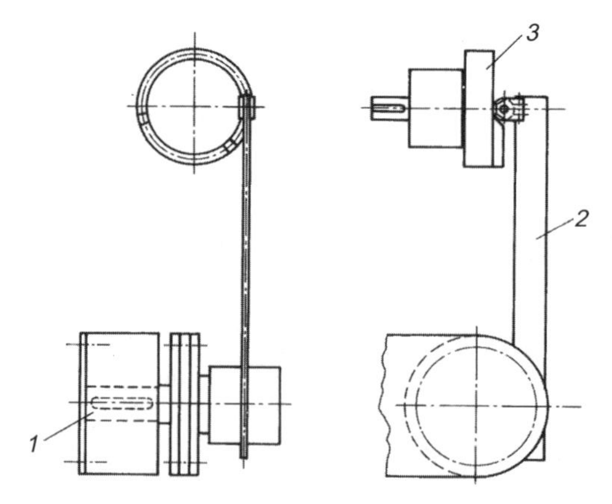

図7.149　レイアウトを決定する主要な機能要素
1：供試体接続部，*2*：変換レバー，*3*：円筒カム

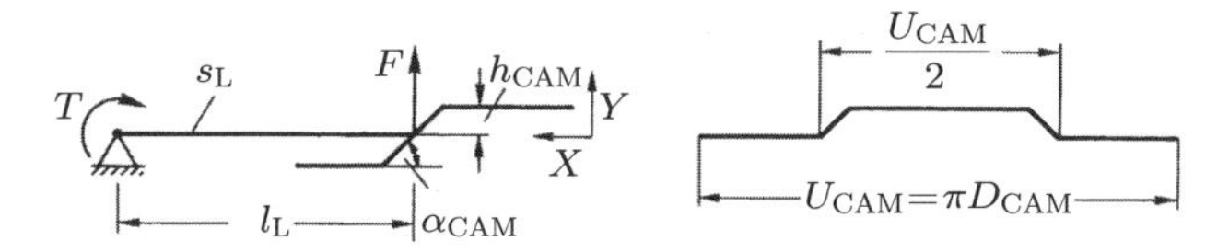

図 7.150　円筒カムとレバーに対する幾何学的な制約．s_L はレバーの剛性．

トルクの増加：　$$\frac{dT}{dt}=\pi\cdot D_{CAM}\cdot n_{CAM}\cdot\tan\alpha_{CAM}\cdot s_L\cdot l_L$$

保持時間：　$$t_L=\frac{U_{CAM}}{2\pi\cdot D_{CAM}\cdot n_{CAM}}=\frac{1}{2\cdot n_{CAM}}$$

トルク増加の式は，レバーの動きがカムトラックに平行である場合に限り正しい．摩擦を減らすためにローラ従車が必要で（**図 7.151** 参照），このため実際のトルク増加は計算よりも少なく，変動することとなる．そこで，計算にはトルク増加の平均値を用いた（**図 7.152** 参照）．

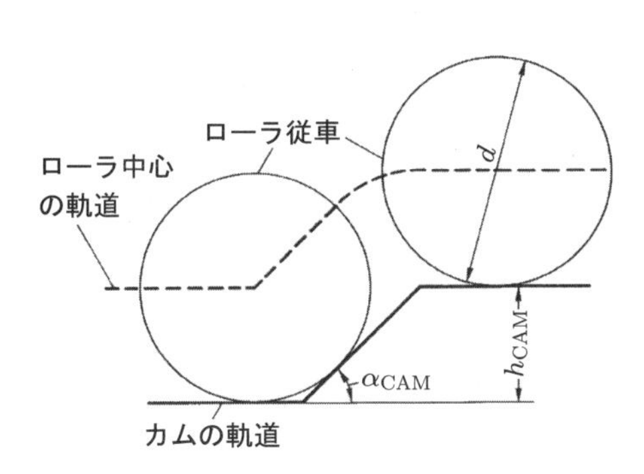

図 7.151　カムの軌道とレバー（ローラ従車）の動き

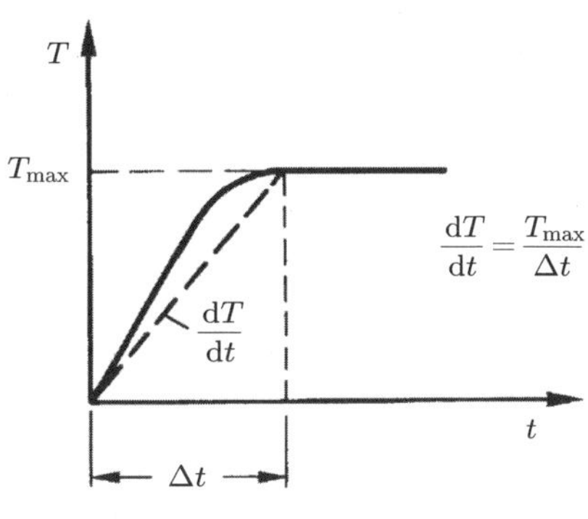

図 7.152　トルクの増加

仕様書と整合して，平均のトルク増加 dT/dt を用いるならば，dT/dt の計算には周速度 v_X ではなく，実効的な周速度 v_X^* を用いるべきである．すなわち，

$$v_X^*=K\cdot v_X$$

補正係数 K は，次の量に依存する．

- カムの角度 α_{CAM}
- ローラ従車の直径 d
- 円筒カムの立ち上がり量 h_{CAM}

補正係数 K は，**図 7.153** から次のように導かれる．

$$x=\frac{h_{CAM}}{\tan\alpha_{CAM}}$$

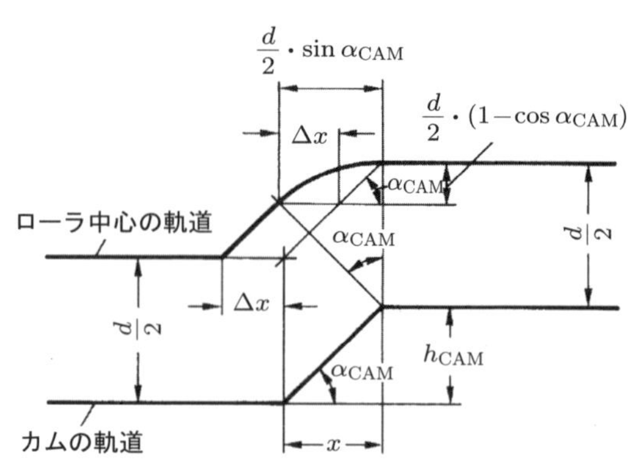

図 7.153　補正係数 K の変動

$$x=\frac{d}{2}\cdot\left(\sin\alpha_{\mathrm{CAM}}-\frac{1-\cos\alpha_{\mathrm{CAM}}}{\tan\alpha_{\mathrm{CAM}}}\right)$$

$$K=\frac{v_{\mathrm{X}}^{*}}{v_{\mathrm{X}}}=\frac{x}{x+\Delta x}$$

この式は，$d/2\cdot(1-\cos\alpha_{\mathrm{CAM}})\leqq h_{\mathrm{CAM}}$ の場合に限って成り立つ．たとえば，

$$K=\frac{\dfrac{h_{\mathrm{CAM}}}{\tan\alpha_{\mathrm{CAM}}}}{\dfrac{h_{\mathrm{CAM}}}{\tan\alpha_{\mathrm{CAM}}}+\dfrac{d}{2}\cdot\left(\sin\alpha_{\mathrm{CAM}}-\dfrac{1-\cos\alpha_{\mathrm{CAM}}}{\tan\alpha_{\mathrm{CAM}}}\right)}$$

となる．K の値を求めるために，次の見積りを行った．

- カム角度 $\alpha_{\mathrm{CAM}}=10\sim45°$
- ローラ従車の直径 $d=60$ mm
- 円筒カムの立ち上がり量 $h_{\mathrm{CAM}}=7.5$ mm と 30 mm

表 7.7 は，以上の式から得られた K の値を示す．

円筒カムの速度 n_{CAM} を変換し，計算した補正係数 K を用いて，トルク増加 $\mathrm{d}T/\mathrm{d}t$ を含む式は次のようになる．

$$n_{\mathrm{CAM}}=\frac{\mathrm{d}T/\mathrm{d}t}{K\cdot\pi\cdot D_{\mathrm{CAM}}\cdot\tan\alpha_{\mathrm{CAM}}\cdot s_{\mathrm{L}}\cdot l_{\mathrm{L}}}$$

速度コントローラの範囲 C は，次のように決定した．

表 7.7　K の修正に関する参考値

h_{CAM} [mm]	α_{CAM}	45°	40°	30°	20°	10°
7.5	K	0.41	0.45	0.62	0.79	0.94
30.0	K	0.71	0.76	0.87	0.94	0.98

$$C=\frac{n_{\mathrm{CAM_{max}}}}{n_{\mathrm{CAM_{min}}}}$$

もし円筒カムの直径 D_{CAM}，剛性 s_{L}，レバーの長さ l_{L} がこの設計解概念に対して一定と考えれば，上記の式は速度の限界値 n_{CAM} をほかのパラメータ $\mathrm{d}T/\mathrm{d}t$，K，α_{CAM} との関係で計算するのに用いられる（**表 7.8** 参照）．

表 7.8　$n_{\mathrm{CAM_{min}}}$ と $n_{\mathrm{CAM_{max}}}$ の決定

	$\mathrm{d}T/\mathrm{d}t$	α_{CAM}	K	n_{CAM}
最小	20	10	0.98	$116 \cdot B$
最大	125	45	0.41	$305 \cdot B$

B は，ほかの定数（π, D_{CAM}, s_{L}, l_{L}）を含み，単位をもつ定数である．

したがって，速度コントロールの範囲 C は，

$$C=\frac{305 \cdot B}{116 \cdot B}=2.6$$

となる．これは次のことを意味した．

- 円筒カムだけでは「大きさと時間を制御する」という機能を満たせない．
- 概念の土台となる原理を保持しようとすれば，機能構造を変更しなければならない．
- 円筒カムは，速度コントロールの範囲 $C=2.6$ くらいをもつ調整可能な駆動装置を必要とする．

図 7.154 は，作り直した機能構造代替案を示す（図 6.45 参照）．下位機能「速度を調整する」が追加されている．これはたとえば，連続的に調整できるモータで実現できた．いくつかの代替案が可能であった（4/1 から 4/3）．

これらの式に基づいて円筒カムの諸元を計算すると，次の結果が得られた．

- レバーのばねの剛性 $s_{\mathrm{L}}=700\ \mathrm{N/mm}$
- レバーの長さ $l_{\mathrm{L}}=850\ \mathrm{mm}$
- 円筒の直径 $D_{\mathrm{CAM}}=300\ \mathrm{mm}$
- カム角度 $\alpha_{\mathrm{CAM}}=10\sim45^{\circ}$
- 定数 $B=0.107\ \mathrm{min}^{-1}$（表 7.8 参照）
- 必要なトルク増加率（$\mathrm{d}T/\mathrm{d}t_{\mathrm{min}}=20\times10^{3}\ \mathrm{Nm/s}$，$\mathrm{d}T/\mathrm{d}t_{\mathrm{max}}=125\times10^{3}\ \mathrm{Nm/s}$）に対する速度範囲
- 制御範囲 $C=2.6$ に対する $n_{\mathrm{CAM}}=12.4\sim32.6\ \mathrm{min}^{-1}$

トルク増加 $\mathrm{d}T/\mathrm{d}t$ を調整する要件は，このように選択した値で実現される．

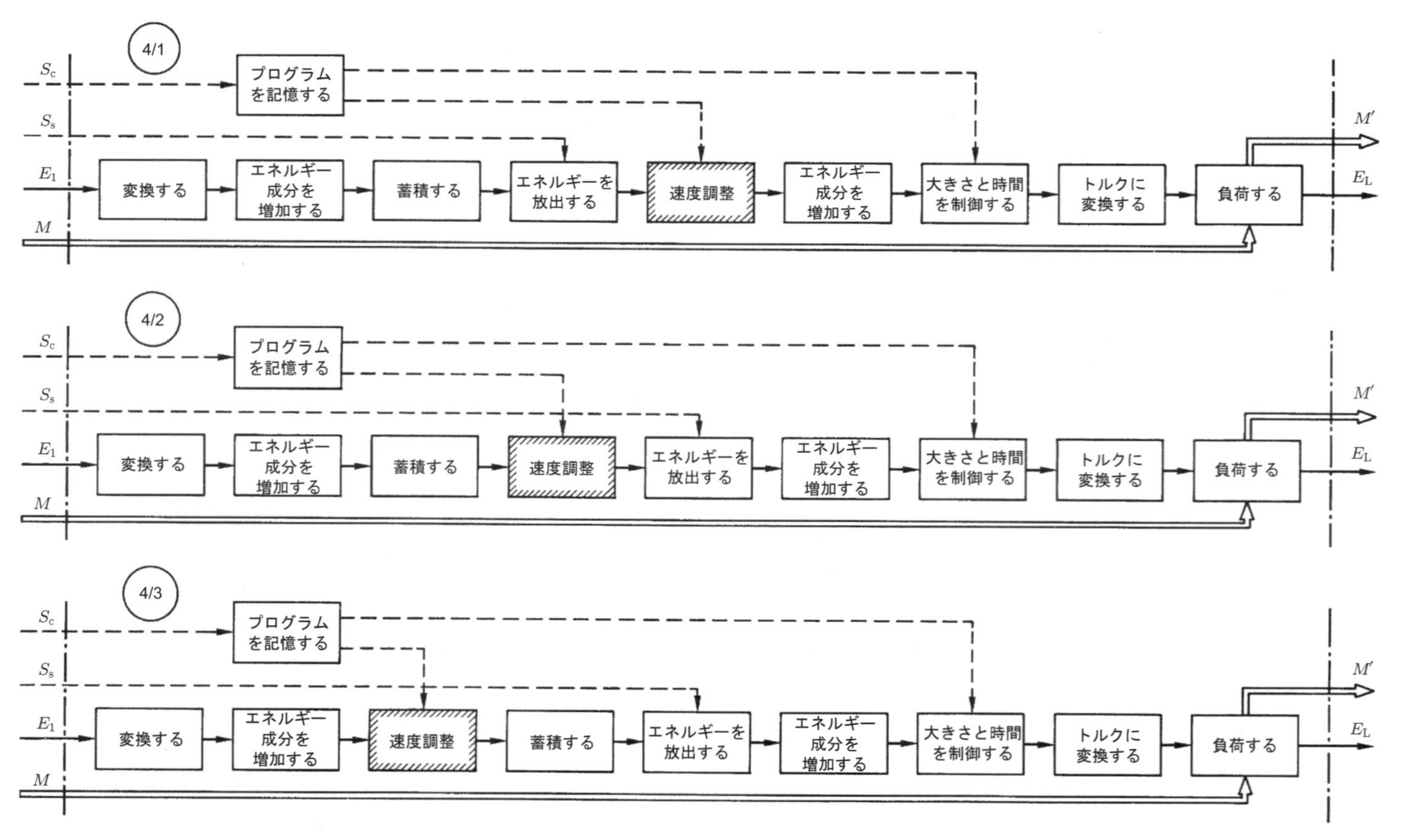

図 7.154　図 6.45 に基づく，機能構造 4 に対する機能構造案

これは，最大トルクに必要な持続時間ではなかった．この値 $t_L = 0.5 \cdot n_{CAM} = 2.4 \sim 0.92$ s は，必要な値 3 s より小さい．顧客との協議により，要求を $t_L \geqq 1$ s にして，円筒カムの円周の半分強を使えば実現できるようにした．

実体化を決定する主要な機能要素のレイアウトを描く前に，次の問題を解決しなければならなかった．

- 試験供試体と円筒カムのレイアウトをどのようにするか．
- 補助的な機能要素をどの範囲まで考えるべきか．

試験供試体は水平に置くことが決定され，その結果として，円筒カムの回転軸は垂直とされた．その理由は次のとおりである．

- 試験供試体と円筒カムを容易に交換できる（組立を考慮した設計）．
- 試験供試体の計測のためにアクセスが容易である（人間工学を考慮した設計）．
- 試験供試体を固定する力を装置の基礎に支障なく伝達する（力の伝達経路を短く，直接的にすること）．
- 異なる種類，とくに大きな試験供試体に対して，試験装置を容易に設定し直せる（リスク最小化の設計）．

補助的な機能要素に対する要求を評価し，空間的な要件は経験に基づいて決定した．次の点が明らかにされた．

- 円筒カムには独立した軸受が必要であった．なぜならば，軸力 F_A と接線力 F_T は次の値である．

$$F_A = F_T = \frac{T_{max}}{l_L} = 17.6 \text{ kN}$$

- 試験供試体と円筒カムのボルト結合の外径は，ねじり剛性を満たすために，400 mm とする必要があった．

解析により，補助的な機能要素は，実体化の寸法にあまり重要な影響を及ぼさないことがわかった．

図 7.155(a)は，機能構造代替案 4/1 に対するレイアウトの初期案で，速度制御はクラッチの後に設けた調節機構によりなされる．図(b)は機能構造代替案 4/2 に対するレイアウトの初期案で，調節機構はクラッチの前に設けられている．機能構造代替案 4/3（図(c)参照）は，調節可能な歯車付モータを用いている．

ステップ 5：適切な初期レイアウトの選択

代替案 4/3 は調節可能な歯車付モータを用いたので，スペースの占有が少なく，これを詳細設計に用いることとした（機能の集約）．

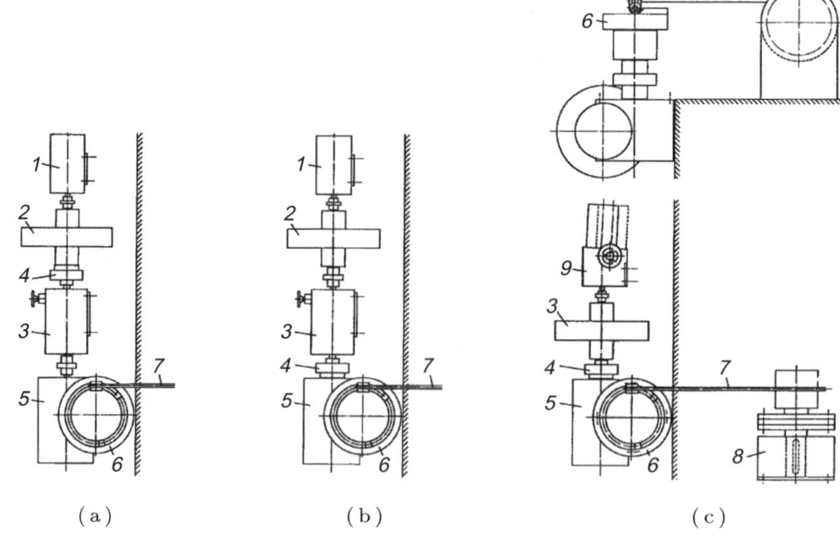

図 7.155　主要な機能要素のレイアウト
(a)　機能構造代替案 4/1 に対するもの
(b)　機能構造代替案 4/2 に対するもの
(c)　機能構造代替案 4/3 に対するもの
1：モータ，*2*：フライホイール，*3*：調節可能なギア，*4*：クラッチ，
5：ウォームギア(アンギュラ)，*6*：円筒カム，*7*：伝達レバー，*8*：試験供試体，
9：調節可能な歯車付モータ

ステップ 6：残りの主要な機能要素に対する初期レイアウトおよび形状設計

ステップ 4 で明らかにした次の要件に基づき，残りの主要な機能要素に対する初期レイアウトおよび形状設計を行う．

- 円筒カムに対するモータの駆動速度

$$n_{\mathrm{CAM}}=12.4\sim 32.6\ \mathrm{min}^{-1}$$

- 速度制御範囲

$$C=2.6$$

- 円筒カムの駆動トルク

$$T_{\mathrm{CAM}}=\frac{F_{\mathrm{T}}\cdot D_{\mathrm{CAM}}}{2}$$

および，

$$F_{\mathrm{T}}=F_{\mathrm{A}}=\frac{T}{l_{\mathrm{L}}}$$

から，

$$T_{\mathrm{CAM}}=2650\ \mathrm{Nm}$$

となる．

- 円筒カムの駆動出力

$$P_{\mathrm{CAM}}=T_{\mathrm{CAM}}\cdot\omega_{\mathrm{CAM}}$$

であるので，

$$P_{\mathrm{CAM}}=9\ \mathrm{kW}$$

となる．

安全を考慮して，フライホイールの最高速度は（したがってモータの速度 n_{M} も），次のように選んだ．

$$n_{\mathrm{F}}=1000\ \mathrm{min}^{-1}$$

これにより，変速比は，

$$i=80.7\sim30.7$$

となった．ほかの主要な機能要素の特性は，次のように見積もった．

- 継手の伝達トルクは，円筒カムの駆動トルク $T_{\mathrm{CAM}}=2650$ Nm と，円筒カムおよびクラッチ間の実変速比 i を用いて，次のようになった．

$$T_{\mathrm{CL}}=\frac{T_{\mathrm{CAM}}}{i}$$

- フライホイールの慣性モーメントは，フライホイールへの実トルク T_{F}，衝撃時間 Δt，フライホイールの速度 n_{F} と，許容しうる速度低下 $\Delta n=5\%$ から，次のようになった．

$$J_{\mathrm{F}}=\frac{T_{\mathrm{F}}\cdot\Delta t}{2\cdot\pi\cdot n_{\mathrm{CAM}}\cdot\Delta n}$$

- モータの出力 P_{M} は，フライホイールの慣性モーメント J_{F} から必要な加速トルク T_{A} を計算した後に，モータ速度 n_{M}，助走時間 $t_{\mathrm{M}}=10$ s とモータの最大加速トルク $T_{\mathrm{A_{max}}}$（メーカーのデータより）を用いて，次のようになった．

$$T_{\mathrm{A}}=\frac{J_{\mathrm{F}}\cdot2\cdot\pi\cdot n_{\mathrm{M}}}{t_{\mathrm{M}}}<T_{\mathrm{A_{max}}}$$

表 7.9 は，計算した主要な特性値を示す．フライホイール以外の主要な機能要素はカタログから選び，メーカーから直接購入できた．

フライホイールの特性値は，次のように選んだ．

- 速度 $n_{\mathrm{F}}=1010\ \mathrm{min}^{-1}$
- 慣性モーメント $J_{\mathrm{F}}=1.9\ \mathrm{kgm}^2$.

摩擦による損失などを考慮していなかったので，J_{F} の最終値はこれより十分に大きな値とした．

表7.9　代替案4/3の主要な機能要素の特性に関する計算値

機　能	機能要素	計算値
エネルギーを変換する	モータ	出力 $P_M = 1.1$ kW
エネルギー成分を増加する	機械的調整	速度 $n_M = 380 \sim 1000$ min^{-1}
速度を調整する	代替案4/3	速度制御範囲 $C = 2.6$
エネルギーを蓄積する	フライホイール	慣性モーメント $J_F = 1.4$ kgm^2 速度 $n_F = 380 \sim 1000$ min^{-1}
エネルギーを放出する	電磁クラッチ	伝達トルク $T_{CL} = 86$ Nm
エネルギー成分を増加する	歯車	出力 $P_G = 9$ kW 出力速度 $n_G = 32$ min^{-1} における公称トルク $T_G = 2650$ Nm 変速比 $i_G = 40.7$

重量を減らすため，フライホイールの形状を中空の円筒とした.

- 外径 $D_o = 480$ mm
- 内径 $D_i = 410$ mm
- 幅 $W = 100$ mm
- 質量 $m = 38$ kg

図7.155(c)に示した主要な機能要素に基づき，架台も加えて，最終のレイアウト図面案を作成した.

レバー軸受と試験供試体を組み合わせた高さは，円筒カムと駆動システム全体を組み合わせた高さよりもはるかに小さかったので，顧客と協議して，**図7.156**に示す試験装置の空間的制約を選択した.

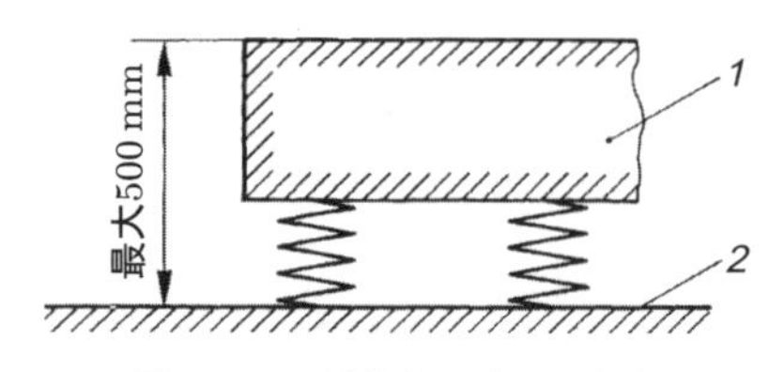

図7.156　最終的な空間的制約
1：試験装置を固定する台板，*2*：基礎

架台には，次の理由から溝形鋼を用いた.

- 小さい断面積に対して断面2次モーメントが大きい.
- 隅の丸みがない.
- 三つの基準面が利用できる.

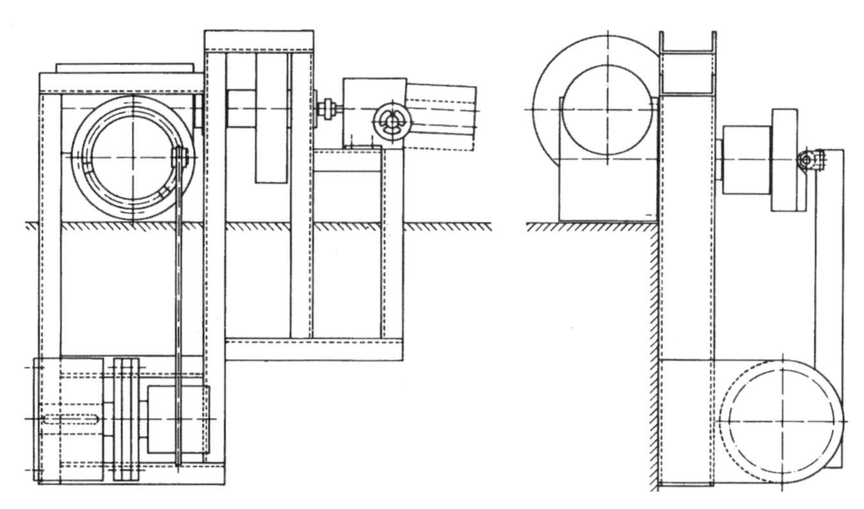

図 7.157　主要な機能要素に対する初期レイアウト

- 安価である．

図 7.157 は，主要な機能要素に対するレイアウトを示す．

ステップ 7：補助的な機能に対する解の探索

詳細なレイアウト図の作成には，次のステップを踏んだ．

- 補助的な機能要素を探索し選択する．
- 補助的な機能要素に基づいて主要な機能要素の実体化を詳細にする．
- 補助的な機能要素の実体化を詳細にする．

これらのステップは，初期レイアウト図の場合よりもはるかに関連が深い．なぜなら，より具体的な側面を扱うので，相互に影響し，追加された情報を基に前のステップを反復する必要が生じることが多いからである．

補助的な機能要素は，三つのグループに分けた．

- 主要な機能要素を結合するもの
- 架台に対して相対的に動く主要な機能要素を支えるもの
- 架台に対して恒久的に主要な機能要素を結合するもの

主要な機能要素を互いに結合する補助的な機能要素は，

- レバーと試験供試体のボルト結合．追加的な曲げモーメントを避け，容易な組立のために，形状に沿う膜を用いる．
- ウォームギアと円筒カムの，ねじり剛性をもった結合．この結合には二つのタイプが考えられる（**図 7.158** 参照）．
  - 中空軸をもつウォームギアの対 − 円筒カム

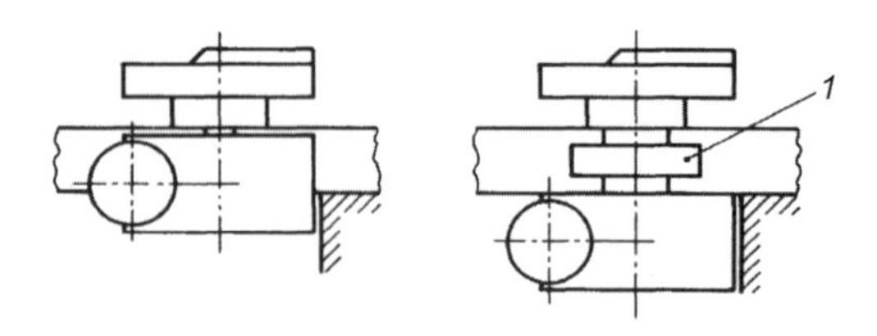

図 7.158　ウォームギアの対と円筒カムの結合
1：継ぎ手

- ウォームギアの対－ねじり剛性をもった結合－円筒カム

次の検討により，ねじり剛性をもった結合が有望と思われる．

- ウォームギアの対と円筒カムが別々に組み立てられる（組立を考慮した設計）．
- 軸の位置が高くても架台に支障はない（簡単な実体化）．
- ウォームギアの対と円筒カムの芯出しが容易（生産を考慮した設計）．
- フライホイールとモータの，ねじり剛性をもった結合．

架台に対して相対運動する主要な機能要素を支える補助的な機能要素は，

- **フライホイールの支持**．要件は次のようであった．容易な製造（精密なつり合いを取ることが不要），動的な力に耐える安全性（生命安全の原則），架台から吊ること．市販品（転がり軸受をもつハウジング）は通常鋳物で，吊るすよりも自立する構造に適するため利用できなかった．フライホイールは自社製造するので，動的な力の大きさが不明確で，その支持部は特別に設計する必要があった．
- **円筒カムとレバーの支持**．市販の転がり軸受を選択した．

架台に対して，恒久的に主要な機能要素を結合する補助的な機能要素は，

- 簡単な半完成品（溶接した鋼板）に主要な機能要素をボルト結合した．
- 試験供試体をレバー（すなわち架台）に結合する特別な部品．要件は次のようであった．組立容易で分解できる結合，軸方向に動かせること，遊びがないこと，公差が厳しくないこと．Ringfeder 社の摩擦締結要素を選択した．

ステップ 8：補助的な機能要素を考慮しつつ主要な機能要素を詳細化する

選択した補助的な機能要素に，主要な機能要素を適合させる．結果は次のようになった．

- モータ：購入品
- フライホイール：**図 7.159** 参照
- クラッチ：購入品
- 歯車箱：購入品
- 円筒カム：**図 7.160** 参照

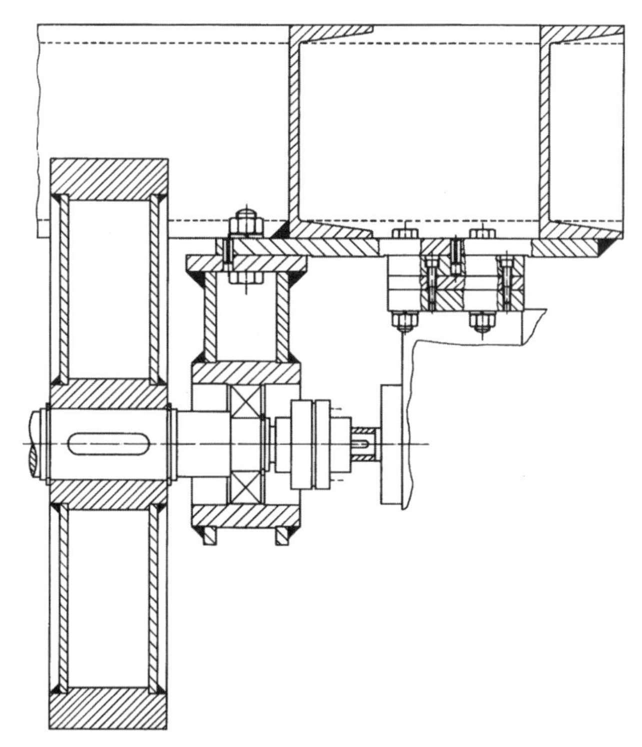

図 7.159　フライホイールとフライホイール軸の軸受の詳細レイアウト

- レバー：**図 7.161** の初期レイアウト図を参照
- 試験供試体：図 7.161 の初期レイアウト図を参照
- 架台：選定したモータの形状寸法に合うように修正

ステップ 9：補助的な機能要素を詳細化し，初期レイアウトを完成する

フライホイールを支持する軸受を例に選び，図 7.3 に示した実体設計のガイドラインを用いる．

レイアウト：軸受の力は次のように見積もった．

$$F_B = F_{dyn} + F_{stat}$$

重量により，

$$F_{stat} = m \cdot g = 400\ \mathrm{N}$$

動的な力は，

$$F_{dyn} = m \cdot e \cdot 4 \cdot \pi^2 \cdot n_F{}^2$$

質量 $m = 40$ kg；速度 $n_F = 1750\ \mathrm{min}^{-1}$（＝モータの最高速度）；ホイールの偏心量 $e = 0.6$ mm（フライホイールの寸法誤差および形状誤差＝0.3 mm；フライホイール

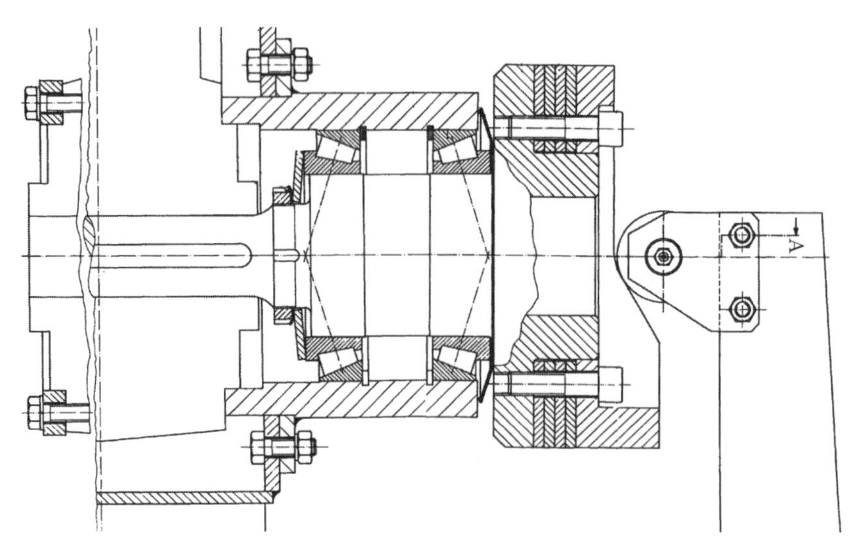

図 7.160　円筒カムの軸受の配置の詳細レイアウト

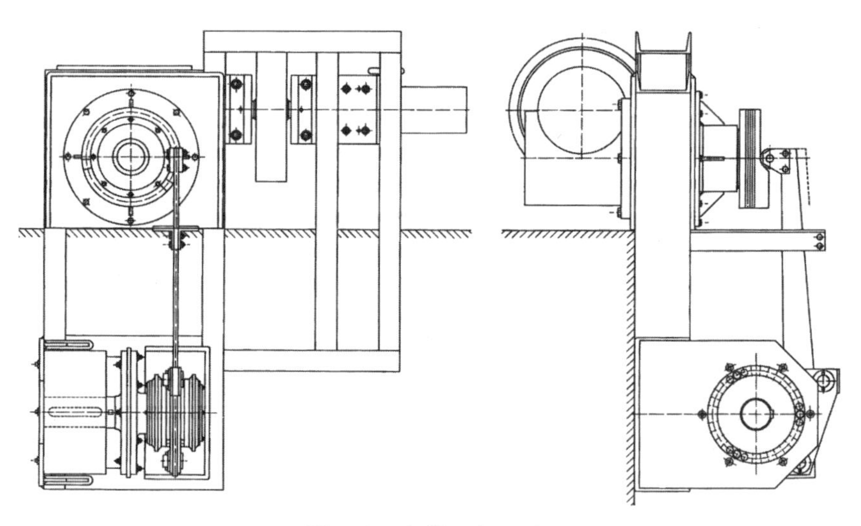

図 7.161　初期レイアウト

の軸と軸受の遊び＝0.2 mm；不つり合い質量の分布＝0.1 mm）によって，軸受の力は，次のようになった．

$$F_{\mathrm{B}} = 1130\ \mathrm{N}$$

もし，追加的なジャイロ力が発生した場合にも，軸受（動的容量 65000 N）と力を伝達するほかの部品は適切な寸法をもっていることがわかる．

共振：軸受と架台の実体化は非常に剛性が高いので，フライホイールによる共振（最高 30 Hz）は起こりそうにない．

製造：この実体化は，フライホイールを支持する軸受が，架台に対して厳しい公差を必要としないので，製造が容易になった．

組立：フライホイールの支持部は，次の理由で組み立てが容易である．

- 簡単なボトムアップアプローチを適用した．
- 結合ねじへのアクセスが容易．
- フライホイール軸受の支持部をダウエルピンを用いて正確に位置決めしてから（作業はフライホイールなしで可能），スペーサを用いてクラッチの調整を簡単化した．

メンテナンス：メンテナンスフリーな軸受を用いた．

図 7.161 は，上述した実体化のステップの結果として得られた，試験装置の初期レイアウトを示す．

ステップ 10：使用した技術的および経済的評価基準の検討

最終の実体化を一つだけ開発したので，選択は行わず，仕様書から導かれた基準に基づく最終の実体化を評価するだけとする．その目的は，弱点を見つけて除去することである．

この手順は，3.3.2 項に沿って次のステップを踏んだ．

- 評価基準を明らかにする．
- パラメータが評価基準に合致するか評価する．
- 総合的な格づけを決定する．
- 弱点を探す．
- 必要ならば弱点を除去する．

評価のために，概念を評価した 13 の基準から 11 を選んで用いた（**図 7.162** 参照）．重みづけは不要と判断された．

試験装置の計算されたパラメータを，VDI 2225 に従って，理想的な解に対して 0～4 の値の範囲で評価した．さらに詳細に評価することに価値はないと思われた．結果を図 7.162 に示す．

全体の格づけの計算には，技術的な格づけだけを用いた．理由は，経済的な格づけを正式に評価するデータがなかったためである．

$$R=\frac{29}{44}=0.66$$

この格づけはやや低いので，弱点を探すことが必要と思われた．まず，値が最低のパラメータを見出し，0 または 2 とされたパラメータを改善する提案を作成した．

評価基準			パラメータ		代替案 4/3			代替案 4/3 改		
No.		重み		単位	等級	値	重み付き値	等級	値	重み付き値
1	良好な再現性		外乱要因	—	低	4				
2				—						
3				—						
4	過負荷の余裕		過負荷余裕度	%	10	3				
5	高度の安全性		傷害の危険	—	中	2			4	
6	誤操作を少なく		誤操作の可能性	—	高	1				
7	少ない部品数		部品数	—	低	3				
8	簡単な部品		部品の複雑度	—	低	3				
9	標準品や購入品を多用する		標準品や購入品の割合	—	高	4				
10	簡単な組立		組立の簡単さ	—	高	3				
11	負荷プロフィールの変更が容易		負荷プロフィールの変更	—	悪	1		本文参照	2	
12	供試連結体の迅速な交換		供試連結体の交換時間見積	—	中	2		本文参照	2	
13	計測システムへのアクセス容易		計測システムへのアクセス性	—	良	3				
		$\sum w_i$ $=1.0$				$OV_1=29$ $R_1=0.66$			$OV_2=34$ $R_2=0.77$	

図 7.162　図 7.161，図 6.54 および図 6.55 に基づく実体化の評価チャート

- 誤操作の低減

  弱点：モータ速度：(1) 最大トルク増加率に必要な速度よりも高く設定される可能性がある．(2) モータの助走は発熱があるので，ゆっくり行う必要がある．

  対策：助走と操作に許容される範囲をモータの速度計に表示できること．もし速度が高くなりすぎれば，自動的に停止できること．

- 負荷プロフィールの変更が容易

  弱点：円筒カムの交換は，レバーがカムを押しているので不可能だった．

  対策：レバーを持ち上げる手段を講じる．

- 高度な安全性

  弱点：回転する円筒カムは防護していなかった．

  対策：防護カバーを取り付ける．

- 試験供試体の迅速な交換

  弱点：Ringfeder 社の摩擦締結要素のねじの数が多く，迅速には交換できない．

  対策：経済的な代替案はない．

改善した代替案を，評価チャートに追加した（図 7.162 参照）．

全体レイアウトを定義するために，図 7.1 で提案した残りの作業ステップは，ここでは論じていない．この試験装置は研究所向けの一品生産品であるから，高度の最適化を図る必要はなく，論じなかった残りの作業ステップはあまり複雑ではない．試験装置の**詳細設計**（7.8 節の作業ステップに従う）も論じていない．これは，従来の製図と詳細設計のステップを踏んだだけである．

図 7.163 に最終的な衝撃負荷試験装置を示す．これは主要な期待を満足し，体系的アプローチの有効性が確認された [7.122]．

図 7.163 完成した衝撃負荷試験装置（出典 [7.188]）

7.8 詳細設計

詳細設計は，工業製品の実体化を完成する段階で，個々の部品の形状，寸法，表面の特性，材料を決定し，製造方法と操作手順，コストを最終的に精査する．

詳細設計の別の側面は，部品の図面や組立品の図面，部品表などの製造指示文書を作ることで，おそらくこれがもっとも重要である．この作業には CAD ソフトウェアの利用が増えている．これによって，製品データを，生産計画やCNC工作機械の制御に直接利用できるようになる．

製品のタイプと製造スケジュール（一品生産，少量生産，大量生産）に応じて，設計部門は，生産部門に組立指示，輸送関係の文書，品質管理の基準（第10章を参照）を提供し，利用者には操作，メンテナンス，修理のマニュアルを提供しなければならない．この段階で作成する文書は，注文の実施と生産のスケジューリング，すなわち作業の計画と管理の基礎になる．実際のところ，この領域における設計部門と生産部門それぞれの貢献は，明確に異なるというものではない．

詳細設計のフェーズは，次のステップからなる（**図7.164** 参照）．

部品の詳細な図面を含むレイアウトを**最終決定**し，形状，材料，表面，公差，はめあいの詳細な最適化をする．このために設計者は，7.5節のガイドラインを参照すべきである．最適化はもっとも適した材料（一様な強度）を最大限に利用することをね

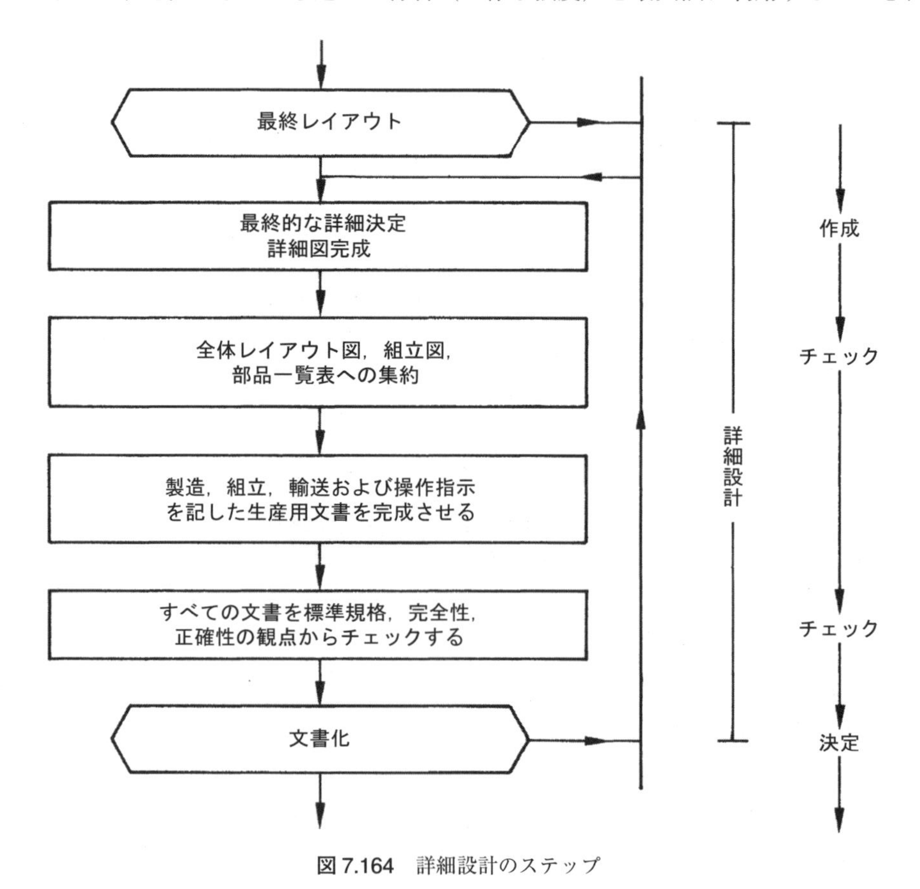

図7.164　詳細設計のステップ

らい，さらに，標準化（標準部品と企業の反復生産品の利用を含む）に留意してコスト有効度と容易な生産を追及する．

個々の部品を組立品に，そして最終製品に**統合する**．ここでは，図面，部品一覧表，付番体系の助けを借りて文書を完成する．これは，生産スケジュール，納期，組立と輸送に関する考慮に強く影響される．

生産のための文書を，製造，組立，輸送，操作指示について**完成**させる．

すべての文書，とくに詳細図面と部品一覧表を，次の目的で**チェック**する．

- 一般的標準および社内標準の遵守
- 寸法と公差の正確さ
- その他の基本的な生産データ
- 入手容易性，たとえば標準部品の利用可能性

このようなチェックが設計部門自体で行われるか，別の標準部門で行われるかは，企業の組織構造に強く依存する．そして，このことが課題を実行するときに従属的な役割を果たすこととなる．実体化と詳細設計のステップは，概念設計と実体化のステップ同様に重複している．鍛造品や鋳造品のようなリードタイムが長い部品は，最初に処理する必要があり，レイアウトが確定する前に詳細設計と製造指示を完成することも多い．このように二つの設計フェーズが重複することは，とくに一品生産や重工業でよく見られる．

詳細設計はその分野と製品に強く依存するので，設計者は詳細設計と部品の選択に関する多くの技術ハンドブック，カタログ，標準規格を参照すべきである．

詳細設計のフェーズでは決して近道をしてはならない．これは技術的な機能，生産プロセス，生産における間違いを避けるのに決定的な効果をもつ．詳細設計は生産コスト，製品の品質を大きく左右するので，市場における製品の成否を決定するものである．

Chapter 8 機械的結合，メカトロニクスおよびアダプトロニクス

本章では，機械設計における一般的な設計解の三つの技術項目が系統的に述べられている．機械的結合は，機械設計においてもっとも重要であるため，検討されるべき第1の技術項目である．ほかの二つの技術項目は，メカトロニクスとアダプトロニクスである．これらは，機械，電気・電子，ソフトウェアの要素の統合により，これまでにないアプローチで新しい機能と性能改善を実現し，機械工学の伝統的な手法を変えている．メカトロニクスとアダプトロニクスを用いたアプローチは，実現不可能であったり，伝統的な手法に比べてコストが増大したりする可能性があるが，それらのさらなる応用は，従来手法に対してより安価な製品を開発することや，従来困難な技術を一般的技術にする可能性がある．自動車技術は，すでにメカトロニクスとアダプトロニクスを導入しており，また，それらの技術は機械工学のほかの領域にも導入され，少なからず影響を与えている．

これからの製品開発は，これらの新手法を適用し，分野横断的なチームでの協働による相互協同開発作業によって可能となる（4.3 節参照）．チームの全メンバーがそれぞれの専門分野に関して十分に知識があり，お互いに理解し合い，有効かつ効果的に作業するために，ほかの作業者と知識を同時に共有するとき，そのような相互協同開発作業は，よい結果を生むことができる [8.22].

8.1 機械的結合

機械製品，電気製品にかかわらず，組立品や構成部品は，特別の機能を実現するためにお互いに結合される．その結合の形式は，基本的動作と応用を決定する．結合は，お互いに関連する構成部品の**固定配置**あるいは**移動可能配置**に分類される．

移動可能配置による結合は，異なった自由度の継手である．たとえば，1 回転自由度のピン継手，1 並進自由度のみの四角輪郭の並進継手，そして，3 方向回転自由度のボール継手がある [8.6]. Roth は，あらゆる可能性のある継手の探索を支援するため，自由運動と拘束運動を表現できるマトリックスを開発した [8.25].

以下の項は，固定配置に関し，機能，動作原理，異なる形式の具現化について述べる．

8.1.1　包括的機能と一般的挙動

包括的機能（図 8.1）

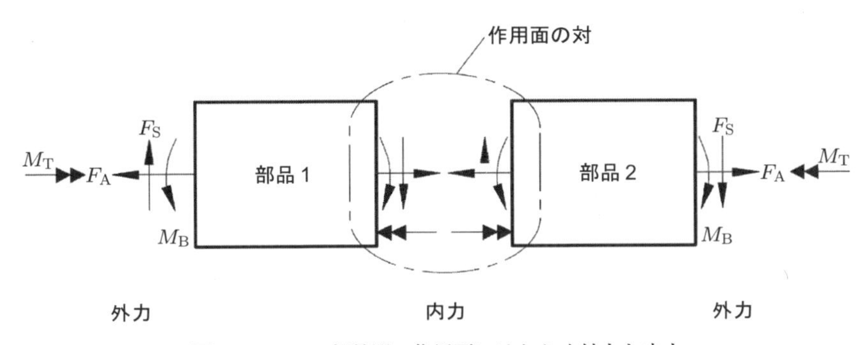

図 8.1　二つの部品間の作用面にはたらく外力と内力
F_A：軸力，F_S：せん断力，M_B：曲げモーメント，M_T：ねじりモーメント

結合は，固定配置された部品間の力，モーメント，運動を伝達し，以下の付加的機能を実現する．

- 荷重方向でない相対運動を処理する．
- 流体を密封する．
- 熱エネルギー，電気エネルギーを絶縁あるいは伝達する．

一般的挙動

組立プロセスにおいて，要素が接触している作用面に荷重が与えられ，予圧，残留応力，あるいは組立中に応力が生じる．

8.1.2　材料接合

動作原理（図 8.2）

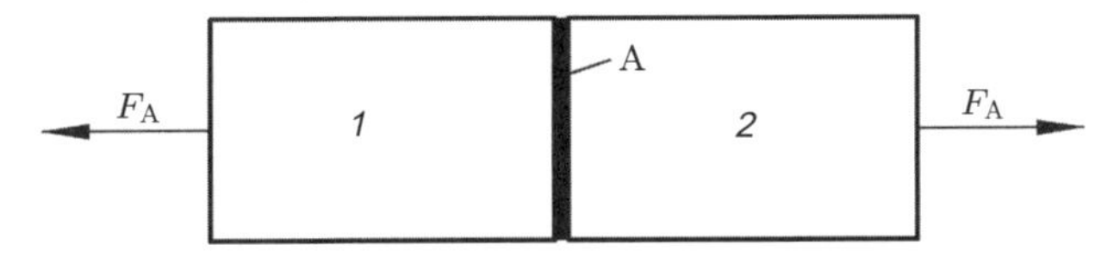

図 8.2　単一軸荷重が作用する二つの部品の間の材料接合
A：動作面，F_A：軸方向荷重（軸力）

材料接合は，動作面の分子間力と粘着力を利用し，直接あるいは付加的な材料を使用して部品を結合したものである．この結合は，曲げモーメントとねじりモーメントに加えて，軸力とせん断力を伝達する．

構造上の特徴

- 形，位置，寸法，そして結合面の数
- 結合内に生じる製造後の応力（残留応力）および使用中の応力
- 部品材料と追加材料
- 製造温度と使用温度

主特性

- 正確な位置を保持する．
- 分離しない．
- 過荷重時に破壊するあるいは変形する．

実体化（図 8.3）

- 溶接［8.5, 8.7, 8.21, 8.26, 8.27］
- ろう（はんだ）接合［8.6, 8.7, 8.35］
- 接着剤接合［8.7, 8.15］

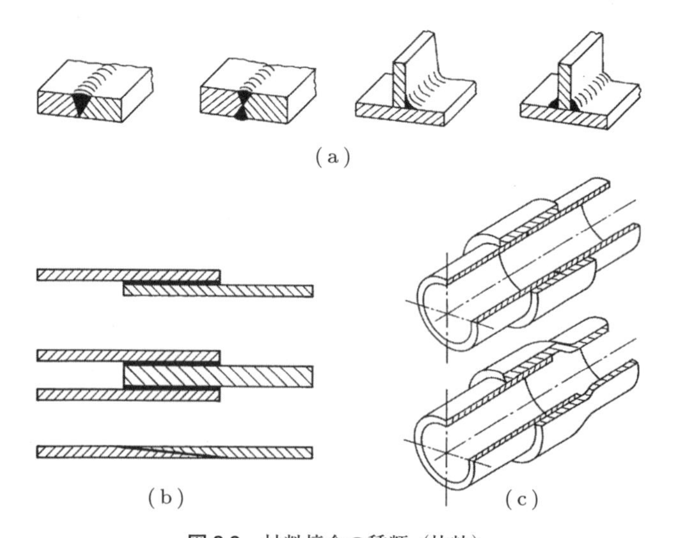

図 8.3　材料接合の種類（抜粋）
(a) 溶接，(b) 接着剤接合，(c) ろう（はんだ）接合

8.1.3　機械的形状結合

動作原理（図 8.4）

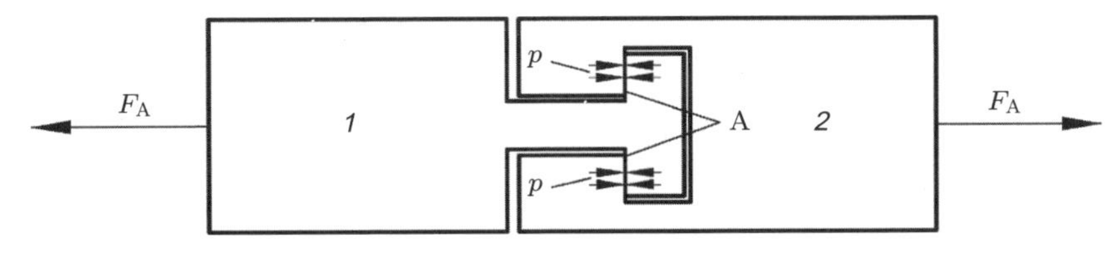

図 8.4　単一軸荷重が作用する二つの部品間の機械的形状結合
A：荷重作用面，F_A：軸方向荷重，p：面圧力

機械的形状結合は，部品の動作面の間にはたらく法線方向の力で実現される．その法線方向の力は面圧 p を生成し，フックの法則に従って荷重作用面に応力を生じさせる．圧力が作用している一組の面は，密閉，絶縁，伝達などの付加的な機能を実現する．

構造上の特徴

- 形状，位置，寸法，結合面の数（形状結合要素を含む）
- 結合領域の力経路
- 形状結合要素の荷重分布（圧力分布）
- 異なるヤング率の材料の組合せで生じる荷重分布変化
- 部品の剛性と形状結合要素
- 荷重作用面を取り囲む結合領域の応力と応力集中
- 予荷重の可能性
- 結合する際の問題を避けるための公差
- 組立と分解の可能性
- 使用中に結合が緩む可能性と予防手段

主特性

- 正確な位置を保持する．
- 分解できる．
- 過荷重時に破壊するあるいは変形する．

実体化（図 8.5）

- くさび，ボルト，ピン，およびリベットによる結合［8.7］
- 軸 - ハブ結合［8.20］
- 位置決め要素［8.7］

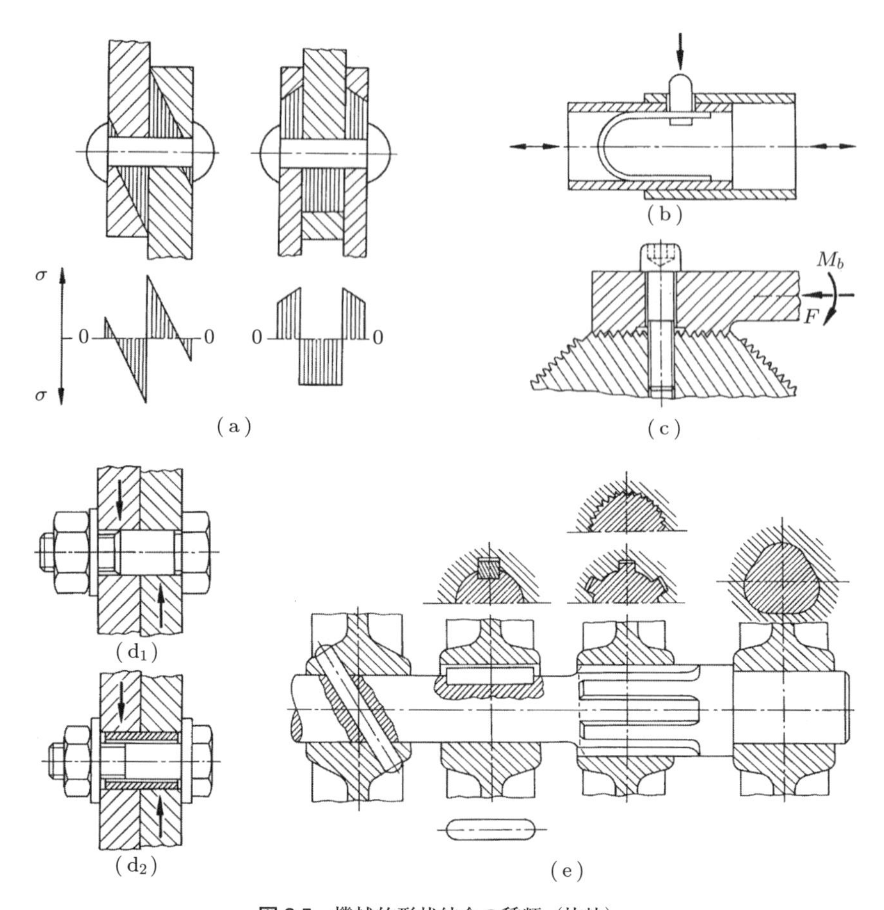

図 8.5　機械的形状結合の種類（抜粋）
(a) リベット結合（強固な結合），(b) スナップ結合，(c) 予荷重スプライン結合，
(d_1) せん断荷重ボルト結合（穴径＝ボルト径），(d_2) せん断荷重ボルト結合（穴径＞ボルト径），
(e) 軸－ハブ結合

• スナップ結合，締め金結合，引き結合 [8.7]

図 8.5(a)に示されるリベット結合は，単純な形状結合ではない．リベット結合プロセスは，結合部品間で摩擦力結合を同時に引き起こす．最終的な力流れ分布が明確でないために，形状結合により伝達される力，摩擦力を決定できない．それにもかかわらず，リベット結合は，その結合が強固なため，構造の中でしばしば使用される．また，金属やプラスチックの複合構造物内の結合において，曲げ部に力が作用する場合，接着結合では剥離する可能性があるため，リベット結合が使用される．

8.1.4 力学的結合

一般的挙動

力学的結合は，部品の荷重作用面間にはたらく力で実現される．力学的結合は，力の発生機構，すなわち物理作用で分類される．

(1) 摩擦力による結合

動作原理（図 8.6）

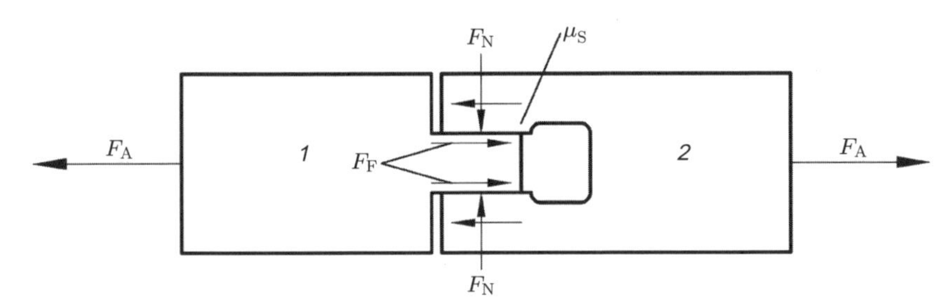

図 8.6 単一軸荷重が作用する二つの部品間の摩擦力による結合
F_A：軸方向荷重，F_F：摩擦力，F_N：法線力，μ_S：静摩擦係数

摩擦力による結合は，動作面にはたらく摩擦力 F_F によって実現される．摩擦力 F_F は，クーロン摩擦法則 $F_F = \mu_S \cdot F_N$ に基づいて，法線力 F_N に応じて生成される．摩擦力より作用力が小さいとき，すなわち，$F_A \leqq F_F$ のとき，摩擦力結合により力が伝達される．

構造上の特徴

- 静摩擦係数（材料の組合せに依存する主パラメータ）
- 法線力
- 荷重作用面にはたらく面圧
- 荷重作用面の対の数と法線力分布
- 構成部品の剛性と予荷重要素
- 組立および作動中の構成部品の相対的な変形（摩擦腐食域，7.4.1 項参照）
- 組立，分解の可能性
- 使用中に結合が緩む可能性と予防手段

主特性

- $F_A \leqq F_F = \mu_S \cdot F_N$ の条件で正確な位置を保持する．
- 分解できる．

- 荷重超過，すなわち，$F_A \geqq F_F = \mu_S \cdot F_N$ の条件で相対的な運動（滑り）を生じる．広域面圧による腐食と連続滑りによる過熱の危険性．

実体化（図 8.7）

- 弾性変形する挿入物（介在物）を伴う，または伴わない軸 - ハブ結合 [8.20]
- ボルト結合 [8.33, 8.34]

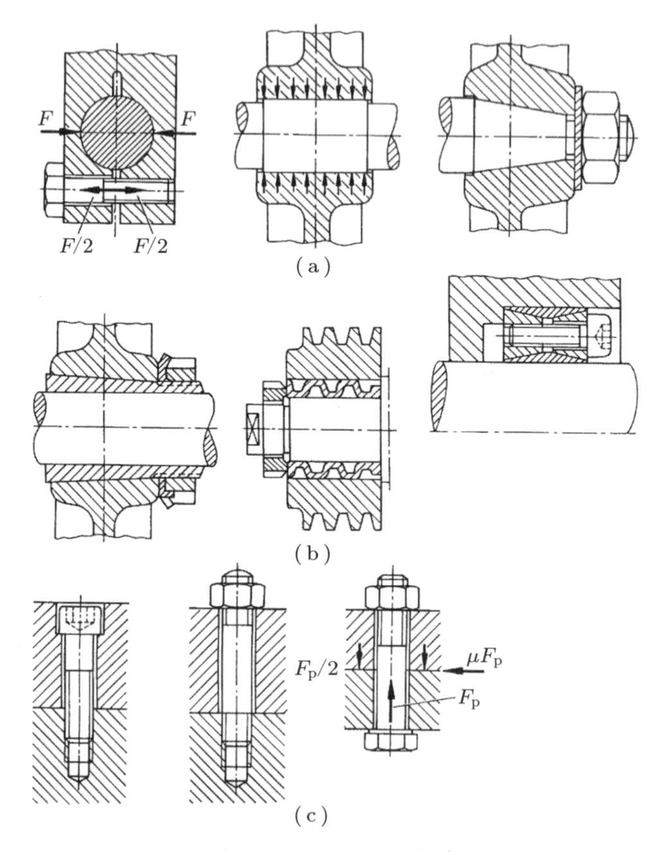

図 8.7　摩擦力による結合の種類（抜粋）
(a)　弾性変形介在物を伴わない軸 - ハブ結合
(b)　弾性変形介在物を伴う軸 - ハブ結合
(c)　予荷重ボルト結合

(2)　力場による結合

動作原理

力場による結合は，磁力場，流体静力学場，あるいは空気静力学場と粘性力場のような力場を利用して実現される．

構造上の特徴

- 必要とする力場
- 外部エネルギー源あるいは粘性媒体
- 密閉と遮へい

主特性

- 力－変位の関係（しばしば剛な挙動）
- 分解できる．
- 過荷重において，動きが拘束されるまで運動が続く（通常，本来の機能性が失われるとともに形状結合となる）．

実体化

- 流体軸受あるいは気体軸受（図 8.8 参照）
- 流体静力学結合
- 磁気軸受（図 8.9 参照）

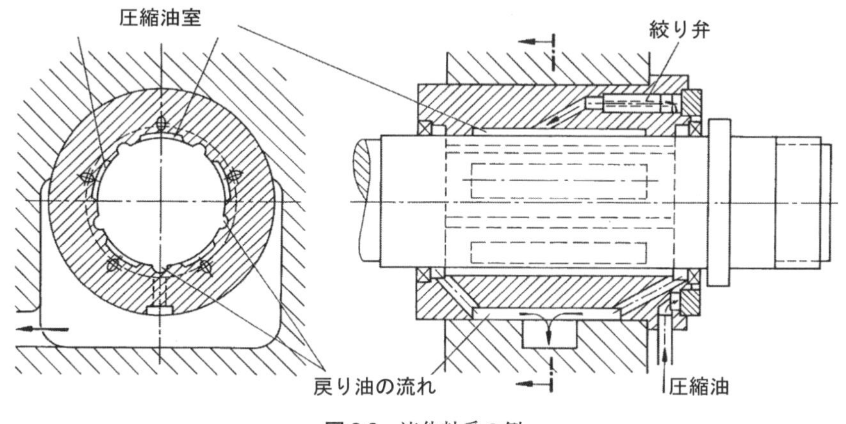

図 8.8　流体軸受の例

(3)　弾性力による結合

動作原理

弾性力による結合は，弾性変形したときにエネルギーを保持する弾性要素から発生される力により実現される．挿入された弾性要素により生じる力は，結合される構成要素の位置と動的挙動を決定する．

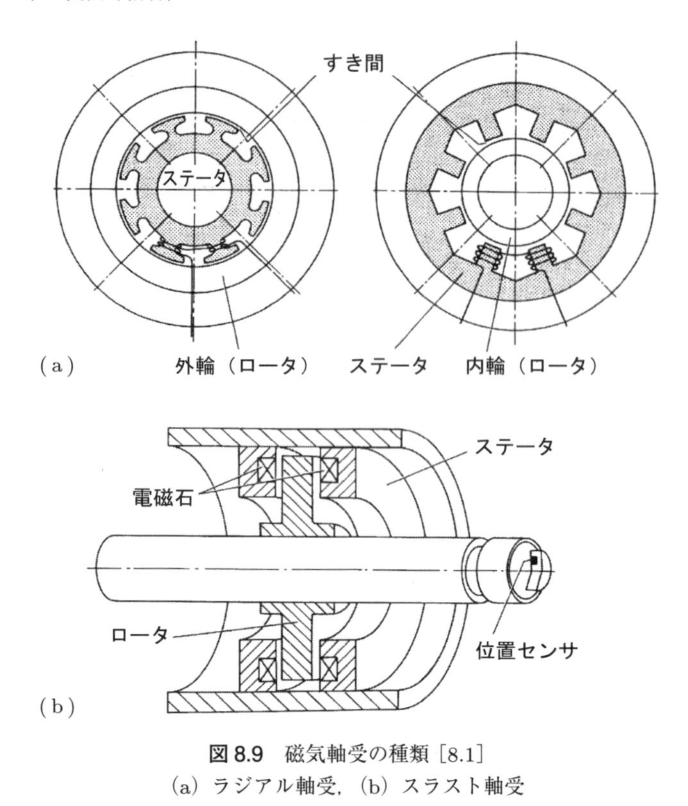

図 8.9　磁気軸受の種類［8.1］
(a) ラジアル軸受，(b) スラスト軸受

構造上の特徴

- 弾性要素
- 弾性限度内での弾性要素の実体化
- 弾性要素のヒステリシス特性．たとえば，金属ばねはきわめて小さな内部エネルギー損失であるが，ゴムばねは大きな内部損失をもつ．
- 耐久性
- 減衰要素導入の可能性

主特性

- 力 - 変位の関係
- 変形に伴うエネルギー保持能力
- 振動に対して敏感だが，減衰の可能性をもつ．
- 分解できる．
- 過荷重において，動きが拘束されるまで運動が続く（通常，弾性特性の損失を伴い，圧縮ばねにおけるコイル結合のような（図 7.58 参照），形状結合あるいは小型化となる．

実体化

- 連結器や軸受における柔軟なばね要素（図 7.144 参照）
- 弾性支持（図 7.27 参照）
- 減衰効果のための弾性挿入体

8.1.5　応　用

材料接合は，以下のような目的に用いるのが望ましい．

- 多軸荷重や動的荷重に対応する．
- 相対位置を維持する．
- 材質が同一の構成要素に対して安価な結合を実現する．
- 溶接，ろう接，接着剤によって容易に修理できるようにする．
- 結合領域を密閉する．
- 標準構成部品と半製品の使用を可能とする．

機械的形状結合は，以下のような目的に用いるのが望ましい．

- 分解を容易にする．
- 構成部品を正確に位置決めする．
- 相対的に大きな力に対応する．
- 異なる材料の構成部品を接続する．

摩擦力による結合は，以下のような目的に用いるのが望ましい．

- 異なる材料の部品を簡単かつ経済的に結合する．
- 過荷重時に滑るようにする．
- 接続部品の相対位置を固定する．
- 構成部品の分解を容易にする．

力場による結合は，以下のような目的に用いるのが望ましい．

- 物理的な接触がなく構成部品を結合する．
- 摩擦損失を減少する．
- 空間における精密な位置決めを制御する．
- 動的挙動に影響を与える．

弾性力による結合は，以下のような目的に用いるのが望ましい．

- エネルギーを保持する．
- 衝撃荷重に対応する．
- 適当な減衰要素により動的挙動に影響を及ぼす．

- 相対運動を相殺する．
- 寸法公差と寸法の差を相殺する．

8.2 メカトロニクス

8.2.1 一般的構成と用語

メカトロニクスという用語は，メカニクス（機械工学）とエレクトロニクス（電子工学）から作られた．メカトロニクスは，情報工学，機械工学，電子工学の技術を統合し，新機能を実現する斬新な製品の開発，生産，組立を可能とする（**図 8.10** 参照）[8.19]．従来のシステムに比べ，メカトロニクスは機能性の拡張を可能とし，これまでにない機能を実現することができる．

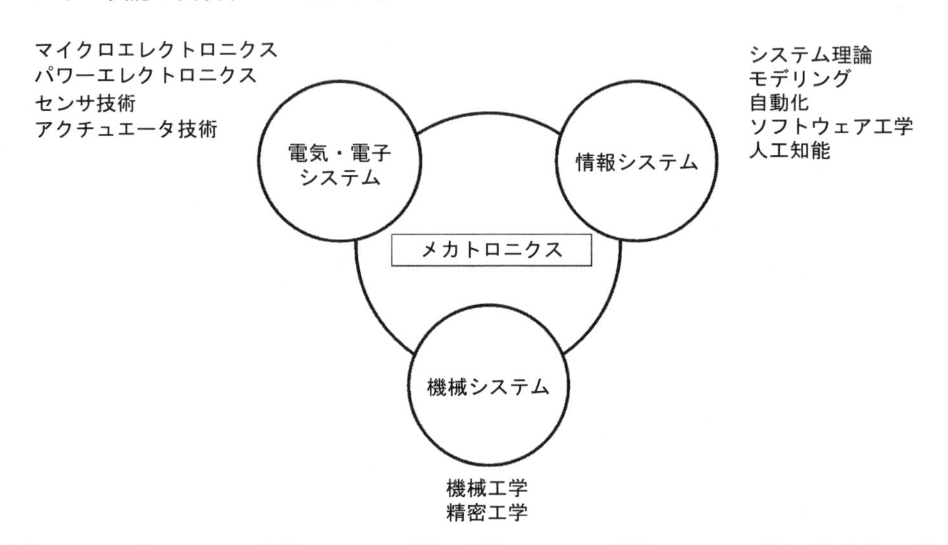

図 8.10　メカトロニクス：機械システム，電気・電子システム，情報システムの統合（出典 [8.19]）

メカトロニクス設計解（製品）は，基本的に，**図 8.11** に示す構造をもつ．**基本システム**は，エネルギー，物質，信号を伴う機械，電子－機械，水（油）圧機構あるいは空圧機構である．全体の機能は，複雑な仕事（作業）を実行することを目指す．センサは，基本システムの状態を表す詳細なデータを獲得する．それらのデータは，コンピュータシステムに入力されて処理され，処理結果に基づいて，基本システムにおいてあらかじめ定められた規則（コンピュータアルゴリズム）に従ってアクチュエータが稼働される．エネルギーは，コンピュータ，センサ，アクチュエータに供給される．人間は，必要に応じて，システムに介入できる．

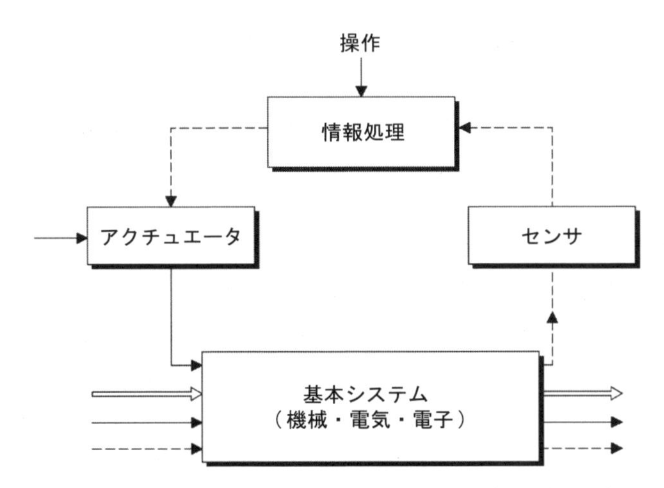

図 8.11 メカトロニクスシステムの基本構造（出典 [8.19]）

現在，基本システム内において物理的にセンサ，アクチュエータ，データ処理機能を統合することが試みられている．すなわち，それらを小空間に内蔵した下位システムを作り，作用させるところに組み込むことが望まれている．これらの部品が部分的に統合されただけの場合も，メカトロニクス設計解とよばれる．小型システム化技術の開発が推進され，メカトロニクスのさらなる利用が拡大されようとしている．VDI ガイドライン 2206 [8.32] の草案は，メカトロニクスとその開発法について公開したものである．

8.2.2 目的と制限

メカトロニクスシステム開発の目的は，次のとおりである．

- 新機能を実現する．
- 外部から介入することなく，監視と制御によりシステムを改良する．
- 適用領域を拡張する．
- システムの自動監視と過失診断を実現する．
- 小さな空間で物理的統合を達成する．
- メカトロニクス下位システムを開発し，ビルディングブロックまたは組立品として，独立して試験され，既存システムに追加できるようにする．
- 作動時の安全性を改良する．

メカトロニクス設計解（製品）の制約は，次のとおりである．

- 環境温度が高い場合や，振動・機械的荷重が与えられたときに電子部品に損傷が与えられるような場合，電子部品を統合できない．

- メカトロニクス製品の全体あるいは主要部品の交換が必要なとき，修理が不可能であったり経済的でなかったりする場合がある．
- センサ，アクチュエータ，あるいはシステム全体が高価な場合，投資に対する効果の比率は，現在の市場経済において，比例しないことがある．

8.2.3　メカトロニクスシステムの開発

メカトロニクスシステムの開発は，異なった分野の相互協力による学際的なアプローチを必要とする．境界が流動的であるため，専門分野や専門領域を明確に区別することは可能ではないし，望ましくない．開発チームは，機械工学，電子工学，制御，ソフトウェア，そして関連する製品分野を専門とするメンバーで構成される．開発チームメンバーの構成と運営に関する手引きは，4.3 節に示されている．

本書で述べているように，メカトロニクスシステム開発におけるプロセスの複雑さと学際性は，組織的アプローチを必要とする．しかし，組織的アプローチは，さまざまな専門領域の知識・用語の高い柔軟性と考察の下で適用されなければならない．

第1に，仕様を明確にして（5.2 節参照），そこから必要な機能および予備機能構造を導き出し（6.3 節参照），図 8.11 に示した基本構造を設計する．満たされるべき下位機能の議論と抽象化は，学際的チームではとくに有用である．これは，実現可能な初期設計解と同様，意図や目的，目標について確認し，推敲し，理解し合うことを助ける．機能構造は，仮に不完全であったとしても，全体のシステムにおいてインタフェースを明確に定義する．これは，独立した下位課題の定義と個々の機能に対する下位課題の割り当てを可能にする．

こうして，開発に参加している専門家は，自身の課題に責任をもって，設計解の体系的探索を実行することができる（4.2 節，6.4 節参照）．また，専門家の分野が異なる場合，課題の大きさと期間がそれぞれ異なるので，プロジェクトマネージャーによるスケジュールの継続的な協調と調整が必要である．設計解は，7.1 節で示した方法と類似ではあるが，より柔軟な多くの反復ステップを経て，おおまかな構造から詳細で具体的な案に進展する．Isermann［8.19］は，メカトロニクスシステムの開発プロセスの詳細なステップを記述している．文献［8.19, 8.31］では，センサとアクチュエータについての推奨事項が記されている．

3.3 節で記述したように，選択と評価により部分解を早く決定することにより，効果的な開発プロセスが可能となる．基本システムの代替案はどれも，センサ，アクチュエータ，ソフトウェアの開発に影響する．

8.2.4 事 例

メカトロニクスシステムの初期の例は，精密工学に見ることができ，自動カメラやオフィス機器などである．機械工学の領域におけるメカトロニクスの応用は，自動車産業が先駆けとなった．たとえば，アンチロックブレーキシステム（ABS）は，タイヤのスピード（回転数）を測定し，タイヤのロックを防止するブレーキ力を制御するメカトロニクスシステムである．その制御は，あらゆる道路状況において，制動距離を最小にする．ABSをさらに発展させ，電子制御制動力配分システム（EBD）が開発された．EBDは，横滑りが発生したとき，事前にセットされた限度内に動特性を維持するように各ブレーキを制御することにより，車のスピンを防止する．自動変速装置も，電子部品の組み込みにより，ますます高度な制御が可能になってきた．

以下の例は，まだ開発中のものもあるが，ニーズがあって経済状況が好調ならば，実用化される可能性がある．

例1：摩擦軸継手

メカ（機械）とエレキ（電子）の統合システムに関する大規模研究プロジェクトにおいて，標準クラッチに圧電アクチュエータが組み付けられた．クラッチが作動すると，圧電アクチュエータは，ある特性線に沿ってクラッチ力を最大値から減少させる．その結果，クラッチ動作は0.4秒以内で完結する．このことにより，従来のモーメント一定力クラッチに比べて，歯車のかみ合いの開始において，終了時よりもより高い結合を提供する特性をもつクラッチとすることができる（**図8.12**参照）．この特徴により，摩耗に対して大きく影響する摩擦パッドの最高温度を，フーリエ数に従って30%まで減少させる（表9.2参照）．**図8.13**は，フーリエ数が1のときのクラッチプロセスの回転スピード，結合力（モーメント力），温度，そしてパワー損失を示している．フーリエ数が小さいとき，すなわちクラッチ板内への熱流が大きいとき，最大摩擦温度の減少は大きくなる．

クラッチ板内の温度測定に基づき，外部コンピュータが圧電アクチュエータを制御して，クラッチ特性を最適に制御する．クラッチ時間は，少なくとも結合されたクラッチシステムのもっとも小さいねじり固有振動数の周期より長くなるように制御される．この制御により，クラッチプロセスにおける軸ねじり振動が最小になる［8.14］．

例2：自己補強自動車ブレーキ

7.4.3項において，自己補強ブレーキについて述べたが，これはロックアップの可能性がある．適切なブレーキ力強化が行われるのであれば，自己弱化構成のほうが好ましい．メカトロニクスを用いて，自動的にブレーキ力を強化し（自己補強ブレーキ），起動エネルギーを減らすブレーキを実現することができる．

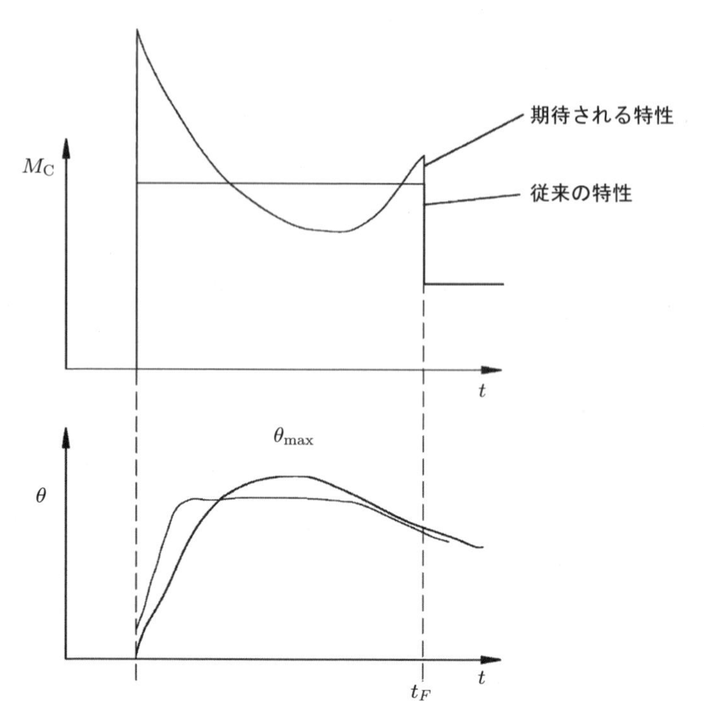

図 8.12　連結器モーメント M_C，摩擦温度 θ_{max} とクラッチ作動時間の関係（出典［8.14］）

新しい自動車開発は，油圧システムをなくし，電気システムにする傾向にある．この方向性は，自動車のブレーキシステムにも影響する．エネルギー利用の観点で，すべてのシステムは可能な限り効率的でなければならない．

例1で述べた研究プロジェクトでは，Breuer と Semsch［8.11］は，自己補強ディスクブレーキを開発した．このブレーキは，ブレーキ力が一定になるように制御され，自己ロッキングを防止する［8.3, 8.28, 8.29］．**図 8.14** は，ブレーキ板に作用するブレーキくさびの基本原理を示している．このシステムのブレーキ力は，力が作用すると，ブレーキパッドの摩擦係数に従って，ブレーキがロックするまで徐々に増大する．これに対して，メカトロニクスを導入することにより，ブレーキのロックを避けることができる．**図 8.15** は，新しいディスクブレーキの基本構造を示している．ブレーキの起動力は，電気モータとギアボックスにより，リードねじを介して加えられる．くさびの角度は，実質的なブレーキ力を加えると同時に，自己緩和がつねに可能となるように設定されている．

ブレーキ力はセンサにより測定される．ブレーキパッドに作用する法線力を検出する方法では，パッドの摩擦係数が未知の場合，ブレーキ力の測定とならない．ブレー

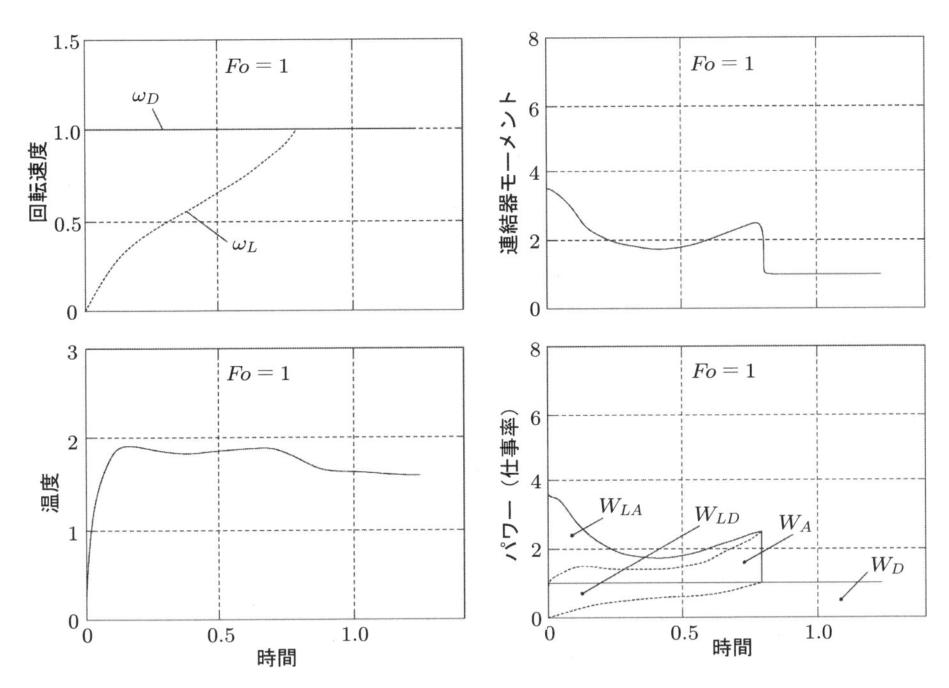

図 8.13　フーリエ数 $F_O = 1$（正規化値）のときの時間に関する回転速度，連結器モーメント，摩擦温度，パワーの特性（出典［8.14］）

キディスクに作用するブレーキ力（モーメント力）を直接測定することが望ましい．最適な設計解は，ブレーキ作用の遅れを測定することである．なぜなら，これはタイヤの摩擦係数も考慮されるからである．タイヤと路面間の摩擦係数を測定するタイヤセンサの開発が有望であることから，これは実現の可能性がある［8.3］．どこにセンサを設置するか，あるいはブレーキ力をほかの情報を基に間接的に測定できるかどうかは，ABS システムの利用のような自動車の電子化に依存する．ABS システムでは，コンピュータが各タイヤが相対的に小さなエネルギーで必要な自己補強ブレーキ力を実現するように，ブレーキ力およびブレーキ挙動の測定に基づき，有効となるブレーキ力を制御する．

ABS システムにおける自己補強力の結果，エネルギーの必要条件は，その限界内に限られる．ブレーキ内には空気の流れがあり，摩耗熱による影響は打ち消される．このブレーキの方式は，実車で実証された．

例 3：シャーシサポート

自動車のホイールには，ばね－ダンパシステムが採用されている．一般的に，ばねとダンパの特性は変えることができず，その自動車の典型的な操作に基づいてあらか

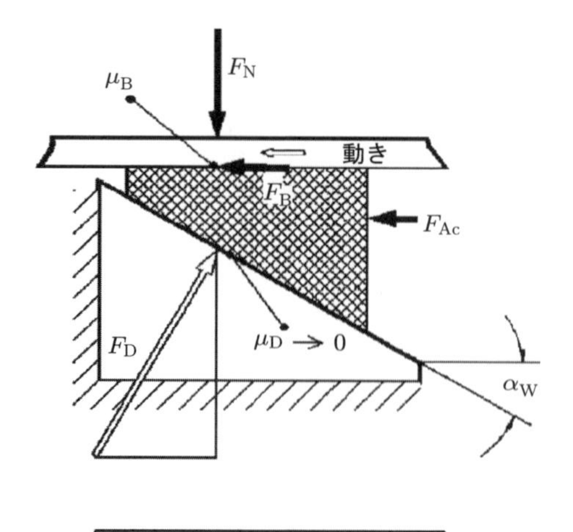

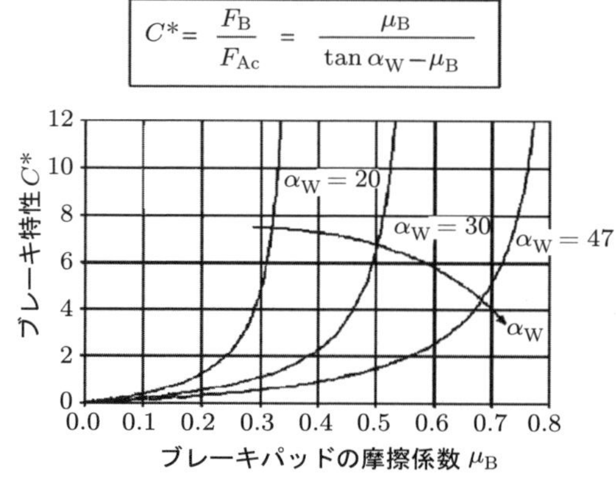

図 8.14　ディスクブレーキの自己補強くさび（出典 [8.28, 8.29]）
ブレーキ特性 C^* = ブレーキ力 F_B ÷ 作用力 F_{Ac}

じめ設定されている．負荷，道路条件，運転挙動は，要求されるばね－ダンパ挙動（特性）に影響を与える．あらゆる状況において快適な乗り心地を達成するため，メカトロニクスにより，ばね剛性やダンパ特性，さらに最低地上高（自動車の車輪を除くもっとも低い部分と路面との間隔）とロール回転制御を自動調整する．この実現のために，油圧制御のピストンがばね内に内蔵される．このピストンは，膜を介して空気圧を制御し，ばねの剛性と長さを変化させる．ダンパ下位システムとして，ダンパ減衰特性を強くあるいは弱くするための磁気バルブによって制御される断面をもつ補助管が設置される．センサは，車両が動いているときも止まっているときもその状態を連続的に測定する．制御器は，あらゆる道路状況に対してばね剛性とダンパ減衰特性を最適に調整し制御するとともに，荷重（積荷）に対してシャーシの高さを調節する．制御器は，運転条件を認識するだけでなく，測定・調整システム自身の欠陥診断を行う．

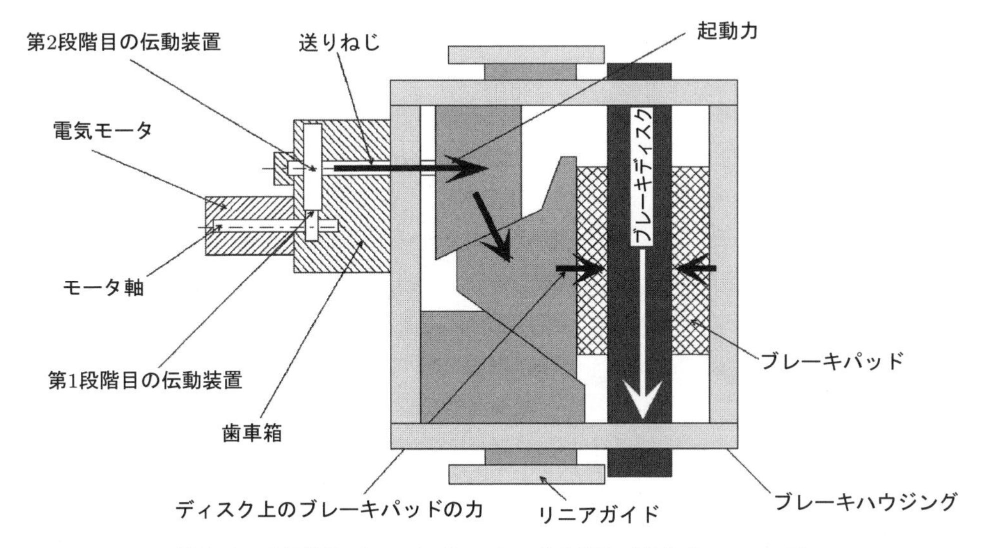

図 8.15　自己補強ディスクブレーキの基本構造（出典 [8.28, 8.29]）

システム障害が発生した場合，システムのセッティングは初期状態に戻され，運転者に通知される [8.4].

例 4：自己調節磁気軸受

図 8.9 は，磁力場を利用した軸受の例として，ラジアル磁気軸受とアキシャル磁気軸受を示している．磁気軸受は，センサとしてだけでなく，アクチュエータとしても利用できる．ディジタル制御システムと組み合わせることで，軸受の位置と，軸の動的挙動に影響を与えることができる．Nordmann は，この機能を実現し，新しい機能として開発した [8.30].

磁気軸受利用の一例として，小径の穴あけ加工を行う精密研削に使用する駆動ユニットがある [8.30]．**図 8.16** は，そのユニットの構成を示している．軸受から突き出ている研削軸は，100000 rpm 以上で回転する．被削材は，3600 rpm まで回転する．研削軸は，二つの電磁ラジアル軸受で支持されている．軸力は，一つの電磁アキシャル軸受で支えられる．電磁法則に基づき，軸方向に数マイクロメートルの範囲で軸を揺動運動させることにより，研削プロセスの改善が可能となる．研削で生じる軸に対して，法線方向の力は，とくに，軸の突き出し部のたわみを生じさせる．このたわみは，研削による加工面を少し円すい形にする．この現象は，軸に作用する力の大きさに対応して軸を自動的に傾けることによって制御できる．軸を支持している磁気軸受を高い周波数で制御することによって，被削材に生じる誤差を修正できる．このような制御により，高精度な穴加工を実現できる．

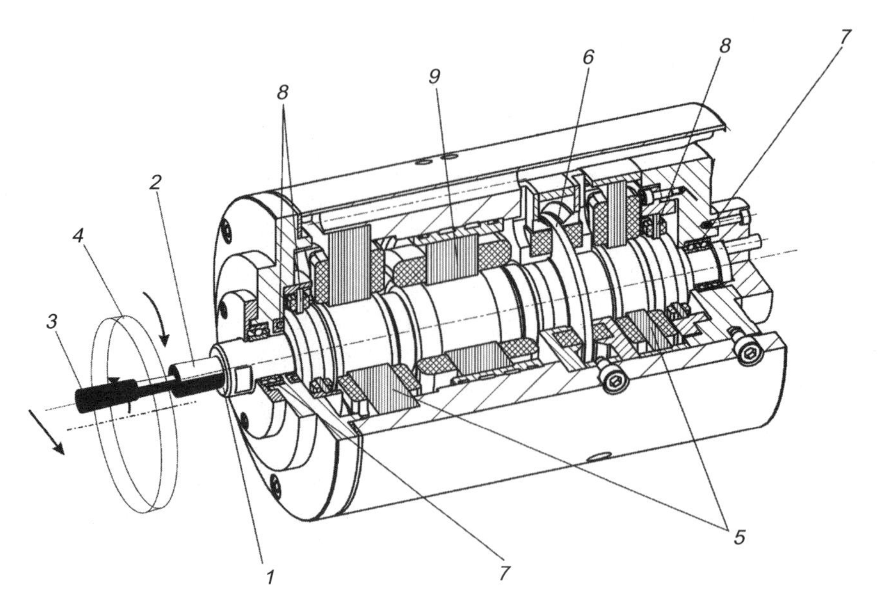

図 8.16　ラジアル磁気軸受とアキシャル磁気軸受を内蔵した研削駆動ユニット
1：研削軸，*2*：研削工具，*3*：研削シリンダ，*4*：工具，*5*：ラジアル磁気軸受，
6：アキシャル磁気軸受，*7*：補助軸受，*8*：変位センサ，*9*：駆動モータ

研削工具の摩耗や欠損から生じる研削力の不つり合いや異常は，外乱を引き起こし，軸受の磁場に作用する．これらは，システムのディジタルモデルを基に測定・評価され，少なくとも，ある程度は瞬時に修正される．もし特定の値が限界値を超えたならば，研削作業を終了する．

メカトロニクスが組み込まれた監視型磁気軸受は，タービンやコンプレッサなどの回転システムにおける故障の診断を可能とする．**図 8.17** は，文献［8.2］に従って，故障診断システム全体モデルの構築方法を示している．回転システムは，その動的特性の同定の下でモデル化されている．たとえば，軸受に設置された変位センサは，瞬間的な回転挙動を測定する．この挙動は，流体システムや軸受システム，回転軸自身における外乱，たとえばブレードの欠損によって生じる力の不つり合いによって変化する．挙動の変化は，磁気軸受センサからの信号の測定により同定される．異なる状況は異なる特性を生み，その特性は解析され，故障が同定され適切な手段が適用される．

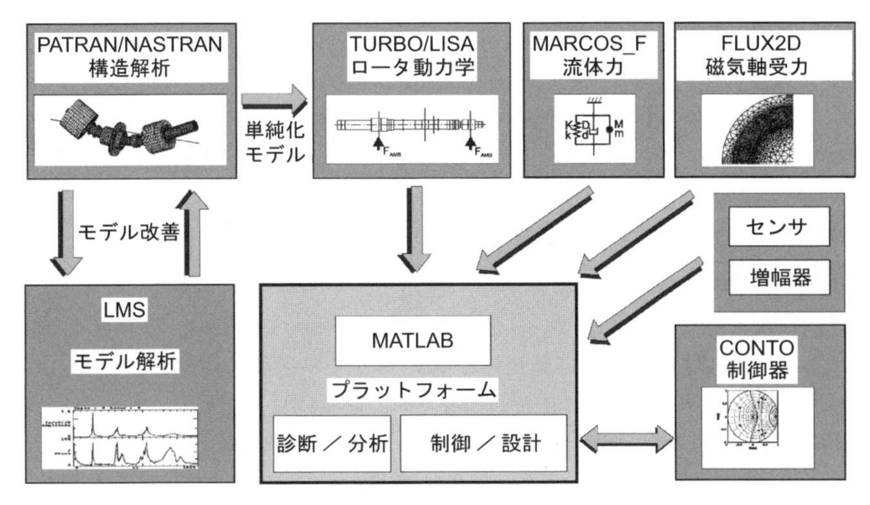

図 8.17 故障診断のための回転システムの全体モデルの構築（出典 [8.2]）

8.3 アダプトロニクス

8.3.1 基本事項と用語

アダプトロニクスという用語は，適応構造と電子工学から生まれた．Hanselka [8.16–8.18] は，アダプトロニクスを，制御工学と情報工学を基盤とし，電気・電子技術に基づいて実現できる統合機械工学機構と定義した．Elspass と Flemming [8.8] は，このような機構をストラクトロニクス（structronics : structure & electronics）とよび，メカトロニクスの一部として考えた．

アダプトロニクスの目的は，外乱と負荷変動に対して能動的に適合し，製品の役割と要求機能を連続的に実行することである．アクチュエータとセンサは多機能材料として構造に組み込まれるため，アダプトロニクスの適用により直接，構築構造に影響を及ぼす．センサとアクチュエータは力の流れの中に配置され，制御器を通じて反応，指示，調整される．そのため，その構造は一つの動的な複合構造としてみなすことができる．

7.4.3 項において，自助の原理を述べた．この原理は，純粋な機械構造に当てはまるもので，それらは，注意深い設計により，自己補強，自己平衡，自己防護の特徴をもつことができた．アダプトロニクスは，負荷伝達部品としてセンサとアクチュエータを組み入れ，それらを継続的に関与させ，協調させることで機械構造の潜在的性能を拡張し，改良する．

メカトロニクスの概念との比較において（8.2 節参照），アダプトロニクスには以下の特徴の違いがある．

- 構造は，つねに，能動的材料部品をもつ．
- アクチュエータはセンサとしてはたらき，逆も成り立つ．
- アクチュエータにより構造を変化し制御するため，システム構造は，センサからの信号に基づいて順応する動的なモデルである．
- モデルそして制御システムにおける反応は，リアルタイムである．

使用される多機能材料は，圧電セラミック，形状記憶合金，熱可塑性フッ素樹脂PVDF（ポリフッ化ビニリデン）（フィルムあるいは箔として），光ファイバ，そして，圧電セラミックス埋め込み繊維強化積層材のような多機能複合材がある．圧電アクチュエータはいろいろな形状に成形できるため，構造内においてもっとも効果的に組み込まれる [8.8, 8.16]．**図8.18**は，圧電アクチュエータの形状例を示している．単層の圧電アクチュエータのおもな伸張方向が層に平行であるのに対して，積層された圧電アクチュエータのおもな伸張方向は積層方向になる．構造内に埋め込まれたこれらのアクチュエータは，その伸張を調整・制御することができ，たとえば，あたかも引張力が加えられたかのように，棒の長さを伸ばすことができる．ファイバ複合板の外表面に対で設置すると，曲げ効果を発生させることができる．圧電アクチュエータを主軸方向に45°で設定すると，ねじり変形を生じさせることができる．

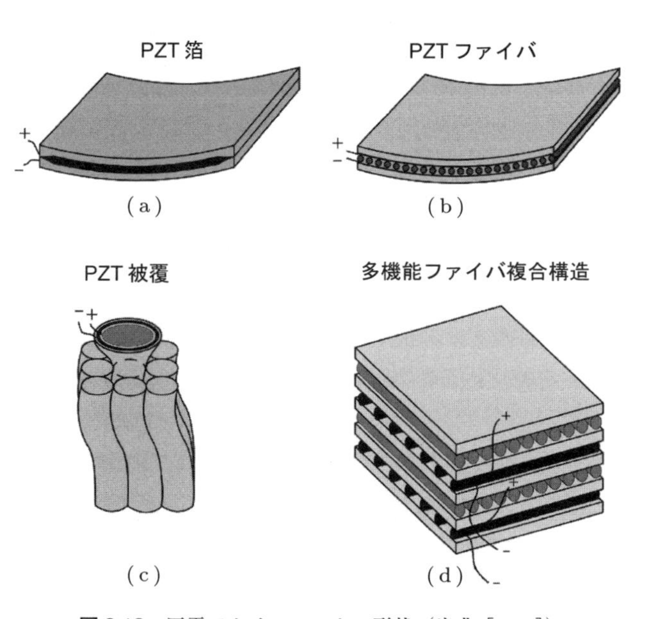

図8.18　圧電アクチュエータの形状（出典 [8.16]）
(a) 薄型，(b) ファイバ型，(c) コーティング型，(d) 多機能ファイバ複合型

図 8.19 は，アダプトロニクスの一般的な機構を示している．動的構造は，本質的に，サンドイッチ機構あるいはハイブリッド機構により補完された繊維強化複合板で構築される．センサとアクチュエータは，繊維薄板層と網目基材の間の材料接合により組み込まれる．外乱あるいは変化が感知されると，センサからの信号は構造を制御するコンピュータに送られる．目的に応じて，制御システムが稼働する．制御システムはアクチュエータに制御信号を送り，モデルで定められた規則に従って，構造を新しい状態に制御する．この高速リアルタイム制御が，連続的な適合を可能とする．

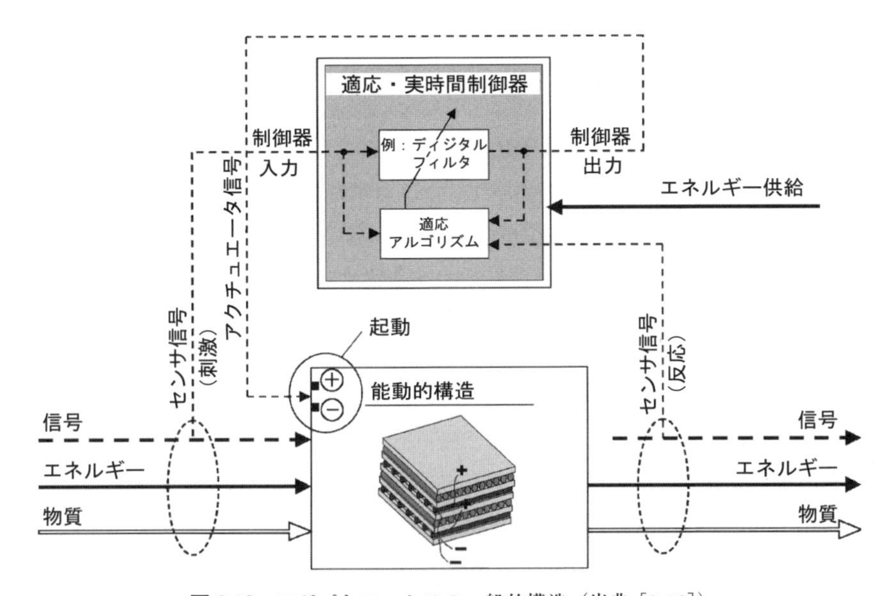

図 8.19 アダプトロニクスの一般的構造（出典 [8.16]）

上記のアプローチは，現在の技術では，実現不可能であったり，不必要なことであったり，コストが高すぎることになる．しかし，その可能性は魅力的であり，提示した例は，従来の伝統的な領域に対して新しいアイデアを誘発する有益な提案である．

8.3.2 目的と制限

アダプトロニクスシステムの目的は，次のとおりである．

- 負荷，温度，外乱の影響を打ち消し，機構を初期状態に戻す．
- 振動と音を能動的に除去する．
- 能動的に機構を変える．
- 離散的な位置では，無限大の剛性をもつ構造を実現する．
- 能動的に位置を変える．

- 複合物での損傷を同定する．

アダプトロニクスシステムの限界は，次のとおりである．

- 製造にかかる労力がかなり大きい．
- アクチュエータにより発生される力あるいは運動が小さい．
- センサおよびアクチュエータのコストが高い．
- 複雑性ゆえに，制御プロセスの理論的理解とモデル化ができない可能性がある．
- 費用対効果が十分でないため，得られる機能が不必要に思われる．

これらの限界を解決し，利用範囲を広げるために，さらなる研究と開発が必要である．

8.3.3　アダプトロニクスシステムの開発

メカトロニクスシステム（設計解）の開発に適用された技術は，アダプトロニクスシステム（設計解）の開発にも適用される（8.2.3 項参照）．機構の理論的理解と数式モデル，機器構成と実体化，センサとアクチュエータの最適配置の検討が必要である．このような機構の開発はまた，異なる専門領域をもつ技術者の組織的なアプローチとチームワークを必要とする．

8.3.4　事　例

例 1：変形しないはり

主軸に対して垂直方向の外部荷重を受けるはり状部品は，曲げ変形を生じる．アダプトロニクスを適用することにより，この変形を防ぐことができる．圧電アクチュエータの数と位置に依存するが，異なる荷重が与えられたとしても，はり上の 1 点あるいはいくつかの離散的な位置において，曲げ変形をゼロにすることができる．自重によるはりの曲げも，同様に補正できる．**図 8.20** は，支持部の上部に圧電アクチュエータを配置したはりと，内部に圧電アクチュエータを埋め込んだはりの変形を示している．圧電アクチュエータを埋め込んだはりは，離散的な位置で変形量がゼロになっている [8.17]．変形を補正するための「逆変形」を計算するために，荷重と構造のモデルが構築され，適切な定式化がされなければならない．このような補償技術は，ロボット技術，高精度測定装置，低侵襲手術技術に重要である．

例 2：自動修正反射アンテナ

航空宇宙産業や高精度ミラーシステムにおいて，反射板を正確な形状にすることはきわめて重要である．反射板の正確な形状形成は，アダプトロニクスにより実現できる．Elspass, Flemming, Paradies は，重力に対して反射板形状を連続的に補償する

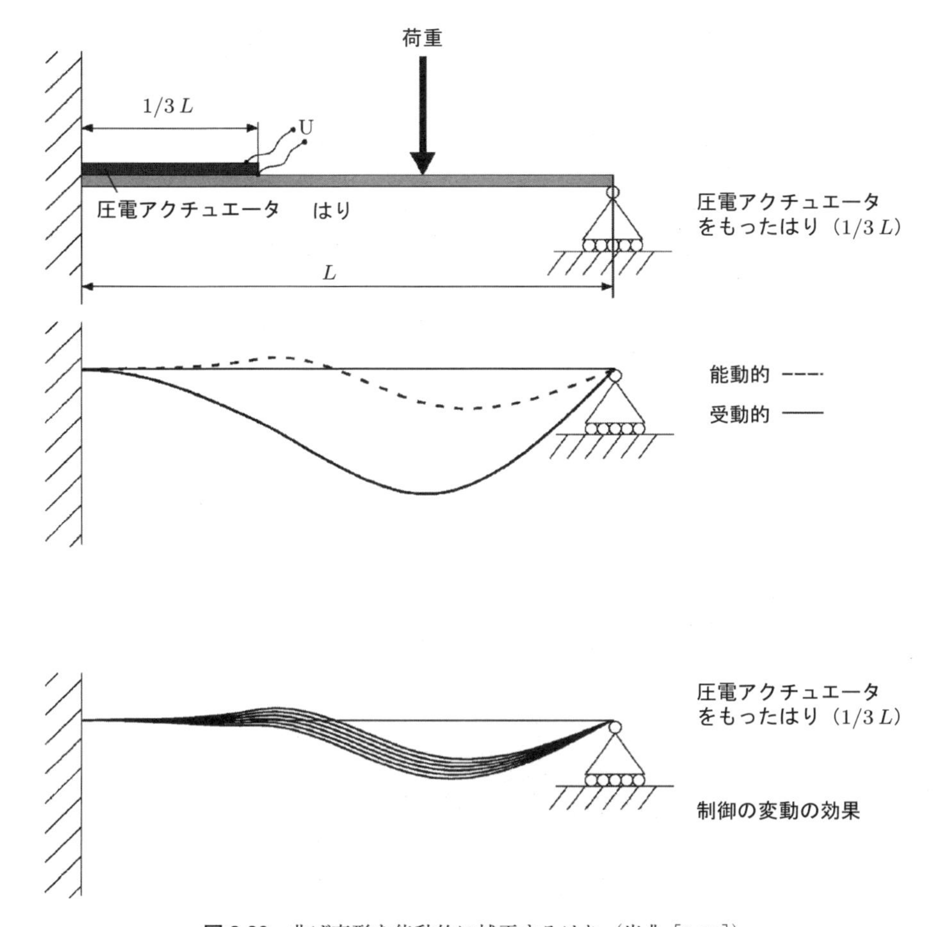

図 8.20 曲げ変形を能動的に補正するはり（出典［8.17］）

技術を紹介している［8.9, 8.23］. **図 8.21** に示されるように，反射板は 2 重板構造であり，板の間には発泡コアが充填されている．このサンドイッチ構造の外側には，センサとアクチュエータが星形に設置されている．アクチュエータは，外的な要因あるいは機構自身により生じる変形を能動的に補償する．この機能により，形状を正確な放物形状あるいは正確な楕円形状にすることが可能である．この自己修正の技術は，ハッブル天体望遠鏡の開発において，形状誤差を補償し，アンテナ反射の焦点を合わせることに適用された．

例 3：低振動自動車のボディ構造（骨組み）

自動車産業において，アダプトロニクスはボディ構造（骨組み）の特性を改良するために応用できる．大きく薄い板材は，振動して大きな音を発する．**図 8.22** に示さ

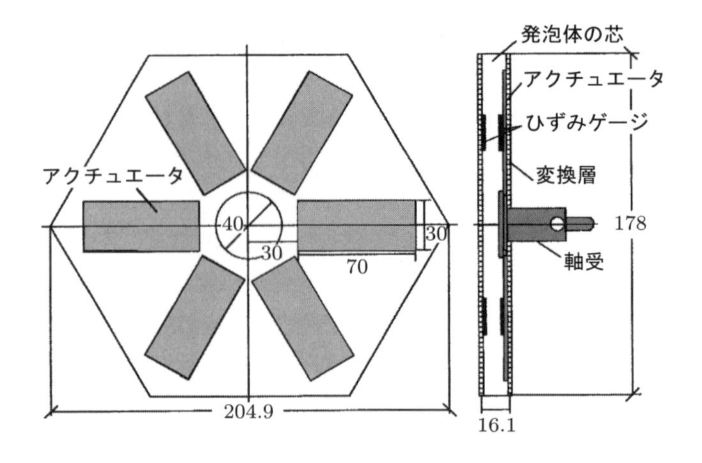

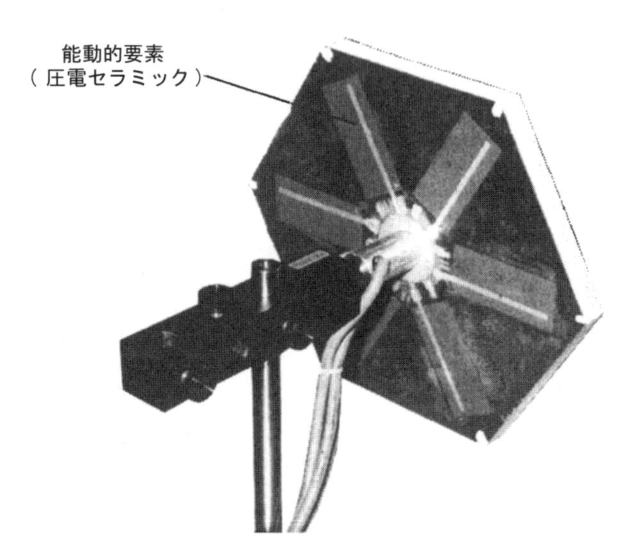

図 8.21　圧電アクチュエータを組み込んだ能動的サンドイッチ構造の放物形状反射板の詳細配置（出典 [8.8, 8.9, 8.23]）

れるように，この振動を能動的に減少するために，指定領域に圧電アクチュエータを配置することにより防止できる．

この機構は，騒音の伝達を防ぐためにも使用可能である．圧電アクチュエータにより，騒音振動に対して逆位相の振動を発生させ，騒音を防止する．この手法により，自動車内の騒音を抑えることができる [8.8, 8.16, 8.18, 8.24]．

圧電アクチュエータは，自動車ボディ構造（骨組み）の変形を補償するために，接続している骨組み要素と剛性を受けもつ要素の力伝達経路内に適用される．とくに，

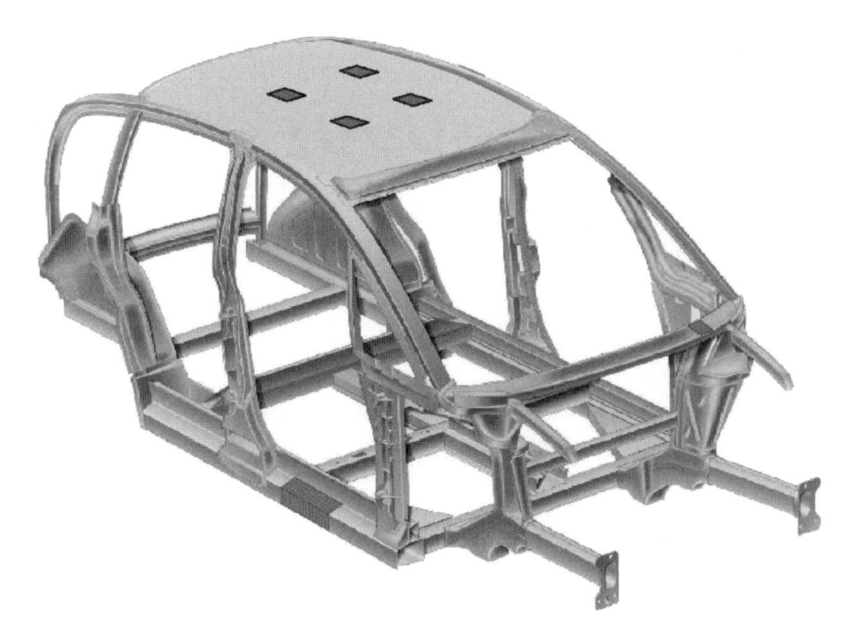

図 8.22 能動的に振動を減小するボディ構造（出典 [8.15, 8.17]）

ねじり圧電アクチュエータは，ねじり変形を補正するために使用される．衝突時において，圧電アクチュエータは衝突による変形と反対方向の変形を生じさせ，衝突変形のエネルギーの流れを変え，衝撃を吸収する．

Chapter

9 寸法レンジとモジュラー製品

9.1 寸法レンジ

寸法レンジ[†]は，設計と生産手順を合理化するものである［7.31］．**メーカー**には次のような**利点**をもたらしてくれる．

- 設計作業は一度だけ行えばよく，その結果は数々の応用に利用できる．
- 選んだ寸法に基づく製品を繰り返しバッチ生産することが可能であり，生産が効率的になる．
- 高品質が得られる．

また，ユーザーにとっての利点には次のものがある．

- 競争力が高く，高品質な製品の入手が可能になる．
- 納期が短くなる．
- 交換部品，付属品の入手が容易になる．

ただし，メーカーとユーザーの両者にとって，次のような**不都合**な点がある．

- 寸法の選択が限られており，動作特性が必ずしも最適ではない．

寸法レンジとは，技術的人工物（機械，組立部品および構成部品）で，次のような適用上の特徴をもつものをいう．

- 同一の機能を果たす．
- 同一の設計解原理に基づいている．
- 寸法を変えて製造されている．
- 同様な製造技術を利用している．

寸法レンジに加えて，ほかの関連する機能を実現しようとすると，**モジュラー製品**（9.2 節を参照）を寸法レンジと並行して開発しなければならない．寸法レンジの展開は，独自であっても，既存の製品に基づいていてもよいが，いずれにしても注意深く段階化しなければならない．はじめの基本とする寸法を**基本設計**といい，それをも

† 訳者注：ここで「寸法レンジ」とは，同一仕様の製品に対して，大小の違いに対応するために，スケールを変更できる範囲とその手法のことをいう．

とに誘導した寸法を**逐次設計**［9.35］とよぶことにする．基本設計を指標0で表し，寸法レンジにおける連続した（逐次設計における）メンバーの第1番目に指標1，k番目に指標kを割り当てる．

寸法レンジの展開において基本的な役割を果たすのが相似則であって，10進標準幾何数列も重要な役割を担う．これらの適用方法については以後の二つの項で議論する．

9.1.1 相似則

幾何学的相似性によって，設計は簡単かつ明確になる．しかし，技術的人工物は，幾何学的比率で拡大しただけでは，特別な場合を除いて十分でない．とくに，単純に幾何学的に拡大することは，それが相似則を満たしているときにのみ許容できるので，これを必ず確認しておくべきである．この法則は，模型試験の場合に非常にうまく利用されている［9.28, 9.30, 9.32, 9.36］．しかし，一般的には，寸法レンジは模型技術とは異なる目的を基に展開される．すなわち，次の目的を達成することである．

- 材料の使用レベルを同一にする．
- 可能であれば同種の材料を使用する．
- 同一の技術を用いる．

機械が，寸法レンジ全体にわたって同程度にその機能を達成するのであれば，相対的応力は同じにしなければならない．

基本設計と逐次設計の間で，少なくとも一つの物理量の関係が一定であるときに，両設計の間に**相似性**があるという．**表9.1**に示す長さ，時間，力，電荷，温度および光度という基本物理量[†]を用いて，基本的な相似性を定義することができる．

このように，基本設計の各部の長さと逐次設計の各部の長さの比がすべて一定であれば，**幾何学的相似性**が成立していることになる．ここで，一定でなければならない無次元数が$\phi_L = L_1/L_0$である．L_1は逐次設計における寸法レンジの最初の製品の任意の部分の長さであり，L_0はそれに対応する基本設計における長さである．k番目の逐次設計では，$\phi_{L_k} = \phi_L^k$となる．同様に，時間，力，電荷，温度および光度についても相似性を定義できる．

もし，二つ以上の基本物理量が一定の比であれば，特別な相似性が得られる．模型技術では，重要で繰り返し利用できる相似性に対して無次元数を定義している．すな

---

† 基本物理量はドイツ語の原著に挙げられているとおりである．SI単位系における基本物理量は，原著と多少異なっている．基本物理量を括弧内に示す基本単位とともに示すと，長さ（メートル，m），時間（秒，s），質量（キログラム，kg），電流（アンペア，A），熱力学温度（ケルビン，K），光度（カンデラ，cd）である．この違いは，ここで述べている原理には影響しない．

表 9.1　基本的相似性

相似性	基本物理量	不変量
幾何	長さ	$\phi_L = L_1/L_0$
時間	時間	$\phi_t = t_1/t_0$
力	力	$\phi_F = F_1/F_0$
電気	電荷	$\phi_Q = Q_1/Q_0$
熱	温度	$\phi_T = \theta_1/\theta_0$
光	光度	$\phi_J = J_1/J_0$

わち，長さと時間が同時に不変な場合には**運動学的相似性**，長さと力が同時に不変の場合には**静的相似性**という．

非常に重要な相似性である**動的相似性**は，力に関する一定の関係が幾何学的相似性および時間的相似性に結び付けられたときに成り立つ．しかし，関係する力によっては，異なる無次元数が得られる．**熱的相似性**は，特別に議論しなければならない．なぜなら，幾何学的に相似な寸法レンジ内で同じ物質を使用している場合には，動的相似性と適合し得ないからである [9.37]．

表 9.2 は，機械システムの寸法レンジを展開するときの主要な相似関係を示す．これらの関係はすべてを網羅したものではなく，たとえば軸受におけるゾンマーフェルト数，水力機械におけるキャビテーション数や圧力指数などのように，必要に応じて補足しなければならない．

例：一定応力下における相似性

重工業におけるシステムでは，慣性力（質量や加速などによる力）と応力 - ひずみ関係から生じる弾性力が主要な役割を果たす．

応力が寸法レンジ内で一定に保たれていれば，$\sigma = \varepsilon \cdot E$ となる．このような場合には，応力パラメータは次のようになる．

$$\phi_\sigma = \frac{\sigma_1}{\sigma_0} = \frac{\varepsilon_1}{\varepsilon_0}\frac{E_1}{E_0} = 1$$

材料が同じであれば，$E = E_1/E_0 = 1$ となる．そのためには，

$$\phi_\varepsilon = \frac{\varepsilon_1}{\varepsilon_0} = 1 \quad \text{または} \quad \phi_\varepsilon = \frac{\Delta L_1}{\Delta L_0}\frac{L_0}{L_1} = 1 \quad \text{または} \quad \phi_{\Delta L} = \phi_L$$

でなければならない．

いわゆるコーシーの条件下であれば，長さの変化はすべて基準となる長さと同じ比で増加しなければならない．そうすると，弾性力パラメータは次のようになる．

表 9.2　特殊な相似関係

相似性	不変量	グループ名	定　義	説　明
運動学	ϕ_L，ϕ_t			
静力学	ϕ_L，ϕ_F	フック	$Ho=\dfrac{F}{E\cdot L^2}$	相対弾性力
動力学	ϕ_L，ϕ_t，ϕ_F	ニュートン	$Ne=\dfrac{F}{\rho\cdot v^2\cdot L^2}$	相対慣性力
		コーシー*	$Ca=\dfrac{Ho}{Ne}=\dfrac{\rho\cdot v^2}{E}$	慣性力／弾性力
		フルード	$Fr=\dfrac{v^2}{g\cdot L}$	慣性力／重力
		NN**	$\dfrac{E}{\rho\cdot g\cdot L}$	弾性力／重力
		レイノルズ	$Re=\dfrac{L\cdot v\cdot \rho}{\eta}$	液体，気体中における慣性力／摩擦力
熱	ϕ_L，ϕ_θ	ビオ	$Bi=\dfrac{h\cdot L}{\lambda}$	供給または排出される熱量／伝熱量
	ϕ_L，ϕ_t，ϕ_θ	フーリエ	$Fo=\dfrac{\lambda\cdot t}{c\cdot\rho\cdot L^2}$	伝熱量／蓄熱量

*　$Ca=v\sqrt{\rho/E}$ となっているテキストもあるが，これは Ca が速度比を意味するのであれば適切である.

**名称は付けられていない.

$$\phi_{\mathrm{FE}}=\frac{\sigma_1 A_1}{\sigma_0 A_0}=\phi_L^2$$

ただし，$\phi_0=\phi_\varepsilon\cdot\phi_E=1$　かつ　$\phi_A=\phi_L^2$

慣性力パラメータは，次のようになる.

$$\phi_{\mathrm{FI}}=\frac{m_1 a_1}{m_0 a_0}=\frac{\rho_1 V_1 a_1}{\rho_0 V_0 a_0}$$

ここで，

$$\phi_\rho=\frac{\rho_1}{\rho_0}=1,\quad \phi_V=\frac{V_1}{V_0}=\frac{L_1^3}{L_0^3}=\phi_L^3$$

および加速度パラメータ，

$$\phi_{\mathrm{a}}=\frac{L_1 t_0^2}{t_1^2 L_0}=\frac{\phi_L}{\phi_t^2}$$

から，次のようになる.

$$\phi_{\mathrm{FI}}=\frac{\phi_L^4}{\phi_t^2}$$

動的相似性，つまり幾何学的相似性の下で慣性力と弾性力の比が一定であるという関係は，$\phi_t=\phi_L$ であれば，

$$\phi_{\mathrm{FE}}=\phi_L^2=\phi_{\mathrm{FI}}=\frac{\phi_L^4}{\phi_t^2}=\phi_L^2$$

と導ける．ゆえに，速度パラメータは，

$$\phi_v=\frac{\phi_L}{\phi_t}=\frac{\phi_L}{\phi_L}=1$$

となる．

材料が同じ場合には，コーシー数（表9.2参照）からやはり同様な結果が得られる．ρ と E が一定で，速度 v も一定であれば，動的相似性は一定である．

動力やトルクなどの重要な量についても，$\phi_L=\phi_t=$一定，$\phi_\rho=\phi_E=\phi_\sigma=\phi_v=1$ であれば，**表9.3** に示すように相似関係を導くことができる．

表9.3　幾何学的相似性と等応力の相似関係．重要な量の長さへの依存関係

$Ca=\rho v^2/E=$ 一定でかつ材料が同じであれば，つまり $\rho=E=$ 一定であれば，$v=$ 一定となる．幾何学的に相似な場合，次の関係が生じる．	
速度，n，ω	ϕ_L^{-1}
曲げとねじりの危険速度 n_{cr}，ω_{cr}	
慣性力と弾性力によるひずみ ε，応力 σ および表面圧力 p と速度 v	ϕ_L^0
ばねこわさ s，弾性変形 ΔL	ϕ_L^1
重力によるひずみ ε，応力 σ および表面圧力 p	
力 F	ϕ_L^2
動力 P	
重量 W，トルク T，ねじりこわさ s_{t}，	ϕ_L^3
モーメント M，M_{t}	
断面2次モーメント I，J	ϕ_L^4
慣性モーメント I'，J'	ϕ_L^5

注）寸法変化が材料特性に及ぼす影響を無視できれば，同じ材料を用いると安全レベルは一定と考えてよい．

ここで，次のことも思い起こしておかなければならない．それは，寸法レンジ全域にわたって，寸法の変化が材料特性に与える影響を無視できれば，使用材料を変更する必要もなく，安全レベルに変化はないということである．

この法則に従って展開した寸法レンジは幾何学的に相似であり，この寸法レンジの範囲内では同一の材料を使用してよい．このような法則の展開は，重力や温度が設計

に重大な影響を与えない限り可能である．もし影響を与える場合には，相似数列を用いることを勧める（9.1.5 項参照）．

9.1.2 10 進標準幾何数列[†]

もっとも重要な相似関係に精通したので，次は寸法レンジにおける個々のステップを選択する最良の方法を決めなければならない．Kienzle［9.24, 9.25］と Berg［9.5〜9.9］によれば，10 進標準幾何数列がもっとも有用である．

10 進標準幾何数列は，定数因子 ϕ の掛け算を基に展開される 10 以内の数からなる数列である．定数因子 ϕ は数列のステップサイズを決めるもので，次のように表される．

$$\phi=\sqrt[n]{\frac{a_n}{a_0}}=\sqrt[n]{10}$$

ここで，n はステップ数を表す 10 以内の数である．たとえば，10 ステップでは，数列は

$$\phi=\sqrt[10]{10}=1.25$$

の因子をもつ．この場合の数列を R10 とよぶ．数列内の項数は $z=n+1$ である．

表 9.4 に，DIN 323［9.13, 9.14］に定義される四つの標準数列のおもな値を示した．

幾何学的比率は，日常生活や技術の現場で必要になることが多い．この数列は Weber-Fechner の法則，すなわち刺激によって起こる生理学的な知覚は，その刺激の対数に比例するということと一致している（たとえば音や照明のように）．

Reuthe［9.40］は，摩擦駆動装置の開発の中で，設計者が，幾何学的比率によって，どのように主要寸法を直観的に選んでいるかを示した．著者らは，タービン軸の油かきリングの設計において同じことを確証した．**図 9.1** は，10 年間にわたって新たに設計した，または注文を受けた油かきリングの数を，製作した軸径の対数目盛に対して示したものである．この結果は，横軸上にほぼ等間隔に並んだ 47 個のピークがあり，このことが軸径すなわち油かきリングの寸法に幾何学的比率が存在することを表している．しかし，公称寸法の数は非常に多く，公称寸法がほんの数 mm 程度の差しかないものがあったり，バッチサイズの非常に小さい生産しかしていないものがあったりした．幸運なことには，図に示すように，標準寸法に R20 数列を選ぶと，代替案の数を半分以下に減らすことができ，一つの公称寸法あたりの必要量を多く，しかも平準化したものにすることができる．

設計者がこのように慎重に標準数を選んでいれば，もっと適切な寸法レンジがおの

---

† 訳者注：本項は，JIS 規格［Z 8601 標準数］を参照すると理解しやすい．

表 9.4　標準数列のおもな数値

基本数列			
R5	R10	R20	R40
1.00	1.00	1.00	1.00
			1.06
		1.12	1.12
			1.18
	1.25	1.25	1.25
			1.32
		1.40	1.40
			1.50
1.60	1.60	1.60	1.60
			1.70
		1.80	1.80
			1.90
	2.00	2.00	2.00
			2.12
		2.24	2.24
			2.36

基本数列			
R5	R10	R20	R40
2.50	2.50	2.50	2.50
			2.65
		2.80	2.80
			3.00
	3.15	3.15	3.15
			3.35
		3.55	3.55
			3.75
4.00	4.00	4.00	4.00
			4.25
		4.50	4.50
			4.75
	5.00	5.00	5.00
			5.30
		5.60	5.60
			6.00

基本数列			
R5	R10	R20	R40
6.30	6.30	6.30	6.30
			6.70
		7.10	7.10
			7.50
	8.00	8.00	8.00
			8.50
		9.00	9.00
			9.50

ずと見つけられたであろう．

標準数列（PN：preferred number）を使用することには，次に述べる**利点**がある[9.13]．

- 適切な比率を選べば，要求に応じた公称寸法を選択できる．細かい数列には粗い数列と同じ数値が含まれているので，標準数列は，適切に段階化すれば等差数列に近似することが可能である．これによって，一つの数列からほかの数列への移行が容易になり，市場要求の分布に適合できるような異なるステップ因子を得ることができる．標準数列には，10 のべき乗と，その倍数や半数が含まれる（9.1.3 項参照）．
- 数列に基づいて寸法を選択すれば，寸法上の代替案の数を削減でき，結果として製造の指示書，設備および計測器の量などを節約できる．
- 数列の項の積や商もやはり幾何数列の項であるから，解析や計算は，主として掛け算や割り算になる．π はよい近似で標準数列により表すことができるから，構成部品の直径を幾何学的に段階化することによって，標準数列の項を用いて円周，円の面積，円筒の体積および球の面積を作成できる†．

† 訳者注：工業上多く用いられている諸定数には，近似した値が標準数列に含まれている（「JIS Z 8601 標準数」より抜粋）．例として次のものがある．$\sqrt{2} \cong 1.4$, $\pi \cong 3.15$, $2\pi \cong 6.30$, $\pi/4 \cong 0.80$, $\pi/32 \cong 0.10$, $1'' \cong 25$, …, $g \cong 10\ \mathrm{m/s^2}$．

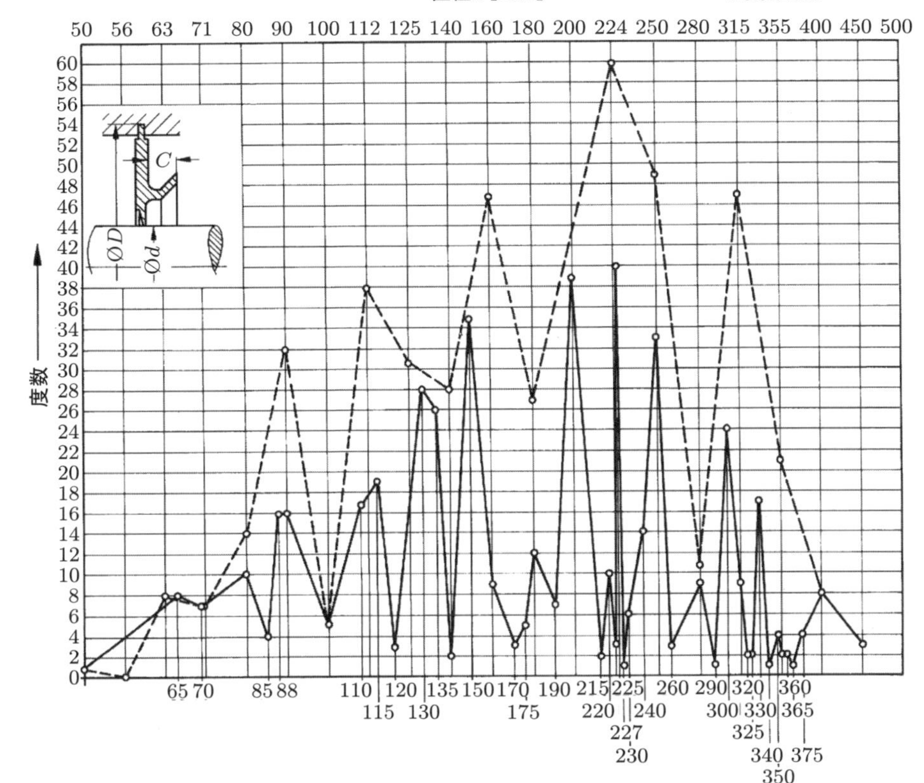

図 9.1　タービン軸の油かきリングのシール径 d の度数，実線は実際のデータ，破線は提案する寸法レンジ

- 構成部品や機械の寸法が幾何数列の項に一致しているとき，寸法の線形な拡大や縮小によって得られる値もまた同じ数列の標準数になる．ただし，このことは拡大や縮小の因子がその数列から選ばれているときに限る．
- 寸法レンジを自動生成するとしても，それは現在または将来のレンジと適合するものとなろう．

9.1.3　ステップサイズの選択と表示

(1)　PN 曲線図

以下の議論では，**標準数列曲線**（PN 曲線図）が有用である．寸法レンジにおいて，標準数列は常用対数をとり 10 のべき乗数として表される(9.1.2 項での導出を参照)．すなわち，各標準数列 PN は，いずれも，$PN=10^{m/n}$ または，

$$\log(PN)=\frac{m}{n}$$

と表される．ここで，m は PN レンジにおけるステップ番号で，n はステップ数である．一方，ほとんどすべての技術的な関係は，次に示す一般的な形式で表すことができる．

$$y=cx^p$$

または，対数表示すると次のようになる．

$$\log y=\log c+p\log x$$

したがって，技術的な関係は次のように表すこともできる．

$$\frac{m_y}{n}=\frac{m_c}{n}+p\frac{m_x}{n}$$

この関係を，各軸を常用対数スケールではなく自然対数としてグラフ表示すると，**図 9.2** の PN 曲線図が得られる．あるレンジ（R10 数列を例示する）のすべての標準数列は，定数因子（この場合は 1.25 となる）より決定される間隔で等間隔に図示される．

独立および従属した量がべき乗則 $y=cx^p$（図 9.2 参照）に適合し，両者の標準数列が標準数列群に属する場合には，べき数 $p=1$（45°の角度の線形な増加）となり，他

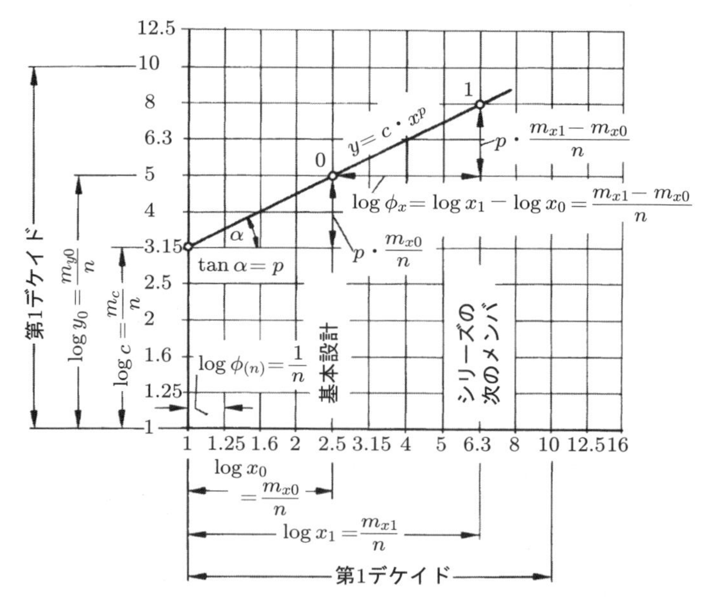

図 9.2　PN 曲線図における技術的関係，n はもっとも細かい標準数列のステップ数．各交点はこの数列の標準数を示す．指数の整数倍がほかの数列に対応する．

方は $p \neq 1$（非線形な増加，傾き $p=0.5:1, 2:1, 3:1$ または類似な値）となる．

このような標準数列および数列群の表記は非常に有用であり，9.1.4 項，9.1.5 項において例を示す．

(2) ステップサイズの選択

一般に，製品の寸法レンジを合理化しようとするときには，設計者は 1 回だけその増分を選択すればよい．そのためには，設計者は，たとえば，動力とかトルクなどについての**適切なステップサイズ**を選択することになる．この選択では，次のような点を考慮する必要がある．その第 1 は市況である．この場合には，顧客のさまざまな要求をもっとも効率的に満たすように，概して増分を小さくとる．第 2 は設計と生産の効率である．技術的，経済的な理由に基づいて，ステップサイズは動力などの技術的要求を十分満たすように細かく選択しなければならないが，他方，レンジを簡単化して，これを基に大きなバッチ生産が可能なように粗くしなければならない．このように最適なステップサイズを選択することは，「市場 - 設計 - 生産 - 販売」にわたる全システムに対する統合化されたアプローチにかかわることであって，これには次の項目についての情報を必要とする．

- 個々のサイズに関する期待市場（販売）
- 簡単化したレンジと，その結果で生じるすき間に関する市場動向
- さまざまなステップサイズ（11.3.4 項参照）における生産コストと時間，そして全生産コストに及ぼす影響 [9.36]
- 寸法レンジにおける個々の製品の特性

ステップサイズは，前述のすべての因子に基づいて最適に選択されるものであるから，一定のステップ因子をつねに選択できるとは限らない．さらに，技術的，経済的な面を考慮して，特定の寸法レンジをいくつかの組に分けることが必要になる場合が多い．

次に示すように，レンジ内の**特性数** N を定義する．

$$N=\frac{（レンジ内の最大項）}{（レンジ内の最小項）}=\phi^n$$

ここで，n は任意のレンジにおけるステップ数で，$z=n+1$ はそのレンジ内の項数である．したがって，因子は

$$\phi=\sqrt[n]{N}$$

となる．レンジはこの一定あるいは**可変の因子**によって分割できることになる．つまり，レンジは粗い標準数列から細かいもの（R5〜R40）の中の任意のステップで分割できる．こうして得られたステップの特性を**図 9.3** に示す．

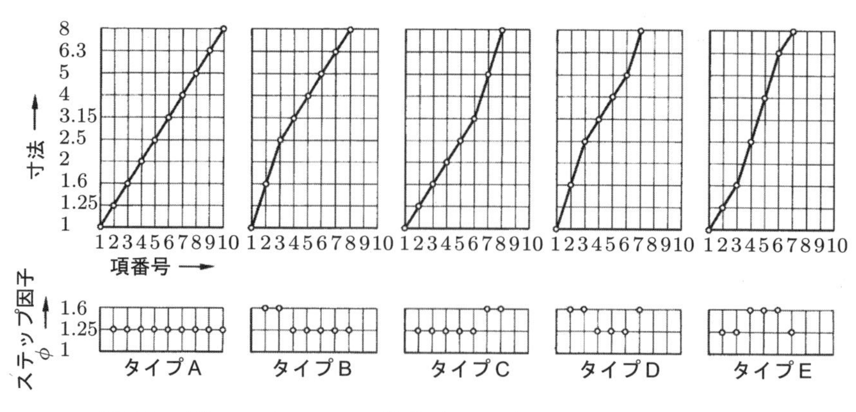

図 9.3　寸法レンジのステップ特性（因子は各ステップに割り当てる）

タイプ A は，全レンジにわたって一定の因子（たとえば，R10 に対応する $\phi=1.25$）で分割している．

タイプ B では，レンジの下の区間で粗く（たとえば，R5 に対応する $\phi=1.6$）で分割し，上の区間では細かく（たとえば，R10 に対応する $\phi=1.25$）で分割している．たとえば，バッチサイズが小さいなど，寸法の小さい製品を粗く段階化することが経済的に妥当な場合は，このような漸減型の製品レンジを使うべきである．

タイプ C は，上のレンジ区間で増分を大きくとり，小さい区間での要求に十分応えようという場合に用いる．これは漸増型の幾何レンジ区間である．

タイプ D は，中間の区間のステップ因子が小さく，これは需要がその区間に集中している場合に用いられる．

タイプ E は，中間の区間のステップ因子が大きいが，これはほとんど用いられない．

要するに，需要が高いほど，また，技術的な条件に正確に適応しなければならないほど，寸法の段階化は細かくしなければならない．10 進標準幾何数列を用いれば，市場の要求に応じて，余分な設計労力なしにいつでも別の段階化が選択できる．それと同時に，生産への影響を考慮に入れることはいうまでもない．

経済的理由から，レンジをいくつかの区分に区切って，各区分をただ一つのサイズに置き換えることが望ましいことが多い（準相似な寸法レンジ）．そのように段階化すると，階段状の特性線になる．段階化においては，**独立した量**と**従属した量**を区別しなければならない．どの寸法を従属量とし，別のどの寸法を独立量として扱うべきかを決定するのは，一般に課題による．たとえば，出力に基づく幾何学的な段階化はマーケティング面で利点があるだろうし，PN 数列に基づく段階化は生産面で利点となるだろう．

図 9.4 には，従属量と独立量を対数目盛でプロットした．標準数の因子が同じであ

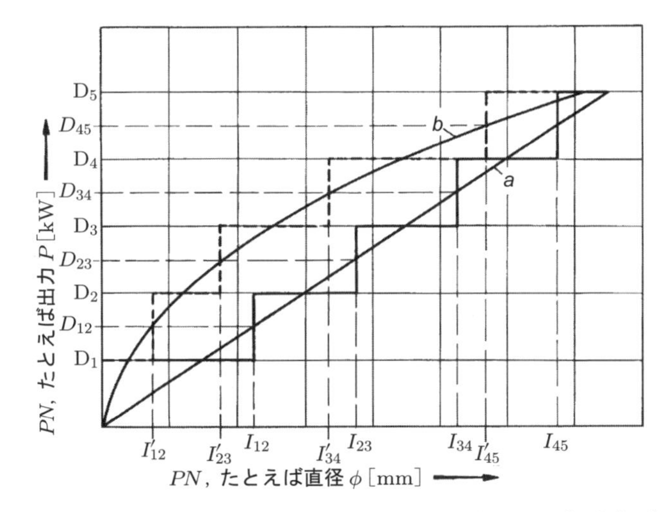

図 9.4 独立量（I）と従属量（D）の段階化．指数関数の場合は PN（標準数列）曲線 *a* は線形な関係となり，ほかの場合は非線形な関係となる（曲線 *b*）．

れば，間隔は一定となる（図 9.2 参照）．

しかし，技術システムには，従属量と独立量の間にべき乗関係がないものがある．そのような場合には，すべての寸法が幾何学的に段階化できるとは限らない．そこで設計者は，役割に応じて，独立量あるいは従属量のうちのどちらかを標準数列に従って段階化するかを決定しなければならない．

以下の例はこの状況を例示するものである．独立な寸法 I_{12}，I_{23} などは，幾何学的に段階化されたレンジの区間 D_1D_2，D_2D_3 などに対応させる（図 9.4 参照）．この相互関係は，D_1D_2，D_2D_3 などを，それらの幾何平均 $D_{12}=\sqrt{D_1D_2}$ に置き換え，それに応じて適当にステップ状の線分を引くことにより得られる．これは直観的に線を決定する方法よりも望ましい．曲線（直線）*a* に基づいた従属関係からは，再びステップの幾何学的段階化が得られるが，曲線 *b* に基づいた非線形な関係ではそうはならない（言い換えれば，I'値は幾何学的段階化になっていない）．ここで再び設計者は，標準数列に基づいた段階化がどのような寸法に対して適当かを決めなければならない．

すでに述べたように，製造上の便宜を考慮に入れて厳密な幾何学的段階化から偏らせてもよい．現場でよく見られるように，構成部品の寸法に等差増分や不規則な増分さえ用いることがあるが，この方が経済的かもしれない．そうすれば，製品の寸法レンジにおいても，通常は幾何学的に段階化されていない半製品を十分に利用できるし，製造プロセスも簡単化できる（9.1.5 項参照）．標準数列に基づいた段階化は，一般的に妥当ではあるが，設計者は厳格にこれを利用すべきでなく，コスト分析後に個々のケースに応じて，利用の適否を決定しなければならない（11.3.4 項参照）

9.1.4　幾何学的に相似な寸法レンジ

基本設計，材料の選択および必要な計算が自由に行え，さらに，公称寸法が予定している寸法レンジのほぼ中央にあるとすると，9.1.3 項ですでに述べたように，ほとんどすべての技術的な関係は，次に示す一般的な形式で表すことができる．

$$y = cx^p$$

または，対数表示すると次のようになる．

$$\log y = \log c + p \log x$$

すべての関係は PN 曲線図（両対数グラフ）上で直線になり，各直線の勾配は技術的関係（依存関係）の指数 p に対応する（図 9.2 参照）．簡単のために，対数の代わりに標準数列を導入すると，Berg［9.7, 9.9］が指摘したように，寸法レンジを展開するための実用的な視覚ツールが得られる．各交点は整数の指数をもつ線分によって与えられ，これは標準数列を表している．横軸に公称寸法 x を与えれば，因子は，$\phi = x_1/x_0$ となる．幾何学的に相似な寸法レンジにおいては，因子 ϕ_x は長さ因子 ϕ_L である．基本設計を確定すると，寸法，トルク，動力，速度などほかのすべての量は，それらの物理的あるいは技術的関係（表 9.3 参照）の既知の指数から求められ，対応する勾配をもった直線として描ける（たとえば，重量については $\phi_W = \phi_L^3$ なので，3：1 の勾配となる）．

結果として製品の主要寸法は，余分な作図を必要とせずに線図で表すことができる．**図 9.5** および**図 9.6** は，歯車型継手の例を示している．

このようなデータシートによって，設計者は基本設計を基にして販売，購買，企画および製造部門にレンジ内の個々の寸法に関する重要なデータを提供できるようになる．

しかし，次に挙げる要因を考慮に入れなければ，データシートの寸法から図面（注文を受けたときにのみ，ただちに作成する必要のある図面）の寸法に直接は変換できないことを明記すべきである．

1. **はめあいと公差**は，公称寸法の幾何学的なステップに従わない．寸法 D における公差単位 i は，$i = 0.45 \cdot \sqrt[3]{D} + 0.001D$ で与えられる．つまり，公差単位の因子は，$\phi_i = \phi_L^{1/3}$ の関係によって決まる．とくに，焼きばめやしまりばめだけでなく，機能から決められる軸受のすき間などにおいて，弾性変形は ϕ_L に従う傾向があるから，公差はそれに適応しなければならない．言い換えれば，公差は小さい寸法には厳しく，大きい寸法には緩くする（図 9.6 参照）．
2. **技術上の限界**から，相似則からのずれを必要とすることが多い．たとえば，鋳造品の肉厚は最小厚さを下回ることはできないし，ある厚さを超えるものは，焼入れによって完全には硬化できない．そのような場合には，たとえば，図 9.6 に示す歯車型軸継手のスリーブの最小寸法のように，限界寸法を確認しておかなければなら

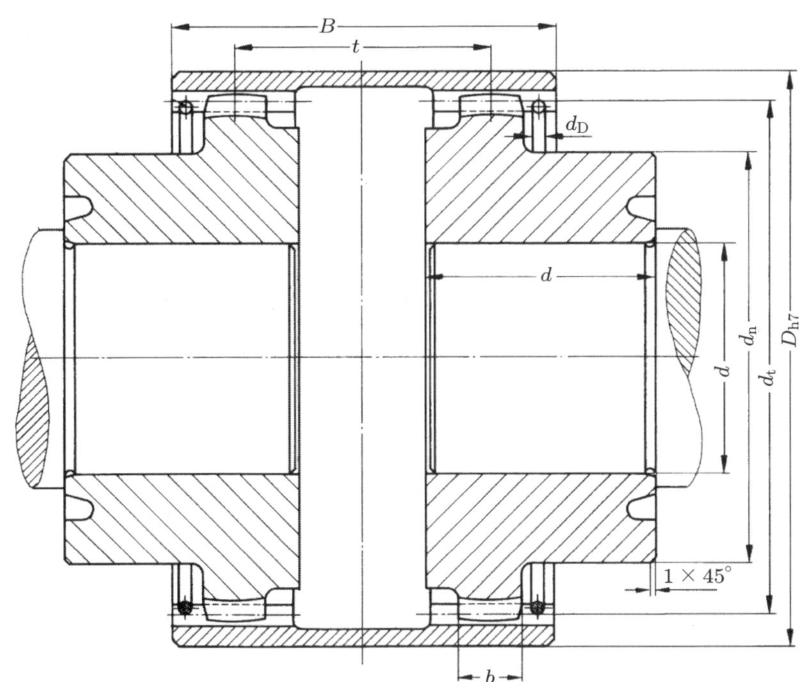

焼きばめ d:

$\frac{\Delta d}{d} = 1.7 \pm 0.3$ ‰

$d_{t\,nom} = 63$ の場合： $S \approx \frac{D - d_t}{2} - 1.2m = \frac{71 - 63}{2} - 1.2 \cdot 1.5 \approx 2$ mm

したがって $D = 75$ を選べば→ $S \approx 4$mm

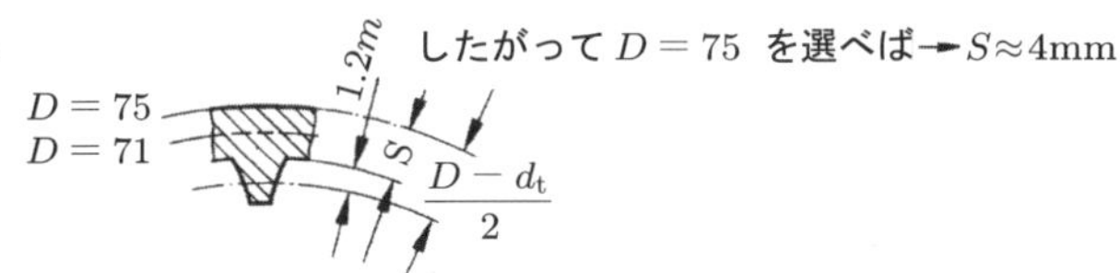

図 9.5 歯車型軸継手の寸法レンジにおける基本設計（$d_t = 200$ mm）

ない．この例では，スリーブの肉厚を $D = 71$ mm から $D = 75$ mm に増やすことにより強化しなければならなかった．同様の考え方は，計測や機械加工の設備にも当てはまる（図 9.5 参照）．

3. **標準規格**は，必ずしも標準数列に基づいているわけではないので，規格を優先する場合は，それに応じて適切な構成部品を使用しなければならない（図 9.6 のモジュールを固定している例を参照せよ）．

4. **相似則を優先**したり，**ほかの要件**に対応したりすると，幾何学的相似則からのずれがさらに大きくなる．そのような場合，準相似数列を使うとよい（9.1.5 項参照）．

幾何学的相似性からのずれが決まれば，必要に応じて関係する箇所を図面上でチェックし，そのずれをデータシートに記入する．生産に関する文書は，実際に必要

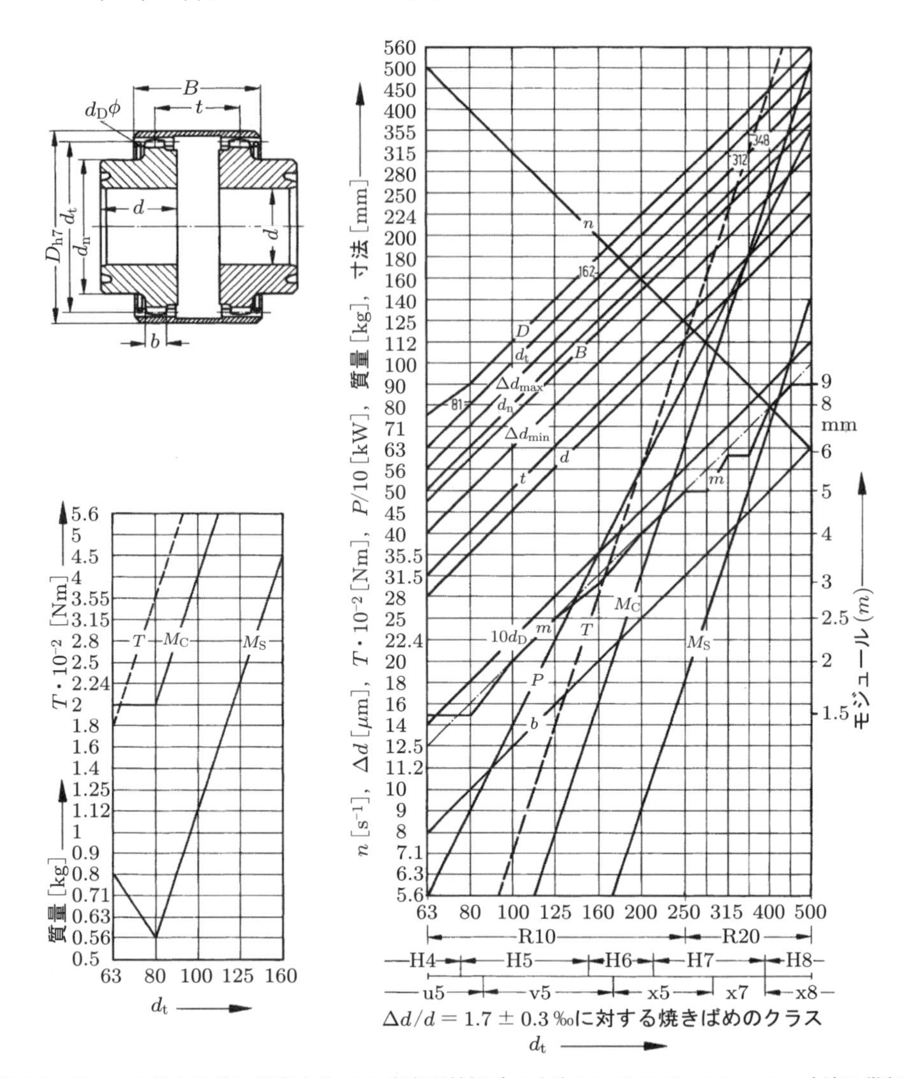

図 9.6　図 9.5 の基本設計に対応する d_t の歯車型軸継手の寸法レンジのデータシート．寸法は幾何学的に相似である．例外事項は次のとおり．剛性の関係から最小製品のスリーブ外径 D は標準数列から外れている．標準モジュール m は標準数列に従ってステップ化されていない．歯数が整数かつ偶数である必要から，ピッチ内径はこれに適合する特別な寸法を採用している．焼きばめの等級は横軸の下に示している．

になるまで作成する必要はない．技術図面用に保存しておいた製品の寸法レンジを，たとえばカタログ，広告，展示のなかで表示するようなことが，ますます多くなってきている [9.7，9.25]．その例として，**図 9.7** に歯車箱の寸法レンジを示す．

図 9.8 は，トルクリミッタの幾何学的レンジの基本設計を示しており，優先する標

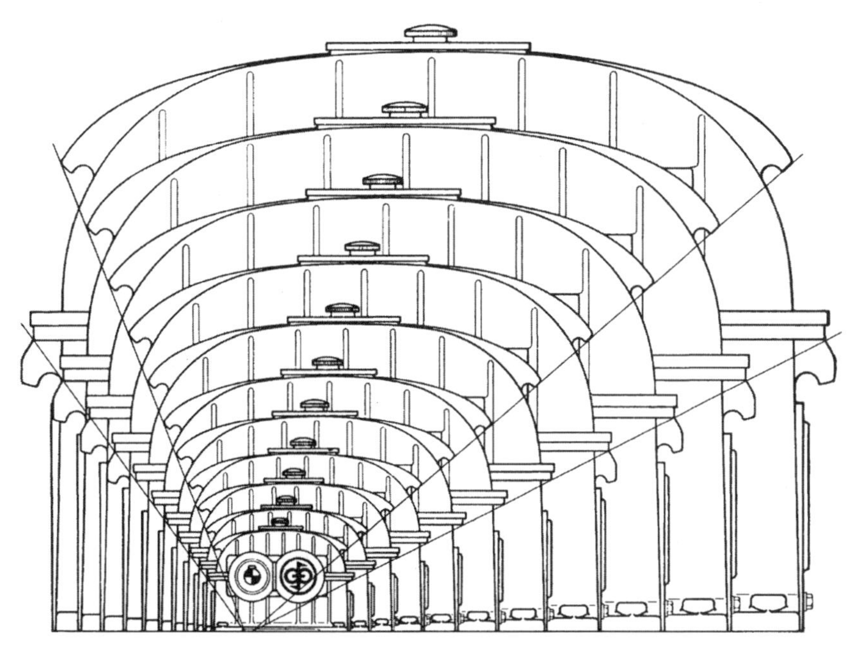

図 9.7　歯車箱の寸法レンジ［9.15］（Flender）

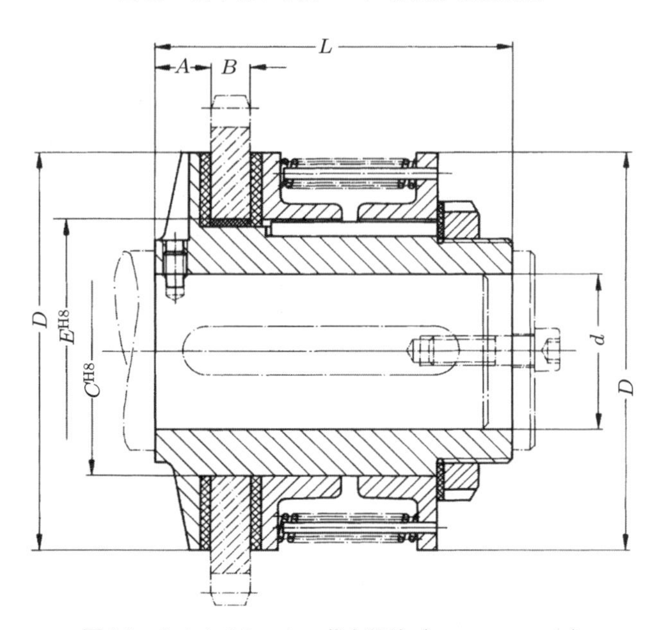

図 9.8　トルクリミッタの基本設計（Ringspann KG）

準に注意をしたうえで，材料の使用を等しくしている．ライニングが摩耗した場合に，トルクの低下を最小限に抑えなければならない．これは，比較的平坦な特性曲線をもつ，外周に取り付けた多数のコイルばねによって達成される．トルクリミッタの寸法は，全レンジにわたって表 9.3 で述べた相似条件を満たしている．力の相互関係は，全レンジにわたって一定に保たれ，材料は同じものを使用している．

図 9.9(a) と (b) は，これに関連したデータシートである．寸法 B がはっきりとずれているが，これはスプロケットが購入部品であり，その標準幅を優先して決めたことによる．A のずれは標準ねじとタップを使用したこと，および技術的要因（肉厚）によるものである．**図 9.10**(a) と (b) は，それぞれ寸法レンジの最小，最大のものを示している．

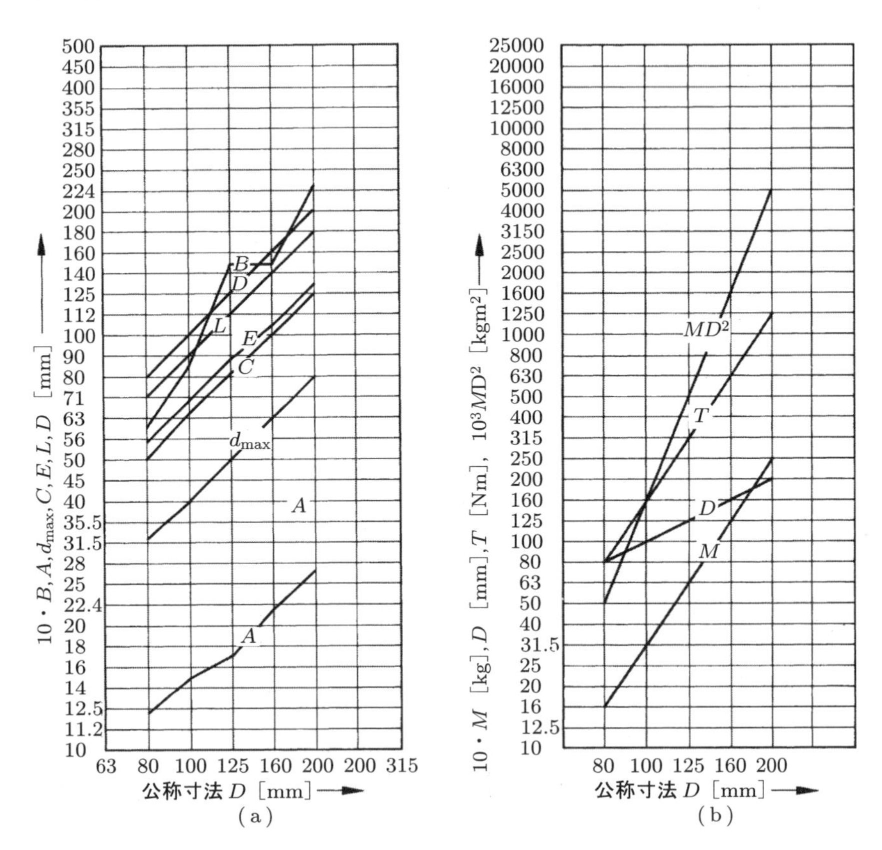

図 9.9　図 9.8 に示したトルクリミッタのデータシート

(a)　寸法は優先する標準規格あるいは購入部品の寸法に適合させた．

(b)　主要パラメータ：トルク T，質量 M，慣性モーメント MD^2

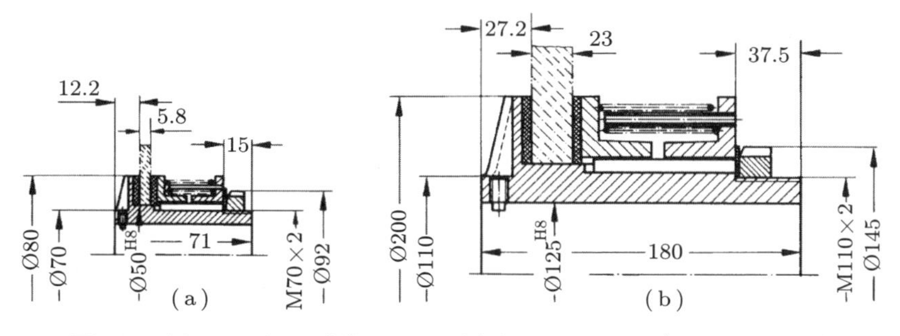

図 9.10　図 9.9 に示した寸法レンジに対応するレイアウト（Ringspann KG）
（a）最小製品，（b）最大製品

9.1.5　準相似な寸法レンジ

10 進標準幾何数列に基づいた幾何学的に相似な寸法レンジは，つねに実現できるとは限らない．幾何学的相似性から大きなずれが生じるのは，次の要因による．

- 優先する相似則
- 優先する役割要件
- 優先する生産要件

そのような場合には，**準相似**な寸法レンジを展開しなければならない．

(1)　優先する相似則

重力の影響

慣性力，弾性力および重量が同時に作用し，重量が無視できないとすると，コーシーの条件から導かれた関係はもはや適用できない．これはすでに説明したように，一定速度の下で慣性力と弾性力は長さ因子（$\phi_{\mathrm{FI}}=\phi_{\mathrm{FE}}=\phi_L^2$）に依存するが，重量は，次のような関係に従って増加するからである．

$$\phi_{\mathrm{F}_W}=\frac{\rho_1\cdot g\cdot V_1}{\rho_0\cdot g\cdot V_0}=\phi_\rho\phi_L^3$$

よって，$\phi_\rho=1$ のとき $\phi_{\mathrm{F}_W}=\phi_L^3$ となる．

表 9.2 は，材料の特性や速度が一定に保たれれば，長さが唯一の変量であることを示している．もし，長さが変われば，関連する無次元数は一定に保てなくなる．つまり，力の間の関係は変化しなければならない．それゆえ，断面が相似であれば，それに伴って応力も変化し，幾何学的相似は保てなくなる．このような例としては，電気機械やコンベアシステムの構造がある．

熱的現象の影響

同様な問題として，熱的現象が挙げられる．熱の流れが定常であろうが，変動していようが関係なく，一定の温度関係 ϕ_θ は熱的相似性があるときのみ適用できる．熱の流れが定常である場合は, ビオ数とよばれる $Bi=hL/\lambda$ [9.20] によって表される．ここで，h は熱伝達率，λ は加熱壁の熱伝導係数である．このとき，次のことが明らかである．すなわち，熱伝達率がほぼ等しく（速度が等しく保たれているとする），材料が同じであれば，長さだけを変えることができるが，当然のことながら，この長さの変更は寸法レンジ内に限られる．その結果として，熱的相似性を支配する無次元数は，それ自身が不変ではあり得ない [9.37]．同じことが，フーリエ数 $Fo=\lambda t/c\rho L^2$ によって表される，時間とともに変動する加熱や冷却プロセスにも当てはまる．ここで，λ は熱伝導係数，c は比熱，ρ は材料の密度である．材料を変えないとすれば，時間 t と長さ L が可変である．コーシー数を一定に保つためには，時間は長さの関数として変化しなければならない．その結果，ここでもまた，寸法レンジ内で変化し得る量は長さのみである．したがって，$\phi_t=\phi_L^2$ の関係があれば，つまり，時間が長さの 2 乗で変化すれば，フーリエ数は一定に保つことができる．

したがって，ほかのすべての量が等しければ，温度変化による熱応力は肉厚の 2 乗に比例して増加する．

その他の相似関係

装置の機能が，慣性力や弾性力を含まない物理的プロセスによって決定されるならば，相似則 [9.18, 9.34, 9.39, 9.42] に基づくすべての設計で物理的関係を考慮に入れておかなければならない．

たとえば，平軸受では，動作条件はゾンマーフェルト数

$$So=\frac{\bar{p}\,\psi^2}{\eta\omega}$$

によって決まる．ここで，$\bar{p}$ は平均圧力，ψ は無次元のすき間，η は絶対粘度，ω は回転速度である．

コーシー数に従う機械では，次の関係が得られる．

$$\phi_{\mathrm{So}}=\frac{\bar{p}_1\Psi_1^2\eta_0\omega_0}{\bar{p}_0\Psi_0^2\eta_1\omega_1}=\phi_{\bar{p}}\phi_\Psi^2\frac{1}{\phi_\eta}\frac{1}{\phi_\omega}$$

弾性力が支配的な場合は $\Psi_{\bar{p}}=1$，重量が支配的な場合は $\Psi_{\bar{p}}=\Psi_L$，ほかの無次元数については $\theta=$一定の下で，次のようになる．

$$\phi_\Psi=1,\quad \phi_\omega=\frac{1}{\phi_L},\quad \phi_\eta=1$$

したがって，弾性力が支配的な場合は $\phi_{So}=\phi_L$，重量が支配的な場合は $\phi_{So}=\phi_L^2$ を得る．ゾンマーフェルト数は全体寸法とともに増加するので，軸受の偏心量が増加すると，ある寸法のところで潤滑に必要なすき間がなくなってしまう．

別の例として，層流状態の管内での圧力損失を考える．これは，

$$\Delta p=f\frac{l}{d}v^2=32\eta\frac{l}{d^2}v$$

と表され，層流域では $f=64/Re$ で，$Re=dv\rho/\eta$，l は管の長さ，d は管の内径，v は管内の流速，ρ は流体の密度，η は流体の絶対粘度である．

η を一定とすると，圧力損失関数は，

$$\phi_{\Delta p}=\frac{\phi_v}{\phi_L}$$

となる．したがって，圧力損失が一定であれば，管内の流速は寸法に比例して増加しなければならない．その結果として，上式が成り立たない乱流の遷移域に達するところまで（つまり，管内の流れが層流でなくなる領域まで），レイノルズ数は増加してもよいことになる．

AC モータでは，磁極の数に応じて離散的にしか回転速度を変えられないから，コーシー数を一定に保つために細かく速度範囲を調整する必要のある機械（たとえばポンプ）には使えない．このため，応力や出力は異なるが，これを救済する方法は準相似数列を適用することである．

(2) 優先する機能要件

準相似寸法レンジを選択する場合には，相似則だけでなく優先する機能要件を考慮に入れなければならない．このような状況は，人間工学とのかかわりから生じることが多い．作業中に人間が直接触れるような構成部品（とくに操作部，ハンドル，足場，座席，安全用具）は，人間の生理学的要求と身体の寸法に適合しなければならない．一般に，これらの構成部品は，レンジの公称寸法に伴って変えることができない．

紙製品や印刷物の場合のように，入力と出力の寸法は広い範囲で変わり得るから，純粋に技術的な理由から優先する要件が生じることがあり得る．

図 9.11 は，旋盤を図式的に示したものである．ここで，人間が操作する制御盤の寸法は，レンジの寸法とともに大きくはできないし，それどころかまったく変更できないものもある．したがって，制御盤の高さはつねに人間に合わせなければならないし，また，例外的に長さが長い，あるいは径が大きい加工物を加工する作業がある．そのような場合，主軸駆動部や心押台などの組立部品は，幾何学的相似列に従って開発してもよいが，機械は，全体として準相似則に基づいて設計しなければならない．

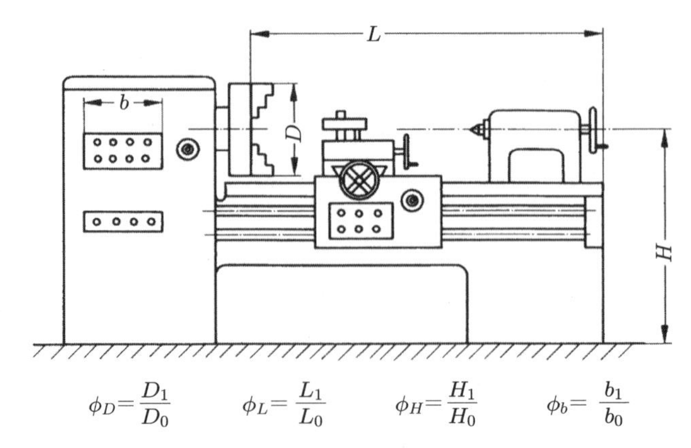

$$\phi_D = \frac{D_1}{D_0} \qquad \phi_L = \frac{L_1}{L_0} \qquad \phi_H = \frac{H_1}{H_0} \qquad \phi_b = \frac{b_1}{b_0}$$

図 9.11　旋盤の主要寸法と操作盤の概略図．直径，長さおよび高さの比は特定の製品群に合わせて変える必要も生じる．すなわち，$\phi_D \neq \phi_L \neq \phi_H$ となる．ただし，人間工学的な理由から，可能であれば $\phi_H = \phi_b = 1$ とする．

(3)　優先する生産要件

寸法レンジを展開する目的は，コスト有効度を高めることにある．レンジ内がとくに細かくステップ化されている場合は，個々の構成部品や組立部品については，粗くステップ化することによってバッチサイズを大きくし，コスト有効度を高めることができる．

図 9.12 は，七つのサイズからなる幾何学的に相似なタービンのデータシートである．パッキン箱や位置決めボルトは，ほかに比べて粗くステップ化するごとによってバッチサイズを大きくし，経済性を高めている．**図 9.13** は，販売予想計画に対応するバッチサイズの増大状況を示している．

これらすべての例から，幾何学的相似な寸法レンジに必ずしも固執できないということが明らかである．それに代えて，設計者は相似則を手段として用い，個々の構成部品の能力を全体として最大限利用できるような寸法レンジを得るよう努力すればよい．それぞれの寸法は物理的制約に応じて個々に選択するが，これには指数方程式を用いるのがもっともよい．次にそれを示そう．

(4)　指数方程式による適応

指数方程式は，本項(1)～(3)で述べた要件を取り扱い，準相似な寸法レンジを展開するのに適した簡便な方法である．

前述のように，ほとんどすべての技術的関係は，べき乗関数によって表すことができる．PN 曲線図を使うときは，基本設計を始める場合に重要なのは指数だけである．

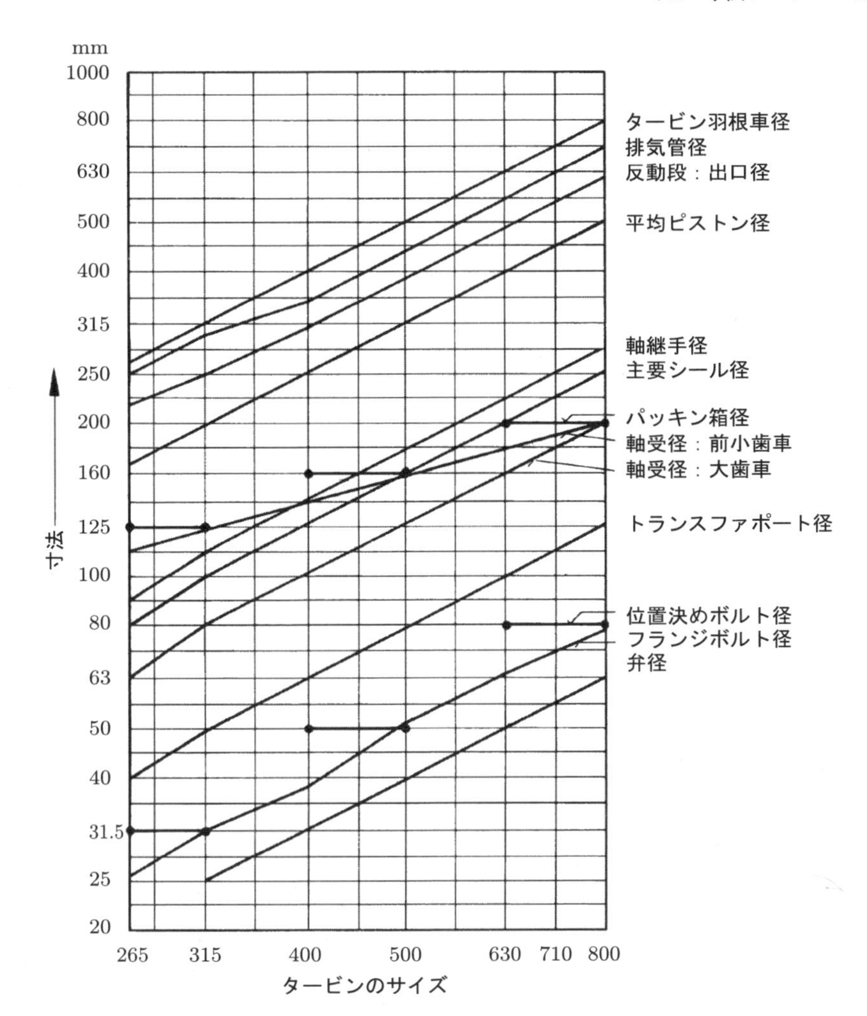

図 9.12　タービンの寸法レンジのデータシート．主要寸法は幾何学的に相似であるが，標準値の採用によりずれが生じる．パッキン箱と位置決めボルトはほかの構成部品より大きなステップをとっている．

寸法レンジの k 番目のメンバーの物理量は，次のように表される．

$$y_k = c_k x_k^{p_x} z_k^{p_z}$$

従属変数 y と独立変数 x，z は，基本設計（指標 0）から始まる標準数列によって，次のように表せる．

$$y_k = y_0 \phi_L^{y_e k}, \quad x_k = x_0 \phi_L^{x_e k}, \quad z_k = z_0 \phi_L^{z_e k}$$

ここで，ϕ_L は寸法レンジ内で公称寸法として選んだステップ因子であり，y_0，x_0，z_0 は基本設計に関連する値，k は k 番目のステップ（すなわち k 番目のメンバーの値で

販売予測

タイプ	265	315	400	500	630	710	800
数　量	6	9	9	6	3	2	1

タービンあたり3個の位置決めボルト

サイズ	Ø25	Ø31.5	Ø40	Ø50	Ø63	Ø71	Ø80
数　量	18	27	27	18	9	6	3

いくつかの寸法のボルトを一つにまとめると

サイズ	Ø31.5	Ø50	Ø80
数　量	45	45	18

図9.13　図9.12のタービンの寸法レンジとそれに使用するボルトに関する販売予測．寸法のステップを大きくとるとバッチサイズを大きくできる．

あることを示す指標)，y_e，x_e，z_e は指数である．c_k は定数であるから，すべての要素に対して $c_k = c$ とすると，

$$y_k = y_0 \phi_L^{y_e k} = c(x_0 \phi_L^{x_e k})^{p_x} (z_0 \phi_L^{z_e k})^{p_z} = c x_0^{p_x} z_0^{p_z} \cdot \phi_L^{(x_e k p_x + z_e k p_z)}$$

また，$y_0 = c x_0^{p_x} y_0^{p_y}$ であるから，

$$y_0 \phi_L^{y_e k} = y_0 \phi_L^{(x_e k p_x + z_e k p_z)}$$

を得る．指数部どうしを等値とおくことにより，

$$y_e = x_e p_x + z_e p_z$$

が得られ，k とは独立となる．

ここで，y_e，x_e，z_e が求めようとしている指数であり，p_x と p_z はそれぞれ x と z の物理的に意味のある指数である．

指数 y_e は，x_e，z_e とは独立に決めなければならない．

実際の例として，管路用弾性支持具を，ある範囲内で幾何学的に相似な弁に適応させるという問題（**図9.14**参照）を考えてみよう．これは，次の要件を満たさなければならない．

- 弁の重量により，ばねに発生する応力は，レンジ内において一定でなければならない．
- ばねの剛性は，管の曲げ剛さに応じて増加しなければならない．
- ばねの平均径 $2R$ は，弁寸法（公称寸法 d）と幾何学的相似性を保持しなければならない．

このとき，ばね線材の径 $2r$ と有効巻数 n はどのような法則に従うのだろうか．

まず，指数方程式を決めるために，適当な関係を設定しなければならない（添え字 e は，関連する量の指数のみが関係することを示す）．

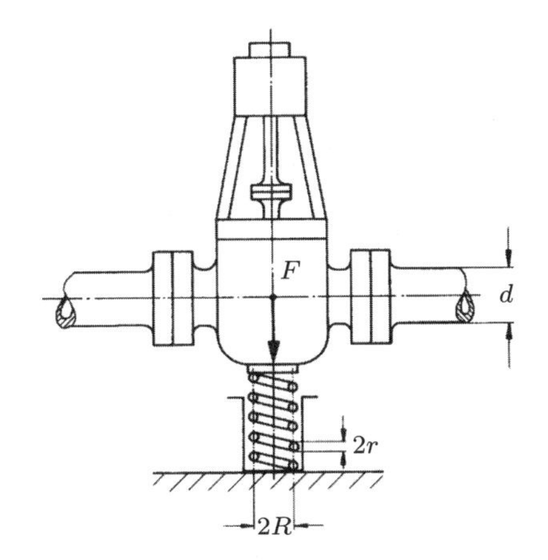

図 9.14　コイルばねで支持された管路の弁

$$F = Cd^3 \quad (1) \qquad F_e = 3d_e \quad (1')$$

$$\tau = \frac{F \cdot R}{r^3\pi/2} \quad (2) \qquad \tau_e = F_e + R_e - 3r_e = 0 \quad (2')$$

$$s = \frac{Gr^4}{4nR^3} \quad (3) \qquad s_e = 4r_e - n_e - 3R_e \quad (3')$$

ここで，d を独立変数にとる．ばねの応力は一定のままでなければならないから，因子 $\phi_\tau = 1$ となり，その指数は $\tau_e = 0$ となる．ばねの剛性 s は，管の曲げ剛さに応じて変わらなければならない．表 9.3 によると，これは $\phi_s = \phi_L$ によって保証される．

弁の公称寸法 d は，幾何学的に増加するから $\phi_s = \phi_d$ となり，s の指数は，

$$s_e = d_e \quad (4')$$

となる．

負荷は弁の重量 F と等しく，重量の次元は基本寸法 d と $\phi_s = \phi_d^3$ なる関係をもつ．したがって，d に対する F の指数は，

$$F_e = 3d_e \quad (5')$$

となる．

ばね平均径が，幾何学的相似に従って増加すれば，$\phi_R = \phi_d$ または，

$$R_e = d_e \quad (6')$$

となる．式(5′)と(6′)を式(2′)に代入すると，

$$3d_e + d_e - 3r_e = 0$$

または，

$$r_e = \frac{4}{3}d_e \quad (7')$$

を得る，式(4′)，(6′)および(7′)を式(3′)に代入すると，

$$4r_e - n_e - 3d_e = d_e$$

$$n_e = 4r_e - 4d_e = 4\,\frac{4}{3}d_e - 4d_e = \frac{4}{3}d_e$$

を得る．

以上の議論より，結果は，

- ばね線材の径 $2r$ と有効巻線の数 n は $d^{4/3}$ に従って増加しなければならない．
- この例では，因子は

$$\phi_r = \phi_n = \phi_d^{4/3}$$

　である．

個々の寸法に関する傾向を，**図 9.15** のデータシートに定性的に示した．

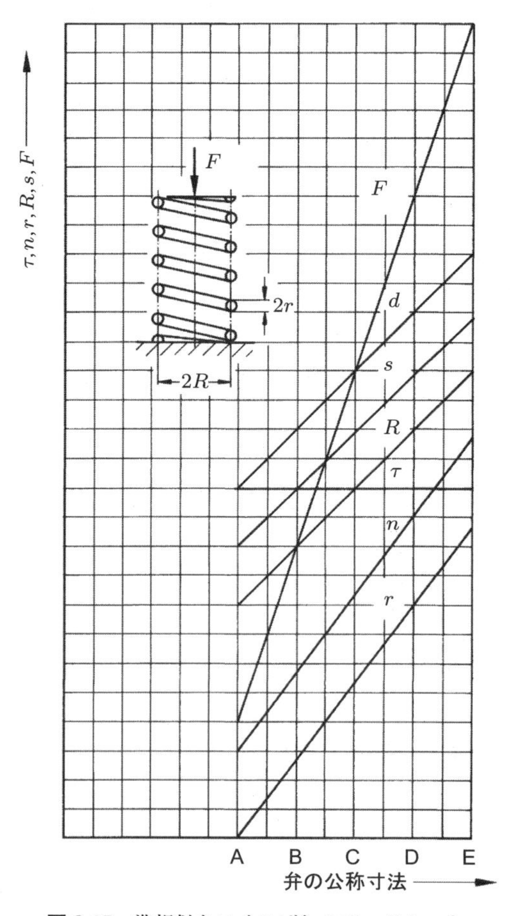

図 9.15　準相似なコイルばねのデータシート

(5) 事　例

例 1

高圧歯車ポンプでは，最大運転圧力 200 bar と一定入力回転数 1500 rpm の運転条件で，吐出し量が 1 回転あたり 1.6～250 cm^3 の範囲で 6 段階の寸法レンジによって構成されている．**図 9.16** に，6 段階の寸法を吐出し量に対して表示した．これには次の関係がある．

- ピッチ円径（個々のポンプ寸法に対して一つのみ）は $\phi_{d_0}=1.25$ の因子をもつ R10 に従って段階化する．ただし，歯数は整数でなければならないため，寸法は標準数列からわずかに偏る．また，このずれはモジュール m の標準値が R10 系列とわずかに異なっていることも原因になっている．

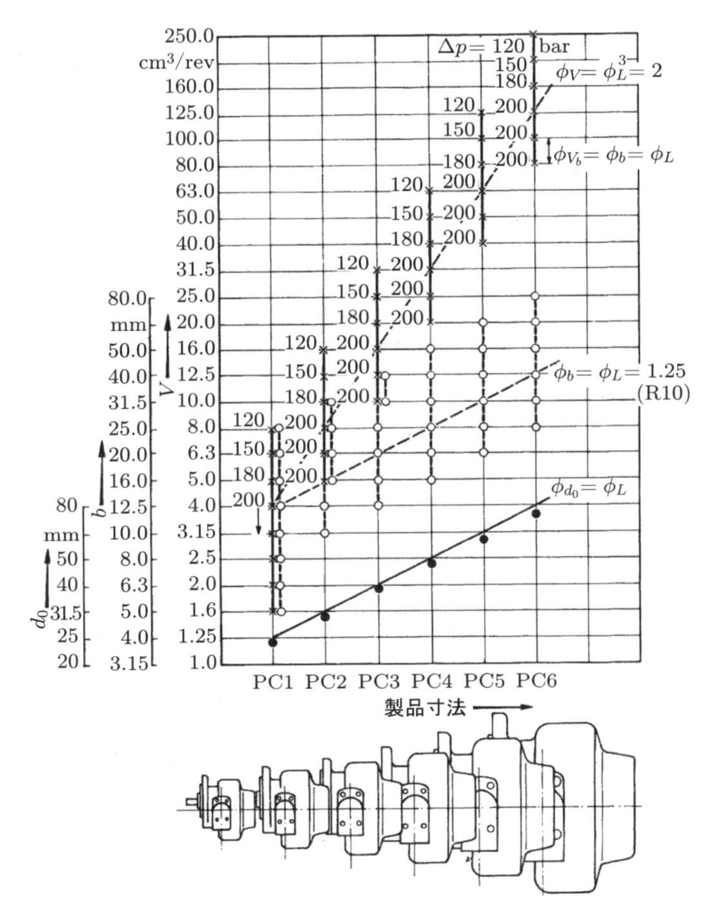

図 9.16　高圧歯車ポンプの寸法レンジのデータシート．1 回転あたりの吐出し量 V，歯車の歯幅 b，ギアのピッチ円径 d_0（Reichert, Hof）

- 歯の幾何学的形状による1回転あたりの吐出し量は,

  $V=2\pi d_0 mb$

  ここで, b は幅である. したがって, 幾何学的相似性を保持して, 一つの寸法から次の寸法に移行すると, 吐出し量は次のように増加する.

  $\phi_V=\phi_{d_0}\phi_m\phi_b=\phi_L^3=1.25^3=2$

  つまり, 1ステップ上がるごとに, 吐出し量で2倍になる (図9.16参照). ポンプの出力 $P=\Delta p\cdot V$ は, 次のように増加する.

  $$\phi_p=\phi_{\Delta p}\frac{\phi_V}{\phi_t}$$

  ここで, $\phi_{\Delta p}=1$ かつ, $\phi_t=1$ とすると,

  $\phi_p=\phi_V=2$

  となる. 回転速度は一定であるから, 出力に応じてトルクもステップ状に増加する.
- たとえば, 個々のピッチ円寸法のポンプに対して, 歯幅 b が6種類, また, 最小寸法の場合は, 歯幅は8種類用意されており, 同一寸法内で歯幅を変えることによって, 吐出し量はさらに小さなステップ幅にすることができる. これは, 各ポンプ寸法について d_0 と m は一定で, 歯幅の因子として $\phi_b=1.25$ (R10) を選ぶと, 幾何学的吐出し量 $V=2\pi d_0 mb$ で, 因子が $\phi_{V_b}=\phi_b=1.25$ であることを意味している. その結果, 同一のポンプ寸法に対する出力べき乗曲線は, 次のようになる.

  $\phi_{P_b}=\phi_{V_b}=\phi_b=1.25$
- 一定軸径の下でトルクが増加するに伴って, また, 歯幅の増加により曲げモーメントが増加するに伴って増加する機械的応力に耐えるためには, 各寸法グループ内で最大歯幅をもつ3種のポンプは, その吐出し圧力を減らさなければならない. 経済的理由 (同一軸径と同一軸受を使用すること) を優先すると, 各寸法における下位2種のポンプは強度に余裕があり, 能力を十分に利用していないことになる.
- 各寸法グループの上位3種の吐出し量は, 一つ上の寸法グループにおける下位3種の吐出し量に一致している. したがって, 200 bar の吐出し圧力が全吐出し量レンジにわたって得られることになる.

この特定の寸法レンジは, 少数のハウジング寸法といくつかの歯幅の組とからなる準相似数列とみなすことができた. その結果, 全寸法レンジにわたって同一駆動速度と圧力 (優先する製品機能) で, また, 一つのハウジング寸法につき一定の歯寸法, 一定の大歯車と軸径という条件 (優先する生産要件) の下で, 吐出し量の可能なレン

ジを最大にすることができた.

例 2

図 9.17 は磁極数（回転速度）を変えたときのモータの寸法レンジの出力 P を，種々の製品寸法（軸高さ H）に対して表示したものである．軸高さは R20 に従っており，ステップ因子 $\phi=1.12$ となっている．モータの出力は $P \propto \omega JBbhtD$ によって決まる．つまり，角速度 ω あるいは回転速度 n，電流密度 J および磁束密度 B が一定の下で，出力は，導体寸法 b，h，t と，軸中心線から導体までの距離 $D/2$ に比例する．

したがって，出力因子は，

$$\phi_P = \phi_L^4 = 1.12^4 = 1.6 \quad (\text{R5})$$

と与えられる．

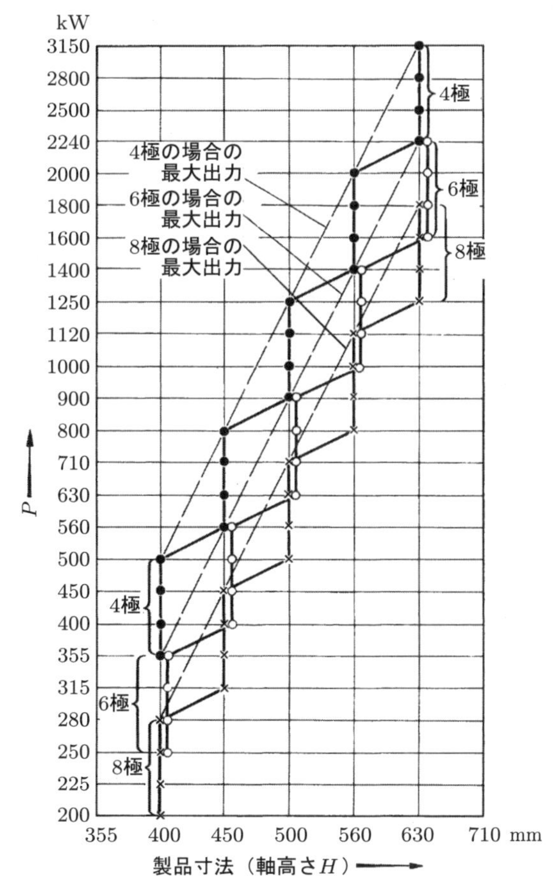

図 9.17　モータの寸法レンジと出力のデータシート（AEG Telefunken）[9.1]

したがって，4極のモータ（1500 rpm）では，出力レンジは500〜3150 kWとなる．

出力は速度によって変わり，導体の寸法やロータの径に制約があり，換気によって除かれる熱量は変化しなければならないという理由から，低速の6極のものは3段階下がって355〜2240 kWとなる，また，8極のものは，さらに2段階下がって280〜1800 kWとせざるを得ない．

市場性のある，出力が細かく設定でき，さらに優先する生産要件を満たす製品を供給するために，軸高さあるいはモータ寸法ごとに四つの出力が用意されている．その結果として，出力曲線はステップ状になっている．低い出力は電気的に有効な部品の寸法を変えただけで，同じ寸法のハウジングに組み込むことにより得られる．事例1とは異なり，各寸法グループ（磁極数を固定している）の出力は重なってはいない．このようなことは効率を維持するために，ほかのモータ設計でも行われている．

図9.18は，モータの溶接ハウジングのレンジを簡単に示したものである．いくつかの主要寸法をステップ化して，**図9.19**のデータシートに示した．軸高さH，ハウジング高さHCおよび基礎ボルト間隔BとAは，因子$\phi_L=\phi_H=1.12$，R20によっ

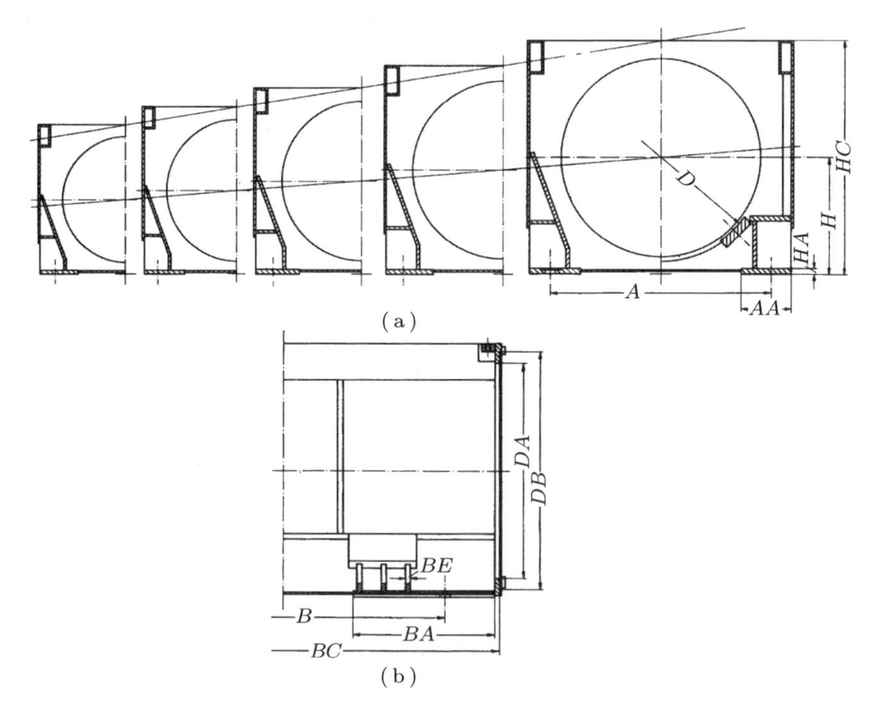

図9.18　図9.17に示したモータの寸法レンジに対応するハウジング（実際より簡単にして示してある）（AEG Telefunken）
(a) 断面図，(b) 立面図

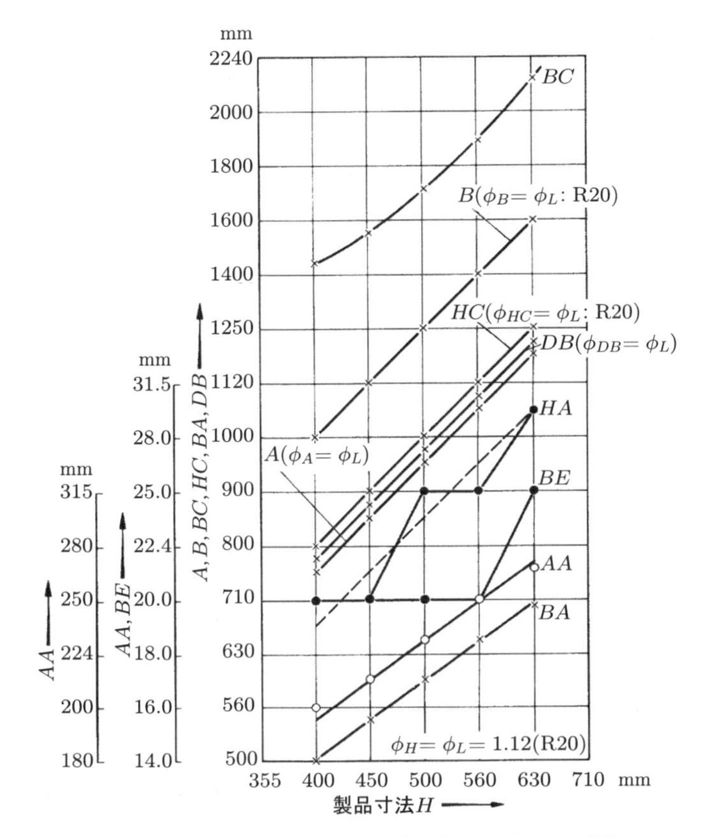

図 9.19　図 9.17 に示したモータの寸法レンジに対応するハウジング寸法のデータシート（記号は図 9.18 と同じ）

てステップ化されている．H，HC，および B の値は R20 に従い，A，DB と同じであるが，位置はわずかにずれている．一つの軸寸法ごとに 4 通りの出力が用意されているが，ハウジング長 BC の値は同一である（図 9.18 参照）．これは，異なる寸法の電気的に有効な部品を，容易に一つの寸法のハウジングに組み込むことができるからである．ハウジングと電気的構成部品を分離しなければレイアウトは経済的ではなく，いくつかのハウジング長を軸高さごとに用意しなければならなかったであろう[9.30]．

電気の立場から見た「優先する相似則」（たとえば巻線について）に従うと，軸高さの全寸法レンジにわたって，ハウジング長のステップ因子 ϕ_{BC} を一定に保つことはできない．図 9.19 は，軸高さの増加に対応して BC のステップ因子が増加しており，寸法レンジ内の最後の二つのハウジングのステップサイズのみが，R20 に漸近している状況を示す．

ここで，このハウジング設計のいくつかの寸法を細かく見てみよう．ベースプレートの寸法 AA と BA は，R20 と R40 の中間の単一のステップ因子によって段階化された．これは，固定ボルトの締付けに重要な最小の寸法を確保したうえで，材料を節約するためである．ベースプレートの厚さ HA は，普通の半製品の寸法に従ってステップ化されているが，全般的には R20 に従った．補強用リブに関しては，4 種のハウジング寸法に同じ板厚 BE を，もっとも大きいハウジングに厚めのリブを用いている．

優先する相似則，優先する役割要件および優先する生産要件を同時に満足させる場合には，個々の寸法と公称寸法は，幾何学的相似性による法則とは異なった法則に従ってステップ化しなければならない．しかし，いかなる場合も，設計者は，まず適切な相似則や標準数列による寸法レンジの適用を考え，次いでコストを慎重に考慮して，これからのずれを検討していかなければならない．

9.1.6　寸法レンジの展開

寸法レンジの展開を要約すると，次のようになる．

1. 寸法レンジに関する基本設計を行う．これは，まったく新しく，あるいは現存の製品から作り出してもよい．
2. 相似則に従って物理的関係（指数）を決定する．このとき，幾何学的に相似な製品のレンジには表 9.3 を用い，準相似製品の寸法レンジには指数方程式を用いる．その結果をデータシートの形にまとめる．
3. ステップサイズを決めて，データシートに書き加える．
4. 優先する標準値や技術的要件を満たすように，理論的に求められた寸法レンジを適応させ，そのずれを記録する．
5. 極端な寸法になっている重要な部分にとくに注意しながら，組立部品の縮尺レイアウトに対する製品レンジをチェックする．
6. 寸法レンジの決定に必要な図面や文書を改良して完成し，生産に関する文書を必要なときに作成する．

準相似寸法レンジを展開することが必要かどうかは，仕様や物理関係に関する初期の段階の調査からつねに明らかになるとは限らないが，実際の展開の中で明らかになってくる．

9.1.5 項では，指数式を使用した準相似な寸法レンジの展開の際に，個々の部品と寸法がどのようにして決定されるかを説明している．パラメータの数と解かれる数式の数は，複雑な応用例ではきわめて多い．この理由により，Kloberdanz［9.26］は，コンピュータによる寸法レンジプログラムを開発した．物理的な関係式を定式化して制約条件に加え，プログラムは自動的に相似則を決定し，PN 曲線図およびそのデータシートの形式で結果を示す．これらの計算結果は，企業規準や在庫のようなほかの制約条件との整合が図られる．

パラメトリックなマクロを使用し，寸法レンジに対する一連の設計における初期的な幾何学的な配置を自動的に生成するため，相似則が使用される（**図 9.20** 参照）．最終的な寸法レンジを決定し，個々の部品に関するマクロを使用し詳細が定義される［9.8, 9.26］．

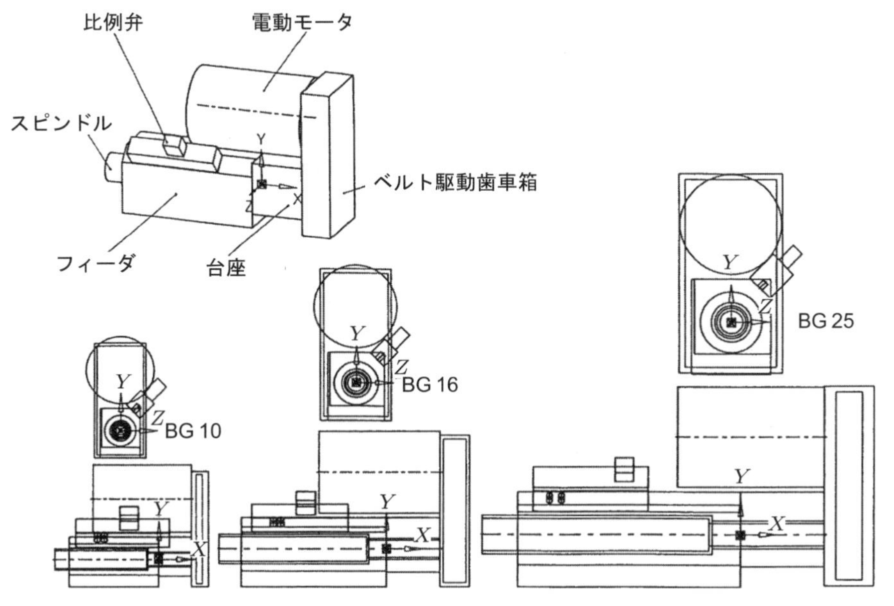

図 9.20　コンピュータ支援による油圧送り機構の寸法レンジの展開例（出典［9.26, 9.38］）

9.2 モジュラー製品

9.1 節で，寸法レンジの展開の特徴とそれによる設計の可能性について述べた．このねらいは，寸法の広いレンジにわたって，同一の設計解原理に基づいて**同一の**機能を具現化し，また，可能であれば同一の特性をもたせることによって，製品開発を合理化することにある．

モジュラーシステムは，別の状況でも合理化をもたらしてくれる．ある一つの製品に異なる機能を達成させようとすると，多くの設計案を用意しなければならず，設計と生産に多大のコストが生じる．しかし，特定の**機能の代替案**が，個々の確定している部品や組立品（機能ユニット）の組合せによって作成されるのであれば，合理化は可能である．この合理化は，まさにモジュラーシステムが達成しようとするものである．

モジュラー製品とは，個々のビルディングブロックあるいはモジュールを組み合わせることによって，さまざまな全体機能を実現する機械，組立品および構成部品のことである．

このようなモジュールは寸法がさまざまなので，モジュラー製品にも寸法レンジがかかわることが多い．モジュールは可能な限り，同種の技術によって製造されるべきである．モジュラーシステムにおいては，全体機能は個々のユニットの組合せによって得られるから，モジュラー製品の開発は関連する機能構造の入念な構築を必要とし，このためには単なる寸法レンジの開発と比べて，概念設計と実体設計フェーズで多大な設計努力が必要となる．

モジュラーシステムは，製品群のすべてもしくはいくつかの代替機能が，小さなバッチサイズでのみ必要で，単一もしくは少数の基本モジュールと追加モジュールから成り立っている場合には，技術的および経済的に望ましい設計解を与える．

さらに，モジュラーシステムはさまざまな機能を達成する以外に，さまざまな製品に同じ部品をビルディングブロックとして使用するので，その部品の生産のバッチサイズを増やすことに役立つ．この付加的な目的は，生産プロセスの合理化に大きく寄与するが，製品を基本的な構成部品に分解することにより達成できる．これは7.5.8項で述べた分割構築法と同様である．以上に述べてきた二つの目的のいずれが優先するかは，製品あるいは製品が果たす役割に大きく依存する．全体機能が広範囲にわたる場合にもっとも重要なことは，製品を機能指向のモジュールに分解することであり，一方，全体機能の代替案の数が少ない場合には，生産指向による分解を優先して考えるべきである．

もともと，個々の製品を開発する，あるいは寸法レンジを展開しようとしたものが，数多くの代替案を生み出せそうだと期待できるときに，モジュラー製品を展開するきっかけとなることが多い．それゆえに，すでに市場に出荷されている製品がモジュラーシステムとして再設計される場合が多い．この場合の欠点は，製品が多かれ少なかれあらかじめ決まっていることであり，利点は，それらの製品の不可欠な特性がすでに試験済みでわかっているので，費用のかかる新しい開発の手間を省けることである．

9.2.1　モジュラー製品システム

モジュラー製品システムは文献［9.10, 9.11, 9.27］で議論されている．それらの成果を基に，まず，その原理ともっとも重要な概念を考察し，次に多少の補足を加えよう［9.4］．

モジュラー製品システムは，分解できるもしくは分解できないユニット，すなわちモジュールにより構成されている．**機能モジュール**と**生産モジュール**を，明確に区別しなければならない．機能モジュールは，技術的機能を単独に，またはほかと組み合わせて実現するのに役立つ．生産モジュールは，それらの機能とは独立に設計され，生産性だけが考慮されている．狭い意味での機能モジュールは，装置，付属品，連結物およびほかのモジュールに分けられてきた [9.10, 9.11]．しかし，この分類はモジュラーシステムの開発の観点から見て，明確でもなければ十分でもない．

(1) モジュールの分類

機能モジュールの分類のためには，モジュラーシステムの中で繰り返し使用され，異なる全体機能（全体代替機能）を実現するために，下位機能として組み合わせて使用されるさまざまな種類の機能を定義しておくのがよい（**図 9.21** 参照）．

基本機能は，システムにとって基本であり，原則として可変でない．基本機能は，単独で，あるいはほかの機能と組み合わせて全体機能を実現する．この基本機能は，一つもしくは複数の寸法，段階や仕上げからなる基本モジュールとして実現される．

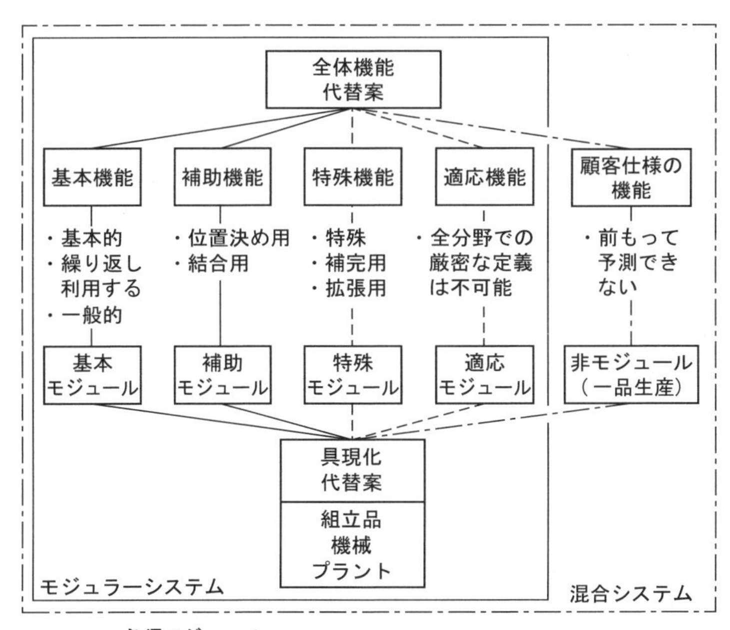

図 9.21 モジュラー製品と混合製品システムにおける機能とモジュールの種類

基本モジュールは，「必須モジュール」である．

補助機能は，基本モジュールと協力して**補助モジュール**によって実現される，一般に「必須」型の機能である．

特殊機能は，相補的で役割に固有の下位機能であり，全体機能の代替案すべてに現れるとは限らない．この機能は基本モジュールに追加されたり，付属されたりする**特殊モジュール**によって実現される．特殊モジュールは「非必須」型である．

適応機能は，ほかのシステムや境界条件へ適応させるのに必要である．この機能は**適応モジュール**によって実現され，その寸法は予想できない状況に適応できるように，前もって固定しないでおく．適応モジュールは，「必須」型とも「非必須」型ともなり得る．

モジュラーシステム中に用意されていない**顧客仕様の機能**が，十分な注意を払って開発を行っても，しばしば必要となる．このような機能は，特殊な役割向けに個々に設計される**非モジュール**によって実現される．これらが使われると，その結果はモジュールと非モジュールとが組み合わされた**混合システム**となる．

モジュールの重要度とは，モジュラーシステム内でのモジュールの序列をいう．このように，機能モジュールは，「必須」と「非必須」に分類することができる [9.14]．

生産性指向の特徴の一つは，**モジュールの複雑度**である．ここでは，組立部品のように，さらに構成部品に分解できる**規模の大きいモジュール**と，構成部品そのものである，**規模の小さいモジュール**に分類する．

モジュールのほかの特徴は，**組合せの種類**である．設計者はつねに，類似のモジュールを組み合わせることによって技術的組合せの長所を追求すべきである．しかし，実際には類似のモジュールと異なるモジュールの組合せや，顧客仕様の非モジュールとの組合せが避けられない場合が多い．後者，つまり混合システムが，非常に経済的で市場の要求に合致することもある．

モジュラーシステムの特性として，**可分性**を考えよう．つまり，特定のモジュールが機能上や製造上の理由から，どの程度まで個々の部品に分解できるかということである．全体として，モジュラーシステムでは，可分性は個々のユニット数やそれらの可能な組合せ数を決定する．

(2)　モジュールの具体化

タービン，ポンプおよび圧縮機のような一品生産の製品は，性能および効率が幅広く異なる代替案が要求されることもしばしばある．代替案は，適応すべき動作範囲，たとえば翼流路やシリンダの寸法が必要となる．しかし，たとえば軸受，シールや入出力部の多くの部品は同じままである．このような場合，モジュールへに分けることが有用である（図 1.9 の作業手順 4 や図 7.1 の作業手順 3 参照）．したがって，製品全体は，組合せアプローチにより開発される．すなわち，寸法レンジは部分的にモジュール（**図 9.22** 参照）より作成される．モジュールは，適切なステップサイズで生成される．製造業者にとって，特定の要求仕様に基づき，適切な図面がモジュールとして機械全体（**図 9.23**）に組み込まれるまで，このようなモジュールシステムは現実には存在しない．このような「架空」のモジュール製品は，製品開発部門にとって有用なだけでなく，生産計画を準備したり，CNC 工作機械のソフトウェアを準備したりするための指針を与える．

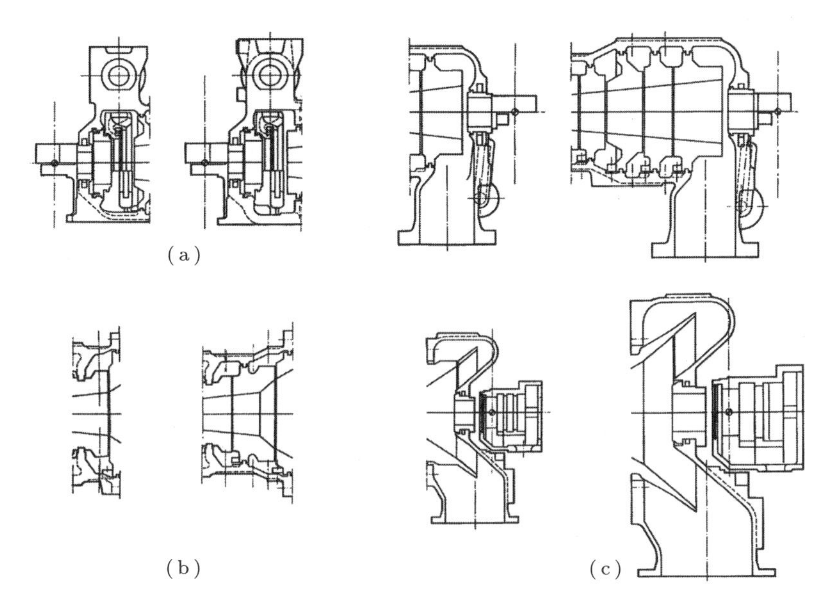

図 9.22　幾何学的な断面により生成した工業タービンの寸法レンジモジュール（Siemens）
（a）入口部，（b）中間部，（c）出口部

モジュールの別の利用は，鋳造用の型の最適な在庫を計画できることである．これらの型はモジュールに分割され，ハウジングのような，より複雑な鋳造で必要に応じて組み合わされる．

必要に応じて，製品モジュールをソフトウェア（および書類）上で利用するか，またはハードウェア上で利用するかという具体化の程度が選択される．

閉鎖型モジュラーシステムの適用の**範囲**や**可能性**は，有限で予測できる数の代替案の**組合せ計画**によって表される．そのような計画によって，希望する組合せを直接選択することが可能になる．これとは対照的に，開放型モジュラーシステムは可能な組合せの数が膨大なので，これを完全に計画したり表現したりすることはできない（図

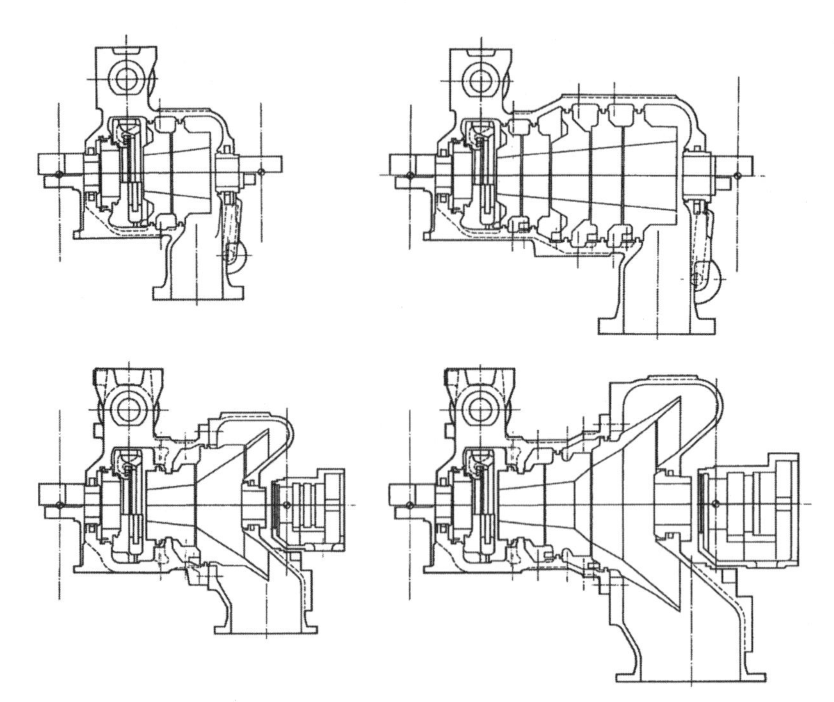

図 9.23　図 9.22 に示したモジュールを組み合わせた異なる圧力および流量要件に対するタービン設計（Siemens）

9.32 参照）．**試料計画**は，モジュラーシステムの適用の典型的な例である．

これまで述べてきたモジュール展開のコンセプトを，**表 9.5** に要約する．

9.2.2　モジュラー製品の開発

次に，モジュラー製品システムの開発について，図 4.3 に示したステップに従って提示しよう．

(1)　製品の役割の明確化

たとえば，図 5.3 のチェックリストを用いて要求と要望を設定する際に，設計者は製品が果たすさまざまな役割を明確にするよう十分な注意を払わなければならない．モジュラーシステムに要求される仕様上の特徴とは，それが複数の全体機能を実現しなければならないことである．これは，特定のモジュラー製品が充足しなければならない**全体機能の変化**を生じさせる．

モジュールの経済的分析とその適用にとってとくに重要なことは，特定の代替案に対する市場の期待に関するデータである．Friedewald［9.17］は，モジュールを技術

表 9.5　モジュラー体系の概念

分類基準	分類特徴
モジュールの種類	- 機能モジュール ・基本モジュール ・補助モジュール ・特殊モジュール ・適応モジュール ・非モジュール - 生産モジュール
モジュールの重要度	- 必須モジュール - 非必須モジュール
モジュールの複雑度	- 大規模モジュール - 小規模モジュール
モジュールの組合せ	- 類似のモジュールのみ - 異なるモジュールのみ - 類似のモジュールと異なるモジュール - モジュールと非モジュール
モジュールの可分性	- 1モジュールあたりの部品数 - ユニットの数とそれらの可能な組合せ
モジュールの具現化	- ソフトウェア／書類上のモジュールのみ - ハードウェアとソフトウェアの混合 - ハードウェアモジュールのみ
モジュールの応用	- 組合せ計画を伴う閉鎖型システム - 試料計画を伴う開放型システム

的，経済的に最適化するために，代替機能を定量化することについて述べている．まれにしか要求されない代替案を具現することによって，モジュールシステムの全体的なコスト高を招くようであれば，そのような代替案は排除しなければならない．このような分析を，実際に開発を始める前に行えば，それだけコスト有効度の高い設計解に到達する機会が多くなる．しかし，まれにしか生じない要求や，コストのかかる代替案を排除して種類を削減する行為は，設計解概念あるいは実体設計によって，異なる代替案のコストや個々の代替案がモジュラーシステム全体のコストに及ぼす影響に関して，信頼のおける情報が得られるまで決定してはならない．

(2)　機能構造の構築

機能構造の構築は，モジュラーシステムの開発においてとくに重要である．機能構造をもつ，すなわち要求される全体機能を下位機能に分解するということは，原理的には，システムの構造がすでに作成されているということである．最初から設計者は，全体代替機能を類似の繰り返し使われる最小数の下位機能（基本，補助，特殊，適応機能，図9.21参照）に分割するよう努力しなければならない．全体代替機能に関する機能構造は，論理的にも物理的にも矛盾がなく，また，機能構造によって決まる下位機能は交換可能でなければならない．そのためには，役割にもよるが，全体機能が「必須」機能と付加的な役割に固有の「非必須」機能によって達成できればよい．

図9.24は，文献［9.3，9.23］で議論しているモジュラー軸受システムの機能構造を示す．ここでは，もっとも頻繁に要求される全体機能，すなわち「非位置決め軸受」，「位置決め軸受」および「静圧位置決め軸受」を，基本，特殊，補助および適応機能とともに示している．下位機能「回転システムと静止システム間を密閉する」より，いくつかの機能を組み合わせて一つの複雑な機能にまとめると，コスト有効度を高められることがわかる．つまり，この例では，密閉機能はさまざまな条件を満たすための適応機能と組み合わされている．この複雑な機能を実現する生産モジュール「軸シール」は，単純なラインシール，ラビリンス付きのラインシールまたは軸継手アダプタ付きのシールとして，生産中に完成できる半完成モジュールと規定した（**図9.25**参照）．さらに強調すべきことは，少なくとも一つの全体代替機能の中に存在する特殊機能（特殊モジュール，ここでは「回転システムから静止システムに軸方向力 F_A を伝える」）があること，すべての全体代替機能に共通に存在する非必須なモジュールに相当する機能（ここでは「油圧を設定し，計測する」）があること，および，ある寸法のときのみ必要となる機能（ここでは「高圧の軸を供給する」）があることである．

機能構造を構築するにあたって，留意すべき点は次のとおりである．

- 容易に具現可能な最小限の基本機能の組合せによって，必要な全体機能を実現するようにせよ．
- 図9.21に従って，全体機能を基本機能に，必要に応じて補助，特殊および適応機能に分割するよう努めよ．この際に，要求の高い代替案は優先的に基本機能で，要求のまれな代替案は付加的な特殊機能や適応機能で組み上げるようにせよ．非常にまれな要求の代替案には，付加機能（非モジュール）との混合システムを用いるとコスト有効度が高くなる場合が多い．
- コスト有効度が向上するのであれば，いくつかの下位機能を組み合わせて単一モジュールとせよ．このような組合せは，適応機能を実現する場合に用いることをとくに勧める．

(3)　設計解原理と代替概念の探索

次のステップは，さまざまな下位機能を実現するための設計解原理を見出すことで

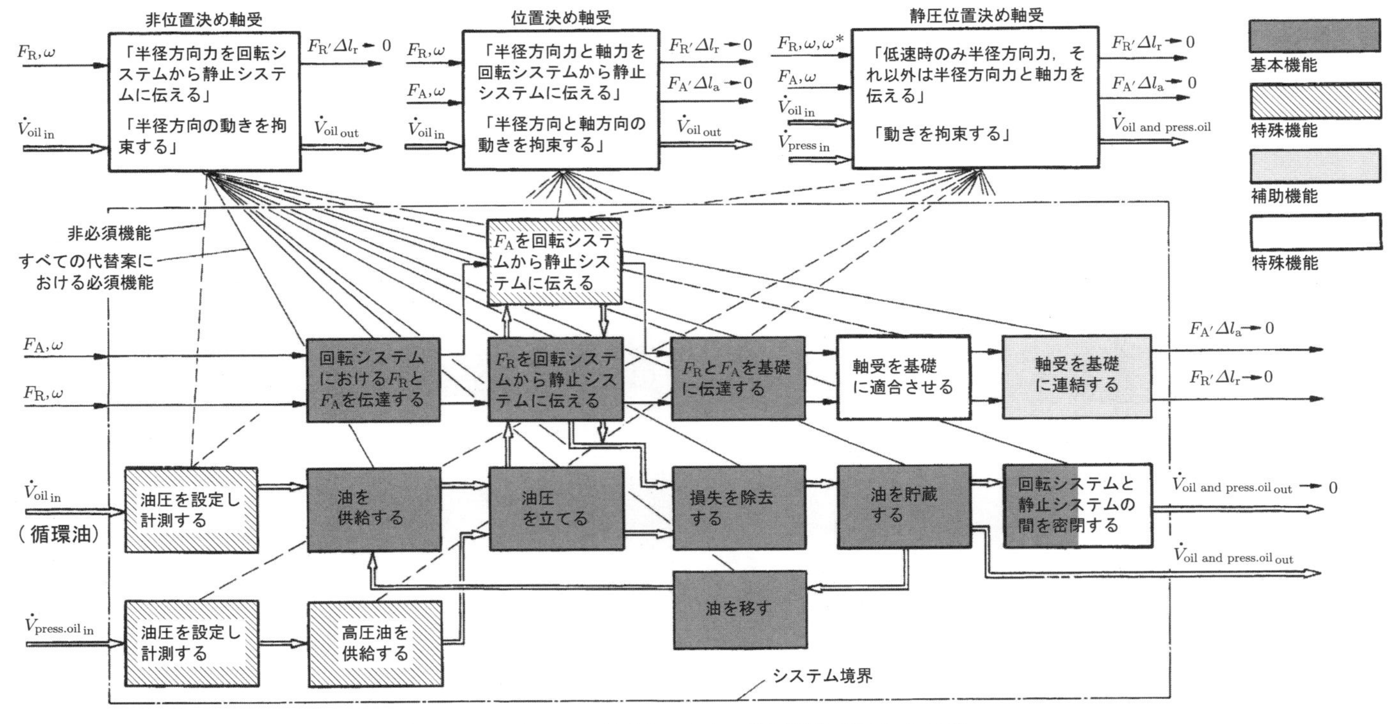

図 9.24 モジュラー軸受システムの機能構造（出典［9.23］）

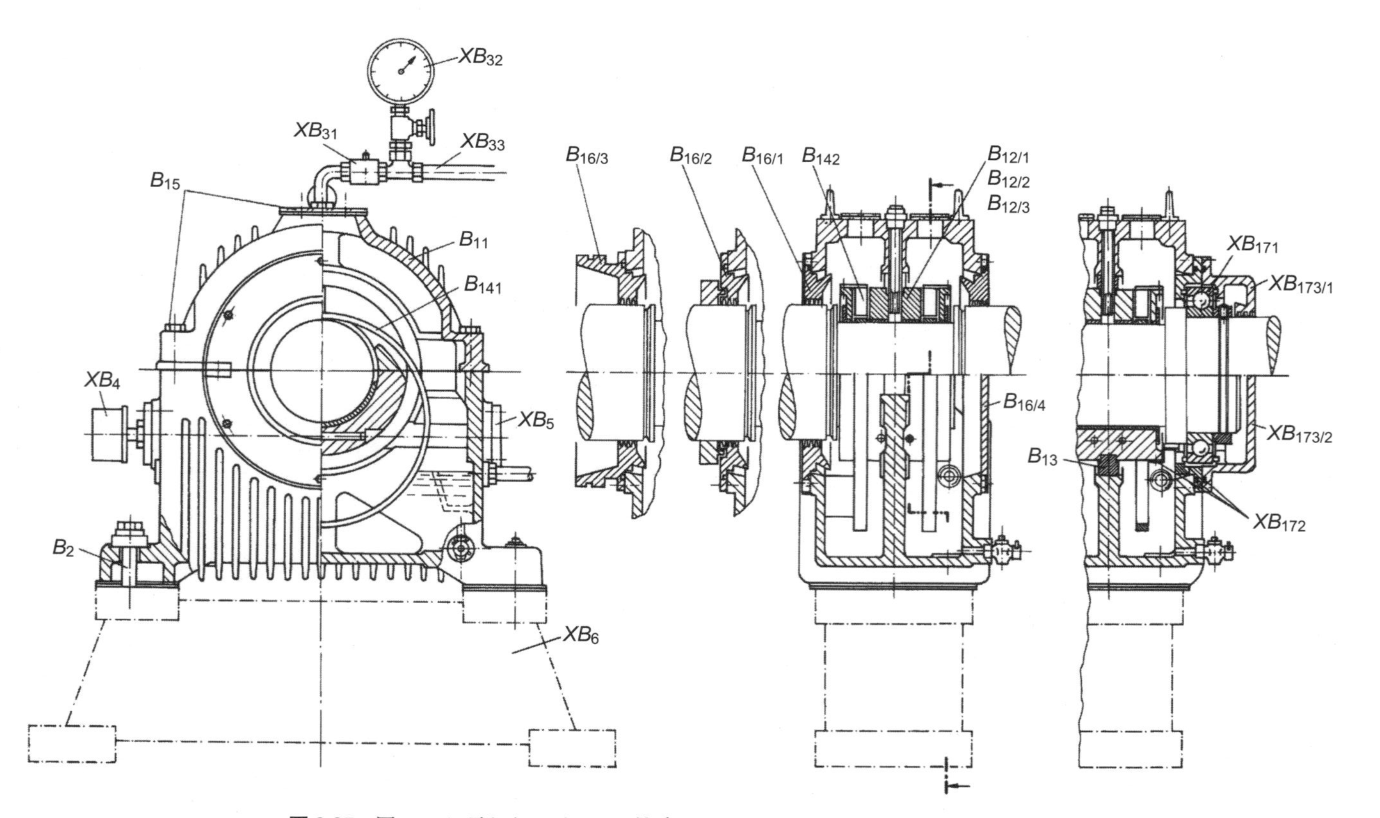

図 9.25　図 9.24 に示したモジュラー軸受システムのレイアウト（AEG Telefunken）
（記号の頭文字が X のモジュールは「非必須」を示す）

ある．このために，設計者は，動作原理や基本設計を変えずに代替案を提供できるような原理を探すべきである．一般的にいって，個々の機能モジュールには，同種のエネルギーや物理的動作原理を用いる方が有利である．このように，下位設計解を組み合わせて全体設計解（代替概念）を作るときに，電気，油圧および機械的駆動装置を備える別々のモジュラーシステムで構成するよりも，1 種類のエネルギーでさまざまな駆動機能を実現する方が，コスト有効度が高く，技術的に有利となる．

満足のいく生産解とは，必要に応じてさまざまな仕上げ方法で完成できるような単一の未完成モジュールによって，確実に複数の機能を実現することができるものである．

しかし，関連する技術的，経済的因子が複雑なので，厳密で手っとり早いルールを設けることは不可能である．たとえば，図 9.25 に示す軸受システムの場合では，軸方向力が小さいときには，これを受けるために軸受胴に水平方向の位置決め面を設ける方が，技術的にも経済的にも有利なようである．しかし，大きな軸力のときには，これに代えて転がり軸受を用いなければならない．純粋に理論的理由から，全寸法レンジにわたって平軸受で軸方向と半径方向に力を伝達しようとするのは誤りであろう．

平軸受システムは，概念設計フェーズでは，二つの選択の余地のある潤滑システム(自由リングあるいは固定リング)をもつように設計しなければならない．その理由は，それぞれに有利，不利な点があり，後の実験によってのみ決めることができるからである [9.23]．最終的に選んだ軸受システムの設計を，図 9.25 に示す．

(4) 選択と評価

いくつかの代替概念が，前のステップで見出されているときには，もっとも好ましい設計解概念を選択できるように，それぞれを技術的，経済的基準によって評価しなければならない．経験によると，この段階ではどの代替案の特性も十分には明確でないから，このような選択は非常に難しい．

したがって，軸受システムの場合では，たとえば軸力を平軸受で，あるいは転がり軸受で受けるべきかどうかに関して，概念設計フェーズでも初期評価を行わなければならない．しかし，潤滑システムの最終選択は，プロトタイプを作って実験を行った後でないと行えない．

個々の代替概念の技術的評点の決定は別として，経済的因子は，モジュラーシステムの設計では非常に重要である．この問題に取り掛かるためには，設計者は，個々のモジュールの製造コストと，それがモジュラーシステム全体のコストに及ぼす相対的な影響を見積らなければならない．そのためには，まず，下位機能あるいはそれらの機能を実現するモジュールの予想「機能コスト」を決める．概念設計フェーズにおける実体化のフェーズはまだ低いレベルなので，設計者はかなり大まかな見積りしか出せない．基本モジュールはどの種類の代替案にも存在するから，もっともコスト有効度の高い基本モジュールを提供するような設計解原理を選択すればよい．次に，特殊および適応モジュールのコスト最小化を考える．

モジュラーシステムのコストを最小化するには，モジュールそのものだけでなく，それらが互いに及ぼす影響も考慮に入れなければならない．とくに，特殊，補助および適応モジュールが**基本モジュールのコスト**に及ぼす影響について考慮する必要がある．個々の全体代替機能のコストがモジュラーシステムのコストに及ぼす影響は，全体的に十分考えて決定しなければならない．これは複雑な作業となろう．したがって，いままでに考えてきた軸受システムでは，代替機能「内部で油を冷やす」は，基本モジュール「軸受ハウジング」のコストに大きく影響する．なぜなら，特殊モジュール「水冷装置」の寸法がハウジングの寸法，ひいては全体のコストを決めるからである．もし，この代替案に対する要求が小さければ，ハウジングの外側に油冷却器を取り付けて，油ポンプの費用を余分にかけても，確実にコスト有効度がよくなる．

要するに，基本モジュールのレイアウトは，期待される要求に適合しなければならない．そのために，残りのモジュールの影響は，非常に重要である．ニューラルネットワークを用いた方法が，複雑な関係を同定し評価するために，文献［9.27, 9.28］にて提案されている．

基本概念が市場に適合できないのであれば，もっともコスト有効度の低い代替機能はモジュラーシステムから取り除くべきである．異例の代替案は，システム全体をコスト高にするから，この代替案をモジュラーシステム全体に適合させるよりも，個々に適合できるように変更した方が経済的である．このような場合における代案は，混合システムを用いることである．

(5)　縮尺レイアウトの作成

設計解概念を選択した後は，個々のモジュールを，その機能と生産要件に従って設計しなければならない．モジュラーシステムの設計においては，製造と組立について十分に検討しておくことが，経済的に非常に重要である．設計者は，7.5.8 項と 7.5.9 項で述べた実体設計のガイドラインを参照し，同種の部品や繰り返し使用される部品を最大限利用し，未完成部品や製造工程の利用を最小限に抑えて，基本，補助，特殊および適応モジュールを設計しなければならない．

ステップサイズの選択にあたって，設計者はモジュールの最適な分割を目指すべきである．それには，分割構築法を採用するのがよい．しかし，モジュールの最適数を決定することは，次のような因子の影響を受けるので複雑な作業である．

- 要件と品質は維持しなければならず，また，誤差の伝播を考慮しておかなければならない（7.4.5 項参照，失敗のない設計の原理）．したがって，個々の構成部品の数を増やすと，はめあい箇所の数が増えることになり，これが機能上やっかいな影響，たとえば機械の振動などを引き起こす．
- 全体代替機能は，モジュール（個々の部品および組立品）の簡単な組立で創成されなければならない．
- モジュールの分割は，機能と品質およびコストが許す限度までとする．
- システム全体として市場に供給されているモジュラー製品であって，その代替案を顧客自身がモジュールを組み合わせて作ることができる場合は［9.33］，もっとも共通的なモジュールは等しく摩耗し破損するように，また，取替えが容易なように設計しなければならない．
- もっともコストおよび生産時間での有効度の高いモジュール化を決定するには，設計者は設計そのものだけでなく，全体スケジュールと組立，ハンドリングおよび配送を含めた製造プロセスのコストに十分な注意を払わなければならない．

図 9.25 は，われわれが議論してきた軸受装置の縮尺レイアウトを示している．**図 9.26** は，全体代替機能の構造をブロック図の形で示したものである．これら両図には，軸受システムの中でもっとも重要な組立部品と個々の部品だけを書き込んである．しかし，実際にモジュール化された構造は，もっと大規模で多くの部品から構成されている．機能構造は主要な代替機能案のみを示しているが，それを最終のモジュラー構造と比較してみると，与えられたモジュラーシステムでは，いくつかの機能が一つのモジュールかあるいはその代替案によって実現されていることが明らかになる．**表 9.6** は，実際に使われたモジュールとそれらに割当てた機能を示す．

(6) 製造指示書の作成

製造指示書は，要求される全体機能の代替案の実現が，単純な（可能ならコンピュータ支援された）モジュールの組合せおよびモジュールのさらなる改良に基づいた注文で行えるよう，準備しておかなければならない．

図面には適切な部品照合番号と分類が必要であり，これらはモジュール（個々の部品と組立部品）を最適に組み合わせるための二つの必要条件である．

個々のモジュールを代替製品に組み合わせた結果は，部品表に記録しなければならない．部品表を作成するには，設計者はいわゆる代替部品表［9.13］を参照するとよい．この表は製品の構造に基づいており，その中では「必須」と「非必須」モジュールの区別がなされている．

とくに，並列符号化法は，図面と部品表の付番に適している．この方法は，構成部

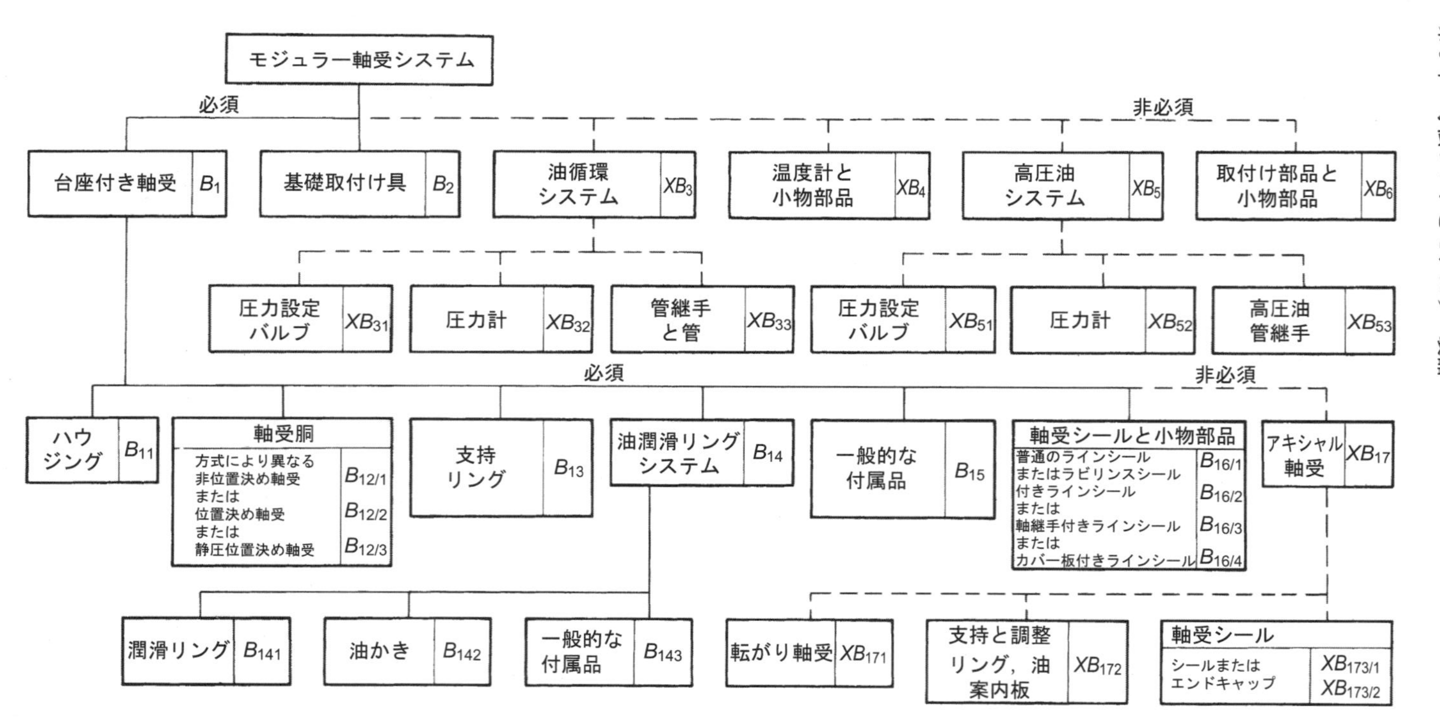

図 9.26　図 9.25 に対応するモジュラー軸受システムの系統図（記号の頭文字が X のモジュールは「非必須」を示す）

表 9.6　図 9.26 に示す軸受システムのモジュール

モジュール	番　号	種　類	機　能
ハウジング	B_{11}	基本モジュール	「F_{R} と F_{A} を基礎に伝達する」，「損失を除去する」，「潤滑油を貯蔵する」
軸受胴	$B_{12/1}$	基本モジュール	「F_{R} を回転システムから固定システムへ伝達する」，「油圧を発生させる」
	$B_{12/2}$	モジュール $\mathrm{B}_{12/1}$ の代替案	機能追加：「F_{A} を回転システムから固定システムへ伝達する」
	$B_{12/3}$	モジュール $\mathrm{B}_{12/1}$ の代替案	機能追加：「油の静圧を軸へ伝達する」
ハウジングと軸受胴の間の支持リング	B_{13}	補助モジュール	「軸受胴をハウジングと連結する」
潤滑リング	B_{141}	基本モジュール	「油を伝達する」
ワイパー	B_{142}	基本モジュール	「油を供給する」
一般の付属品	B_{143}	基本モジュール	「油の量を制御する」と「油を除去する」
一般の付属品	B_{15}	基本モジュール／補助モジュール	「付属的および連結機能」
軸受シールと小物部品	$B_{16/1}$	基本モジュール	「回転システムと固定システム間を密閉する」
	$B_{16/2}$	基本モジュール／適応モジュール	追加機能：「ラビリンスシールに適応する」
	$B_{16/3}$	基本モジュール／適応モジュール	追加機能：「軸継手アダプタを提供する」
	$B_{16/4}$	特殊モジュール	「軸がない場合にハウジングを密閉する」
基礎の取付け部品	B_2	補助モジュール	「軸受を基礎に連結する」
圧力設定弁	XB_{31}	特殊モジュール	「潤滑油の圧力を設定する」
圧力計	XB_{32}	特殊モジュール	「油圧を計測する」
管継手と管	XB_{33}	補助モジュール	「潤滑油を伝達する」
温度計と小物部品	XB_4	特殊モジュール	「温度を計測する」
圧力設定弁	XB_{51}	特殊モジュール	「高圧油の圧力を設定する」
圧力計	XB_{52}	特殊モジュール	「油圧を計測する」
圧力計高圧油用管継手	XB_{53}	補助モジュール	「高圧油を供給する」
取付け構成部品と小物部品	XB_6	適応モジュール	「軸受を基礎に適合させる」

表 9.6 （つづき）

モジュール	番　号	種　類	機　能
転がり軸受	XB_{171}	特殊モジュール（軸方向の力が大きい場合）	「F_A を回転システムから固定システムへ伝達する」
支持と調整リング，油案内板	XB_{172}	補助モジュール	「転がり軸受をハウジングと連結する」「転がり軸受に油を供給する」
軸受シール	$XB_{173/1}$	特殊モジュール	「転がり軸受を用いた場合に回転システムと固定システムを密閉する」
	$XB_{173/2}$	特殊モジュール	「軸がない場合にハウジングを密閉する」

品や組立部品に明確で間違えようのない識別番号を与え，構成部品や組立品を機能本位に記録し検索するための分類番号を振り当てるものである. 分類番号は, モジュラー製品システムではとくに重要である. なぜならば，これが構成部品の機能上の類似性などを探し出す助けとなるからである.

9.2.3　モジュラーシステムの利点と限界

メーカーにとって，モジュラーシステムは，ほとんどすべての領域で**利点**がある.

- 提出資料，プロジェクト計画および設計用文書が用意できていること. 設計は一度だけ入念に行うのでコストがかかるが，その後は必要ない.
- 設計を追加する必要があるのは，予測できない注文の場合のみである.
- 非モジュールとの組合せが可能である.
- 全スケジュールを簡単化できて，出荷時期が改善される.
- モジュールの製造を並行して行えるから，設計部門と生産部門による発注の実施を短縮することができる. さらに，部品は速やかに供給できる.
- コンピュータによる発注の実施が非常に容易となる.
- 計算が簡単になる.
- モジュールは在庫用に製造でき，コスト節減につながる.
- 組立部品をより適切に再分割することによって，好適な組立条件を確立できる.
- モジュラー製品技術は，製品開発における各段階，たとえば製品企画，図面と部品表の作成，素材と半完成材料の購入，部品の製造，組立作業および販売で適用できる.

ユーザーにとっては，次の**利点**がある.

- 納期が短い.
- 互換性が良好で，メンテナンスが容易である.

- 予備部品の供給が良好である.
- 機能の変更とレンジの拡大が可能である.
- 十分に開発の進んだ製品では，全体としてエラーがほとんど除去されている.

メーカーにとって，モジュラー製品システムの**限界**とは，モジュールへの分割により技術的な欠陥や経費のロスが生じる場合である.

- 特定の顧客の要望に対応することが，個別の設計に比べると容易ではない（柔軟性と市場指向性が失われている）.
- いったんシステムが採用されると，保管している図面だけでは十分でないので，発注を受領したときに作業図面を作成することになる.
- 1回の開発コストが高いので，製品変更は長期的にしか検討できない.
- 技術的特徴と全体形状は個別の設計に比べて，モジュール設計やモジュール化により大きく影響を受ける.
- たとえば，再加工が不可能なために位置決め面の精度が必要で生産品質が高くなければならないなど，製造コストが増加する.
- 組立にかかわる労力と配慮が大きくなる.
- メーカーと同様に，ユーザーの利害も考慮に入れなければならないので，最適なモジュラーシステムの決定はそれだけ難しい.
- 例外的な要求を実現するのに必要な，まれな組合せは，特注の設計よりコスト高となる.

ユーザーにとっては，次のような**欠点**がある.

- 特殊な要望は，簡単に受け入れてもらえない.
- ある種の質的特性は，特注の設計に比べて満足のいくものとはならない.
- モジュラー製品の体積と重量は，特注の設計をしたものより大きくなり，基礎のコストと所要スペースは増える.

経験的に，モジュラー製品は一般間接費（とくに管理スタッフのコスト）を大きく削減できるが，生産コストと材料コストの削減効果は小さい．これは，先述したように，重量と体積が大きくなる傾向にあるためである．モジュラーシステムは，どの代替機能も特別に設計された製品よりも高いコスト有効度になるように意図して開発した場合にのみ，全体コストが大幅に削減できる.

9.2.4　事　例

歯車箱

歯車箱もまた，モジュラーシステムのよく知られている例である．歯車箱は，市場に応じた代替機能の多様性が必要で，たとえば，異なる入出力装置に取り付けたり，さまざまな軸位置や，異なる歯車比に対応したりする必要がある．しかし，基本的な全体構築構造は既知で固定化されている．いくつかの例が文献［9.21, 9.22, 9.43］に見られる．

モジュラートラムシステム

モジュラートラム（路面電車）システムの例を用いて，モジュールパラメータの正しい選択が，CAx（つまり，CAD，CAM など）利用の適切な設計戦略との組合せにより，いかに高い柔軟性と同時にコスト削減をもたらすかを説明しよう．

トラムの外形は，視覚面のほかに，運行のための既存設備と要求される輸送容量により決定される．トラムの**長さ**は，主として輸送が必要とされる乗員数により決定される．**幅**は，輸送の法規に定められる最大許容値や，複線の場合には所有する輸送路の幅などのインフラストラクチャにより決定される．トラムの構成部品の**数**や**長さ**などのトラムの配置や，シャーシの形状は，同様にインフラストラクチャにより決定される．カーブの半径や運行経路に沿う建物や道路との接近度合も，関連する重要な事柄である．

上述したトラムの外形に及ぼす影響は，運行業者や要求される輸送業務により異なるため，非常に多くのトラムの概念が過去より生み出されてきた．この例では，トラムの車両タイプの数を限定，すなわち，幅は3種，長さは2種を超えないモジュールとしつつ，既存のトラムのすべての応用分野を網羅するのが課題であった．広範囲な市場分析および過去に考案されたトラムの研究により，**図 9.27** に示す3種の基本モジュールが定義された．これらは，端末モジュール，シャーシモジュールと中間モジュールである．

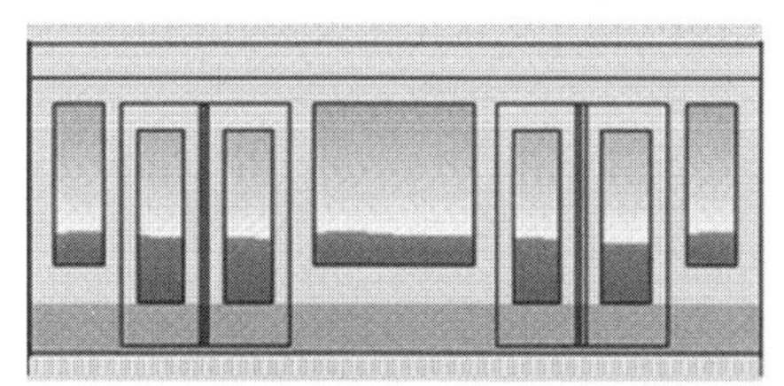

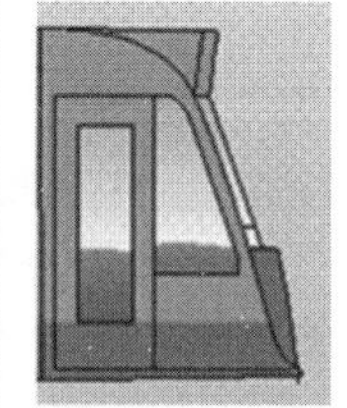

図 9.27　モジュラートラムの基本モジュール

端末モジュールは，運転室があるものとないものの2種の別形のものがあり，シャーシモジュールは動力部があるものとないもの，中間モジュールは長さが異なる2種が存在する．長いモジュールは，2種類の異なるドアの配置をもつ．すべてのモジュールは，3種類の幅のものが用意されている．以上に述べたモジュールを**図 9.28**

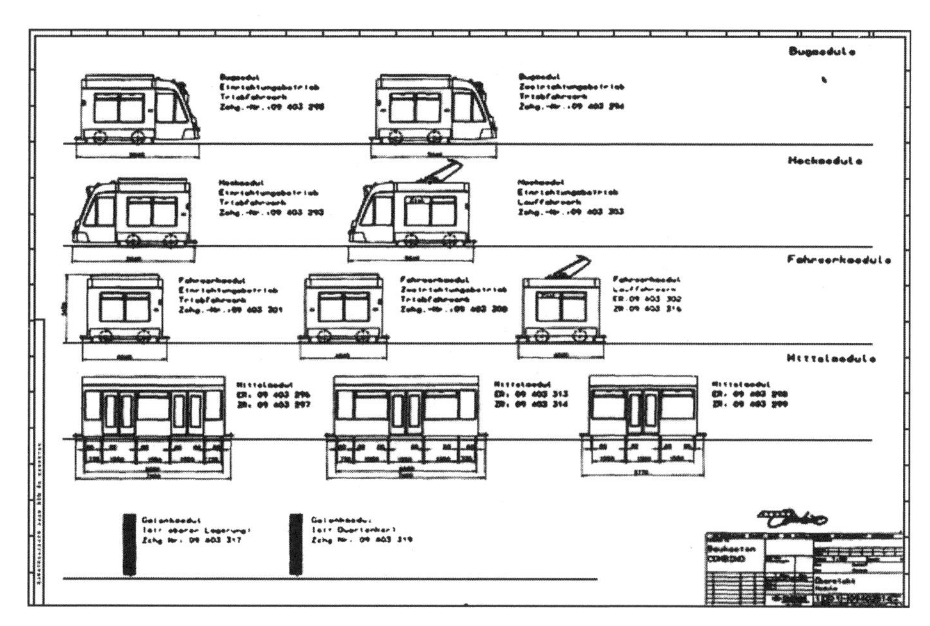

図 9.28　モジュラートラムシステム

に示す．

車体の設計は，厳格に体系化された方法がとられている．パラメトリック 3D モデラを使用して形状が表現され，事前に決定された寸法レンジの範囲で修正が可能である．斜交部材や屋根支持部材などのモジュールの個々の設計要素の長さは，幾何学的に明確な依存関係をもっている．モジュールの長さ，幅，ドアの数などのモジュールの外形寸法をパラメータとして設定することにより，残った要素の寸法が直接的に追従する．**図 9.29** は，例として中間モジュールの車体を示している．

端末モジュールは特別なモジュールである．トラムの車体は，アルミニウムで押し出し成型された型枠としてボルト結合されている．異なる端末モジュールの設計に対する市場要求を実現するため，端末モジュールの構造は GRP サンドイッチ板を使用して製造されている．しかし，車体との接続部は，トラム幅ごとに固定されている．幅広く構成を選択できるため，結果として高い柔軟性や費用効果が，CAD や CAM の連携にも起因し実現している．端末モジュールの 3 次元 CAD データは，GRP サンドイッチ構造のフォームコアを加工する加工機械へ直接に転送される．前述した車体の構造や外観の要件に加えて，以上のような可能性についても，このようなモジュラー製品を計画する際には考慮しておくことが不可欠である．

選択されたトラムモジュール化は，長さが異なる実用的な 3 種類のトラム形式を可能とする．すなわち，3 両，5 両，7 両編成のトラムである．**図 9.30** に一連のトラム

図 9.29　中間モジュールのパラメータ表現された車体外殻

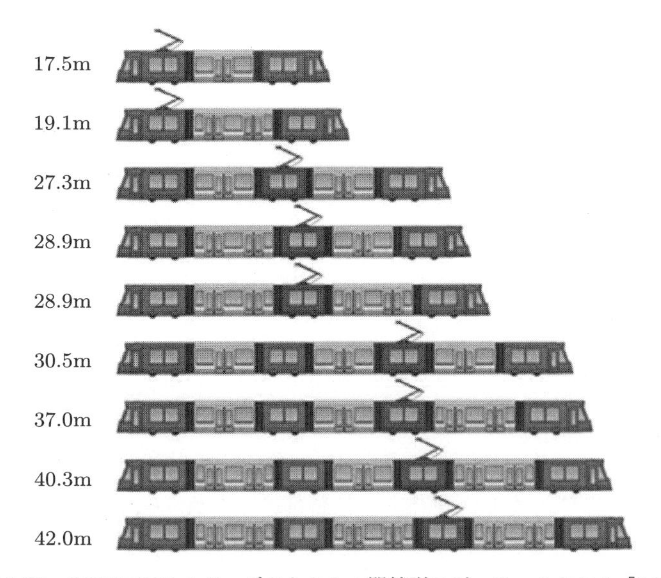

図 9.30　COMBINO シリーズのトラム：閉鎖型モジュラーシステム [9.32]

を示す．

トラムの基本構成は，製品計画システム（PPS：product planning system）に標準製品構造として記録される．モジュールの背景にある設計戦略は，構成管理システム（CMS：construction management system）に記述される．このシステムは次のように使用される．最初に，適切な要件を使用し，3，5，7両のトラム構造を選択する．次に，トラムのパラメータがCMSに入力される．このシステムは，ディジタルアーカイブより必要な図面を管理番号順に探索する．そして，製品構造の適切な個所にこれらを挿入していく．次の段階では，特注品のような未定義の組立部品や構成部品が特別モジュールとして設計されるか，既存設計の手順を踏襲した非モジュールとして設計される．このようにして，製品構造が完了する（**図9.31**参照）．文献［9.32］に，このモジュール設計作業のより詳細なアプローチが示されている．水力学，空気力学や工作機械に関する例は，文献［9.2, 9.19, 9.29, 9.41］に見られる．

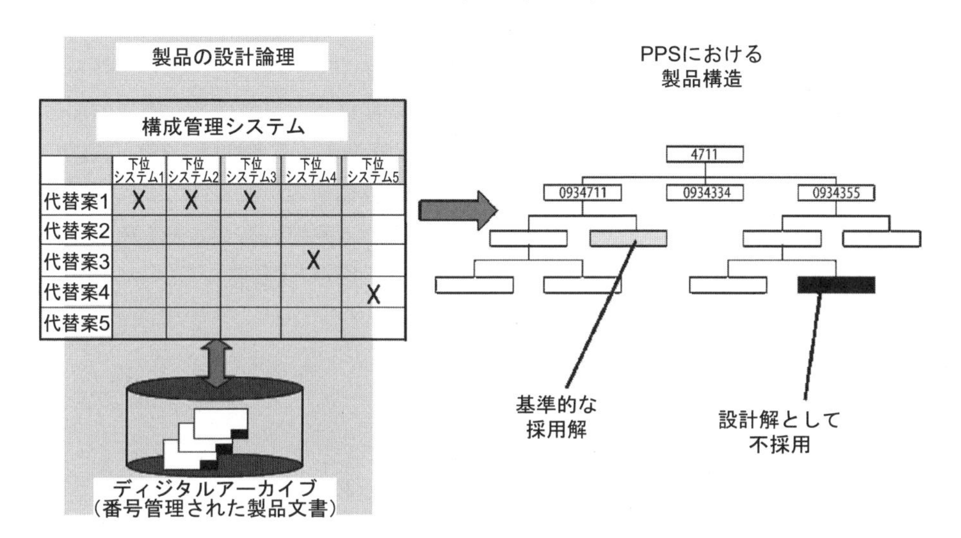

図9.31　構成管理システムと製品構造［9.32］

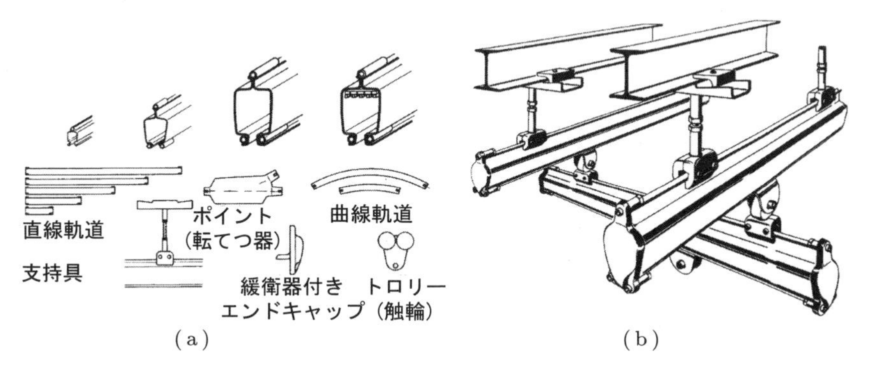

図9.32　コンベアの開放型モジュラーシステム（Demag, Duisbung）
(a) モジュール，(b) 組合せの例

モジュラーコンベアシステム

上述した「閉鎖型」モジュラーシステムの例で議論したシステムのほかに，**図 9.32** には「開放型」モジュラーシステムのモジュールおよび適用計画を示す．固定モジュールを図(a)に，見本案を図(b)に示す．

9.3 最近の合理的なアプローチ

9.3.1 モジュール化と製品構成

VDI ガイドライン 2221（1.2.3 項を参照）によると，設計案の原則を定めた後に，案はモジュールへと分割される．この結果は構築構造（図 2.13 参照）として得られ，しばしば**製品構成**とされる．製品構造は，製品の機能構造と機能構造の物理的な構成との関係を示す枠組みである［9.44］．製品構成の特筆する重要性は，Ulrich［9.44］により述べられている．Göpfer［9.45］によると，製品構造の開発は，製品開発に不可欠な作業であり，製品の機能要求を物理的な製品へと変換することを意味する．これらの 2 種類の記述の関係が製品構成を特徴づける（**図 9.33** 参照）．

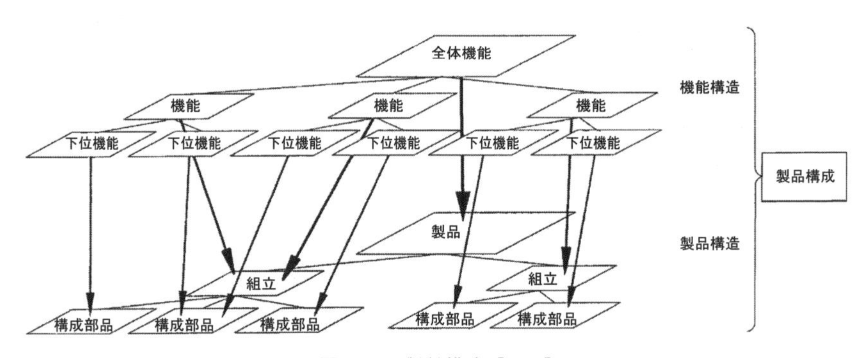

図 9.33　製品構成［9.45］

製品構成は，製品のモジュール性を記述するために使用することができる．このモジュール性は，構成部品の機能面や実体面の独立性に従って分類できる．構成部品は，厳格に一つの下位機能を実現する場合には，機能的に独立である．したがって，機能と構成部品の間には，あいまいでない関係が存在する．製品のモジュール化の観点では，構成部品は，製品の組立前にそれが首尾一貫したユニットになっていれば，物理的に独立である．これは，たとえば，製品のほかの部分とは独立して試験を実施できることを意味する．製品のモジュール化の目的は，不必要な結合の増加となるモジュール性の最大化ではなく，異なる目的への適合機会の最適化である．

これまでの記述により，製品のモジュール分割に関連した用語は，以下のとおり定義できる．

- **モジュール性**は，製品構成の目的に応じた構造化の程度である．
- **モジュール化**とは，製品のモジュール性を高めるため，目的に沿って製品構造を構成することである．その目的は，製品要求への適合［9.46］や生産プロセスの合理化のため，既存の製品構成を最適化することである．
- **モジュール**は，機能的および物理的に記述され，本質的に独立な構造単位である［9.46］．

9.3.2 プラットフォームの構築

プラットフォーム構造の概念は，自動車産業より生まれた［9.47］．プラットフォーム構造は，短いサイクルで代替案が豊富な製品を開発するためのアプローチである．計画された方法によって，同一の構造・部品における合理化の可能性を利用する［9.48，9.49］．プラットフォーム製品は，代替案によらない基本的な製品プラットフォームと，製品に特化した付加要素（設計要素）とで構成される［9.48］．製品プラットフォームは，機能的な将来展望より決まり，製品群のもっとも下層に位置する共通の要素である．プラットフォーム構造の性質は，製品プラットフォームを共有した製品の類似性が製品の外観からは容易に認められないことである［9.50］．

プラットフォーム構造とモジュラー構造は，同一の概念ではない．これは，本質的な以下の理由による．モジュラー構造とは異なり，プラットフォーム構造に基づく製品の変化は，主として定義されたモジュール以外では実現されないためである．

Chapter

10 品質設計

10.1 体系的アプローチの適用

近年,「製品の品質」の定義は,以前に比べて相当広い意味で使用されている.技術的機能を満足することはもちろん,安全性,人間工学,リサイクルおよび再利用[10.4],ならびに生産コストやランニングコストに対する考慮も含まなければならなくなってきている(2.1.7項の図2.15と図7.2参照).製品の品質が低い原因は,製造だけでなく設計中の欠点に起因する場合があることを認識するのが重要である.市場に適した製品品質の達成は,設計プロセスから始まっている[10.2, 10.19].品質は,単に製品の試験や改良だけでは達成され得ない.設計プロセスのはじめから組み込まれ,生産プロセス全体を通じて達成されなければならない.ちょうど,生産コストが大きく設計に依存しているように(第11章参照),すべての不具合のうち,80%におよぶ原因は,不十分な計画,設計および開発にさかのぼることができる[10.26].さらに,保証期間内に発生する故障の60%が,不適切または不完全な製品開発に起因している.

品質保証および品質改善は,チーム活動である.これらの活動は,製品企画と市場調査に始まり,製品開発のあらゆる局面で取り組まなければならない.品質は,設計開発を通じて決定的な影響を受け,生産を通して実現されなければならない.品質認定手続きや用語に関しては,国際基準のDIN ISO 9000-9004[10.12-10.16]で定められている.本書に記述された選択および評価法を用いた体系的アプローチは,製品の設計開発における品質保証の助けとなる[10.2, 10.3, 10.33].

製品創造プロセス全般にわたって体系的アプローチの手順を導入することは,プロジェクト管理とプロジェクトチームとともに,製品の品質に対する全体的なアプローチを向上する(4.3節参照).図4.5に示されたプロセスは,重複したフェーズをもつ統合的製品創造プロセスを表している.それらのフェーズは,その分野またはサプライヤーから集められた専門家からなるプロジェクトチームが担当している.これは,専門知識を結集し,顧客の要件の継続的な検討を確実にする.また,とりわけ,迅速かつ直接的な情報交換を可能とし，設計活動の反復的かつ継続的な協働を確かなものとする．分野横断的なプロジェクトチームは，バランスのとれた評価と意思決定も保証し，これらは，高い品質を達成するための重要な条件である．

実体設計の基本的なルール，原則およびガイドラインのうち，次の内容は品質保証に直接的に寄与する．

明確で単純な設計解は，動作原理の作用と構築構造の挙動を予測する信頼性を高め，それによって，予期しない外乱要因からのリスクを低減する（7.3.1 項および 7.3.2 項参照）．

直接的な安全性（安全寿命，フェイルセーフ，冗長性），および**間接的な安全性**（安全システム，安全装置）の原理は，耐久性信頼度，事故防止および環境保護を実現するために重要である（7.3.3 項参照）．

失敗のない設計は，外乱要因を補償する（力のつり合いの原理），特性が外乱要因にほとんど依存しない動作原理や動作構造を選択する（役割分割の原理，7.4.2 項参照），厳しい公差を必要としない結合要素を選ぶ（7.4.5 項参照）などの設計手法により，失敗を低減する．

部品間の力の伝達は，しばしば不整合なひずみ（大きさおよび方向の違い）をもたらし，追加的な応力を引き起こす．これらは**変形一致の原理**を適用することで回避できる．つまり，接合面が同じ方向に同じ大きさで変形するように，力の方向と形状を決定してやれば，均一負荷の動力伝達を保証できる（7.4.1 項参照）．

安定の原理は，システムや製品が外乱要因にさらされるときに，その影響を補うか低減することができる（7.4.4 項参照）．

自助の原理は，作動作用および阻害作用を利用して，主要な機能を支援する．また，過荷重の際に，過剰な応力を補償するか，力の経路を変更する自己防護解も提供する（7.4.3 項参照）．

膨張とクリープを許容する設計とは，部品の熱膨張および荷重による伸びが（時間の影響の有無にかかわらず），正しい材料選定によって軽減もしくは適切なガイドによって許容されることである．これらの方法は，残留応力が少なく，製品の操作に対して何の障害もないことを確実にする（7.5.2 項および 7.5.3 項参照）．

耐食耐摩耗設計とは，腐食と摩耗を避ける，または最小（少なくとも操作に影響のない程度）に抑えることである．その手段としては，原因を防ぐ（1 次的手段），適切な材料を選択する，表面処理を行う，簡便な保守手段を指示する（2 次的手段）がある［7.5.4 項，7.5.5 項参照］．

生産および組立のための設計を十分に検討することは，生産コストを低減し，生産期間を短縮するだけでなく，品質保証に不可欠な基準も与える．したがって，生産および組立は，昔から品質保証の手法において焦点となる分野であった（7.5.8項および7.5.9項参照）．

リスク最小化設計は，知識の不足あるいは想定外の外乱要因によって将来起こり得る問題を予測して対処するものである．万が一，試験中にそのような問題が生じたとしても，簡単な追加手段で処置することができる（7.5.12項参照）．

設計の標準化は，品質保証においてとても有効な手段である．なぜなら，標準化された設計は，実績のある技術や製造方法，メンテナンスを支援し，国際的に認められた品質特性を導入することになるからである（7.5.13項参照）．広い意味での製品品質を考えるときは，**人間工学的設計**，**感性設計およびリサイクル設計**のような実体設計のガイドラインも重要である．

厳格に体系的設計手法を適応することは，ほとんど追加コストなしに製品の品質に対してよい影響を与えることができる．たとえば，設計欠陥と外乱要因からの回避，明確な動作構造と構築構造および望ましい製品特性の実現などが可能になる．広範囲の解析と試験において，そのような**1次的手段**が選ばれるべきである．

これらの設計手法に加えて，さまざまな体系的ツールが品質向上に役立つ．たとえば**仕様書**は，不可欠な要件や要望を確実に把握することができる．したがって，この文書は，品質保証に対してきわめて重要である（5.2節参照）．また，設計解の予備的選択では，**選択チャート**が有用である（3.3.1項参照）．さらに，詳細な評価や弱点発見のためには，**コスト便益分析**などの手法が使える（3.3.2項参照）．**フォールトツリー解析**は，外乱要因や考え得る欠陥から製品が受ける影響を評価するのに使える（10.3節参照）．

設計者の**公差解析**を支援する手順やコンピュータ設計ツールが開発されており，品質を最大化し，複雑な構成部品や組立品のコストを最小化できる（7.5.8項および文献［10.29］参照）．コンピュータに支援された**信頼性解析**は，構成部品や機械の寿命と故障の予測に使用され，品質向上に寄与している［10.5, 10.24］．

コンピュータに支援された**最適設計手法**は，目的と制約の複雑な組合せを満たして技術システムを最適化するために重要である．

機械的および熱的負荷下における構造の応力と変形を解析して，安全性や材料の使い方，およびその他の特性について最適化するために，**有限要素法**（FEM）が幅広く導入されている．計算結果を確かめたり，予備段階の実体設計を検討したりするためのFEMや解析ツールは，品質保証に役立つだろう．

設計者は，体系的設計手法により品質向上を図ることが可能であるが，企業はそれに追加して品質管理手法を導入している．**総合的品質管理**（TQM：Total Quality Management）および**統合的品質管理**あるいは**全社的品質管理**（TQC：Total Quality

Control）は，創造的プロセスにおける**品質工学**全体に関連した品質に関する哲学を意味している［10.20-22, 10.25-10.27］．また，TQMは，品質管理，人材開発，顧客管理，サプライヤーの統合，社会的責任，プロセスが適応された設計構造，品質に関する審査および品質向上を促進する目標設定［0.25］の分野に注目したもっとも重要な管理手法である．また，TQMは，体系的設計アプローチを補足する手法であるともいえる．

第1の手法は，**故障モード・影響解析**（FMEA）である．それは，フォールトツリー解析よりも広範囲なリスクを分析するのに使用される．FMEAは重要な手法であるため，別に詳細に後述することにする（10.4節参照）．

さらなる方法として**品質機能展開**（QFD）がある．それは顧客からのあいまいな要件をはっきりとわかる要求へと変えてくれるものである［10.3, 10.9, 10.10, 10.17, 10.23, 10.25］．QFDは，体系的製品計画プロセスの重要な一部として仕様書の完成度を向上させるだろう．工業的に重要なため，10.5節でより詳細に述べることとする．

もう一つの体系的アプローチは**デザインレビュー**である．それは，結果の確認と進

製品関連の欠陥	有効な軽減策	
形状 ・空間的問題 ・不完全な結合形状	・3Dモデリング ・デザインレビュー ・統計学的な寸法公差の扱い	 ［10.33］ ［10.33］
機能 ・不完全または不十分な機能 ・不適切な破損挙動 ・結合の問題	 ・フォールトツリー解析 ・故障モード・影響解析（FMEA） ・品質機能展開（QFD） ・ISO 9001（批准）	 （10.3節参照） （10.4節参照） （10.5節参照） ［10.5］
レイアウト ・動的問題 ・強度問題	 ・実験 ・実地試験 ・シミュレーション —有限要素法（FEM） —マルチボディシミュレーション（MBS）	
プロセス関連の欠陥		
・不適切な文書管理 ・不適切な形状管理 ・不適切な代替案管理 ・不適切な変更管理 ・不適切なバージョン管理	・ISO 9001 ・工学データ管理システム（EDMS） ・生産データ管理（PDM） ・ディジタルアーカイブ	［10.5］

図10.1 設計開発段階で起こりやすい欠陥とその低減方法

捗を評価するために，さまざまな設計段階の終わりに使われる集団活動の手法である［10.33］．これらのチェックと評価は，リスクの予測と低減にも使われている．

図10.1は，製品およびプロセスにかかわるおもな欠陥を，それらを緩和するために使用できるいくつかの重要な手段とともにまとめたものである．

本書において提案した体系的アプローチは，品質工学を適応するための基本的事項のすべてをカバーしているといえる．TQM特有の方法はまったく別の手法ではなく，この体系的アプローチの補足として考えるべきであろう［10.6, 10.8, 10.18, 10.33］．しかし，原理的設計解の探索がしっかりと行われず，また，適切なルール，原理および実体化ガイドラインが十分に適用されない場合は，TQMの手法でそれら基本的欠陥を修正することはできないであろう．

10.2　欠陥と外乱要因

設計プロセスには，創造と修正のステップがある．試験や計算と同様に，選択と評価方法（3.3節参照）は，弱点を発見して取り除くことができる．それでも設計者はミスを犯し得るし，自身の知識が設計欠陥や外乱につながる因子を発見して取り除くのに不十分なこともある．もし，設計者がものごとを決定する段階で情報の欠如や不正確さに気づけば，リスクを最小化するように設計することで，技術的・経済的に厳しい結果を避けることができる（7.5.12項参照）．

製品の不具合はしばしば，設計的な欠陥からではなく，**外乱要因**により発生する．Rodennacker［10.28］は，外乱要因は製品への入力の変動により引き起こされることがあると指摘している．すなわち，材料品質の違いや，システムに加わる想定外のエネルギーや信号により発生することがある（図2.14参照）．反対に，外乱要因がシステムの出力に対して影響を及ぼしている場合，設計解（たとえば制御システム）の種類を変更してそれらを補償しなければならないことがある．そのための基準は，選択された動作原理と，それらがどのように組み合わされたかにより決まる．設計者は，つねにロバストな設計をねらいとすべきである．ロバストな設計では，出力は入力の質とは独立している．たとえば，摩擦車伝動の効率は，摩擦面の質に強く依存し，製品全体の品質に負の影響をもち得る．

補助機能の割当てや接続が不十分な場合，外乱要因は**機能構造**の中に現れる．選択した物理的影響が期待したほど効果が現れない場合，それらは**動作原理**に現れる．部品（製品）は，形状とともに**材料特性**が多様であり，**生産**および**組立**の過程で公差範囲内のばらつきをもつ．したがって，選択された**実体化**は予期せぬ効果をもたらすことがある．最終的には，温度や湿度，ほこり，振動などといった**環境的外乱要因**が，無視できない効果を生じる．したがって，不具合が拡がる危険性を避けるためには，外乱要因を抑えることが必要になるだろう．

予防的手法は，外乱要因によって引き起こされた不具合を低減することができるが，完全に取り除くことまではできない．手法の事例には「失敗のない設計」（7.4.5 項，文献［10.30］参照）や，ほかの実体設計の基本原理（7.4 節参照）およびそのガイドライン（7.5 節参照）が含まれている．

Spur は，機械において製品の高精度を達成するための広範囲な提案をしている［10.29］．彼は，機械を「精密システム」として定義している．それは，操作の正確さとともに，材料特性，製品形状，組み付け，挙動，制御システムの精度によって決定されるからである．

設計欠陥と外乱要因を防ぐ重要な条件は，開発段階においてなるべく早い時期に，欠陥と外乱要因になり得る事象を特定し評価しておくことである．いくつかの確立した手法を次節で紹介する．

10.3　フォールトツリー解析

設計上の欠陥と外乱要因の影響は，**フォールトツリー解析**によって体系的に明らかにできる［10.11］．フォールトツリー解析は，安全が重要なシステムにおける欠陥の見積り，すなわち原因と結果を推定するためにブール代数を使用する．この手法は因果律，すなわちあらゆる事象は少なくとも一つの原因をもつ，ということに基づいている．ある事象（外乱）は，その原因が生じたときにのみ起こる．

概念設計のフェーズから，設計者は実現しなければならない機能と補助機能を理解している．すでに完成した機能構造は，すべての機能確認のために使用することができる．これらの機能が実現不可能だと仮定し，一つずつ否定してゆく．チェックリストを参照することにより，設計者は潜在的な外乱要因を探し出すことができるだろう（7.2 節参照）．そのとき原因と結果に関する AND と OR の関係を導くことができる．

得られた結論は，設計を改善し，もし必要なら設計解概念を再考したり，生産，組立，輸送，操作およびメンテナンス手順を修正したりするのに役立つ．次に具体例を示す．

ガス容器用の吹出し安全弁（**図 10.2** 参照）を設計する場合，設計欠陥の可能性を**概念設計フェーズ**でチェックしておかなければならない．仕様書と機能構造から，運転条件は，**図 10.3** のように書き表すことができる．吹出し弁は，運転圧力 p_{op} が公称動作圧力 p_{nom} の 1.1 倍を超えたときに開き，再び公称圧力に戻ったときに閉じるようになっている．すなわち，弁の主要機能は「開く」と「閉じる」である．また，

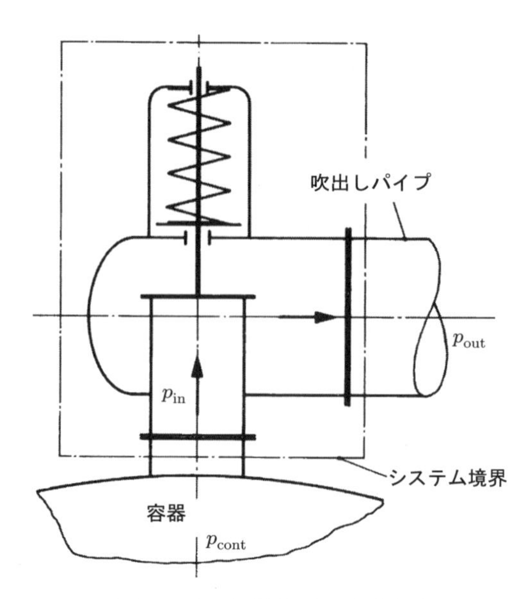

図 10.2　ガス容器用の吹出し安全弁

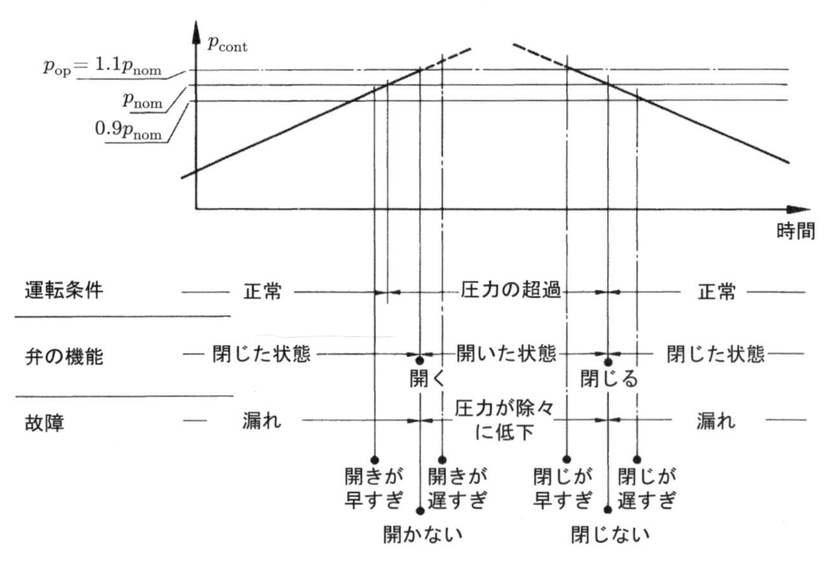

図 10.3　安全弁の運転条件，主要機能，故障

全体機能は「圧力の制御」だといえる．ここで，**図 10.4** に示すように，「弁が圧力を制御しない」という全体機能の故障を仮定してみる．図 10.3 に示された弁の機能とタイミングを否定する．これらは全体機能と OR の関係にある．次に，このようにして確認した故障を，**図 10.5** に示す起こり得る原因の観点から調査する．さらに詳

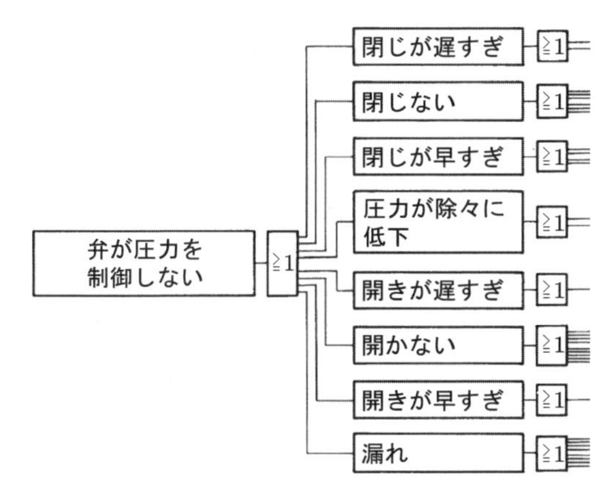

図 10.4　図 10.3 で確認された故障に基づくフォールトツリーの構造

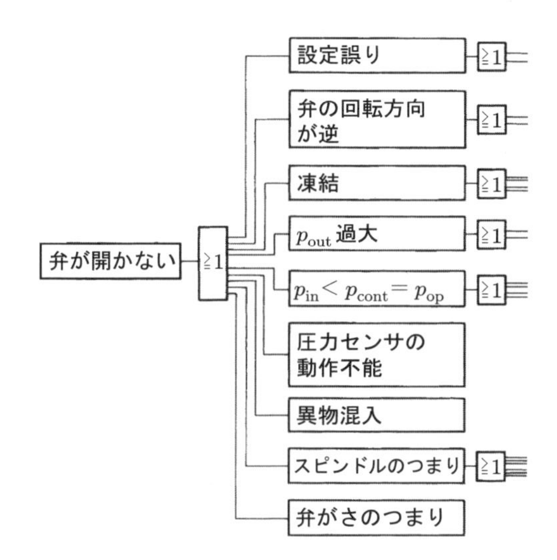

図 10.5　故障「弁が開かない」に対するフォールトツリー（図 10.4）の詳細

細に調査するためには，「開かない」という故障を考えればよい（図 10.5 参照）．

確認された原因は，さらにほかの原因と関係して AND または OR の関係にあるかもしれないので，その原因を調べなければならない．

図 10.6 は，さらに予想される故障原因と，この段階でわかった改善策を示している．これらは，しばしば実体設計フェーズに進むまでよくわからない場合がある．担当部署ごとに改善策をグループ化することは，それらの作業を容易にする．フォールトツリー解析から得られた情報に基づいて，実体設計フェーズに進む前に，**図 10.7** に示すように仕様を改定することができる．その結果として，当初の設計は大幅に改善さ

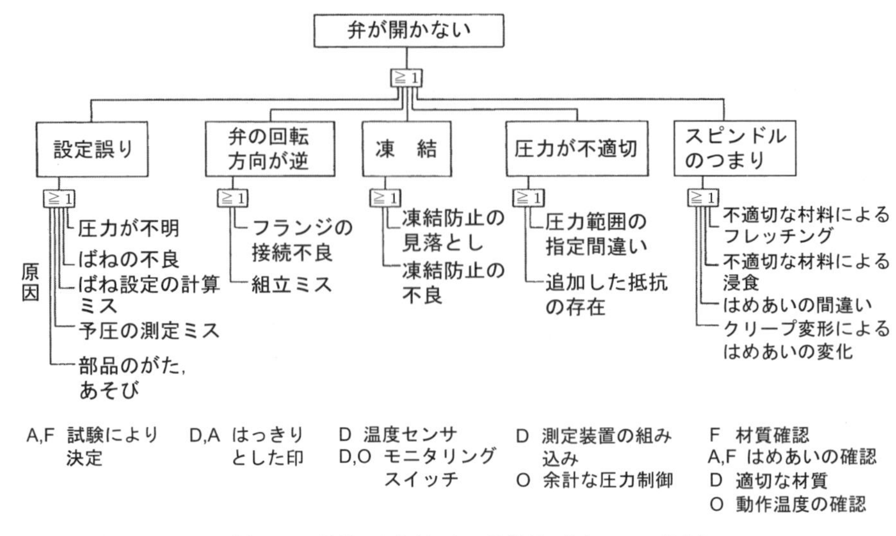

図 10.6　故障の原因とその改善策（図 10.5 の続き）
D：設計，P：製造，A：組立，O：操作（使用と保守）

れ，故障の可能性が取り除かれることになる．

二つめに，**実体設計フェーズ**の例を考えてみる．タービンに接続された発電機では，気圧調節された冷却用空気の漏出を防ぐ必要がある．**図 10.8** に，軸シール用のパッキンリングの使用例を示す．直径の大きなシールが，遮熱板としてはたらくスリーブと接触している．このシールは，1.5 気圧の圧力差に耐えなければならない．組立時に起こり得る欠陥を考えてみよう．

最終的な機能は，「冷却空気が漏れないこと」である．検討を始めるにあたって，各部品により発現する下位機能をはっきりさせておくことが大切である．もし，機能構造がはっきりしていない場合，**図 10.9** に示すような表が使えるだろう．「漏れ防止」機能には，次に挙げる下位機能が重要である．

- 圧縮力の生成
- スライド可能な接触型シール
- 摩擦熱の除去

次に，これらの下位機能を否定し，考えられる故障の原因を探す（**図 10.10** 参照）．

フォールトツリー解析の結果は，第 1 に不安定熱パターンを受ける遮熱板 *2*（スリーブ）のはたらきが十分でないことを指摘している（7.4.4 項参照）．摺動面で発生した摩擦熱は，遮熱板から軸へと流れることができるのみである．これにより，遮熱用のスリーブの温度が上昇して膨張し，摩擦を増加させる．そして，ある温度でスリーブと軸の間にすき間が生じてしまうことになる．これにより，余分な空気の漏れが発

	仕様書 吹き出し安全弁			第1版，1973年9月1日 ページ1
変 更	DW	番号	要 件x)	担 当
73年9月1日		22	弁がさの密閉面は平面であること(弁にテーパのないこと)	
〃		23	弁がさとスピンドルの間は剛節でないこと	
〃		24	密閉面の保全，交換が容易に行えること	
〃		25	弁のリフトに制限を付けること	
〃		26	弁の運動には減衰を加えること	
〃	W	27	締め切った凍結しない場所に設置すること	
〃		28	すべりシールを用いない，摩擦を避けること	
〃		29	フールプルーフな取り付けを確実にする (たとえば，入口と出口のフランジ寸法を変える)	
			x) 要件はフォールトツリー構築後に改定した	
	第 版(年 月 日付)と差し替え			

図 10.7 フォールトツリー解析後の仕様の改訂

生し，また，スリーブと軸が滑ることによる軸表面のダメージを引き起こす可能性もある．このレイアウトは決してよいとはいえず，根本的な設計改善が必要である．遮熱板を外すか，シールを軸に固定して一緒に回転させる（ハウジング *5* を通して熱を逃がす）かのいずれかを選択すべきであろう．あるいは，周方向で摺動しながら密封するリング状のシールを使うべきである．

さらに，必要な設計改善として，次の 3 点が挙げられる．

- ハウジング *5* とフレーム *6* の結合は不十分で，パッキンリングに負荷されている予荷重により，軸の回転とともにハウジングも回転してしまうだろう．圧力差からくる押しつけ力は，O リング *7* の摩擦によって回転力を伝達するには小さすぎる．**対処方法**として，シール *7* をハウジング *5* の外径のほうに配置しなおす方法がよい．さらには，はめあいによる結合を追加して回転力を伝達するほう

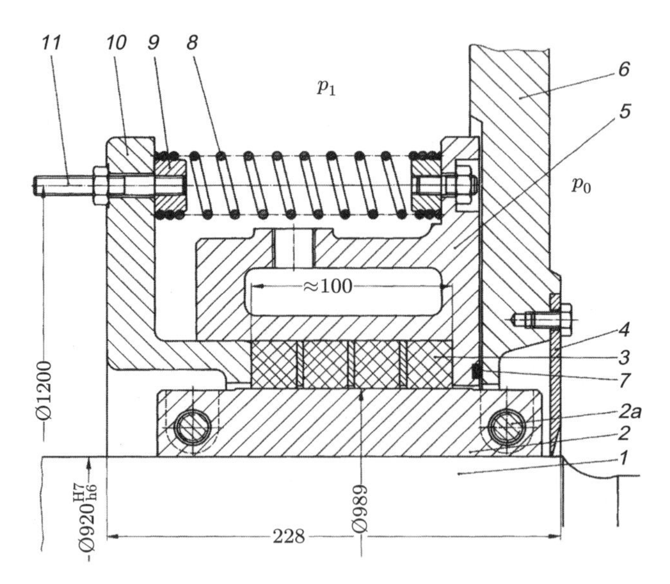

図 10.8　発電機内部の軸シール用のパッキンリング

No.	部　品	機　能
1	軸	動力の伝達，スリーブの回転，摩擦熱の放熱
2, 2a	スリーブ（遮熱板）	回転と表面の密封，軸の保護，摩擦熱の放熱
3	パッキンリング	滑りを伴う中央部の密封，圧縮力の伝達と密封圧の保持
4	油かきリング	油の飛散防止
5	グランドハウジング	パッキンリングの保持，圧縮力の保持と伝達
6	フレーム	部品 *4*，*5* の保持
7	O リング	圧力 p_0 から p_1 を密封する
8	ばね	圧縮力
9	ばね台座	ばねの圧縮力の伝達
10	伝達リング	圧縮力の伝達，ばねの保持
11	ボルト	ばねへの予荷重と荷重の調整

図 10.9　発電機の軸シール用パッキンリング

がよい.

- 現在のレイアウトにおいて，ばね *8* の荷重は調整できない．対処法は，十分な間隔をもたせることである.
- 安全性と単純化を考えれば，ばねは引張よりも圧縮で使用するほうがよい.

基本的に，設計者は，実体設計を改善するための設計手法ではなく，必要に応じて製造組立および操作方法を改善するための設計方法を取り入れるべきである（図 10.10 参照）.

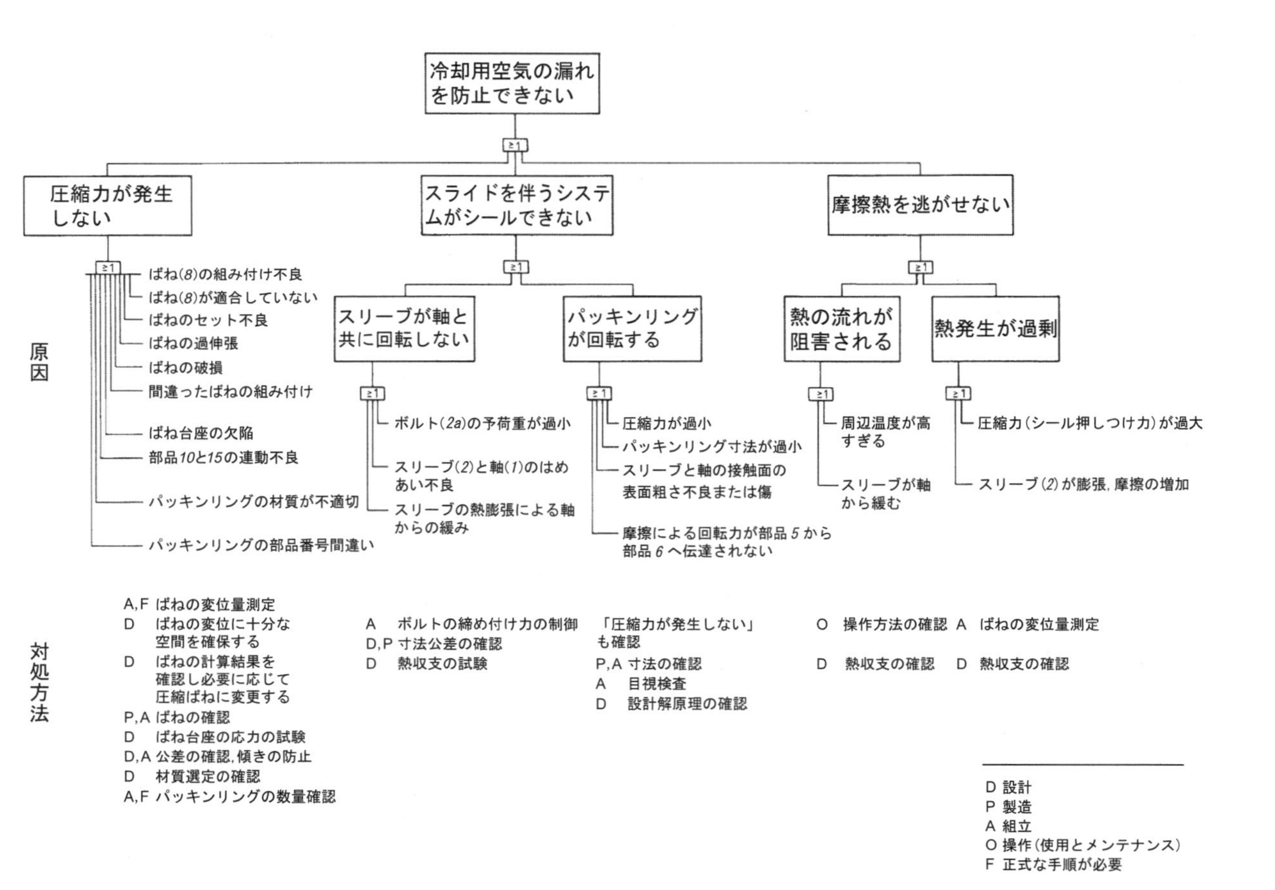

図 10.10 図 10.8 の軸シールのフォールトツリー解析

まとめると，設計欠陥と外乱要因を発見し改善するために，次の手順に従うべきである．

- 機能を同定し，否定する．
- 次の中から，起こり得る故障の原因を探す．
  - ・明確でない機能構造
  - ・不適切な動作原理
  - ・不適切な実体設計
  - ・不適切な材料
  - ・さまざまな物質，エネルギー，信号による想定外の入力
  - ・実体設計フェーズのガイドラインに従って，システムに悪影響を与えるおそれのある要因は，荷重（負荷），変形，安定性，共振，摩耗，腐食，シール，人間工学，生産，品質管理，組立，輸送，操作およびメンテナンスの中から探し出すのがよい．
- 機能不全が起こる条件を決定する（たとえば AND と OR の関係など）．
- ほかの設計解を選ぶか，既存の設計解を改良して最適な設計手法を導入する．生産，組立，輸送，操作，メンテナンスにおいて品質管理を導入することもできる．しかしつねに，改善された設計解によって欠陥の原因を解決するべきである．フォールトツリー解析を完全に行うために必要な労力が大きいので，通常，この方法は，重要な分野やプロセスに限り使用されている．設計者はこの考え方を，まるで無意識に使っているかのように設計作業に取り入れることが望ましい．

10.4　故障モード・影響解析（FMEA）

FMEA は，潜在的な欠陥の体系的な同定と，それに関連するリスク（または影響）を予測する定式化された解析方法である [10.19, 10.26, 10.32]．そのおもな目的は，リスクを軽減または回避することである．FMEA は，欠陥とその原因と結果を直接解析できる．これは，原因と結果の直接の関係だけを解析するということである．通常，この方法は新製品の開発で使われている．設計または開発の FMEA と，プロセスまたは生産の FMEA とは区別されている．設計の FMEA は，仕様書の中でうたわれている機能が実現できているかどうかを確認するために使用されている．一方，プロセスにおける FMEA は，計画された生産プロセスが必要な製品特性を発現することができているかどうかを確認するために使用されている．**図 10.11** の FMEA の図表は，起こり得る欠陥の例と一緒に，原因と結果，リスク数（RN），手法の提案，改善方法を示している．また，この図表は次に示す FMEA のステップも示している．

TU-Berlin	故障モードとその影響解析 設計（生産）-FMEA ☑　プロセス-FMEA □								部品名 円筒カム					
	名前/部署/会社/電話番号 機械設計研究所								（名前/部署/電話番号） Mr Wende					
欠陥 場所/分類	欠陥の種類	結果	欠陥の原因	現在の状態					改善提案	改善後の状態				
				試験のステップ	O	S	D	RN		使用されたステップ	O	S	D	RN
軸	軸の破損	全損	荷重タイプの同定誤り		3	10	10	300	適正な使用荷重の決定	軸の強度保証	1	10	10	100
軸受	組立のあそび（緩み）	不正確な機能	組立作業でのナットの緩み（衝撃荷重）		3	8	10	240	軸ナットの付加的な固定		1	8	10	80
	シールの漏れ	軸受の初期摩耗	必要な性能のシールでない		2	5	10	100	DIN規格の軸シールを使う		1	5	10	50
軸－ハブ－結合（フランジ－ボルト）	不十分なはめあい締結	ボルトにはたらくせん断応力	レイアウト誤り（摩擦係数の検討漏れ）		2	6	10	120	十分に安全性が高い要素を適用		1	6	10	60
	はめあいの精度	締結不可能または不十分な同軸はめあい	設計ミス		2	5	1	10	寸法公差の確認		1	5	1	5
	ボルトの破損	全損	荷重タイプの同定誤り		3	10	10	300	負荷状況に対する適切な計算		1	10	10	100
円筒カム	過剰な表面圧力	摩擦面の穴	過剰なレバー圧		7	8	10	560	適切な材料の組合せと形状の適正化		2	8	10	160

O：発生　S：深刻度　D：発見　RN（リスク数）

発生確率（起こり得る欠陥の）		顧客への影響		発見確率（顧客への引渡し前の）		RN	
きわめて低い	= 1	ほとんど影響を感知できない	= 1	高い	= 1	高い	=1000
やや低い	= 2-3	重要ではない欠陥（顧客に少しのトラブル）	= 2-3	やや高い	=2-5	中程度	= 125
中程度	= 4-6	十分深刻な欠陥	= 4-6	中程度	=6-8	低い	= 1
やや高い	= 7-8	深刻な欠陥（顧客にとって厄介）	= 7-8	やや低い	= 9		
高い	=9-10	多大な悪影響を及ぼす欠陥	=9-10	低い	= 10		

図 10.11　7.7 節（図 7.160）で設計検討された軸，軸受および円筒カムの FMEA 図

1. 次の事項に関する各部品または各プロセスのリスク分析
   - 予測される欠陥（欠陥の種類）
   - 欠陥の現象
   - 欠陥の原因
   - 欠陥を回避するために講じた手法
   - 欠陥を発見するために講じた手法
2. リスクの評価
   - 欠陥が発生する確率の推定
   - その欠陥が顧客に与える影響の推定
   - 顧客にわたる前に欠陥を発見できる確率の推定（発見の確率が高ければリスクが小さくなる）
3. リスク数（RN）の計算：（RN）＞125 であることが重要
4. リスクの最小化：製品設計（またはそのプロセス）の改善手法において

リスク数（RN）を使用したリスクの評価は重要である．そこから，欠陥の発生確率，欠陥の深刻度および発見の難易度を推定することができる．欠陥を発見する可能性を最大化するには，経験豊富なチームによって発見の難易度が評価される必要がある．FMEA は本来定性的であり，品質を評価する手法である．価値分析チームのときと同様の理由で，FMEA チームは設計，開発，生産計画，品質管理，購入，販売および顧客サービスから構成されるべきである（1.2.3 項参照）．設計上の欠陥と外乱要因によって起こり得る故障の評価とは別に，FMEA は，製品開発にかかわるさまざまな部門の早期の段階での協働を促進する．フォールトツリー解析は設計者のみを支援するのが目的であるが，FMEA は，生産への引継ぎと品質保証プロセス全体を支援する手段としても機能する．

一度，作成を検討すれば，FMEA の記録情報と FMEA チャートの分析結果から，以後の製品に使える有効な品質管理手法についての知見が得られる．

生産プロセスに対しては，同じチャートを用いて追加的なプロセス FMEA が実施される．しかし，製造に関する諸問題はすでに設計プロセスの段階で考慮されているため，間接的に設計の FMEA の中にすでに含まれていることが多い．

10.5　品質機能展開（QFD）

QFD は，品質計画および品質保証のための手法で［10.1, 10.9, 10.10, 10.17, 10.20–10.22, 10.25, 10.31］，体系的な顧客志向の製品および生産企画に役立つ．QFD により，顧客からの要求は技術的仕様に変換される．これらは次に，組織的なプロセスおよび生産要件に変換される．顧客の要求する機能すべてが実現できるかどうかが，主たる問題である．

QFD 手法は，**図 10.12** に示すように，四つのステップから成り立っている．FMEA と同様に，QFD も製品創造プロセスのおもな活動を統合することで，設計を支援している．QFD のチャートは，その形から「品質のホーム」とよばれている．**図 10.13** に示す手動巻取り装置に対するチャートの使用例を，**図 10.14** に示す．図のチャートは，ときに漠然と定式化される顧客の要件（目的とする要件または“What（何が）”にあたる）を，開発生産のための技術的要件（“How（どうやって）”にあたる）に明確に変換している．「ホームの屋根」は，技術的要求が互いに関連しているかどうかや，関連性の強さを表現している．チャートの中段は，顧客の要求と技術的要件の関連性を示している．顧客からの要求には重みづけをすることができ，また，顧客の観点から見た競合製品の評価も追加できる．中央の表の下には，技術的要件の目標値が，競合製品の技術的評価（ベンチマーク）とともに記入される．一番下には，技術的要件の重みづけの値，つまり優先度が記入される．

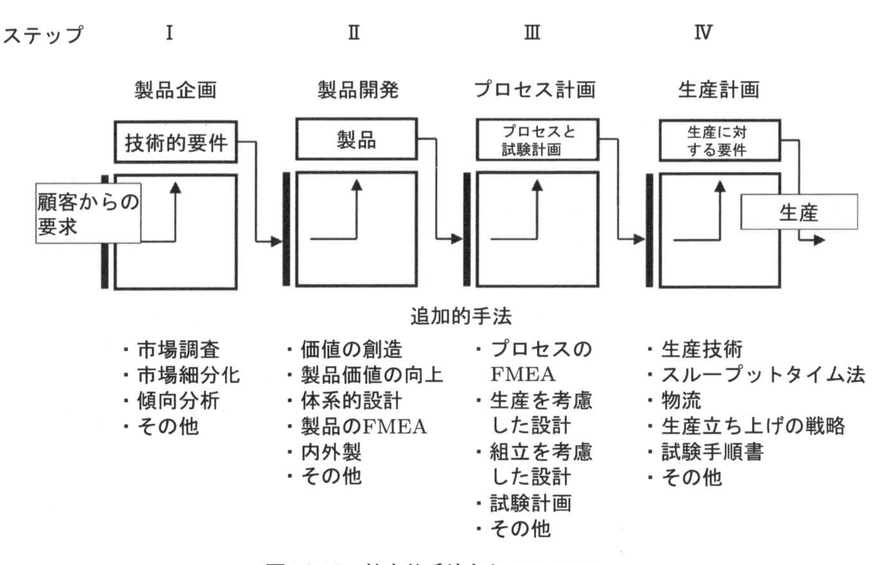

図 10.12　統合的手法としての QFD

この基本的なチャートは，製品創造プロセスの次のフェーズでも適用できる．その場合，「品質のホーム」の“How（どうやって）”が，次のフェーズでの“What（何が）”になる．

体系的アプローチの中において，QFD を使うことには次に挙げる利点がある．

- 顧客の要求を通して得られたわかりやすい仕様書の定式化

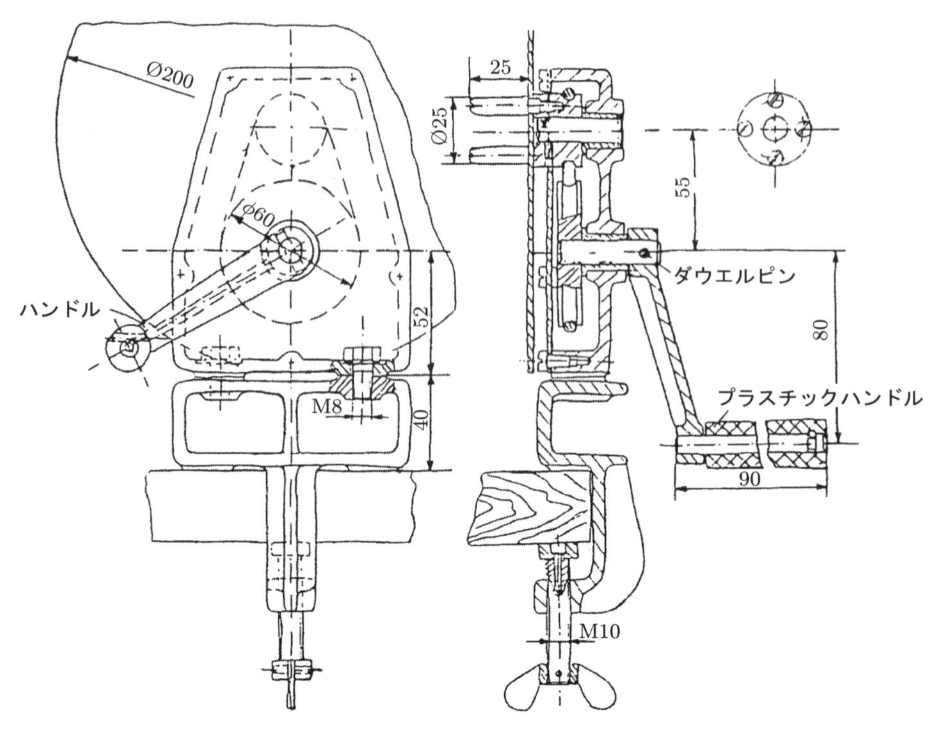

図 10.13　穴あき鋼板テープの手動巻取り装置のラフスケッチ

- 製品の重要な機能の明確化（顧客が望んでいる機能構造）
- 重要な技術的要件の定義および重要部品の明確化
- 顧客要求に基づいた開発目標とコスト目標の認識および競合製品の分析

この企画活動の各段階を詳細に実行するには，広範な労力を必要とするため，主要な長期プロジェクトに対してのみ適用するのがふさわしい．しかし，そのようなプロジェクトは，第5章で示したように，より単純で素早く設計課題の明確化と要件の定式化ができる手法も用いて開始するべきである．

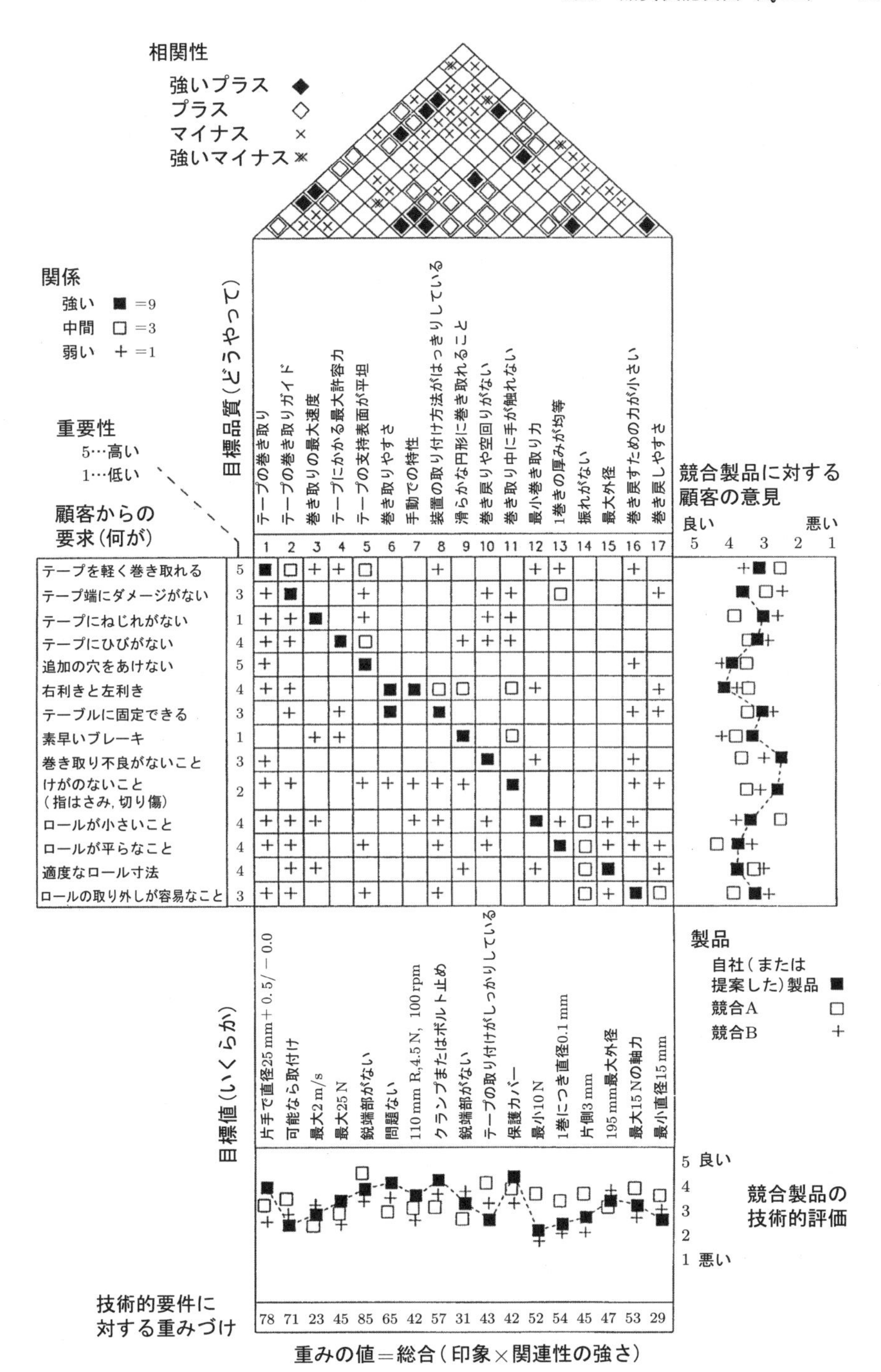

図 10.14　図 10.13 の事例に対する「品質のホーム」

Chapter

11

コスト最小化設計

11.1 コスト要因

設計工程において，コスト要因をなるべく迅速に，正確に同定することは重要である．これは，寸法レンジやモジュラー製品の開発を含めたあらゆるタイプの設計における真実である．コストの大部分が，初期的な設計解を選択し，その実体化が完了した段階で確定することはよく知られている．生産および組立段階において，コストを低減する機会は比較的乏しい．生産段階における設計変更は，たいていは多くのコストが発生するので，可能な限り早い段階でコストの最適化を開始することが重要である．このことは，設計プロセスの長期化を招くかもしれないが，コストを低減するためには，手戻りを生じるよりも経済的である［11.17］．

この章の例題では，通貨価値をMU（マネタリーユニット）で表す．1 MUは0.5ユーローとほぼ等価とする．

製品を製造するための**全体的なコスト**は，直接費と間接費に分けられる．**直接費**は，たとえば，特定の部品を生産するための材料費や労務費として，特定のコスト活動に直接的に計上される［11.6］．**間接費**は，直接的に計上されないコストであり，たとえば，店舗の運営や工場の照明などのコストである．

ある種のコストは，生産数や設備の利用程度，バッチサイズに依存する．たとえば，材料費，生産労務費や消費財のコストは，取引高の上昇に伴い増加する．コスト計算では，これらは**変動費**となる．**固定費**は，たとえば，管理職の給与や土地家屋の借用費や借用金の利息などのように，特定の期間の負債であり，変動しない．

製造コスト（**図11.1**参照）は，生産設備の工具や治具，特定の部品の設計，開発，試作や試験などの付加的なコストを含む材料や生産に関するコストである．このため，製造コストは固定費と変動費より構成される．しかし，設計プロセスにおける意思決定では，変動費のみが注目される［11.35］．これは，たとえば，材料，生産回数，バッチサイズ，生産プロセスや組立方式などの選択などによって，設計者が直接的に関与することができるためである．このため，注目すべき対象は直接費と間接費で構成さ

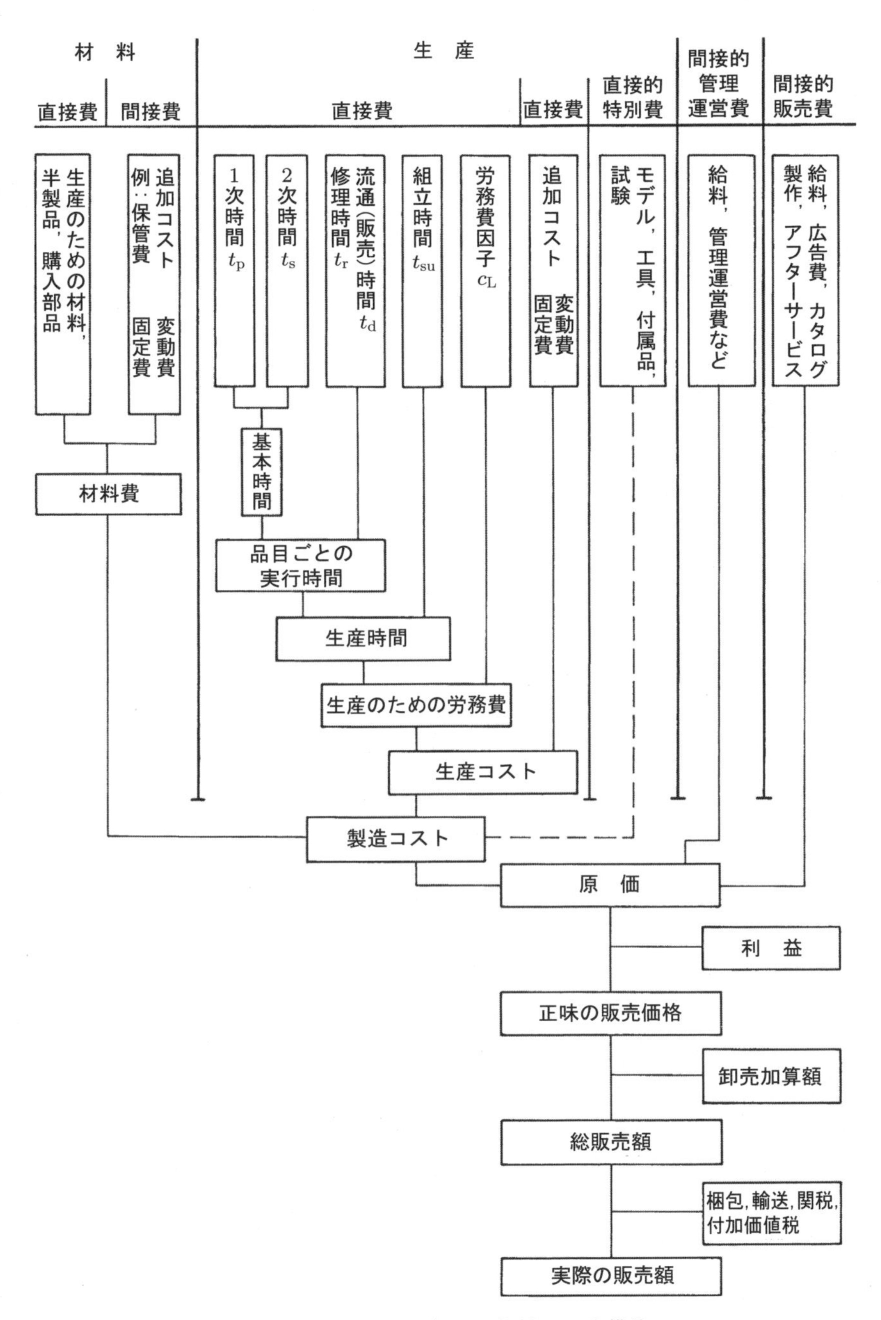

図 11.1　コストを決める要因とコスト構造

れる変動生産コストとなる．

変動および固定直接費は，会社ごとに異なって取り扱われている．通常，それらは乗算因子を用いて直接費から計算される．たとえば，間接材料費に対して 1.05〜1.3，間接労務費に対して 1.5〜10（またはそれ以上）のように因子が与えられる．また，工作機械の稼働率に基づいた加算もなされる．選択は生産プロセスと工作機械の種類に依存する．因子が高い場合や機械の利用度を考慮する際に，別の生産プロセスの選択によるコストの低減の可否を，少なくとも理論上で確認することは有用である．しかし，この回避策は，組織構造を変更しない場合には特定の因子を増加させる．このことは，変更される製品や製品構造を考慮に入れた工場計画を示唆している．

以上をまとめると，変動間接費は通常，直接費への乗算因子を通じて考慮され，そのようにして製造コストに影響していることになる．代替案のコストを比較する際は，一般に，設計者は変動直接費のみ計算するだけでよい．

初期の段階では，詳細な計算より，コストの概算を大まかに見積もることが重要である．この詳細な計算は，本当に必要となった段階でのみ実施されるべきである．設計の初期段階においてコストを見積もる新たな方法について，以下の節で議論する．

11.2　コスト計算の基本

11.1 節では，製造コストの**変動部分**（*VMfC*）が，意思決定の基本部分として推奨されていた．これには，直接材料費（*DMtC*）と組立費を含む生産労務費（*PLC*）が含まれている．製造と組立作業に対するすべてのコストは，以下のとおりとなる．

$$VMfC = DMtC + \sum PLC \tag{1}$$

直接材料費は，重量 W もしくは体積 V と，比コストつまり単位重量もしくは単位体積あたりのコスト c を用いて決定される．

$$DMtC = c_W \cdot W = c_V \cdot V \tag{2}$$

直接製造コストは，個々の生産プロセスと組立作業に必要な時間に，労務費因子 c_{L} を乗じて計算される．生産時間は，1 次時間 t_{p} と 2 次時間 t_{s}，および段取時間 t_{su}，さらには配布・回収時間に基づく．段取時間と配布・回収時間は，一般に，基礎時間 t_{b} に定数因子を乗じることで考慮される．基礎時間は，1 次時間と 2 次時間の和であり，製品ユニット単位の時間になる．それゆえ，コストの計算に対して，1 次，2 次および組立時間は重要である．労務費因子 c_{L} を使用し，ある生産作業に対する数式が，次のように簡単に表される．

$$PLC = c_{\mathrm{L}}(t_{\mathrm{p}} + t_{\mathrm{s}} + t_{\mathrm{su}}) \tag{3}$$

さらに正確な計算に対しては，変動製造間接費を考慮する．文献［11.21, 11.22, 11.36, 11.37］を参照されたい．

製造コストは，直接および間接費の和であることを示した．直接費は，たいていは製品の種類に関連する．たとえば，旋盤の1次時間（単位：分）については，以下のとおりとなる［11.31］．

$$t_{\mathrm{p}} = \frac{D \cdot \pi \cdot L \cdot i}{v_{\mathrm{c}} \cdot f \cdot 1000} \tag{4}$$

ここで，D：直径（mm）
L：長さ（mm）
i：切削の数
v_{c}：切削速度（m/min）
f：送り（mm/rev）

したがって，個別のコスト項目は，たとえば，旋盤コスト（式(4)）のように，変数 x の p 乗および定数 K の形式の指数関数で表される．コスト算出式，すなわち，製造コストの一般形は次のとおりとなる．

$$VMfC = \sum_{i=1}^{n} K_i \cdot \prod_{j=1}^{m} x_{ij}^{p_{ij}} \tag{5}$$

ここで，m は，コスト項目 i の変数 x_j の数と等しく，n はコスト項目の数と等しい．三つの影響変数の場合には，次のとおりとなる．

$$VMfC = \sum_{i=1}^{n} K_i (x_{i1}^{p_{i1}}) \cdot (x_{i2}^{p_{i2}}) \cdot (x_{i3}^{p_{i3}}) \tag{6}$$

旋盤加工部品に対する製造コストの変動直接費は，直接材料費と旋盤コストからなる．t_{p} について式(4)が適用され，

$$VMfC = \frac{\pi}{4} D^2 \cdot L \cdot c_V + \left(\frac{D \cdot \pi \cdot L \cdot i}{v_{\mathrm{c}} \cdot f \cdot 1000} + t_{\mathrm{s}} + t_{\mathrm{su}} \right) c_{\mathrm{L}} \tag{7}$$

となる．ここでは，次の近似が適用されている．

$D \cong D_{\mathrm{raw}}$　（原材料の直径）
$L \cong L_{\mathrm{raw}}$　（原材料の長さ）

ここで考慮されている製造コストの変動項は，このように異なる次数のべき級数で表現される．いくつかの製造作業を積み上げ，コスト項と等しい数のべき級数が，式(1)と式(5)を，適宜に使用して生成される．

簡易計算，あるいは包括計算に基づいた**コスト見積り**のために，個々の依存関係に厳密に従って直接費を決定するのは労力過大である．よりよい方法は，もっと一般的で，長期間有効な**相対コスト**（11.3.1 項参照）を定義することである．これはまた，

材料費比率（11.3.2項参照）に基づくコスト見積りを可能にする．この方法は，類似した寸法の品目（構成部品，組立品）を比較するときにのみ有効である．近年では，いくつかの企業におけるコストプロファイルが統計的に分析されている．**回帰分析**を使用し，研究者は，変動費と影響する要因との関連（11.3.3項を参照）を見出そうとしている．

回帰関数の決定にはべき級数が選ばれ，観測値との偏差が可能な限り小さくなるようにそのべき数および係数が決定される．選定されたべき数と係数は，一般的に実際の依存関係を表現しているわけではなく，単に数学的な関係を表現しているにすぎない．文献［11.25］には，大きく異なる回帰関数が，同じ状況に対して，どれもよい近似を与え得ることが示されている．

ある影響が支配的で，またそれが同定されており，関連する変数を選択することで回帰関数に組み込まれている場合には，この影響は物理的実在を表すと考えられる．すべてのコスト要因を，ただ一つの特徴変数 x，たとえば直径や重量として関連づけることが可能な場合，コスト関数は次のような簡便な方程式となる．

$$VMfC = a + bx^p \tag{8}$$

例として11.3.3項を参照されたい．

一方で，**相似関連性**を用いた**外挿法**は，特定の技術にかかわる物理的な関連性に基づき，材料費，1次時間，2次時間，1品あたりの時間に対する数式からとられた適切なべき数によるべき級数が使用される．コスト項の係数は，企業依存のデータから，参照項目（基本設計や作業要素）を使用して導出される（11.3.4項参照）．この手順で展開する理由は，設計者に既存の依存関係をより意識させ，目的に直結した意思決定を行うことができるようにするためである．相似関係性の適用は，十分に相似な項目（たとえば，部品，組立品，製造作業）が利用できることが必要である．

幾何学的相似性（9.1.4項参照）の場合には，最大次数3の多項式となる非常に単純なコスト成長則が，幾何学的な参照長さより設定される．**準相似代替案**（9.1.5項参照．ほとんどの幾何学的倍率は一定だが，いくつかは幾何学的相似性からずれる）では，コスト成長則は，すべての幾何変数および材料変数からなる多くの項で構成される．これらはべき級数の形式をもち，関数には分数のべき数も含まれる．これらは，しばしば微分成長則とよばれ，比較的に高い精度をもち，適用にかかる労力も妥当である．

このような手法を，CADや知識ベースシステムを含むコンピュータの支援と組み合わせて利用可能とすることにより，早期の段階でコストの同定を行おうという多大な努力が現在行われている［11.10］．

以下の節では，異なる方法を詳細に説明する．どの手法を用いるべきかは，コスト見積りにかけられる時間や，必要とする精度，利用可能なデータによる．

11.3　コスト見積りの手法

11.3.1　相対コストとの比較

この方法では，価格やコストが参照値に関連づけられる．このため，絶対コストが使用される場合よりも長期間，有用な結果となる．文献［11.7］では，相対コストのカタログを作成する際の原則が記述されている．材料，半製品，購入部品のカタログも共通である．**相対材料費** c^* は，たいていは，溝形断面鋼（USt37-2）の規格寸法を基準とし，以下の式により算出される．この式では，重量より導出される比材料費 c_W もしくは体積より導出される比材料費 c_V が用いられる．

$$c^*_{W,\,V}=\frac{c_{W,\,V}}{c_{W,\,V}(\text{参照値})}$$

結果として得られた値は，倍率に依存することに注意が必要である．VDI ガイドライン 2225-2［11.34］は，このため，すべての共通材料の小寸法，中寸法，大寸法に対する値を与えている．材料の負荷率は，達成すべき目標に依存する．強度要求が優位な場合には，剛性要求が優位な場合よりも異なった材料が選定されるべきである．

図 11.2 は，引張強さ σ_{T}（強度要件）およびヤング率 E（剛性要件）とともに示した中寸法の相対材料費 c^* の一覧である．文献［11.28］に基づく機械加工のためのコストも掲載している．この表は，たとえば，焼き戻し鋼と焼き入れ鋼の場合，強度は一般に，材料費の増加よりも速く増加することを示している．これは，これらの材料を使用する場合の経済上の利点を示している．剛でなければならない圧力が作用する形状に対して，ねずみ鋳鉄やプラスチックは鋼より実質的に高価である．しかし，図 11.2 に挙げた関係は，形状が複雑なときや，付加的な耐腐食性あるいは表面仕上げが要求されるときは，実質的に鋳造もしくはプラスチックが有利に変わる．たとえば，高合金の場合には，よい表面仕上げを得るには，非常に高価な機械加工が必要となり得る．

とくに興味深いのは鋳造コストである．原則として，全体コストは全重量に基づく．しかし，1 品あたりの重量，生産数や品目の複雑さも関係する．鋳鋼に関するわれわれの独自の調査［11.25］では，**図 11.3** に示す関連性が得られた．この図は，鋳鋼に対しては，比コストが 1 品あたりの重量の増加により減少することを示している．すなわち，$\phi_{\mathrm{c}}=\phi_W^{-0.12}$ の場合である．したがって，材料費が $\phi_{\mathrm{m}}=\phi_W^{0.9}$ により増加し，$\phi_{\mathrm{m}}=\phi_W^{1}$ とはならない（11.3.4 項のコスト成長則を参照）．

半製品では，圧延により製造されるため，形状がわずかながら，比価格に影響を与

	名前 No.	密度 ρ g/cm^3	ヤング率 E N/mm^2	降伏応力 σ_Y N/mm^2	引張応力 σ_T N/mm^2	破壊ひずみ σ_F %	E/E_{St37}	σ_T/σ_{St37}	c_W^*	c_V^*	$\frac{c_W^*}{\sigma_T/\sigma_{T_{St37}}}$	$\frac{c_W^*}{E/E_{St37}}$	機械加工に関する相対コスト
一般構造用鋼材 DIN 17100	USt37-2 1.0112	7.85	2.15×10^5	215〜235	360〜440	25	1	1	1	1	1〜0.82	1	1
	St50-2 1.0532	7.85	2.15×10^5	275〜295	490〜590	20	1	1.36〜1.64	1.1	1.1	0.81〜0.67	1.1	1
冷間引き抜き材 DIN 1652	St37-2K + G 1.0161	7.85	2.15×10^5	195〜215	330〜440	25	1	0.92〜1.22	1.6	1.6	1.75〜1.31	1.6	1
機械加工用鋼材 DIN 1651	10S20K + N 1.0721	7.85	2.10×10^5	195〜225	340〜350	25	0.98	0.94〜0.97	1.9	1.9	2.01〜1.95	1.94	0.73
	9SMn28K + N 1.0715	7.85	2.10×10^5	205〜235	350〜370	23	0.98	0.97〜1.03	1.8	1.8	1.85〜1.75	1.89	
	45S20K + N 1.0727	7.85	2.10×10^5	305〜335	570〜700	14	0.98	1.58〜1.94	2	2	1.26〜1.03	2.05	
焼き戻し鋼材 DIN 17200	Ck35V 1.1181	7.85	2.15×10^5	295〜420	490〜770	22〜17	1	1.36〜2.14	1.6	1.6	1.18〜0.75	1.6	0.91
	Ck45V 1.1191	7.85	2.15×10^5	380	630〜780	17	1	1.75〜2.17	1.78	1.78	1.02〜0.82	1.78	1.05
	34Cr4V 1.7033	7.85	2.15×10^5	470	700〜850	15	1	1.94〜2.36	2.13	2.13	1.1〜0.9	2.13	1.43
	42CrMo4V 1.7225	7.85	2.15×10^5	650	900〜1100	12	1	2.30〜3.05	2.24	2.24	0.9〜0.73	2.24	1.73
	50CrV4V 1.8159	7.85	2.15×10^5	700	900〜1100	12	1	2.50〜3.05	2.25	2.25	0.9〜0.74	2.25	2.09
	C35K + N 1.0501	7.85	2.15×10^5	275	490〜590	22	1	1.36〜1.64	1.7	1.7	1.25〜1.04	1.7	
	Ck35K + V	7.85	2.15×10^5	325〜410	540〜790	20〜16	1	1.50〜2.19	1.85	1.85	1.23〜0.84	1.85	
表面硬化鋼材 DIN 17210	C15 1.0401	7.85	2.15×10^5	355〜440	590〜890	14〜12	1	1.64〜2.47	1.1	1.1	0.67〜0.45	1.1	0.86
	Ck15 1.1141	7.85	2.15×10^5	355〜440	590〜890	14〜12	1	1.64〜2.47	1.4	1.4	0.85〜0.57	1.4	

図 11.2 いくつかの材料に関する特性値と相対材料費 c^*（$\sigma_L = 360$ N/mm^2 に関する Ust 37.2 が基準）

	名 前 No.	密 度 ρ g/cm^3	ヤング率 E N/mm^2	降伏応力 σ_Y N/mm^2	引張応力 σ_T N/mm^2	破壊ひずみ σ_F %	E/E_{St37}	σ_T/σ_{St37}	c_W^*	c_V^*	$\dfrac{c_W^*}{\sigma_T/\sigma_{T_{St37}}}$	$\dfrac{c_W^*}{E/E_{St37}}$	機械加工に関する相対コスト
	16MnCr5G 1.7131	7.85	2.15×10^5	440〜635	640〜1190	11〜9	1	1.78〜3.30	1.7	1.7	0.96-0.51	1.7	1.14
窒化鋼材 DIN 17211	34CrAlNi7V 1.8550	7.85	2.15×10^5	590	780〜980	13	1	2.17〜2.72	2.6	2.6	1.2-0.95	2.6	2.0
	41CrAlMo7V 1.8509	7.85	2.15×10^5	635〜735	830〜1130	14〜12	1	2.30〜3.14	2.6	2.6	1.13-0.83	2.6	
	31CrMoV9 1.8519	7.85	2.15×10^5	700	900〜1050	13	1	2.50〜2.92					2.0
ステンレス鋼材 DIN 17440	X20Cr13 1.4021	7.70	2.10×10^5	440〜540	640〜940	18〜8	0.99	1.78〜2.61	3.14	3.2	1.8-1.2	3.21	1.25
	X12CrNi188 1.4300	7.80	2.03×10^5	220	500〜700	50	0.94	1.39〜1.94	8.45	8.4	6.08-4.35	8.95	
中子と湯だまりなし用の鋳鉄材	GG-25 0.6025	7.35	1.30×10^5		250		0.60	0.69	2.0	1.2	2.88	3.3	1.24
	GS-45 1.0443	7.85	2.15×10^5	225	445〜590	22	1	1.24〜1.64	1.8	1.8	1.46-1.1	1.8	1.45
非鉄材料	AlMg3F23 3.3535.26	2.66	0.70×10^5	140	230	9	0.33	0.64	10.0	3.4	15.65	30.7	0.36
軽金属材料	AlMg5F26 3.3555.26	2.64	0.72×10^5	150	250	8	0.33	0.69	11.6	3.9	16.70	34.6	
	AlMgSi1F32 3.2315.72	2.70	0.7×10^5	250	310	10	0.33	0.86	8.72	3.0	10.13	26.8	0.51
非金属材料	**積層織布** Hgw2088	1.25	7×10^3		50		0.033	0.14	62.8	10	452.2	1928	(0.4)
	ガラス繊維強化ポリエステル HM2472	1.60	10×10^3		100		0.046	0.28					(0.71)
	ナイロン 66 PA66	1.14	2×10^3		65		0.009	0.18	22.72	3.3	125.8	2442	(0.27)

図 11.2 （つづき）

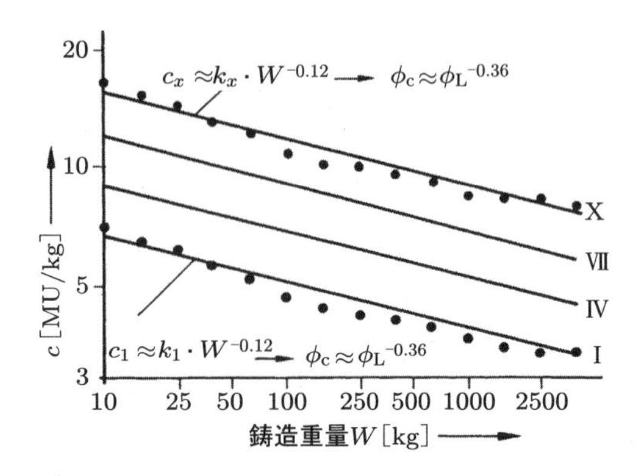

図 11.3　鋳造ごとの重量[†]と複雑さの度合いで決まる鋼の鋳造コスト（出典 [11.21]）
レベルⅠ：中子と巣のない一体鋳物，レベルⅣ：単純な中子と湯だまりのある一体鋳物，レベルⅦ：単純な巣と湯だまりのある中空鋳造（中子あり），レベルX：複雑な中子ありの中空鋳造

えることが**図 11.4** に示されている．書かれている材料は，かなり高価（因子≈1.6）である．閉断面のコストは同じ重量に対して約 2 倍となる．また，図 11.4 は，特定の断面に曲げモーメントが作用する場合に，材料負荷率で有利なことを示している．曲げモーメントを受けるうえで，必要な断面積，すなわち単位長さあたりの重量がかなり小さくなる断面もあるので，したがって安価になる．

断面形	直径 100 DIN 1013	角 100 DIN 1014	L 160×17 DIN 1028	パイプ 159×5.6 DIN 2448	U 160 DIN 1026	I 160 DIN 1025
H/A [mm]	12.5	14.1	20.8	37	48.3	54
I/A [mm²]	625	601	2374	2944	3854	4323
c_W^* 圧延	1	1.02	1.06	1.6–2.1	1	1
c_W^* 引き抜き	1.6	1.6		2.8		

図 11.4　半製品に対する比材料費 c_W^*．基準となる断面 1 次モーメントは，$H \approx 10^5$ mm³（直径 100 mm の円形断面と一辺 85 mm の正方形断面の断面 1 次モーメント）．
H/A：断面 1 次モーメント÷断面積，I/A：断面 2 次モーメント ÷ 断面積

購入部品の相対コストは，寸法（11.3.4 項のコスト成長則を参照）により大きく変化する．Reig [11.27] は，これらのコストを決定し表現する方法を開発した．**図 11.5** は，回転軸受に対する相対コスト図の例を示している．$d=50$ mm の 60 シリーズの特定の深みぞ玉軸受を参照している（$\phi_d=1$）．この軸受の価格は 24.8 MU（$\phi_p=1$）

---

† 訳者注：本書では，重量（weight）に単位 kg を用いている．厳密には，質量（mass）とするか，単位に N もしくは kgf(工学単位系）を用いるべきである．ここでは，慣用的な表記に従っていると解釈した．

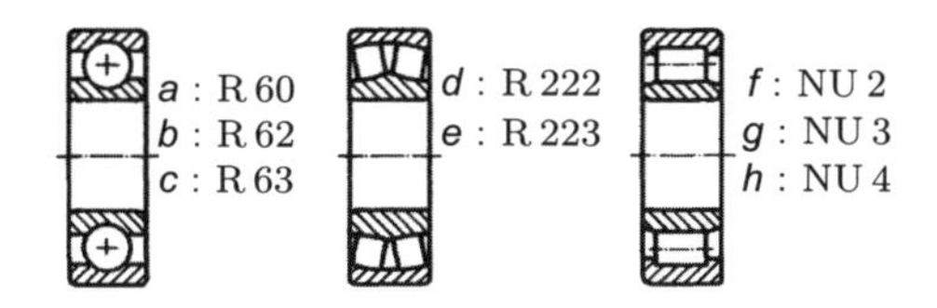

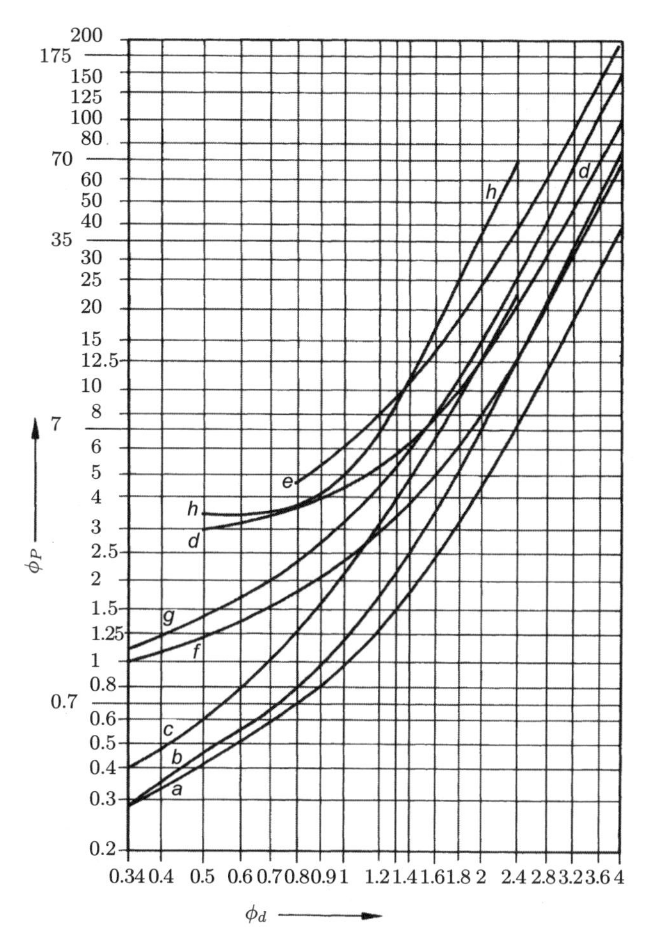

図 11.5 転がり軸受の相対コスト（出典［11.27］）
基準：$d=50$ mm（$\phi_d=1$），$P=24.80$ MU（$\phi_P=1$）の 60 系列の単列深みぞ玉軸受

である．深みぞ玉軸受 6007 の現在の価格は，$d=35$ mm で，18.33 MU である．$d=$ 180 mm の軸受 6036 の価格を見出す手順は，次のとおりである．

$$d=35\text{ mm},\quad \phi_d=\frac{35}{50}=0.7 \qquad \text{図 11.5 から，}\ \phi_{P_{6007}}=0.61$$

$$d = 180\ \text{mm},\quad \phi_d = \frac{180}{50} = 3.6\qquad \text{図 11.5 から},\ \phi_{P_{6036}} = 28$$

$$P_{6036} = P_{3007},\quad \frac{\phi_{P_{6036}}}{\phi_{P_{6007}}} = 18.33\frac{28}{0.61} = 841\ \text{MU}$$

ねじ，スナップリング，コネクタやバルブのコスト図は文献［11.26, 11.27］に与えられている．**図 11.6** は，文献［11.5］に基づき，異なるねじ山のコネクタのコスト比較を示している．11.3.4 項および 11.3.5 項に記述するように，コスト関係は寸法により変化する（図 11.6 参照）．

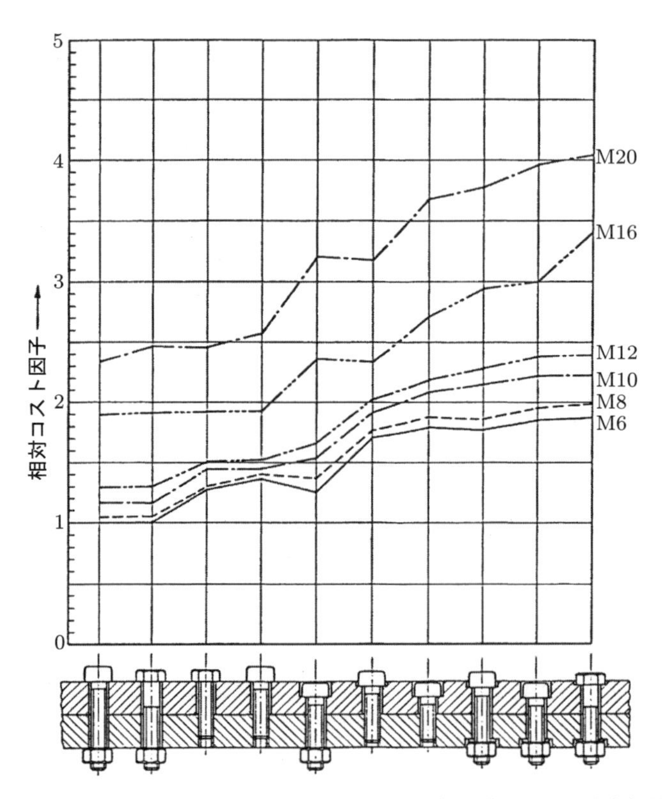

図 11.6　頭付きと六角穴付きねじ（M6～M20，クラス 8.8）を使ったねじ結合相対コスト因子（出典［11.5, 11.6］）

相対コストのデータは，関連する事情を考慮して注意深く適用されなければならない［11.1］．品目を比較して選択する場合，コスト関係のみでなく，必要となる機能や適用条件および空間的要件も評価する必要がある．外挿法は一般的には許容されない．設計のほかの項目への影響を考慮せずに，単に品目のコストを比較するのは不十分である.

11.3.2　材料費比率による見積り

特定の応用分野において，材料費 MtC と製造コスト MfC の比 m が既知でほとんど一定である場合に，材料費を決定した後に製造コストを見積もることができ，$MfC=MtC/m$ となる．この手順は，VDI ガイドライン 2225 [11.33] に記述されている．しかし，コスト構造が変化した場合，とくに大きな寸法変更を伴う場合には，この手順は使用できない（11.3.4 項の相似則によるコスト見積りと 11.3.5 項のコスト構造を参照）.

11.3.3　回帰分析による見積り

データの統計解析に基づき，コストもしくは価格と特徴パラメータ（出力，重量，直径，軸高さなど）との関連が決定される．結果は，これらのパラメータのおのおのに対して，図式的に表示される．回帰分析は，関連性を探索して回帰式を決定するために使われる．回帰式には回帰係数とべき数が用いられる．この数式を使用し，コストはある限度内において算出される．数式の構築には，かなりの労力を要することがあり，通常はコンピュータの援用を伴う．回帰式は，時間あたり労務費のような変動し得るパラメータを，個別の項もしくは相対コストの形式で表して，容易に更新できるように構築すべきである.

一つの例として，Pacyna [11.23] によるねずみ鋳鉄の手型による鋳物のコストの回帰式がある.

単位を MU/個として，次のように表される.

$$C=7.1479\cdot B^{-0.0782}\cdot V^{0.8179}\cdot D^{-0.1124}\cdot T^{0.1655}\cdot P^{0.1786}\cdot N^{0.0387}\cdot \sigma_{\mathrm{T}}^{0.2301}\cdot F^{1.0000}$$

ここで，C ：$DMtC$，鋳造品の直接的材料費
B ：バッチサイズ
V ：材料の体積（単位リットル）
D ：寸法比率（**図 11.7** 参照）
T ：壁の厚み比率（図 11.7 参照）
P ：詰め込み比率（図 11.7 参照）
N ：中子数（中子なし＝0.5）
σ_{T} ：引張応力（単位 N/mm^2）
F ：難易度（標準のときは 1 で，通常は 0.9〜1.4 の範囲内）

この数式は更新する必要があるかもしれない．この手順のさらなるガイドラインと回帰計算の例が，文献 [11.11〜11.13] と VDI ガイドライン 2235 にある.

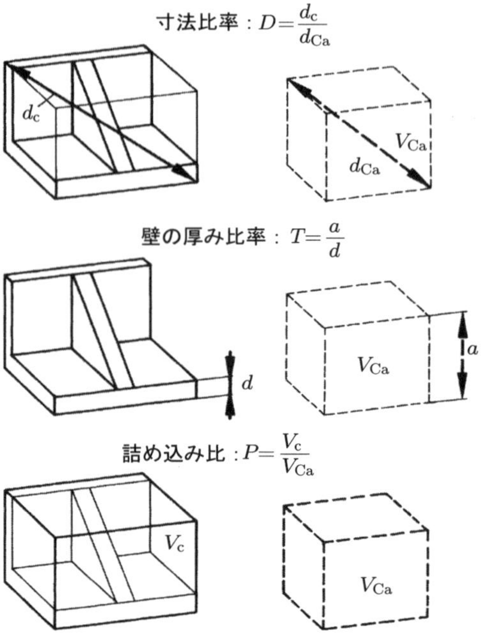

寸法比率：$D=\frac{d_c}{d_{Ca}}$

d_c　V_{Ca}　d_{Ca}

壁の厚み比率：$T=\frac{a}{d}$

d　V_{Ca}　a

詰め込み比：$P=\frac{V_c}{V_{Ca}}$

V_c　V_{Ca}

図 11.7　鋳造の形状特性［11.23］．基準形状は，容積 V_{Ca} の立方体．

回帰分析は，簡略化および相似則の考慮を行って，より簡単に維持可能な**コスト関数**を構築するためにも使われる（11.3.4 項参照）．以下の Klasmeier［11.18］の例は，高電圧切替器の圧力容器のコスト計算を示している．変動費へ影響するパラメータは，**図 11.8** に示されている．

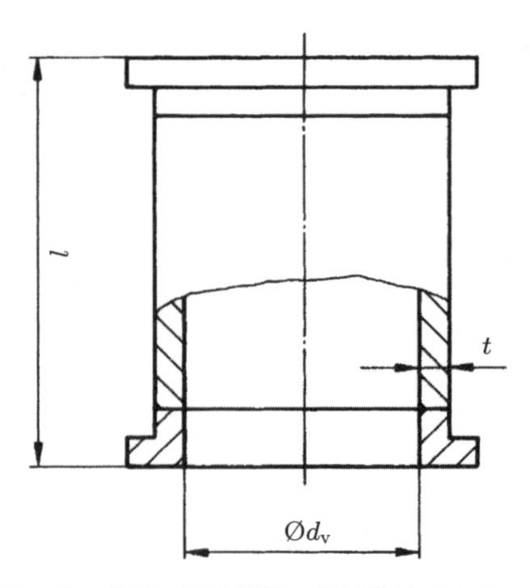

図 11.8　高電圧スイッチ用の圧力容器の幾何学的パラメータ
容器の内径：d_v，容器の長さ：l，容器の壁の厚み：t，公称圧力：NP

溶接された圧力容器に関する回帰式は，次のようになる．

$$VMfC = a + b \cdot d_{\mathrm{v}}^{1.42} \cdot NP^{0.94} \cdot l^{0.21} \cdot t^{0.17}$$

因子 a および b は，市場動向に鋭敏であるため与えられない．

ここで，特定の簡素なコスト関数を導出する．電気分野の法則に基づいて，電圧 V は電極間隔 e に比例する，e は内側の容器直径 d_{v} に比例する．したがって，

$$V \propto e = k_1 \cdot d_{\mathrm{v}}$$

である．ここで，k_1 は心線の直径と，一定のガス圧力と温度での安全距離を考慮に入れている．

ここで述べたような薄肉容器では，標準的な薄肉公式が適用され得る．要求強度より算出された壁厚は規定された最小壁厚を下回るため，$t = t_{\min} =$ 一定とする．また，許容電圧は容器長さと独立なため，$l =$ 一定とすることができる．このように，電圧を変動パラメータとしてコスト関数を簡単に表すことができる．

$$VMfC = a_1 + b_1 \cdot V^{1.42}$$

11.3.4 相似則による外挿

(1) 参照としての基本設計

幾何学的に相似または準相似な構成部品が，寸法レンジの中で，もしくは既知の構成部品の代替案として利用できるときは，相似則を用いてコスト成長則を決定することが有用である [11.27]．変動製造コスト ϕ_{VMfC} のステップサイズは，**逐次設計**の変動費 $VMfC_{\mathrm{s}}$（算出されるコスト）と**基本設計**の変動費 $VMfC_0$（既知）の比と等しく，相似則を使用して算出される（9.1.1 項参照）．

$$\phi_{\mathrm{VMfC}} = \frac{VMfC_{\mathrm{s}}}{VMfC_0} = \frac{DMtC_{\mathrm{s}} + \sum PLC_{\mathrm{s}}}{DMtC_0 + \sum PLC_0}$$

基本設計（添え字 0）は，可能な限り大きい寸法レンジを表すように選択される．この設計の寸法が大まかにレンジの中央に位置されるとき，外挿誤差が最小化される．外挿が有効であるためには，逐次設計が，生産設備および生産プロセスなどの観点で，基本設計に対して十分な相似性をもつ必要がある．

直接材料費の製造コストに対する比率と，個々の生産コストもしくは時間（たとえば，穴あけ，旋盤，研削など）の製造コストに対する比率が基本設計に対して計算され，k 番目の生産操作について，次のように得られる．

$$a_{\mathrm{m}} = \frac{DMtC_0}{VMfC_0}, \quad a_{P_k} = \frac{PLC_{k_0}}{VMfC_0}$$

このようにして定義された比率は，変動製造コストの一部であり，基本設計のコスト構造を表現する（11.3.5 項参照）．

個々の項目に関するコスト成長則が既知のとき，全体のコスト成長則は次のようになる．

$$\phi_{\mathrm{VMfC}} = a_{\mathrm{m}} \cdot \phi_{\mathrm{DMtC}} + \sum_{k} a_{P_k} \cdot \phi_{\mathrm{PLC}_k}$$

長さが独立した特徴パラメータのとき，この式は一般的に次のように記される（9.1.1 項参照）．

$$\phi_{\mathrm{VMfC}} = \sum_{i} a_i \cdot \phi_L^{x_i}, \quad \phi_L = \frac{L_{\mathrm{s}}}{L_0} \quad \text{ただし，} \sum_{i} a_i = 1 \text{ かつ } a_i \geqq 0$$

この手順は企業独自のものではない．この結果は，基本設計より導出される係数 a_i の導入により企業独自のものとなる．これはまた，最新の知識の使用を確実にする．

適切な次数（特徴パラメータ長さ）に依存するべき数 x_i の決定は，**幾何学的に相似な構成部品**に対しては容易である．文献［11.27］によれば，**簡易見積り**には，整数べき数が使用できる．この結果，次の多項式が得られる．

$$\phi_{\mathrm{VMfC}} = a_3 \cdot \phi_L^3 + a_2 \cdot \phi_L^2 + a_1 \cdot \phi_L^1 + \frac{a_0}{\phi_z} \quad \text{ただし，} \phi_z = \frac{z_{\mathrm{s}}}{z_0}$$

ここで，z はバッチサイズである．

材料費に対しては，大抵 $\phi_{\mathrm{DMtC}} = \phi_L^3$ が適用できる．生産作業に対しては，**図 11.9** が使用できる［1.26, 11.27］．

a_i の項は基本設計より算出され，個々の整数べき数に割り当てられる．$\phi_z = 1$ である**図 11.10** と**図 11.11** に示す例のコスト成長則は，

$$\phi_{\mathrm{VMfC}} = 0.49 \cdot \phi_L^3 + 0.26 \cdot \phi_L^2 + 0.20 \cdot \phi_L + 0.05$$

となる．$\phi_L = 2$ となる 2 倍の大きさの幾何学的に相似な代替案は，ステップサイズ $\phi_{\mathrm{VMfC}} = 5.41$ のコストの増加となる．

この手順はまた，より**正確な外挿**および次に示す駆動軸（**図 11.12** 参照）のような**準相似な代替案**に対しても使用できる．製品は摩擦溶接軸ジャーナルである．その主要寸法は d と l であり，型押の円盤形状の部品がシリンダを形成するように溶接されている．部品寸法は，最終的に旋削で仕上げられる．

特徴パラメータであるシリンダの直径 D と長さ B は，独立して選択される．ジャーナル軸の直径 d とジャーナル長 l は，シリンダの直径 D に比例して選ばれなくてはならない．

時間と個々の幾何学的なパラメータとの関連は，文献［11.24, 11.26, 11.27］に従った 1 次，2 次時間の分析に基づいている．たとえば，旋盤の場合，1 次時間は旋盤の対象となる表面積によって決まり，部品の直径と長さで表される．2 次時間は，この寸法レンジでは定数である．しかし，溶接コストはシーム厚さ t と $\phi_t^{1.5}$ との関連で増

機械の種類	プロセス	べき数		正確さ
		計算値	丸めた結果	
万能旋盤	外径・内径旋削	2	2	++
	ねじ切り	≈1	1	+
	切断	≈1.5	1	+
	みぞ切り			
	面取り	≈1	1	+
垂直中ぐり旋盤	外径・内径削り	2	2	++
ラジアルボール盤	穴あけ ねじ切り ざぐり	≈1	1	○
フライス盤	旋削 穴あけ フライス削り	≈1	1	○
みぞ切り盤	キー溝切り	≈1.2	1	+
万能円筒研削盤	表面研削	≈1.8	2	++
丸鋸盤	断面切断	≈2	2	○
せん断機	金属板切断	1.5〜1.8	2	+
板曲げ機	金属板曲げ	≈1.25	1	+
プレス機	断面を真っ直ぐにする加工	1.6〜1.7	2	+
面取り機	金属板の面取り	1	1	++
ガス切断機	板切断	1.25	1	++
MIG アーク手動 電気アーク溶接	I 字溶接，V 字・X 字溶接， 隅肉溶接，角部溶接	2 2.5	2 2	++ ++

焼きなまし	3	3	++
サンドブラスト（計算で重量を使うか，表面を使うかで決まる）	2または3	2または3	++
組立	1	1	++
溶接前の仮付け	1	1	++
手動による余分な部分の切り取りあるいはクリーニング	1	1	++
エナメル加工あるいは被覆処理	2	2	++

図 11.9　品目ごとの時間，種々の生産工程，幾何学的に同様な品目に関する指数（出典 [11.26, 11.27]）
凡例：++　正確，+　正確さに欠ける，○　大きなばらつきの可能性あり

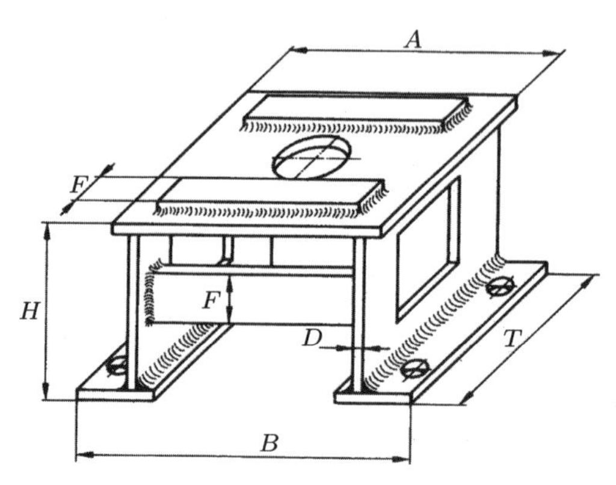

図 11.10　幾何学的に相似な系列（溶接構造）の基本設計［11.27］

操　作	コストは ϕ_L^3 とともに増加	コストは ϕ_L^2 とともに増加	コストは ϕ_L とともに増加	コスト一定
材料	800			
ガス切断（接合）			60	15
面取り（接合）			35	
仮付け（接合）			105	
溶接（接合）		500		
焼きなまし	80			
サンドブラスト	40			
けがき（機械加工）			40	
垂直中ぐり（機械加工）			100	70
ラジアル穴あけ（機械加工）			30	15
1890 MU$=C_0$	Σ_3（$=920$）	Σ_2（$=500$）	Σ_1（$=370$）	Σ_0（$=100$）
	Σ_3/C_0 $a_3=0.49$	Σ_2/C_0 $a_2=0.26$	Σ_1/C_0 $a_1=0.20$	Σ_0/C_0 $a_0=0.05$

図 11.11　基本設計に対してコストに寄与する a_i を決める計算手順

加し，溶接長さ l と ϕ_1^1 に関連して線形となる［11.24］．溶接の段取りコストは，部品数のみならず $\phi_W^{0.5}$ あるいは $\phi_D \cdot \phi_B^{0.5}$ を与える重量の平方根に依存する．

図 11.13 は，$D=315$ mm と $B=1000$ mm の基本設計に対する個別の作業のコスト寄与の一覧である．

同じ関連性とパラメータをもつ項をまとめて一つにするときは，この例の微分成長則の一般形は次のようになる．

$$\phi_{\mathrm{VMfC}}=0.164\cdot\phi_{\mathrm{cWC}}\cdot\phi_D^2\cdot\phi_B+0.222\cdot\phi_{\mathrm{cWJ}}\cdot\phi_d^2\cdot\phi_l+\phi_{\mathrm{cL}}(0.081\cdot\phi_D^{2.5}+0.075\cdot\phi_D\cdot\phi_B$$
$$+0.113\cdot\phi_d\cdot\phi_l+0.038\cdot\phi_D^2+0.081\cdot\phi_D\cdot\phi_B^{0.5}+0.012\cdot\phi_D+0.144)+0.07$$

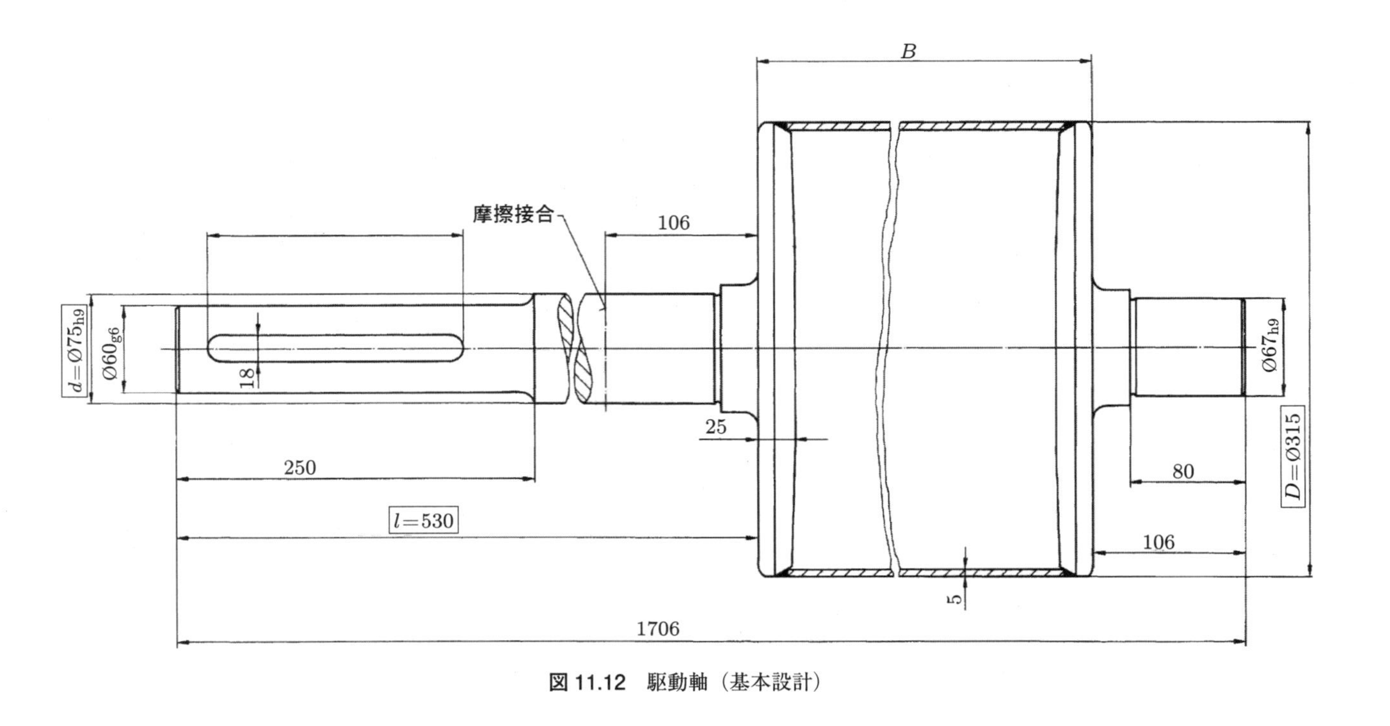

図 11.12　駆動軸（基本設計）

材料，生産工程	コストの寄与	コスト成長則
材料		
円筒	0.164	$\phi_{\mathrm{cWC}} \cdot \phi_D^2 \cdot \phi_B$
円板およびジャーナル	0.222	$\phi_{\mathrm{cWJ}} \cdot \phi_d^2 \cdot \phi_l$
一定の部品	0.070	
生産上の操作		
溶接の準備	0.049	$\phi_{\mathrm{cL}} \cdot \phi_D \cdot \phi_B^{0.5}$
溶接	0.081	$\phi_{\mathrm{cL}} \cdot \phi_D^{2.5}$
余分部分の切断やクリーニング	0.011	$\phi_{\mathrm{cL}} \cdot \phi_D$
旋削（円筒の軸方向）	0.054	$\phi_{\mathrm{cL}} \cdot \phi_D \cdot \phi_B$
旋削（ジャーナルの軸方向）	0.097	$\phi_{\mathrm{cL}} \cdot \phi_d \cdot \phi_l$
旋削（ジャーナルの半径方向）	0.038	$\phi_{\mathrm{cL}} \cdot \phi_d^2$
旋削（固定）	0.114	ϕ_{cL}
フライス削り	0.016	$\phi_{\mathrm{cL}} \cdot \phi_d \cdot \phi_l$
フライス削り（固定）	0.021	ϕ_{cL}
表面処理	0.021	$\phi_{\mathrm{cL}} \cdot \phi_D \cdot \phi_B$
表面処理の準備	0.032	$\phi_{\mathrm{cL}} \cdot \phi_D \cdot \phi_B^{0.5}$
切断	0.001	$\phi_{\mathrm{cL}} \cdot \phi_D$
切断（固定）	0.009	ϕ_{cL}
	1.000	

図 11.13　駆動軸の基本設計（図 11.12 参照）に対するコストへの寄与
$D = 315$ mm，$B = 1000$ mm，ϕ_{cW}：比材料費のステップサイズ，
ϕ_{cL}：労務費のステップサイズ

図 11.14 の利用可能な代替案の全体コスト範囲の遷移図は，シリンダ寸法の幾何学的な相似に対しては $\phi_D = \phi_B = \phi_d = \phi_l$ を用い，準相似形については $\phi_D = \phi_d = \phi_l =$ 一定で，ϕ_B を変数として用いる．ϕ_{cL} および ϕ_{cWJ} の項は，すべての寸法において定数であり，ここでは，ϕ_{cWC} は $D = 355$ mm の場合に 1.25 増加する．これは，より小さいバッチサイズによる価格の増加のためである．

部品または組立品の寸法レンジに対する変動製造コストのコスト曲線は，両対数目盛を使用する場合にあっても，直線ではなく曲線となっている（図 11.14 参照）．その理由は，特定のバッチサイズに対する段取りコストのように，直接費が定数部をつねに含んでいることと，特徴パラメータ長さの 3 乗に比例する材料費のように，高次数で増加するコストがあることによる．

慣例的な計算とコスト成長則を用いた外挿との比較では，後者が十分に正確なコストの見積りを与えることが示されている．多くの個別の項が誤差を相殺するため，製造コストの見積りはきわめて正確である．一般的に，誤差は ±10%より小さい．しかし，個々の作業ではより大きい誤差をもっている [11.16, 11.27]．より詳しい例は，

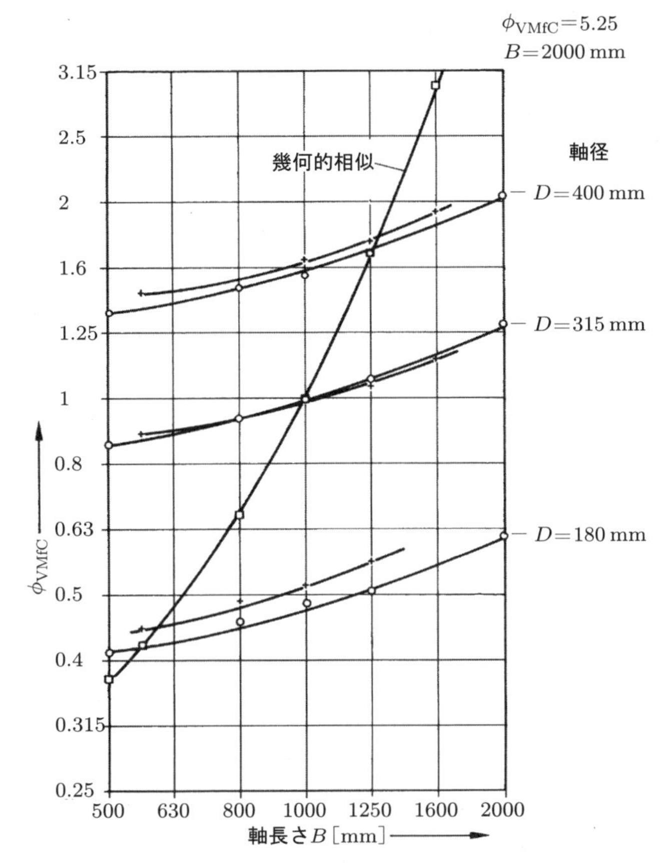

図 11.14 図 11.12 に示した幾何学的に相似および準相似な駆動軸の相対製造コスト．$D=315$ mm, $B=1000$ mm の基本設計．＋のプロットで示された曲線は，従来法で計算されている．

文献［11.18, 11.24, 11.26, 11.27］に見られる．

(2) 作業要素の参照

Beelich［11.24］によると，特定の製造プロセスを表現するいわゆる**作業要素**が，基本設計に代わり使用できる．その主たるアイデアは，たとえば旋盤，研削，溶接など，特定の生産作業に不可欠な部分的作業すべてを受ける，正規化された比較的単純な要素を定義することである．実際の構成部品のコストは，この単純な要素から外挿される．正規化は，比生産時間が得られるように，寸法を決める幾何学的パラメータをすべて 1 に等しくなるようにする必要がある．作業要素に対して，必要な製造時間は，含まれる特定の技術により決定される．

次の段階は，前述したように，この作業要素のコスト成長則を決定することである．

ここでは，ステップサイズ $\phi_i = X_{iP}/X_{iO}$（X_{iP}＝実際の構成部品や部分パラメータ，X_{iO}＝作業要素のパラメータ）を使用するだけである．

一つの主要な作業要素が含まれる場合には，作業要素の利用はとくに有利となる．一方，さまざまな異なる製品作業に対する作業要素は，複雑な構成部品や組立品への外挿を許容する．

作業要素「手動アーク溶接」に対して，Beelich［11.24］は，**作業要素の生成**について記述している．この作業の分析により，さまざまな部分的作業に対して次の時間が得られている．

組合せ，整列，部品の溶接治具へのクランプにかかる時間は，Ruckes［11.29］に基づき，次のように決定されている．

$$t_{wr} = C_r \cdot \alpha \cdot \sqrt{W} \cdot \sqrt{x}$$

ここで，α：難易度の因子（**図 11.15** 参照）

W：全体の重量

x：部品数

シーム溶接の 1 次時間は，特定の体積の電極で特定のシーム体積を充足するのに必要な時間から，次のように算出される［11.24］．

$$t_{ws} = C_p \cdot t^{1.5} \cdot l$$

ここで，t：シーム厚さ（＝V 字溶接に対するプレートの厚さ）

l：シーム長さ

電極の交換や溶接手順の段取りにかかる 2 次時間（t_{wci}），スラグの除去およびシームの清掃に対する 2 次時間（t_{wrc}）は，電極の数 n_e や溶接工程数 n に関連する．両方

作図の形式	部品の形 シームの長さ	シームの種類と型	
		V 字 60°	隅肉溶接 90°
2D	槽形 長いシーム	1	2
3D	金属板 短いシーム	1.5	2.5
	U 字や L 字のような断面 パイプ	2	3
	T 字，I 字のような断面	2.5	4

図 11.15　一般公差と基本的に直角の場合の難易度の因子 α（より精密で，90°以外の斜めの角度の場合，この因子は 1～2 点くらいは増加する）

のパラメータは，シームおよび電極の，体積および断面積と比較され関連づけられる［11.24］．分析は，難易度の因子 α の影響も明らかにした．この因子は，平方根として導入することが有用であると考えられている．

$$t_{\mathrm{wci}}+t_{\mathrm{wrc}}=C_{\mathrm{s}}\cdot\sqrt{\alpha}\cdot t^{1.5}\cdot l$$

溶接材料の材料費は，比溶接シーム重量 W_{s}^{*} と比材料費 c_W により算出される．

$$MC_{\mathrm{w}}=W_{\mathrm{s}}^{*}\cdot t_2\cdot l\cdot c_W$$

溶接の全生産コストは，次の数式により MU を単位として得られる．

$$PC_{\mathrm{w}}=c_{\mathrm{L}}[C_{\mathrm{r}}\cdot\alpha\cdot\sqrt{W}\cdot\sqrt{x}+(C_{\mathrm{p}}+C_{\mathrm{s}}\cdot\sqrt{\alpha})t^{1.5}\cdot l]+W_{\mathrm{s}}^{*}\cdot t^2\cdot l\cdot c_W$$

作業要素「手動アーク溶接」（**図 11.16** 参照）について，溶接コストは次の正規化されたデータおよび企業独自の生産時間により算出される．

$\alpha=1$,　$c_{\mathrm{L}}=1$ MU/min（労務費）

$W=1$ kg,　$c_W=10$ MU/kg（比材料費）

$x=1$,　$C_{\mathrm{r}}=1$ min/kg$^{0.5}$

$t=1$ mm,　$C_{\mathrm{p}}=0.8$ min/mm$^{1.5}\cdot$m　特定の製造回数において

$l=1$ m,　$C_{\mathrm{s}}=1.2$ min/mm$^{1.5}\cdot$m

$W_{\mathrm{s}}^{*}=0.0095$ kg/mm$^2\cdot$m　（W_{s}^{*}：$k_{\mathrm{rs}}=1.21$ の盛られたシームに関する比シーム重量）

$$PC_{\mathrm{w0}}=3.095\ \mathrm{MU}$$

この情報から，作業要素 0 のコストの項は，次のように算出される．

$$a_{\mathrm{r}}=\frac{PC_{\mathrm{wr0}}}{PC_{\mathrm{w0}}}=\frac{1}{3.095}=0.32$$

$$a_{\mathrm{sp}}=\frac{PC_{\mathrm{ws0}}}{PC_{\mathrm{w0}}}=\frac{0.8}{3.095}=0.26$$

$$a_{\mathrm{ss}}=\frac{PC_{\mathrm{wci0}}+PC_{\mathrm{wrc0}}}{PC_{\mathrm{w0}}}=\frac{1.2}{3.095}=0.39$$

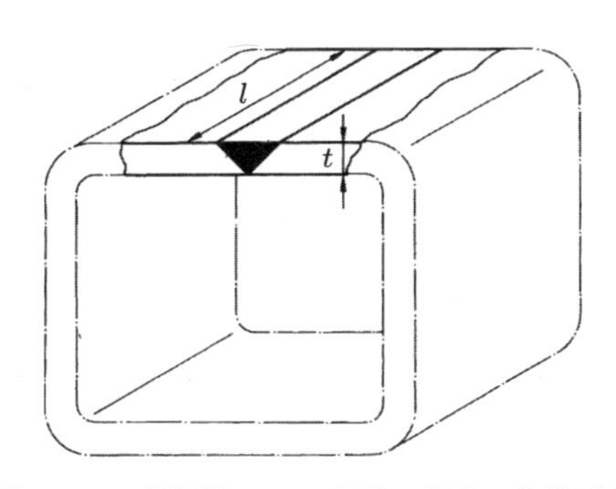

図 11.16　手動電気アーク溶接に関する作業要素

$$a_{\mathrm{m}}=\frac{MC_{\mathrm{w0}}}{PC_{\mathrm{w0}}}=\frac{0.095}{3.095}=0.03$$

したがって，結果として得られる作業要素「手動アーク溶接」のコスト成長則は，以下のとおりとなる．

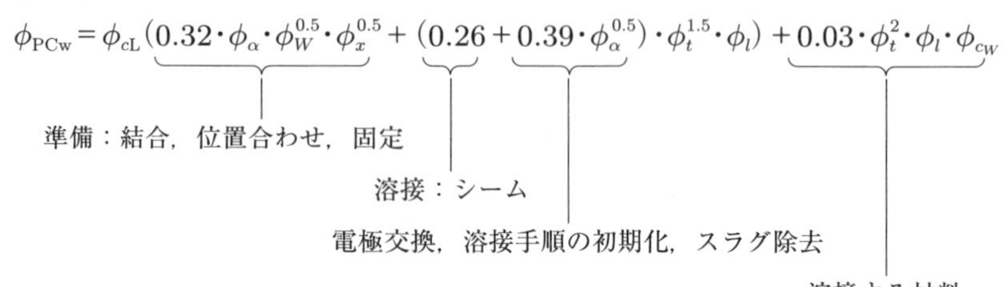

この数式により，ステップサイズ ϕ を決定するために関連するパラメータ値を用いて，溶接される構成部品のコストを外挿することができる．

この作業要素の使用方法の例として，**図 11.17** に示す溶接されたフレームのコストを見積もろう．溶接コストは，組立のデータおよび**図 11.18** に示される作業要素に関連したステップサイズから算出される．値はV字溶接および隅肉溶接に対して別々に上記の数式に代入され，ステップサイズは次式となる（**図 11.19** 参照）．

$$\phi_{\mathrm{PCw}}=163.67$$

したがって，作業要素「手動アーク溶接」の製造コストは，次式で表される．

$$MfC=PC_{\mathrm{w0}}\cdot\phi_{\mathrm{PCw}}=3.095\cdot163.67=506\ \mathrm{MU}$$

数式が示すように，溶接厚さが大きく影響する．もし，V字溶接を10 mmから8 mmに減少させることができれば，ϕ_t は10ではなく8となるので，これはかなりのコスト節約になる．ϕ_t のべき数がそれぞれ2と1.5であるため，ϕ_{m} と ϕ_{s} は低下し（図11.19参照），製造コストはかなり減少する．

$$MfC=3.095\cdot143.22=443\ \mathrm{MU}$$

11.3.5　コスト構造

これまでの議論により，**コスト構造**が全体寸法と準相似な代替案により変化することが明らかとなった．支配的なものは，材料費や表面仕上げコストのような，ϕ_L^3 や ϕ_L^2 に伴って増加するコストの項である．**図 11.20** は，Ehrlenspiel［11.12］による全体寸法およびバッチサイズと製造コスト構造の変化の関係を示している．バッチサイズの増加により，単発のコストと，おもに段取りコストのように寸法に独立した項は減少する．**図 11.21** は，図11.10に示した例の全体寸法とコスト構造の関係を示している．この図は，全体寸法が $\phi_L=0.4$ から $\phi_L=2.5$ まで変化する場合，すなわち，因子6.25の場合，コスト構造の重点は生産コストから，材料費に変化する．鋳造品に

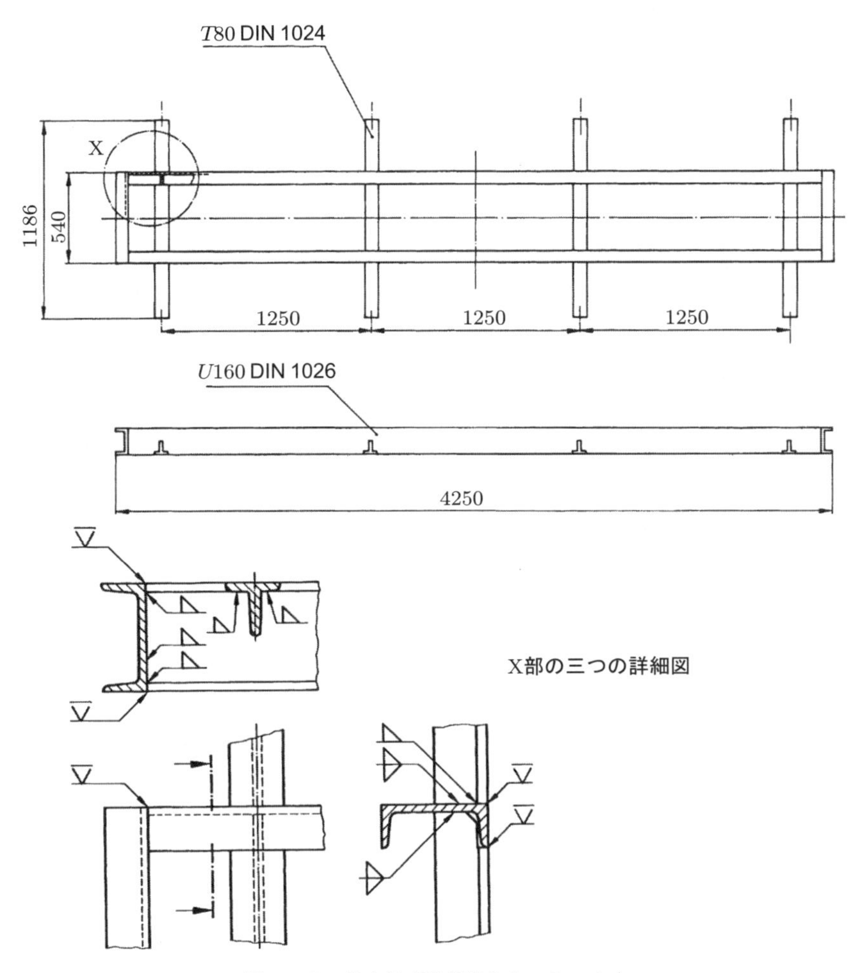

図 11.17 組立品「溶接されたフレーム」

対するコスト構造は，文献［11.14］に見られる．

コスト構造の知識なしに，すなわち，変動製造費に対する直接材料費および生産労務費の寄与の知識なしに，設計者がコスト削減につながる手段を見きわめることは不可能である．したがって，適切なデータを備えることは重要である．独自設計に対して，大まかな計算や相似則を利用した見積りは有用である．適応設計では，有用なデータは以前の設計からの最終的な計算値である．

図 11.22 は，誘導発電機のコスト分布の例を示している［11.19］．これは，たとえば，生産労務費と間接生産コストを低減するために，回転軸 $R1$ を再設計することは有利ではないことを示している．しかし，重量の低減や，より適した材料の選択によって，

		溶接されたフレームの表					
生産作業 材　料		ラベル		単　位	溶接された組立品のデータ	作業要素のデータ	ステップサイズ ϕ
溶接の準備		組立品の重量	W	kg	226	1	226
		部品数	x		16	1	16
		難易度の因子	α		3	1	3
		労務費因子	c_L	MU/min	1	1	1
シーム溶接	隅肉溶接	シーム厚さ	a	mm	4	1	4
		シーム長さ	l_f	m	4.52	1	4.52
		困難さの因子	α		3	1	3
	V字溶接	シートの厚み	t	mm	10	1	10
		シーム長さ	l_v	m	2.44	1	2.44
		難易度の因子	α		2	1	2
溶接材料		比材料費	c_w	MU/kg	10	10	1
データ：1/85		記入者：BI					

図 11.18　ステップサイズを計算するための表

生産作業 材　料		成長則	計　算	ステップサイズ ϕ	
				t=10 mm	t=8 mm
準備		$\phi_r=0.32\cdot\phi_{cL}\cdot\phi_\alpha\cdot\phi_W^{0.5}\cdot\phi_x^{0.5}$	$0.32\cdot1\cdot3\cdot226^{0.5}\cdot16^{0.5}$	57.73	57.73
溶接	隅肉	$\phi_s=(0.26+0.39\cdot\phi_\alpha^{0.5})\cdot\phi_t^{1.5}\cdot\phi_l\cdot\phi_{cL}$	$(0.26+0.39\cdot3^{0.5})\cdot4^{1.5}\cdot4.52\cdot1$	33.83	33.83
	V字		$(0.26+0.39\cdot2^{0.5})\cdot10^{1.5}\cdot2.44\cdot1$	62.62	44.81
材料の溶接	隅肉	$\phi_m=0.03\cdot\phi_t^2\cdot\phi_l\cdot\phi_{cW}$	$0.03\cdot4^2\cdot4.52\cdot1$	2.17	2.17
	V字		$0.03\cdot10^2\cdot2.44\cdot1$	7.32	4.68
			ϕ_{PCw}=	163.67	143.22

図 11.19　図 11.17 に示した溶接された組立品の生産作業の溶接費に関するステップサイズの計算

かなりのコスト削減の可能性がある．材料費の寄与が高いためである．固定子のハウジング $S3$ については状況が異なり，間接製造コストの寄与が高いため，設計を修正して生産プロセスを変更するのが有利であることを示している．

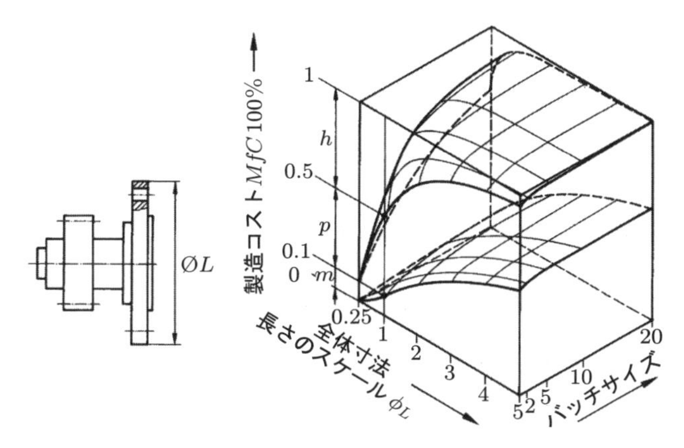

図 11.20　歯車箱の製造コスト構造（出典 [11.1, 11.35]）．全体寸法あるいは長さに関するステップサイズ ϕ_L やバッチサイズによって決まる．
m：材料費の寄与，p：生産コストの寄与，h：一度だけ発生するコスト（段取りコスト）

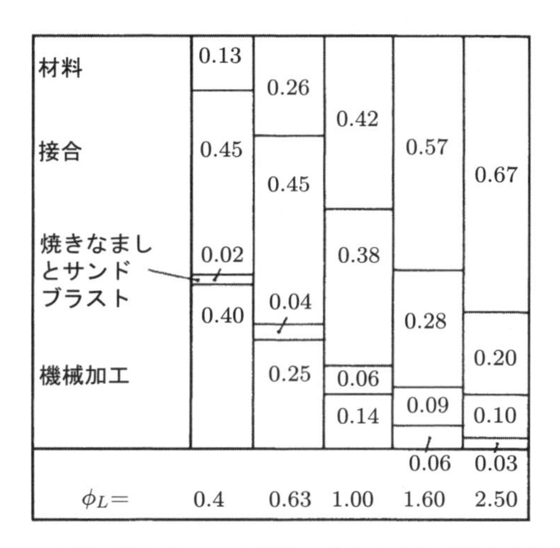

図 11.21　図 11.10 の例に関するコスト構造．全体の寸法が変化すると種々の因子の寄与も大きく変化することを示している．

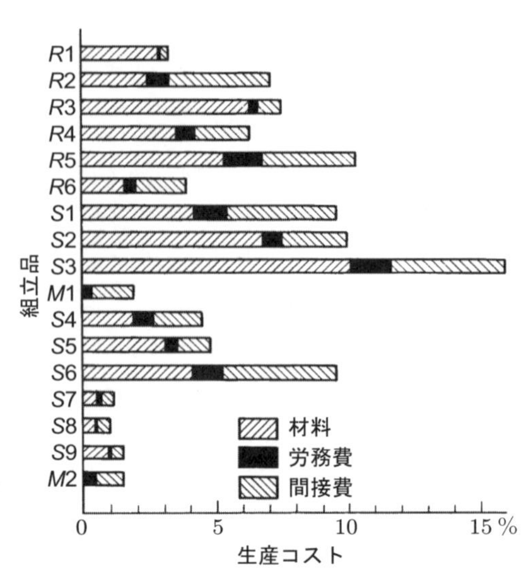

図 11.22　同期発電機のコスト構造（出典［11.19］，Siemens）
*R*1：ロータ，*R*2：ロータボディ，*S*3：ステータハウジング，
*S*5：軸受，*S*6：スパイダ，*M*2：マウント，など

11.4　目標コスト

市場価格および運用コストは，競合製品とプロセスの選択に際して，顧客にとってもっとも重要な基準である．市場において不利なコスト状況は，製品がもつ特性が満足いくものであっても，しばしば新たな，もしくはさらなる開発の重要な理由となる．このとき，初期の開発目標は，市場の状況を改善するための製造コストの低減となるだろう．このような場合，プロジェクト管理は，目標コストの確立により始まり，特定のコスト要件を満たすことが試みられる［11.3, 11.30］．このタイプのコスト管理に焦点を当てた開発プロセスは，大なり小なり，以下のようにして進められる．

市場分析（3.1.4 項参照）に従い，顧客の期待に沿った魅力的な価格が確立され，競合製品より有利になるように比較される．利益と内部の間接費（図 11.1 参照）を考慮に入れ，許容製造コストが見積もられる．可能な限り，また特定可能な限り，全体製造コストは異なる機能群や組立品に分割され，個々の設計解の目標コストが定められる．次に，既存の製品の製造コストを比較することで，どのコスト要素を低減させなければならないかを示す．必要であれば，適切な方法で運用コストも含められる．

従来の製品開発と比較すると，コスト評価という観点で，製造コストは過去にさかのぼって決定されないが，設計解の開発を管理するための，下位システムに対する目標コストとして与えられる［11.4, 11.9］．したがって，導出された許容される製造コストは重要な開発目標である．価値分析（1.2.3 項と文献［11.8, 11.32, 11.38］）と同様に，既存の機能，特徴や製造方法が問い直される．可能であれば，機能改善，性能向上や材料低減などが，製品の魅力の向上のために，コストの低減と同時に考慮されるべきである．

コスト低減の機会は，全体コストに著しく寄与する下位システム（機能群や組立品）においてとくに見つけることができ，たとえば，役割，原理的設計解，実体化，材料，生産プロセス，組立方法の変更による大きなコスト削減の可能性をもたらす．主たる優先事項が，機能の組合せや信頼性，好ましい価格と低い運用コストに対する魅力といった，顧客の期待を満足することであることは変わらない．Ehrlenspiel［11.9, 11.15］は，目標コストを基にしたコンクリートミキサの教育的な例を与えている．

目標コストは，コンカレントエンジニアリング（4.3 節）や価値分析（1.2.3 項）で適用されたアプローチと同様に，製品創造プロセスにかかわる人すべてが含まれた**開発チーム**によって適用されたときのみに成功することは明らかである．本章で提案したコスト見積りと最小化の手法の適用は，早い段階，たとえば設計解の探索と選択過程での目標コストの実現を促進する．

モジュラーシステムに対する目標コストの興味深い適用は，Kohlhase の学術論文で提案されている［11.20］．個々のモジュールおよびその組合せに対し，計画された許容コストが目標コストを分割することにより決定されている．これらのコストは，生産コストと手戻りコストを含んでいる．ニューラルネットワークを使用し，相互の影響が把握されて，考慮されている．十分なデータが利用できるならば，要求に基づいて，経済的なモジュールの組合せを決定することが可能である．

11.5　コストを最小化するルール

7.5.8 項および 7.5.9 項で述べた内容に加え，コストの最小化のために，以下の一般的なルールを述べることができる［11.11, 11.13, 11.35］．

- 複雑さを低くする．すなわち，部品数を少なく，生産プロセスを少なくする．
- 全体寸法を小さくして，材料費を低減する．なぜなら，材料費はサイズ（もっとも多いのは直径）に比例して増加しないからである．
- 数量を大きく（大きいバッチサイズ）して，単発のコストをならす．たとえば，段取り時間をならすことができ，高性能な生産プロセスを使用でき，反復による利点を活用できるからである．
- 精度要件を最小化する．すなわち，可能であれば，大きな公差や粗い表面粗さとする．

これらのルールを適用する際に，対象の役割と大きさを考慮に入れる必要がある．

コストに関して，経済的観点と環境的観点は，必ずしも矛盾しないことが示されてきており，事実，両者は互いに支え合っている［11.2］．このことは，エネルギーと材料を低減する手段が，設計解の探索と実体化の過程で考慮されている場合は，とくに当てはまり，コストの低減と資源と環境負荷の低減をもたらす．これは，以下のチェックリストに示されている．

エネルギーの低減方法：

- エネルギー変換を避ける（6.3節「機能構造の構築」参照）．
- 流量損失を減らす．
- 摩擦損失を低減する（7.4.1項(4)「力のつり合いの原理」参照）．
- 廃エネルギーを使用する（7.4.3項「自助の原理」参照）．
- 運用に適切な機械寸法を使用する．
- 高い全体効率を実現できる下位システムにシステムを分割する．
- 損失を低減する機械部品を使用する．

材料を低減方法：

- 適切な材料を選択する（11.3.1項「相対コストとの比較」参照）．
- 張力／圧縮力の伝達を使用する(7.4.1項(4)：「力の直接・最短伝達の原理」参照)．
- 荷重に対する最適な断面を選択する（11.3.1項「相対コストとの比較」参照）．
- 流れを効率的に分散および伝達する（7.4.2項「役割分割の原理」参照）．
- 速度を増加する．
- 一体化構造と機能の統合を採用する（7.3.2項「簡単性」および7.5.8項「生産設計」参照．
- 安全性を維持しつつ過剰設計を避ける(7.3.3項「安全性」，「フェイルセーフ原理」参照)．
- 鋳造，鍛造，深絞り加工などの材料を節約するプロセスを用いて部品を生産する．

Chapter

12 まとめ

12.1 体系的アプローチ

本書ではまず，歴史的背景と基本的事項，および一般に適用可能な問題解決・評価の手法について考察を加えた．その後，製品企画と課題の明確化に始まり，概念設計と実体設計フェーズへと進む製品開発プロセスについて記述した．一般的な設計解に関する章は，設計解の探索を促す．開発の労力を削減するために，寸法レンジとモジュラーシステム開発のアプローチを導入した．品質保証とコスト見積りの手法は，顧客満足度を高め，市場競争力を強化するはたらきがある．

概念設計と**実体設計**は，工業製品および技術システムにおける二つの重要な設計フェーズである．これらの設計フェーズにおける個々のステップについて，**図 12.1** と**図 12.2** に示す．ここでは，さまざまな手法が，その主要なまたは補助的な適用対象と関連づけられている（各手法の概要は文献［12.11］参照）．これらの図はまた，エンジニアリングデザイン業務の**進行度**と，さまざまな手法の**重要度**および**タイミング**を図示している．課題および問題は，製品によって異なる．また，アプローチと各手法の使い方は，工業分野やそれぞれの企業の特徴に影響を受ける．これにより，作業ステップの順序や，各手法の適用，用語の使い方には違いが生じることがある．本書で提案したアプローチは，体系的アプローチおよびさまざまな手法の基礎をなす考え方を尊重したうえで，柔軟に適合されるべきである．加えて，必ずしもすべての問題あるいはすべての作業ステップについて，適用可能な手法を用いなければならないわけでもない．

種々の手法は，必要かつ有用なときにだけ利用すればよい．組織上の目的で，あるいは物知り顔をしたいがためだけに，このような作業をしてはならない．設計者は，その性向や経験，技能に応じて，特定の手法を好む傾向にある．これは，あるステップに対して適切な手法が複数ある場合には，とくにそうである．それが，異なる視点や思考レベルを切り替える助けとなるためである．この切り替えは，大幅な前進（初期のプロセスにおける具体的ステップの実施）と，その後で元のステップへ回帰する

手法 ●主要 ○補助的		ステップ	課題の選択 製品企画	仕様書の作成 課題の明確化	抽象化による 問題の本質の特定	機能構造の構築	動作原理の探索	動作原理の組合せ	適切な組合せの選択	原理的設計解の確定	原理的設計解の評価
動向調査，市場分析		3.1	●	○							
仕様書		5.2		●	○						
抽象化		6.2			●	○					
ブラックボックス化，機能構造		6.3			○	●					
文献調査		3.2.1	○	○			●			○	
分析	自然システム	3.2.1				○	●				
	既知の設計解	3.2.1		○		●	●	●		○	
	数学－物理学の関係	3.2.1				●	●				
試験，計測		3.2.1					●	●		●	
ブレインストーミング， ギャラリー法，シネクティクス		3.2.2	○				●				
物理プロセスの体系的検討		3.2.3					●				
分類表		3.2.3					●	●			
設計カタログ		3.2.3					●	●			
スケッチ，直観的改善		6.5.1					○	●		●	
選択法		3.3.1				○	○	●	●	○	
評価法		3.3.2									●
品質保証法		10						○	○	●	●
コスト検討法		11							○		●
価値分析		1.2.3							○		○

図 12.1　概念設計の各ステップと種々の方法との相互関係（数字は章や節の番号に対応する）

こと（結果の分析と新たなアイデアの創出）によって達成できる．設計解を探索するとき，思考レベルの切り替えは，とくに重要な役割を果たす．適切な手法の適合と選択は，これらの手法に関する知識と，それらの応用についてのいくらかの経験を必要とする．これは，手法を学び，実践しなければならないことを意味する．

抽象化し，体系的な作業を行い，論理的かつ創造的に思考する能力は，設計者の専門的知識を十分に補ってくれる．これらの能力は個々の設計段階において，程度の違

手法 ＼ ステップ ●主要 ○補助的		実体を決定するのに必要な要件の特定	空間的制約条件の確定	主要機能要素の特定	主要機能要素の初期レイアウトの展開	適切な初期レイアウトの選択	ほかの主要機能要素の初期レイアウトの展開	補助機能要素の設計解の探索	主要機能要素の詳細レイアウトの展開	補助機能要素の詳細レイアウトの展開	初期レイアウトの評価	最終レイアウトの準備	エラーと外乱要因のチェック	部品一覧表と製造指示書の原案作成
仕様書	5.2	●	●								○		○	
機能構造	6.3			●										
設計解概念	6	●	●	●	○		○							
種々の解決法，一般的設計解	4.8							●						
チェックリスト	7.2				●	○	●		●	●				
基本ルール（簡単，明確，安全）	7.3				●	○	●	○	●	●	○	○	○	○
原理 ・力の伝達 ・役割分割 ・自助 ・安定性と意図的不安定性 ・失敗のない設計	7.4			●	●		●	○	○					
ガイドライン ・耐久性（応力） ・変形 ・安定性 ・共振 ・膨張 ・応力緩和 ・腐食 ・摩耗 ・人間工学 ・標準規格 ・生産 ・組立 ・品質管理 ・輸送 ・操作 ・メンテナンス ・リサイクル	7.5				○		○		●	●		●		●
選択法	3.2.1					●		●						
品質保証 リスク低減	10 7.5.12										○	●	●	
コスト検証	11					○					●			
評価法	3.3.2 7.6							○			●			

図 12.2 実体設計の各ステップと種々の手法との相互関係（数字は章や節の番号に対応する）

いはあるものの，つねに必要である．**抽象化**は，問題の本質の特定，機能構造の構築，分類表の特性決定および実体設計における原理とルールの適用において必要である．**体系的かつ論理的な思考**は，機能構造の推敲，分類表の作成，システムとプロセスの分析，要素の組合せ，欠陥の同定，および設計解の評価の役に立つ．**創造的能力**は，機能構造の変更，直観的方法による設計解の探索，分類表あるいは設計カタログによる要素の組合せ，および基本ルールや原理とガイドラインの適用に役立つ．**専門的知識**は，とくに仕様の作成，弱点の探索，選択と評価，チェックリストと欠陥追跡手法による検査に必要である．

これらの手法を使用する経験が，製品開発プロセスの企画および進捗管理に役立つ．特定分野での経験は，問題の絞り込みと解の発見のスピードアップに貢献し，まるで「もみ殻の中から小麦を拾い集める」ごとく，必要なものをより分けることができるだろう．Frankenberger [12.5] は，彼の研究の中で，「経験は大きなプラスの効果をもたらすが，その経験が柔軟性の欠如と固定化につながるときは，マイナスの効果をもたらすこともある」と説明している．

図 12.3 に，**ガイドライン**とそのおもな特徴を示す．これらの特徴は，さまざまな設計フェーズにおける創造的および是正的活動を支援する．このリストは，2.1.7 項で示した一般的提案と一致しており，技術的機能を経済的に，しかも安全に実現するのを確実にする．設計解を発見するには，機能構造，動作原理および構築構造の間の関係と，一般的制約条件と課題に固有の制約条件を考慮すべきである．実体化の程度に合わせて特徴を適合する．

仕様書作成にあたっては，事前に機能と重要な制約条件を特定できるように，要件を詳細に知っておく必要がある．そのために，主特徴「機能」は，関連する特徴「幾何形状」，「運動」，「力」，「エネルギー」，「物質」および「信号」に展開されている．これらはすべて，全体機能の特定と記述を容易にする．同様に，実体設計フェーズでは，項目「実体化」は，適切な「レイアウト」の特徴で置き換えられる．同様の特徴を評価にも適用する．これらは，あらゆる事態に対応できる間口の広い冗長性を備えているのである．品質保証とコスト見積りの手法は，可能な限り早期に適用すべきであるが，遅くとも実体化フェーズの間には行うべきである．

ここで検討してきた方法の中には，実体化の異なるレベルで適用できるものがあるので，**繰り返し**使用できるようになっている．このことは，とくに文書化（たとえば仕様書，機能構造表，選択と評価チャート）の場合に当てはまる．さらに，ある製品群のために体系的に推敲された文書は幅広い適用範囲をもち，ほかの製品に再利用でき，体系的アプローチにかかる全体的な労力を削減できることがわかっている．

課題の明確化	概念設計		実体設計	
仕様書の作成 要件の決定 （図 5.3）	選　択 原理の最適な組合せの確定 （図 3.27）	評　価 最適な概念の発見 （図 6.22）	実体化 実体化のチェック レイアウト，形状，材料の決定 （図 7.3）	評　価 最適な実体化の特定 （図 7.148）
幾何形状	全体課題との適合性	機　能	機　能	機能，動作原理
運　動		動作原理	動作原理	レイアウト設計
力	仕様の要件の実現	実体化	レイアウト	形状設計
エネルギー			・耐久性	
物　質	原理の実現可能性		・変形	
信　号			・安定性	
			・共振	
			・膨張	
			・腐食	
			・摩耗	
安　全	直接的安全実現手段の組込み	安　全	安　全	安　全
人間工学		人間工学	人間工学	人間工学
生　産		生　産	生　産	生　産
品質管理		品質管理	品質管理	品質管理
組　立	設計者の企業の意向が優先	組　立	組　立	組　立
輸　送		輸　送	輸　送	輸　送
操　作		操　作	操　作	操　作
メンテナンス	許容可能なコスト内で	メンテナンス	メンテナンス	メンテナンス
リサイクル		リサイクル	リサイクル	リサイクル
コスト		コスト	コスト	コスト
スケジュール			スケジュール	スケジュール

図 12.3　主要な特徴と関連する作業ステップに関するチェックリストのまとめ

12.2 体系的アプローチの実践

本書に記されている全体的なアプローチまたは個々の設計手法は，産業界ではすでに数多く採用されている．それらは，産業界で働いている工学研究者や，産業界の事業を支援する団体，さらに，設計実務に携わる人たちによってすでに実用されている．これらの活動で得られた経験は，文献［12.1–12.3, 12.8］で解析され紹介されている．

個々の設計手法に関して，次のように結論づけることができる．

- 課題の明確化と**仕様書**の作成は，不可欠かつ重要な手法であるとわかった．
- 抽象化と**機能構造**の創出は，抽象的な表現であるために，しばしば難しく感じることがある．なぜなら，設計者は，実体のあるものや，目に見えるイメージで考えることに慣れているためである［12.6］．それでもやはり，最低でも主要な機能は，整理してリストアップすることが必要かつ有用である．
- **直観的探索法**はおもに，定型的な方法では解決が困難と思われる場合に使用される．実体化作業に対しては，ブレインストーミングよりもギャラリー法を用いるほうが有効である．しかし，いずれの方法でもアイデア創出を促進するだけである．細心の分析とより一層の結果の進展が必要である．
- 分類表や形態マトリックスのような**推論的手法**は，最初はいくらか困難を生じる．適切だが抽象的な分類基準とその特徴が，よく理解されないからである．これは，体系的アプローチに対する訓練が十分にできていないことを示している．しかし，この体系的手法を理解し利用することができれば，より基本的な理解が可能になり，よりよい設計解と，特許の可能性を高めることにつながる．また，競合する企業の設計解との比較にも役立つ．
- **選択・評価法**は頻繁に用いられるが，体系的な視点から見ると，推奨されない方法で組み合わされ，結果として個別的アプローチになっていることが多い．適用の頻度にかかわらず，選択・評価法は，設計者がより客観的な決定をするうえでやはり役立つ．ほとんどの場合において，これらの方法は必要不可欠である．

Schneider［12.9］などが，最近の研究で，上記に述べた事柄を証明している．また，Wallmeier［12.10］の研究では，経験の大切さと，結果に対する深い考察より得られる持続的な評価の大切さを強調している．

概念設計フェーズで体系的アプローチを適用することは，多くの時間を使いすぎると，よく反論されることがある．確かに，独自設計を行うためには，この段階で必要な時間が増加するのは事実である．しかし，このフェーズでアイデアを原理的設計解に具体化する作業（たとえば，おおまかな計算や設計解の展開，およびさまざまなレイアウトの解析）に通常要する時間は，体系的アプローチを用いない場合とほぼ同じで，およそ60～70％である．必要な時間が明らかに増えたとしても，その後の実体設計フェーズや詳細設計フェーズにおいて，数倍の節約ができることが，経験的にわかっている．あせりや脱線，設計解探索のやりなおしなどが避けられるからである．そうすることで設計作業は，より目標に対して直接的かつ効果的になるだろう．

実体設計フェーズにおいても，体系的アプローチはたいへん有益である．基本ルールを適用することにより，実体設計の原理とガイドラインは通常，設計作業の労力を低減し，間違いと外乱を避け，材料の最適化と製品の品質を向上させることができる．欠陥と不要なコストを確認するための手法を用いて設計解をチェックすることもまた，製品の品質を向上させる．ただし，不可欠なものに限定しなければ，時間がかかりすぎるので注意が必要である．とくに，弱点を探すことにおいて得られる利益の大きさを考えれば，評価に費やす時間は決して無駄にはならない．

まとめると，次のようになる．

- とくに，独自設計が必要なときや，仮想的な製品開発の導入を計画するときに，産業界の企業は明らかに体系的設計法に対して興味を示す．
- 体系的アプローチは，広く産業界で受け入れられている．ただしこれには，必要が生じた際に個々の手法を適用するだけのものも含まれる．
- 体系的アプローチはとりわけ，従来にないアイデアの創出が必要な新規設計の開発，すなわち新しい設計解で新しい機能を満たす場合に採用されている．
- このアプローチは，適応設計や改良設計においては，ほとんど導入されていない［12.2, 12.4］．なぜなら，これらのタイプの設計においては，機能や機能構築を伴う作業がもっとも重要な課題ではないからである．適応設計や改良設計に対しては，コンピュータによる支援がより有効である．

体系的アプローチを活用している企業は，次のように述べている．

- 特許の数，とくに防衛特許の数が増加している．
- プロジェクト全体の開発期間は，概念設計フェーズに費やす時間が長いにもかかわらず短期間である．
- よりよい解決策を見出す確率が高い．
- 複雑化した問題や生産の管理が楽である．
- 現実的な期限を守りつつ，創造性が高まる［12.7］．
- 配置転換の効果は顕著である．つまり，従業員はほかの分野でも体系的に働くことができる．

次の 2 次的効果も見受けられる．

- 情報の流れがよくなる．
- チームワークと意欲が向上する．
- 顧客とのコミュニケーションが増える．

体系的設計の特筆すべき効果は，そのアプローチと方法を教えられた若い技術者が多くの経験を積まなくても，驚くほど早く会社に貢献できることである．

一方で，産業界から，次のことについて批評を受けている．

- コストの見積り方法が不十分である．
- このアプローチは，設計者と管理者の両方が使い方を訓練されているときだけうまく使える．また，どちらも一貫して他方にこのアプローチを使用することを要求する．

- 直観と創造性は，体系的アプローチで置き換えることはできない．それらは，単に支援するだけである．

全体的な結論は明らかである．設計に体系的アプローチを使うことによって得られる利点は，どんな短所をも上回っている．

References

参考文献

第1章

1.1 Adams, J.L.: Conceptual Blockbusting: A Guide to Better Ideas, 3. Edition, Stanford: Addison-Wesley, 1986.

1.2 Altschuller, G.S.; Zlotin, B.; Zusman, A.V.; Filantov, V.I.: Searching for New Ideas: From Insight to Methodology (russisch). Kartya Moldovenyaska Publishing House, Kishnev, Moldawien 1989.

1.3 Altschuller, G.S.: Artikelreihe Theory of Inventive Problem Solving: (1955–1985). Management Schule, Sinferoble, Ukraine, 1986.

1.4 Altschuller, G.S.: Erfinden – Wege zur Lösung technischer Probleme. Technik 1984.

1.5 Altschuller, G.S.: Erfinden – (k)ein Problem? Anleitung für Neuerer und Erfinder. (org.: Algoritm izobretenija (dt)). Verlag Tribüne, Berlin 1973.

1.6 Andreasen, M.M.: Methodical Design Framed by New Procedures. Proceedings of ICED 91, Schriftenreihe WDK 20. Zürich: HEURISTA 1991.

1.7 Andreasen, M.M.; Hein, L.: Integrated Product Development. Bedford, Berlin: IFS (Publications) Ltd, Springer 1987.

1.8 Andreasen, M.M.; Kähler, S.; Lund, T.: Design for Assembly. Berlin: Springer 1983. Deutsche Ausgabe: Montagegerechtes Konstruieren. Berlin: Springer 1985.

1.9 Antonsson, E.K.; Cagan, J.: Formal Engineering Design Synthesis. Cambridge University Press 2001.

1.10 Archer, L.B.: The Implications for the Study of Design Methods of Recent Developments in Neighbouring Disciplines. Proceedings of ICED 85, Schriftenreihe WDK 12. Zürich: HEURISTA 1985.

1.11 Bach, C.: Die Maschinenelemente. Stuttgart: Arnold Bergsträsser Verlagsbuchhandlung, 1. Aufl. 1880, 12. Aufl. 1920.

1.12 Bauer, C.-O.: Anforderungen aus der Produkthaftung an den Konstrukteur. Beispiel: Verbindungstechnik. Konstruktion 42 (1990) 261–265.

1.13 Beitz, W.: Simultaneous Engineering – Eine Antwort auf die Herausforderungen Qualität, Kosten und Zeit. In: Strategien zur Produktivitätssteigerung – Konzepte und praktische Erfahrungen. ZfB-Ergänzungsheft 2 (1995), 3–11.

1.14 Beitz, W.: Design Science – The Need for a Scientific Basis for Engineering Design Methodology. Journal of Engineering Design 5 (1994), Nr. 2, 129–133.

1.15 Beitz, W.: Systemtechnik im Ingenieurbereich. VDI-Berichte Nr. 174. Düsseldorf: VDI-Verlag 1971 (mit weiteren Literaturhinweisen).

1.16 Beitz, W.: Systemtechnik in der Konstruktion. DIN-Mitteilungen 49 (1970) 295–302.

1.17 Birkhofer, H.: Konstruieren im Sondermaschinenbau – Erfahrungen mit Methodik und Rechnereinsatz. VDI-Berichte Nr. 812, Düsseldorf: VDI-Verlag 1990.

1.18 Birkhofer, H.: Von der Produktidee zum Produkt – Eine kritische Betrachtung zur Auswahl und Bewertung in der Konstruktion. Festschrift zum 65. Geburtstag von G. Pahl. Herausgeber: F.G. Kollmann, TU Darmstadt 1990.

1.19 Birkhofer, H.; Büttner, K.; Reinemuth, J.; Schott, H.: Netzwerkbasiertes Informationsmanagement für die Entwicklung und Konstruktion – Interaktion und Kooperation auf virtuellen Marktplätzen. Konstruktion 47 (1995), 255–262.
1.20 Birkhofer, H.; Nötzke, D.; Keutgen, I.: Zulieferkomponenten im Internet. Konstruktion 52 (2000) H. 5, 22–23.
1.21 Bischoff, W.; Hansen, F.: Rationelles Konstruieren. Konstruktionsbücher Bd. 5. Berlin: VEB-Verlag Technik 1953.
1.22 Bjärnemo, R.: Evaluation and Decision Techniques in the Engineering Design Process – In Practice. Proceedings of ICED 91, Schriftenreihe WDK 20. Zürich: HEURISTA 1991.
1.23 Blass, E.: Verfahren mit Systemtechnik entwickelt. VDI-Nachrichten Nr. 29 (1981).
1.24 Blessing, L.T.M.: A Process-Based Approach to Computer-Supported Engineering Design. Cambridge: C.U.P. 1994.
1.25 Bock, A.: Konstruktionssystematik – die Methode der ordnenden Gesichtspunkte. Feingerätetechnik 4 (1955) 4.
1.26 Boothroyd, G.: Dieter, G.E.: Assembly Automation and Product Design. New York, Basel: Verlag Marcel Dekker, Inc. 1991.
1.27 Bralla, J.G.: Design for Excellence. New York: McGraw-Hill 1996.
1.28 Breiing, A.; Flemming, M.: Theorie und Methoden des Konstruierens. Berlin: Springer 1993.
1.29 Büchel, A.: Systems Engineering: Industrielle Organisation 38 (1969) 373–385.
1.30 Chestnut, H.: Systems Engineering Tools. New York: Wiley & Sons Inc. 1965, 8 ff.
1.31 Clark, K.B., Fujimoto, T.: Product Development Performance: Strategy, Organization and Management in the World Auto Industry. Boston: Harvard Business School Press 1991.
1.32 Clausing, D.: Total Quality Deelopment. Asme Press, N.Y.: 1994.
1.33 Cross, N.: Engineering Design Methods. Chichester: J. Wiley & Sons Ltd. 1989.
1.34 Cross, N.; Christiaans, H.; Dorst, K.: Analysing Design Activity. Delft University of Technology, New York: Niederlande, Verlag John Wiley & Sons, 1996.
1.35 De Boer, S.J.: Decision Methods and Techniques in Methodical Engineering Design. De Lier: Academisch Boeken Centrum 1989.
1.36 Dietrych, J.; Rugenstein, J.: Einführung in die Konstruktionswissenschaft. Gliwice: Politechnika Slaska IM. W Pstrowskiego 1982.
1.37 DIN 69910: Wertanalyse, Begriffe, Methode. Berlin Beuth.
1.38 Dixon, J.R.: On Research Methodology Towards – A Scientific Theory of Engineering Design. In Design Theory 88 (ed. by S.L. Newsome, W.R. Spillers, S. Finger). New York: Springer 1988.
1.39 Dixon, J.R.: Design Engineering: Inventiveness, Analysis, and Decision Making. New York: McGraw-Hill 1966.
1.40 Ehrlenspiel, K.: Integrierte Produktentwicklung. München: Hanser 1995.
1.41 Ehrlenspiel, K.: Kostengünstig konstruieren. Berlin: Springer 1985.
1.42 Ehrlenspiel, K.; Figel, K.: Applications of Expert Systems in Machine Design. Konstruktion 39 (1987) 280–284.
1.43 Ehrlenspiel, K.; Kiewert, A.; Lindemann, U.: Kostengünstig Entwickeln und Konstruieren. Berlin: Springer 2002.
1.44 Eigner, M.; Stelzer, R.: Produktdatenmanagement-Systeme. Berlin: Springer 2002.
1.45 Elmaragh, W.H.; Seering, W.P.; Ullman, D.G.: Design Theory and Methodo-logy-DTM 89. ASME DE – Vol. 17. New York 1989.
1.46 Erkens, A.: Beiträge zur Konstruktionserziehung. Z. VDI 72 (1928) 17–21.
1.47 Flemming, M.: Die Bedeutung von Bauweisen für die Konstruktion. Proceedings of ICED 91, Schriftenreihe WDK 20. Zürich: HEURISTA 1991.
1.48 Flemming, M.; Ziegmann, G.; Roth, S.: Faserverbundbauweisen. Berlin: Springer 1995.
1.49 Flursheim, C.: Industrial Design and Engineering. London: The Design Council 1985.
1.50 Flursheim, C.: Engineering Design Interfaces: A Management Philosophy. London: The Design Council 1977.
1.51 Franke, H.-J.: Konstruktionsmethodik und Konstruktionspraxis – eine kritische Betrachtung. In: Proceedings of ICED '85 Hamburg. Zürich: HEURISTA 1985.
1.52 Franke, H.-J.: Der Lebenszyklus technischer Produkte. VDI-Berichte Nr. 512. Düsseldorf: VDI-Verlag 1984.

1.53 Franke, H.-J.; Lux, S.: Internet-basierte Angebotserstellung für komplexe Produkte. Konstruktion 52 (2000) H. 5, 24–26.
1.54 Franke, R.: Vom Aufbau der Getriebe. Düsseldorf: VDI-Verlag 1948/1951.
1.55 Frankenberger, E.; Badke-Schaub, P.; Birkhofer, H.: Designers, The Key to Successful Product Development. London: Springer 1998.
1.56 French, M.J.: Form, Structure and Mechanism. London: Macmillan 1992.
1.57 French, M.J.: Invention and Evolution: Design in Nature and Engineering. Cambridge: C.U.P. 1988.
1.58 French, M.J.: Conceptual Design for Engineers. London, Berlin: The Design Council, Springer 1985.
1.59 Frey, V.R.; Rivin, E.I.; Hatamura, Y.: TRIZ: Nikkan Konyou Shinbushya. Tokyo 1997.
1.60 Frick, R.: Erzeugnisqualität und Design. Berlin: Verlag Technik 1996.
1.61 Frick, R.: Arbeit des Industrial Designers im Entwicklungsteam. Konstruktion 42 (1990) 149–156.
1.62 Frick, R.: Integration der industriellen Formgestaltung in den Erzeugnis-Entwicklungsprozess. Habilitationsschrift TH Karl-Marx-Stadt 1979.
1.63 Gasparski, W.: On Design Differently. Proceedings of ICED 87, Schriftenreihe WDK 13. New York: ASME 1987.
1.64 Gausemeier, J.; Ebbesmeyer, P.; Kallmeyer, F.: Produktinnovation. Strategische Planung und Entwicklung der Produkte von morgen, München, Wien: Hanser, 2001.
1.65 Gierse, F.J.: Von der Wertanalyse zum Value Management – Versuch einer Begrifferklärung. Konstruktion 50 (1998), H. 6, 35–39.
1.66 Gierse, F.J.: Funktionen und Funktionen-Strukturen, zentrale Werkzeuge der Wertanalyse. VDI Berichte Nr. 849, Düsseldorf: VDI-Verlag 1990.
1.67 Gierse, F.J.: Wertanalyse und Konstruktionsmethodik in der Produktentwicklung. VDI-Berichte Nr. 430. Düsseldorf: VDI-Verlag 1981.
1.68 Glegg, G.L.: The Development of Design. Cambridge: C.U.P. 1981.
1.69 Glegg, G.L.: The Science of Design. Cambridge: C.U.P. 1973.
1.70 Glegg, G.L.: The Design of Design. Cambridge: C.U.P. 1969.
1.71 Gregory, S.A.: Creativity in Engineering. London: Butterworth 1970.
1.72 Groeger, B.: Ein System zur rechnerunterstützten und wissensbasierten Bearbeitung des Konstruktionsprozesses. Konstruktion 42 (1990) 91–96.
1.73 Hales, C.: Managing Engineering Design. Harlow: Longman 1993.
1.74 Hales, C.: Analysis of the Engineering Design Process in an Industrial Context. Eastleigh/Hampshire: Gants Hill Publications 1987.
1.75 Hales, C.; Wallace, K.M.: Systematic Design in Practice. Proceedings of ICED 91, Schriftenreihe WDK 20. Zürich: HEURISTA 1991.
1.76 Hansen, F.: Konstruktionswissenschaft – Grundlagen und Methoden. München: Hanser 1974.
1.77 Hansen, F.: Konstruktionssystematik, 2. Aufl. Berlin: VEB-Verlag Technik 1965.
1.78 Hansen, F.: Konstruktionssystematik. Berlin: VEB-Verlag Technik 1956.
1.79 Harrisberger, L.: Engineersmanship: A philosophy of design. Belmont: Wadsworth 1967.
1.80 Hawkes, B.; Abinett, R.: The Engineering Design Process. London: Pitman 1984.
1.81 Hazelrigg, G.A.: Systems Engineering: An approach to information-based design. Prentice Hall, Upper Sattel River, N.4. 1996.
1.82 Hennig, J.: Ein Beitrag zur Methodik der Verarbeitungsmaschinenlehre. Habilitationsschrift TU Dresden 1976.
1.83 Herb, R. (Hrsg.); Terninko, J.; Zusman, A.; Zlotin, B.: TRIZ – der Weg zum konkurrenzlosen Erfolgsprodukt (org. TZZ-98). Verlag moderne Technik, Landsberg: 1998.
1.84 Höhne, G.: Struktursynthese und Variationstechnik beim Konstruieren. Habilitationsschrift, TH Ilmenau 1983.
1.85 Hongo, K.; Nakajima, N.: Relevant Features of the Decade 1981–91 of the Theories of Design in Japan. Proceedings of ICED 91, Schriftenreihe WDK 20. Zürich: HEURISTA 1991.
1.86 Hubka, V.: Theorie technischer Systeme. Berlin: Springer 1984.
1.87 Hubka, V.; Andreasen, M.M.; Eder, W.E.: Practical Studies in Systematic Design. London, Northampton: Butterworth 1988.

1.88 Hubka, V.; Eder, W.E.: Einführung in die Konstruktionswissenschaft – Übersicht, Modell, Anleitungen. Berlin: Springer 1992.
1.89 Hubka, V.; Eder, W.E.: Theory of Technical Systems – A Total Concept Theory for Engineering Design. Berlin: Springer 1988.
1.90 Hubka, V.; Schregenberger, J.W.: Eine Ordnung konstruktionswissenschaftlicher Aussagen. VDI-Z 131 (1989) 33–36.
1.91 Hyman, B.: Fundamentals of Engineering Design. Upper Saddle River, Prentice-Hall, 1998.
1.92 Jakobsen, K.: Functional Requirements in the Design Process. In: "Modern Design Principles". Trondheim: Tapir 1988.
1.93 Jung, A.: Technologische Gestaltbildung – Herstellung von Geometrie-, Stoff- und Zustandseigenschaften feinmechanischer Bauteile. Berlin: Springer 1991.
1.94 Jung, A.: Funktionale Gestaltbildung – Gestaltende Konstruktionslehre für Vorrichtungen, Geräte, Instrumente und Maschinen. Berlin: Springer 1989.
1.95 Kannapan, S.M.; Marshek, K.M.: Design Synthetic Reasoning: A Methodology for Mechanical Design. Research in Engineering Design (1991), Vol. 2, Nr. 4, 221–238.
1.96 Kesselring, F.: Technische Kompositionslehre. Berlin: Springer 1954.
1.97 Kesselring, F.: Bewertung von Konstruktionen. Düsseldorf: VDI-Verlag 1951.
1.98 Kesselring, F.: Die starke Konstruktion. VDI-Z. 86 (1942) 321–330, 749–752.
1.99 Klose, J.: Konstruktionsinformatik im Maschinenbau. Berlin: Technik 1990.
1.100 Klose, J.: Zur Entwicklung einer speicherunterstützten Konstruktion von Maschinen unter Wiederverwendung von Baugruppen. Habilitationsschrift TU Dresden 1979.
1.101 Koller, R.: Konstruktionslehre für den Maschinenbau. Grundlagen zur Neu- und Weiterentwicklung technischer Produkte, 3. Auflage. Berlin: Springer 1994.
1.102 Koller, R.: CAD – Automatisiertes Zeichnen, Darstellen und Konstruieren. Berlin: Springer 1989.
1.103 Koller, R.: Entwicklung und Systematik der Bauweisen technischer Systeme – ein Beitrag zur Konstruktionsmethodik. Konstruktion 38 (1986) 1–7.
1.104 Koller, R.: Konstruktionslehre für den Maschinenbau. Grundlagen, Arbeitsschritte, Prinziplösungen. Berlin: Springer 1985.
1.105 Kostelic, A.: Design for Quality. Proceedings of ICED 90, Schriftenreihe WDK 19. Zürich: HEURISTA 1990.
1.106 Kroll, E.; Condoor, S.S.; Jansson, D.G.: Innovative Conceptual Design: Theory and Application of Parameter Analysis. Cambridge: Cambridge University Press 2001.
1.107 Laudien, K.: Maschinenelemente. Leipzig: Dr. Max Junecke Verlagsbuchhandlung 1931.
1.108 Lehmann, C.M.: Wissensbasierte Unterstützung von Konstruktionsprozessen. Reihe Produktionstechnik, Bd. 76. München: Hanser 1989.
1.109 Leyer, A.: Maschinenkonstruktionslehre. Hefte 1–6 technica-Reihe. Basel: Birkhäuser 1963–1971.
1.110 Linde, H.; Hill, B.: Erfolgreich Erfinden – Widerspruchsorientierte Innovationsstrategie. Darmstadt: Hoppenstedt 1993.
1.111 Magrab, E.B.: Integrated Product and Process Design and Development: The Product Realisation Process. CRC Press, USA 1997.
1.112 Matousek, R.: Konstruktionslehre des allgemeinen Maschinenbaus. Berlin: Springer 1957 Reprint.
1.113 Miller, L.C.: Concurrent Engineering Design: Society of Manufacturing Engineering. Dearborn, Michigan, USA 1993.
1.114 Müller, J.: Arbeitsmethoden der Technikwissenschaften – Systematik, Heuristik, Kreativität. Berlin: Springer 1990.
1.115 Müller, J.: Probleme schöpferischer Ingenieurarbeit. Manuskriptdruck TH Karl-Marx-Stadt 1984.
1.116 Müller, J.: Grundlagen der systematischen Heuristik. Schriften zur soz. Wirtschaftsführung. Berlin: Dietz 1970.
1.117 Müller, J.; Koch, P. (Hrsg.).: Programmbibliothek zur systematischen Heuristik für Naturwissenschaften und Ingenieure. Techn. wiss. Abhandlungen des Zentralinstituts für Schweißtechnik Nr. 97–99. Halle 1973.
1.118 N.N.: Leonardo da Vinci. Das Lebensbild eines Genies. Wiesbaden: Vollmer 1955, 493–505.

1.119 Nadler, G.: The Planning and Design Approach. New York: Wiley 1981.
1.120 Neudörfer, A.: Konstruieren sicherheitsgerechter Produkte. Berlin: Springer 2002.
1.121 Niemann, G.: Maschinenelemente, Bd. 1. Berlin: Springer 1. Aufl. 1950, 2. Aufl. 1965, 3. Aufl. 1975 (unter Mitwirkung von M. Hirt).
1.122 Odrin, W.M.: Morphologische Synthese von Systemen: Aufgabenstellung, Klassifikation, Morphologische Suchmethoden. Kiew: Institut f. Kybernetik, Preprints 3 und 5, 1986.
1.123 O'Grady, P.; Young, R.E.: Constraint Nets for Life Cycle Engineering: Concurrent Engineering. Proceedings of National Science Foundation Grantees Conference, 1992.
1.124 Opitz, H. und andere: Die Konstruktion – ein Schwerpunkt der Rationalisierung. Industrie Anzeiger 93 (1971) 1491–1503.
1.125 Orloff, M.A.: Grundlagen der klassischen TRIZ. Berlin: Springer 2002.
1.126 Ostrofsky, B.: Design, Planning and Development Methodology. New Jersey: Prentice-Hall, Inc. 1977.
1.127 Pahl, G. (Hrsg.): Psychologische und pädagogische Fragen beim methodischen Konstruieren. Ladenburger Diskurs. Köln: Verlag TÜV Rheinland 1994.
1.128 Pahl, G.: Denk- und Handlungsweisen beim Konstruieren. Konstruktion 1999, 11–17.
1.129 Pahl, G.: Wege zur Lösungsfindung. Industrielle Organisation 39 (1970), Nr. 4.
1.130 Pahl, G.: Entwurfsingenieur und Konstruktionslehre unterstützen die moderne Konstruktionsarbeit. Konstruktion 19 (1967) 337–344.
1.131 Pahl, G.: Konstruktionstechnik im thermischen Maschinenbau. Konstruktion (1963), 91–98.
1.132 Pahl, G.; Beitz, W.: Konstruktionslehre. Portugiesische Übersetzung. Verlag Editora Edgar Blücher Ltda, Sao Paulo, Brasilien 2000.
1.133 Pahl, G.; Beitz, W.: Konstruktionslehre. Koreanische Übersetzung 1998.
1.134 Pahl, G.; Beitz, W.: Konstruktionslehre. Berlin: Springer 1. Aufl. 1977, 2. Aufl. 1986, 3. Aufl. 1993, 4. Aufl. 1997.
1.135 Pahl, G.; Beitz, W.: (transl. and edited by Ken Wallace, Lucienne Blessing and Frank Bauert): Engineering Design – A Systematic Approach. London: Springer 1995.
1.136 Pahl, G.; Beitz, W.: Engineering Design. Tokio: Baikufan Co. Ltd. 1995.
1.137 Pahl, G.; Beitz, W.: Koneensuunnittluoppi (transl. by U. Konttinen). Helsinki: Metalliteollisuuden Kustannus Oy 1990.
1.138 Pahl, G.; Beitz, W.: Konstruktionslehre. Chinesische Übersetzung 1989.
1.139 Pahl, G.; Beitz, W.: NAUKA konstruowania (transl. by A. Walczak). Warszawa: Wydawnictwa Naukowo Techniczne 1984.
1.140 Pahl, G.; Beitz, W.: (transl. and edited by K. Wallace): Engineering Design – A Systematic Approach. London/Berlin: The Design Council/Springer 1984.
1.141 Pahl, G.; Beitz, W.: A greptervezes elmelete es gyakorlata (transl. by M. Kozma, J. Straub, ed. by T. Bercsey, L. Varga). Budapest: Müszaki Könyvkiadö 1981.
1.142 Pahl, G.; Beitz, W.: Für die Konstruktionspraxis. Aufsatzreihe in der Konstruktion 24 (1972), 25 (1973) und 26 (1974).
1.143 Patsak, G.: Systemtechnik. Berlin: Springer 1982.
1.144 Penny, R.K.: Principles of Engineering Design. Postgraduate 46 (1970) 344–349.
1.145 Pighini, U.: Methodological Design of Machine Elements. Proceedings of ICED 90, Schriftenreihe WDK 19. Zürich: HEURISTA 1990.
1.146 Polovnikin, A.I. (Hrsg.): Automatisierung des suchenden Konstruierens. Moskau: Radio u. Kommunikation 1981.
1.147 Polovnikin, A.I.: Untersuchung und Entwicklung von Konstruktionsmethoden. MBT 29 (1979) 7, 297–301.
1.148 Proceedings of ICED 1981–1995 (ed. by V. Hubka and others), Schriftenreihe WDK 7, 10, 12, 13, 16, 18, 19, 20, 22, 23. Zürich: HEURISTA 1981–1995.
1.149 Pugh, S.: Total Design; Integrated Methods for Successful Product Engineering. Reading: Addison Wesley 1990.
1.150 Redtenbacher, F.: Prinzipien der Mechanik und des Maschinenbaus. Mannheim: Bassermann 1852, 257–290.
1.151 Reinemuth, J.; Birkhofer, H.: Hypermediale Produktkataloge – Flexibles Bereitstellen und Verarbeiten von Zulieferinformationen. Konstruktion 46 (1994) 395–404.

1.152 Reuleaux, F.; Moll, C.: Konstruktionslehre für den Maschinenbau. Braunschweig: Vieweg 1854.
1.153 Riedler, A.: Das Maschinenzeichnen. Berlin: Springer 1913.
1.154 Rinderle, J.R.: Design Theory and Methodology. – DTM 90 ASME DE – Vol. 27. New York 1990.
1.155 Rodenacker, W.G.: Methodisches Konstruieren. Konstruktionsbücher, Bd. 27. Berlin: Springer 1970, 2. Aufl. 1976, 3. Aufl. 1984, 4. Aufl. 1991.
1.156 Rodenacker, W.G.: Neue Gedanken zur Konstruktionsmethodik. Konstruktion 43 (1991) 330–334.
1.157 Rodenacker, W.G.; Claussen, U.: Regeln des Methodischen Konstruierens. Mainz: Krausskopf 1973/74.
1.158 Roozenburg, N.F.M.; Eekels, J.: Produktontwerpen, Structurr en Methoden. Utrecht: Uitgeverij Lemma B.V. 1991. Englische Ausgabe: Product Design: Fundamentals and Methods. Chister: Wiley 1995.
1.159 Roozenburg, N.; Eekels, J.: EVAD Evaluation and Decision in Design. Schriftenreihe WDK 17. Zürich: HEURISTA 1990.
1.160 Roth, K.: Konstruieren mit Konstruktionskatalogen. 3. Auflage, Band I: Konstruktionslehre. Berlin: Springer 2000. Band II: Konstruktionskataloge. Berlin: Springer 2001. Band III: Verbindungen und Verschlüsse, Lösungsfindung. Berlin: Springer 1996.
1.161 Roth, K.: Modellbildung für das methodische Konstruieren ohne und mit Rechnerunterstützung. VDI-Z (1986) 21–25.
1.162 Roth, K.: Konstruieren mit Konstruktionskatalogen. Berlin: Springer 1982.
1.163 Roth, K.: Gliederung und Rahmen einer neuen Maschinen-Geräte-Konstruktionslehre. Feinwerktechnik 72 (1968) 521–528.
1.164 Rötscher, F.: Die Maschinenelemente. Berlin: Springer 1927.
1.165 Rugenstein, J.: Arbeitsblätter Konstruktionstechnik. TH Magdeburg 1978/79.
1.166 Sachse, P.: Idea materialis: Entwurfsdenken und Darstellungshandeln. Über die allmähliche Verfertigung der Gedanken beim Skizzieren und Modellieren. Berlin: Logos 2002.
1.167 Saling, K.-H.: Prinzip- und Variantenkonstruktion in der Auftragsabwicklung – Voraussetzungen und Grundlagen. VDI-Berichte Nr. 152. Düsseldorf: VDI-Verlag 1970.
1.168 Samuel, A.; Weir, J.: Introduction to Engineering Design. Butterwoth – Heinemann, Australien 1999.
1.169 Schlottmann, D.: Konstruktionslehre. Berlin: Technik 1987.
1.170 Schregenberger, J.W.: Methodenbewusstes Problemlösen – Ein Beitrag zur Ausbildung von Konstrukteuren. Bern: Haupt 1981.
1.171 Seeger, H.: Design technischer Produkte, Programme und Systeme. Anforderungen, Lösungen und Bewertungen. Berlin: Springer 1992.
1.172 Stauffer, L.A. (Edited): Design Theory and Methodology – DTM 91. ASME DE – Vol. 31, Suffolk (UK): Mechanical Engineering Publications Ltd. 1991.
1.173 Suh, N.P.: Axiomatic Design, Advances and Applications. New York, Oxford: Oxford University Press, 2001.
1.174 Suh, N.P.: The Principles of Design. Oxford/UK: Oxford University Press 1988.
1.175 Taguchi, G.: Introduction of Quality Engineering. New York: UNIPUB 1986.
1.176 Terninko, J.; Zusman, A.; Zlotin, B.: Systematic Innovation: An introduction to TRIZ. St. Lucie Press, Florida, USA: 1998.
1.177 Tribus, G.: Rational Descriptions, Decisions and Design. N.Y.: Pergamon Press, Elmsford, 1969.
1.178 Tropschuh, P.: Rechnerunterstützung für das Projektieren mit Hilfe eines wissensbasierten Systems. München: Hanser 1989.
1.179 Tschochner, H.: Konstruieren und Gestalten. Essen: Girardet 1954.
1.180 Ullman, D.G.: The Mechanical Design Process. New York: McGraw-Hill 1992, 2. Auflage 1997, 3. Auflage 2002.
1.181 Ullman, D.G.: A Taxonomy for Mechanical Design. Res. Eng. Des. 3 (1992) 179–189.
1.182 Ullman, D.G.; Stauffer, L.A.; Dietterich, T.G.: A Model of the Mechanical Design Process Based an Emperical Data. AIEDAM, Academic Press (1988), H. 1, 33–52.
1.183 Ulrich, K.T.; Eppinger, S.D.: Product Design and Development. New York: McGraw-Hill 1995.
1.184 Ulrich, K.T.; Seering, W.: Synthesis of Schematic Descriptions in Mechanical Design. Research in Engineering Design (1989), Vol. 1, Nr. 1, 3–18.

1.185 van den Kroonenberg, H.H.: Design Methodology as a Condition for Computer Aided Design. VDI-Berichte Nr. 565, Düsseldorf: VDI-Verlag 1985.
1.186 VDI Design Handbook 2221: Systematic Approach to the Design of Technical Systems and Products (transl. by K. Wallace). Düsseldorf: VDI-Verlag 1987.
1.187 VDI: Anforderungen an Konstruktions- und Entwicklungsingenieure – Empfehlungen der VDI-Gesellschaft Entwicklung – Konstruktion – Vertrieb (VDI-EKV) zur Ausbildung. Jahrbuch 92. Düsseldorf: VDI-Verlag 1992.
1.188 VDI: Simultaneous Engineering – neue Wege des Projektmanagements. VDI-Tagung Frankfurt, Tagungsband. Düsseldorf: VDI-Verlag 1989.
1.189 VDI-Berichte 775: Expertensysteme in Entwicklung und Konstruktion – Bestandsaufnahme und Entwicklungen. Düsseldorf: VDI-Verlag 1989.
1.190 VDI-Fachgruppe Konstruktion (ADKI): Engpass Konstruktion. Konstruktion 19 (1967) 192–195.
1.191 VDI-Richtlinie 2221: Methodik zum Entwickeln und Konstruieren technischer Systeme und Produkte. Düsseldorf: VDI-Verlag 1993.
1.192 VDI-Richtlinie 2222 Blatt 1: Konzipieren technischer Produkte: Düsseldorf: VDI-Verlag (Entwurf) 1973, überarbeitete Fassung: 1977. Methodisches Entwickeln von Lösungsprinzipien. Düsseldorf: VDI-EKV 1996.
1.193 VDI-Richtlinie 2222 Blatt 2: Erstellung und Anwendung von Konstruktionskatalogen. Düsseldorf: VDI-Verlag 1982.
1.194 VDI-Richtlinie 2223 (Entwurf): Methodisches Entwerfen technischer Produkte. Düsseldorf: VDI-Verlag 1999.
1.195 VDI-Richtlinie 2225: Technisch-wirtschaftliches Konstruieren. Düsseldorf: VDI-Verlag 1977, Blatt 3: 1990, Blatt 4: 1994.
1.196 VDI-Richtlinie 2801. Blatt 1–3: Wertanalyse. Düsseldorf: VDI-Verlag 1993.
1.197 VDI-Richtlinie 2803 (Entwurf): Funktionenanalyse – Grundlage und Methode. Düsseldorf: VDI-Gesellschaft Systementwicklung und Produktgestaltung 1995.
1.198 Voigt, C.D.: Systematik und Einsatz der Wertanalyse, 3. Aufl. München: Siemens-Verlag 1974.
1.199 Wächtler, R.: Die Dynamik des Entwickelns (Konstruierens). Feinwerktechnik 73 (1969) 329–333.
1.200 Wächtler, R.: Beitrag zur Theorie des Entwickelns (Konstruierens). Feinwerktechnik 71 (1967) 353–358.
1.201 Wagner, M.H.; Thieler, W.: Wegweiser für Erfinder. Berlin: Springer 2002.
1.202 Waldron, M.B.; Waldron, K.J.: Mechanical Design: Theory & Methodology. New York: Springer 1996.
1.203 Wallace, K.; Hales, C.: Detailed Analysis of an Engineering Design Project. Proceedings ICED '87, Schriftenreihe WDK 13. New York: ASME 1987.
1.204 Walton, J.: Engineering Design: From Art to Practice. St. Paul: West, 1991.
1.205 Winner, R.I.; Pennell, J.P.; Bertrand, H.E.; Slusacrzuk, M.: The Role of Concurrent Engineering in Weapon Acquisition. IDA-Report, R-338. 1988.
1.206 Wögerbauer, H.: Die Technik des Konstruierens. 2. Aufl. München: Oldenbourg 1943.
1.207 Yoshikawa, H.: Automation in Thinking in Design. Computer Applications in Production and Engineering. Amsterdam: North-Holland 1983.
1.208 Zangemeister, C.: Zur Charakteristik der Systemtechnik. TU Berlin: Aufbauseminar Systemtechnik 1969.

第2章

2.1 Abeln, O. (Hrsg.): CAD-Referenzmodell – Zur arbeitsgerechten Gestaltung zukünftiger computergestützter Konstruktionsarbeit. Stuttgart: G.B. Teubner 1995.
2.2 Beitz, W.: Kreativität des Konstrukteurs. Konstruktion 37 (1985) 381–386.
2.3 Brankamp, K.: Produktivitätssteigerung in der mittelständigen Industrie NRW. VDI-Taschenbuch. Düsseldorf: VDI-Verlag 1975.

2.4 DIN 40900 T 12: Binäre Elemente, IEC 617-12 modifiziert. Berlin: Beuth.
2.5 DIN 44300: Informationsverarbeitung – Begriffe. Berlin: Beuth.
2.6 DIN 44301: Informationstheorie – Begriffe. Berlin: Beuth.
2.7 DIN 69910: Wertanalyse, Begriffe, Methode. Berlin: Beuth.
2.8 Dörner, D.: Problemlösen als Informationsverarbeitung. Stuttgart: W. Kohlhammer. 2. Aufl. 1979.
2.9 Dörner, D.; Kreuzig, H.W.; Reither, F.; Stäudel, T.: Lohhausen. Vom Umgang mit Unbestimmtheit und Komplexität. Bern: Verlag Hans Huber 1983.
2.10 Dörner, D.: Gruppenverhalten im Konstruktionsprozess. VDI-Berichte 1120, Düsseldorf: VDI-Verlag 1994.
2.11 Dylla, N.: Denk- und Handlungsabläufe beim Konstruieren. München: Hanser, Dissertationsreihe 1991.
2.12 Ehrenspiel, K.; Dylla, N.: Untersuchung des individuellen Vorgehens beim Konstruieren. Konstruktion 43 (1991) 43–51.
2.13 Feldhusen, J.; Laschin, G.: 3D-Technik in der Praxis, Konstruktion 1990 Nr. 10, S. 11–18.
2.14 Frick, H.; Müller, J.: Graphisches Darstellungsvermögen von Konstrukteuren. Konstruktion 42 (1990) 321–324.
2.15 Fricke, G.; Pahl, G.: Zusammenhang zwischen personenbedingtem Vorgehen und Lösungsgüte. Proceedings of ICED '91. Zürich.
2.16 Fricke, G.: Konstruieren als flexibler Problemlöseprozess – Empirische Untersuchung über erfolgreiche Strategien und methodische Vorgehensweisen. Fortschrittberichte VDI-Reihe 1, Nr. 227, Dissertation Darmstadt 1993.
2.17 Grätz, J.F.: Handbuch der 3D-CAD-Technik. Erlangen: Siemens 1989.
2.18 Henekreuser, H.; Peter, G.: Rechnerkommunikation für Anwender. Berlin, Heidelberg, New York: Springer Verlag 1994.
2.19 Hansen, F.: Konstruktionssystematik. Berlin: VEB Verlag Technik 1966.
2.20 Holliger, H.: Handbuch der Morphologie – Elementare Prinzipien und Methoden zur Lösung kreativer Probleme. Zürich: MIZ Verlag 1972.
2.21 Holliger, H.: Morphologie – Idee und Grundlage einer interdisziplinären Methodenlehre. Kommunikation 1. Vol. V1. Quickborn: Schnelle 1970.
2.22 Hubka, V.: Theorie Technischer Systeme. Berlin. Springer 1984.
2.23 Hubka, V.; Eder, W.E.: Theory of Technical Systems. Berlin: Springer 1988.
2.24 Hubka, V.; Eder, W.E.: Einführung in die Konstruktionswissenschaft – Übersicht, Modell, Anleitungen. Berlin: Springer 1992.
2.25 Janis, I.L.; Mann, L.: Decisions making. Free Press of Glencoe. New York: 1977.
2.26 Klaus, G.: Wörterbuch der Kybernetik. Handbücher 6142 und 6143. Frankfurt: Fischer 1971.
2.27 Klein, B.: Die Arbeitswelt des Ingenieurs im Informationszeitalter. Konstruktion 6 (2000) S. 51–56.
2.28 Koller, R.: Konstruktionslehre für den Maschinenbau. Berlin: Springer 1976, 2. Aufl. 1985. – Grundlagen zur Neu- und Weiterentwicklung technischer Produkte, 3. Aufl. 1994.
2.29 Koller, R.: Kann der Konstruktionsprozess in Algorithmen gefasst und dem Rechner übertragen werden. VDI-Berichte Nr. 219. Düsseldorf: VDI-Verlag 1974.
2.30 Kroy, W.: Abbau von Kreativitätshemmungen in Organisationen. In: Schriftenreihe Forschung, Entwicklung, Innovation, Bd. 1: Personal-Management in der industriellen Forschung und Entwicklung. Köln: C. Heyrnanns 1984.
2.31 Krumhauer, P: Rechnerunterstützung für die Konzeptphase der Konstruktion. Diss. TU Berlin 1974, D 83.
2.32 Mewes, D.: Der Informationsbedarf im konstruktiven Maschinenbau. VDI-Taschenbuch T 49. Düsseldorf: VDI-Verlag 1973.
2.33 Miller, G.A.; Galanter, E.; Pribram, K.: Plans and the Structure of Behavior. New York: Holt, Rinehardt & Winston 1960.
2.34 Moas, E.: The Role of the Internet in Design and Analysis. NASA Tech Briefs, 11 (2000) S. 30–32.
2.35 Müller, J.: Grundlagen der systematischen Heuristik. Schriften zu soz. Wirtschaftsführung. Berlin: Dietz 1970.
2.36 Müller, J.: Arbeitsmethoden der Technikwissenschaften. Berlin: Springer 1990.

2.37 Müller, J.: Praß, P.; Beitz, W.: Modelle beim Konstruieren. Konstruktion 10 (1992).
2.38 Nadler, G.: Arbeitsgestaltung – zukunftsbewusst. München: Hanser 1969. Amerikanische Originalausgabe: Work Systems Design: The ideals Concept. Homewood, Illinois: Richard D. Irwin Inc. 1967.
2.39 Nadler, G.: Work Design. Homewood, Illinois: Richard D. Irwin Inc. 1963.
2.40 N.N.: Lexikon der Neue Brockhaus. Wiesbaden: F.A. Brockhaus 1958.
2.41 Pahl, G. (Hrsg.): Psychologische und pädagogische Fragen beim methodischen Konstruieren. Ladenburger Diskurs, Köln: Verlag TÜV Rheinland 1994.
2.42 Pahl, G.: Denk- und Handlungsweisen beim Konstruieren. Konstruktion (1999) 11–17.
2.43 Pahl, G.; Reiß, M.: Mischmodelle – Beitrag zur anwendergerechten Erstellung und Nutzung von Objektmodellen. VDI-Berichte Nr. 993.3. Düsseldorf: VDI-Verlag 1992.
2.44 Pohlmann, G.: Rechnerinterne Objektdarstellungen als Basis integrierter CAD-Systeme. Reihe Produktionstechnik Berlin, Bd. 27. München: C. Hanser 1982.
2.45 Pütz, J.: Digitaltechnik. Düsseldorf: VDI-Verlag 1975.
2.46 Rodenacker, W.G.: Methodisches Konstruieren. Konstruktionsbücher Bd. 27. Berlin: Springer 1970, 2. Aufl. 1976, 3. Aufl. 1984, 4. Aufl. 1991.
2.47 Roth, K.: Konstruieren mit Konstruktionskatalogen. Berlin: Springer 1982.
2.48 Roth, K.: Übertragung von Konstruktionsintelligenz an den Rechner. VDI-Berichte 700.1. Düsseldorf: VDI-Verlag 1988.
2.49 Roth, K.: Konstruieren mit Konstruktionskatalogen. 3. Auflage, Band I: Konstruktionslehre. Berlin: Springer 2000. Band II: Konstruktionskataloge. Berlin: Springer 2001. Band III: Verbindungen und Verschlüsse, Lösungsfindung. Berlin: Springer 1996.
2.50 Rutz, A.: Konstruieren als gedanklicher Prozess. Diss. TU München 1985.
2.51 Schmidt, H.G.: Heuristische Methoden als Hilfen zur Entscheidungsfindung beim Konzipieren technischer Produkte. Schriftenreihe Konstruktionstechnik, H. 1. Herausgeber W. Beitz. Technische Universität Berlin, 1980.
2.52 Spur, G.; Krause, F.-L.: CAD-Technik. München: C. Hanser 1984.
2.53 VDI-Richtlinie 2221: Methodik zum Entwickeln und Konstruieren technischer Systeme und Produkte. Düsseldorf: VDI-Verlag 1993.
2.54 VDI-Richtlinie 2219 (Entwurf): VDI: Datenverarbeitung in der Konstruktion – Einführung und Wirtschaftlichkeit von EDM/PDM-Systemen. Düsseldorf: VDI-Verlag, 1999, 11.
2.55 VDI-Richtlinie 2222. Blatt 1: Konstruktionsmethodik – Konzipieren technischer Produkte. Düsseldorf. VDI-Verlag 1977.
2.56 VDI-Richtlinie 2242. Blatt 1: Ergonomiegerechtes Konstruieren. Düsseldorf: VDI-Verlag 1986.
2.57 VDI-Richtlinie 2249 (Entwurf): CAD-Benutzungsfunktionen. Düsseldorf: VDI-Verlag 1999.
2.58 VDI-Richtlinie 2801. Blatt 1–3: Wertanalyse. Düsseldorf: VDI-Verlag 1993.
2.59 VDI-Richtlinie 2803 (Entwurf): Funktionenanalyse – Grundlagen und Methode. Düsseldorf: VDI-Gesellschaft Systementwicklung und Produktgestaltung 1995.
2.60 Voigt, C.D.: Systematik und Einsatz der Wertanalyse, 3. Aufl. München: Siemens-Verlag 1974.
2.61 Weizsäcker von, C.F.: Die Einheit der Natur – Studien. München: Hanser 1971.

第3章

3.1 Baatz, U.: Bildschirmunterstütztes Konstruieren. Diss. RWTH Aachen 1971.
3.2 Beitz, W.: Customer Integration im Entwicklungs- und Konstruktionsprozess. Konstruktion 48 (1996) 31–34.
3.3 Bengisu, Ö.: Elektrohydraulische Analogie. Ölhydraulik und Pneumatik 14 (1970) 122–127.
3.4 Birkhofer, H.; Büttner, K.; Reinemuth, J.; Schott, H.: Netzwerkbasiertes Informationsmanagement für die Entwicklung und Konstruktion – Interaktion und Kooperation auf virtuellen Marktplätzen. Konstruktion 47 (1995) 255–262.
3.5 Brankamp, K.: Produktplanung – Instrument der Zukunftssicherung im Unternehmen. Konstruktion 26 (1974) 319–321.

3.6 Coineau, Y.; Kresling, B.: Erfindungen der Natur. Nürnberg: Tessloff 1989.
3.7 Dalkey, N. D.; Helmer, O.: An Experimental Application of the Delphi Method to the Use of Experts. Management Science Bd. 9, No. 3, April 1963.
3.8 Diekhöner, G.: Erstellen und Anwenden von Konstruktionskatalogen im Rahmen des methodischen Konstruierens. Fortschrittsberichte der VDI-Zeitschriften Reihe 1, Nr. 75. Düsseldorf. VDI-Verlag 1981.
3.9 Diekhöner, G.; Lohkamp, F.: Objektkataloge – Hilfsmittel beim methodischen Konstruieren. Konstruktion 28 (1976) 359–364.
3.10 Dreibholz, D.: Ordnungsschemata bei der Suche von Lösungen. Konstruktion 27 (1975) 233–240.
3.11 Eder, W. E.: Methode QFD – Bindeglied zwischen Produktplanung und Konstruktion. Konstruktion 47 (1995) 1–9.
3.12 Ehrlenspiel, K.; Kiewert, A.; Lindemann, U.: Kostengünstig Entwickeln und Konstruieren. 2. Aufl. Berlin, Heidelberg, New York: Springer 1998.
3.13 Ersoy, M.: Gießtechnische Fertigungsverfahren – Konstruktionskatalog für Fertigungsverfahren. wt-Z. in der Fertigung 66 (1976) 211–217.
3.14 Ewald, O.: Lösungssammlungen für das methodische Konstruieren. Düsseldorf: VDI-Verlag 1975.
3.15 Feldmann, K.: Beitrag zur Konstruktionsoptimierung von automatischen Drehmaschinen. Diss. TU Berlin 1974.
3.16 Flemming, M.; Ziegmann, G.; Roth, S.: Faserverbundbauweisen – Fasern und Matrices. Berlin: Springer 1995. – Halbzeuge und Bauweisen. Berlin: Springer 1996.
3.17 Föllinger, O.; Weber, W.: Methoden der Schaltalgebra. München: Oldenbourg 1967.
3.18 Fuhrmann, U.; Hinterwaldner, R.: Konstruktionskatalog für Klebeverbindungen tragender Elemente. VDI-Berichte 493. Düsseldorf. VDI-Verlag 1983.
3.19 Gälweiler, A.: Unternehmensplanung. Frankfurt: Herder & Herder 1974.
3.20 Gausemeier, J. (Hrsg.): Die Szenario-Technik – Werkzeug für den Umgang mit einer multiplen Zukunft. HNI-Verlagsschriftenreihe, Bd. 7, Paderborn: Heinz-Nixdorf Institut 1995.
3.21 Gausemeier, J.; Fink, A.; Schlake, O.: Szenario-Management, Planen und Führen mit Szenarien. München: Hanser 1995.
3.22 Geschka, H.: Produktplanung in Großunternehmen. Proceedings ICED 91, Schriftenreihe WDK 20. Zürich: HEURISTA 1991.
3.23 Geyer, E.: Marktgerechte Produktplanung und Produktentwicklung. Teil 1: Produkt und Markt, Teil 11: Produkt und Betrieb. RKW-Schriftenreihe Nr. 18 und 26. Heidelberg: Gehisen 1972 (mit zahlreichen weiteren Literaturstellen).
3.24 Gießner, F.: Gesetzmäßigkeiten und Konstruktionskataloge elastischer Verbindungen. Diss. Braunschweig 1975.
3.25 Gordon, W. J. J.: Synectics, the Development of Creative Capacity. New York: Harper 1961.
3.26 Grandt, J.: Auswahlkriterien von Nietverbindungen im industriellen Einsatz. VDI-Berichte 493. Düsseldorf. VDI-Verlag 1983.
3.27 Hellfritz, H.: Innovation via Galeriemethode. Königstein/Ts.: Eigenverlag 1978.
3.28 Herrmann, J.: Beitrag zur optimalen Arbeitsraumgestaltung an numerisch gesteuerten Drehmaschine. Diss. TU Berlin 1970.
3.29 Hertel, U.: Biologie und Technik – Struktur, Form, Bewegung. Mainz: Krauskopf 1963.
3.30 Hertel, H.: Leichtbau. Berlin: Springer 1969.
3.31 Hill, B.: Bionik – Notwendiges Element im Konstruktionsprozess. Konstruktion 45 (1993) 283–287.
3.32 Jung, R.; Schneider, J.: Elektrische Kleinmotoren. Marktübersicht mit Konstruktionskatalog. Feinwerktechnik und Messtechnik 92 (1984) 153–165.
3.33 Kehrmann, H.: Die Entwicklung von Produktstrategien. Diss. TH Aachen 1972.
3.34 Kehrmann, H.: Systematik und Finden und Bewerten neuer Produkte. wt-Z. ind. Fertigung 63 (1973) 607–612.
3.35 Kerz, P.: Biologie und Technik – Gegensatz oder sinnvolle Ergänzung; Konstruktionselemente und -prinzipien in Natur und Technik. Konstruktion 39 (1987) 321–327, 474–478.
3.36 Kesselring, F.: Bewertung von Konstruktionen, ein Mittel zur Steuerung von Konstruktionsarbeit. Düsseldorf: VDI-Verlag 1951.

3.37 Kleinaltenkamp, M.; Fließ, S.; Jacob, F. (Hrsg.): Customer Integration – Von der Kundenorientierung zur Kundenintegration. Wiesbaden: Gabler 1996.
3.38 Kleinaltenkamp, M.; Plinke, W. (Hrsg.): Technischer Vertrieb – Grundlagen. Berlin: Springer 1995.
3.39 Koller, R.: Konstruktionslehre für den Maschinenbau; 4. Aufl. Berlin: Springer 1998.
3.40 Kollmann, F. G.: Welle-Nabe-Verbindungen. Konstruktionsbücher Bd. 32. Berlin: Springer 1983.
3.41 Kopowski, E.: Einsatz neuer Konstruktionskataloge zur Verbindungsauswahl. VDI-Berichte 493. Düsseldorf: VDI-Verlag 1983.
3.42 Kramer, F.: Erfolgreiche Unternehmensplanung. Berlin: Beuth 1974.
3.43 Kramer, F.: Anpassung der Produkt- und Marktstrategien an veränderte Umweltsituationen. VDI-Berichte Nr. 503: Produktplanung und Vertrieb. Düsseldorf: VDI-Verlag 1983.
3.44 Kramer, F.: Unternehmensbezogene Erfolgsstrategien. VDI-Berichte Nr. 538: Besser als der Wettbewerb – Marktzwänge und Lösungswege. Düsseldorf: VDI-Verlag 1984.
3.45 Kramer, F.: Innovative Produktpolitik, Strategie – Planung – Entwicklung – Einführung. Berlin: Springer 1986.
3.46 Kramer, F.: Produktplanung in der mittelständischen Industrie, Wettbewerbsvorteile durch Differenzierungs-Management. Proceedings ICED 91, Schriftenreihe WDK 20. Zürich: HEURISTA 1991.
3.47 Kramer, F.; Kramer, M.: Modulare Unternehmensführung – Kundenzufriedenheit und Unternehmenserfolg. Berlin: Springer 1994.
3.48 Krumhauer, P.: Rechnerunterstützung für die Konzeptphase der Konstruktion. Diss. TU Berlin 1974.
3.49 Lawrence, A.: Verarbeitung unsicherer Informationen im Konstruktionsprozess – dargestellt am Beispiel der Lösung von Bewegungsaufgaben. Diss. Bundeswehrhochschule Hamburg 1996.
3.50 Lowka, D.: Methoden zur Entscheidungsfindung im Konstruktionsprozess. Feinwerktechnik und Messtechnik 83 (1975) 19–21.
3.51 Neudörfer, A.: Gesetzmäßigkeiten und systematische Lösungssammlung der Anzeiger und Bedienteile. Düsseldorf: VDI-Verlag 1981.
3.52 Neudörfer, A.: Konstruktionskatalog für Gefahrstellen. Werkstatt und Betrieb 116 (1983) 71–74.
3.53 Neudörfer, A.: Konstruktionskatalog trennender Schutzeinrichtungen. Werkstatt und Betrieb 116 (1983) 203–206.
3.54 Osborn, A. F.: Applied Imagination – Principles and Procedures of Creative Thinking. New York: Scribner 1957.
3.55 Pahl, G.: Rückblick zur Reihe "Für die Konstruktionspraxis". Konstruktion 26 (1974) 491–495.
3.56 Pahl, G.; Beelich, K. H.: Lagebericht. Erfahrungen mit dem methodischen Konstruieren. Werkstatt und Betrieb 114 (1981) 773–782.
3.57 Raab, W.; Schneider, J.: Gliederungssystematik für getriebetechnische Konstruktionskataloge. Antriebstechnik 21 (1982) 603.
3.58 Reinemuth, J.; Birkhofer, H.: Hypermediale Produktkataloge – Flexibles Bereitstellen und Verarbeiten von Zulieferinformationen. Konstruktion 46 (1994) 395–404.
3.59 Rodenacker, W. G.: Methodisches Konstruieren. Konstruktionsbücher Bd. 27. Berlin: Springer 1970, 2. Aufl. 1976, 3. Aufl. 1984, 4. Aufl. 1991.
3.60 Rohrbach, B.: Kreativ nach Regeln – Methode 635, eine neue Technik zum Lösen von Problemen. Absatzwirtschaft 12 (1969) 73–75.
3.61 Roozenburg, N.; Eckels, J. (Editors): Evaluation and Decision in Design. Schriftenreihe WDK 17. Zürich: HEURISTA 1990.
3.62 Roth, K.: Konstruieren mit Konstruktionskatalogen. 3. Auflage, Band I: Konstruktionslehre. Berlin: Springer 2000. Band II: Konstruktionskataloge. Berlin: Springer 2001. Band III: Verbindungen und Verschlüsse, Lösungsfindung. Berlin: Springer 1996.
3.63 Roth, K.; Birkhofer, H.; Ersoy, M.: Methodisches Konstruieren neuer Sicherheitsgurtschlösser. VDI-Z. 117 (1975) 613–618.
3.64 Schlösser, W. M. J.; Olderaan, W. F. T. C.: Eine Analogontheorie der Antriebe mit rotierender Bewertung. Ölhydraulik und Pneumatik 5 (1961) 413–418.
3.65 Schneider, J.: Konstruktionskataloge als Hilfsmittel bei der Entwicklung von Antrieben. Diss. Darmstadt 1985.

3.66 Specht, G.; Beckmann, C.: F&E-Management. München: Wilhelm Fink 1996.
3.67 Stabe, H.; Gerhard, E.: Anregungen zur Bewertung technischer Konstruktionen. Feinwerktechnik und Messtechnik 82 (1974) 378–383 (einschließlich weiterer Literaturhinweise).
3.68 Stahl, U.: Überlegungen zum Einfluss der Gewichtung bei der Bewertung von Alternativen. Konstruktion 28 (1976) 273–274.
3.69 VDI-Richtlinie 2220: Produktplanung, Ablauf, Begriffe und Organisation. Düsseldorf: VDI-Verlag 1980.
3.70 VDI-Richtlinie 2222 Blatt 2: Konstruktionsmethodik, Erstellung und Anwendung von Konstruktionskatalogen. Düsseldorf: VDI-Verlag 1982.
3.71 VDI-Richtlinie 2225: Technisch-wirtschaftliches Konstruieren. Düsseldorf: VDI-Verlag 1977.
3.72 VDI-Richtlinie 2727 Blatt 1 und 2: Lösung von Bewegungsaufgaben mit Getrieben. Düsseldorf: VDI-Verlag 1991. Blatt 3: 1996, Blatt 4: 2000.
3.73 VDI-Richtlinie 2740 (Entwurf): Greifer für Handhabungsgeräte und Industrieroboter. Düsseldorf: VDI-Verlag 1991.
3.74 Withing, Ch.: Creative Thinking. New York: Reinhold 1958.
3.75 Wölse, H.; Kastner, M.: Konstruktionskataloge für geschweißte Verbindungen an Stahlprofilen. VDI-Berichte 493. Düsseldorf: VDI-Verlag 1983.
3.76 Zangemeister, Ch.: Nutzwertanalyse in der Systemtechnik. München: Wittemannsche Buchhandlung 1970.
3.77 Zwicky, F.: Entdecken, Erfinden, Forschen im Morphologischen Weltbild. München: Droemer-Knaur 1966–1971.

第4章

4.1 Albers, A.: Simultaneous Engineering, Projektmanagement und Konstruktionsmethodik – Werkzeuge zur Effizienzsteigerung. VDI-Berichte 1120, Düsseldorf: VDI-Verlag 1994.
4.2 Badke-Schaub, P.: Gruppen und komplexe Probleme. Frankfurt am Main: Peter Lang 1993.
4.3 Beelich, K. H.; Schwede, H. H.: Denken – Planen – Handeln. 3. Aufl. Würzburg: Vogelbuchverlag 1983.
4.4 Beitz, W.: Simultaneous Engineering – Eine Antwort auf die Herausforderungen Qualität, Kosten und Zeit. In: Strategien zur Produktivitätssteigerung – Konzepte und praktische Erfahrungen. ZfB-Ergänzungsheft 2 (1995) 3–11.
4.5 Beitz, W.: Customer Integration im Entwicklungs- und Konstruktionsprozess. Konstruktion 48 (1996) 31–34.
4.6 Bender, B.; Tegel, O.; Beitz, W.: Teamarbeit in der Produktentwicklung. Konstruktion 48 (1996) 73–76.
4.7 DIN 69 900 T1: Netzplantechnik, Begriffe. Berlin: Beuth 1987.
4.8 DIN 69 900 T2 Netzplantechnik, Darstellungstechnik. Berlin: Beuth 1987.
4.9 DIN 69 903: Kosten und Leistung, Finanzmittel. Berlin: Beuth 1987.
4.10 Dörner, D.: Gruppenverhalten im Konstruktionsprozess. VDI Berichte Nr. 1120, S. 27–37. Düsseldorf: VDI-Verlag 1994.
4.11 Ehrlenspiel, K.: Integrierte Produktentwicklung – Methoden für Prozessorganisation, Produkterstellung und Konstruktion. München: Hanser Verlag 1995.
4.12 Feldhusen, J.: Konstruktionsmanagement heute. Konstruktion 46 (1994) 387–394.
4.13 Helbig, D.: Entwicklung produkt- und unternehmensorientierter Konstruktionsleitsysteme. Schriftenreihe Konstruktionstechnik (Hrsg. W. Beitz), Nr. 30, TU Berlin 1994.
4.14 Kramer, M.: Konstruktionsmanagement – eine Hilfe zur beschleunigten Produktentwicklung. Konstruktion 45 (1993) 211–216.
4.15 Krick, V.: An Introduction to Engineering and Engineering Design, Second Edition. New York, London, Sidney, Toronto: Wiley & Sons Inc. 1969.
4.16 Leyer, A.: Zur Frage der Aufsätze über Maschinenkonstruktion in der „technika". technika 26 (1973) 2495–2498.

4.17 Müller, J.: Arbeitsmethoden der Technikwissenschaften. Berlin: Springer 1990.
4.18 Pahl, G.: Die Arbeitsschritte beim Konstruieren. Konstruktion 24 (1972) 149–153.
4.19 Pahl, G. (Hrsg.): Psychologische und pädagogische Fragen beim methodischen Konstruieren. Ladenburger Diskurs, Köln: Verlag TÜV Rheinland 1994.
4.20 Pahl, G.: Wissen und Können in einem interdisziplinären Konstruktionsprozess. In: zu Putlitz, G.; Schade, D. (Hrsg.): Wechselbeziehungen Mensch – Umwelt – Technik. Stuttgart: Schäffer-Poeschel Verlag 1996. Englische Ausgabe: Interdisciplinary design: Knowledge and ability needed. ISR Interdisciplinary Science Reviews. Dez. 1996, Vol. 21, No. 4, 292–303.
4.21 Penny, R. K.: Principles of Engineering Design. Postgraduate J. 46 (1970) 344–349.
4.22 Stuffer, R.: Planung und Steuerung der integrierten Produktentwicklung. Diss. TU München. Reihe Konstruktionstechnik München, Bd. 13, München: Hanser 1994.
4.23 Tegel, O.: Methodische Unterstützung beim Aufbau von Produktentwicklungsprozessen. Diss. TU Berlin. Schriftenreihe Konstruktionstechnik (Hrsg. W. Beitz), Nr. 35, TU Berlin 1996.
4.24 VDI-Richtlinie 2221: Methodik zum Entwickeln und Konstruieren technischer Systeme und Produkte. Düsseldorf: VDI-Verlag 1993.
4.25 VDI-Richtlinie 2222 Blatt 1: Konzipieren technischer Produkte. Düsseldorf: VDI-Verlag 1977. – Überarbeitete Fassung (Entwurf): Methodisches Entwickeln von Lösungsprinzipien. Düsseldorf-VDI-EKV 1996.
4.26 VDI-Richtlinie 2223 (Entwurf): Methodisches Entwerfen technischer Produkte. Düsseldorf VDI-Verlag 1999.
4.27 VDI-Richtlinie 2807 (Entwurf): Teamarbeit – Anwendung in Projekten aus Wirtschaft, Wissenschaft und Verwaltung. Düsseldorf: VDI-Gesellschaft Systementwicklung und Projektgestaltung 1996.
4.28 Aus der Arbeit der VDI-Fachgruppe Konstruktion (ADKI). Empfehlungen für Begriffe und Bezeichnungen im Konstruktionsbereich. Konstruktion 18 (1966) 390–391.
4.29 Wahl, M. P.: Grundlagen eines Management – Informationssystemes. Neuwied, Berlin: Luchterhand 1969. Ergänzungen zur 4. Auflage.

第5章

5.1 Ehrlenspiel, K.; Kiewert, A.; Lindemann, U.: Kostengünstig Entwickeln und Konstruieren. 2. Aufl. Berlin, Heidelberg, New York: Springer 1998.
5.2 Feldhusen, J.: Angewandte Konstruktionsmethodik bei Produkten geringer Funktionsvarianz der Sonder- und Kleinserienfertigung. VDI-Berichte 953, S. 219–235. Düsseldorf: VDI-Verlag.
5.3 Kramer, F.; Kramer, M.: Bausteine der Unternehmensführung. 2. Aufl. Berlin, Heidelberg, New York: Springer 1997.
5.4 Roth, K.; Birkhofer, H.; Ersoy, M.: Methodisches Konstruieren neuer Sicherheitsschlösser. VDI-Z. 117 (1975) 613–618.
5.5 VDI-Richtlinie 2219 (Entwurf): Datenverarbeitung in der Konstruktion, Einführung und Wirtschaftlichkeit von EDM/PDM-Systemen. Düsseldorf: VDI-Verlag.

第6章

6.1 Beitz, W.: Methodisches Konzipieren technischer Systeme, gezeigt am Beispiel einer Kartoffel-Vollerntemaschine. Konstruktion 25 (1973) 65–71.
6.2 Hansen, F.: Konstruktionssystematik, 2. Aufl. Berlin: VEB-Verlag 1965.
6.3 Koller, R.: Konstruktionslehre für den Maschinenbau. Berlin: Springer 1976; 2. Aufl. 1985.
6.4 Kramer, F.: Produktinnovations- und Produkteinführungssystem eines mittleren Industriebetriebes. Konstruktion 27 (1975) 1–7.
6.5 Krick, E. V.: An Introduction to Engineering and Engineering Design; 2nd Edition. New York: Wiley & Sons, Inc. 1969.

6.6 Lehmann, M.: Entwicklungsmethodik für die Anwendung der Mikroelektronik im Maschinenbau. Konstruktion 37 (1985) 339–342.
6.7 Pahl, G.: Konstruieren mit 3D-CAD-Systemen. Grundlagen, Arbeitstechnik, Anwendungen. Berlin: Springer 1990.
6.8 Pahl, G.; Beitz, W.: Konstruktionslehre. Berlin: Springer 1977, 1. Aufl.; 1986, 2. Aufl.; 1993, 3. Aufl.
6.9 Pahl, G.; Wink, R.: Prüfstand zur Simulation von kombinierten Roll-Gleitbewegungen unter pulsierender Last. Materialprüfung Band 27 Nr. 11 (1985) 351–354.
6.10 Richter, W.: Gestalten nach dem Skizzierverfahren. Konstruktion 39 H.6 (1987) 227–237.
6.11 Roth, K.: Konstruieren mit Konstruktionskatalogen. Bd. 1: Konstruktionslehre. Bd. 2: Konstruktionskataloge, 2. Aufl. Berlin: Springer 1994. Bd. 3: Verbindungen und Verschlüsse, Lösungsfindung Berlin: 3. Auflage Springer 1996.
6.12 Schmidt, H. G.: Entwicklung von Konstruktionsprinzipien für einen Stoßprüfstand mit Hilfe konstruktionssystematischer Methoden. Studienarbeit am Institut für Maschinenkonstruktion TU Berlin 1973.
6.13 Steuer, K.: Theorie des Konstruierens in der Ingenieurausbildung. Leipzig: VEB-Fachbuchverlag 1968.
6.14 VDI-Richtlinie 2222 Blatt 2: Konstruktionsmethodik, Erstellung und Anwendung von Konstruktionskatalogen. Düsseldorf. VDI-Verlag 1982.
6.15 VDI-Richtlinie 2225: Technisch-wirtschaftliches Konstruieren. Düsseldorf: VDI-Verlag 1977.

第7章

7.1 AEG-Telefunken: Biegen. Werknormblatt 5 N 8410 (1971).
7.2 Andreasen, M. M.; Kähler, S.; Lund, T.: Design for Assembly. Berlin: Springer 1983. Deutsche Ausgabe: Montagegerechtes Konstruieren. Berlin: Springer 1985.
7.3 Andresen, U.: Die Rationalisierung der Montage beginnt im Konstruktionsbüro. Konstruktion 27 (1975) 478–484. Ungekürzte Fassung mit weiterem Schrifttum; Ein Beitrag zum methodischen Konstruieren bei der montagegerechten Gestaltung von Teilen der Großserienfertigung. Diss. TU Braunschweig 1975.
7.4 Beelich, K. H.: Kriech- und relaxationsgerecht. Konstruktion 25 (1973) 415–421.
7.5 Behnisch, H.: Thermisches Trennen in der Metallbearbeitung – wirtschaftlich und genau. ZwF 68 (1973) 337–340.
7.6 Beitz, W.: Technische Regeln und Normen in Wissenschaft und Technik. DIN-Mitt. 64 (1985) 114–115.
7.7 Beitz, W.: Was ist unter "normungsfähig" zu verstehen? Ein Standpunkt aus der Sicht der Konstruktionstechnik. DIN-Mitt. 61 (1982) 518–522.
7.8 Beitz, W.: Moderne Konstruktionstechnik im Elektromaschinenbau. Konstruktion 21 (1969) 461–468.
7.9 Beitz, W.: Möglichkeiten zur material- und energiesparenden Konstruktion. Konstruktion 42 (1990) 12, 378–384.
7.10 Beitz, W.; Hove, U.; Poushirazi, M.: Altteileverwendung im Automobilbau. FAT Schriftenreihe Nr.24. Frankfurt: Forschungsvereinigung Automobiltechnik 1982 (mit umfangreichem Schrifttum).
7.11 Beitz, W.; Grieger, S.: Günstige Recyclingeigenschaften erhöhen die Produktqualität. Konstruktion 45 (1993) 415–422.
7.12 Beitz, W.; Meyer, H.: Untersuchungen zur recyclingfreundlichen Gestaltung von Haushaltsgroßgeräten. Konstruktion 33 (1981) 257–262, 305–315.
7.13 Beitz, W.; Pourshirazi, M.: Ressourcenbewusste Gestaltung von Produkten. Wissenschaftsmagazin TU Berlin, Heft 8: 1985.
7.14 Beitz, W.; Wende, A.: Konzept für ein recyclingorientiertes Produktmodell. VDI-Berichte 906. Düsseldorf: VDI-Verlag 1991.
7.15 Beitz, W.; Staudinger, H.: Guss im Elektromaschinenbau. Konstruktion 21 (1969) 125–130.

7.16 Bertsche, B.; Lechner, G.: Zuverlässigkeit im Maschinenbau. 2. Aufl. Berlin: Springer 1999.
7.17 Biezeno, C. B.; Grammet, R.: Technische Dynamik, Bd. 1 und 2, 2. Aufl. Berlin: Springer 1953.
7.18 Birnkraut, H. W.: Wiederverwerten von Kunststoff-Abfällen. Kunststoffe 72 (1982) 415–419.
7.19 Bode, K.-H.: Konstruktions-Atlas "Werkstoff- und verfahrensgerecht konstruieren". Darmstadt: Hoppenstedt 1984.
7.20 Böcker, W.: Künstliche Beleuchtung: ergonomisch und energiesparend. Frankfurt/M.: Campus 1981.
7.21 Brandenberger, H.: Fertigungsgerechtes Konstruieren. Zürich: Schweizer Druck- und Verlagshaus.
7.22 Brinkmann, T.; Ehrenstein, G. W.; Steinhilper, R.: Umwelt- und recyclinggerechte Produktentwicklung. Augsburg: WEKA-Fachverlag 1994.
7.23 Budde, E.; Reihlen, H.: Zur Bedeutung technischer Regeln in der Rechtsprechungspraxis der Richter. DIN-Mitt. 63 (1984) 248–250.
7.24 Bullinger, H.-J.; Solf, J. J.: Ergonomische Arbeitsmittelgestaltung. 1. Systematik; 2. Handgeführte Werkzeuge, Fallstudien; 3. Stehteile an Werkzeugmaschinen, Fallstudien. Bremerhaven: Wirtschaftsverl. NW 1979.
7.25 Burandt, U.: Ergonomie für Design und Entwicklung. Köln: Verlag Dr. Otto Schmidt 1978.
7.26 Compes, P.: Sicherheitstechnisches Gestalten. Habilitationsschrift TH Aachen 1970.
7.27 Cornu, O.: Ultraschallschweißen. Z. Technische Rundschau 37 (1973) 25–27.
7.28 Czichos, H.; Habig, K.-H.: Tribologie Handbuch – Reibung und Verschleiß. Braunschweig: Vieweg 1992.
7.29 Dangl, K.; Baumann, K.; Ruttmann, W.: Erfahrungen mit austenitischen Armaturen und Formstücken. Sonderheft VGB Werkstofftagung 1969, 98.
7.30 Dey, W.: Notwendigkeiten und Grenzen der Normung aus der Sicht des Maschinenbaus unter besonderer Berücksichtigung rechtsrelevanter technischer Regeln mit sicherheitstechnischen Festlegungen. DIN-Mitt. 61 (1982) 578–583.
7.31 Dietz, P., Gummersbach, F.: Lärmarm konstruieren. XVIII. Schriftenreihe der Bundesanstalt für Arbeitsschutz und Arbeitsmedizin. Dortmund: Wirtschaftsverlag NW 2000.
7.32 Dilling, H.-J.; Rauschenbach, Th.: Rationalisierung und Automatisierung der Montage (mit umfangreichem Schrifttum). Düsseldorf: VDI Verlag 1975.
7.33 DIN 820-2: Gestaltung von Normblättern. Berlin: Beuth.
7.34 DIN 820-3: Normungsarbeit – Begriffe. Berlin: Beuth.
7.35 DIN 820-21 bis -29: Gestaltung von Normblättern. Berlin: Beuth.
7.36 DIN ISO 1101: Form- und Lagetolerierung. Berlin: Beuth.
7.37 DIN EN 1838: Angewandte Lichttechnik – Notbeleuchtung. Berlin: Beuth.
7.38 DIN ISO 2768: Allgemeintoleranzen. Teil 1 – Toleranzen für Längen- und Winkelmaße. Teil 2 – Toleranzen für Form und Lage. Berlin: Beuth.
7.39 DIN ISO 2692: Form- und Lagetolerierung; Maximum – Material – Prinzip. Berlin: Beuth.
7.40 DIN 4844-1: Sicherheitskennzeichnung. Begriffe, Grundsätze und Sicherheitszeichen. Berlin: Beuth.
7.41 DIN 4844-2: Sicherheitskennzeichnung. Sicherheitsfarben. Berlin: Beuth.
7.42 DIN 4844-3: Sicherheitskennzeichnung; Ergänzende Festlegungen zu Teil 1 und Teil 2. Berlin: Beuth.
7.43 DIN 5034: Tageslicht in Innenräumen. – 1: Allgemeine Anforderungen. – 2: Grundlagen. – 3: Berechnungen. – 4: Vereinfachte Bestimmung von Mindestfenstergrößen für Wohnräume. – 5: Messung. – 6: Vereinfachte Bestimmung zweckmäßiger Abmessungen von Oberlichtöffnungen in Dachflächen. Berlin: Beuth.
7.44 DIN 5035: Innenraumbeleuchtung mit künstlichem Licht. –1: Begriffe und allgemeine Anforderungen. –2: Richtwerte für Arbeitsstätten. –3: Spezielle Empfehlungen für die Beleuchtung in Krankenhäusern. –4: – Spezielle Empfehlungen für die Beleuchtung von Unterrichtsstätten. Berlin: Beuth.
7.45 DIN 5040: Leuchten für Beleuchtungszwecke. –1: – Lichttechnische Merkmale und Einteilung. –2: Innenleuchten, Begriffe, Einteilung. –3: Außenleuchten, Begriffe, Einteilung. –4: Beleuchtungsscheinwerfer, Begriffe und lichttechnische Bewertungsgrößen. Berlin: Beuth.
7.46 DIN 7521-7527: Schmiedestücke aus Stahl. Berlin: Beuth.

7.47 DIN ISO 8015: Tolerierungsgrundsatz. Berlin: Beuth.
7.48 DIN 8577: Fertigungsverfahren; Übersicht. Berlin: Beuth.
7.49 DIN 8580: Fertigungsverfahren; Einteilung. Berlin: Beuth.
7.50 DIN 8593: Fertigungsverfahren; Fügen – Einordnung, Unterteilung, Begriffe. Berlin: Beuth.
7.51 DIN 9005: Gesenkschmiedestücke aus Magnesium-Knetlegierungen. Berlin: Beuth.
7.52 DIN EN ISO 9241-1: Ergonomische Anforderungen für Bürotätigkeiten mit Bildschirmgeräten. Berlin: Beuth,
7.53 DIN EN ISO 10075-2: Ergonomische Grundlagen bezüglich psychischer Arbeitsbelastung. Berlin: Beuth
7.54 DIN EN ISO 11064-3: Ergonomische Gestaltung von Leitzentralen. Berlin: Beuth.
7.55 DIN EN 12464: Angewandte Lichttechnik – Beleuchtung von Arbeitsstätten. Berlin: Beuth.
7.56 DIN EN ISO 13407: Benutzer-orientierte Gestaltung interaktiver Systeme. Berlin: Beuth.
7.57 DIN 31000: Sicherheitsgerechtes Gestalten technischer Erzeugnisse. Allgemeine Leitsätze. Berlin: Beuth. Teilweise ersetzt durch DIN EN 292 Teil 1 u. 2: Sicherheit von Maschinen, Grundbegriffe, allgemeine Gestaltungsleitsätze 1991.
7.58 DIN 31001-1, -2 u. -10: Schutzeinrichtungen. Berlin: Beuth.
7.59 DIN 31001-2: Schutzeinrichtungen. Werkstoffe, Anforderungen, Anwendung. Berlin: Beuth.
7.60 DIN 31001-5: Schutzeinrichtungen. Sicherheitstechnische Anforderungen an Verriegelungen. Berlin: Beuth.
7.61 DIN 31004 (Entwurf): Begriffe der Sicherheitstechnik. Grundbegriffe. Berlin: Beuth 1982. Ersetzt durch DIN VDE 31000 Teil 2: Allgemeine Leitsätze für das sicherheitsgerechte Gestalten technischer Erzeugnisse; Begriffe der Sicherheitstechnik; Grundbegriffe (1987).
7.62 DIN 31051: Instandhaltung; Begriffe und Maßnahmen. Berlin: Beuth.
7.63 DIN 31052: Instandhaltung; Inhalt und Aufbau von Instandhaltungsanleitungen. Berlin: Beuth.
7.64 DIN 31054: Instandhaltung; Grundsätze zur Festlegung von Zeiten und zum Aufbau von Zeitsystemen. Berlin: Beuth.
7.65 DIN 33400: Gestalten von Arbeitssystemen nach arbeitswissenschaftlichen Erkenntnissen; Begriffe und allgemeine Leitsätze. Beiblatt 1 – Beispiel für höhenverstellbare Arbeitsplattformen. Berlin: Beuth.
7.66 DIN 33401: Stellteile; Begriffe, Eignung, Gestaltungshinweise. Beiblatt 1 – Erläuterungen zu Ersatzmöglichkeiten und Eignungshinweisen für Hand-Stellteile. Berlin: Beuth.
7.67 DIN 33402: Körpermaße des Menschen; – 1 Begriffe, Messverfahren. – 2 Werte; Beiblatt 1 – Anwendung von Körpermaßen in der Praxis; – 3 Bewegungsraum bei verschiedenen Grundstellungen und Bewegungen. Berlin: Beuth.
7.68 DIN 33403: Klima am Arbeitsplatz und in der Arbeitsumgebung; 1 – Grundlagen zur Klimaermittlung 2 – Einfluss des Klimas auf den Menschen. 3 – Beurteilung des Klimas im Erträglichkeitsbereich. Berlin: Beuth.
7.69 DIN 33404: Gefahrensignale für Arbeitsstätten; 1 – Akustische Gefahrensignale; Begriffe, Anforderungen, Prüfung, Gestaltungshinweise. Beiblatt 1 Akustische Gefahrensignale; Gestaltungsbeispiele. 2 – Optische Gefahrensignale; Begriffe, Sicherheitstechnische Anforderungen, Prüfung. 3 – Akustische Gefahrensignale; Einheitliches Notsignal, Sicherheitstechnische Anforderungen, Prüfung. Berlin: Beuth.
7.70 DIN 33408: Körperumrissschablonen. 1 – Seitenansicht für Sitzplätze. Beiblatt 1 – Anwendungsbeispiele. Berlin: Beuth.
7.71 DIN 33411: Körperkräfte des Menschen. 1 – Begriffe, Zusammenhänge, Bestimmungsgrößen. Berlin: Beuth.
7.72 DIN 33412 (Entwurf): Ergonomische Gestaltung von Büroarbeitsplätzen; Begriffe, Flächenermittlung, Sicherheitstechnische Anforderungen. Berlin: Beuth 1981.
7.73 DIN 33413: Ergonomische Gesichtspunkte für Anzeigeeinrichtungen. 1 – Arten, Wahrnehmungsaufgaben, Eignung. Berlin: Beuth.
7.74 DIN 33414: Ergonomische Gestaltung von Warten. 1 – Begriffe; Maße für Sitzarbeitsplätze. Berlin: Beuth.
7.75 DIN 40041: Zuverlässigkeit elektrischer Bauelemente. Berlin: Beuth.
7.76 DIN 40042 (Vornorm): Zuverlässigkeit elektrischer Geräte, Anlagen und Systeme. Berlin: Beuth 1970.

7.77 DIN IEC-73/VDE 0199: Kennfarben für Leuchtmelder und Druckknöpfe. Berlin: Beuth 1978.
7.78 DIN 43 602: Betätigungssinn und Anordnung von Bedienteilen. Berlin: Beuth.
7.79 DIN 50320: Verschleiß; Begriffe, Systemanalyse von Verschleißvorgängen, Gliederung des Verschleißgebietes. Berlin: Beuth.
7.80 DIN 50900 Teil 1: Korrosion der Metalle. Allgemeine Begriffe. Berlin: Beuth.
7.81 DIN 50900 Teil 2: Korrosion der Metalle. Elektrochemische Begriffe. Berlin: Beuth.
7.82 DIN 50960: Korrosionsschutz, galvanische Überzüge. Berlin: Beuth.
7.83 DIN 66233: Bildschirmarbeitsplätze; Begriffe. Berlin: Beuth.
7.84 DIN 66234: Bildschirmarbeitsplätze. 1 – Geometrische Gestaltung der Schriftzeichen. 2 (Entwurf) – Wahrnehmbarkeit von Zeichen auf Bildschirmen. 3 – Gruppierungen und Formatierung von Daten. 5 – Codierung von Information. Berlin: Beuth.
7.85 DIN – Handbuch der Normung. Bd. 1: Grundlagen der Normungsarbeit, 9. Aufl. Berlin: Beuth 1993.
7.86 DIN – Handbuch der Normung. Bd. 2: Methoden und Datenverarbeitungssysteme, 7. Aufl. Berlin: Beuth 1991.
7.87 DIN – Handbuch der Normung, Bd. 3: Führungswissen für die Normungsarbeit, 7. Aufl. Berlin: Beuth 1994.
7.88 DIN – Handbuch der Normung, Bd. 4: Normungsmanagement, 4. Aufl. Berlin: Beuth 1995.
7.89 DIN – Katalog für technische Regeln, Bd. 1 Teil 1 und Teil 2. Berlin: Beuth.
7.90 DIN – Normungsheft 10: Grundlagen der Normungsarbeit des DIN. Berlin: Beuth 1995.
7.91 DIN – Taschenbuch 1: Grundnormen, 2. Aufl. Berlin: Beuth 1995.
7.92 DIN – Taschenbuch 3: Normen für Studium und Praxis, 10. Aufl. Berlin: Beuth 1995.
7.93 DIN – Taschenbuch 22: Einheiten und Begriffe für physikalische Größen, 7. Aufl. Berlin: Beuth 1990.
7.94 Dittmayer, S.: Leitlinien für die Konstruktion arbeitsstrukturierter und montagegerechter Produkte. Industrie-Anzeiger 104 (1982) 58–59.
7.95 Dobeneck, v. D.: Die Elektronenstrahltechnik – ein vielseitiges Fertigungsverfahren. Feinwerktechnik und Micronic 77 (1973) 98–106.
7.96 Ehrlenspiel, K.: Mehrweggetriebe für Turbomaschinen. VDI-Z. 111 (1969) 218–221.
7.97 Ehrlenspiel, K.: Planetengetriebe – Lastausgleich und konstruktive Entwicklung. VDI-Berichte Nr. 105, 57–67. Düsseldorf: VDIVerlag 1967.
7.98 Eichner, V.; Voelzkow, H.: Entwicklungsbegleitende Normung: Integration von Forschung und Entwicklung, Normung und Technikfolgenabschätzung. DIN-Mitteilung 72 (1993) Nr. 12.
7.99 Endres, W.: Wärmespannungen beim Aufheizen dickwandiger Hohlzylinder. Brown-Boveri-Mitteilungen (1958) 21–28.
7.100 Erker, A.; Mayer, K.: Relaxations- und Sprödbruchverhalten von warmfesten Schraubenverbindungen. VGB Kraftwerkstechnik 53 (1973) 121–131.
7.101 Eversheim, W.; Pfeffekoven, K. H.: Aufbau einer anforderungsgerechten Montageorganisation. Industrie-Anzeiger 104 (1982) 75–80.
7.102 Eversheim, W.; Pfeffekoven, K. H.: Planung und Steuerung des Montageablaufs komplexer Produkte mit Hilfe der EDV. VDI-Z. 125 (1983), 217–222.
7.103 Eversheim, W.; Müller, W.: Beurteilung von Werkstücken hinsichtlich ihrer Eignung für die automatisierte Montage. VDI-Z. 125 (1983) 319–322.
7.104 Eversheim, W.; Müller, W.: Montagegerechte Konstruktion. Proc. of the 3rd Int. Conf. on Assembly Automation in Böblingen (1982) 191–204.
7.105 Eversheim, W.; Ungeheuer, U.; Pfeffekoven, K. H.: Montageorientierte Erzeugnisstrukturierung in der Einzel- und Kleinserienproduktion – ein Gegensatz zur funktionsorientierten Erzeugnisgliederung? VDI-Z. 125 (1983) 475–479.
7.106 Fachverband Pulvermetallurgie: Sinterteile – ihre Eigenschaften und Anwendung. Berlin: Beuth 1971.
7.107 Falk, K.: Theorie und Auslegung einfacher Backenbremsen. Konstruktion 19 (1967) 268–271.
7.108 Feldmann, H. D.: Konstruktionsrichtlinien für Kaltfließpreßteile aus Stahl. Konstruktion 11 (1959) 82–89.
7.109 Flemming, M.; Zigg, M.: Recycling von faserverstärkten Kunststoffen. Konstruktion 49 (1997) H. 5, 21–25.

7.110 Florin, C.; Imgrund, H.: Über die Grundlagen der Warmfestigkeit. Arch. Eisenhüttenwesen 41 (1970) 777–778.

7.111 Frick, R.: Erzeugnisqualität und Design. Berlin: Verlag Technik 1996. Fachmethodik für Designer – Arbeitsmappe. Halle: An-Institut CA & D e.V. 1997.

7.112 Gairola, A.: Montagegerechtes Konstruieren – Ein Beitrag zur Konstruktionsmethodik. Diss. TU Darmstadt 1981.

7.113 Gassner, E.: Ermittlung von Betriebsfestigkeitskennwerten auf der Basis der reduzierten Bauteil-Dauerfestigkeit. Materialprüfung 26 (1984) Nr. 11.

7.114 Geißlinger, W.: Montagegerechtes Konstruieren. wt-Zeitschrift für industrielle Fertigung 71 (1981) 29–32.

7.115 Gesetz über technische Arbeitsmittel (Gerätesicherheitsgesetz), zuletzt geändert durch BBergG vom 13. Aug. 1980. Gesetz zur Änderung des Gesetzes über technische Arbeitsmittel und der Gewerbeordnung (In: BGBI I, 1979). Allgemeine Verwaltungsvorschrift zum Gesetz über technische Arbeitsmittel vom 11. Juni 1979. Zu beziehen durch: Deutsches Informationszentrum für technische Regeln (DITR), Berlin.

7.116 Gnilke, W.: Lebensdauerberechnung der Maschinenelemente. München: C. Hanser 1980.

7.117 Gräfen, H.; Spähn, H.: Probleme der chemischen Korrosion in der Hochdrucktechnik. Chemie-Ingenieur-Technik 39 (1967) 525–530.

7.118 Grieger, S.: Strategien zur Entwicklung recyclingfähiger Produkte, beispielhaft gezeigt an Elektrowerkzeugen. Diss. TU Berlin, VDI-Fortschritt-Berichte Nr.270, Reihe 1, Düsseldorf: VDI-Verlag 1996.

7.119 Grote, K.-H.; Schneider, U.; Fischer, N.: Recyclinggerechtes Konstruieren von Verbund-Konstruktionen. Konstruktion 49 (1997)H. 6, 49–54.

7.120 Grunert, M.: Stahl- und Spannbeton als Werkstoff im Maschinenbau. Maschinenbautechnik 22 (1973) 374–378.

7.121 Habig, K.-H.: Verschleiß und Härte von Werkstoffen. München: C. Hanser 1980

7.122 Hähn, G.: Entwurf eines Stoßprüfstandes mit Hilfe konstruktionssystematischer Methoden. Studienarbeit TU Berlin.

7.123 Hänchen, R.: Gegossene Maschinenteile. München: Hanser 1964.

7.124 Händel, S.: Kostengünstigere Gestaltung und Anwendung von Normen (manuell und rechnerunterstützt). DIN-Mitt. 62 (1983) 565–571.

7.125 Häusler, N.: Der Mechanismus der Biegemomentübertragung in Schrumpfverbindungen. Diss. TH Darmstadt 1974.

7.126 Haibach, E.: Betriebsfestigkeit – Verfahren und Daten zur Bauteilberechnung. Düsseldorf: VDI-Verlag 1989.

7.127 Handbuch der Arbeitsgestaltung und Arbeitsorganisation. Düsseldorf: VDI-Verlag 1980.

7.128 Hartlieb, B.: Entwicklungsbegleitende Normung; Geschichtliche Entwicklung der Normung. DIN-Mitteilungen 72 (1993) Nr. 6.

7.129 Hartlieb, B.; Nitsche, H.; Urban, W.: Systematische Zusammenhänge in der Normung. DIN Mitt. 61 (1982) 657–662.

7.130 Hartmann, A.: Die Druckgefährdung von Absperrschiebern bei Erwärmung des geschlossenen Schiebergehäuses. Mitt. VGB (1959) 303–307.

7.131 Hartmann, A.: Schaden am Gehäusedeckel eines 20-atü-Dampfschiebers. Mitt. VGB (1959) 315–316.

7.132 Heinz, K.; Tertilt, G.: Montage- und Handhabungstechnik. VDI-Z. 126 (1984) 151–157.

7.133 Herzke, I: Technologie und Wirtschaftlichkeit des Plasma-Abtragens. ZwF 66 (1971) 284–291.

7.134 Hentschel, C.: Beitrag zur Organisation von Demontagesystemen. Berichte aus dem Produktionstechnischen Zentrum Berlin (Hrsg. G. Spur). Diss. TU Berlin 1996.

7.135 Hertel, H.: Leichtbau. Berlin: Springer 1960.

7.136 Hüskes, H.; Schmidt, W.: Unterschiede im Kriechverhalten bei Raumtemperatur von Stählen mit und ohne ausgeprägter Streckgrenze. DEW-Techn. Berichte 12 (1972) 29–34.

7.137 Illgner, K.-H.: Werkstoffauswahl im Hinblick auf wirtschaftliche Fertigungen. VDI-Z. 114 (1972) 837–841, 992–995.

7.138 Jaeger, Th. A.: Zur Sicherheitsproblematik technologischer Entwicklungen. QZ 19 (1974) 1–9.

7.139 Jagodejkin, R.: Instandhaltungsgerechtes Konstruieren. Konstruktion 49, H.10 (1997) 41–45.

7.140 Jenner, R.-D.; Kaufmann, H.; Schäfer, D.: Planungshilfen für die ergonomische Gestaltung – Zeichenschablonen für die menschliche Gestalt, Maßstab 1:10. Esslingen: IWA-Riehle 1978.
7.141 Jorden, W.: Recyclinggerechtes Konstruieren – Utopie oder Notwendigkeit. Schweizer Maschinenmarkt (1984) 23–25, 32–33.
7.142 Jorden, W.: Recyclinggerechtes Konstruieren als vordringliche Aufgabe zum Einsparen von Rohstoffen. Maschinenmarkt 89 (1983) 1406–1409.
7.143 Jorden, W.: Der Tolerierungsgrundsatz – eine unbekannte Größe mit schwerwiegenden Folgen. Konstruktion 43 (1991) 170–176.
7.144 Jorden, W.: Toleranzen für Form, Lage und Maß. München: Hanser 1991.
7.145 Jung, A.: Schmiedetechnische Überlegungen für die Konstruktion von Gesenkschmiedestücken aus Stahl. Konstruktion 11 (1959) 90–98.
7.146 Käufer, H.: Recycling von Kunststoffen, integriert in Konstruktion und Anwendungstechnik. Konstruktion 42 (1990) 415–420.
7.147 Keil, E.; Müller, E. O.; Bettziehe, P.: Zeitabhängigkeit der Festigkeits- und Verformbarkeitswerte von Stählen im Temperaturbereich unter 400 °C. Eisenhüttenwesen 43 (1971) 757–762.
7.148 Kesselring, F.: Technische Kompositionslehre. Berlin: Springer 1954.
7.149 Kienzle, O.: Normung und Wissenschaft. Schweiz. Techn. Z. (1943) 533–539.
7.150 Klein, M.: Einführung in die DIN-Normen, 10. Aufl. Stuttgart: Teubner 1989.
7.151 Kljajin, M.: Instandhaltung beim Konstruktionsprozess. Konstruktion 49, H.10 (1997) 35–40.
7.152 Klöcker, L: Produktgestaltung, Aufgabe – Kriterien – Ausführung. Berlin: Springer 1981.
7.153 Kloos, K. H.: Werkstoffoberfläche und Verschleißverhalten in Fertigung und konstruktive Anwendung. VDI-Berichte Nr. 194. Düsseldorf: VDI-Verlag 1973.
7.154 Kloss, G.: Einige übergeordnete Konstruktionshinweise zur Erzielung echter Kostensenkung. VDI-Fortschrittsberichte, Reihe 1, Nr. 1. Düsseldorf: VDI-Verlag 1964.
7.155 Klotter, K.: Technische Schwingungslehre, Bd. 1 Teil A und B, 3. Aufl. Berlin: Springer 1980/81.
7.156 Knappe, W.: Thermische Eigenschaften von Kunststoffen. VDI-Z. 111 (1969) 746–752.
7.157 Köhler, G.; Rögnitz, H.: Maschinenteile, Bd. 1 u. Bd. 2, 6. Aufl. Stuttgart: Teubner 1981.
7.158 Korrosionsschutzgerechte Konstruktion – Merkblätter zur Verhütung von Korrosion durch konstruktive und fertigungstechnische Maßnahmen. Herausgeber Dechema Deutsche Gesellschaft für chemisches Apparatewesen e.V. Frankfurt am Main 1981.
7.159 Krause, W. (Hrsg.): Gerätekonstruktion, 2. Aufl. Berlin: VEB Verlag Technik 1986.
7.160 Kriwet, A.: Bewertungsmethodik für die recyclinggerechte Produktgestaltung. Produktionstechnik-Berlin (Hrsg. G. Spur), Nr. 163, München: Hanser 1994. Diss. TU Berlin 1994.
7.161 Kühnpast, R.: Das System der selbsthelfenden Lösungen in der maschinenbaulichen Konstruktion. Diss. TH Darmstadt 1968.
7.162 Lang, K.; Voigtländer, G.: Neue Reihe von Drehstrommaschinen großer Leistung in Bauform B 3. Siemens-Z. 45 (1971) 33–37.
7.163 Lambrecht, D.; Scherl, W.: Überblick über den Aufbau moderner wasserstoffgekühlter Generatoren. Berlin: Verlag AEG 1963, 181–191.
7.164 Landau, K.; Luczak, H.; Laurig, W. (Hrsg.): Softwarewerkzeuge zur ergonomischen Arbeitsgestaltung. Bad Urach: Verlag Institut für Arbeitsorganisation e.V. 1997.
7.165 Leipholz, H.: Festigkeitslehre für den Konstrukteur. Konstruktionsbücher Bd. 25 Berlin: Springer 1969.
7.166 Leyer, A.: Grenzen und Wandlung im Produktionsprozess. technica 12 (1963) 191–208.
7.167 Leyer, A.: Kraft- und Bewegungselemente des Maschinenbaus. technica 26 (1973) 2498–2510, 2507–2520, technica 5 (1974) 319–324, technica 6 (1974) 435–440.
7.168 Leyer, A.: Maschinenkonstruktionslehre, Hefte 1–7. technica-Reihe. Basel: Birkhäuser 1963–1978.
7.169 Lindemann, U.; Mörtl, M.: Ganzheitliche Methodik zur umweltgerechten Produktentwicklung. Konstruktion (2001), Heft 11/12, 64–67.
7.170 Lotter, B.: Arbeitsbuch der Montagetechnik. Mainz. Fachverlage Krausskopf-Ingenieur Digest 1982.
7.171 Lotter, B.: Montagefreundliche Gestaltung eines Produktes. Verbindungstechnik 14 (1982) 28–31.

7.172 Luczak, H.: Arbeitswissenschaft. Berlin: Springer 1993.
7.173 Luczak, H.; Volpert, W.: Handbuch der Arbeitswissenschaft. Stuttgart: Schäffer-Poeschel 1997.
7.174 Lüpertz, H.: Neue zeichnerische Darstellungsart zur Rationalisierung des Konstruktionsprozesses vornehmlich bei methodischen Vorgehensweisen. Diss. TH Darmstadt 1974.
7.175 Maduschka, L.: Beanspruchung von Schraubenverbindungen und zweckmäßige Gestaltung der Gewindeträger. Forsch. Ing. Wes. 7 (1936) 299–305.
7.176 Magnus, K.: Schwingungen, 3. Aufl. Stuttgart: Teubner 1976.
7.177 Magyar, J.: Aus nichtveröffentlichtem Unterrichtsmaterial der TU Budapest, Lehrstuhl für Maschinenelemente.
7.178 Mahle-Kolbenkunde, 2. Aufl. Stuttgart: 1964.
7.179 Marre, T.; Reichert, M.: Anlagenüberwachung und Wartung. Sicherheit in der Chemie. Verl. Wiss. u. Polit. 1979.
7.180 Matousek, R.: Konstruktionslehre des allgemeinen Maschinenbaus. Berlin: Springer 1957, Reprint 1974.
7.181 Matting, A.; Ulmer, K.: Spannungsverteilung in Metallklebverbindungen. VDI-Z. 105 (1963) 1449–1457.
7.182 Mauz, W.; Kies, H.: Funkenerosives und elektrochemisches Senken. ZwF 68 (1973) 418–422.
7.183 Melan, E.; Parkus, H.: Wärmespannungen infolge stationärer Temperaturfelder. Wien: Springer 1953.
7.184 Menges, G.; Michaeli, W.; Bittner, M.: Recycling von Kunststoffen. München: C. Hauser 1992.
7.185 Menges, G.; Taprogge, R.: Denken in Verformungen erleichtert das Dimensionieren von Kunststoffteilen. VDI-Z. 112 (1970) 341–346, 627–629.
7.186 Meyer, H.: Recyclingorientierte Produktgestaltung. VDI-Fortschrittsberichte Reihe 1, Nr. 98. Düsseldorf: VDI Verlag 1983.
7.187 Meyer, H.; Beitz, W.: Konstruktionshilfen zur recyclingorientierten Produktgestaltung. VDI-Z. 124 (1982) 255–267.
7.188 Militzer, O. M.: Rechenmodell für die Auslegung von Wellen-Naben-Paßfederverbindungen. Diss. TU Berlin 1975.
7.189 Möhler, E.: Der Einfluss des Ingenieurs auf die Arbeitssicherheit, 4. Aufl. Berlin: Verlag Tribüne 1965.
7.190 Müller, K.: Schrauben aus thermoplastischen Kunststoffen. Werkstattblatt 514 und 515. München: Hanser 1970.
7.191 Müller, K.: Schrauben aus thermoplastischen Kunststoffen. Kunststoffe 56 (1966) 241–250, 422–429.
7.192 Munz, D.; Schwalbe, K.; Mayr, P.: Dauerschwingverhalten metallischer Werkstoffe. Braunschweig: Vieweg 1971.
7.193 Neuber, H.: Kerbspannungslehre, 3. Aufl. Berlin: Springer 1985.
7.194 Neubert, H.; Martin, U.: Analyse von Demontagevorgängen und Baustrukturen für das Produktrecycling. Konstruktion 49 (1997) H. 7/8, 39–43.
7.195 Neudörfer, A.: Anzeiger und Bedienteile – Gesetzmäßigkeiten und systematische Lösungssammlungen. Düsseldorf: VDI Verlag 1981.
7.196 Neumann, U.: Methodik zur Entwicklung umweltverträglicher und recyclingoptimierter Fahrzeugbauteile. Diss. Univ: GHS-Paderborn 1996.
7.197 Nickel, W. (Hrsg.): Recycling-Handbuch – Strategien, Technologien. Düsseldorf: VDI-Verlag 1996.
7.198 Niemann, G.: Maschinenelemente, Bd. 1. Berlin: Springer 1963, 2. Aufl. 1975, 3. Auflage 2001.
7.199 N. N.: Ergebnisse deutscher Zeitstandversuche langer Dauer. Düsseldorf: Stahleisen 1969.
7.200 N.N.: Nickelhaltige Werkstoffe mit besonderer Wärmeausdehnung. Nickel-Berichte D 16 (1958) 79–83.
7.201 Oehler, G.; Weber, A.: Steife Blech- und Kunststoffkonstruktionen. Konstruktionsbücher, Bd. 30. Berlin: Springer 1972.
7.202 Pahl, G.: Ausdehnungsgerecht. Konstruktion 25 (1973) 367–373.
7.203 Pahl, G.: Bewährung und Entwicklungsstand großer Getriebe in Kraftwerken. Mitteilungen der VGB 52, Kraftwerkstechnik (1972) 404–415.

7.204 Pahl, G.: Entwurfsingenieur und Konstruktionslehre unterstützen die moderne Konstruktionsarbeit. Konstruktion 19 (1967) 337–344.
7.205 Pahl, G.: Grundregeln für die Gestaltung von Maschinen und Apparaten. Konstruktion 25 (1973) 271–277.
7.206 Pahl, G.: Konstruktionstechnik im thermischen Maschinenbau. Konstruktion 15 (1963) 91–98.
7.207 Pahl, G.. Prinzip der Aufgabenteilung. Konstruktion 25 (1973) 191–196.
7.208 Pahl, G.: Prinzipien der Kraftleitung. Konstruktion 25 (1973) 151–156.
7.209 Pahl, G.: Das Prinzip der Selbsthilfe. Konstruktion 25 (1973) 231–237.
7.210 Pahl, G.: Sicherheitstechnik aus konstruktiver Sicht. Konstruktion 23 (1971) 201–208.
7.211 Pahl, G.: Vorgehen beim Entwerfen. ICED 1983. Schweizer Maschinenmarkt. 84. Jahrgang 1984, Heft 25, 35–37.
7.212 Pahl, G.: Konstruktionsmethodik als Hilfsmittel zum Erkennen von Korrosionsgefahren. 12. Konstr.-Symposium Dechema, Frankfurt 1981.
7.213 Pahl, G.: Konstruieren mit 3D-CAD-Systemen. Berlin: Springer-Verlag 1990.
7.214 Paland, E. G.: Untersuchungen über die Sicherungseigenschaften von Schraubenverbindungen bei dynamischer Belastung. Diss. TH Hannover 1960.
7.215 Peters, O. H.; Meyna, A.: Handbuch der Sicherheitstechnik. München: C. Hanser 1985.
7.216 Pfau, W.: A vision for the future – Globale Wirkungen von Forschung und neuen Technologien – wachsende Anforderungen an die Normung. DIN-Mitteilungen 70 (1991) Nr. 2.
7.217 Pflüger, A.: Stabilitätsprobleme der Elastostatik. Berlin: Springer 1964.
7.218 Pourshirazi, M.: Recycling und Werkstoffsubstitution bei technischen Produkten als Beitrag zur Ressourcenschonung. Schriftenreihe Konstruktionstechnik Heft 12 (Hrsg. W. Beitz). Berlin: TU Berlin 1987.
7.219 Rebentisch, M.: Stand der Technik als Rechtsproblem. Elektrizitätswirtschaft 93 (1994) 587–590.
7.220 Reihlen, H.: Normung. In: Hütte. Grundlagen der Ingenieurwissenschaften, 30. Aufl. Berlin: Springer 1996.
7.221 Reinhardt, K. G.: Verbindungskombinationen und Stand ihrer Anwendung. Schweißtechnik 19 (1969) Heft 4.
7.222 Renken, M.: Nutzung recyclingorientierter Bewertungskriterien während des Konstruierens. Diss. TU Braunschweig 1995.
7.223 Rembold, U.; Blume, Ch.; Dillmann, R.; Mörkel, G.: Technische Anforderungen an zukünftige Industrieroboter – Analyse von Montagevorgängen und montagegerechtes Konstruieren. VDI-Z. 123 (1981) 763–772.
7.224 Reuter H.: Die Flanschverbindung im Dampfturbinenbau. BBC-Nachrichten 40 (1958) 355–365.
7.225 Reuter H.: Stabile und labile Vorgänge in Dampfturbinen. BBC-Nachrichten 40 (1958) 391–398.
7.226 Rixius, B.: Systematisierung der Entwicklungsbegleitenden Normung (EBN). DIN-Mitteilungen 73 (1994) Nr. 1.
7.227 Rixius, B.: Forschung und Entwicklung für die Normung. DIN-Mitteilungen 73 (1994) Nr. 12.
7.228 Rixmann, W.: Ein neuer Ford-Taunus 12 M. ATZ 64 (1962) 306–311.
7.229 Rodenacker, W. G.: Methodisches Konstruieren. Berlin: Springer 1970. 2. Auflage 1976, 3. Auflage 1984, 4. Auflage 1991.
7.230 Rögnitz, H.; Köhler, G.: Fertigungsgerechtes Gestalten im Maschinen- und Gerätebau. Stuttgart: Teubner 1959.
7.231 Rohmert, W.; Rutenfranz, J. (Hrsg.): Praktische Arbeitsphysiologie. Stuttgart: Thieme Verlag 1983.
7.232 Rosemann, H.: Zuverlässigkeit und Verfügbarkeit technischer Anlagen und Geräte. Berlin: Springer 1981.
7.233 Roth, K.: Die Kennlinie von einfachen und zusammengesetzten Reibsystemen. Feinwerktechnik 64 (1960) 135–142.
7.234 Rubo, E.: Der chemische Angriff auf Werkstoffe aus der Sicht des Konstrukteurs. Der Maschinenschaden (1966) 65–74.
7.235 Rubo, E.: Kostengünstiger Gebrauch ungeschützter korrosionsanfälliger Metalle bei korrosivem Angriff. Konstruktion 37 (1985) 11–20.
7.236 Salm, M.; Endres, W.: Anfahren und Laständerung von Dampfturbinen. Brown-Boveri-Mitteilungen (1958) 339–347.

7.237 Sandager; Markovits; Bredtschneider: Piping Elements for Coal-Hydrogenations Service. Trans. ASME May 1950, 370 ff.
7.238 Schacht, M.: Methodische Neugestaltung von Normen als Grundlage für eine Integration in den rechnerunterstützten Konstruktionsprozeß. DIN-Normungskunde, Bd. 28. Berlin: Beuth 1991.
7.239 Schacht, M.: Rechnerunterstützte Bereitstellung und methodische Entwicklung von Normen. Konstruktion 42 (1990) 1, 3–14.
7.240 Schier, H.: Fototechnische Fertigungsverfahren. Feinwerktechnik+Micronic 76 (1972) 326–330.
7.241 Schilling, K.: Konstruktionsprinzipien der Feinwerktechnik. Proceedings ICED '91, Schriftenreihe WDK 20. Zürich: Heurista 1991.
7.242 Schmid, E.: Theoretische und experimentelle Untersuchung des Mechanismus der Drehmomentübertragung von Kegel-Press-Verbindungen. VDI-Fortschrittsberichte Reihe 1, Nr. 16. Düsseldorf: VDI Verlag 1969.
7.243 Schmidt, E.: Sicherheit und Zuverlässigkeit aus konstruktiver Sicht. Ein Beitrag zur Konstruktionslehre. Diss. TH Darmstadt 1981.
7.244 Schmidt-Kretschmer, M.: Untersuchungen an recyclingunterstützenden Bauteilverbindungen. (Diss. TU Berlin). Schriftenreihe Konstruktionstechnik (Hrsg. W. Beitz), H. 26, TU Berlin 1994.
7.245 Schmidt-Kretschmer, M.; Beitz, W.: Demontagefreundliche Verbindungstechnik – ein Beitrag zum Produktrecycling. VDI-Berichte 906. Düsseldorf: VDI-Verlag 1991.
7.246 Schmidtke, H. (Hrsg.): Lehrbuch der Ergonomie, 3. Aufl. München: Hanser 1993.
7.247 Schott, G.: Ermüdungsfestigkeit – Lebensdauerberechnung für Kollektiv- und Zufallsbeanspruchungen. Leipzig: VEB, Deutscher Verlag f. Grundstoffindustrie 1983.
7.248 Schraft, R. D.: Montagegerechte Konstruktion – die Voraussetzung für eine erfolgreiche Automatisierung. Proc. of the 3rd. Int. Conf. an Assembly Automation in Böblingen (1982) 165–176.
7.249 Schraft, R. D.; Bäßler, R.: Die montagegerechte Produktgestaltung muß durch systematische Vorgehensweisen umgesetzt werden. VDI-Z. 126 (1984) 843–852.
7.250 Schweizer, W.; Kiesewetter, L.: Moderne Fertigungsverfahren der Feinwerktechnik. Berlin: Springer 1981.
7.251 Seeger, H.: Technisches Design. Grafenau: Expert Verlag 1980.
7.252 Seeger, H.: Industrie-Designs. Grafenau: Expert Verlag 1983.
7.253 Seeger, H.: Design technischer Produkte, Programme und Systeme. Anforderungen, Lösungen und Bemerkungen. Berlin: Springer 1992.
7.254 Seeger, O. W.: Sicherheitsgerechtes Gestalten technischer Erzeugnisse. Berlin: Beuth 1983.
7.255 Seeger, O. W.: Maschinenschutz, aber wie. Schriftenreihe Arbeitssicherheit, Heft B. Köln: Aulis 1972.
7.256 Sicherheitsregeln für berührungslos wirkende Schutzeinrichtungen an kraftbetriebenen Arbeitsmitteln. ZH 1/597. Köln: Heymanns 1979.
7.257 Sieck, U.: Kriterien der montagegerechten Gestaltung in den Phasen des Montageprozesses. Automatisierungspraxis 10 (1973) 284–286.
7.258 Simon, H.; Thoma, M.: Angewandte Oberflächentechnik für metallische Werkstoffe. München: C. Hanser 1985.
7.259 Spähn, H.; Fäßler, K.: Kontaktkorrosion. Grundlagen – Auswirkung – Verhütung. Werkstoffe und Korrosion 17 (1966) 321–331.
7.260 Spähn, H.; Fäßler, K.: Zur konstruktiven Gestaltung korrosionsbeanspruchter Apparate in der chemischen Industrie. Konstruktion 24 (1972) 249–258, 321–325.
7.261 Spähn, H.; Rubo, E.; Pahl, G.: Korrosionsgerechte Gestaltung. Konstruktion 25 (1973) 455–459.
7.262 Spur, G.; Stöferle, Th. (Hrsg.): Handbuch der Fertigungstechnik. Bd. 1: Urformen, Bd. 2: Umformen, Bd. 3: Spanen, Bd. 4: Abtragen, Beschichten, Wärmebehandeln, Bd. 5: Fügen, Handhaben, Montieren, Bd. 6: Fabrikbetrieb. München: C. Hanser 1979–1986.
7.263 Spath, D.; Hartel, M.: Entwicklungsbegleitende Beurteilung der ökologischen Eignung technischer Produkte als Bestandteil des ganzheitlichen Gestaltens. Konstruktion 47 (1995) 105–110.
7.264 Spath, D.; Trender, L.: Checklisten – Wissensspeicher und methodisches Werkzeug für die recyclinggerechte Konstruktion 48 (1996) 224–228.
7.265 Steinack, K.; Veenhoff, F.: Die Entwicklung der Hochtemperaturturbinen der AEG. AEG-Mitt. SO (1960) 433–453.
7.266 Steinhilper, R.: Produktrecycling im Maschinenbau. Berlin: Springer 1988.

7.267 Steinhilper, R.: Der Horizont bestimmt den Erfolg beim Recycling. Konstruktion 42 (1990) 396–404.
7.268 Stöferle, Th.; Dilling, H.-J.; Rauschenbach, Th.: Rationelle Montage – Herausforderung an den Ingenieur. VDI-Z. 117 (1975) 715–719.
7.269 Stöferle, Th.; Dilling, H.-J.; Rauschenbach, Th.: Rationalisierung und Automatisierung in der Montage. Werkstatt und Betrieb 107 (1974) 327–335.
7.270 Suhr, M.: Wissensbasierte Unterstützung recyclingorientierter Produktgestaltung. Schriftenreihe Konstruktionstechnik (Hrsg. W. Beitz), Nr. 33, TU Berlin 1996 (Diss.).
7.271 Susanto, A.: Methodik zur Entwicklung von Normen. DIN-Normungskunde, Bd. 23. Berlin: Beuth 1988.
7.272 Suter, F.; Weiss, G.: Das hydraulische Sicherheitssystem S 74 für Großdampfturbinen. Brown Boveri-Mitt. 64 (1977) 330–338.
7.273 Swift, K.; Redford, H.: Design for Assembly. Engineering (1980) 799–802.
7.274 Tauscher, H.: Dauerfestigkeit von Stahl und Gußeisen. Leipzig: VEB Verlag 1982.
7.275 ten Bosch, M.: Berechnung der Maschinenelemente. Reprint. Berlin: Springer 1972.
7.276 TGL 19340: Dauerfestigkeit der Maschinenteile. DDR-Standards. Berlin: 1984.
7.277 Thomé-Kozmiensky, K.-J. (Hrsg.): Materialrecycling durch Abfallaufbereitung. Tagungsband TU Berlin 1983.
7.278 Thum, A.: Die Entwicklung von der Lehre der Gestaltfestigkeit. VDI-Z. 88 (1944) 609–615.
7.279 Tietz, H.: Ein Höchsttemperatur-Kraftwerk mit einer Frischdampftemperatur von 610 °C. VDI-Z. 96 (1953) 802–809.
7.280 Tjalve, E.: Systematische Formgebung für Industrieprodukte. Düsseldorf: VDI Verlag 1978.
7.281 Veit, H.-J.; Scheermann, H.: Schweißgerechtes Konstruieren. Fachbuchreihe Schweißtechnik Nr. 32. Düsseldorf: Deutscher Verlag für Schweißtechnik 1972.
7.282 van der Mooren, A. L.: Instandhaltungsgerechtes Konstruieren und Projektieren. Konstruktionsbücher Bd. 37. Berlin: Springer 1991.
7.283 VDI/ADB-Ausschuss Schmieden: Schmiedstücke – Gestaltung, Anwendung. Hagen: Informationsstelle Schmiedstück-Verwendung im Industrieverband Deutscher Schmieden 1975.
7.284 VDI-Berichte Nr. 129: Kerbprobleme. Düsseldorf: VDI-Verlag 1968.
7.285 VDI-Berichte Nr. 420: Schmiedeteile konstruieren für die Zukunft. Düsseldorf: VDI Verlag 1981.
7.286 VDI-Berichte Nr. 493: Spektrum der Verbindungstechnik – Auswählen der besten Verbindungen mit neuen Konstruktionskatalogen. Düsseldorf: VDI Verlag 1983.
7.287 VDI-Berichte Nr. 523: Konstruieren mit Blech. Düsseldorf: VDI-Verlag 1984.
7.288 VDI-Berichte Nr. 544: Das Schmiedeteil als Konstruktionselement – Entwicklungen – Anwendungen – Wirtschaftlichkeit. Düsseldorf: VDI-Verlag 1985.
7.289 VDI-Berichte Nr. 556: Automatisierung der Montage in der Feinwerkstechnik. Düsseldorf: VDI-Verlag 1985.
7.290 VDI-Berichte Nr. 563: Konstruieren mit Verbund- und Hybridwerkstoffen. Düsseldorf: VDI-Verlag 1985.
7.291 VDI-Richtlinie 2006. Gestalten von Spritzgussteilen aus thermoplastischen Kunststoffen. Düsseldorf: VDI Verlag 1979.
7.292 VDI-Richtlinie 2057: Beurteilung der Einwirkung mechanischer Schwingungen auf den Menschen. Blatt 1 (Entwurf) – Grundlagen, Gliederung, Begriffe (1983). Blatt 2: Schwingungseinwirkung auf den menschlichen Körper (1981). Blatt 3 (Entwurf): Schwingungsbeanspruchung des Menschen (1979). Düsseldorf: VDI-Verlag.
7.293 VDI-Richtlinie 2221: Methodik zum Entwickeln technischer Systeme und Produkte. Düsseldorf: VDI-Verlag 1993.
7.294 VDI-Richtlinie 2222: Konstruktionsmethodik; Konzipieren technischer Produkte. Düsseldorf: VDI-Verlag 1996.
7.295 VDI-Richtlinie 2223 (Entwurf): Methodisches Entwerfen technischer Produkte. Düsseldorf. VDI-Verlag 1999.
7.296 VDI-Richtlinie 2224: Formgebung technischer Erzeugnisse. Empfehlungen für den Konstrukteur. Düsseldorf: VDI-Verlag 1972.

7.297 VDI-Richtlinie 2225 Blatt 1 und Blatt 2: Technisch-wirtschaftliches Konstruieren. Düsseldorf: VDI-Verlag 1977. VDI 2225 (Entwurf): Vereinfachte Kostenermittlung 1984. Blatt 2 (Entwurf): Tabellenwerk 1994. Blatt 4 (Entwurf): Bemessungslehre 1994.

7.298 VDI-Richtlinie 2226: Empfehlung für die Festigkeitsberechnung metallischer Bauteile. Düsseldorf: VDI-Verlag 1965.

7.299 VDI-Richtlinie 2227 (Entwurf): Festigkeit bei wiederholter Beanspruchung, Zeit- und Dauerfestigkeit metallischer Werkstoffe, insbesondere von Stählen (mit ausführlichem Schrifttum). Düsseldorf: VDI-Verlag 1974.

7.300 VDI-Richtlinie 2242, Blatt 1: Konstruieren ergonomiegerechter Erzeugnisse. Düsseldorf; VDI-Verlag 1986.

7.301 VDI-Richtlinie 2242, Blatt 2: Konstruieren ergonomiegerechter Erzeugnisse. Düsseldorf: VDI-Verlag 1986.

7.302 VDI-Richtlinie 2243 (Entwurf): Recyclingorientierte Produktentwicklung. Düsseldorf: VDI-Verlag 2000.

7.303 VDI-Richtlinie 2244 (Entwurf): Konstruktion sicherheitsgerechter Produkte. Düsseldorf: VDI-Verlag 1985.

7.304 VDI-Richtlinie 2246, B1.1 (Entwurf): Konstruieren instandhaltungsgerechter technischer Erzeugnisse – Grundlagen, Bl. 2 (Entwurf): Anforderungskatalog. Düsseldorf: VDI-Verlag 1994.

7.305 VDI-Richtlinie 2343, Recycling elektrischer und elektronischer Geräte Blatt 1 (Grundlagen und Begriffe), Blatt 2 (Externe und interne Logistik), Blatt 3, Entwurf (Demontage und Aufbereitung), Blatt 4 (Vermarktung). Düsseldorf: VDI-Verlag 1999–2001.

7.306 VDI-Richtlinie 2570: Lärmminderung in Betrieben; Allgemeine Grundlagen. Düsseldorf: VDI-Verlag 1980.

7.307 VDI-Richtlinie 2802: Wertanalyse. Düsseldorf: VDI-Verlag 1976.

7.308 VDI-Richtlinie 3237, Bl. 1 und Bl. 2: Fertigungsgerechte Werkstückgestaltung im Hinblick auf automatisches Zubringen, Fertigen und Montieren. Düsseldorf: VDI-Verlag 1967 und 1973.

7.309 VDI-Richtlinie 3239: Sinnbilder für Zubringefunktionen. Düsseldorf: VDI-Verlag 1966.

7.310 VDI-Richtlinie 3720, Bl. 1 bis Bl. 6: Lärmarm konstruieren. Düsseldorf: VDI-Verlag 1978 bis 1984.

7.311 VDI/VDE-Richtlinie 3850: Nutzergerechte Gestaltung von Bediensystemen für Maschinen. Düsseldorf: VDI-Verlag 2000.

7.312 VDI-Richtlinie 4004, Bl. 2: Überlebenskenngrößen. Düsseldorf: VDI-Verlag 1986.

7.313 VDI: Wertanalyse. VDI-Taschenbücher T 35. Düsseldorf: VDI-Verlag 1972.

7.314 Wahl, W.: Abrasive Verschleißschäden und ihre Verminderung. VDI-Berichte Nr. 243, "Methodik der Schadensuntersuchung". Düsseldorf: VDI-Verlag 1975.

7.315 Walczak, A.: Selbstjustierende Funktionskette als kosten- und montagegünstiges Gestaltungsprinzip, gezeigt am Beispiel eines mit methodischen Hilfsmitteln entwickelten Lesegeräts. Konstruktion 38 (1986) 1, 27–30.

7.316 Walter, J.: Möglichkeiten und Grenzen der Montageautomatisierung. VDI-Z. 124 (1982) 853–859.

7.317 Wanke, K.: Wassergekühlte Turbogeneratoren. In "AEG-Dampfturbinen, Turbogeneratoren". Berlin: Verlag AEG (1963) 159–168.

7.318 Warnecke, H. J.; Löhr, H.-G.; Kiener, W.: Montagetechnik. Mainz: Krausskopf 1975.

7.319 Warnecke, H. J.; Steinhilper, R.: Instandsetzung, Aufarbeitung, Aufbereitung – Recyclingverfahren und Produktgestaltung. VDI-Z. 124 (1982) 751–758.

7.320 Weber, R.: Recycling bei Kraftfahrzeugen. Konstruktion 42 (1990) 410–414.

7.321 Weege, R.-D.: Recyclinggerechtes Konstruieren. Düsseldorf: VDI-Verlag 1981.

7.322 Welch, B.: Thermal Instability in High-Speed-Gearing. Journal of Engineering for Power (1961) 91 ff.

7.323 Wende, A.: Integration der recyclingorientierten Produktgestaltung in dem methodischen Konstruktionsprozess. VDI-Fortschritt-Berichte, Reihe 1, Nr.239. Düsseldorf: VDI-Verlag 1994 (Diss. TU Berlin 1994).

7.324 Wende, A.; Schierschke, V.: Produktfolgenabschätzung als Bestandteil eines recyclingorienterten Produktmodells. Konstruktion 46 (1994) 92–98.

7.325 Wiedemann, J.: Leichtbau. Bd. 1: Elemente; Bd. 2: Konstruktion. Berlin: Springer 1986/1989.

7.326 Wiegand, H.; Beelich, K. H.: Einfluss überlagerter Schwingungsbeanspruchung auf das Verhalten von Schraubenverbindungen bei hohen Temperaturen. Draht Welt 54 (1968) 566–570.
7.327 Wiegand, H.; Beelich, K. H.: Relaxation bei statischer Beanspruchung von Schrau benverbindun gen. Draht Welt 54 (1968) 306–322.
7.328 Wiegand, H.; Kloos, K.-H.; Thomala, W.: Schraubenverbindungen. Konstruktionsbücher (Hrsg. G. Pahl) Bd. 5, 4. Aufl. Berlin: Springer 1988.
7.329 Witte, K:W.: Konstruktion senkt Montagekosten. VDI-Z. 126 (1984) 835–840.
7.330 Zhao, B. J.; Beitz, W.: Das Prinzip der Kraftleitung: direkt, kurz und gleichmäßig. Konstruktion 47 (1995) 15–20.
7.331 ZGV-Lehrtafeln: Erfahrungen, Untersuchungen, Erkenntnisse für das Konstruieren von Bauteilen aus Gusswerkstoffen. Düsseldorf: Gießerei-Verlag.
7.332 ZGV-Mitteilungen: Fertigungsgerechte Gestaltung von Gusskonstruktionen. Düsseldorf: Gießerei-Verlag.
7.333 ZGV: Konstruieren und Gießen. Düsseldorf: Gießerei-Verlag.
7.334 ZHI Verzeichnis: Richtlinien, Sicherheitsregeln und Merkblätter der Träger der gesetzlichen Unfallverordnung. Köln: Heymanns (wird laufend erneuert).
7.335 Zienkiewicz, O. G.: Methode der finiten Elemente, 2. Aufl. München; Hanser 1984.
7.336 Zünkler, B.; Gesichtspunkte für das Gestalten von Gesenkschmiedeteilen. Konstruktion 14 (1962) 274–280.

第8章

8.1 ACTIDYNE. Prospekt der Societe de Mecanique Magnetique. Vernon, France.
8.2 Aenis, M.; Nordmann, R.: Fault Diagnosis in a Centrifugal Pump using Active Magnetic Bearings. The 9th International Symposium on Transport Phenomena and Dynamics of Rotating Machinery. Honolulu, Hawaii, February 10–14, 2002.
8.3 Breuer, B.; Barz, M.; Bill, K.; Gruber, St.; Semsch, M.; Strothjohann, Th.; Xie Ch.: The Mechatronic Vehicle Corner of Darmstadt University of Technology – Interaction and Cooperation of a Sensor Tire, New Low Energy Disk Brake and Smart Wheel Suspension. Seoul 2000 FISITA World Automotive Congress, June 12–15 2000, Seoul, Korea, Paper F2000G281.
8.4 Bußhardt, J.: Selbsteinstellendes Feder-Dämpfer-System für Kraftfahrzeuge. Fortschritt-Berichte VDI Reihe 12 Nr. 240, Düsseldorf: VDI-Verlag 1995.
8.5 Dorn, L.: Schweißgerechtes Konstruieren. Sindelfingen: expert 1988.
8.6 Dorn, L. u.a.: Hartlöten. Sindelfingen: expert 1985.
8.7 Dubbel: Taschenbuch für den Maschinenbau (Hrsg.: W. Beitz und K.-H. Grote). 20. Aufl. Berlin: Springer 2000.
8.8 Elspass, W. J.; Flemming, M.: Aktive Funktionsbauweisen. Berlin: Springer 1998.
8.9 Elspass, W. J.; Paradies, R.: Design, numerical simulation, manufacturing and expermental verification of an adaptive sandwich reflector. North American Conference on Smart Materials and Structures, Orlando February 1994.
8.10 Findeisen, D.; Findeisen, E: Ölhydraulik. 3. Aufl. Berlin: Springer 1978.
8.11 Gruber, St.; Semsch, M.; Strothjohann, Fh.; Breuer, B.: Elements of a Mechatronic Vehicle Corner. 1st IFAC Conference on Mechatronic Systems, Darmstadt 2000.
8.12 Göbel, E. F.: Gummifedern. (Konstruktionsbücher, 7). 3. Aufl. Berlin: Springer 1969.
8.13 Gross, S.: Berechnung und Gestaltung von Metallfedern. Berlin: Springer 1969.
8.14 Habedank, W.; Pahl, G.: Schaltkennlinienbeeinflussung bei Schaltkupplungen. Konstruktion 48 (1996) 87–93.
8.15 Habenicht, G.: Kleben. Berlin: Springer 1986.
8.16 Hanselka, H.: Adaptronik und Fragen zur Systemzuverlässigkeit. atp – Automatisierungstechnische Praxis. 44. Jahrg. 2002, H.2.
8.17 Hanselka, H.; Bein, Th.; Krajenski, V.: Grundwissen des Ingenieurs – Mechatronik/Adaptronik. Leipzig: Hansa Verlag 2001.

8.18 Hanselka, H.; Mayer, D.; Vogl, B.: Adaptronik für strukturdynamische und vibro-akustische Aufgabenstellungen im Leichtbau. Stahlbau 69. Jahrg. 2000, H. 6, 441–445
8.19 Isermann, R.: Mechatronische Systeme – Grundlagen. Berlin: Springer 1999.
8.20 Kollmann, F. G.: Welle-Nabe-Verbindungen. (Konstruktionsbücher, 32). Berlin: Springer 1984.
8.21 Neumann, A.: Schweißtechnisches Handbuch für Konstrukteure, Teil 1 bis 3. Düsseldorf: Deutscher Verlag für Schweißtechnik (DVS) 1985; 1986.
8.22 Pahl, G.: Wissen und Können in einem interdisziplinären Konstruktionsprozess. In Wechselbeziehungen Mensch – Umwelt – Technik. Hrsg.: Gisbert Freih. zu Putlitz/Diethard Schade. Stuttgart: Schäffer-Poeschel Verlag 1997.
8.23 Paradies, R.: Statische Verformungsbeeinflussung hochgenauer Faserverbundreflektorschalen mit Hilfe applizierter oder integrierter aktiver Elemente. Dissertation Nr. 12003 ETH Zürich 1997.
8.24 Resch, M.: Effizienzsteigerung der aktiven Schwingungskontrolle von Verbundkonstruktionen mittels angepasstem Strukturdesign. ETH Zürich, Dissertation 12584, 1998.
8.25 Roth, K.: Konstruieren mit Konstruktionskatalogen. Band I Konstruktionslehre. Springer: Berlin 2000. Band II Konstruktionskataloge. Berlin: Springer 2001. Band III Verbindungen und Verschlüsse, Lösungsfindung Berlin: Springer 1996.
8.26 Ruge, J.: Handbuch der Schweißtechnik. Bd. I und II. 2. Aufl. Berlin: Springer 1980.
8.27 Scheermann, H.: Leitfaden für den Schweißkonstrukteur. Düsseldorf: Deutscher Verlag für Schweißtechnik (DVS) 1986.
8.28 Semsch, M.: Neuartige mechanische Teilbelagscheibenbremse. Fortschritt-Berichte VDI-Reihe 12 Nr. 405, Düsseldorf: VDI-Verlag 1999.
8.29 Semsch, M.; Breuer, B.: Mechatronische Teilbelagscheibenbremse mit Selbstverstärkung. Tagungsband Abschlusskolloquium des Sonderforschungsbereichs 241 (IMES), Darmstadt 8.–9. November 2001.
8.30 Straßburger, S.; Aenis, M.; Nordmann, R.: Magnetlager zur Schadensdiagnose und Prozessoptimierung. In: Irretier, H.; Nordmann, R.; Springer, H. (Hrsg.): Schwingungen in rotierenden Maschinen V. Referate der Tagung in Wien 26.–28. Februar 2001. Braunschweig/Wiesbaden: Friedr. Vieweg & Söhne Verlagsgesellschaft 2001.
8.31 Töpfer, H.; Kriesel, W.: Funktionseinheiten der Automatisierungstechnik elektrisch – pneumatisch – hydraulisch. Düsseldorf: VDI-Verlag. Auch Berlin: VEB-Verlag Technik 1977.
8.32 VDI-Richtlinie 2206 (Entwurf): Entwicklungsmethodik für mechatronische Systeme. (In Vorbereitung). Düsseldorf: VDI-Verlag voraussichtlich 2002
8.33 VDI-Richtlinie 2230: Systematische Berechnung hochbeanspruchter Schraubenverbindungen – Zylindrische Einschraubenverbindungen. Düsseldorf: VDI Verlag 2001.
8.34 Wiegand, H.; Kloos, K.-H.; Thomala, W.: Schraubenverbindungen. (Konstruktionsbücher, 5). Berlin: Springer 1988.
8.35 Zaremba, H.: Hart- und Hochtemperaturlöten. Düsseldorf: DVS Verlag 1987.

第9章

9.1 AEG-Telefunken: Hochspannungs-Asynchron-Normmotoren, Baukastensystem, 160 kW–3150 kW. Druckschrift E 41.01.02/0370.
9.2 Achenbach, H.-P.: Ein Baukastensystem für pneumatische Wegeventile. wt-Z. ind. Fertigung 65 (1975) 13–17.
9.3 Beitz, W.; Keusch, W.: Die Durchführung von Gleitlager-Variantenkonstruktionen mit Hilfe elektronischer Datenverarbeitungsanlagen. VDI-Berichte Nr. 196. Düsseldorf: VDI Verlag 1973.
9.4 Beitz, W.; Pahl, G.: Baukastenkonstruktionen. Konstruktion 26 (1974) 153–160.
9.5 Berg, S.: Angewandte Normzahl. Berlin: Beuth 1949.
9.6 Berg, S.: Die besondere Eignung der Normzahlen für die Größenstufung. DIN-Mitteilungen 48 (1969) 222–226.
9.7 Berg, S.: Konstruieren in Größenreihen mit Normzahlen. Konstruktion 17 (1965) 15–21.

9.8 Berg, S.: Die NZ, das allgemeine Ordnungsmittel. Schriftenreihe der AG für Rat. des Landes NRW (1959) H. 4.
9.9 Berg, S.: Theorie der NZ und ihre praktische Anwendung bei der Planung und Gestaltung sowie in der Fertigung. Schriftenreihe der AG für Rat. des Landes NRW (1958) H. 35.
9.10 Borowski, K.-H.: Das Baukastensystem der Technik. Schriftenreihe Wissenschaftliche Normung, H. 5. Berlin: Springer 1961.
9.11 Brankamp, K.; Herrmann, J.: Baukastensystematik – Grundlagen und Anwendung in Technik und Organisation. Ind.-Anz. 91 (1969) H. 31 und 50.
9.12 Dietz, P.: Baukastensystematik und methodisches Konstruieren im Werkzeugmaschinenbau. Werkstatt u. Betrieb 116 (1983) 185–189 und 485–488.
9.13 DIN 323, Blatt 2: Normzahlen und Normzahlreihen (mit weiterem Schrifttum). Berlin: Beuth 1974.
9.14 Eversheim, W.; Wiendahl, H. P.: Rationelle Auftragsabwicklung im Konstruktionsbüro. Girardet Taschenbücher, Bd. 1. Essen: Girardet 1971.
9.15 Flender: Firmenprospekt Nr. K 2173/D. Bocholt 1972.
9.16 Friedewald, H.-J.: Normzahlen – Grundlage eines wirtschaftlichen Erzeugnisprogramms. Handbuch der Normung, Bd. 3. Berlin: Beuth 1972.
9.17 Friedewald, H.-J.: Normung integrieren – der Bestandteil einer Firmenkonzeption. DIN-Mitteilungen 49 (1970) H. 1.
9.18 Gerhard, E.: Baureihenentwicklung. Konstruktionsmethode Ähnlichkeit. Grafenau: Expert 1984.
9.19 Gläser, F.-J.: Baukastensysteme in der Hydraulik. wt-Z. ind. Fertigung 65 (1975) 19–20.
9.20 Gregorig, R.: Zur Thermodynamik der existenzfähigen Dampfblase an einem aktiven Verdampfungskeim. Verfahrenstechnik (1967) 389.
9.21 Hansen Transmissions International: Firmenprospekt Nr. 6102-62/D. Antwerpen 1969.
9.22 Hansen Transmissions International: Firmenprospekt Nr. 202 D. Antwerpen 1976.
9.23 Keusch, W.: Entwicklung einer Gleitlagerreihe im Baukastenprinzip. Diss. TU Berlin 1972.
9.24 Kienzle, O.: Die NZ und ihre Anwendung VDI-Z. 83 (1939) 717.
9.25 Kienzle, O.: Normungszahlen. Berlin: Springer 1950.
9.26 Kloberdanz, H.: Rechnerunterstützte Baureihenentwicklung. Fortschritt-Berichte VDI, Reihe 20, Nr. 40. Düsseldorf: VDI-Verlag 1991.
9.27 Kohlhase, N.: Methoden und Instrumente zum Entwickeln marktgerechter Baukastensysteme. Konstruktion 49 (1997) H. 7/8, 30–38.
9.28 Kohlhase, N.; Schnorr, R.; Schlucker, E.: Reduzierung der Variantenvielfalt in der Einzel- und Kleinserienfertigung. Konstruktion 50 (1998) H. 6, 15–21.
9.29 Koller, R.: Entwicklung und Systematik der Bauweisen technischer Systeme – ein Beitrag zur Konstruktionsmethodik. Konstruktion 38 (1986) 1–7.
9.30 Lang, K.; Voigtländer, G.: Neue Reihe von Drehstrommaschinen großer Leistung in Bauform B 3. Siemens-Z. 45 (1971) 33–37.
9.31 Lehmann, Th.: Die Grundlagen der Ähnlichkeitsmechanik und Beispiele für ihre Anwendung beim Entwerfen von Werkzeugmaschinen der mechanischen Umformtechnik. Konstruktion 11 (1959) 465–473.
9.32 Lashin, G.: Baukastensystem für modulare Straßenbahnfahrzeuge. Konstruktion 52 (2000) H. 1 u. 2, 61–65.
9.33 Maier, K.: Konstruktionsbaukästen in der Industrie. wt-Z. ind. Fertigung 65 (1975) 21–24.
9.34 Matz, W.: Die Anwendung des Ähnlichkeitsgesetzes in der Verfahrenstechnik. Berlin: Springer 1954.
9.35 Pahl, G.; Beitz, W.: Baureihenentwicklung. Konstruktion 26 (1974) 71–79 und 113–118.
9.36 Pahl, G.; Rieg, F.: Kostenwachstumsgesetze für Baureihen. München: C. Hanser 1984.
9.37 Pahl, G.; Zhang, Z.: Dynamische und thermische Ähnlichkeit in Baureihen von Schaltkupplungen. Konstruktion 36 (1984) 421–426.
9.38 Pahl, G.: Konstruieren mit 3D-CAD-Systemen. Kap. 8.8: Baureihenentwicklung. Berlin: Springer 1990.
9.39 Pawlowski, J.: Die Ähnlichkeitstheorie in der physikalisch-technischen Forschung. Berlin: Springer 1971.

9.40 Reuthe, W.: Größenstufung und Ähnlichkeitsmechanik bei Maschinenelementen, Bearbeitungseinheiten und Werkzeugmaschinen. Konstruktion 10 (1958) 465–476.
9.41 Schwarz, W.: Universal Werkzeugfräs- und -bohrmaschinen nach Grundprinzipien des Baukastensystems. wt-Z, ind. Fertigung 65 (1975) 9–12.
9.42 Weber, M.: Das allgemeine Ähnlichkeitsprinzip der Physik und sein Zusammenhang mit der Dimensionslehre und der Modellwissenschaft. Jahrb. der Schiffsbautechn. Ges., H. 31 (1930) 274–354.
9.43 Westdeutsche Getriebewerke: Firmenprospekt. Bochum 1975.
9.44 Ulrich, K.: The role of product architecture in manufacturing firm. In: Research Policy 24. (1995) Nr. 3, 419–440.
9.45 Göpfer, J.: Modulare Produktentwicklung. Zur gemeinsamen Gestaltung von Technik und Organisation. Wiesbaden: Dt. Univ.-Verl. 1998. Zugl.: München Univ., Diss., 1998.
9.46 Baumgart, I.: Modularisierung von Produkten im Anlagenbau. Dissertationsschrift; Rheinisch-Westfälische Technische Hochschule Aachen. Aachen 2004.
9.47 Piller, F.T.; Waringer, D.: Modularisierung in der Automobilindustrie – neue Form und Prinzipien. Aachen: Shaker Verlag 1999.
9.48 Haf, H.: Plattformbildung als Strategie zur Kostensenkung. VDI Berichte 1645 (2001), S. 121–137.
9.49 Cornet, A.: Plattformkonzepte in der Automobilentwicklung. Wiesbaden: Dt. Univ.-Verlag, 2002. Zugl.: Vallendar, Wiss. Hochsch. für Unternehmensführung. Koblenz, Diss., 2000.
9.50 Stang, S.; Hesse, L.; Warnecke, G.: Plattformkonzepte. Eine strategische Gradwanderung zwischen Standardisierung und Individualität. ZWF 97 (2002) Nr. 3, 110–115.

第10章

10.1 Akao, Y: QFD – Quality Function Deployment. Landsberg: Verlag moderne Industrie 1992.
10.2 Beitz, W.: Qualitätsorientierte Produktgestaltung. Konstruktion 43 (1991) 177–184.
10.3 Beitz, W.: Qualitätssicherung durch Konstruktionsmethodik. VDI-Berichte Nr. 1106. Düsseldorf: VDI-Verlag 1994.
10.4 Beitz, W.; Grieger, S.: Günstige Recyclingeigenschaften erhöhen die Produktqualität. Konstruktion 45 (1993) 415–422.
10.5 Bertsche, B.; Lechner, G.: Zuverlässigkeit im Maschinenbau. Berlin: Springer 1990.
10.6 Bors, M. E.: Ergänzung der Konstruktionsmethodik um Quality Function Deployment – ein Beitrag zum qualitätsorientierten Konstruieren. Produktionstechnik-Berlin (Hrsg. G. Spur), Nr. 159. München: C. Hanser 1994.
10.7 Braunsperger, M.: Qualitätssicherung im Entwicklungsablauf – Konzept einer präventiven Qualitätssicherung für die Automobilindustrie (Diss. TU München). Diss: Reihe Konstruktionstechnik München, Bd. 9. München: Hanser 1993.
10.8 Braunsperger, M.; Ehrlenspiel, K.: Qualitätssicherung in Entwicklung und Konstruktion. Konstruktion 45 (1993) 397–405.
10.9 Clausing, D.: Total Quality Development. A step-by-step guide to Word-Class. Concurrent Engineering. New York: ASME Press 1994.
10.10 Danner, St.: Ganzheitliches Anforderungsmanagement mit QFD – Ein Beitrag zur Optimierung marktorientierter Entwicklungsprozesse. Diss. TU München 1996.
10.11 DIN 25424 Teil 1: Fehlerbaumanalyse; Methode und Bildzeichen. Berlin: Beuth.
10.12 DIN ISO 9000: Qualitätsmanagement – Qualitätssicherungsnormen; Leitfaden zur Auswahl und Anwendung. Berlin: Beuth.
10.13 DIN ISO 9001: Qualitätssicherungssysteme – Modell zur Darlegung der Qualitätssicherung in Design/Entwicklung, Produktion, Montage und Kundendienst. Berlin: Beuth.
10.14 DIN ISO 9002: Modell zur Darlegung der Qualitätssicherung in Produktion und Montage. Berlin: Beuth.
10.15 DIN ISO 9003: Modell zur Darlegung der Qualitätssicherung bei der Endprüfung. Berlin: Beuth.
10.16 DIN ISO 9004: Qualitätsmanagement und Elemente eines Qualitätssicherungssystems; Leitfaden. Berlin: Beuth.

10.17 Eder, W. E.: Methode QFD-Bindeglied zwischen Produktplanung und Konstruktion. Konstruktion 47 (1995) 1–9.
10.18 Feldmann, D. G.; Nottrodt, J.: Qualitätssicherung in Entwicklung und Konstruktion durch Nutzung von Konstruktionserfahrung. Konstruktion 48 (1996) 23–30.
10.19 Franke, W. D.: Fehlermöglichkeits- und -einflussanalyse in der industriellen Praxis. Landsberg: Moderne Industrie 1987.
10.20 Kamiske, G. F.; Brauer, J.-P.: Qualitätsmanagement von A bis Z. 2. Aufl. München: C. Hanser 1995.
10.21 Kamiske, G. F. (Hrsg.): Die hohe Schule des Total Quality Management. Berlin: Springer 1994.
10.22 Kamiske, G. F. (Hrsg.): Rentabel durch TQM-Return an Quality. Berlin: Springer 1996.
10.23 King, B.: Doppelt so schnell wie die Konkurrenz – Quality Function Deployment, 2. Aufl. St. Gallen: gfmt 1994.
10.24 Maeguchi, Y.; Lechner, G.; v. Eiff, Brodbeck, P.: Zuverlässigkeitsanalyse eines Trochoi den Getriebes. Konstruktion 45 (1993) H. 1.
10.25 Malorny, Ch.: Einführen und Umsetzen von Total Quality Management. (Diss. TU Berlin). Berichte aus dem Produktionstechnischen Zentrum Berlin (Hrsg. G. Spur), Berlin: IWF/IPK 1996.
10.26 Masing, W. (Hrsg.): Handbuch der Qualitätssicherung, 3. Aufl. München: C. Hanser 1994.
10.27 Pfeifer, T.: Qualitätsmanagement: Strategien, Methoden, Techniken. München: Hanser 1993.
10.28 Rodenacker, W. G.: Methodisches Konstruieren, 4. Aufl. Berlin: Springer 1991.
10.29 Spur, G.: Die Genauigkeit von Maschinen – eine Konstruktionslehre. München: Hanser 1996.
10.30 Taguchi, G.: Taguchi on Robust Technology Development: Bringing Quality. New York: ASME Press 1993.
10.31 Timpe, K.-P.; Fessler, M.: Der systemtechnische QFD-Ansatz (QFD^S) in der Produktplanungsphase. Konstruktion 51 (1999) H. 4 S. 45–51.
10.32 VDA: Qualitätskontrolle in der Automobilindustrie, Bd. 4 – Sicherung der Qualität vor Serieneinsatz, 2. Aufl. Frankfurt: VDA 1986.
10.33 VDI-Richtlinie 2247 (Entwurf): Qualitätsmanagement in der Produktentwicklung. Düsseldorf: VDI-EKV 1994.

第11章

11.1 Bauer, C. O.: Relativkosten-Kataloge – wertvolles Hilfsmittel oder teure Sackgasse? DIN-Mitt. 64. (1985), Nr. 5, 221–229.
11.2 Beitz, W.: Möglichkeiten zur material- und energiesparenden Konstruktion. Konstruktion 42 (1990) 378–384.
11.3 Bugget, W.; Weilpütz, A.: Target Costing – Grundlagen und Umsetzung des Zielkostenmanagements. München: C. Hanser 1995.
11.4 Burkhardt, R.: Volltreffer mit Methode – Target Costing. Top Business 2 (1994) 94–99.
11.5 Busch, W.; Heller, W.: Relativkosten-Kataloge als Hilfsmittel zur Kostenfrüherkennung.
11.6 DIN 32990 Teil 1: Kosteninformationen; Begriffe zu Kosteninformationen in der Maschinenindustrie. Berlin: Beuth 1989.
11.7 DIN 32991 Teil 1 Beiblatt 1: Kosteninformationen; Gestaltungsgrundsätze für Kosteninformationsunterlagen; Beispiele für Relativkosten-Blätter. Berlin: Beuth 1990.
11.8 DIN 69910: Wertanalyse. Berlin: Beuth 1987.
11.9 Ehrlenspiel, K.: Integrierte Produktentwicklung. München: C. Hanser 1995.
11.10 Ehrlenspiel, K.: Kostengesteuertes Design – Konstruieren und Kalkulieren am Bildschirm. Konstruktion 40 (1988) 359–364.
11.11 Ehrlenspiel, K.: Kostengünstig Konstruieren. Konstruktionsbücher, Bd. 35. Berlin: Springer 1985.
11.12 Ehrlenspiel, K.; Kiewert, A.; Lindemann, U.: Kostenfrüherkennung im Konstruktionsprozeß. VDI-Berichte Nr. 347. Düsseldorf: VDI-Verlag 1979.

11.13 Ehrlenspiel, K.; Kiewert, A.; Lindemann, U.: Kostengünstig Entwickeln und Konstruieren – Kostenmanagement bei der integrierten Produktentwicklung, 2. Auflage, Berlin: Springer – VDI 1998.
11.14 Ehrlenspiel, K.; Pickel, H.: Konstruieren kostengünstiger Gussteile – Kostenstrukturen, Konstruktionsregeln und Rechneranwendung (CAD). Konstruktion 38 (1986) 227–236.
11.15 Ehrlenspiel, K.; Seidenschwanz, W.; Kiewert, A.: Target Costing, ein Rahmen für kostenzielorientiertes Konstruieren – eine Praxisdarstellung. VDI-Berichte Nr. 1097, Düsseldorf: VDI Verlag 1993, 167–187.
11.16 Kiewert, A.: Kurzkalkulationen und die Beurteilung ihrer Genauigkeit. VDI-Z. 124 (1982) 443–446.
11.17 Kiewert, A.: Wirtschaftlichkeitsbetrachtungen zum kostengerechten Konstruieren. Konstruktion 40 (1988) 301–307.
11.18 Klasmeier, U.: Kurzkalkulationsverfahren zur Kostenermittlung beim methodischen Konstruieren. Schriftenreihe Konstruktionstechnik, H. 7. TU Berlin: Dissertation 1985.
11.19 Kloss, G.: Einige übergeordnete Konstruktionshinweise zur Erzielung echter Kostensenkung. VDI-Fortschrittsberichte, Reihe 1, Nr. 1. Düsseldorf: VDI Verlag 1964.
11.20 Kohlhase, N.: Strukturieren und Beurteilen von Baukastensystemen. Strategien, Methoden, Instrumente. Diss. Darmstadt 1996.
11.21 Maurer, C.; Standardkosten- und Deckungsbeitragsrechnung in Zulieferbetrieben des Maschinenbaus. Darmstadt: S. Toeche-Mittler-Verlag 1980.
11.22 Mellerowicz, K.: Kosten und Kostenrechnung, Bd. 1. Berlin: Walter de Gruyter 1974.
11.23 Pacyna, H.; Hildebrand, A.; Rutz, A.: Kostenfrüherkennung für Gussteile. VDI-Berichte Nr. 457: Konstrukteure senken Herstellkosten – Methoden und Hilfsmittel. Düsseldorf: VDI Verlag 1982.
11.24 Pahl, G.; Beelich, K. H.: Kostenwachstumsgesetze nach Ähnlichkeitsbeziehungen für Schweißverbindungen. VDI-Berichte Nr. 457. Düsseldorf: VDI Verlag 1982.
11.25 Pahl, G.; Rieg, F.: Kostenwachstumsgesetze für Baureihen. München: C. Hanser 1984.
11.26 Pahl, G.; Rieg, F.: Kostenwachstumsgesetze nach Ähnlichkeitsbeziehungen für Baureihen. VDI-Berichte Nr. 457. Düsseldorf: VDI Verlag 1982.
11.27 Pahl, G.; Rieg, F.: Relativkostendiagramme für Zukaufteile. Approximationspolynome helfen bei der Kostenabschätzung von fremdgelieferten Teilen. Konstruktion 36 (1984) 1–6.
11.28 Rauschenbach, T.: Kostenoptimierung konstruktiver Lösungen. Möglichkeiten für die Einzel- und Kleinserienproduktion. Düsseldorf: VDI-Verlag 1978.
11.29 Ruckes, J.: Betriebs- und Angebotskalkulation im Stahl- und Apparatebau. Berlin: Springer 1973.
11.30 Seidenschwanz, W.: Target Costing – Marktorientiertes Zielkostenmanagement. München: Vahlen 1993. Zugl. Stuttgart Universität. Diss. 1992.
11.31 Siegerist, M.; Langheinrich, G.: Die neuzeitliche Vorkalkulation der spangebenden Fertigung im Maschinenbau. Berlin: Technischer Verlag Herbert Cram 1974.
11.32 VDI: Wertanalyse. VDI-Taschenbücher T 35. Düsseldorf: VDI Verlag 1972.
11.33 VDI-Richtlinie 2225 Blatt 1: Konstruktionsmethodik; Technisch-wirtschaftliches Konstruieren; Anleitung und Beispiele. Düsseldorf: VDI Verlag 1977.
11.34 VDI-Richtlinie 2225 Blatt 2: Konstruktionsmethodik; Technisch-wirtschaftliches Konstruieren; Tabellenwerk. Berlin: Beuth 1977.
11.35 VDI-Richtlinie 2235: Wirtschaftliche Entscheidungen beim Konstruieren; Methoden und Hilfen. Düsseldorf: VDI-Verlag 1987.
11.36 VDI-Richtlinie 3258 Blatt 1: Kostenrechnung mit Maschinenstundensätzen: Begriffe, Bezeichnungen, Zusammenhänge. Düsseldorf: VDI-Verlag 1962.
11.37 VDI-Richtlinie 3258 Blatt 2: Kostenrechnung mit Maschinenstundensätzen: Erläuterungen und Beispiele. Düsseldorf: VDI-Verlag 1964.
11.38 Vogt, C.-D.: Systematik und Einsatz der Wertanalyse. Berlin: Siemens Verlag 1974.

第12章

12.1 Beitz, W.; Birkhofer, H.; Pahl, G.: Konstruktionsmethodik in der Praxis. Konstruktion 44 (1992) Heft 12.

12.2 Birkhofer, H.: Methodik in der Konstruktionspraxis – Erfolge, Grenzen und Perspektiven. Proceedings of ICED '91, HEURISTA 1991. Vol. l, 224–233.

12.3 Birkhofer, H.; Derhake, T; Engelmann, F.; Kopowski, E.; Rüblinger, W.: Konstruktionsmethodik und Rechnereinsatz im Sondermaschinenbau. Konstruktion 48 (1996), 147–156.

12.4 Franke, H.-J.: Konstruktionsmethodik und Konstruktionspraxis – Eine kritische Betrachtung. ICED '85 Hamburg. Schriftenreihe WDK 12, 910–924. Edition Heurista.

12.5 Frankenberger, E.: Arbeitsteilige Produktentwicklung – Empirische Untersuchung und Empfehlungen zur Gruppenarbeit in der Konstruktion. Fortschritt-Berichte VDI-Reihe 1, Nr. 291. Düsseldorf: VDI-Verlag 1997.

12.6 Jorden, W.; Havenstein, G.; Schwartzkopf, W.: Vergleich von Konstruktionswissenschaft und Praxis – Teilergebnisse eines Forschungsvorhabens. ICED '85 Hamburg. Schriftenreihe WDK 12, 957–966. Edition Heurista.

12.7 Pahl, G.: Denkpsychologische Erkenntnisse und Folgerungen für die Konstruktions lehre. Proceedings of ICED '85 Hamburg. Schriftenreihe WDK 12, 817–832. Edition Heurista.

12.8 Pahl, G.; Beelich, K. H.: Lagebericht. Erfahrungen mit dem methodischen Konstruieren. Werkstatt und Betrieb 114 (1981), 773–782.

12.9 Schneider, M.: Methodeneinsatz in der Produktentwicklungs-Praxis. Empirische Analyse, Modellierung, Optimierung und Erprobung. Fortschritt-Berichte VDI-Reihe 1, Nr. 346. Düsseldorf: VDI-Verlag 2001.

12.10 Wallmeier, S.: Potentiale in der Produktentwicklung. Möglichkeiten und Tätigkeitsanalyse und Reflexion. Fortschritt-Berichte VDI-Reihe 1, Nr. 352. Düsseldorf: VDI-Verlag 2001.

12.11 VDI-Richtlinie 2221: Methodik zum Entwickeln und Konstruieren technischer Systeme und Produkte. Düsseldorf: VDI-Verlag 1993.

English Bibliography

英文参考文献

Adams, J.L., 1974 Conceptual Blockbusting, Freeman, San Francisco.

Addis, W., 1990 Structural Engineering: The Nature of Theory, Ellis Horwood Ltd., Chichester.

Alexander, C., 1962 Notes on the Synthesis of Form, Dissertation, Harvard University, Harvard.

Alexander, K.L., P.J. Clarkson, D. Bishop and S. Fox (2001) Good Design Practice for Medical Devices and Equipment: A Framework, Cambridge Engineering Design Centre/University of Cambridge Institute of Manufacturing.

Alger, J.R.M. and C.V. Hays, 1964 Creative Synthesis in Design, Prentice-Hall, Englewood Cliffs, N. J.

Altshuller, G. 1998 40 Principles. TRIZ Keys to Technical Innovation, Technical Innovation Centre, Inc.

Andreasen, M.M., S. Kahler and T. Lund, 1983 Design for Assembly, Springer, Berlin.

Andreasen, M.M. and L. Hein, 1987 Integrated Product Development, IFS Publications/Springer-Verlag, Bedford/Berlin.

Antonsson, E.K. and J. Cagan, Eds., 2001 Formal Engineering Design Synthesis, Cambridge University Press

Archer, L.B., 1971 Technological Innovation – A Methodology, Inforlink, Frimley, Surrey.

Archer, L.B., 1974 Design Awareness and Planned Creativity, Design Council, London.

Ashby, M.F. and K. Johnson, 2002 Materials and Design. The Art and Science of Material Selection in Product Design, Butterworth-Heinemann.

Ashby, M.F., 2005 Materials Selection in Mechanical Design, 3rd ed., Butterworth-Heinemann.

Asimow, M., 1962 Introduction to Design. Prentice-Hall, Englewood Cliffs, N. J.

Bailey, R.L., 1978 Disciplined Creativity for Engineers, Ann Arbor Science, Ann Arbor, Michigan.

Baxter, M. 1995 Product Design. Practical Methods for the Systematic Development of New Products, Chapman & Hall, London.

Bralla, J.G., 1996 Design for Excellence, McGraw-Hill, New York.

Birmingham, R., G. Cleland, R. Driver and D. Maffin, 1997 Understanding Engineering Design. Context, Theory and Practice, Prentice Hall.

Black, R. 1996 Design and Manufacture. An Integrated Approach, Macmillan, London.

Blessing, L.T.M. 1994 A Process-Based Approach to Computer-Supported Engineering Design, Blackwell, Cambridge.

Boothroyd, G. and G.E. Dieter, 1991 Assembly Automation and Product Design, Verlag Marcel Decker, New York.

Bradbury, J.A.A., 1989 Product Innovations – Idea to Exploitation, Wiley, Chichester.

British Standards Institution, 1989–2006 BS7000 Series on Design Management Systems, BSI, London.

Bucciarelli, L.L., 1996 Design Engineers, The MIT Press, Cambridge, MA

Burr, A.H., 1981 Mechanical Analysis and Design, Elsevier, Amsterdam.

Buur, J., 1990 A Theoretical Approach to Mechatronics Design, Institute for Engineering Design, Technical University Denmark, Lyngby.

Cather, H., R. Morris, M. Philip and C. Rose, 2001 Design Engineering, Butterworth-Heinemann.

Carter, A.D.S., 1997 Mechanical Reliability and Design, Macmillan Press Ltd., London

Carter, D.E., 1992 Concurrent Engineering: The Development Environment for the 1990s, Addison-Wesley, New York.

Ciampa, D., 1992 Total Quality, Addison-Wesley, New York.

Chakrabarti, C., Ed., 2002 Engineering Design Synthesis: Understanding, Approaches and Tools, Springer-Verlag, London.
Childs, P.R.N., 1998 Mechanical Design, Arnold.
Clark, K.B. and T. Fujimoto, 1991 Product Development Performance, Harvard Business School Press, Harvard MA.
Clarkson, P.J., R. Coleman, S. Keates and C. Lebbon, C., Eds., 2003 Inclusive Design: Design for the Whole Population, Springer-Verlag, London.
Clarkson, P.J. and Eckert, C.M., Eds., 2005 Design Process Improvement: A Review of Current Practice, Springer-Verlag, London
Clarkson, P.J., P.M. Langdon and P. Robinson, Eds., 2006 Designing Accessible Technology, Springer-Verlag, London.
Clausing, D., 1994 Total Quality Development: A Step-by-step Guide to Concurrent Engineering, ASME Press, New York.
Cohen, L., 1998 Quality Function Deployment. How to Make QFD Work for You. Addison-Wesley.
Collen, A. and W.W. Gasparski, 1995 Design & Systems – Praxiology: The International Annual of Practical Philosophy & Methodology, Vol. 3, Transaction Publishers, New Brunswick.
Corfield, K.G., chair, 1979 Product Design, National Economic Development Office, London.
Cross, N., 1984 Developments in Design Methodology, Wiley, Chichester.
Cross, N., 2000 Engineering Design Methods: Strategies for Product Design, 3rd ed, Wiley, Chichester.
Cross, N., K. Dorst and N. Roozenburg, Eds., 1992 Research in Design Thinking, Delft University Press, Delft.
Cross, N., H. Christiaans and K. Dorst, Eds., 1996 Analysing Design Activity, John Wiley & Sons, New York.
Dasgupta, S. 1996 Technology and Creativity, Oxford University Press, New York, US.
de Bono, E., 1971 The Use of Lateral Thinking, Penguin, Harmondsworth.
de Bono, E., 1976 Teaching Thinking, Temple Smith, London.
Dieter, G.E., 1991 Engineering Design, McGraw-Hill, New York.
Deutschman, A.D., W.J. Michels and C.E. Wilson, 1975 Machine Design, Macmillan, London.
Dixon, J.R., 1966 Design Engineering: Inventiveness, Analysis and Decision Making, McGraw-Hill, New York.
Dreyfuss, H., 2003 Designing for People, Allworth Press, New York.
Dym, C.L. 1994 Engineering Design: A Synthesis of Views, Cambridge University Press, New York.
Eder, W.E. and W. Gosling, 1965 Mechanical System Design, Pergamon, Oxford.
Ehrlenspiel, K., A. Kiewert and U. Lindemann, 2006 Cost-Driven Product Development, Springer, Berlin.
Eide, A.R., R.D. Jenison and V.M. Faires, 1972 Design of Machine Elements, Macmillan, London.
Ertas, A. and J.C. Jones, 1996 The Engineering Design Process, John Wiley & Sons, New York.
Feilden, G.B.R., chair, 1963 Engineering Design (Feilden Report), HMSO Department of Scientific and Industrial Research, London.
Ferguson, E.S., 1992 Engineers and the Mind's Eye, MIT Press, Cambridge, MA.
Flursheim, C.H., 1977 Engineering Design Interfaces, Design Council, London.
Frankenberger, E., P. Badke-Schaub and H. Birkhofer, Eds., 1998 Designers. The Key to Successful Product Development, Springer-Verlag, London.
French, M. J., 1999 Conceptual Design for Engineers, Design Council/Springer-Verlag, London/Berlin.
French, M. J., 1992 Form, Structure and Mechanism, MacMillan, Basingstoke.
French, M. J., 1994 Invention and Evolution: Design in Nature and Engineering, C.U.P., Cambridge.
Fox, J., 1993 Quality Through Design, McGraw-Hill, New York.
Furman, T.T., 1981 Approximate Methods in Engineering Design, Academic Press, New York.
Glegg. G.L., 1969 The Design of Design, C.U.P., Cambridge.
Glegg. G.L., 1972 The Selection of Design, C.U.P., Cambridge.
Glegg. G.L., 1973 The Science of Design, C.U.P., Cambridge.
Glegg. G.L., 1981 The Development of Design, C.U.P. Cambridge.
Gordon, W.J.J., Synectics, Harper & Row, New York.
Gregory, S.A., Ed., 1966 The Design Method, Butterworth, London.
Gregory, S.A., 1970 Creativity in Engineering, Butterworth, London.

Hales, C. and S. Gooch, 2004 Managing Engineering Design, 2nd ed., Springer-Verlag, London.
Hall, A.D., 1962 A Methodology for Systems Engineering, Van Nostrand Company, Princeton, N. J.
Harmer, Q., P.J. Clarkson, K. Wallace and R. Farmer, 2001 Designing for Low-volume Production, Institute for Manufacturing, University of Cambridge.
Harrisberger, L., 1966 Engineersmanship: a Philosophy of Design, Brooks/Cole, Belmont, California.
Hawkes, B. and R. Inett, 1984 The Engineering Design Process, Pitman, London.
Hollins, B. and P. Pugh, 1990 Successful Product Design, Butterworths, London.
Horenstein, M.N., 1999 Engineering Design. A Day in the Life of Four Engineers. Prentice Hall, N. J.
Huang, G.Q., Ed., 1996 Design for X. Concurrent Engineering Imperatives, Chapman & Hall, London.
Hubka, V., 1982 Principles of Engineering Design, Butterworth, London.
Hubka, V. and Eder, W.E., 1988 Theory of Technical Systems – a Total Concept Theory for Engineering Design, Springer, Berlin.
Hubka, V. and Eder, W.E., 1996 Design Science, Springer-Verlag, London.
Hubka, V., Andreasen M.M. and Eder, W.E., 1988 Practical Studies in Systematic Design, Butterworths, London.
Hundal, M.S., 1997 Systematic Mechanical Designing: a Cost and Management Perspective, ASME Press, New York.
Hurst, K., 1999 Engineering Design Principles, Arnold.
Hyman, B., 1998 Fundamentals of Engineering Design, Prentice Hall, N. J.
Johnson, R.C., 1978 Mechanical Design Synthesis, Krieger, Huntington, New York.
Johnson, R.C., 1980 Optimum Design of Mechanical Elements, Wiley, New York.
Johnson, A. and K. Sherwin, 1996 Foundations of Mechanical Engineering, Chapman & Hall, London.
Jones, J.C. and D. Thornley, Eds., 1963 Conference on Design Methods, Pergamon, Oxford.
Jones, J.C. 1980, Design Methods: Seeds of Human Futures, 2nd ed, Wiley, New York.
Juvinall, R.C. and K.M. Marshek, 1991 Fundamentals of Machine Component Design, 2nd ed, John Wiley, New York.
Keates, S., P.J. Clarkson, P.M. Langdon and P. Robinson, Eds., 2002 Universal Access and Assistive Technology, Springer-Verlag, London.
Keates, S., P.J. Clarkson, 2003 Countering Design Exclusion: An Introduction to Inclusive Design, Springer-Verlag, London.
Keates, S., P.J. Clarkson, P.M. Langdon and P. Robinson, Eds., 2004 Designing a More Inclusive World, Springer-Verlag, London.
Kelley, T. and J. Littman, 2001 The Art of Innovation, Harper Collins Business, London, UK.
Kivenson, G., 1977 The Art and Science of Inventing, Van Nostrand Reinhold Company, New York, USA.
Koen, B.V., 1985 Definition of the Engineering Method, American Society for Engineering Education.
Krick, E.V., 1969 An Introduction to Engineering and Engineering Design, Wiley, New York.
Kroll, E., S.S. Condoor and D.J. Jansson, 2001 Innovative Conceptual Design: Theory and Application of Parameter Analysis, Cambridge University Press, UK.
Lanigan, M., 1992 Engineers in Business – The Principles of Management and Product Design, Addison-Wesley, New York.
Lawson, B., 1990 How Designers Think: The Design Process Demystified, Butterworth, London.
Leech, D.J. and B.T. Turner, 1985 Engineering Design for Profit, Ellis Horwood, Chichester.
Lewis, W. and A. Samuel, 1989 Fundamentals of Engineering Design, Prentice Hall, New York.
Leyer, A., 1974 Machine Design, Blackie, London.
Lickley. R.L., chair, 1983 Report of the Engineering Design Working Party, Science and Engineering Research Council, Swindon, UK.
Lindemann, U., Ed., 2003 Human Behaviour in Design. Individuals, teams, tools, Springer-Verlag, Heidelberg.
Lidwell, W., K. Holden and J. Butler, 2003 Universal Principles of Design, Rockport.
Lindbeck, J.R., 1995 Product Design and Manufacturing, Prentice Hall, N. J.
Magrab, E.B., 1997 Integrated Product and Process Design and Development: the Product Realisation Process, CRC Press, USA.
Marples, D.L., 1960 The Decisions of Engineering Design, Institution of Engineering Designers, London.

Matchett, E., 1963 The Controlled Evolution of Engineering Design, Institution of Engineering Designers, London.
Matousek, R., 1963 Engineering Design: A Systematic Approach, Blackie, London.
Mattheck, C., 1998 Design in Nature. Learning from Trees, Springer-Verlag, Heidelberg.
Matthews, C., 1998 Case Studies in Engineering Design, Arnold, London.
Mayall, W.H., 1979 Principles in Design, Design Council, London.
McMahon, C. and J. Browne, 1993 CADCAM: From Principles to Practice, Addison-Wesley.
Middendorf, W.H., 1969 Engineering Design, Allyn & Bacon, Boston, Mass.
Middendorf, W.H., 1981 What Every Engineer Should Know About Inventing, Dekker, New York.
Miller, L.C. 1993, Concurrent Engineering Design, Society of Manufacturing Engineering, Dearborn USA.
Morrison, D., 1969 Engineering Design, McGraw-Hill, New York.
Moulton, A.E., chair, 1976 Engineering Design Education, The Design Council, London.
Mucci, P., 1990 Handbook for Engineering Design, P.E.R. Mucci Ltd.
Nadler, G., 1963 Work Design, Irwin, Homewood, Ill.
Nadler, G., 1967 Work Systems Design: The Ideals Concept, Irwin, Homewood, Ill.
Nadler, G., 1981 The Planning and Design Approach, Wiley, New York
National Research Council, 1991 Improving Engineering Design: Designing for Competitive Advantage, National Academic Press, Washington D.C.
Norton, R.L., 2000 Machine Design. An Integrated Approach, Prentice-Hall, N. J.
Oakley, M., Ed., 1990 Design Management: a Handbook of Issues and Methods, Blackwell, Oxford.
O'Donnell, F.J. and A. Duffy, 2005 Design Performance, Springer-Verlag, London.
Osborn, A.F., 1953 Applied Imagination, Scribner's, New York.
Ostrofsky, B., 1977 Design, Planning, and Development Methodology, Prentice-Hall, Englewood Cliffs, N. J.
Otto, K. and K. Wood, 2001 Product Design. Techniques in Reverse Engineering and New Product Development, Prentice Hall, N. J.
Papanek, V., 1977 Design for the Real World, Paladin, London.
Parr, R.E., 1970 Principles of Mechanical Design, McGraw-Hill, New York.
Peace, G.S., 1992 Taguchi Methods – a Hands-on Approach, Addison-Wesley, New York.
Petroski, H., 1992 To Engineer is Human: The Role of Failure in Successful Design, 2nd ed, MacMillan.
Petroski, H., 1994 Design Paradigms – Case Histories of Error and Judgement, Cambridge University Press, Cambridge.
Petroski, H., 1995 Engineers of Dreams. Great Bridge Builders and the Spanning of America, Vintage Books, New York.
Petroski, H., 1996 Invention by Design. How Engineers get from Thought to Thing, Harvard University Press.
Petroski, H., 1999 Remaking the World. Adventures in Engineering, Vintage Books, New York.
Petroski, H., 2003 Small Things Considered. Why There is no Perfect Design, Alfred A. Knopf.
Pitts, G., 1973 Techniques in Engineering Design, Butterworth, London.
Polak, P., 1976 A Background to Engineering Design, Macmillan, London.
Pugh, S., 1991 Total Design – Integrated Methods for Successful Product Engineering, Addison-Wesley, Wokingham.
Pugh, S., 1996 Creating Innovative Products Using Total Design, Addison-Wesley.
Redford, G.D., 1975 Mechanical Engineering Design, Macmillan, London.
Roozenburg, N.F.M. and J. Eekels, 1995 Product Design: Fundamentals and Methods, John Wiley & Sons, Chichester.
Ruiz, C. and F. Koenigsberger, 1970 Design For Strength and Production, Macmillan, London.
Samuel, A. and J. Weir, 1999 Introduction to Engineering Design: Modelling, Synthesis and Problem Solving Strategies, Butterworth-Heinemann Ltd.
Shefelbine, S., P.J. Clarkson, R. Farmer and S. Eason (2002) Good Design Practice for Medical Devices and Equipment – Requirements Capture, Cambridge Engineering Design Centre/University of Cambridge Institute of Manufacturing.
Sherwin, K., 1982 Engineering Design for Performance, Horwood, Chichester.
Shigley, J.G., 1981 Mechanical Engineering Design, McGraw-Hill, Oakland.

Simon, Herbert A., 1969 The Science of the Artificial, MIT press, Cambridge Mass.
Simon, Harald A., 1975 A Student's Introduction to Engineering Design, Pergamon, Oxford.
Singh, K., 1996 Mechanical Design Principles. Applications, Techniques and Guidelines for Manufacture, Nantel Publications, Melbourne, Australia.
Slocum, A.H., 1992 Precision Machine Design, Prentice Hall, N. J.
Spotts, M.F., 1978 Design of Machine Elements, Prentice-Hall, Englewood Cliffs, N.J.
Starkey, C.V., 1992 Engineering Design Decisions, Arnold, Cambridge MA.
Svensson, N.L., 1976 Introduction to Engineering Design, Pitman, London.
Suh, N.P., 1990 The Principles of Design, Oxford University Press.
Suh, N.P., 2001 Axiomatic Design Advances and Applications, Oxford University Press.
Taguchi, G., 1993 Taguchi on Robust Technology Development. Bringing Quality Engineering Upstream, ASME Press, New York.
Terniko, J., A. Zusman and B. Zlotin, 1998 Systematic Innovation: an Introduction to TRIZ, St. Lucie Press, Florida.
Thompson, G., 1999 Improving Maintainability and Reliability Through Design, Professional Engineering Publishing.
Thring, M.W. and E.R. Laithwaite, 1977 How to Invent, MacMillan.
Tjalve, E., 1979 Short Course in Industrial Design, Newnes-Butterworth, London.
Tjalve, E., M.M. Andreasen and F.F. Schmidt, 1979 Engineering Graphic Modelling, Newnes-Butterworth, London.
Ullman, D., 1992 The Mechanical Design Process, McGraw-Hill, New York.
Ulrich, T.K. and S.D. Eppinger, 1995 Product Design and Development, McGraw-Hill, New York.
VDI, 1987 VDI Design Handbook 2221: Systematic Approach to the Design of Technical Systems and Products (translation of 1963 German edition), Verein Deutscher Ingenieure Verlag, Düsseldorf.
Voland, G., 1999 Engineering by Design, Addison-Wesley.
Waldron, M.B. and K.J. Waldron, Eds., 1996 Mechanical Design. Theory and Methodology, Springer-Verlag, New York.
Walker, D.J., B.K.J. Dagger and R. Roy, 1991 Creative Techniques in Product and Engineering Design – a practical workbook, Woodhead, Cambridge.
Wallace, P.J., 1952 The Techniques of Design, Pitman, London.
Walton, J. 1991 Engineering Design: from Art to Practice, West Publishers, Saint. Paul MI.
Ward, J.R., P.J. Clarkson, D. Bishop and S. Fox, 2002 Good Design Practice for Medical Devices and Equipment – Design Verification, Cambridge Engineering Design Centre/University of Cambridge Institute of Manufacturing.
Woodson, T.T., 1966 Introduction to Engineering Design, McGraw-Hill, New York.
Wright, I., 1998 Design Methods in Engineering and Production Design, McGraw-Hill.
Yan, H.-S., 1998 Creative Design of Mechanical Devices, Springer-Verlag, Berlin.

関連国際会議

AED, the International Conference on Advanced Engineering Design (annually)
DESIGN, the International Design Conference (biannually)
DTM, the Design Theory and Methodology Conference (annually) as part of the ASME IDETC (International Design Engineering Technical Conferences)
ESDA, the Engineering Systems and Design Analysis Conference (biannually)
EPDE, the Engineering and Product Design Education International Conference (annually)
ICDES, International Conference on Design Engineering and Science　※ 訳者が追記した．これは公益社団法人・日本設計工学会が主催する国際会議である．2005 年オーストリア・ウィーン，2010 年東京，2014 年チェコ・ピルセンで開催している．
ICED, the International Conference on Engineering Design (biannually)
NordDesign (annually)
PLM, the International Conference on Product Lifecycle Management (annually)
TMCE, the International Symposium on Tools and Methods of Competitive Engineering (biannually)

関連ジャーナル

Advanced Engineering Informatics, Elsevier
Artificial Intelligence for Engineering Design, Analysis and Manufacturing, Cambridge University press
Co-Design (on-line) http://www.co-design.co.uk/co-designindex.htm
Concurrent Engineering: Research and Applications, Sage
Design studies, Elsevier
International Journal of Collaborative Engineering, Inderscience
International Journal of Materials and Product Technology, Inderscience
International Journal of Product Design and Manufacture for Sustainability, Inderscience
International Journal of Product Development, Inderscience
International Journal of Product Lifecycle Management, Inderscience
Journal of Design Research, Inderscience
Journal of Engineering Design, Taylor and Francis
Journal of Product Innovation Management, Elsevier
Research in Engineering Design, Springer-Verlag

Index 索　引

数字・欧文

あ　行

か　行

さ　行

た　行

な　行

は　行

ま　行

や　行

ら　行

訳者略歴

金田徹（かなだ・とおる）（訳者代表），工学博士
1984 年　東京工業大学大学院理工学研究科博士後期課程修了
1992 年　King's College, University of London 客員研究員
1996 年　関東学院大学工学部機械工学科教授（ハンドボール部部長）
2007 年　(公社)日本設計工学会副会長
2011 年　ISO/TC10，ISO/TC213A の各国内委員会委員長，
関連 JIS 原案作成委員会委員長
2014 年　日本規格協会　3D-DTPD の基本図示および基本情報に関する
JIS 開発委員会委員長
現在に至る

青山英樹（あおやま・ひでき），博士（工学）
1981 年　室蘭工業大学工学部機械工学科卒業
1992 年　University of California 客員研究員
2004 年　慶應義塾大学理工学部システムデザイン工学科教授
現在に至る

川面恵司（かわも・けいし），工学博士
1959 年　早稲田大学理工学部機械工学科卒業
1959 年　三菱電機(株)中央研究所
1963 年　California Institute of Technology 大学院修士課程修了
1979 年　(株)三菱総合研究所
1991 年　芝浦工業大学システム工学部教授
2004 年　同・退職
現在に至る

首藤俊夫（しゅとう・としお）
1976 年　東海大学工学部航空宇宙工学科卒業
1976 年　(株)日本情報研究センター
1979 年　(株)三菱総合研究所
2007 年　同・科学の安全政策研究本部主席研究部長
現在に至る

須賀雅夫（すが・まさお）（故人）
1964 年　東京大学工学部機械工学科卒業
1966 年　東京大学大学院工学研究科修士課程修了（工学修士）
1966 年　三菱重工業(株)神戸研究所
1972 年　(株)三菱総合研究所
1994 年　同・エンジニアリングシステム研究センター専門研究部長
2001 年　同・退職
2013 年　逝去

北條恵司（ほうじょう・けいじ），博士（工学）
1986 年　群馬大学工学部機械工学科卒業
1986 年　いすゞ自動車(株)
1993 年　神奈川県庁
2007 年　小山工業高等専門学校機械工学科准教授
現在に至る

宮下朋之（みやした・ともゆき），博士（工学）
1992 年　早稲田大学大学院機械工学専攻修士課程修了
1992 年　新日本製鐵(株)
2001 年　早稲田大学理工学部助手
2003 年　茨城大学工学部助手
2005 年　早稲田大学理工学部助教授
2010 年　同・教授
現在に至る

山際康之（やまぎわ・やすゆき），博士（工学）
2000 年　東京大学大学院工学系研究科博士（工学）学位取得
2003 年　ソニー(株)製品環境グローバルヘッドオフィス部長
2010 年　東京造形大学造形学部教授
2014 年　学校法人桑沢学園常務理事
現在に至る

綿貫啓一（わたぬき・けいいち），工学博士
1991 年　東京工業大学大学院総合理工学研究科博士後期課程修了
1996 年　University of Illinois at Chicago 客員研究員
2000 年　Otto von Guericke University Magdeburg 招聘研究員
2005 年　埼玉大学大学院理工学研究科教授
2009 年　埼玉大学脳科学融合研究センター副部門長，
University of Central Lancashire 客員教授
2010 年　埼玉大学オープンイノベーションセンター産学官連携部門長
2012 年　埼玉大学アンビエント・モビリティ・インターフェイス研究センター長
2014 年　埼玉大学副研究機構長，オープンイノベーションセンター長，
大学院理工学研究科戦略的研究部門感性認知支援領域長，中国南開大学客員教授
現在に至る

編集担当　富井　晃（森北出版）
編集責任　石田昇司（森北出版）
組　　版　コーヤマ
印　　刷　開成印刷
製　　本　ブックアート

エンジニアリングデザイン（第 3 版）
工学設計の体系的アプローチ

2015 年 2 月 23 日　第 3 版第 1 刷発行　

訳　　者　金田徹・青山英樹・川面恵司・首藤俊夫・須賀雅夫・
北條恵司・宮下朋之・山際康之・綿貫啓一
発 行 者　森北博巳
発 行 所　**森北出版株式会社**
東京都千代田区富士見 1-4-11（〒102-0071）
電話 03-3265-8341／FAX 03-3264-8709
http://www.morikita.co.jp/
日本書籍出版協会・自然科学書協会　会員
JCOPY ＜(社) 出版者著作権管理機構　委託出版物＞

落丁・乱丁本はお取替えいたします．

Printed in Japan／ISBN978-4-627-66973-4